深智數位
股份有限公司

深智數位
股份有限公司

前言
Preface

感謝

首先感謝大家的信任。

作者僅是在學習應用數學科學和機器學習演算法時，多讀了幾本數學書，多做了一些思考和知識整理而已。知者不言，言者不知。知者不博，博者不知。由於作者水準有限，斗膽把自己有限所學所思與大家分享，作者權當無知者無畏。希望大家在 GitHub 多提意見，讓本書成為作者和讀者共同參與創作的優質作品。

特別感謝清華大學出版社的欒大成老師。從選題策劃、內容創作到裝幀設計，欒老師事無巨細、一路陪伴。每次與欒老師交流，都能感受到他對優質作品的追求、對知識分享的熱情。

出來混總是要還的

曾經，考試是我們學習數學的唯一動力。考試是頭懸樑的繩，是錐刺股的錐。我們中的絕大多數人從小到大為各種考試埋頭題海，學數學味同嚼蠟，甚至讓人恨之入骨。

數學所帶來了無盡的「折磨」。我們甚至恐懼數學，憎恨數學，恨不得一走出校門就把數學拋之腦後，老死不相往來。

可悲可笑的是，我們很多人可能會在畢業五年或十年以後，因為工作需要，不得不重新學習微積分、線性代數、機率統計，悔恨當初沒有學好數學，走了很多彎路，沒能學以致用，甚至遷怒於教材和老師。

這一切不能都怪數學，值得反思的是我們學習數學的方法和目的。

再給自己一個學數學的理由

為考試而學數學，是被逼無奈的舉動。而為數學而學數學，則又太過高尚而遙不可及。

相信對絕大部分的我們來說，數學是工具，是謀生手段，而非目的。我們主動學數學，是想用數學工具解決具體問題。

現在，本叢書給大家帶來一個「學數學、用數學」的全新動力—資料科學、機器學習。

資料科學和機器學習已經深度融合到我們生活的各方面，而數學正是開啟未來大門的鑰匙。不是所有人生來都握有一副好牌，但是掌握「數學 + 程式設計 + 機器學習」的知識絕對是王牌。這次，學習數學不再是為了考試、分數、升學，而是為了投資時間，自我實現，面向未來。

未來已來，你來不來？

本書如何幫到你

為了讓大家學數學、用數學，甚至愛上數學，作者可謂頗費心機。在叢書創作時，作者儘量克服傳統數學教材的各種弊端，讓大家學習時有興趣、看得懂、有思考、更自信、用得著。

為此，叢書在內容創作上突出以下幾個特點。

- **數學 + 藝術**——全圖解，極致視覺化，讓數學思想躍然紙上、生動有趣、一看就懂，同時提高大家的資料思維、幾何想像力、藝術感。
- **零基礎**——從零開始學習 Python 程式設計，從寫第一行程式到架設資料科學和機器學習應用，儘量將陡峭學習曲線拉平。
- **知識網路**——打破數學板塊之間的門檻，讓大家看到數學代數、幾何、線性代數、微積分、機率統計等板塊之間的聯繫，編織一張綿密的數學知識網路。
- **動手**——授人以魚不如授人以漁，和大家一起寫程式、創作數學動畫、互動 App。
- **學習生態**——構造自主探究式學習生態環境「紙質圖書 + 程式檔案 + 視覺化工具 + 思維導圖」，提供各種優質學習資源。
- **理論 + 實踐**——從加減乘除到機器學習，叢書內容安排由淺入深、螺旋上升，兼顧理論和實踐；在程式設計中學習數學，學習數學時解決實際問題。

雖然本書標榜「從加減乘除到機器學習」，但是建議讀者朋友們至少具備高中數學知識。如果讀者正在學習或曾經學過大學數學（微積分、線性代數、機率統計），這套書就更容易讀懂了。

聊聊數學

數學是工具。錘子是工具，剪刀是工具，數學也是工具。

數學是思想。數學是人類思想高度抽象的結晶體。在其冷酷的外表之下，數學的核心實際上就是人類樸素的思想。學習數學時，知其然，更要知其所以然。不要死記硬背公式定理，理解背後的數學思想才是關鍵。如果你能畫一幅圖、用簡單的語言描述清楚一個公式、一則定理，這就說明你真正理解了它。

數學是語言。就好比世界各地不同種族有自己的語言，數學則是人類共同的語言和邏輯。數學這門語言極其精準、高度抽象，放之四海而皆準。雖然我們中大多數人沒有被數學「女神」選中，不能為人類對數學認知開疆擴土；但是，這絲毫不妨礙我們使用數學這門語言。就好比，我們不會成為語言學家，我們完全可以使用母語和外語交流。

數學是系統。代數、幾何、線性代數、微積分、機率統計、最佳化方法等，看似一個個孤島，實際上都是數學網路的一條條織線。建議大家學習時，特別關注不同數學板塊之間的聯繫，見樹，更要見林。

數學是基石。拿破崙曾說「數學的日臻完善和國強民富息息相關。」數學是科學進步的根基，是經濟繁榮的支柱，是保家衛國的武器，是探索星辰大海的航船。

數學是藝術。數學和音樂、繪畫、建築一樣，都是人類藝術體驗。透過視覺化工具，我們會在看似枯燥的公式、定理、資料背後，發現數學之美。

數學是歷史，是人類共同記憶體。「歷史是過去，又屬於現在，同時在指引未來。」數學是人類的集體學習思考，它把人的思維符號化、形式化，進而記錄、累積、傳播、創新、發展。從甲骨、泥板、石板、竹簡、木牘、紙草、羊皮卷、活字印刷、紙質書，到數位媒介，這一過程持續了數千年，至今綿延不息。

數學是無窮無盡的**想像力**，是人類的**好奇心**，是自我挑戰的**毅力**，是一個接著一個的**問題**，是看似荒誕不經的**猜想**，是一次次膽大包天的**批判性思考**，是敢於站在前人臂膀之上的**勇氣**，是孜孜不倦地延展人類認知邊界的**不懈努力**。

家園、詩、遠方

諾瓦利斯曾說:「哲學就是懷著一種鄉愁的衝動到處去尋找家園。」

在紛繁複雜的塵世,數學純粹得就像精神的世外桃源。數學是,一束光,一條巷,一團不滅的希望,一股磅礡的力量,一個值得寄託的避風港。

打破陳腐的鎖鏈,把功利心暫放一邊,我們一道懷揣一份鄉愁,心存些許詩意,踩著藝術維度,投入數學張開的臂膀,駛入它色彩斑斕、變幻無窮的深港,感受久違的歸屬,一睹更美、更好的遠方。

致謝
Acknowledgement

To my parents.

謹以此書獻給我的母親和父親。

使用本書
How to Use the Book

叢書資源

本書系提供的搭配資源如下：

- 紙質圖書。
- 每章提供思維導圖，全書圖解海報。
- Python 程式檔案，直接下載運行，或者複製、貼上到 Jupyter 運行。
- Python 程式中包含專門用 Streamlit 開發數學動畫和互動 App 的檔案。

本書約定

書中為了方便閱讀以及查詢搭配資源，特別安排了以下段落。

- 數學家、科學家、藝術家等名家語錄
- 搭配 Python 程式完成核心計算和製圖
- 引出本書或本系列其他圖書相關內容
- 相關數學家生平貢獻介紹
- 程式中核心 Python 函數庫函數和講解

- 用 Streamlit 開發制作 App 應用

- 提醒讀者需要格外注意的基礎知識

- 每章總結或昇華本章內容

- 思維導圖總結本章脈絡和核心內容

- 介紹數學工具與機器學習之間的聯繫

- 核心參考和推薦閱讀文獻

App 開發

本書搭配多個用 Streamlit 開發的 App，用來展示數學動畫、資料分析、機器學習演算法。

Streamlit 是個開放原始碼的 Python 函數庫，能夠方便快捷地架設、部署互動型網頁 App。Streamlit 簡單易用，很受歡迎。Streamlit 相容目前主流的 Python 資料分析庫，比如 NumPy、Pandas、Scikit-learn、PyTorch、TensorFlow 等等。Streamlit 還支援 Plotly、Bokeh、Altair 等互動視覺化函數庫。

本書中很多 App 設計都採用 Streamlit + Plotly 方案。

大家可以參考以下頁面，更多了解 Streamlit：

- https://streamlit.io/gallery

- https://docs.streamlit.io/library/api-reference

實踐平臺

本書作者撰寫程式時採用的 IDE（Integrated Development Environment）是 Spyder，目的是給大家提供簡潔的 Python 程式檔案。

但是，建議大家採用 JupyterLab 或 Jupyter Notebook 作為本書系搭配學習工具。

簡單來說，Jupyter 集合「瀏覽器 + 程式設計 + 檔案 + 繪圖 + 多媒體 + 發佈」眾多功能於一身，非常適合探究式學習。

運行 Jupyter 無須 IDE，只需要瀏覽器。Jupyter 容易分塊執行程式。Jupyter 支援 inline 列印結果，直接將結果圖片列印在分塊程式下方。Jupyter 還支援很多其他語言，如 R 和 Julia。

使用 Markdown 檔案編輯功能，可以程式設計同時寫筆記，不需要額外建立檔案。在 Jupyter 中插入圖片和視訊連結都很方便，此外還可以插入 LaTex 公式。對於長檔案，可以用邊專欄錄查詢特定內容。

Jupyter 發佈功能很友善，方便列印成 HTML、PDF 等格式檔案。

Jupyter 也並不完美，目前尚待解決的問題有幾個：Jupyter 中程式偵錯不是特別方便。Jupyter 沒有 variable explorer，可以 inline 列印資料，也可以將資料寫到 CSV 或 Excel 檔案中再打開。Matplotlib 影像結果不具有互動性，如不能查看某個點的值或旋轉 3D 圖形，此時可以考慮安裝（jupyter matplotlib）。注意，利用 Altair 或 Plotly 繪製的影像支援互動功能。對於自訂函數，目前沒有快速鍵直接跳躍到其定義。但是，很多開發者針對這些問題正在開發或已經發佈相應外掛程式，請大家留意。

大家可以下載安裝 Anaconda。JupyterLab、Spyder、PyCharm 等常用工具，都整合在 Anaconda 中。下載 Anaconda 的網址為：

- https://www.anaconda.com/

程式檔案

本書系的 Python 程式檔案下載網址為：

- https://github.com/Visualize-ML

Python 程式檔案會不定期修改，請大家注意更新。圖書原始創作版本 PDF（未經審校和修訂，內容和紙質版略有差異，方便行動終端碎片化學習以及對照程式）和紙質版本勘誤也會上傳到這個 GitHub 帳戶。因此，建議大家註冊 GitHub 帳戶，給書稿資料夾標星（Star）或分支複製（Fork）。

考慮再三，作者還是決定不把程式全文印在紙質書中，以便減少篇幅，節約用紙。

本書程式設計實踐例子中主要使用「鳶尾花資料集」，資料來源是 Scikit-learn 函數庫、Seaborn 函數庫。

學習指南

大家可以根據自己的偏好制定學習步驟，本書推薦以下步驟。

1. 瀏覽本章思維導圖，把握核心脈絡
2. 下載本章搭配 Python 程式檔案
3. 閱讀本章正文內容
4. 用 Jupyter 建立筆記，程式設計實踐
5. 嘗試開發數學動畫、機器學習 App
6. 翻閱本書推薦參考文獻

學完每章後，大家可以在社交媒體、技術討論區上發佈自己的 Jupyter 筆記，進一步聽取朋友們的意見，共同進步。這樣做還可以提高自己學習的動力。

另外，建議大家採用紙質書和電子書配合閱讀學習，學習主陣地在紙質書上，學習基礎課程最重要的是沉下心來，認真閱讀並記錄筆記，電子書可以配合查看程式，相關實操性內容可以直接在電腦上開發、運行、感受，Jupyter 筆記同步記錄起來。

強調一點：**學習過程中遇到困難，要嘗試自行研究解決，不要第一時間就去尋求他人幫助。**

意見建議

歡迎大家對本書系提意見和建議，叢書專屬電子郵件為：

- jiang.visualize.ml@gmail.com

目錄
Contents

第 1 篇　整體說明

第 1 章　機器學習

- 1.1　什麼是機器學習？ 1-2
- 1.2　迴歸：找到引數與因變數關係 1-5
- 1.3　分類：針對有標籤資料 1-12
- 1.4　降維：降低資料維度，提取主要特徵 1-14
- 1.5　聚類：針對無標籤資料 1-20
- 1.6　機器學習流程 1-23
- 1.7　下一步學什麼？ 1-26

第 2 篇　迴歸

第 2 章　迴歸分析

- 2.1　線性迴歸：一個表格、一條直線 2-3
- 2.2　方差分析 (ANOVA) 2-7
- 2.3　總離差平方和 (SST) 2-12
- 2.4　迴歸平方和 (SSR) 2-14

2.5	殘差平方和 (SSE)	2-16
2.6	幾何角度：畢氏定理	2-18
2.7	擬合優度：評價擬合程度	2-20
2.8	F 檢驗：模型參數不全為 0	2-23
2.9	t 檢驗：某個迴歸係數是否為 0	2-25
2.10	置信區間：因變數平均值的區間	2-30
2.11	預測區間：因變數特定值的區間	2-32
2.12	對數似然函數：用在最大似然估計 (MLE)	2-33
2.13	資訊準則：選擇模型的標準	2-34
2.14	殘差分析：假設殘差服從平均值為 0 的正態分佈	2-35
2.15	自相關檢測：Durbin-Watson	2-37
2.16	條件數：多重共線性	2-39

第 3 章　多元線性迴歸

3.1	多元線性迴歸	3-2
3.2	最佳化問題：OLS	3-5
3.3	幾何解釋：投影	3-8
3.4	二元線性迴歸實例	3-12
3.5	多元線性迴歸實例	3-17
3.6	正交關係	3-22
3.7	三個平方和	3-25
3.8	t 檢驗	3-27
3.9	多重共線性	3-29
3.10	條件機率角度看多元線性迴歸	3-31

第 4 章　非線性迴歸

4.1	線性迴歸	4-2
4.2	線性對數模型	4-4
4.3	非線性迴歸	4-7

xiii

4.4	多項式迴歸	4-11
4.5	邏輯迴歸	4-17
4.6	邏輯函數完成分類問題	4-24

第 5 章　正規化迴歸

5.1	正規化：抑制過擬合	5-2
5.2	嶺迴歸	5-6
5.3	幾何角度看嶺迴歸	5-14
5.4	套索迴歸	5-16
5.5	幾何角度看套索迴歸	5-19
5.6	彈性網路迴歸	5-24

第 6 章　貝氏迴歸

6.1	回顧貝氏推斷	6-2
6.2	貝氏迴歸：無資訊先驗	6-5
6.3	使用 PyMC 完成貝氏迴歸	6-6
6.4	貝氏角度理解嶺正規化	6-13
6.5	貝氏角度理解套索正規化	6-15

第 7 章　高斯過程

7.1	高斯過程原理	7-2
7.2	解決迴歸問題	7-10
7.3	解決分類問題	7-11

第 3 篇　分類

第 8 章　k 最近鄰分類

| 8.1 | k 最近鄰分類原理：近朱者赤，近墨者黑 | 8-2 |

8.2	二分類：非紅，即藍	8-4
8.3	三分類：非紅，不是藍，就是灰	8-6
8.4	近鄰數量 k 影響投票結果	8-9
8.5	投票權重：越近，影響力越高	8-12
8.6	最近質心分類：分類邊界為中垂線	8-15
8.7	k-NN 迴歸：非參數迴歸	8-19

第 9 章 單純貝氏分類

9.1	重逢貝氏	9-2
9.2	單純貝氏的「單純」之處	9-7
9.3	高斯，你好	9-24

第 10 章 高斯判別分析

10.1	又見高斯	10-2
10.2	六類協方差矩陣	10-5
10.3	決策邊界解析解	10-8
10.4	第一類	10-12
10.5	第二類	10-15
10.6	第三類	10-17
10.7	第四類	10-19
10.8	第五類	10-20
10.9	第六類	10-22
10.10	線性和二次判別分析	10-23

第 11 章 支援向量機

11.1	支援向量機	11-2
11.2	硬間隔：處理線性可分	11-7
11.3	構造最佳化問題	11-13
11.4	支援向量機處理二分類問題	11-18
11.5	軟間隔：處理線性不可分	11-21

xv

第 12 章 核心技巧

12.1 映射函數：實現升維 12-2
12.2 核心技巧 SVM 最佳化問題 12-6
12.3 線性核心：最基本的核心函數 12-12
12.4 多項式核心 12-15
12.5 二次核心：二次曲面 12-19
12.6 三次核心：三次曲面 12-20
12.7 高斯核心：基於徑向基函數 12-22
12.8 Sigmoid 核心 12-27

第 13 章 決策樹

13.1 決策樹：可以分類，也可以迴歸 13-2
13.2 資訊熵：不確定性度量 13-5
13.3 資訊增益：透過劃分，提高確定度 13-8
13.4 基尼指數：指數越大，不確定性越高 13-10
13.5 最大葉節點：影響決策邊界 13-11
13.6 最大深度：控制樹形大小 13-15

第 4 篇 降維

第 14 章 主成分分析

14.1 主成分分析 14-2
14.2 原始資料 14-5
14.3 特徵值分解 14-9
14.4 正交空間 14-12
14.5 投影結果 14-16
14.6 還原 14-21

| 14.7 | 雙標圖 | 14-25 |
| 14.8 | 陡坡圖 | 14-29 |

第 15 章　截斷奇異值分解

15.1	幾何角度看奇異值分解	15-2
15.2	四種 SVD 分解	15-4
15.3	幾何角度看截斷型 SVD	15-7
15.4	最佳化角度看截斷型 SVD	15-11
15.5	分析鳶尾花照片	15-16

第 16 章　主成分分析進階

16.1	從「六條技術路線」說起	16-2
16.2	協方差矩陣：中心化資料	16-6
16.3	格拉姆矩陣：原始資料	16-18
16.4	相關性係數矩陣：標準化資料	16-25

第 17 章　主成分分析與迴歸

17.1	正交迴歸	17-2
17.2	一元正交迴歸	17-6
17.3	幾何角度看正交迴歸	17-10
17.4	二元正交迴歸	17-14
17.5	多元正交迴歸	17-20
17.6	主元迴歸	17-25
17.7	偏最小平方迴歸	17-39

第 18 章　核心主成分分析

18.1	核心主成分分析	18-2
18.2	從主成分分析說起	18-3
18.3	用核心技巧完成核心主成分分析	18-7

xvii

第 19 章 典型相關分析

19.1 典型相關分析原理 19-2
19.2 從一個協方差矩陣考慮 19-7
19.3 以鳶尾花資料為例 19-10

第 5 篇 聚類

第 20 章 K 平均值聚類

20.1 K 平均值聚類 20-2
20.2 最佳化問題 20-4
20.3 迭代過程 20-7
20.4 肘部法則：選定聚類叢集值 20-10
20.5 輪廓圖：選定聚類叢集值 20-12
20.6 沃羅諾伊圖 20-15

第 21 章 高斯混合模型

21.1 高斯混合模型 21-2
21.2 四類協方差矩陣 21-9
21.3 分量數量 21-14
21.4 硬聚類和軟聚類 21-17

第 22 章 最大期望演算法

22.1 最大期望 22-2
22.2 E 步：最大化期望 22-3
22.3 M 步：最大化似然機率 22-6
22.4 迭代過程 22-10

22.5	多元 GMM 迭代	22-15

第 23 章 層次聚類

23.1	層次聚類	23-2
23.2	樹狀圖	23-4
23.3	叢集間距離	23-10
23.4	親近度層次聚類	23-16

第 24 章 密度聚類

24.1	DBSCAN 聚類	24-2
24.2	調節參數	24-5

第 25 章 譜聚類

25.1	譜聚類	25-2
25.2	距離矩陣	25-4
25.3	相似度	25-6
25.4	無向圖	25-9
25.5	拉普拉斯矩陣	25-11
25.6	特徵值分解	25-14

緒論
Introduction

圖解＋程式設計＋實踐＋數學板塊融合

1 本書在全套叢書的定位

歡迎大家來到「本書系」第七本—《AI 時代 Math 元年 - 用 Python 全精通機器學習》！

特別對於從「本書系」第一本《AI 時代 Math 元年 - 用 Python 全精通程式設計》一直讀到本書的讀者，請大家為自己堅持到底的精神鼓掌！

回頭來看，「本書系」的前兩本強調程式設計基礎，《AI 時代 Math 元年 - 用 Python 全精通程式設計》是零基礎入門 Python，《資料可視化王者 – 用 Python 讓 AI 活躍在圖表世界》和大家探討「數學＋美學」程式設計實踐。

「數學」板塊三本書—《AI 時代 Math 元年 - 用 Python 全精通數學要素》《AI 時代 Math 元年 - 用 Python 全精通矩陣及線性代數》《AI 時代 Math 元年 - 用 Python 全精通統計及機率》—為「實踐」打下了堅實的數學基礎。因此，數學基礎不強的讀者，不建議跳過「數學」板塊直接學習本書。

第六本《AI 時代 Math 元年 - 用 Python 全精通資料處理》則強調資料直覺，和大家探討資料探索背後的數學和視覺化。

希望「本書系」的前六本幫大家解決了程式設計、視覺化、數學、資料方面的很多痛點問題。而 第七本《AI 時代 Math 元年 - 用 Python 全精通機器學習》將開啟機器學習經典演算法的學習之旅。

```
                          ┌── 程式設計 ──┬── 《AI時代Math元年 - 用Python全精通程式設計》
                          │              └── 《資料可視化王者 - 用Python讓AI活躍在圖表世界中》
                          │
                          │              ┌── 《AI時代Math元年 - 用Python全精通數學要素》
   叢書板塊 ───────────────┼── 數學 ──────┼── 《AI時代Math元年 - 用Python全精通矩陣及線性代數》
                          │              └── 《AI時代Math元年 - 用Python全精通統計及機率》
                          │
                          └── 實踐 ──────┬── 《AI時代Math元年 - 用Python全精通資料處理》
                                         └── 《AI時代Math元年 - 用Python全精通機器學習》
```

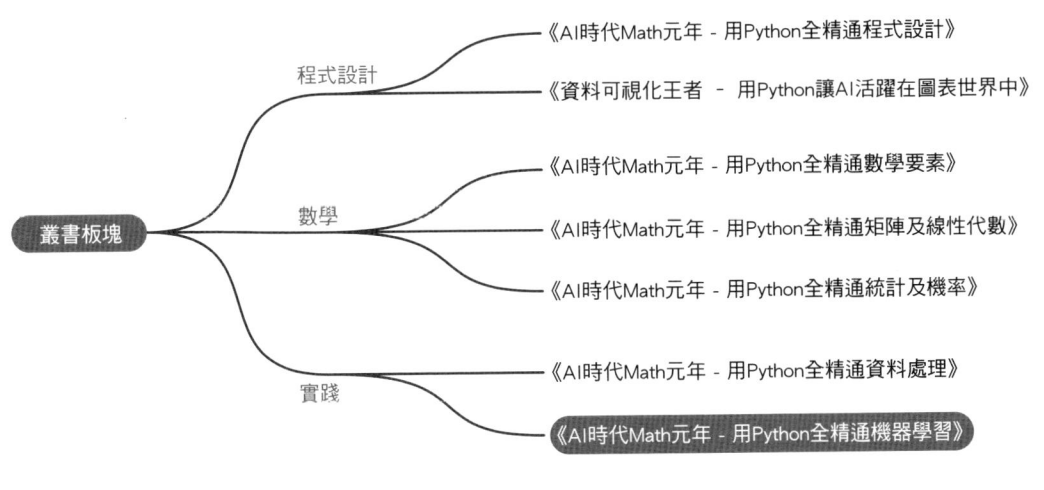

▲ 圖 0.1 本系列叢書板塊布局

2 結構：四大板塊

《AI 時代 Math 元年 - 用 Python 全精通機器學習》設置了 24 個話題，對應四大類機器學習經典演算法（迴歸、分類、降維、聚類）。每類演算法不多不少正好 6 個話題。此外，「本書系」之前的 6 本書鋪陳的內容確保大家能夠完全理解、充分掌握這 24 個機器學習演算法。

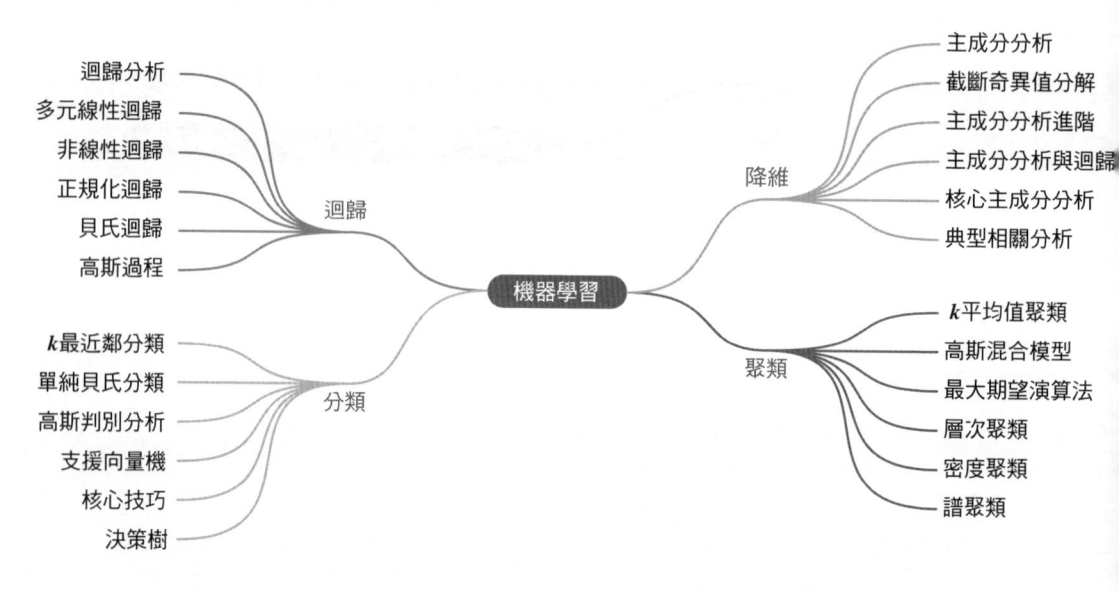

```
迴歸分析
多元線性迴歸
非線性迴歸          迴歸                      主成分分析
正規化迴歸                                    截斷奇異值分解
貝氏迴歸                                      主成分分析進階
高斯過程                       降維            主成分分析與迴歸
                                              核心主成分分析
                   機器學習                   典型相關分析

k最近鄰分類
單純貝氏分類                                  k平均值聚類
高斯判別分析         分類       聚類            高斯混合模型
支援向量機                                    最大期望演算法
核心技巧                                      層次聚類
決策樹                                        密度聚類
                                              譜聚類
```

▲ 圖 0.2 《AI 時代 Math 元年 - 用 Python 全精通機器學習》板塊布局

本書第 1 章不屬於上述任何一個板塊，這章相當於本冊的「整體說明」，和大家聊聊機器學習、人工智慧、深度學習之間的關係，然後盤點《AI 時代 Math 元年 - 用 Python 全精通機器學習》要介紹的核心內容。

迴歸

第 2 章首先利用一元 OLS 線性迴歸講解迴歸分析，之後講解方差分析、擬合優度、F 檢驗、t 檢驗、置信區間、預測區間、對數似然函數、資訊準則等概念。這一章相對較為枯燥，建議大家學習時沒有必要全部掌握，實踐時再回來有針對性地學習即可。

第 3 章講解多元線性迴歸，迴歸分析的維度提高了。這一章請大家多從幾何、資料角度思考迴歸分析。學有餘力的讀者，建議繼續學習**加權線性迴歸**（Weighted Linear Regression）和**廣義線性迴歸**（Generalized Linear Regression）。

第 4 章講解非線性迴歸，需要大家掌握多項式迴歸，並理解過擬合。此外，這一章還介紹了邏輯迴歸，邏輯迴歸既可以用來迴歸分析，也可以用來分類。

第 5 章利用正規化解決多元線性迴歸過擬合、多重共線性的問題。這一章一共介紹三種正規化：① 嶺迴歸；② 套索迴歸；③ 彈性網路迴歸。

第 6 章介紹如何將貝氏推斷用在迴歸分析中。學習這一章時，建議大家回顧《AI 時代 Math 元年 - 用 Python 全精通統計及機率》第 20 ~ 22 章。這一章最後從貝氏推斷角度理解正規化。

第 7 章介紹高斯過程，這種演算法集合了貝氏推斷、高斯分佈、核心函數、協方差矩陣、隨機過程等數學工具，理解起來不是很容易。建議大家翻閱《AI 時代 Math 元年 - 用 Python 全精通資料處理》中有關高斯過程的基礎內容。注意，高斯過程可以解決分類、迴歸兩類問題。

分類

第 8 章介紹 k 最近鄰分類，這個演算法基本思想是「小範圍投票，少數服從多數」，它可以用來分類，也可以用來迴歸。

第 9 章介紹單純貝氏分類。有關單純貝氏分類演算法，希望大家記住「假設特徵之間條件獨立，最大化後驗機率」。

第 10 章介紹高斯判別分析，演算法特點是「假設後驗機率為高斯分佈，最小化分類錯誤」。線性判別、二次判別都包含在高斯判別之中。

第 11 章介紹支援向量機。支援向量機的特點是間隔最大化，支援向量確定決策邊界。

第 12 章著重介紹核心技巧，將樣本資料映射到高維特徵空間中，使資料在高維空間中線性可分。本書後續還會用到核心技巧，需要大家注意。請大家特別注意比較支援向量機和高斯過程中的核心技巧。

支援向量機既可以用來分類，也可以用來迴歸。想要理解支援向量機絕對離不開《AI 時代 Math 元年 - 用 Python 全精通矩陣及線性代數》中各種線性代數工具。

第 13 章講解決策樹，大家注意理解資訊熵、資訊增益等概念。

降維

第 14、15、16 章講解主成分分析。第 14 章偏重利用特徵值分解完成主成分分析；第 15 章則介紹用截斷型奇異值分解完成主成分分析；第 16 章則區分六種不同的 PCA 技術路線。

「本書系」在不同的板塊都或多或少地介紹過主成分分析，這樣安排的目的是讓大家從幾何、線性代數、機率統計、最佳化、資料等不同角度透徹理解主成分分析。「本書系」希望利用這種抽絲剝繭、逐層深入的講解方式，保證大家學習時不會感覺資訊超載。

第 17 章分別介紹以主成分分析為基礎的兩種迴歸方法：正交迴歸、主元迴歸。雖然這章介紹的是迴歸方法，但是它們都離不開主成分分析。此外，第 17 章最後還簡單介紹了偏最小平方迴歸。

第 18 章講解核心主成分分析，這種方法也用到了核心技巧。核心主成分分析是一種在高維資料中提取關鍵資訊的統計技術。它透過轉換原始特徵，尋找資料中的主要結構，減少資料維度。與傳統主成分分析不同，核心主成分分析

能有效處理非線性關係，為資料降維提供更靈活的手段，廣泛應用於模式識別、特徵提取等領域。

第 19 章介紹典型相關分析。典型相關分析方法的目的是找到兩組資料的整體相關性的最大線性組合。

聚類

第 20 章介紹 k 平均值聚類，演算法特點是叢集內距離和最小、迭代求解。注意，k 平均值聚類的 k 不同於 k-NN 中的 k。

第 21 章介紹高斯混合模型。高斯混合模型組合若干高斯分佈，期望最大化。高斯混合模型求解離不開第 22 章講解的最大期望演算法。最大期望演算法的特點是迭代最佳化兩步走：E 步，M 步。

第 23 章介紹層次聚類。層次聚類基於資料之間距離，自下而上聚合，或從上往下分裂。

第 24 章介紹密度聚類，演算法特點是利用資料分佈緊密程度聚類。Scikit-Learn 中 OPTICS 演算法類似 DBSCAN，請大家自行學習。

第 25 章講解譜聚類。譜聚類透過構造無向圖，降維聚類。為了更進一步地理解這一章，建議大家回顧《AI 時代 Math 元年 - 用 Python 全精通資料處理》中介紹的圖論入門內容。

3 特點：經典演算法

機器學習、深度學習、大語言模型演算法不斷湧現，讓人目不暇接。由於作者知識水準、本書篇幅有限，本書選取演算法模型的標準只有一個—經典。從「經典」演算法角度切入，《AI 時代 Math 元年 - 用 Python 全精通機器學習》目標是覆蓋 Scikit-Learn 庫的常用機器學習演算法函數，讓大家充分理解演算法理論基礎，又能結合實務應用。

因此，在學習本書時，特別希望大家不僅滿足於「調包」，也就是呼叫 Scikit-Learn 各種函數；更要理解各種經典機器學習演算法背後的數學工具。因此，本書舉出適度的數學推導以及擴充閱讀。

《AI 時代 Math 元年 - 用 Python 全精通機器學習》的目的就是讓大家完全理解本書提到的 24 個經典演算法，並不「貪多求全」；《AI 時代 Math 元年 - 用 Python 全精通機器學習》一本試圖確保大家在學習經典演算法時能夠「充分掌握」，方便日後「有機提升」。

不「貪多求全」也是這本《AI 時代 Math 元年 - 用 Python 全精通機器學習》的缺陷。本書不涉及整合學習、神經網路、強化學習、深度學習、自然語言處理等話題。其次，本書也不涉及機器學習理論。雖然《AI 時代 Math 元年 - 用 Python 全精通資料處理》一本介紹過很多特徵工程的工具，但是本書沒有專門講解特徵工程章節。還有，本書也沒有討論如何部署機器學習模型。這些話題留給大家「隨選」探索學習。

最後，歡迎大家來到「本書系」第七本書—《AI 時代 Math 元年 - 用 Python 全精通機器學習》—之旅！

Section *01*
整體說明

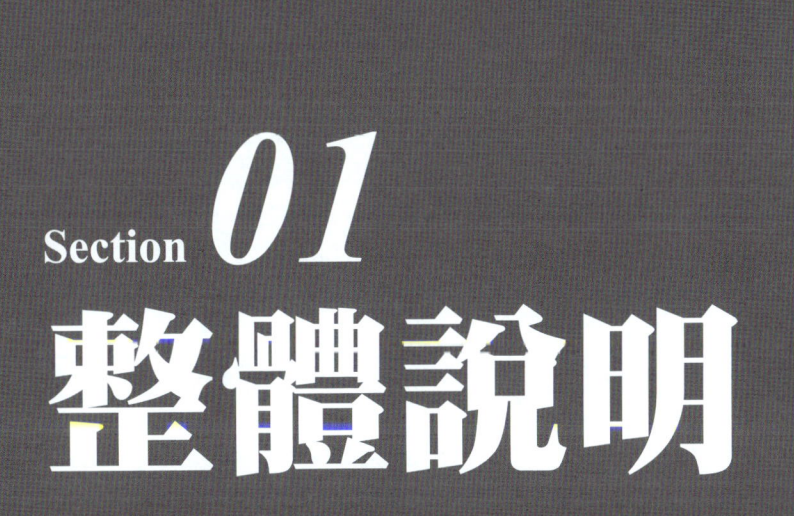

```
                    ┌── 標籤有無
          第1章     │
         ┌─────┐   ├── 四大類演算法
         │機器學習├──┤
         └──┬──┘   └── 機器學習的一般流程
            │
         ┌─────┐
         │整體 │
         │說明 │
         └─────┘
```

學習地圖 | 第1板塊

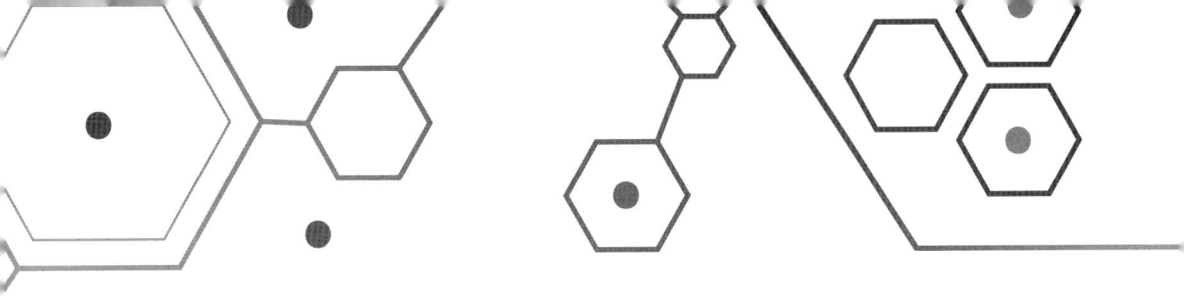

1 機器學習
Machine Learning

四大類演算法：迴歸、分類、降維、聚類

卓越從來都不是偶然。卓越永遠都是志存高遠、百折不撓、有勇有謀的結果；它代表了明智之選。選擇，而非機會，決定了你的命運。

Excellence is never an accident. It is always the result of high intention, sincere effort, and intelligent execution; it represents the wise choice of many alternatives. Choice, not chance, determines your destiny.

——亞里斯多德（*Aristotle*）｜古希臘哲學家｜前 384—前 322 年

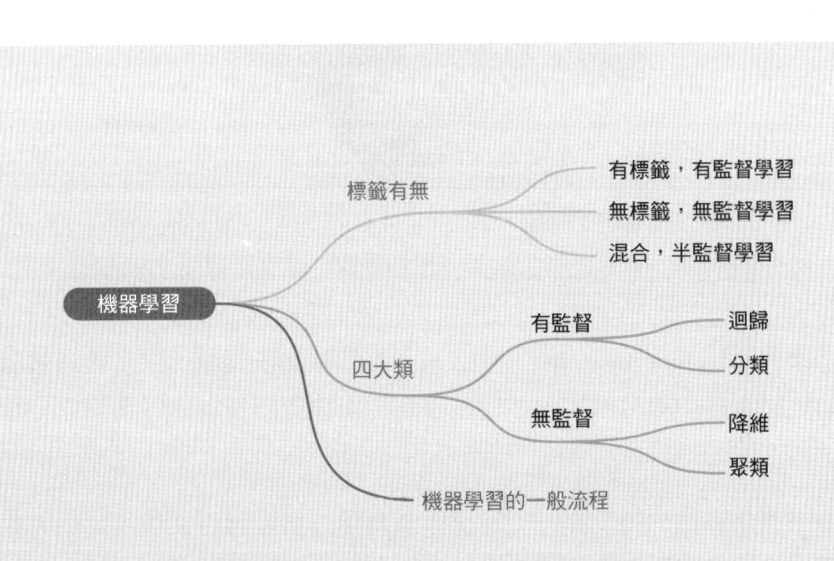

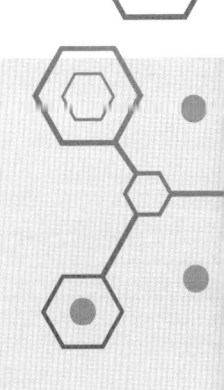

機器學習
- 標籤有無
  - 有標籤，有監督學習
  - 無標籤，無監督學習
  - 混合，半監督學習
- 四大類
  - 有監督
    - 迴歸
    - 分類
  - 無監督
    - 降維
    - 聚類
- 機器學習的一般流程

1-1

第 1 章 機器學習

1.1 什麼是機器學習？

《AI 時代 Math 元年 - 用 Python 全精通程式設計》第 28 章回答過這個問題，下面我們把部分「答案」抄過來。

人工智慧、機器學習、深度學習、自然語言處理

人工智慧 (Artificial Intelligence，AI) 的外延十分寬泛，泛指電腦系統透過模擬人的思維和行為，實現類似於人的智慧行為。如圖 1.1 所示，人工智慧領域包含了很多技術和方法，如機器學習、深度學習、自然語言處理、電腦視覺等。

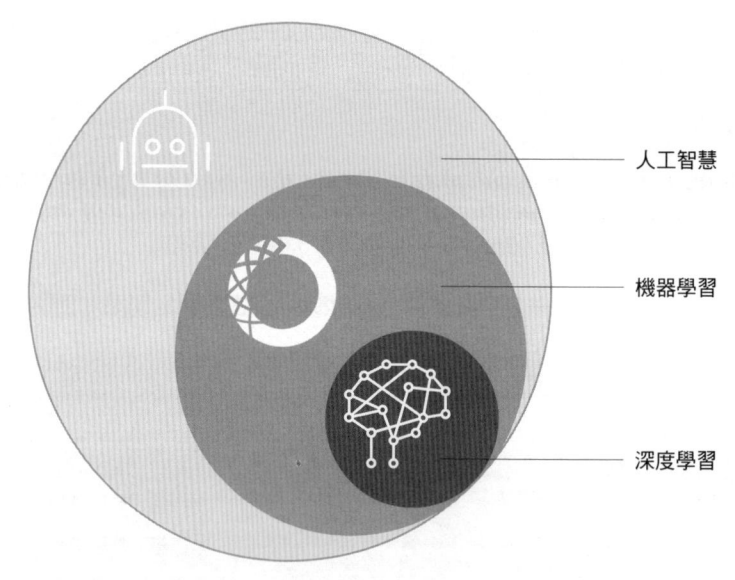

▲ 圖 1.1 人工智慧、機器學習、深度學習

機器學習 (Machine Learning，ML) 是人工智慧的子領域，它是透過電腦演算法自動地從資料中學習規律，並用所學到的規律對新資料進行預測或分類的過程。

機器學習演算法的特點是，先從樣本資料中分析並獲得某種規律，再利用這個規律對未知資料進行預測。它是涉及機率、統計、矩陣論、代數學、最佳化方法、數值方法、演算法學等多領域的交叉學科。

1.1 什麼是機器學習？

機器學習適合處理的問題有以下特徵：①巨量資料；②黑箱或複雜系統，難以找到**控制方程式** (governing equations)。此外，機器學習需要透過資料的訓練。

如圖 1.2 所示，簡單來說，機器學習可以分為以下兩大類。

- **有監督學習** (supervised learning)，也叫監督學習，訓練有標籤值樣本資料並得到模型，透過模型對新樣本進行推斷。
- **無監督學習** (unsupervised learning) 訓練沒有標籤值的資料，並發現樣本資料的結構和分佈。

此外，**半監督學習**結合了無監督學習和監督學習。

深度學習 (Deep Learning，DL) 是機器學習的子領域，它是透過建立多層神經網路 (neural network) 模型，自動地從原始資料中學習到更高級別的特徵和表示，從而實現對複雜模式的建模和預測。

Python 中常用的深度學習工具有 TensorFlow、PyTorch、Keras 等，這些工具本書討論範圍內。

自然語言處理 (Natural Language Processing，NLP) 是電腦科學與人工智慧領域的重要分支，旨在透過電腦技術對人類語言進行分析、理解和生成。自然語言處理主要應用於自然語言文字的處理和分析，如文字分類、情感分析、資訊取出、機器翻譯、問答系統等。

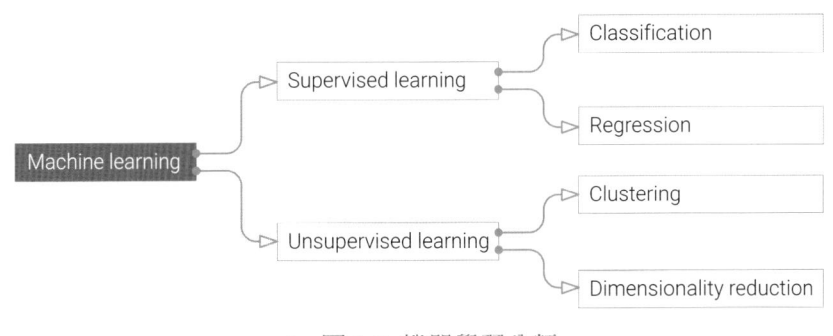

▲ 圖 1.2 機器學習分類

第 1 章 機器學習

有標籤資料、無標籤資料

根據輸出值有無標籤，如圖 1.3 所示，資料可以分為**有標籤資料** (labeled data) 和**無標籤資料** (unlabeled data)。簡單來說，有標籤資料對應**有監督學習** (supervised learning)，無標籤資料對應**無監督學習** (unsupervised learning)。

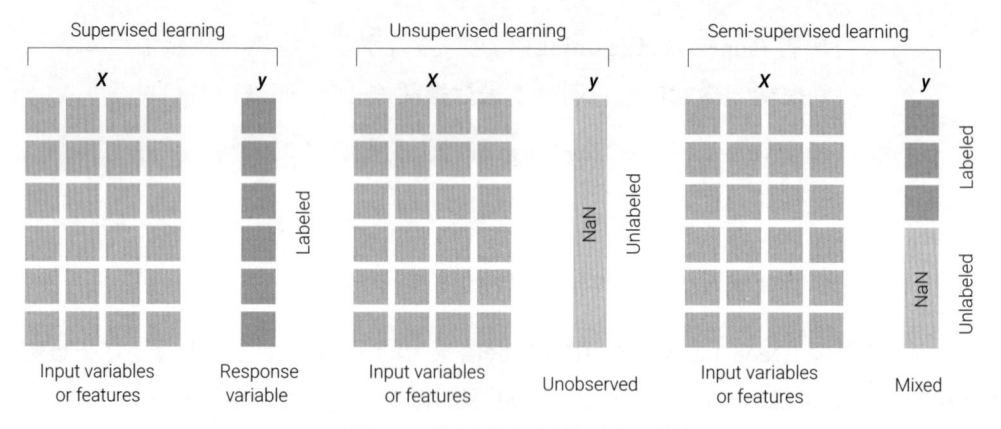

▲ 圖 1.3 根據有無標籤分類資料

四大類演算法

有監督學習中，如果標籤為連續資料，對應的問題為**迴歸** (regression)，如圖 1.4(a) 所示。如果標籤為分類資料，對應的問題則是**分類** (classification)，如圖 1.4(c) 所示。簡單來說，分類問題與離散的輸出相關，目標是將資料劃分為不同的類別或標籤；而迴歸問題與連續的輸出相關，目標是預測數值型態資料的結果。

無監督學習中，樣本資料沒有標籤。如果目標是尋找規律、簡化資料，這類問題叫作**降維** (dimensionality reduction)，比如**主成分分析** (principal component analysis) 目的之一就是找到資料中佔據主導地位的成分，如圖 1.4(b) 所示。如果模型的目標是根據無標籤資料特徵將樣本分成不同的組別，這種問題叫作**聚類** (clustering)，如圖 1.4(d) 所示。

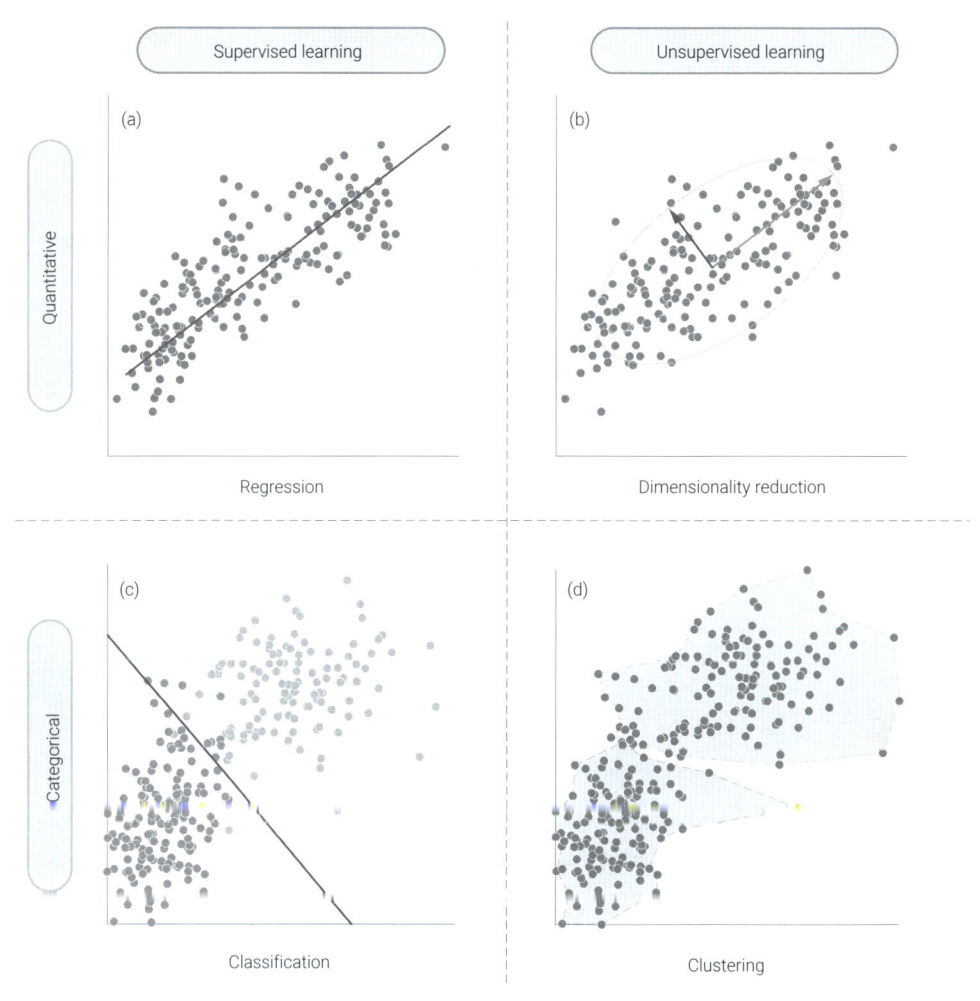

▲ 圖 1.4 根據資料是否有標籤、標籤類型細分機器學習演算法

1.2 迴歸：找到引數與因變數關係

　　迴歸問題是指根據已知的輸入和輸出資料，建立一個數學模型來預測輸出值。給定一個輸入，迴歸模型的目標是預測它的輸出值，如房價預測、股票價格預測和天氣預測等。

第 1 章　機器學習

圖 1.5 總結了「本書系」系列叢書涉及的各種迴歸演算法。下面回顧迴歸演算法中涉及的重要概念。

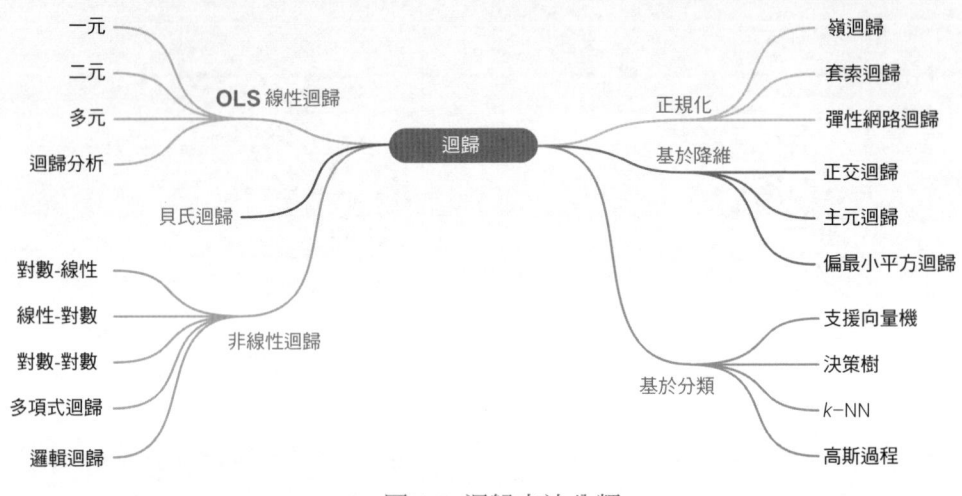

```
                 一元
                 二元
                 多元           OLS 線性迴歸                    正規化        嶺迴歸
                 迴歸分析                                                   套索迴歸
                                                                          彈性網路迴歸
                              貝氏迴歸              迴歸        基於降維      正交迴歸
                                                                          主元迴歸
                                                                          偏最小平方迴歸
                 對數-線性
                 線性-對數                                                   支援向量機
                 對數-對數      非線性迴歸                        基於分類      決策樹
                 多項式迴歸                                                  k-NN
                 邏輯迴歸                                                   高斯過程
```

▲ 圖 1.5　迴歸方法分類

最小平方演算法

線性迴歸 (linear regression) 透過建構一個線性模型來預測目標變數。最簡單的線性迴歸演算法是一元線性迴歸，多元線性迴歸則是利用多個特徵來預測目標變數。線性迴歸離不開最小平方法。

相信「本書系」讀者對於**最小平方法** (Ordinary Least Squares，OLS) 線性迴歸已經爛熟於心。下面想強調幾點。

首先，希望大家能夠從多重角度理解 OLS 線性迴歸，如最佳化 (見圖 1.6)、條件機率 (見圖 1.7)、幾何 (見圖 1.8)、投影 (見圖 1.9)、資料、線性組合、奇異值分解 (SVD)、正交三角 (QR) 分解、最大似然估計 (MLE)、最大後驗 (MAP) 等角度。

此外，迴歸模型不能拿來就用，需要透過嚴格的迴歸分析。另外，要注意 OLS 線性迴歸的基本假設前提。

1.2 迴歸：找到引數與因變數關係

再提到 OLS 線性迴歸時，希望大家閉上眼睛，腦中不僅僅浮現各種多彩的影像，而且能夠用 OLS 線性迴歸把代數、幾何、線性代數、機率統計、最佳化等數學板塊有機地聯結起來！

> 叢書講解 OLS 線性迴歸時可謂抽絲剝繭、層層疊疊。對於這些角度感到生疏的話，請迴歸《AI 時代 Math 元年 - 用 Python 全精通數學要素》第 24 章、《AI 時代 Math 元年 - 用 Python 全精通矩陣及線性代數》第 9、25 章、《AI 時代 Math 元年 - 用 Python 全精通統計及機率》第 24 章。

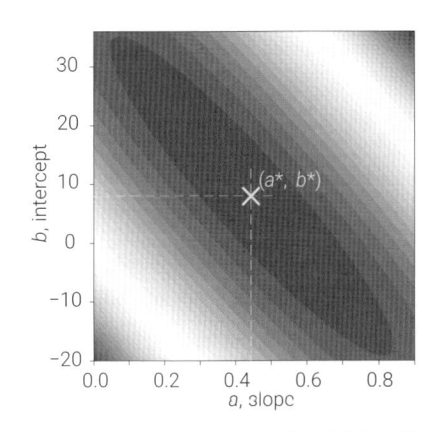

▲ 圖 1.6 一元 OLS 迴歸目標函數
(圖片來源：《AI 時代 Math 元年 - 用 Python 全精通數學要素》第 24 章)

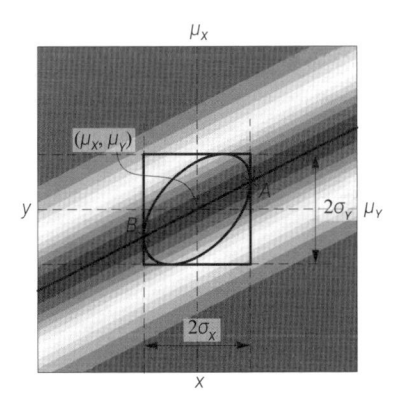

▲ 圖 1.7 條件期望角度看 OLS 線性迴歸
(圖片來源：《AI 時代 Math 元年 - 用 Python 全精通統計及機率》第 12 章)

1-7

第 1 章　機器學習

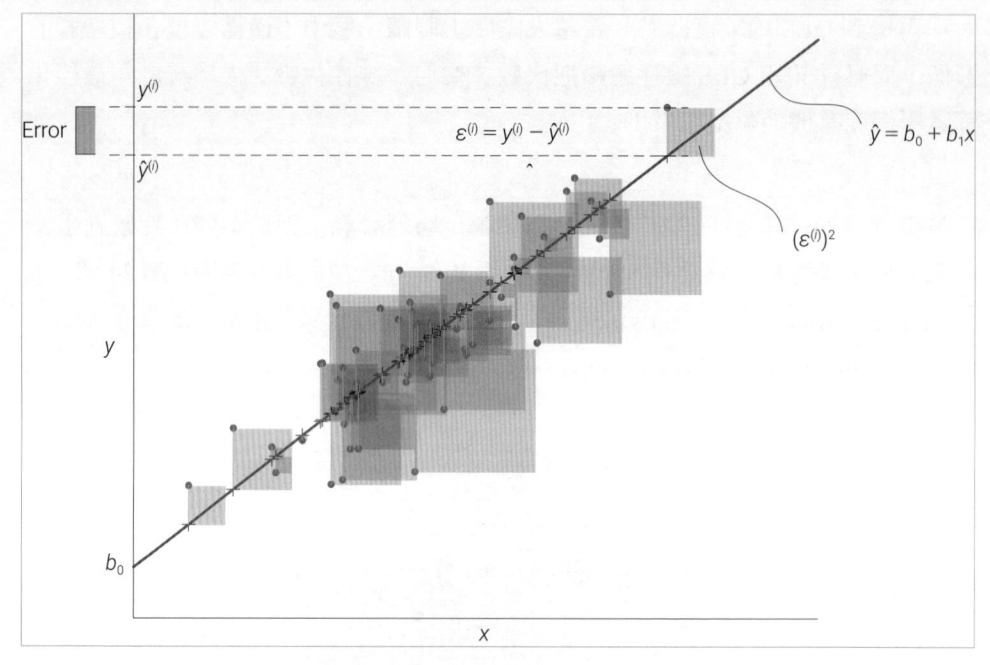

▲ 圖 1.8 殘差平方和的幾何意義
(圖片來源：《AI 時代 Math 元年 - 用 Python 全精通統計及機率》第 24 章)

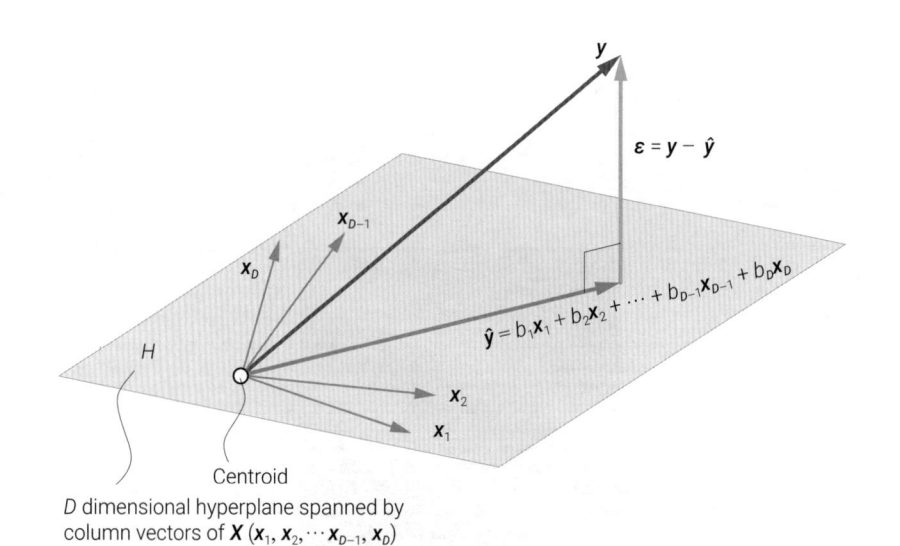

▲ 圖 1.9 投影角度解釋多元 OLS 線性迴歸
(圖片來源：《AI 時代 Math 元年 - 用 Python 全精通資料處理》第 11 章)

貝氏迴歸

貝氏迴歸 (bayesian regression) 是一種基於貝氏定理的迴歸演算法，它可以用來估計連續變數的機率分佈。貝氏迴歸可以被視作一種特殊的貝氏推斷。

貝氏推斷 (bayesian inference) 把模型參數看作隨機變數。根據主觀經驗和既有知識舉出未知參數的機率分佈，稱為先驗分佈。從整體中得到樣本資料後，根據貝氏定理，基於給定的樣本資料，得出模型參數的後驗分佈。

貝氏迴歸的最佳化問題對應最大後驗 (MAP)。貝氏推斷中，後驗 ∝ 似然 × 先驗 (見圖 1.10)，是最重要的關係，希望大家牢記。

> 歡迎大家回顧《AI 時代 Math 元年 - 用 Python 全精通統計及機率》第 20、21、22 章有關貝氏推斷的內容。

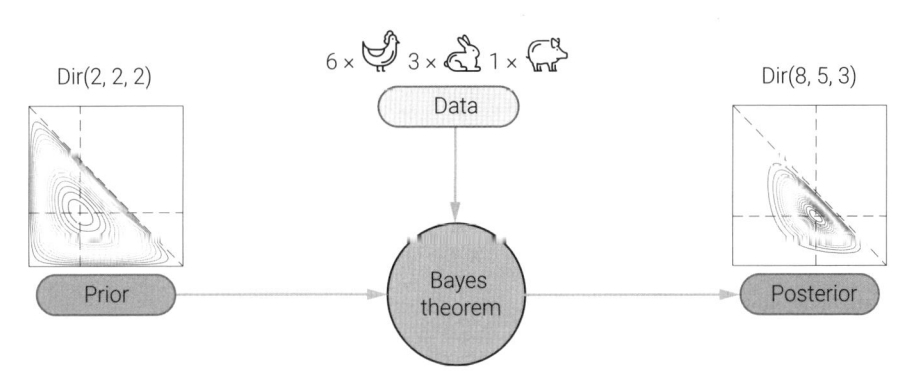

▲ 圖 1.10 先驗 Dir(2,2,2)+ 樣本→ 後驗 Dir(8,5,3)
(圖片來源：《AI 時代 Math 元年 - 用 Python 全精通統計及機率》第 22 章)

第 1 章　機器學習

非線性迴歸

非線性迴歸 (nonlinear regression) 目標變數與特徵之間的關係不是線性的。**多項式迴歸** (polynomial regression) 是非線性迴歸的一種形式，即透過將特徵的冪次作為新的特徵來建構一個多項式模型。**邏輯迴歸** (logistic regression) 是一種二分類演算法，可以用於非線性迴歸。

此外，大家會發現，k-NN、高斯過程演算法完成的迴歸也都可以歸類為非線性迴歸。

> ⚠ 注意：邏輯迴歸不但可以用來迴歸，也可以用來分類。

正規化

正規化 (regularization) 透過向目標函數中增加懲罰項來避免模型的過擬合。常用的正規化方法有嶺迴歸、Lasso 迴歸、彈性網路迴歸。嶺迴歸透過向目標函數中增加 L2 懲罰項來控制模型複雜度。Lasso 迴歸透過向目標函數中增加 L1 懲罰項，不僅能夠控制模型複雜度，還可以進行特徵選擇。彈性網路迴歸是嶺迴歸和 Lasso 迴歸的結合體，它同時使用 L1 和 L2 懲罰項。嶺迴歸正規項對應圖 1.11(a) 範數，Lasso 迴歸正規項對應圖 1.11(b) 範數，彈性網路迴歸正規項是 (a)(b) 兩個子圖的疊加。

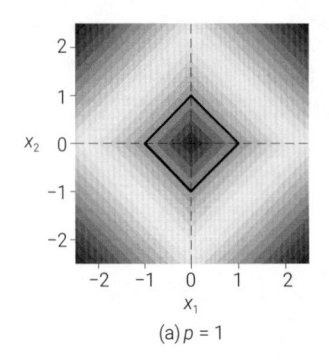

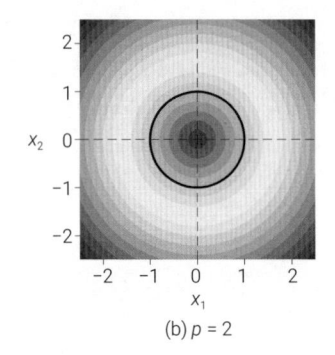

(a) $p = 1$　　(b) $p = 2$

▲ 圖 1.11　兩個範數範例

基於降維演算法的迴歸

本書還要特別介紹兩種基於主成分分析的迴歸方法—正交迴歸、主元迴歸。

平面上，OLS 線性迴歸僅考慮垂直座標方向上誤差，如圖 1.12(a) 所示；而正交迴歸 TLS，也稱整體最小平方法 (Total Least Squares，TLS) 線性迴歸，同時考慮橫縱兩個方向誤差，如圖 1.12(b) 所示。

主元迴歸的因變數則來自於主成分分析結果。

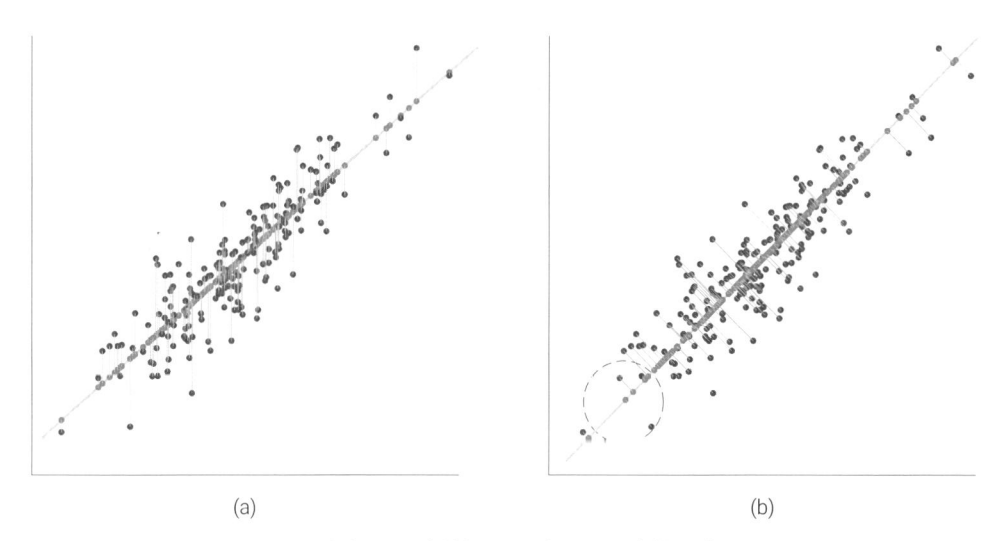

(a)   (b)

▲ 圖 1.12 對比 OLS 和 TLS 線性迴歸
(圖片來源：《AI 時代 Math 元年 - 用 Python 全精通資料處理》第 18 章)

基於分類演算法的迴歸

實際上，監督學習的很多演算法都兼顧分類、迴歸兩項任務，如邏輯迴歸、k-NN、支援向量機、高斯過程等。k-NN 演算法是一種基於距離度量的分類演算法，但也可以用於迴歸任務。**支援向量迴歸** (Support Vector Regression，SVR) 則是一種基於**支援向量機** (Support Vector Machine，SVM) 的迴歸演算法。

1.3 分類：針對有標籤資料

本書前文介紹過，**分類 (classification)** 是**有監督學習 (supervised learning)** 中的一類問題。分類是指根據給定的資料集，透過對樣本資料的學習，建立分類模型來對新的資料進行分類的過程。

分類問題是指將資料集劃分為不同的類別或標籤。當給定一個輸入時，分類模型的目標是預測它所屬的類別，如垃圾郵件分類、影像辨識和情感分析等。分類問題的輸出是一個離散值或類別標籤。

如圖 1.13 所示，大家已經清楚鳶尾花資料集分三類 (setosa ● 、versicolor ● 、virginica ●)。

以**花萼長度 (sepal length)**、**花萼寬度 (sepal width)** 作為特徵，大家如果采到一朵鳶尾花，測量後發現這朵花的花萼長度為 6.5 cm，花瓣長度為 4.0 cm，即圖 1.13 中「×」，又叫**查詢點 (query point)**。

根據已有資料，猜測這朵鳶尾花屬於 setosa ● 、versicolor ● 、virginica ● 三類的哪一類可能性更大，這就是一個簡單的分類問題。

決策邊界 (decision boundary) 是分類模型在特徵空間中劃分不同類別的分界線或邊界。通俗地說，決策邊界就像是一道看不見的牆，把不同類別的資料點分隔開。

對於鳶尾花資料集，決策邊界就是將 setosa ● 、versicolor ● 、virginica ● 這三類點「盡可能準確地」區分開的線或曲線。

在簡單的情況下，決策邊界可能是一條直線；但在複雜的問題中，決策邊界可能是一條彎曲的曲線，甚至是多維空間中的超平面。

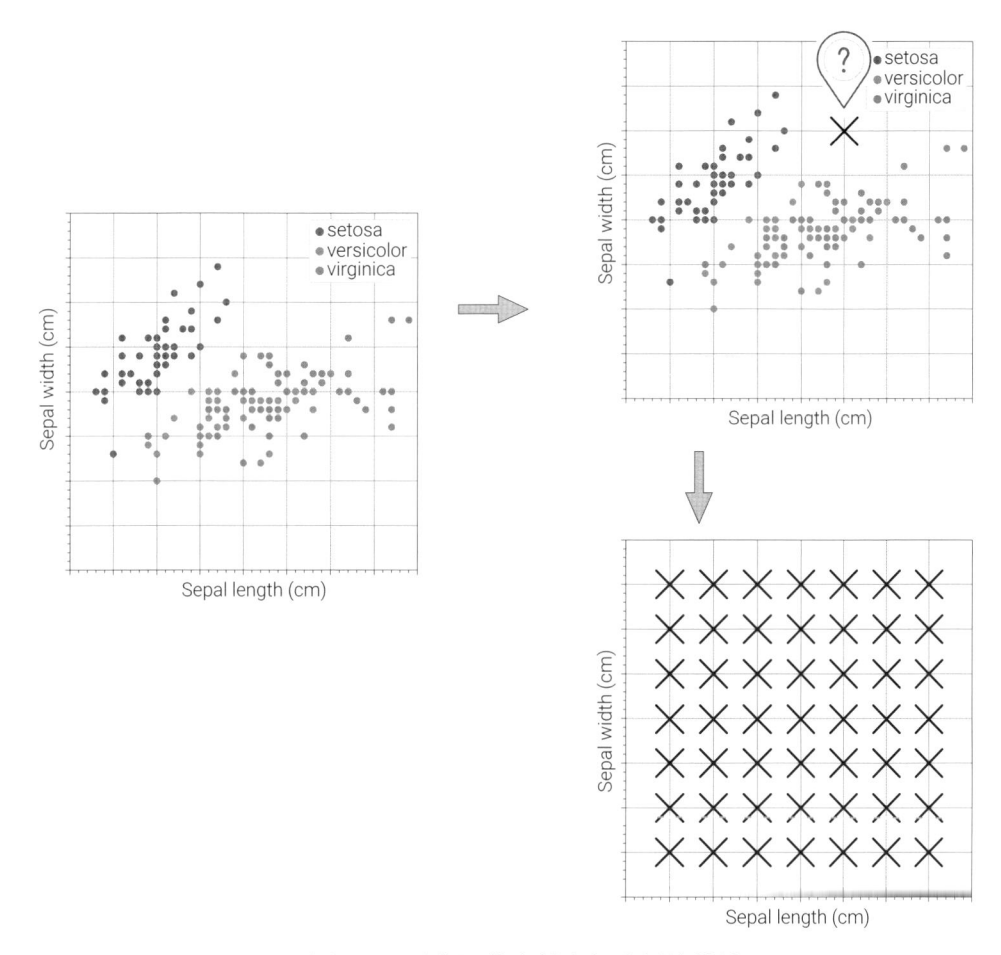

▲ 圖 1.13 用鳶尾花資料介紹分類演算法

　　模型訓練過程就是調整模型的參數，使得決策邊界能夠最好地擬合訓練資料，並且在未見過的資料上也能表現良好。

　　要注意的是，決策邊界的好壞直接影響分類模型的性能。一個良好的決策邊界能夠極佳地將資料分類，而一個不合適的決策邊界可能導致模型預測錯誤。因此，選擇合適的分類演算法和調整模型參數，對於獲得有效的決策邊界和準確的分類結果是非常重要的。

　　在機器學習中，分類是指根據給定的資料集，透過對樣本資料的學習，建立分類模型來對新的資料進行分類的過程。下面簡述一些常用的分類演算法。

- **最近鄰演算法 (k-NN)**：基於樣本的特徵向量之間的距離進行分類預測，即找到與待分類資料距離最近的 k 個樣本，根據它們的類別進行投票決策。
- **單純貝氏演算法 (naive bayes)**：利用貝氏定理計算樣本屬於某個類別的機率，並根據機率大小進行分類決策。
- **支援向量機 (SVM)**：利用間隔最大化的思想來進行分類決策，可以透過核心技巧 (kerel trick) 將低維空間中線性不可分的樣本映射到高維空間進行分類。
- **決策樹演算法 (decision tree)**：透過對樣本資料的特徵進行劃分，建構一個樹形結構，從而實現對新資料的分類預測。

1.4 降維：降低資料維度，提取主要特徵

降維 (dimensionality reduction) 是機器學習和資料分析領域中的重要概念，指的是將高維資料映射到低維空間中的過程。

在現實世界中，很多資料集都具有很高的維度，每個資料點可能包含大量特徵或屬性。然而，高維資料在處理和分析時可能會會面臨一些問題，如計算複雜度增加、維度詛咒、視覺化困難等。而降維的目標是透過保留盡可能多的資訊，將高維資料投影到一個更低維的子空間，以便更有效地處理和分析資料，減少計算負擔，提高模型的性能和可解釋性。

圖 1.14 總結了幾種常見降維的演算法。

主成分分析：
- SVD原始資料
- EVD格拉姆矩陣
- SVD中心化資料
- EVD協方差矩陣
- SVD標準化資料
- EVD相關性係數矩陣

其他方法：
- 因數分析 (FA)
- 典型相關分析 (CCA)
- 線性判別分析 (LDA)
- 核心主成分分析 (KPCA)
- 獨立成分分析 (ICA)
- 流形學習

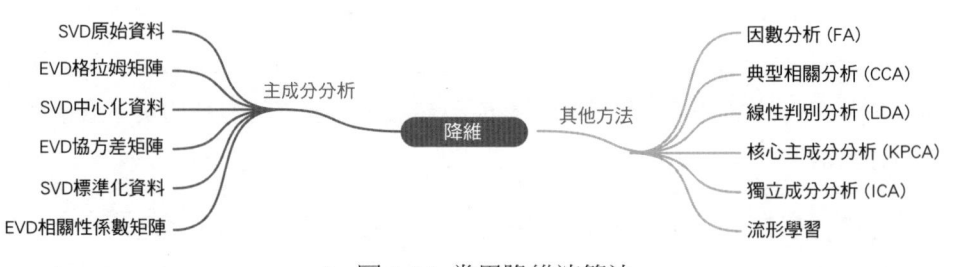

▲ 圖 1.14 常用降維演算法

1.4 降維：降低資料維度，提取主要特徵

主成分分析

「本書系」對主成分分析著墨頗多。**主成分分析** (Principal Component Analysis，PCA) 透過線性變換將高維資料映射到低維空間。利用特徵值分解、奇異值分解都可以完成 PCA。

PCA 將原始資料的特徵轉換為新的特徵，這些新特徵按照重要性遞減排列。透過選取前面的幾個主成分，可以實現對資料的壓縮和視覺化。PCA 常用於資料前置處理、資料視覺化和特徵提取等領域。它能夠剔除容錯的特徵資訊，簡化資料模型，提高模型的效率和準確性，是機器學習中非常重要的技術之一。

和 OLS 線性迴歸類似，PCA 也可以從幾何 (見圖 1.15)、投影 (見圖 1.16)、資料、線性組合、特徵值分解、奇異值分解、最佳化、機率統計等角度來理解。

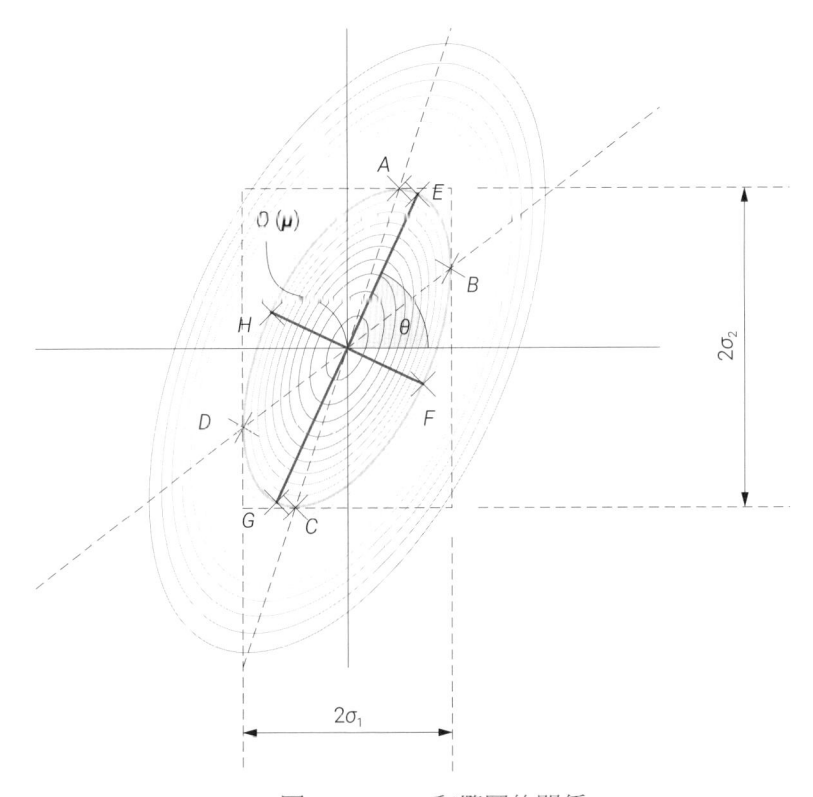

▲ 圖 1.15 PCA 和橢圓的關係

(圖片來源：《AI 時代 Math 元年 - 用 Python 全精通統計及機率》第 25 章)

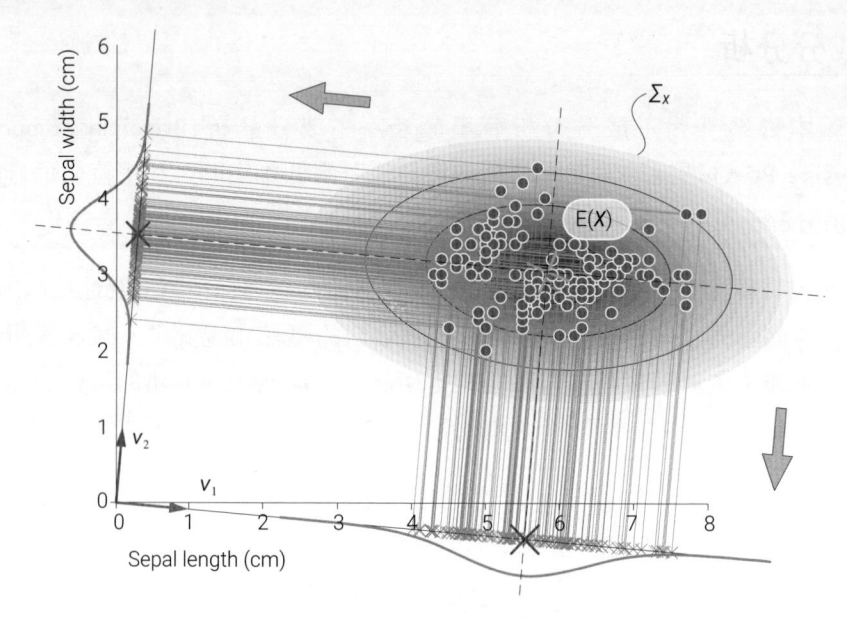

▲ 圖 1.16 投影角度看 PCA
(圖片來源：《AI 時代 Math 元年 - 用 Python 全精通統計及機率》第 14 章)

增量主成分分析

當 PCA 需要處理的資料矩陣過大，以至於記憶體無法支援時，可以使用**增量主成分分析** (Incremental PCA，IPCA) 替代主成分分析。IPCA 分批次處理輸入資料，以便節省記憶體使用。Scikit-Learn 中專門做 IPCA 的函數為 sklearn.decomposition.IncrementalPCA()。

有關 IPCA，大家可以參考：

- https://scikit-learn.org/stable/auto_examples/decomposition/plot_incremental_pca.html

典型相關分析

典型相關分析 (Canonical-Correlation Analysis，CCA) 也可以視作一種降維演算法。CCA 是一種用於探究兩組變數之間相關關係的統計方法，通常用於多個變數之間的關係分析。CCA 可以找出兩組變數中最相關的線性組合，從而找到它們之間的相關性。

CCA 的目的是提取出兩組變數之間的共通性資訊，用於預測和解釋資料。CCA 也可以從幾何、資料、最佳化、線性組合、統計幾個不同角度來理解。

核心主成分分析

核心主成分分析 (Kernel PCA，KPCA) 是一種非線性的主成分分析方法，它透過使用核心技巧將高維資料映射到低維空間中，從而提取出資料中的主要特徵。與傳統的 PCA 相比，KPCA 可以更進一步地處理非線性資料，更準確地保留資料中的非線性結構。

可以這樣理解，PCA 是 KPCA 的特例。PCA 中用到的格拉姆矩陣、協方差矩陣、相關性係數矩陣都可以看成是不同線性核心。

圖 1.17(a) 所示資料線性不可分，故我們先用非線性映射把資料映射到高維空間，使其線性可分。利用 KPCA 之後的結果如圖 1.17(b) 所示。這一點和支援向量機中的核心技巧頗為類似。

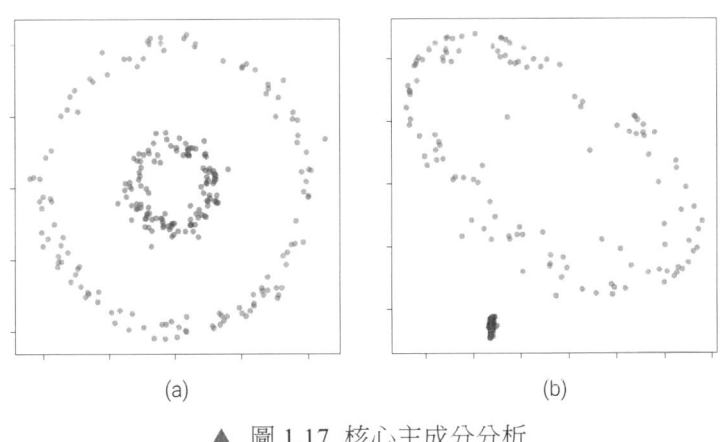

▲ 圖 1.17 核心主成分分析

第 1 章　機器學習

獨立成分分析

獨立成分分析 (Independent Component Analysis，ICA) 是一種用於從混合訊號中恢復原始訊號的數學方法。ICA 透過將混合訊號映射到獨立的成分空間中，從而恢復原始訊號。ICA 將一個多元訊號分解成獨立性最強的可加子成分。因此，ICA 常用來分離疊加訊號。

圖 1.18 比較了 PCA 和 ICA 對同一組資料的分解結果。與 PCA 不同的是，ICA 假設原始訊號是獨立的，而 PCA 假設它們是正交關係。

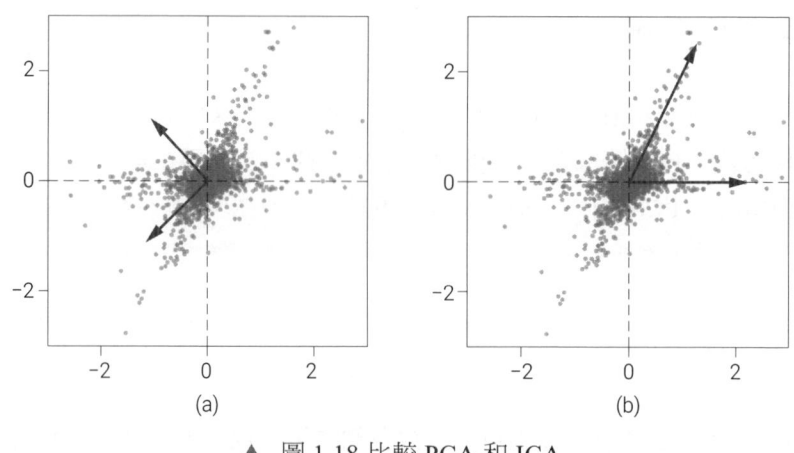

▲ 圖 1.18 比較 PCA 和 ICA

請大家參考以下範例，自行學習 ICA：

- https://scikit-learn.org/stable/auto_examples/decomposition/plot_ica_vs_pca.html

有關 ICA 演算法原理，請大家參考：

- https://www.emerald.com/insight/content/doi/10.1016/j.aci.2018.08.006/full/html 流形學習

流形學習

　　空間的資料可能是按照某種規則「捲曲」，度量點與點之間的「距離」要遵循這種捲曲的趨勢。換一種思路，我們可以像展開「捲軸」一樣，將資料展開並投影到一個平面上，得到的資料如圖 1.19 所示。在圖 1.19 所示平面上，A 和 B 兩點的「歐氏距離」更進一步地描述了兩點的距離度量，因為這個距離考慮了資料的「捲曲」。

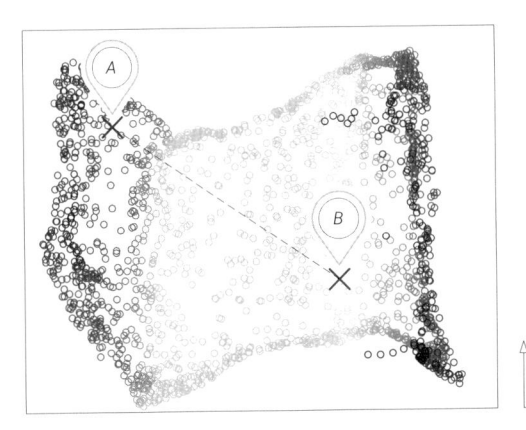

▲ 圖 1.19 展開「捲曲」的資料

　　流形學習 (manifold learning) 核心思想類似圖 1.20 和圖 1.19 所示展開「捲軸」的思想。流形學習用於發現高維資料中的低維結構，也是非線性降維的一種方法。與 PCA 不同的是，流形學習可以更進一步地處理非線性資料和局部結構，具有更好的視覺化效果和資料解釋性。

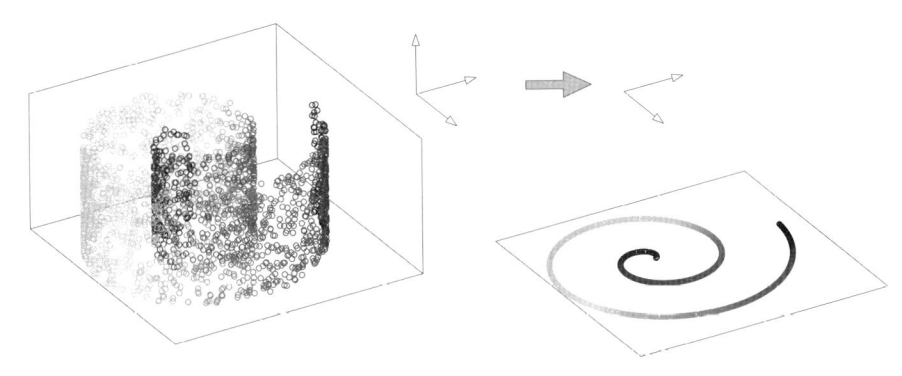

▲ 圖 1.20 「捲曲」的資料

在 Scikit-Learn 中，流形學習的函數是 sklearn.manifold 模組中的 Isomap、Locally Linear Embedding、Spectral Embedding 和 TSNE 等。其中，Isomap 使用測地線距離來保留流形上的全域結構，Locally Linear Embedding 使用局部線性嵌入來保留局部結構，Spectral Embedding 使用譜分解來發現流形的嵌入表示，TSNE 使用高斯分佈來最佳化樣本的嵌入表示，用於視覺化高維資料。這些函數提供了一種方便、高效、易於使用的流形學習工具，可幫助大家更進一步地理解資料結構和特徵。本書不展開講解流形學習，請大家自行探索。

想要深入了解 Scikit-Learn 中的流形學習工具，請大家參考：

- https://scikit-learn.org/stable/modules/manifold.html

以下這篇文獻介紹了流形學習的數學基礎，請大家參考：

- https://arxiv.org/pdf/2011.01307.pdf

Scikit-Learn 中更多有關降維的工具，請大家參考：

- https://scikit-learn.org/stable/modules/decomposition.html

1.5 聚類：針對無標籤資料

本書前文介紹過，**聚類** (clustering) 是**無監督學習** (unsupervised learning) 中的一類問題。簡單來說，聚類是指將資料集中相似的資料分為一類的過程，以便更進一步地分析和理解資料。

如圖 1.21 所示，刪除鳶尾花資料集的標籤，即 target，僅根據鳶尾花**花萼長度** (sepal length)、**花萼寬度** (sepal width) 這兩個特徵上樣本資料分佈情況，我們可以將資料分成兩叢集 (clusters)。

1.5 聚類：針對無標籤資料

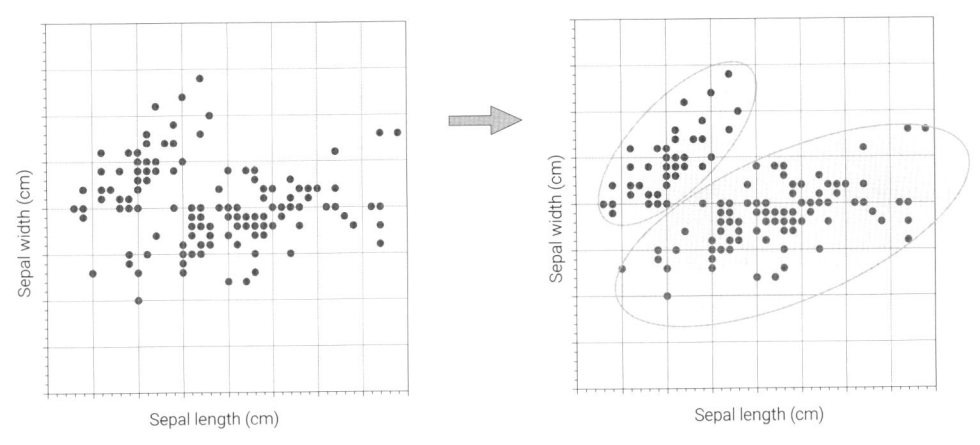

▲ 圖 1.21 用刪除標籤的鳶尾花資料介紹聚類演算法

在機器學習中，決定將資料分成多少個叢集是一個重要而且有挑戰性的問題，通常稱為聚類數目的選擇或叢集數選擇。不同的聚類演算法可能需要不同的方法來確定合適的聚類數目。本章後文在介紹具體演算法時，會介紹如何選擇合適的叢集數。

常用的聚類演算法包括以下幾種。

- **K 平均值演算法 (KMeans)**：將樣本分為 K 個叢集，每個叢集的中心點是該叢集中所有樣本點的平均值。

- **高斯混合模型 (Gaussian Mixture Model，GMM)**：將樣本分為多個高斯分佈，每個高斯分佈對應一個叢集，採用 EM 演算法進行迭代最佳化。

- **層次聚類演算法 (hierarchical clustering)** 將樣本分為多個叢集，可以使用自底向上的凝聚層次聚類或自頂向下的分裂層次聚類。

- **DBSCAN**(Density-Based Spatial Clustering of Applications with Noise) 是基於密度的聚類演算法，可以自動發現任意形狀的叢集。

- **譜聚類演算法 (spectral clustering)** 是基於樣本之間的相似度來構造拉普拉斯矩陣，然後對其進行特徵值分解來實現聚類。

大家在使用 Scikit-Learn 聚類演算法時，會發現有些演算法有 predict() 方法。

也就是說，如圖 1.22 所示，已經訓練好的模型，有可能將全新的資料點分配到確定的叢集中。有這種功能的聚類演算法叫作**歸納聚類** (inductive clustering)。

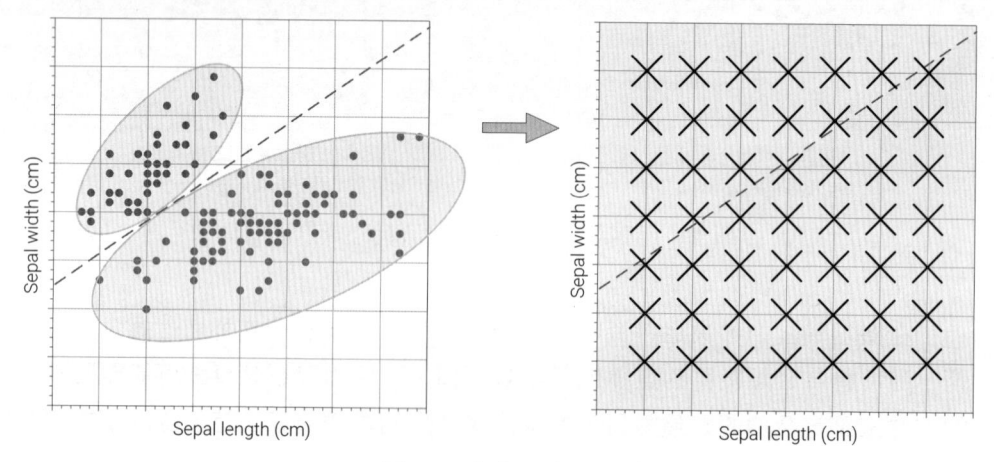

▲ 圖 1.22 歸納聚類演算法

本章後文要介紹的 k 平均值聚類、高斯混合模型都屬於歸納聚類。如圖 1.22 所示，歸納聚類演算法也有決策邊界。這就表示歸納聚類模型具有一定的泛化能力，可以推廣到新的、之前未見過的資料。

不具備這種能力的聚類演算法叫作**非歸納聚類** (non-inductive clustering)。

非歸納聚類只能對訓練資料進行聚類，而不能將新資料點增加到已有的模型中進行預測。這意味著模型在訓練時只能學習訓練資料的模式，無法用於對新資料點進行叢集分配。比如，層次聚類、DBSCAN 聚類都是非歸納聚類。

歸納聚類強調模型的泛化能力，可以適應新資料，而非歸納聚類則更偏重於建模訓練資料內部的結構。

1.6 機器學習流程

圖 1.23 所示為機器學習的一般流程。具體分步流程通常包括以下步驟。

- **收集資料**：從資料來源獲取資料集，這可能包括資料清理、去除無效資料和處理遺漏值等。
- **特徵工程**：對資料進行前置處理，包括資料轉換、特徵選擇、特徵提取和特徵縮放等。
- **資料劃分**：將資料集劃分為訓練集、驗證集和測試集等。訓練集用於訓練模型，驗證集用於選擇模型並進行調參，測試集用於評估模型的性能。
- **選擇模型**：選擇合適的模型，如線性迴歸、決策樹、神經網路等。
- **訓練模型**：使用訓練集對模型進行訓練，並對模型進行評估，可以使用交叉驗證等方法進行模型選擇和調優。
- **測試模型**：使用測試集評估模型的性能，並進行模型的調整和改進。
- **應用模型**：將模型應用到新資料中進行預測或分類等任務。
- **模型監控**：監控模型在實際應用中的性能，並進行調整和改進。

以上是機器學習的一般分步流程，不同的任務和應用場景可能會有一些變化和調整。此外，在實際應用中，還需要考慮資料的品質、模型的可解釋性、模型的複雜度和可擴充性等問題。

第 1 章 機器學習

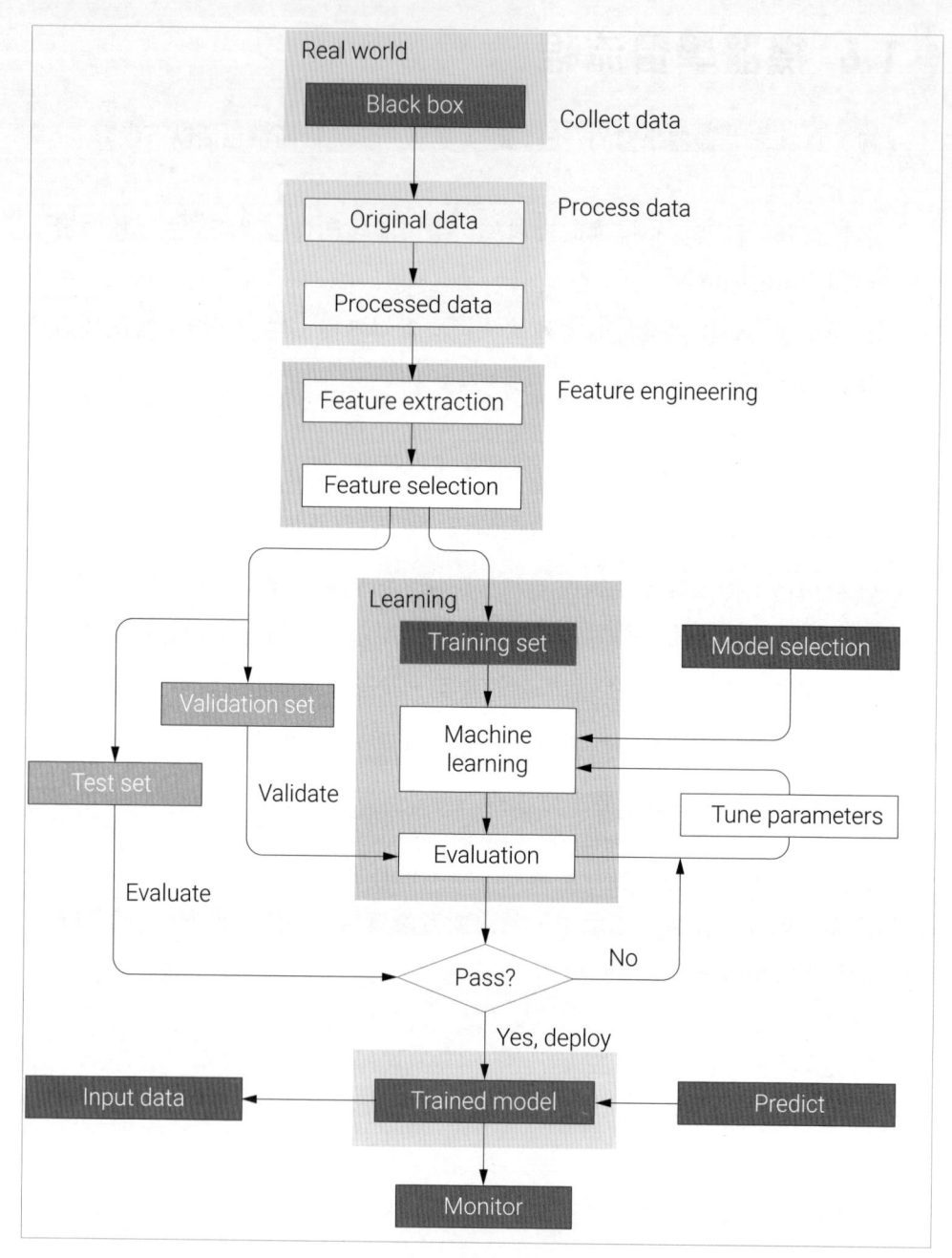

▲ 圖 1.23 機器學習一般流程

特徵工程

從原始資料中最大化提取可用資訊的過程叫作**特徵工程** (feature engineering)。特徵很好理解，如鳶尾花花萼長度和寬度、花瓣長度和寬度，人的性別、體型、體重等，都是特徵。

特徵工程是機器學習中非常重要的環節，指的是對原始資料進行特徵提取、特徵轉換、特徵選擇和特徵創造等一系列操作，以便更進一步地利用資料進行建模和預測。特徵工程極佳地混合了專業知識、數學能力。《AI 時代 Math 元年 - 用 Python 全精通資料處理》中介紹的離群值處理、遺漏值處理、資料轉換都屬於特徵工程範圍。

具體來說，特徵專案包括以下方法。

- **特徵提取** (feature extraction)：將原始資料轉換為可用於機器學習演算法的特徵向量。注意，這個特徵向量不是特徵值分解中的特徵向量。
- **特徵轉換** (feature transformation)：對原始特徵進行數值變換，使其更符合演算法的假設。例如，在迴歸問題中，可以對資料進行對數轉換或指數轉換等。
- **特徵選擇** (feature selection)：選擇最具有代表性和影響力的特徵。例如，可以使用相關性分析、PCA 等方法選擇最相關或最重要的特徵。
- **特徵創造** (feature creation)：根據原始特徵創造新的特徵。例如，在房價預測問題中，可以根據房屋面積和房齡建立新的特徵。
- **特徵縮放** (feature scaling)：將特徵縮放到相同的尺度或範圍內，避免某些特徵對模型訓練的影響過大。例如，在神經網路中，可以使用標準化或歸一化等方法對資料進行縮放。

特徵工程在機器學習中扮演著至關重要的角色，它可以提高模型的精度、泛化能力和效率。在實際應用中，需要根據具體問題選擇合適的特徵工程方法，並不斷嘗試和改進以達到最佳效果。

第 1 章　機器學習

相信大家都聽過「垃圾進，垃圾出 (Garbage In，Garbage Out，GIGO)」。這句話的含義很簡單，將錯誤的、無意義的資料登錄電腦系統，電腦自然也一定會輸出錯誤的、無意義的結果。在資料科學、機器學習領域，很多時候資料扮演核心角色。以至於在資料分析建模時，大部分的精力都花在了處理資料上。

有關特徵工程，大家可以參考這本開放原始碼專著：

- http://www.feat.engineering/

Scikit-Learn 也有大量特徵工程工具，請大家參考：

- https://scikit-learn.org/stable/modules/feature_selection.html

1.7　下一步學什麼？

本書前文提到過《AI 時代 Math 元年 - 用 Python 全精通機器學習》這本書僅選取機器學習中 24 個話題，分為四類—迴歸、分類、降維、聚類。每類演算法不多不少，僅分配 6 個話題。而機器學習是一個非常龐雜的大系統，《機器學習》限於篇幅不可能涉及所有話題。本章最後推薦一些「課後讀物」，供大家日後探索學習。

讀完這本書，大家可以可以學習以下資源，了解如何在不同模型中做出選擇：

- https://scikit-learn.org/stable/model_selection.html

有關深度學習，推薦大家學習 *Dive into Deep Learning*，英文開放原始碼圖書位址：

- https://d2l.ai/

1.7 下一步學什麼？

這本書也有開放原始碼中文版本：

- https://zh.d2l.ai/

可以用來做自然語言處理的 Python 庫有很多，對於初學者大家可以從 NLTK 開始學起。NLTK 還提供以下學習手冊，很容易入門：

- https://www.nltk.org/book/

此外，本書最後還會舉出一些供大家深入閱讀的圖書；這些圖書也是「本書系」的核心參考文獻。

> ▶
> 大家特別需要注意，根據資料有無標籤可以把機器學習分成兩個大類—有監督學習、無監督學習。而有監督學習又可以細分為迴歸、分類。無監督學習則進一步分為降維、聚類。此外，本章又聊了聊機器學習的一般流程以及特徵工程。
> 下面開始本書 24 個話題的探索。

第 1 章 機器學習

MEMO

Section 02
迴歸

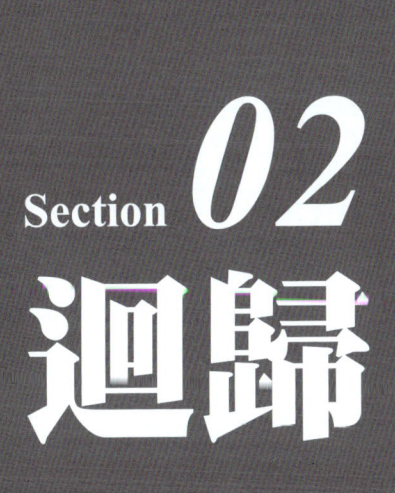

迴歸

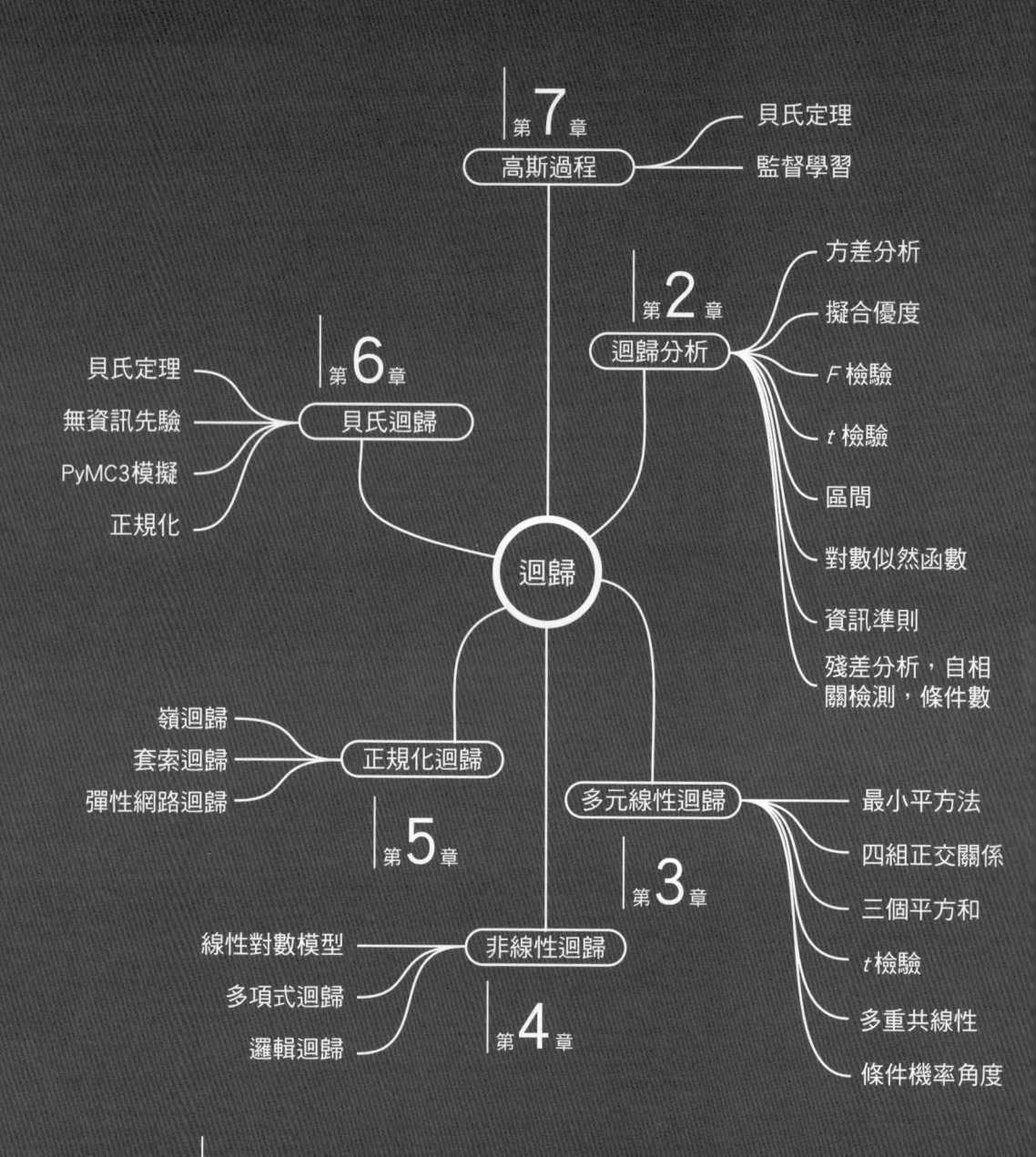

第 7 章 高斯過程
- 貝氏定理
- 監督學習

第 2 章 迴歸分析
- 方差分析
- 擬合優度
- F 檢驗
- t 檢驗
- 區間
- 對數似然函數
- 資訊準則
- 殘差分析，自相關檢測，條件數

第 6 章 貝氏迴歸
- 貝氏定理
- 無資訊先驗
- PyMC3模擬
- 正規化

第 5 章 正規化迴歸
- 嶺迴歸
- 套索迴歸
- 彈性網路迴歸

第 3 章 多元線性迴歸
- 最小平方法
- 四組正交關係
- 三個平方和
- t 檢驗
- 多重共線性
- 條件機率角度

第 4 章 非線性迴歸
- 線性對數模型
- 多項式迴歸
- 邏輯迴歸

學習地圖 | 第 2 板塊

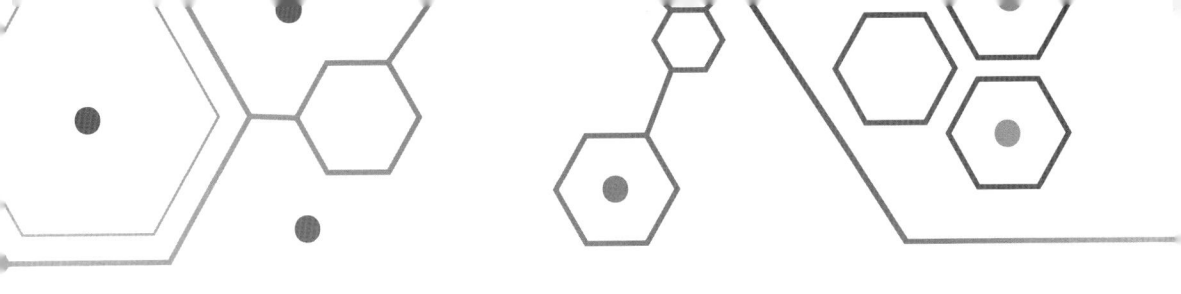

2 迴歸分析
Regression Analysis
線性迴歸結果不能拿來就用

> 真理太複雜了，除了近似，我們別無他法。
>
> ***Truth is much too complicated to allow anything but approximations.***
>
> ——約翰‧馮‧諾依曼（*John von Neumann*）｜ 美國籍數學家｜ *1903—1957* 年

- scipy.stats.kurtosis() 計算峰度
- scipy.stats.normaltest() Omnibus 常態檢驗
- scipy.stats.skew() 計算偏度
- scipy.stats.t.ppf() 求解 t 分佈的逆累積分佈函數
- scipy.stats.t.sf() 求解 t 分佈的互補累積分佈函數 CCDF = 1-CDF
- seaborn.distplot() 繪製長條圖，疊合 KDE 曲線
- seaborn.pairplot() 繪製成對分析圖
- seaborn.regplot() 繪製迴歸影像
- statsmodels.api.add_constant() 線性迴歸增加一列常數 1
- statsmodels.api.OLS() 最小平方法函數
- statsmodels.graphics.tsaplots.plot_acf() 繪製自相關結果
- statsmodels.stats.anova.anova_lm 獲得 ANOVA 表格

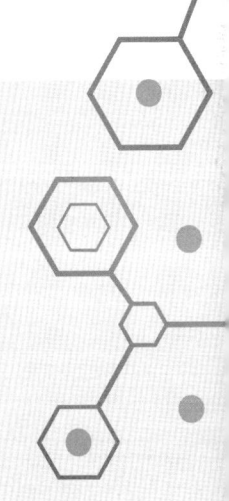

2-1

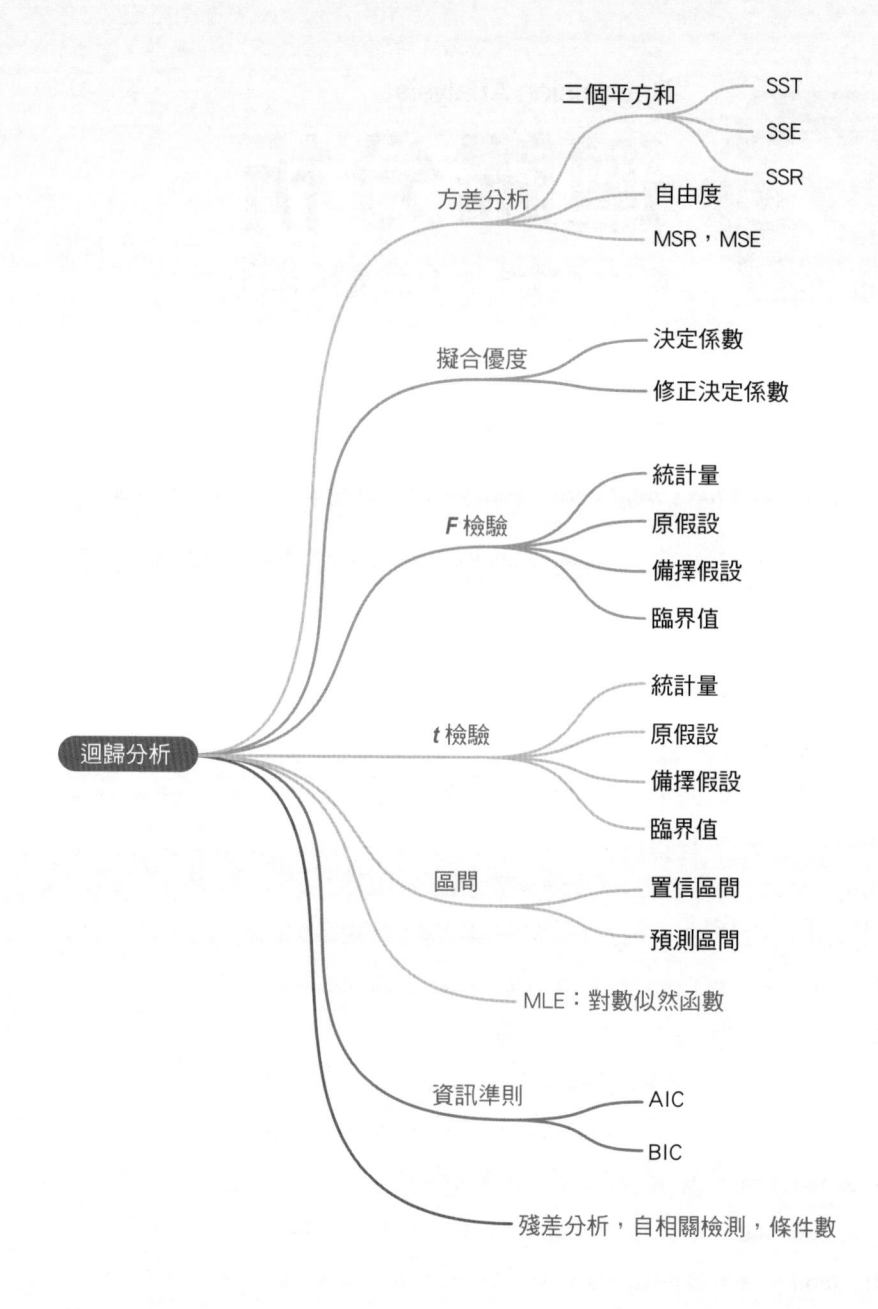

第 2 章　迴歸分析

```
                                    ┌── SST
                        ┌── 三個平方和 ├── SSE
                        │            └── SSR
            ┌── 方差分析 ├── 自由度
            │           └── MSR，MSE
            │
            │           ┌── 決定係數
            ├── 擬合優度 └── 修正決定係數
            │
            │        ┌── 統計量
            │        ├── 原假設
            ├── F 檢驗 ├── 備擇假設
            │        └── 臨界值
            │
            │        ┌── 統計量
迴歸分析 ───┤        ├── 原假設
            ├── t 檢驗 ├── 備擇假設
            │        └── 臨界值
            │
            │       ┌── 置信區間
            ├── 區間 └── 預測區間
            │
            ├── MLE：對數似然函數
            │
            │           ┌── AIC
            ├── 資訊準則 └── BIC
            │
            └── 殘差分析，自相關檢測，條件數
```

2.1 線性迴歸：一個表格、一條直線

一個表格

表 2.1 整理了某個線性迴歸分析的結果。本章的主要目的就是讓大家理解這個表格各項數值的含義。

> 大家是否還記得我們在《AI 時代 Math 元年 - 用 Python 全精通統計及機率》第 24 章結尾舉出過表 2.1。

➜ 表 2.1 一元線性迴歸結果 | Bk7_Ch02_01.ipynb

```
OLS Regression Results
==============================================================================
Dep. Variable:                   AAPL   R-squared:                       0.689
Model:                            OLS   Adj. R-squared:                  0.687
Method:                 Least Squares   F-statistic:                     550.5
Date:                Mon, 01 Jan 2024   Prob (F-statistic):           5.16e-65
Time:                        07:03:51   Log-Likelihood:                 675.37
No. Observations:                 251   AIC:                            -1347.
Df Residuals:                     249   BIC:                            -1340.
Df Model:                           1
Covariance Type:            nonrobust
==============================================================================
                 coef    std err          t      P>|t|      [0.025      0.975]
------------------------------------------------------------------------------
const          0.0019      0.001      1.819      0.070      -0.000       0.004
SP500          1.1234      0.048     23.462      0.000       1.029       1.218
==============================================================================
Omnibus:                       52.109   Durbin-Watson:                   1.871
Prob (Omnibus):                 0.000   Jarque-Bera (JB):              210.792
Skew:                           0.772   Prob (JB):                    1.69e-46
Kurtosis:                       7.216   Cond. No.                         46.0
==============================================================================
```

Bk7_Ch02_01.ipynb 繪製了本節影像。下面，讓我們一起簡單聊聊其中關鍵敘述。

第 2 章　迴歸分析

我們可以透過程式 2.1 下載、處理資料,並完成迴歸運算。

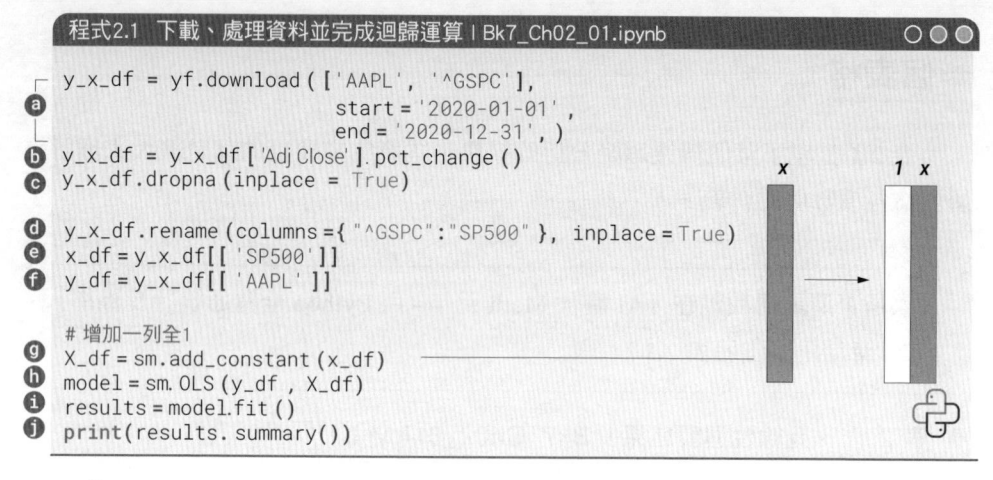

程式2.1　下載、處理資料並完成迴歸運算 | Bk7_Ch02_01.ipynb

```
ⓐ  y_x_df = yf.download(['AAPL', '^GSPC'],
                        start = '2020-01-01',
                        end = '2020-12-31',)
ⓑ  y_x_df = y_x_df['Adj Close'].pct_change()
ⓒ  y_x_df.dropna(inplace = True)

ⓓ  y_x_df.rename(columns={"^GSPC":"SP500"}, inplace = True)
ⓔ  x_df = y_x_df[['SP500']]
ⓕ  y_df = y_x_df[['AAPL']]

   # 增加一列全1
ⓖ  X_df = sm.add_constant(x_df)
ⓗ  model = sm.OLS(y_df, X_df)
ⓘ  results = model.fit()
ⓙ  print(results.summary())
```

ⓐ 用 yfinance.download,簡寫作 yf.download,下載金融資料。在此之前,大家首先需要用 pip install yfinance 安裝該庫。

本例中,我們下載了蘋果公司(AAPL)和標準普爾 500 指數(^GSPC)在 2020 年 1 月 1 日到 2020 年 12 月 31 日期間的股價資料。下載的資料被儲存在資料幀 y_x_df 中。

此外,如果大家下載資料遇到困難,還要用 to_csv() 和 to_pickle() 將資料儲存下來。而且,大家可以用 pandas.read_csv() 或 pandas.read_pickle() 直接讀取資料。

ⓑ 提取「Adj Close」,即調整後收盤價,也即考慮了股票分紅和拆股等因素後的收盤價。然後,用方法 pct_change() 計算日收益率。

ⓒ 刪除資料框中包含遺漏值的行。設置 inplace=True 後會直接在原始資料幀上進行修改,而非返回一個新的資料幀。

ⓓ 用 rename() 方法將「^GSPC」列名稱設置為「SP500」。同樣,設置 inplace=True 後會直接在原始資料幀上進行修改,而不返回一個新的資料幀。

ⓔ 和 ⓕ 分別提取兩列作為迴歸分析中的引數和因變數散點資料。

2.1 線性迴歸：一個表格、一條直線

ⓖ 用 statsmodels.api，簡寫作 sm，其中的 add_constant() 給資料幀 x_df 增加一列全 1 列。目的是使線性迴歸模型能夠擬合常數項，即截距項。如果沒有這一列全 1 列，我們得到的便是無截距線性迴歸模型。

ⓗ 建立了一個 OLS 線性迴歸模型物件。在這個函數中，y_df 是因變數資料，X_df 是引數資料。ⓘ 完成迴歸模型擬合。

ⓙ 列印線性迴歸分析結果。

一條直線

圖 2.1 所示為這個一元 OLS 線性迴歸的引數、因變數散點資料以及分佈特徵。引數為一段時間內標普 500 股票指數 (以下簡稱股指) 日收益率，因變數為某隻特定股票的同期日收益率。觀察散點圖，我們可以發現明顯的「線性」關係。

從金融角度，股指可以部分「解釋」同一個市場上股票的漲跌。表 2.1 是利用 statsmodels.api.OLS() 函數構造的線性模型結果。圖 2.2 所示為用 seaborn.jointplot() 繪製的迴歸圖，並且其中繪製了邊際分佈。

特別是從散點圖中，我們明顯能夠看到很強的正相關性，下面讓我們量化這種相關性。

> ⚠ 再次強調，線性迴歸不代表「因果關係」。

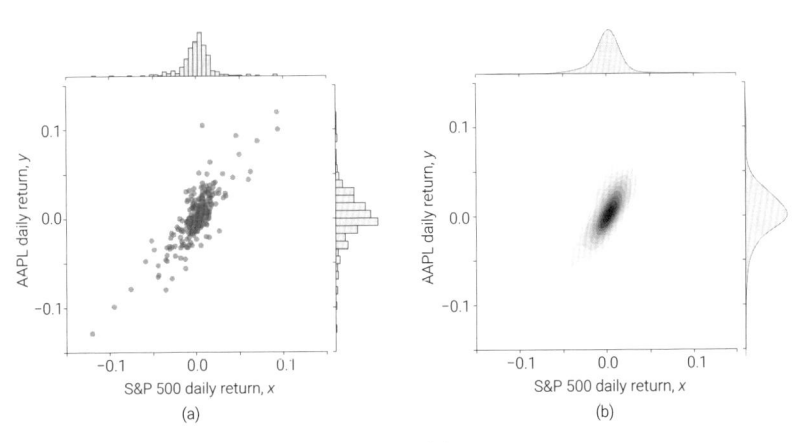

▲ 圖 2.1 日收益率資料關係 |Bk7_Ch02_01.ipynb

第 2 章　迴歸分析

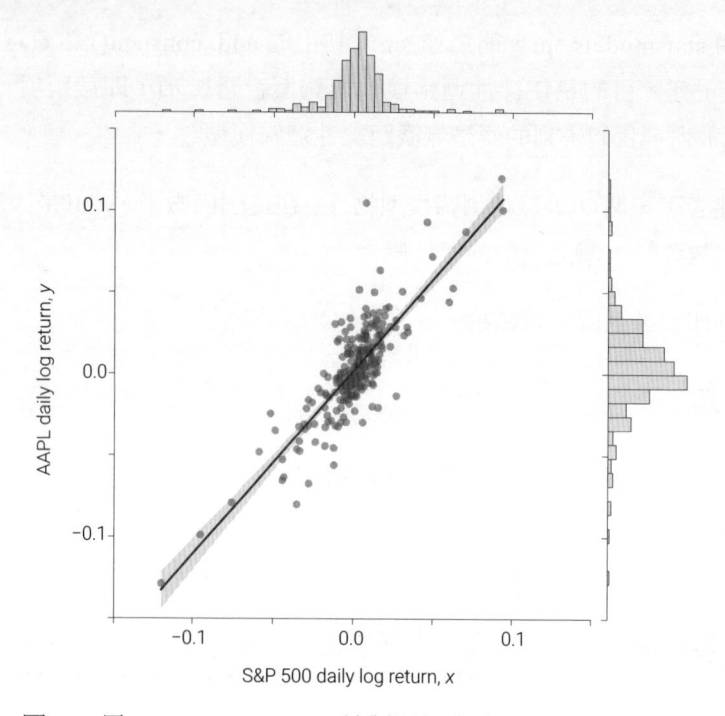

▲ 圖 2.2 用 seaborn.jointplot() 繪製迴歸直線 |Bk7_Ch02_01.ipynb

統計特徵

圖 2.3(a) 所示為資料的協方差矩陣。

假設 X 和 Y 的均值為 0，請大家根據這個協方差矩陣寫出線性迴歸解析式。

圖 2.3(b) 所示為相關性係數矩陣熱圖。

《AI 時代 Math 元年 - 用 Python 全精通統計及機率》第 12、24 章介紹過如何從條件機率角度理解線性迴歸。

《AI 時代 Math 元年 - 用 Python 全精通矩陣及線性代數》第 23 章介紹過相關性係數可以看成是「標準差向量」之間夾角，具體如圖 2.3(c) 所示。

2.2 方差分析 (ANOVA)

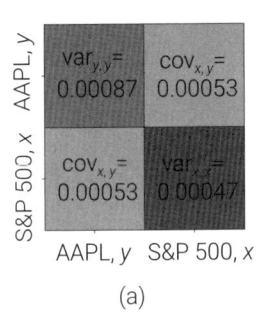

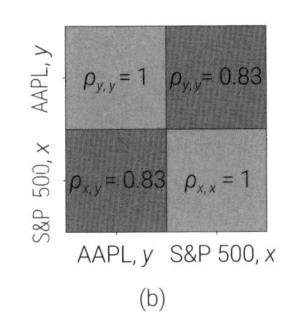

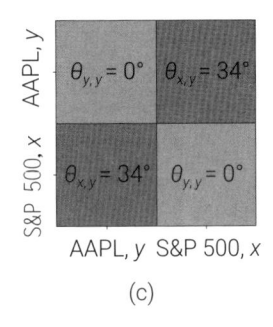

▲ 圖 2.3 **[y,x]** 資料的協方差矩陣、相關性和夾角熱圖 |Bk7_Ch02_01.ipynb

　　圖 2.4 所示為兩個標準差向量的箭頭圖。夾角越小，說明因變數向量 **y** 和引數向量 **x** 越相近。也就是說，夾角越小，引數向量 **x** 能更充分地解釋因變數向量 **y**。本章後文還會利用這個幾何角度解釋迴歸分析結果。

　　本章內容相對比較枯燥，建議大家主要理解方差分析 (ANOVA)，並且在有實際需要時再回頭查閱本章其餘內容。

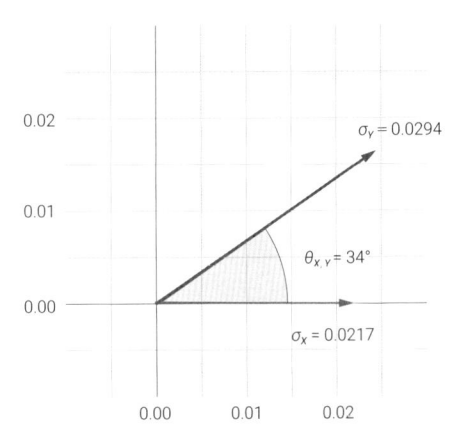

▲ 圖 2.4 標準差向量空間角度解釋夾角 |Bk7_Ch02_01.ipynb

2.2 方差分析 (ANOVA)

　　本節開始先介紹如何理解表 2.2 所示的 ANOVA 表格結果。ANOVA 的含義是**方差分析** (Analysis of Variance)。ANOVA 是一種用於確定線性迴歸模型中不

第 2 章　迴歸分析

同變數對目標變數解釋程度的統計技術。ANOVA 透過比較模型中不同變數的平均方差，來確定哪些變數對目標變數的解釋程度更高。

➔ 表 2.2　一元線性迴歸 ANOVA 表格

	df	sum_sq	mean_sq	F	PR (>F)
x	1.0	0.149314	0.149314	549.729877	4.547141e-65
Residual	250.0	0.067903	0.000272	NaN	NaN

ANOVA 是表 2.1 的重要組成部分之一。

我們可以透過程式 2.2 完成 ANOVA，下面講解其中關鍵敘述。

```
程式2.2  ANOVA | Bk7_Ch02_02.ipynb
from statsmodels.formula.api import ols
from statsmodels.stats.anova import anova_lm
a  data = pd.DataFrame({'x': x_df['SP500'], 'y': y_df['AAPL']})
b  model_V2 = ols("y ~ x", data).fit()
c  anova_results = anova_lm(model_V2, typ=1)
d  print(anova_results)
```

ⓐ 用 pandas.DataFrame() 構造一個資料幀，「x」列中匯入 SP500 資料，「y」列中匯入 AAPL 資料。

前文用 from statsmodels.formula.api import ols 從 Statsmodels 中的 formula.api 模組匯入了 ols 函數。

這個函數允許使用公式字串來指定線性迴歸模型。ⓑ 建立了一個線性迴歸模型。「y ~ x」是一個公式字串，它表示因變數 y 與引數 x 之間的線性關係。data 是包含資料的資料幀。

前文先用 from statsmodels.stats.anova import anova_lm 從 Statsmodels 中的 stats.anova 模組匯入了 anova_lm 函數。ⓒ 使用 anova_lm 函數進行 ANOVA。model_V2 是線性迴歸模型的物件，而 typ=1 表示使用「Type I」ANOVA。Type I ANOVA 逐步增加每個引數，檢驗每個引數的貢獻。方差分析通常用於確定模型中是否有顯著的變數，以及這些變數對因變數的貢獻程度。

2.2 方差分析 (ANOVA)

ⓓ 列印 ANOVA 的結果，具體如表 2.2 所示。

表 2.3 所示為標準 ANOVA 表格對應的統計量。標準 ANOVA 表格比表 2.2 多一行。此外，表 2.3 有五列。

- 第 1 列為方差的三個來源；
- 第 2 列 df 代表**自由度** (degrees of freedom)；自由度是指在計算統計量時可以隨意變化的獨立資料點的數量。
- 第 3 列 SS 代表**平方和** (Sum of Squares)；平方和通常用於描述資料的變異程度，即它們偏離平均值的程度。
- 第 4 列 MS 代表**均方和** (Mean Sum of Squares)；在統計學中，均方和是一種平均值的度量，其計算方法是將平方和除以自由度。
- 第 5 列 F 代表 *F*-test 統計量。*F* 檢驗是一種基於方差比較的統計檢驗方法，用於確定兩個或多個樣本之間是否存在顯著性差異。

→ 表 2.3 ANOVA 表格

Source	df	SS	MS	F	Significance
Regressor	DFR = D = k - 1	SSR	MSR = SSR/DFR	F = MSR/MSE	*p*-value of *F*-test
Residuals	DFE = n - D - 1 = n - k	SSE	MSE = SSE/DFE		
Total	DFT = n - 1	SST			

表中 n 代表參與迴歸的非 NaN 樣本數量。k 代表迴歸模型參數量，包括截距項。D 代表因變數的數量，因此 $k = D + 1$（「+1」代表常數項參數）。下面將一個一個解密表 2.3 中的每一個值的含義，以及它們和線性迴歸的關係。

第 2 章　迴歸分析

三個平方和

為了理解 ANOVA 表格，我們首先要了解以下三個平方和。

- **總離差平方和** (Sum of Squares for Total，SST)，也稱 TSS(Total Sum of Squares)。總離差平方和描述所有觀測值與整體平均值之間差異的平方和，用來評整個資料集的離散程度。

- **殘差平方和** (Sum of Squares for Error，SSE)，也稱 RSS(Residual Sum of Squares)。殘差平方和反映了因變數中無法透過引數預測的部分，也稱為誤差項，可以用於檢查迴歸模型的擬合程度和判斷是否存在異常值。在迴歸分析中，常用透過最小化殘差平方和來確定最佳的迴歸係數。

- **迴歸平方和** (Sum of Squares for Regression，SSR)，也稱 ESS(Explained Sum of Squares)。迴歸平方和反映了迴歸模型所解釋的資料變異量的大小，用於評估迴歸模型的擬合程度以及引數對因變數的影響程度。

圖 2.5 舉出了計算三個平方和所需的數值。表 2.4 總結了三個平方和的定義。

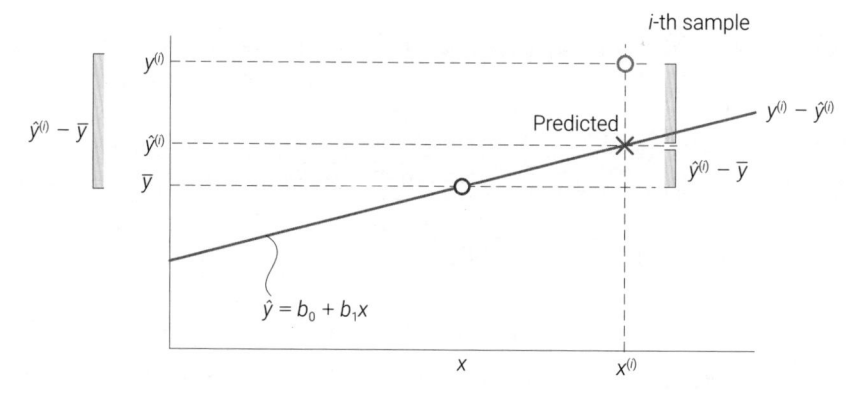

▲ 圖 2.5　透過一元線性迴歸模型分解因變數的變化表

2.4 三個平方和的定義

平方和	定義	影像
總離差平方和 (Sum of Squares for Total，SST)	$SST = \sum_{i=1}^{n}\left(y^{(i)} - \bar{y}\right)^2$	
迴歸平方和 (Sum of Squares for Regression，SSR)	$SSR = \sum_{i=1}^{n}\left(\hat{y}^{(i)} - \bar{y}\right)^2$	
殘差平方和 (Sum of Squares for Error，SSE)	$SSE = \sum_{i=1}^{n}\left(y^{(i)} - \hat{y}^{(i)}\right)^2$	

等式關係

對線性迴歸來說，ANOVA 實際上就是把 SST 分解成 SSE 和 SSR：

$$SST = SSR + SSE \qquad (2.1)$$

即：

$$\underbrace{\sum_{i=1}^{n}\left(y^{(i)} - \bar{y}\right)^2}_{SST} = \underbrace{\sum_{i=1}^{n}\left(\hat{y}^{(i)} - \bar{y}\right)^2}_{SSR} + \underbrace{\sum_{i=1}^{n}\left(y^{(i)} - \hat{y}^{(i)}\right)^2}_{SSE} \qquad (2.2)$$

上式的證明並不難，本節不做展開講解，本章後續會用向量幾何角度解釋以上等式關係。此外，本章還會介紹由這三個平方和引出的一系列有關迴歸的統計量，特別是 R-squared 和 Adj.R-squared。

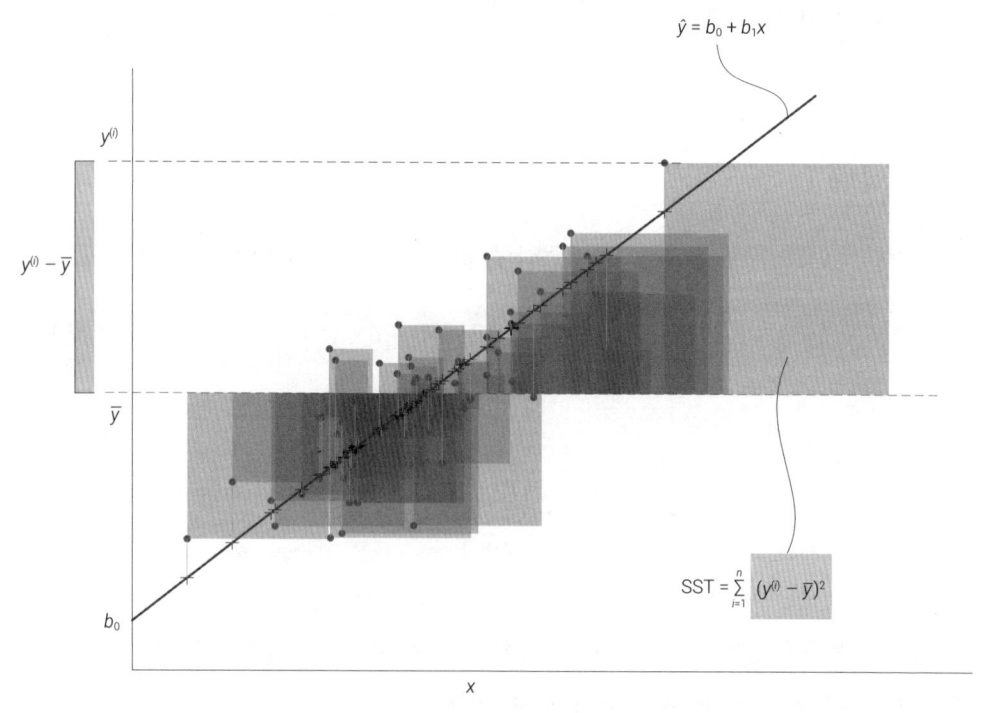

2.3 總離差平方和 (SST)

總離差平方和 (Sum of Squares for Total，SST) 代表因變數 y 所有樣本點與期望值 $\bar{y}$ 的差異：

$$SST = \sum_{i=1}^{n}\left(y^{(i)} - \bar{y}\right)^2 \tag{2.3}$$

其中，期望值 $\bar{y}$ 為：

$$\bar{y} = \frac{1}{n}\sum_{i=1}^{n}y^{(i)} \tag{2.4}$$

如圖 2.6 所示，我們可以把 SST 看作一系列正方形面積之和。這些正方形的邊長為 $|y^{(i)} - \bar{y}|$。圖 2.6 中這些正方形的一條邊都在期望值 $\bar{y}$ 這個高度上。

▲ 圖 2.6 總離差平方和 (SST)

2.3 總離差平方和 (SST)

總離差自由度 (DFT)

總離差自由度 (Degree of Freedom Total，DFT) 的定義為：

$$DFT = n-1 \tag{2.5}$$

n 是樣本資料的數量 (NaN 除外)。

三個自由度之間的關係

總離差自由度 (DFT)、迴歸自由度 (Degree of Freedom for Regression，DFR)、殘差自由度 (Degree of Freedom for Error，DFE) 三者之間的關係為：

$$DFT = n-1 = DFR + DFE = \underbrace{(k-1)}_{DFR} + \underbrace{(n-k)}_{DFE} = \underbrace{(D)}_{DFR} + \underbrace{(n-D-1)}_{DFE} \tag{2.6}$$

k 是迴歸模型的參數，其中包括截距項。因此，

$$k = D+1 \tag{2.7}$$

D 為參與迴歸模型的特徵數，也就是因變數的數量。舉個例子，對於一元線性迴歸，$D = 1$，$k = 2$。如果參與建模的樣本資料為 $n = 252$，幾個自由度分別為：

$$\begin{cases} DFT = 252-1 = 251 \\ k = D+1 = 2 \\ DFR = k-1 = D = 1 \\ DFE = n-k = n-D-1 = 252-2 = 250 \end{cases} \tag{2.8}$$

平均總離差 (MST)

平均總離差 (Mean Square Total，MST) 的定義為：

$$MST = \mathrm{var}(Y) = \frac{\sum_{i=1}^{n}(y_i - \bar{y})^2}{n-1} = \frac{SST}{DFT} \tag{2.9}$$

2-13

第 2 章　迴歸分析

實際上，MST 便是因變數 Y 樣本資料方差。

Bk7_Ch02_02.ipynb 還複刻了上述 SST 和 MST 結果，下面講解程式 2.3。

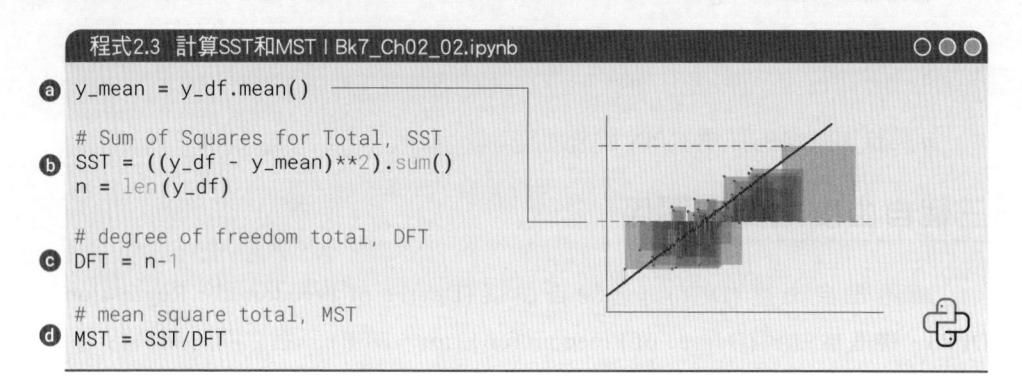

程式2.3　計算SST和MST | Bk7_Ch02_02.ipynb

```
ⓐ  y_mean = y_df.mean()

    # Sum of Squares for Total, SST
ⓑ  SST = ((y_df - y_mean)**2).sum()
    n = len(y_df)

    # degree of freedom total, DFT
ⓒ  DFT = n-1

    # mean square total, MST
ⓓ  MST = SST/DFT
```

ⓐ 計算期望值 $\bar{y}$。

ⓑ 計算 $\text{SST} = \sum_{i=1}^{n}\left(y^{(i)} - \bar{y}\right)^2$。

ⓒ 計算 DFT = $n-1$，其中 n 為參與擬合的樣本數。

ⓓ 計算 MST = SST/DFT。

2.4 迴歸平方和 (SSR)

迴歸平方和 (Sum of Squares for Regression，SSR) 代表迴歸方程式計算得到的預測值 $\hat{y}^{(i)}$ 和期望值 $\bar{y}$ 之間的差異：

$$\text{SSR} = \sum_{i=1}^{n}\left(\hat{y}^{(i)} - \bar{y}\right)^2 \tag{2.10}$$

圖 2.7 所示為 SSR 的幾何意義。圖 2.7 中的每個正方形邊長為 $\left|\hat{y}^{(i)} - \bar{y}\right|$。

2.4 迴歸平方和 (SSR)

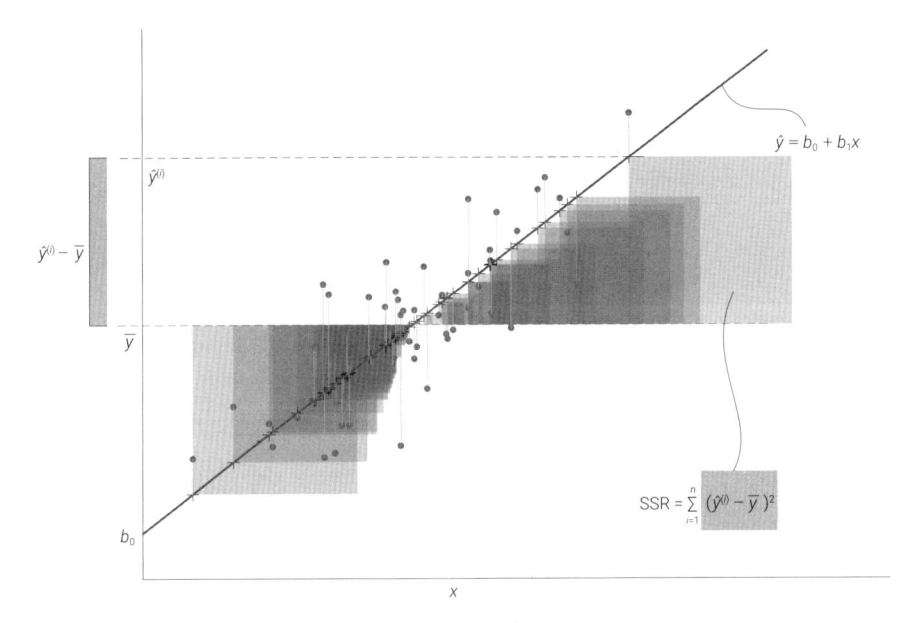

▲ 圖 2.7 迴歸平方和 (SSR)

> ⚠ 圖中所有正方形的頂點都在迴歸直線上。

迴歸自由度 (DFR)

迴歸自由度 (Degrees of Freedom for Regression，DFR) 的定義為：

$$\text{DFR} - k - 1 = D \tag{2.11}$$

本例中，$D = 1$。

平均迴歸平方 (MSR)

平均迴歸平方 (Mean Square Regression，MSR) 為：

$$\text{MSR} = \frac{\text{SSR}}{\text{DFR}} = \frac{\text{SSR}}{k-1} = \frac{\text{SSR}}{D} \tag{2.12}$$

第 2 章　迴歸分析

我們可以透過程式 2.4 計算 SSR 和 MSR。

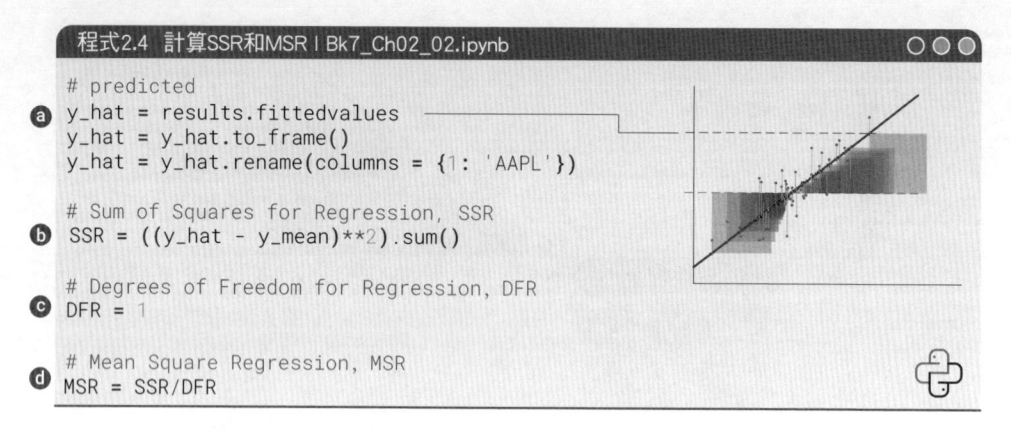

```
程式2.4  計算SSR和MSR | Bk7_Ch02_02.ipynb
# predicted
ⓐ y_hat = results.fittedvalues
  y_hat = y_hat.to_frame()
  y_hat = y_hat.rename(columns = {1: 'AAPL'})

# Sum of Squares for Regression, SSR
ⓑ SSR = ((y_hat - y_mean)**2).sum()

# Degrees of Freedom for Regression, DFR
ⓒ DFR = 1

# Mean Square Regression, MSR
ⓓ MSR = SSR/DFR
```

ⓐ 從 results 中獲取預測值 $\hat{y}^{(i)}$。預測值 $\hat{y}^{(i)}$ 在圖中紅線上。

ⓑ 計算 $SSR = \sum_{i=1}^{n} \left(\hat{y}^{(i)} - \bar{y} \right)^2$。

ⓒ 設定 DFR (因變數數量)，本例中 DFR = 1。

ⓓ 計算 MSR = SSR/DFR。

2.5　殘差平方和 (SSE)

殘差平方和 (Sum of Squares for Error，SSE) 的定義為：

$$SSE = \sum_{i=1}^{n} \left(\varepsilon^{(i)} \right)^2 = \sum_{i=1}^{n} \left(y^{(i)} - \hat{y}^{(i)} \right)^2 \tag{2.13}$$

相信大家對 SSE 已經很熟悉。比如，在最小平方法中，我們透過最小化 SSE 最佳化迴歸參數。

圖 2.8 所示為 SSE 的示意圖。圖中每個正方形的邊長為 $\left| y^{(i)} - \hat{y}^{(i)} \right|$。對於 OLS 一元線性迴歸，我們期待圖中藍色正方形面積之和最小。

2.5 殘差平方和 (SSE)

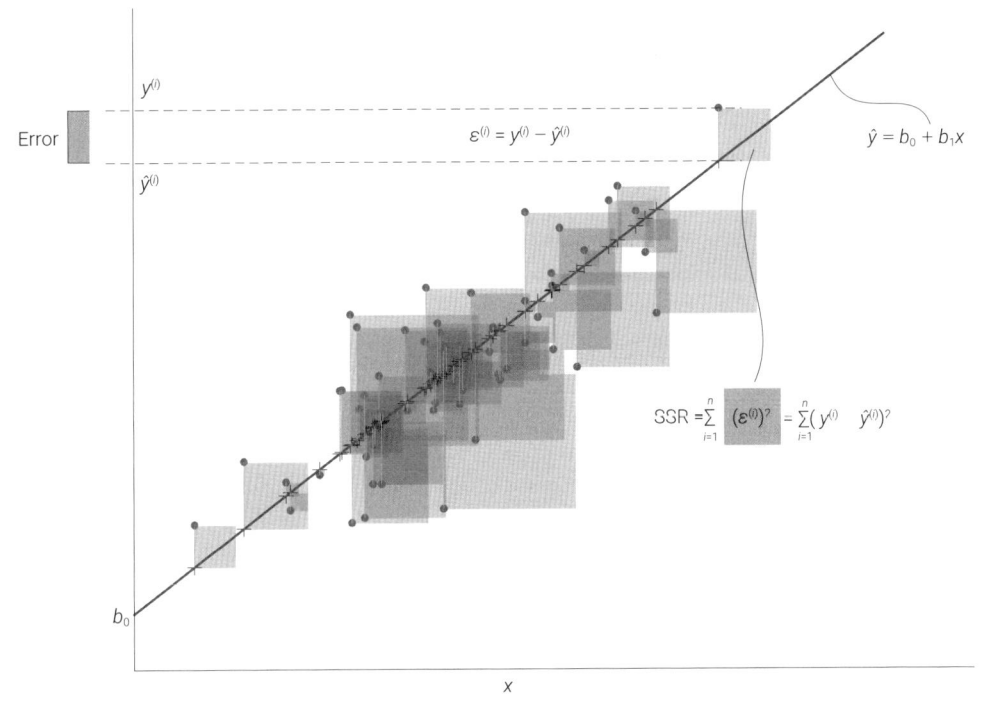

▲ 圖 2.8 殘差平方和 (SSE)

殘差自由度 (DFE)

殘差自由度 (Degrees of Freedom for Error, DFE) 的定義為：

$$\text{DFE} = n - k = n - D - 1 \tag{2.14}$$

殘差平均值 (MSE)

殘差平均值 (Mean Squared Error, MSE) 的定義為：

$$\text{MSE} = \frac{\text{SSE}}{\text{DFE}} = \frac{\text{SSE}}{n-k} = \frac{\text{SSE}}{n-D-1} \tag{2.15}$$

2-17

均方根殘差 (RMSE)

均方根殘差 (Root Mean Square Error，RMSE) 為 MSE 的平方根：

$$\text{RMSE} = \sqrt{\text{MSE}} = \sqrt{\frac{\text{SSE}}{\text{DFE}}} = \sqrt{\frac{\text{SSE}}{n-k}} = \sqrt{\frac{\text{SSE}}{n-D-1}} \tag{2.16}$$

我們可以透過程式 2.5 計算 SSE 和 MSE，請大家自行分析這幾句。

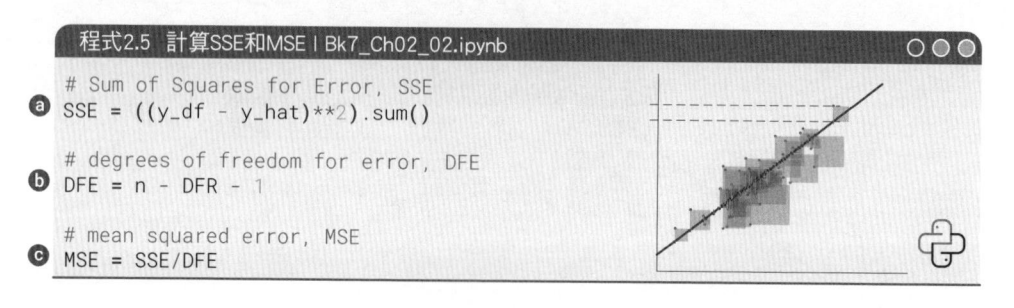

程式2.5 計算SSE和MSE | Bk7_Ch02_02.ipynb

```
# Sum of Squares for Error, SSE
ⓐ SSE = ((y_df - y_hat)**2).sum()

# degrees of freedom for error, DFE
ⓑ DFE = n - DFR - 1

# mean squared error, MSE
ⓒ MSE = SSE/DFE
```

2.6 幾何角度：畢氏定理

大家別忘了《AI 時代 Math 元年 - 用 Python 全精通矩陣及線性代數》反覆提到的線性迴歸幾何角度！

一個直角三角形

下面我們用向量範數算式完成式 (2.2) 中的三個求和運算：

$$\begin{aligned}
\text{SST} &= \sum_{i=1}^{n}\left(y^{(i)} - \bar{y}\right)^2 = \left\| \boldsymbol{y} - \bar{y}\boldsymbol{I} \right\|_2^2 \\
\text{SSR} &= \sum_{i=1}^{n}\left(\hat{y}^{(i)} - \bar{y}\right)^2 = \left\| \hat{\boldsymbol{y}} - \bar{y}\boldsymbol{I} \right\|_2^2 \\
\text{SSE} &= \sum_{i=1}^{n}\left(y^{(i)} - \hat{y}^{(i)}\right)^2 = \left\| \boldsymbol{y} - \hat{\boldsymbol{y}} \right\|_2^2
\end{aligned} \tag{2.17}$$

根據式 2.2，我們可以得到以下等式：

$$\underbrace{\left\| \boldsymbol{y} - \bar{y}\boldsymbol{I} \right\|_2^2}_{\text{SST}} = \underbrace{\left\| \hat{\boldsymbol{y}} - \bar{y}\boldsymbol{I} \right\|_2^2}_{\text{SSR}} + \underbrace{\left\| \boldsymbol{y} - \hat{\boldsymbol{y}} \right\|_2^2}_{\text{SSE}} \tag{2.18}$$

2.6 幾何角度：畢氏定理

相信大家一眼就會看出來，式 (2.18) 代表著直角三角形的畢氏定理！

如圖 2.9(a) 所示，$y - \bar{y}\mathbf{1}$ 就是斜邊對應的向量，斜邊長度為 $\|y - \bar{y}\mathbf{1}\|$。

$\hat{y} - \bar{y}\mathbf{1}$ 為第一條直角邊，$\hat{y} - \bar{y}\mathbf{1}$ 代表迴歸模型解釋的部分。$y - \hat{y}$ 為第二條直角邊，代表殘差項，也就是迴歸模型不能解釋的部分。

> ⚠️ 注意：圖 2.9 中 $y - \bar{y}\mathbf{1}$ 和 $\hat{y} - \bar{y}\mathbf{1}$ 的起點為 $\bar{y}\mathbf{1}$ 的終點，這相當於去均值。

如圖 2.9(b) 所示，畢氏定理還可以寫成：

$$\left(\sqrt{SST}\right)^2 = \left(\sqrt{SSR}\right)^2 + \left(\sqrt{SSE}\right)^2 \tag{2.19}$$

此外，請大家注意圖中 θ, θ 是向量 $y - \bar{y}\mathbf{1}$ 和向量 $\hat{y} - \bar{y}\mathbf{1}$ 的夾角，下一節會用到它。

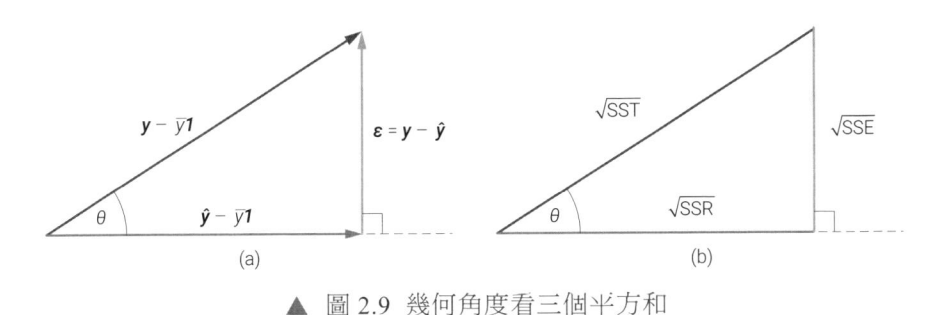

▲ 圖 2.9 幾何角度看三個平方和

四個直角三角形

圖 2.9 的直角三角形是圖 2.10 中四面體的面 (灰色底色)。而圖 2.10 中四面體的四個面都是直角三角形！

> ◀ 現在請大家自己試著理解這個四面體和四個直角三角形的含義，下一章會深入分析。

第 2 章　迴歸分析

Origin

y

$y - \bar{y}\mathbf{1}$

$\varepsilon = y - \hat{y}$

$\hat{y}$

$\bar{y}\mathbf{1}$

θ

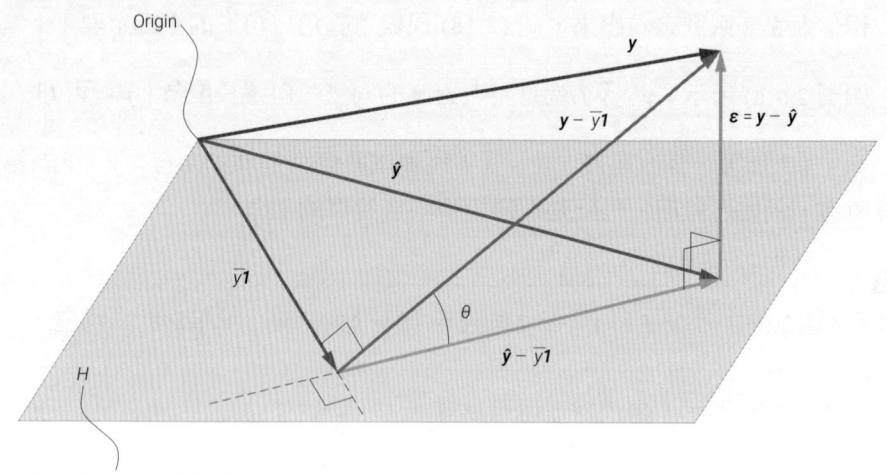

$\hat{y} - \bar{y}\mathbf{1}$

H

Hyperplane spanned by column vectors of **X**

▲ 圖 2.10　四面體的四個面都是直角三角形

2.7 擬合優度：評價擬合程度

如圖 2.11 所示，向量 $y - \bar{y}\mathbf{1}$ 和向量 $\hat{y} - \bar{y}\mathbf{1}$ 之間夾角 θ 越小，說明誤差越小，即代表擬合效果越好。

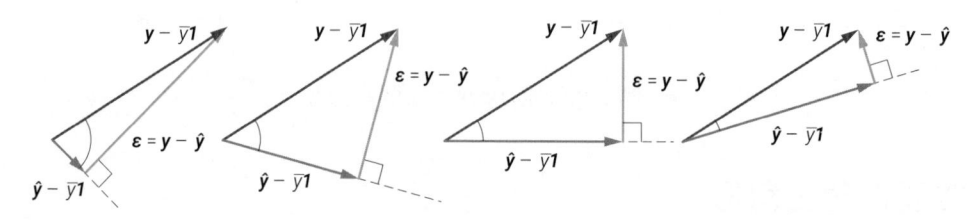

▲ 圖 2.11　因變數向量和預測值向量夾角從大到小

　　在迴歸模型建立之後，很自然地就要考慮這個模型是否能夠極佳地解釋資料，即考查這條迴歸線對觀察值的擬合程度，也就是所謂的**擬合優度** (goodness of fit)。擬合優度是指一個統計模型與觀測資料之間的擬合程度，即模型能夠多好地解釋資料。簡單地說，擬合優度考察迴歸分析中樣本資料點對於迴歸線的貼合程度。

2-20

2.7 擬合優度：評價擬合程度

決定係數 (coefficient of determination，R^2) 是定量化反映模型擬合優度的統計量。從幾何角度來看，R^2 是圖 2.10 中 θ 餘弦值 $\cos\theta$ 的平方：

$$R^2 = \cos^2\theta \tag{2.20}$$

利用圖 2.9(b) 中直角三角形三邊之間的關係，R^2 可以整理為：

$$R^2 = \frac{\text{SSR}}{\text{SST}} = 1 - \frac{\text{SSE}}{\text{SST}} \tag{2.21}$$

預測值越接近樣本值，R^2 越接近 1；相反，若擬合效果越差，R^2 越接近 0。擬合優度可以幫助評估迴歸模型的可靠性和預測能力，並對模型進行改進和最佳化。

一元線性迴歸

特別地，對於一元線性迴歸，決定係數是因變數與引數的相關係數的平方，與模型係數 b_1 也有直接關係。

$$R^2 = \rho_{X,Y}^2 = \left(b_1 \frac{\sigma_X}{\sigma_Y}\right)^2 \tag{2.22}$$

其中，

$$b_1 = \rho_{X,Y} \frac{\sigma_Y}{\sigma_X} \tag{2.23}$$

也就是說，在一元線性迴歸中，R^2 的平方根等於線性相關係數的絕對值。也就是說，當 ρ 等於 1 或 -1 時，R^2 為 1，表示因變數完全由引數解釋；當 ρ 等於 0 時，R^2 為 0，表示引數對因變數沒有任何解釋能力。因此，R^2 越接近 1，表示引數對因變數的解釋能力越強，線性相關係數 ρ 的絕對值也越大，反之亦然。

因此，線性相關係數 ρ 和決定係數 R^2 都是衡量變數之間線性關係強弱的重要指標，它們可以幫助我們理解引數對因變數的解釋能力，評估模型的擬合優度，以及選擇最佳的迴歸模型。

第 2 章 迴歸分析

修正決定係數

但是,僅使用 R^2 是不夠的。對多元線性模型,不斷增加解釋變數個數 D 時,R^2 將不斷增大。我們可以利用**修正決定係數** (adjusted R squared)。簡單來說,修正決定係數考慮到引數的數目對決定係數的影響,避免了當引數數量增加時決定係數的人為提高。修正決定係數的具體定義為:

$$\begin{aligned}
R_{adj}^2 &= 1 - \frac{\text{MSE}}{\text{MST}} \\
&= 1 - \frac{\text{SSE}/(n-k)}{\text{SST}/(n-1)} \\
&= 1 - \left(\frac{n-1}{n-k}\right)\frac{\text{SSE}}{\text{SST}} \\
&= 1 - \left(\frac{n-1}{n-k}\right)\left(1-R^2\right) \\
&= 1 - \left(\frac{n-1}{n-D-1}\right)\frac{\text{SSE}}{\text{SST}}
\end{aligned} \tag{2.24}$$

修正決定係數的作用在於,當模型中引數的數量增加時,能夠懲罰**過擬合** (overfitting),並避免決定係數因引數個數增加而提高的問題。因此,在比較不同模型的擬合優度時,使用修正決定係數會更加準確,能夠更進一步地刻畫模型的解釋能力。

過擬合是指一個模型在訓練資料上表現良好,但在測試資料上表現較差的現象。在過擬合的情況下,模型過度地學習了訓練資料的特徵和雜訊,導致其在測試資料上的預測能力下降。

過擬合通常發生在模型複雜度過高或訓練資料太少的情況下。舉例來說,在一元線性迴歸中,如果使用高次多項式來擬合資料,就容易出現過擬合的情況。在這種情況下,模型會過擬合訓練資料,導致其在新資料上的預測能力下降。

為了避免過擬合,可以採取以下方法:增加訓練資料量、降低模型複雜度、採用**正規化** (regularization) 技術等。

> 本書第5章講解正規化迴歸。

接著前文程式，我們可以透過程式 2.6 計算決定係數和修正決定係數。再次強調，雖然 Statsmodels 的迴歸函數已經幫助我們計算獲得了這些迴歸分析結果；但是，仍然強烈建議大家知道這些結果背後的數學工具。而且本書還格外建議大家利用多角度 (比如，幾何、資料、最佳化等) 來理解這些演算法。

程式2.6 計算決定係數和修正決定係數 | Bk7_Ch02_02.ipynb

```
# 計算決定係數
a   R2 = SSR/SST

    # 計算修正決定係數
b   R2_adj = 1 - MSE/MST
```

2.8 F 檢驗：模型參數不全為 0

在線性迴歸中，F 檢驗用於檢驗線性迴歸模型參數是否顯著。它透過比較迴歸平方和和殘差平方和的大小來判斷模型是否具有顯著的解釋能力。

統計量

F 檢驗的統計量為：

$$F = \frac{\text{MSR}}{\text{MSE}} = \frac{\frac{\text{SSR}}{k-1}}{\frac{\text{SSE}}{n-k}} = \frac{\text{SSR}(n-k)}{\text{SSE}(k-1)}$$

$$= \frac{\frac{\text{SSR}}{D}}{\frac{\text{SSE}}{n-D-1}} = \frac{\text{SSR} \cdot (n-D-1)}{\text{SSE} \cdot (D)} \sim F(k-1, n-k) \tag{2.25}$$

程式 2.7 展示了如何計算 F 檢驗統計量，並驗證 Statsmodels 迴歸分析結果。

```
程式2.7  F檢驗的統計量 | Bk7_Ch02_02.ipynb
# 計算F檢驗的統計量
ⓐ F_test = MSR/MSE
print (F_test)

# 驗算F檢驗的統計量
ⓑ N = results.nobs
ⓒ k = results.df_model + 1
ⓓ dfm, dfe = k - 1, N - k
ⓔ F = results.mse_model / results.mse_resid
print ( F )
```

原假設、備擇假設

假設檢驗 (hypothesis testing) 是統計學中常用的一種方法，用於根據樣本資料推斷整體參數是否符合某種假設。假設檢驗通常包括兩個假設：原假設和備擇假設。

原假設 (null hypothesis) 是指在實驗或調查中假設成立的假設，通常認為其成立。

備擇假設 (alternative hypothesis) 是指當原假設不成立時，我們希望成立的另一個假設。

透過收集樣本資料，並根據統計學原理計算出樣本統計量的機率分佈，我們可以計算出拒絕原假設的機率。如果這個機率小於預設的顯示水準 (比如 0.05)，就可以拒絕原假設，認為備擇假設成立。反之，如果這個機率大於預設的顯示水準，就不能拒絕原假設。

F 檢驗是單尾檢驗，原假設 H_0、備擇假設 H_1 分別為：

$$H_0 : b_1 = b_2 = \cdots = b_D = 0$$
$$H_1 : b_j \neq 0 \text{ 至少有一个 } j \tag{2.26}$$

具體來說，F 檢驗的零假設是指模型的所有迴歸係數都等於零，即引數對因變數沒有顯著的影響。如果 F 檢驗的 p 值小於設定的顯示水準，就可以拒絕零假設，認為模型是顯著的，即引數對因變數有顯著的影響。

臨界值

得到的 F 值和臨界值 F_α 進行比較。臨界值 F_α 可根據兩個自由度 (k - 1 和 n - k) 以及顯示水準 α 查表獲得。1 - α 為置信度或置信水平，通常取 α = 0.05 或 α = 0.01。這表明，當作出接受原假設的決定時，其正確的可能性為 95% 或 99%。

如果，

$$F > F_{1-\alpha}(k-1, n-k) \tag{2.27}$$

在該置信水平上拒絕零假設 H_0，不認為引數係數同時具備非顯著性，即所有係數不太可能同時為零。

不然接受 H_0，引數係數同時具有非顯著性，即所有係數很可能同時為零。

舉個例子

給定條件 α = 0.01，$F_{1-\alpha}(1,250)$ = 6.7373。表 2.2 結果告訴我們，F = 549.7 > 6.7373，表明可以顯著地拒絕 H_0。

也可以用表 2.1 中 p 值，

$$p\text{-value} = P\left(F < F_\alpha(k-1, n-k)\right) \tag{2.28}$$

如果 p 值小於 α，則可以拒絕零假設 H_0。

> Bk7_Ch02_02.ipynb 中計算了表 2.2 所示 ANOVA 表格中統計量。

2.9 t 檢驗：某個迴歸係數是否為 0

在線性迴歸中，t 檢驗主要用於檢驗線性迴歸模型中某個特定引數的係數是否顯著。具體地，t 檢驗的零假設是特定迴歸係數等於零，即引數對因變數沒有

顯著的影響。如果 t 檢驗的 p 值小於設定的顯示水準,就可以拒絕零假設,認為該引數的係數顯著不為零,即引數對因變數有顯著的影響。

需要注意的是,t 檢驗一般用來檢驗一個特定引數的係數是否顯著,而不能判斷模型整體是否顯著。如果需要判斷模型整體的顯著性,可以使用前文介紹的 F 檢驗。

原假設、備擇假設

對於一元線性迴歸,t 檢驗原假設和備擇假設分別為:

$$\begin{cases} H_0 : b_1 = b_{1,0} \\ H_1 : b_1 \neq b_{1,0} \end{cases} \tag{2.29}$$

一般 $b_{1,0}$ 取 0,也就是檢驗迴歸係數是否為 0。當然,$b_{1,0}$ 也可以取其他值。

斜率係數

b_1 的 t 檢驗統計量:

$$t_{b1} = \frac{\hat{b}_1 - b_{1,0}}{\text{SE}(\hat{b}_1)} \tag{2.30}$$

$\hat{b}_1$ 1 為 OLS 線性迴歸估算得到的係數,SE $(\hat{b}_1)$ 1) 為其標準誤:

$$\text{SE}(\hat{b}_1) = \sqrt{\frac{\text{MSE}}{\sum_{i=1}^{n}(x^{(i)} - \bar{x})^2}} = \sqrt{\frac{\sum_{i=1}^{n}(\varepsilon^{(i)})^2}{n - 2}{\sum_{i=1}^{n}(x^{(i)} - \bar{x})^2}} \tag{2.31}$$

上式中,MSE 為本章前文介紹的**殘差平均值** (mean squared error),n 是樣本資料的數量 (除去 NaN)。標準誤越大,迴歸係數的估計值越不可靠。

我們可以透過程式 2.8 計算 b_1 的 t 檢驗統計量。請大家對照式 (2.30) 和式 (2.31),逐句分析程式。

2.9 t檢驗：某個迴歸係數是否為0

程式2.8 b_1 的 t 檢驗統計量 | Bk7_Ch02_03.ipynb

```
  MSE = SSE/DFE
ⓐ MSE = MSE.values
  # 計算MSE
ⓑ b1 = p.SP500
  # 斜率係數
ⓒ SSD_x = np.sum((x_df.values - x_mean)**2)
ⓓ SE_b1 = np.sqrt(MSE/SSD_x)
  # 標準誤
ⓔ T_b1 = (b1 - 0)/SE_b1
  # b1的t檢驗統計量
```

$$\mathrm{SE}(\hat{b}_1) = \sqrt{\frac{\mathrm{MSE}}{\sum_{i=1}^{n}(X^{(i)}-\overline{X})^2}} = \sqrt{\frac{\sum_{i=1}^{n}(\varepsilon^{(i)})^2}{n-2}}{\sum_{i=1}^{n}(X^{(i)}-\overline{X})^2}}$$

$$t_{b1} = \frac{\hat{b}_1 - b_{1,0}}{\mathrm{SE}(\hat{b}_1)}$$

臨界值

如果下式成立，接受零假設 H_0：

$$-t_{1-\alpha/2,\, n-2} < T < t_{1-\alpha/2,\, n-2} \tag{2.32}$$

不然則拒絕零假設 H_0。

特別地，如果原假設和備擇假設為：

$$\begin{cases} H_0: b_1 = 0 \\ H_1: b_1 \neq 0 \end{cases} \tag{2.33}$$

如果式 (2.32) 成立，接受零假設 H_0，即迴歸係數不具有顯著統計性；通俗地說，也就是 $b_1 = 0$，表示引數和因變數不存在線性關係。不然則拒絕零假設 H_0，即迴歸係數具有顯著統計性。

截距項係數

對於一元線性迴歸，對截距項係數 b_0 的假設檢驗程式和上述類似。b_0 的 t 檢驗統計值：

$$t_{b0} = \frac{\hat{b}_0 - b_{0,0}}{\mathrm{SE}(\hat{b}_0)} \tag{2.34}$$

第 2 章　迴歸分析

$\hat{b}_0$ 為 OLS 線性迴歸估算得到的係數，SE $(\hat{b}_0)$ 為其標準誤：

$$\text{SE}(\hat{b}_0) = \sqrt{\text{MSE}\left[\frac{1}{n} + \frac{\bar{x}^2}{\sum_{i=1}^{n}(x^{(i)} - \bar{x})^2}\right]} = \sqrt{\frac{\sum_{i=1}^{n}(\varepsilon^{(i)})^2}{n-2}\left[\frac{1}{n} + \frac{\bar{x}^2}{\sum_{i=1}^{n}(x^{(i)} - \bar{x})^2}\right]} \quad (2.35)$$

請大家對照式 (2.34) 和式 (2.35)，逐句學習程式 2.9。

```
程式2.9  b₀的t檢驗統計量 | Bk7_Ch02_03.ipynb
```
ⓐ `b0 = p.const`
    `# 截距係數`
ⓑ `SE_b0 = np.sqrt(MSE*(1/n + x_mean**2/SSD_x))`
    `# 標準誤`
ⓒ `T_b0 = (b0 - 0)/SE_b0`
    `# b0的t檢驗統計量`

舉個例子

t 檢驗統計值 T 服從自由度為 $n-2$ 的 t 分佈。本節採用的 t 檢驗是雙尾檢測。在統計學中，雙尾假設檢驗是指在假設檢驗過程中，假設被拒絕的區域位於一個統計量分佈的兩個尾端，即研究者對於一個參數或統計量是否等於某一特定值，不確定其比該值大還是小，而是存在兩種可能性，因此需要在兩個尾端進行檢驗，如圖 2.12 所示。

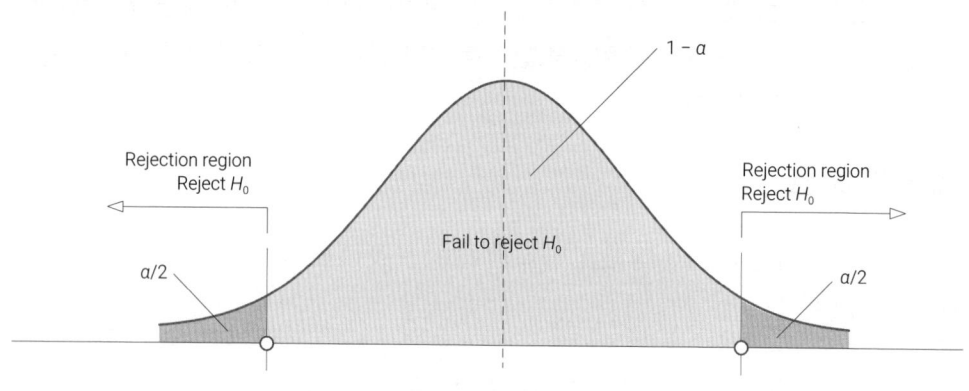

▲ 圖 2.12　雙尾檢驗

2.9 t檢驗：某個迴歸係數是否為 0

比如，給定顯示水準 α = 0.05 和自由度 $n-2$ = 252–2 = 250，可以查表得到 t 值，即：

$$t_{1-\alpha/2, n-2} = t_{0.975, 250} = 1.969498 \tag{2.36}$$

Python 中，可以用 stats.t.ppf(1–alpha/2,DFE) 計算上式兩值。由於學生 t- 分佈對稱，所以：

$$t_{\alpha/2, n-2} = t_{0.025, 250} = -1.969498 \tag{2.37}$$

如表 2.1 所示，t_{b1} = 23.446，因此：

$$t_{b1} > t_{0.975, 250} \tag{2.38}$$

表明參數 b_1 的 t 檢驗在 α = 0.05 水平下是顯著的，也就是可以顯著地拒絕 $H_0:b_1 = 0$，從而接受 $H_1:b_1 \neq 0$。迴歸係數的標準誤差越大，迴歸係數的估計值越不可靠。

而 t_{b0} = 1.759，因此：

$$t_{b0} < t_{0.975, 250} \tag{2.39}$$

則表明參數 b_0 的 t 檢驗在 α = 0.05 水平下是不顯著的，也就是不能顯著地拒絕 $H_0:b_0 = 0$。儘管模型含有截距項，但若該項的出現是統計上不顯著的 (即統計上等於零)，則從任何實際方面考慮，都可認為這個結果是一個過原點迴歸模型。

因此，係數 b_1 的 $1-\alpha$ 置信區間為：

$$\hat{b}_1 \pm t_{1-\alpha/2, n-2} \cdot \text{SE}(\hat{b}_1) \tag{2.40}$$

這個置信區間的含義是，真實 b_1 在以上區間的機率為 $1-\alpha$。係數 b_0 的 $1-\alpha$ 置信區間為：

$$\hat{b}_0 \pm t_{1-\alpha/2, n-2} \cdot \text{SE}(\hat{b}_0) \tag{2.41}$$

第 2 章　迴歸分析

同理，真實 b_0 在以上區間的機率為 $1-\alpha$。

請大家對照式 (2.40) 和式 (2.41) 查看程式 2.10。注意，**b** 中 **stats.t.ppf()** 是 SciPy 庫中的函數，用於計算 t 分佈的**百分點函數** (percent point function)。其中，1–alpha/2 為置信水平累積分佈函數 (CDF)，DFE 為自由度。因此，這句的目的是計算 t 分佈中給定置信水平 (1–alpha) 和自由度條件下的雙尾置信區間的臨界值。

請大家對比程式 2.10 結果和表 2.1。

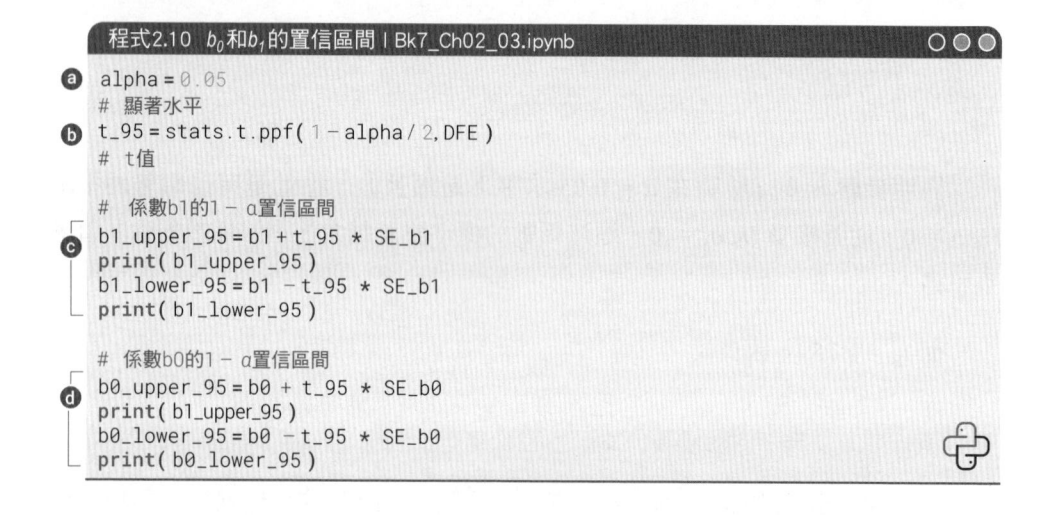

```
程式2.10   b₀和b₁的置信區間 | Bk7_Ch02_03.ipynb
a  alpha = 0.05
   # 顯著水平
b  t_95 = stats.t.ppf( 1 - alpha / 2, DFE )
   # t值

   # 係數b1的1 – α置信區間
c  b1_upper_95 = b1 + t_95 * SE_b1
   print( b1_upper_95 )
   b1_lower_95 = b1 - t_95 * SE_b1
   print( b1_lower_95 )

   # 係數b0的1 – α置信區間
d  b0_upper_95 = b0 + t_95 * SE_b0
   print( b1_upper_95 )
   b0_lower_95 = b0 - t_95 * SE_b0
   print( b0_lower_95 )
```

2.10　置信區間：因變數平均值的區間

本書前文在介紹一元線性迴歸中，大家都應該見過類似圖 2.13 的影像。圖中的頻寬代表預測值的置信區間。

2.10 置信區間:因變數平均值的區間

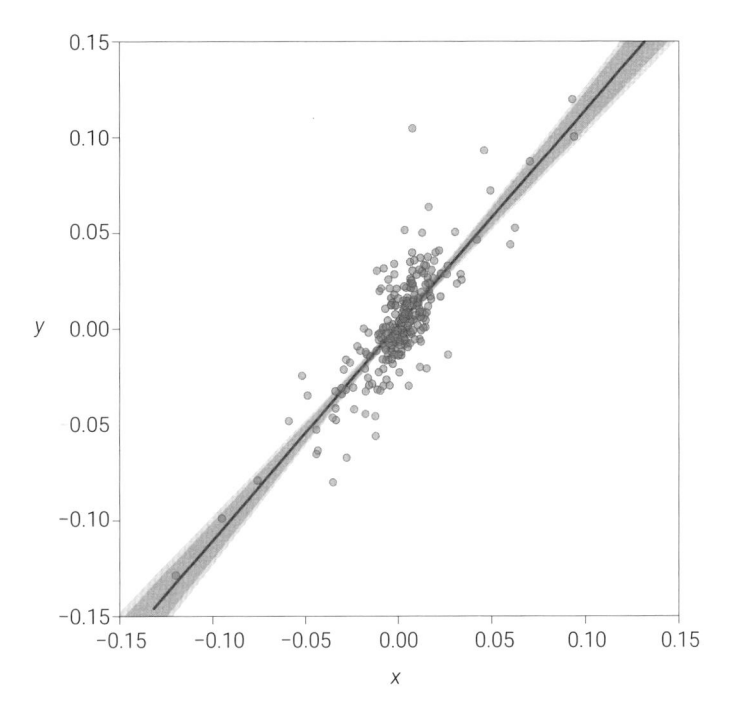

▲ 圖 2.13 一元線性迴歸線置信區間 (95% 和 99%)|Bk7_Ch02_03.ipynb

預測值 $\hat{y}^{(i)}$ 的 $1-\alpha$ 置信區間:

$$\hat{y}^{(i)} \pm t_{1-\alpha/2,\,n-2} \cdot \sqrt{\text{MSE}} \cdot \sqrt{\frac{1}{n} + \frac{\left(x^{(i)} - \bar{x}\right)^2}{\sum_{k=1}^{n}\left(x^{(k)} - \bar{x}\right)^2}} \tag{2.42}$$

置信區間的寬度為:

$$2 \times \left\{ t_{1-\alpha/2,\,n-2} \cdot \sqrt{\text{MSE}} \cdot \sqrt{\frac{1}{n} + \frac{\left(x^{(i)} - \bar{x}\right)^2}{\sum_{k=1}^{n}\left(x^{(k)} - \bar{x}\right)^2}} \right\} \tag{2.43}$$

第 2 章 迴歸分析

隨著 $|x^{(i)}-x|$ 不斷增大，置信區間寬度不斷增大。當 $x^{(i)} = x$ 時，置信區間寬度最窄。隨著 MSE(mean square error) 減小，置信區間寬度減小。在迴歸分析中，預測值的置信區間用於評估迴歸模型的預測能力。一般來說預測值的置信區間越窄，說明模型預測的精度越高。如圖 2.13 所示。

2.11 預測區間：因變數特定值的區間

預測區間 (prediction interval) 是指迴歸模型估計時，對於引數給定的某個值 x_p，求出因變數 y_p 的個別值的估計區間，如圖 2.14 所示。預測區間為：

$$\hat{y}_p \pm t_{1-\alpha/2,\, n-2} \cdot \sqrt{\text{MSE}} \cdot \sqrt{1 + \frac{1}{n} + \frac{(x_p - \bar{x})^2}{\sum_{k=1}^{n}(x^{(k)} - \bar{x})^2}} \tag{2.44}$$

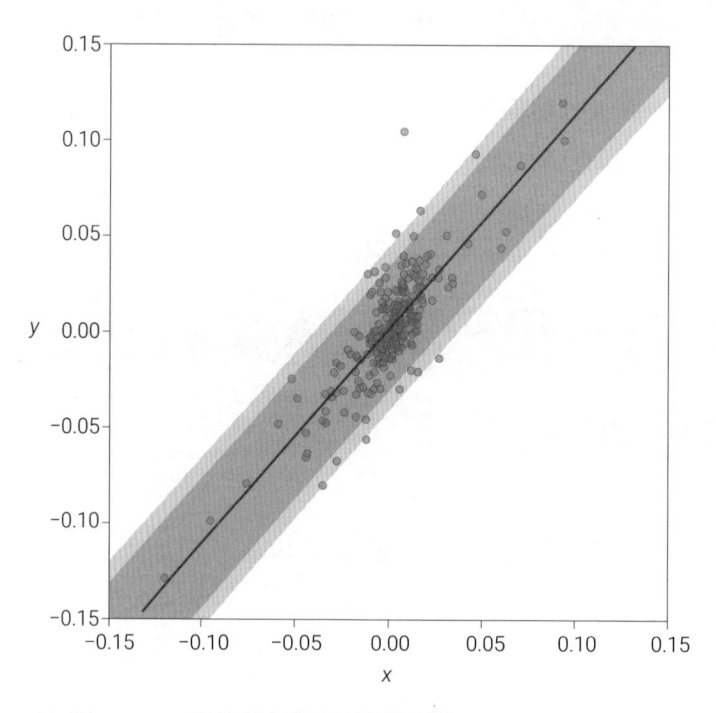

▲ 圖 2.14 一元線性迴歸線預測區間 |Bk7_Ch02_03.ipynb

與預測值的置信區間不同，預測區間同時考慮了預測的誤差和未來觀測值的隨機性。

預測區間包含兩個方面的誤差：迴歸方程式中的估計誤差和對未來觀測值的隨機誤差。與預測值的置信區間不同，預測區間考慮了未來觀測值的隨機性，因此通常比置信區間更寬。

2.12 對數似然函數：用在最大似然估計 (MLE)

似然函數是一種關於統計模型中參數的函數，表示模型參數中的似然性。殘差的定義為：

$$\varepsilon^{(i)} = y^{(i)} - \hat{y}^{(i)} \tag{2.45}$$

在 OLS 線性迴歸中，假設殘差服從正態分佈 $N(0,\sigma^2)$，因此：

$$\text{PDF}\left(\varepsilon^{(i)}\right) = \frac{1}{\sigma\sqrt{2\pi}} \exp\left(-\frac{\left(y^{(i)} - \hat{y}^{(i)}\right)^2}{2\sigma^2}\right) \tag{2.46}$$

似然函數為：

$$L = \prod_{i=1}^{n} \text{PDF}\left(\varepsilon^{(i)}\right) = \prod_{i=1}^{n} \left\{ \frac{1}{\sigma\sqrt{2\pi}} \exp\left(-\frac{\left(y^{(i)} - \hat{y}^{(i)}\right)^2}{2\sigma^2}\right) \right\} \tag{2.47}$$

常用對數似然函數 $\ln(L)$ 為：

$$\ln(L) = -\frac{n}{2} \cdot \ln(2\pi\sigma^2) - \frac{\text{SSE}}{2\sigma^2} \tag{2.48}$$

注意，MLE 中的 σ 為：

$$\sigma^2 = \frac{\text{SSE}}{n} \tag{2.49}$$

第 2 章 迴歸分析

這樣 ln(L) 可以寫成：

$$\ln(L) = -\frac{n}{2} \cdot \ln(2\pi\sigma^2) - \frac{n}{2} \tag{2.50}$$

> 有關似然函數和對數似然函數，請大家回顧《AI 時代 Math 元年 - 用 Python 全精通統計及機率》第 16、24 章。

2.13 資訊準則：選擇模型的標準

AIC 和 BIC 是線性迴歸模型選擇中常用的資訊準則，用於在多個模型中選擇最佳模型。AIC 為**赤池資訊量準則** (Akaike Information Criterion，AIC)，定義如下：

$$\text{AIC} = \underbrace{2k}_{\text{Penalty}} - 2\ln(L) \tag{2.51}$$

其中，$k = D + 1$；L 是似然函數。

AIC 鼓勵資料擬合的優良性；但是，儘量避免出現過擬合。式 (2.51) 中，$2k$ 項為**懲罰項** (penalty)。

貝氏資訊準則 (Bayesian Information Criterion，BIC) 也稱施瓦茨資訊準則 (Schwarz Information Criterion，SIC)，定義如下。

$$\text{BIC} = \underbrace{k \cdot \ln(n)}_{\text{Penalty}} - 2\ln(L) \tag{2.52}$$

其中，n 為樣本資料數量。此外，BIC 的懲罰項比 AIC 大。

在使用 AIC 和 BIC 進行模型選擇時，應該選擇具有最小 AIC 或 BIC 值的模型。這表示，較小的 AIC 或 BIC 值表示更好的模型擬合和更小的模型複雜度。

需要注意的是，AIC 和 BIC 都是用來選擇模型的工具，但並不保證選擇的模型就是最佳模型。在實際應用中，應該將 AIC 和 BIC 作為指導，結合領域知識和經驗來選擇最佳模型。同時，還需要對模型的假設和限制進行檢驗，以確保模型的可靠性和實用性。

2.14 殘差分析：假設殘差服從平均值為 0 的正態分佈

殘差分析 (residual analysis) 透過殘差所提供的資訊，對迴歸模型進行評估，分析資料是否存在可能的干擾。殘差分析的基本思想是，如果迴歸模型能夠極佳地擬合資料，那麼殘差應該是隨機分佈的，沒有明顯的模式或趨勢。因此，對殘差的分佈進行檢查可以提供關於模型擬合優度的資訊。

殘差分析通常包括以下步驟。

- 繪製殘差圖。殘差圖是觀測值的殘差與預測值之間的散點圖。如果殘差呈現出隨機分佈、沒有明顯的模式或趨勢，那麼模型可能具有較好的擬合優度。
- 檢查殘差分佈。透過繪製殘差長條圖或核心密度圖來檢查殘差分佈是否呈現出正態分佈或近似正態分佈。如果殘差分佈不是正態分佈，那麼可能需要採取轉換或其他措施來改善模型的擬合。
- 檢查殘差對引數的函數形式。透過繪製殘差與引數之間的散點圖或迴歸曲線，來檢查殘差是否隨引數的變化而呈現出系統性變化。如果存在這種關係，那麼可能需要考慮增加自變量、採取變數轉換等方法來改善模型的擬合。

圖 2.15 所示為殘差的散點圖。圖 2.16 所示為殘差分佈的長條圖。理想情況下，希望殘差服從平均值為 0 的正態分佈。為了檢測殘差的常態性，本節利用 Omnibus 常態檢驗。

第 2 章 迴歸分析

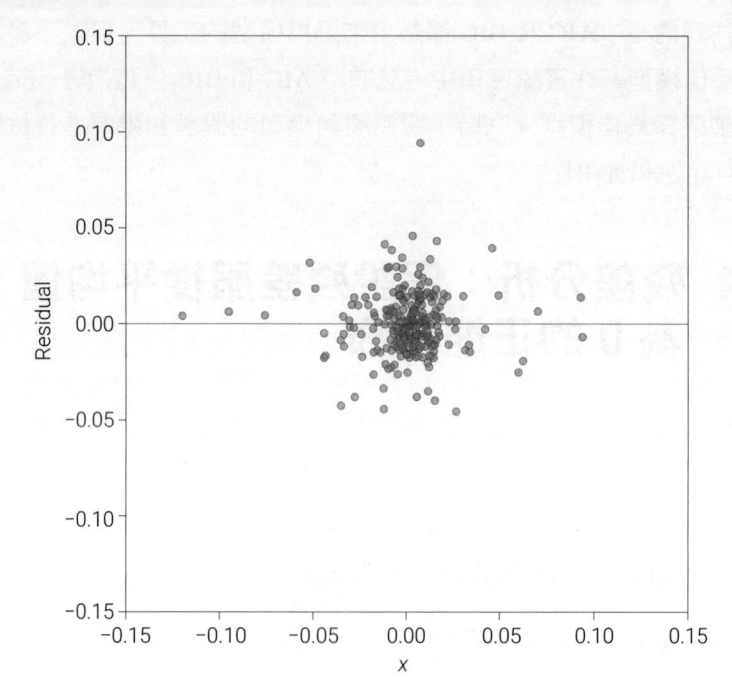

▲ 圖 2.15 殘差散點圖

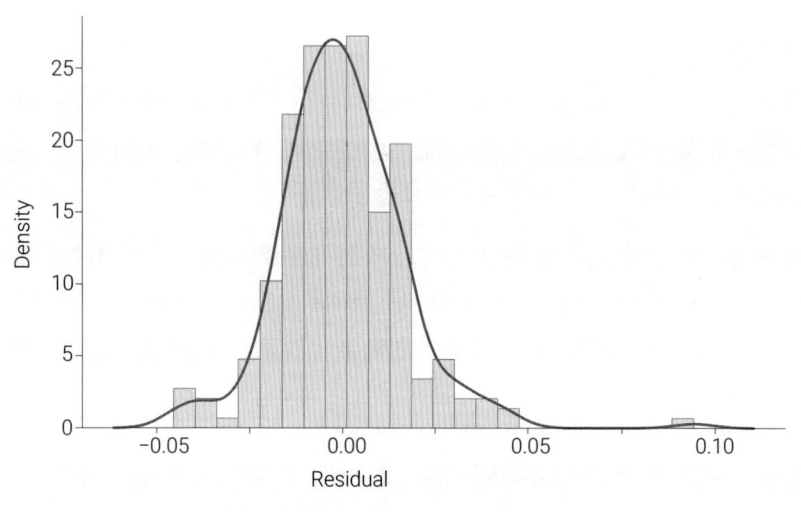

▲ 圖 2.16 殘差分佈長條圖

Omnibus 常態檢驗 (Omnibus test for normality) 用於檢驗線性迴歸中殘差是否服從正態分佈。Omnibus 常態檢驗利用殘差的偏度 S 和峰度 K，檢驗殘差分佈為正態分佈的原假設。Omnibus 常態檢驗的統計值為偏度平方、超值峰度平方兩者之和。Omnibus 常態檢驗利用 $\chi2$ 檢驗 (Chi-squared test)。

程式中我們利用 scipy.stats.normaltest() 複刻了本章前文的 Omnibus 常態檢驗統計量值。

◀ 《AI 時代 Math 元年 - 用 Python 全精通統計及機率》第 2 章講過偏度、峰度，請大家回顧。

此外，**加權最小平方法** (Weighted Least Squares，WLS) 是 OLS 的一種擴充形式。WLS 引入了權重因數，用於調整每個資料點的相對重要性。

使用 WLS 的場景包括異方差性 (heteroscedasticity)。當資料的方差不是恆定的時候，可以使用 WLS 來降低方差不穩定性的影響。

對於可能是異常值的資料點，可以透過 WLS 降低其權重來減少其對擬合的影響。

總的來說，WLS 是在 OLS 的基礎上考慮了不同資料點的權重，使得擬合更加靈活。Statsmodels 中有專門處理 OLS 的工具，請大家參考：

- https://www.statsmodels.org/dev/generated/statsmodels.regression.linear_model.WLS.html

2.15 自相關檢測：Durbin-Watson

Durbin-Watson 用於檢驗序列的自相關。在線性迴歸中，**自相關** (autocorrelation) 用來分析模型中的殘差與其在時間上的延遲版本之間的相關性。當模型中存在自相關時，它可能表明模型中遺漏了某些重要的變數，或模型中的時間序列資料未被正確處理。

第 2 章　迴歸分析

　　自相關可以透過檢查殘差圖來診斷。如果殘差圖表現出明顯的模式，例如殘差值之間存在週期性關係或呈現出聚集在某個區域的情況，那麼就可能存在自相關。在這種情況下，可以透過引入更多的引數或使用時間序列分析方法來修正模型。圖 2.17 所示為殘差的自相關圖。

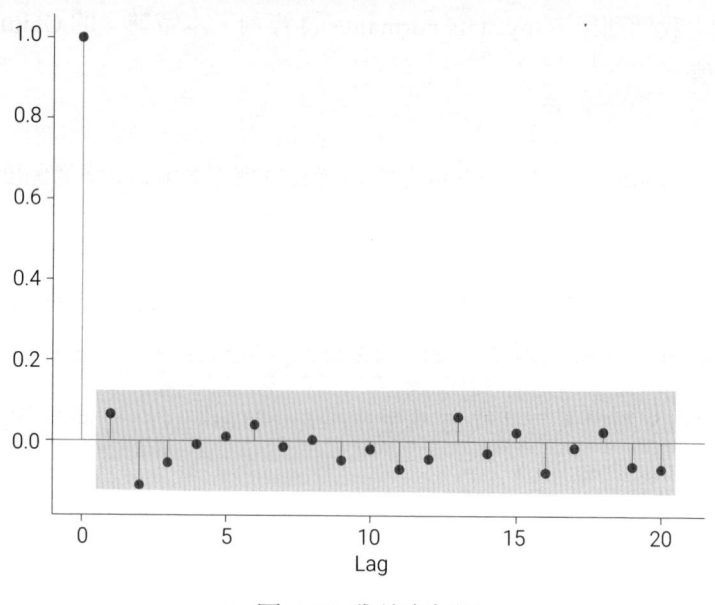

▲ 圖 2.17 殘差自相關

Durbin-Watson 檢測的統計量為：

$$DW = \frac{\sum_{i=2}^{n}\left(\left(y^{(i)} - \hat{y}^{(i)}\right) - \left(y^{(i-1)} - \hat{y}^{(i-1)}\right)\right)^2}{\sum_{i=1}^{n}\left(y^{(i)} - \hat{y}^{(i)}\right)^2} \tag{2.53}$$

　　上式本質上檢測殘差序列與殘差的落後一期序列之間的差異大小。DW 值的設定值區間為 0～4。當 DW 值很小時 ($DW < 1$)，表明序列可能存在正自相關。當 DW 值很大時 ($DW > 3$)，表明序列可能存在負自相關。當 DW 值在 2 附近時 ($1.5 < DW < 2.5$)，表明序列無自相關。其餘的設定值區間表明無法確定序列是否存在自相關。

→ 請大家參考：

- https://www.statsmodels.org/devel/generated/statsmodels.stats.stattools.durbin_watson.html

2.16 條件數：多重共線性

在線性迴歸中，**條件數** (condition number) 常用來檢驗設計矩陣 $X_{k \times k}$ 是否存在**多重共線性** (multicollinearity)。

多重共線性是指在多元迴歸模型中，獨立變數之間存在高度相關或線性關係的情況。多重共線性會導致迴歸係數的估計不穩定，使得模型的解釋能力降低，甚至導致模型的預測精度下降。

對 $X^T X$ 進行特徵值分解，得到最大特徵值 λ_{max} 和最小特徵值 λ_{min}。條件數的定義為兩者比值的平方根：

$$\text{condition number} = \sqrt{\frac{\lambda_{max}}{\lambda_{min}}} \qquad (2.54)$$

在實際應用中，如果 $X^T X$ 的條件數過大，可以考慮採用特徵縮放或正規化來改善。下一章講到多元迴歸分析時，條件數的作用更明顯。

Bk7_Ch02_03.ipynb 程式複刻表 2.1 中除 ANOVA 以外的其他統計量值。

第 2 章 迴歸分析

> 線性迴歸是一種用於研究引數與因變數之間關係的統計模型。方差分析可以評估模型的整體擬合優度,其中的 F 檢驗可以用來評估線性模型參數整體顯著性,t 檢驗可以評估單一係數的顯著性。擬合優度指模型能夠解釋資料變異的比例,常用 R^2 來度量。
>
> AIC 和 BIC 用於模型選擇,可以在模型擬合度相似的情況下,選出最簡單和最有解釋力的模型。自相關指誤差項之間的相關性,可以使用 Durbin-Watson 檢驗進行檢測。條件數是用於評估多重共線性的指標,如果條件數過大,可能存在嚴重的多重共線性問題。
>
> 綜上,這些概念是線性迴歸分析中非常重要的指標,可以幫助我們評估模型的擬合程度、係數顯著性、預測能力和多重共線性等問題。這一章的內容很有難度,現在不要求大家掌握所有的知識點。

→ Scikit-Learn 也提供線性迴歸分析工具,請大家參考:

- https://scikit-learn.org/stable/auto_examples/inspection/plot_linear_model_coefficient_interpretation.html

3 多元線性迴歸

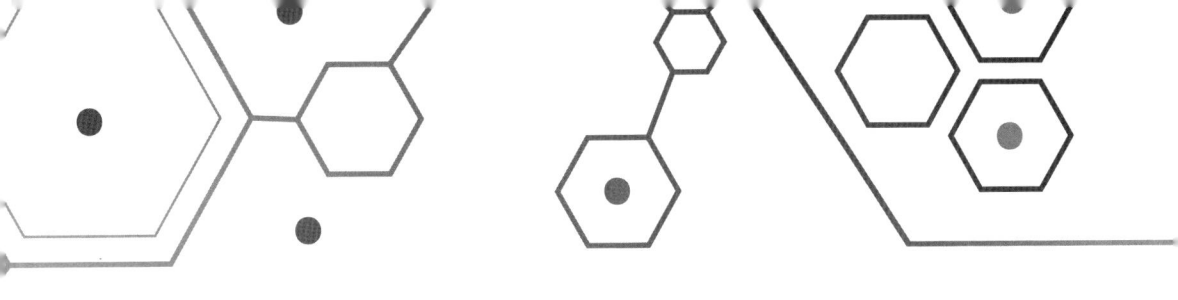

Multivariate Linear Regression

用多個解釋變數來預測響應變數結果

> 科學不知道它對想像力的依賴。
>
> *Science does not know its debt to imagination.*
>
> ——拉爾夫・沃爾多・愛默生（*Ralph Waldo Emerson*）
> | 美國思想家、文學家 | 1942—2018 年

- matplotlib.pyplot.quiver() 繪製箭頭圖
- numpy.arccos() 反餘弦函數
- numpy.cov() 計算協方差矩陣
- numpy.identity() 構造單位矩陣
- numpy.linalg.det() 計算矩陣的行列式值
- numpy.linalg.inv() 求矩陣逆
- numpy.linalg.matrix_rank() 計算矩陣的秩
- numpy.matrix() 構造矩陣
- numpy.ones() 構造全 1 矩陣或向量
- numpy.ones_like() 按照給定矩陣或向量形狀構造全 1 矩陣或向量
- plot_wireframe() 繪製線方塊圖
- scipy.stats.f.cdf() F 分佈累積分佈函數
- seaborn.heatmap() 繪製熱圖
- seaborn.jointplot() 繪製聯合分佈 / 散點圖和邊際分佈
- seaborn.kdeplot() 繪製 KDE 核心機率密度估計曲線
- seaborn.pairplot() 繪製成對分析圖
- statsmodels.api.add_constant() 線性迴歸增加一列常數 1
- statsmodels.api.OLS() 最小平方方法函數
- statsmodels.stats.outliers_influence.variance_inflation_factor() 計算方差膨脹因數

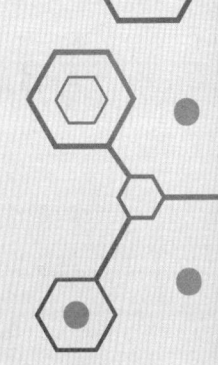

第 3 章　多元線性迴歸

```
多元線性回歸 ─┬─ 最小平方法 ─┬─ 線性代數 ─┬─ 投影
              │              │            ├─ QR分解 *《AI時代Math元年 - 用Python全精通統計及機率》第24章
              │              │            └─ SVD 分解*《AI時代Math元年 - 用Python全精通統計及機率》第24章
              │              └─ 最佳化問題
              ├─ 四組正交關係
              ├─ 三個平方和 ─┬─ SST
              │              ├─ SSR
              │              └─ SSE
              ├─ t 檢驗 ─┬─ 統計量
              │          ├─ 原假設
              │          ├─ 備擇假設
              │          └─ 臨界值
              ├─ 多重共線性
              └─ 條件機率角度
```

3.1　多元線性迴歸

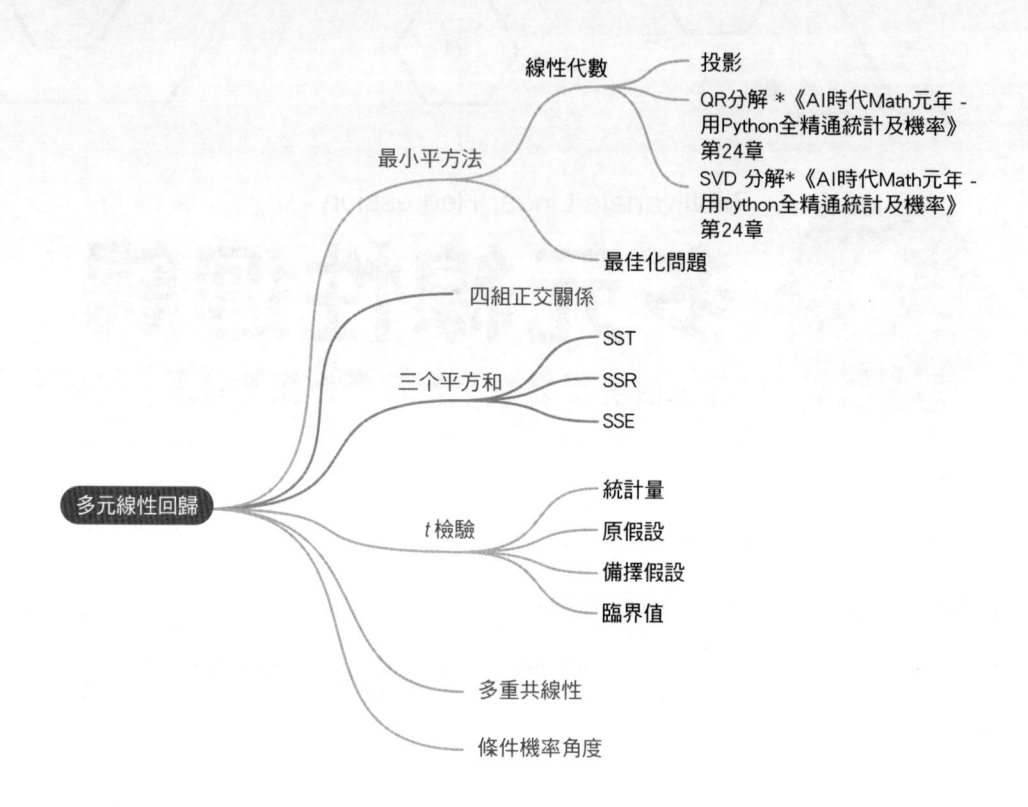

　　本章將探討多元線性迴歸。多元線性迴歸是一種統計分析方法，用於研究兩個或多個引數與一個因變數之間的關係。它透過擬合一個包含多個引數的線性模型來預測因變數的值。

　　多元線性迴歸的運算式如下：

$$y = b_0 + b_1 x_1 + b_2 x_2 + \cdots + b_D x_D + \varepsilon \tag{3.1}$$

　　其中，b_0 為截距項，$b_1 \cdot b_2 \cdot \cdots \cdot b_D$ 代表引數係數，ε 為殘差項，D 為引數個數。從幾何角度來看，多元線性迴歸能得到一個**超平面** (hyperplane)。

3.1 多元線性迴歸

用矩陣運算運算式 (3.1)：

$$y = \underbrace{b_0\mathbf{1} + b_1\mathbf{x}_1 + b_2\mathbf{x}_2 + \cdots + b_D\mathbf{x}_D}_{\hat{y}} + \varepsilon \tag{3.2}$$

其中，$\mathbf{1}$ 為全 1 列向量。

換一種方式來寫式 (3.2)：

$$y = \underbrace{Xb}_{\hat{y}} + \varepsilon \tag{3.3}$$

其中，

$$X_{n\times(D+1)} = \begin{bmatrix} \mathbf{1} & \mathbf{x}_1 & \mathbf{x}_2 & \cdots & \mathbf{x}_D \end{bmatrix} = \begin{bmatrix} 1 & x_{1,1} & \cdots & x_{1,D} \\ 1 & x_{2,1} & \cdots & x_{2,D} \\ \vdots & \vdots & \ddots & \vdots \\ 1 & x_{n,1} & \cdots & x_{n,D} \end{bmatrix}_{n\times(D+1)}, \quad y = \begin{bmatrix} y_1 \\ y_2 \\ \vdots \\ y_n \end{bmatrix}, \quad b = \begin{bmatrix} b_0 \\ b_1 \\ \vdots \\ b_D \end{bmatrix}, \quad \varepsilon = \begin{bmatrix} \varepsilon^{(1)} \\ \varepsilon^{(2)} \\ \vdots \\ \varepsilon^{(n)} \end{bmatrix} \tag{3.4}$$

矩陣 X 常被稱作**設計矩陣** (design matrix)。圖 3.1 所示矩陣運算對應式 (3.3)。

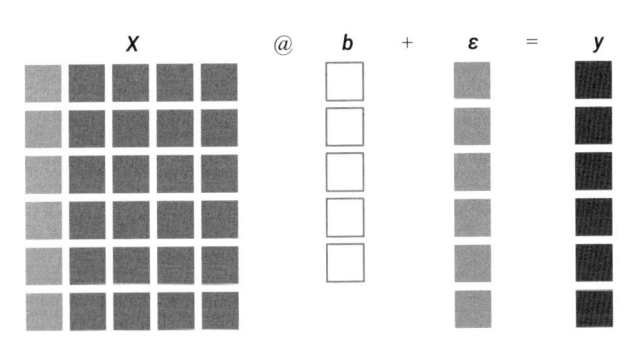

▲ 圖 3.1 多元線性迴歸模型矩陣運算

預測值組成的列向量 $\hat{y}$，透過下式計算得到：

$$\hat{y} = Xb \tag{3.5}$$

殘差向量的算式為：

$$\varepsilon = y - \hat{y} = y - Xb \tag{3.6}$$

3-3

第 3 章 多元線性迴歸

如圖 3.2 所示，第 i 個觀測點的殘差項，可以透過下式計算得到：

$$\varepsilon^{(i)} = y^{(i)} - \hat{y}^{(i)} = y^{(i)} - \boldsymbol{x}^{(i)}\boldsymbol{b} \tag{3.7}$$

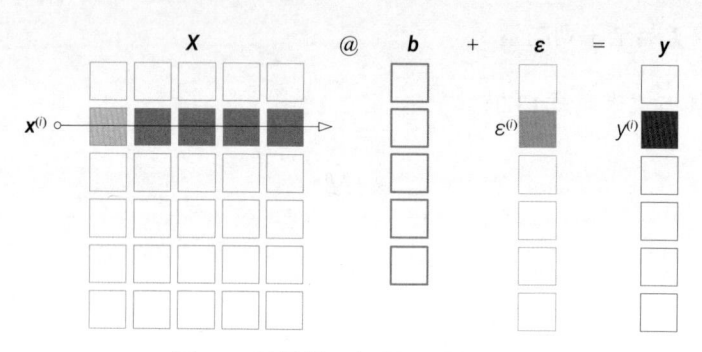

▲ 圖 3.2 計算第 i 個觀測點的殘差項

圖 3.3 所示為多元 OLS 線性迴歸資料關係。也就是說，$\hat{y}$ 可以看成設計矩陣 $\boldsymbol{X}$ 的列向量線性組合。

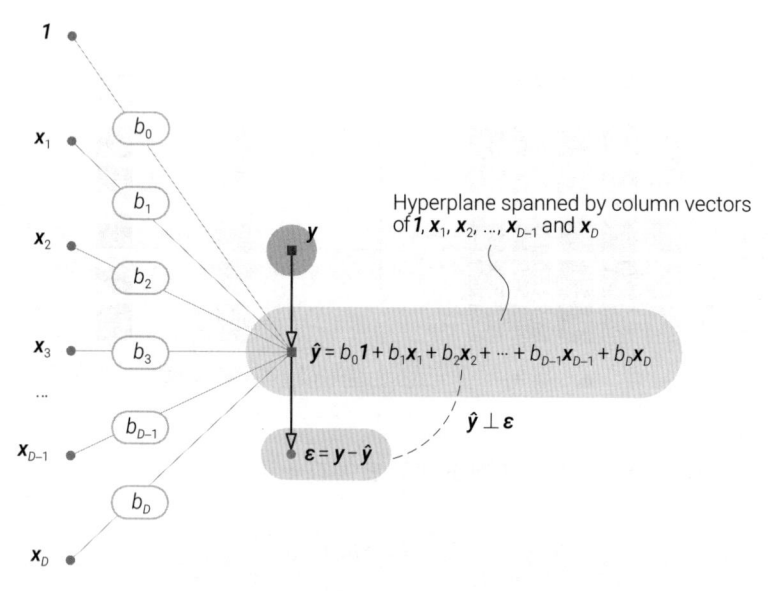

▲ 圖 3.3 多元 OLS 線性迴歸資料關係

> 注意：矩陣 X 為 n 行 $D+1$ 列，第一列為全 1 列向量；增加一列全 1 列向量是為了引入常數項。

如圖 3.4 所示，如果資料都已經中心化 (去平均值)，則可以不必考慮常數項。

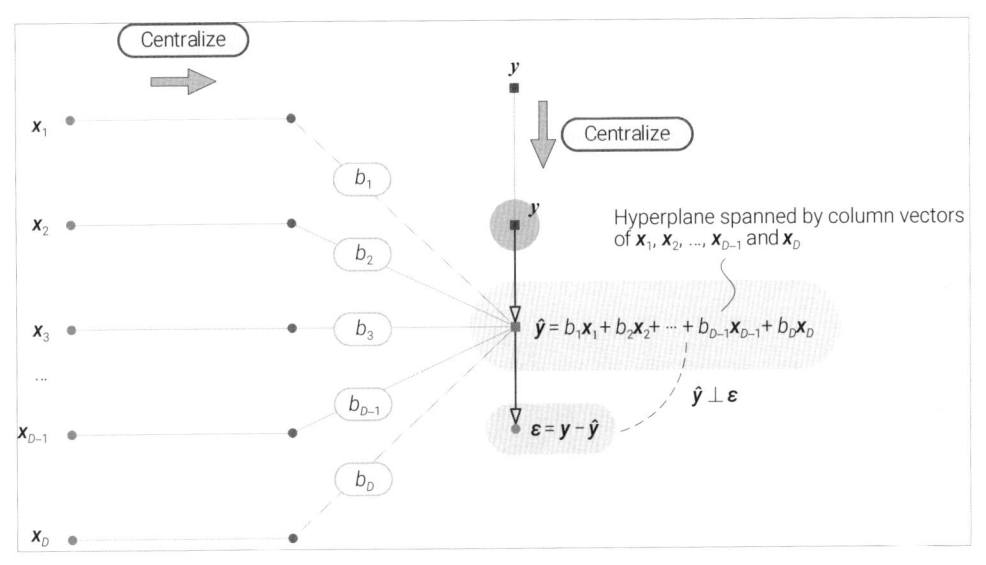

▲ 圖 3.4 多元 OLS 線性迴歸資料關係，中心化資料

3.2 最佳化問題：OLS

一般透過以下兩種方式求得線性迴歸參數：

- **最小平方法** (Ordinary Least Square，OLS)，因變數和擬合值之間的歐氏距離最小化；
- **最大似然機率估計** (Maximum Likelihood Estimation，MLE)，用樣本資料反推最可能的模型參數值。

第 3 章 多元線性迴歸

OLS 透過最小化殘差值平方和 (SSE) 來計算得到最佳的擬合迴歸線參數：

$$\arg\min_{b} \text{SSE} \tag{3.8}$$

對於多元線性迴歸，SSE 為：

$$\text{SSE} = \sum_{i=1}^{n}\left(\varepsilon^{(i)}\right)^2 = \varepsilon \cdot \varepsilon = \|\varepsilon\|_2^2 = \varepsilon^{\text{T}}\varepsilon = (y-Xb)^{\text{T}}(y-Xb) = \|y-Xb\|_2^2 \tag{3.9}$$

OLS 多元線性最佳化問題的目標函數可以寫成：

$$f(b) = (y-Xb)^{\text{T}}(y-Xb) \tag{3.10}$$

$f(b)$ 可以整理為：

$$\begin{aligned}
f(b) &= (y-Xb)^{\text{T}}(y-Xb) \\
&= (y^{\text{T}} - b^{\text{T}}X^{\text{T}})(y-Xb) \\
&= y^{\text{T}}y - y^{\text{T}}Xb - b^{\text{T}}X^{\text{T}}y + b^{\text{T}}X^{\text{T}}Xb \\
&= \underbrace{b^{\text{T}}X^{\text{T}}Xb}_{\text{Quadratic term}} \underbrace{-2b^{\text{T}}X^{\text{T}}y}_{\text{Linear term}} + \underbrace{y^{\text{T}}y}_{\text{Constant}}
\end{aligned} \tag{3.11}$$

觀察上式，發現 $f(b)$ 可以看成一個多元二次函數，其中含有二次項、一次項和常數項。

因此，對於二元迴歸，不考慮常數項係數 b_0 的話，b_1 和 b_2 組成的曲面 $f(b_1, b_2)$ 為橢圓拋物面，如圖 3.5 所示。

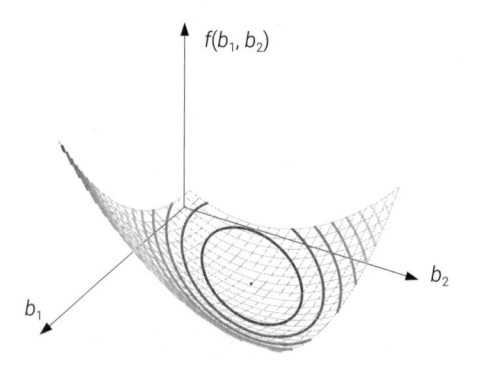

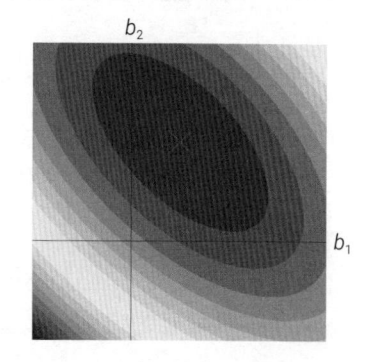

▲ 圖 3.5 $f(b_1, b_2)$ 函數曲面

3.2 最佳化問題：OLS

$f(\boldsymbol{b})$ 梯度向量如下：

$$\nabla f(\boldsymbol{b}) = \frac{\partial f(\boldsymbol{b})}{\partial \boldsymbol{b}} \tag{3.12}$$

$f(\boldsymbol{b})$ 為連續函數，取得極值時，梯度向量為零向量：

$$\nabla f(\boldsymbol{b}) = \boldsymbol{0} \quad \Rightarrow \quad \boldsymbol{X}^\mathrm{T}\boldsymbol{X}\boldsymbol{b} - \boldsymbol{X}^\mathrm{T}\boldsymbol{y} = \boldsymbol{0} \tag{3.13}$$

如果 $\boldsymbol{X}^\mathrm{T}\boldsymbol{X}$ 可逆，$\boldsymbol{b}$ 的解為：

$$\boldsymbol{b} = \left(\boldsymbol{X}^\mathrm{T}\boldsymbol{X}\right)^{-1}\boldsymbol{X}^\mathrm{T}\boldsymbol{y} \tag{3.14}$$

> 《AI 時代 Math 元年 - 用 Python 全精通矩陣及線性代數》介紹過，如果 $\boldsymbol{X}^\mathrm{T}\boldsymbol{X}$ 不可逆，可以用奇異值分解求偽逆。

$f(\boldsymbol{b})$ 的黑塞矩陣為：

$$\nabla^2 f(\boldsymbol{b}) = \frac{\partial^2 f(\boldsymbol{b})}{\partial \boldsymbol{b} \partial \boldsymbol{b}^\mathrm{T}} = 2\boldsymbol{X}^\mathrm{T}\boldsymbol{X} \tag{3.15}$$

下面，判斷 $f(\boldsymbol{b})$ 黑塞矩陣為正定矩陣，從而判定極值點為最小值點。對於任意非零向量 $\boldsymbol{a}$，下式恒大於等於 0：

$$\boldsymbol{a}^\mathrm{T}\left(\boldsymbol{X}^\mathrm{T}\boldsymbol{X}\right)\boldsymbol{a} = \left(\boldsymbol{X}\boldsymbol{a}\right)^\mathrm{T}\left(\boldsymbol{X}\boldsymbol{a}\right) = \|\boldsymbol{X}\boldsymbol{a}\|^2 \geq 0 \tag{3.16}$$

等號成立時，即 $\boldsymbol{X}\boldsymbol{a} = \boldsymbol{0}$，也即當 $\boldsymbol{X}$ 列向量線性相關，我們暫時不考慮這種情況。因此，對於 $\boldsymbol{X}$ 為列滿秩，$f(\boldsymbol{b})$ 黑塞矩陣為正定矩陣，$f(\boldsymbol{b})$ 在極值點處取得最小值。

模型擬合值向量 $\hat{\boldsymbol{y}}$ 為：

$$\hat{\boldsymbol{y}} = \boldsymbol{X}\boldsymbol{b} = \boldsymbol{X}\left(\boldsymbol{X}^\mathrm{T}\boldsymbol{X}\right)^{-1}\boldsymbol{X}^\mathrm{T}\boldsymbol{y} \tag{3.17}$$

第 3 章　多元線性迴歸

殘差向量 ε 為：

$$\varepsilon = y - X\left(X^\mathrm{T} X\right)^{-1} X^\mathrm{T} y \tag{3.18}$$

$X(X^\mathrm{T} X)^{-1} X^\mathrm{T}$ 為《AI 時代 Math 元年 - 用 Python 全精通矩陣及線性代數》第 9 章介紹的**帽子矩陣** (hat matrix)H，它常出現在矩陣投影運算中。

令，

$$H = X\left(X^\mathrm{T} X\right)^{-1} X^\mathrm{T} \tag{3.19}$$

《AI 時代 Math 元年 - 用 Python 全精通矩陣及線性代數》還提過，帽子矩陣 H 為**冪等矩陣** (idempotent matrix)，冪等矩陣是指一個矩陣與自身相乘後仍等於它本身的矩陣，即滿足 $H^2 = H$。冪等矩陣在線性代數中有廣泛的應用，特別是在投影、幾何變換等領域。

在投影中，冪等矩陣可以用來描述一個向量在一個子空間上的投影；在幾何變換中，冪等矩陣可以用來描述一個物件在進行相應變換後仍等於它本身。最簡單的冪等矩陣就是單位矩陣 I，滿足 $I^2 = I$。

利用帽子矩陣 H，可得：

$$\begin{cases} \hat{y} = Hy \\ \varepsilon = (I - H)y \end{cases} \tag{3.20}$$

3.3 幾何解釋：投影

圖 3.6 所示為多維空間角度下的資料矩陣；矩陣 $X = [x_1, x_2, \cdots, x_D]$ 每一列代表一個特徵，且每一列可以看作一個向量。

> 《AI 時代 Math 元年 - 用 Python 全精通矩陣及線性代數》一書中,我們反覆探討過這一點。

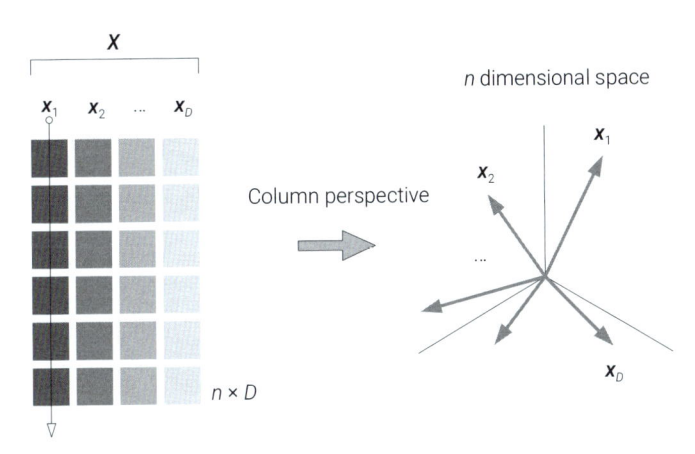

▲ 圖 3.6 多維空間角度下的矩陣 X

不考慮常數項,預測值向量 $\hat{y}$ 可以透過下式計算得到:

$$\hat{y} = b_1 x_1 + b_2 x_2 + \cdots + b_D x_D \tag{3.21}$$

說明,預測值向量 $\hat{y}$ 是引數向量 $x_1, x_2, \cdots, x_D$ 的線性組合。如果 $x_1, x_2, \cdots, x_D$ 組成一個超平面 H,$\hat{y}$ 在 H 這個平面內。

有了這一思想,構造因變數向量 y 和引數向量 $x_1, x_2, \cdots, x_D$ 的線性迴歸模型,相當於 y 向 $x_1, x_2, \cdots, x_D$ 組成的超平面 H 投影。如圖 3.7 所示,預測值向量 $\hat{y}$ 是因變數向量 y 在 H 的投影結果:

$$y = \hat{y} + \varepsilon \tag{3.22}$$

簡單來說,從向量投影的角度來理解多元線性迴歸,可以將迴歸問題看作是將因變數向量在自變量向量所張成的子空間上的投影。

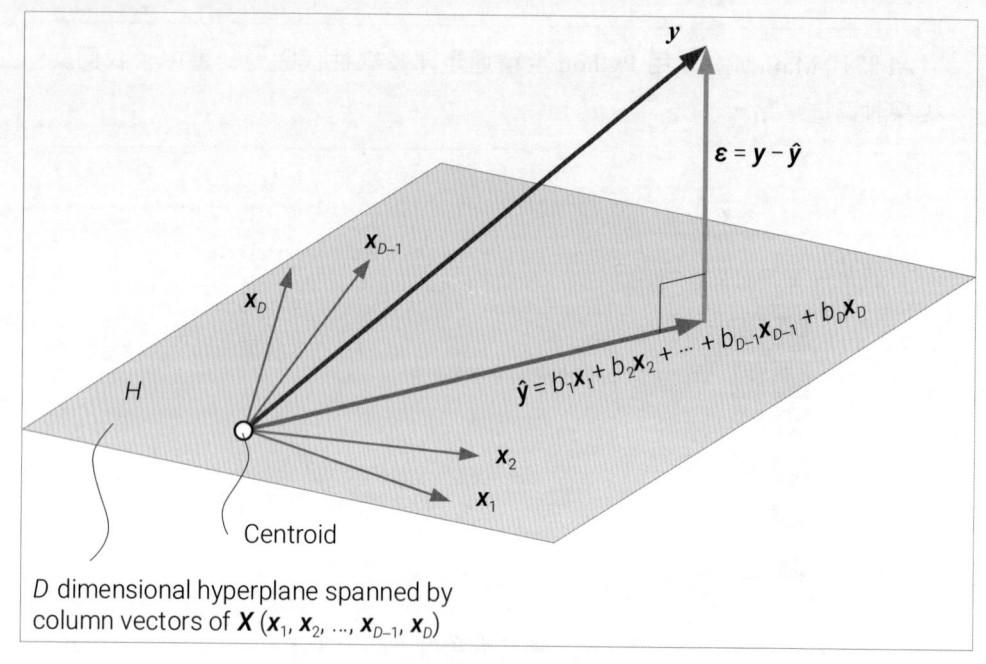

▲ 圖 3.7 幾何角度解釋多元 OLS 線性迴歸

而殘差項向量 ε 是預測值向量 $\hat{y}$ 和因變數向量 y 兩者之差：

$$\varepsilon = y - \hat{y} \tag{3.23}$$

殘差項向量 ε 垂直於 $x_1, x_2, \cdots, x_D$ 組成的超平面 H。

由上所述，殘差 $\varepsilon(\varepsilon = y - \hat{y})$ 是無法透過 $(x_0, x_1, \ldots, x_{D-1}, x_D)$ 解釋部分向量，垂直於超平面：

$$\varepsilon \perp X \;\Rightarrow\; X^T \varepsilon = 0 \tag{3.24}$$

得到：

$$X^T(y - Xb) = 0 \;\Rightarrow\; X^T X b = X^T y \tag{3.25}$$

3.3 幾何解釋：投影

這和上一節得到的結果完全一致，但是從幾何角度看 OLS，讓求解過程變得非常簡潔。請大家再次注意，只有 X 為列滿秩時，格拉姆矩陣 X^TX 才存在逆。

此外，我們可以很容易在 X 最左側加入一列全 1 向量 $\boldsymbol{1}$，殘差項向量 ε 則垂直於 $\boldsymbol{1},x_1,x_2,\cdots,x_D$ 組成的超平面 H。

《AI 時代 Math 元年 - 用 Python 全精通統計及機率》介紹過 OLS 線性迴歸假設條件。OLS 線性迴歸的假設條件是用來保證模型的有效性和可靠性的。簡單來說，這些假設條件主要包括線性關係、正態分佈、同方差性、獨立性和殘差之和為零。

首先，線性關係假設要求因變數和引數之間的關係是線性的，即在引數變化時，因變數的變化量是按照線性關係變化的。這個假設是 OLS 迴歸分析的前提條件，否則迴歸結果將失真。

其次，正態分佈假設要求模型的殘差應該滿足正態分佈。正態分佈是概率論和統計學中最為重要的分佈之一，如果殘差不滿足正態分佈，可能會導致迴歸結果失真。

同方差性假設要求殘差的方差在各個引數設定值下都相等。如果殘差的方差不相等，會導致迴歸結果的可靠性下降。

獨立性假設要求各個觀測值之間是獨立的，即一個觀測值的設定值不受其他觀測值的影響。如果存在相關性，迴歸結果可能會失真。

最後，殘差之和為零要求模型的殘差的總和為零，這是保證迴歸分析正確性的必要條件。

總之，這些假設條件對於 OLS 線性迴歸的結果具有重要影響，需要在迴歸分析中進行檢驗和確認。

表 3.1 所示為用矩陣方式表達的 OLS 線性迴歸假設。

第 3 章　多元線性迴歸

→ 表 3.1 用矩陣運算表達 OLS 線性迴歸假設

假設	矩陣表達
線性模型	$y = Xb + \varepsilon$
殘差服從正態分佈	$\varepsilon \mid X \sim N(\boldsymbol{0}, \hat{\sigma}^2 \boldsymbol{I})$
殘差期望值為 0	$\mathrm{E}(\varepsilon \mid X) = \boldsymbol{0}$
殘差同方差性	$\mathrm{var}(\varepsilon \mid X) = \begin{bmatrix} \mathrm{var}(\varepsilon^{(1)}) & \mathrm{cov}(\varepsilon^{(1)}, \varepsilon^{(2)}) & \cdots & \mathrm{cov}(\varepsilon^{(1)}, \varepsilon^{(n)}) \\ \mathrm{cov}(\varepsilon^{(2)}, \varepsilon^{(1)}) & \mathrm{var}(\varepsilon^{(2)}) & \cdots & \mathrm{cov}(\varepsilon^{(2)}, \varepsilon^{(n)}) \\ \vdots & \vdots & \ddots & \vdots \\ \mathrm{cov}(\varepsilon^{(n)}, \varepsilon^{(1)}) & \mathrm{cov}(\varepsilon^{(n)}, \varepsilon^{(2)}) & \cdots & \mathrm{var}(\varepsilon^{(n)}) \end{bmatrix} = \hat{\sigma}^2 \boldsymbol{I}$
矩陣 X 不存在多重共線性	$\mathrm{rank}(X) = D + 1$ $\det(X^\mathrm{T} X) \neq 0$

3.4 二元線性迴歸實例

為了方便大家理解，本節用實例講解二元線性迴歸。

二元線性迴歸解析式為：

$$\hat{y} = b_0 \boldsymbol{1} + b_1 \boldsymbol{x}_1 + b_2 \boldsymbol{x}_2 \tag{3.26}$$

圖 3.8 所示為二元 OLS 線性迴歸資料關係。

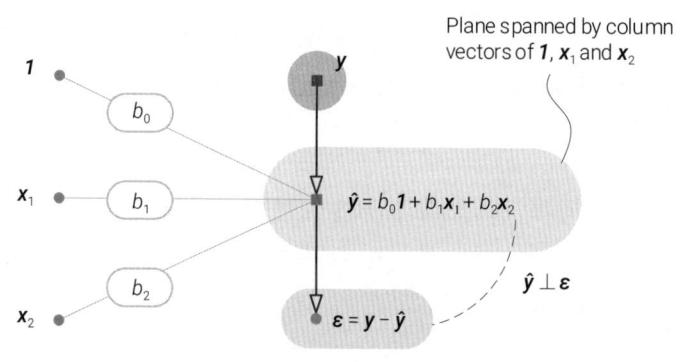

▲ 圖 3.8　二元 OLS 線性迴歸資料關係

3.4 二元線性迴歸實例

本節將利用兩個股票日收益率解釋 S&P 500 日收益率。圖 3.9 所示為參與迴歸資料 $[y, x_1, x_2]$ 的散點圖。

圖 3.10 所示為 $[y, x_1, x_2]$ 資料的成對特徵分析圖。

圖 3.11 所示為 $[y, x_1, x_2]$ 資料的協方差矩陣、相關性和夾角熱圖。

表 3.2 所示為二元 OLS 線性迴歸結果。圖 3.12 所示為三維資料散點圖和迴歸平面。

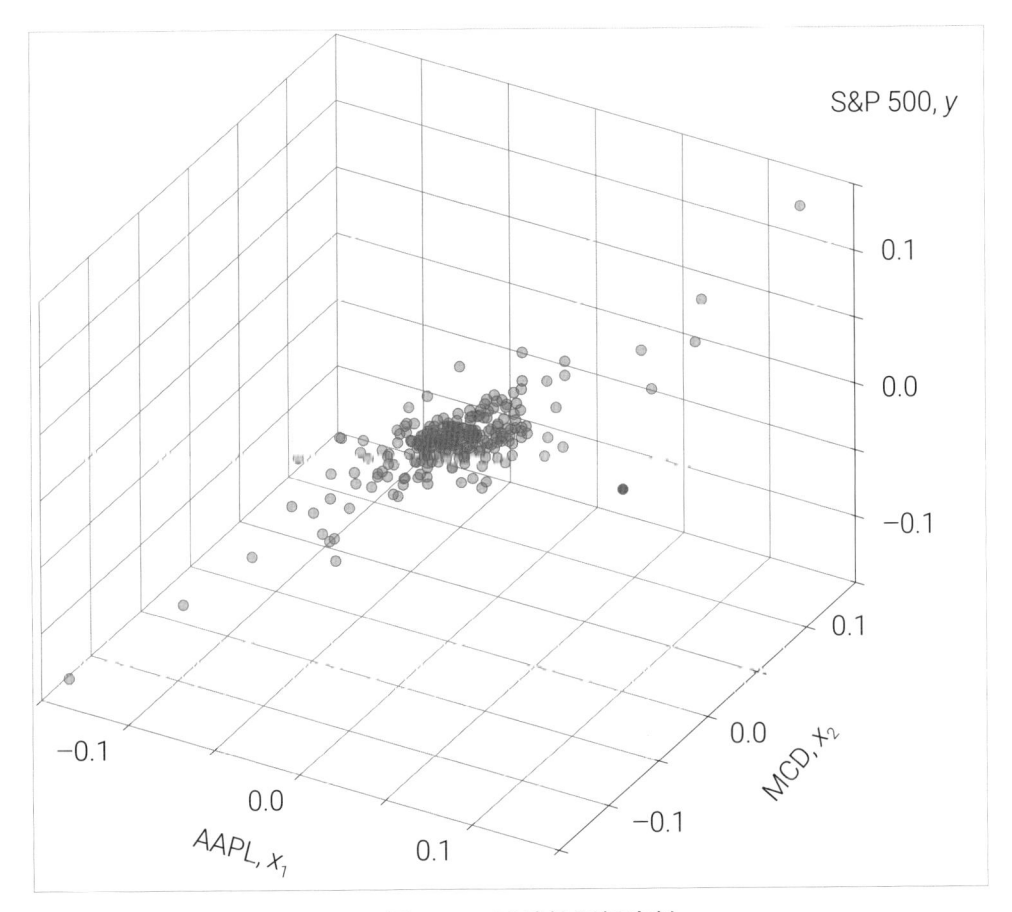

▲ 圖 3.9 二元線性迴歸資料

第 3 章　多元線性迴歸

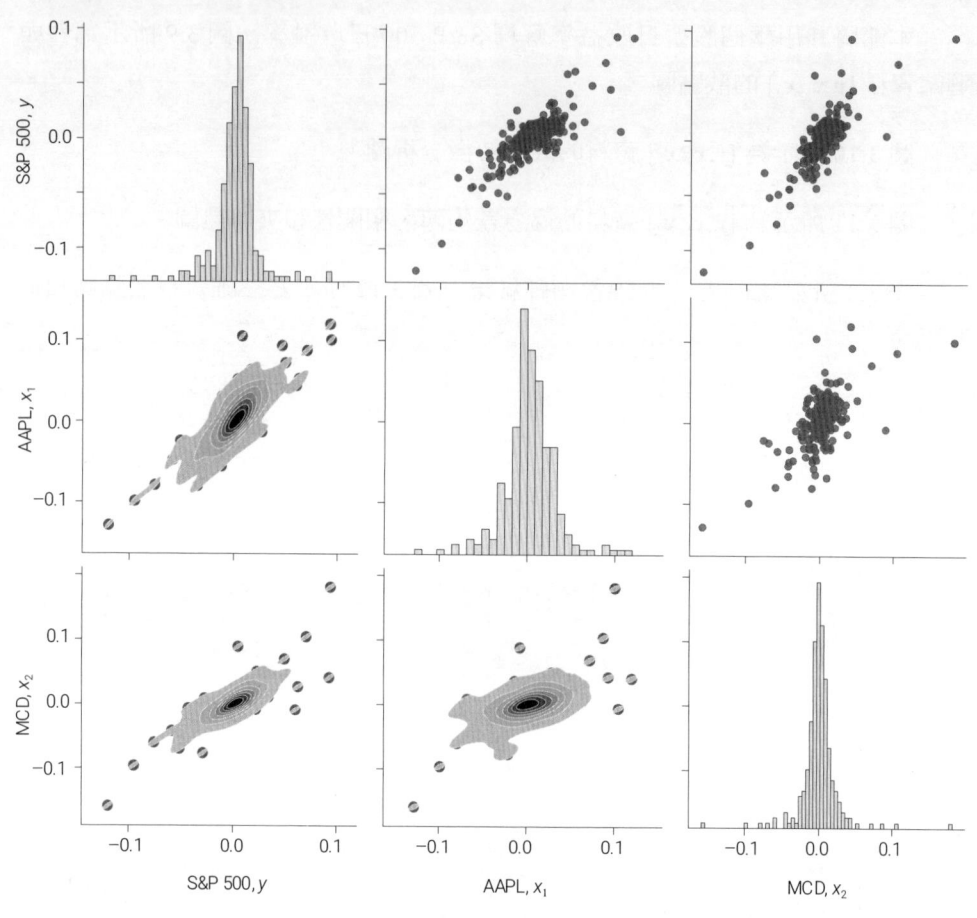

▲ 圖 3.10　二元線性迴歸資料 [y, x_1, x_2] 成對特徵分析圖

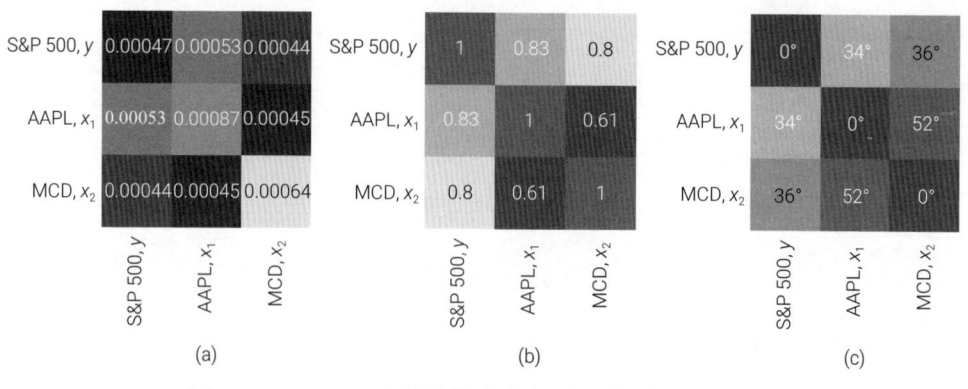

▲ 圖 3.11　[y, x_1, x_2] 資料的協方差矩陣、相關性和夾角熱圖

3-14

3.4 二元線性迴歸實例

➜ 表 3.2 二元 OLS 線性迴歸分析結果

```
OLS Regression Results
==============================================================================
Dep. Variable:                  SP500   R-squared:                       0.830
Model:                            OLS   Adj. R-squared:                  0.829
Method:                 Least Squares   F-statistic:                     607.4
Date:                XXXXXXXXXXXXXXX    Prob (F-statistic):           1.69e-96
Time:                XXXXXXXXXXXXXXX    Log-Likelihood:                 831.06
No. Observations:                 252   AIC:                            -1656.
Df Residuals:                     249   BIC:                            -1646.
Df Model:                           2
Covariance Type:            nonrobust
==============================================================================
                 coef    std err          t      P>|t|      [0.025      0.975]
------------------------------------------------------------------------------
const         -0.0006      0.001     -0.984      0.326      -0.002       0.001
AAPL           0.3977      0.024     16.326      0.000       0.350       0.446
MCD            0.4096      0.028     14.442      0.000       0.354       0.465
==============================================================================
Omnibus:                       37.744   Durbin-Watson:                   1.991
Prob(Omnibus):                  0.000   Jarque-Bera (JB):              157.711
Skew:                           0.492   Prob(JB):                     5.67e-35
Kurtosis:                       6.749   Cond. No.                         59.4
==============================================================================
```

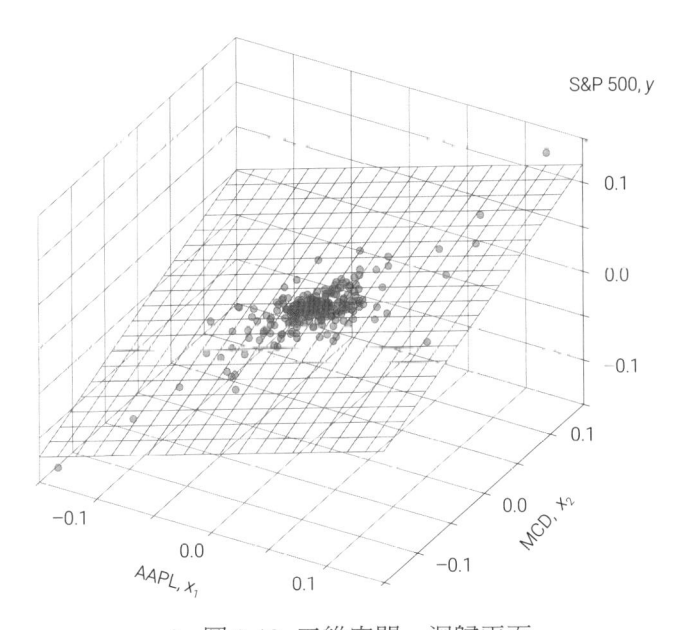

▲ 圖 3.12 三維空間，迴歸平面

第 3 章　多元線性迴歸

Bk7_Ch03_01.ipynb 中完成了本節二元線性迴歸。下面講解其中關鍵敘述。

ⓐ 使用 yfinance 下載了股票資料，包括 AAPL、MCD 和標準普爾 500 指數 (^GSPC)，時間範圍為 2020 年 1 月 1 日至 2020 年 12 月 31 日。

ⓑ 將下載的資料儲存為名為「y_X_df.pkl」的 pickle 檔案。

ⓒ 計算股票的每日收益率，透過對「Adj Close」列應用 pct_change() 方法實現。

ⓓ 移除包含遺漏值的行。

ⓔ 使用 statsmodels 的 add_constant() 函數，為特徵矩陣 X_df 增加一個截距列。

ⓕ 使用 statsmodels 中的最小平方法 (OLS) 方法建構線性迴歸模型。

ⓖ 對模型進行擬合，得到擬合結果。

ⓗ 列印線性迴歸模型的摘要統計資訊。

ⓘ 獲取線性迴歸模型的參數，並列印出來。

程式3.1　二元線性迴歸 | Bk7_Ch03_01.ipynb

```python
import yfinance as yf
import statsmodels.api as sm

ⓐ y_X_df = yf.download(['AAPL','MCD','^GSPC'],
                       start='2020-01-01',
                       end='2020-12-31')
ⓑ y_X_df.to_pickle('y_X_df.pkl')
ⓒ y_X_df = y_X_df['Adj Close'].pct_change()
ⓓ y_X_df.dropna(inplace = True)

y_X_df.rename(columns={"^GSPC": "SP500"},
              inplace = True)

X_df = y_X_df[['AAPL','MCD']]
y_df = y_X_df[['SP500']]

ⓔ X_df = sm.add_constant(X_df)
```

```
f  model = sm.OLS(y_df, X_df)
g  results = model.fit()
h  print(results.summary())
i  p = model.fit().params
   print(p)

   xx1,xx2 = np.meshgrid(np.linspace(-0.15,0.15,20),
                         np.linspace(-0.15,0.15,20))

   yy = p.AAPL*xx1 + p.MCD*xx2 + p.const
```

3.5 多元線性迴歸實例

本節介紹一個多元迴歸問題，構造多元 OLS 線性迴歸模型將用 12 支股票日收益率預測 S&P 500 日收益率。圖 3.13 所示為股價資料。

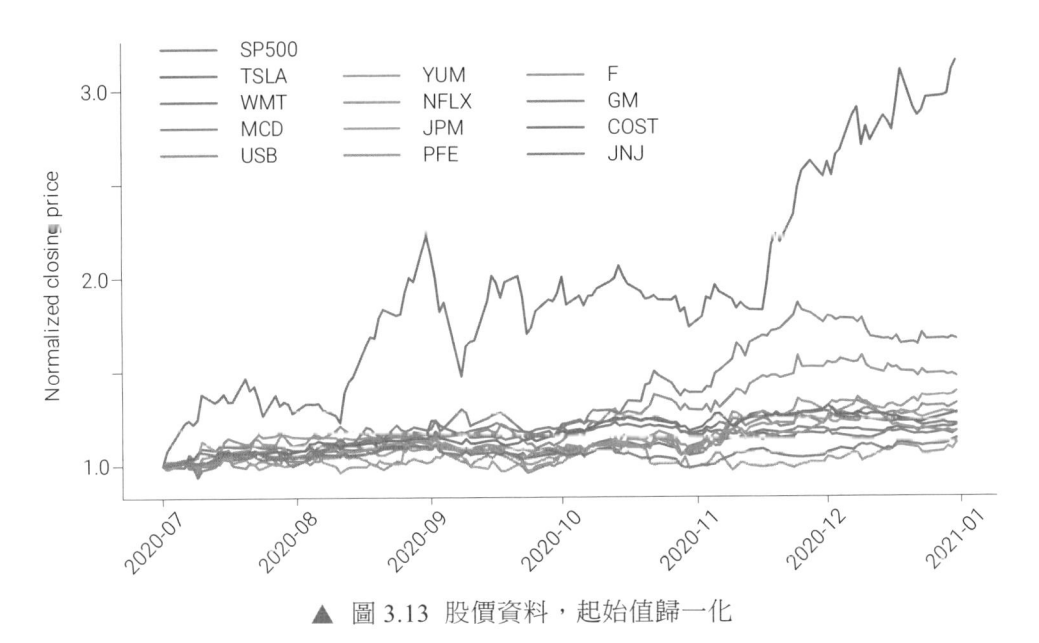

▲ 圖 3.13 股價資料，起始值歸一化

根據股價水平計算得到日收益率。圖 3.14 所示為 [y,X] 日收益率熱圖。圖 3.15 所示為 [y,X] 資料協方差矩陣。圖 3.16 所示為均方差 (即波動率) 長條圖。

第 3 章　多元線性迴歸

圖 3.17 所示為 [*y*,*X*] 資料相關性係數矩陣熱圖。圖 3.18 所示為幾支不同股票股價收益率和 S&P 500 收益率相關性係數柱狀圖。利用餘弦相似性，根據相關性係數矩陣，可以計算得到 [*y*,*X*] 標準差向量夾角，矩陣熱圖如圖 3.19 所示。表 3.3 所示為多元 OLS 線性迴歸解。

▲ 圖 3.14 [*y*,*X*] 日收益率熱圖

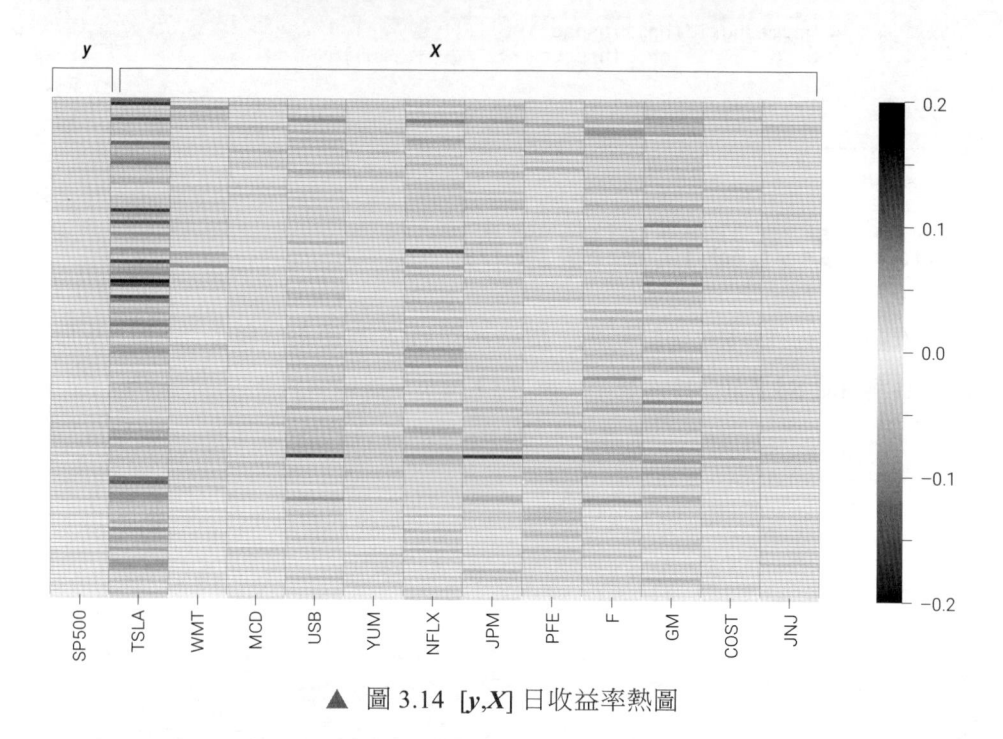

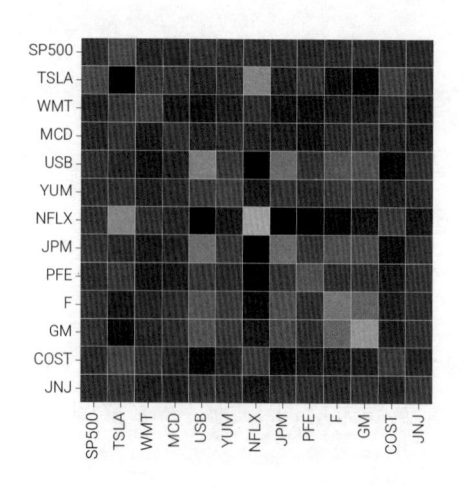

▲ 圖 3.15 [*y*,*X*] 資料協方差矩陣　　　　▲ 圖 3.16 日波動率柱狀圖

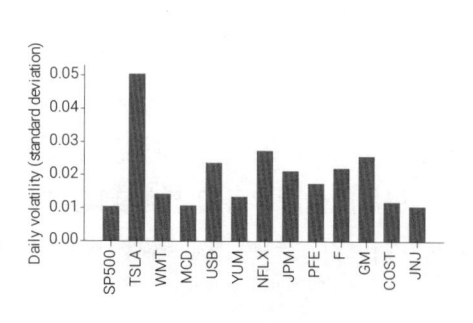

3.5 多元線性迴歸實例

▲ 圖 3.17 [*y*,*X*] 資料相關性係數矩陣熱圖

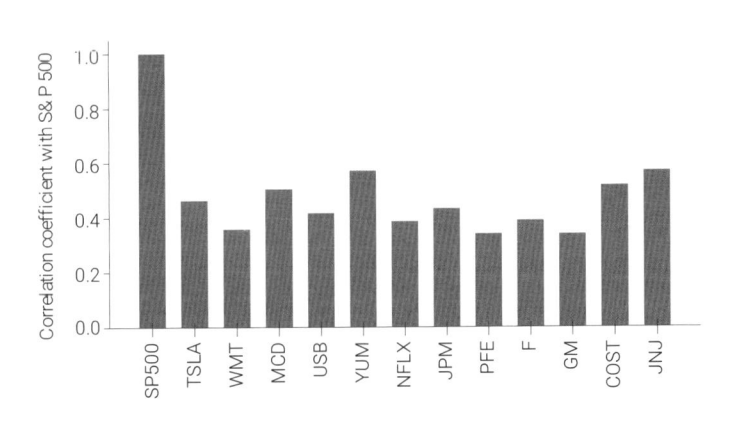

▲ 圖 3.18 股價收益率和 S&P 500 收益率相關性係數柱狀圖

3-19

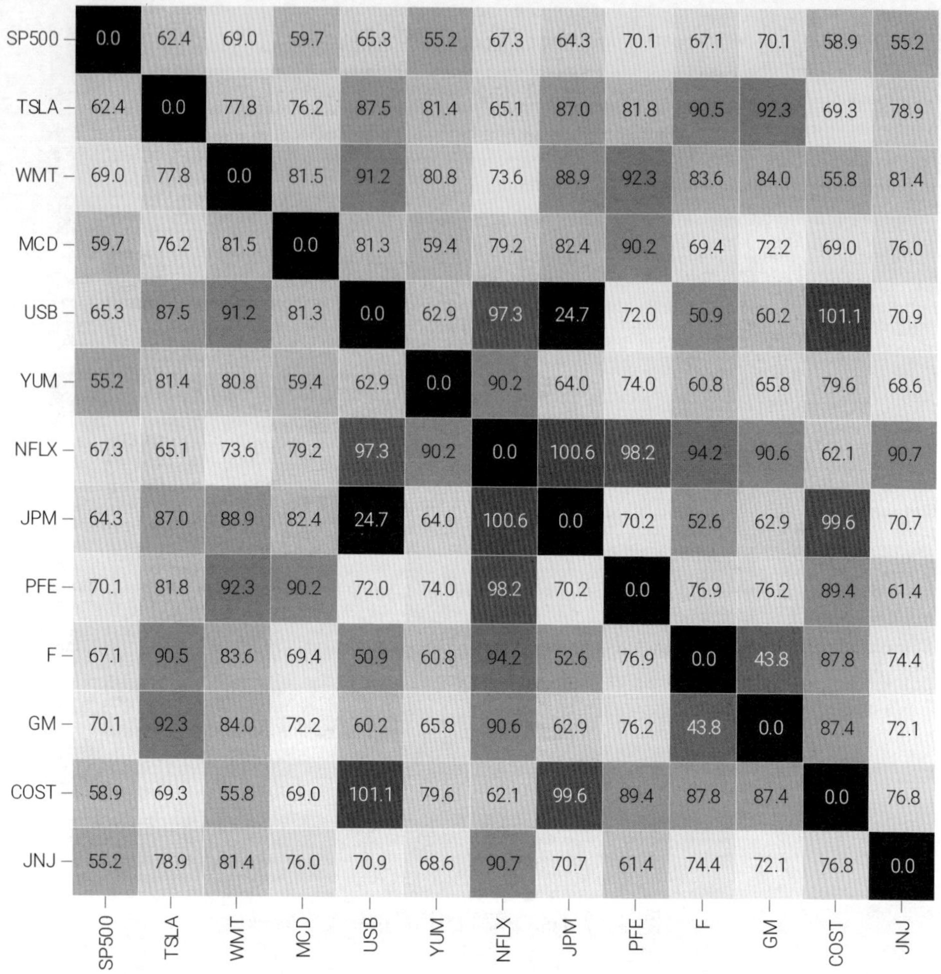

第 3 章　多元線性迴歸

	SP500	TSLA	WMT	MCD	USB	YUM	NFLX	JPM	PFE	F	GM	COST	JNJ
SP500	0.0	62.4	69.0	59.7	65.3	55.2	67.3	64.3	70.1	67.1	70.1	58.9	55.2
TSLA	62.4	0.0	77.8	76.2	87.5	81.4	65.1	87.0	81.8	90.5	92.3	69.3	78.9
WMT	69.0	77.8	0.0	81.5	91.2	80.8	73.6	88.9	92.3	83.6	84.0	55.8	81.4
MCD	59.7	76.2	81.5	0.0	81.3	59.4	79.2	82.4	90.2	69.4	72.2	69.0	76.0
USB	65.3	87.5	91.2	81.3	0.0	62.9	97.3	24.7	72.0	50.9	60.2	101.1	70.9
YUM	55.2	81.4	80.8	59.4	62.9	0.0	90.2	64.0	74.0	60.8	65.8	79.6	68.6
NFLX	67.3	65.1	73.6	79.2	97.3	90.2	0.0	100.6	98.2	94.2	90.6	62.1	90.7
JPM	64.3	87.0	88.9	82.4	24.7	64.0	100.6	0.0	70.2	52.6	62.9	99.6	70.7
PFE	70.1	81.8	92.3	90.2	72.0	74.0	98.2	70.2	0.0	76.9	76.2	89.4	61.4
F	67.1	90.5	83.6	69.4	50.9	60.8	94.2	52.6	76.9	0.0	43.8	87.8	74.4
GM	70.1	92.3	84.0	72.2	60.2	65.8	90.6	62.9	76.2	43.8	0.0	87.4	72.1
COST	58.9	69.3	55.8	69.0	101.1	79.6	62.1	99.6	89.4	87.8	87.4	0.0	76.8
JNJ	55.2	78.9	81.4	76.0	70.9	68.6	90.7	70.7	61.4	74.4	72.1	76.8	0.0

▲ 圖 3.19 [y, X] 標準差向量夾角矩陣熱圖，餘弦相似性

3.5 多元線性迴歸實例

➔ 表 3.3 多元 OLS 線性迴歸分析結果

```
OLS Regression Results
==============================================================================
Dep. Variable:                  SP500   R-squared:                       0.774
Model:                            OLS   Adj. R-squared:                  0.750
Method:                 Least Squares   F-statistic:                     32.48
Date:                XXXXXXXXXXXXXXX    Prob (F-statistic):           3.03e-31
Time:                XXXXXXXXXXXXXXX    Log-Likelihood:                 493.88
No. Observations:                 127   AIC:                            -961.8
Df Residuals:                     114   BIC:                            -924.8
Df Model:                          12
Covariance Type:            nonrobust
==============================================================================
                 coef    std err          t      P>|t|      [0.025      0.975]
------------------------------------------------------------------------------
const         -0.0005      0.000     -1.038      0.302      -0.001       0.000
TSLA           0.0248      0.011      2.248      0.027       0.003       0.047
WMT            0.0272      0.041      0.667      0.506      -0.054       0.108
MCD            0.1435      0.057      2.536      0.013       0.031       0.256
USB            0.0164      0.051      0.322      0.748      -0.084       0.117
YUM            0.1469      0.047      3.114      0.002       0.053       0.240
NFLX           0.0972      0.021      4.539      0.000       0.055       0.140
JPM            0.1415      0.055      2.583      0.011       0.033       0.250
PFE            0.0546      0.033      1.662      0.099      -0.010       0.120
F             -0.0068      0.036     -0.187      0.852      -0.078       0.065
GM            -0.0105      0.027     -0.388      0.699      -0.064       0.043
COST           0.2176      0.059      3.713      0.000       0.101       0.334
JNJ            0.2414      0.056      4.350      0.000       0.131       0.351
==============================================================================
Omnibus:                        7.561   Durbin-Watson:                   1.862
Prob(Omnibus):                  0.023   Jarque-Bera (JB):                8.445
Skew:                           0.400   Prob(JB):                       0.0147
Kurtosis:                       3.078   Cond. No.                         136.
==============================================================================
```

▶ Bk7_Ch03_02.ipynb 中完成了本節多元線性迴歸。

第 3 章　多元線性迴歸

3.6 正交關係

第一個直角三角形

透過上一章學習，大家都很清楚第一個勾股關係：

$$\underbrace{\|y - \bar{y}\mathbf{1}\|_2^2}_{\text{SST}} = \underbrace{\|\hat{y} - \bar{y}\mathbf{1}\|_2^2}_{\text{SSR}} + \underbrace{\|y - \hat{y}\|_2^2}_{\text{SSE}} \tag{3.27}$$

具體如圖 3.20 所示。上一章提到的這一個直角三角形可以幫助我們解釋 R^2。

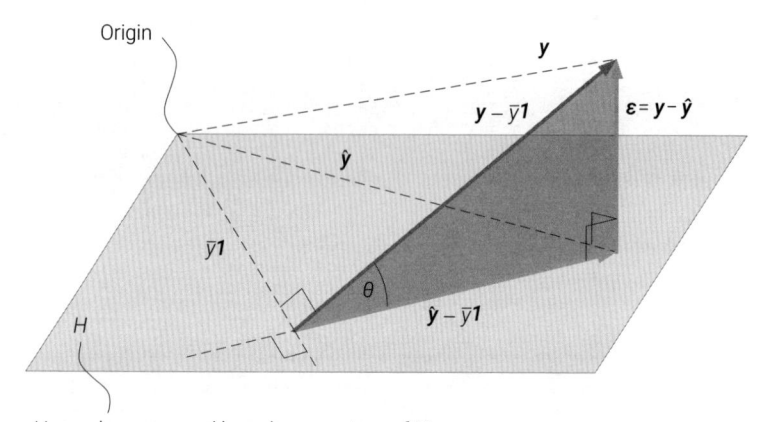

▲ 圖 3.20　第一個直角三角形

第二個直角三角形

除了式 (3.27) 這個重要的直角三角形的畢氏定理之外，還有另外一個重要的直角三角形畢氏定理關係：

$$\|y\|_2^2 = \|\hat{y}\|_2^2 + \|y - \hat{y}\|_2^2 = \|\hat{y}\|_2^2 + \|\varepsilon\|_2^2 \tag{3.28}$$

具體如圖 3.21 所示。圖 3.21 這個直角很容易理解。殘差向量 ε 垂直於超平面 H 內的一切向量，顯然 ε 垂直於 $\hat{y}$。

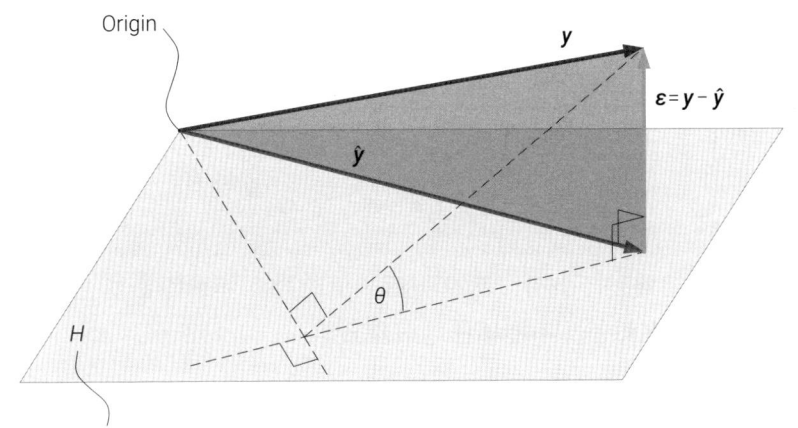

3.6 正交關係

▲ 圖 3.21 第二個直角三角形

第三個直角三角形

此外,《AI 時代 Math 元年 - 用 Python 全精通矩陣及線性代數》第 22 章介紹過,向量 $y - \bar{y}\mathbf{1}$ 垂直於向量 $\bar{y}\mathbf{1}$:

$$(\bar{y}\mathbf{1})^{\mathrm{T}}(y - \bar{y}\mathbf{1}) = 0 \tag{3.29}$$

具體如圖 3.22 所示。上式表現的核心思想就是 y 中可以被平均值解釋的部分為 $\bar{y}\mathbf{1}$。

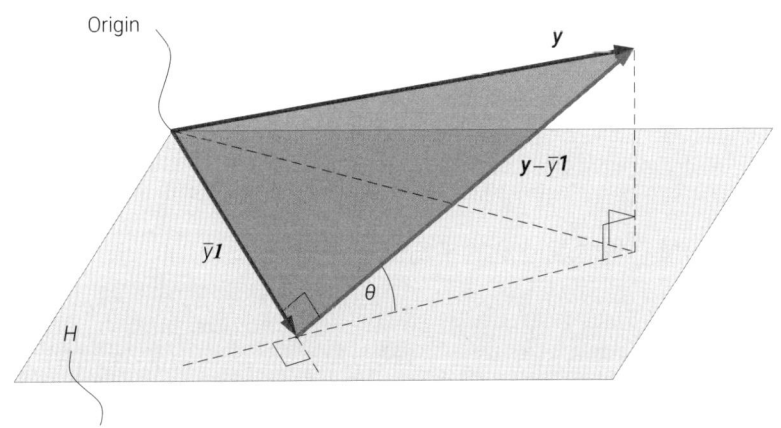

▲ 圖 3.22 第三個直角三角形

3-23

第 3 章　多元線性迴歸

第四個直角三角形

OLS 假設殘差之和為 0：

$$\sum_{i=1}^{n} \varepsilon^{(i)} = 0 \tag{3.30}$$

注意，如果總殘差不為 0，就說明預測值的總和與實際觀測值的總和不相等，這表示模型存在偏差，不能極佳地解釋資料。

對應向量運算：

$$\mathbf{1}^T \boldsymbol{\varepsilon} = \boldsymbol{\varepsilon}^T \mathbf{1} = 0 \tag{3.31}$$

殘差向量可以寫成：

$$\boldsymbol{\varepsilon} = \mathbf{y} - \hat{\mathbf{y}} = \mathbf{y} - \bar{y}\mathbf{1} - (\hat{\mathbf{y}} - \bar{y}\mathbf{1}) \tag{3.32}$$

上式左乘 $\mathbf{1}^T$，得到：

$$\underbrace{\mathbf{1}^T \boldsymbol{\varepsilon}}_{0} = \underbrace{\mathbf{1}^T (\mathbf{y} - \bar{y}\mathbf{1})}_{0} - \mathbf{1}^T (\hat{\mathbf{y}} - \bar{y}\mathbf{1}) \tag{3.33}$$

即

$$\mathbf{1}^T (\hat{\mathbf{y}} - \bar{y}\mathbf{1}) = 0 \tag{3.34}$$

也就是說，如圖 3.23 所示，$\hat{\mathbf{y}} - \bar{y}\mathbf{1}$ 垂直於向量 $\bar{y}\mathbf{1}$：

$$\bar{y}\mathbf{1}^T (\hat{\mathbf{y}} - \bar{y}\mathbf{1}) = 0 \tag{3.35}$$

上式表現的核心思想就是 $\hat{\mathbf{y}}$ 的平均值也是 $\bar{y}$。

3.7 三個平方和

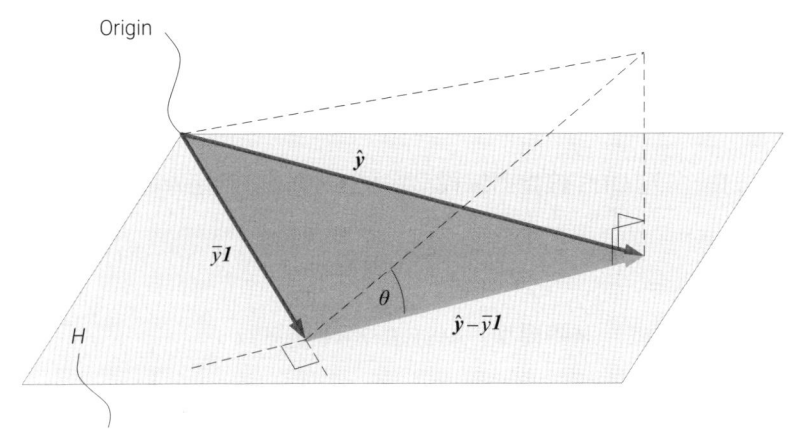

Origin

H

Hyperplane spanned by column vectors of X

▲ 圖 3.23 第四個直角三角形

3.7 三個平方和

這一節將介紹對於多元 OLS 線性迴歸，如何求解 SST、SSR 和 SSE 這三個平方和。對於多元 OLS 線性迴歸模型，SST 可以透過矩陣運算求得：

$$\text{SST} = \boldsymbol{y}^\text{T}\left(\boldsymbol{I} - \frac{\boldsymbol{J}}{n}\right)\boldsymbol{y} \tag{3.36}$$

其中，矩陣 $\boldsymbol{J}$ 為全 1 方陣，形狀為 $n \times n$：

$$\boldsymbol{J}_{n \times n} = \boldsymbol{1}\boldsymbol{1}^\text{T} = \begin{bmatrix} 1 & 1 & \cdots & 1 \\ 1 & 1 & \cdots & 1 \\ \vdots & \vdots & \ddots & \vdots \\ 1 & 1 & \cdots & 1 \end{bmatrix} \tag{3.37}$$

SSR 可以透過矩陣運算求得：

$$\text{SSR} = \boldsymbol{y}^\text{T}\left(\boldsymbol{H} - \frac{\boldsymbol{J}}{n}\right)\boldsymbol{y} \tag{3.38}$$

第 3 章　多元線性迴歸

其中，矩陣 H 為本書前文所講的帽子矩陣，形狀為 $n \times n$：

$$H = X\left(X^\mathrm{T} X\right)^{-1} X^\mathrm{T} \tag{3.39}$$

同樣，對於多元 OLS 線性迴歸模型，SSE 可以透過矩陣運算求得：

$$\mathrm{SSE} = y^\mathrm{T}\left(I - H\right) y \tag{3.40}$$

對於多元 OLS 線性迴歸模型，MSE 的矩陣運算為：

$$\begin{aligned}
\mathrm{MSE} &= \frac{\left\|\left(I - H\right) y\right\|_2^2}{n - k} \\
&= \frac{y^\mathrm{T} y - 2 y^\mathrm{T} H y + y^\mathrm{T} H^2 y}{n - k} \\
&= \frac{y^\mathrm{T} y - y^\mathrm{T} H y}{n - k} \\
&= \frac{y^\mathrm{T}\left(I - H\right) y}{n - k}
\end{aligned} \tag{3.41}$$

注意，$k = D + 1$。上式推導過程採用帽子矩陣的重要性質。

我們可以透過程式 3.2 完成本節上述運算，請大家自行對照學習。

程式3.2　方差分析 | Bk7_Ch03_02.ipynb

```python
# 帽子矩陣H
ⓐ H = X@np.linalg.inv(X.T@X)@X.T

# 計算係數
ⓑ b = np.linalg.inv(X.T@X)@X.T@y
ⓒ y_hat = H@y
ⓓ e = y - y_hat

# 方差分析
n = y.shape[0]
k = X.shape[1]
D = k - 1
I = np.identity(n)
J = np.ones((n,n))
vec_1 = np.ones_like(y)

ⓔ y_bar = vec_1.T@y/n

# Sum of Squares for Total, SST
ⓕ SST = y.T@(I - J/n)@y
MST = SST/(n - 1)
MST = MST[0,0]
```

3-26

```
# Sum of Squares for Error, SSE
```
g `SSE = y.T@(I - H)@y`

```
# Mean Squared Error, MSE
```
h `MSE = SSE/(n - k)`
   `MSE_ = e.T@e/(n - k)`
i `MSE = MSE[0,0]`

```
# Sum of Squares for Regression, SSR
```
j `SSR = y.T@(H - J/n)@y`
k `MSR = SSR/D`
   `MSR = MSR[0,0]`

3.8 t 檢驗

簡單來說，t 檢驗用於檢驗每個引數的迴歸係數是否顯著不等於零。對於多元 OLS 線性迴歸模型，模型係數 b_0、b_1、b_2、$\cdots$、b_D 的協方差矩陣 C 可以透過下式計算得到：

$$C = \hat{\sigma}^2 \left(X^\mathrm{T} X\right)^{-1} \tag{3.42}$$

其中，

$$\hat{\sigma}^2 = \mathrm{MSE} = \frac{\varepsilon^\mathrm{T} \varepsilon}{n-k} \tag{3.43}$$

矩陣 C 的對角線元素 $C_{j+1,\,j+1}$ 為 $\hat{b}_j$ 的方差，非對角線元素為 $\hat{b}_j$ 和 $\hat{b}_k$ 的協方差。

$\hat{b}_j$ 的標準誤 $\mathrm{SE}\left(\hat{b}_j\right)$ 為：

$$\mathrm{SE}\left(\hat{b}_j\right) = \sqrt{C_{j+1,\,j+1}} \tag{3.44}$$

對於多元線性迴歸，假設檢驗原假設和備擇假設分別為：

$$\begin{cases} H_0 : b_j = b_{j,0} \\ H_1 : b_j \neq b_{j,0} \end{cases} \tag{3.45}$$

第 3 章　多元線性迴歸

b_j 的 t 檢驗統計值為：

$$T_j = \frac{\hat{b}_j - b_{j,0}}{\text{SE}(\hat{b}_j)} \tag{3.46}$$

同理，如果下式成立，接受零假設 H_0：

$$-t_{1-\alpha/2,\,n-k} < T_j < t_{1-\alpha/2,\,n-k} \tag{3.47}$$

不然則拒絕零假設 H_0。

係數 b_j 的 $1-\alpha$ 置信區間為：

$$\hat{b}_j \pm t_{1-\alpha/2,\,n-k} \cdot \text{SE}(\hat{b}_j) \tag{3.48}$$

對於多元 OLS 線性模型，預測值 $\hat{y}^{(i)}$ 的 $1-\alpha$ 置信區間為：

$$\hat{y}^{(i)} \pm t_{1-\alpha/2,\,n-2} \cdot \sqrt{\text{MSE}} \cdot \sqrt{x^{(i)}\left(X^{\text{T}}X\right)^{-1}\left(x^{(i)}\right)^{\text{T}}} \tag{3.49}$$

$x^{(i)}$ 為矩陣 X 的第 i 行：

$$x^{(i)} = \begin{bmatrix} 1 & x_{i,1} & x_{i,2} & \cdots & x_{i,D} \end{bmatrix} \tag{3.50}$$

同理，對於多元 OLS 線性迴歸模型，y_p 的預測區間估計為：

$$\hat{y}^{(i)} \pm t_{1-\alpha/2,\,n-2} \cdot \sqrt{\text{MSE}} \cdot \sqrt{1 + x^{(i)}\left(X^{\text{T}}X\right)^{-1}\left(x^{(i)}\right)^{\text{T}}} \tag{3.51}$$

我們可以透過程式 3.3 完成本節上述 t 檢驗運算，並計算擬合優度、F 檢驗、對數似然、AIC、BIC 等，請大家自行對照學習。

程式3.3　擬合優度、F檢驗、對數似然、AIC、BIC、t檢驗 | Bk7_Ch03_02.ipynb

```
# R squared goodness of fit
R_squared = SSR/SST
R_sqaured_adj = 1 - MSE/MST
```

```
# F test
```
b
```
F = MSR/MSE
from scipy import stats
p_value_F = 1.0 - stats.f.cdf(F,k - 1,n - k)

# Log-likelihood
sigma_MLE = np.sqrt(SSE/n)
```
c `ln_L = -n*np.log(sigma_MLE*np.sqrt(2*np.pi)) - SSE/2/sigma_MLE**2`
d `AIC = 2*k - 2*ln_L`
e `BIC = k*np.log(n) - 2*ln_L`

```
# t test
C = MSE*np.linalg.inv(X.T@X)

SE_b = np.sqrt(np.diag(C))
SE_b = np.matrix(SE_b).T
```
f
```
T = b/SE_b
p_one_side = 1 - stats.t(n - k).cdf(np.abs(T))
p = p_one_side*2
# P > |t|

# confidence interval of coefficients, 95%
alpha = 0.05
```
g
```
t = stats.t(n - k).ppf(1 - alpha/2)
b_lower_CI = b - t*SE_b # 0.025
b_upper_CI = b + t*SE_b # 0.975
```

3.9 多重共線性

線性迴歸模型的解釋變數不滿足相互獨立的基本假設前提下，如果模型的解釋變數存在多重共線性，將導致最小平方法得到的模型參數估計量非有效且方差變大，參數估計量經濟含義不合理，等等。

上一章介紹過採用**條件數** (condition number) 來判定多重共線性的方法。對 X^TX 進行特徵值分解，得到最大特徵值 λ_{max} 和最小特徵值 λ_{min}。條件數的定義為兩者比值的平方根。如果條件數小於 30，可以不必擔心多重共線性。

如果 X^TX 可逆，X^TX 的行列式值不為 0：

$$\det(X^TX) \neq 0 \tag{3.52}$$

第 3 章　多元線性迴歸

這裡再介紹一個評價共線性的度量指標，**方差膨脹因數** (Variance Inflation Factor，VIF)，也稱為**方差擴大因數**。

簡單來說，VIF 的計算方法是將每個引數作為因變數，其他剩餘引數作為預測變數進行回歸。一個含有 n 個解釋變數的矩陣，其中的任意解釋變數 X_i 對應的方差膨脹因數 VIF_i 可由下式計算：

$$VIF_i = \frac{1}{1-R_i^2} \tag{3.53}$$

其中 R_i^2 是解釋變數 X_i 與剩餘解釋變數 $\{X_j\}$，$j \neq i$ 迴歸模型的決定係數：

$$X_i = \alpha_0 + \sum_{j=1, j \neq i}^{D} \alpha_j X_j + \varepsilon_i \tag{3.54}$$

當某個變數 X_i 能被剩餘其他變數完全線性解釋時，R_i^2 的值趨近於 1，VIF_i 的值將趨近於無限大；所以，各個變數的 VIF 值越小，說明共線性越弱。最常用的 VIF 設定值是 10，即解釋變數的 VIF 值都不大於 10 時，認為共線性在可接受範圍內。更多有關 VIF 相關內容，請大家參考 Kutner、Nachtsheim、Neter 撰寫的 *Applied Linear Regression Models*。

我們可以透過程式 3.4 計算資料的秩、格拉姆矩陣的行列式、VIF 值，這些都可以用來度量多重共線性，請大家自行學習。

```
程式3.4  多重共線性 | Bk7_Ch03_02.ipynb
print('Rank of X')
print(np.linalg.matrix_rank(X))

print('det(X.T@X)')
print(np.linalg.det(X.T@X))

from statsmodels.stats.outliers_influence import variance_inflation_factor as VIF

# 不含全1向量
X_df_no_1 = y_X_df[tickers[1:]]

# 計算VIF
# 包含全1向量
VIF_X_df = pd.Series([VIF(X_df.values, i)
                      for i in range(X_df.shape[1])],
                     index=X_df.columns)
```

```
# 不包含全1向量
VIF_X_no_1_df = pd.Series([VIF(X_df_no_1.values, i)
                for i in range(X_df_no_1.shape[1])],
                index=X_df_no_1.columns)
```

3.10 條件機率角度看多元線性迴歸

《AI 時代 Math 元年 - 用 Python 全精通統計及機率》第 12 章介紹過，多元線性迴歸本質上就是條件機率中的條件期望值。

如圖 3.24 所示，如果隨機變數向量 χ 和 γ 服從多維高斯分佈：

$$\begin{bmatrix} \chi \\ \gamma \end{bmatrix} \sim N\left(\begin{bmatrix} \mu_\chi \\ \mu_\gamma \end{bmatrix}, \begin{bmatrix} \Sigma_{\chi\chi} & \Sigma_{\chi\gamma} \\ \Sigma_{\gamma\chi} & \Sigma_{\gamma\gamma} \end{bmatrix} \right) \qquad (3.55)$$

其中，χ 為隨機變數 X_i 組成的列向量，γ 為隨機變數 Y_j 組成的列向量：

$$\chi = \begin{bmatrix} X_1 \\ X_2 \\ \vdots \\ X_D \end{bmatrix}, \quad \gamma = \begin{bmatrix} Y_1 \\ Y_2 \\ \vdots \\ Y_M \end{bmatrix} \qquad (3.56)$$

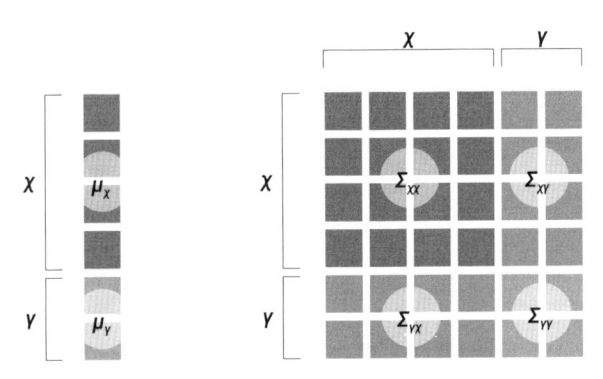

▲ 圖 3.24 平均值向量、協方差矩陣形狀
(圖片來源：《AI 時代 Math 元年 - 用 Python 全精通統計及機率》第 12 章)

第 3 章　多元線性迴歸

如圖 3.25 所示，給定 $\chi = x$ 條件下 γ 的條件期望為：

$$E(\gamma|\chi = x) = \mu_{\gamma|\chi=x} = \Sigma_{\gamma\chi}\Sigma_{\chi\chi}^{-1}(x - \mu_\chi) + \mu_\gamma \tag{3.57}$$

$$\mu_{\gamma|\chi=x} \;=\; \Sigma_{\gamma\chi} \;@\; (\Sigma_{\chi\chi})^{-1} \;@\; (x - \mu_\chi) \;+\; \mu_\gamma$$

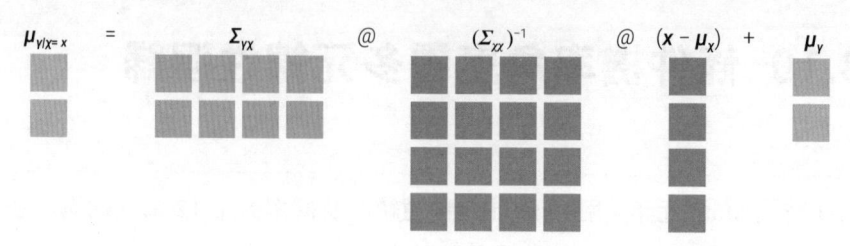

▲ 圖 3.25　給定 $\chi = x$ 的條件下 γ 的期望值的矩陣運算
(圖片來源：《AI 時代 Math 元年 - 用 Python 全精通統計及機率》第 12 章)

對於本例，我們對式 (3.57) 進行轉置得到：

$$\mu_{y|x} = E(y) + \underbrace{(x - E(X))(\Sigma_{XX})^{-1}\Sigma_{Xy}}_{b} \tag{3.58}$$

$[y, X]$ 對應的協方差矩陣如圖 3.26 所示。圖 3.27 所示為對 Σ_{XX} 求逆。

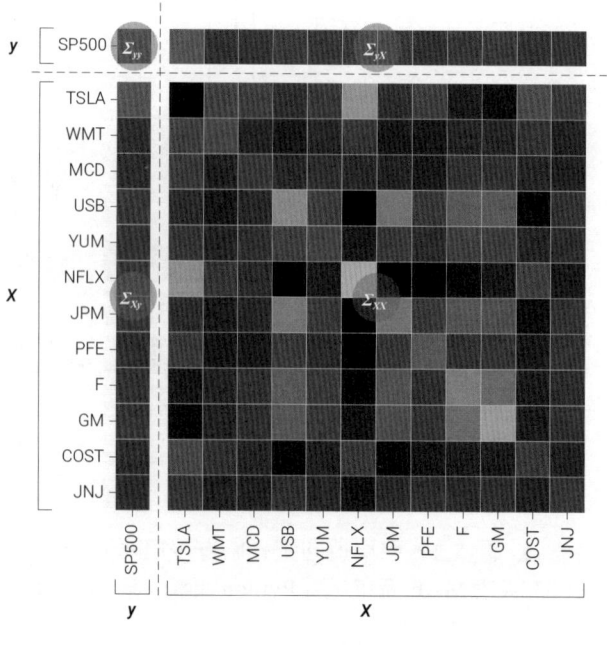

▲ 圖 3.26　$[y, X]$ 協方差矩陣

3-32

3.10 條件機率角度看多元線性迴歸

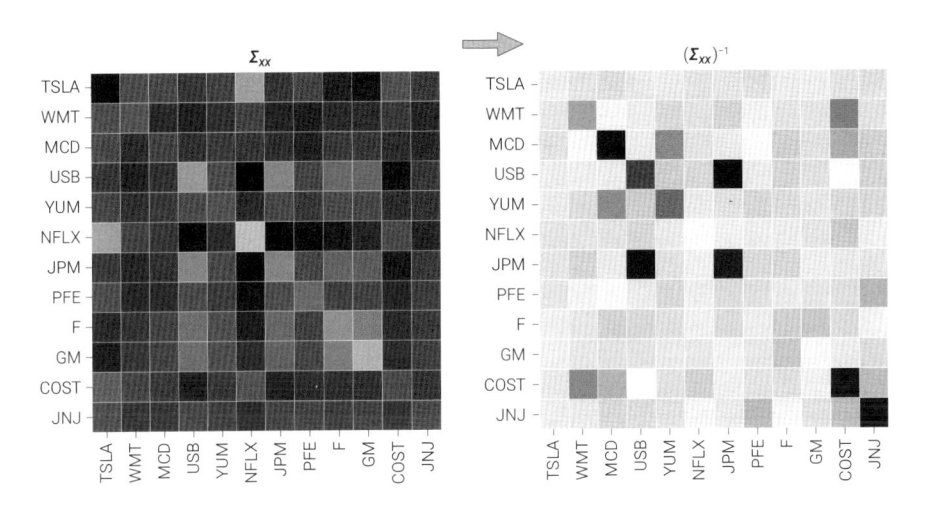

▲ 圖 3.27 分塊協方差矩陣求逆

如圖 3.28 所示,截距係數之外的多元線性迴歸係數向量為:

$$b_{1\sim D} = \left(\Sigma_{XX}\right)^{-1} \Sigma_{Xy} \tag{3.59}$$

如圖 3.29 所示,b_0 為:

$$b_0 = \mathrm{E}(y) - \mathrm{E}(X)b_{1\sim D} \tag{3.60}$$

其中,$\mathrm{E}(X)$ 為行向量。

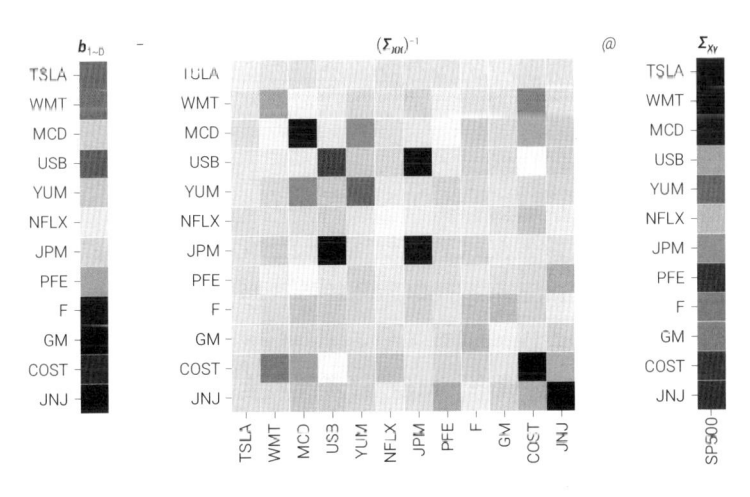

▲ 圖 3.28 求線性迴歸參數,除截距係數之外

3-33

第 3 章　多元線性迴歸

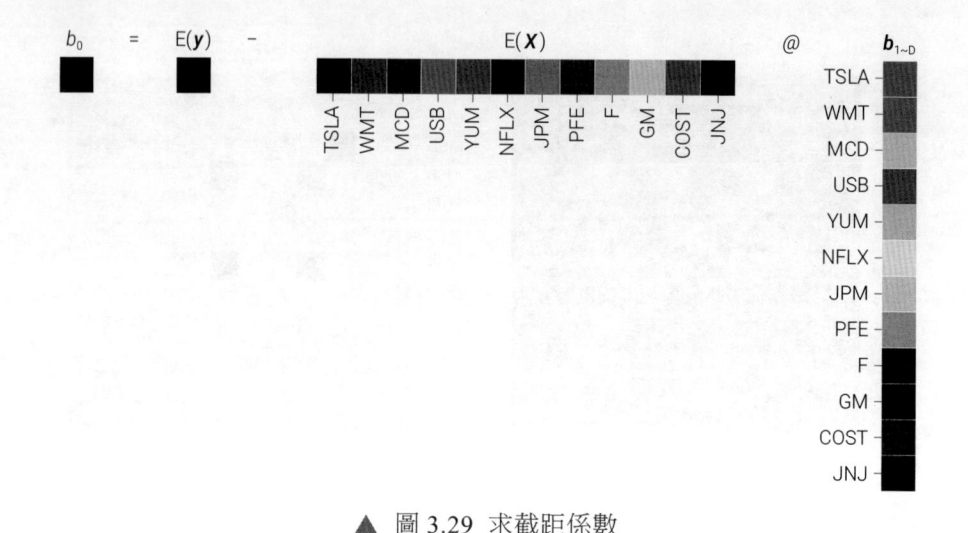

$$b_0 = E(y) - E(X) \,@\, b_{1 \sim D}$$

▲ 圖 3.29 求截距係數

Bk7_Ch03_03.ipynb 中完成了本節運算。

OLS 線性迴歸是一種在機器學習中常用的演算法，它可以透過最小化殘差平方和來建立線性模型，從而用於預測和分析因變數與引數之間的關係。OLS 線性迴歸適用於資料分析、預測模型、異常檢測、特徵工程等多種機器學習任務。

透過使用 OLS 線性迴歸，可以得出自變數對因變數的影響程度、探索引數之間的關係、預測因變數的設定值，以及辨識異常值等。OLS 線性迴歸是一種簡單且可靠的機器學習演算法，為資料分析和預測建模提供了強大的工具和方法。

「本書系」從不同角度介紹過 OLS 線性迴歸。《AI 時代 Math 元年 - 用 Python 全精通數學要素》從代數、幾何、最佳化角度講過線性迴歸；《AI 時代 Math 元年 - 用 Python 全精通矩陣及線性代數》從線性代數、正交投影、矩陣分解角度分析過線性迴歸；《AI 時代 Math 元年 - 用 Python 全精通統計及機率》又增加了條件機率、MLE 這兩個角度。「本書系」有關 OLS 線性迴歸的講解至此告一段落，本書後文將介紹迴歸中的正規化、貝氏迴歸、非線性迴歸等話題。

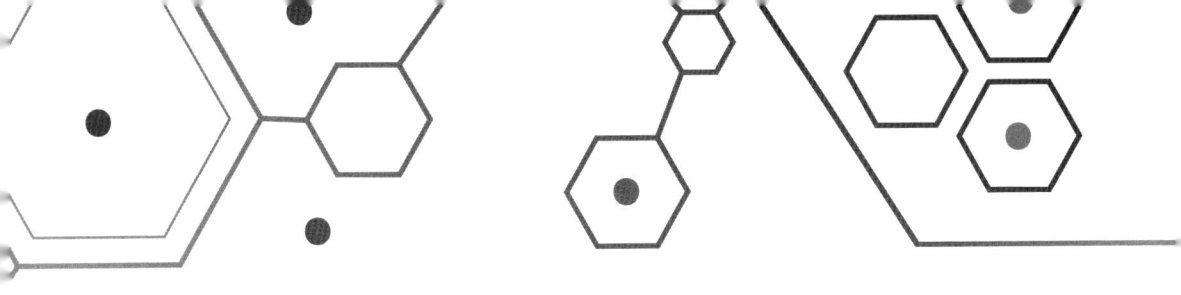

Moving Beyond Linearity

4 非線性迴歸

尋找因變數和引數之間關係的非線性模型

我科學不去嘗試辯解，甚至幾乎從來不解讀；科學主要工作就是數學建模。模型是一種數學構造；基於少量語言說明，每個數學構造描述觀察到的現象。數學模型合理之處是它具有一定的普適性；此外，數學模型一般具有優美的形式—也就是不管它能解釋多少現象，它必須相當簡潔。

The sciences do not try to explain, they hardly even try to interpret, they mainly make models. By a model is meant a mathematical construct which, with the addition of certain verbal interpretations, describes observed phenomena. The justification of such a mathematical construct is solely and precisely that it is expected to work.

——約翰‧馮‧諾依曼（John von Neumann）| 美國籍數學家 | 1903　1957 年

- matplotlib.pyplot.contour() 繪製等高線線圖
- matplotlib.pyplot.contourf() 繪製填充等高線圖
- matplotlib.pyplot.getp() 獲繪圖物件的屬性
- matplotlib.pyplot.plot_wireframe() 繪製線方塊圖
- matplotlib.pyplot.scatter() 繪製散點圖
- matplotlib.pyplot.setp() 設置繪圖物件的一個或多個屬性
- numpy.random.normal() 產生服從高斯分佈的隨機數
- numpy.random.rand() 產生服從均勻分佈的隨機數
- numpy.random.randn() 產生服從標準正態分佈的隨機數
- scipy.special.expit() 計算 logistic 函數，將實數映射到 (0,1) 區間
- seaborn.jointplot() 繪製聯合分佈 / 散點圖和邊際分佈
- seaborn.kdeplot() 繪製機率密度估計曲線
- seaborn.scatterplot() 繪製散點圖
- sklearn.linear_model.LinearRegression() 最小平方法迴歸
- sklearn.linear_model.LogisticRegression() 邏輯迴歸函數，也可以用來分類
- sklearn.pipeline.Pipeline() 將許多演算法模型串聯起來形成一個典型的機器學習問題工作流
- sklearn.preprocessing.FunctionTransformer() 根據函數物件或自訂函數處理樣本資料
- sklearn.preprocessing.PolynomialFeatures() 建模過程中構造多項式特徵

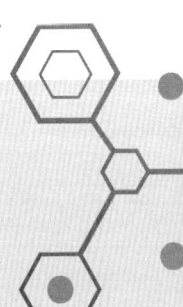

第 4 章 非線性迴歸

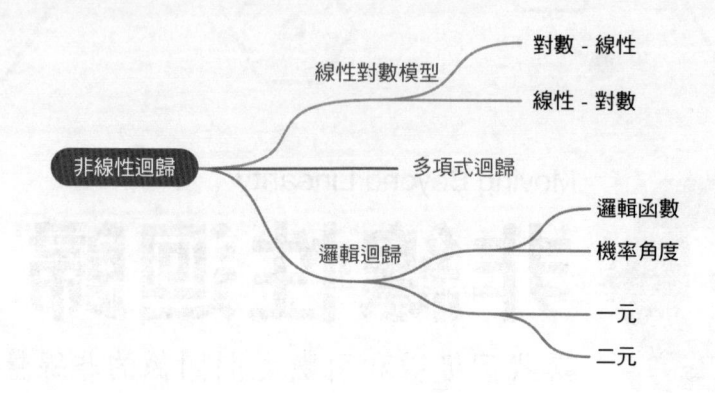

4.1 線性迴歸

本書前文介紹過線性迴歸,通俗地說,線性迴歸使用直線、平面或超平面來進行預測。多元線性迴歸的數學運算式如下:

$$y = b_0 + b_1 x_1 + b_2 x_2 + \cdots + b_D x_D + \varepsilon \tag{4.1}$$

可以發現 $x_1, x_2, \cdots, x_D$ 這幾個變數的次數都是一次,這也就是「線性」一詞的來由。圖 4.1 所示為最小二乘法多元線性迴歸資料關係。

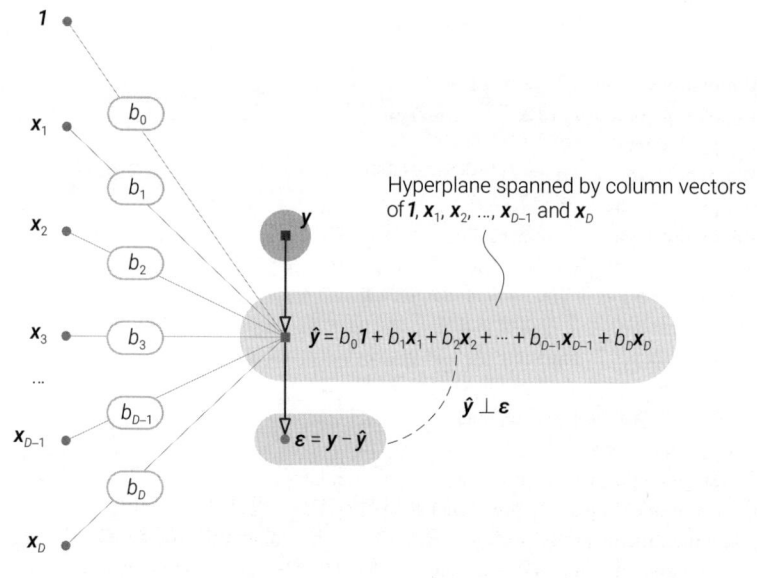

▲ 圖 4.1 最小平方法多元線性迴歸資料關係

4.1 線性迴歸

此外，特徵還可以透過線性組合得到一系列新特徵：

$$z_k = v_{1,k}\boldsymbol{x}_1 + v_{2,k}\boldsymbol{x}_2 + \cdots + v_{D,k}\boldsymbol{x}_D = \phi_k(\boldsymbol{x}_1, \boldsymbol{x}_2, \cdots, \boldsymbol{x}_D) \tag{4.2}$$

即

$$\begin{aligned}\boldsymbol{Z} &= \begin{bmatrix} \boldsymbol{z}_1 & \cdots & \boldsymbol{z}_p \end{bmatrix} = \begin{bmatrix} \phi_1(\boldsymbol{X}) & \cdots & \phi_p(\boldsymbol{X}) \end{bmatrix} \\ &= \begin{bmatrix} \boldsymbol{x}_1 & \boldsymbol{x}_2 & \cdots & \boldsymbol{x}_D \end{bmatrix} \begin{bmatrix} v_{1,1} & \cdots & v_{1,p} \\ v_{2,1} & \cdots & v_{2,p} \\ \vdots & \ddots & \vdots \\ v_{D,1} & \cdots & v_{D,p} \end{bmatrix} \end{aligned} \tag{4.3}$$

然後可以用最小平方求解迴歸係數：

$$\hat{\boldsymbol{y}} = \boldsymbol{Z}(\boldsymbol{Z}^\mathrm{T}\boldsymbol{Z})^{-1}\boldsymbol{Z}^\mathrm{T}\boldsymbol{y} \tag{4.4}$$

圖 4.2 所示為線性組合的資料關係，得到的模型可以透過式 (4.3) 反推得到基於 $x_1, x_2, \cdots, x_D$ 這幾個變量的線性模型。本書後文介紹的基於主成分分析的迴歸方法採用的就是這一想法。

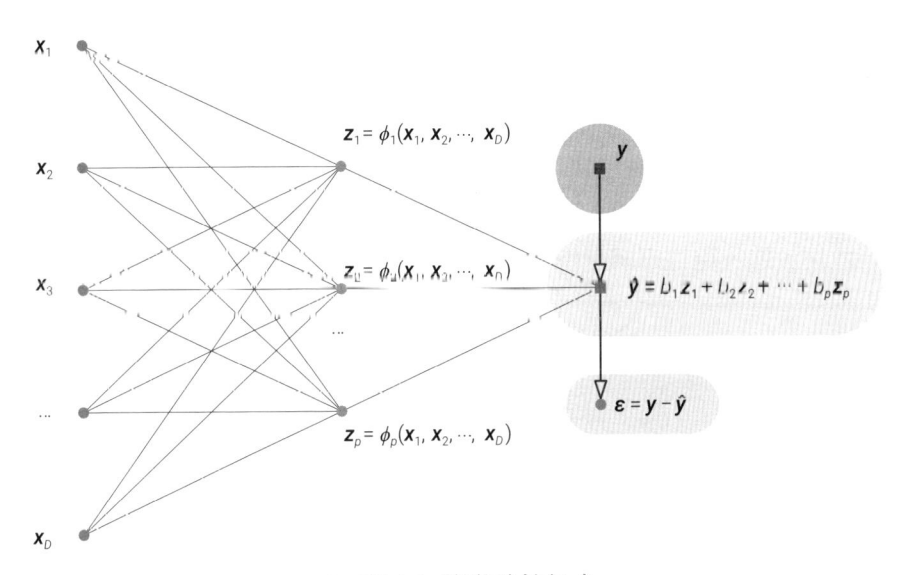

▲ 圖 4.2 特徵線性組合

第 4 章　非線性迴歸

線性迴歸雖然簡單，但是並非萬能。圖 4.3 舉出的三組資料都不適合用線性迴歸來描述。本章將介紹如何採用幾種非線性迴歸方法來解決線性迴歸不能解決的問題。

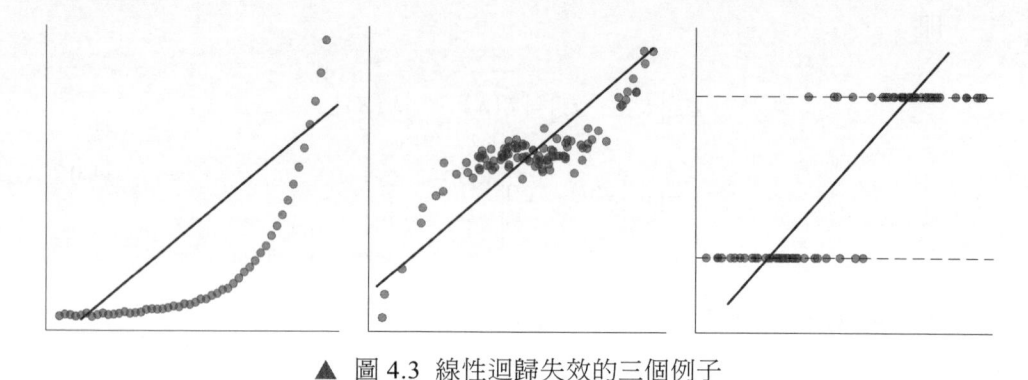

▲ 圖 4.3　線性迴歸失效的三個例子

4.2　線性對數模型

本書前文介紹過資料轉換，一些迴歸問題可以對輸入或輸出進行資料轉換，甚至對兩者同時進行資料轉換，之後再來構造線性模型。本節將介紹幾個相關例子。

觀察圖 4.4(a)，容易發現樣本資料呈現出「指數」形狀，而且輸出值 y 大於 0；容易想到對輸出值 y 取對數，得到圖 4.4(b)。而圖 4.4(b) 展現出明顯的線性迴歸特徵，故便於進行線性迴歸建模。

4.2 線性對數模型

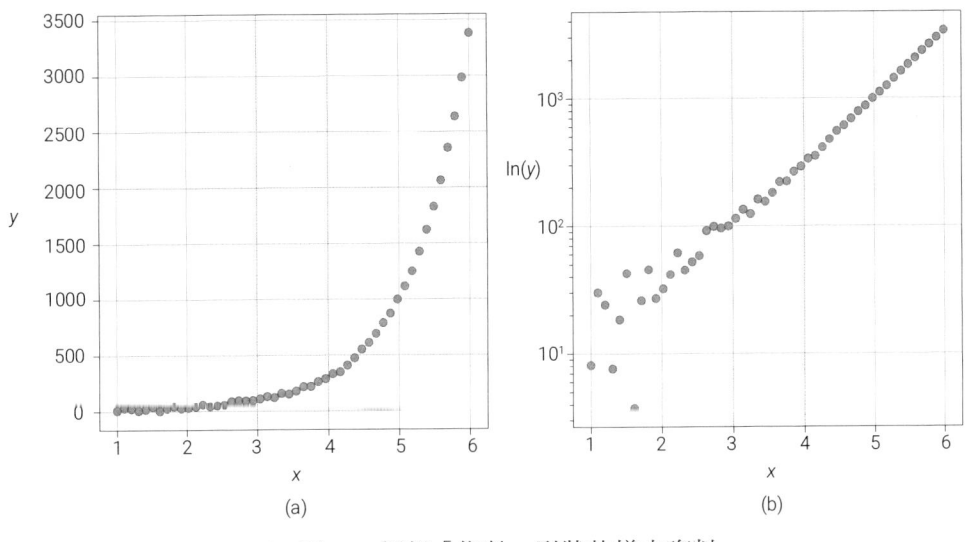

▲ 圖 4.4 類似「指數」形狀的樣本資料

利用以上想法便可以得到所謂對數-線性模型：

$$\ln y = b_0 + b_1 x + \varepsilon \tag{4.5}$$

圖 4.5 所示為透過擬合得到的對數-線性模型。

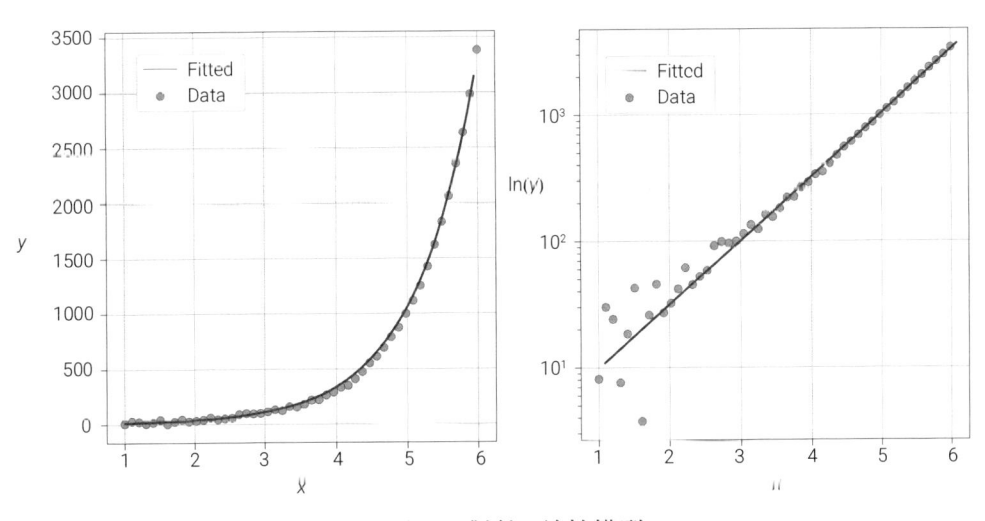

▲ 圖 4.5 對數-線性模型

4-5

第 4 章 非線性迴歸

反過來，當資料呈現類似「對數」形狀時 (見圖 4.6(a))，可以對輸入值 x 取對數，得到圖 4.6(b)。觀察圖 4.6(b)，可以發現資料展現出一定的線性關係。這樣我們就可以使用線性 - 對數模型：

$$y = b_0 + b_1 \ln x + \varepsilon \tag{4.6}$$

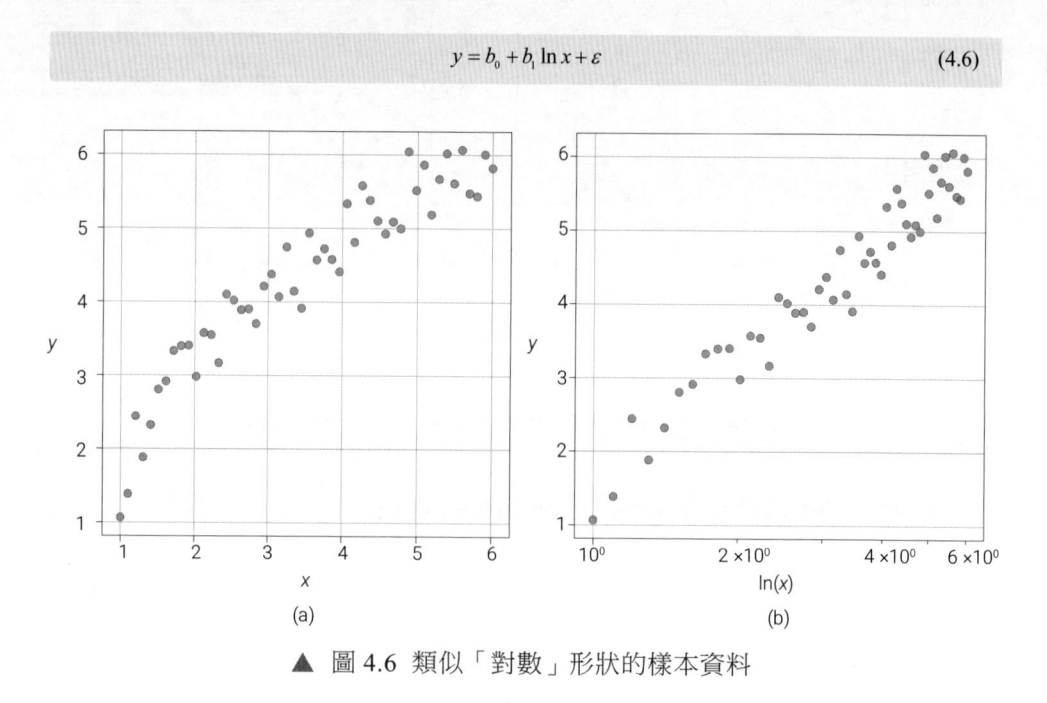

▲ 圖 4.6 類似「對數」形狀的樣本資料

圖 4.7 所示為得到的線性 - 對數模型。

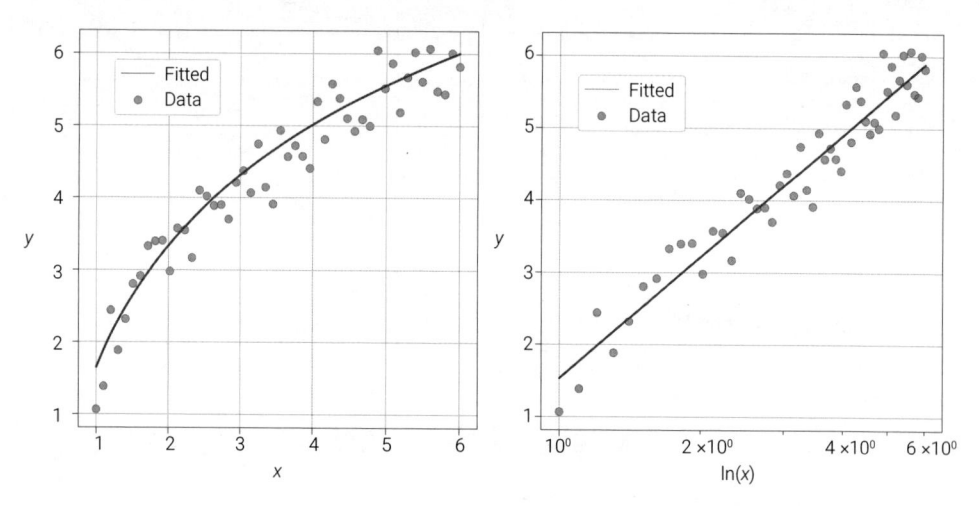

▲ 圖 4.7 線性 - 對數模型

此外，我們可以同時對輸入和輸出資料取對數，然後再構造線性迴歸模型；這種模型叫作雙對數模型：

$$\ln y = b_0 + b_1 \ln x + \varepsilon \tag{4.7}$$

需要注意的是，進行對數變換的前提是，所有的觀測值都必須大於 0。當觀測值中存在 0 或小於 0 的數值，可以對所有的觀測值加 -min(x)+ 1，然後再進行對數變換。

> Bk7_Ch04_01.ipynb 中繪製了本節影像，請大家自行學習。

4.3 非線性迴歸

非線性迴歸是一種迴歸分析方法，建立引數與因變數之間的非線性關係模型，可以用於預測連續變數的值。非線性迴歸需要應對線性迴歸無法解決的複雜問題。

有些情況下，簡單地將資料做對數處理是不夠的，我們需要對資料做進一步處理。模型以下式所示：

$$y = f(x) + \varepsilon \tag{4.8}$$

$f(x)$ 可以是任意函數，比如多項式函數、邏輯函數，甚至是分段函數。

式 (4.8) 中 $f(x)$ 可以是多項式，這樣我們就可以得到**多項式迴歸** (polynomial regression)。比如，一元三次多項式迴歸：

$$y = b_0 + b_1 x + b_2 x^2 + b_3 x^3 \tag{4.9}$$

圖 4.8 所示為一元三次多項式迴歸模型態資料關係。

第 4 章　非線性迴歸

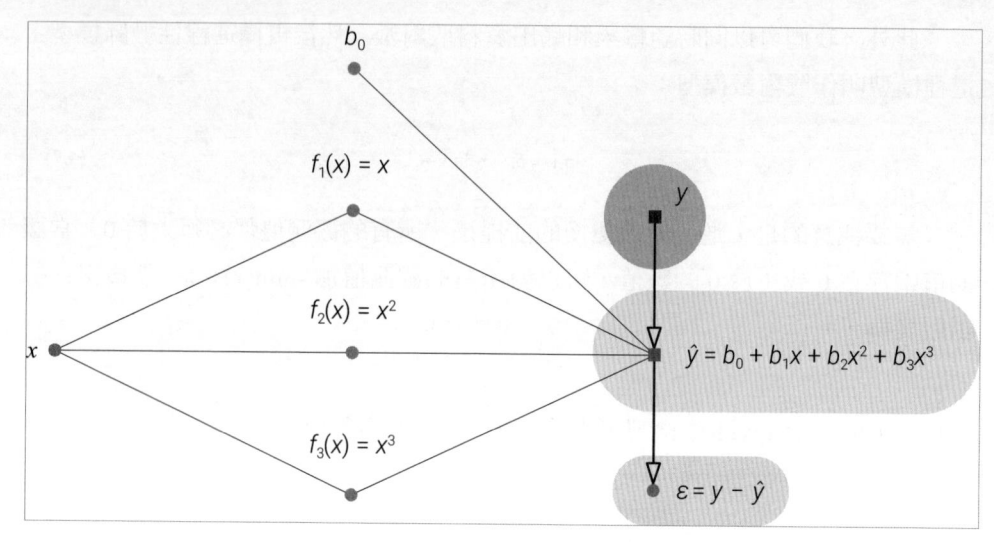

▲ 圖 4.8　一元三次多項式迴歸

　　圖 4.9 所示為利用一元三次多項式迴歸模型來擬合的樣本資料。下一節，我們將仔細講解多項式迴歸。

　　邏輯迴歸 (logistic regression) 也是一種重要的非線性迴歸模型。一元邏輯迴歸模型如下：

$$y = \dfrac{1}{1+\exp\left(-\underbrace{(b_0 + b_1 x)}_{\text{linear model}}\right)} \tag{4.10}$$

　　圖 4.10 所示為擬合資料得到的邏輯迴歸模型。圖 4.11 所示為邏輯迴歸模型態資料關係，邏輯迴歸模型可以看作是線性模型透過邏輯函數轉換得到的模型。

4.3 非線性迴歸

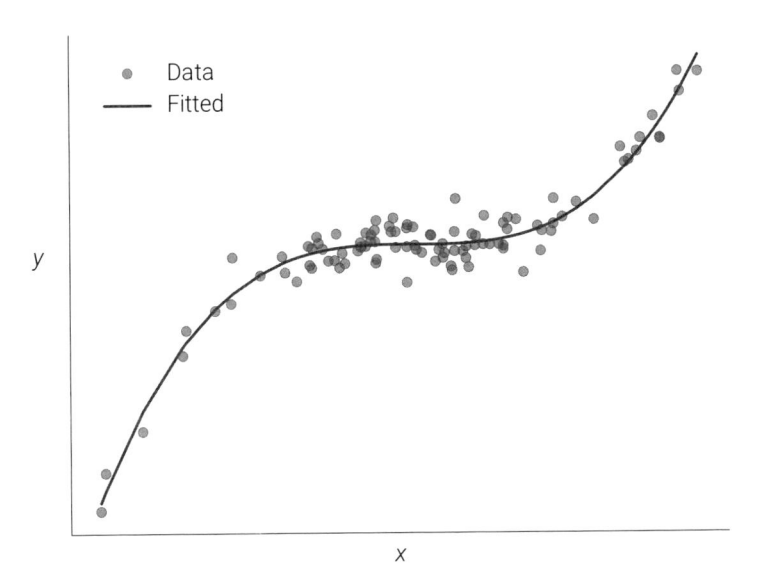

▲ 圖 4.9　一元三次多項式迴歸模型

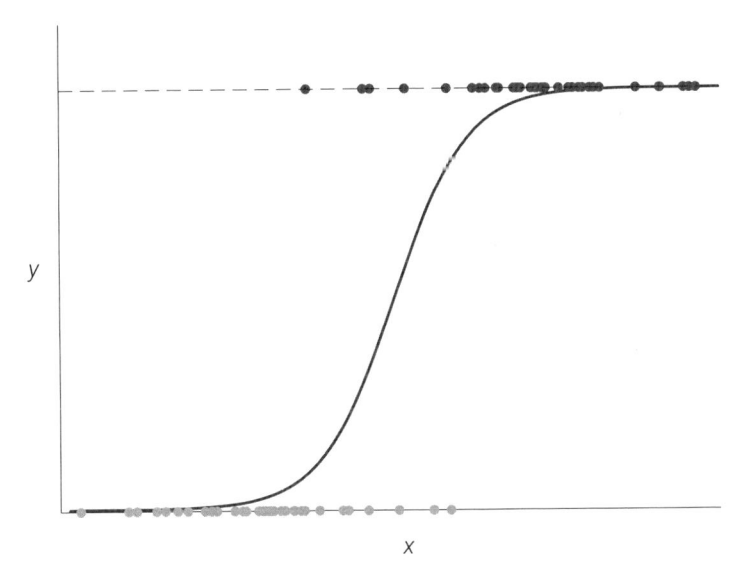

▲ 圖 4.10　邏輯迴歸模型

第 4 章　非線性迴歸

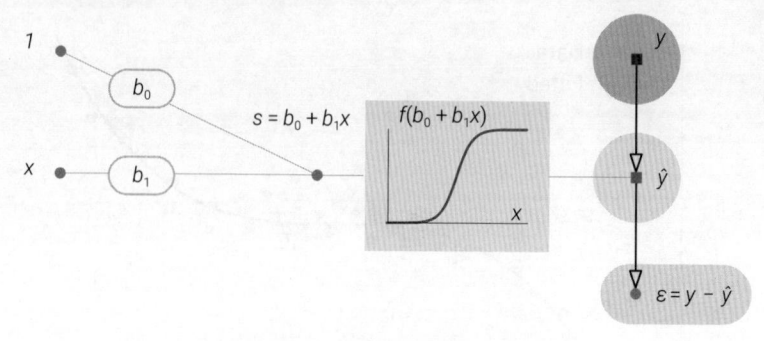

▲ 圖 4.11　邏輯迴歸資料關係

邏輯迴歸雖然是個迴歸模型,但是常被用作分類模型,常用於二分類。

此外,我們還可以用分段函數來擬合資料。如圖 4.12 所示,兩段線性函數用來擬合樣本資料,效果也是不錯的。

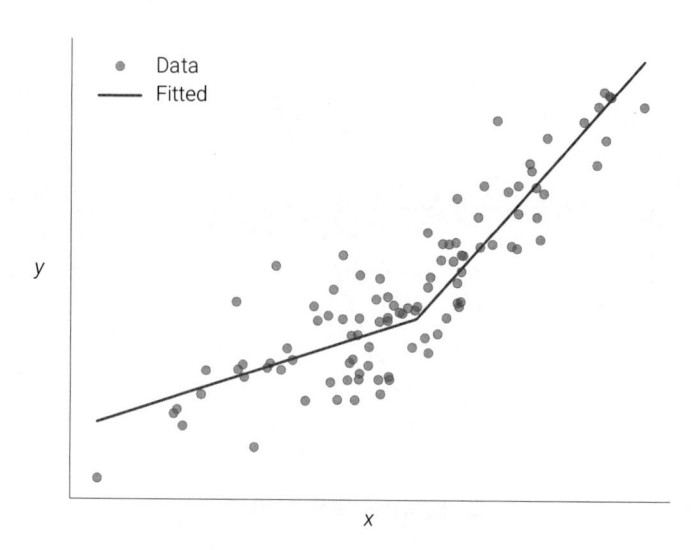

> 下一章將講解邏輯迴歸。

▲ 圖 4.12　分段函數模型

非參數迴歸 (non-parametric regression) 也是一種非常重要的非線性擬合方法。本章前面介紹的回歸模型都有自身的「參數」，但是非參數迴歸模型並不假設迴歸函數的具體形式。參數迴歸分析時假定變數之間某種關係，然後估計參數；而非參數迴歸，則讓資料本身說話。

比如，圖 4.13 所示為採用**最鄰近迴歸** (k-nearest neighbor regression) 的例子。最鄰近可以用來分類，也可以用來構造迴歸模型。本書後文將介紹最近鄰模型。

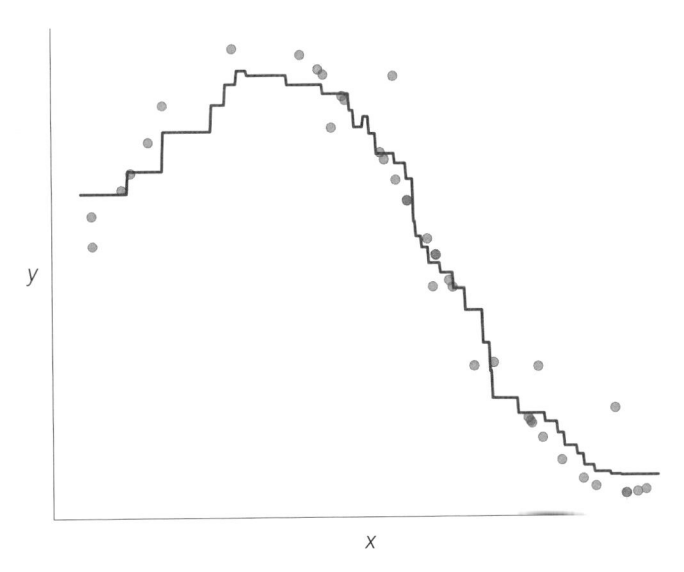

▲ 圖 4.13 最鄰近迴歸

4.4 多項式迴歸

多項式迴歸是迴歸分析的一種形式，多項式迴歸是指迴歸函數的引數指數大於 1。在多項式迴歸中，一元迴歸模型最佳擬合線不是直線，而是一筆擬合了資料點的多項式曲線。

圖 4.14 所示為一次到五次一元函數的形狀。

第 4 章　非線性迴歸

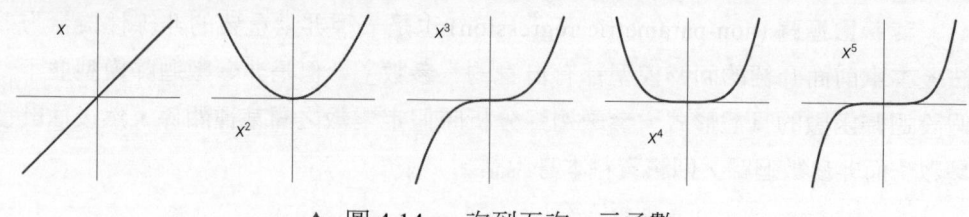

▲ 圖 4.14　一次到五次一元函數

引數 x 和因變數 y 之間的關係被建模為關於 x 的 m 次多項式：

$$\hat{y} = b_0 + b_1 x + b_2 x^2 + \cdots + b_m x^m \tag{4.11}$$

其中，b_m 為多項式函數最高次項係數，m 為多項式函數最高次項次數。圖 4.15 所示為一元多項式迴歸資料關係。

《AI 時代 Math 元年 - 用 Python 全精通矩陣及線性代數》第 9 章介紹過採用矩陣運算得到的多項式迴歸係數，請大家回顧。

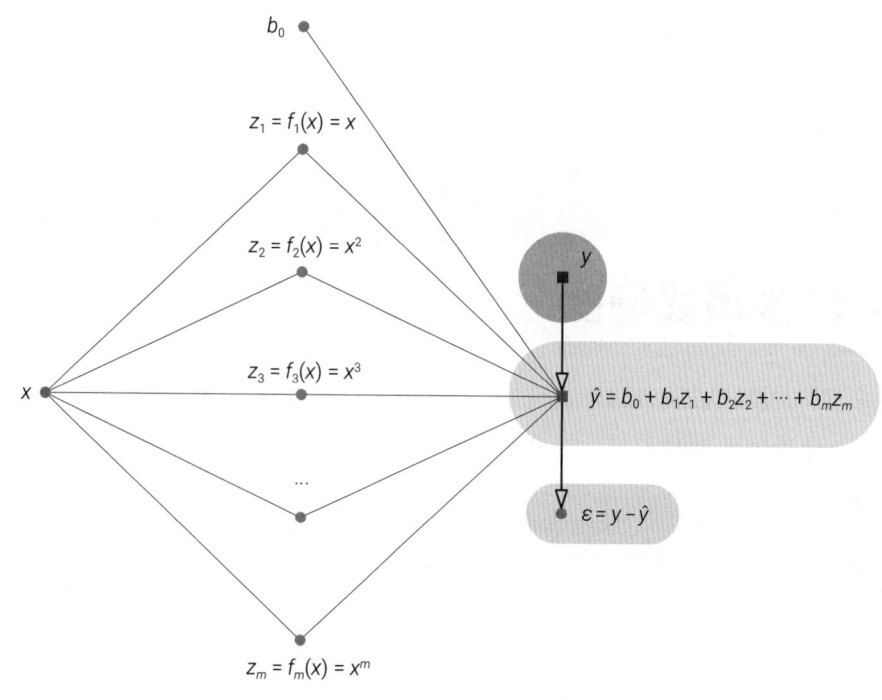

▲ 圖 4.15　一元多項式迴歸資料關係

4.4 多項式迴歸

　　從資料角度來看，如圖 4.16 所示，原本單一的特徵資料，利用簡單數學運算，我們便能獲得多特徵資料。

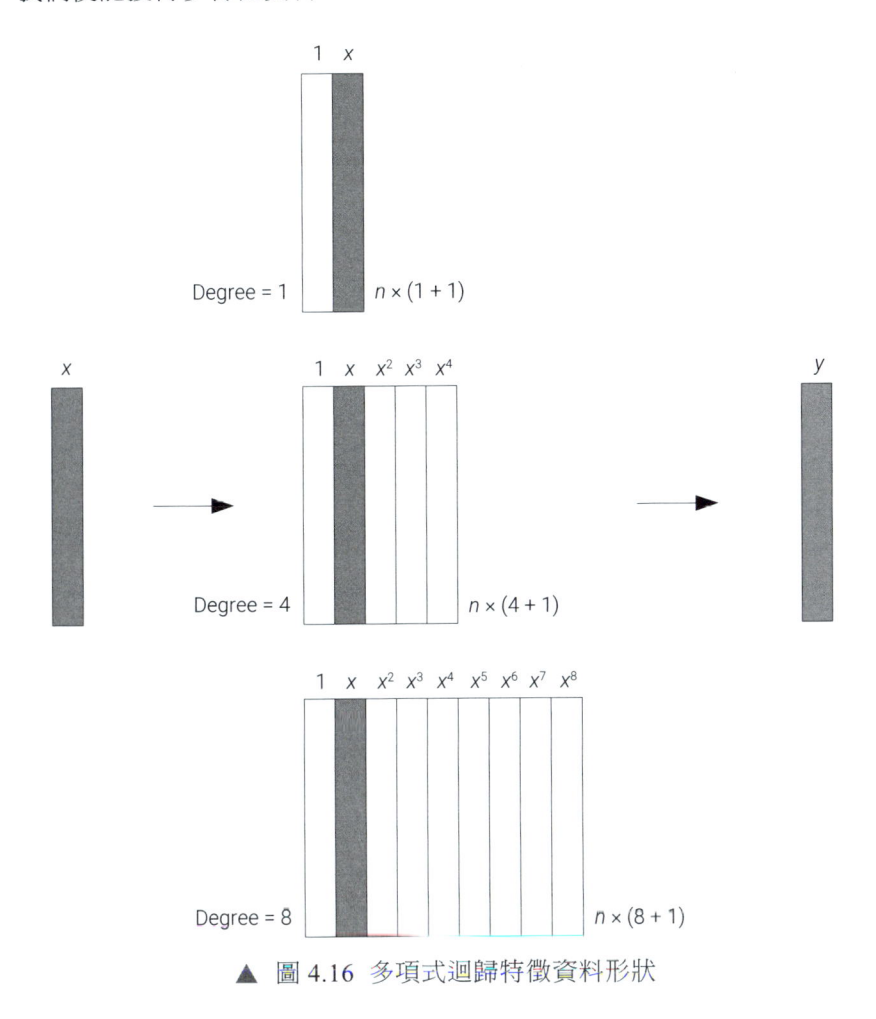

▲ 圖 4.16 多項式迴歸特徵資料形狀

　　從函數影像角度來講，如圖 4.17 所示，多項式迴歸模型好比若干曲線疊加的結果。

第 4 章 非線性迴歸

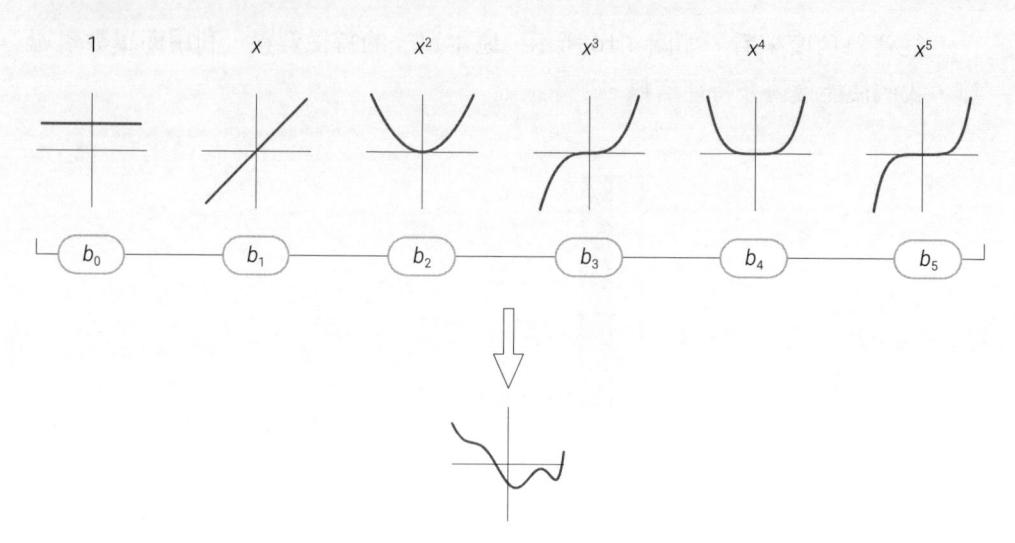

▲ 圖 4.17 一元五次函數可以看作是 6 個影像加權疊加的結果

圖 4.18 所示為採用一次到四次一元多項式迴歸模型擬合的樣本資料。多項式迴歸的最大優點就是可以透過增加引數的高次項對資料進行逼近。

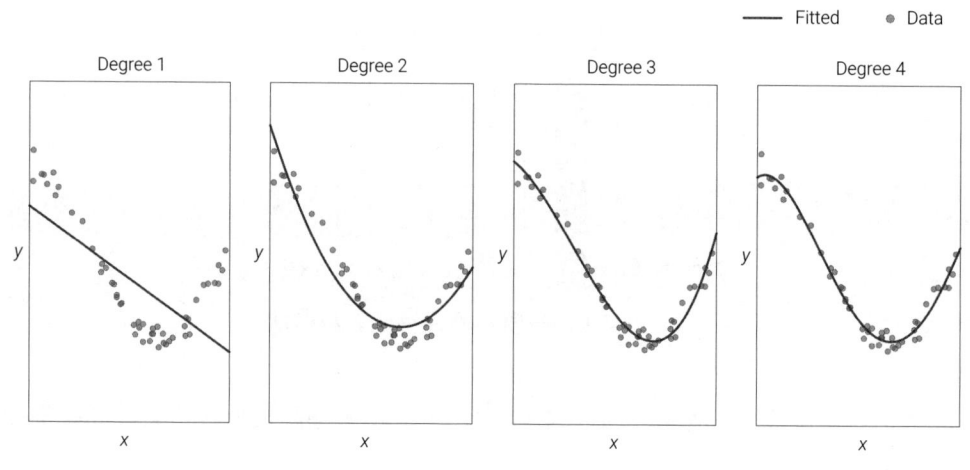

▲ 圖 4.18 一元多項式迴歸，一次到四次

4.4 多項式迴歸

但是，對於多項式迴歸，次數越高，越容易產生**過擬合** (overfitting) 問題。過擬合發生的原因是，使用過於複雜的模型，導致模型過於精確地描述訓練資料。

如圖 4.19 所示，採用過高次數的多項式迴歸模型，使模型過於複雜，過度捕捉訓練資料中的細節資訊，甚至是雜訊，從而失去了**泛化能力** (generalization capability 或 generalization)。使用該模型預測其他樣本資料時，無法良好地預測未來觀察結果。

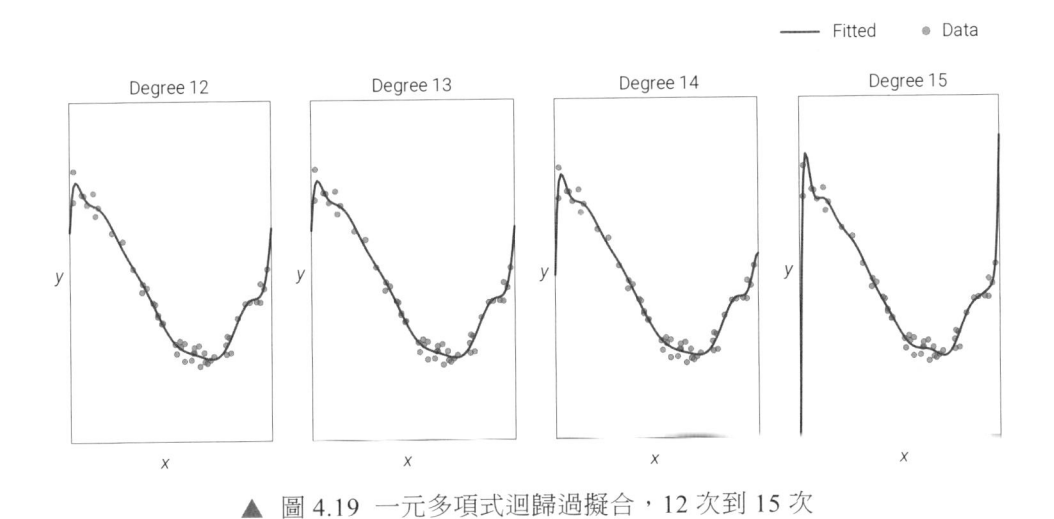

▲ 圖 4.19 一元多項式迴歸過擬合，12 次到 15 次

此外，多項式迴歸可以有多個特徵，而特徵和特徵之間可以形成較為複雜的多項式關係。比如，下式舉出的是二元二次多項式迴歸：

$$f(x_1, x_2) = b_0 + b_1 x_1 + b_2 x_2 + b_3 x_1 x_2 + b_4 x_1^2 + b_5 x_2^2 \qquad (4.12)$$

相當於以一定比例組合圖 4.20 所示的六個平面。提高多項式項次數，可以獲得更加複雜的曲線或曲面，這樣可以描述更加複雜的資料關係。因此不論因變數與其他引數的關係如何，一般都可以嘗試用多項式迴歸來進行分析。

第 4 章　非線性迴歸

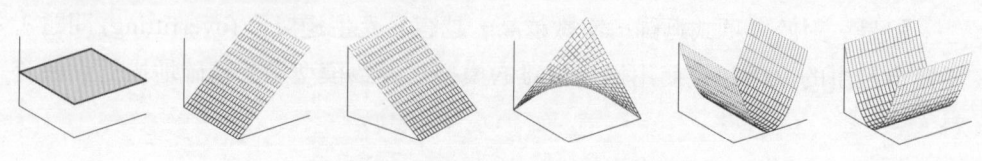

▲ 圖 4.20　六個二元平面 / 曲面

圖 4.21 所示為式 (4.12) 所示的資料關係。

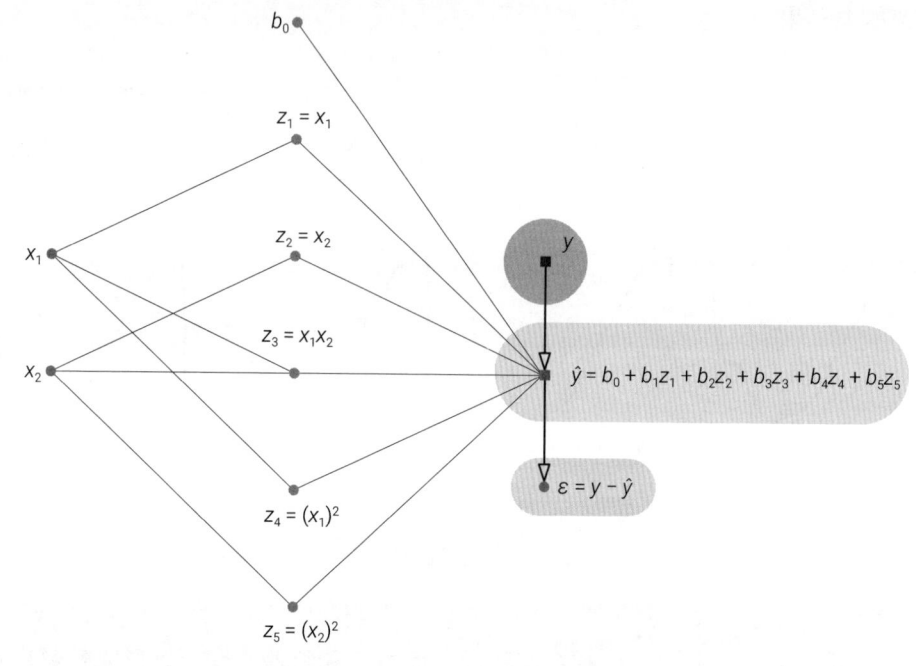

▲ 圖 4.21　二元二次多項式迴歸資料關係

Bk7_Ch04_02.ipynb 中繪製了本節影像。圖 4.22 所示為我們在《AI 時代 Math 元年 - 用 Python 全精通程式設計》用 Streamlit 架設的 App，用來展示次數對多項式迴歸的影響。

4-16

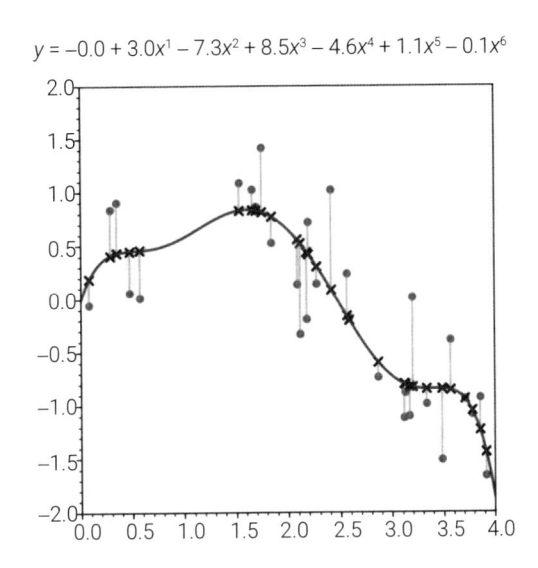

$y = -0.0 + 3.0x^1 - 7.3x^2 + 8.5x^3 - 4.6x^4 + 1.1x^5 - 0.1x^6$

▲ 圖 4.22 展示次數對多項式迴歸的影響的 App，Streamlit 架設 |Streamlit_Bk7_Ch04_06.py

4.5 邏輯迴歸

圖 4.23 舉出了一組資料的散點圖，且設定值為 1 的資料點被標記為藍色，設定值為 0 的資料點被標記為紅色。圖 4.24 舉出了三種可以描述紅藍散點資料的函數。線性函數顯然不適合這一問題。步階函數雖然可以捕捉函數從 0 到 1 的跳變，但是函數本身不光滑。

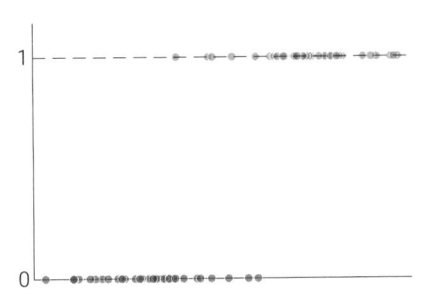

▲ 圖 4.23 紅藍資料的散點圖

4-17

第 4 章　非線性迴歸

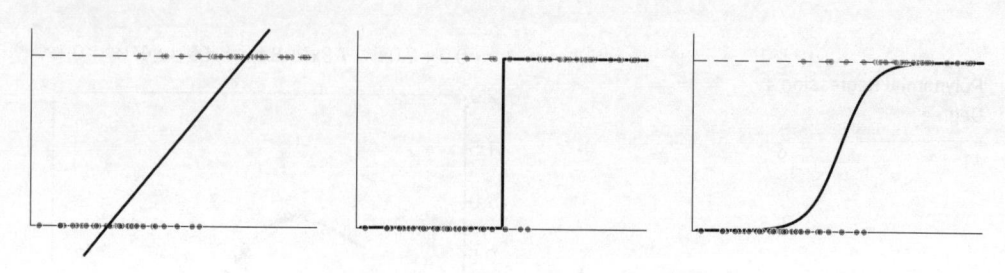

▲ 圖 4.24　試圖描述紅藍資料的函數

邏輯函數似乎能夠勝任描述紅藍散點資料的任務。線性函數的因變數一般為連續資料；而邏輯函數的因變數為離散數值，即分類資料。

邏輯函數

最簡單的邏輯函數：

$$f(x)=\frac{1}{1+e^{-x}}=\frac{e^x}{1+e^x} \tag{4.13}$$

> 回顧《AI 時代 Math 元年 - 用 Python 全精通數學要素》第 12 章講過的邏輯函數。

更一般的一元邏輯函數：

$$f(x)=\frac{1}{1+\exp(-(b_0+b_1x))} \tag{4.14}$$

如圖 4.25 所示，b_1 影響一元邏輯函數影像的陡峭程度。圖中，$b_0 = 0$。可以發現函數呈現 S 形，取值範圍在 [0,1] 之間；函數在左右兩端無限接近 0 或 1。函數的這一性質，方便從機率角度解釋，這是下一節要介紹的內容。

4.5 邏輯迴歸

▲ 圖 4.25 b_1 影響一元邏輯函數影像的陡峭程度

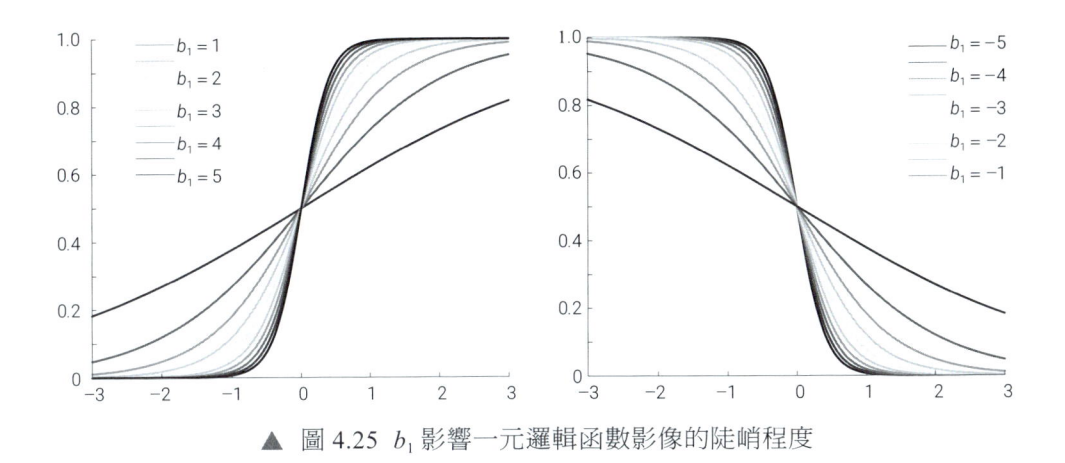

找到 $f(x) = 1/2$ 位置：

$$f(x) = \frac{1}{1+\exp(-(b_0 + b_1 x))} = \frac{1}{2} \tag{4.15}$$

整理得到 $f(x) = 1/2$ 對應的 x 值：

$$x = -\frac{b_0}{b_1} \tag{4.16}$$

也就是說，當 b_1 確定時，b_0 決定邏輯函數位置。注意，圖 4.26 中，$b_1 = 0$。

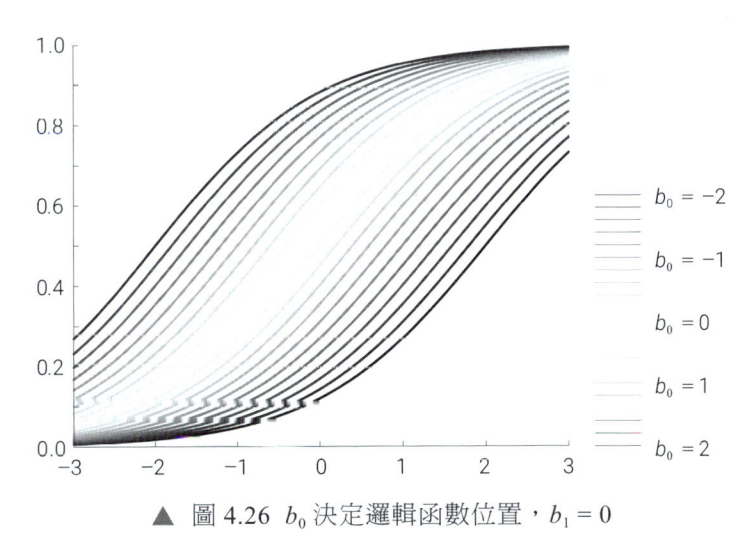

▲ 圖 4.26 b_0 決定邏輯函數位置，$b_1 = 0$

第 4 章　非線性迴歸

如圖 4.27 所示，根據資料的分佈，選取不同的邏輯函數參數。

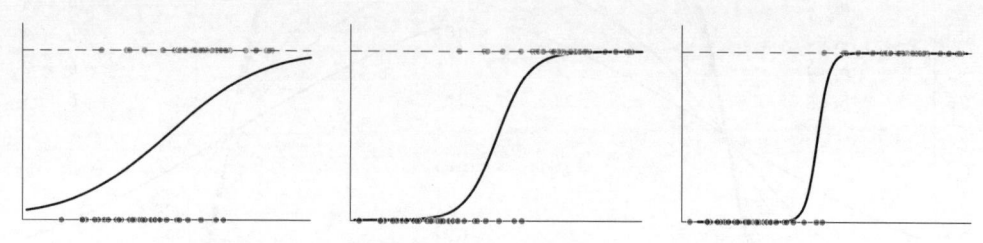

▲ 圖 4.27　根據資料的分佈，選取不同的邏輯函數參數

Bk7_Ch04_03.ipynb 中繪製了邏輯函數影像，請大家自行學習。

多元

對於多元情況，邏輯函數的一般式如下：

$$f(x_1, x_2, \cdots, x_D) = \frac{1}{1 + \exp(-(b_0 + b_1 x_1 + b_2 x_2 + \cdots + b_D x_D))} \tag{4.17}$$

利用矩陣運算表達多元邏輯函數：

$$f(x) = \frac{1}{1 + \exp(-b^\mathrm{T} x)} \tag{4.18}$$

其中

$$\begin{aligned} x &= \begin{bmatrix} 1 & x_1 & x_2 & \cdots & x_D \end{bmatrix}^\mathrm{T} \\ b &= \begin{bmatrix} b_0 & b_1 & b_2 & \cdots & b_D \end{bmatrix}^\mathrm{T} \end{aligned} \tag{4.19}$$

令

$$s(x) = b^\mathrm{T} x = b_0 + b_1 x_1 + b_2 x_2 + \cdots + b_D x_D \tag{4.20}$$

4.5 邏輯迴歸

可以記作：

$$f(s) = \frac{1}{1+\exp(-s)} \tag{4.21}$$

相當於是線性迴歸，經過如式 (4.21) 邏輯函數映射，得到邏輯迴歸。圖 4.28 所示為邏輯迴歸和線性迴歸之間的關係。圖 4.28 已經讓我們看到**神經網路** (neural network) 的一點影子，邏輯函數 $f(s)$ 類似**啟動函數** (activation function)。

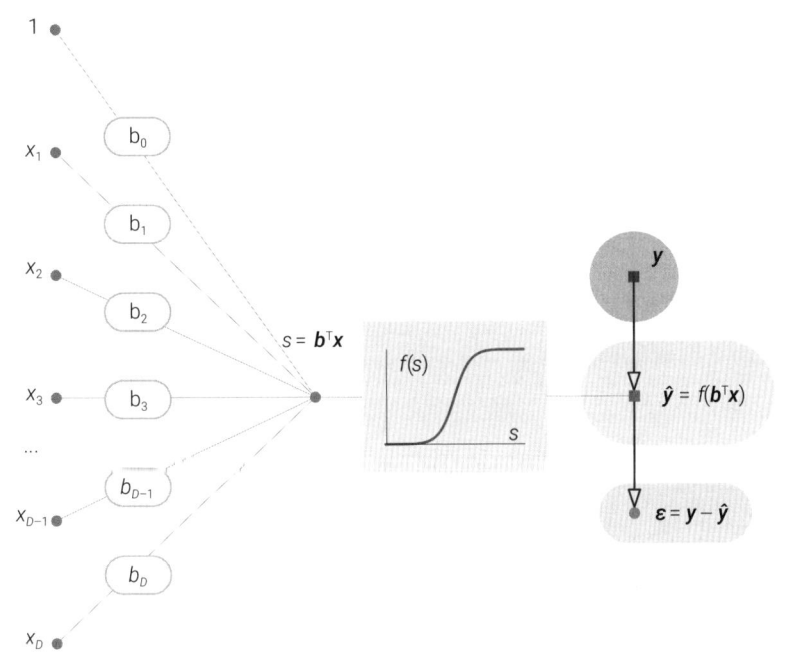

▲ 圖 4.28 邏輯迴歸和線性迴歸之間的關係

特別地，對於二元邏輯函數：

$$f(x_1, x_2) = \frac{1}{1+\exp(-(b_0 + b_1 x_1 + b_2 x_2))} \tag{4.22}$$

第 4 章 非線性迴歸

機率角度

形似式 (4.14) 的邏輯分佈的 CDF 曲線，對應的運算式為：

$$F(x|\mu,s) = \frac{1}{1+\exp\left(\frac{-(x-\mu)}{s}\right)} = \frac{1}{2} + \frac{1}{2}\tanh\left(\frac{x-\mu}{2s}\right) \tag{4.23}$$

其中，μ 為位置參數，s 為形狀參數。注意，對於邏輯分佈，$s > 0$。

邏輯迴歸可以用來解決二分類，標籤為 0 或 1；這是因為邏輯迴歸可以用來估計事件發生的可能性。

標籤為 1 對應的機率為：

$$\Pr(y=1|x) = \frac{1}{1+\exp(-(b_0+b_1 x))} \tag{4.24}$$

標籤為 0 對應的機率為：

$$\Pr(y=0|x) = 1 - \Pr(y=1|x) = \frac{\exp(-(b_0+b_1 x))}{1+\exp(-(b_0+b_1 x))} \tag{4.25}$$

圖 4.29 所示為標籤為 1 和 0 的機率關係。

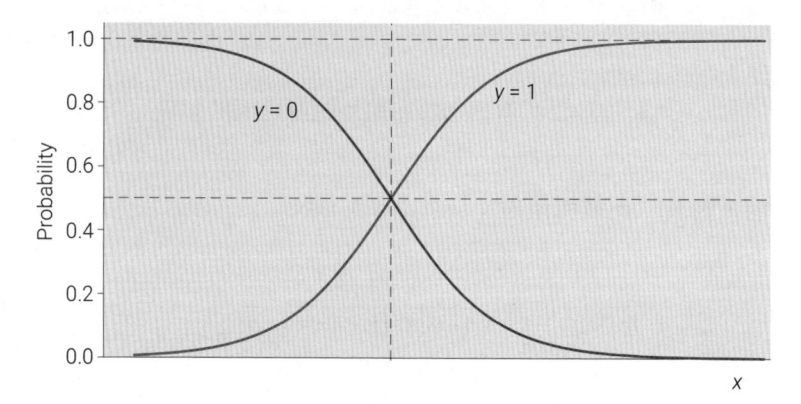

▲ 圖 4.29 標籤為 1 和 0 的機率關係

顯然，對於二分類問題，對於任意一點 x，標籤為 1 的機率和標籤為 0 的機率相加為 1：

$$P(y=0|x)+P(y=1|x)=1 \tag{4.26}$$

通俗地說，某一點要麼標籤為 1，要麼標籤為 0，如圖 4.30 所示。

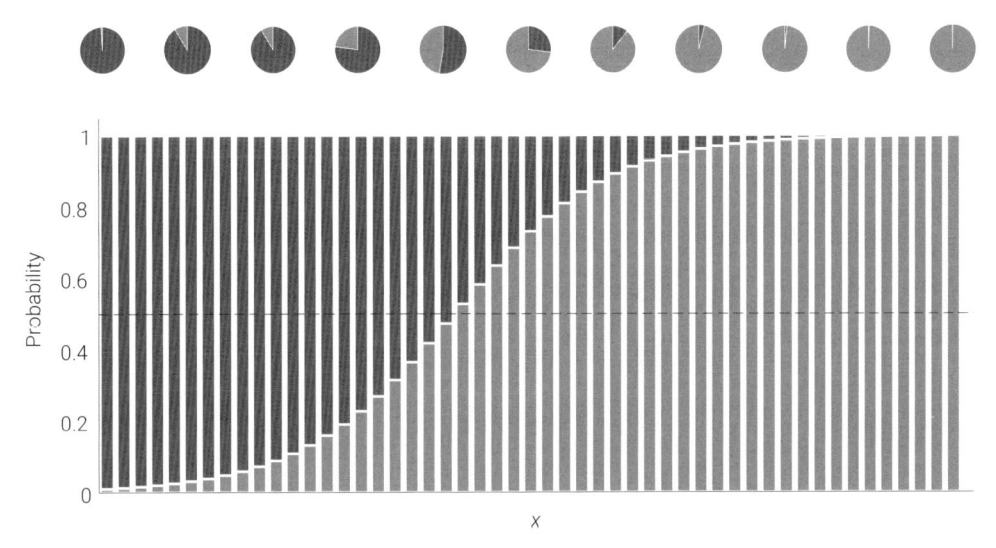

▲ 圖 4.30 邏輯迴歸模型用於二分類問題

定義優勢率 (Odds Ratio，OR) 如下，

$$\mathrm{OR} = \frac{\Pr(y=1|x)}{\Pr(y=0|x)} = \frac{1}{\exp(-(b_0+b_1 x))} \tag{4.27}$$

機率取 0 或 1 的分界點處，OR = 1，即兩者機率相同：

$$\frac{1}{\exp(-(b_0+b_1 x))} = 1 \tag{4.28}$$

整理得到：

$$b_0 + b_1 x = 0 \tag{4.29}$$

4-23

第 4 章 非線性迴歸

即

$$x = -\frac{b_0}{b_1} \tag{4.30}$$

本章後文介紹如何用 Sklearn 中邏輯迴歸函數解決三分類問題。

4.6 邏輯函數完成分類問題

單特徵

本節介紹用 sklearn.linear_model.LogisticRegression() 邏輯迴歸模型,根據鳶尾花花萼長度這一單一特徵資料進行分類。

圖 4.31 所示為鳶尾花花萼長度資料和真實三分類 y 之間的關係。

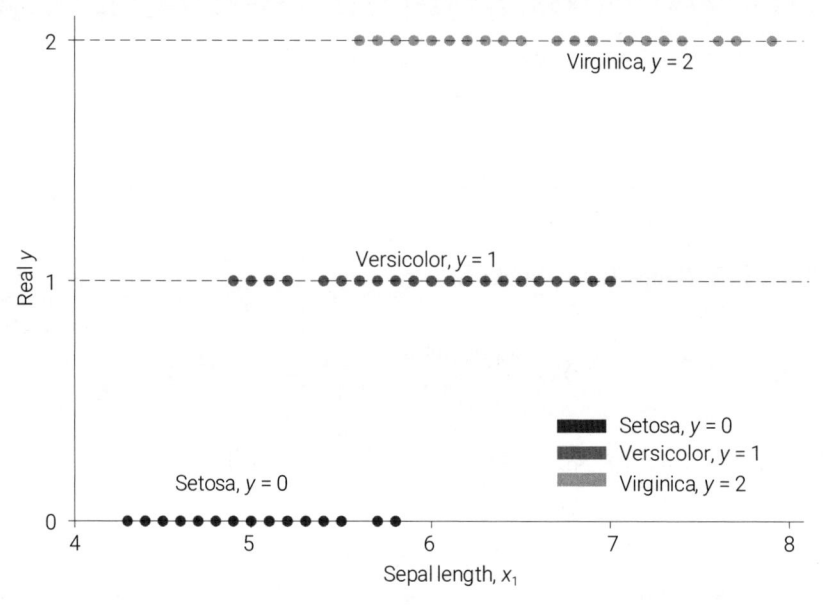

▲ 圖 4.31 鳶尾花花萼長度資料和真實三分類 y 之間的關係

4.6 邏輯函數完成分類問題

圖 4.32 所示為鳶尾花花萼長度資料分類機率密度估計。這幅圖實際上已經能夠透露出比較合適的分類區間。

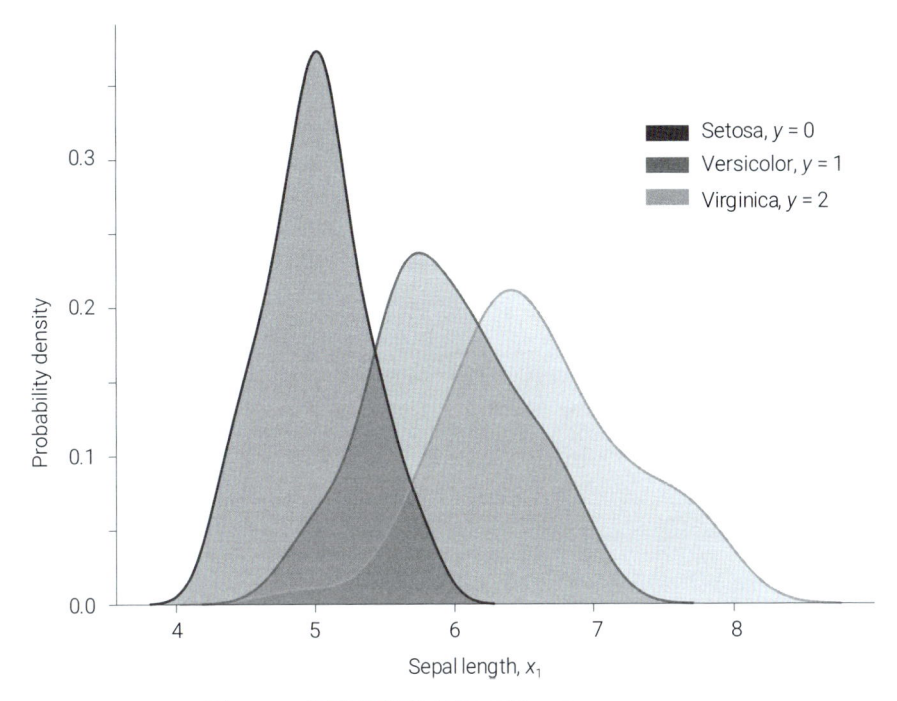

▲ 圖 4.32 鳶尾花花萼長度資料分類機率密度估計

sklearn.linear_model.LogisticRegression() 模型結果可以輸出各個分類的機率，得到的影像如圖 4.33 所示。比較三個類別的機率，可以進行分類預測。

圖 4.34 所示為鳶尾花分類預測結果。

Bk7_Ch04_04.ipynb 中繪製了本節影像，下面講解其中關鍵敘述。

❶ 用 sklearn.linear_model.LogisticRegression() 建立邏輯迴歸分類模型實例。

❷ 用訓練資料 X 和目標資料 y 對 LogisticRegression 模型進行訓練。

❸ 用訓練好的模型 clf 對測試資料進行預測，得到預測標籤 y_hat。

第 4 章　非線性迴歸

d 使用 predict_proba() 方法獲取測試資料的類別機率，即預測各個類別的機率。

e 和 **f** 提取訓練好模型的參數。

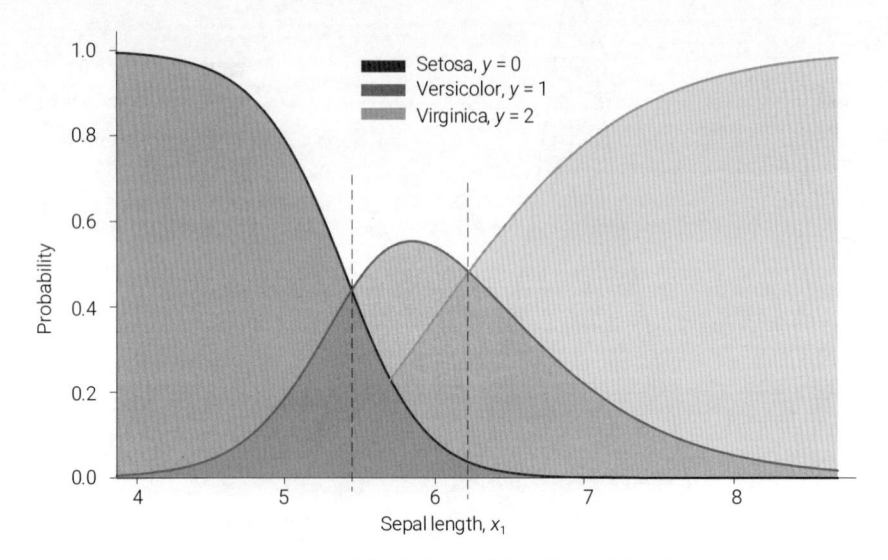

▲ 圖 4.33　邏輯迴歸估算得到的分類機率

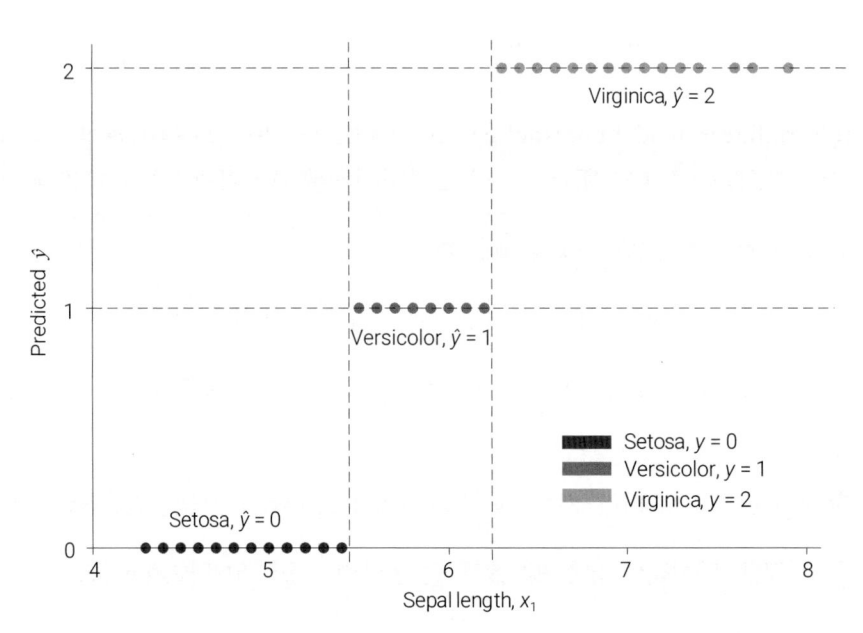

▲ 圖 4.34　鳶尾花花萼長度和預測分類之間的關係

4.6 邏輯函數完成分類問題

程式4.1 用邏輯迴歸模型完成分類 | Bk7_Ch04_04.ipynb

```
from sklearn.linear_model import LogisticRegression
```
ⓐ `clf = LogisticRegression()`
ⓑ `clf.fit(X, y)`

```
X_test = np.linspace(X.min()*0.9,
                     X.max()*1.1,
                     num = 100)

X_test = X_test[:, np.newaxis]
```
ⓒ `y_hat = clf.predict(X_test)`
ⓓ `y_prob = clf.predict_proba(X_test)`
ⓔ `b1 = clf.coef_`
ⓕ `b0 = clf.intercept_`

雙特徵分類

本節介紹用 sklearn.linear_model.LogisticRegression() 邏輯迴歸模型，根據鳶尾花花萼長度和花萼寬度這兩個特徵資料進行分類。

圖 4.35 所示為鳶尾花花萼長度和花萼寬度兩個特徵資料散點圖和分類邊際分佈機率密度估計曲線。

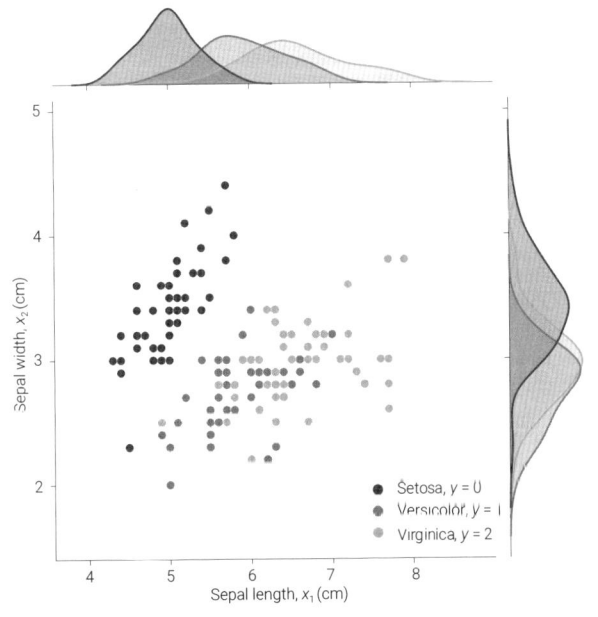

▲ 圖 4.35 鳶尾花雙特徵資料和分類邊際分佈

4-27

第 4 章　非線性迴歸

圖 4.36 ～ 圖 4.38 三幅圖分別舉出了鳶尾花雙特徵分類機率預測曲面。比較三個曲面高度可以得到分類決策邊界，如圖 4.39 所示。在分類問題中，**決策邊界** (decision boundary) 指的是將不同類別樣本分開的平面或曲面。

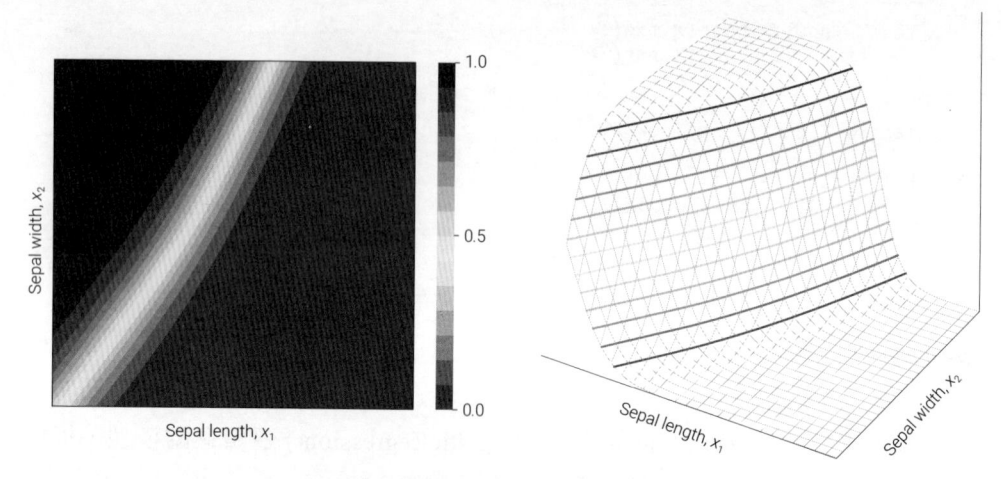

▲ 圖 4.36　鳶尾花雙特徵分類預測，$\hat{y} = 0$

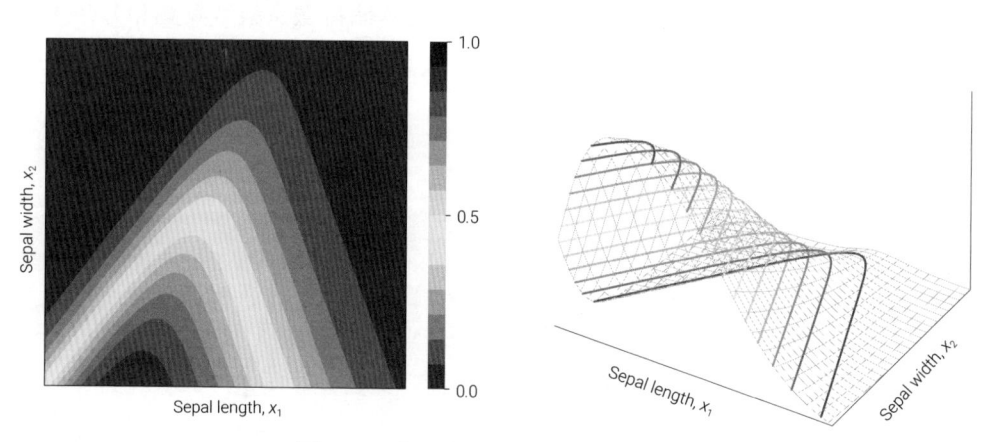

▲ 圖 4.37　鳶尾花雙特徵分類預測，$\hat{y} = 1$

4.6 邏輯函數完成分類問題

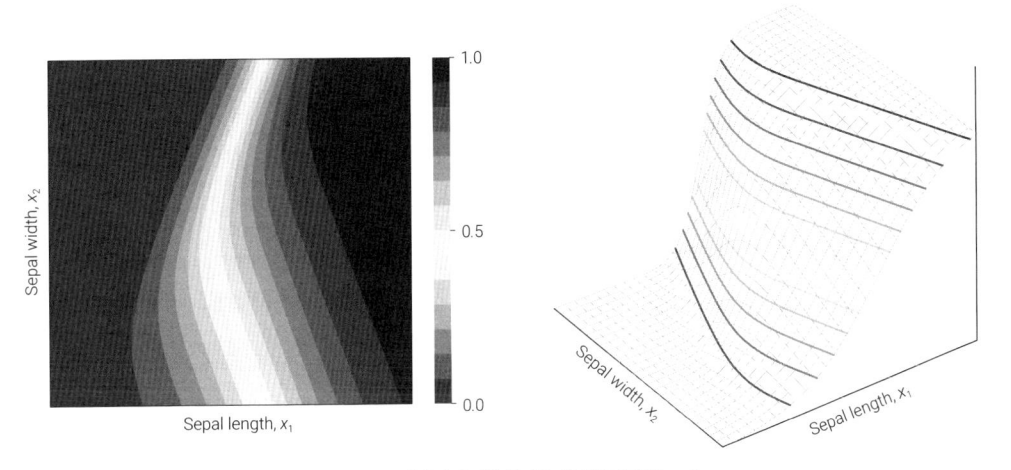

▲ 圖 4.38 鳶尾花雙特徵分類預測，$\hat{y} = 2$

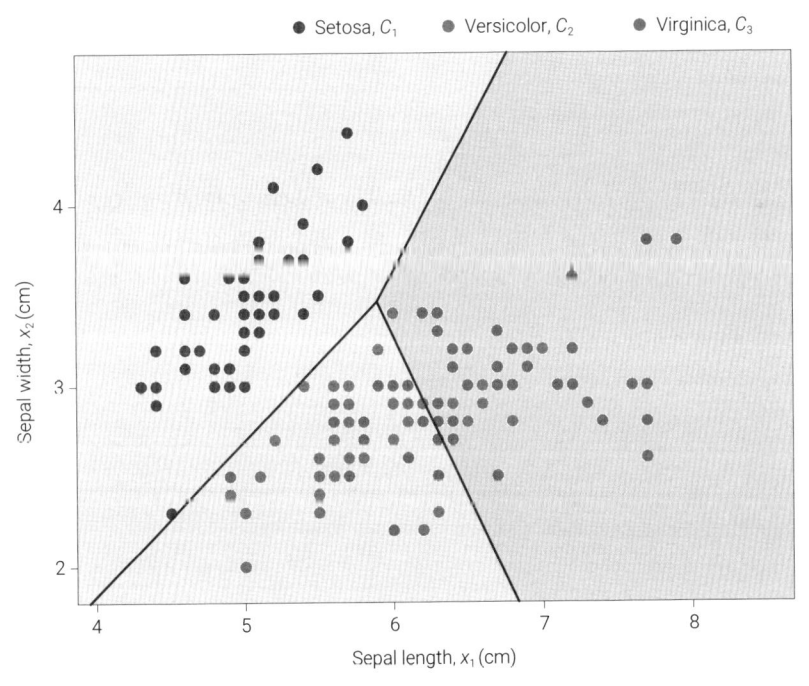

▲ 圖 4.39 利用邏輯迴歸得到的分類決策邊界

Bk7_Ch04_05.ipynb中繪製了本節影像，請大家自行分析這段程式。

4-29

第 4 章 非線性迴歸

> 非線性迴歸是一種用於建模非線性關係的統計方法。在非線性迴歸中,因變數和引數之間的關系不是線性的,而是可以透過非線性函數來描述的。
>
> 需要非線性迴歸的原因是許多自然現象和實際問題都不是線性的,舉例來說,隨著時間的演進,人口增長率和經濟增長率並不是線性的,這就需要非線性迴歸模型。
>
> 常見的非線性迴歸方法包括多項式迴歸、指數迴歸、對數迴歸、冪函數迴歸、邏輯迴歸等。每種方法都有其優缺點,例如多項式迴歸可以擬合大部分的非線性關係,但容易出現過擬合。
>
> 邏輯迴歸將引數和因變數之間的關係建模為一種邏輯函數,如 sigmoid 函數。從機率角度來看,邏輯迴歸可以將輸出解釋為,給定輸入的條件下,觀察到給定類別的機率。它將引數映射到一個機率值,該值介於 0 和 1 之間,並使用這個機率來預測分類結果。

歡迎讀者閱讀 *An Introduction to Statistical Learning:With Applications in R* 一書第七章,這章專門介紹非線性迴歸內容。圖書開放原始碼,下載網址如下。

- https://www.statlearning.com/

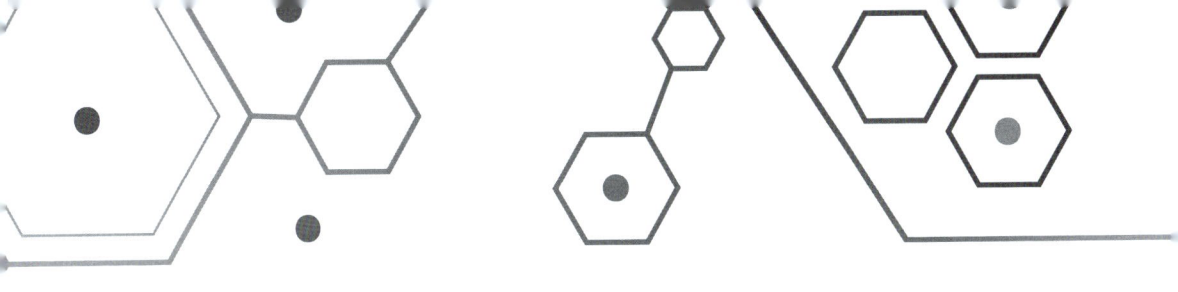

5 正規化迴歸
Regularized Regression

利用正規項，縮減特徵，構造簡潔模型

> 遇到數學難題，別犯愁；困擾我的難題比你的大得多。
>
> *Do not worry too much about your difficulties in mathematics, I can assure you that mine are still greater.*
>
> ——爾伯特・愛因斯坦（*Albert Einstein*）｜理論物理學家｜1879—1955 年

- seaborn.lineplot() 繪製線圖
- sklearn.linear_model.ElasticNet() 求解彈性網路迴歸問題
- sklearn.linear_model.lars_path() 生成 Lasso 迴歸參數軌跡圖
- sklearn.linear_model.Lasso() 求解套索迴歸問題
- sklearn.linear_model.Ridge() 求解嶺迴歸問題
- sklearn.metrics.mean_squared_error() 計算均方誤差 MSE
- statsmodels.api.add_constant() 線性迴歸增加一列常數 1
- statsmodels.api.OLS() 最小平方法函數

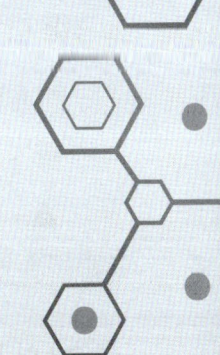

第 5 章　正規化迴歸

```
正規化迴歸 ─┬─ 嶺迴歸
            ├─ 套索迴歸
            └─ 彈性網路迴歸
```

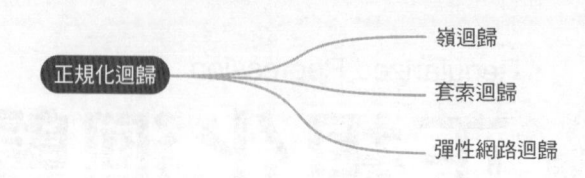

5.1 正規化：抑制過擬合

正規化 (regularization) 可以用來抑制過擬合。本書前文提過，所謂過擬合，是指模型參數過多或者結構過於複雜。

正規項 (regularizer 或 regularization term 或 penalty term) 通常被加在**目標函數** (objective function) 當中。正規項可以讓估計參數變小甚至為 0，這一現象也叫**特徵縮減** (shrinkage)。本章將採用圖形方式來講解如何在多元線性迴歸目標函數中引入正規項。

本章將 L1 正規項、L2 正規項以及 L1 和 L2 混合正規項利用在多變數線性迴歸中。L1 正規化為迴歸參數的 L^1 範數，L2 正規化為迴歸參數的 L^2 範數。

> ⚠ 本書系中在談及 Lp 範數時，會採用相對嚴格的數學記號 L^p。

OLS 最佳化問題

對於多元線性 OLS 迴歸，最佳化問題為：

$$\arg\min_{b} \| y - Xb \|_2^2 \tag{5.1}$$

5.1 正規化：抑制過擬合

對於二元線性 OLS 迴歸，不考慮常數項係數，b_1 和 b_2 兩個迴歸參數形成如圖 5.1 所示曲面。容易發現曲面為二次橢圓曲面。

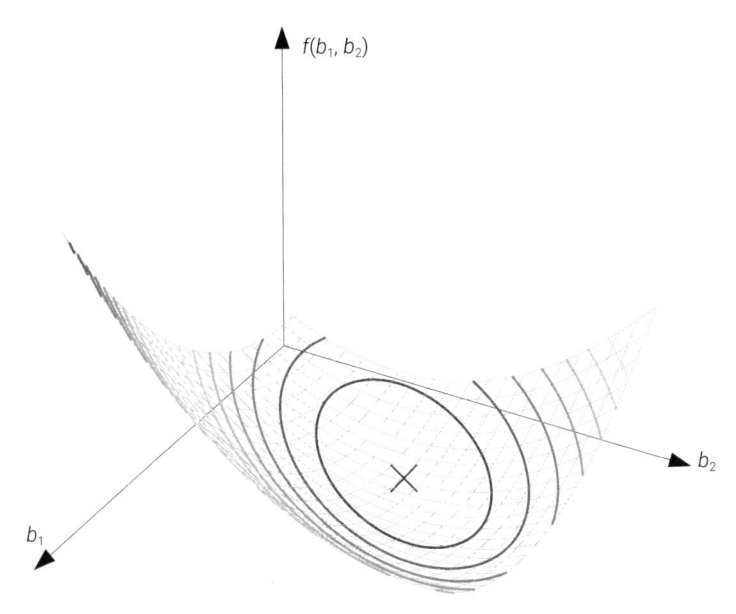

▲ 圖 5.1 二元線性 OLS 迴歸參數曲面

L2 正規化

線性 OLS 中，引入 L2 正規項，可以得到**嶺迴歸** (ridge regression)：

$$\arg\min_{b} \|y - Xb\|_2^2 + \underbrace{\alpha \|b\|_2^2}_{\text{regularizer}} \tag{5.2}$$

通俗地說，L2 正規化是迴歸參數各個元素平方之和。α 這個懲罰係數是使用者決定的。

式 (5.2) 相當於圖 5.1 曲面疊加了 L2 正規項曲面，具體如圖 5.2 所示。L2 正規項曲面等高線為正圓面，對應的最小值點為原點。疊加得到的嶺迴歸參數曲面最小值位置朝原點發生明顯偏移。

當式 (5.2) 中參數 α 越大，正規項影響越大，求解最佳化問題得到的迴歸參數越靠近原點。

第 5 章　正規化迴歸

> ⚠ 注意：大多文獻中上式懲罰係數用 λ，本章和 Scikit-Learn 保持一致採用 α。

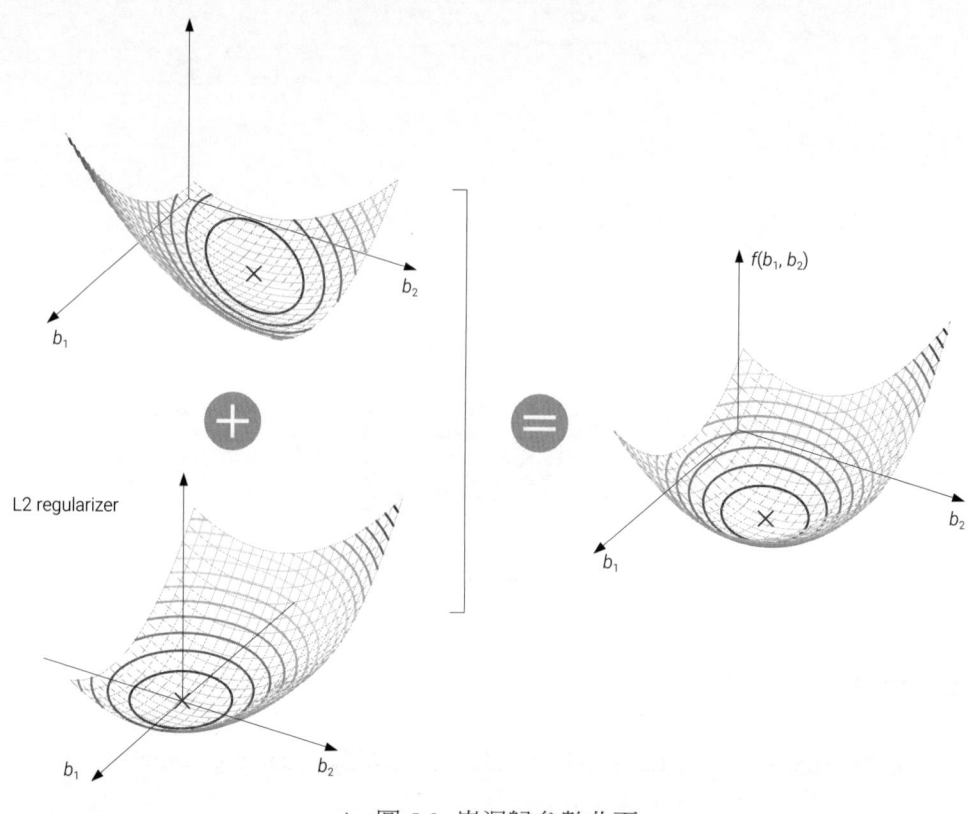

▲ 圖 5.2　嶺迴歸參數曲面

L1 正規化

線性 OLS 中，引入 L1 正規項，可以得到**套索迴歸** (LASSO regression)：

$$\arg\min_{b} \frac{1}{2n}\|y - Xb\|_2^2 + \underbrace{\alpha\|b\|_1}_{\text{regularizer}} \tag{5.3}$$

5.1 正規化：抑制過擬合

> ⚠️ 注意：式 (5.3) 中多元線性 OLS 迴歸最佳化項除以 $2n$，n 為樣本資料數量。此外，不同文獻套索迴歸的目標函數稍有不同，本章和 Scikit-Learn 保持一致。

通俗地說，L1 正規化是迴歸參數各個元素絕對值之和。

> ◁ 《AI 時代 Math 元年 - 用 Python 全精通矩陣及線性代數》介紹過 L1 正規項曲面等高線為旋轉正方形。

式 (5.3) 相當於在圖 5.1 二次橢圓拋物面上疊加 L1 正規項曲面。圖 5.3 所示為這一過程。套索迴歸可以進行特徵選擇，從而有效減少迴歸模型所依賴的特徵數量，本章後文將從不同角度詳細講解這一點。

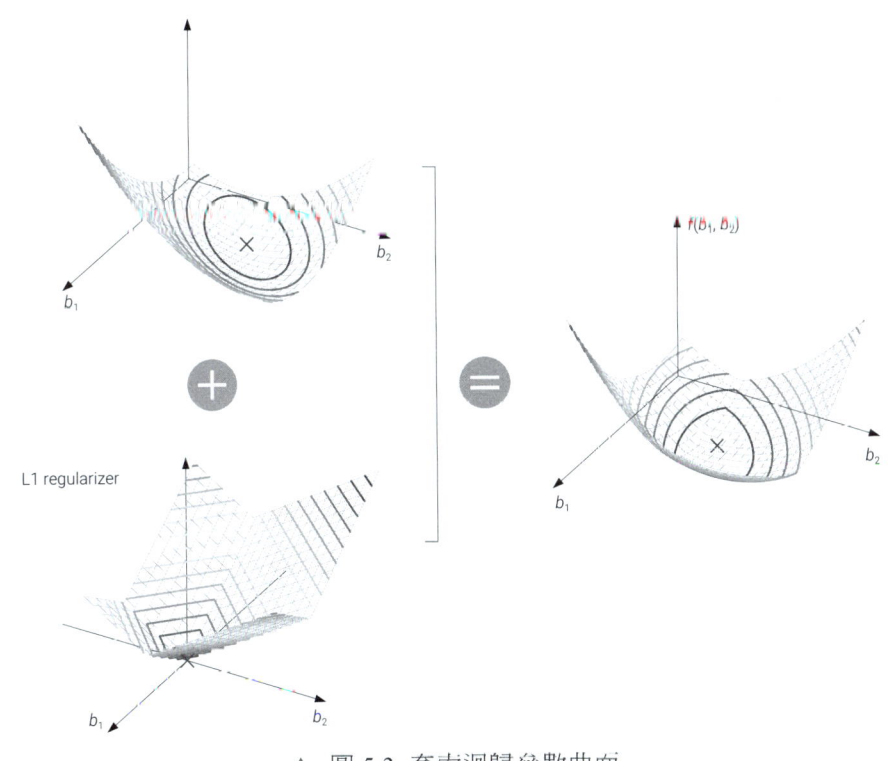

▲ 圖 5.3 套索迴歸參數曲面

第 5 章　正規化迴歸

L1 + L2 正規化

線性 OLS 中，以不同比例同時引入 L1 和 L2 正規項，可以得到**彈性網路迴歸** (elastic net regression)：

$$\arg\min_{b} \frac{1}{2n}\|y - Xb\|_2^2 + \alpha\left(\rho\|b\|_1 + \frac{(1-\rho)}{2}\|b\|_2^2\right) \tag{5.4}$$

其中，參數 ρ 用來調和 L1 和 L2 正規項的比例。圖 5.4 所示為構造得到彈性網路迴歸係數曲面的過程。彈性網路迴歸相當於嶺迴歸和套索迴歸的合體。

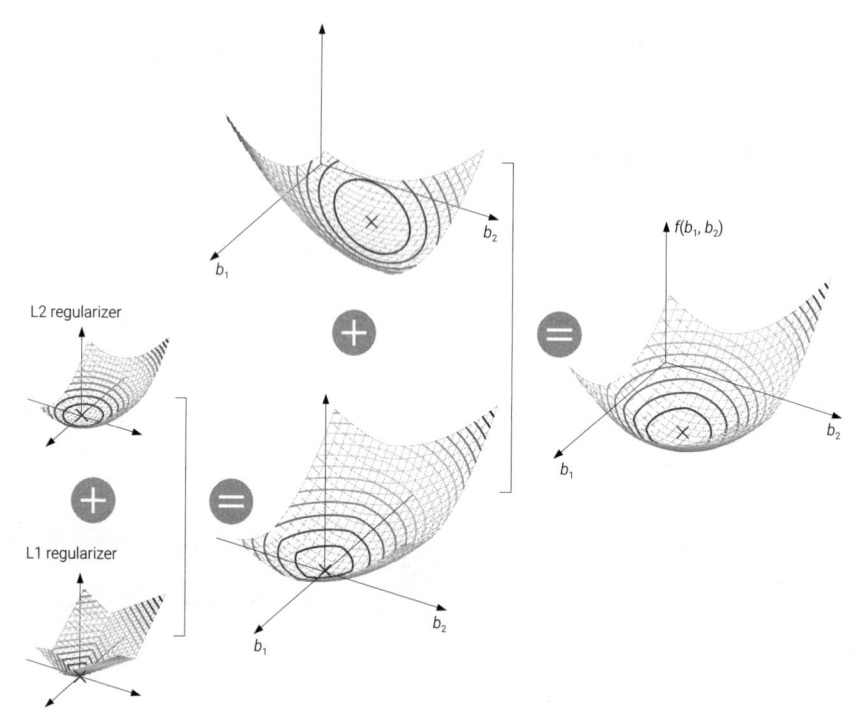

▲ 圖 5.4　彈性網路迴歸參數曲面

5.2 嶺迴歸

如前文所述，嶺迴歸引入 L2 正規項來縮減模型參數，嶺迴歸的最佳化目標函數為：

5.2 嶺迴歸

$$f(\boldsymbol{b}) = \underbrace{\|\boldsymbol{y} - \boldsymbol{X}\boldsymbol{b}\|_2^2}_{\text{OLS}} + \underbrace{\alpha \|\boldsymbol{b}\|_2^2}_{\text{L2 regularizer}} \tag{5.5}$$

圖 5.5 所示為給定 α 條件下，構造得到嶺迴歸目標函數式 (5.5) 參數曲面等高線圖的過程。

> ⚠️ 注意：本節假設迴歸問題為二元，只有 b_1 和 b_2 兩個迴歸參數，並且不考慮常數項係數。

如前文所述，式 (5.5) 目標函數中 OLS 部分對應橢圓拋物面，最小值點為紅色 ×；紅色 × 為二元 OLS 線性迴歸參數解的位置。

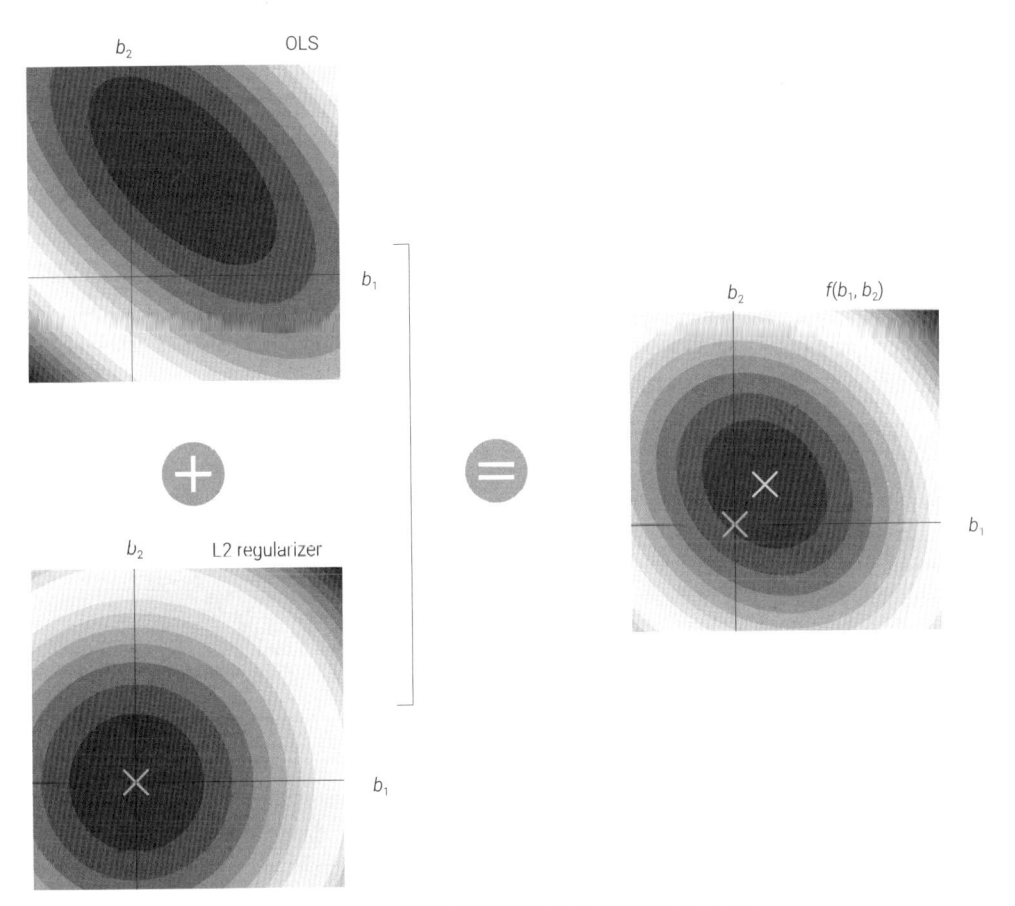

▲ 圖 5.5 構造嶺迴歸最佳化問題參數曲面

第 5 章　正規化迴歸

式 (5.5) 中 L2 正規項則對應正圓拋物面，最小值點為藍色 ×，位於原點。原點處，參數係數為全 0。

> 根據《AI 時代 Math 元年 - 用 Python 全精通數學要素》一書中介紹的二次曲面內容，兩個二次曲面疊加得到的一般還是一個二次曲面。

式 (5.5) 對應的曲面 $f(b_1,b_2)$ 仍然是一個橢圓拋物面，最小值點為黃色 ×；黃色 × 為給定 α 條件下嶺迴歸參數的最佳化解。

容易發現，黃色 × 位於紅色 × 和藍色 × 之間；相對 OLS 線性迴歸參數紅色 ×，嶺迴歸參數黃色 ×，更靠近原點。

不斷增大 L2 約束項參數 α，可以發現嶺迴歸參數最佳化解不斷靠近原點，如圖 5.6 所示。注意，圖 5.6 分圖中的等高線為嶺迴歸曲面 $f(b_1,b_2)$。當約束項參數 α 不斷增大，$f(b_1,b_2)$ 曲面中 L2 正規項 (正圓曲面) 影響力不斷增強。參數 α 不斷增大，$f(b_1,b_2)$ 曲面等高線也從旋轉橢圓漸漸變成正圓，最小值點也漸漸靠近 (收縮到) 原點。

構造一個線性迴歸問題，利用 12 支股票的日收益率解釋標普 500 漲跌。表 5.1 所示為利用多元 OLS 線性迴歸得到的這個迴歸問題的參數。

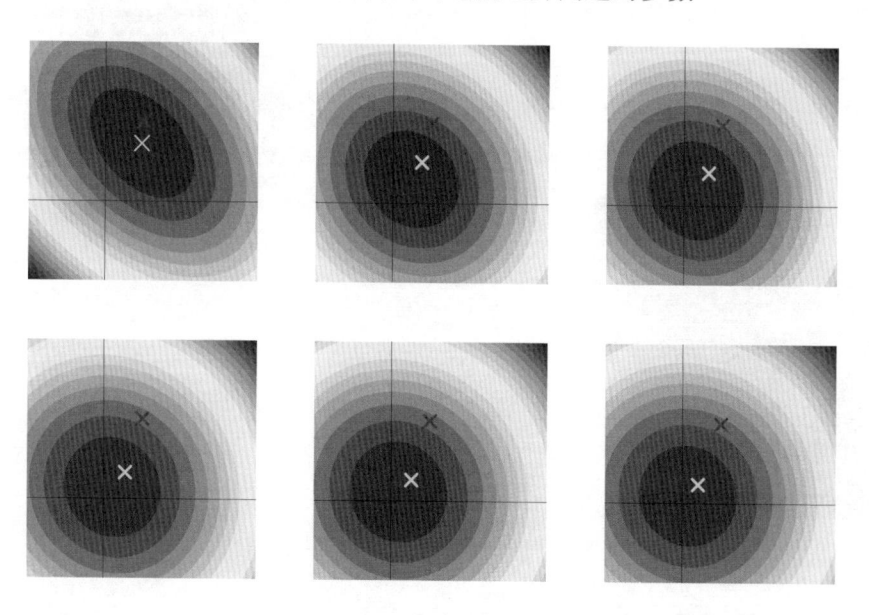

5.2 嶺迴歸

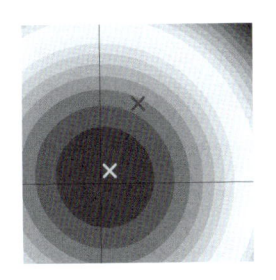

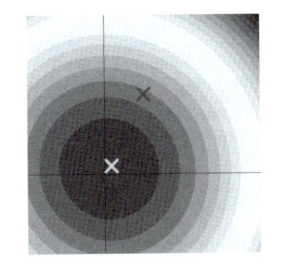

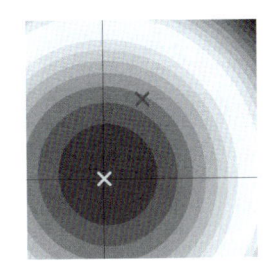

▲ 圖 5.6 不斷增大 α，嶺迴歸參數位置變化

➜ 表 5.1 多元 OLS 線性迴歸解

```
OLS Regression Results
==============================================================================
Dep. Variable:                  SP500   R-squared:                       0.774
Model:                            OLS   Adj. R-squared:                  0.750
Method:                 Least Squares   F-statistic:                     32.48
Date:                XXXXXXXXXXXXXXX    Prob (F-statistic):           3.03e-31
Time:                XXXXXXXXXXXXXXX    Log-Likelihood:                 493.88
No. Observations:                 127   AIC:                            -961.8
Df Residuals:                     114   BIC:                            -924.8
Df Model:                          12
Covariance Type:            nonrobust
==============================================================================
                 coef    std err          t      P>|t|      [0.025      0.975]
------------------------------------------------------------------------------
const         -0.0005      0.000     -1.038      0.302      -0.001       0.000
TSLA           0.0248      0.011      2.248      0.027       0.003       0.047
WMT            0.0270      0.041      0.667      0.506       0.054       0.108
MCD            0.1435      0.057      2.536      0.013       0.031       0.256
USB            0.0164      0.051      0.322      0.748      -0.084       0.117
YUM            0.1469      0.047      3.114      0.002       0.053       0.240
NFLX           0.0972      0.021      4.539      0.000       0.055       0.140
JPM            0.1415      0.055      2.583      0.011       0.033       0.250
PFE            0.0546      0.033      1.662      0.099      -0.010       0.120
F             -0.0068      0.036     -0.187      0.852      -0.078       0.065
GM            -0.0105      0.027     -0.388      0.699      -0.064       0.043
COST           0.2176      0.059      3.713      0.000       0.101       0.334
JNJ            0.2414      0.056      4.350      0.000       0.131       0.351
==============================================================================
Omnibus:                        7.561   Durbin-Watson:                   1.862
Prob(Omnibus):                  0.023   Jarque-Bera (JB):                8.445
Skew:                           0.400   Prob(JB):                       0.0147
Kurtosis:                       3.978   Cond. No.                         156.
==============================================================================
```

利用 sklearn.linear_model.Ridge() 函數，我們可以求解上述問題的嶺迴歸參數。設定不同的 α 值，可以獲得一系列嶺迴歸參數。圖 5.7 所示為隨著 α 增大，嶺迴歸參數的變化。可以發現，α 增大時，參數逐步最大限度接近 0，但是不等於 0。這一點和本章後文將介紹的套索迴歸和彈性網路迴歸截然不同。

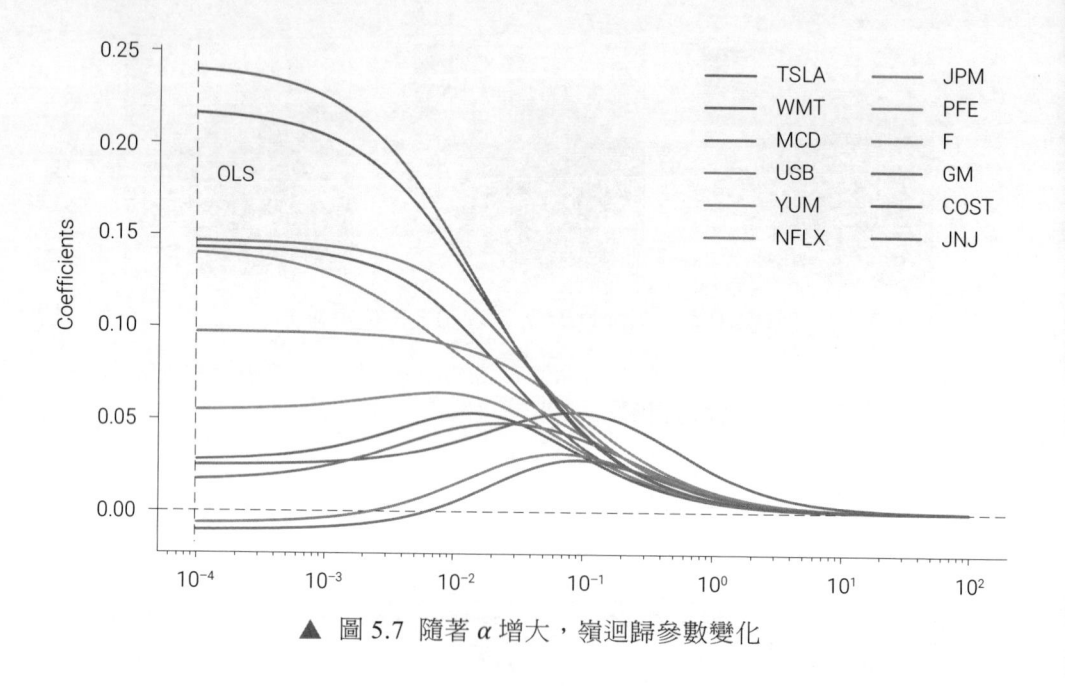

第 5 章　正規化迴歸

▲ 圖 5.7　隨著 α 增大，嶺迴歸參數變化

用殘差平均值 (MSE) 來量化嶺迴歸參數和 OLS 參數的差距：

$$\text{MSE}\left(b_{\text{ridge}}, b_{\text{OLS}}\right) = \frac{1}{D+1}\left\|b_{\text{ridge}} - b_{\text{OLS}}\right\|_2^2 \tag{5.6}$$

如圖 5.8 所示，隨著 α 增大，嶺迴歸參數和 OLS 參數的差距不斷增大。

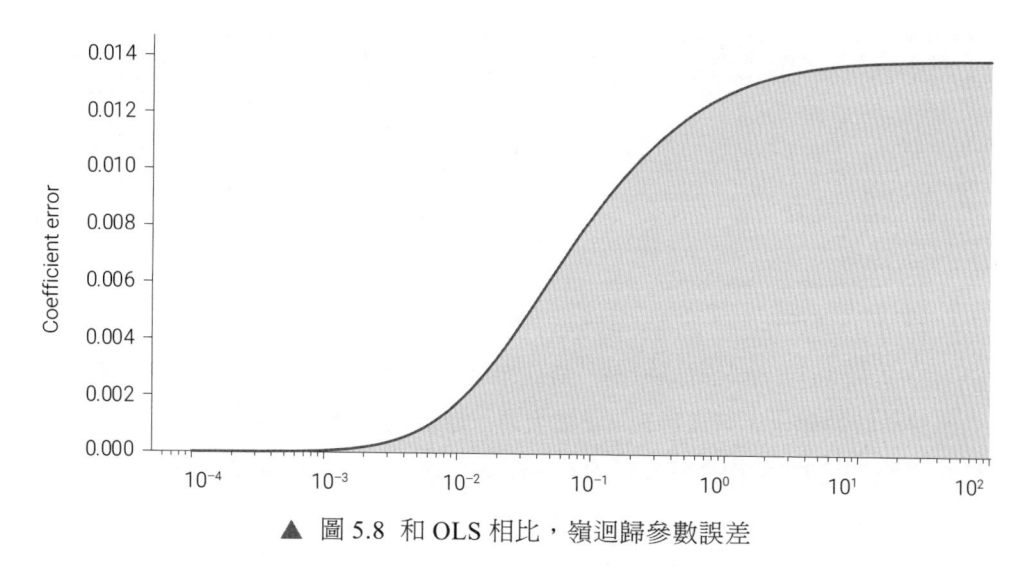

▲ 圖 5.8　和 OLS 相比，嶺迴歸參數誤差

5.2 嶺迴歸

Bk7_Ch05_01.ipynb 中繪製了本節前文影像。下面講解程式 5.1 中關鍵敘述。

ⓐ 建立了一個 sklearn.linear_model.Ridge() 的實例。

ⓑ 建立了一個包含在對數尺度上均勻分佈的 200 個 alpha 值的 NumPy 陣列。

ⓒ 中每次迭代，設置 Ridge 迴歸模型的正規化參數為當前的 alpha 值。

ⓓ 使用訓練資料 X_df 和目標變數 y_df 進行擬合。

ⓔ 將當前 alpha 值下的係數增加到列表 coefs 中。

ⓕ 用 sklearn.metrics.mean_squared_error() 計算當前 alpha 值下的均方誤差，並增加到列表 errors 中。

ⓖ 獲取當前 alpha 值下的係數。

ⓗ 建立一個 DataFrame，其中包含了當前 alpha 值下的非截距項係數，並設置相應的索引和列名稱。

ⓘ 透過 pandas.concat() 合併 DataFrame。

```python
from sklearn.linear_model import Ridge
from sklearn.metrics import mean_squared_error
```
ⓐ
```python
clf = Ridge()
coefs = []
errors = []
coeff_df = pd.DataFrame()
```
ⓑ
```python
alphas = np.logspace(-4, 2, 200)

for alpha_i in alphas:
```
ⓒ   `clf.set_params(alpha=alpha_i)`
ⓓ   `clf.fit(X_df, y_df)`
ⓔ   `coefs.append(clf.coef_)`
ⓕ   `errors.append(mean_squared_error(clf.coef_,`
                                   `b.reshape(1,-1)))`

ⓖ   `b_i = clf.coef_`
ⓗ   `b_X_df = pd.DataFrame(data=b_i[:,1:].T,`
                         `index = tickers[1:],`
                         `columns=[alpha_i])`

ⓘ   `coeff_df = pd.concat([coeff_df, b_X_df], axis = 1)`

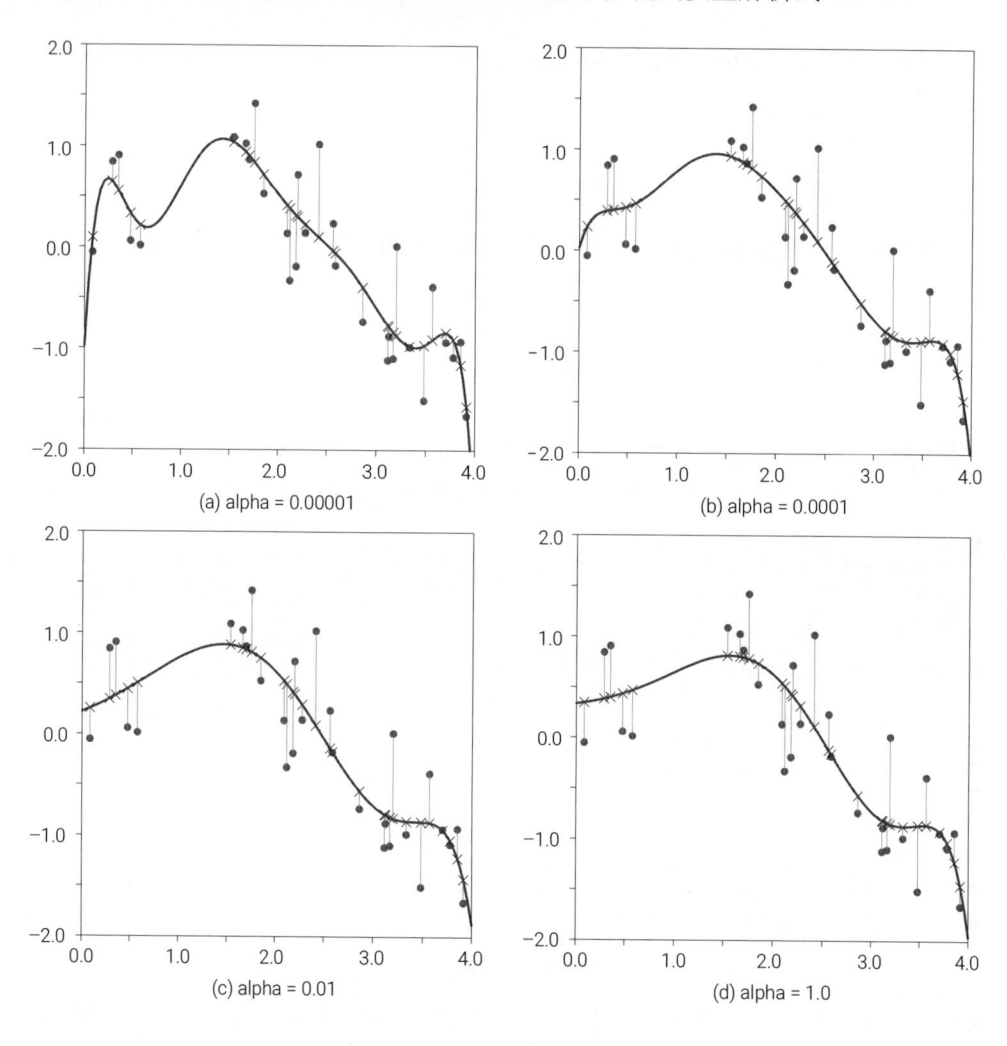

第 5 章　正規化迴歸

多項式迴歸 + 嶺正規化

《AI 時代 Math 元年 - 用 Python 全精通程式設計》還介紹過一個「多項式迴歸 + 嶺正規化」的例子。這個例子中，多項式迴歸次數較高會導致過擬合，而嶺正規化可以抑制過擬合。

圖 5.9 所示為調整嶺正規化懲罰因數 (penalty) α 對多項式迴歸模型的影響。顯然，隨著 α 不斷增大，擬合得到的曲線變得更加「平滑」，這表示模型變得更簡單。表 5.2 舉出了在不同懲罰因數 α 條件下多項式模型解析式。

(a) alpha = 0.00001

(b) alpha = 0.0001

(c) alpha = 0.01

(d) alpha = 1.0

5.2 嶺迴歸

(e) alpha = 10.0　　　(f) alpha = 100.0

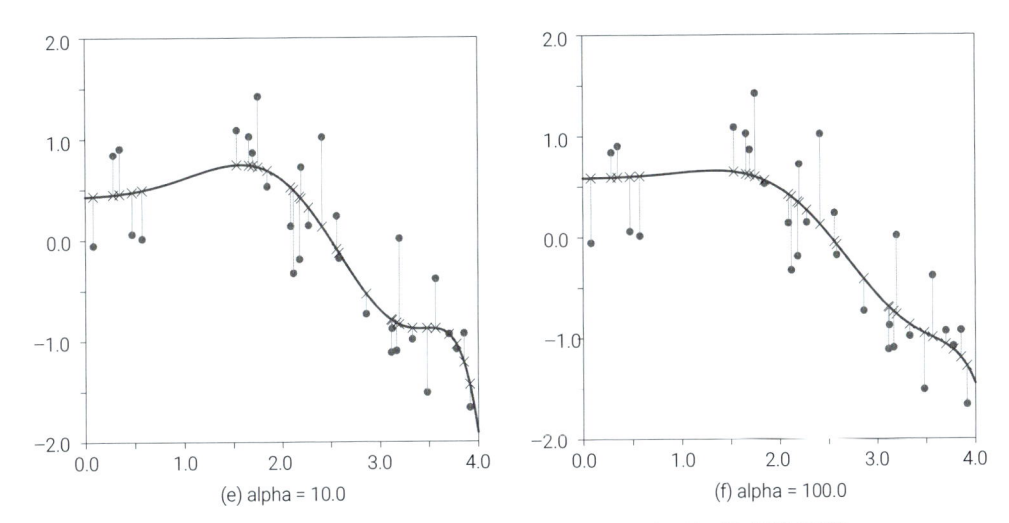

▲ 圖 5.9 嶺正規化中懲罰因數 α 對多項式迴歸模型的影響
(圖片來源:《AI 時代 Math 元年 - 用 Python 全精通程式設計》)

→ 表 5.2 嶺懲罰因數和多項式迴歸模型解析式
(表格來源:《AI 時代 Math 元年 - 用 Python 全精通程式設計》)

懲罰因數 α	多項式迴歸模型
0.00001	$y=0.085+18.400x^1-71.750x^2+122.612x^3+108.324x^4+53.020x^5+15.058x^6+2.243x^7-0.138x^8$
0.0001	$y=0.026+3.491x^1-13.188x^2+24.668x^3-23.210x^4+12.008x^5-3.515x^6+0.547x^7-0.035x^8$
0.01	$y=0.222+0.380x^1+0.149x^2+0.258x^3-0.391x^4+0.203x^5-0.093x^6+0.027x^7-0.003x^8$
1.0	$y=0.335+0.125x^1+0.132x^2+0.099x^3+0.019x^4-0.048x^5-0.033x^6+0.022x^7-0.003x^8$
10.0	$y=0.428+0.045x^1+0.064x^2+0.070x^3+0.049x^4-0.008x^5-0.065x^6+0.030x^7-0.004x^8$
100.0	$y=0.585+0.013x^1+0.020x^2+0.024x^3+0.019x^4-0.004x^5-0.029x^6+0.013x^7-0.002x^8$

5.3 幾何角度看嶺迴歸

從另外一個角度看嶺迴歸，嶺迴歸可以看作是 OLS 線性迴歸問題，加一個約束條件。

$$\arg\min_{b} \|y - Xb\|_2^2$$
$$\text{且滿足 } \|b\|_2^2 - c \leq 0 \tag{5.7}$$

式 (5.7) 中的約束條件中 c 是一個設定值，就是把迴歸參數限制在一定範圍之內，即：

$$b_0^2 + b_1^2 + b_2^2 + \cdots + b_D^2 \leq c \tag{5.8}$$

注意，式 (5.7) 中設定值 c 越小，對應懲罰係數 α 越大。不考慮常數係數，$D = 2$ 時，

$$b_1^2 + b_2^2 \leq c \tag{5.9}$$

上式為一個正圓面，圓心位於原點，半徑為 $\sqrt{c}$。如圖 5.10 所示，OLS 對應的是旋轉橢圓等高線和式 (5.9) 中正圓相切就是約束條件下最佳化解，也就是嶺迴歸係數。

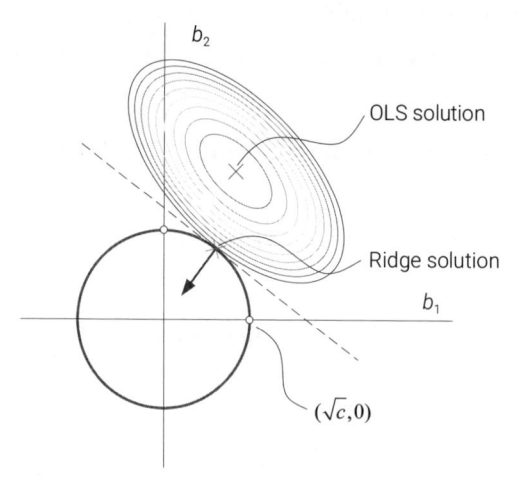

▲ 圖 5.10 約束角度看嶺迴歸

5.3 幾何角度看嶺迴歸

5.11 所示為正圓面半徑 $\sqrt{c}$ 取不同值時,嶺迴歸係數的最佳化解位置變化。

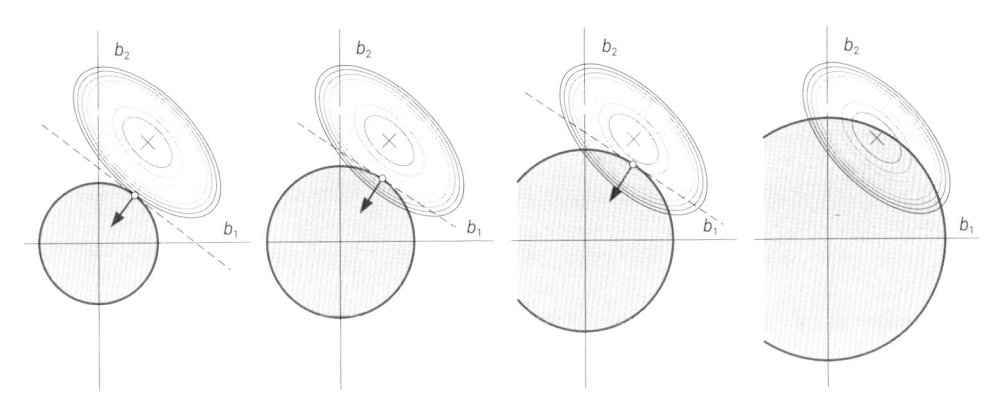

▲ 圖 5.11 c 取不同值時,嶺迴歸最佳化係數位置

多元 OLS 線性迴歸係數 b 的解:

$$b = (X^TX)^{-1} X^Ty \tag{5.10}$$

根據本書前文介紹的內容,OLS 線性迴歸的最佳化問題解存在且唯一的條件是 X 列滿秩。

如果,不滿足 X 列滿秩這個條件,則表明 X 列向量存在線性相關,即多重共線性。當 X 列與列之間線性相關或線性相關較大時,X^TX 的行列式等於或接近於 0,無法求解式 (5.10) 中 X^TX 一項的逆,會使得 OLS 解不穩定。

而嶺迴歸線性迴歸係數 b 的解為:

$$b = (X^TX + \alpha I)^{-1} X^Ty \tag{5.11}$$

比較式 (5.10),可以發現式 (5.11) 中變為求解 $X^TX + \alpha I$ 的逆;將 X^TX 加上矩陣 αI 變成非奇異矩陣並可以進行求逆運算。而 αI 為對角矩陣,對角線上元素為 α,其餘為 0,形狀酷似「山嶺」,如圖 5.12 所示,這也就是「嶺迴歸」名稱的由來。

第 5 章　正規化迴歸

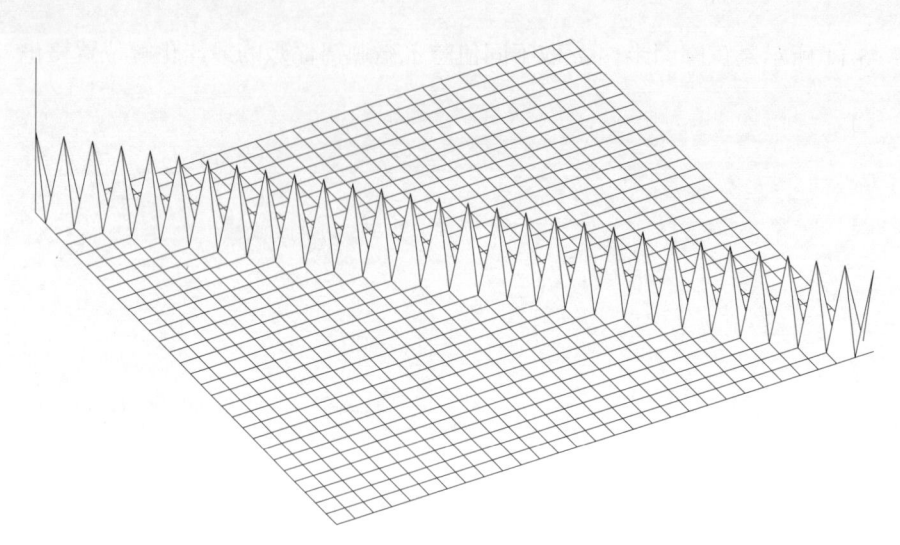

▲ 圖 5.12　αI 對角矩陣引入的「山嶺」

5.4　套索迴歸

史丹佛大學教授 Robert Tibshirani 在 1996 年首次提出將 L1 範數作為 OLS 正規項，得到 Lasso 模型。Lasso 是 Least Absolute Shrinkage and Selection Operator 的縮寫。

套索的最佳化目標函數為：

$$f(b) = \underbrace{\frac{1}{2n}\|y - Xb\|_2^2}_{\text{OLS}} + \underbrace{\alpha \|b\|_1}_{\text{L1 regularizer}} \tag{5.12}$$

圖 5.13 所示為，給定 α 條件下，構造得到套索迴歸目標函數式 (5.12) 參數曲面等高線圖的過程。如前文所述，式 (5.12) 目標函數中 OLS 部分對應橢圓拋物面，最小值點為紅色 ×；紅色 × 為二元 OLS 線性迴歸參數解的位置。式 (5.12) 中 L1 正規項曲面等高線對應旋轉正方形，最小值點為藍色 ×，位於原點。

5.4 套索迴歸

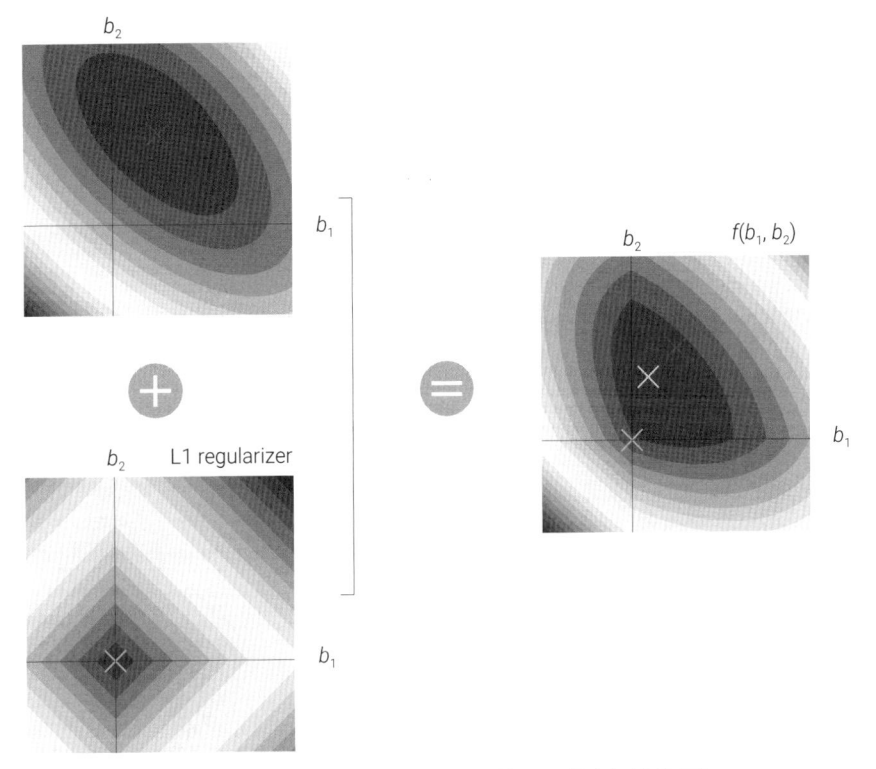

▲ 圖 5.13 構造套索迴歸最佳化問題參數曲面

容易發現，黃色　位於紅色 × 和藍色 × 之間；相對 OLS 線性迴歸參數紅色 ×，套索迴歸參數黃色　，更靠近原點。

圖 5.14 所示為不斷增大 α 時，套索迴歸參數位置的變化；可以發現套索迴歸採用 L1 正規化，可以導致參數估計結果為 0。

利用 sklearn.linear_model.Lasso() 可以獲得套索迴歸的結果，利用本章前文的程式，將嶺迴歸函數，換成套索迴歸函數，對於同一個問題，可以得到圖 5.15。該圖所示為隨著 α 增大，套索迴歸參數的變化。

第 5 章　正規化迴歸

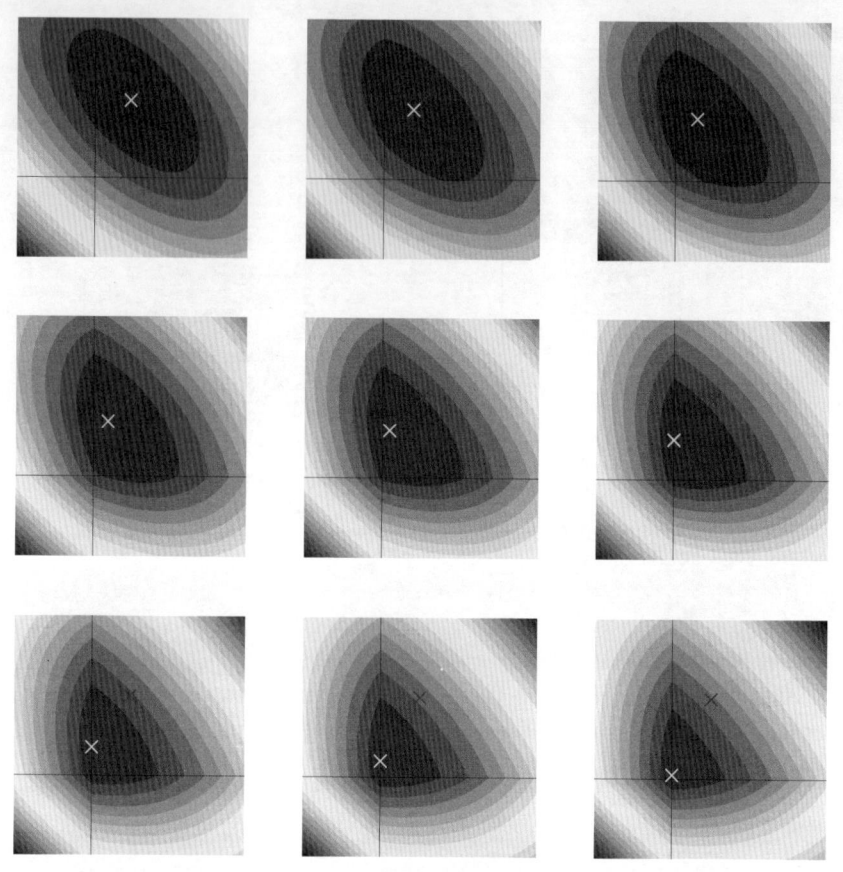

▲ 圖 5.14　不斷增大 α 時，套索迴歸參數位置的變化

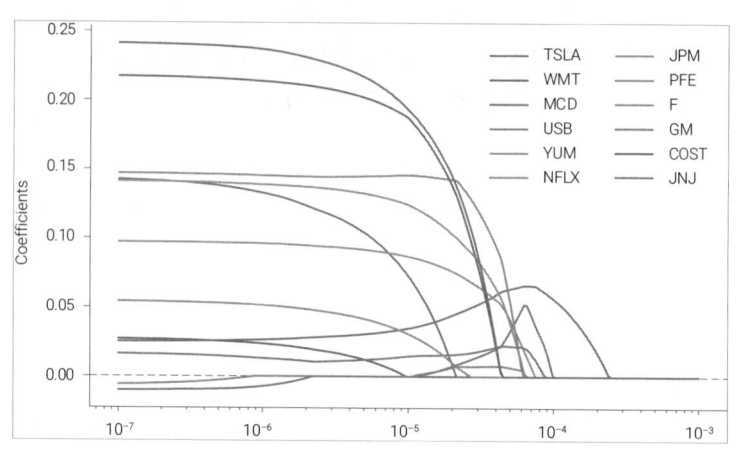

▲ 圖 5.15　隨著 α 增大，套索迴歸參數的變化

觀察圖 5.15，可以發現在迴歸模型中，α 增大，一些特徵快速收縮為 0，這個過程也是一個特徵選擇的過程。在套索迴歸中，係數越小表示對結果的影響越小，係數為 0 表示該特徵對結果沒有影響，因此套索迴歸可以用於特徵選擇和降維。因此套索迴歸可以刪除沒有必要的特徵，產生更為簡潔的回歸模型。特別地，sklearn.linear_model.lars_path() 函數可以用來生成套索迴歸參數軌跡圖。

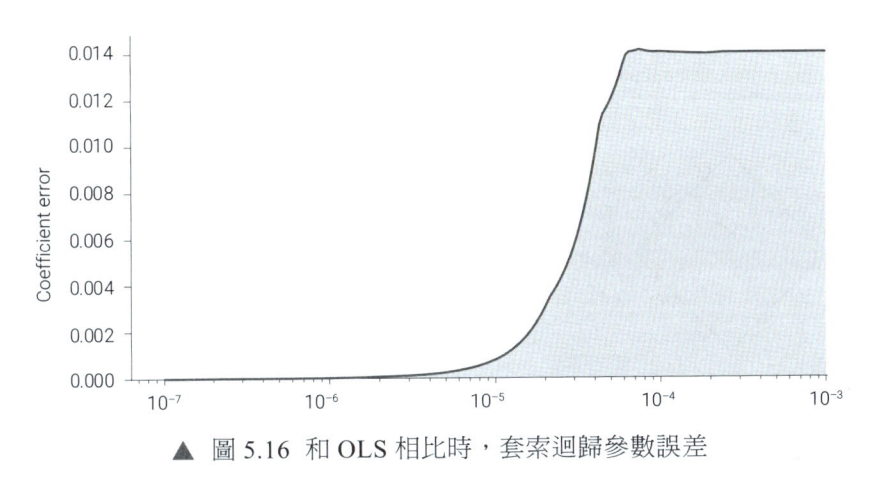

圖 5.16 所示為和 OLS 相比時，套索迴歸參數誤差。

▲ 圖 5.16 和 OLS 相比時，套索迴歸參數誤差

此外，請大家試著用套索迴歸完成圖 5.9 這個多項式迴歸例子。

5.5 幾何角度看套索迴歸

同理，本節將從幾何角度看套索迴歸。套索迴歸，可以看作是 OLS 線性迴歸問題，加一個約束條件：

$$\arg\min_{b} \|y - Xb\|_2^2$$
$$\text{且滿足 } \|b\|_1 - c \leq 0 \tag{5.13}$$

式 (5.13) 中的約束條件中 c 也是一個設定值，即：

$$|b_0| + |b_1| + |b_2| + \cdots + |b_D| \leq c \tag{5.14}$$

第 5 章　正規化迴歸

不考慮常數係數，$D = 2$ 時，

$$|b_1| + |b_2| \leq c \tag{5.15}$$

上式為一個旋轉正方形，中心位於原點。OLS 對應的是旋轉橢圓等高線，可以和式 (5.15) 旋轉正方形相切，或在頂點處相交，如圖 5.17 所示。

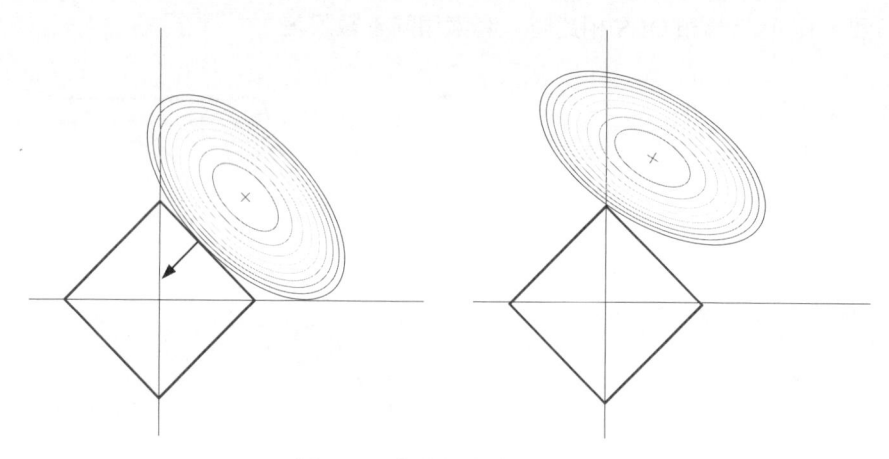

▲ 圖 5.17 套索迴歸的 L1 正規項

如圖 5.18 所示，對於同一個 OLS 最佳化問題，不同的 c 設定值大小，會在不同位置得到套索迴歸係數解。前文說過，嶺迴歸係數可以無限接近於 0，但是不等於 0；不同於嶺迴歸，套索迴歸的參數可以直接為 0。套索迴歸參數的這種特點叫作**稀疏性** (sparsity)。稀疏性是指在套索迴歸中，某些特徵係數被稀疏化為 0，使得模型參數更加簡化和易於解釋，同時也減少了資料維度，提高了模型的泛化能力。

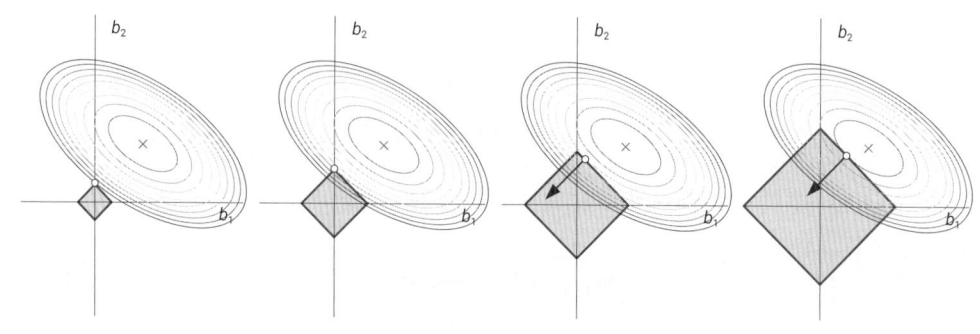

▲ 圖 5.18　c 取不同值時，套索迴歸最佳化係數位置

5.5 幾何角度看套索迴歸

當樣本資料矩陣特徵過多，但是只有少數特徵對迴歸模型有貢獻時，去掉剩下的特徵對模型沒有什麼影響。也就是說，迴歸模型只關注係數向量中非零項特徵就足夠了。因此，區別於嶺迴歸，套索迴歸可以進行特徵選擇。

大家可能會問，為什麼 L1 正規項會有這種稀疏性效果？回顧《AI 時代 Math 元年 - 用 Python 全精通矩陣及線性代數》一書中舉出的圖 5.19。圖 5.19 中舉出了，p 取不同值時，L^p 範數等高線形狀的變化。

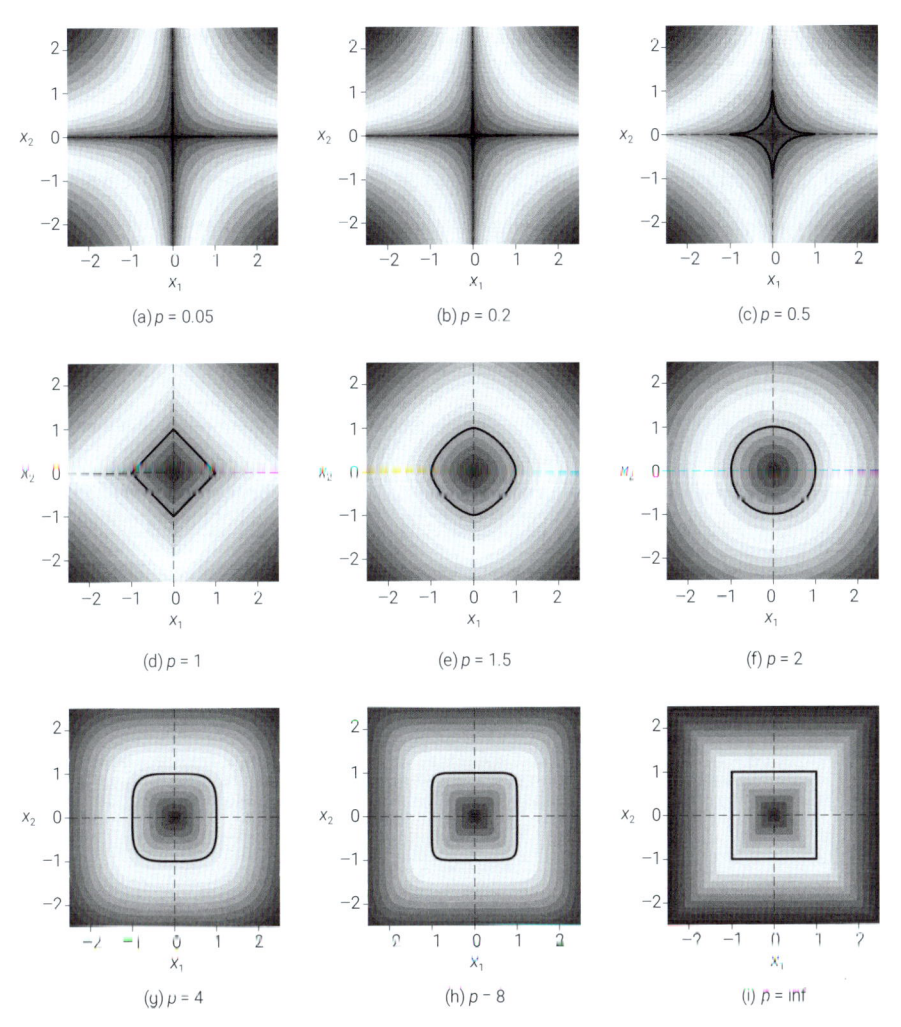

(a) p = 0.05　　(b) p = 0.2　　(c) p = 0.5

(d) p = 1　　(e) p = 1.5　　(f) p = 2

(g) p = 4　　(h) p = 8　　(i) p = inf

▲ 圖 5.19　p 取不同值時，L^p 範數等高線形狀變化；
注意，嚴格來講只有 $p \geq 1$ 才是範數

第 5 章　正規化迴歸

可以發現，$p > 1$ 時，L^p 範數等高線形狀連續光滑，沒有尖點。只有 $p \leq 1$ 時，等高線圖出現頂點尖點；但是當 $p < 1$ 時，目標函數為非凸函數，最佳化問題求解困難。正是這個突出尖點的存在，且滿足凸最佳化問題，讓套索迴歸產生稀疏的向量解。

再次強調，數學上嚴格來講，只有 $p \geq 1$ 才是 L^p 範數。

相信大家現在理解為什麼，L2 範數作為正規項，無法產生稀疏性效果。二維平面下 L2 正規項的等高線是正圓；與正方形相比，正圓根本沒有稜角。因此 OLS 等高線和這個正圓相切時，得到任意係數為 0 的機會幾乎為零。這也就是為什麼 L2 正規化不具備稀疏性的原因。

以上結論不僅適用於二維，三維甚至更多維度同樣適用。圖 5.20 比較了三維空間的 L1 和 L2 正規項等高線曲面。

> 《AI 時代 Math 元年 - 用 Python 全精通數學要素》一書在超橢圓相關內容中介紹過圖 5.20。

(a) L1 regularizer　　　　　　　　(b) L2 regularizer

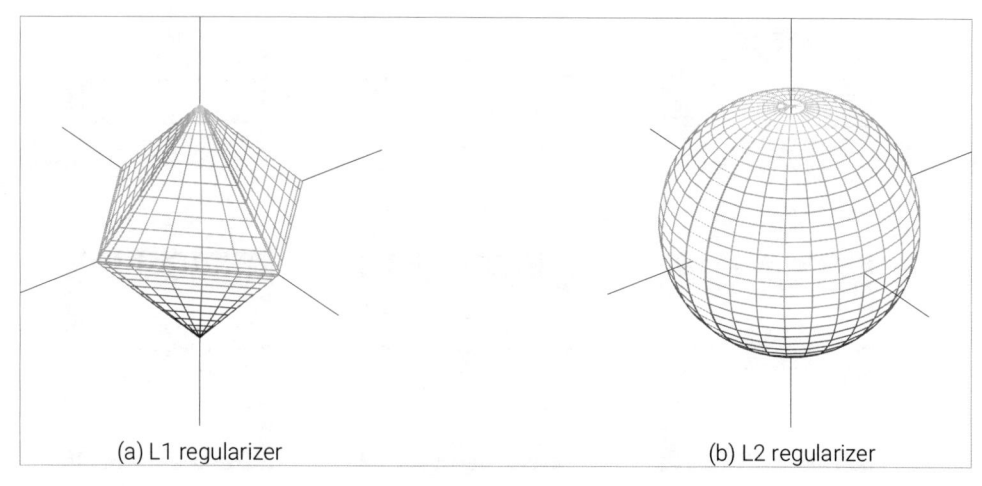

▲ 圖 5.20　三維空間的 L1 和 L2 正規項

5.5 幾何角度看套索迴歸

圖 5.20(a) 中，L1 正規項存在大量突出尖點；這些尖點都對應著部分係數為 0。圖 5.20(b) 舉出的正球體 (L2 正規項)，任意一丁點擾動，比如計算誤差、收斂等，都會讓迴歸係數不能恰好為 0。

此外，有些問題希望一些特徵參數同時為 0，或同時不為 0。這時可以設計一組 LASSO(group LASSO) 懲罰項來實現這一目標。與傳統的 LASSO 迴歸不同之處在於，組 LASSO 迴歸在 L1 正規化項中增加了對特徵分組的懲罰項。這個懲罰項是對組內係數的 L1 範數進行懲罰，從而鼓勵組內特徵係數共用相同的值或趨近於零。因此，組 LASSO 可以同時選擇重要的特徵和重要的特徵組。這個方法在處理高維資料時特別有效，因為它可以減少特徵的數量，避免過擬合，而且還可以保留組內特徵之間的相關性。

圖 5.21 所示為三維空間中兩種 LASSO 懲罰項結構。

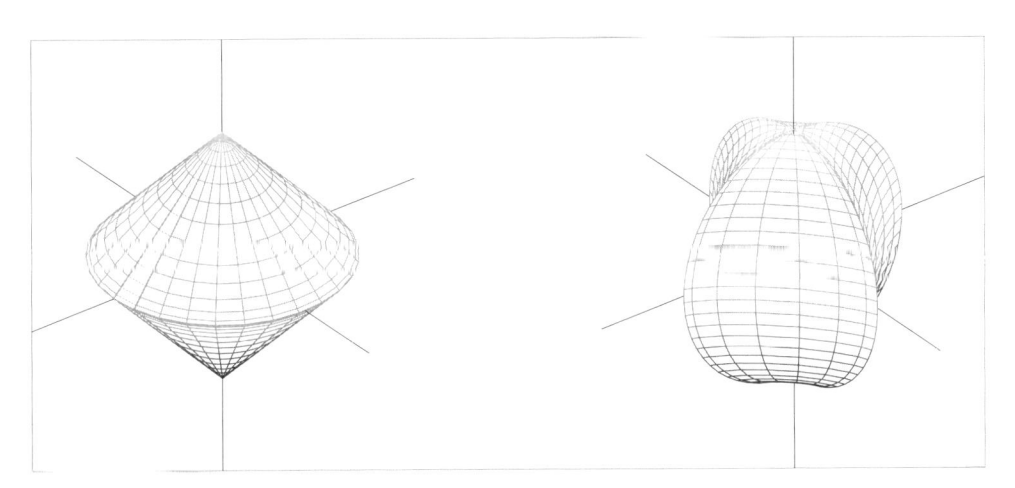

▲ 圖 5.21 三維空間中兩種 LASSO 懲罰項

混合 L1 和 L2 正規項的彈性網路迴歸方法，可以克服 L2 正規項的不具備稀疏性這一缺點；這是我們下一節要介紹的內容。

第 5 章　正規化迴歸

5.6　彈性網路迴歸

彈性網路迴歸 (elastic net regression) 以不同比例同時引入了 L1 和 L2 正規項，對應的目標函數為：

$$f(\boldsymbol{b}) = \underbrace{\frac{1}{2n}\|\boldsymbol{y} - \boldsymbol{X}\boldsymbol{b}\|_2^2}_{\text{OLS}} + \underbrace{\alpha\left(\rho\|\boldsymbol{b}\|_1 + \frac{(1-\rho)}{2}\|\boldsymbol{b}\|_2^2\right)}_{\text{Elastic net regularizer}} \tag{5.16}$$

注意，α 為正規項懲罰係數，參數 ρ 用來調和 L1 和 L2 正規項的比例。

α 和 ρ 都是使用者輸入的數值。圖 5.22 所示為構造彈性網路迴歸最佳化問題參數曲面等高線的過程。

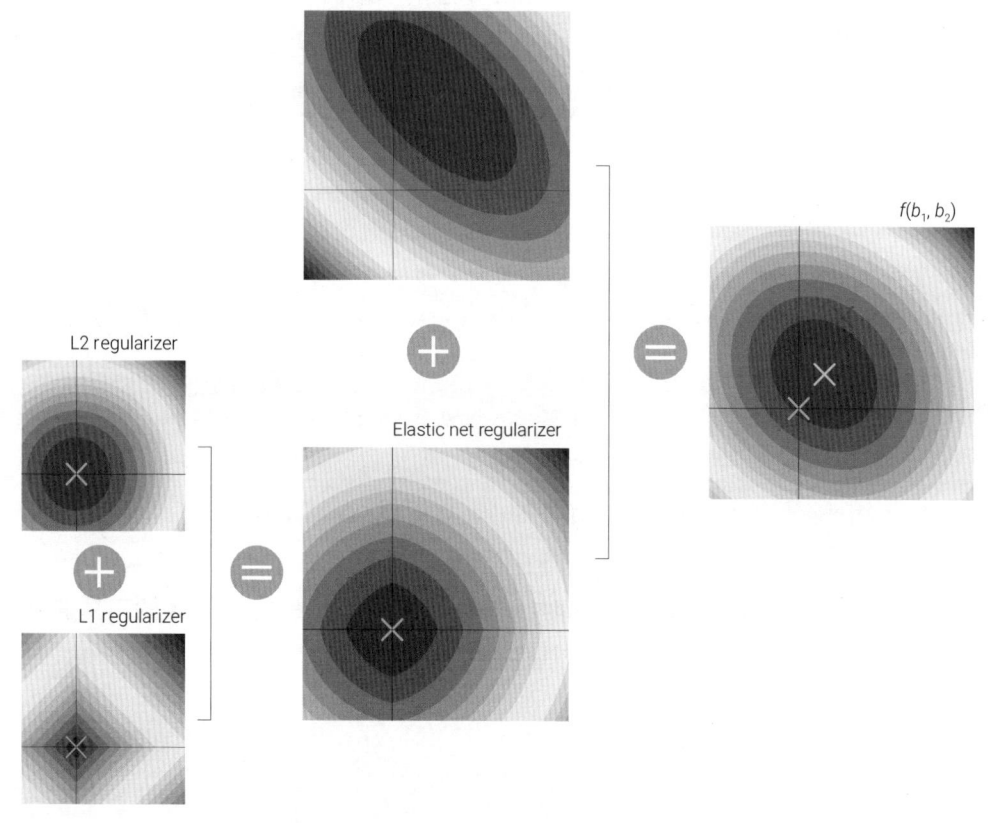

▲ 圖 5.22　構造彈性網路迴歸最佳化問題參數曲面等高線

5.6 彈性網路迴歸

圖 5.23 所示為不斷增大 α 時，彈性網路迴歸參數位置的變化。可以發現 α 增大，迴歸係數 b_1 不斷靠近 0，甚至為 0。圖 5.24 所示為迴歸係數運動軌跡，彈性網路迴歸係數靠近 0 的「速度」慢於套索迴歸。

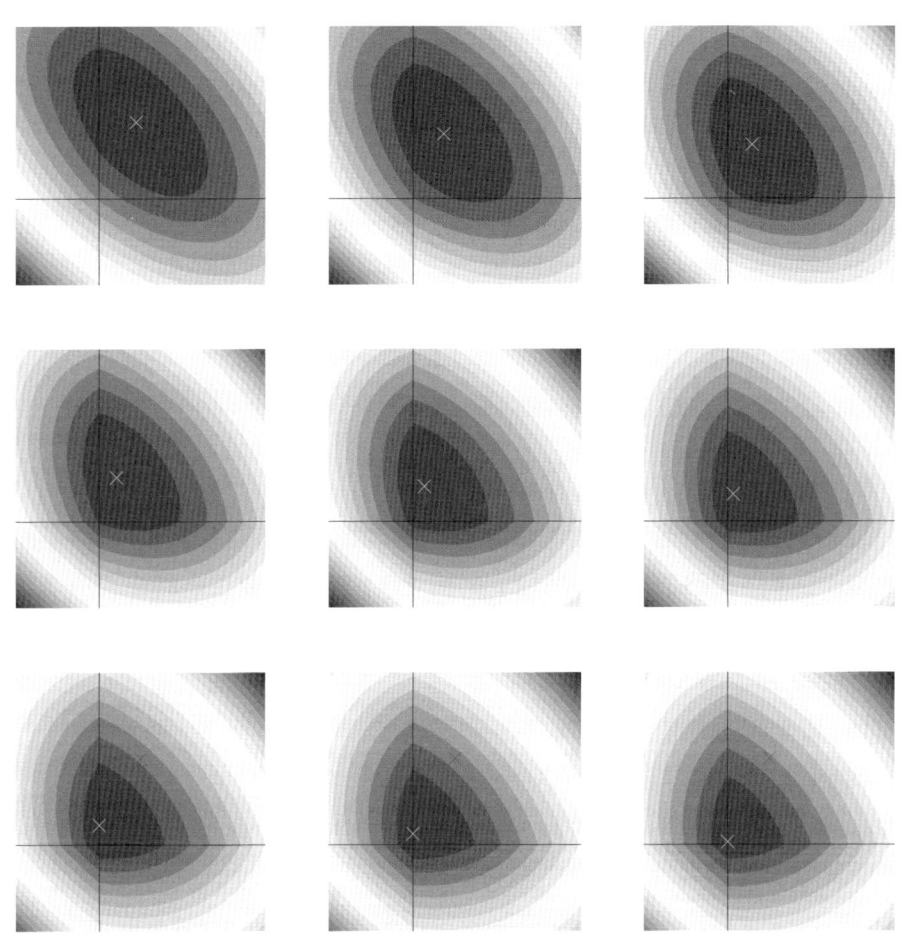

▲ 圖 5.23 不斷增大 α 時，彈性網路迴歸參數位置的變化

第 5 章　正規化迴歸

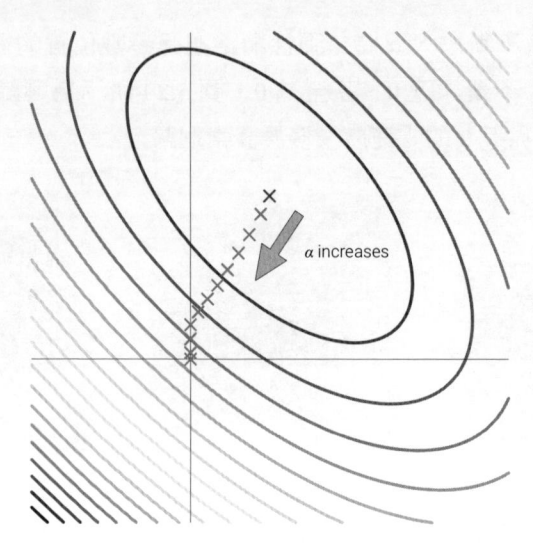

▲ 圖 5.24　不斷增大 α 時，彈性網路迴歸參數變化軌跡

　　本節前文介紹過，參數 ρ 用來調和 L1 和 L2 正規項的比例；下面看一下參數 ρ 對彈性網路正規項形狀的影響。圖 5.25 和圖 5.26 分別展示了二維平面和三維空間中彈性網路正規項形狀隨 ρ 的變化。ρ 越大，彈性網路正規項越接近 L1，稀疏性越強；ρ 越小，彈性網路正規項越接近 L2，稀疏性越弱。

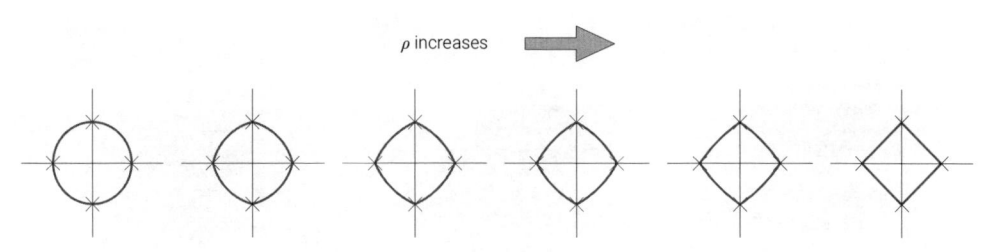

▲ 圖 5.25　不斷增大 ρ 時，二維平面彈性網路正規項等高線形狀

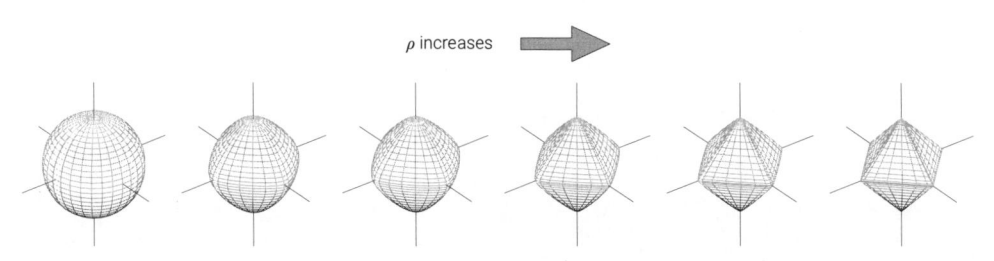

▲ 圖 5.26　不斷增大 ρ 時，三維空間彈性網路正規項等高面形狀

5.6 彈性網路迴歸

圖 5.27 所示為隨著 α 增大，彈性網路迴歸參數的變化，也就是彈性網路回歸參數軌跡圖。

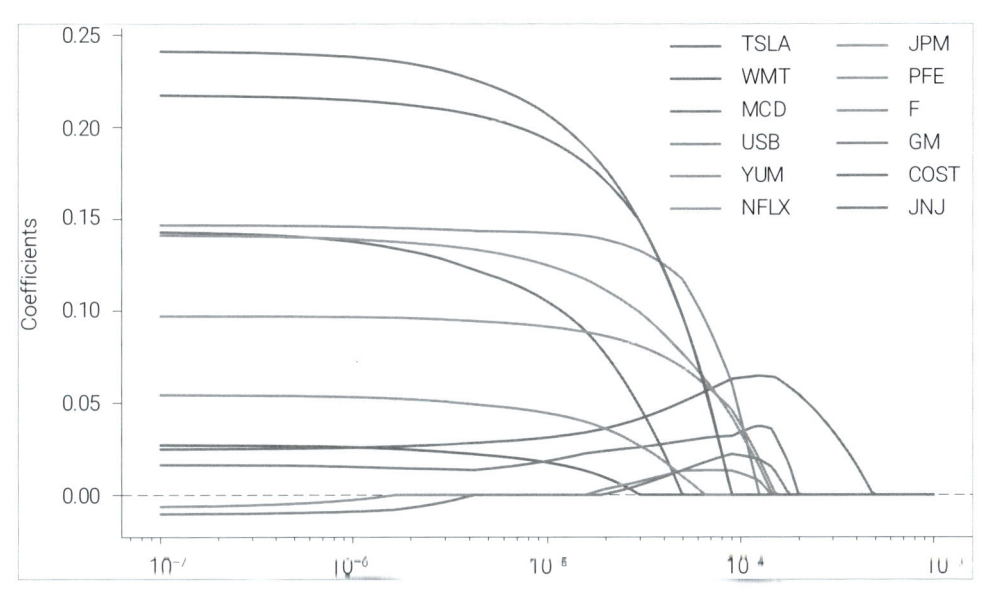

> ⚠️ 注意，在這一過程中，參數 ρ 不變。

▲ 圖 5.27 隨著 α 增大，彈性網路迴歸參數的變化

sklearn.linear_model.ElasticNet() 函數可以用來求解彈性網路迴歸問題。

此外，sklearn.linear_model.enet_path() 可以專門繪製彈性網路迴歸參數軌跡圖。

圖 5.28 比較了套索迴歸和彈性網路迴歸參數隨 α 變化；相同顏色的實線是套索迴歸參數，劃線是彈性網路迴歸參數。容易發現，套索迴歸參數更快地收縮到 0。彈性網路迴歸是套索迴歸和嶺迴歸的結合體，它繼承了套索迴歸的稀疏性，可以用來篩選特徵，縮減無關參數。但是，由於引入嶺迴歸 L2 正規項，彈性網路迴歸淘汰特徵的過程要慢於套索迴歸。

第 5 章 正規化迴歸

▲ 圖 5.28 比較套索迴歸和彈性網路迴歸參數隨 α 變化

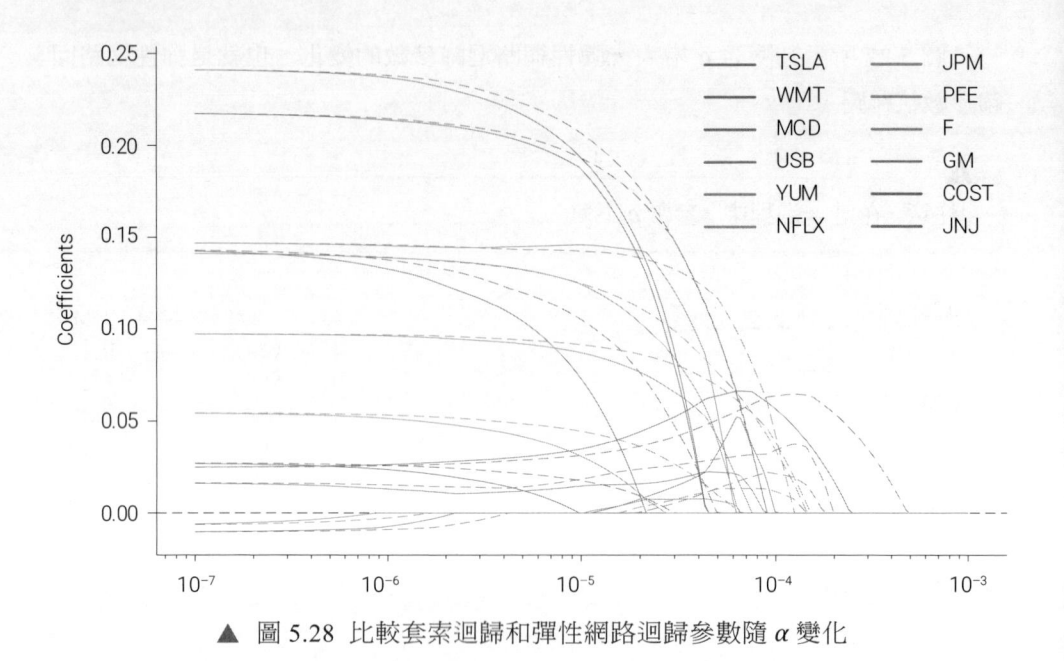

圖 5.29 所示為和 OLS 相比時，彈性網路迴歸參數誤差。

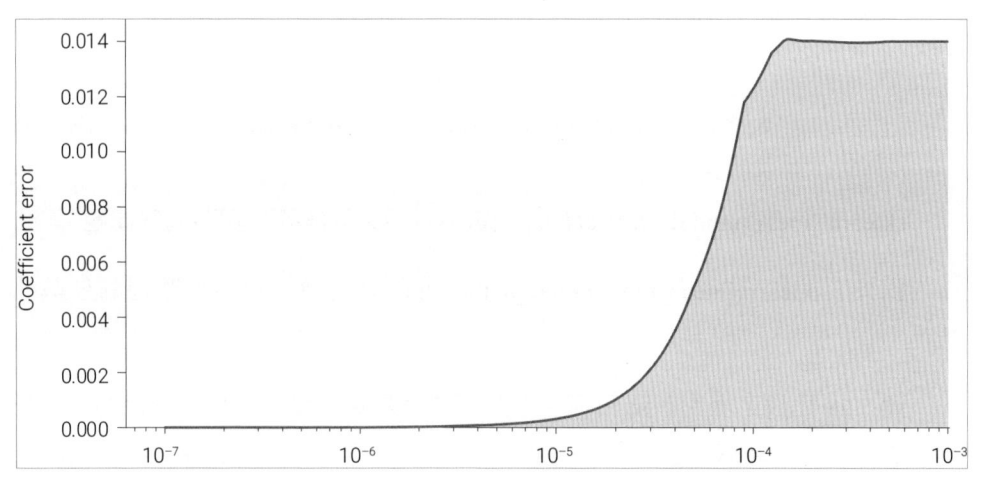

▲ 圖 5.29 和 OLS 相比時，彈性網路迴歸參數誤差

> 正規化是一種常用的機器學習技術,用於減小模型的複雜度和提高泛化能力。它透過在損失函數中增加一個正規項,強制模型參數的設定值不要過大,從而避免模型過擬合。正規化技術包括 L1 正規化和 L2 正規化兩種,L1 正規化將模型參數向 0 稀疏化,L2 正規化將模型參數平滑化,對於不同的資料集和模型結構可以選擇不同的正規化方法。正規化技術在實際應用中被廣泛使用,可以提高模型的預測能力和穩定性,避免過擬合等問題。

推薦大家閱讀 *Statistical Learning with Sparsity:The Lasso and Generalizations*。本書是稀疏統計學習專著。圖書 PDF 檔案可以免費從以下網址下載:

- https://web.stanford.edu/~hastie/StatLearnSparsity/

有關嶺迴歸,建議大家閱讀 *Lecture notes on ridge regression*。下載網址如下:

- https://arxiv.org/abs/1509.09169

第 5 章　正規化迴歸

MEMO

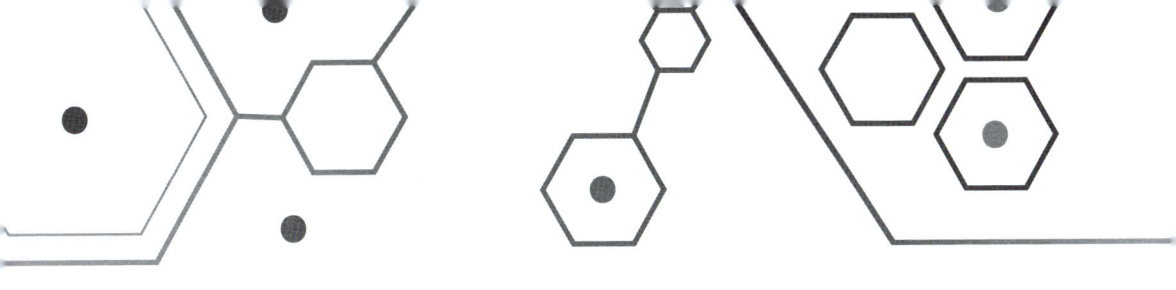

6 貝氏迴歸
Bayesian Regression

用貝氏推斷求解迴歸模型參數

> 檢查數學，你會發現，它不僅是顛撲不破的真理，而且是至高無上的美麗—那種冷峻而樸素的美，不需要喚起人們任何的憐惜，沒有繪畫和音樂的浮華裝飾，只是純粹，和只有偉大藝術才能展現出來的嚴格完美。
>
> *Mathematics, rightly viewed, possesses not only truth, but supreme beauty— a beauty cold and austere, like that of sculpture, without appeal to any part of our weaker nature, without the gorgeous trappings of painting or music, yet sublimely pure, and capable of a stern perfection such as only the greatest art can show*
>
> ——伯特蘭・羅素（Bertrand Russell）| 英國哲學家、數學家 | 1872—1970 年

- pymc3.Normal() 定義常態先驗分佈
- pymc3.HalfNormal() 定義半常態先驗分佈
- pymc3.plot_posterior() 繪製後驗分佈
- pymc3.sample() 產生隨機數
- pymc3.traceplot() 繪製後驗分佈隨機數軌跡圖

第 6 章　貝氏迴歸

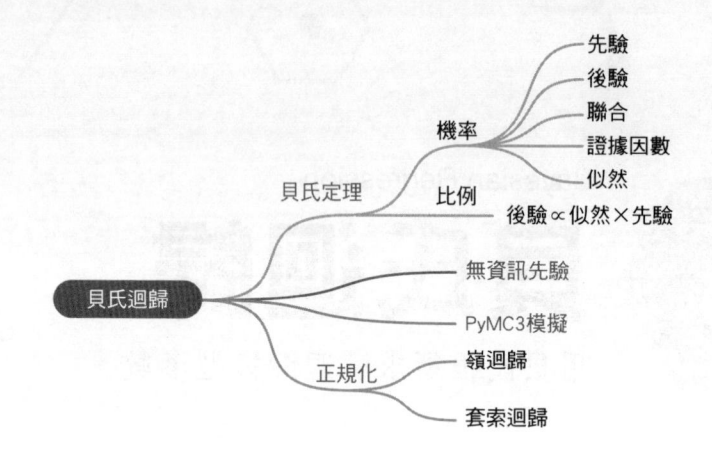

```
貝氏迴歸 ─┬─ 貝氏定理 ─┬─ 機率 ─┬─ 先驗
         │           │       ├─ 後驗
         │           │       ├─ 聯合
         │           │       ├─ 證據因數
         │           │       └─ 似然
         │           └─ 比例 ── 後驗 ∝ 似然 × 先驗
         ├─ 無資訊先驗
         ├─ PyMC3模擬
         └─ 正規化 ─┬─ 嶺迴歸
                   └─ 套索迴歸
```

6.1 回顧貝氏推斷

簡單來說，**貝氏推斷** (Bayesian inference) 就是結合「經驗 (先驗)」和「實踐 (樣本)」，得出「結論 (後驗)」，如圖 6.1 所示。貝氏推斷把模型參數看作隨機變數。在得到樣本之前，根據主觀經驗和既有知識舉出未知參數的機率分佈叫作**先驗分佈** (prior)。獲得樣本資料後，根據貝氏定理，基於給定的樣本資料先計算**似然分佈** (likelihood)，然後得出模型參數的**後驗分佈** (posterior)。

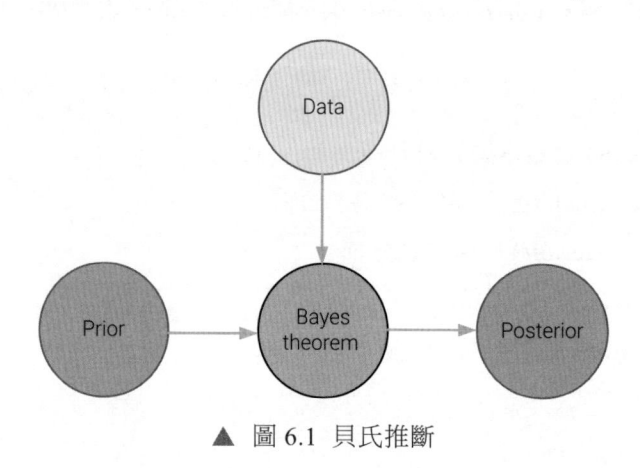

▲ 圖 6.1 貝氏推斷

6.1 回顧貝氏推斷

上面這段文字對應以下公式：

$$\overbrace{f_{\Theta|X}(\theta|x)}^{\text{Posterior}} = \frac{\overbrace{f_{X|\Theta}(x|\theta)}^{\text{Likelihood}}\overbrace{f_{\Theta}(\theta)}^{\text{Prior}}}{\int_{\vartheta} f_{X|\Theta}(x|\vartheta)f_{\Theta}(\vartheta)\mathrm{d}\vartheta} \tag{6.1}$$

最後根據參數的後驗分佈進行統計推斷。貝氏推斷對應的優化問題為**最大化後驗機率 (Maximum A Posteriori，MAP)**。本章介紹如何利用貝氏推斷完成線性迴歸。

> 大家如果對式 (6.1) 感到陌生的話，請回顧《AI 時代 Math 元年 - 用 Python 全精通統計及機率》第 20、21 章。

線性迴歸模型

為了配合貝氏推斷，把多元線性迴歸模型寫成：

$$\hat{y}^{(i)} = \theta_0 + \theta_1 x_1^{(i)} + \theta_2 x_2^{(i)} + \cdots + \theta_D x_D^{(i)} \tag{6.2}$$

其中，i 為樣本序號，D 為特徵數。

當 $D = 1$ 時，一元線性迴歸模型為：

$$\hat{y}^{(i)} = \theta_0 + \theta_1 x_1^{(i)} \tag{6.3}$$

似然

似然函數可以寫成：

$$f_{Y|\Theta}(y|\theta) = \prod_{i=1}^{n} \frac{1}{\sqrt{2\pi}\sigma} \exp\left(-\frac{\left(y^{(i)} - \left(\theta_0 + \theta_1 x_1^{(i)} + \theta_2 x_2^{(i)} + \cdots + \theta_D x_D^{(i)}\right)\right)^2}{2\sigma^2}\right) \tag{6.4}$$

這表示假設殘差 ε 服從 $N(0,\sigma^2)$。

第 6 章 貝氏迴歸

貝氏定理

利用貝氏定理，我們可以得到後驗分佈：

$$f_{\Theta|\gamma}(\theta\,|\,y) = \frac{f_{\gamma|\Theta}(y\,|\,\theta) \cdot f_{\Theta}(\theta)}{f_{\gamma}(y)} \qquad (6.5)$$

最大後驗最佳化：

$$\hat{\theta}_{\text{MAP}} = \arg\max_{\theta} f_{\Theta|\gamma}(\theta\,|\,y) \qquad (6.6)$$

如圖 6.2 所示，隨著樣本不斷引入，MAP 最佳化結果不斷接近真實參數。由於後驗 ∝ 似然 × 先驗，最大後驗最佳化等價於：

$$\hat{\theta}_{\text{MAP}} = \arg\max_{\theta} f_{\gamma|\Theta}(y\,|\,\theta) \cdot f_{\Theta}(\theta) \qquad (6.7)$$

為了避免算數下溢，取對數後，最佳化問題可以寫成：

$$\hat{\theta}_{\text{MAP}} = \arg\max_{\theta} \ln\left(f_{\gamma|\Theta}(y\,|\,\theta) \cdot f_{\Theta}(\theta)\right) \qquad (6.8)$$

「本書系」之前介紹過，**算術下溢** (arithmetic underflow) 也稱為**浮點數下溢** (floating point underflow)，是指電腦浮點數計算的結果小於可以表示的最小數。

式 (6.8) 進一步整理為：

$$\hat{\theta}_{\text{MAP}} = \arg\max_{\theta} \ln f_{\gamma|\Theta}(y\,|\,\theta) + \ln f_{\Theta}(\theta) \qquad (6.9)$$

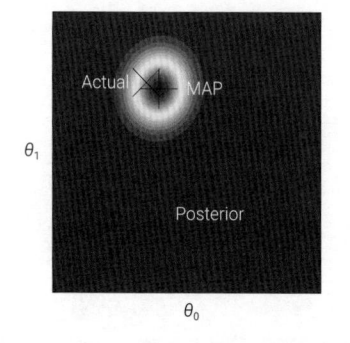

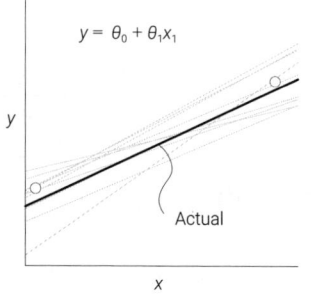

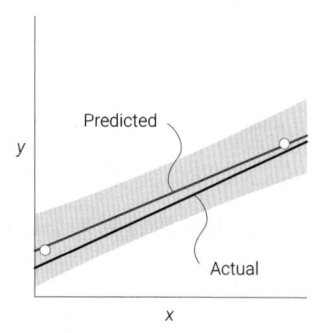

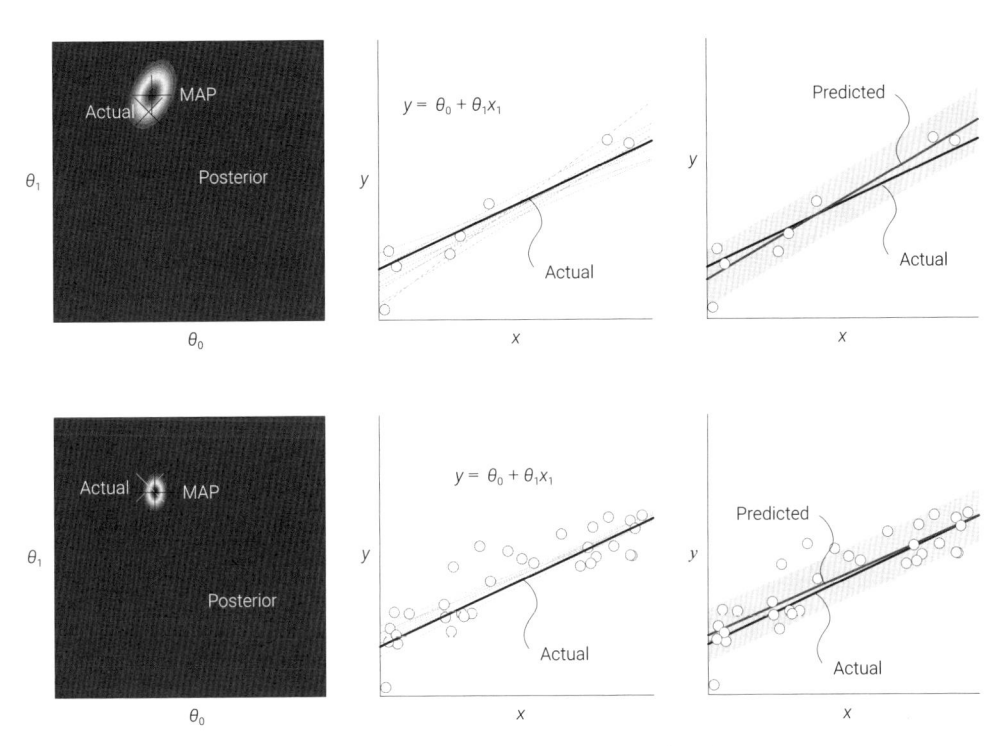

▲ 圖 6.2 貝氏迴歸後驗機率隨樣本變化

6.2 貝氏迴歸：無資訊先驗

> 《AI 時代 Math 元年 - 用 Python 全精通統計及機率》第 20 章介紹過**無資訊先驗** (uninformative prior)。

沒有先驗資訊，或先驗分佈不清楚，我們可以用常數或均勻分佈作為先驗分佈，比如 $f(\theta)=1$。最大後驗最佳化就可以寫成：

$$\hat{\theta}_{\text{MAP}} = \arg\max_{\theta} \ln f_{y|\Theta}(y|\theta) \qquad (6.10)$$

第 6 章 貝氏迴歸

這和 MLE 的目標函數一致：

$$\hat{\theta}_{\text{MLE}} = \arg\max_{\theta} \ln f(y;\theta) \tag{6.11}$$

將式 (6.4) 代入 $\ln f(y|\theta)$ 得到：

$$\ln f_{y|\Theta}(y|\theta) = -\frac{1}{2\sigma^2}\sum_{i=1}^{n}\left(y^{(i)} - \left(\theta_0 + \theta_1 x_1^{(i)} + \theta_2 x_2^{(i)} + \cdots + \theta_D x_D^{(i)}\right)\right)^2 + n\ln\underbrace{\frac{1}{\sqrt{2\pi\sigma^2}}}_{\text{constant}}$$

$$= -\frac{\|y - X\theta\|_2^2}{2\sigma^2} + n\ln\underbrace{\frac{1}{\sqrt{2\pi\sigma^2}}}_{\text{constant}} \tag{6.12}$$

忽略常數，最大化後驗 MAP 最佳化問題等價於以下最小化問題：

$$\hat{\theta}_{\text{MAP}} = \arg\min_{\theta} \|y - X\theta\|_2^2 \tag{6.13}$$

這和前文的 OLS 線性迴歸最佳化問題一致。

6.3 使用 PyMC 完成貝氏迴歸

本節將利用 PyMC 完成模型為 $y = \theta_0 + \theta_1 x_1$ 貝氏迴歸。PyMC 是一個用於機率程式設計的 Python 庫，主要用於進行貝氏統計建模和貝氏推斷。PyMC 允許使用者使用貝氏統計方法來建模複雜的問題。透過定義隨機變數、機率分佈和觀測資料，使用者可以建構靈活的機率模型。PyMC 使用先進的 MCMC 演算法來進行貝氏推斷。這些演算法幫助估計參數的後驗分佈。

如圖 6.3 所示，黑色線為真實模型，參數為截距 $\theta_0 = 1$、斜率 $\theta_1 = 2$。圖 6.3 中藍色散點為樣本點。

Bk7_Ch06_01.ipynb 中繪製了本節影像，下面我們講解其中關鍵程式部分。我們可以透過程式 6.1 構造貝氏迴歸模型。

6.3 使用 PyMC 完成貝氏迴歸

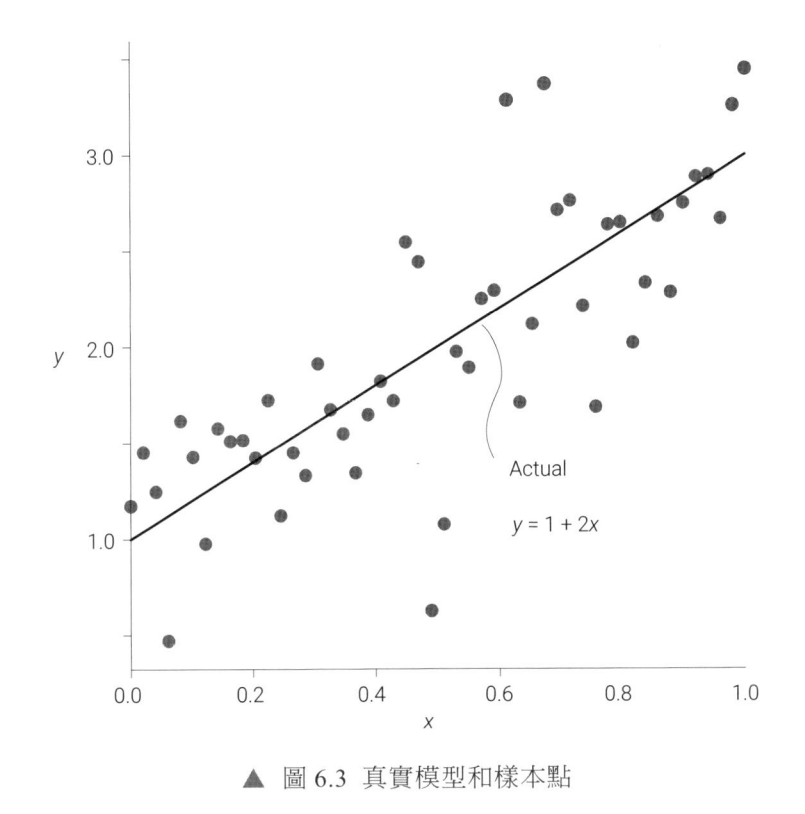

▲ 圖 6.3 真實模型和樣本點

ⓐ 將 pymc3 匯入,簡寫作 pm。請大家特別注意,目前 pymc3 版本已經被 pymc 代替。想要使用 pymc 的話,建議大家專門建立合適的虛擬環境,請參考:

- https://www.pymc.io/projects/docs/en/latest/installation.html

ⓑ 建立了一個貝氏推斷模型的基礎物件 basic_model,它是 pm.Model() 的實例。這個物件將用於包容整個機率模型的定義。

ⓒ 使用 with 敘述,確保在接下來的程式區塊中定義的所有隨機變數和分佈都被正確地增加到 basic_model 中。

ⓓ 這一行定義了一個隨機變數 intercept,表示線性迴歸模型中的截距項。它的先驗分佈是常態分布,使用 pm.Normal() 建立,命名為「alpha」,平均值 mu 為 0,標準差 sigma 為 20。

第 6 章　貝氏迴歸

(e) 定義了另一個隨機變數 slope，表示線性迴歸模型中的斜率項。同樣，它的先驗分佈是常態分布，也是使用 pm.Normal() 建立，命名為「beta」，平均值 mu 為 0，標準差 sigma 為 20。

(f) 定義了一個隨機變數 sigma，表示線性迴歸模型中的誤差項的標準差。先驗分佈選擇了半常態分佈，使用 pm.HalfNormal() 建立，命名為「sigma」，並且設置了標準差為 20。

(g) 定義了線性迴歸模型。

(h) 定義了觀測資料的似然分佈。Y_obs 表示觀測資料的隨機變數，其分佈是正態分佈，平均值 mu 由線性模型舉出，標準差 sigma 為前面定義的誤差項的標準差。observed=y 表示將實際觀測資料 y 傳遞給這個分佈，用於貝氏推斷。

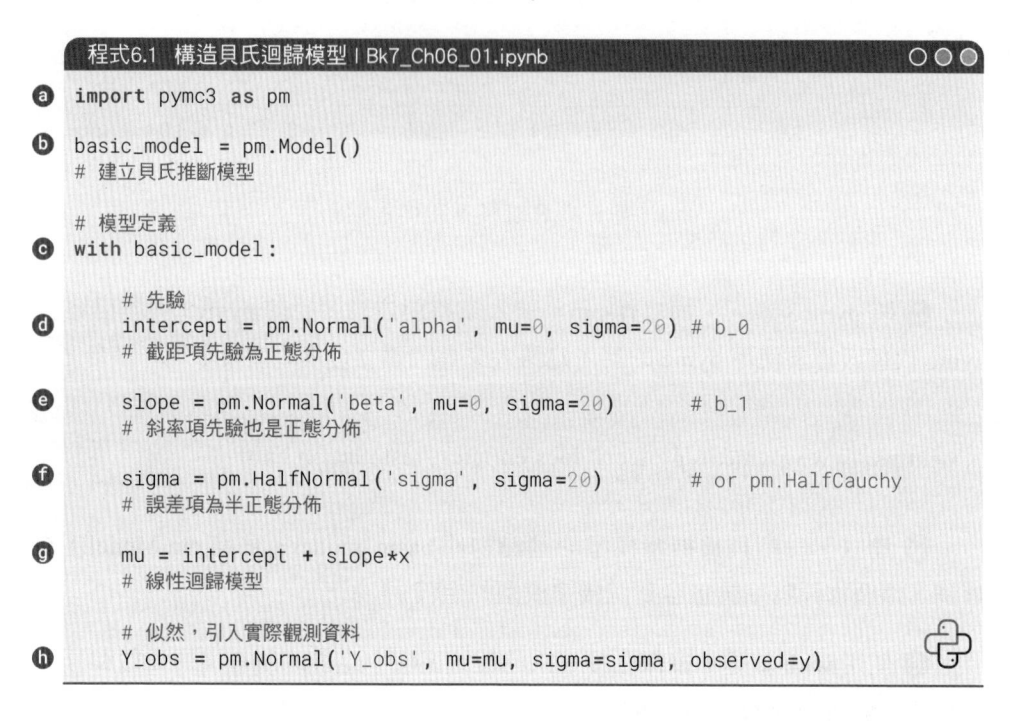

程式6.1　構造貝氏迴歸模型 | Bk7_Ch06_01.ipynb

```
(a) import pymc3 as pm

(b) basic_model = pm.Model()
    # 建立貝氏推斷模型

    # 模型定義
(c) with basic_model:

        # 先驗
(d)     intercept = pm.Normal('alpha', mu=0, sigma=20)  # b_0
        # 截距項先驗為正態分佈

(e)     slope = pm.Normal('beta', mu=0, sigma=20)       # b_1
        # 斜率項先驗也是正態分佈

(f)     sigma = pm.HalfNormal('sigma', sigma=20)        # or pm.HalfCauchy
        # 誤差項為半正態分佈

(g)     mu = intercept + slope*x
        # 線性迴歸模型

        # 似然，引入實際觀測資料
(h)     Y_obs = pm.Normal('Y_obs', mu=mu, sigma=sigma, observed=y)
```

6-8

6.3 使用 PyMC 完成貝氏迴歸

圖 6.4 所示為三個參數的後驗分佈隨機數軌跡圖。隨機數軌跡由 PyMC3 中**瑪律科夫鏈蒙特卡洛** (Markov Chain Monte Carlo，MCMC) 生成。圖中只繪製達到平穩狀態後的軌跡，且每個參數模擬兩條軌跡。

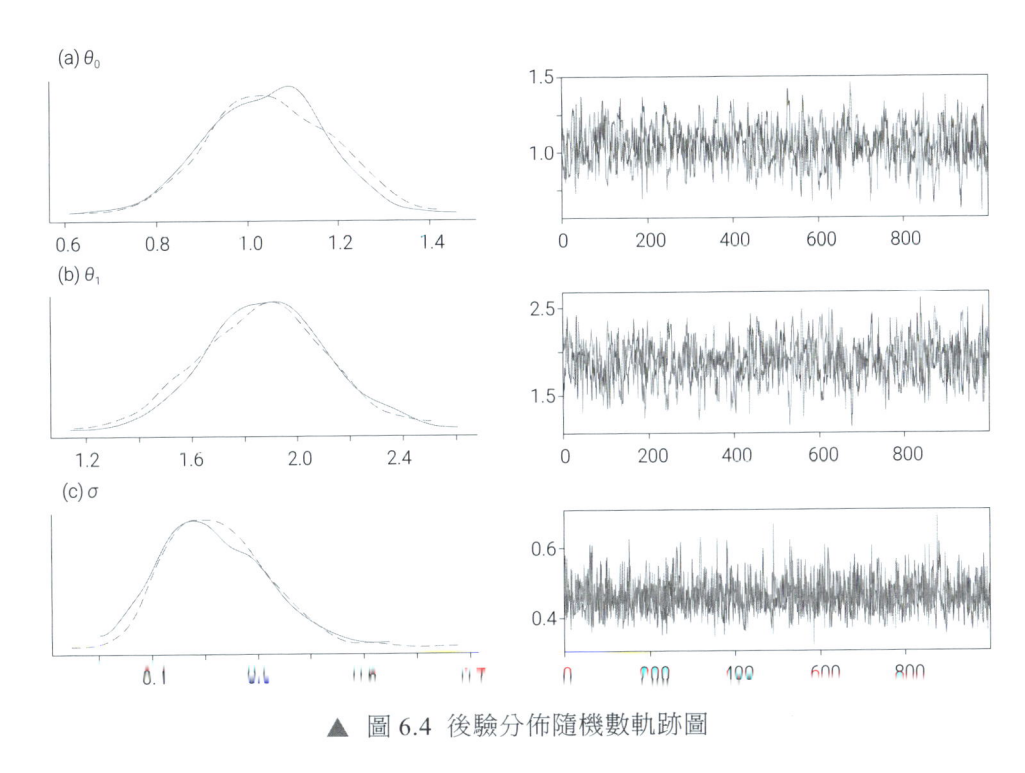

▲ 圖 6.4 後驗分佈隨機數軌跡圖

前文提過殘差 ε 服從 $N(0,\sigma^2)$，所以殘差也是一個模型參數。本章配套程式中，殘差的先驗分佈為**半正態分佈** (half normal distribution)，如圖 6.5 所示。有關半正態分佈，大家可以參考：

- https://www.pymc.io/projects/docs/en/latest/api/distributions/generated/pymc.HalfNormal.html

第 6 章　貝氏迴歸

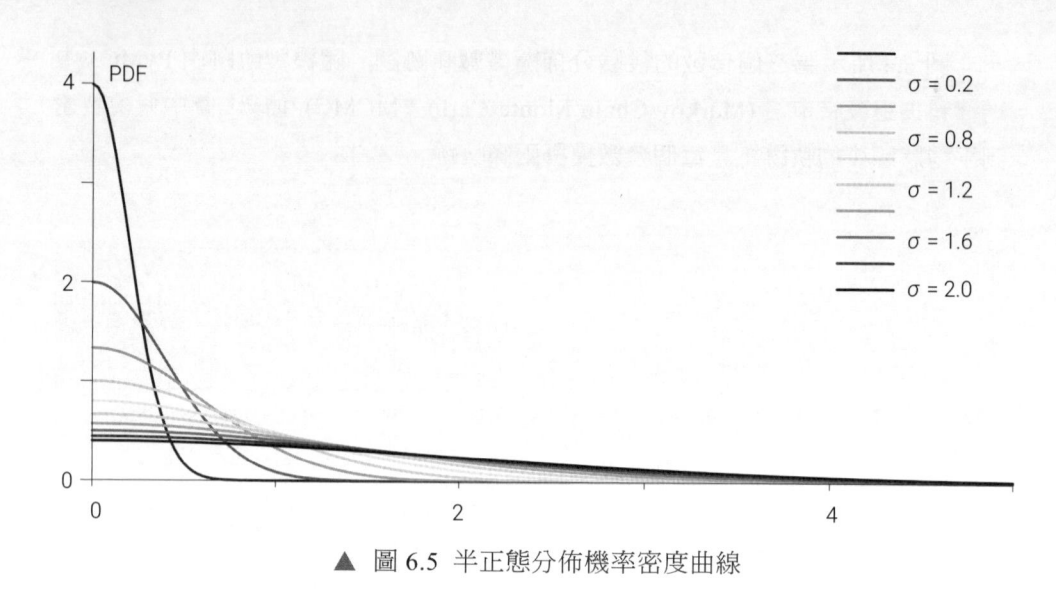

▲ 圖 6.5 半正態分佈機率密度曲線

我們可以透過程式 6.2 用 MCMC 生成後驗分佈樣本，並繪製圖 6.4。

ⓐ 是一個上下文管理器，確保在 basic_model 定義的範圍內正確管理資源。

ⓑ 使用 MCMC 生成後驗分佈的樣本。draws=1000 表示設定生成 1000 個後驗樣本。chains=2 表示使用兩條鏈進行採樣。tune=200 表示在開始採樣之前進行 200 步的調整，以幫助 MCMC 模擬收斂。discard_tuned_samples=True 表示在採樣結束後，丟棄調整期間的樣本，只保留後驗採樣的樣本。trace 是 pm.sample() 返回的包含後驗樣本的物件。

ⓒ traceplot 提供了一個方便的方式來視覺化參數的後驗分佈。一般來說追蹤圖包括長條圖和核心密度圖，以及沿 MCMC 鏈的參數值隨迭代次數的演變圖，可以用於分析參數的不確定性和收斂情況。

```
程式6.2  用MCMC生成後驗分佈樣本，並繪製軌跡圖 | Bk7_Ch06_01.ipynb
ⓐ with basic_model:

      # 使用MCMC對模型進行採樣，生成後驗分佈樣本
ⓑ    trace = pm.sample(draws=1000, chains=2, tune=200,
                        discard_tuned_samples =True)

      # 繪製後驗分佈樣本的軌跡圖
ⓒ    pm.traceplot(trace)
```

6-10

6.3 使用 PyMC 完成貝氏迴歸

圖 6.6 所示為後驗分佈隨機數的長條圖,用 plot_posterior() 方法繪製。長條圖型合併了兩條 MCMC 軌跡。圖中平均值可以視作 MAP 的最佳化解。HDI 代表**最大密度區間** (highest density interval),即後驗分佈的可信區間。可信區間越窄,後驗分佈的確信度越高。圖 6.7 所示為參數 θ_0 和 θ_1 後驗分佈隨機生成數組成的分佈。

圖 6.8 所示為貝氏線性迴歸的結果,圖中紅色線為預測模型。圖中的淺藍色線為 50 條後驗分佈的採樣函數,它們對應圖 6.7 中的 50 個散點。紅色線相當於這些淺藍色線「取平均」。

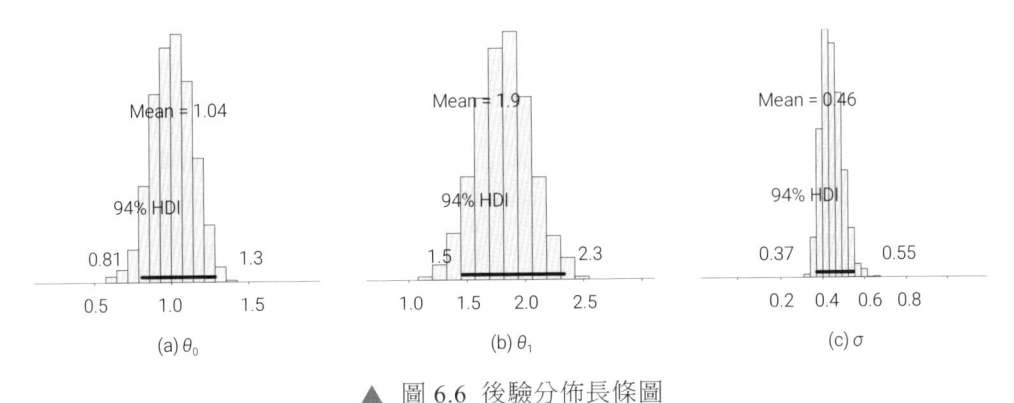

▲ 圖 6.6 後驗分佈長條圖

▲ 圖 6.7 參數 θ_0 和 θ_1 後驗分佈隨機生成數組成的分佈

第 6 章　貝氏迴歸

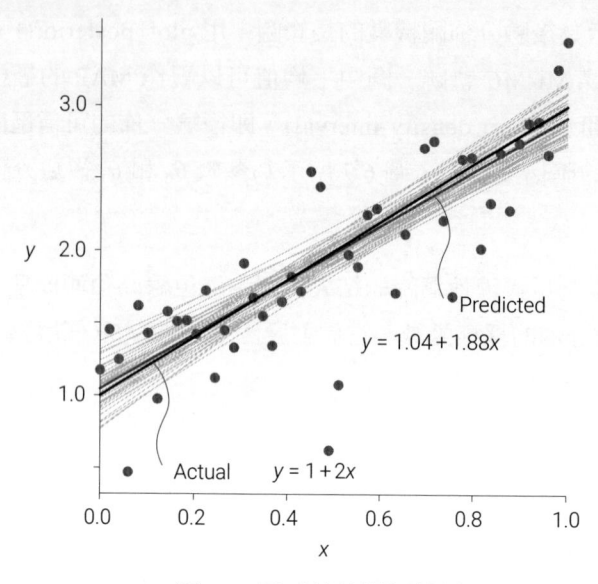

▲ 圖 6.8 貝氏線性迴歸結果

我們可以透過程式 6.3 繪製圖 6.8，下面講解其中關鍵敘述。

ⓐ 建立索引陣列，採樣頻率為 40，即每 40 個樣本保留一個。這樣可以減少後續繪圖數量，保證圖形清晰。

ⓑ 和 ⓒ 分別計算 alpha 和 beta 的後驗平均值，用於在後續視覺化中繪製平均迴歸線。

ⓓ 中 for 迴圈每次迭代繪製一條迴歸線，展示貝氏迴歸模型中的不確定性。

ⓔ 繪製真實回歸線。

ⓕ 繪製平均預測線。

程式6.3 繪製貝氏迴歸結果 | Bk7_Ch06_01.ipynb

```
fig, ax = plt.subplots(figsize = (5, 5))
```
ⓐ `idx_array = range(0, len(trace['alpha']), 40)`
ⓑ `alpha_m = trace['alpha'].mean()`
ⓒ `beta_m = trace['beta'].mean()`

6-12

```
d  for idx in idx_array:
       plt.plot(x, trace['alpha'][idx] + trace['beta'][idx] *x,
                c = 'k', alpha = 0.1);
e  ax.plot(x, true_regression_line,
           color = 'k',
           label = "True regression line", lw = 2.0)

   label_2 = 'Prediction: y = {:.2f} + {:.2f}* x'.format(alpha_m, beta_m)
f  plt.plot(x, alpha_m + beta_m * x, c = 'r',
            label = label_2)
   plt.xlabel('$x$')
   plt.ylabel('$y$', rotation = 0)
   plt.legend(loc = 2)
   plt.xlim(0,1)
```

6.4 貝氏角度理解嶺正規化

上一章的嶺迴歸可以從貝氏推斷角度理解。本章中假設線性迴歸參數服從正態分佈：

$$f_{\Theta_j}(\theta_j) = \frac{1}{\sqrt{2\pi\tau^2}} \exp\left(-\frac{\theta_j^2}{2\tau^2}\right) \tag{6.14}$$

圖 6.9 所示為先驗分佈隨 τ 的變化。τ 越大代表越不確信，τ 越小代表確信程度越高。

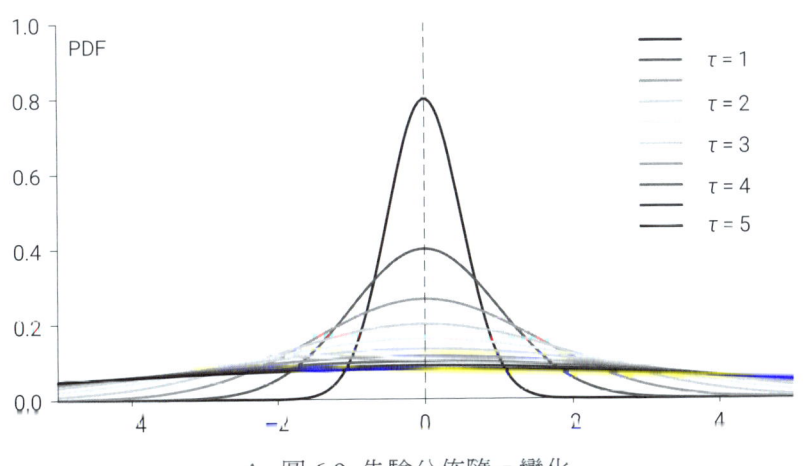

▲ 圖 6.9 先驗分佈隨 τ 變化

第 6 章 貝氏迴歸

所示的最佳化問題等價於：

$$\arg\max_{\theta} \left[\ln \prod_{i=1}^{n} \frac{1}{\sqrt{2\pi\sigma^2}} \exp\left(-\frac{\left(y^{(i)} - \left(\theta_0 + \theta_1 x_1^{(i)} + \theta_2 x_2^{(i)} + \cdots + \theta_D x_D^{(i)}\right)\right)^2}{2\sigma^2} \right) + \ln \prod_{j=1}^{D} \frac{1}{\sqrt{2\pi\tau^2}} \exp\left(-\frac{\theta_j^2}{2\tau^2} \right) \right] \quad (6.15)$$

上式目標函數可以分為兩部分整理。大家已經清楚，第一部分為：

$$-\frac{\|\boldsymbol{y} - \boldsymbol{X\theta}\|_2^2}{2\sigma^2} + \underbrace{n \ln \frac{1}{\sqrt{2\pi\sigma^2}}}_{\text{constant}} \quad (6.16)$$

第二部分為：

$$-\frac{\|\boldsymbol{\theta}\|_2^2}{2\tau^2} + \underbrace{D \ln \frac{1}{\sqrt{2\pi\tau^2}}}_{\text{constant}} \quad (6.17)$$

忽略常數後，最佳化問題進一步整理為：

$$\arg\max_{\theta} \left[-\frac{\|\boldsymbol{y} - \boldsymbol{X\theta}\|_2^2}{2\sigma^2} - \frac{\|\boldsymbol{\theta}\|_2^2}{2\tau^2} \right] \quad (6.18)$$

將上式最大化問題調整為最小化問題：

$$\arg\min_{\theta} \frac{1}{2\sigma^2} \left(\|\boldsymbol{y} - \boldsymbol{X\theta}\|_2^2 + \frac{\sigma^2}{\tau^2} \|\boldsymbol{\theta}\|_2^2 \right) \quad (6.19)$$

令

$$\lambda = \frac{\sigma^2}{\tau^2} \quad (6.20)$$

等價於：

$$\arg\min_{\theta} \underbrace{\|\boldsymbol{y} - \boldsymbol{X\theta}\|_2^2}_{\text{OLS}} + \underbrace{\lambda \|\boldsymbol{\theta}\|_2^2}_{\text{L2 regularizer}} \quad (6.21)$$

這和上一章的嶺迴歸最佳化問題完全一致。

> 《AI 時代 Math 元年 - 用 Python 全精通統計及機率》第 20 章介紹過，先驗的影響力很大，MAP 的結果向先驗平均值「收縮」。這種效果常被稱作**貝氏收縮** (Bayes shrinkage)。

根據式 (6.20)，σ 保持不變條件下，τ 越小代表確信度越高，λ 越大，透過 MAP 得到的最佳化解向原點 (0,0)(先驗平均值) 收縮。圖 6.10 上可以看到，最佳化解隨著約束項參數 λ 不斷增大運動的軌跡，「收縮」的這種現象顯而易見。

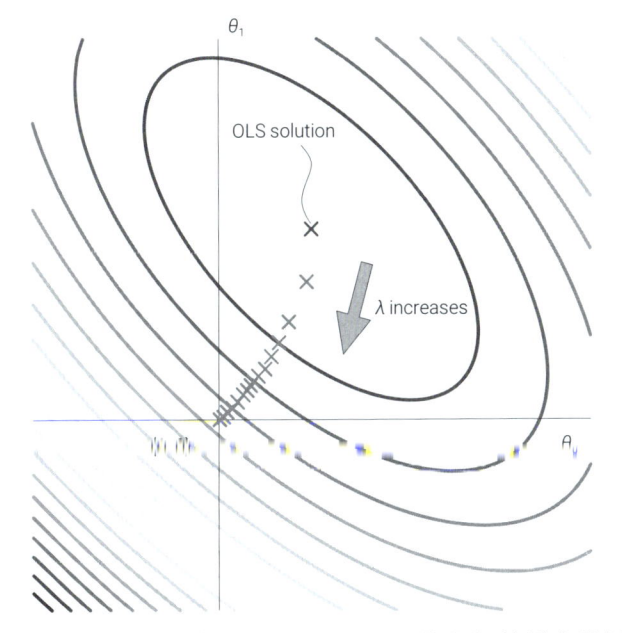

▲ 圖 6.10 不斷增大 λ 時，嶺迴歸最佳化解的變化路徑

6.5 貝氏角度理解套索正規化

如果先驗分佈為拉普拉斯分佈：

$$f_{\Theta_j}(\theta_j) = \frac{1}{2b} \exp\left(-\frac{|\theta_j|}{b}\right) \tag{6.22}$$

如圖 6.11 所示。

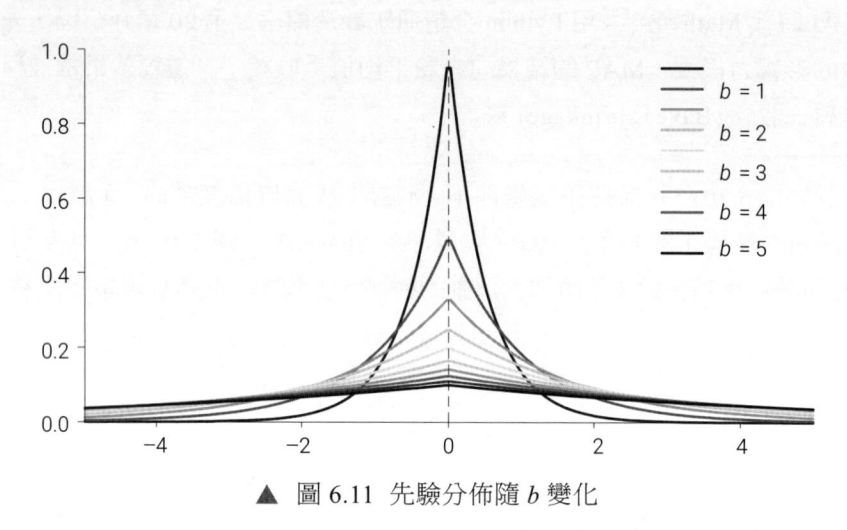

▲ 圖 6.11 先驗分佈隨 b 變化

所示的最佳化問題等價於：

$$\arg\max_{\theta} \left[\ln \prod_{i=1}^{n} \frac{1}{\sqrt{2\pi\sigma^2}} \exp\left(-\frac{\left(y^{(i)} - \left(\theta_0 + \theta_1 x_1^{(i)} + \theta_2 x_2^{(i)} + \cdots + \theta_D x_D^{(i)} \right) \right)^2}{2\sigma^2} \right) + \ln \prod_{j=1}^{D} \frac{1}{2b} \exp\left(-\frac{|\theta_j|}{b} \right) \right] \quad (6.23)$$

也是分兩部分來看上式。第一部分和上一節完全相同：

$$-\frac{\|y - X\theta\|_2^2}{2\sigma^2} + n \ln \underbrace{\frac{1}{\sqrt{2\pi\sigma^2}}}_{\text{constant}} \quad (6.24)$$

第二部分為：

$$-\frac{1}{b} \sum_{j=1}^{D} |\theta_j| + \underbrace{D \ln \frac{1}{2b}}_{\text{constant}} = -\frac{1}{b} \|\theta\|_1 + \underbrace{D \ln \frac{1}{2b}}_{\text{constant}} \quad (6.25)$$

忽略常數後，最佳化問題為：

$$\arg\max_{\theta} -\frac{\|y - X\theta\|_2^2}{2\sigma^2} - \frac{1}{b} \|\theta\|_1 \quad (6.26)$$

6.5 貝氏角度理解套索正規化

最大化問題調整為最小化問題得到：

$$\arg\min_{\boldsymbol{\theta}} \|\boldsymbol{y} - \boldsymbol{X}\boldsymbol{\theta}\|_2^2 + \frac{2\sigma^2}{b}\|\boldsymbol{\theta}\|_1 \tag{6.27}$$

令

$$\lambda = \frac{2\sigma^2}{b} \tag{6.28}$$

等價於：

$$\arg\min_{\boldsymbol{\theta}} \|\boldsymbol{y} - \boldsymbol{X}\boldsymbol{\theta}\|_2^2 + \lambda\|\boldsymbol{\theta}\|_1 \tag{6.29}$$

這和上一章套索迴歸的最佳化問題的目標函數本質上一致。

圖 6.12 所示為不斷增大 λ 時，套索迴歸參數的變化軌跡；可以發現參數變化軌跡有兩段，第一段以 OLS 結果為起始點，幾乎沿著斜線靠近 y 軸 ($\theta_0 = 0$)，直至到達 y 軸。到達 y 軸時，迴歸係數 θ_0 為 0。第二段，沿著 y 軸朝著原點運動。

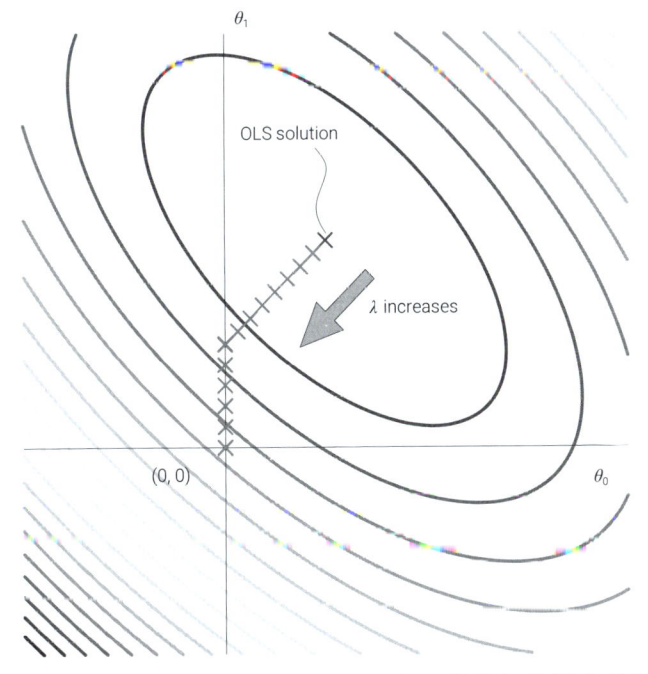

▲ 圖 6.12 不斷增大 λ 時，套索迴歸最佳化解的變化軌跡

第 6 章　貝氏迴歸

請大家自己思考，從貝氏推斷角度來看，套索迴歸的先驗機率分佈應該是什麼？

> 貝氏迴歸是一種基於貝氏理論的迴歸分析方法，它不僅考慮了引數與因變數之間的線性關系，還考慮了模型的不確定性和誤差。在貝氏迴歸中，模型的參數被視為機率變數，因此可以透過貝氏定理來計算模型參數的後驗分佈，從而得到對未來資料的預測結果。
>
> 貝氏迴歸不僅可以有效地避免過擬合和欠擬合等問題，還可以處理雜訊和缺失資料等複雜情況，具有廣泛的應用前景。
>
> 從貝氏迴歸角度理解正規化迴歸，可以將正規化項視為參數的先驗分佈。正規化迴歸透過在損失函數中加入先驗分佈，來約束模型參數的設定值範圍，從而避免過擬合併提高泛化能力。在貝氏回歸中，先驗分佈可以透過經驗知識或領域知識來確定，這種方法可以更進一步地適應實際問題的複雜性和不確定性。因此，正規化迴歸可以看作是貝氏迴歸在參數估計中的一種特殊情況。

想深入學習貝氏推斷和貝氏迴歸的讀者可以參考開放原始碼圖書 *Bayesian Modeling and Computation in Python*，下載網址如下：

- https://bayesiancomputationbook.com/welcome.html

7 高斯過程

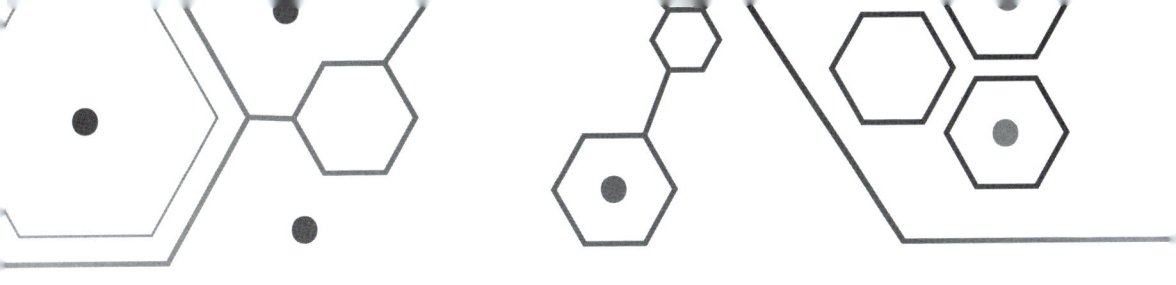

Gaussian Process

多元高斯分佈的條件機率，協方差矩陣為核心函數

生命就像一個永恆的春天，穿著嶄新而絢麗的衣服站在我面前。
Life stands before me like an eternal spring with new and brilliant clothes.

——卡爾·弗里德里希·高斯（*Carl Friedrich Gauss*）｜
德國數學家、物理學家、天文學家｜ *1777—1855* 年

- sklearn.gaussian_process.GaussianProcessRegressor() 高斯過程迴歸函數
- sklearn.gaussian_process.kernels.RBF() 高斯過程高斯核心函數
- sklearn.gaussian_process.GaussianProcessClassifier() 高斯過程分類函數

第 7 章　高斯過程

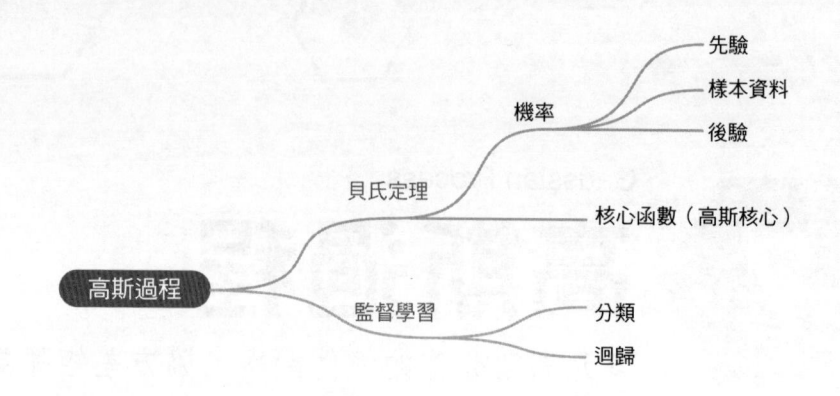

```
                                            ┌── 先驗
                                            │
                              ┌── 機率 ──────┼── 樣本資料
                              │             │
                              │             └── 後驗
                  ┌── 貝氏定理 ─┤
                  │             └── 核心函數（高斯核心）
  高斯過程 ───────┤
                  │             ┌── 分類
                  └── 監督學習 ─┤
                                └── 迴歸
```

7.1 高斯過程原理

　　高斯過程 (Gaussian Process，GP) 既可以用來迴歸，又可以用來分類。《AI 時代 Math 元年 - 用 Python 全精通資料處理》介紹過，高斯過程是一種機率模型，用於建模連續函數或實數值變數的機率分佈。在高斯過程中，任意一組資料點都可以被視為多元高斯分佈的樣本，該分佈的平均值和協方差矩陣由先驗資訊和資料點間的相似度計算而得。透過高斯過程，可以對函數進行預測並不確定性進行量化，這使得其在機器學習、最佳化和貝氏推斷等領域中被廣泛應用。

　　在使用高斯過程進行預測時，通常使用條件高斯分佈來表示先驗和後驗分佈。透過先驗分佈和資料點的觀測，可以計算後驗分佈，並透過該分佈來預測新資料點的值，如圖 7.1 所示。在高斯過程中，核心函數起著重要的作用，它定義了資料點間的相似性，不同的核心函數也適用於不同的應用場景。一些常見的核心函數包括線性核心、多項式核心、高斯核心、週期核心等。

> 《AI 時代 Math 元年 - 用 Python 全精通資料處理》專門介紹過高斯過程中常見核心函數的特徵，以及核心函數的疊加。

　　高斯過程具有許多優點，如對雜訊和異常值具有堅固性，能夠對預測結果的不確定性進行量化，對於小樣本也能夠進行有效的預測，等等。然而，高斯過程的計算複雜度較高，通常需要透過一些技巧來提高其效率。

7.1 高斯過程原理

想要理解高斯過程，必須要對多元高斯分佈、條件機率、協方差矩陣、貝氏推斷等數學工具爛熟於心。《AI 時代 Math 元年 - 用 Python 全精通資料處理》詳細講過高斯過程原理，下面簡要回顧一下。

> 《AI 時代 Math 元年 - 用 Python 全精通統計及機率》第 11 章講解多元高斯分佈，第 12 章講解條件高斯分佈，第 13 章介紹協方差矩陣，第 20、21 章介紹貝氏推斷，建議大家回顧。

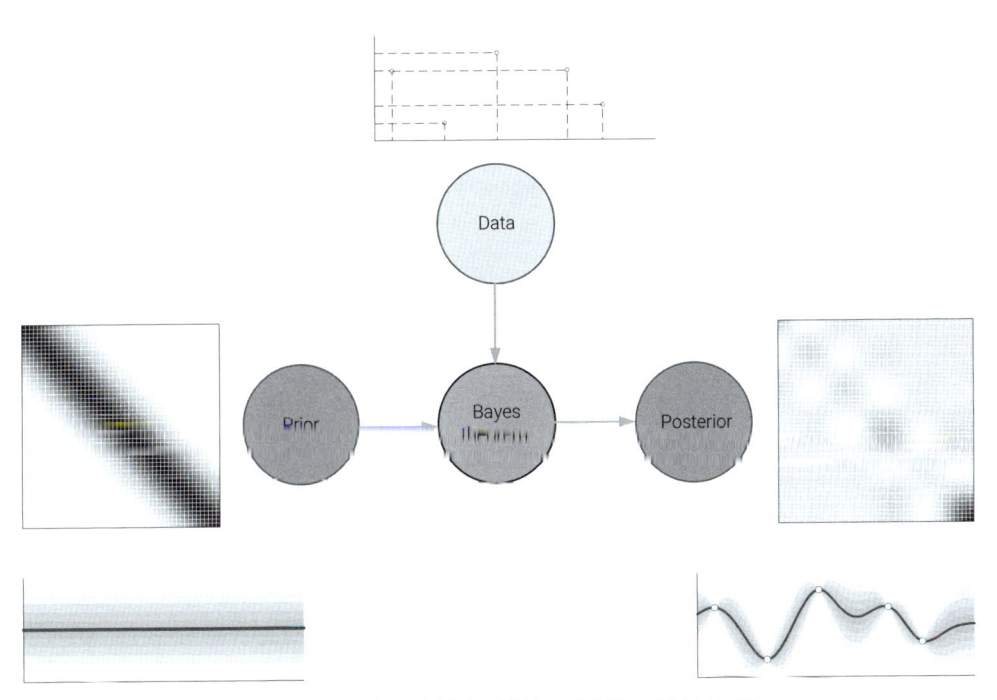

▲ 圖 7.1 高斯過程演算法中貝氏定理的作用

先驗

x_2 為一系列需要預測的點，$y_2 = \text{GP}(x_2)$ 對應高斯過程預測結果。

高斯過程的先驗為：

$$y_2 \sim N(\mu_2, K_{22}) \tag{7.1}$$

其中，μ_2 為高斯過程的平均值，K_{22} 為協方差矩陣。之所以寫成 K_{22} 這種形式，是因為高斯過程的協方差矩陣透過核心函數定義。

本章主要利用**高斯核心** (Gaussian kernel)，也叫徑向基核心 RBF。

在 Scikit-Learn 中，高斯核心的定義為：

$$\kappa(x_i, x_j) = \exp\left(-\frac{(x_i - x_j)^2}{2l^2}\right) \tag{7.2}$$

當輸入為多元的情況下，上式分子為向量差的歐氏距離平方，即 $\|\boldsymbol{x}_i - \boldsymbol{x}_j\|_2^2$。圖 7.2 所示為，$l = 1$ 時，先驗協方差矩陣的熱圖。為了保證形式上和協方差矩陣一致，圖 7.2 縱軸上下調轉。

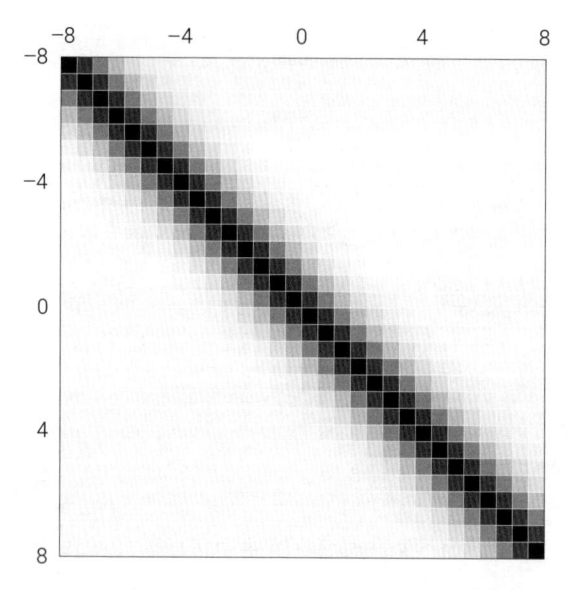

▲ 圖 7.2 高斯過程的先驗協方差矩陣，高斯核心

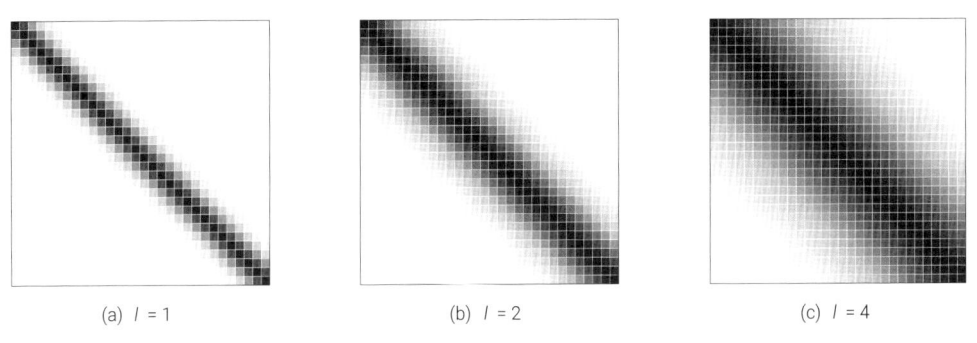

圖 7.3 所示為參數 l 對先驗協方差矩陣的影響。

(a) $l = 1$　　　　　(b) $l = 2$　　　　　(c) $l = 4$

▲ 圖 7.3　先驗協方差矩陣隨著參數 l 變化，高斯核心

很多其他文獻中高斯核心定義為：

$$\kappa\left(x_i, x_j\right) = \sigma^2 \exp\left(-\frac{\left(x_i - x_j\right)^2}{2l^2}\right) \tag{7.3}$$

其中，σ^2 決定了先驗協方差矩陣中方差大小。本章採用 Scikit-Learn 中高斯核心的定義，即式 (7.2)。

如圖 7.4 所示，每一條曲線代表一個根據當前先驗平均值、先驗協方差的函數採樣。舉例來說，在沒有引入資料之前，圖 7.4 的曲線可以看成是一捆沒有紮緊的絲帶，隨著微風飄動。

圖 7.4 中的紅線為高斯過程的先驗平均值，本章假設平均值為 0。

> ⚠ 注意：高斯過程可以選擇的核心函數有很多，高斯核心較為常見。此外，不同核心函數還可以疊加組合。

第 7 章　高斯過程

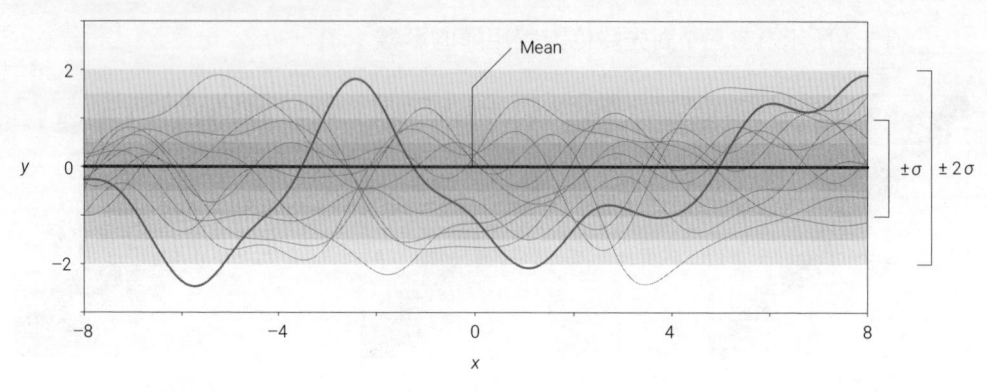

▲ 圖 7.4 高斯過程先驗分佈的採樣函數，高斯核心，$\sigma = 1$

《AI 時代 Math 元年 - 用 Python 全精通統計及機率》第 9 章介紹過「68-95-99.7 法則」，圖 7.4 中 $\pm 2\sigma$ 對應約 95%。即約 95% 的樣本位於距平均值正負 2 個標準差之內。

樣本

觀測到的樣本資料定義為 $(\boldsymbol{x}_1, \boldsymbol{y}_1)$。圖 7.5 舉出了兩個樣本點，它們相當於紮緊絲帶的兩個節點。

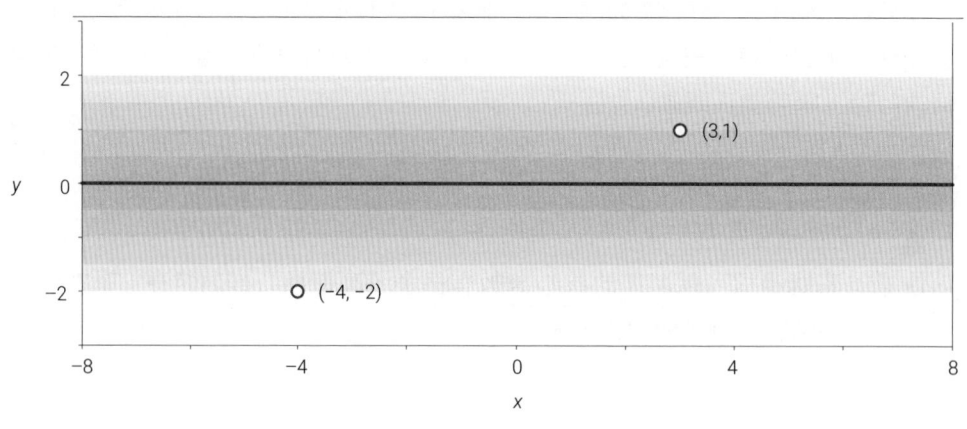

▲ 圖 7.5 給定樣本資料 {(-4,-2),(3,1)}

聯合分佈

假設樣本資料 y_1 和預測值 y_2 服從聯合高斯分佈：

$$\begin{bmatrix} y_1 \\ y_2 \end{bmatrix} \sim N\left(\begin{bmatrix} \mu_1 \\ \mu_2 \end{bmatrix}, \begin{bmatrix} K_{11} & K_{12} \\ K_{21} & K_{22} \end{bmatrix} \right) \tag{7.4}$$

簡單來說,高斯過程對應的分佈可以看成是無限多個隨機變數的聯合分佈。圖 7.6 中的協方差矩陣來自 $[x_1, x_2]$ 的核心函數。

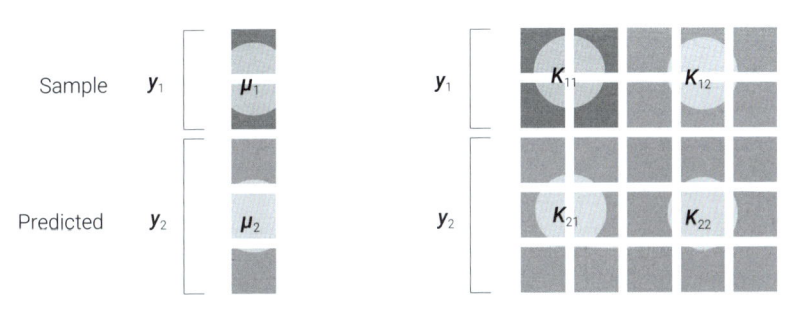

▲ 圖 7.6 樣本資料 y_1 和預測值 y_2 服從聯合高斯分佈

後驗

利用貝氏定理,整合先驗分佈和樣本資料獲得的後驗分佈為:

$$f(y_2 \mid y_1) \sim N\left(\underbrace{K_{21} K_{11}^{-1}(y_1 - \mu_1) + \mu_2}_{\text{expectation}}, \underbrace{K_{22} - K_{21} K_{11}^{-1} K_{12}}_{\text{covariance matrix}} \right) \tag{7.5}$$

圖 7.7 所示為引入樣本資料 {(-4,-2),(3,1)} 後,後驗協方差矩陣的熱圖。

第 7 章 高斯過程

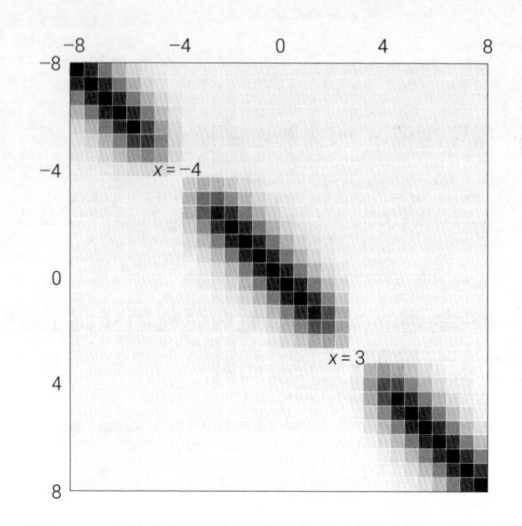

▲ 圖 7.7 高斯過程的後驗協方差矩陣，高斯核心

圖 7.8 所示為後驗分佈採樣函數，樣本點位置上絲帶被鎖緊，而其餘部分絲帶仍然在舞動。圖 7.8 中紅色曲線對應後驗分佈的平均值：

$$K_{21}K_{11}^{-1}(y_1 - \mu_1) + \mu_2 \tag{7.6}$$

顯然，紅色曲線通過所有給定樣本資料點。

圖 7.8 中頻寬對應一系列標準差：

$$\text{sqrt}\left(\text{diag}\left(K_{22} - K_{21}K_{11}^{-1}K_{12}\right)\right) \tag{7.7}$$

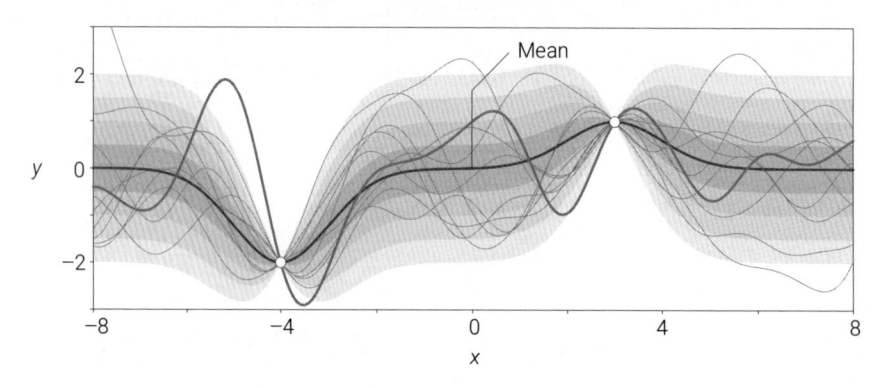

▲ 圖 7.8 高斯過程後驗分佈的採樣函數，高斯核心

其他幾組情況

圖 7.9 所示為隨著樣本不斷增加,後驗機率分佈的協方差矩陣熱圖、高斯過程後驗分佈採樣函數的變化情況。

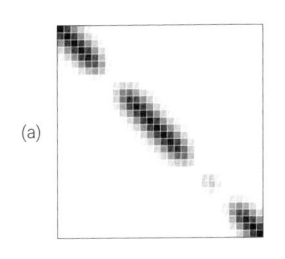

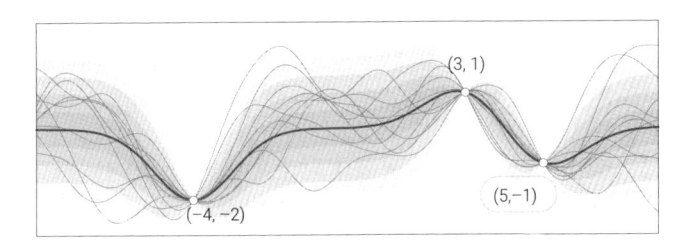

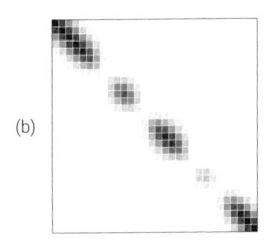

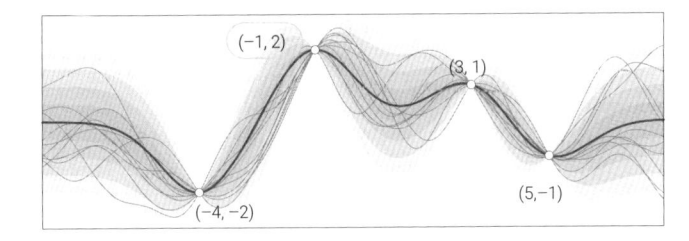

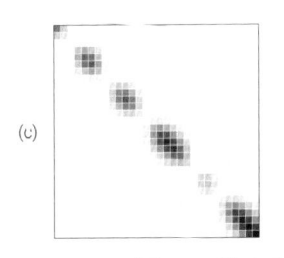

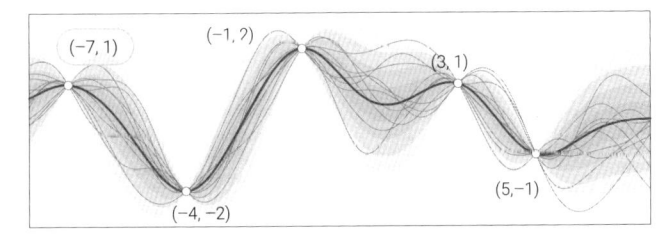

▲ 圖 7.9 樣本資料不斷增加,後驗分佈協方差矩陣和採樣曲線的變化

第 7 章 高斯過程

7.2 解決迴歸問題

Scikit-Learn 解決迴歸問題的函數為 sklearn.gaussian_process.GaussianProcessRegressor()。

圖 7.10(a) 中藍色曲線為真實曲線，對應函數為 $f(x) = x\sin(x)$。圖 7.10(a) 中紅色點為樣本點，藍色曲線為高斯過程迴歸曲線，淺藍色寬頻為 95% 置信區間。

圖 7.10(b) 所示為在樣本點上加上雜訊後的高斯迴歸結果。

這個例子中使用的是高斯核心函數，對應 sklearn.gaussian_process.kernels.RBF()。請大家調整參數，觀察對迴歸結果的影響。此外，請大家試著使用其他核心函數，並比較迴歸曲線。

▲ 圖 7.10 使用高斯過程完成迴歸

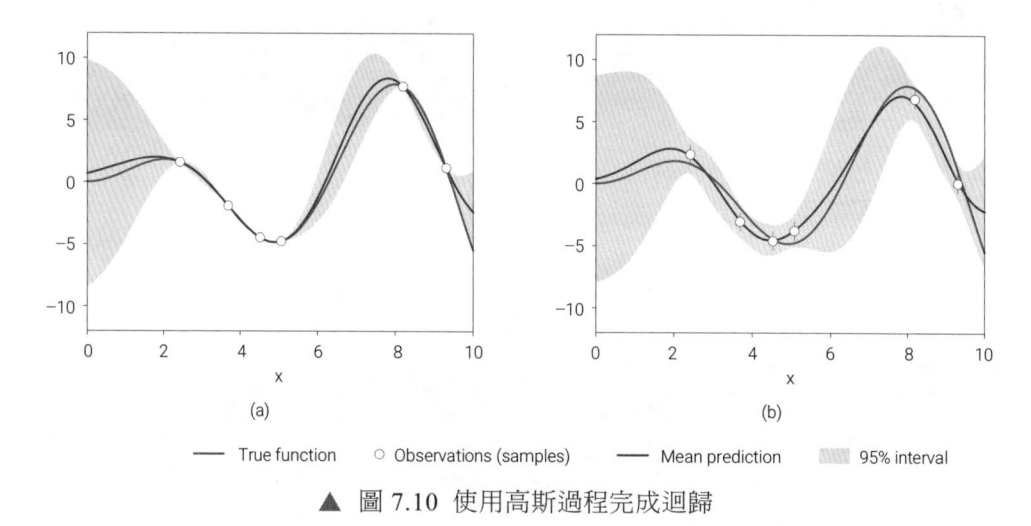

圖 7.10 所示高斯過程迴歸參考以下 Scikit-Learn 範例，請大家自行學習：

- https://scikit-learn.org/stable/auto_examples/gaussian_process/plot_gpr_noisy_targets.html

7.3 解決分類問題

sklearn.gaussian_process.GaussianProcessClassifier() 是 Scikit-Learn 中專門用來解決高斯過程分類的函數。本例利用此函數根據花萼長度、花萼寬度分類鳶尾花。圖 7.11 所示為採用高斯過程分類得到的決策邊界。圖 7.12 所示為三個後驗曲面三維曲面和平面等高線。

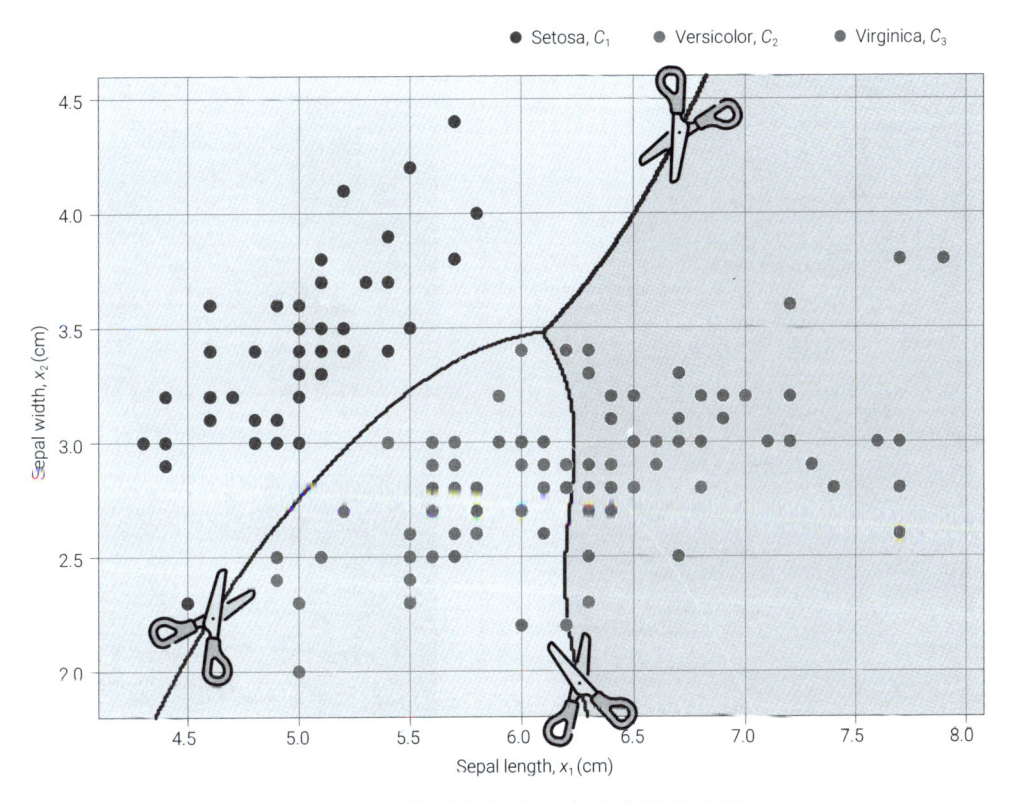

▲ 圖 7.11 使用高斯過程完成鳶尾花分類

第 7 章 高斯過程

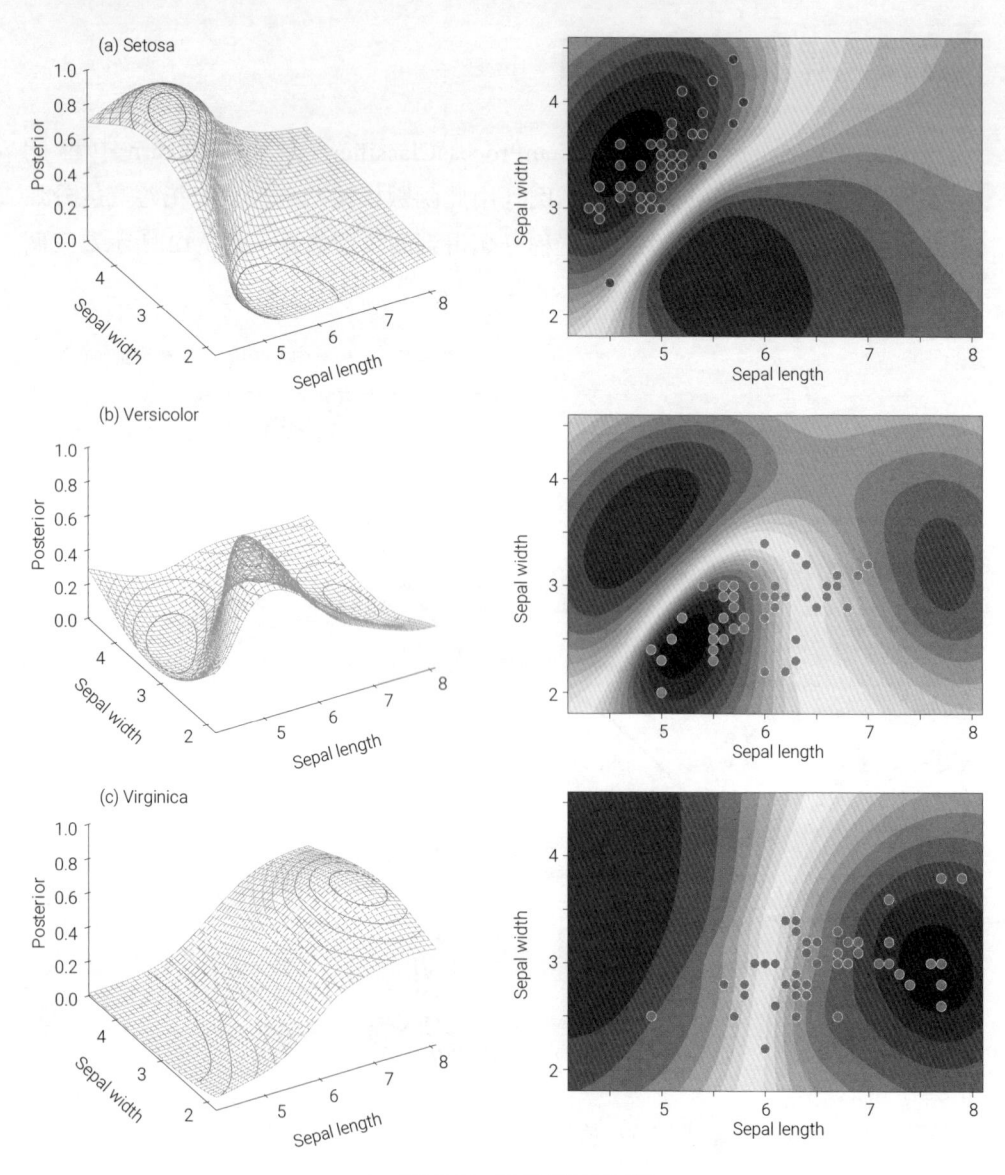

▲ 圖 7.12 後驗機率曲面

  Bk7_Ch10_01.ipynb 中利用高斯過程完成了鳶尾花分類，並繪製了圖 7.11 和圖 7.12。程式 7.1 中關鍵敘述已經註釋，請大家自行學習。

7-12

7.3 解決分類問題

程式7.1 利用高斯過程完成分類 | Bk7_Ch10_01.ipynb

```
a  from sklearn.gaussian_process import GaussianProcessClassifier
   # 匯入高斯過程分類器模組

b  from sklearn.gaussian_process.kernels import RBF
   # 匯入高斯核心函數(徑向基RBF)

c  kernel = 1.0 * RBF([1.0])
   # 長度參數為l = 1, 方差也為1

d  gpc_rbf_isotropic = GaussianProcessClassifier(kernel=kernel).fit(X, y)
   # 建立高斯過程分類器物件，並使用給定的資料X和標籤y進行擬合訓練
   # 這裡X是特徵資料，y是相應的標籤

   # 查詢點
e  q = np.c_[xx.ravel(), yy.ravel()];

   # 預測分類
f  Z = gpc_rbf_isotropic.predict(q)

   # 規整形狀
g  y_predict = Z.reshape(xx.shape)

   # 計算三個不同標籤的後驗機率值
h  predict_proba = gpc_rbf_isotropic.predict_proba(
       np.c_[xx.ravel(), yy.ravel()])

   # 規整形狀
i  predict_proba = predict_proba.reshape((
       xx.shape[0], xx.shape[1], 3))
```

> 高斯過程是一種基於概率論的非參數模型，可以用於建模連續函數或實數值變數的機率分佈。在高斯過程中，先驗分佈透過核心函數和一些超參數來定義，而資料點的觀測可以透過似然函數與先驗分布相結合，計算後驗分佈。高斯過程中的核心函數通常定義了資料點之間的相似性，超參數可以透過最大化似然或最大化邊緣似然來最佳化。
>
> 在迴歸問題中，高斯過程可以用於預測連續變數的值，並估計預測值的不確定性。在分類問題中，高斯過程分類器可以將先驗分佈定義為高斯分佈，透過後驗分佈進行分類預測。高斯過程的優點包括模型具有靈活性，能夠對預測結果的不確定性進行量化，對雜訊和異常值具有堅固性，等等。但高斯過程的計算複雜度較高，需要進行計算最佳化和近似方法。

7-13

第 7 章 高斯過程

MEMO

Section *03*
分類

分類

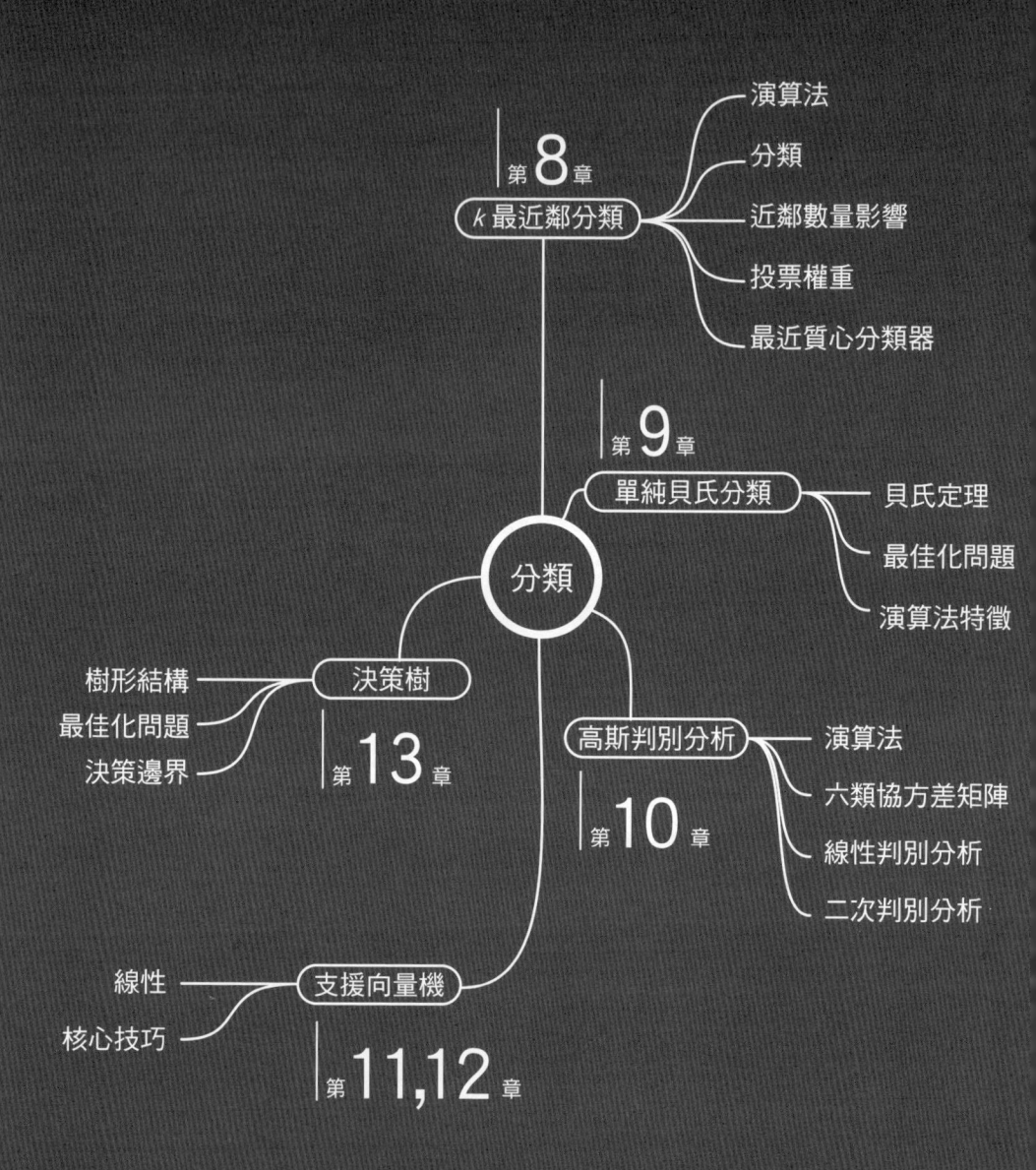

第 8 章　k 最近鄰分類
- 演算法
- 分類
- 近鄰數量影響
- 投票權重
- 最近質心分類器

第 9 章　單純貝氏分類
- 貝氏定理
- 最佳化問題
- 演算法特徵

第 10 章　高斯判別分析
- 演算法
- 六類協方差矩陣
- 線性判別分析
- 二次判別分析

第 13 章　決策樹
- 樹形結構
- 最佳化問題
- 決策邊界

第 11, 12 章　支援向量機
- 線性
- 核心技巧

學習地圖 ｜ 第 3 板塊

8　k 最近鄰分類

k-nearest neighbors algorithm

小範圍投票，少數服從多數

如果一台電腦能夠欺騙人類，讓人類相信它也是人類一員；那麼，這台電腦值得被稱作智慧型機器。

A computer would deserve to be called intelligent if it could deceive a human into believing that it was human.

——艾倫·圖靈（*Alan Turing*）| 英國電腦科學家、數學家，人工智慧之父 | 1912—1954 年

- enumerate() 函數用於將一個可遍歷的資料物件，如清單、元組或字串等，組合為一個索引序列，同時列出資料和資料下標，一般用在 for 迴圈當中
- matplotlib.pyplot.contour() 繪製等高線圖
- matplotlib.pyplot.contourf() 繪製填充等高線圖
- matplotlib.pyplot.scatter() 繪製散點圖
- numpy.array() 建立 array 資料型態
- numpy.c_() 按列疊加兩個矩陣
- numpy.diag() 如果 A 為方陣，numpy.diag(A) 函數提取對角線元素，以向量形式輸入結果；如果 a 為向量，numpy.diag(a) 函數將向量展開成方陣，方陣對角線元素為 a 向量元素
- numpy.linalg.inv() 計算反矩陣
- numpy.linalg.norm() 計算範數
- numpy.linspace() 產生連續均勻向量數值
- numpy.meshgrid() 建立網格化資料
- numpy.r_() 按行疊加兩個矩陣
- numpy.ravel() 將矩陣扁平化
- sklearn.neighbors.KNeighborsClassifier 為 k-NN 分類演算法函數；函數常用的方法為 fit(X,y) 和 predit(q)；fit(X,y) 用來載入樣本資料，predit(q) 用來預測查詢點 q 的分類
- sklearn.neighbors.NearestCentroid 最近質心分類演算法函數

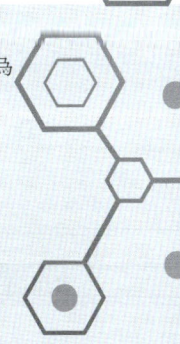

第 8 章　k 最近鄰分類

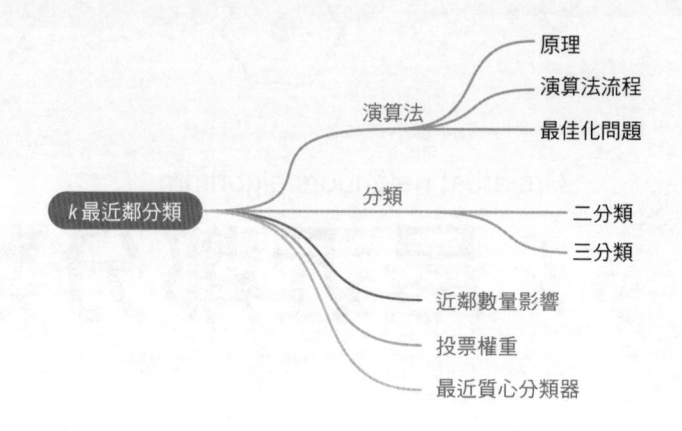

```
k 最近鄰分類 ─┬─ 演算法 ─┬─ 原理
              │          ├─ 演算法流程
              │          └─ 最佳化問題
              ├─ 分類 ───┬─ 二分類
              │          └─ 三分類
              ├─ 近鄰數量影響
              ├─ 投票權重
              └─ 最近質心分類器
```

8.1　k 最近鄰分類原理：近朱者赤，近墨者黑

k 最近鄰演算法 (k-nearest neighbors algorithm，k-NN) 是最基本監督學習方法之一。這種演算法的優點是簡單易懂，不需要訓練過程，對於非線性分類問題表現良好。

然而，它也存在一些缺點，例如需要大量儲存訓練集、預測速度較慢、對於高維資料容易出現維數災難等。此外，在選擇 k 值時需要進行一定的調參工作，以保證演算法的準確性和泛化能力。

> ⚠ 注意：k-NN 中的 k 指的是「近鄰」的數量。

原理

k-NN 想法很簡單─「近朱者赤，近墨者黑」。更準確地說，小範圍投票，少數服從多數 (majority rule)，如圖 8.1 所示。

8.1 k 最近鄰分類原理：近朱者赤，近墨者黑

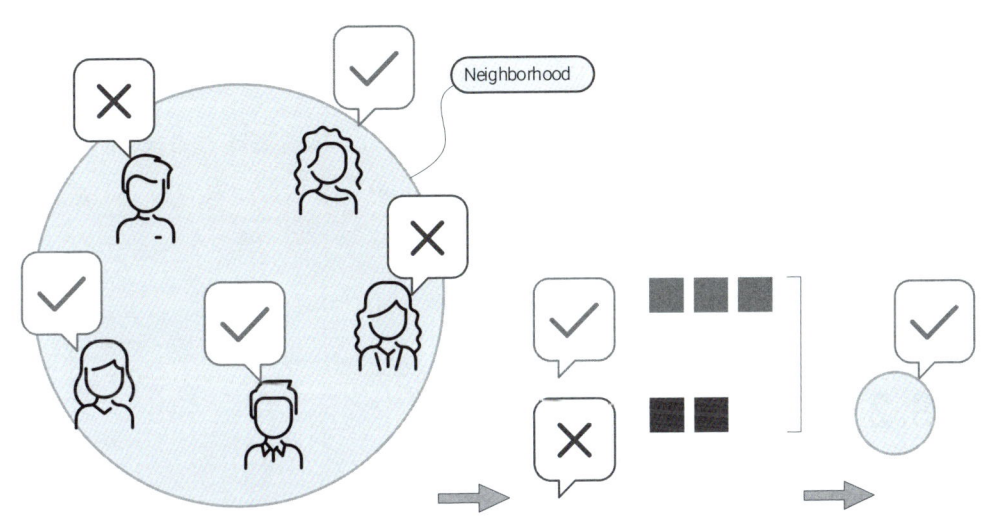

▲ 圖 8.1 k 最近鄰分類核心思想—小範圍投票，少數服從多數

演算法流程

給定樣本資料 $X(x^{(1)}, x^{(2)}, \cdots, x^{(n)})$，分別對應已知標籤 $y(y^{(1)}, y^{(2)}, \cdots, y^{(n)})$。**查詢點 (query point)** q 標籤未知，待預測分類。

k-NN 近鄰演算法流程如下：

- 計算樣本資料 X 任意一點 x 和查詢點 q 之間的距離；
- 找 X 中距離查詢點 q 最近的 k 個樣本，即 k 個「近鄰」；
- 根據 k 個鄰居已知標籤，直接投票或加權投票；k 個鄰居出現數量最多的標籤即為查詢點 q 預測分類結果。

最佳化問題

用公式表示，k-NN 演算法的最佳化目標如下，**預測分類 (predicted classification)** $\hat{y}$：

第 8 章　k 最近鄰分類

$$\hat{y}(\boldsymbol{q}) = \arg\max_{C_k} \sum_{i \in kNN(\boldsymbol{q})} I\left(y^{(i)} = C_k\right) \tag{8.1}$$

其中，k-NN($\boldsymbol{q}$) 為查詢點 $\boldsymbol{q}$ 近鄰組成的集合，C_k 為標籤為 C_k 的樣本資料集合，$k = 1,2,\cdots,K$。I 為指示函數 (indicator function)，表示「一人一票」；當 $y^{(i)} = C_k$ 成立時，$I = 1$；不然 $I = 0$。

下面以二分類為例，和大家講解如何理解 k-NN 演算法。

8.2　二分類：非紅，即藍

平面視覺化

假設，資料 $\boldsymbol{X}$ 有兩個特徵，即 $D = 2$；$\boldsymbol{X}$ 的兩個特徵分別為 x_1 和 x_2。也就是說，在 x_1x_2 平面上，$\boldsymbol{X}$ 的第一列數值為水平座標，$\boldsymbol{X}$ 的第二列數值為垂直座標。

$\boldsymbol{y}$ 有兩類標籤 $K = 2$，即 C_1 和 C_2；紅色●表示 C_1，藍色●表示 C_2。

$\boldsymbol{X}$ 和 $\boldsymbol{y}$ 資料形式及平面視覺化如圖 8.2 所示。

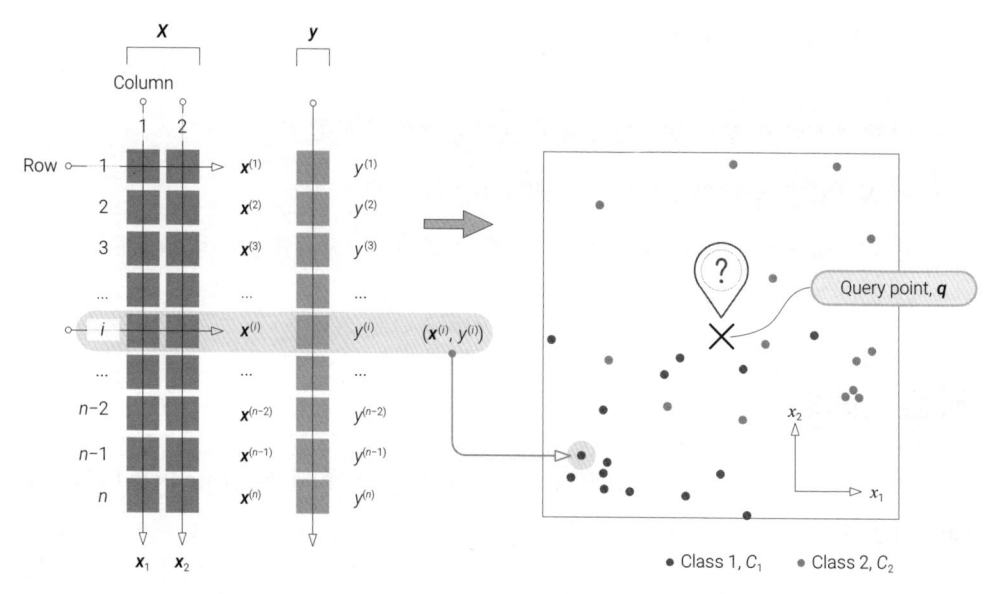

▲ 圖 8.2　兩特徵 ($D = 2$) 含標籤樣本資料視覺化

8.2 二分類：非紅，即藍

顯然這是個二分類 (binary classification 或 bi-class classification) 問題，查詢點 q 的分類可能是 C_1(紅色●)，或 C_2(藍色●)。

四個近鄰投票

對於二分類問題，即 $K = 2$，可以寫成：

$$\hat{y}(q) = \max_{C_1, C_2} \left\{ \sum_{i \in kNN(q)} I\left(y^{(i)} = C_1\right), \sum_{i \in kNN(q)} I\left(y^{(i)} = C_2\right) \right\} \tag{8.2}$$

在圖 8.3 所示平面上，× 為查詢點 q，以行向量表達。

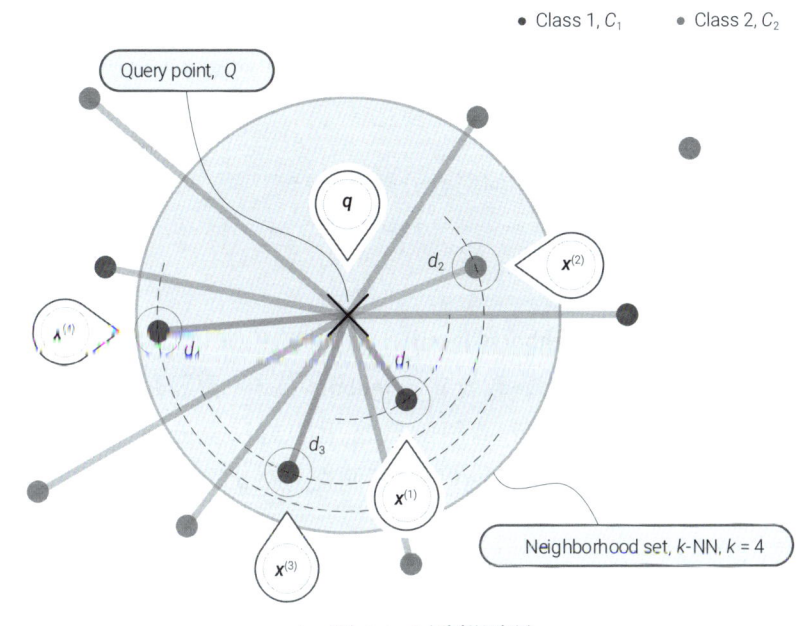

▲ 圖 8.3 k 近鄰原理

如果設定「近鄰」數量 $k = 4$，那麼以查詢點 q 為圓心圈定的圓形「近鄰社區」裡就有 4 個樣本資料點 ($x^{(1)}$、$x^{(2)}$、$x^{(3)}$ 和 $x^{(4)}$)。4 個點中，樣本點 $x^{(1)}$ 距離查詢點 q 的距離 d_1 最近，樣本點 $x^{(4)}$ 距離查詢點 q 的距離 d_4 最遠。

顯然，查詢點 q 近鄰社區四個查詢點中，投票為「三比一」—3 個「近鄰」標籤為 C_1(紅色●)，1 個「近鄰」標籤為 C_2(藍色●)。也就是：

8-5

第 8 章　k 最近鄰分類

$$\sum_{i \in kNN(q)} I\left(y^{(i)} = C_1\right) = 3$$
$$\sum_{i \in kNN(q)} I\left(y^{(i)} = C_2\right) = 1 \tag{8.3}$$

將具體分類標籤代入式 (8.2)，可以得到：

$$\hat{y}(q) = \max_{C_1, C_2}\left\{3_{(C_1)}, 1_{(C_2)}\right\} = C_1 \tag{8.4}$$

由於近鄰不分遠近，投票權相同。圖 8.3 中距離線段線寬代表投票權。少數服從多數，在 $k = 4$ 的條件下，紅色●「勝出」！因此，查詢點 q 的預測分類為 C_1 (紅色●)。

需要引起注意的是，近鄰數量 k 是自訂輸入；觀察圖 8.3 可以發現，當 k 增大時，查詢點 q 的預測分類可能會發生變化。

下一節將討論近鄰數量 k 如何影響分類預測結果。

使用函數

sklearn.neighbors.KNeighborsClassifier 為 Scikit-Learn 工具套件 k-NN 分類演算法函數。函數預設的近鄰數量 n_neighbors 為 5，預設距離度量 metric 為**歐氏距離** (Euclidean distance)。這個函數常用的方法為 fit(X,y) 和 predit(q)；fit(X,y) 用來擬合樣本資料，predit(q) 用來預測查詢點 q 的分類。

> ◀
> 《AI 時代 Math 元年 - 用 Python 全精通資料處理》專門總結了機器學習中常見距離度量。

8.3　三分類：非紅，不是藍，就是灰

鳶尾花分類問題為三分類問題，即 $K = 3$。圖 8.4 中每個小數點●代表一個資料點。其中，● 代表 setosa($C_1, y = 0$)，● 代表 versicolor($C_2, y = 1$)，● 代表 virginica($C_3, y = 2$)。

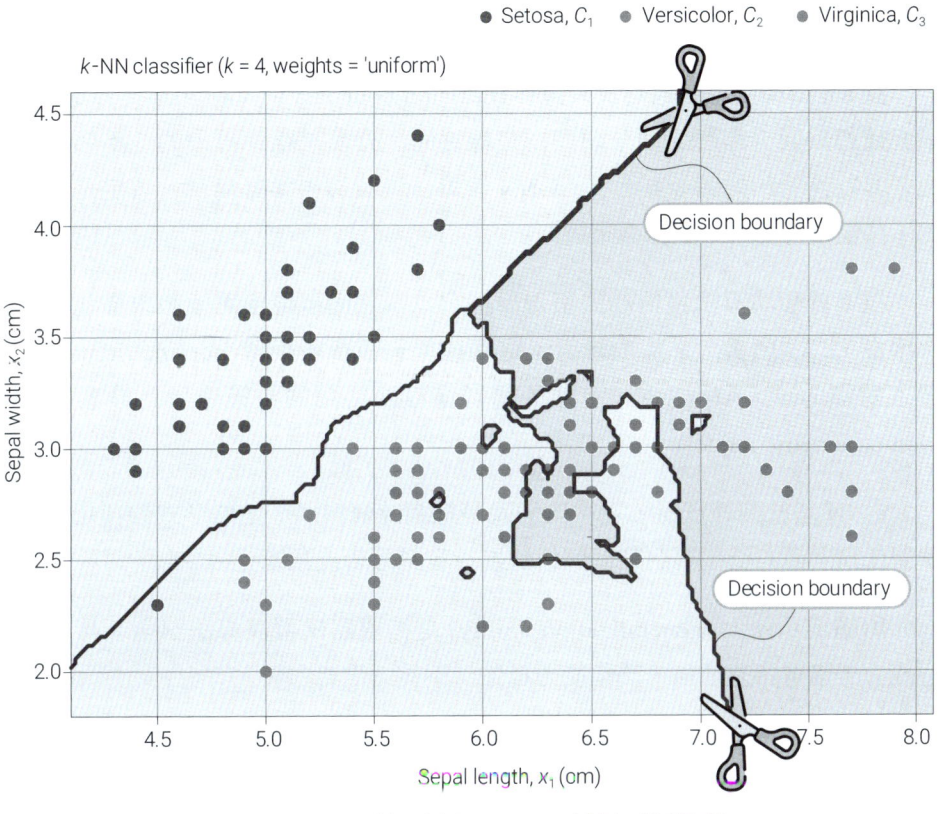

8.3 三分類：非紅，不是藍，就是灰

▲ 圖 8.4 k 近鄰分類，$k=4$，採用兩個特徵（花萼長度 x_1，和花萼寬度 x_2）分類三種鳶尾花

　　圖 8.4 所示為利用 KNeighborsClassifier 獲得的鳶尾花分類結果。輸入資料選取鳶尾花資料的兩個特徵—花萼長度 x_1 和花萼寬度 x_2。使用者輸入的近鄰數量 n_neighbors 為 4。請大家注意，圖 8.4 中，一些位置資料點存在疊合，也就是說一個小數點代表不止一個資料點。

> ⚠ 注意：歐幾里德距離，也稱歐氏距離，是最常見的距離度量，本章出現的距離均為歐氏距離。此外，本節使用直接投票 (等權重投票)，而本章第三節將講解加權投票原理。

第 8 章　k 最近鄰分類

決策邊界

圖 8.4 中深藍色曲線為**決策邊界** (decision boundary)。如果決策邊界是直線、平面或超平面，那麼這個分類問題是線性的，分類是線性可分的；不然分類問題是非線性的。如圖 8.4 所示，k-NN 演算法決策邊界雜亂無章，肯定是非線性的，甚至不可能用某個函數來近似。

很多分類演算法獲得的決策邊界都可以透過簡單或複雜函數來描述，如一次函數、二次函數、二次曲線等；這類模型也稱**參數模型** (parametric model)。與之對應的是，類似 k-NN 這樣的學習演算法得到的決策邊界為**非參數模型** (non-parametric model)。

k-NN 基於訓練資料，更準確地說是把訓練資料以一定的形式儲存起來完成學習任務，而非泛化得到某個解析解進行資料分析或預測。

所謂**泛化能力** (generalization ability) 是指機器學習演算法對全新樣本的適應能力。適應能力越強，泛化能力越強；不然泛化能力弱。

舉個簡單例子解釋「泛化能力弱」這一現象：一個學生平時做了很多練習題，每道練習題目都爛熟於心；這個學生雖然刻苦練習，可惜他就題論題，不能舉一反三，考試做新題時，分數總是很低。

每當遇到一個新查詢點，k-NN 分類器分析這個新查詢點與早前儲存樣本資料之間的關係，並據此把一個預測分類值賦給新查詢點。值得注意的是，這些樣本資料是以樹形結構儲存起來的，常見的演算法是 kd 樹。

請大家注意，學習每一種學習演算法時，注意觀察決策邊界形狀特點，並總結規律。

Bk7_Ch08_01.ipynb 中的程式可以用來實現本節分類問題，並繪製圖 8.4。下面講解其中關鍵敘述。

程式8.1 用sklearn.neighbors.KNeighborsClassifier()分類 | Bk7_Ch08_01.ipynb

```
# 近鄰數量
```
ⓐ `k_neighbors = 4`

8.4 近鄰數量 k 影響投票結果

```
# kNN 分類器
ⓑ clf = neighbors.KNeighborsClassifier(k_neighbors)

# 擬合資料
ⓒ clf.fit(X, y)

# 查詢點
ⓓ q = np.c_[xx1.ravel(), xx2.ravel()];

# 預測
ⓔ y_predict = clf.predict(q)

# 規整形狀
ⓕ y_predict = y_predict.reshape(xx1.shape)
```

ⓐ 定義近鄰的數量為 4，請大家嘗試其他近鄰數量。

ⓑ 用 sklearn.neighbors.KNeighborsClassifier() 建立 k-NN 分類物件。

ⓒ 呼叫 k-NN 分類物件，並擬合資料。

ⓓ 將網格座標轉化為二維陣列。

ⓔ 對網格資料進行分類預測。

ⓕ 將預測結果規整為和網格資料相同的形狀，以便於後續視覺化。

8.4 近鄰數量 k 影響投票結果

近鄰數量 k 為使用者輸入值，而 k 值直接影響查詢點分類結果；因此，選取合適 k 值格外重要。本節和大家探討近鄰數量 k 對分類結果的影響。

圖 8.5 所示為，k 取四個不同值時，查詢點 q 預測分類結果的變化情況。如圖 8.5(a) 所示，當 k = 4 時，查詢點 q 近鄰中，3 個近鄰為 • (C_1)，1 個近鄰為 • (C_2)；等權重投票條件下，查詢點 q 預測標籤為 • (C_1)。

當近鄰數量 k 提高到 8 時，近鄰社區中，4 個近鄰為 • (C_1)，4 個近鄰為 • (C_2)，如圖 8.5(b) 所示；等權重投票條件下，兩個標籤各佔 50%。因此 k = 8 時，查詢點 q 恰好在決策邊界上。

第 8 章　k 最近鄰分類

如圖 8.5(c) 所示，當 $k = 12$ 時，查詢點 q 近鄰中 5 個為 • (C_1)，7 個為 • (C_2)；等權重投票條件下，查詢點 q 預測標籤為 • (C_2)。當 $k = 16$ 時，如圖 8.5(d) 所示，查詢點 q 預測標籤同樣為 • (C_2)。

k-NN 演算法選取較小的 k 值雖然能準確捕捉訓練資料的分類模式；但是，缺點也很明顯，容易受到雜訊影響。

影響決策邊界形狀

圖 8.6 所示為，k 選取不同值時，對鳶尾花分類的影響。觀察圖 8.6 可以發現，當 k 逐步增大時，局部雜訊樣本對邊界的影響逐漸減小，邊界形狀趨於平滑。

較大的 k 是會抑制雜訊的影響，但是使得分類界限不明顯。舉個極端例子，如果選取 k 值為訓練樣本數量，即 $k = n$，採用等權重投票，這種情況不管查詢點 q 在任何位置，預測結果僅有一個。這種訓練得到的模型過於簡化，忽略了樣本資料中有價值的資訊。

圖 8.7 所示為用 Streamlit 架設的 App，其展示 k 對 k-NN 聚類結果的影響。

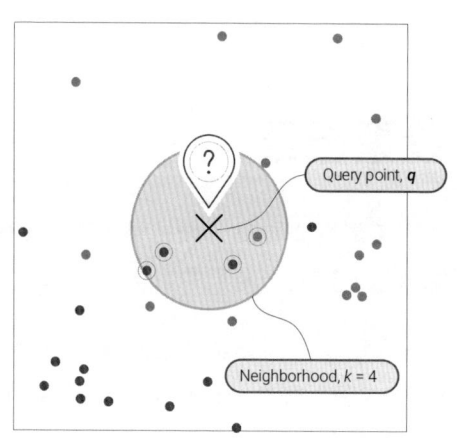

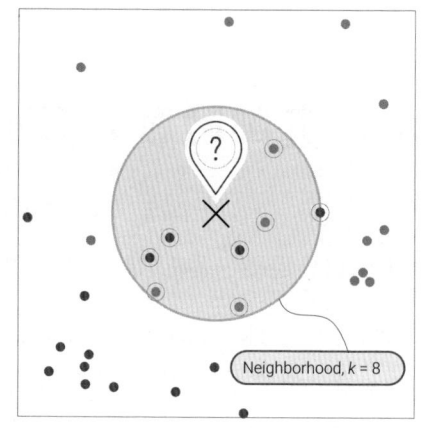

(a) $k = 4$；　• C_1 (3/4, 75%)；　• C_2 (1/4, 25%)　　　(b) $k = 8$；　• C_1 (4/8, 50%)；　• C_2 (4/8, 50%)

8.4 近鄰數量 k 影響投票結果

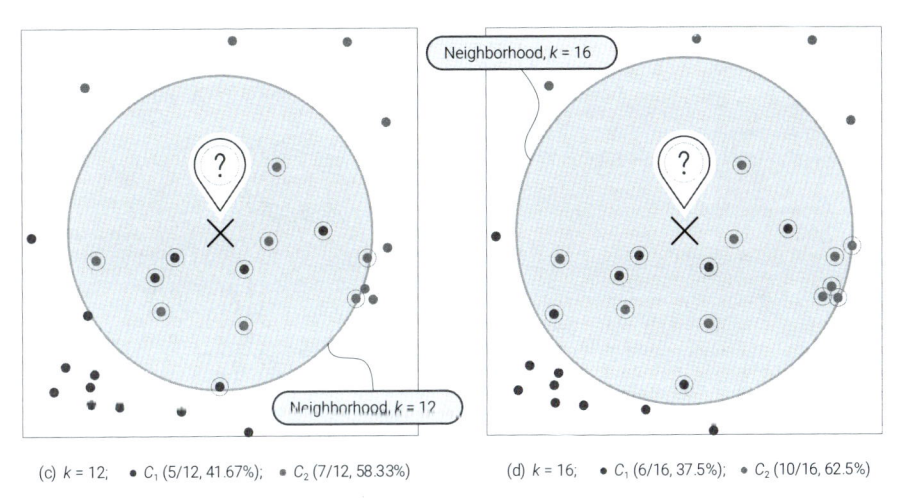

(c) $k = 12$; ● C_1 (5/12, 41.67%); ● C_2 (7/12, 58.33%)　　(d) $k = 16$; ● C_1 (6/16, 37.5%); ● C_2 (10/16, 62.5%)

▲ 圖 8.5 近鄰數量 k 值影響查詢點的分類結果

● Setosa, C_1　● Versicolor, C_2　● Virginica, C_3

(a) k-NN classifier ($k = 4$, weights = 'uniform')　　(b) k-NN classifier ($k = 8$, weights = 'uniform')

(c) k-NN classifier ($k = 12$, weights = 'uniform')　　(d) k-NN classifier ($k = 16$, weights = 'uniform')

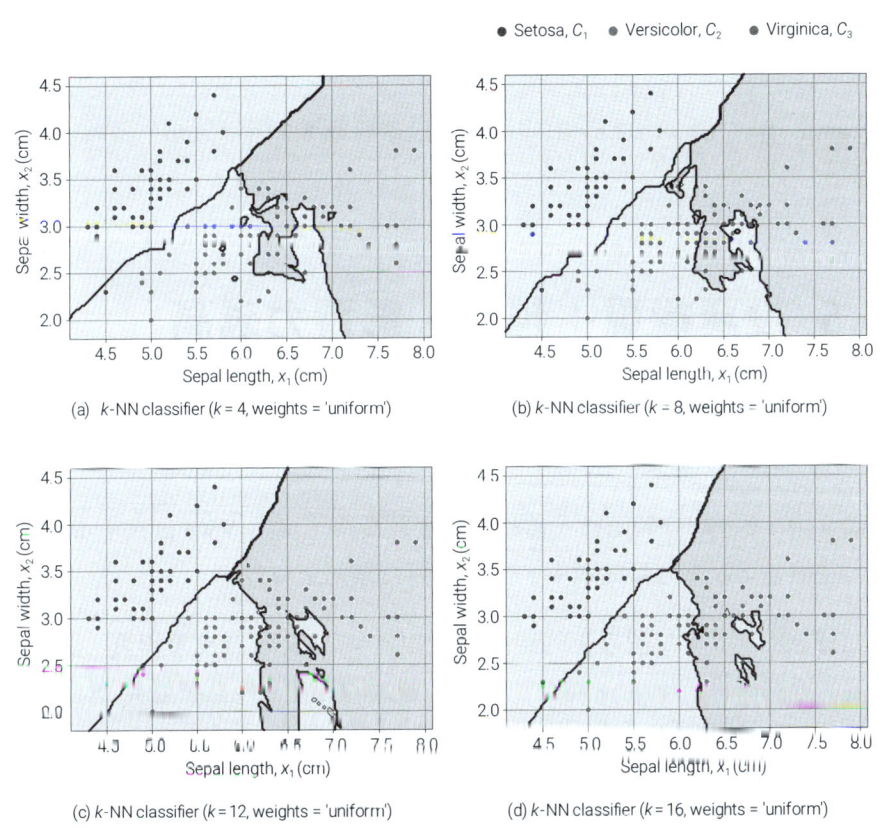

▲ 圖 8.6 k-NN，k 選取不同值時對鳶尾花分類的影響

第 8 章　k 最近鄰分類

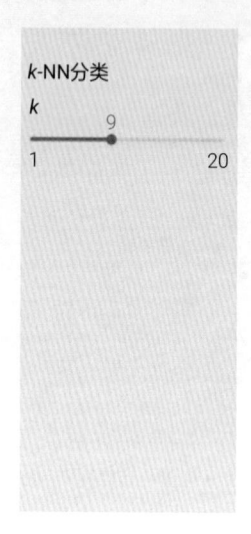

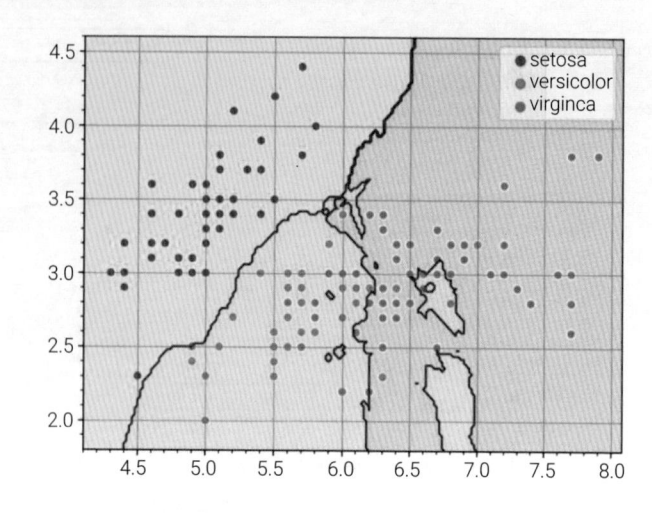

▲ 圖 8.7 展示 k 對 k-NN 聚類結果影響的 App，Streamlit 架設 | Streamlit_Bk7_Ch08_02.py

> Streamlit_Bk7_Ch08_02.py 中的程式可以架設圖 8.7 所示 App，請大家自行學習。

8.5 投票權重：越近，影響力越高

本章前文強調過，在「近鄰社區」投票時，採用的是「等權重」方式；也就是說，只要在「近鄰社區」之內，無論距離遠近，一人一票，少數服從多數。

前文中，k 近鄰分類函數，預設為等權重投票，預設值 weights = 'uniform'。但是，在很多 k 近鄰分類問題中，採用加權投票則更有效。

如圖 8.8 所示，每個近鄰的距離線段線寬 w_i 代表各自投票權重。距離查詢點越近的近鄰，投票權重 w_i 越高；相反，越遠的近鄰，投票權重 w_i 越低。

8.5 投票權重：越近，影響力越高

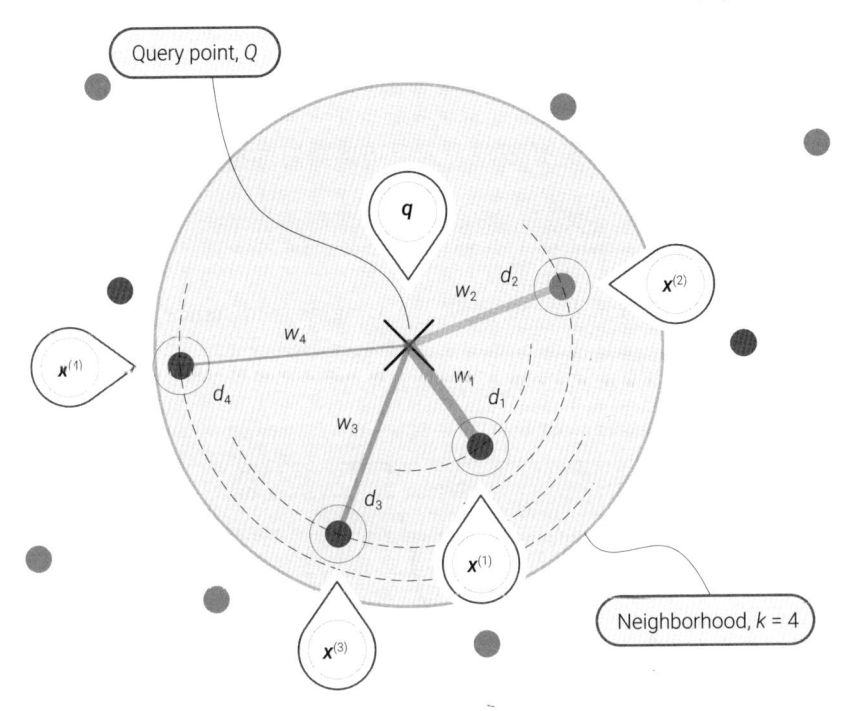

▲ 圖 8.8 k 近鄰原理，加權投票

對應的最佳化問題變成：

$$\hat{y}(q) = \arg\max_{C_k} \sum_{i \in kNN(q)} w_i \cdot I\left(y^{(i)} = C_k\right) \tag{8.5}$$

sklearn.neighbors.KNeighborsClassifier 函數中，可以設定投票權重與查詢點距離成反比，即 weights = 'distance'。

此外，近鄰投票權 w_i 還可以透過**歸一化** (normalization) 處理，以下式：

$$w_i = \frac{\max(d_{NN}) - d_i}{\max(d_{NN}) - \min(d_{NN})} \tag{8.6}$$

第 8 章　k 最近鄰分類

d_{NN} 為所有近鄰距離組成的集合，$\max(d_{NN})$ 和 $\min(d_{NN})$ 分別為計算得到的近鄰距離最大和最小值。加權投票權重還可以採用距離平方的倒數，這種權重隨著距離增大衰減越快。

使用 Scikit-Learn 的 k-NN 分類器時，大家可以自訂加權投票權重函數。

決策邊界

圖 8.9 所示為，近鄰數量 k = 50 條件下，weights = 'distance' 時，k 近鄰分類演算法獲得決策邊界。

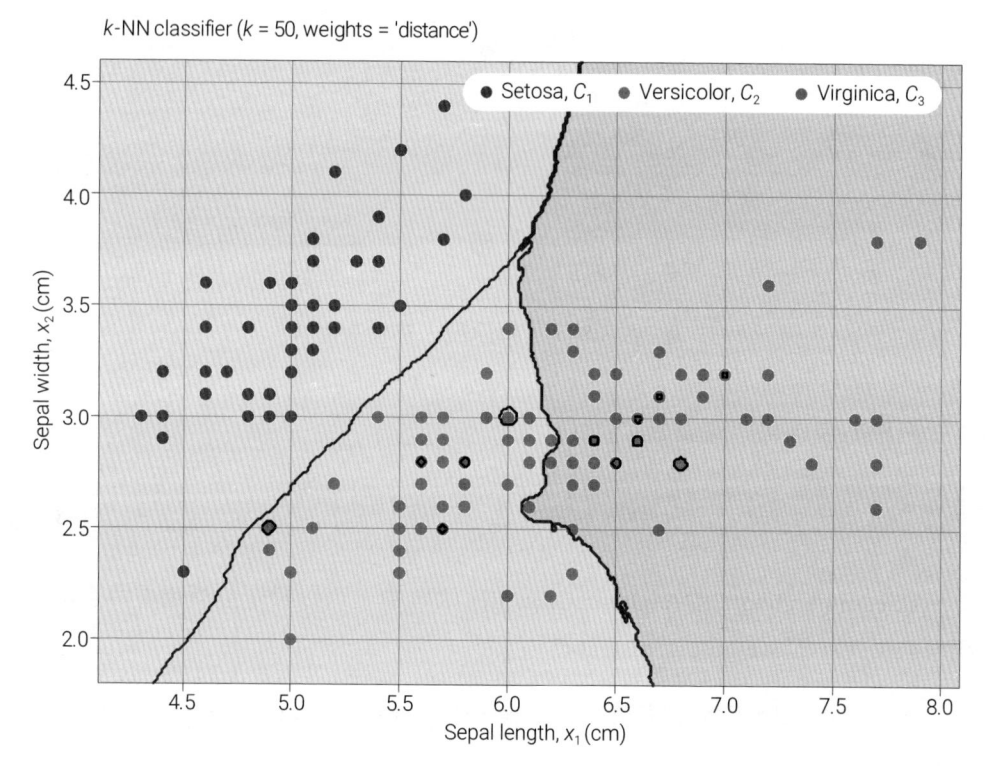

▲ 圖 8.9　k = 50 時，鳶尾花分類決策邊界，投票權重與查詢點距離成反比

8.6 最近質心分類：分類邊界為中垂線

最近質心分類器 (Nearest Centroid Classifier，NCC) 想法類似 k-NN。

本章前文講過，k-NN 以查詢點為中心，圈定 k 個近鄰，近鄰投票。而最近質心分類器，先求解得到不同類別樣本資料叢集質心位置 $\mu_m(m = 1,2,\cdots,K)$；查詢點 q 距離哪個分類質心更近，其預測分類則被劃定為哪一類。因此，最近質心分類器不需要設定最近鄰數量 k。

《AI 時代 Math 元年 - 用 Python 至精通矩陣及線性代數》第 22 章已經討論過**資料質心** (centroid) 這個概念，它的具體定義如下：

$$\mu_k = \frac{1}{\text{count}(C_k)} \sum_{i \in C_k} x^{(i)} \tag{8.7}$$

其中，count() 計算某個標籤為 C_k 的子集樣本資料點的數量。

注意，上式中假定 $x^{(i)}$ 和 μ_k 均為列向量。

分類函數

Python 工具套件完成最近質心分類的函數為 sklearn.neighbors.NearestCentroid。圖 8.10 所示為通過最近質心分類得到的鳶尾花分類決策邊界。圖 8.10 中 μ_1、μ_2 和 μ_3 三點分別為 • setosa($C_1, y = 0$)、• versicolor($C_2, y = 1$) 和 • virginica($C_3, y = 2$) 的質心所在位置。

大家可能已經發現，圖 8.10 中每段決策邊界都是兩個質心的中垂線！

第 8 章　k 最近鄰分類

> 《AI 時代 Math 元年 - 用 Python 全精通矩陣及線性代數》第 19 章講解過中垂線，請大家回顧。

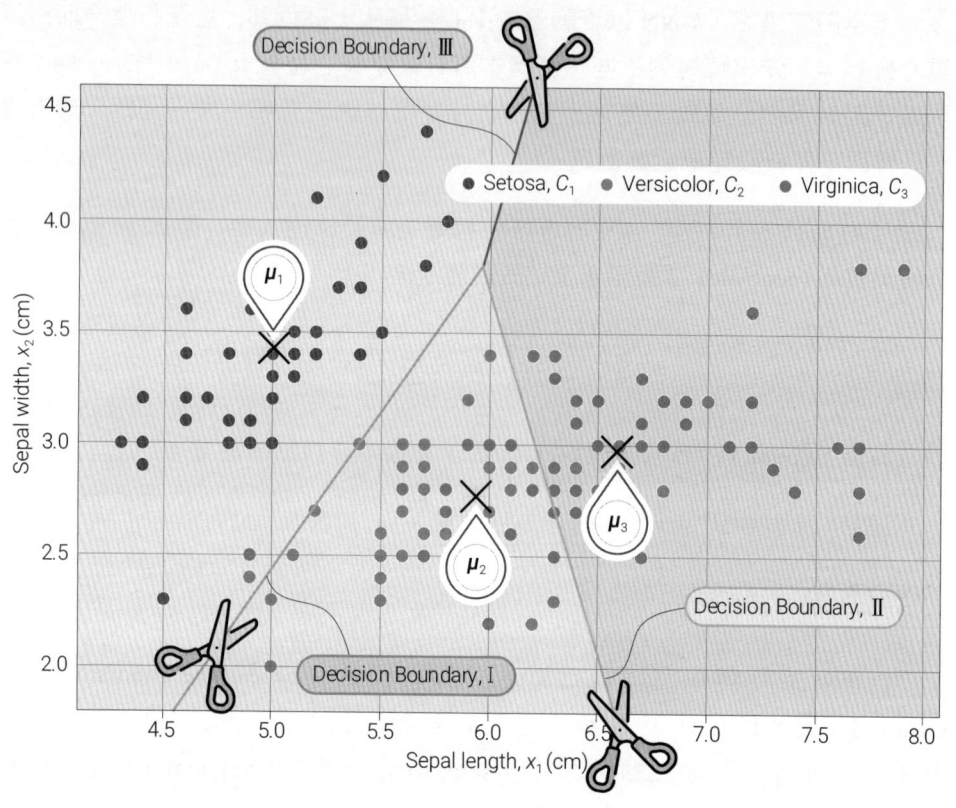

▲ 圖 8.10 鳶尾花分類決策邊界，最近質心分類

圖解原理

圖 8.11 所示為最近質心分類器邊界劃分原理圖。

8.6 最近質心分類：分類邊界為中垂線

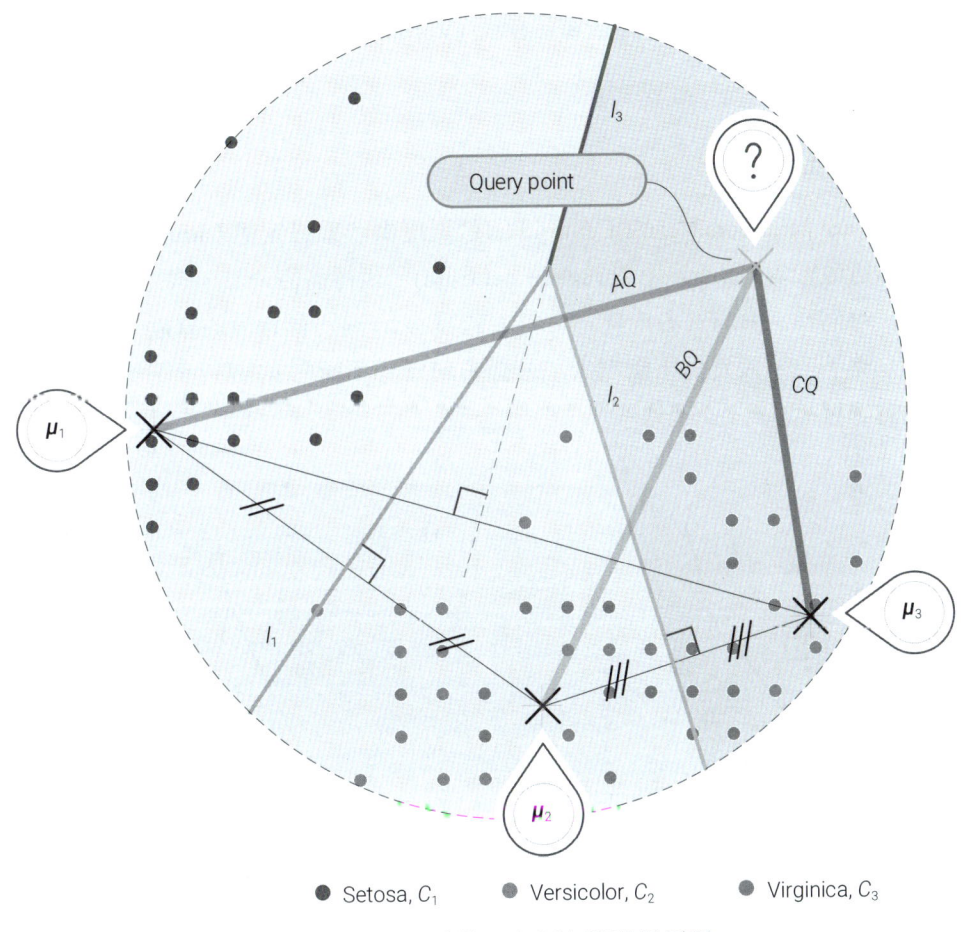

▲ 圖 8.11 最近質心分類決策邊界原理

平面上，A 和 B 兩點中垂線上的每一點到 A 和 B 距離都相等。中垂線垂直於 AB 線段，並經過 AB 線段的中點。圖 8.11 中決策邊界無非就是，μ_1、μ_2 和 μ_3 三個質心點任意兩個構造的中垂線。

如圖 8.11 所示，為了確定查詢點 q 的預測分類，計算 q 到 μ_1、μ_2 和 μ_3 三個質心點距離度量。比較 AQ、BQ 和 CQ 三段距離長度，發現 CQ 最短，因此查詢點 q 預測分類為 virginica(C_3)。

第 8 章　k 最近鄰分類

圖 8.11 有專門的名字—**沃羅諾伊圖** (Voronoi diagram)。本書將在 K 平均值聚類一章介紹。

收縮設定值

sklearn.neighbors.NearestCentroid 函數還提供**收縮設定值** (shrink threshold)，獲得**最近收縮質心** (nearest shrunken centroid)。說得通俗一點，根據收縮設定值大小，每個類別資料質心向樣本資料總體質心 μ_X 有不同程度的靠近。圖 8.12 展示的是隨著收縮設定值不斷增大，分類資料質心不斷向 μ_X 靠近，分類邊界不斷變化的過程。

● Setosa, C_1　　● Versicolor, C_2　　● Virginica, C_3

(a) NCC, shrink threshold = None

(b) NCC, shrink threshold = 2

(c) NCC, shrink threshold = 5

(d) NCC, shrink threshold = 8

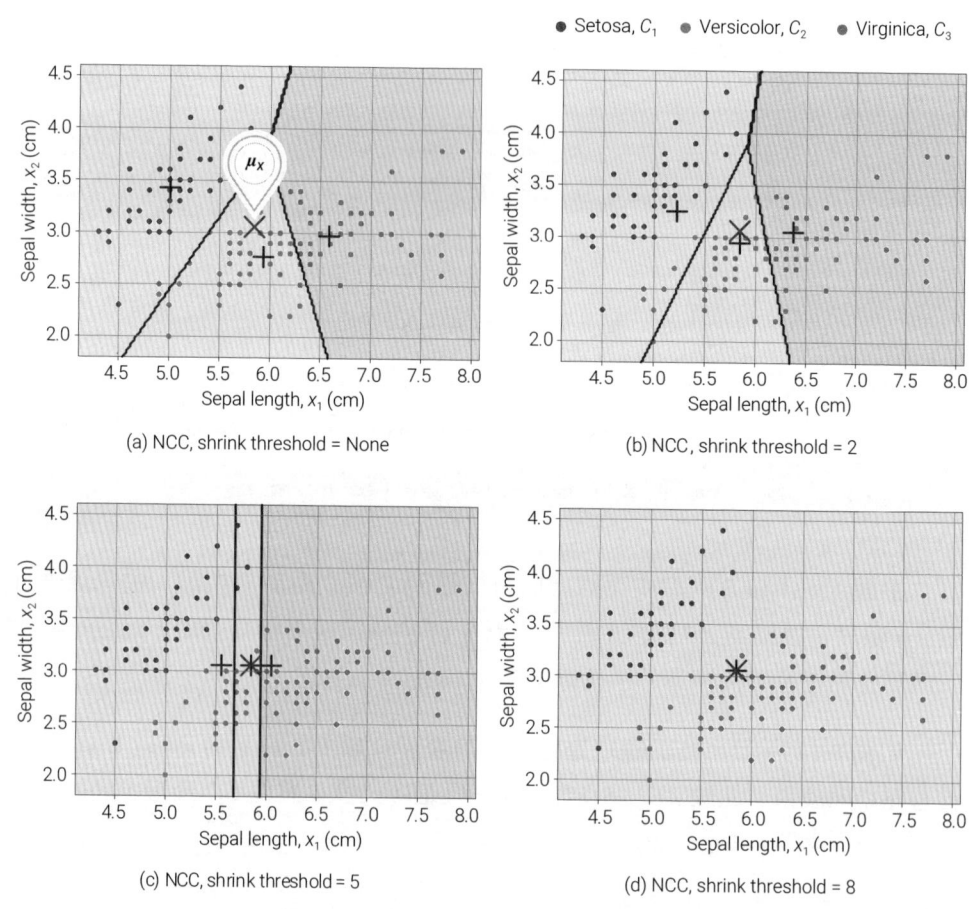

▲ 圖 8.12　收縮設定值增大對決策邊界的影響

NearestCentroid 函數定義收縮設定值如何工作。對此感興趣的話，大家可以自行開啟 NearestCentroid 函數，查詢 if self.shrink_threshold 對應的一段。

> Bk7_Ch08_03.ipynb 中繪製了圖 8.12 所示四幅影像。

8.7 k-NN 迴歸：非參數迴歸

本章前文的 k-NN 分類演算法針對離散標籤，比如 C_1(紅色●) 和 C_2(藍色●)。當輸出值 y 為連續資料時，監督學習便是迴歸問題。本節講解如何利用 k-NN 求解迴歸問題。

對分類問題，一個查詢點的標籤預測是由它附近 k 個近鄰中佔多數的標籤決定的；同樣，某個查詢點的迴歸值，也是由其附近 k 個近鄰的輸出值決定的。

採用等權重條件下，查詢點 q 的迴歸值 $\hat{y}$ 可以透過下式計算獲得：

$$\hat{y}(q) = \frac{1}{k} \sum_{i \in kNN(q)} y^{(i)} \tag{8.8}$$

其中，k-NN(q) 為查詢點 q 的 k 個近鄰組成的集合。

舉個例子

如圖 8.13 所示，當 $k = 3$ 時，查詢點 Q 附近三個近鄰 $x^{(1)}$、$x^{(2)}$ 和 $x^{(3)}$ 標記為藍色●。這三個點對應的連續輸出值分別為 $y^{(1)}$、$y^{(2)}$ 和 $y^{(3)}$。根據式 (8.8) 計算 $y^{(1)}$、$y^{(2)}$ 和 $y^{(3)}$ 平均值，得到查詢點迴歸預測值 $\hat{y}$：

$$\hat{y}(q) = \frac{1}{3}\left(y^{(1)} + y^{(2)} + y^{(3)}\right) = \frac{1}{3}(5 + 3 + 4) = 4 \tag{8.9}$$

第 8 章　k 最近鄰分類

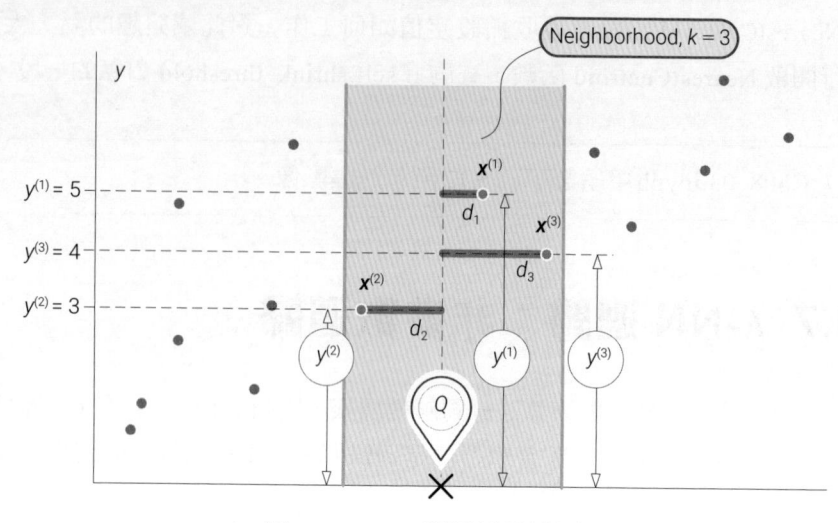

▲ 圖 8.13　k-NN 迴歸演算法原理

函數

sklearn.neighbors.KNeighborsRegressor 函數完成 k-NN 迴歸問題求解。預設等權重投票，weights = 'uniform'。

如果 k-NN 迴歸中考慮近鄰投票權重，查詢點 q 的迴歸值 $\hat{y}$ 可以透過下式計算獲得：

$$\hat{y}(q) = \frac{1}{\sum_{i \in kNN(q)} w_i} \sum_{i \in kNN(q)} w_i y^{(i)} \tag{8.10}$$

類似 k-NN 分類，可以透過 weights = 'distance' 設置樣本資料權重與到查詢點距離成反比。

圖 8.14 所示為利用 k-NN 迴歸得到的不同種類鳶尾花花萼長度 x_1 和花萼寬度 x_2 的迴歸關係。花萼寬度 x_2 相當於式 (8.10) 中 y。圖 8.14(a) 採用等權重投票，圖 8.14(b) 中投票權重與查詢點距離成反比。

8.7 k-NN 迴歸：非參數迴歸

● Setosa, C_1 ● Versicolor, C_2 ● Virginica, C_3

(a) k-NN regressor, k = 8, weights = 'uniform'

(b) k-NN regressor, k = 8, weights = 'distance'

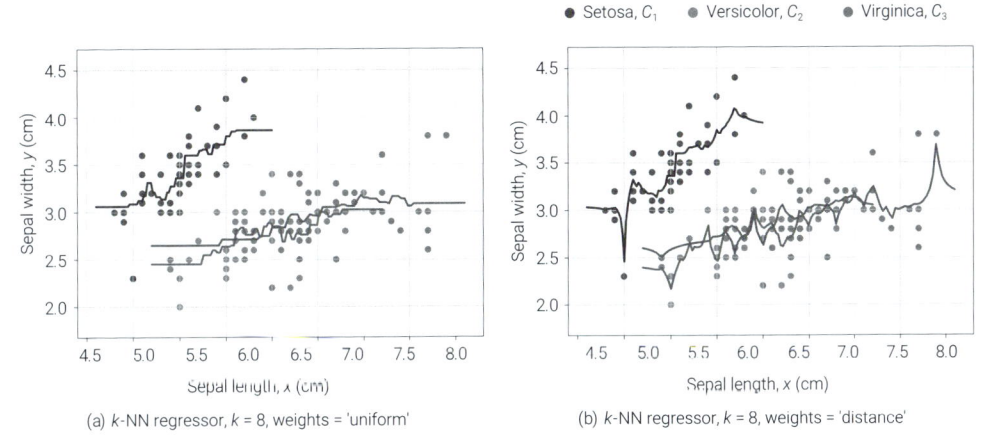

▲ 圖 8.14 k-NN 迴歸，不同種類鳶尾花花萼長度和花萼寬度的迴歸關係

◀ Bk7_Ch08_04.ipynb 中完成了 k-NN 迴歸，並繪製了圖 8.14 兩幅影像。

▶ 本章探討了最簡單的監督學習方法之一——k-NN。k-NN 可以用於分類問題，也可以用於迴歸問題。本書後文將介紹如何用 k-NN 完成迴歸任務。使用 k-NN 演算法時，要注意近鄰 k 值選擇、距離度量，以及是否採用加權投票。此外，最近質心分類 (NCC) 可以看作 k-NN 的簡化版本，NCC 利用某一類成員質心表示該類別資料，不需要使用者提供近鄰數量 k 值，決策邊界為中垂線。

最近鄰這一想法是很多其他機器學習演算法的基礎，比如 **DBSCAN** (Density-Based Spatial Clustering of Applications with Noise)、**流形學習** (manifold learning) 和譜聚類 (spectral clustering) 也是基於最近鄰思想。

本章舉出的例子中距離度量均為歐氏距離；而實際應用中，距離度量種類繁多，需要大家理解不同距離度量的具體定義以及優缺點。

8-21

第 8 章　k最近鄰分類

MEMO

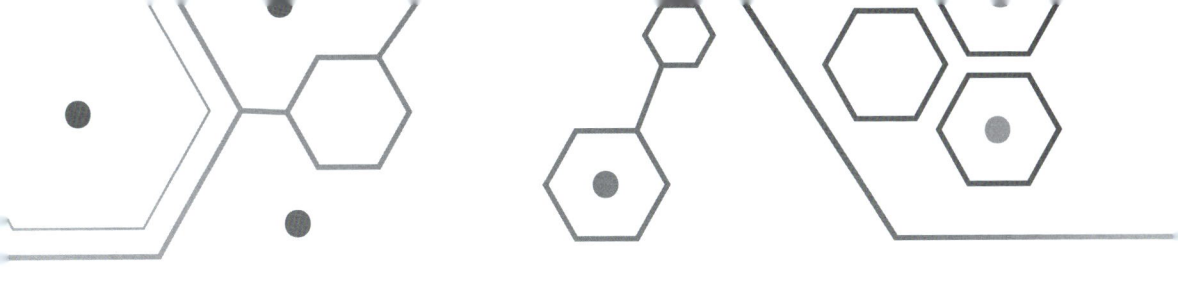

Naive Bayes Classifier

9 單純貝氏分類

假設特徵之間條件獨立，最大化後驗機率

大家使用單純貝氏分類器時，假設特徵（條件）獨立。之所以稱之「單純」，是因為那真是個「天真」的假設。

A learner that uses Bayes' theorem and assumes the effects are independent given the cause is called a Naïve Bayes classifier. That's because, well, that's such a naïve assumption.

——佩德羅‧多明戈斯（*Pedro Domingos*）|
《終極演算法》作者，華盛頓大學教授 | 1965—

- matplotlib.axes.Axes.contour() 繪製平面和空間等高線圖
- matplotlib.Axes3D.plot_wireframe() 繪製三維單色網格圖
- matplotlib.pyplot.bar() 繪製長條圖
- matplotlib.pyplot.contour() 繪製等高線圖
- matplotlib.pyplot.contourf() 繪製填充等高線圖
- matplotlib.pyplot.scatter() 繪製散點圖
- numpy.array() 建立 array 資料型態
- numpy.c_() 按列疊加兩個矩陣
- numpy.linspace() 產生連續均勻向量數值
- numpy.meshgrid() 建立網格化資料
- numpy.r_() 按行疊加兩個矩陣
- numpy.ravel() 將矩陣扁平化
- seaborn.barplot() 繪製長條圖
- seaborn.displot() 繪製一元和二元條件邊際分佈
- seaborn.jointplot() 同時繪製分類資料散點圖、分佈圖和邊際分佈圖
- seaborn.scatterplot() 繪製散點圖
- sklearn.datasets.load_iris() 載入鳶尾花資料集
- sklearn.naive_bayes.GaussianNB 高斯單純貝氏分類演算法函數

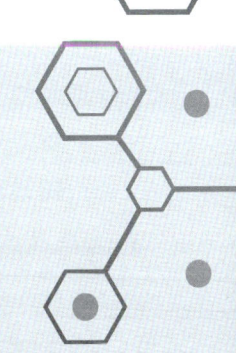

第 9 章　單純貝氏分類

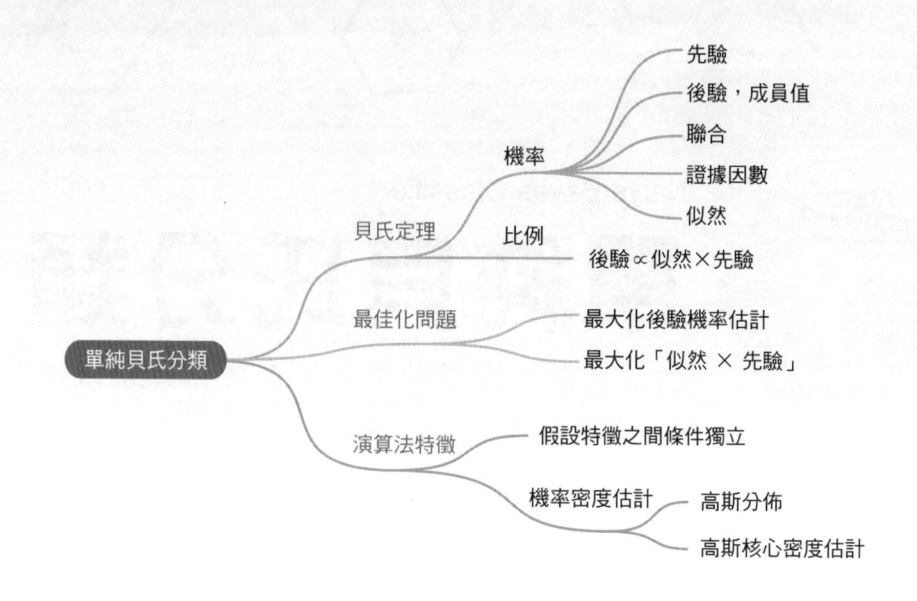

```
                                          ┌─ 先驗
                                          ├─ 後驗，成員值
                                   機率 ──┼─ 聯合
                            ┌──────────── ├─ 證據因數
                            │             └─ 似然
              ┌─ 貝氏定理 ──┤
              │             │  比例 ──── 後驗 ∝ 似然 × 先驗
              │             │
              │             │  最佳化問題 ──┬─ 最大化後驗機率估計
單純貝氏分類──┤                             └─ 最大化「似然 × 先驗」
              │
              │             ┌─ 假設特徵之間條件獨立
              └─ 演算法特徵 ┤
                            └─ 機率密度估計 ──┬─ 高斯分佈
                                              └─ 高斯核心密度估計
```

9.1　重逢貝氏

本章，貝氏定理將專門用來解決資料分類問題。這種分類方法叫作**單純貝氏分類** (naive bayes classification)。簡單來說，單純貝氏分類是一種基於貝氏定理和特徵條件獨立假設的分類方法，其原理是利用已知分類標記的訓練資料，計算每個類別的條件機率分佈，並根據貝氏定理計算未知樣本屬於每個類別的後驗機率，最終將樣本分配給具有最高機率的類別。

單純貝氏分類優點包括演算法簡單、計算高效、在處理大規模資料時表現良好，適用於多分類問題和高維資料；缺點是對特徵的條件獨立性要求較高，可能導致分類準確度下降，同時對於連續型變數的處理也存在一定困難。

◀
貝氏是我們的老朋友，《AI 時代 Math 元年 - 用 Python 全精通統計及機率》「薄」頻率派，「厚」貝氏派，這本書用了很大篇幅介紹了**貝氏定理** (Bayes'theorem) 和應用。《AI 時代 Math 元年 - 用 Python 全精通統計及機率》第 18、19 章介紹貝氏分類的理論基礎，第 20、21、22 章介紹貝氏統計推斷。

分類原理

單純貝氏分類核心思想是比較後驗機率大小。

比如，對於二分類問題 (K = 2)，就是比較某點 x 處，**後驗機率** (posterior) $f_{Y|X}(C_1 | x)$ 和 $f_{Y|X}(C_2 | x)$ 的大小。

後驗機率 $f_{Y|X}(C_1 | x)$ 和 $f_{Y|X}(C_2 | x)$ 本質上是**條件機率** (conditional probability)。通俗地說，$f_{Y|X}(C_1 | x)$ 代表「給定 x 被分類為 C_1 的機率」，$f_{Y|X}(C_2 | x)$ 代表「給定 x 被分類為 C_2 的機率」。

如果 $f_{Y|X}(C_1 | x) > f_{Y|X}(C_2 | x)$，$x$ 被預測分類為 C_1；反之，$f_{Y|X}(C_1 | x) < f_{Y|X}(C_2 | x)$，$x$ 就被預測分類為 C_2。倘若 $f_{Y|X}(C_1 | x) = f_{Y|X}(C_2 | x)$，該點便在**決策邊界** (decision boundary) 上。

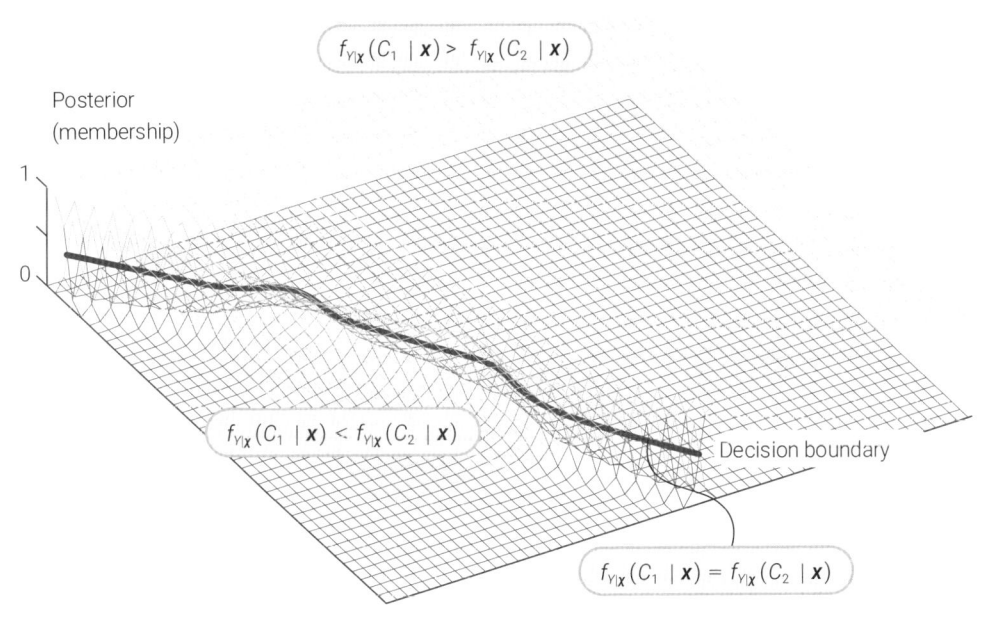

▲ 圖 9.1 二分類，比較後驗機率大小，基於 KDE

第 9 章 單純貝氏分類

比較圖 9.1 所示 $f_{Y|X}(C_1|\boldsymbol{x})$ 和 $f_{Y|X}(C_2|\boldsymbol{x})$ 兩個曲面。大家肯定已經發現，$f_{Y|X}(C_1|\boldsymbol{x})$ 和 $f_{Y|X}(C_2|\boldsymbol{x})$ 的設定值在 [0,1] 之間。實際上，$f_{Y|X}(C_1|\boldsymbol{x})$ 和 $f_{Y|X}(C_2|\boldsymbol{x})$ 並不是機率密度，它們本身就是機率值。《AI 時代 Math 元年 - 用 Python 全精通統計及機率》一本幾次強調過這一點。

根據 $f_{Y|X}(C_1|\boldsymbol{x})$ 和 $f_{Y|X}(C_2|\boldsymbol{x})$ 兩個曲面高度值，即機率值，我們可以確定決策邊界 (圖 9.1 中深藍色實線)。

此外，對於二分類問題，$f_{Y|X}(C_1|\boldsymbol{x})$ 和 $f_{Y|X}(C_2|\boldsymbol{x})$ 之和為 1，下面簡單證明一下。

全機率定理、貝氏定理

對於二分類問題，根據**全機率定理** (law of total probability) 和**貝氏定理** (Bayes'theorem)，$f_X(\boldsymbol{x})$ 可以透過下式計算得到：

$$f_X(\boldsymbol{x}) = f_{X,Y}(\boldsymbol{x},C_1) + f_{X,Y}(\boldsymbol{x},C_2) \\ = f_{Y|X}(C_1|\boldsymbol{x})f_X(\boldsymbol{x}) + f_{Y|X}(C_2|\boldsymbol{x})f_X(\boldsymbol{x}) \tag{9.1}$$

$f_X(\boldsymbol{x})$ 不為 0 時，左右消去 $f_X(\boldsymbol{x})$，得到：

$$1 = f_{Y|X}(C_1|\boldsymbol{x}) + f_{Y|X}(C_2|\boldsymbol{x}) \tag{9.2}$$

通俗地講，對於二分類問題，某點 $\boldsymbol{x}$ 要麼屬於 C_1，要麼屬於 C_2。

成員值：比較大小

後驗機率值 $f_{Y|X}(C_1|\boldsymbol{x})$ 和 $f_{Y|X}(C_2|\boldsymbol{x})$ 設定值在 [0,1] 之間，且滿足式 (9.2)；因此，後驗機率也常被稱作**成員值** (membership score)。

9.1 重逢貝氏

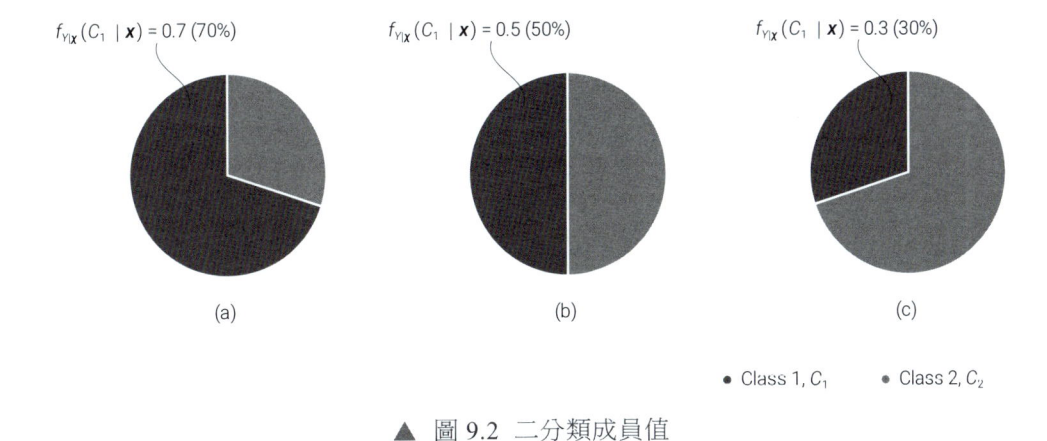

▲ 圖 9.2 二分類成員值

如圖 9.2(a) 所示，$f_{Y|X}(C_1|x) = 0.7(70\%)$，也就是說 x 屬於 C_1 的可能性為 70%，即成員值為 0.7。這種情況，x 預測分類為 C_1。

$f_{Y|X}(C_1|x) = 0.5(50\%)$ 時，對於二分類問題，x 應該位於決策邊界上，相當於「騎牆派」，如圖 9.2(b) 所示。

若 $f_{Y|X}(C_1|x) = 0.3(30\%)$，$x$ 屬於 C_1 成員值為 0.3。顯然，x 應該被預測分類為 C_2，如圖 9.2(c) 所示。僅對於二分類問題，如果 $f_{Y|X}(C_1|x) > 0.5$，可以預測 x 分類為 C_1。

聯合機率：比較大小

根據貝氏定理，對於二分類問題，證據因數 $f_X(x)$ 不為 0 時，後驗機率 $f_{Y|X}(C_1|x)$ 和 $f_{Y|X}(C_2|x)$ 為：

$$\begin{cases} \underbrace{f_{Y|X}(C_1|x)}_{\text{Posterior}} = \dfrac{\overbrace{f_{X,Y}(x, C_1)}^{\text{Joint}}}{\underbrace{f_X(x)}_{\text{Evidence}}} \\[2ex] \underbrace{f_{Y|X}(C_2|x)}_{\text{Posterior}} = \dfrac{\overbrace{f_{X,Y}(x, C_2)}^{\text{Joint}}}{\underbrace{f_X(x)}_{\text{Evidence}}} \end{cases} \quad (9.3)$$

第 9 章　單純貝氏分類

觀察式 (9.3)，發現分母上均為證據因數 $f_\chi(\boldsymbol{x})$。這說明，後驗機率 $f_{Y|\chi}(C_1 \mid \boldsymbol{x})$ 和 $f_{Y|\chi}(C_2 \mid \boldsymbol{x})$ 正比於**聯合機率** (joint probability 或 joint)$f_{Y,\chi}(C_1,\boldsymbol{x})$ 和 $f_{Y,\chi}(C_2,\boldsymbol{x})$，即：

$$\begin{cases} \underbrace{f_{Y|\chi}(C_1|\boldsymbol{x})}_{\text{Posterior}} \propto \underbrace{f_{\chi,Y}(\boldsymbol{x},C_1)}_{\text{Joint}} \\ \underbrace{f_{Y|\chi}(C_2|\boldsymbol{x})}_{\text{Posterior}} \propto \underbrace{f_{\chi,Y}(\boldsymbol{x},C_2)}_{\text{Joint}} \end{cases} \tag{9.4}$$

對於二分類問題，比較聯合機率 $f_{Y,\chi}(C_1,\boldsymbol{x})$ 和 $f_{Y,\chi}(C_2,\boldsymbol{x})$ 的大小，便可以預測分類！

圖 9.3 舉出的是某個二分類問題中，聯合機率 $f_{Y,\chi}(C_1,\boldsymbol{x})$ 和 $f_{Y,\chi}(C_2,\boldsymbol{x})$ 兩個曲面。透過比較 $f_{Y,\chi}(C_1,\boldsymbol{x})$ 和 $f_{Y,\chi}(C_2,\boldsymbol{x})$ 兩個曲面高度，我們可以得出和圖 9.1 一樣的分類結論。

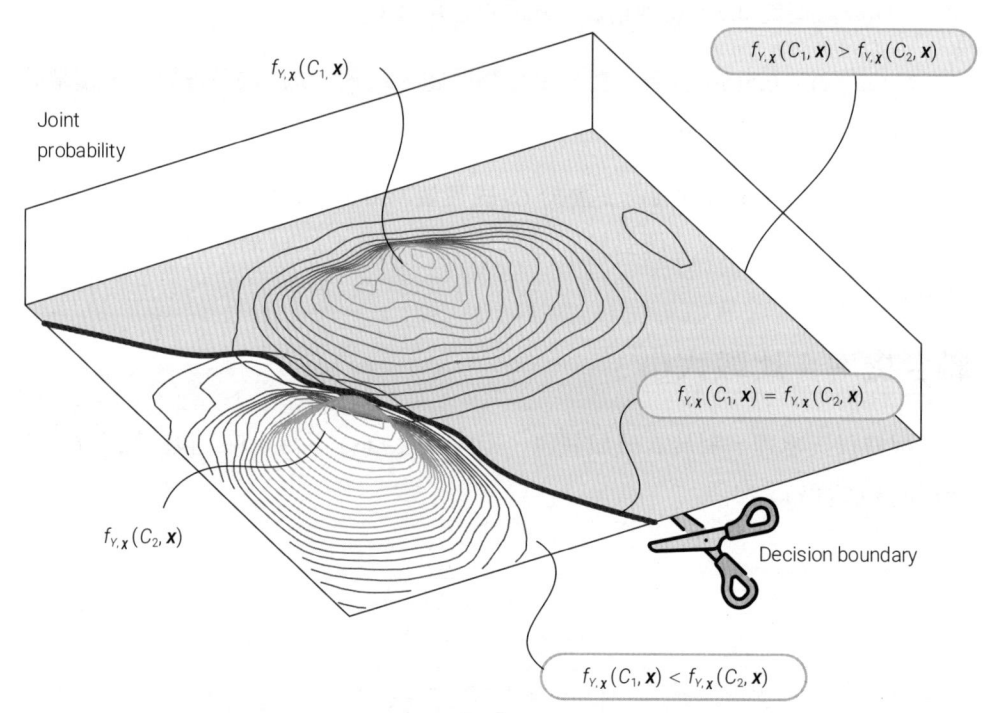

▲ 圖 9.3　二分類，比較聯合機率大小，基於 KDE

推廣：從二分類到多分類

根據前文分析，我們可以總結得到單純貝氏分類最佳化問題—最大化後驗機率：

$$\hat{y} = \arg\max_{C_k} f_{Y|X}\left(C_k | \boldsymbol{x}\right) \tag{9.5}$$

其中，$k = 1, 2, \cdots, K$。

證據因數 $f_X(\boldsymbol{x})$ 不為 0 時，後驗機率正比於聯合機率，即：

$$\underbrace{f_{Y|X}\left(C_k | \boldsymbol{x}\right)}_{\text{Posterior}} \propto \underbrace{f_{X,Y}\left(\boldsymbol{x}, C_k\right)}_{\text{Joint}} \tag{9.6}$$

因此，等價於：

$$\hat{y} = \arg\max_{C_k} f_{X,Y}\left(\boldsymbol{x}, C_k\right) \tag{9.7}$$

由於後驗 ∝ 似然 × 先驗，最大化後驗機率等價於最大化「似然 × 先驗」。

至此，我們解決了單純貝氏分類的「貝氏」部分，下一節討論何謂「單純」。

> 閱讀這一節感到吃力的話，請大家回顧《AI 時代 Math 元年 - 用 Python 全精通統計及機率》第 18、19 章內容。

9.2 單純貝氏的「單純」之處

單純貝氏分類，何以謂之「單純」？

本章副標題已經舉出答案—假設特徵之間條件獨立 (conditional independence)！

第 9 章　單純貝氏分類

獨立指兩個事件 A、B 之間沒有任何連結，即 A 的發生與 B 的發生互不影響，可以表示為 $\Pr(A\cap B)=\Pr(A)\times\Pr(B)$。條件獨立指在已知某些條件下，兩個事件 A、B 之間沒有任何連結，比如給定條件 C 下，A 的發生與 B 的發生互不影響，可以表示為 $\Pr(A\cap B\mid C)=\Pr(A\mid C)\times\Pr(B\mid C)$。

特徵獨立

對於 x_1 和 x_2 兩特徵情況，「特徵獨立」指的是：

$$f_\chi(\boldsymbol{x}) = f_{X_1,X_2}(x_1,x_2) = f_{X_1}(x_1)f_{X_2}(x_2) \tag{9.8}$$

$f_{X_1}(x_1)$ 和 $f_{X_2}(x_2)$ 為兩個特徵上的邊際機率密度函數，如圖 9.4 所示。推廣到 D 個特徵情況，「特徵獨立」指的是：

$$f_\chi(\boldsymbol{x}) = f_{X_1}(x_1)f_{X_2}(x_2)\cdots f_{X_D}(x_D) = \prod_{j=1}^{D} f_{X_j}(x_j) \tag{9.9}$$

圖 9.4 中等高線為「特徵獨立」條件下，證據因數 $f_\chi(\boldsymbol{x})$ 機率密度分佈。不知道大家看到這幅圖時，是否想到《AI 時代 Math 元年 - 用 Python 全精通矩陣及線性代數》中講過的向量張量積。

$f_{X_1}(x_1)$ 和 $f_{X_2}(x_2)$ 描述 X_1 和 X_2 兩特徵的分佈還比較準確。但是，假設特徵獨立，用式 (9.8) 估算證據因數機率密度 $f_\chi(\boldsymbol{x})$ 時，偏差很大。比較圖 9.4 中等高線和散點分佈就可以看出來。

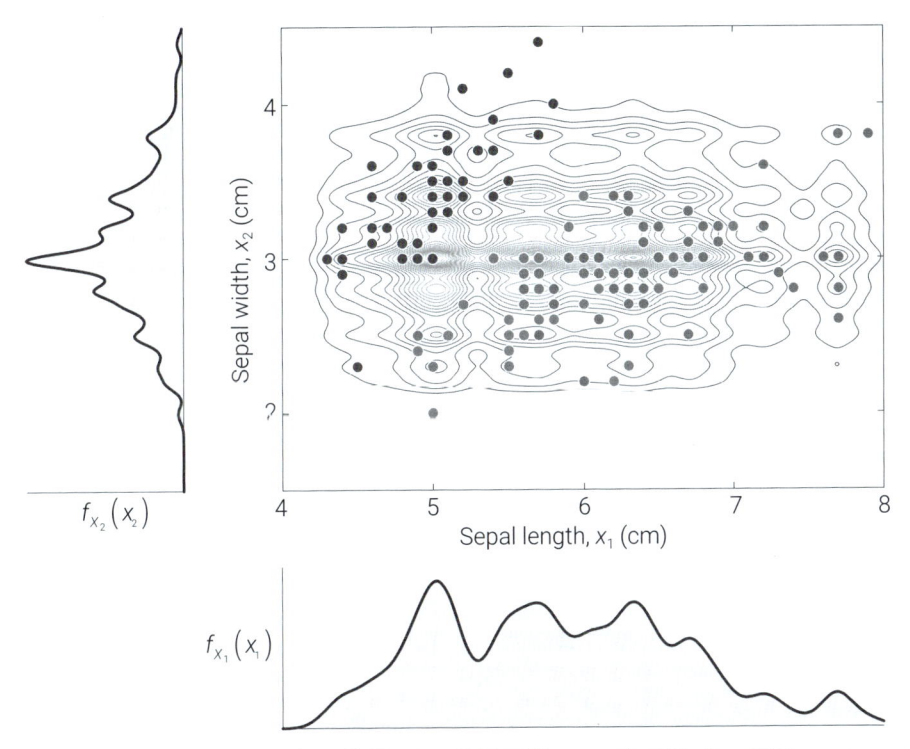

9.2 單純貝氏的「單純」之處

▲ 圖 9.4 「特徵獨立」條件下，證據因數 $f_\chi(x)$ 機率密度，基於 KDE

特徵條件獨立

對於兩特徵 ($D = 2$)、兩分類 ($K = 2$) 情況，「特徵條件獨立」指的是：

$$\begin{cases} \underbrace{f_{X_1,X_2|Y}(x_1,x_2|C_1)}_{\text{Likelihood}} = \underbrace{f_{X_1|Y}(x_1|C_1) f_{X_2|Y}(x_2|C_1)}_{\text{Conditional independence}} \\ \underbrace{f_{X_1,X_2|Y}(x_1,x_2|C_2)}_{\text{Likelihood}} = \underbrace{f_{X_1|Y}(x_1|C_2) f_{X_2|Y}(x_2|C_2)}_{\text{Conditional independence}} \end{cases} \quad (9.10)$$

推廣到 D 個特徵情況，「特徵條件獨立」假設下，似然機率為：

$$\underbrace{f_{\chi|Y}(\boldsymbol{x}|C_k)}_{\text{Likelihood}} = f_{X_1|Y}(x_1|C_k) f_{X_2|Y}(x_2|C_k) \cdots f_{X_D|Y}(x_D|C_k) = \prod_{j=1}^{D} f_{X_j|Y}(x_j|C_k) \quad (9.11)$$

9-9

第 9 章　單純貝氏分類

> ⚠️ 注意：A 和 B 相互獨立，無法推導得到 A 和 B 條件獨立。而 A 和 B 條件獨立，也無法推導得到 A 和 B 相互獨立。《AI 時代 Math 元年 - 用 Python 全精通統計及機率》第 3 章專門介紹過條件獨立。

特徵條件獨立 → 聯合機率

根據貝氏定理，聯合機率為：

$$\underbrace{f_{\chi,Y}(x,C_k)}_{\text{Joint}} = \underbrace{p_Y(C_k)}_{\text{Prior}} \underbrace{f_{\chi|Y}(x|C_k)}_{\text{Likelihood}} \tag{9.12}$$

> ⚠️ 注意：先驗機率 $p_Y(C_k)$ 為**機率質量函數** (Probability Mass Function，PMF)。這是因為 Y 是離散隨機變數，Y 的取值為分類標籤 C_1、C_2、$\cdots$、C_K，並非連續。

將式 (9.11) 代入式 (9.12)，可以得到「特徵條件獨立」條件下，聯合機率為：

$$\underbrace{f_{\chi,Y}(x,C_k)}_{\text{Joint}} = \underbrace{p_Y(C_k)}_{\text{Prior}} \underbrace{f_{\chi|Y}(x|C_k)}_{\text{Likelihood}} = \underbrace{p_Y(C_k)}_{\text{Prior}} \underbrace{\prod_{j=1}^{D} f_{X_j|Y}(x_j|C_k)}_{\text{Conditional independence}} \tag{9.13}$$

「單純」貝氏最佳化問題

有了本節分析，基於式 (9.13)，式 (9.7) 所示單純貝氏最佳化問題可以寫成：

$$\hat{y} = \arg\max_{C_k} p_Y(C_k) \prod_{j=1}^{D} f_{X_j|Y}(x_j|C_k) \tag{9.14}$$

這樣，我們便解決了「單純貝氏」中的「單純」部分！

單純貝氏分類流程

圖 9.5 所示為單純貝氏分類流程圖，圖中散點資料為鳶尾花前兩個特徵─花萼長度、花萼寬度。

9.2 單純貝氏的「單純」之處

> 圖 9.5 中機率密度基於**核心密度估計** (Kernel Density Estimation，KDE)。《AI 時代 Math 元年 - 用 Python 全精通統計及機率》第 17 章介紹過 KDE 方法。

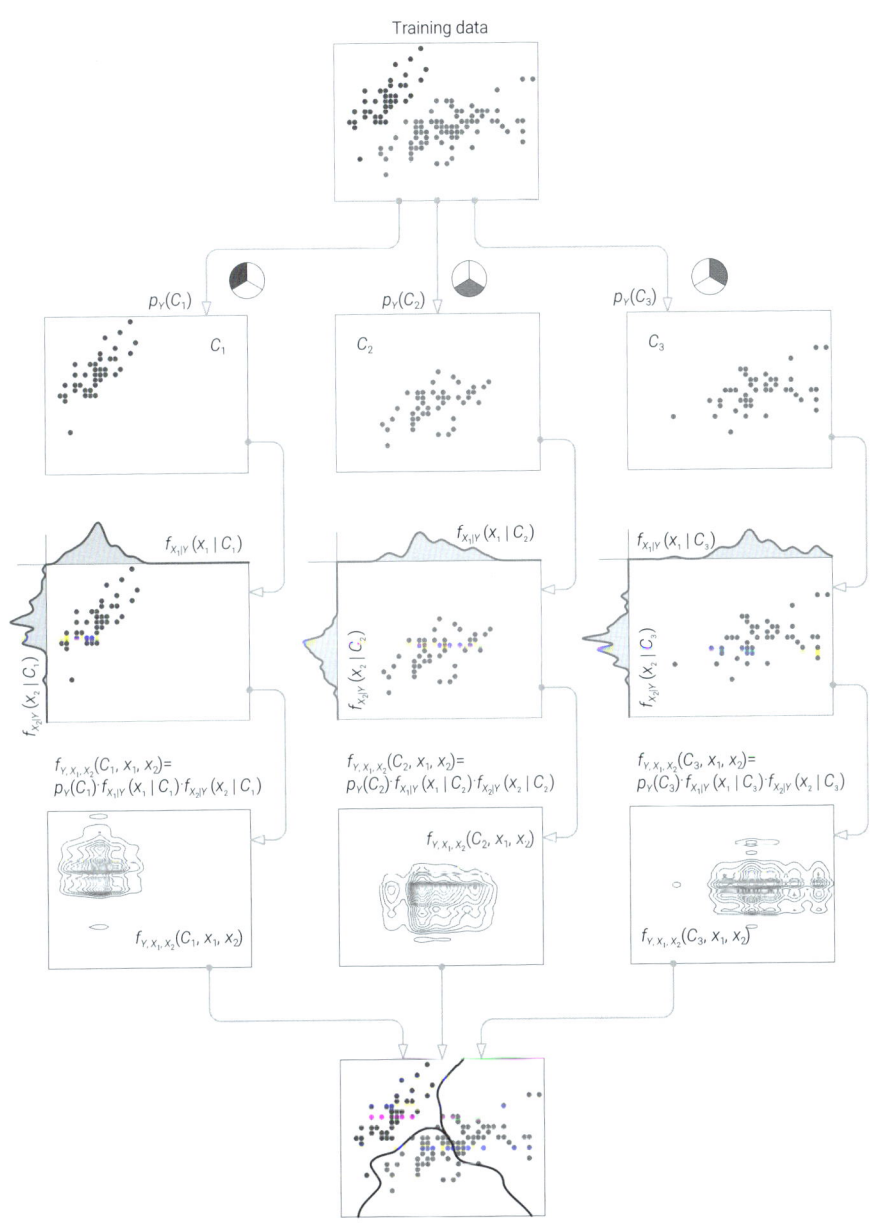

▲ 圖 9.5 單純貝氏分類過程，基於 KDE

9-11

第 9 章　單純貝氏分類

請大家現在快速瀏覽這幅圖,完成本章學習之後,再回過頭來仔細觀察圖 9.5 中的細節。

先驗機率

先驗機率計算最為簡單。鳶尾花資料 C_1、C_2 和 C_3 三類對應的先驗機率為:

$$p_Y(C_1) = \frac{\text{count}(C_1)}{\text{count}(\Omega)}, \quad p_Y(C_2) = \frac{\text{count}(C_2)}{\text{count}(\Omega)}, \quad p_Y(C_3) = \frac{\text{count}(C_3)}{\text{count}(\Omega)} \tag{9.15}$$

鳶尾花資料共有 150 個資料點,count(Ω)= 150;而 C_1、C_2 和 C_3 三類各佔 50,因此,

$$p_Y(C_1) = p_Y(C_2) = p_Y(C_3) = \frac{50}{150} = \frac{1}{3} \tag{9.16}$$

圖 9.6 所示為鳶尾花資料先驗機率結果。

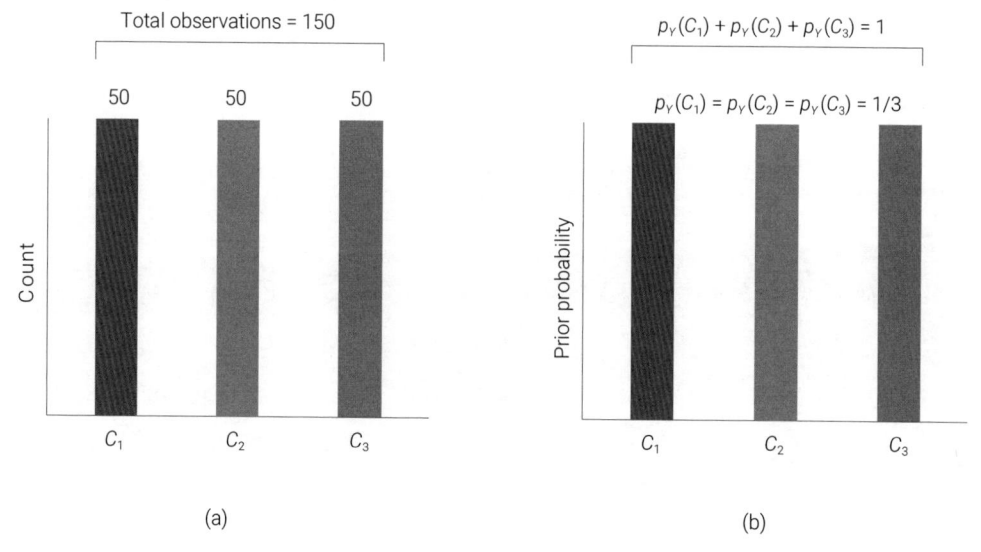

▲ 圖 9.6 鳶尾花資料先驗機率

> 注意:一般情況下,各類資料先驗機率並不相等。

9.2 單純貝氏的「單純」之處

似然機率

根據前兩節所述,單純貝氏分類演算法核心在於三方面:① 貝氏定理建立了似然機率、先驗機率和後驗機率三者之間的聯繫;② 估算似然機率時,假設特徵之間條件獨立;③ 最佳化目標為,最大化後驗機率,或最大化聯合機率(似然 × 先驗)。

根據式 (9.13),想要獲得聯合機率,就先需要利用「特徵條件獨立」計算得到似然機率。

下面,我們利用花萼長度 (x_1) 和花萼寬度 (x_2) 兩個特徵 ($D = 2$),解決鳶尾花三分類 ($K = 3, C_1$、C_2 和 C_3) 問題。本節先討論如何獲得 C_1、C_2 和 C_3 似然機率密度。

C_1 的似然機率

圖 9.7 所示為求解似然機率密度 $f_{X|Y}(x \mid C_1)$ 的過程。只考慮 setosa($C_1, y = 0$) 樣本資料點•,分別估算兩個特徵的條件邊際分佈 $f_{X_1|Y}(x_1 \mid C_1)$ 和 $f_{X_2|Y}(x_2 \mid C_1)$。

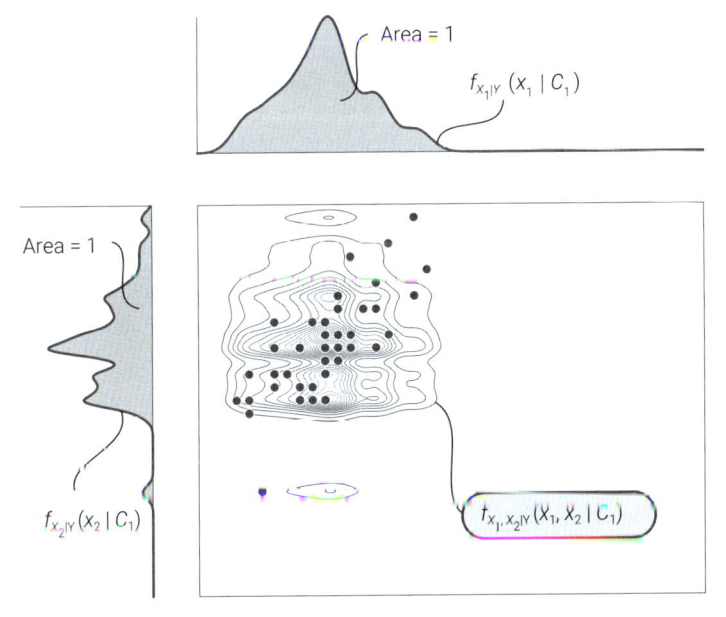

▲ 圖 9.7 分類 C_1 樣本資料,鳶尾花花萼長度 x_1 和花萼寬度 x_2 條件獨立,得到似然機率密度 $f_{X_1,X_2|Y}(x_1, x_2 \mid C_1)$

第 9 章　單純貝氏分類

需要特別注意的是，圖 9.7 中，$f_{X_1|Y}(x_1 \mid C_1)$ 和 $f_{X_2|Y}(x_2 \mid C_1)$ 曲線覆蓋陰影區域面積均為 1。根據式 (9.11)，似然機率 $f_{X_1,X_2|Y}(x_1, x_2 \mid C_1)$ 可以透過下式計算得到：

$$f_{X|Y}(x|C_1) = f_{X_1,X_2|Y}(x_1, x_2|C_1) = f_{X_1|Y}(x_1|C_1) \cdot f_{X_2|Y}(x_2|C_1) \tag{9.17}$$

得到的 $f_{X_1,X_2|Y}(x_1, x_2 \mid C_1)$ 結果對應圖 9.7 中等高線。而 $f_{X_1,X_2|Y}(x_1, x_2 \mid C_1)$ 曲面和水平面圍成幾何體的體積為 1，也就是說，$f_{X_1,X_2|Y}(x_1, x_2 \mid C_1)$ 在 $\mathbb{R}^2$ 的二重積分結果為 1，這個值是機率。而 $f_{X_1,X_2|Y}(x_1, x_2 \mid C_1)$ 的「偏積分」為條件邊際分佈 $f_{X_1|Y}(x_1 \mid C_1)$ 或 $f_{X_2|Y}(x_2 \mid C_1)$，它們還是機率密度，並非機率值。

> ◀ 《AI 時代 Math 元年 - 用 Python 全精通數學要素》第 14 章聊過「偏求和」，第 18 章聊過「偏積分」，建議大家回顧。

本節估算條件邊際分佈時用的是高斯核心密度估計方法。下一節則採用**高斯分佈** (Gaussian distribution) 來估算條件邊際分佈。因此，下一節的分類演算法被稱作，**高斯單純貝氏分類** (Gaussian Naïve Bayes classification)。

C_2 和 C_3 的似然機率

類似式 (9.17)，C_2 和 C_3 似然機率可以透過下式估算得到：

$$\begin{cases} f_{X_1,X_2|Y}(x_1, x_2|C_2) = f_{X_1|Y}(x_1|C_2) \cdot f_{X_2|Y}(x_2|C_2) \\ f_{X_1,X_2|Y}(x_1, x_2|C_3) = f_{X_1|Y}(x_1|C_3) \cdot f_{X_2|Y}(x_2|C_3) \end{cases} \tag{9.18}$$

圖 9.8 和圖 9.9 中等高線分別對應似然機率密度函數 $f_{X_1,X_2|Y}(x_1, x_2 \mid C_2)$ 和 $f_{X_1,X_2|Y}(x_1, x_2 \mid C_3)$ 結果。有了上一節的先驗機率和本節得到的似然機率密度，我們可以求解聯合機率。

9.2 單純貝氏的「單純」之處

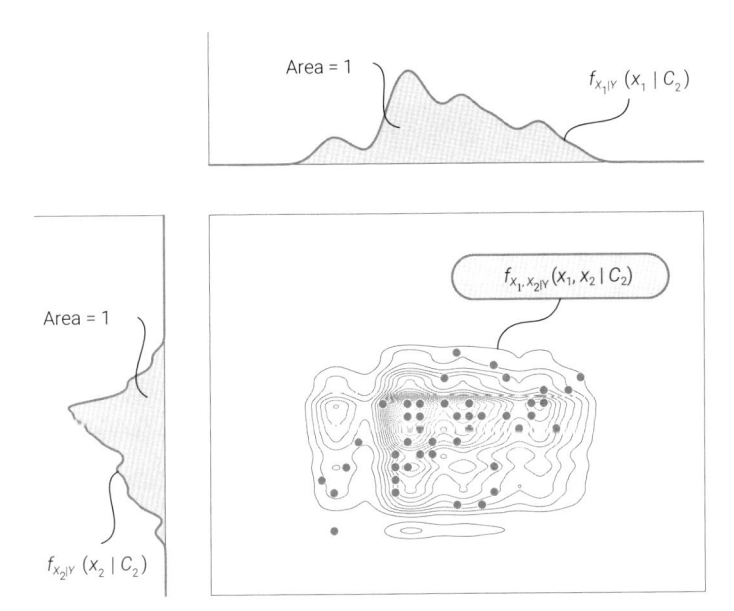

▲ 圖 9.8 分類 C_2 樣本資料，鳶尾花花萼長度 x_1 和花萼寬度 x_2 條件獨立，得到似然機率密度函數 $f_{X_1,X_2|Y}(x_1,x_2 \mid C_2)$

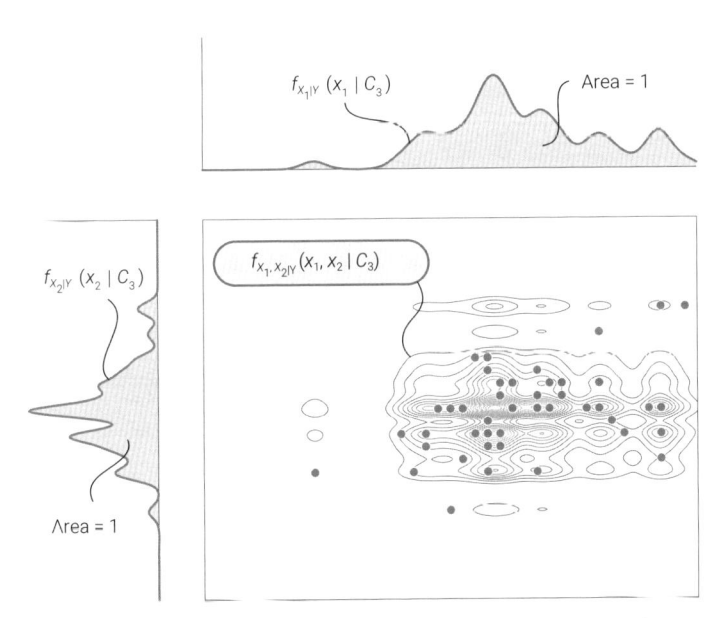

▲ 圖 9.9 分類 C_3 樣本資料，鳶尾花花萼長度 x_1 和花萼寬度 x_2 條件獨立，得到似然機率密度函數 $f_{X_1,X_2|Y}(x_1,x_2 \mid C_3)$

第 9 章　單純貝氏分類

C_1 的聯合機率

根據式 (9.13) 可以計算得到聯合機率。對於鳶尾花三分類問題,假設「特徵條件獨立」,利用貝氏定理,聯合機率 $f_{X_1,X_2,Y}(x_1,x_2,C_1)$ 可以透過下式得到:

$$\underbrace{f_{X_1,X_2,Y}(x_1,x_2,C_1)}_{\text{Joint}} = \underbrace{f_{X_1,X_2|Y}(x_1,x_2|C_1)}_{\text{Likelihood}} \underbrace{p_Y(C_1)}_{\text{Prior}}$$
$$= \underbrace{f_{X_1|Y}(x_1|C_1) \cdot f_{X_2|Y}(x_2|C_1)}_{\text{Conditional independence}} \underbrace{p_Y(C_1)}_{\text{Prior}} \quad (9.19)$$

利用式 (9.17),我們已經得到似然機率密度曲面 $f_{X_1,X_2|Y}(x_1,x_2 \mid C_1)$。式 (9.16) 舉出了先驗機率 $p_Y(C_1)$,代入式 (9.19) 可以求得聯合機率 $f_{X_1,X_2|Y}(x_1,x_2,C_1)$:

$$\underbrace{f_{X_1,X_2,Y}(x_1,x_2,C_1)}_{\text{Joint}} = \underbrace{f_{X_1,X_2|Y}(x_1,x_2|C_1)}_{\text{Likelihood}} \times \underbrace{\frac{1}{3}}_{\text{Prior}} \quad (9.20)$$

容易發現,先驗機率 $p_Y(C_1) = 1/3$ 相當於一個縮放係數。

圖 9.10 所示為聯合機率 $f_{X_1,X_2|Y}(x_1,x_2,C_1)$ 機率密度曲面。圖 9.10 的 z 軸數值為機率密度值,並非機率。

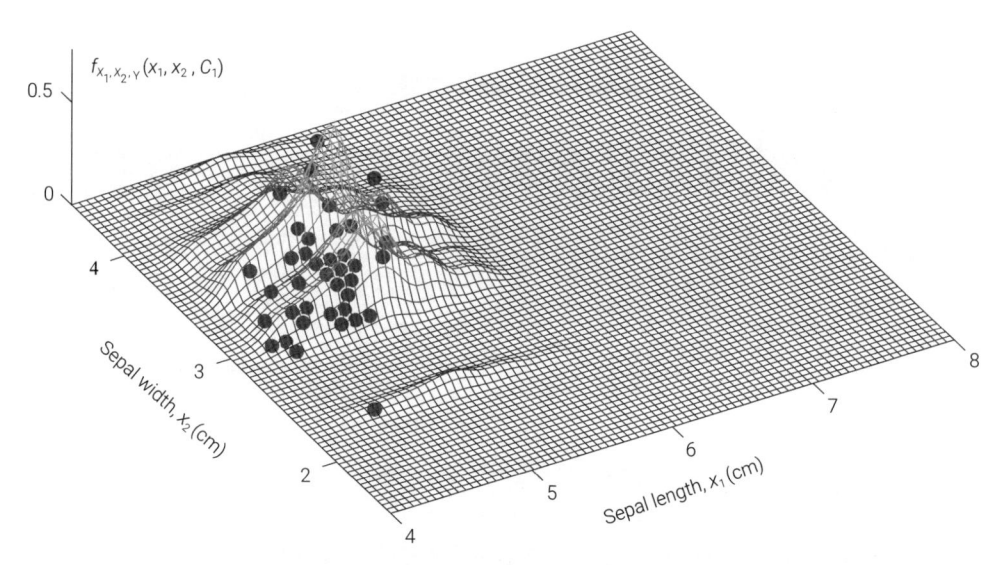

▲ 圖 9.10　$f_{X_1,X_2|Y}(x_1,x_2,C_1)$ 機率密度曲面,基於 KDE

9.2 單純貝氏的「單純」之處

我們知道似然機率密度曲面 $f_{X_1,X_2|Y}(x_1,x_2 \mid C_1)$ 和水平面圍成三維形狀的體積為 1。而圖 9.10 中聯合機率 $f_{X_1,X_2,Y}(x_1,x_2,C_1)$ 和水平面圍成體積為 $p_Y(C_1) = 1/3$。也就是說，$f_{X_1,X_2,Y}(x_1,x_2,C_1)$ 在 $\mathbb{R}^2$ 的二重積分結果為 $1/3$，這個值是機率值。

C_2 和 C_3 的聯合機率

同理，我們可以計算得到另外兩個聯合機率 $f_{X_1,X_2|Y}(x_1,x_2,C_2)$ 和 $f_{X_1,X_2|Y}(x_1,x_2,C_3)$，對應曲面分別如圖 9.11 和圖 9.12 所示。

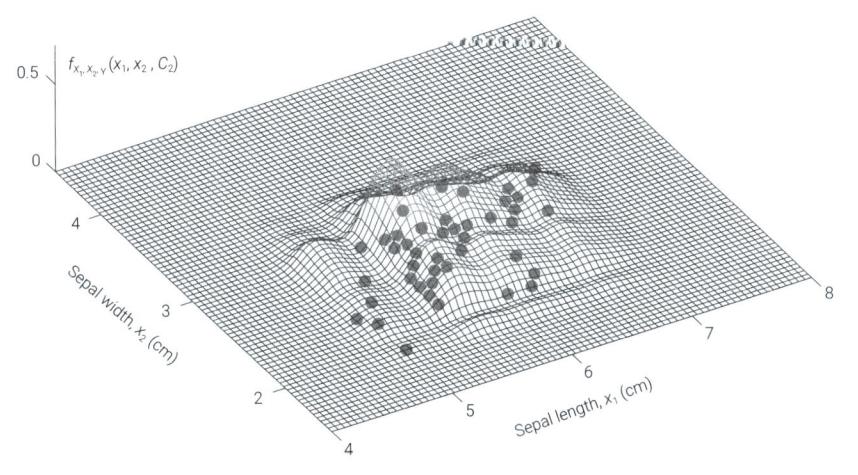

▲ 圖 9.11 $f_{X_1,X_2,Y}(x_1,x_2,C_2)$ 機率密度曲面，基於 KDE

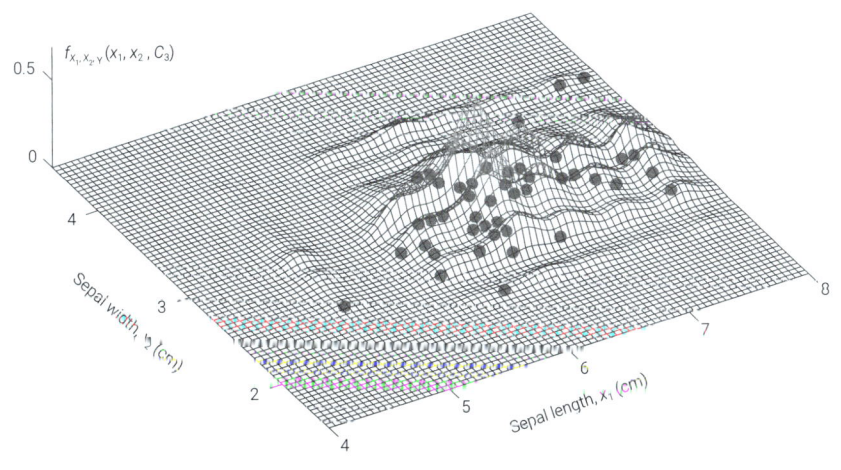

▲ 圖 9.12 $f_{X_1,X_2,Y}(x_1,x_2,C_3)$ 機率密度曲面，基於 KDE

第 9 章 單純貝氏分類

分類

至此,根據式 (9.7) 我們可以比較上述三個聯合機率密度曲面高度,從而獲得決策邊界。圖 9.13 所示為採用單純貝氏分類演算法,基於 KDE 估算條件邊際機率密度,得到的鳶尾花三分類邊界。

請大家注意,目前 Python 的 Scikit-Learn 工具套件暫時不支援基於 KDE 的單純貝氏分類。Scikit-Learn 提供基於高斯分佈的單純貝氏分類器,這是下一節要介紹的內容。另外,KDE 單純貝氏分類得到的決策邊界不存在解析解。而高斯單純貝氏分類得到的決策邊界存在解析解。

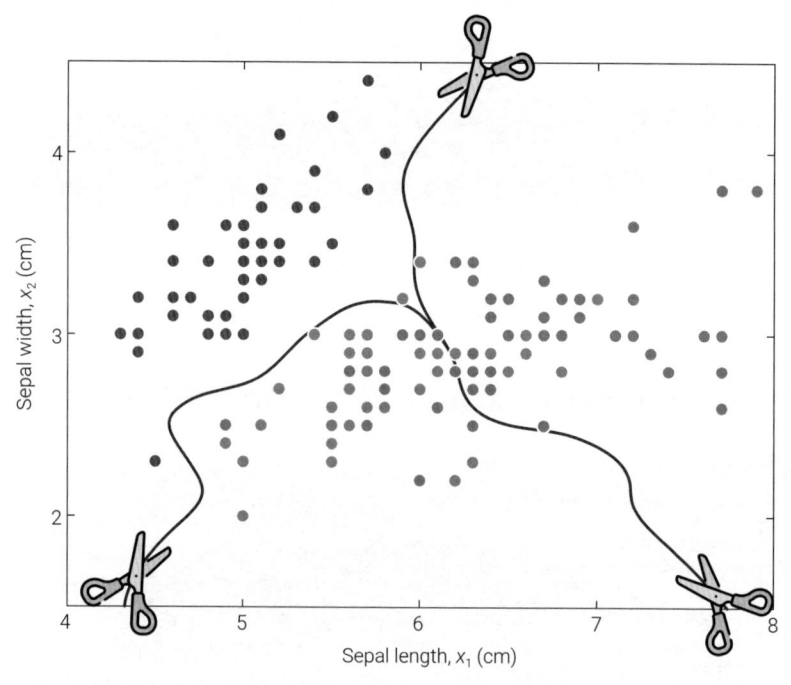

▲ 圖 9.13 單純貝氏決策邊界,基於核心密度估計 KDE

9.2 單純貝氏的「單純」之處

利用式 (9.7) 思想—比較聯合機率大小—我們已經完成分類問題。但是，一般情況下，我們都會求出證據因數，並求得後驗機率。如前文所述，後驗機率又叫成員值，可以直接表達分類可能性百分比，便於視覺化和解釋結果。根據貝氏公式，要想得到後驗機率，需要求得證據因數，這是下一節介紹的內容。

證據因數

假設特徵條件獨立，利用全機率定理和式 (9.13)，證據因數 $f_\chi(x)$ 機率密度可以透過下式計算得到：

$$\underbrace{f_\chi(x)}_{\text{Evidence}} = \sum_{k=1}^{K}\left\{\underbrace{f_{\chi,Y}(x, C_k)}_{\text{Joint}}\right\} = \sum_{k=1}^{K}\left\{\underbrace{p_Y(C_k)}_{\text{Prior}}\underbrace{f_{\chi|Y}(x|C_k)}_{\text{Likelihood}}\right\} = \sum_{k=1}^{K}\left\{\underbrace{p_Y(C_k)}_{\text{Prior}}\underbrace{\prod_{j=1}^{D}f_{X_j|Y}(x_j|C_k)}_{\text{Conditional independence}}\right\} \quad (9.21)$$

兩特徵、三分類問題

當 $K = 3$ 時，對於兩特徵分類問題，證據因數 $f_{X_1,X_2}(x_1,x_2)$ 可以利用下式求得：

$$\underbrace{f_{X_1,X_2}(x_1,x_2)}_{\text{Evidence}} = \underbrace{f_{X_1,X_2,Y}(x_1,x_2,C_1)}_{\text{Joint}} + \underbrace{f_{X_1,X_2,Y}(x_1,x_2,C_2)}_{\text{Joint}} + \underbrace{f_{X_1,X_2,Y}(x_1,x_2,C_3)}_{\text{Joint}}$$
$$= \underbrace{p_Y(C_1)}_{\text{Prior}}\underbrace{f_{X_1,X_2|Y}(x_1,x_2|C_1)}_{\text{Likelihood}} + \underbrace{p_Y(C_2)}_{\text{Prior}}\underbrace{f_{X_1,X_2|Y}(x_1,x_2|C_2)}_{\text{Likelihood}} + \underbrace{p_Y(C_3)}_{\text{Prior}}\underbrace{f_{X_1,X_2|Y}(x_1,x_2|C_3)}_{\text{Likelihood}}$$
$$(9.22)$$

這步計算很容易理解，對於鳶尾花資料，上一節得到的三個聯合機率曲面 (見圖 9.10 ~ 圖 9.12) 疊加便得到證據因數 $f_{X_1,X_2}(x_1,x_2)$ 機率密度曲面。圖 9.14 所示為運算過程。圖 9.14 實際上也是一種機率密度估算的方法。

第 9 章　單純貝氏分類

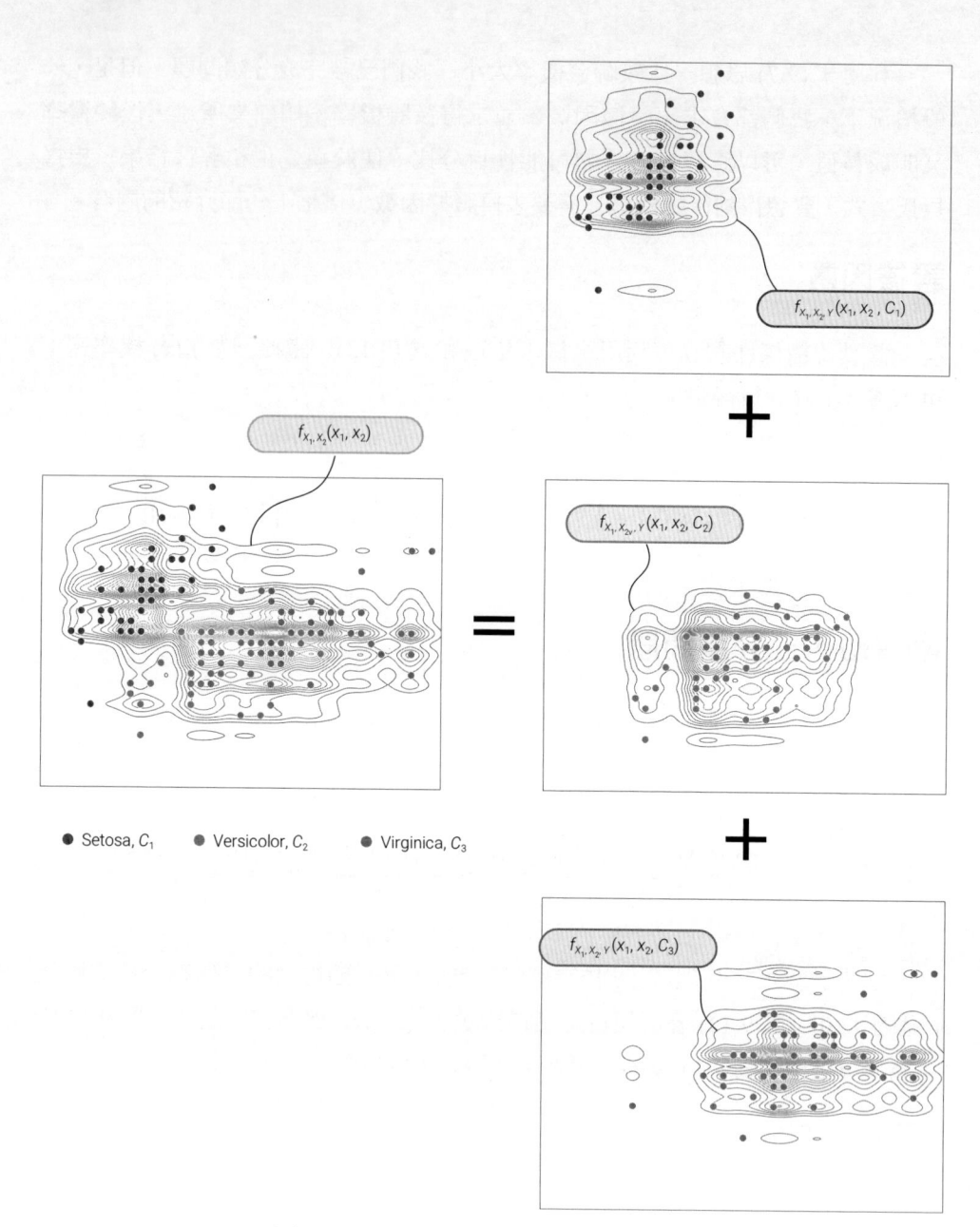

▲ 圖 9.14 估算證據因數機率密度，基於 KDE

機率密度估算

圖 9.15 所示為利用「特徵條件獨立」構造得到的證據因數 $f_{X_1,X_2}(x_1,x_2)$ 機率密度曲面。$f_{X_1,X_2}(x_1,x_2)$ 概率密度曲面和水平面組成的幾何形體體積為 1。

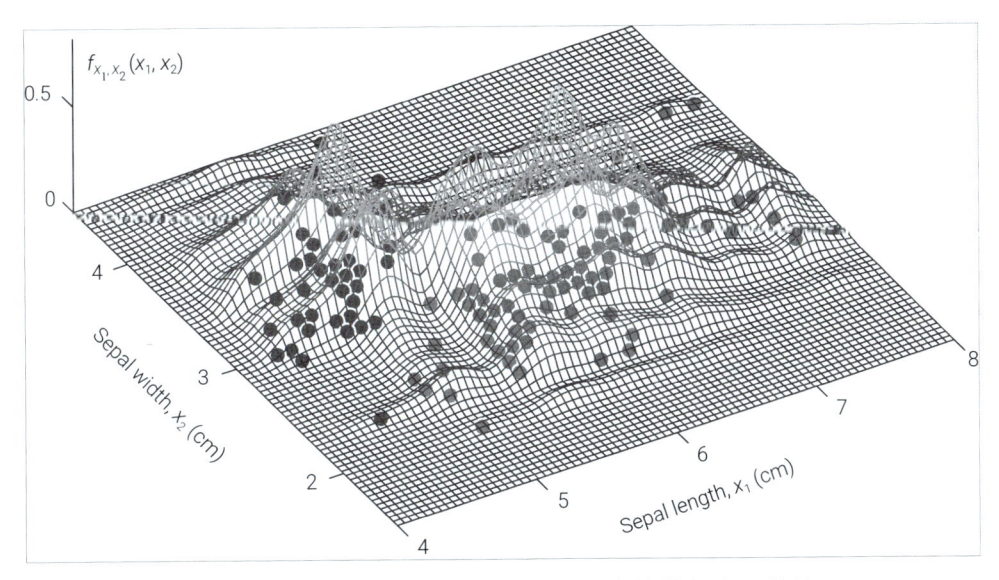

▲ 圖 9.15 估算得到的機率密度曲面，特徵條件獨立，基於 KDE

圖 9.4 所示為假設「特徵條件獨立」估算的證據因數機率密度曲面。前文提過，圖 9.4 這個曲面沒有準確捕捉樣本資料分佈特點；然而，圖 9.15 曲面較為準確描述了樣本資料分佈。

後驗機率：成員值

前兩節計算獲得了聯合機率和證據因數，本節我們計算後驗機率。

當 $K=3$ 時，如果證據因數 $f_{X_1,X_2}(x_1,x_2)$ 不為 0，後驗機率 $f_{Y|X_1,X_2}(C_1 \mid x_1,x_2)$ 可以透過下式得到：

$$\underbrace{f_{Y|X_1,X_2}(C_1 \mid x_1,x_2)}_{\text{Posterior}} = \frac{\overbrace{f_{X_1,X_2,Y}(x_1,x_2,C_1)}^{\text{Joint}}}{\underbrace{f_{X_1,X_2}(x_1,x_2)}_{\text{Evidence}}} \tag{9.23}$$

第 9 章　單純貝氏分類

通俗地講，後驗機率 $f_{Y|X_1,X_2}(C_1 \mid x_1,x_2)$ 的含義是，給定 (x_1,x_2) 的具體值時，分類標籤為 C_1 的可能性多大？所以，$f_{Y|X_1,X_2}(C_1 \mid x_1,x_2)$ 並不是機率密度，$f_{Y|X_1,X_2}(C_1 \mid x_1,x_2)$ 是機率。

圖 9.16 所示為後驗機率 $f_{Y|X_1,X_2}(C_1 \mid x_1,x_2)$ 曲面，容易發現曲面高度在 [0,1] 之間。

同理，可以計算得到另外兩個後驗機率 $f_{Y|X_1,X_2}(C_2 \mid x_1,x_2)$ 和 $f_{Y|X_1,X_2}(C_3 \mid x_1,x_2)$，如圖 9.17 和圖 9.18 所示。比較三個後驗機率曲面高度關係，可以得到和圖 9.13 完全一致的決策邊界。

對於三分類問題，後驗機率 (成員值) 存在以下關係：

$$\underbrace{f_{Y|X_1,X_2}(C_1 \mid x_1,x_2)}_{\text{Posterior}} + \underbrace{f_{Y|X_1,X_2}(C_2 \mid x_1,x_2)}_{\text{Posterior}} + \underbrace{f_{Y|X_1,X_2}(C_3 \mid x_1,x_2)}_{\text{Posterior}} = 1 \tag{9.24}$$

通俗地說，給定平面上任意一點 (x_1,x_2)，它的分類可能性只有三個—C_1、C_2、C_3。因此，上式中，三個條件機率之和為 1。

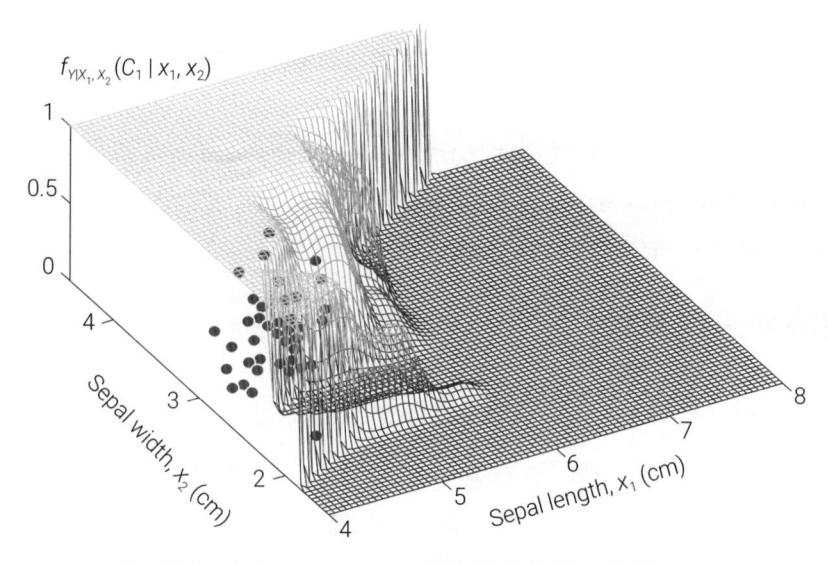

▲ 圖 9.16 $f_{Y|X_1,X_2}(C_1 \mid x_1,x_2)$ 後驗機率曲面，基於 KDE

9.2 單純貝氏的「單純」之處

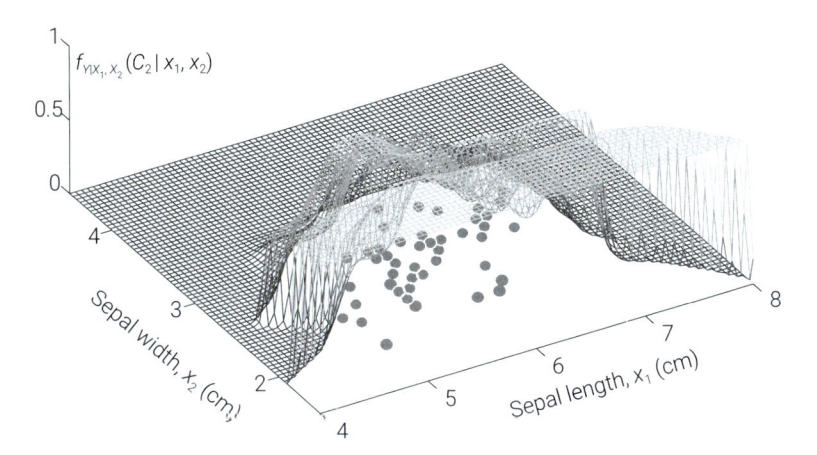

▲ 圖 9.17 $f_{Y|X_1,X_2}(C_2 \mid x_1, x_2)$ 後驗機率曲面,基於 KDE

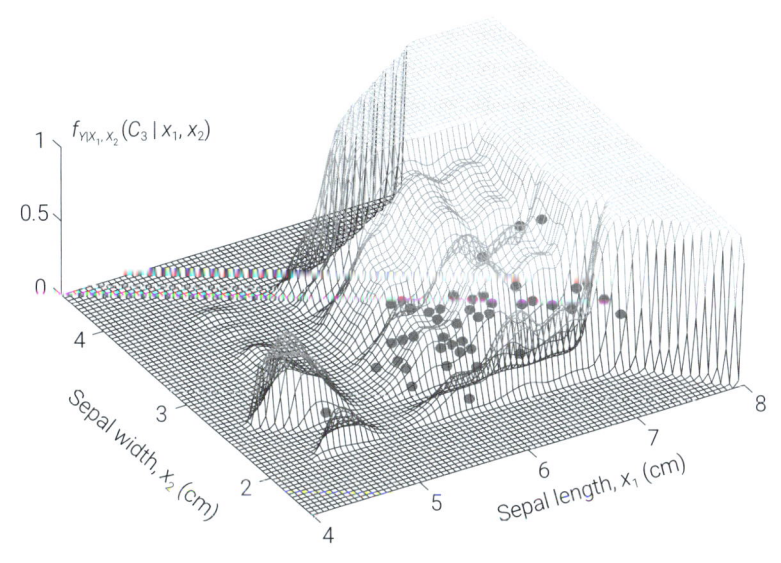

▲ 圖 9.18 $f_{Y|X_1,X_2}(C_3 \mid x_1, x_2)$ 後驗機率曲面,基於 KDE

請大家特別注意以下幾點:

- 貝氏定理和全機率定理是單純貝氏分類器的理論基礎;
- 單純貝氏分類器的「單純」來自假設「特徵條件獨立」;

第 9 章　單純貝氏分類

- 後驗 ∝ 似然 × 先驗；
- 比較聯合機率 (似然 × 先驗) 大小，可以預測分類；
- 假設「特徵條件獨立」，聯合機率疊加得到證據因數，這是一種機率密度估算方法；
- 後驗機率，本身就是機率值，設定值範圍在 [0,1] 內；
- 比較後驗機率大小，同樣可以預測分類。

9.3 高斯，你好

高斯的足跡幾乎踏遍了數學的每個角落，他所到之處都留下了自己的名字。哪怕在機器學習演算法中，「高斯」這個金字招牌也反覆出現。比如，本書提到的幾種演算法：

- 高斯單純貝氏 (Gaussian Naive Bayes)
- 高斯判別分析 (Gaussian discriminant analysis)
- 高斯過程 (Gaussian process)
- 高斯混合模型 (Gaussian mixture model)

並不是高斯發明了這些演算法；而是，後來人在創造這些演算法時，都利用了**高斯分佈** (Gaussian distribution)。

卡爾・弗里德里希・高斯 (Carl Friendrich Gauss)
德國數學家、物理學家、天文學家｜ 1777 — 1855 年
常被稱作「數學王子」，在數學的每個領域開疆拓土。叢書關鍵字：●等差數列 ●高斯分佈 ●最小平方法 ●高斯單純貝氏 ●高斯判別分析 ●高斯過程 ●高斯混合模型 ●高斯核心函數

原理

本章前文介紹了單純貝氏分類，這種分類演算法想法核心在於以下三點：

- 貝氏定理；
- 假設特徵之間條件獨立 (單純之處)；
- 最佳化目標為最大化後驗機率，或最大化聯合機率 (似然 × 先驗)。

本章前文在估算單一特徵條件邊際分佈時，採用高斯核心密度估計 KDE，而本節介紹的**高斯單純貝氏** (Gaussian Naive Bayes) 最大不同在於，採用了高斯分佈估計單一特徵條件邊際分佈。

最大化後驗機率

單純貝氏分類的最佳化目標可以是最大化後驗機率。對於二分類問題，直接比較 $f_{Y|X}(C_1|x)$ 和 $f_{Y|X}(C_2|x)$ 兩個後驗機率大小，就可以預測分類。

圖 9.19 所示為基於高斯分佈得到的 $f_{Y|X}(C_1|x)$ 和 $f_{Y|X}(C_2|x)$ 兩個後驗機率曲面。比較上一章基於 KDE 的後驗機率山面，可以發現高斯後驗機率曲面非常平滑。圖 9.19 中深藍色曲線就是決策邊界。這條決策邊界實際上是二次曲線。

> 這一點，我們將會在下一章講解**高斯判別分析** (Gaussian Discriminant Analysis，GDA) 時深入介紹。

第 9 章 單純貝氏分類

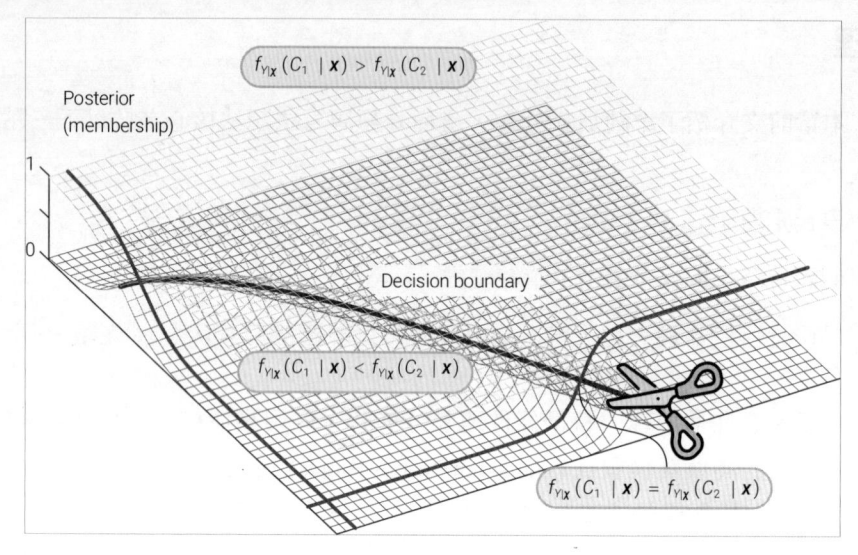

▲ 圖 9.19 二分類,比較後驗機率大小,基於高斯分佈

最大化聯合機率

本章前文提到過,單純貝氏分類的最佳化目標同樣可以是最大化聯合機率。原因是,聯合機率正比於後驗機率。如圖 9.20 所示,二分類問題中,比較聯合機率 $f_{Y|X}(C_1, x)$ 和 $f_{Y|X}(C_2, x)$ 兩個曲面高度,可以獲得相同的決策邊界。

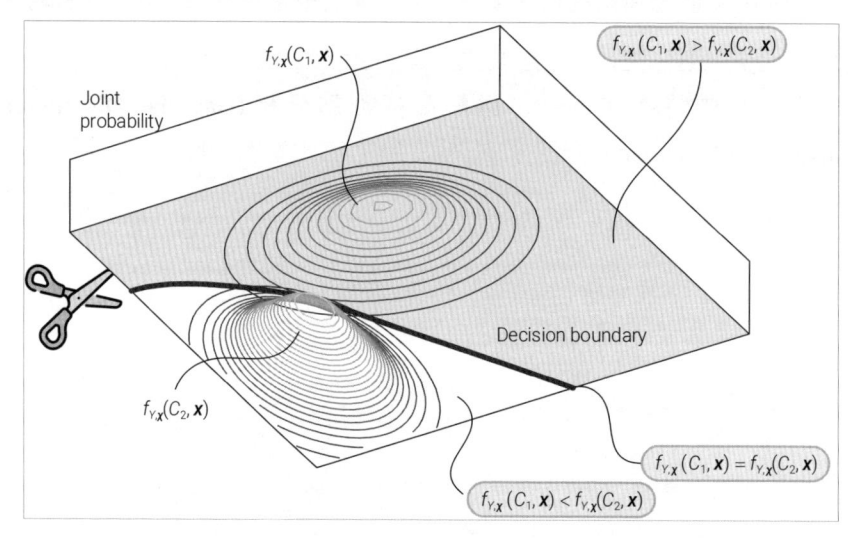

▲ 圖 9.20 二分類,比較聯合機率大小,基於高斯分佈

9-26

9.3 高斯，你好

流程

圖 9.21 所示為高斯單純貝氏分類流程圖。這一流程和本章前文介紹的單純貝氏分類流程完全一致。前文已經指出，高斯單純貝氏分類器的特點是，估算特徵條件邊際分佈時，高斯單純貝氏分類採用高斯分佈。

為方便大家學習，本節採用和前文幾乎一樣的結構。建議大家對照邊際分佈曲線變化趨勢，比較各種機率曲面特徵，特別是對比決策邊界形態。此外，本節幫助讀者回顧高斯分佈，讓大家了解到在機器學習演算法中如何引入高斯分佈，以及明白高斯分佈對決策邊界形態有怎樣的影響。

貝氏定理、貝氏分類、貝氏推斷中有兩個重要概念—**先驗機率** (prior probability 或 prior)、**後驗機率** (posterior probability 或 posterior)。

先驗機率是指在考慮任何新證據之前，我們對一個事件或假設的機率的初始估計。它基於以前的經驗、先前的觀察或領域知識。這種機率是「先驗」的，因為它不考慮新資料或新證據，只是基於我們事先已經了解的資訊。

假設我們要研究某地區的流感發病率。在流感季節之前，我們可能會查閱歷史資料，了解流感傳播的模式以及人口的健康狀況，從而得出在流感季節中某人患上流感的初始估計機率，這就是先驗機率。

後驗機率是指在考慮了新證據或新資料後，我們對一個事件或假設的機率進行更新後的估計。在得到新證據或新資料後，我們根據貝氏定理來更新先驗機率，以得到後驗機率。貝氏定理將先驗機率和新證據或新資料結合起來，提供了一個更準確的機率估計。

在流感季節中，我們開始收集實際發病資料，比如每天有多少人確診患上流感。根據這些新資料，我們可以使用貝氏定理來更新先前的先驗機率，得到一個更準確的後驗機率，以更進一步地預測未來發病率，進而做出相關決策。

圖 9.21 所示為高斯單純貝氏分類的流程圖。

第 9 章　單純貝氏分類

高斯單純貝氏分類假設每個特徵在替定類別下是條件獨立的，即給定類別的情況下，每個特徵與其他特徵之間條件獨立。這便是高斯單純貝氏分類中「單純」兩個字的來由。然後，將每個類別的特徵分佈建模為高斯分佈，這則是高斯單純貝氏分類中「高斯」兩個字的來由。

以圖 9.21 為例，給定標籤為 C_1(紅色點)，分別獨立獲得 $f_{X_1|Y}(x_1 \mid C_1)$ 和 $f_{X_2|Y}(x_2 \mid C_1)$。假設條件獨立，$f_{Y,X_1,X_2}(C_1,x_1,x_2) = p_Y(C_1) \cdot f_{X_1|Y}(x_1 \mid C_1) \cdot f_{X_2|Y}(x_2 \mid C_1)$。

> 大家如果對上述內容有疑惑的話，請參考《AI 時代 Math 元年 - 用 Python 全精通統計及機率》第 18、19 章。

在訓練時，演算法從訓練資料中學習每個類別各個特徵的 (條件) 平均值和方差，用於計算每個特徵在該類別下的機率密度函數，即**似然機率** (likelihood)。

當有新的未標記樣本輸入時，演算法將計算該樣本在每個類別下的條件機率 (後驗機率)，並選擇具有最高機率的類別作為預測結果。

高斯單純貝氏分類演算法的優點是簡單快速、易於實現和適用於高維資料。它還能夠處理連續型資料，因為它假設資料分佈是高斯分佈。

9.3 高斯，你好

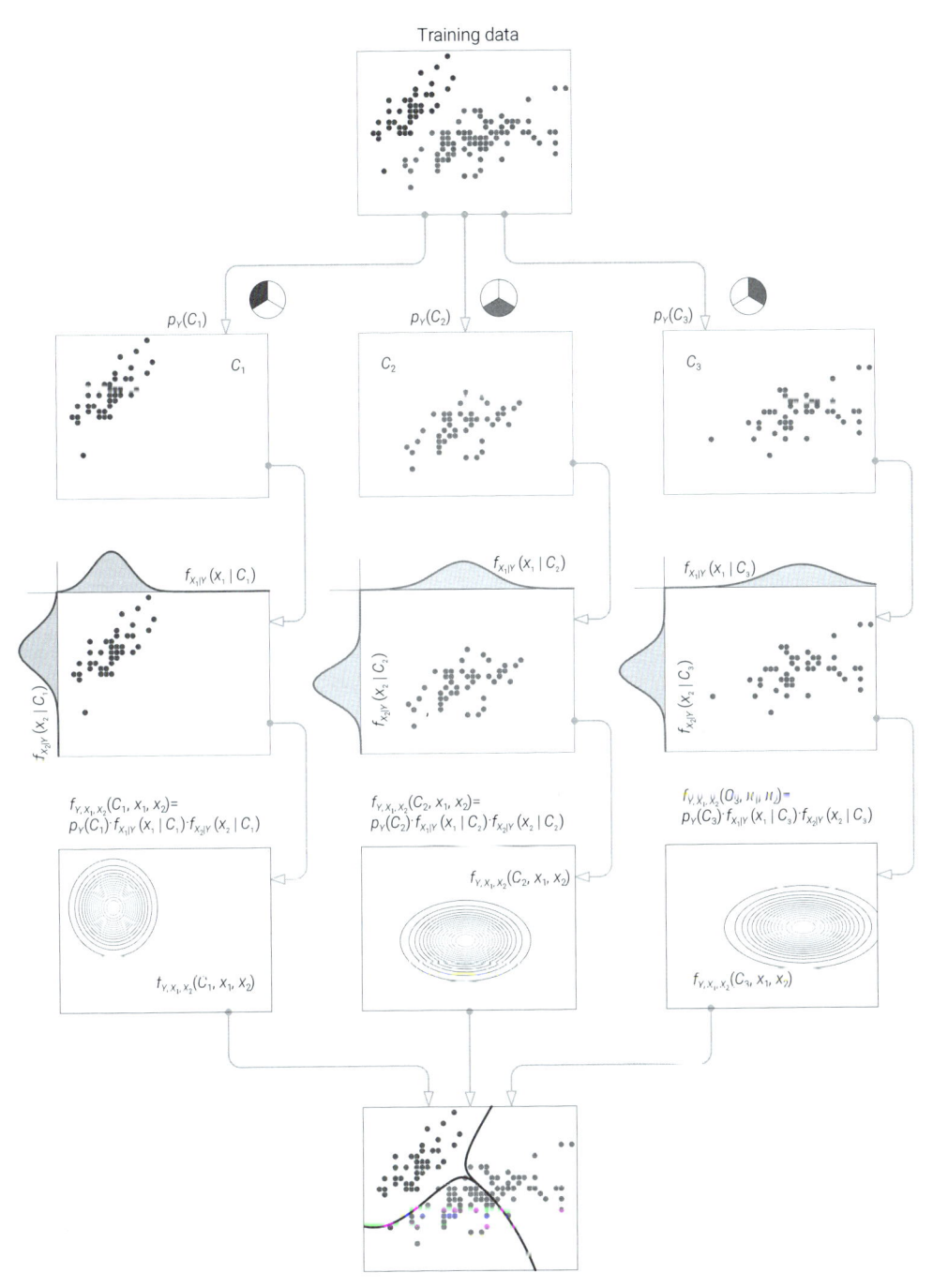

▲ 圖 9.21 高斯單純貝氏分類過程

第 9 章 單純貝氏分類

似然機率

單純貝氏分類演算法在估算似然機率時，假設特徵之間條件獨立：

$$\underbrace{f_{X|Y}(\boldsymbol{x}|C_k)}_{\text{Likelihood}} = \prod_{j=1}^{D} f_{X_j|Y}(x_j|C_k) \tag{9.25}$$

比如，式 (9.26) 計算 C_1 似然機率密度：

$$\underbrace{f_{X_1,X_2|Y}(x_1,x_2|C_1)}_{\text{Likelihood}} = \underbrace{f_{X_1|Y}(x_1|C_1) f_{X_2|Y}(x_2|C_1)}_{\text{Conditional independence}} \tag{9.26}$$

引入高斯分佈

高斯單純貝氏中條件邊際分佈採用的是高斯分佈估計。比如，式 (9.26) 中的 $f_{X_1|Y}(x_1 \mid C_1)$ 和 $f_{X_2|Y}(x_2 \mid C_1)$ 可以寫成：

$$\begin{cases} f_{X_1|Y}(x_1|C_1) = \dfrac{1}{\sqrt{2\pi}\sigma_{1|C_1}} \exp\left(-\dfrac{1}{2}\left(\dfrac{x_1 - \mu_{1|C_1}}{\sigma_{1|C_1}}\right)^2\right) \\ \\ f_{X_2|Y}(x_2|C_1) = \dfrac{1}{\sqrt{2\pi}\sigma_{2|C_1}} \exp\left(-\dfrac{1}{2}\left(\dfrac{x_2 - \mu_{2|C_1}}{\sigma_{2|C_1}}\right)^2\right) \end{cases} \tag{9.27}$$

對於鳶尾花資料，$\mu_{1|C_1}$ 為標籤為 C_1 資料在花萼長度 x_1 特徵上的平均值，$\sigma_{1|C_1}$ 為 C_1 資料在 x_1 特徵上標準差；$\mu_{2|C_1}$ 為標籤為 C_1 資料在花萼寬度 x_2 特徵上的平均值，$\sigma_{2|C_1}$ 為 C_1 資料在 x_2 特徵上標準差。

圖 9.22 中舉出了 $f_{X_1|Y}(x_1 \mid C_1)$ 和 $f_{X_2|Y}(x_2 \mid C_1)$ 兩個機率密度函數曲線，以及 $\mu_{1|C_1}$ 和 $\mu_{2|C_2}$ 所在位置。

將式 (9.27) 代入式 (9.17)，可以得到 $f_{X_1,X_2|Y}(x_1,x_2 \mid C_1)$：

9.3 高斯，你好

$$f_{X_1,X_2|Y}(x_1,x_2|C_1) = f_{X_1|Y}(x_1|C_1) \cdot f_{X_2|Y}(x_2|C_1)$$

$$= \frac{\exp\left(-\frac{1}{2}\left(\frac{x_1-\mu_{1|C_1}}{\sigma_{1|C_1}}\right)^2\right)}{\sqrt{2\pi}\sigma_{1|C_1}} \times \frac{\exp\left(-\frac{1}{2}\left(\frac{x_2-\mu_{2|C_1}}{\sigma_{2|C_1}}\right)^2\right)}{\sqrt{2\pi}\sigma_{2|C_1}} \qquad (9.28)$$

$$= \frac{\exp\left(-\frac{1}{2}\left(\frac{(x_1-\mu_{1|C_1})^2}{\sigma_{1|C_1}^2}+\frac{(x_2-\mu_{2|C_1})^2}{\sigma_{2|C_1}^2}\right)\right)}{\left(\sqrt{2\pi}\right)^2\sigma_{1|C_1}\sigma_{2|C_1}}$$

圖 9.22 中等高線便是 $f_{X_1,X_2|Y}(x_1,x_2|C_1)$ 曲面等高線。

大家可能已經發現，圖 9.22 中等高線為正橢圓！對於本節情況，正橢圓說明特徵條件獨立。圖 9.23 和圖 9.24 所示為似然機率 $f_{X_1,X_2|Y}(x_1,x_2|C_2)$ 和 $f_{X_1,X_2|Y}(x_1,x_2|C_3)$ 的結果。

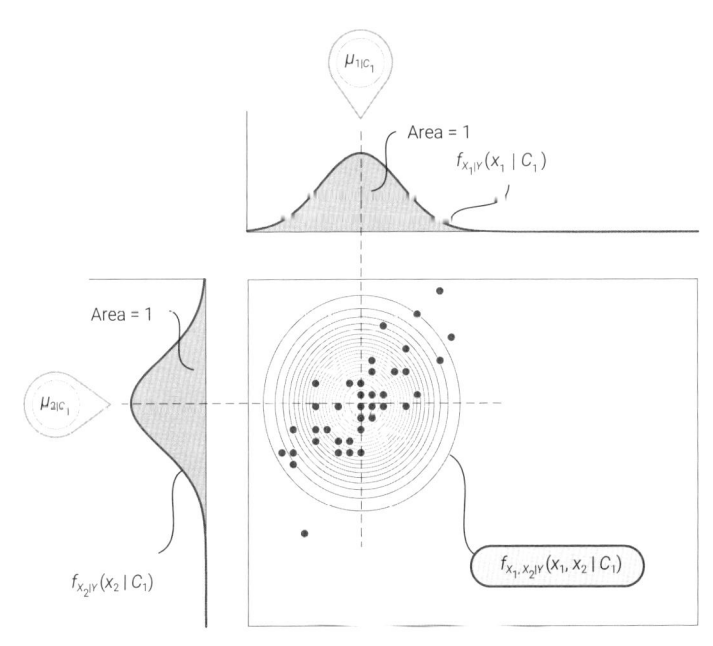

▲ 圖 9.22 分類 C_1 樣本資料，假設鳶尾花花萼長度 x_1 和花萼寬度 x_2 條件獨立，得到似然機率 $f_{X_1,X_2|Y}(x_1,x_2|C_1)$，基於高斯分佈

⚠ 再次提醒大家注意，「特徵條件獨立」不同於「特徵獨立」。

第 9 章　單純貝氏分類

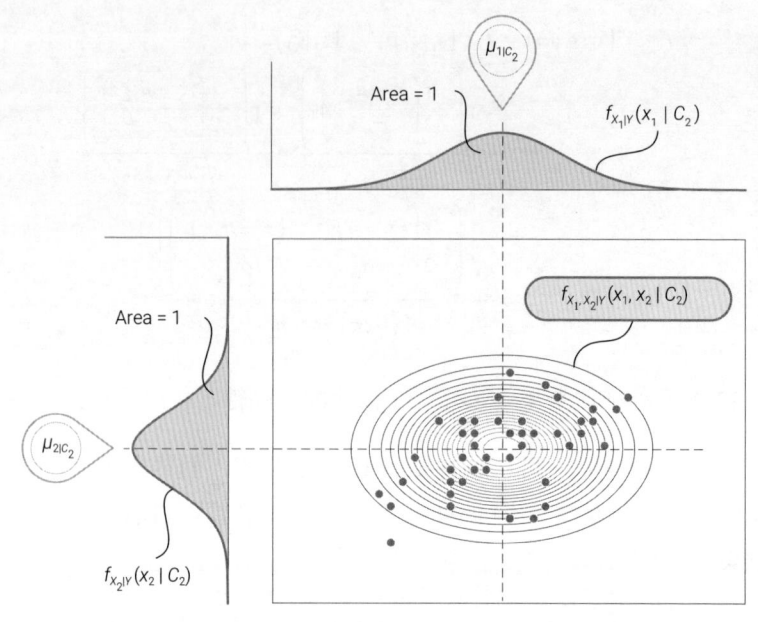

▲ 圖 9.23 分類 C_2 樣本資料，假設鳶尾花花萼長度 x_1 和花萼寬度 x_2 條件獨立，得到似然機率 $f_{X_1,X_2|Y}(x_1,x_2 \mid C_2)$，基於高斯分佈

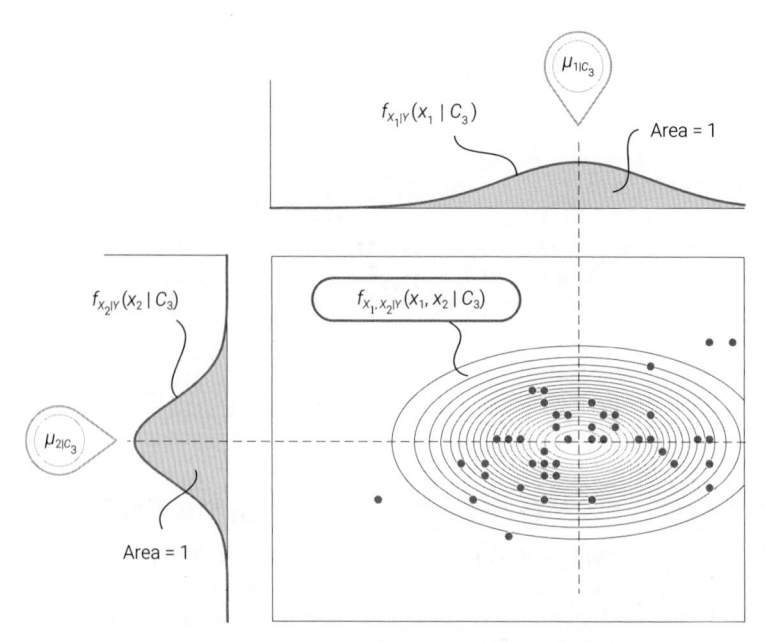

▲ 圖 9.24 分類 C_3 樣本資料，假設鳶尾花花萼長度 x_1 和花萼寬度 x_2 條件獨立，得到似然機率 $f_{X_1,X_2|Y}(x_1,x_2 \mid C_3)$，基於高斯分佈

聯合機率

這一節利用下式估算聯合機率：

$$\underbrace{f_{X,Y}(x,C_k)}_{\text{Joint}} = \underbrace{p_Y(C_k)}_{\text{Prior}} \underbrace{f_{X|Y}(x|C_k)}_{\text{Likelihood}} = \underbrace{p_Y(C_k)}_{\text{Prior}} \underbrace{\prod_{j=1}^{D} f_{X_j|Y}(x_j|C_k)}_{\text{Conditional independence}} \quad (9.29)$$

三分類問題

對於鳶尾花三分類 ($K = 3$) 問題，聯合機率 $f_{X_1,X_2,Y}(x_1,x_2,C_k)$ ($k = 1,2,3$) 可以透過下式得到：

$$\underbrace{f_{X_1,X_2,Y}(x_1,x_2,C_k)}_{\text{Joint}} = \underbrace{f_{X_1,X_2|Y}(x_1,x_2|C_k)}_{\text{Likelihood}} \underbrace{p_Y(C_k)}_{\text{Prior}} = \underbrace{f_{X_1|Y}(x_1|C_k) \cdot f_{X_2|Y}(x_2|C_k)}_{\text{Conditional independence}} \underbrace{p_Y(C_k)}_{\text{Prior}} \quad (9.30)$$

再次注意，先驗機率 $p_Y(C_k)$ 相當於一個縮放係數。

圖 9.25 ~ 圖 9.27 所示為 $f_{X_1,X_2,Y}(x_1,x_2,C_1)$、$f_{X_1,X_2,Y}(x_1,x_2,C_2)$ 和 $f_{X_1,X_2,Y}(x_1,x_2,C_3)$ 三個聯合機率密度函數曲面。

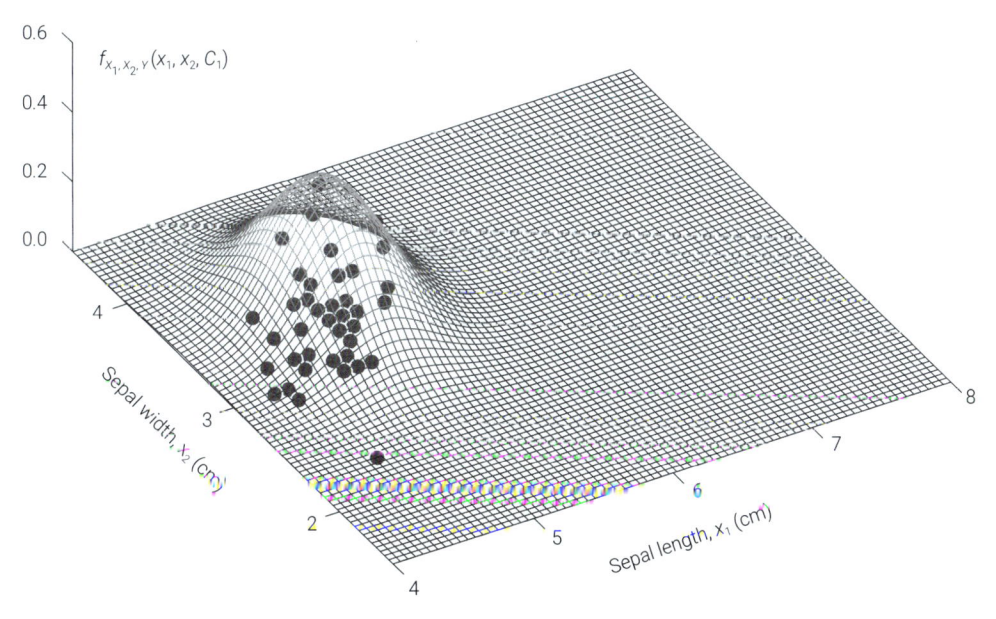

▲ 圖 9.25 $f_{X_1,X_2,Y}(x_1,x_2,C_1)$ 機率密度曲面，基於高斯分佈

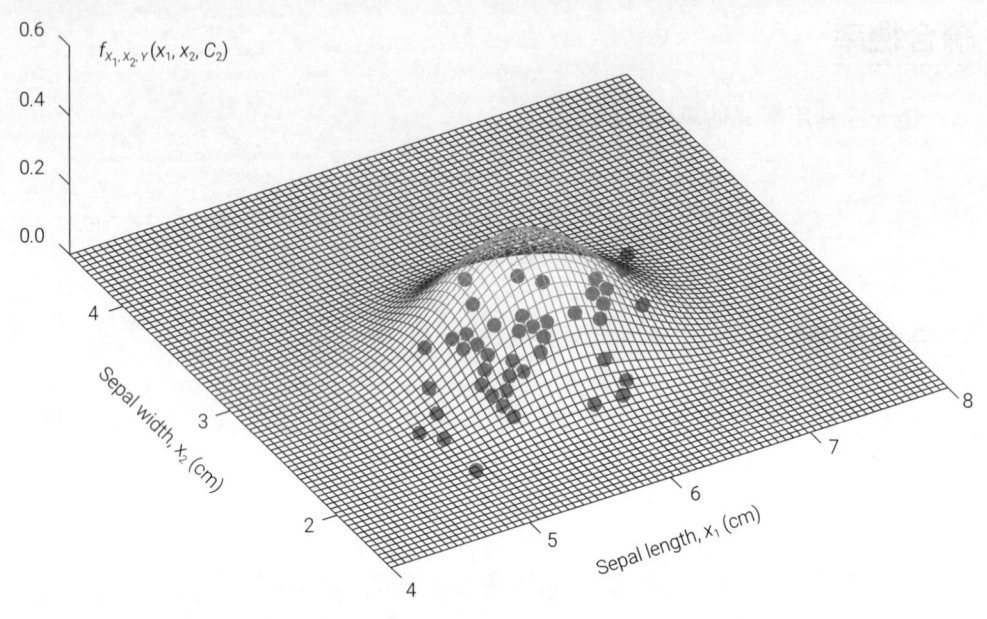

第 9 章　單純貝氏分類

▲ 圖 9.26 $f_{X_1, X_2, Y}(x_1, x_2, C_2)$ 機率密度曲面，基於高斯分佈

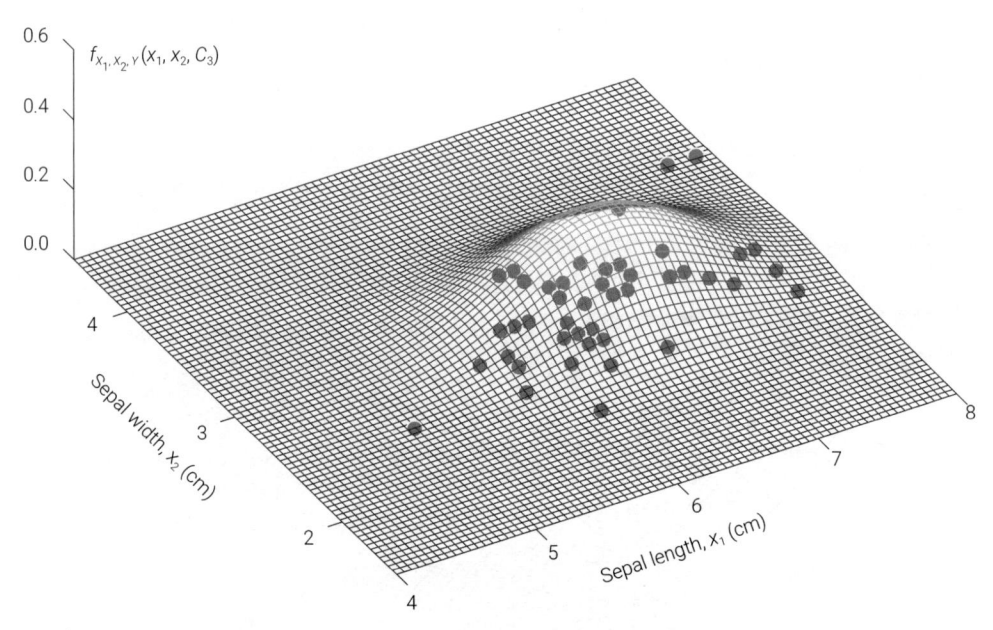

▲ 圖 9.27 $f_{X_1, X_2, Y}(x_1, x_2, C_3)$ 機率密度曲面，基於高斯分佈

分類依據：最大化聯合機率

根據本章前文介紹的高斯單純貝氏最佳化目標之一——最大化聯合機率；考慮到特徵條件獨立這一假設，高斯單純貝氏目標函數為：

$$\hat{y} = \underset{C_k}{\arg\max}\, p_Y(C_k) \prod_{j=1}^{D} f_{X_j|Y}(x_j|C_k) \tag{9.31}$$

因此，比較圖 9.25 ~ 圖 9.27 三個曲面高度，可以進行鳶尾花分類預測。

Sklearn 工具套件高斯單純貝氏分類演算法的函數為 sklearn.naive_bayes.GaussianNB。同樣，這個函數常用的方法為 fit(*X*,*y*) 和 predit(*q*)。fit(*X*,*y*) 用來載入樣本資料，predit(*q*) 用來預測查詢點 *q* 的分類。

透過 Sklearn 高斯單純貝氏分類演算法得到分類預測和決策邊界。比較本章前文的決策邊界，可以發現高斯單純貝氏分類演算法得到的決策邊界，形態上更簡潔。圖 9.28 中決策邊界實際上是二次曲線。也就是說，協方差矩陣為對角陣，即特徵條件獨立時，高斯判別分析演算法得到的決策邊界等於高斯單純貝氏。這一點，下一章將詳細講解。

Bk7_Ch09_01.ipynb 中的程式利用高斯單純貝氏分類了鳶尾花資料集，並繪製了圖 9.28。下面講解其中關鍵敘述。

ⓐ 用 sklearn.naive_bayes.GaussianNB() 建立單純貝氏分類物件。

ⓑ 呼叫單純貝氏分類物件，並使用 fit() 方法擬合資料。

ⓒ 構造網格查詢點的二維陣列。

ⓓ 預測網格查詢點的分類標籤。

ⓔ 將結果規整為和網格座標同一形狀，以便後續視覺化。

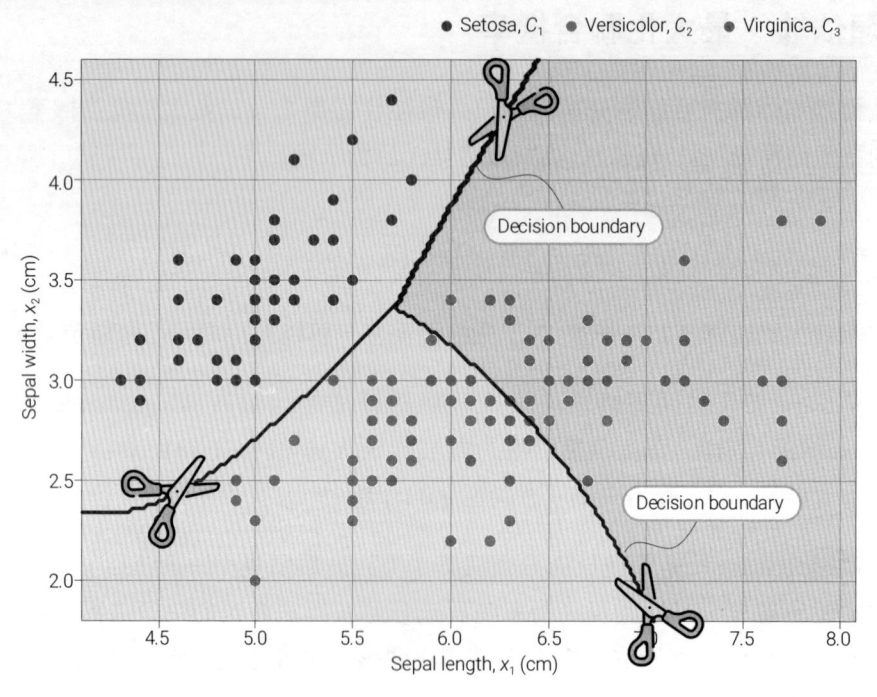

第 9 章　單純貝氏分類

▲ 圖 9.28 鳶尾花分類預測，單純貝氏決策邊界，基於高斯分佈

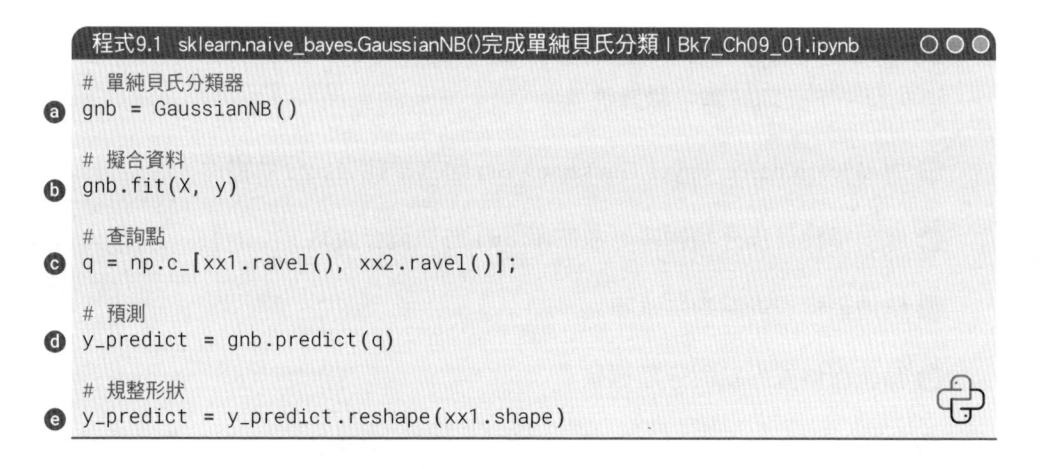

程式9.1　sklearn.naive_bayes.GaussianNB()完成單純貝氏分類 | Bk7_Ch09_01.ipynb

```python
# 單純貝氏分類器
gnb = GaussianNB()

# 擬合資料
gnb.fit(X, y)

# 查詢點
q = np.c_[xx1.ravel(), xx2.ravel()];

# 預測
y_predict = gnb.predict(q)

# 規整形狀
y_predict = y_predict.reshape(xx1.shape)
```

證據因數：一種機率估算方法

根據全機率定理以及假設特徵條件獨立，證據因數 $f(x)$ 可以透過下式計算：

9.3 高斯，你好

$$\underbrace{f_\chi(x)}_{\text{Evidence}} = \sum_{k=1}^{K} \left\{ \underbrace{p_Y(C_k)}_{\text{Prior}} \underbrace{\prod_{j=1}^{D} f_{X_j|Y}(x_j|C_k)}_{\text{Conditional independence}} \right\} \qquad (9.32)$$

本章前文提到過，上式本身是一種機率密度估算方法，具體如圖 9.29 所示。

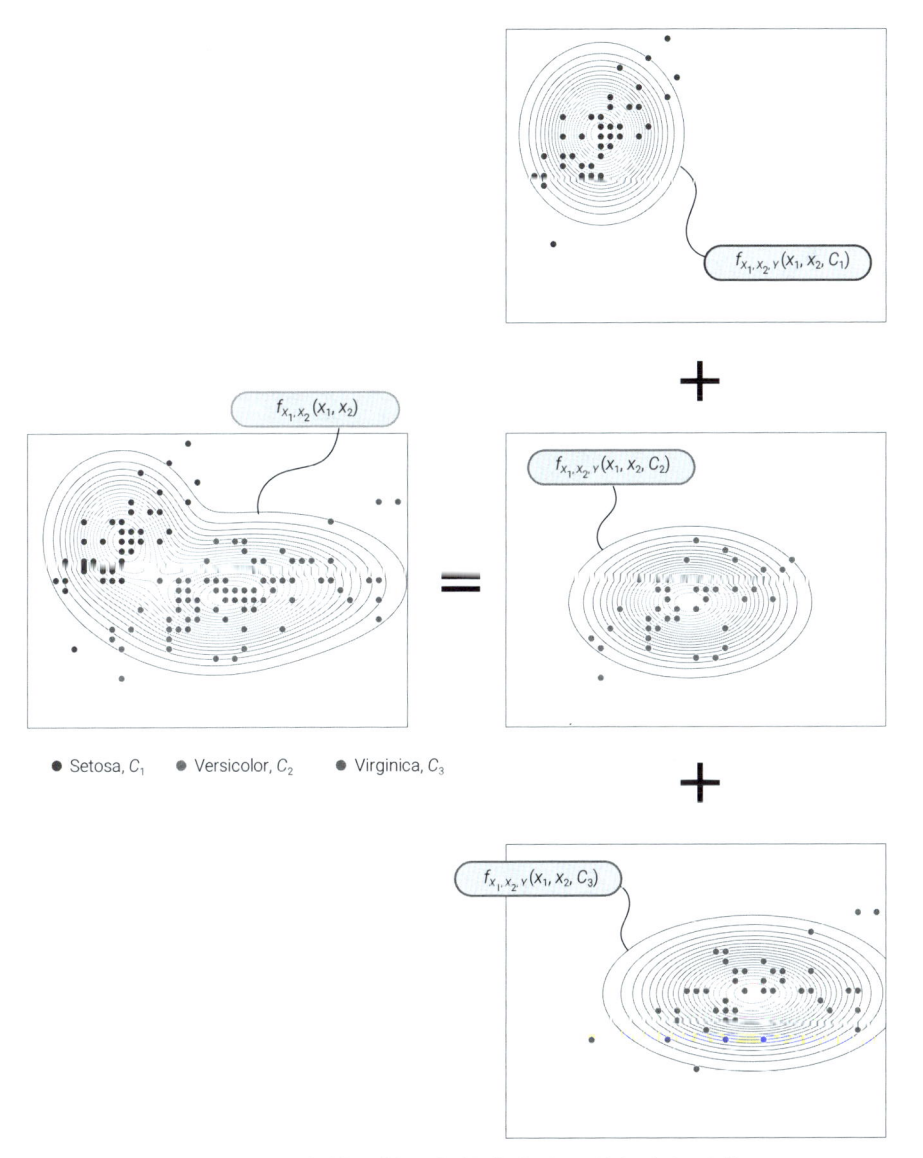

▲ 圖 9.29 估算證據因數機率密度，基於高斯分佈

第 9 章　單純貝氏分類

圖 9.30 所示為估算得到的二元機率密度曲面 $f_{X_1,X_2}(x_1,x_2)$。注意，這個機率密度曲面主要基於以下兩點：① 假設特徵條件獨立；② 條件邊際機率透過一元高斯分佈估計。

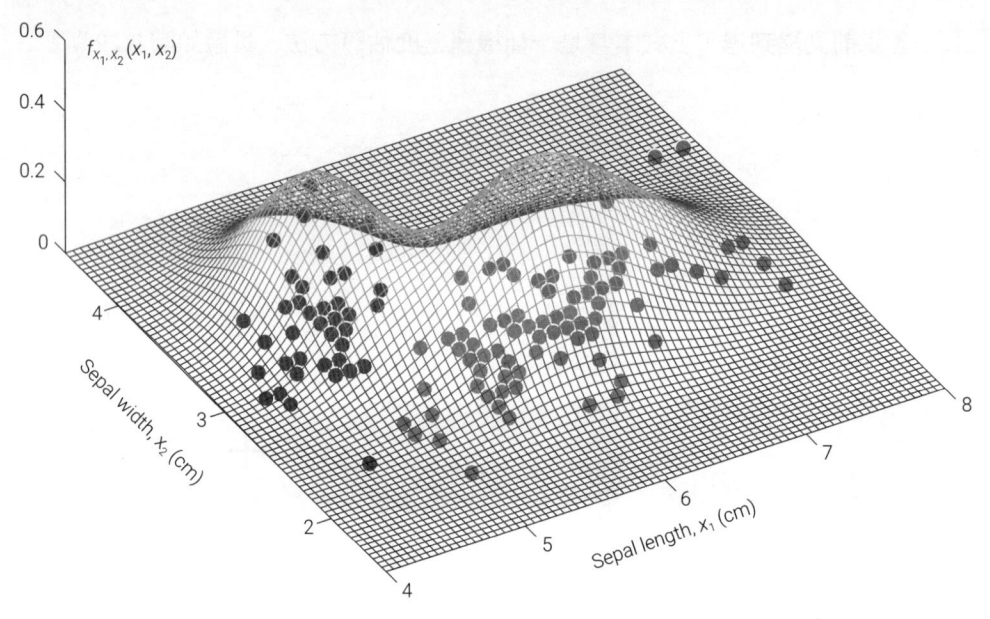

▲ 圖 9.30　估算得到的二元機率密度曲面，特徵條件獨立，基於高斯分佈

後驗機率：成員值

利用先驗機率、似然機率和證據因數，根據貝氏定理計算得到後驗機率，即成員值：

$$\underbrace{f_{Y|\chi}(C_k|\boldsymbol{x})}_{\text{Posterior}} = \frac{\overbrace{f_{\chi|Y}(\boldsymbol{x}|C_k)}^{\text{Likelihood}} \overbrace{p_Y(C_k)}^{\text{Prior}}}{\underbrace{f_\chi(\boldsymbol{x})}_{\text{Evidence}}} \tag{9.33}$$

其中，假設分母中的證據因數不為 0。

9.3 高斯，你好

如果假設「特徵條件獨立」，上式可以寫成：

$$\underbrace{f_{Y|\mathcal{X}}\left(C_k|\boldsymbol{x}\right)}_{\text{Posterior}} = \frac{\overbrace{\prod_{j=1}^{D}f_{X_j|Y}\left(x_j|C_k\right)}^{\text{Likelihood}}\overbrace{p_Y\left(C_k\right)}^{\text{Prior}}}{\underbrace{f_{\mathcal{X}}\left(\boldsymbol{x}\right)}_{\text{Evidence}}} \tag{9.34}$$

本章前文介紹過，單純貝氏分類最佳化目標也可以是最大化後驗機率：

$$\hat{y} = \arg\max_{C_k} f_{Y|\mathcal{X}}\left(C_k|\boldsymbol{x}\right) \tag{9.35}$$

圖 9.31 ~ 圖 9.33 所示為 $f_{Y|X_1,X_2}(C_1 \mid x_1,x_2)$、$f_{Y|X_1,X_2}(C_2 \mid x_1,x_2)$ 和 $f_{Y|X_1,X_2}(C_3 \mid x_1,x_2)$ 三個後驗機率曲面。

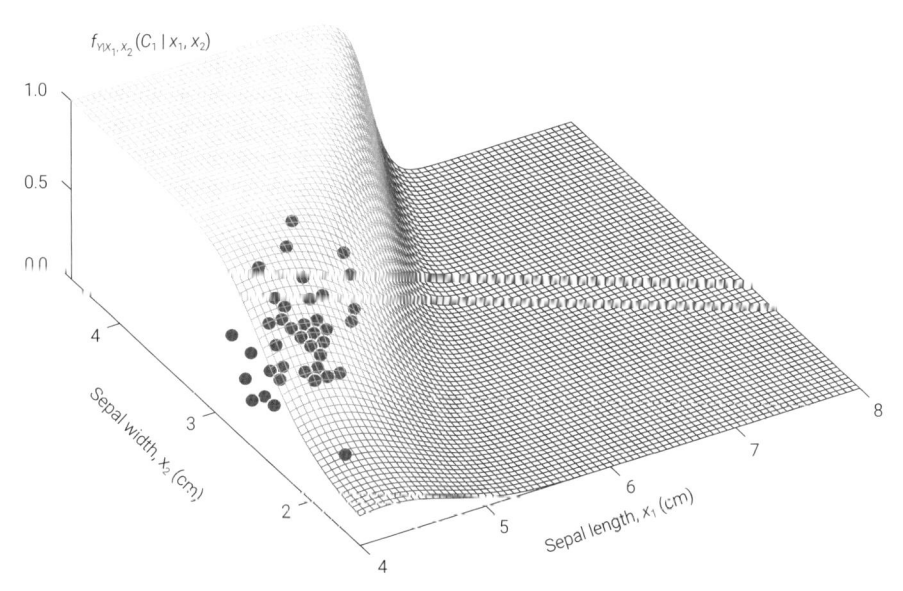

▲ 圖 9.31 $f_{Y|X_1,X_2}(C_1 \mid x_1,x_2)$ 後驗機率曲面，基於高斯分佈

第 9 章　單純貝氏分類

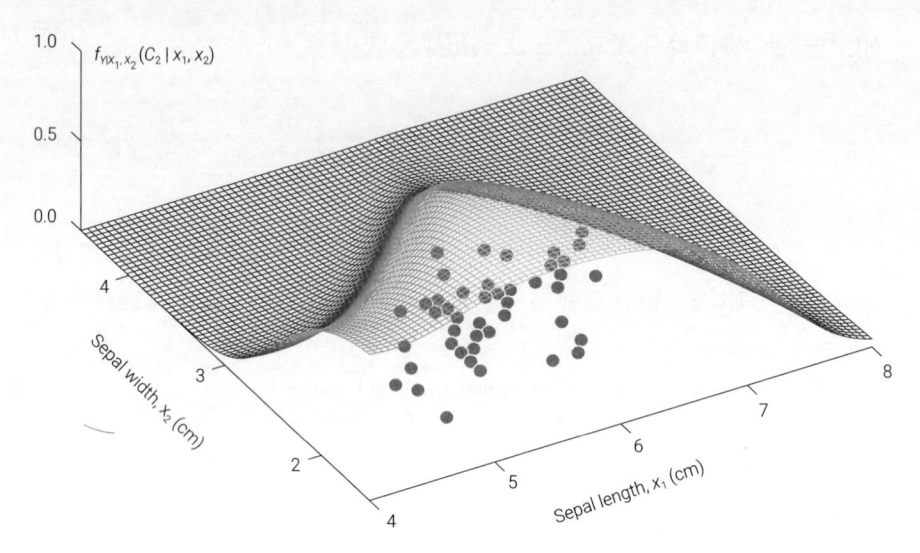

▲ 圖 9.32　$f_{Y|X_1,X_2}(C_2 \mid x_1, x_2)$ 後驗機率曲面，基於高斯分佈

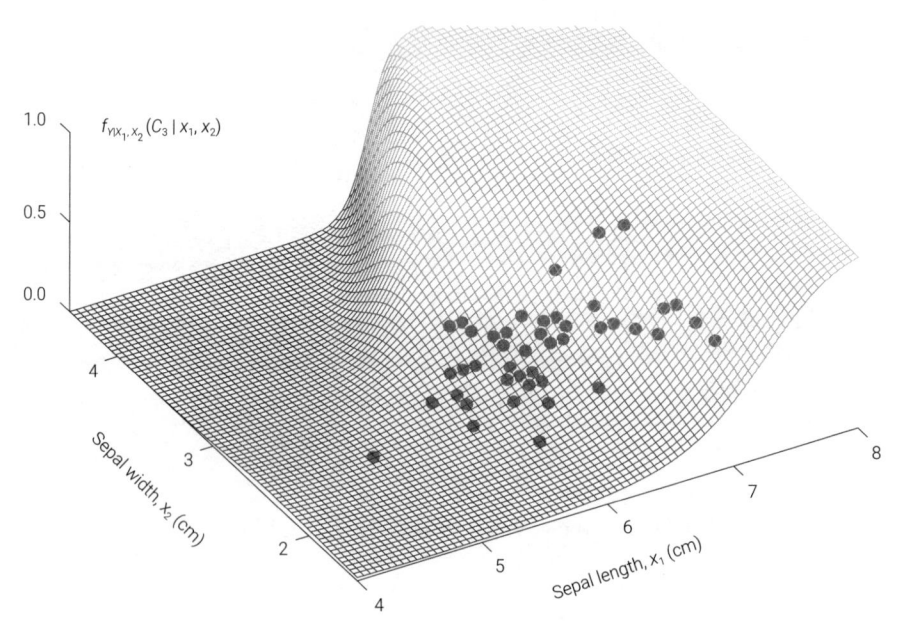

▲ 圖 9.33　$f_{Y|X_1,X_2}(C_3 \mid x_1, x_2)$ 後驗機率曲面，基於高斯分佈

對於鳶尾花三分類問題，如圖 9.34 所示，比較 $f_{Y|X_1,X_2}(C_1 \mid x_1, x_2)$、$f_{Y|X_1,X_2}(C_2 \mid x_1, x_2)$ 和 $f_{Y|X_1,X_2}(C_3 \mid x_1, x_2)$ 三個後驗機率密度曲面高度，可以預測分類，並獲得決策邊界。

9.3 高斯，你好

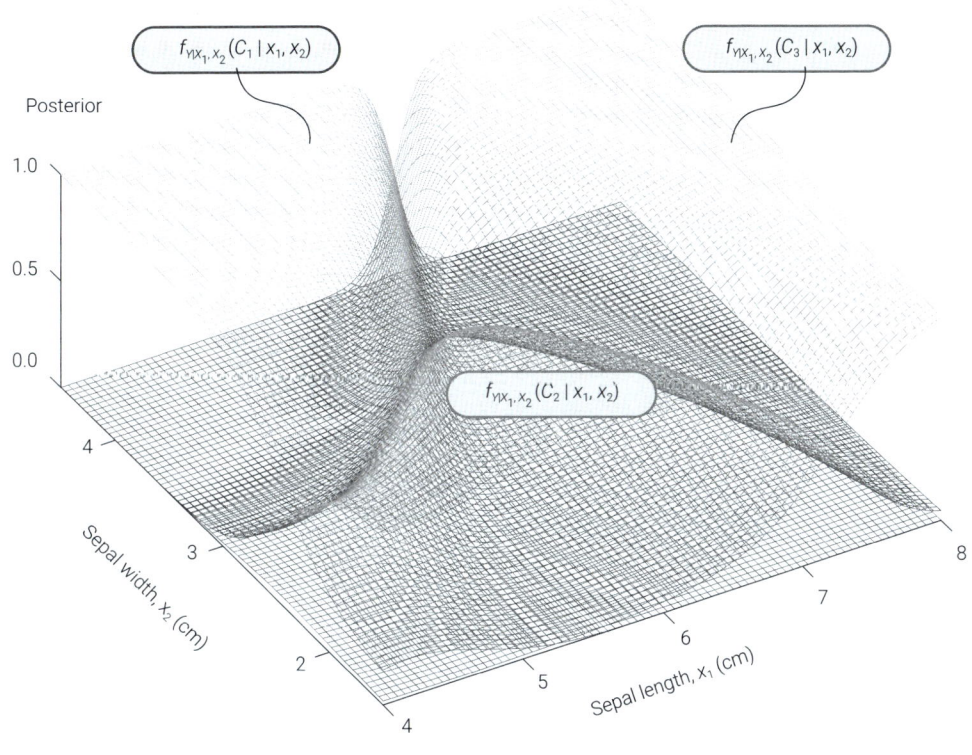

▲ 圖 9.31 比較三個後驗機率曲面，基於高斯分佈

> 貝氏定理是機器學習和深度學習中重要的概率論工具，廣泛應用於分類、聚類、推薦系統等領域。本章介紹的單純貝氏分類是貝氏定理的許多應用之一。
>
> 貝氏派思想強調我們對未知事物的認識應該是不斷修正和更新的。它透過貝氏定理將已有的先驗知識和新的實驗資料結合起來，不斷修正我們對未知事件的機率估計，以實現對真實機率的逼近。貝氏派思想應用於機器學習和人工智慧領域，可以用於推斷和預測，解決實際問題，如自然語言處理、影像辨識、推薦系統等。貝氏派思想的優點是可以有效處理不確定性和雜訊，具有廣泛的應用前景。

第 9 章　單純貝氏分類

MEMO

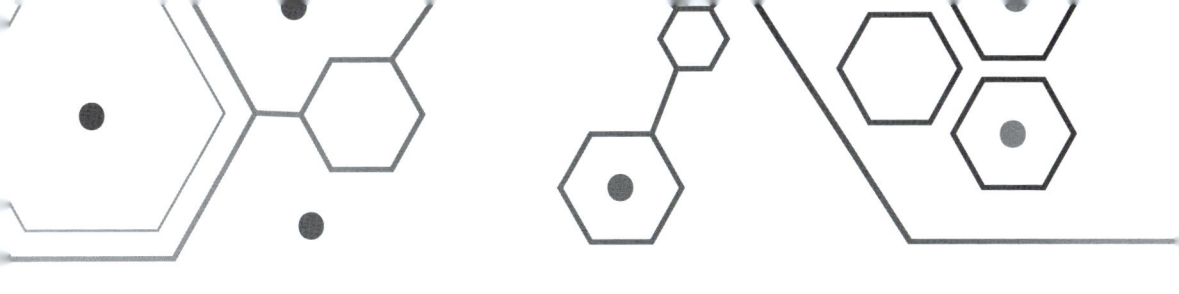

10 高斯判別分析
Gaussian Discriminant Analysis

假設後驗機率為高斯分佈，最小化分類錯誤

> 唯有勇敢者，才能洞見科學的壯美。
>
> *The enchanting charms of this sublime science reveal themselves in all their beauty only to those who have the courage togo deeply into it.*
>
> ——卡爾·弗里德里希·高斯（Carl Friedrich Gauss）｜
> 德國數學家、物理學家、天文學家｜1777—1855 年

- matplotlib.pyplot.contour() 繪製等高線圖
- matplotlib.pyplot.contourf() 繪製填充等高線圖
- matplotlib.pyplot.scatter() 繪製散點圖
- numpy.array() 建立 array 資料型態
- numpy.c_() 按列疊加兩個矩陣
- numpy.linspace() 產生連續均勻向量數值
- numpy.meshgrid() 建立網格化資料
- numpy.r_() 按行疊加兩個矩陣
- numpy.ravel() 將矩陣扁平化
- seaborn.scatterplot() 繪製散點圖
- sklearn.datasets.load_iris() 載入鳶尾花資料集
- sklearn.discriminant_analysis.LinearDiscriminantAnalysis 線性判別分析函數
- sklearn.discriminant_analysis.QuadraticDiscriminantAnalysis 二次判別分析函數

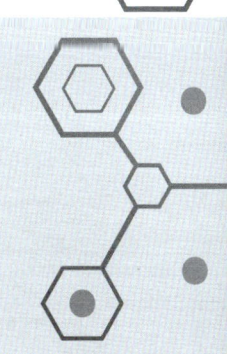

第 10 章　高斯判別分析

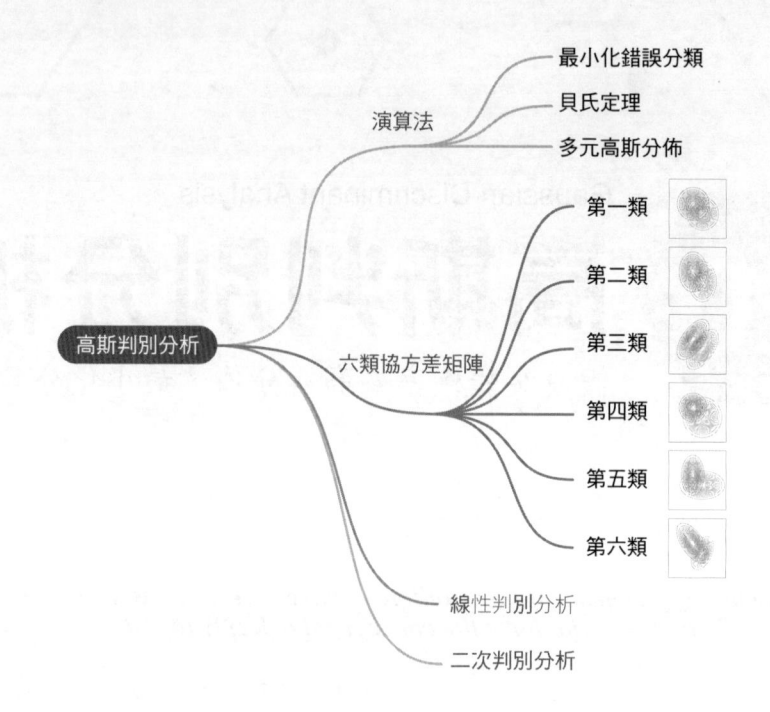

10.1 又見高斯

本章介紹**高斯判別分析** (Gaussian Discriminant Analysis，GDA)。高斯判別分析中，似然機率採用高斯多元分佈估計，這便是其名稱的由來。GDA 是一種監督學習演算法，用於分類和判別問題。它基於假設，即每個類別的資料都服從高斯分佈。

具體來說，對於每個類別，GDA 透過估計該類別的平均值和協方差矩陣來建模該類別的高斯分布。在訓練過程中，演算法學習這些參數，並使用它們來計算給定輸入資料點屬於哪個類別的後驗概率。之後，在測試時，演算法使用這些後驗機率來進行分類。

原理

圖 10.1 所示為高斯判別分析的原理，大家可能已經發現六幅子圖橢圓等高線呈現不同形態，這代表著高斯多元分佈展現不同特點。

10.1 又見高斯

此外，圖中決策邊界包含一次函數和圓錐曲線。相信圖 10.1 中各種細節已經引起了大家好奇心，對此本章將為大家一解密。

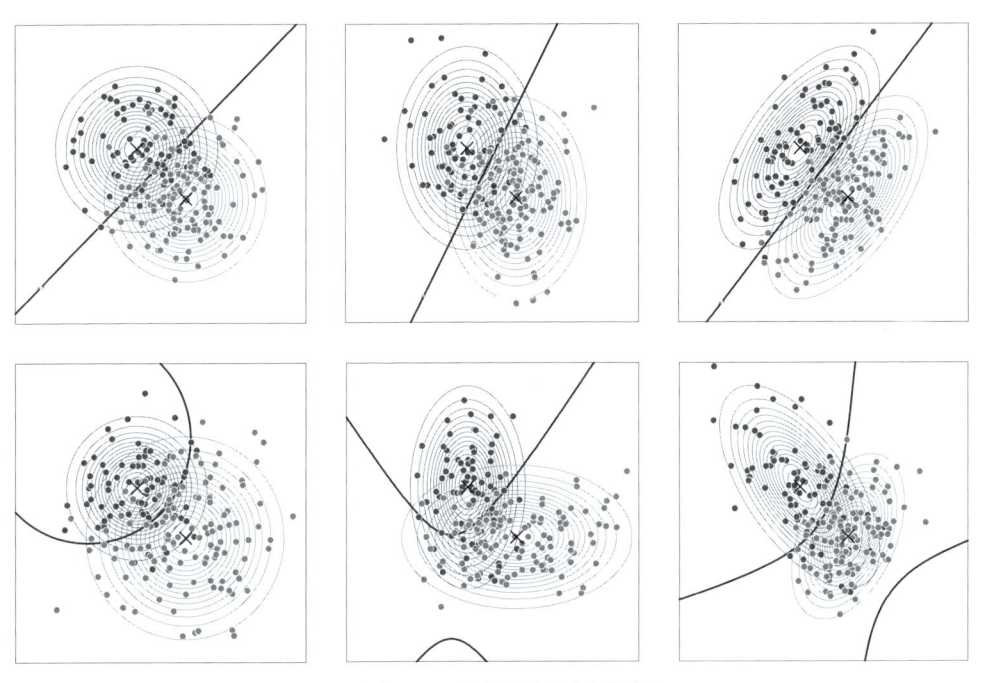

▲ 圖 10.1 高斯判別分析原理

分類

高斯判別分析，又細分為**線性判別分析** (Linear Discriminant Analysis，LDA) 和**二次判別分析** (Quadratic Discriminant Analysis，QDA)。

高斯判別分析演算法得到的決策邊界有解析解。從它們各自的名字上就可以看出，LDA 和 QDA 決策邊界分別為線性式和二次式。

此外，二次判別分析 QDA 和上一章介紹的**高斯單純貝氏** (gaussian naïve bayes) 有著緊密關係。高斯判別分析分類演算法和本書後文介紹的**高斯混合模型** (Gaussian Mixture Model，GMM) 也有千絲萬縷的聯繫。

第 10 章 高斯判別分析

最佳化問題

高斯判別分析最佳化目標如下，**預測分類** (predicted classification) $\hat{y}$ 可以透過下式求得：

$$\hat{y} = \arg\min_{C_m} \sum_{k=1}^{K} f_{Y|\chi}(C_k|\boldsymbol{x}) \cdot c(C_m|C_k) \tag{10.1}$$

其中，K 為類別數量，m 和 k 均為類別序數—$1,2,\cdots,K$。

$f_{Y|\chi}(C_k \mid \boldsymbol{x})$ 為任意一點 $\boldsymbol{x}$ 被預測分類為 C_k 類的**後驗機率** (posterior)。

$c(C_m \mid C_k)$ 為懲罰因數，代表 $\boldsymbol{x}$ 正確分類為 C_k，但被預測分類為 C_m 對應的代價，具體計算如下：

$$c(C_m|C_k) = \begin{cases} 1 & m \neq k \\ 0 & m = k \end{cases} \tag{10.2}$$

$m \neq k$ 時，也就是當某一點真實類別為 C_k，但是卻被錯誤地分類為 C_m 時，$c(C_m \mid C_k)= 1$。而當分類正確，即 $m = k$ 時，$c(C_m \mid C_k)= 0$。

式 (10.1) 中蘊含著高斯判別分析重要的想法—最小化錯誤分類。這個想法和單純貝氏恰好相反。

計算後驗機率

根據**貝氏定理** (bayes theorem)，後驗機率 $f_{Y|\chi}(C_k \mid \boldsymbol{x})$ 可以透過下式計算獲得：

$$\underbrace{f_{Y|\chi}(C_k|\boldsymbol{x})}_{\text{Posterior}} = \frac{\overbrace{f_{\chi,Y}(\boldsymbol{x},C_k)}^{\text{Joint}}}{\underbrace{f_{\chi}(\boldsymbol{x})}_{\text{Evidence}}} = \frac{\overbrace{f_{\chi|Y}(\boldsymbol{x}|C_k)}^{\text{Likelihood}} \overbrace{p_Y(C_k)}^{\text{Prior}}}{\underbrace{f_{\chi}(\boldsymbol{x})}_{\text{Evidence}}} \tag{10.3}$$

證據因數 $f_\chi(\boldsymbol{x})$ 可以透過下式求得：

$$f_\chi(\boldsymbol{x}) = \sum_{k=1}^{K} \overbrace{f_{\chi|Y}(\boldsymbol{x}|C_k)}^{\text{Likelihood}} \overbrace{p_Y(C_k)}^{\text{Prior}} \tag{10.4}$$

和本書之前介紹的單純貝氏一樣，證據因數 $f_\chi(x)$ 也可以不求，後驗 $\propto$ 似然 $\times$ 先驗：

$$\underbrace{f_{Y|\chi}(C_k|x)}_{\text{Posterior}} \propto \underbrace{f_{\chi,Y}(x,C_k)}_{\text{Joint}} \tag{10.5}$$

證據因數 $f_\chi(x)$ 相當於對 $f_{\chi,Y}(x,C_k)$ 進行歸一化處理。

引入多元高斯分佈

高斯判別分析假設，似然機率 $f_{Y|\chi}(x|C_k)$ 服從多元高斯分佈，因此 $f_{Y|\chi}(x|C_k)$ 具體運算式如下：

$$f_{\chi|Y}(x|C_k) = \frac{\exp\left(-\frac{1}{2}(x-\mu_k)^\top \Sigma_k^{-1}(x-\mu_k)\right)}{\sqrt{(2\pi)^D |\Sigma_k|}} \tag{10.6}$$

其中，D 為特徵數量，x 為列向量，μ_k 為 C_k 類資料質心位置，Σ_k 為 C_k 類樣本協方差矩陣。

可以說，此處便是高斯判別分析和高斯單純貝氏分道揚鑣之處！

10.2 六類協方差矩陣

高斯單純貝氏，假設「特徵條件獨立」。

然而，高斯判別分析，根據 Σ_k 形態將演算法分成六個類別。這六個類別中，有些特徵條件獨立，有些特徵滿足特殊條件。表 10.1 總結了六類高斯判別分析對應的協方差矩陣特點。

第 10 章 高斯判別分析

➔ 表 10.1 根據協方差矩陣特點將高斯判別分析問題分成六類

	Σ_k	特徵方差(Σ_k 對角線元素)	Σ_k 特點	似然機率 PDF 等高線	決策邊界
第一類	相同	相同	對角陣	正圓，形狀相同	直線
第二類		不限制	(特徵條件獨立)	正橢圓，形狀相同	
第三類			非對角陣	任意橢圓，形狀相同	
第四類	不同	相同	對角陣	正圓	正圓
第五類		不限制	(特徵條件獨立)	正橢圓	正圓錐曲線
第六類			非對角陣	任意橢圓	圓錐曲線

如圖 10.2 所示，六大類判別分析高斯分佈橢圓形狀。

前三類：決策邊界為直線

前三類（Ⅰ、Ⅱ和Ⅲ）GDA 有一個共同特點，假設各個類別協方差矩陣 Σ_k 完全一致；因此，這三類的決策邊界為直線，進而它們被稱作線性判別分析 LDA。這一點，本章後續將展開講解；這裡先給大家結論，希望讀者學完本章回過頭來再看一遍。

- 第一類 GDA 的重要特點是，Σ_k 為對角陣 (除主對角線之外元素為 0)，即特徵之間「條件獨立」。並且，Σ_k 對角線元素相同，即假設各個特徵方差相同。因此，圖 10.2 所示第一類 GDA 中，紅色和藍色 PDF 等高線為正圓，且大小相同。

- 第二類 GDA，Σ_k 為對角陣，特徵條件獨立；但是，對 Σ_k 對角線元素大小不做限制。如圖 10.2 所示，紅色和藍色 PDF 等高線為大小相等的正橢圓。

- 第三類 GDA，僅假設各個類別協方差矩陣 Σ_k 完全一致。方差和條件獨立不做任何限制。如圖 10.2 所示，紅色和藍色 PDF 等高線為大小相等的旋轉橢圓。

10.2 六類協方差矩陣

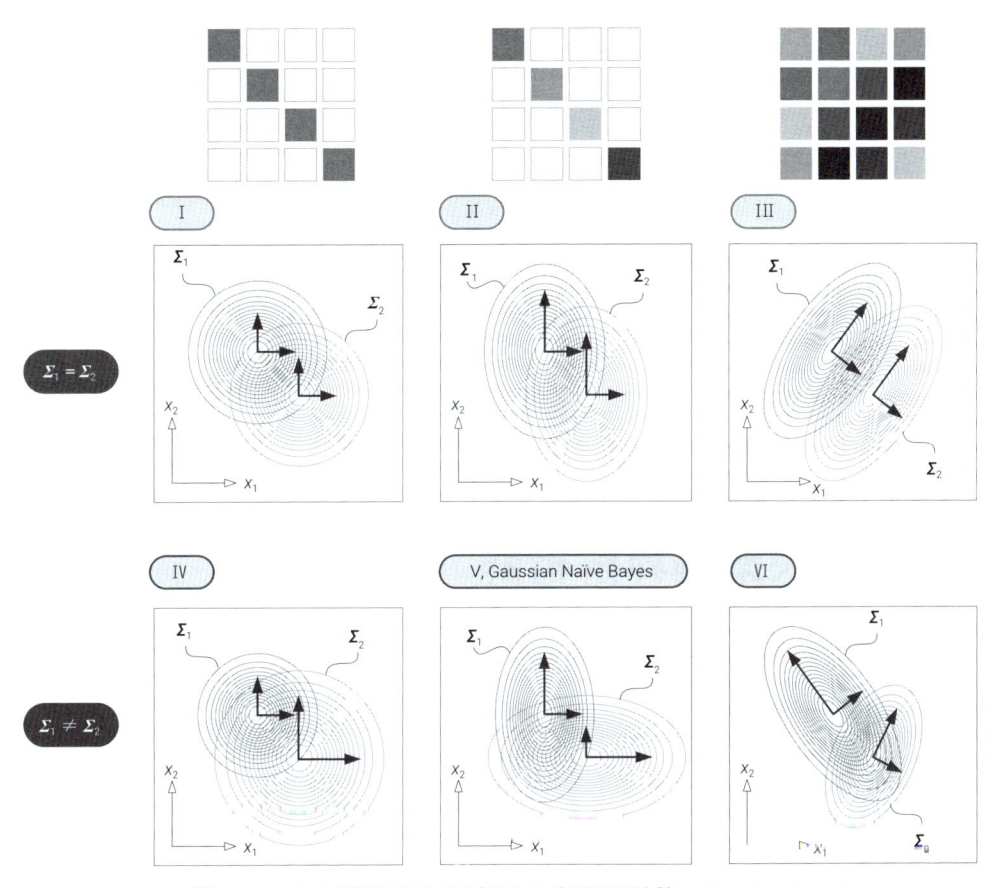

▲ 圖 10.2 六大類判別分析高斯分佈橢圓形狀，$K = 2$，$D = 2$

後三類：決策邊界為二次曲線

後三類 (IV 、V 和 VI) GDA，各個類別協方差矩陣 Σ_k 不相同；這三類 GDA 決策邊界為二次曲線，因此被稱作二次判別分析 QDA。

- 第四類 GDA，Σ_k 為對角陣，也假設特徵之間「條件獨立」；同時假設每個類別協方差矩陣 Σ_k 對角線元素相同，即假設類別內樣本資料各個特徵方差相同。如圖 10.2 所示，第四類 GDA 中，紅色和藍色 PDF 等高線為正圓，但是大小不同。

10-7

第 10 章　高斯判別分析

- 第五類 GDA，Σ_k 為對角陣，特徵條件獨立；不限制 Σ_k 對角線元素大小；如圖 10.2 所示，紅色和藍色 PDF 等高線為正橢圓，但是大小不同。可以發現，第五類 (V) 對應高斯單純貝氏分類。從幾何影像上解釋，高斯單純貝氏中，條件機率曲面等高線為正橢圓。

- 第六類 GDA，對 Σ_k 不做任何限制。如圖 10.2 所示，紅色和藍色 PDF 等高線為旋轉橢圓，大小不等。

此外，非監督學習中高斯混合模型 (Gaussian Mixture Model，GMM) 也會使用到本章介紹的協方差矩陣特點和決策邊界關係。

10.3 決策邊界解析解

本節將推導決策邊界解析解一般形式。

判別函數

定義 C_k 類判別函數 $g_k(x)$ 如下：

$$\begin{aligned}
g_k(x) &= \ln\left(f_{\chi,Y}(x,C_k)\right) = \ln\left(f_{\chi|Y}(x|C_k)p_Y(C_k)\right) \\
&= \ln\left(\frac{\exp\left(-\frac{1}{2}(x-\mu_k)^\mathrm{T}\Sigma_k^{-1}(x-\mu_k)\right)}{\sqrt{(2\pi)^D|\Sigma_k|}}p_Y(C_k)\right) \\
&= -\frac{1}{2}(x-\mu_k)^\mathrm{T}\Sigma_k^{-1}(x-\mu_k) - \frac{D}{2}\ln(2\pi) - \frac{1}{2}\ln|\Sigma_k| + \ln p_Y(C_k)
\end{aligned} \quad (10.7)$$

判別函數就是聯合機率密度函數的自然對數。通俗地說，這個運算是為了去掉多元高斯分佈中的 exp()。

10.3 決策邊界解析解

兩特徵、兩分類問題

為了方便討論，本章以兩個特徵 ($D = 2$) 二分類 ($K = 2$) 為例。C_1 和 C_2 的判別函數分別為：

$$\begin{cases} g_1(x) = -\frac{1}{2}(x-\mu_1)^T \Sigma_1^{-1}(x-\mu_1) - \frac{D}{2}\ln(2\pi) - \frac{1}{2}\ln|\Sigma_1| + \ln p_Y(C_1) \\ g_2(x) = -\frac{1}{2}(x-\mu_2)^T \Sigma_2^{-1}(x-\mu_2) - \frac{D}{2}\ln(2\pi) - \frac{1}{2}\ln|\Sigma_2| + \ln p_Y(C_2) \end{cases} \quad (10.8)$$

其中

$$x = \begin{bmatrix} x_1 \\ x_2 \end{bmatrix} \quad (10.9)$$

對於二分類 ($K = 2$) 問題，高斯判別分析的決策邊界取決於以下等式：

$$g_1(x) = g_2(x) \quad (10.10)$$

將式 (10.8) 代入式 (10.10) 並整理得到決策邊界對應的解析式：

$$\frac{1}{2}(x-\mu_1)^T \Sigma_1^{-1}(x-\mu_1) - \frac{1}{2}(x-\mu_2)^T \Sigma_2^{-1}(x-\mu_2) = \ln p_Y(C_1) - \ln p_Y(C_2) + \left(\frac{1}{2}\ln|\Sigma_2| - \frac{1}{2}\ln|\Sigma_1|\right) \quad (10.11)$$

容易發現上式為二次式，甚至是一次式。決策邊界解析解次數和具體參數，和兩個協方差矩陣 (Σ_1 和 Σ_2) 設定值直接相關。而先驗機率 $p_Y(C_1)$ 和 $p_Y(C_2)$ 影響常數項。

決策邊界形態

圖 10.3 所示為用 Streamlit 架設的展示高斯判別分析邊界的 App。

第 10 章　高斯判別分析

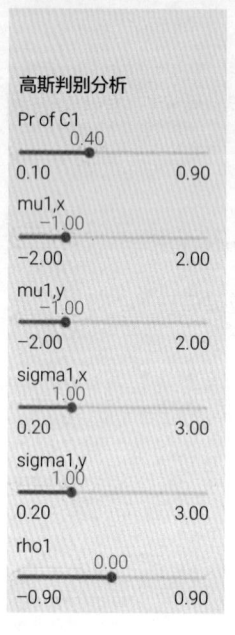

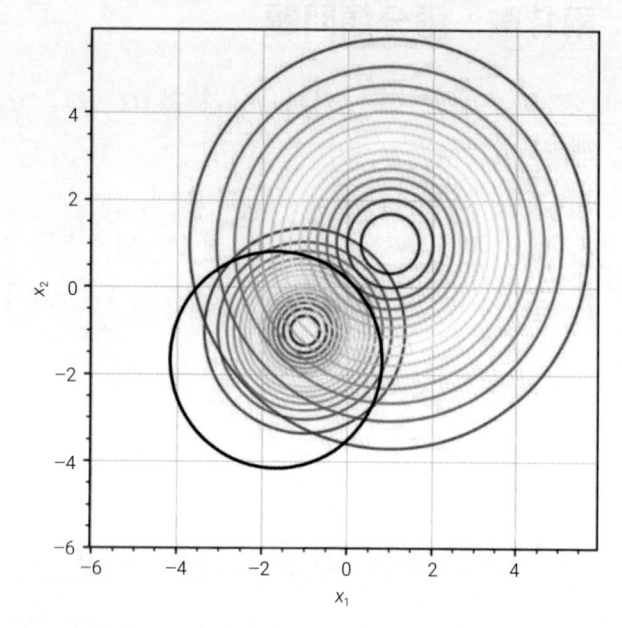

▲ 圖 10.3 展示高斯判別分析邊界的 App，Streamlit 架設 |Streamlit_Bk7_Ch10_01.py

Streamlit_Bk7_Ch10_01.py 中架設了圖 10.3 中 App，請大家自行學習。

圖 10.4 所示為各種高斯判別分析 QDA 二分類常見決策邊界形態。觀察圖 10.4 可以發現，決策邊界可以是直線、正圓、橢圓、拋物線、雙曲線，以及各種蛻化二次曲線。下一節開始講一個一個講解各類 QDA。

10.3 決策邊界解析解

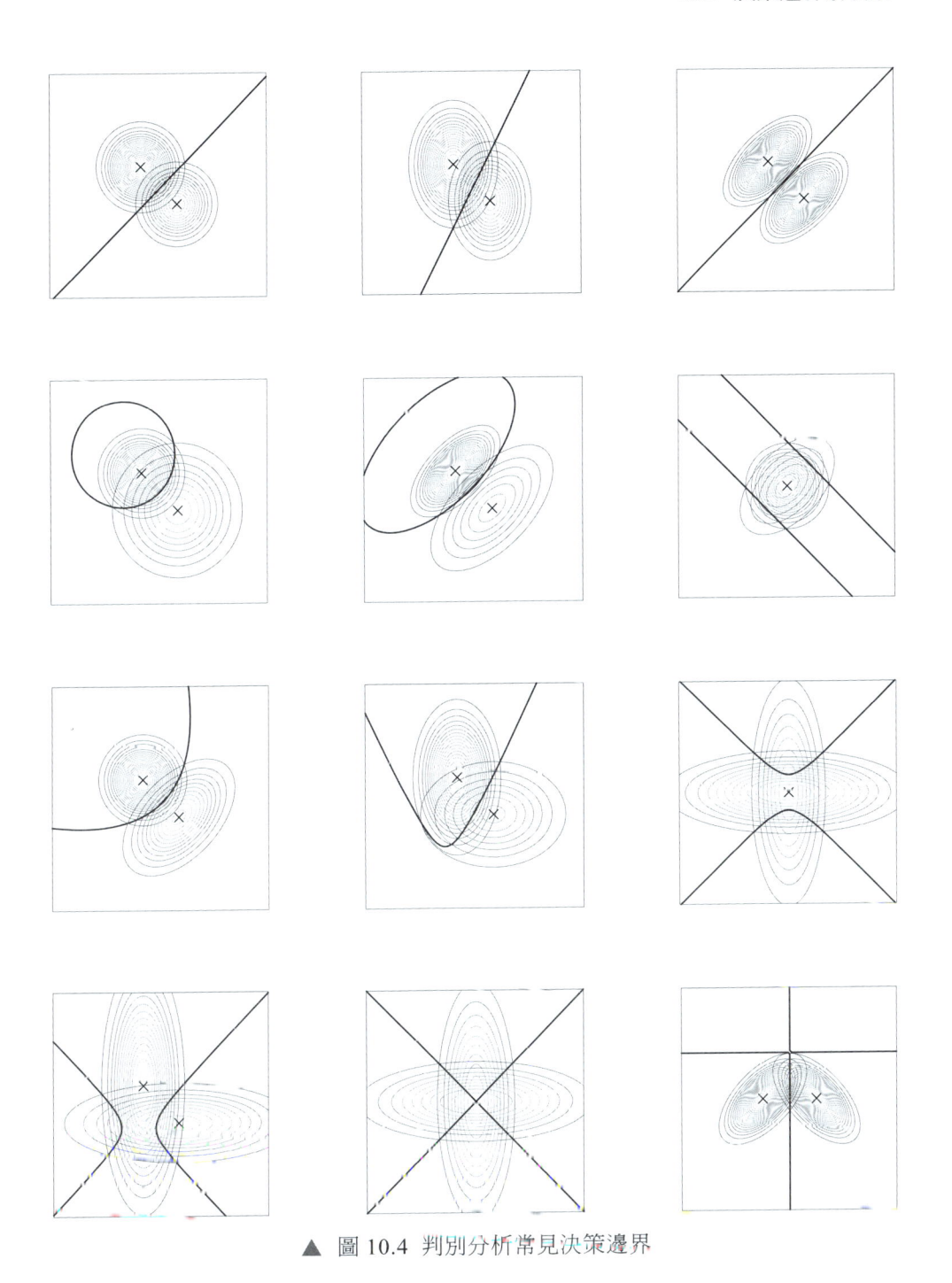

▲ 圖 10.4 判別分析常見決策邊界

10-11

第 10 章 高斯判別分析

10.4 第一類

第一類高斯判別分析，假設資料特徵條件獨立，協方差矩陣 Σ_k 為對角陣，即相關係數為 0；且假設 Σ_k 對角元素相同，即特徵方差相同。

兩特徵、兩分類

以下例 ($K = 2$ 且 $D = 2$)：

$$\Sigma_1 = \Sigma_2 = \begin{bmatrix} \sigma^2 & 0 \\ 0 & \sigma^2 \end{bmatrix} = \sigma^2 \begin{bmatrix} 1 & 0 \\ 0 & 1 \end{bmatrix} = \sigma^2 I \tag{10.12}$$

兩個協方差矩陣 (Σ_1 和 Σ_2) 的反矩陣如下：

$$\Sigma_1^{-1} = \Sigma_2^{-1} = \frac{1}{\sigma^2}\begin{bmatrix} 1 & 0 \\ 0 & 1 \end{bmatrix} = \frac{I}{\sigma^2} \tag{10.13}$$

將式 (10.13) 代入式 (10.11) 得到：

$$\begin{aligned}&\frac{1}{2}(x-\mu_1)^T \frac{I}{\sigma^2}(x-\mu_1) - \frac{1}{2}(x-\mu_2)^T \frac{I}{\sigma^2}(x-\mu_2) = \ln p_Y(C_1) - \ln p_Y(C_2) \\ &\Rightarrow (x-\mu_1)^T(x-\mu_1) - (x-\mu_2)^T(x-\mu_2) = 2\sigma^2 \left(\ln p_Y(C_1) - \ln p_Y(C_2) \right)\end{aligned} \tag{10.14}$$

決策邊界

整理得到的決策邊界解析解如下：

$$(\mu_2 - \mu_1)^T x - \left[\sigma^2 \left(\ln p_Y(C_1) - \ln p_Y(C_2) \right) + \frac{1}{2}\left(\mu_2^T \mu_2 - \mu_1^T \mu_1 \right) \right] = 0 \tag{10.15}$$

回憶《AI 時代 Math 元年 - 用 Python 全精通矩陣及線性代數》介紹的空間直線矩陣運算運算式：

$$w^T x + b = 0 \tag{10.16}$$

w 為該直線法向量，也是梯度向量。比較式 (10.15) 和式 (10.16) 可以得到直線參數：

$$\begin{cases} w = (\mu_2 - \mu_1) \\ b = -\left[\sigma^2 \left(\ln p_Y(C_1) - \ln p_Y(C_2)\right) + \frac{1}{2}\left(\mu_2^T \mu_2 - \mu_1^T \mu_1\right)\right] \end{cases} \quad (10.17)$$

先驗機率

特別地，當 $p_Y(C_1) = p_Y(C_2)$，且 $\mu_1 \neq \mu_2$ 時，代入式 (10.15) 可以得到：

$$\begin{aligned} & (\mu_2 - \mu_1)^T x - \frac{1}{2}\left(\mu_2^T \mu_2 - \mu_1^T \mu_1\right) = 0 \\ & \Rightarrow (\mu_2 - \mu_1)^T x - \frac{1}{2}(\mu_2 - \mu_1)^T (\mu_2 + \mu_1) = 0 \\ & \Rightarrow (\mu_2 - \mu_1)^T \left[x - \frac{1}{2}(\mu_2 + \mu_1)\right] = 0 \end{aligned} \quad (10.18)$$

特別提醒讀者的是，式 (10.18) 中 $(\mu_2 - \mu_1)^T$ 不能消去。

當 $p_Y(C_1) = p_Y(C_2)$ 時，觀察式 (10.18) 可以發現，決策邊界直線透過 μ_1 和 μ_2 兩點的中點 $(\mu_2 + \mu_1)/2$，並垂直於兩點連線，對應 $(\mu_2 - \mu_1)$ 向量。也就是說，決策邊界為 C_1 和 C_2 類質心 μ_1 和 μ_2 中垂線。

再次注意，因為 $p_Y(C_1) = p_Y(C_2)$，所以決策邊界距離 C_1 和 C_2 兩類樣本資料質心 (μ_1 和 μ_2) 等距。給大家提一個小問題，如果 $p_Y(C_1) > p_Y(C_2)$，決策邊界更靠近 C_1 還是 C_2？

舉個例子

採用以下具體數值討論第一類高斯判別分析：

$$\mu_1 = \begin{bmatrix} 2 \\ 0 \end{bmatrix}, \quad \mu_2 = \begin{bmatrix} -2 \\ 0 \end{bmatrix}, \quad p_Y(C_1) = 0.6, \quad p_Y(C_2) = 0.4, \quad \Sigma_1 = \Sigma_2 = \begin{bmatrix} 1 & 0 \\ 0 & 1 \end{bmatrix} \quad (10.19)$$

第 10 章　高斯判別分析

　　圖 10.5 直接比較了 $f_{Y,\boldsymbol{x}}(C_1,\boldsymbol{x})$ 和 $f_{Y,\boldsymbol{x}}(C_2,\boldsymbol{x})$ 曲面高度，任意一點 $\boldsymbol{x}$，如果 $f_{Y,\boldsymbol{x}}(C_1,\boldsymbol{x}) > f_{Y,\boldsymbol{x}}(C_2,\boldsymbol{x})$，則該點分類可以被判定為 C_1；反之，$f_{Y,\boldsymbol{x}}(C_1,\boldsymbol{x}) < f_{Y,\boldsymbol{x}}(C_2,\boldsymbol{x})$，則該點分類可以被判定為 C_2。$f_{Y,\boldsymbol{x}}(C_1,\boldsymbol{x}) = f_{Y,\boldsymbol{x}}(C_2,\boldsymbol{x})$ 處便是決策邊界。

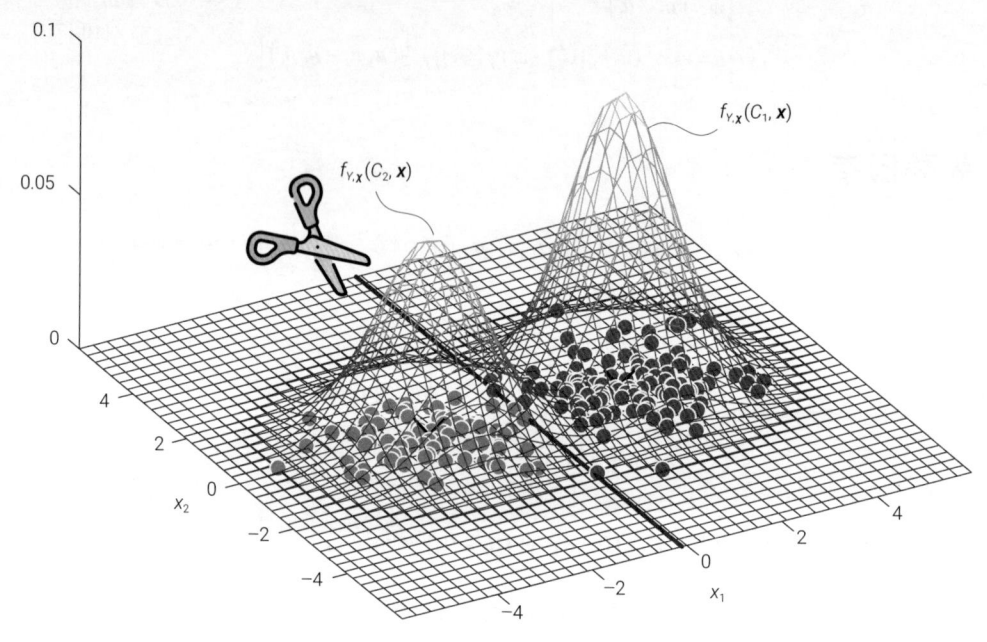

▲ 圖 10.5　第一類高斯判別分析，比較 $f_{Y,\boldsymbol{x}}(C_1,\boldsymbol{x})$ 和 $f_{Y,\boldsymbol{x}}(C_2,\boldsymbol{x})$ 曲面，$\Sigma_1 = \Sigma_2 = [1\ 0;0\ 1]$，$p_Y(C_1) = 0.6$，$p_Y(C_2) = 0.4$

　　平面等高線更方便探討高斯分佈形狀和決策邊界。圖 10.6(a) 比較了 $f_{Y,\boldsymbol{x}}(C_1,\boldsymbol{x})$ 和 $f_{Y,\boldsymbol{x}}(C_2,\boldsymbol{x})$ 兩個曲面等高線；兩個曲面交線便是決策邊界 (圖 10.6(a) 中深藍色線)。$p_Y(C_1)$ 大於 $p_Y(C_2)$，因此 C_1 類資料的影響更大，決策邊界便遠離質心 μ_1；也就是說 C_1「勢力」更大。

　　觀察圖 10.6(a) 等高線，發現 $f_{Y,\boldsymbol{x}}(C_1,\boldsymbol{x})$ 和 $f_{Y,\boldsymbol{x}}(C_2,\boldsymbol{x})$ 同心圓大小不同。再次，注意圖 10.6(a) 等高線為聯合機率密度函數，而圖 10.2 為似然機率。

　　由於每一類資料在每個特徵上方差相同，且條件獨立；因此 $f_{Y,\boldsymbol{x}}(C_1,\boldsymbol{x})$ 和 $f_{Y,\boldsymbol{x}}(C_2,\boldsymbol{x})$ 等高線為正圓。

圖 10.6(b) 比較了後驗機率 $f_{Y|\chi}(C_1|\boldsymbol{x})$ 和 $f_{Y|\chi}(C_2|\boldsymbol{x})$ 曲面。由於圖 10.6 所示為二分類問題，因此只要 $f_{Y|\chi}(C_1|\boldsymbol{x}) > 0.5$，則可判定 $\boldsymbol{x}$ 分類為 C_1。

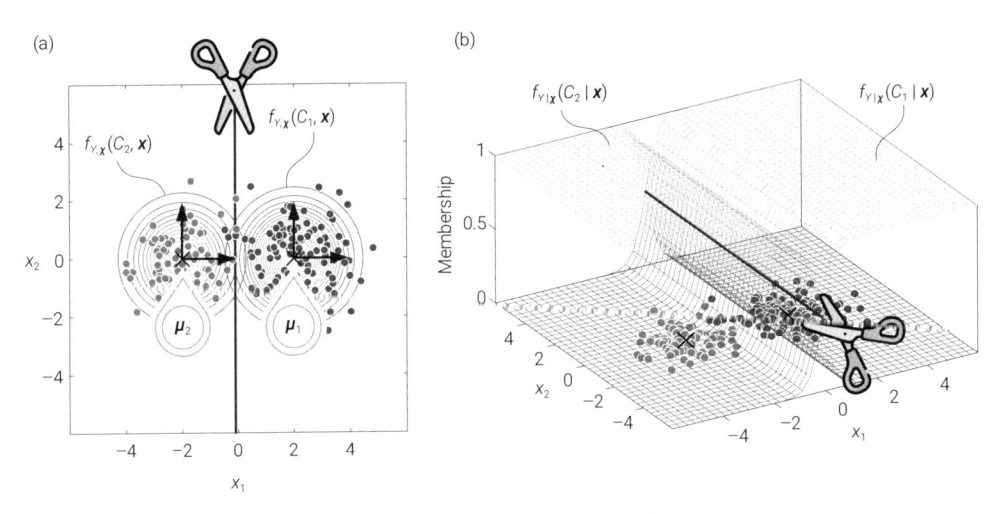

▲ 圖 10.6 第一類高斯判別分析，
$\Sigma_1 = \Sigma_2 = [1\ 0; 0\ 1]$，$p_Y(C_1) = 0.6$，$p_Y(C_2) = 0.4$

10.5 第二類

第二類高斯判別分析，Σ_k 相等且為對角陣 (協方差矩陣除主對角線外，其他元素為 0，即特徵條件獨立)；但是，主對角線元素不相等。

兩特徵、兩分類

對於 $D = 2$，$K = 2$ 的情況，Σ_1 和 Σ_2 可以寫成以下形式：

$$\Sigma_1 = \Sigma_2 = \begin{bmatrix} \sigma_1^2 & 0 \\ 0 & \sigma_2^2 \end{bmatrix} \tag{10.20}$$

其中，$\sigma_1 \neq \sigma_2$。

第 10 章　高斯判別分析

由於 Σ_1 和 Σ_2 相等，代入式 (10.11)，可以發現二次項消去；因此，確定第二類高斯判別分析的決策邊界也是直線。

舉個例子

下面，舉個例子分析第二類高斯判別：

$$\boldsymbol{\mu}_1 = \begin{bmatrix} -1 \\ 1 \end{bmatrix}, \quad \boldsymbol{\mu}_2 = \begin{bmatrix} 1 \\ -1 \end{bmatrix}, \quad p_Y(C_1) = 0.4, \quad p_Y(C_2) = 0.6, \quad \boldsymbol{\Sigma}_1 = \boldsymbol{\Sigma}_2 = \begin{bmatrix} 1 & 0 \\ 0 & 2 \end{bmatrix} \tag{10.21}$$

圖 10.7 比較了 $f_{Y,\boldsymbol{x}}(C_1,\boldsymbol{x})$ 和 $f_{Y,\boldsymbol{x}}(C_2,\boldsymbol{x})$ 曲面，這兩個曲面的交線為決策邊界；$p_Y(C_2) > p_Y(C_1)$，$f_{Y,\boldsymbol{x}}(C_2,\boldsymbol{x})$ 曲面高度高於 $f_{Y,\boldsymbol{x}}(C_1,\boldsymbol{x})$。

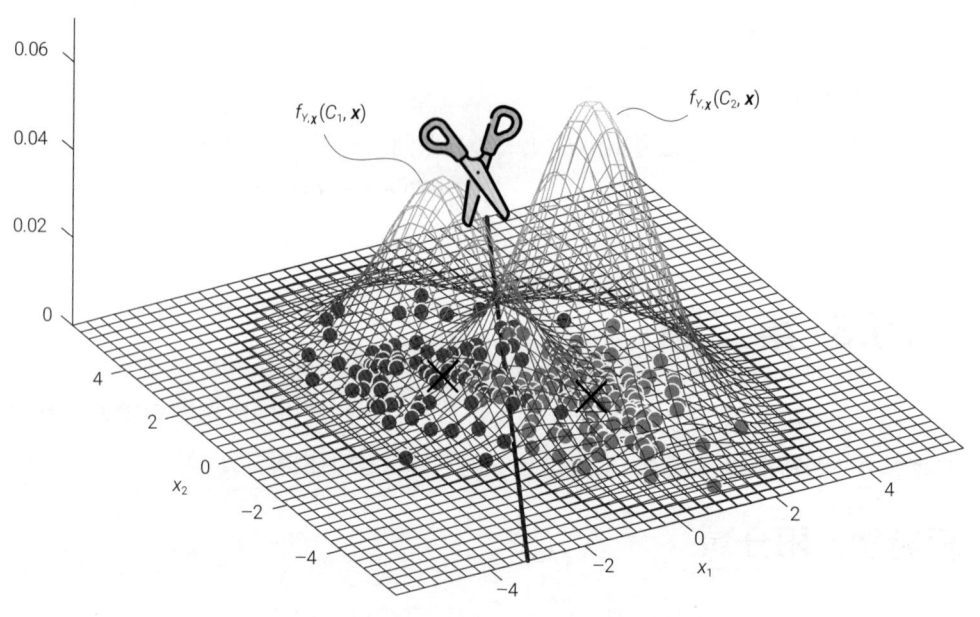

▲ 圖 10.7　比較 $f_{Y,\boldsymbol{x}}(C_1,\boldsymbol{x})$ 和 $f_{Y,\boldsymbol{x}}(C_2,\boldsymbol{x})$ 曲面；第二類高斯判別分析，$\Sigma_1 = \Sigma_2 = [1\ 0; 0\ 2]$，$p_Y(C_1) = 0.4$，$p_Y(C_2) = 0.6$

觀察圖 10.8(a)，發現 $f_{Y,\mathbf{x}}(C_1,\mathbf{x})$ 和 $f_{Y,\mathbf{x}}(C_2,\mathbf{x})$ 曲面等高線為形狀相似的正橢圓。圖 10.8(b) 所示為 $f_{Y|\mathbf{x}}(C_1|\mathbf{x})$ 和 $f_{Y|\mathbf{x}}(C_2|\mathbf{x})$ 後驗機率曲面，以及兩個曲面交線，即決策邊界。

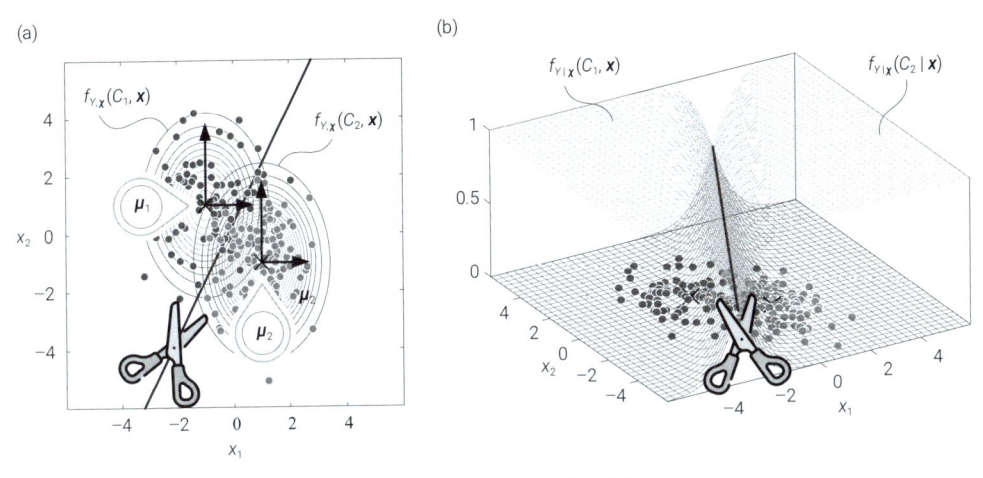

▲ 圖 10.8 第二類高斯判別分析，$\Sigma_1 = \Sigma_2 = [1\ 0;0\ 2]$，$p_Y(C_1)= 0.4$，$p_Y(C_2)= 0.6$

10.6 第三類

第三類高斯判別分析特點是，僅假設類別協方差矩陣 Σ_k 完全一致；對方差和條件獨立不做任何限制。

舉個例子

$$\boldsymbol{\mu}_1 = \begin{bmatrix} -1 \\ 1 \end{bmatrix},\ \boldsymbol{\mu}_2 = \begin{bmatrix} 1 \\ -1 \end{bmatrix},\ p_Y(C_1)=0.5,\ p_Y(C_2)=0.5,\ \Sigma_1 = \Sigma_2 = \begin{bmatrix} 1 & 0.8 \\ 0.8 & 2 \end{bmatrix} \quad (10.22)$$

圖 10.9 比較了 $f_{Y,\mathbf{x}}(C_1,\mathbf{x})$ 和 $f_{Y,\mathbf{x}}(C_2,\mathbf{x})$。根據 $\Sigma_1 = \Sigma_2$ 這個條件，可以判定決策邊界為直線。由於假設 $p_Y(C_1)= p_Y(C_2)$，$f_{Y,\mathbf{x}}(C_1,\mathbf{x})$ 曲面和 $f_{Y,\mathbf{x}}(C_2,\mathbf{x})$ 高度相等。

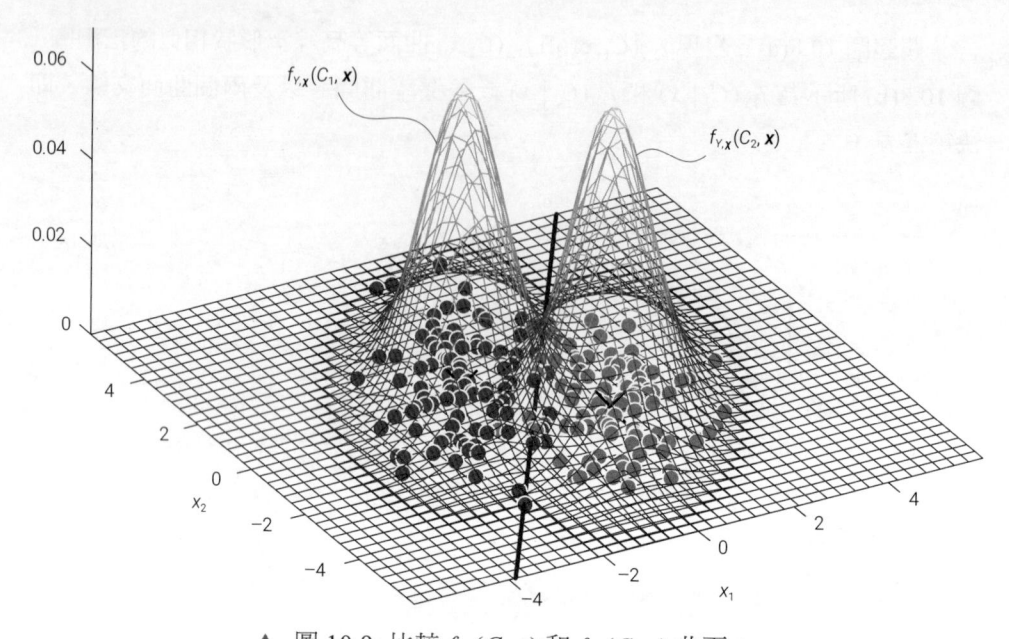

第 10 章 高斯判別分析

▲ 圖 10.9 比較 $f_{Y,\mathbf{X}}(C_1,\mathbf{x})$ 和 $f_{Y,\mathbf{X}}(C_2,\mathbf{x})$ 曲面；第三類高斯判別分析，$\Sigma_1 = \Sigma_2 = [1\ 0.8; 0.8\ 2]$，$p_Y(C_1) = 0.5$，$p_Y(C_2) = 0.5$

觀察圖 10.10(a) 可以發現，$f_{Y,\mathbf{X}}(C_1,\mathbf{x})$ 和 $f_{Y,\mathbf{X}}(C_2,\mathbf{x})$ 等高線為旋轉橢圓，這是因為 Σ_1 和 Σ_2 兩個矩陣協方差不為 0。圖 10.10(b) 所示為 $f_{Y|\mathbf{X}}(C_1|\mathbf{x})$ 和 $f_{Y|\mathbf{X}}(C_2|\mathbf{x})$ 兩個後驗機率曲面，以及決策邊界。

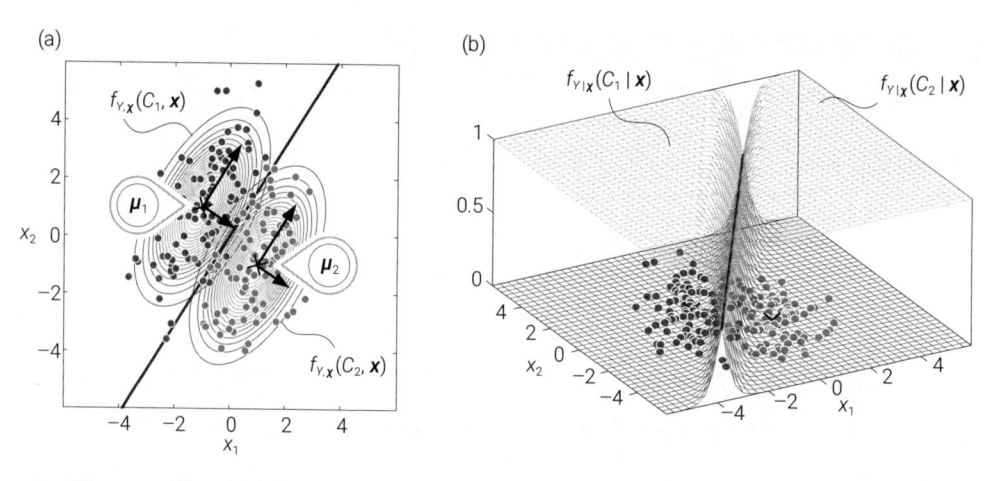

▲ 圖 10.10 第三類高斯判別分析，$\Sigma_1 = \Sigma_2 = [1\ 0.8; 0.8\ 2]$，$p_Y(C_1) = 0.5$，$p_Y(C_2) = 0.5$

10.7 第四類

第四類高斯判別分析，Σ_k 為對角陣 (除主對角線之外元素為 0)，即類別內特徵「條件獨立」；並且，Σ_k 各自對角線元素相同。不同於第一類，第四類不同類別 Σ_k 不同。

舉個例子

給定以下條件：

$$\mu_1 = \begin{bmatrix} -1 \\ 1 \end{bmatrix}, \quad \mu_2 = \begin{bmatrix} 1 \\ -1 \end{bmatrix}, \quad p_Y(C_1) = 0.3, \quad p_Y(C_2) = 0.7, \quad \Sigma_1 = \begin{bmatrix} 1 & 0 \\ 0 & 1 \end{bmatrix}, \quad \Sigma_2 = \begin{bmatrix} 3 & 0 \\ 0 & 3 \end{bmatrix} \quad (10.23)$$

圖 10.11 比較了 $f_{Y,X}(C_1, \boldsymbol{x})$ 和 $f_{Y,X}(C_2, \boldsymbol{x})$ 曲面。投影在 $x_1 x_2$ 平面上，第四類高斯判別分析的決策邊界為正圓，如圖 10.12(a) 所示。圖 10.12(b) 比較了兩個後驗曲面高度。

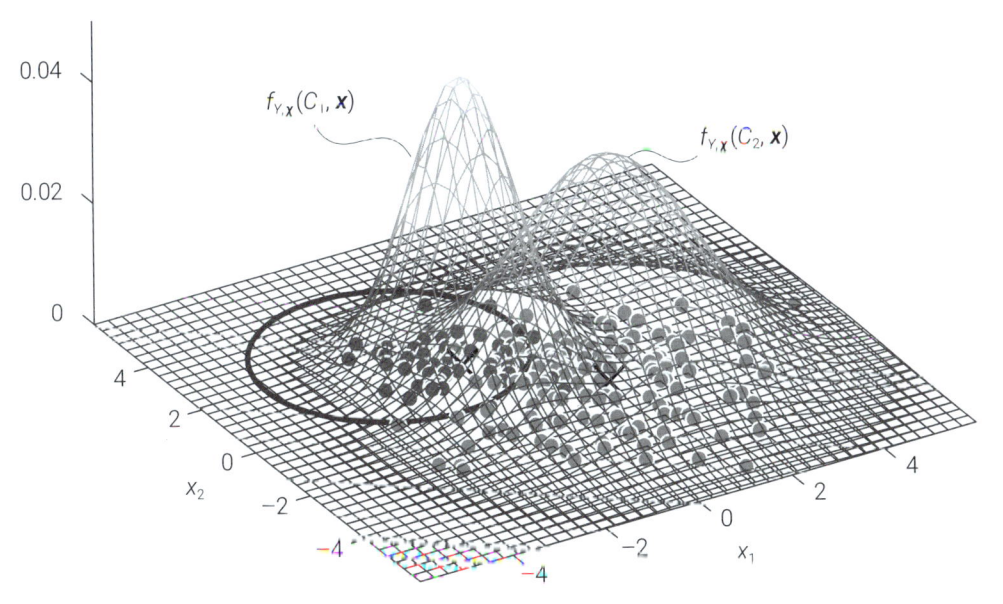

▲ 圖 10.11 比較 $f_{Y,X}(C_1, \boldsymbol{x})$ 和 $f_{Y,X}(C_2, \boldsymbol{x})$ 曲面；第四類高斯判別分析，Σ_1 = [1 0;0 1], Σ_2 = [3 0;0 3]，$p_Y(C_1)$ = 0.3，$p_Y(C_2)$ = 0.7

第 10 章　高斯判別分析

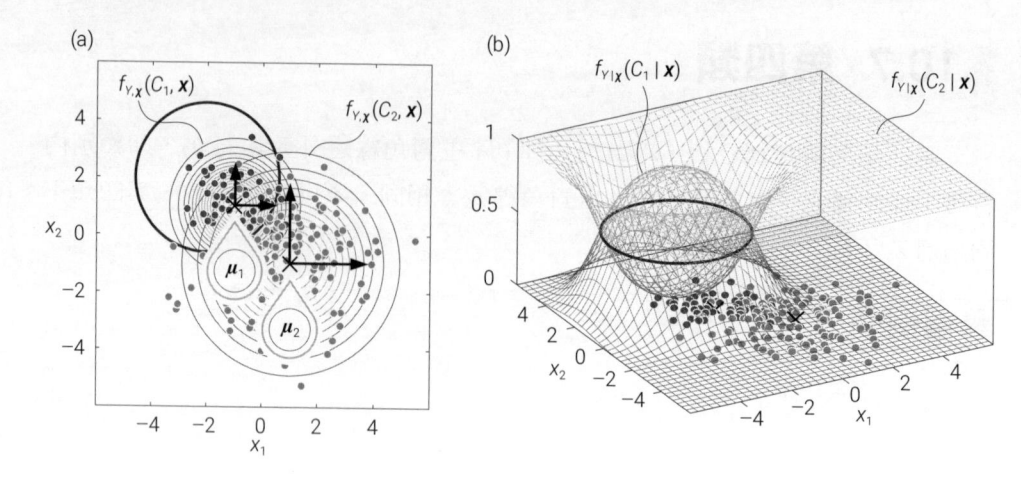

▲ 圖 10.12　第四類高斯判別分析，
$\Sigma_1 = [1\ 0; 0\ 1], \Sigma_2 = [3\ 0; 0\ 3]$，$p_Y(C_1) = 0.3$，$p_Y(C_2) = 0.7$

10.8 第五類

第五類高斯判別分析，不同類別 Σ_k 不同；Σ_k 為對角陣，類別內特徵條件獨立。但是，第五類高斯判別分析對 Σ_k 對角線元素大小不做限制。

再次請大家注意，第五類高斯判別分析對應高斯單純貝氏分類。大家可以自己推導第五類高斯判別分析決策邊界一般式。

舉個例子

下面舉個例子方便視覺化：

$$\boldsymbol{\mu}_1 = \begin{bmatrix} -1 \\ 1 \end{bmatrix},\ \boldsymbol{\mu}_2 = \begin{bmatrix} 1 \\ -1 \end{bmatrix},\ p_Y(C_1) = 0.4,\ p_Y(C_2) = 0.6,\ \boldsymbol{\Sigma}_1 = \begin{bmatrix} 1 & 0 \\ 0 & 3 \end{bmatrix},\ \boldsymbol{\Sigma}_2 = \begin{bmatrix} 4 & 0 \\ 0 & 2 \end{bmatrix} \quad (10.24)$$

由於 Σ_1 和 Σ_2 均為對角陣，決策邊界解析式中沒有 $x_1 x_2$ 項。因此，決策邊界為正圓錐曲線，如圖 10.13 所示。圖 10.14(a) 比較了 $f_{Y,X}(C_1, \boldsymbol{x})$ 和 $f_{Y,X}(C_2, \boldsymbol{x})$ 曲面等高線；圖 10.14(b) 比較了後驗曲面等高線。

10.8 第五類

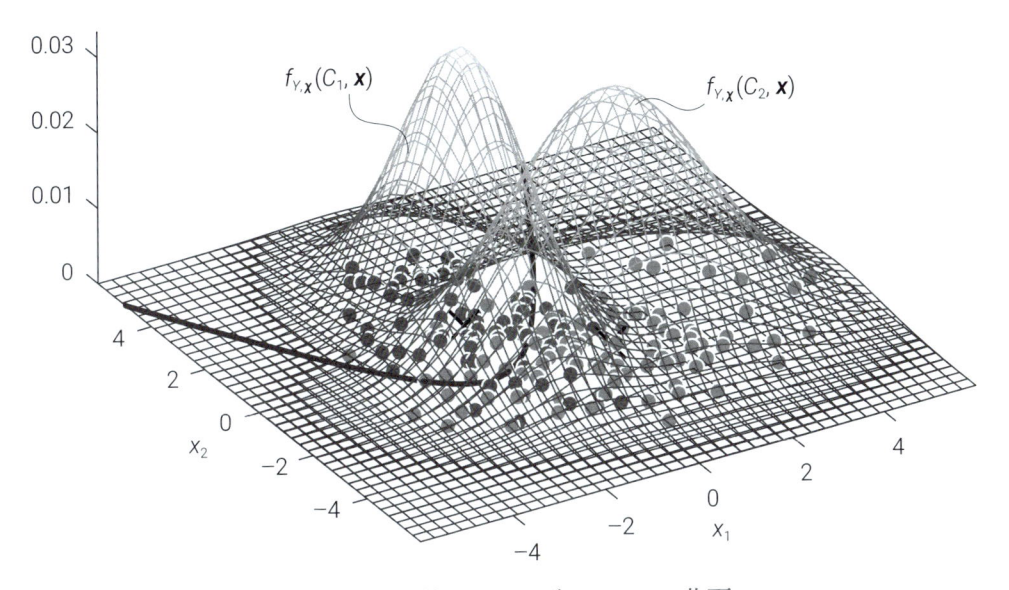

▲ 圖 10.13 比較 $f_{Y,\mathbf{X}}(C_1,\mathbf{x})$ 和 $f_{Y,\mathbf{X}}(C_2,\mathbf{x})$ 曲面；
第五類高斯判別分析，$\Sigma_1 = [1\ 0; 0\ 3], \Sigma_2 = [4\ 0; 0\ 2]$，$p_Y(C_1) = 0.4$，$p_Y(C_2) = 0.6$

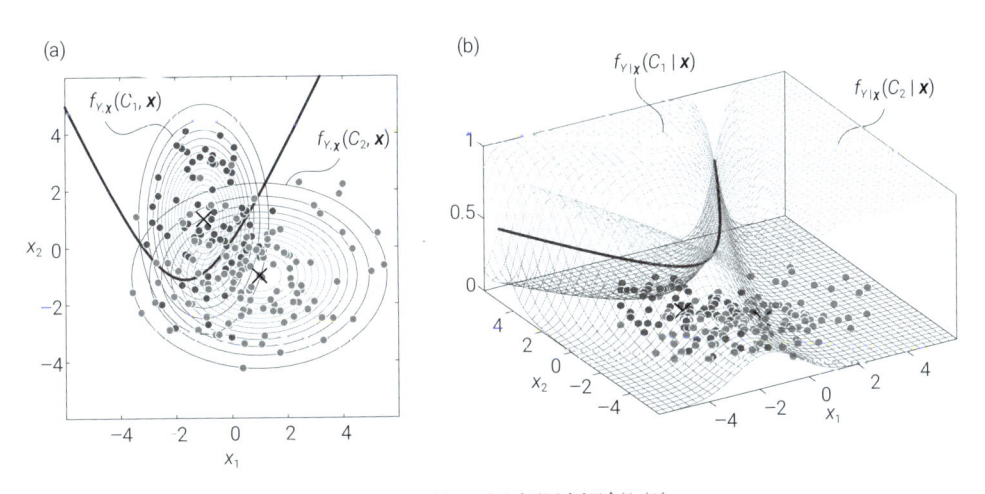

▲ 圖 10.14 第五類高斯判別分析，
$\Sigma_1 = [1\ 0; 0\ 3], \Sigma_2 = [4\ 0; 0\ 2]$，$p_Y(C_1) = 0.4$，$p_Y(C_2) = 0.6$

第 10 章 高斯判別分析

10.9 第六類

第六類高斯判別分析對 Σ_k 不做任何限制。後驗機率 PDF 等高線為任意橢圓。第六類高斯判別分析的決策邊界可以是單筆直線、平行直線、橢圓、雙曲線、蛻化雙曲線、拋物線等。下面看幾個例子。

橢圓

以下參數條件得到的決策邊界為橢圓：

$$\mu_1 = \begin{bmatrix} -1 \\ 1 \end{bmatrix}, \quad \mu_2 = \begin{bmatrix} 1 \\ -1 \end{bmatrix}, \quad \begin{cases} p_Y(C_1) = 0.2 \\ p_Y(C_2) = 0.8 \end{cases}, \quad \Sigma_1 = \begin{bmatrix} 1 & 0.6 \\ 0.6 & 1 \end{bmatrix}, \quad \Sigma_2 = \begin{bmatrix} 3 & 1.8 \\ 1.8 & 3 \end{bmatrix} \tag{10.25}$$

如圖 10.15 所示，對應決策邊界為橢圓。

雙曲線

下例舉出的參數條件可以得到雙曲線決策邊界，如圖 10.16 所示：

$$\mu_1 = \begin{bmatrix} 0 \\ 0 \end{bmatrix}, \quad \mu_2 = \begin{bmatrix} 0 \\ 0 \end{bmatrix}, \quad \begin{cases} p_Y(C_1) = 0.4 \\ p_Y(C_2) = 0.6 \end{cases}, \quad \Sigma_1 = \begin{bmatrix} 1 & -0.6 \\ -0.6 & 1 \end{bmatrix}, \quad \Sigma_2 = \begin{bmatrix} 1 & 0.6 \\ 0.6 & 1 \end{bmatrix} \tag{10.26}$$

有了以上鋪陳，本章最後介紹線性判別分析和二次判別分析。

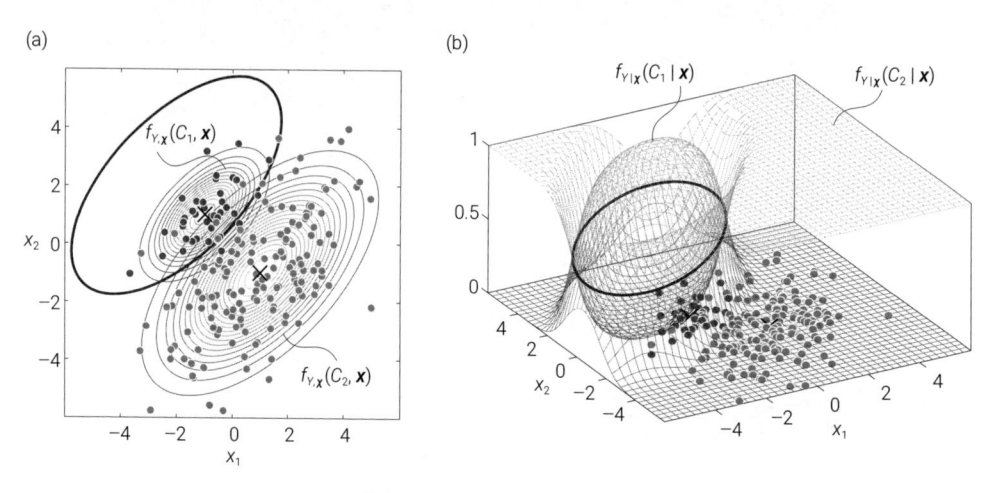

▲ 圖 10.15 決策邊界為橢圓

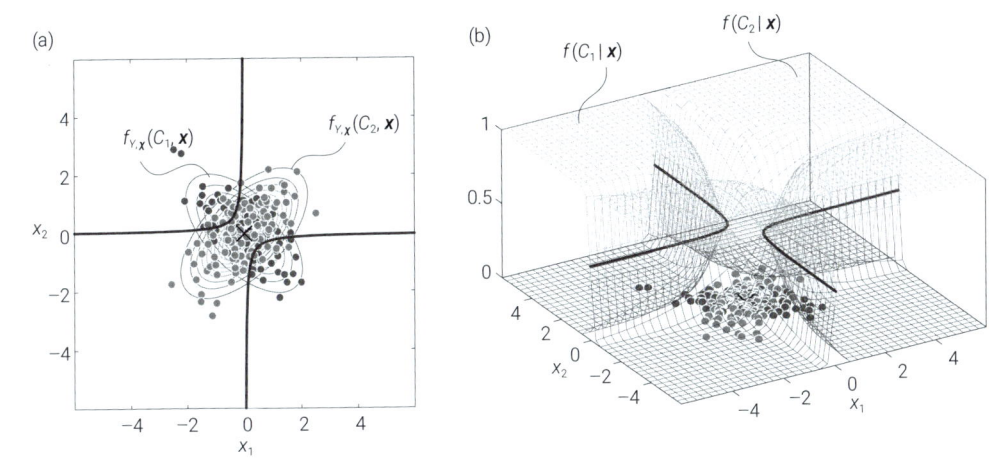

▲ 圖 10.16 決策邊界為雙曲線

10.10 線性和二次判別分析

線性判別分析 (Linear Discriminant Analysis，LDA) 是一種監督學習演算法，用於分類和降維問題。它基於假設，即每個類別的資料都滿足高斯分佈，並且不同類別之間的協方差矩陣相等。具體來說，LDA 透過尋找一個投影方向，可以將資料從高維空間投影到低維空間，並大幅地保留不同類別之間的差異，同時最小化同一類別內部的方差。

這個投影方向可以被認為是一條線，稱為「判別線」，可以用於分類或降維。在訓練過程中，算法學習這個判別線，並使用它來計算給定輸入資料點屬於哪個類別的後驗機率。LDA 是 GDA 的一種特殊形式。

投影

本節先以「降維」這種想法討論線性判別分析。

如圖 10.17 所示，採用高斯分佈描述 $f_{Y,X}(C_1,x)$ 和 $f_{Y,X}(C_2,x)$ 這兩個聯合機率。四個參數刻畫 $f_{Y,X}(C_1,x)$ 和 $f_{Y,X}(C_2,x)$ — ① C_1 質心位置 μ_1；② C_2 質心位置 μ_2；③ C_1 形狀 Σ_1；④ C_2 形狀 Σ_2。

第 10 章　高斯判別分析

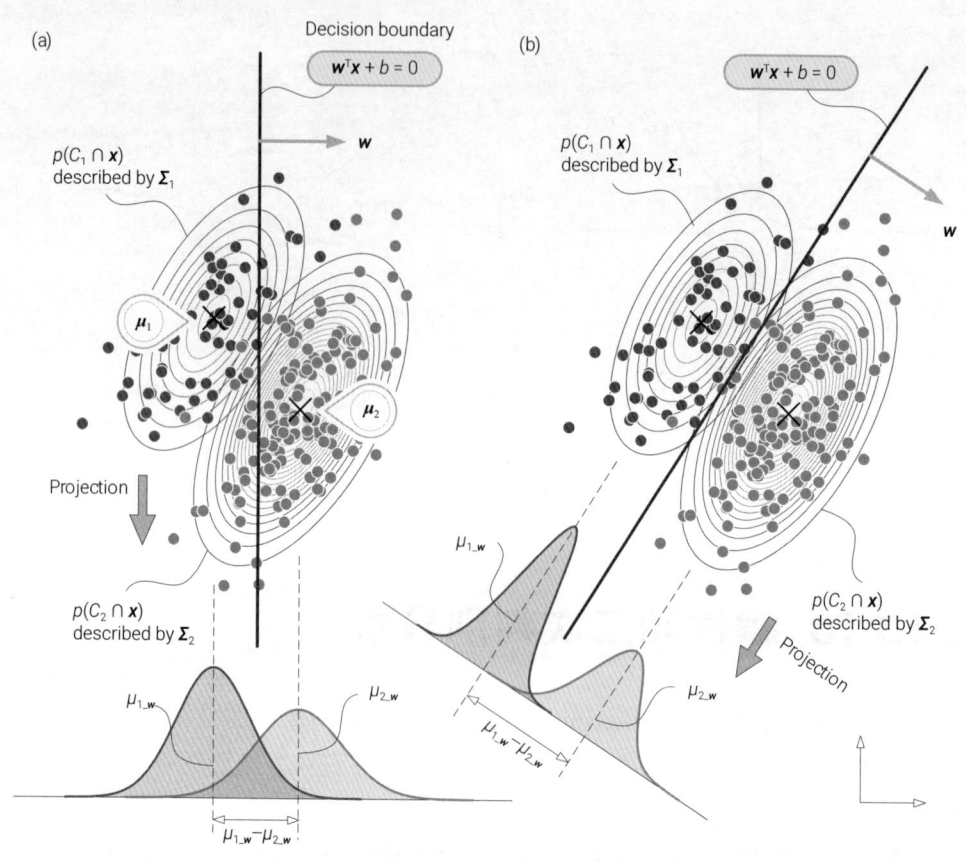

▲ 圖 10.17 從投影角度解釋線性判別分析，兩個子圖中 **w** 代表不同方向

決策邊界的解析式為：

$$\boldsymbol{w}^\mathrm{T}\boldsymbol{x} + b = 0 \tag{10.27}$$

其中，**w** 為直線梯度向量，且為單位矩陣。

C_1 質心位置 $\boldsymbol{\mu}_1$ 和 C_2 質心位置 $\boldsymbol{\mu}_2$ 沿著決策邊界方向投影，也就是向 **w** 投影，可以得到：

$$\mu_{1\_w} = \boldsymbol{w}^\mathrm{T}\boldsymbol{\mu}_1, \quad \mu_{2\_w} = \boldsymbol{w}^\mathrm{T}\boldsymbol{\mu}_2 \tag{10.28}$$

10.10 線性和二次判別分析

Σ_1 和 Σ_2 向 w 向量方向投影,得到:

$$\sigma_{1\_w}^2 = w^T \Sigma_1 w, \quad \sigma_{2\_w}^2 = w^T \Sigma_2 w \tag{10.29}$$

比較圖 10.17 中兩個子圖,可以發現圖 10.17(b) 的分類效果更好。線性判別分析相當於樣本資料投影後,最大化類間差異 ($\mu_{1\_w} - \mu_{2\_w}$),且最小化類內差異 ($\sigma_{1\_w}^2 + \sigma_{2\_w}^2$)。

目標函數

從投影角度,線性判別分析的目標函數為:

$$\arg\max_{w} \frac{(\mu_{1\_w} - \mu_{2\_w})^2}{\sigma_{1\_w}^2 + \sigma_{2\_w}^2} \tag{10.30}$$

將式 (10.28) 和式 (10.29) 代入式 (10.30),得到:

$$\arg\max_{w} \frac{w^T (\mu_1 - \mu_2)(\mu_1 - \mu_2)^T w}{w^T (\Sigma_1 + \Sigma_2) w} \tag{10.31}$$

式 (10.31) 分子描述的是類間距離,分母描述的是類內聚集程度。看到這個公式,大家是否眼前一亮?

> 《AI 時代 Math 元年 - 用 Python 全精通矩陣及線性代數》從瑞利商、特徵值分解、拉格朗日乘子法幾個不同角度講解過上式,建議大家回顧。

分類器函數

sklearn.discriminant_analysis.LinearDiscriminantAnalysis 為線性判別分析函數。這個函數採用本章第二類 GDA,即僅假設各個類別協方差矩陣 Σ_k 完全一致;對方差和條件獨立不做任何限制。

第 10 章　高斯判別分析

sklearn.discriminant_analysis.QuadraticDiscriminantAnalysis 為二次判別分析演算法函數。這個函數采用本章介紹的第六類 GDA，對 Σ_k 不做任何限制。

圖 10.18 和圖 10.19 分別展示採用線性判別分析 (LDA) 和二次判別分析 (QDA) 分類鳶尾花結果。簡單來說，二次判別分析是一種監督學習演算法，用於分類問題。它基於假設，即每個類別的資料都滿足二次高斯分佈，且每個類別的協方差矩陣都不相等。具體來說，QDA 透過估計每個類別的平均值和協方差矩陣來建模該類別的二次高斯分佈。

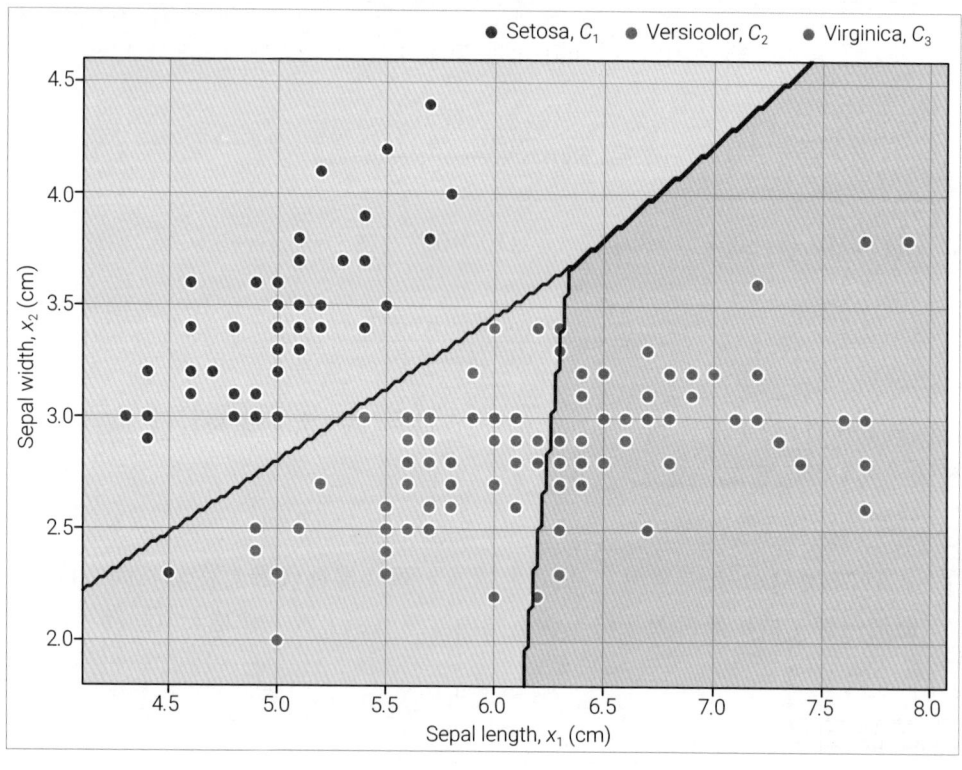

▲ 圖 10.18　線性判別分析分類鳶尾花

10.10 線性和二次判別分析

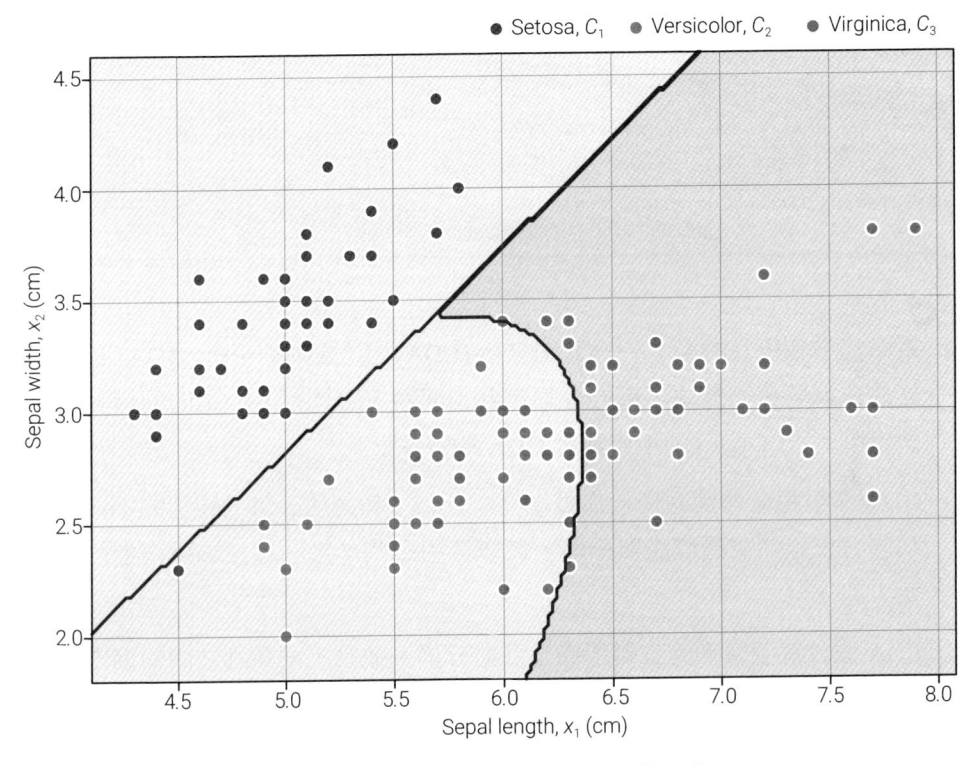

▲ 圖 10.19 二次判別分析分類鳶尾花

Bk7_Ch10_02.ipynb 中利用判別分析分類器分類了鳶尾花資料，並繪製了圖 10.18 和圖 10.19。程式 10.1 是完成線性判別分析的部分核心程式，請大家閱讀註釋並自行學習。

程式10.1 線性判別分析 | Bk7_Ch10_02.ipynb

```python
from sklearn.discriminant_analysis import LinearDiscriminantAnalysis
from sklearn import datasets

# 匯入鳶尾花資料
iris = datasets.load_iris()
X = iris.data[:, 0:2]
y = iris.target

# 線性判別分析模型
```
ⓐ `lda = LinearDiscriminantAnalysis ()`

10-27

第 10 章　高斯判別分析

```
# 擬合資料
lda.fit(X, y)

# 查詢點
q = np.c_[xx1.ravel(), xx2.ravel()]

# 預測
y_predict_LDA = lda.predict(q)
y_predict_LDA = y_predict_LDA.reshape(xx1.shape)
```

高斯判別分析 (GDA)、**一次判別分析** (LDA)、**二次判別分析** (QDA) 是常見的監督學習演算法，用於分類和判別問題。它們都基於不同的假設和數學模型。LDA、QDA 相當於 GDA 的特殊形式。

GDA 假設每個類別的資料都服從高斯分佈，然後估計每個類別的平均值和協方差矩陣來建模高斯分佈，最後使用這些參數計算後驗機率進行分類。

LDA 假設每個類別的資料都滿足高斯分佈，並且不同類別之間的協方差矩陣相等。然後，它尋找一個投影方向，可以將資料從高維空間投影到低維空間，並大幅地保留不同類別之間的差異，同時最小化同一類別內部的方差。

QDA 假設每個類別的資料都滿足二次高斯分佈，即每個類別的協方差矩陣都不相等。然後，它估計每個類別的平均值和協方差矩陣，最後使用這些參數計算後驗機率進行分類。

建議大家研究下面這個官方範例。範例程式生成隨機數，進行 LDA 和 QDA 分析，並繪製旋轉橢圓來表達資料的協方差矩陣形狀。

- https://scikit-learn.org/stable/auto_examples/classification/plot_lda_qda.html

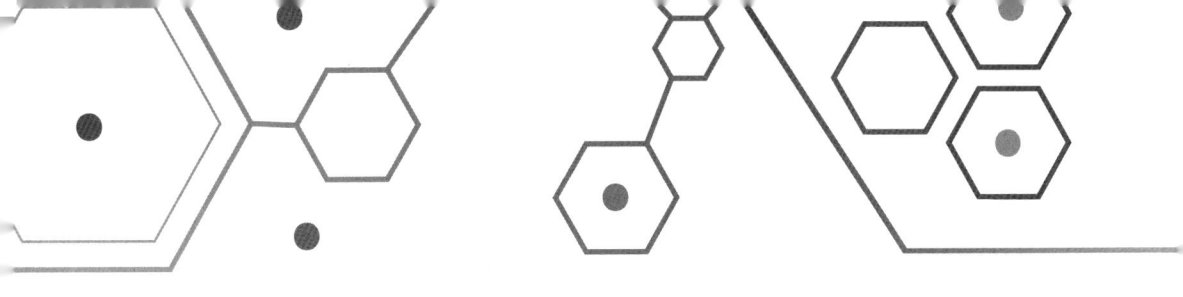

Support Vector Machine
11 支援向量機

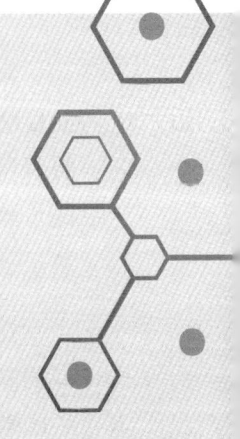

間隔最大化,支援向量確定決策邊界

> 沒有什麼比精巧理論更實用的了。
>
> ***Nothing is more practical than a good theory.***
>
> ——弗拉基米爾·萬普尼克(*Vladimir Vapnik*)| 俄羅斯統計學家、數學家 | *1936*—

- numpy.hstack() 水平方向將陣列堆疊起來
- numpy.vstack() 垂直方向將陣列堆疊起來
- sklearn.svm.SVC 支援向量機演算法函數

第 11 章 支援向量機

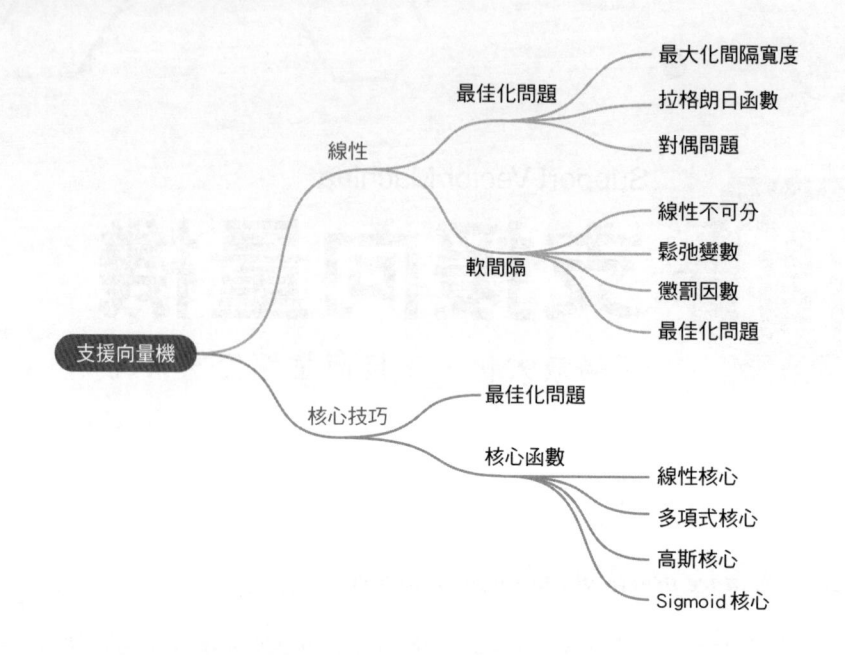

```
支援向量機 ─┬─ 線性 ─┬─ 最佳化問題 ─┬─ 最大化間隔寬度
           │        │              ├─ 拉格朗日函數
           │        │              └─ 對偶問題
           │        │
           │        └─ 軟間隔 ─┬─ 線性不可分
           │                  ├─ 鬆弛變數
           │                  ├─ 懲罰因數
           │                  └─ 最佳化問題
           │
           └─ 核心技巧 ─┬─ 最佳化問題
                      └─ 核心函數 ─┬─ 線性核心
                                  ├─ 多項式核心
                                  ├─ 高斯核心
                                  └─ Sigmoid 核心
```

11.1 支援向量機

弗拉基米爾·萬普尼克 (Vladimir Vapnik) 和他的同事們發明並且完善了**支援向量機** (Support Vector Machine，SVM)。SVM 是一種用於分類和迴歸問題的監督學習演算法。SVM 的主要思想是找到一個可以將不同類別分隔開的最佳超平面，該超平面具有最大間隔，即離最近的資料點的距離最大。超平面可以被認為是一個決策邊界，可以用於預測新的未知資料點的類別。

在實踐中，SVM 使用內積核心函數將原始輸入資料映射到高維空間，從而能夠處理非線性問題。一些常見的內積核心函數包括線性核心函數，多項式核心函數和徑向基函數核心函數。

SVM 是一個非常強大的演算法，因為它可以處理高維空間和非線性問題，並且能夠有效地避免過擬合。而 SVM 的缺點是它對於大型態資料集的計算成本很高，以及內積核心函數的選擇和調整需要一定的經驗和技巧。

弗拉基米爾·萬普尼克為機器學習發展奠定了大量理論基礎，大家有興趣的話可以翻看他的作品—*The Nature of Statistical Learning Theory*。

原理

圖 11.1 所示為支援向量機核心想法。如圖 11.1 所示，一片湖面左右散佈著藍色●紅色●礁石，遊戲規則是，皮划艇以直線路徑穿越水道，保證船身恰好接近礁石。尋找一條路徑，讓該路徑透過的皮划艇寬度最大。很明顯，圖 11.1(b) 中規劃的路徑好於圖 11.1(a)。

圖 11.1(b) 中加黑圈 ○ 的五個點，就是所謂的**支援向量** (support vector)。

圖 11.1 中深藍色線，便是**決策邊界**，也稱**分離超平面** (separating hyperplane)。本書為了統一稱呼，下文中將使用決策邊界。特別提醒大家注意一點，加黑圈 ○ 支援向量確定決策邊界位置；其他資料並沒有造成任何作用。因此，SVM 對於資料特徵數量遠高於資料樣本數的情況也有效。

圖 11.1 中兩條虛線之間寬度叫作**間隔** (margin)。正如，本章副標題所言，支援向量機的最佳化目標為間隔最大化。

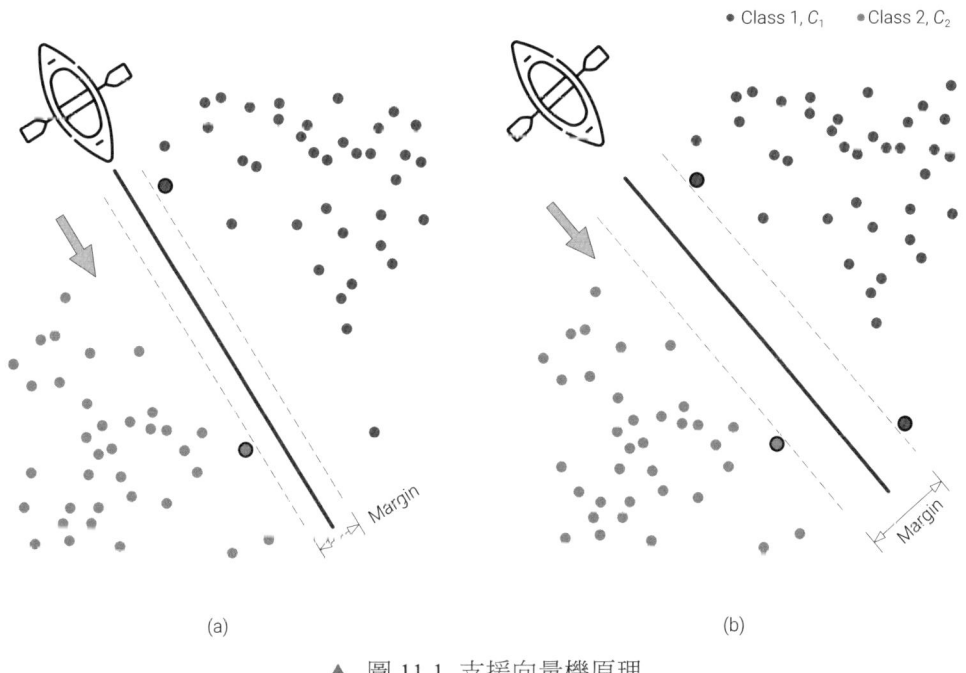

▲ 圖 11.1 支援向量機原理

第 11 章　支援向量機

線性可分、線性不可分

從資料角度，圖 11.1 兩類資料用一條直線便可以分隔開來，這種資料叫作**線性可分** (linearly separable)。線性可分問題採用**硬間隔** (hard margin)；通俗地說，硬間隔指的是，間隔內沒有資料點。

實踐中，並不是所有資料都是線性可分的。多數時候，資料**線性不可分** (non-linearly separable)。如圖 11.2 所示，不能找到一筆直線將藍色、紅色、資料分離。

對於線性不可分問題，就要引入兩種方法—**軟間隔** (soft margin) 和**核心技巧** (kernel trick)。

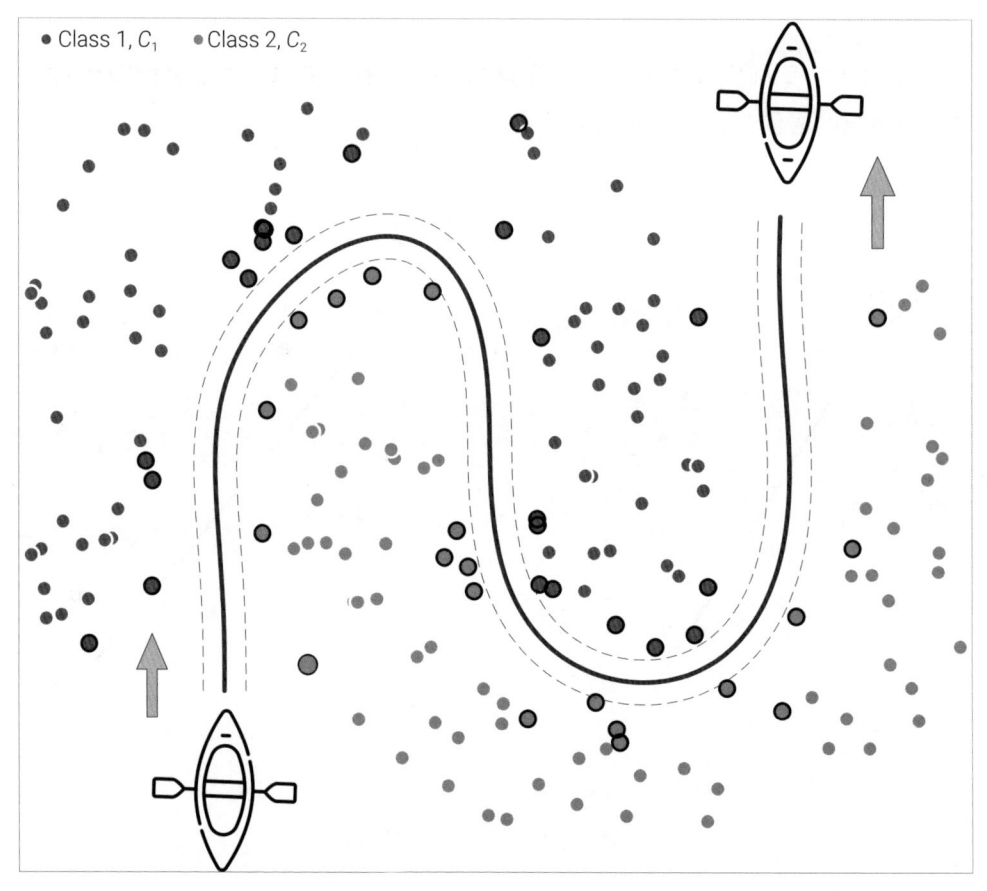

▲ 圖 11.2　線性不可分資料

11-4

軟間隔

通俗地說，如圖 11.3 所示，軟間隔相當於一個**緩衝區** (buffer zone)。軟間隔存在，且用決策邊界分離資料時，有資料點侵入間隔，甚至超越間隔帶。

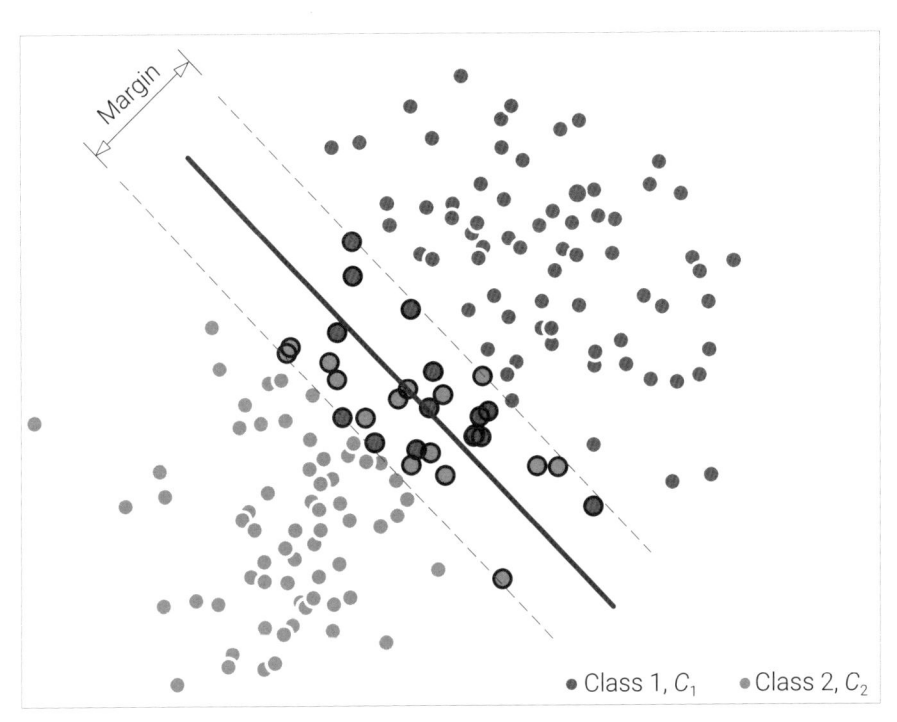

▲ 圖 11.3　軟間隔

核心技巧

核心技巧將資料映射到高維特徵空間，是一種資料升維。如圖 11.4 所示，樣本資料有兩個特徵，用平面視覺化資料點位置。很明顯圖 11.4 舉出的原始資料線性不可分。

11-5

第 11 章 支援向量機

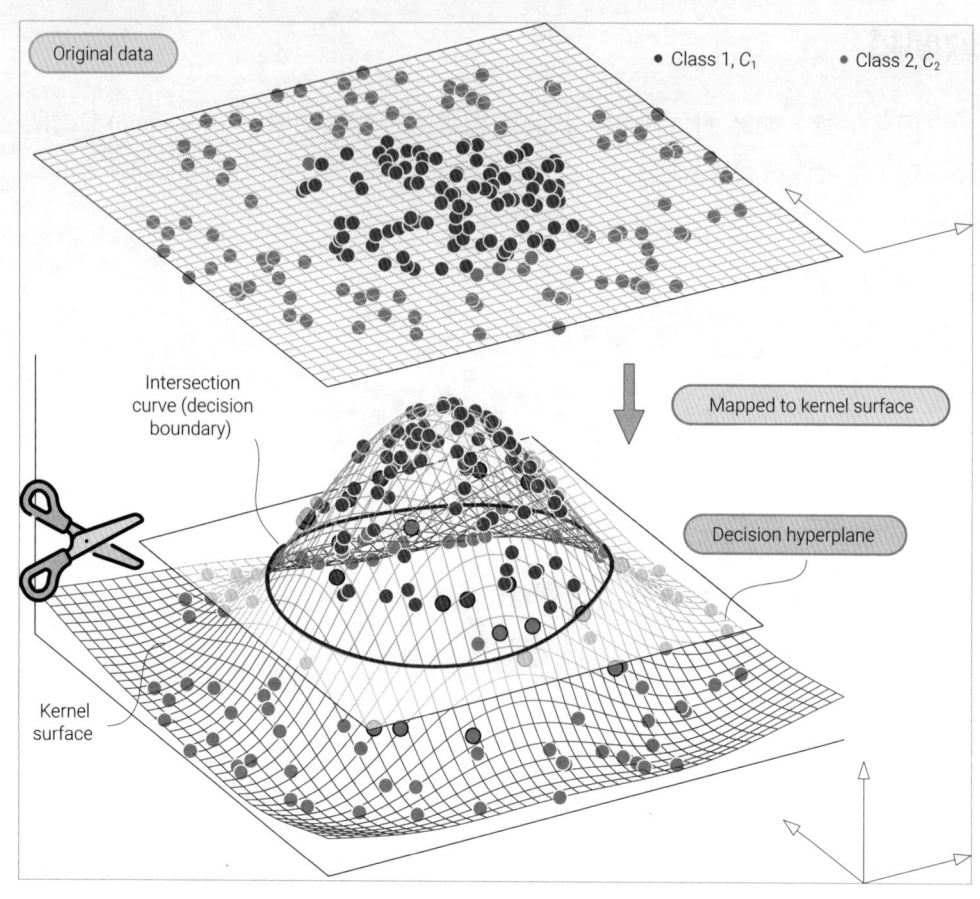

▲ 圖 11.4 核心技巧原理

採用核心技巧，將圖 11.4 二維資料，投射到三維核心曲面上；很明顯，在這個高維特徵空間，容易找到某個水平面，將藍色●紅色●資料分離。利用核心技巧，分離線性不可分資料變得更容易。

一般來說採用支援向量機解決線性不可分問題，需要並用軟間隔和核心技巧。如圖 11.5 所示，SVM 分類環狀資料中，核心技巧配合軟間隔。

《AI 時代 Math 元年 - 用 Python 全精通矩陣及線性代數》第 19 章為本章提供大量數學工具，建議大家回顧。

11.2 硬間隔：處理線性可分

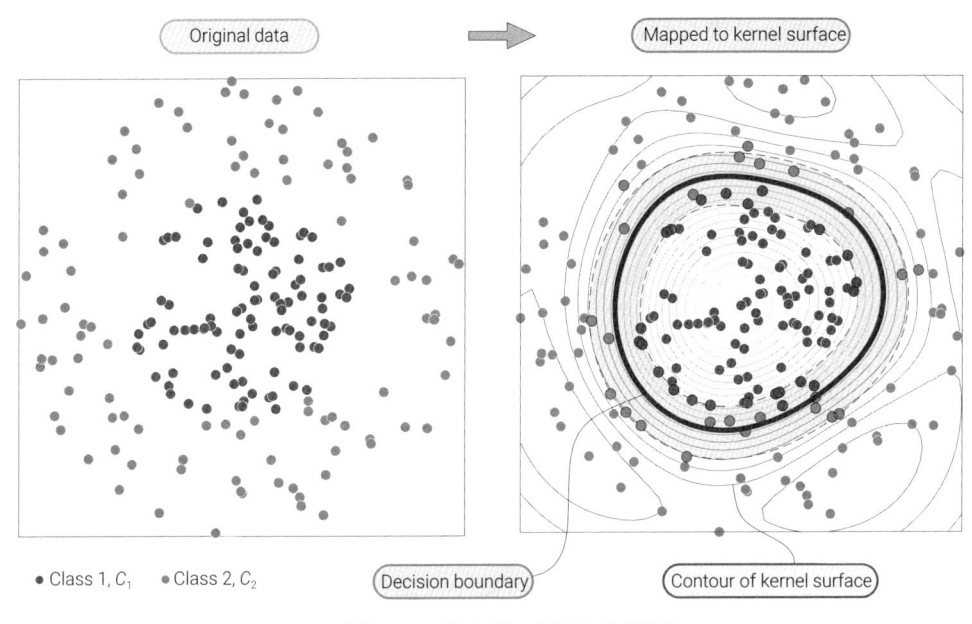

▲ 圖 11.5 核心技巧配合軟間隔

另外，支援向量機也可以用來處理迴歸問題，對應的方法為**支援向量迴歸** (Support Vector Regression，SVR)。本章將主要介紹硬間隔、支援向量和軟間隔；下一章，將介紹核心技巧。本章和下一章有一定比例的公式推導，這對理解支援向量機原理有幫助，希望大家耐心閱讀。

11.2 硬間隔：處理線性可分

支援向量機中硬間隔方法用來處理線性可分資料。利用《AI 時代 Math 元年 - 用 Python 全精通矩陣及線性代數》一本講解的向量幾何知識，這一節將構造 SVM 中支援向量、決策邊界、分類標籤和間隔等元素之間的數學關係。

決策邊界

如圖 11.6 所示，決策邊界定義如下：

$$f(x) = w^\mathrm{T} x + b = 0 \tag{11.1}$$

第 11 章　支援向量機

其中，w 和 b 為模型參數；w 為 $f(x)$ 的梯度向量，形式為列向量。式 (11.1) 中，列向量 w 和 x 行數均為特徵數 D。

很明顯式 (11.1) 為**超平面** (hyperplane)。注意，圖 11.6 所示間隔寬度為 $2h(h > 0)$。

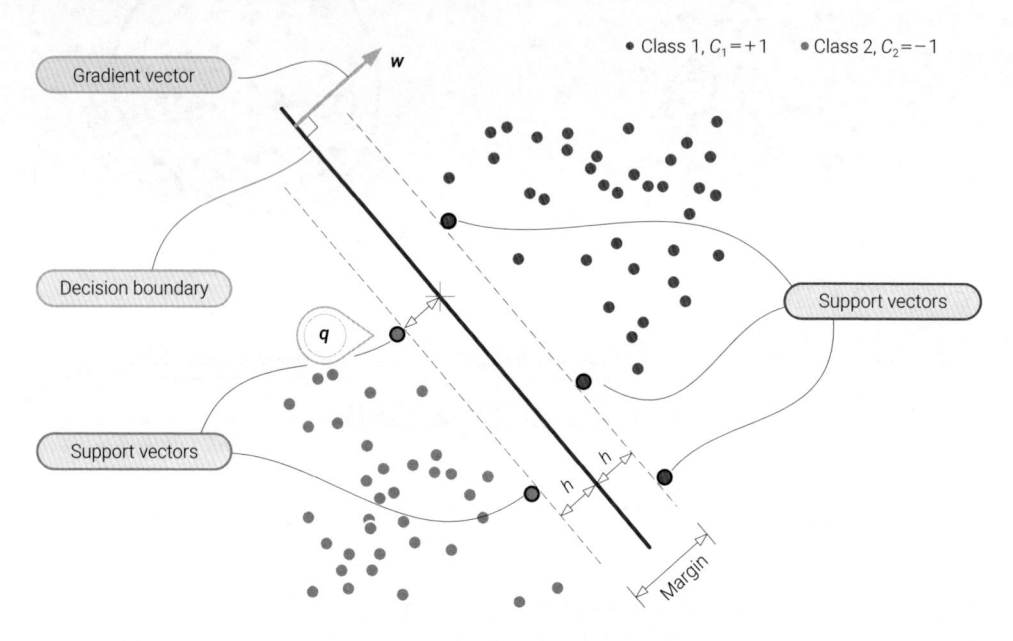

▲ 圖 11.6　硬間隔 SVM 處理二分類問題

可以展開為：

$$f(x) = w_1 x_1 + w_2 x_2 + \cdots + w_D x_D + b = 0 \tag{11.2}$$

特別地，對於 $D = 2$ 時，決策邊界形式為：

$$w_1 x_1 + w_2 x_2 + b = 0 \tag{11.3}$$

分類

對於二分類 ($K = 2$) 問題,決策邊界「上方」的資料點滿足:

$$f(x) = w^\mathrm{T} x + b > 0 \tag{11.4}$$

展開式 (11.4) 得到:

$$w_1 x_1 + w_2 x_2 + \cdots + w_D x_D + b > 0 \tag{11.5}$$

決策邊界「下方」的資料點滿足:

$$f(x) = w^\mathrm{T} x + b < 0 \tag{11.6}$$

展開式 (11.6) 得到:

$$w_1 x_1 + w_2 x_2 + \cdots + w_D x_D + b < 0 \tag{11.7}$$

準確地說,以式 (11.1) 中 $f(x) = 0$ 為基準,「上方」對應 $f(x) > 0$;「下方」對應 $f(x) < 0$。

決策函數

對任意查詢點 q,二分類決策函數 $p(q)$ 則可以表達為:

$$p(q) = \mathrm{sign}\left(w^\mathrm{T} q + b\right) \tag{11.8}$$

其中,sign() 為**符號函數** (sign function)。

如圖 11.6 所示,對於二分類 ($K = 2$) 問題,決策邊界「上方」的資料點,預測分類為 +1;決策邊界「下方」的資料點,預測分類為 -1。

支援向量到決策邊界距離

圖 11.6 中,某一支援向量座標位置用列向量 q 表達。支援向量 q 到式 (11.1) 對應的決策邊界的距離為:

第 11 章　支援向量機

$$d = \frac{\left|\boldsymbol{w}^{\mathrm{T}}\boldsymbol{q}+b\right|}{\|\boldsymbol{w}\|} = \frac{\left|\boldsymbol{w}\cdot\boldsymbol{q}+b\right|}{\|\boldsymbol{w}\|} \tag{11.9}$$

對於上式陌生的讀者，請回顧《AI 時代 Math 元年 - 用 Python 全精通矩陣及線性代數》第 19 章第 6 節。

一般情況下，點線距離不考慮正負。但是，對於分類問題，考慮距離正負便於判斷點和超平面關係。

式 (11.9) 去掉分子絕對值符號得到：

$$d = \frac{\boldsymbol{w}^{\mathrm{T}}\boldsymbol{q}+b}{\|\boldsymbol{w}\|} = \frac{\boldsymbol{w}\cdot\boldsymbol{q}+b}{\|\boldsymbol{w}\|} \tag{11.10}$$

$d > 0$ 時，點在超平面上方；$d < 0$ 時，點在超平面下方。如圖 11.7 所示，$\boldsymbol{q}_1$ 位於直線上方；而 $\boldsymbol{q}_2$ 位於直線下方。

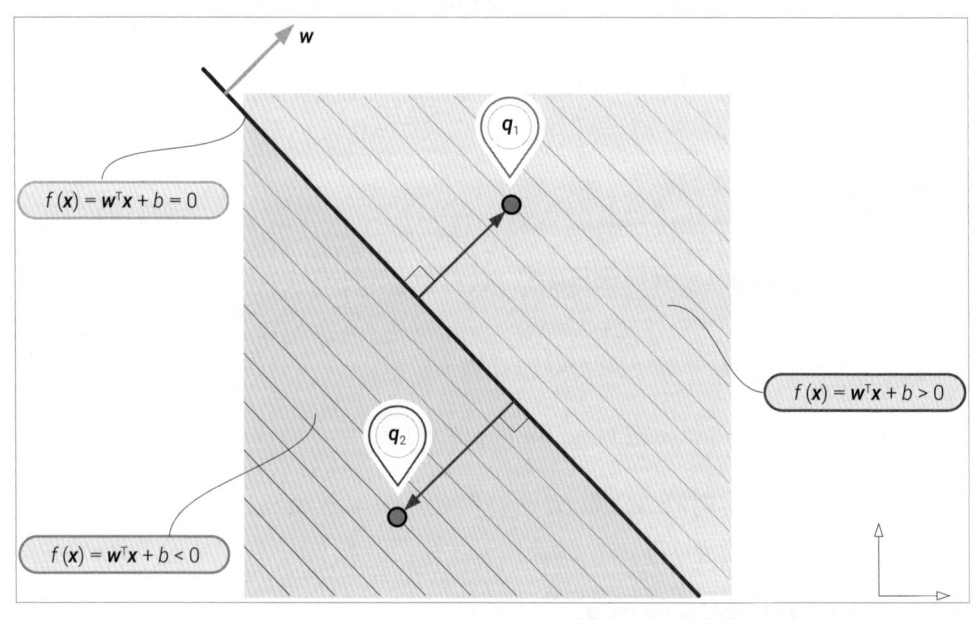

▲ 圖 11.7　直線外一點到直線距離，和平面外一點到平面距離

11.2 硬間隔：處理線性可分

支援向量到硬間隔距離

如圖 11.8 所示，硬間隔「下邊界」為 l_1，l_1 到決策邊界距離為 $-h$。而支援向量 C 在 l_1 上，因此滿足：

$$\frac{\boldsymbol{w}^T\boldsymbol{x}+b}{\|\boldsymbol{w}\|}=-h \tag{11.11}$$

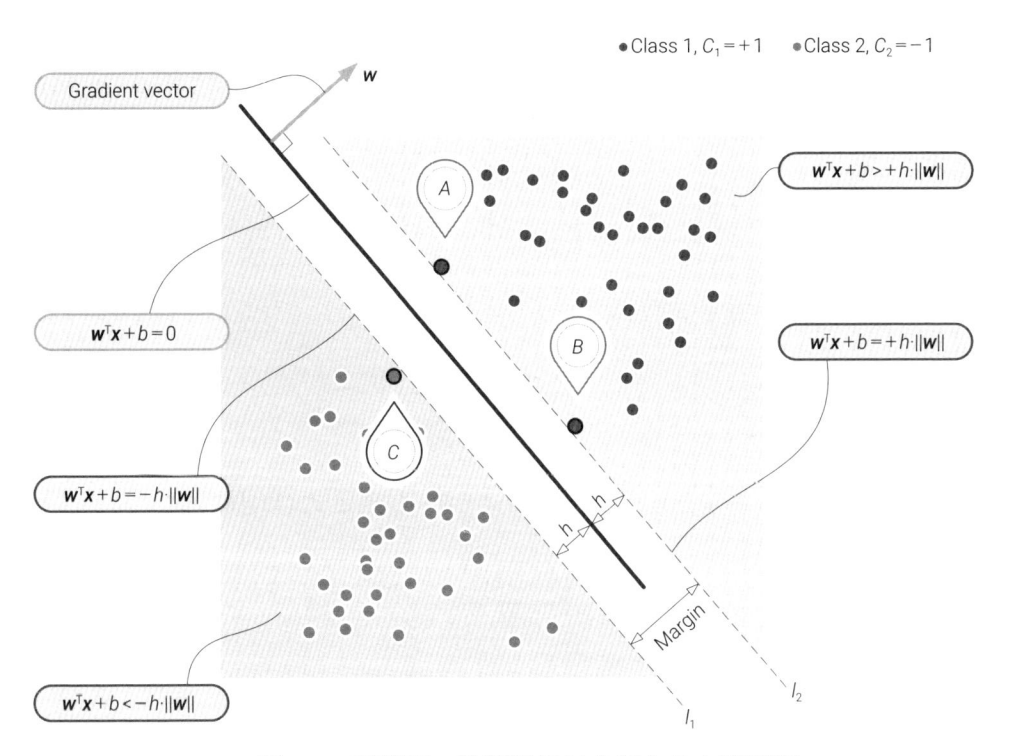

▲ 圖 11.8 硬間隔、決策邊界和支援向量之間關係

硬間隔「上邊界」為 l_2，l_2 到決策邊界距離為 $+h$。支援向量 A、B 在 l_2 上，因此滿足：

$$\frac{\boldsymbol{w}^T\boldsymbol{x}+b}{\|\boldsymbol{w}\|}=+h \tag{11.12}$$

第 11 章 支援向量機

如圖 11.8 所示，決策邊界 (深藍色線) 成功分離樣本資料。距離決策邊界大於等於 h 的樣本點，標記為 $y= +1$；距離決策邊界小於等於 $-h$ 的樣本點，標記為 $y = -1$，即：

$$\begin{cases} \dfrac{w^T x + b}{\|w\|} \geq +h, & y = +1 \\ \dfrac{w^T x + b}{\|w\|} \leq -h, & y = -1 \end{cases} \tag{11.13}$$

整理式 (11.13)，得到：

$$\begin{cases} \dfrac{w^T x + b}{\|w\|h} \geq +1, & y = +1 \\ \dfrac{w^T x + b}{\|w\|h} \leq -1, & y = -1 \end{cases} \tag{11.14}$$

合併式 (11.14) 兩式可以得到：

$$\frac{(w^T x + b)y}{\|w\|h} \geq 1 \tag{11.15}$$

特別地，圖 11.8 中三個支援向量點 A、B、C 滿足式 (11.16)：

$$\frac{(w^T x + b)y}{\|w\|h} = 1 \tag{11.16}$$

進一步簡化運算

令

$$\|w\|h = 1 \tag{11.17}$$

式 (11.15) 可以簡化為：

$$(w^T x + b)y \geq 1 \tag{11.18}$$

利用內積可以表達為：

$$(\boldsymbol{w} \cdot \boldsymbol{x} + b)y \geq 1 \tag{11.19}$$

將式 (11.17) 代入式 (11.11) 和式 (11.12)，可以得到間隔上下邊界的解析式：

$$\begin{cases} \boldsymbol{w}^T\boldsymbol{x} + b = +1 \\ \boldsymbol{w}^T\boldsymbol{x} + b = -1 \end{cases} \tag{11.20}$$

根據式 (11.17)，間隔寬度 $2h$ 可以用 $\boldsymbol{w}$ 表達為：

$$2h = \frac{2}{\|\boldsymbol{w}\|} \tag{11.21}$$

11.3 構造最佳化問題

支援向量機的核心思想為最大化間隔。本節利用**拉格朗日乘子法** (method of Lagrange multipliers) 構造並求解支援向量機最佳化問題。本節內容相對來說「很不友善」，但是極其重要，建議大家耐心讀完。

> 對拉格朗日乘子法感到陌生的話，請回顧《AI 時代 Math 元年 - 用 Python 全精通矩陣及線性代數》第 18 章。

最大化間隔寬度

以 $\boldsymbol{w}$ 和 b 為最佳化變數，最大化式 (11.21) 舉出的間隔寬度：

$$\underset{\boldsymbol{w},b}{\arg\max} \frac{2}{\|\boldsymbol{w}\|} \\ \text{且滿足 } (\boldsymbol{x}^{(i)}\boldsymbol{w} + b)y^{(i)} \geq 1, \quad i = 1, 2, 3, \cdots, n \tag{11.22}$$

其中，i 為樣本資料點序數，$i = 1, 2, \cdots, n$。n 為樣本資料數量。

第 11 章　支援向量機

最小化問題

式 (11.22) 等價於以下最小化問題：

$$\underset{w,b}{\arg\min} \; \frac{\|w\|^2}{2} = \frac{w^\mathrm{T} w}{2} = \frac{w \cdot w}{2} \tag{11.23}$$

$$\text{且滿足} \; \left(x^{(i)} w + b\right) y^{(i)} \geq 1, \quad i = 1, 2, 3, \cdots, n$$

拉格朗日函數

構造**拉格朗日函數** (Lagrangian function)$L(w,b,\lambda)$：

$$L(w,b,\lambda) = \frac{w \cdot w}{2} + \sum_{i=1}^{n} \lambda_i \left(1 - y^{(i)} \left(x^{(i)} w + b\right)\right) \tag{11.24}$$

其中，λ 為拉格朗日乘子構造的列向量：

$$\lambda = \begin{bmatrix} \lambda_1 & \lambda_2 & \cdots & \lambda_n \end{bmatrix}^\mathrm{T} \tag{11.25}$$

這樣可以將含不等式約束最佳化問題，轉化為一個無約束最佳化問題。

偏導

$L(w,b,\lambda)$ 對 w 和 b 偏導為 0，因此可以得到以下一系列等式：

$$\begin{cases} \dfrac{\partial L(w,b,\lambda)}{\partial w} = w - \sum_{i=1}^{n} \lambda_i y^{(i)} x^{(i)\mathrm{T}} = \mathbf{0} \\ \dfrac{\partial L(w,b,\lambda)}{\partial b} = \sum_{i=1}^{n} \lambda_i y^{(i)} = 0 \end{cases} \tag{11.26}$$

這部分內容用到了《AI 時代 Math 元年 - 用 Python 全精通矩陣及線性代數》第 17 章介紹的多元微分相關數學工具。整理式 (11.26) 可以得到：

$$\begin{cases} w = \sum_{i=1}^{n} \lambda_i y^{(i)} x^{(i)\mathrm{T}} \\ \sum_{i=1}^{n} \lambda_i y^{(i)} = 0 \end{cases} \tag{11.27}$$

注意，w 為列向量，而 $x^{(i)}$ 為行向量。

簡化拉格朗日函數

將式 (11.27) 代入式 (11.24)，消去式中 w 和 b，可以得到：

$$\begin{aligned} L(w,b,\lambda) &= \frac{w^{\mathrm{T}}w}{2} + \sum_{i=1}^{n}\lambda_i\left(1-y^{(i)}\left(x^{(i)}w+b\right)\right) \\ &= \frac{\left(\sum_{i=1}^{n}\lambda_i y^{(i)}x^{(i)}\right)^{\mathrm{T}}\left(\sum_{j=1}^{n}\lambda_j y^{(j)}x^{(j)}\right)}{2} + \sum_{i=1}^{n}\lambda_i\left(1-y^{(i)}\left(\sum_{j=1}^{n}\lambda_j y^{(j)}x^{(j)}\right)\cdot x^{(i)} - y^{(i)}b\right) \\ &= \frac{\sum_{j=1}^{n}\sum_{i=1}^{n}\lambda_i\lambda_j y^{(i)}y^{(j)}\left(x^{(i)}\cdot x^{(j)}\right)}{2} - \sum_{i=1}^{n}\sum_{j=1}^{n}\lambda_i\lambda_j y^{(i)}y^{(j)}\left(x^{(i)}\cdot x^{(j)}\right) + \sum_{i=1}^{n}\lambda_i - b\sum_{i=1}^{n}\lambda_i y^{(i)} \\ &= \sum_{i=1}^{n}\lambda_i - \frac{\sum_{j=1}^{n}\sum_{i=1}^{n}\lambda_i\lambda_j y^{(i)}y^{(j)}\left(x^{(i)}\cdot x^{(j)}\right)}{2} \end{aligned} \tag{11.28}$$

拉格朗日函數 $L(w,b,\lambda)$ 簡化為 $L(\lambda)$：

$$L(\lambda) = \sum_{i=1}^{n}\lambda_i - \frac{\sum_{j=1}^{n}\sum_{i=1}^{n}\lambda_i\lambda_j y^{(i)}y^{(j)}\left(x^{(i)}\cdot x^{(j)}\right)}{2} \tag{11.29}$$

對偶問題

利用拉格朗日乘子法，這樣便將式 (11.23) 最佳化問題轉化成一個以 λ 為變數的最佳化問題：

$$\begin{aligned} &\underset{\lambda}{\arg\max}\quad \sum_{i=1}^{n}\lambda_i - \frac{\sum_{j=1}^{n}\sum_{i=1}^{n}\lambda_i\lambda_j y^{(i)}y^{(j)}\left(x^{(i)}\cdot x^{(j)}\right)}{2} \\ &\text{且滿足}\begin{cases}\sum_{i=1}^{n}\lambda_i y^{(i)} = 0 \\ \lambda_i \geq 0,\quad i,j = 1,2,3,\cdots,n\end{cases} \end{aligned} \tag{11.30}$$

第 11 章　支援向量機

這個最佳化問題常被稱作**拉格朗日對偶問題** (Lagrange duality),也稱**對偶問題** (duality)。

發現二次型、格拉姆矩陣

大家是否發現式 (11.29) 中的二次型?

> 對二次型陌生的讀者,請回顧《AI 時代 Math 元年 - 用 Python 全精通矩陣及線性代數》第 5 章。

舉個例子,當 $n=2$,即兩個樣本資料時,式 (11.29) 可以展開為:

$$L(\lambda) = (\lambda_1 + \lambda_2) - \frac{1}{2}\left(\lambda_1\lambda_1 y^{(1)} y^{(1)}\left(\boldsymbol{x}^{(1)} \cdot \boldsymbol{x}^{(1)}\right) + 2\lambda_1\lambda_2 y^{(1)} y^{(2)}\left(\boldsymbol{x}^{(1)} \cdot \boldsymbol{x}^{(2)}\right) + \lambda_2\lambda_2 y^{(2)} y^{(2)}\left(\boldsymbol{x}^{(2)} \cdot \boldsymbol{x}^{(2)}\right)\right) \quad (11.31)$$

式 (11.31) 整理為以下二次型:

$$L(\lambda) = (\lambda_1 + \lambda_2) - \frac{1}{2}\begin{bmatrix}\lambda_1 y^{(1)} & \lambda_2 y^{(2)}\end{bmatrix}\begin{bmatrix}\boldsymbol{x}^{(1)} \cdot \boldsymbol{x}^{(1)} & \boldsymbol{x}^{(1)} \cdot \boldsymbol{x}^{(2)} \\ \boldsymbol{x}^{(2)} \cdot \boldsymbol{x}^{(1)} & \boldsymbol{x}^{(2)} \cdot \boldsymbol{x}^{(2)}\end{bmatrix}\begin{bmatrix}\lambda_1 y^{(1)} \\ \lambda_2 y^{(2)}\end{bmatrix} \quad (11.32)$$

同理,式 (11.29) 可以整理為:

$$L(\lambda) = \sum_{i=1}^{n}\lambda_i - \frac{1}{2}\begin{bmatrix}\lambda_1 y^{(1)} \\ \lambda_2 y^{(2)} \\ \vdots \\ \lambda_n y^{(n)}\end{bmatrix}^{\mathrm{T}}\underbrace{\begin{bmatrix}\langle\boldsymbol{x}^{(1)},\boldsymbol{x}^{(1)}\rangle & \langle\boldsymbol{x}^{(1)},\boldsymbol{x}^{(2)}\rangle & \cdots & \langle\boldsymbol{x}^{(1)},\boldsymbol{x}^{(n)}\rangle \\ \langle\boldsymbol{x}^{(2)},\boldsymbol{x}^{(1)}\rangle & \langle\boldsymbol{x}^{(2)},\boldsymbol{x}^{(2)}\rangle & \cdots & \langle\boldsymbol{x}^{(2)},\boldsymbol{x}^{(n)}\rangle \\ \vdots & \vdots & \ddots & \vdots \\ \langle\boldsymbol{x}^{(n)},\boldsymbol{x}^{(1)}\rangle & \langle\boldsymbol{x}^{(n)},\boldsymbol{x}^{(2)}\rangle & \cdots & \langle\boldsymbol{x}^{(n)},\boldsymbol{x}^{(n)}\rangle\end{bmatrix}}_{\text{Gram matrix}}\begin{bmatrix}\lambda_1 y^{(1)} \\ \lambda_2 y^{(2)} \\ \vdots \\ \lambda_n y^{(n)}\end{bmatrix} \quad (11.33)$$

相信大家已經在上式中看到了久違的**格拉姆矩陣** (Gram matrix),如圖 11.9 所示。

11.3 構造最佳化問題

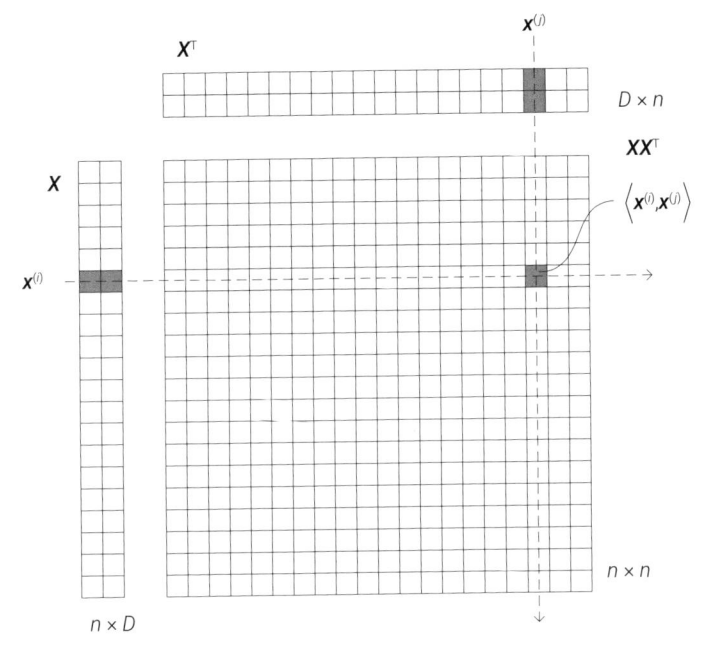

▲ 圖 11.9 格拉姆矩陣，線性核心

決策邊界

利用式 (11.27)，決策邊界可以整理為：

$$f(\boldsymbol{x}) = \boldsymbol{w}^\mathrm{T}\boldsymbol{x} + b = \underbrace{\left(\sum_{i=1}^{n} \lambda_i y^{(i)} \boldsymbol{x}^{(i)}\right)}_{\text{Coefficients}} \boldsymbol{x} + b = 0 \tag{11.34}$$

需要大家注意區分，行向量 $\boldsymbol{x}^{(i)}$ 為第 i 個資料點，$\boldsymbol{x}$ 為未知量組成的列向量。也就是說，$\sum_{i=1}^{n} \lambda_i y^{(i)} \boldsymbol{x}^{(i)}$ 求和結果為行向量。

分類決策函數 $p(\boldsymbol{x})$ 為：

$$p(\boldsymbol{x}) = \mathrm{sign}\left(\boldsymbol{w}^\mathrm{T}\boldsymbol{x} + b\right) = \mathrm{sign}\left(\underbrace{\left(\sum_{i=1}^{n} \lambda_i y^{(i)} \boldsymbol{x}^{(i)}\right)}_{\text{Coefficients}} \boldsymbol{x} + b\right) \tag{11.35}$$

11.4 支援向量機處理二分類問題

本節利用具體實例介紹如何實現硬間隔支援向量機演算法。

實例

圖 11.10 所示為 20 個樣本資料，容易發現樣本資料線性可分，下面利用支援向量機進行預測分類。

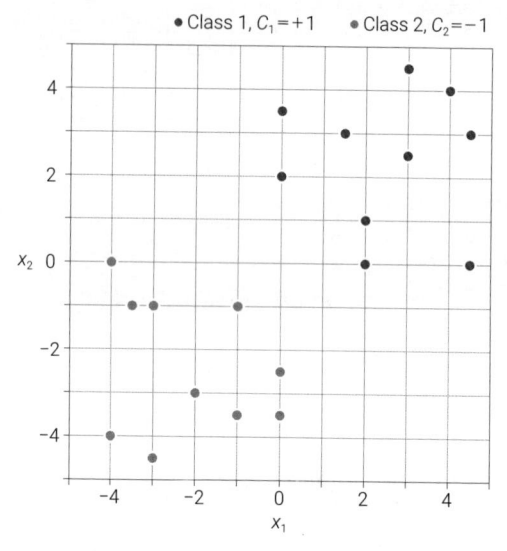

▲ 圖 11.10 20 個樣本資料點平面位置

決策邊界

對於 $D = 2$ 的情況，將式 (11.1) 展開：

$$w_1 x_1 + w_2 x_2 + b = 0 \tag{11.36}$$

$w_2 \neq 0$ 時，將式 (11.36) 寫成大家熟悉的一次函數形式：

$$x_2 = -\frac{w_1}{w_2} x_1 - \frac{b}{w_2} \tag{11.37}$$

硬間隔

根據式 (11.20),硬間隔「上邊界」l_1 對應的函數為:

$$w_1 x_1 + w_2 x_2 + b = 1 \quad \Rightarrow \quad x_2 = -\frac{w_1}{w_2} x_1 - \frac{b-1}{w_2} \tag{11.38}$$

間隔「下邊界」l_2 對應的函數為:

$$w_1 x_1 + w_2 x_2 + b = -1 \quad \Rightarrow \quad x_2 = -\frac{w_1}{w_2} x_1 - \frac{b+1}{w_2} \tag{11.39}$$

再次注意,因為式 (11.37) 中 w_2 不能為 0,因此式 (11.37) 存在局限性。這種表達方式僅為方便大家理解。

分類結果

圖 11.11 為分類結果。容易發現,一共存在三個支援向量——$A(0,2)$、$B(2,0)$ 和 $C(-1,-1)$。而剩餘 17 個樣本資料對決策邊界沒有絲毫影響。

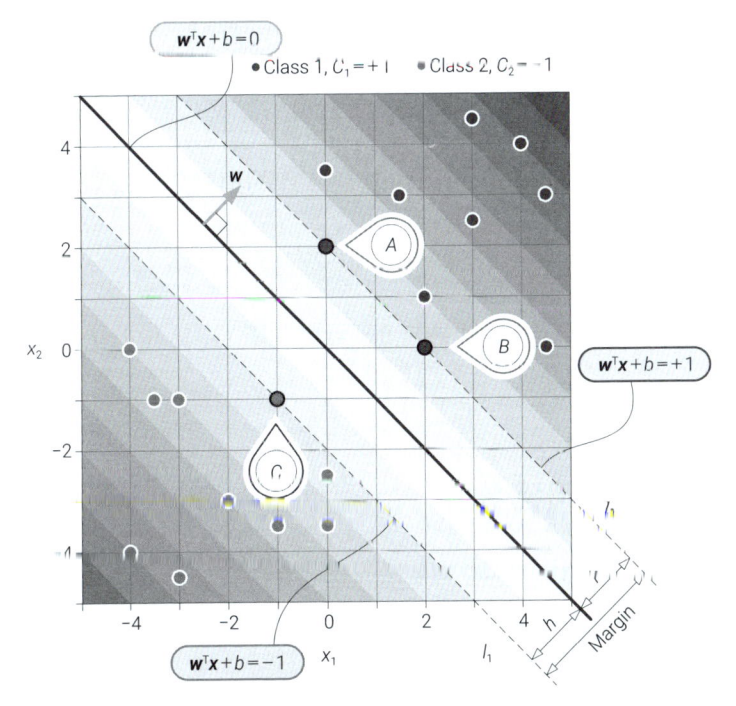

▲ 圖 11.11 硬間隔分類結果

第 11 章　支援向量機

圖 11.11 中深藍色直線為決策邊界，對應解析式為：

$$\frac{x_1}{2}+\frac{x_2}{2}=0 \Rightarrow x_1+x_2=0 \Rightarrow x_2=-x_1 \tag{11.40}$$

分類決策函數 $p(\boldsymbol{x})$ 為：

$$p(x_1,x_2)=\text{sign}(x_1+x_2) \tag{11.41}$$

間隔「上」邊界 l_1 對應的函數為：

$$\frac{x_1}{2}+\frac{x_2}{2}=1 \Rightarrow x_2=-x_1+2 \tag{11.42}$$

間隔「下」邊界 l_2 對應的函數為：

$$\frac{x_1}{2}+\frac{x_2}{2}=-1 \Rightarrow x_2=-x_1-2 \tag{11.43}$$

預測分類

將 (4,4) 代入式 (11.41)，可以判斷 (4,4) 的預測分類為 +1：

$$p(4,4)=\text{sign}(4+4)=+1 \tag{11.44}$$

將 (-2,-3) 代入式 (11.41)，可以判斷 (-2,-3) 的預測分類為 -1：

$$p(-2,-3)=\text{sign}(-2-3)=-1 \tag{11.45}$$

將 (3,-3) 代入式 (11.41)，結果為 0，可以判斷 (3,-3) 位於決策邊界上：

$$p(3,-3)=\text{sign}(3-3)=0 \tag{11.46}$$

支援向量影響決策邊界

圖 11.12 所示為刪除點 A 後，支援向量變化，以及決策邊界和間隔位置。再次強調，支援向量演算法中，除支援向量之外的樣本資料對決策邊界沒有影響。

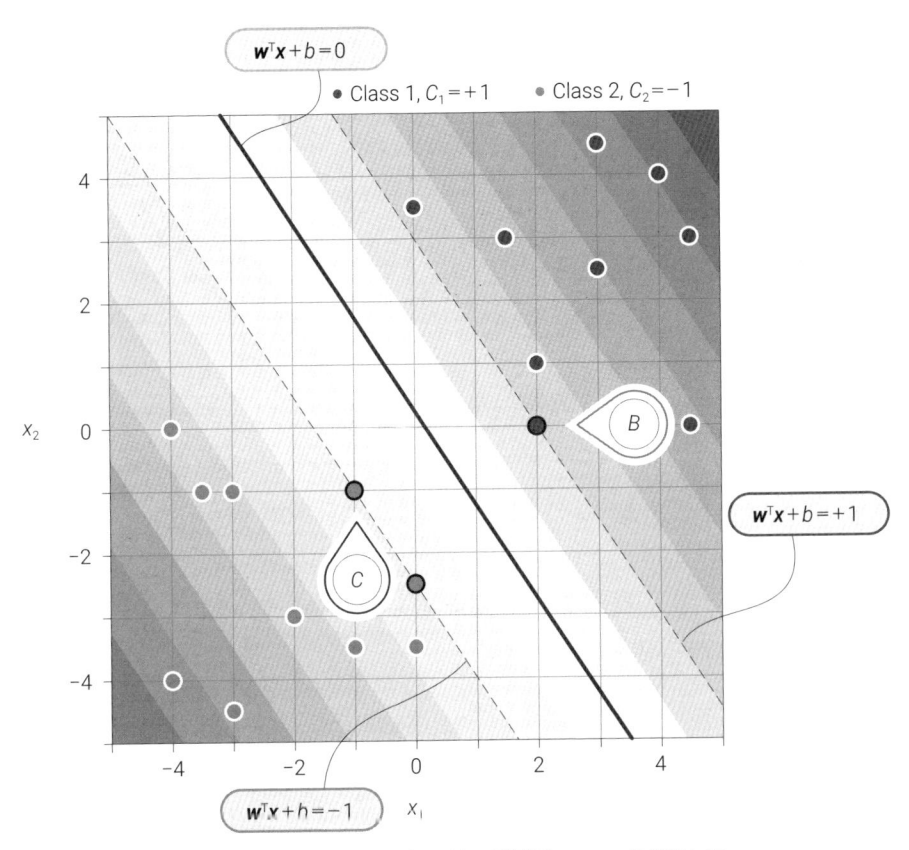

▲ 圖 11.12 刪除點 A 後硬間隔 SVM 分類結果

11.5 軟間隔：處理線性不可分

　　本章第一節提到，支援向量機可以採用**軟間隔** (soft margin) 處理**線性不可分** (non-linearly separable data)。通俗地說，**硬間隔** (hard margin) 處理「涇渭分明」的分類資料，即一筆直線將樣本資料徹底分離，如圖 11.13(a) 所示。而軟間隔處理的資料呈現「你中有我，我中有你」，如圖 11.13(b) 所示。

第 11 章　支援向量機

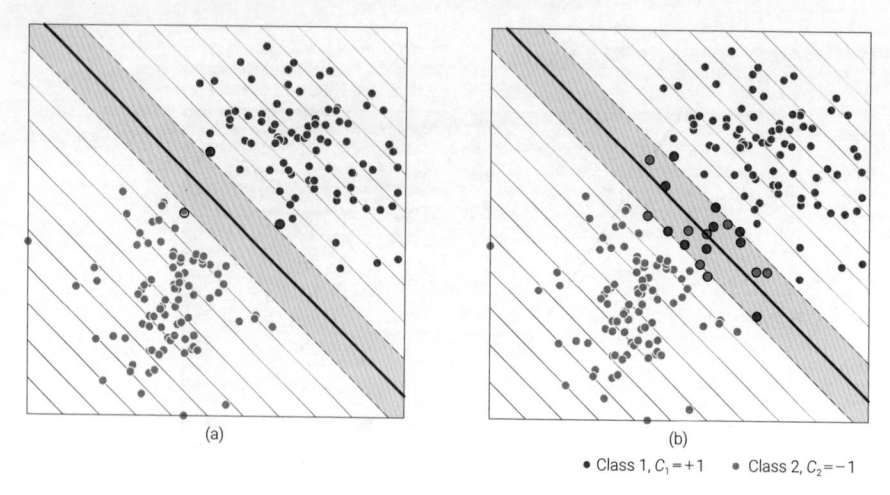

▲ 圖 11.13　比較硬間隔和軟間隔

● Class 1, $C_1=+1$　　● Class 2, $C_2=-1$

軟間隔 SVM 方法的核心思想是犧牲部分資料點分類準確性，來換取更寬的間隔。軟間隔有兩個重要參數：

- 鬆弛變數 (slack variable)ξ, 一般讀作 /ksaɪ/
- 懲罰因數 (penalty parameter)C

鬆弛變數

鬆弛變數用來模糊間隔邊界，圖 11.14 所示為原理圖。引入鬆弛變數 ξ, 被改造為：

$$(\boldsymbol{w}\cdot\boldsymbol{x}+b)y \geq 1-\xi \tag{11.47}$$

當 $y = +1$ 時，

$$(\boldsymbol{w}\cdot\boldsymbol{x}+b) \geq 1-\xi \tag{11.48}$$

當 $y = -1$ 時，

$$(\boldsymbol{w}\cdot\boldsymbol{x}+b) \leq -1+\xi \tag{11.49}$$

11.5 軟間隔：處理線性不可分

如圖 11.14 所示，當 $\xi = 0$ 時，樣本資料位於正確分類區域內或正確間隔邊界上；當 $\xi > 0$ 時，樣本資料位於軟間隔範圍之內，甚至在錯誤的分類區域內。圖 11.14 中，紅色帶對應鬆弛變數 ξ 較大區域，藍色帶對應鬆弛變數 ξ 較小區域。

圖 11.14 中，軟間隔內任一資料點 $x^{(i)}$ 距離各自邊界距離為：

$$d_i = \frac{\xi_i}{\|w\|} \tag{11.50}$$

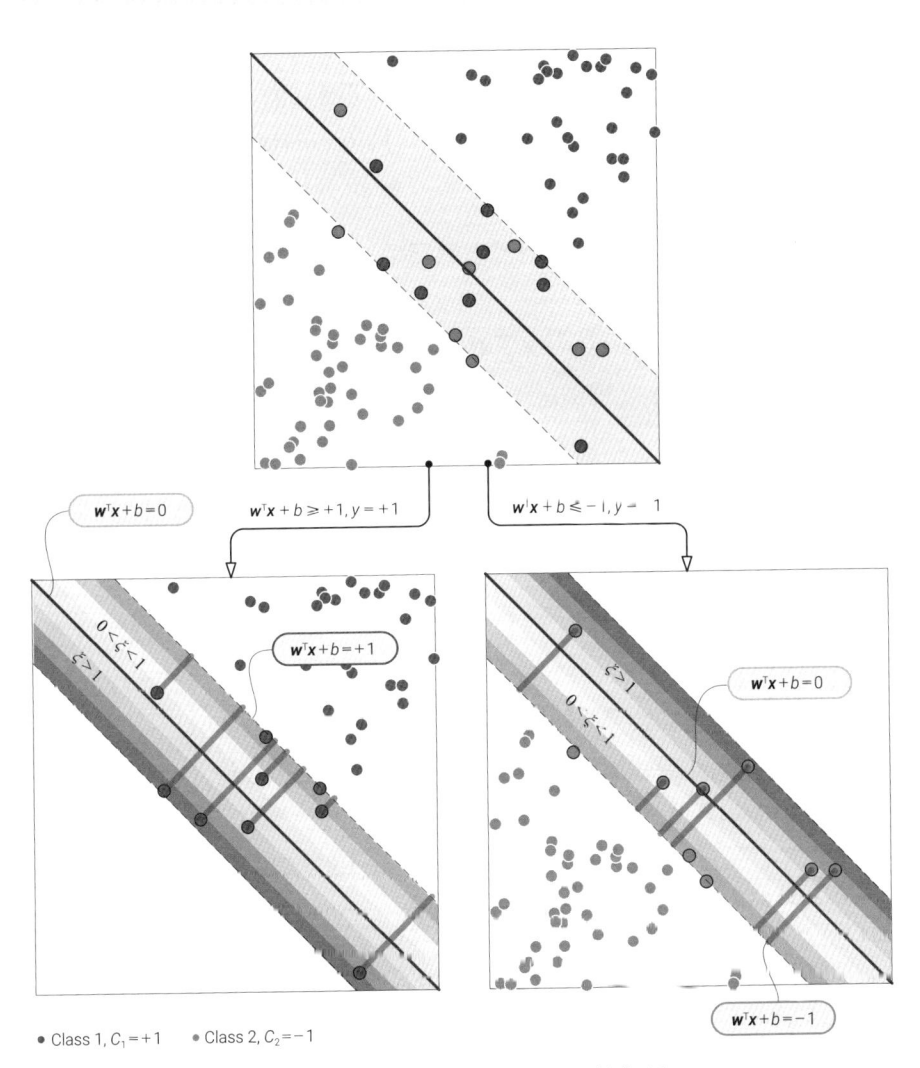

▲ 圖 11.14 軟間隔中鬆弛變數作用

11-23

最佳化問題

下面,在式 (11.23) 基礎上引入懲罰因數 C,構造軟間隔 SVM 最佳化問題:

$$\underset{w,b,\xi}{\arg\min} \quad \frac{w \cdot w}{2} + C\sum_{i=1}^{n} \xi_i$$

$$\text{且滿足} \quad \begin{cases} y^{(i)}\left(x^{(i)}w+b\right) \geq 1-\xi_i, \quad i=1,2,3,\cdots,n \\ \xi_i \geq 0 \end{cases} \tag{11.51}$$

懲罰因數 C 為使用者設定參數,它可以調整鬆弛變數懲罰項的影響力。C 較大時,最佳化問題更在意分類準確性,犧牲間隔寬度;間隔可以窄一些,分類錯誤少犯一些。C 較小時,間隔更寬一些,間隔內的樣本資料較多,分類錯誤可以多一點。

也可以採用 L^2 範數來構造鬆弛變數懲罰項,此時式 (11.51) 被改造成:

$$\underset{w,b}{\arg\min} \quad \frac{w \cdot w}{2} + C\sum_{i=1}^{n} \xi_i^2$$

$$\text{且滿足} \quad \begin{cases} y^{(i)}\left(w \cdot x^{(i)}+b\right) \geq 1-\xi_i, \quad i=1,2,3,\cdots,n \\ \xi_i \geq 0 \end{cases} \tag{11.52}$$

懲罰因數影響分類結果

圖 11.15 所示為懲罰因數 C 取不同值時,支援變數、決策邊界和間隔寬度變化。

> Bk7_Ch11_01.ipynb 中利用 SVM 實現了分類,並繪製了圖 11.11、圖 11.12 和圖 11.15。圖 11.16 所示為用 Streamlit 架設的展示懲罰因數對軟間隔和決策邊界影響的 App。請大家自行學習 Streamlit_Bk7_Ch11_02.py 中的程式。

11.5 軟間隔：處理線性不可分

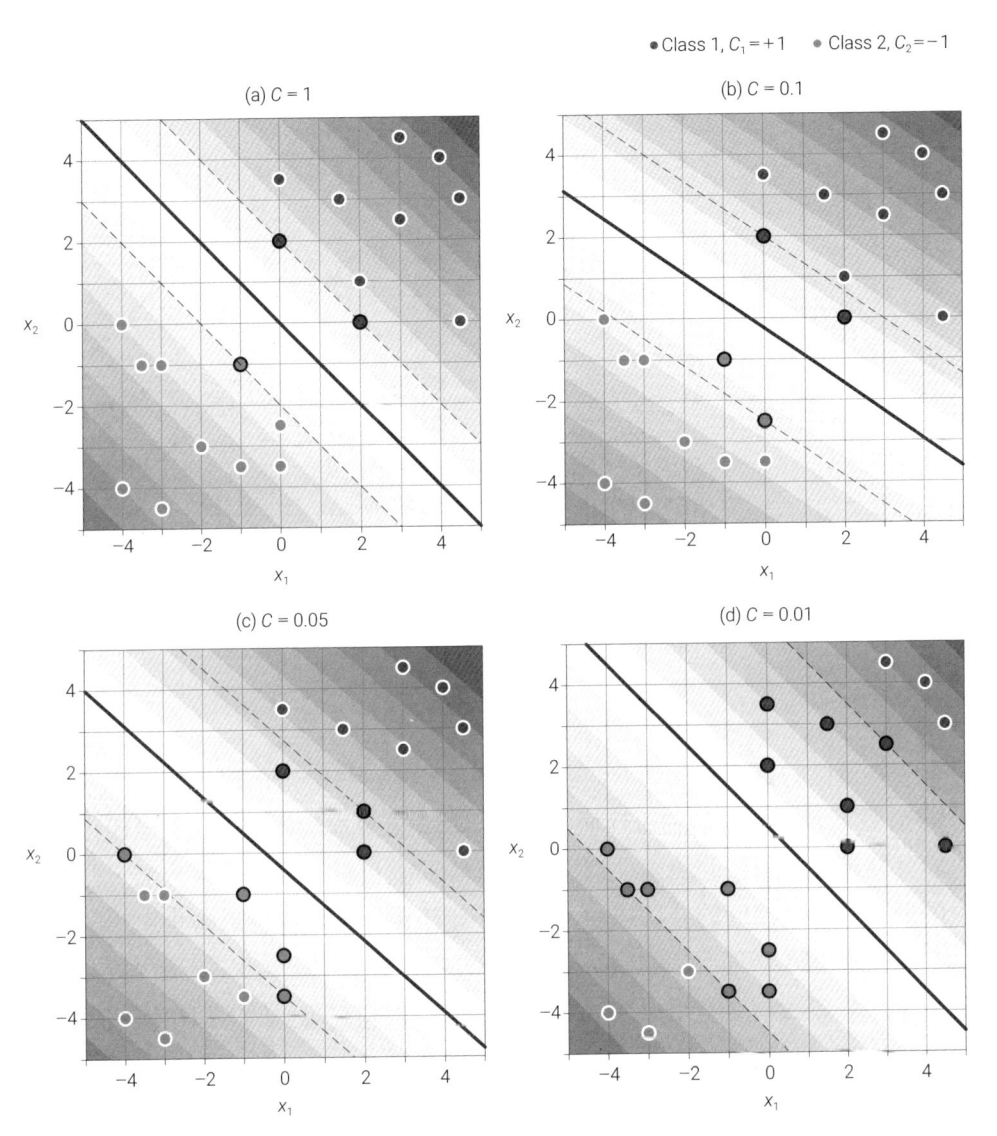

▲ 圖 11.15 懲罰因數對軟間隔寬度和決策邊界的影響

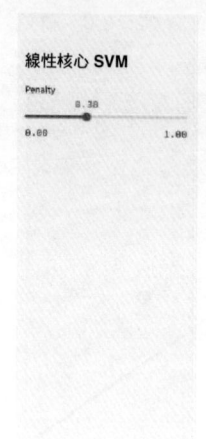

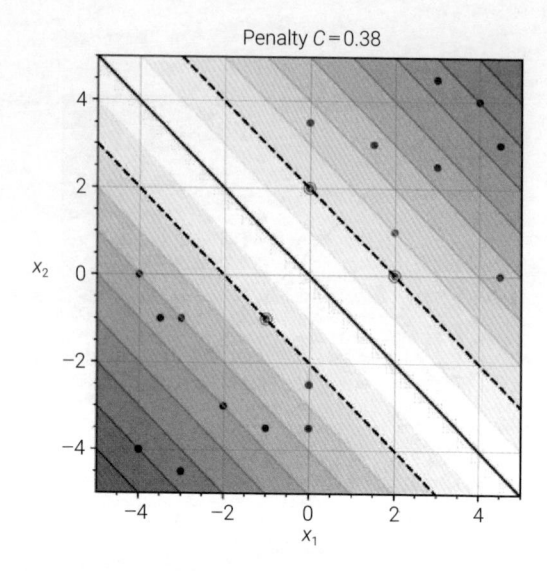

第 11 章　支援向量機

▲ 圖 11.16 展示懲罰因數對軟間隔和決策邊界影響的 App，Streamlit 架設 |Streamlit_Bk7_Ch11_02.py

支援向量機的目標是找到一個能夠將兩個類別線性分隔的最佳超平面。而 SVM 透過最佳化一個約束條件下的目標函數來尋找最佳超平面。最佳化問題分為硬間隔和軟間隔兩種情況，硬間隔要求資料能夠完全被分隔，軟間隔則允許一定程度的分類誤差。此外，最佳化目標函數可以轉化為一個凸二次規劃問題，可以透過拉格朗日乘子法來解決。

在實踐中，SVM 使用核心技巧將輸入資料映射到高維空間，以便能夠處理非線性問題。常用的核心函數有線性核心函數、多項式核心函數和徑向基函數核心函數等。這種核心技巧可以有效地提高 SVM 的性能和靈活性，因為它可以將低維輸入空間中的非線性分類問題轉化為高維空間中的線性分類問題。

SVM 是一種強大的分類模型，因為它可以處理高維空間和非線性問題，並且能夠有效地避免過擬合。但是，SVM 的計算成本較高，選擇和調整核心函數也需要一定的經驗和技巧。下一章將專門介紹 SVM 中的核心函數。本章和下一章共用一個思維導圖。

11.5 軟間隔：處理線性不可分

➔

利用支援向量機完成迴歸，請參考：

- https://scikit-learn.org/stable/auto_examples/svm/plot_svm_regression.html

第 11 章 支援向量機

MEMO

12 核心技巧

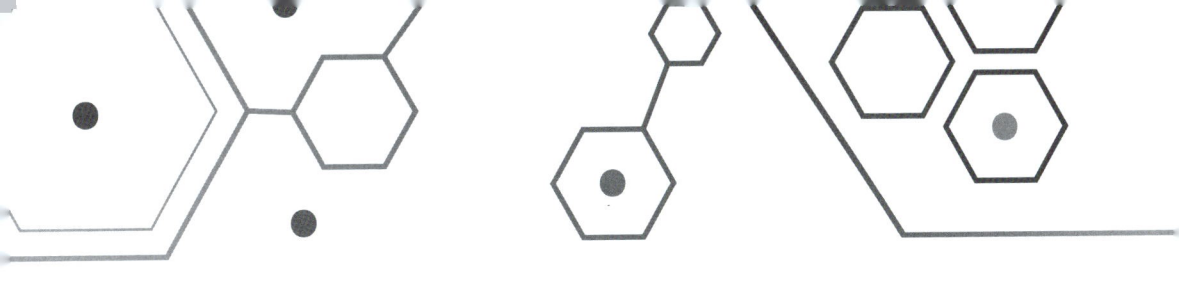

Kernel Trick

將資料映射到高維特徵空間

> 複雜理論，花拳繡腿；簡單演算法，立竿見影。
>
> *Complex theories do not work;simple algorithms do.*
>
> ——弗拉基米爾·萬普尼克（*Vladimir Vapnik*）| 俄羅斯統計學家、數學家 | 1936—

- sklearn.datasets.make_circles 生成環狀資料
- sklearn.datasets.make_moons 生成月牙形資料
- sklearn.svm.SVC 支援向量機函數

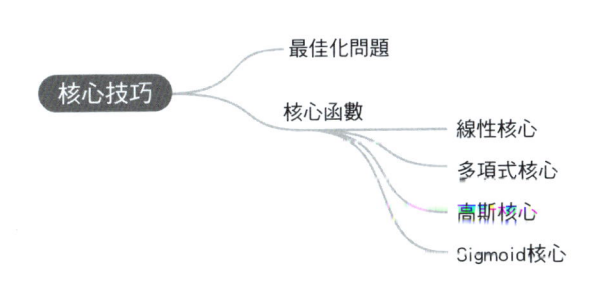

```
核心技巧 ── 最佳化問題
         └─ 核心函數 ─┬─ 線性核心
                    ├─ 多項式核心
                    ├─ 高斯核心
                    └─ Sigmoid核心
```

12-1

第 12 章 核心技巧

12.1 映射函數：實現升維

上一章簡介了支援向量機**核心技巧** (kernel trick) 原理—將樣本資料映射到高維特徵空間中，使資料在高維空間中線性可分。常用的核心函數有線性核心函數、多項式核心函數和徑向基函數核心函數等。這種核心技巧可以有效地提高 SVM 的性能和靈活性，因為它可以將低維輸入空間中的非線性分類問題轉化為高維空間中的線性分類問題。透過使用核心技巧，SVM 能夠處理非線性問題並且具有更好的泛化能力。

核心技巧應用廣泛，本章依託 SVM，展開講解核心技巧及常用的幾種核心函數。

> 請大家回顧《AI 時代 Math 元年 - 用 Python 全精通資料處理》介紹的高斯過程中的核心函數和先驗協方差的關係。

映射函數

首先，大家需要了解**映射函數** (mapping function) 這個概念。x 經過特徵映射 (feature map) 後得到 $\phi(x)$ 向量，$\phi()$ 叫映射函數。如圖 12.1 所示，從 x 到 $\phi(x)$ 的過程便是一個升維過程。在原始資料特徵空間線性不可分的資料，在新特徵空間中變得線性可分。

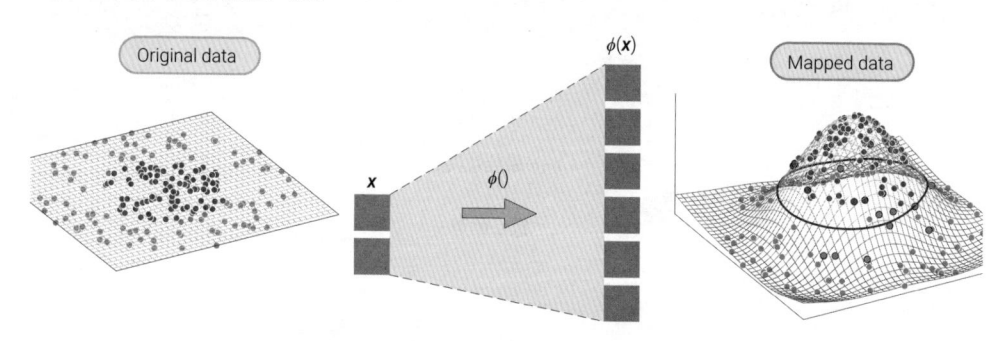

▲ 圖 12.1 映射原理示意圖

叢書前文一再提及**降維** (dimensionality reduction)，而核心技巧則採用升維解決分類問題；這一點，聽著有點不可思議。下面舉幾個例子進行解釋。

12.1 映射函數：實現升維

第一個例子

圖 12.2 所示為兩組單一特徵資料。圖 12.2(a) 中，原始資料左右兩側各 4 個點標籤為●；中間 9 個點標籤為●。

在 x_1 這個單一維度上，樣本資料不能直接線性分類；但是，經過類似二次函數映射後，在全新二維空間中，樣本資料便很容易被分類。

$$x = \begin{bmatrix} x_1 \end{bmatrix} \xrightarrow{\phi()} \phi(x) = \begin{bmatrix} x_1 & x_1^2 \end{bmatrix}^T \tag{12.1}$$

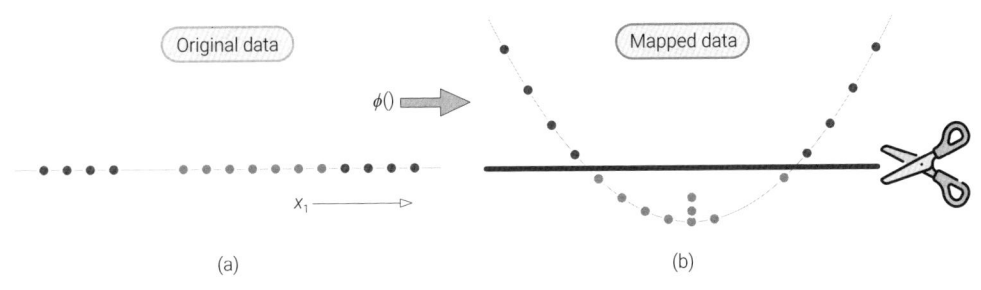

▲ 圖 12.2 核心技巧，原始資料為單一特徵

第二個例子

圖 12.3(a) 中原始資料標籤交替出現。但是採用類似正弦函數映射到二維空間後，資料變得線性可分。

$$x = \begin{bmatrix} x_1 \end{bmatrix} \xrightarrow{\phi()} \phi(x) = \begin{bmatrix} x_1 & \sin(x_1) \end{bmatrix}^T \tag{12.2}$$

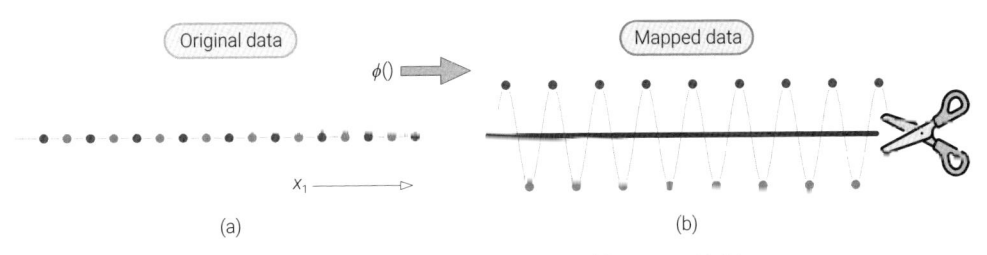

▲ 圖 12.3 核心技巧，原始資料為單一特徵

第 12 章 核心技巧

第三個例子

如圖 12.4 所示，原始資料有兩個特徵，也是線性不可分的。但是利用 XOR 函數映射之後，資料便容易分離。

$$x = \begin{bmatrix} x_1 & x_2 \end{bmatrix}^T \xrightarrow{\phi()} \phi(x) = \begin{bmatrix} x_1 & x_2 & \text{XOR}(x_1, x_2) \end{bmatrix}^T \qquad (12.3)$$

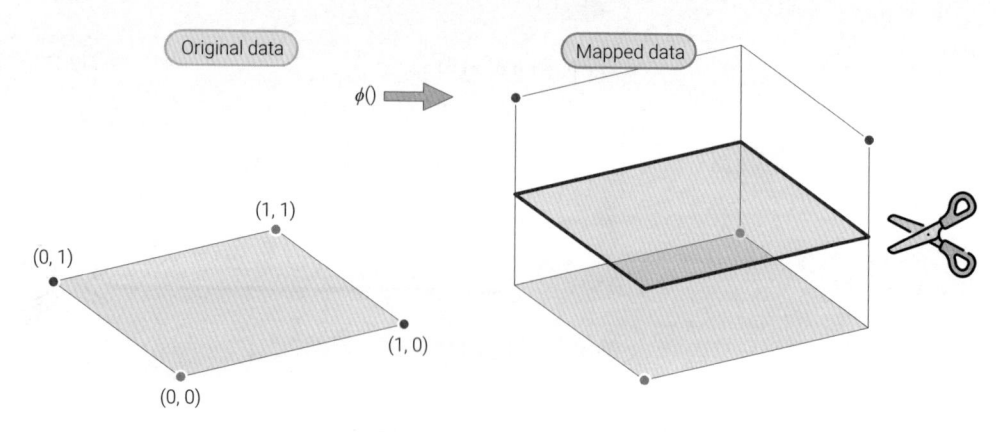

▲ 圖 12.4 核心技巧，兩特徵資料

XOR 為**邏輯互斥** (exclusive or) 函數，真值表如圖 12.5 所示。根據真值表，XOR(0,1)= 1，XOR(1,0)= 1；而 XOR(1,1)= 0，XOR(0,0)= 0。

XOR(A, B)	A: False, 0	A: Truth, 1
B: False, 0	False, 0	Truth, 1
B: Truth, 1	Truth, 1	False, 0

▲ 圖 12.5 XOR 邏輯互斥真值表

12.1 映射函數：實現升維

第四個例子

上一章已經展示過類似圖 12.6 的環狀資料，這種資料線性不可分。但是按照以下規則映射，在新的特徵空間中，資料變得線性可分。

$$x = \begin{bmatrix} x_1 & x_2 \end{bmatrix}^T \xrightarrow{\phi()} \phi(x) = \begin{bmatrix} x_1^2 & \sqrt{2}x_1x_2 & x_2^2 \end{bmatrix}^T \tag{12.4}$$

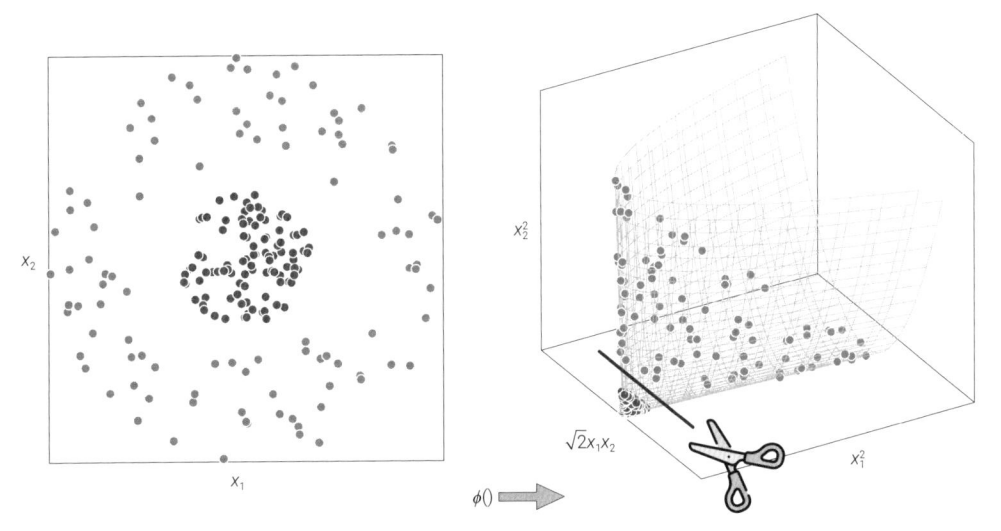

▲ 圖 12.6 環狀資料映射到新特徵空間，變得線性可分

改造支援向量機演算法

透過上一章學習，我們知道 SVM 決策邊界解析式為：

$$f(x) = w^T x + b = 0 \tag{12.5}$$

式 (12.5) 解析式代表超平面。

經過特徵映射後的，決策邊界如下：

$$f(x) = w^T \underbrace{\phi(x)}_{\text{Mapping function}} + b = 0 \tag{12.6}$$

第 12 章 核心技巧

其中，w 和 b 為模型參數。決策邊界具體為哪一類曲面，取決於 $\phi(x)$。注意，式 (12.5) 和式 (12.6) 中向量 w 不同。此外，式 (12.6) 中，列向量 w 和 $\phi(x)$ 行數一致。

一般情況下，$\phi(x)$ 的特徵數遠多於原始資料 x。因此，式 (12.6) 中，列向量 w 行數一般比 x 特徵數多。極端情況下，$\phi(x)$ 的特徵數量可能為無窮。

需要大家格外注意的是，$\phi(x)$ 形式並不重要！我們關心的是 $\phi(x)$ 和自身內積結果。有了映射函數的鋪陳，下一節構造核心技巧支援向量機最佳化問題。

12.2 核心技巧 SVM 最佳化問題

在支援向量機中，核心技巧將輸入資料映射到高維空間中，使得原本的非線性問題轉化為線性問題。這個轉化的過程中，涉及一個最佳化問題，即要找到一個最佳的決策函數，使得分類邊界最佳化。因此，透過核心技巧轉化後的 SVM 問題就是求解一個最佳化問題。而最佳化問題可以透過求解拉格朗日函數的最小值來解決。

最佳化問題

類似上一章硬間隔 SVM，建構核心技巧 SVM 最佳化問題如下：

$$\underset{w,b}{\arg\min}\ \frac{w \cdot w}{2}$$
$$\text{且滿足 } y^{(i)}\left(w \cdot \underbrace{\phi\left(x^{(i)}\right)}_{\text{Mapping function}} + b\right) \geq 1,\quad i=1,2,3,\cdots,n \tag{12.7}$$

拉格朗日函數

同樣，構造拉格朗日函數 $L(w,b,\lambda)$：

$$L(w,b,\lambda) = \frac{w \cdot w}{2} + \sum_{i=1}^{n} \lambda_i \left(1 - y^{(i)}\left(w \cdot \phi\left(x^{(i)}\right) + b\right)\right) \tag{12.8}$$

偏導

$L(\boldsymbol{w},b,\lambda)$ 對 $\boldsymbol{w}$ 和 b 偏導為 0，得到：

$$\begin{cases} \dfrac{\partial L(\boldsymbol{w},b,\lambda)}{\partial \boldsymbol{w}} = \boldsymbol{w} - \sum_{i=1}^{n} \lambda_i y^{(i)} \phi\left(\boldsymbol{x}^{(i)}\right) = \boldsymbol{0} \\ \dfrac{\partial L(\boldsymbol{w},b,\lambda)}{\partial b} = \sum_{i=1}^{n} \lambda_i y^{(i)} = 0 \end{cases} \tag{12.9}$$

整理式 (12.9) 得到：

$$\begin{cases} \boldsymbol{w} = \sum_{i=1}^{n} \lambda_i y^{(i)} \phi\left(\boldsymbol{x}^{(i)}\right) \\ \sum_{i=1}^{n} \lambda_i y^{(i)} = 0 \end{cases} \tag{12.10}$$

類似上一章推導過程，將式 (12.10) 兩式代入式 (12.8)，消去式 (12.8) 中 $\boldsymbol{w}$ 和 b：

$$\begin{aligned} L(\boldsymbol{w},b,\lambda) &= \frac{\boldsymbol{w} \cdot \boldsymbol{w}}{2} + \sum_{i=1}^{n} \lambda_i \left(1 - y^{(i)}\left(\boldsymbol{w} \cdot \phi\left(\boldsymbol{x}^{(i)}\right) + b\right)\right) \\ &= \sum_{i=1}^{n} \lambda_i - \frac{\sum_{i=1}^{n}\sum_{j=1}^{n} \lambda_i \lambda_j y^{(i)} y^{(j)} \overbrace{\phi\left(\boldsymbol{x}^{(i)}\right) \cdot \phi\left(\boldsymbol{x}^{(j)}\right)}^{\text{Kernel function}}}{2} \end{aligned} \tag{12.11}$$

核心函數

式 (12.11) 中 $\phi(\boldsymbol{x}^{(i)}) \cdot \phi(\boldsymbol{x}^{(j)})$ 一項，可以記作：

$$\kappa\left(\boldsymbol{x}^{(i)},\boldsymbol{x}^{(j)}\right) = \phi\left(\boldsymbol{x}^{(i)}\right) \cdot \phi\left(\boldsymbol{x}^{(j)}\right) = \left\langle \phi\left(\boldsymbol{x}^{(i)}\right), \phi\left(\boldsymbol{x}^{(j)}\right) \right\rangle \tag{12.12}$$

其中，$\kappa(\boldsymbol{x}^{(i)},\boldsymbol{x}^{(j)})$ 被稱作核心函數 (kernel function)。通俗地說，核心函數按照某種規則完成「向量→純量」運算。

根據內積運算原理，下式成立：

$$\kappa\left(\boldsymbol{x}^{(i)},\boldsymbol{x}^{(j)}\right) = \kappa\left(\boldsymbol{x}^{(j)},\boldsymbol{x}^{(i)}\right) \tag{12.13}$$

第 12 章 核心技巧

簡化拉格朗日函數

利用核心函數記法，式 (12.11) 可以整理為 $L(\lambda)$：

$$L(\lambda) = \sum_{i=1}^{n} \lambda_i - \frac{\sum_{i=1}^{n}\sum_{j=1}^{n} \lambda_i \lambda_j y^{(i)} y^{(j)} \overbrace{\kappa\left(x^{(i)}, x^{(j)}\right)}^{\text{Kernel}}}{2} \tag{12.14}$$

二次型、格拉姆矩陣

特別地，當 $n=2$，即兩個樣本資料時，式 (12.14) 可以展開為：

$$L(\lambda) = (\lambda_1 + \lambda_2) - \frac{1}{2}\left(\lambda_1\lambda_1 y^{(1)} y^{(1)} \kappa\left(x^{(1)}, x^{(1)}\right) + 2\lambda_1\lambda_2 y^{(1)} y^{(2)} \kappa\left(x^{(1)}, x^{(2)}\right) + \lambda_2\lambda_2 y^{(2)} y^{(2)} \kappa\left(x^{(2)}, x^{(2)}\right)\right) \tag{12.15}$$

式 (12.15) 整理為以下二次型：

$$L(\lambda) = (\lambda_1 + \lambda_2) - \frac{1}{2}\begin{bmatrix} \lambda_1 y^{(1)} & \lambda_2 y^{(2)} \end{bmatrix} \begin{bmatrix} \kappa\left(x^{(1)}, x^{(1)}\right) & \kappa\left(x^{(1)}, x^{(2)}\right) \\ \kappa\left(x^{(2)}, x^{(1)}\right) & \kappa\left(x^{(2)}, x^{(2)}\right) \end{bmatrix} \begin{bmatrix} \lambda_1 y^{(1)} \\ \lambda_2 y^{(2)} \end{bmatrix} \tag{12.16}$$

同理，式 (12.14) 可以整理為：

$$L(\lambda) = \sum_{i=1}^{n}\lambda_i - \frac{1}{2}\begin{bmatrix} \lambda_1 y^{(1)} \\ \lambda_2 y^{(2)} \\ \vdots \\ \lambda_n y^{(n)} \end{bmatrix}^{T} \underbrace{\begin{bmatrix} \kappa\left(x^{(1)}, x^{(1)}\right) & \kappa\left(x^{(1)}, x^{(2)}\right) & \cdots & \kappa\left(x^{(1)}, x^{(n)}\right) \\ \kappa\left(x^{(2)}, x^{(1)}\right) & \kappa\left(x^{(2)}, x^{(2)}\right) & \cdots & \kappa\left(x^{(2)}, x^{(n)}\right) \\ \vdots & \vdots & \ddots & \vdots \\ \kappa\left(x^{(n)}, x^{(1)}\right) & \kappa\left(x^{(n)}, x^{(2)}\right) & \cdots & \kappa\left(x^{(n)}, x^{(n)}\right) \end{bmatrix}}_{\text{Gram matrix}} \begin{bmatrix} \lambda_1 y^{(1)} \\ \lambda_2 y^{(2)} \\ \vdots \\ \lambda_n y^{(n)} \end{bmatrix} \tag{12.17}$$

令格拉姆矩陣 (Gram matrix) K 為：

$$K = \underbrace{\begin{bmatrix} \kappa\left(x^{(1)}, x^{(1)}\right) & \kappa\left(x^{(1)}, x^{(2)}\right) & \cdots & \kappa\left(x^{(1)}, x^{(n)}\right) \\ \kappa\left(x^{(2)}, x^{(1)}\right) & \kappa\left(x^{(2)}, x^{(2)}\right) & \cdots & \kappa\left(x^{(2)}, x^{(n)}\right) \\ \vdots & \vdots & \ddots & \vdots \\ \kappa\left(x^{(n)}, x^{(1)}\right) & \kappa\left(x^{(n)}, x^{(2)}\right) & \cdots & \kappa\left(x^{(n)}, x^{(n)}\right) \end{bmatrix}}_{\text{Gram matrix}} \tag{12.18}$$

12.2 核心技巧 SVM 最佳化問題

格拉姆矩陣如圖 12.7 所示。

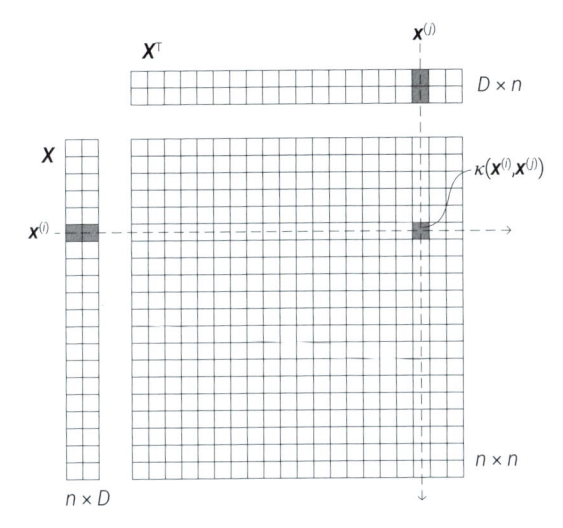

▲ 圖 12.7 格拉姆矩陣,非線性核心

式 (12.17) 可以整理為:

$$L(\lambda) = \sum_{i=1}^{n} \lambda_i - \frac{1}{2} \begin{bmatrix} \lambda_1 y^{(1)} \\ \lambda_2 y^{(2)} \\ \vdots \\ \lambda_n y^{(n)} \end{bmatrix}^{\mathrm{T}} K \begin{bmatrix} \lambda_1 y^{(1)} \\ \lambda_2 y^{(2)} \\ \vdots \\ \lambda_n y^{(n)} \end{bmatrix} \tag{12.19}$$

線性核心:最簡單的核心函數

式 (12.20) 是上一章獲得的 $L(\lambda)$ 函數:

$$L(\lambda) = \sum_{i=1}^{n} \lambda_i - \frac{\sum_{j=1}^{n}\sum_{i=1}^{n} \lambda_i \lambda_j y^{(i)} y^{(j)} \overbrace{\left(x^{(i)} \cdot x^{(j)}\right)}^{\text{Linear kernel}}}{2} \tag{12.20}$$

對比式 (12.14) 和式 (12.20),可以發現 $(x^{(i)} \cdot x^{(j)})$ 實際上也是一種核心函數 — 線性核心 (linear kernel),即最簡單的核心函數。

第 12 章 核心技巧

對偶問題

至此,我們得到核心技巧 SVM 最佳化問題的對偶問題:

$$\arg\max_{\lambda} \quad \sum_{i=1}^{n}\lambda_i - \frac{\sum_{j=1}^{n}\sum_{i=1}^{n}\lambda_i\lambda_j y^{(i)} y^{(j)} \overbrace{\phi(\boldsymbol{x}^{(i)})\cdot\phi(\boldsymbol{x}^{(j)})}^{\text{Kernel}}}{2} \qquad (12.21)$$

$$\text{且滿足} \begin{cases} \sum_{i=1}^{n}\lambda_i y^{(i)} = 0 \\ \lambda_i \geq 0, \quad i,j=1,2,3,\cdots,n \end{cases}$$

決策邊界

整理得到核心技巧 SVM 決策邊界如下:

$$\begin{aligned} f(\boldsymbol{x}) &= \boldsymbol{w}\cdot\phi(\boldsymbol{x}) + b \\ &= \underbrace{\left(\sum_{i=1}^{n}\lambda_i y^{(i)}\phi(\boldsymbol{x}^{(i)})\right)}_{\text{Coefficients}} \cdot \phi(\boldsymbol{x}) + b = 0 \end{aligned} \qquad (12.22)$$

將 $\phi(\boldsymbol{x})$ 乘到求和符號 Σ 裡,得到決策邊界解析解為:

$$f(\boldsymbol{x}) = \sum_{i=1}^{n}\left(\lambda_i y^{(i)} \underbrace{\kappa(\boldsymbol{x}^{(i)},\boldsymbol{x})}_{\text{Kernel}}\right) + b = 0 \qquad (12.23)$$

再次強調,$\boldsymbol{x}^{(i)}$ 代表一個已知樣本點,而 $\boldsymbol{x}$ 代表未知量。注意,以上推導過程不再區分行、列向量。

使用核心技巧,二分類決策函數 $p(\boldsymbol{x})$ 則可以表達為:

$$\begin{aligned} p(\boldsymbol{x}) &= \text{sign}\left(\boldsymbol{w}\cdot\phi(\boldsymbol{x}) + b\right) \\ &= \text{sign}\left(\sum_{i=1}^{n}\lambda_i y^{(i)} \underbrace{\kappa(\boldsymbol{x}^{(i)},\boldsymbol{x})}_{\text{Kernel}} + b\right) \end{aligned} \qquad (12.24)$$

對比線性核心 SVM 分類決策函數：

$$\begin{aligned} p(\boldsymbol{x}) &= \text{sign}(\boldsymbol{w}\cdot\boldsymbol{x}+b) \\ &= \text{sign}\left(\sum_{i=1}^{n}\lambda_i y^{(i)}\underbrace{\left(\boldsymbol{x}^{(i)}\boldsymbol{x}\right)}_{\text{Linear kernel}}+b\right) \end{aligned} \quad (12.25)$$

請讀者注意，Scikit-Learn 中決策函數 (decision function) 輸出值指的是式 (12.23) 結果。

軟間隔 + 核心技巧

引入懲罰因數 C，可以構造軟間隔核心技巧 SVM 最佳化問題：

$$\operatorname*{arg\,min}_{\boldsymbol{w},b} \frac{\boldsymbol{w}\cdot\boldsymbol{w}}{2}+C\sum_{i=1}^{n}\xi_i \\ \text{且滿足} \begin{cases} y^{(i)}\left(\boldsymbol{w}\cdot\phi\left(\boldsymbol{x}^{(i)}\right)+b\right)\geq 1-\xi_i, & i=1,2,3,\cdots,n \\ \xi_i \geq 0 \end{cases} \quad (12.26)$$

四種核心函數

本章後面將逐一介紹四種核心函數：

- 線性核心 (linear kernel)
- 多項式核心 (polynomial kernel)
- 高斯核心 (Gaussian kernel)，也叫徑向基核心 RBF(radial basis function kernel)
- sigmoid 核心 (sigmoid kernel)

本章利用上述四種核心函數求解圖 12.8 所示三組資料—線性可分、月牙形和環狀資料。請讀者注意比較不同核心函數優劣以及決策邊界形狀。

第 12 章 核心技巧

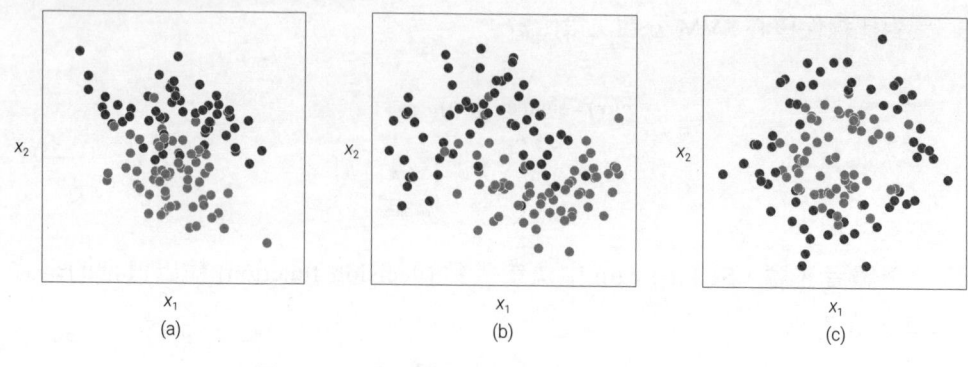

▲ 圖 12.8 三組資料─線性可分、月牙形和環狀

12.3 線性核心：最基本的核心函數

線性核心 (linear kernel) 是支援向量機 SVM 的標準配備！線性核心形式為：

$$\kappa(x, q) = x \cdot q = \langle x, q \rangle \tag{12.27}$$

線性核心 SVM 決策邊界形式如下：

$$f(x) = \sum_{i=1}^{n} \underbrace{\overbrace{\lambda_i y^{(i)} x^{(i)}}^{\text{Coefficients}} \overbrace{x}^{\text{Variables}}}_{\text{Hyperplane}} + b = 0 \tag{12.28}$$

其中，$(x^{(i)}, y^{(i)})$ 為第 i 個樣本資料點，λ_i 為求解得到的拉格朗日乘子具體值。反覆強調，x 為變數構成的列向量。

超平面疊加

定義函數 $f_i(x)$ 為：

$$f_i(x) = \overbrace{\lambda_i y^{(i)} x^{(i)}}^{\text{Coefficients}} x \tag{12.29}$$

此外，觀察式 (12.29)，給定樣本資料 $(x^{(i)}, y^{(i)})$，最佳化得到的拉格朗日乘子 λ_i 相當於權重。相信通過叢書之前數學內容的學習，大家已經清楚，所示 $f_i(x)$ 空間形狀為**超平面** (hyperplane)。

由此，式 (12.28) 可以記作：

$$f(x) = \sum_{i=1}^{n} f_i(x) + b = 0 \tag{12.30}$$

而式 (12.30) 告訴我們，線性核心 SVM 決策邊界由 n 個超平面疊加而成，如圖 12.9 所示。因此，線性核心決策邊界是超平面。

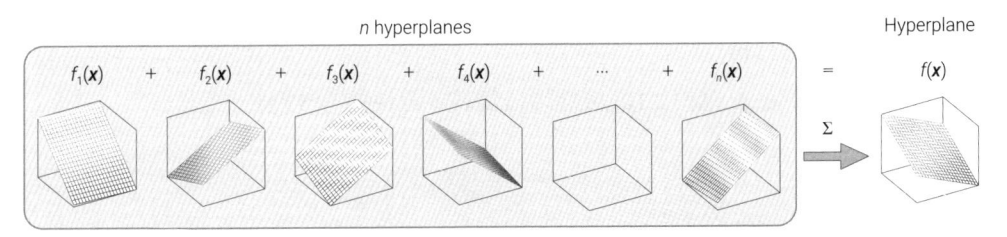

▲ 圖 12.9 線性核心 SVM 決策超平面由 n 個超平面構造

決策邊界

採用線性核心預測圖 12.8 所示三組形態不同資料分類。圖 12.10、圖 12.11 和圖 12.12 分別為線性可分、月牙形和環狀資料預測分類結果。觀察這三幅圖，可以發現 $f(x)$ 對應幾何形狀均為平面，決策邊界 $f(x) = 0$ 為直線。

採用軟間隔，線性核心 SVM 尚可以分類別圖 12.10 所示樣本資料。但是，對於圖 12.11 和圖 12.12 這種完全線性不可分資料，線性核心 SVM 顯得力不從心。

第 12 章 核心技巧

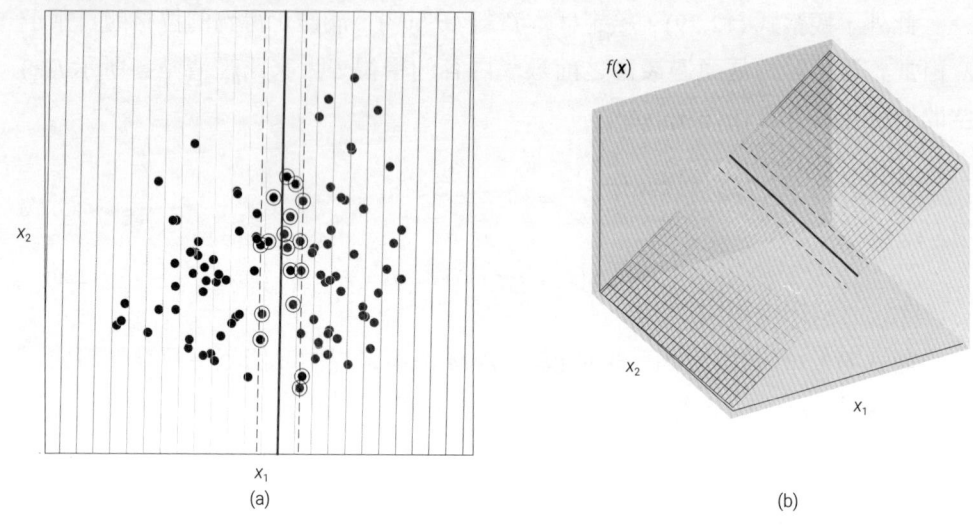

▲ 圖 12.10 線性可分資料，線性核心 SVM

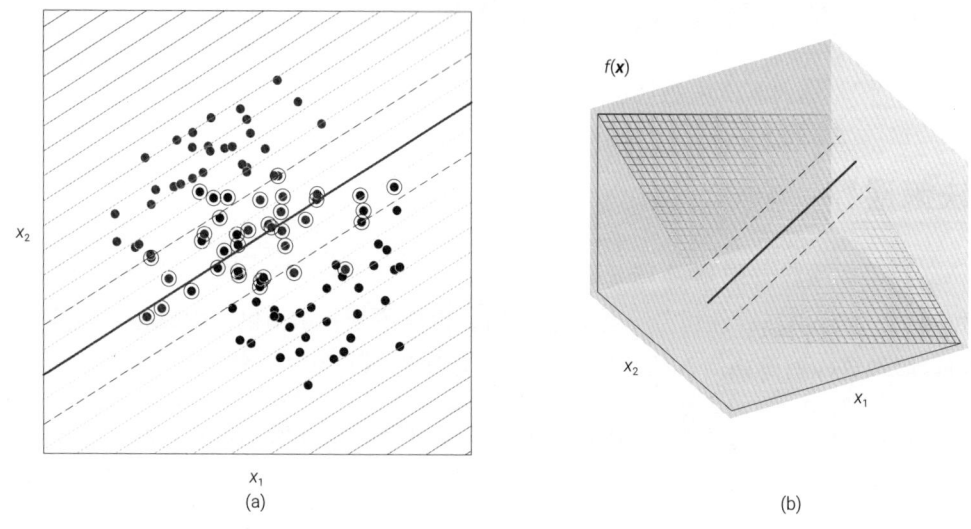

▲ 圖 12.11 月牙形資料，線性核心 SVM

12-14

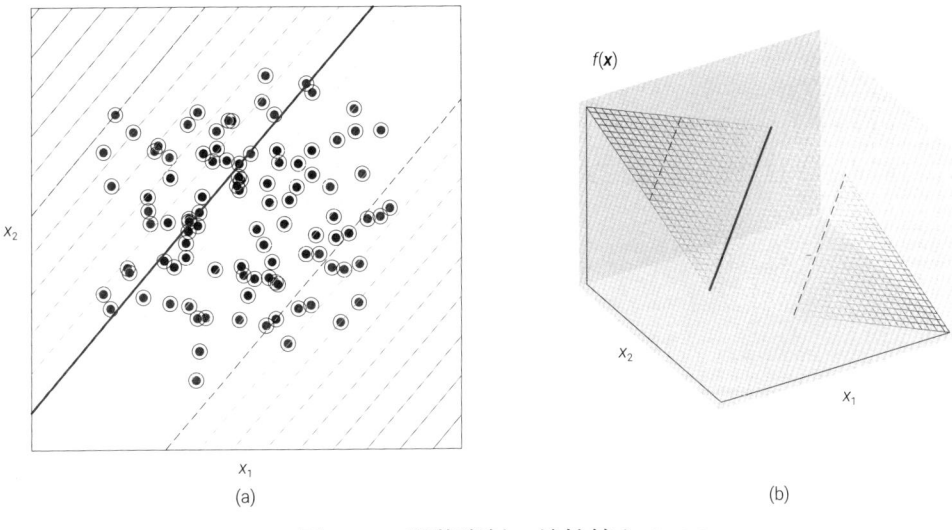

▲ 圖 12.12 環狀資料，線性核心 SVM

12.4 多項式核心

多項式核心 (polynomial kernel) 形式如下：

$$\kappa_{\text{poly}(d)}(x,q) = (\gamma x \cdot q + r)^d = (\gamma \langle x,q \rangle + r)^d \tag{12.31}$$

其中，γ(gamma) 為係數，d 為多項式次數，r 為常數。

式 (12.31) 中 d 主導多項式核心形態，因此最為重要。其中，線性核心是多項式核心特例，即次數 $d = 1$。而 $d = 2$ 時，為二次核心；$d = 3$ 時，為三次核心。

以二次核心為例

係數 $\gamma = 1$，常數 $r = 0$，次數 $d = 2$，特徵數 $D = 2$ 條件下，可以寫作：

$$\kappa_{\text{poly}(2)}(x,q) = (x \cdot q)^2 \tag{12.32}$$

12-15

第 12 章 核心技巧

其中，

$$x = \begin{bmatrix} x_1 & x_2 \end{bmatrix}^T \quad q = \begin{bmatrix} q_1 & q_2 \end{bmatrix}^T \tag{12.33}$$

將式 (12.33) 代入式 (12.32)，整理得到：

$$\begin{aligned} \kappa_{\text{poly}(2)}(x,q) &= (x \cdot q)^2 = (x_1 q_1 + x_2 q_2)^2 \\ &= x_1^2 q_1^2 + x_2^2 q_2^2 + 2x_1 x_2 q_1 q_2 = x_1^2 \cdot q_1^2 + x_2^2 \cdot q_2^2 + \sqrt{2} x_1 x_2 \cdot \sqrt{2} q_1 q_2 \\ &= \phi(x) \cdot \phi(q) \end{aligned} \tag{12.34}$$

其中，

$$\begin{aligned} \phi(x) &= \begin{bmatrix} x_1^2 & x_2^2 & \sqrt{2} x_1 x_2 \end{bmatrix}^T \\ \phi(q) &= \begin{bmatrix} q_1^2 & q_2^2 & \sqrt{2} q_1 q_2 \end{bmatrix}^T \end{aligned} \tag{12.35}$$

式 (12.34) 還可以寫作：

$$\begin{aligned} \kappa_{\text{poly}(2)}(x,q) &= x_1^2 \cdot q_1^2 + x_2^2 \cdot q_2^2 + x_1 x_2 \cdot q_1 q_2 + x_2 x_1 \cdot q_2 q_1 \\ &= \phi(x) \cdot \phi(q) \end{aligned} \tag{12.36}$$

其中，

$$\begin{aligned} \phi(x) &= \begin{bmatrix} x_1^2 & x_2^2 & x_1 x_2 & x_2 x_1 \end{bmatrix}^T \\ \phi(q) &= \begin{bmatrix} q_1^2 & q_2^2 & q_1 q_2 & q_2 q_1 \end{bmatrix}^T \end{aligned} \tag{12.37}$$

比較式 (12.35) 和式 (12.37)，可以發現 $\phi()$ 映射規則並不唯一。或說，$\phi()$ 的具體形式並不重要，我們關心的是映射規則和純量結果。而 $\phi(x)$ 架設起從 x 到核心函數橋樑，如圖 12.13 所示。

12.4 多項式核心

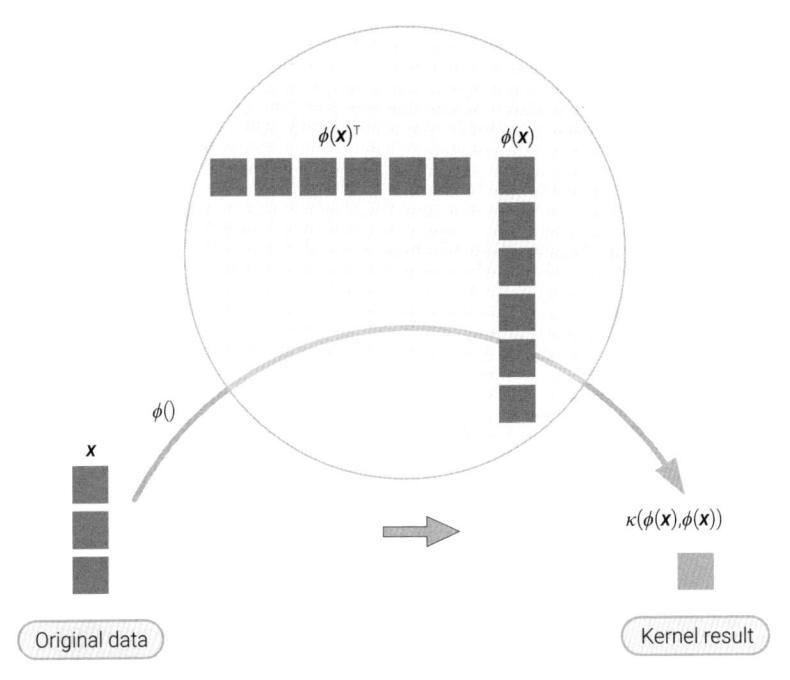

▲ 圖 12.13 映射原理

再看一個例子，係數 $\gamma = 1$，常數 $r = 1$，次數 $d = 2$，特徵數 $D = 2$ 條件下，可以寫作：

$$\kappa_{\text{poly}(2)}(\boldsymbol{x},\boldsymbol{q}) = (\boldsymbol{x} \cdot \boldsymbol{q} + 1)^2 \tag{12.38}$$

展開可以得到：

$$\begin{aligned}
\kappa_{\text{poly}(2)}(\boldsymbol{x},\boldsymbol{q}) &= (\boldsymbol{x} \cdot \boldsymbol{q} + 1)^2 \\
&= (x_1 q_1 + x_2 q_2 + 1)^2 \\
&= 1 + 2x_1 q_1 + 2x_2 q_2 + x_1^2 q_1^2 + x_2^2 q_2^2 + 2x_1 x_2 q_1 q_2 \\
&= 1 \cdot 1 + \sqrt{2}x_1 \cdot \sqrt{2}q_1 + \sqrt{2}x_2 \cdot \sqrt{2}q_2 + x_1^2 \cdot q_1^2 + x_2^2 \cdot q_2^2 + \sqrt{2}x_1 x_2 \cdot \sqrt{2}q_1 q_2 \\
&= \phi(\boldsymbol{x}) \cdot \phi(\boldsymbol{q})
\end{aligned} \tag{12.39}$$

12-17

其中，

$$\phi(x) = \begin{bmatrix} 1 & \sqrt{2}x_1 & \sqrt{2}x_2 & x_1^2 & x_2^2 & \sqrt{2}x_1x_2 \end{bmatrix}^T$$
$$\phi(q) = \begin{bmatrix} 1 & \sqrt{2}q_1 & \sqrt{2}q_2 & q_1^2 & q_2^2 & \sqrt{2}q_1q_2 \end{bmatrix}^T \tag{12.40}$$

多項式核心 SVM 決策邊界解析式為：

$$f(x) = \sum_{i=1}^{n} \left(\lambda_i y^{(i)} \left(\gamma x^{(i)} \cdot x + r \right)^d \right) + b = 0 \tag{12.41}$$

類似式 (12.29)，可以用 n 個 $f_i(x)$ 函數構造決策邊界解析式：

$$f(x) = \sum_{i=1}^{n} (f_i(x)) + b = 0 \tag{12.42}$$

其中，

$$f_i(x) = \lambda_i y^{(i)} \left(\gamma x^{(i)} \cdot x + r \right)^d \tag{12.43}$$

同理，可以解讀為，多項式核心**超曲面** (hypersurface) 相當於由 n 個超曲面構造而成。圖 12.14 所示為這一過程。下面，我們用兩節內容，分別介紹如何用二次核心和三次核心分類別圖 12.8 所示三組形資料。

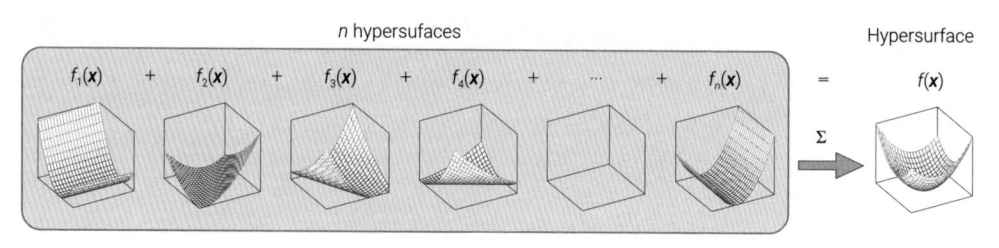

▲ 圖 12.14 多項式核心超曲面相當於由 n 個超曲面構造

12.5 二次核心：二次曲面

二次核心形式如下：

$$\kappa_{\text{poly}(d)}(\boldsymbol{x},\boldsymbol{q}) = (\gamma \boldsymbol{x} \cdot \boldsymbol{q} + r)^2 = (\gamma \langle \boldsymbol{x},\boldsymbol{q} \rangle + r)^2 \tag{12.44}$$

圖 12.15、圖 12.16 和圖 12.17 所示為二次核心 SVM 對線性可分、月牙形和環狀資料預測分類結果。圖 12.15 的決策面為山谷面；圖 12.16 為雙曲拋物面；圖 12.17 看似橢圓拋物面。

請大家翻閱《AI 時代 Math 元年 - 用 Python 全精通數學要素》，回顧常見的二次曲面，並溫習《AI 時代 Math 元年 - 用 Python 全精通矩陣及線性代數》中的正定性這個概念。

不難發現，二次核心適用範圍比較窄，分類效果一般。要想構造複雜曲面，就需要提高多項式核心次數。

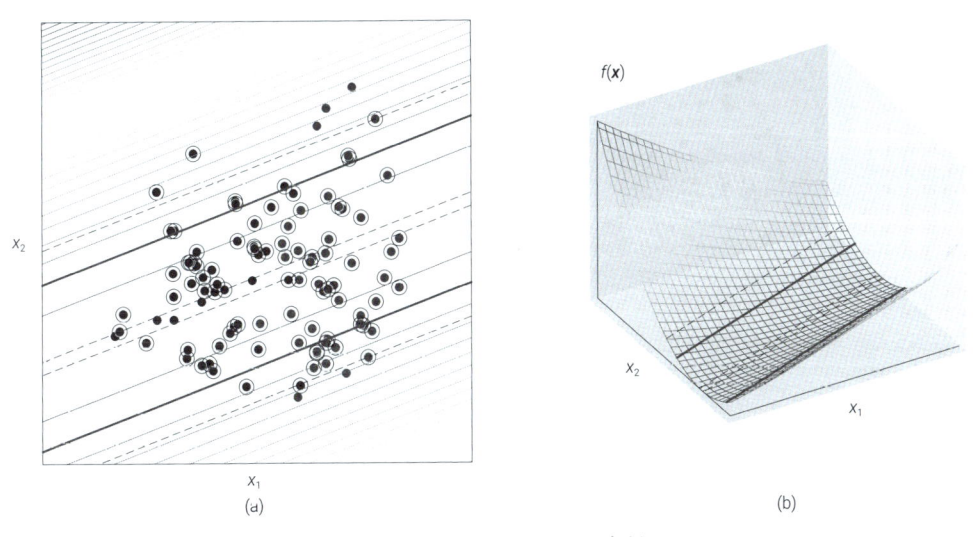

▲ 圖 12.15 線性可分資料，二次核心 SVM

第 12 章 核心技巧

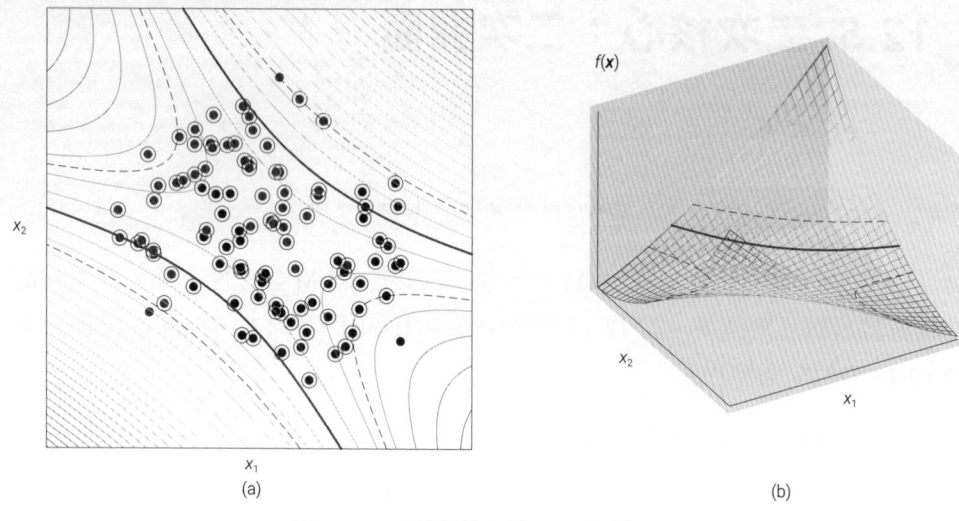

▲ 圖 12.16 月牙形資料，二次核心 SVM

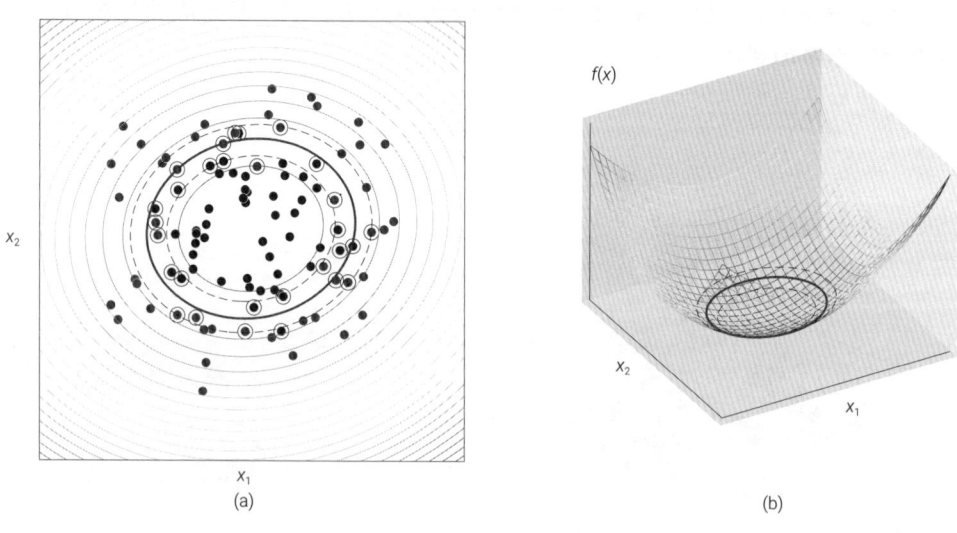

▲ 圖 12.17 環狀資料，二次核心 SVM

12.6 三次核心：三次曲面

三次核心形式如下：

12.6 三次核心：三次曲面

$$\kappa_{\text{poly(3)}}(x,q) = (\gamma x \cdot q + r)^3 = (\gamma \langle x,q \rangle + r)^3 \tag{12.45}$$

圖 12.18、圖 12.19 和圖 12.20 所示為三次核心 SVM 分類線性可分、月牙形和環狀資料結果。對比二次核心 SVM 結果，可以發現三次核心分類結果遠好於二次核心。本章最後舉出程式，請讀者嘗試不斷提高多項式核心次數，並觀察不同次數多項式核心預測分類結果，以及決策邊界形狀。

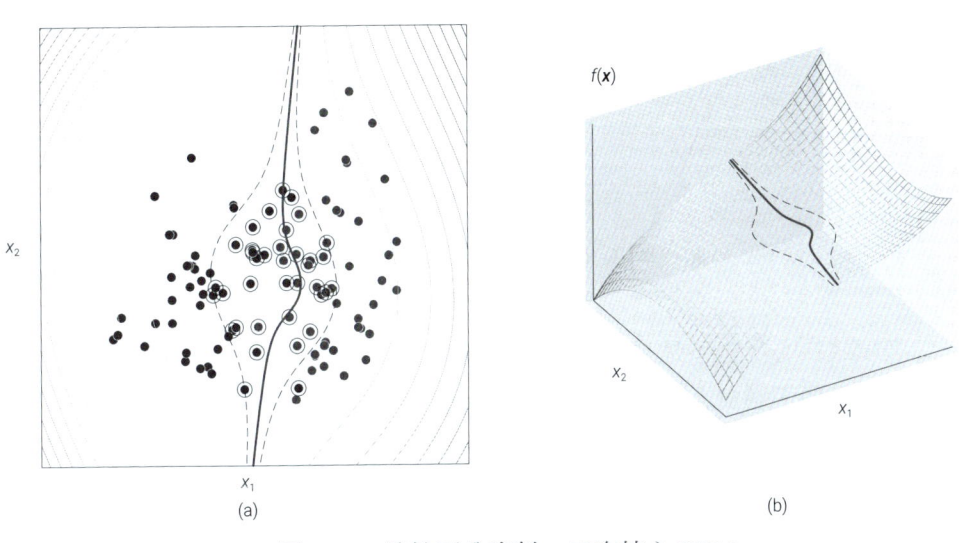

▲ 圖 12.18 線性可分資料，三次核心 SVM

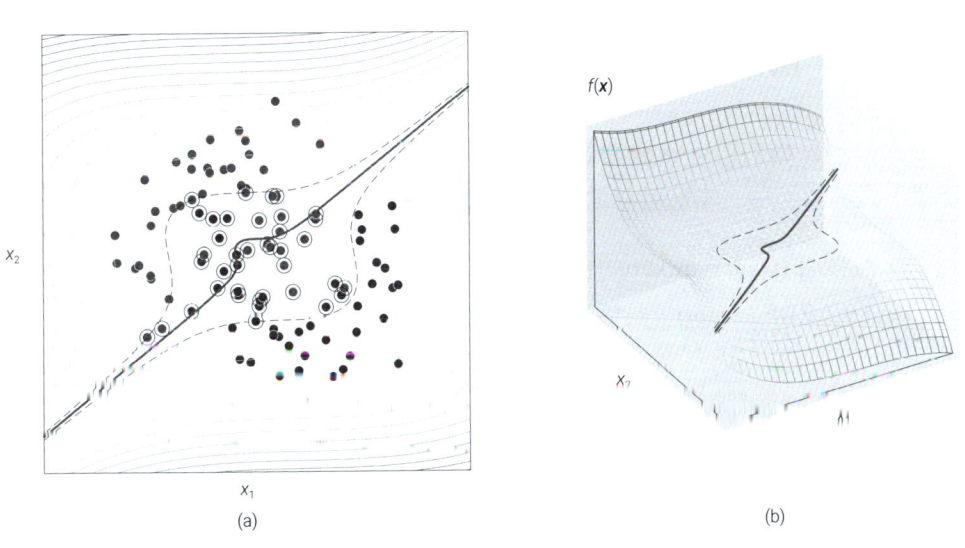

▲ 圖 12.19 月牙形資料，三次核心 SVM

第 12 章 核心技巧

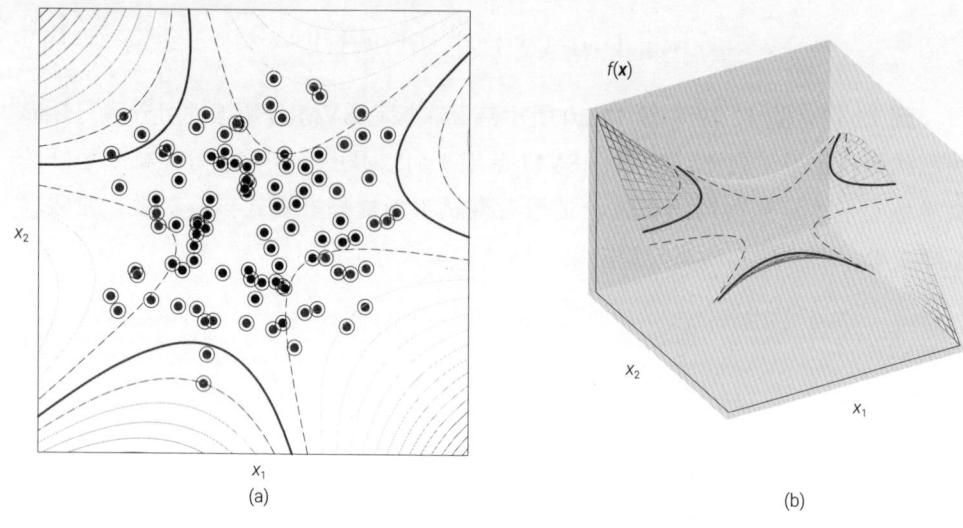

▲ 圖 12.20 環狀資料，三次核心 SVM

多項式核心次數不是越高越好；次數過高會帶來**過擬合** (overfitting)、泛化能力低的問題。過擬合指的是機器學習模型在訓練資料上表現良好，但在測試資料上表現不佳的現象。這是因為模型過擬合訓練資料，學習了資料的雜訊和細節，而忽略了資料的潛在模式。過擬合可能會導致模型的泛化性能下降，因此需要採用一些技術來避免過擬合。

12.7 高斯核心：基於徑向基函數

對於剛接觸支援向量機的讀者，高斯核心是謎一樣的存在。它看上去那麼簡單，又那麼神秘。本節就幫助大家揭開高斯核心的面紗一角。

高斯核心 (Gaussian kernel)，也叫**徑向基函數核心函數** (Radial Basis Function kernel，RBF kernel)，具體形式為：

$$\kappa_{\text{RBF}}(\boldsymbol{x},\boldsymbol{q}) = \exp\left(-\gamma\|\boldsymbol{x}-\boldsymbol{q}\|^2\right) \tag{12.46}$$

有一個參數，γ ($\gamma > 0$)；γ 決定高斯核心函數曲面的開口大小。

12.7 高斯核心：基於徑向基函數

形狀

對於單特徵 ($D = 1$)，且 $q = 0$ 時，可以寫作：

$$\kappa_{RBF}(x, 0) = \exp(-\gamma x^2) \tag{12.47}$$

圖 12.21 舉出了 γ 對高斯核心曲線的影響。

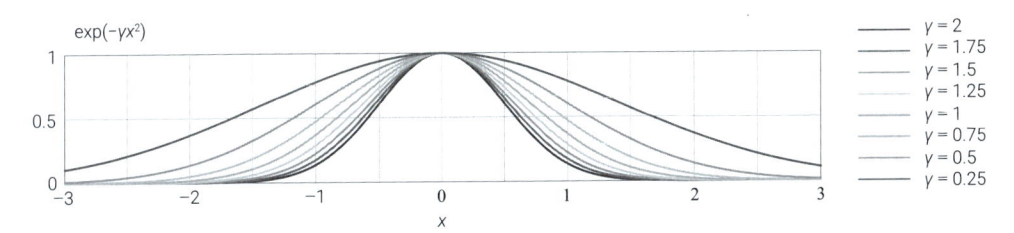

▲ 圖 12.21 γ 決定高斯核心函數曲面的開口大小

試著找到映射函數

$\gamma = 1/2$ 時，

$$\begin{aligned}\kappa_{RBF}(\boldsymbol{x}, \boldsymbol{q}) &= \exp\left(-\frac{1}{2}\|\boldsymbol{x} - \boldsymbol{q}\|^2\right) \\ &= \exp\left(-\frac{1}{2}(\boldsymbol{x} - \boldsymbol{q}) \cdot (\boldsymbol{x} - \boldsymbol{q})\right) \\ &= \exp\left(-\frac{1}{2}\left(\|\boldsymbol{x}\|^2 + \|\boldsymbol{q}\|^2 - 2\boldsymbol{x} \cdot \boldsymbol{q}\right)\right) \\ &= \exp\left(-\frac{1}{2}\left(\|\boldsymbol{x}\|^2 + \|\boldsymbol{q}\|^2\right)\right)\exp(\boldsymbol{x} \cdot \boldsymbol{q})\end{aligned} \tag{12.48}$$

對 $\exp(\boldsymbol{x} \cdot \boldsymbol{q})$ 進行泰勒展開 (Taylor expansion)：

$$\begin{aligned}\exp(\boldsymbol{x} \cdot \boldsymbol{q}) &= \sum_{j=0}^{\infty} \frac{(\boldsymbol{x} \cdot \boldsymbol{q})^j}{j!} \\ &= 1 \cdot 1 + \boldsymbol{x} \cdot \boldsymbol{q} + \frac{(\boldsymbol{x} \cdot \boldsymbol{q})^2}{2} + \cdots\end{aligned} \tag{12.49}$$

12-23

第 12 章 核心技巧

可以發現 exp($x \cdot q$) 展開得到無限項。

$D = 2$ 時，僅考慮式 (12.49) 前三項，exp($x \cdot q$) 可以展開並整理為：

$$\exp(x \cdot q) \approx 1 \cdot 1 + (x_1 \cdot q_1 + x_2 \cdot q_2) + \frac{x_1^2 \cdot q_1^2 + x_2^2 \cdot q_2^2 + \sqrt{2}x_1 x_2 \cdot \sqrt{2} q_1 q_2}{2} \tag{12.50}$$

將式 (12.50) 代入式 (12.48)，整理得到：

$$\kappa_{\text{RBF}}(x,q) \approx \exp\left(-\frac{1}{2}\|x\|^2\right)\exp\left(-\frac{1}{2}\|q\|^2\right)\left(1 \cdot 1 + (x_1 \cdot q_1 + x_2 \cdot q_2) + \frac{x_1^2 \cdot q_1^2 + x_2^2 \cdot q_2^2 + \sqrt{2}x_1 x_2 \cdot \sqrt{2} q_1 q_2}{2}\right)$$
$$= \phi(x) \cdot \phi(q) \tag{12.51}$$

其中，兩個映射函數可以記作：

$$\phi(x) = \exp\left(-\frac{1}{2}\|x\|^2\right)\begin{bmatrix} 1 & x_1 & x_2 & \dfrac{x_1^2}{\sqrt{2}} & \dfrac{x_2^2}{\sqrt{2}} & x_1 x_2 \end{bmatrix}$$
$$\phi(q) = \exp\left(-\frac{1}{2}\|q\|^2\right)\begin{bmatrix} 1 & q_1 & q_2 & \dfrac{q_1^2}{\sqrt{2}} & \dfrac{q_2^2}{\sqrt{2}} & q_1 q_2 \end{bmatrix} \tag{12.52}$$

如上文所述，高斯核心經過泰勒展開後，實際上映射函數有無數項。本書後文還會用到核心技巧。

試著找到映射函數

高斯核心 SVM 對應的決策邊界解析式為：

$$f(x) = \sum_{i=1}^{n}\left(\lambda_i y^{(i)} \exp\left(-\gamma \left\|x^{(i)} - x\right\|^2\right)\right) + b = 0 \tag{12.53}$$

和前文一樣，用 n 個 $f_i(x)$ 函數構造 $f(x)$：

$$f(x) = \sum_{i=1}^{n}(f_i(x)) + b = 0 \tag{12.54}$$

其中，

$$f_i(x) = \lambda_i y^{(i)} \exp\left(-\gamma \left\|x^{(i)} - x\right\|^2\right) \tag{12.55}$$

12.7 高斯核心：基於徑向基函數

對於兩特徵 $D = 2$，可以展開得到：

$$f_i(\boldsymbol{x}) = \lambda_i y^{(i)} \exp\left(-\gamma\left((x_1 - x_{i,1})^2 + (x_2 - x_{i,2})^2\right)\right) \tag{12.56}$$

其中，僅 x_1 和 x_2 為變數，$(x_{i,1}, x_{i,2})$ 決定曲面中心位置，γ 決定曲面「胖瘦」，$\lambda_i y^{(i)}$ 決定曲面高矮。如圖 12.22 所示。

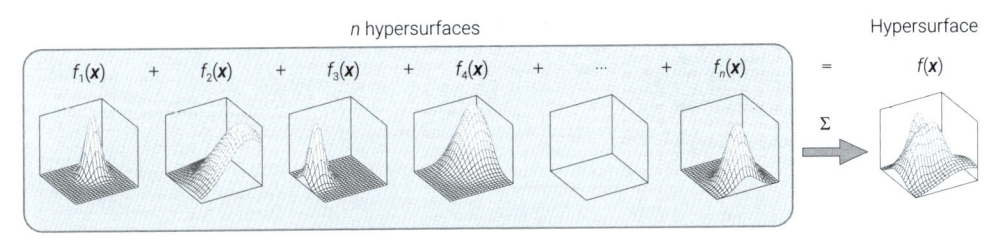

▲ 圖 12.22 高斯核心 SVM 決策曲面相當於由 n 個「高斯核心曲面」構造

分類結果

圖 12.23、圖 12.24 和圖 12.25 所示為高斯核心 SVM 求解線性可分、月牙形和環狀資料分類問題結果。可以發現高斯核心 SVM 得到的決策邊界形狀豐富多樣，分類預測結果要好於前文介紹的二次核心和三次核心。

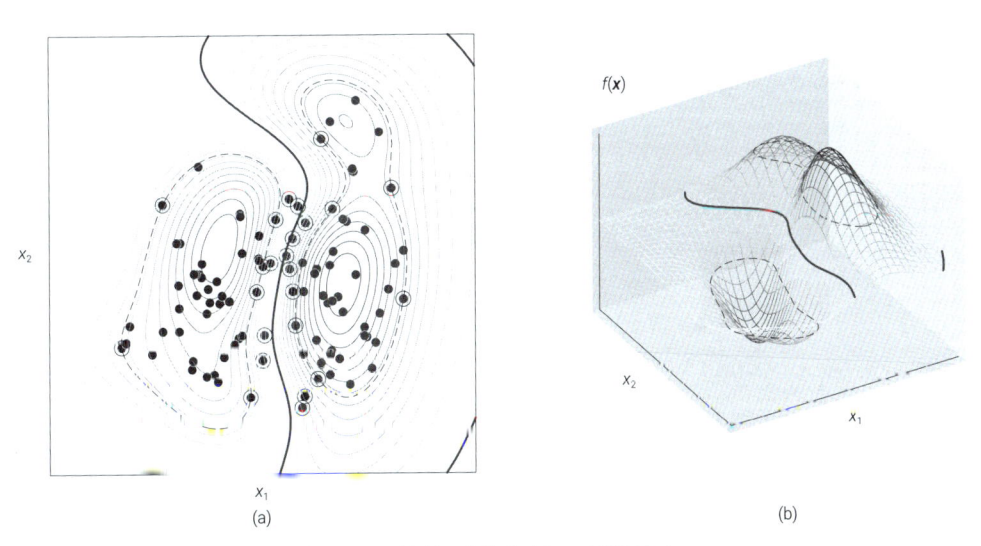

▲ 圖 12.23 線性可分資料，高斯核心 SVM

第 12 章 核心技巧

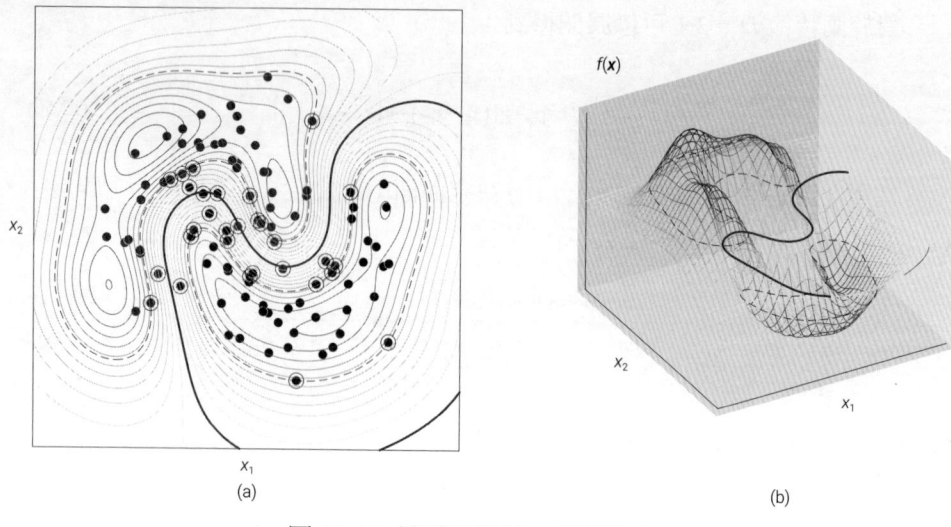

▲ 圖 12.24 月牙形資料，高斯核心 SVM

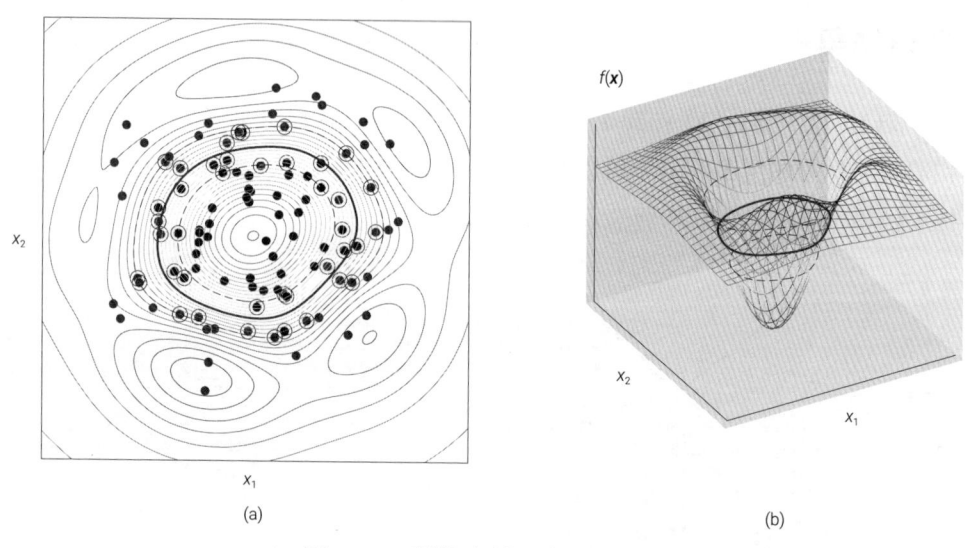

▲ 圖 12.25 環狀資料，高斯核心 SVM

圖 12.26 所示為用 Streamlit 架設的展示 Gamma 對高斯核心 SVM 分類影響的 App。讀過《AI 時代 Math 元年 - 用 Python 全精通程式設計》的讀者對這個 App 應該很熟悉了。

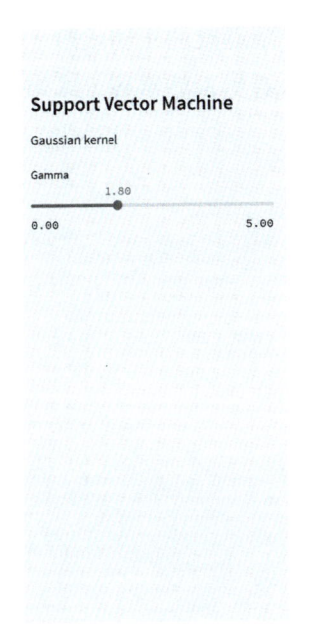

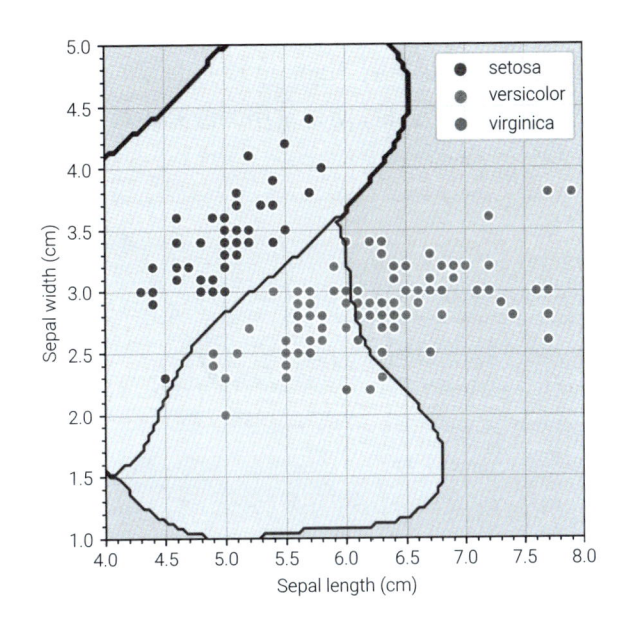

▲ 圖 12.26 展示 Gamma 對高斯核心 SVM 分類影響的 App，Streamlit 架設 |Streamlit_Bk7_Ch12_02.py

12.8 Sigmoid 核心

Sigmoid 核心 (sigmoid kernel)，也叫 S 形核心，形式如下：

$$\kappa_{\text{Sigmoid}}(x,q) = \tanh(\gamma x \cdot q + r) \tag{12.57}$$

其中，tanh() 為**雙曲正切函數** (hyperbolic tangent)。

形狀

對於單特徵 ($D = 1$)，且 $q = 1$、$r = 0$ 時，可以寫作：

$$\kappa_{\text{Sigmoid}}(x,1) = \tanh(\gamma x) \tag{12.58}$$

第 12 章　核心技巧

《AI 時代 Math 元年 - 用 Python 全精通數學要素》介紹過雙曲正切函數，圖 12.27 舉出了 γ 對 Sigmoid 核心曲線的影響。tanh() 是機器學習的常客，比如在神經網路中 tanh() 便是常用的激勵函數之一。

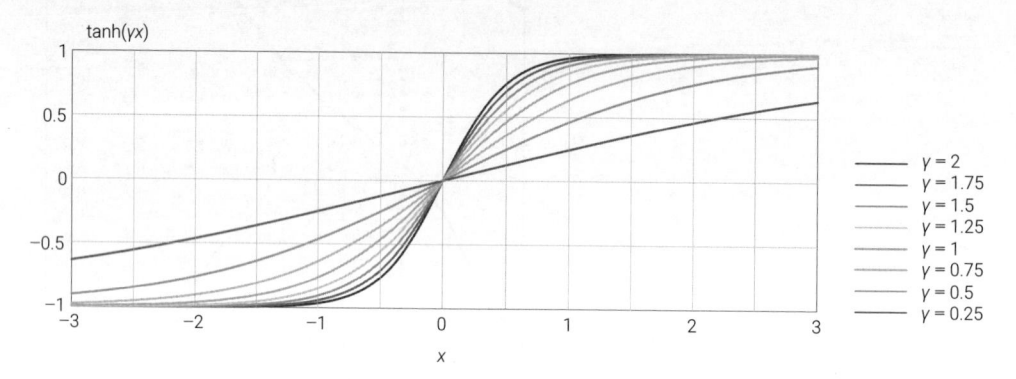

▲ 圖 12.27　γ 影響雙曲正切函數形狀

決策邊界

Sigmoid 核心 SVM 決策邊界解析式如下：

$$f(\boldsymbol{x}) = \sum_{i=1}^{n}\left(\lambda_i y^{(i)} \tanh\left(\gamma \boldsymbol{x}^{(i)} \boldsymbol{x} + r\right)\right) + b = 0 \tag{12.59}$$

和前文一樣，$f(\boldsymbol{x})$ 可以由 n 個 $f_i(\boldsymbol{x})$ 構造：

$$f(\boldsymbol{x}) = \sum_{i=1}^{n}\left(f_i(\boldsymbol{x})\right) + b = 0 \tag{12.60}$$

其中，

$$f_i(\boldsymbol{x}) = \lambda_i y^{(i)} \tanh\left(\gamma \boldsymbol{x}^{(i)} \cdot \boldsymbol{x} + r\right) \tag{12.61}$$

12-28

12.8 Sigmoid 核心

如圖 12.28 所示，Sigmoid 核心曲面可以由若干 Sigmoid 曲面構造得到。

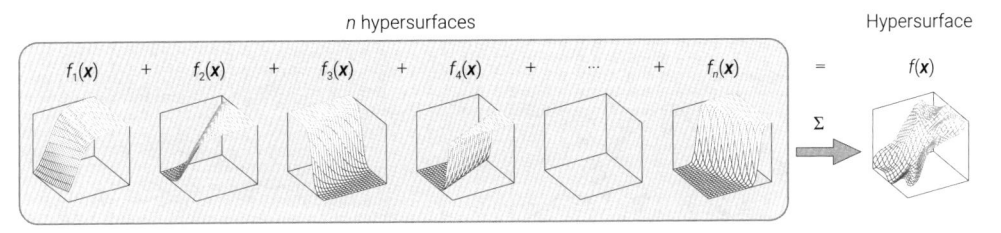

▲ 圖 12.28 Sigmoid 核心曲面可以由若干 Sigmoid 曲面構造

分類結果

圖 12.29、圖 12.30 和圖 12.31 所示為 Sigmoid 核心 SVM 解決三組樣本資料結果。類似高斯核心，Sigmoid 核心能夠構造比較複雜的曲面形狀。

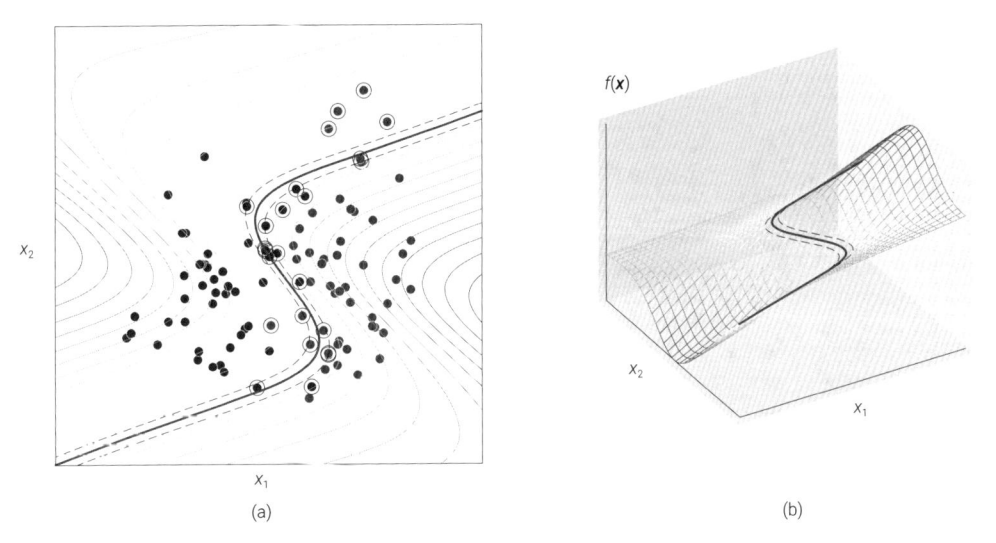

(a)　　　　　　　　　　　　　(b)

▲ 圖 12.29 線性可分資料，Sigmoid 核心 SVM

第12章 核心技巧

(a)

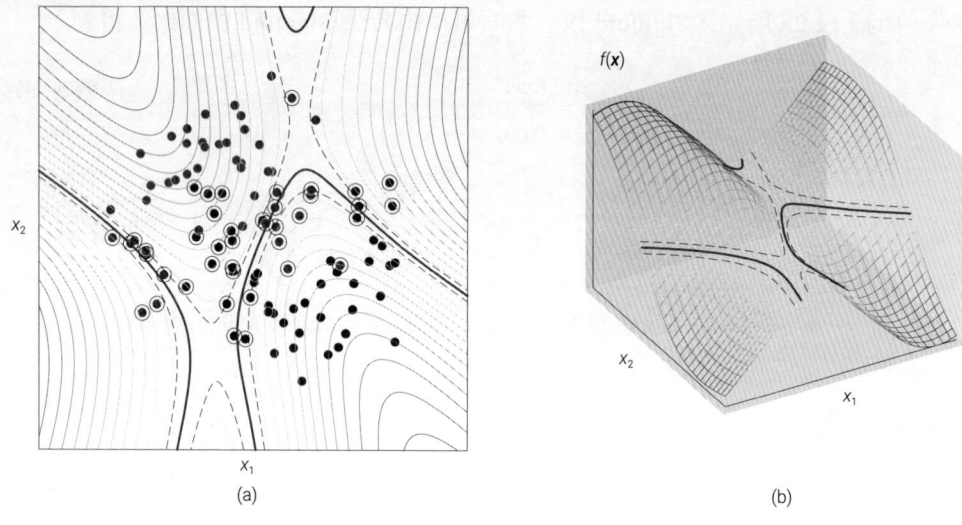

(b)

▲ 圖 12.30 月牙形資料，Sigmoid 核心 SVM

(a)

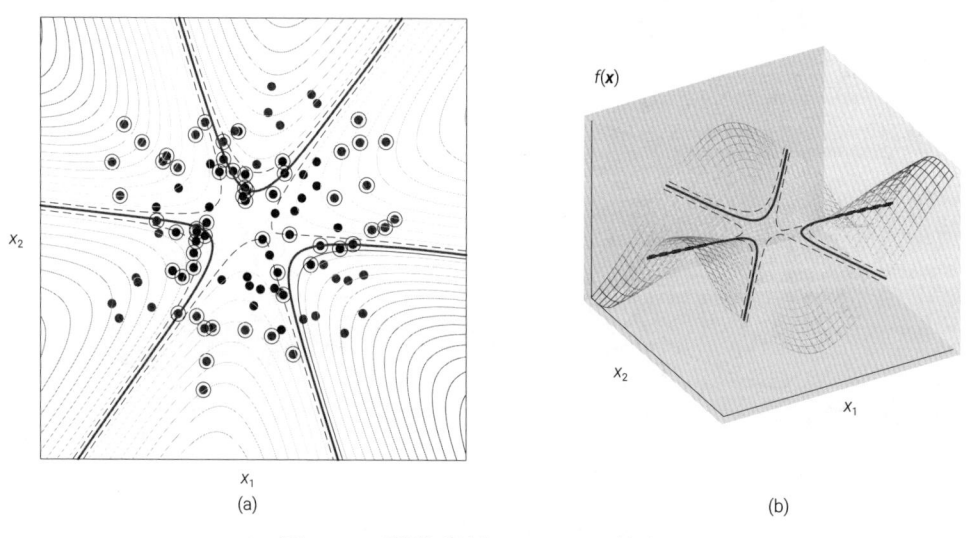

(b)

▲ 圖 12.31 環狀資料，Sigmoid 核心 SVM

Bk7_Ch12_01.ipynb 中可以獲得本章線性可分、月牙形和環狀資料，並且利用線性核心、多項式核心、高斯核心和 Sigmoid 核心求解這三類資料分類。下面講解其中關鍵敘述。

12.8 Sigmoid 核心

ⓐ 用 sklearn.datasets.make_classification() 生成樣本資料。n_features=2 代表兩個特徵。n_redundant 設置容錯特徵數量，n_informative 設置資訊特徵數量，random_state 設置隨機種子，n_clusters_per_class 設置每個類別中的叢集數量。

ⓑ 用 sklearn.preprocessing.StandardScaler() 將特徵資料 X 進行標準化，使其平均值為 0，方差為 1。

ⓒ 用 sklearn.svm.SVC() 建立一個徑向基核心的支援向量機分類器 (clf)，設置 gamma 值為 0.7，正規化參數為 3。

ⓓ 使用 fit 方法訓練支援向量機分類器，將標準化後的資料 X 和目標標籤 y 傳遞給模型。

ⓔ 使用決策函數方法 decision_function() 獲取輸入網格點的決策值 Z，其中 xx 和 yy 是網格的座標。

ⓕ 將決策值 Z 重新塑造成與網格座標相同的形狀，以便後續視覺化。

ⓖ 使用決策函數獲取訓練資料的決策函數值。

程式12.1 用sklearn.svm.SVC() 完成分類 | Bk7_Ch12_01.ipynb

```python
from sklearn.preprocessing import StandardScaler
from sklearn.datasets import make_classification
from sklearn import svm

# 生成資料
ⓐ X, y = make_classification(n_features=2,
                             n_redundant=0,
                             n_informative=2,
                             random_state=1,
                             n_clusters_per_class=1)

# 標準化處理
ⓑ X = StandardScaler().fit_transform(X)

# 建立SVM分類器
ⓒ clf = svm.SVC(kernel='rbf', gamma=0.7, C=3)

# 訓練資料
ⓓ clf.fit(X, y)

# 計算網格點決策函數值
ⓔ Z = clf.decision_function(np.c_[xx.ravel(), yy.ravel()])
ⓕ Z = Z.reshape(xx.shape)
```

第 12 章　核心技巧

```
# 計算樣本點決策函數值
Z_0 = clf.decision_function(X)

# 提取支援向量
x1_sp_vec = clf.support_vectors_[:, 0]
x2_sp_vec = clf.support_vectors_[:, 1]
```

> 在 SVM 中,核心技巧可以將輸入資料映射到高維空間中,使得原本的非線性問題轉化為線性問題,從而提高模型的分類性能。常用的核心函數包括線性核心函數、多項式核心函數和徑向基函數核心函數等。
>
> 線性核心函數適用於線性可分的資料集,可以在低維空間中極佳地工作,但在處理非線性問題時效果較差。多項式核心函數可以處理一些簡單的非線性問題,但需要調整多項式的次數。徑向基函數核心函數是最常用的核心函數之一,能夠處理更加複雜的非線性問題。
>
> 不同的核心函數適用於不同的資料集和問題類型。選擇適當的核心函數和調整參數是使用 SVM 的關鍵。在實踐中,可以使用交叉驗證等技術來選擇最佳的核心函數和參數。

13 決策樹

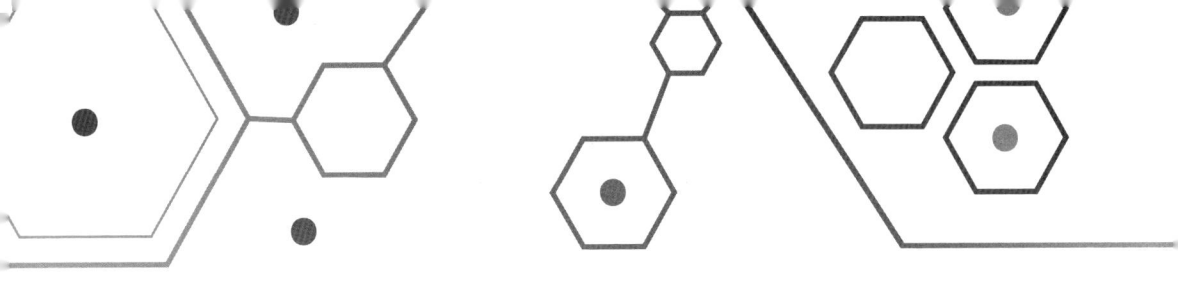

Decision Tree

資料純度越高，不確定度越低，資訊熵越小

熱力學兩個基本定理是整個宇宙的基本規律：*1.* 宇宙能量守恆；*2.* 宇宙的熵不斷增大。

The fundamental laws of the universe which correspond to the two fundamental theorems of the mechanical theory of heat.
1. The energy of the universe is constant.
2. The entropy of the universe tends to a maximum.

——魯道夫‧克勞修斯（*Rudolf Clausius*）｜德國物理學家｜ 1822—1888 年

- matplotlib.pyplot.contour() 繪製等高線圖
- matplotlib.pyplot.contourf() 繪製填充等高線圖
- numpy.meshgrid() 建立網格化資料
- seaborn.scatterplot() 繪製散點圖
- sklearn.datasets.load_iris() 載入鳶尾花資料集
- sklearn.tree.DecisionTreeClassifier 決策樹分類函數
- sklearn.tree.plot_tree 繪製決策樹樹形

13-1

第 13 章　決策樹

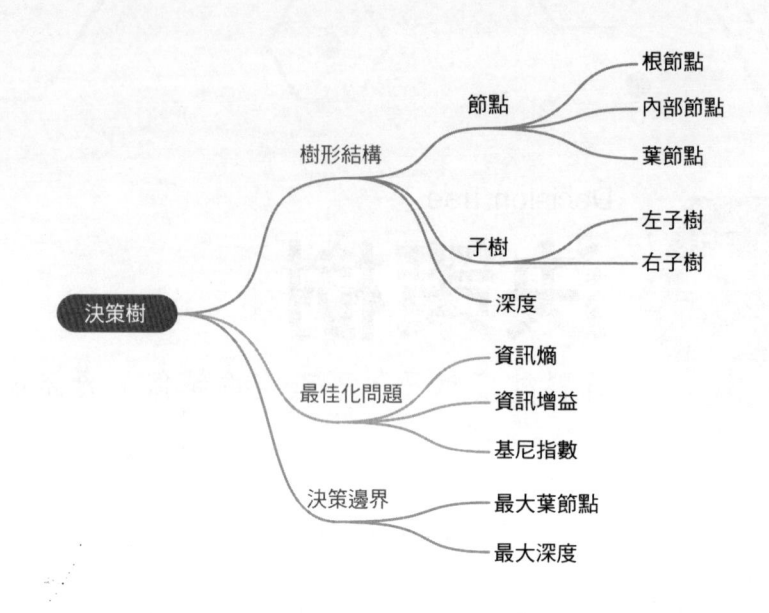

```
決策樹 ─┬─ 樹形結構 ─┬─ 節點 ─┬─ 根節點
        │            │       ├─ 內部節點
        │            │       └─ 葉節點
        │            ├─ 子樹 ─┬─ 左子樹
        │            │       └─ 右子樹
        │            └─ 深度
        ├─ 最佳化問題 ─┬─ 資訊熵
        │             ├─ 資訊增益
        │             └─ 基尼指數
        └─ 決策邊界 ─┬─ 最大葉節點
                    └─ 最大深度
```

13.1 決策樹：可以分類，也可以迴歸

　　決策樹分類演算法是一種常用的機器學習演算法，透過建構樹形結構來對資料進行分類。決策樹分類演算法具有易解釋、易理解和易實現的優點，但在處理複雜問題時可能會出現過擬合的問題。因此，可以採用剪枝等技術來提高決策樹的泛化能力。

決策樹結構

　　決策樹 (decision tree) 類似《AI 時代 Math 元年 - 用 Python 全精通數學要素》第 20 章介紹的**二元樹** (binomial tree)。如圖 13.1 所示，決策樹結構主要由**節點** (node) 和**子樹** (branch) 組成；節點又分為**根節點** (root node)、**內部節點** (internal node) 和**葉節點** (leaf node)。其中，內部節點又叫**母節點** (parent node)，葉節點又叫**子節點** (child node)。

　　每一個根節點和內部節點可以生長出一層二元樹，其中包括**左子樹** (left branch) 和**右子樹** (right branch)；構造子樹的過程也是將節點資料劃分為兩個子集的過程。

13.1 決策樹：可以分類，也可以迴歸

圖 13.1 所示樹形結構有 4 個葉節點。請大家格外注意葉節點數目；決策樹演算法可以輸入**最大葉節點數量** (maximum leaf nodes)，控制決策樹大小，也稱**剪枝** (pruning)。

此外，**深度** (depth) 也可以控制樹形大小，所謂深度就是二元樹的層數。比如，圖 13.1 除了根節點之外二元樹有三層，所以深度為 3。深度也是決策樹函數使用者輸入量之一。

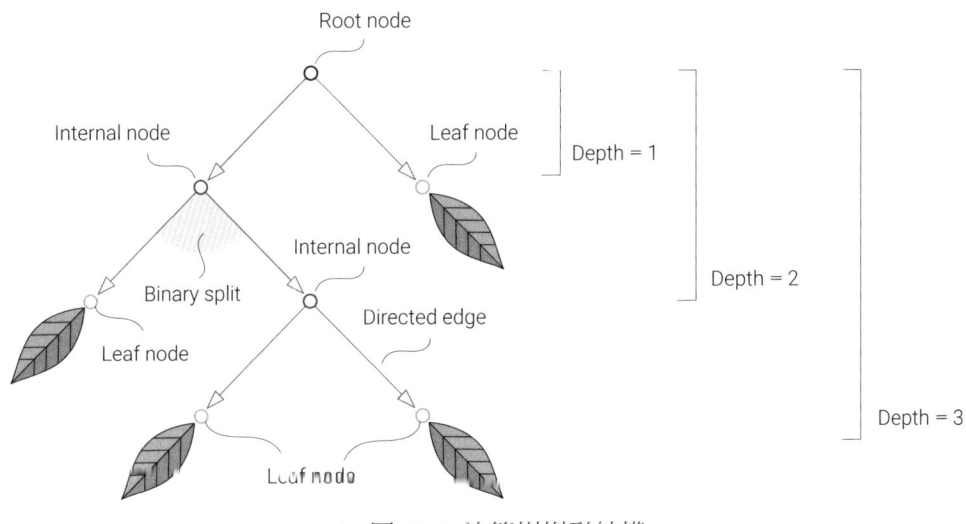

▲ 圖 13.1 決策樹樹形結構

如何用決策樹分類

下面展開講解決策樹如何分類。

圖 13.2 展示的決策樹第一步劃分：樣本資料中 $x_1 \geq a$，被劃分到右子樹；樣本資料中 $x_1 < a$，被劃分到左子樹。經過第一步二元樹劃分，原始資料被劃分為 A 和 B 兩個區域。A 區域以紅色● (C_1) 為主，B 區域以藍色● (C_2) 為主。

第 13 章　決策樹

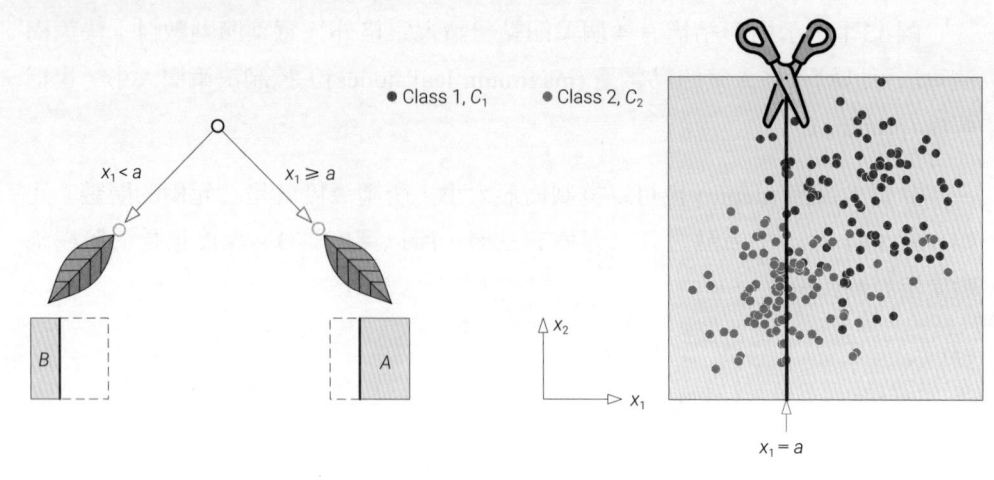

▲ 圖 13.2　決策樹第一步劃分

如圖 13.3 所示，圖 13.2 右子樹內部節點生長出一個新的二元樹。樣本資料中 $x2 \geq b$，被劃分到右子樹；樣本資料中 $x_2 < b$，被劃分到左子樹。經過第二步二元樹劃分，A 被劃分為 C 和 D 兩個區域。C 區域以紅色• (C_1) 為主，D 區域以藍色• (C_2) 為主。

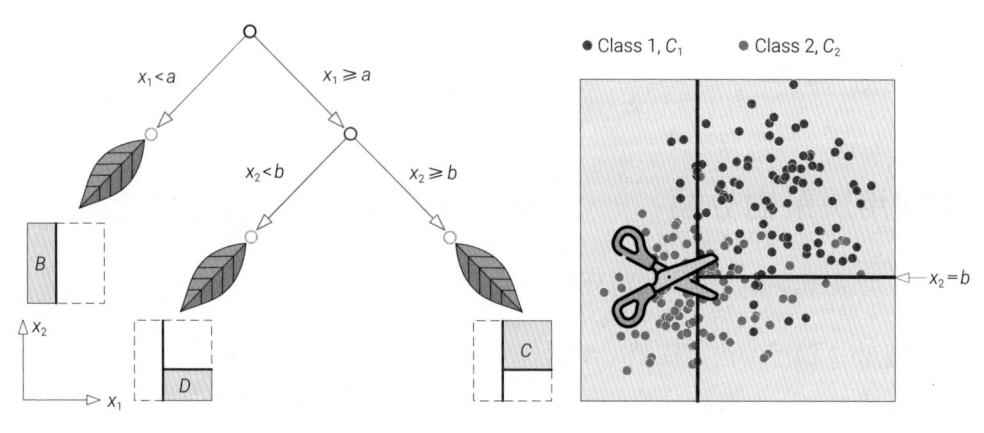

▲ 圖 13.3　決策樹第二步劃分

決策樹分類演算法有自己獨特的優勢。決策樹的每個節點可以生長成一棵二元樹，這種基於某一特徵的二分法很容易解釋。此外，得到的決策樹很方便視覺化，本章後文將介紹如何視覺化決策樹樹形結構。

如老子所言，「一生二，二生三，三生萬物」，根據資料的複雜程度，決策樹樹形可以不斷生長。資料結構越複雜，對應樹形結構也就越複雜。但是，過於複雜的樹形會導致過擬合，模型泛化能力變弱。這種情況需要控制葉節點數量或最大深度來控制樹形規模，從而避免過擬合。

有讀者可能會問，依據什麼標準選擇劃分的位置呢？比如，圖 13.2 中，a 應該選在什麼位置？圖 13.3 中的 b 又該選擇什麼位置？這就是下幾節要回答的問題。

13.2 資訊熵：不確定性度量

為了解決在決策樹在哪劃分節點的問題，需要介紹幾個新概念：**資訊熵** (information entropy)、**資訊增益** (information gain) 和**基尼指數** (Gini index)。本節首先介紹信息熵。

熵

熵 (entropy) 是物理系統混亂程度的度量。系統越混亂，熵越大；系統越有序，熵越小。熵這個概念起源熱力學。1854 年，德國物理學家魯道夫·克勞修斯 (Rudolf Clausius) 引入了熵這一概念。

維納過程 (Wiener process) 的提出者—**諾伯特·維納** (Norbert Wiener)，認為隨著熵的增加，宇宙以及宇宙中所有封閉系統都會自然地退化，並失去其獨特性。

資訊熵

在**資訊理論** (information theory) 中，資訊的作用是降低不確定性。而**資訊熵** (information entropy) 可以用來表示隨機變數的不確定性度量。資訊熵越大，不確定性越大。1948 年，**香農** (Claude Shannon) 提出了資訊熵這一概念，因此資訊熵也常被稱作**香農熵** (Shannon entropy)。

第 13 章　決策樹

樣本資料集合 Ω 的資訊熵定義為：

$$\text{Ent}(\Omega) = -\sum_{k=1}^{n} p_k \log_2 p_k \tag{13.1}$$

其中，p_k 為 Ω 中第 k 類樣本所佔比例，即機率值。由於 $\log_2 0$ 不存在，特別指定 $0 \times \log_2 0 = 0$。

舉個例子

當樣本資料集合 Ω 只有兩類，即 $K = 2$ 時，類別序數 $k = 1, 2$。令

$$p_1 = p, \quad p_2 = 1 - p \tag{13.2}$$

其中，p 設定值範圍為 $[0,1]$。

這種情況下，Ω 的資訊熵 $\text{Ent}(\Omega)$ 為：

$$\begin{aligned}\text{Ent}(\Omega) &= -\sum_{k=1}^{2} p_k \log_2 p_k = -(p_1 \log_2 p_1 + p_2 \log_2 p_2)\\ &= -p \log_2 p - (1-p) \log_2 (1-p)\end{aligned} \tag{13.3}$$

其中，$p_1 = p$，$p_2 = 1-p$。

觀察式 (13.3)，可以發現 $\text{Ent}(\Omega)$ 是以 p 為變數的函數。

圖 13.4 告訴我們，在 A 和 C 點，當樣本只屬於某一特定類別時 ($p = 0$ 或 $p = 1$)，資料純度最高，不確定性最低，資訊熵 $\text{Ent}(\Omega)$ 最小。

在 B 點，兩類樣本資料各佔一半 ($p = 0.5$)，這時資料純度最低，不確定性最高，資訊熵 $\text{Ent}(D)$ 最大。

從 A 到 B，資訊熵不斷增大；從 B 到 C，資訊熵不斷減小。

K 類標籤

如果樣本資料集合 Ω 分為 K 類時，即 $\Omega = \{C_1, C_2, \cdots, C_K\}$，各類標籤樣本數量之和等於 Ω 中所有樣本總數，即下式：

13.2 資訊熵:不確定性度量

$$\sum_{k=1}^{K} \text{count}(C_k) = \text{count}(\Omega) \tag{13.4}$$

其中,count(C_k) 計算 C_k 類樣本數量。

C_k 類樣本機率 p_k 可以透過下式計算獲得:

$$p_k = \frac{\text{count}(C_k)}{\text{count}(\Omega)} \tag{13.5}$$

將式 (13.5) 代入式 (13.1),得到樣本資料集合 Ω 的資訊熵為:

$$\text{Ent}(\Omega) = -\sum_{k=1}^{K} p_k \log_2 p_k = -\sum_{k=1}^{K} \left\{ \frac{\text{count}(C_k)}{\text{count}(\Omega)} \log_2 \left(\frac{\text{count}(C_k)}{\text{count}(\Omega)} \right) \right\} \tag{13.6}$$

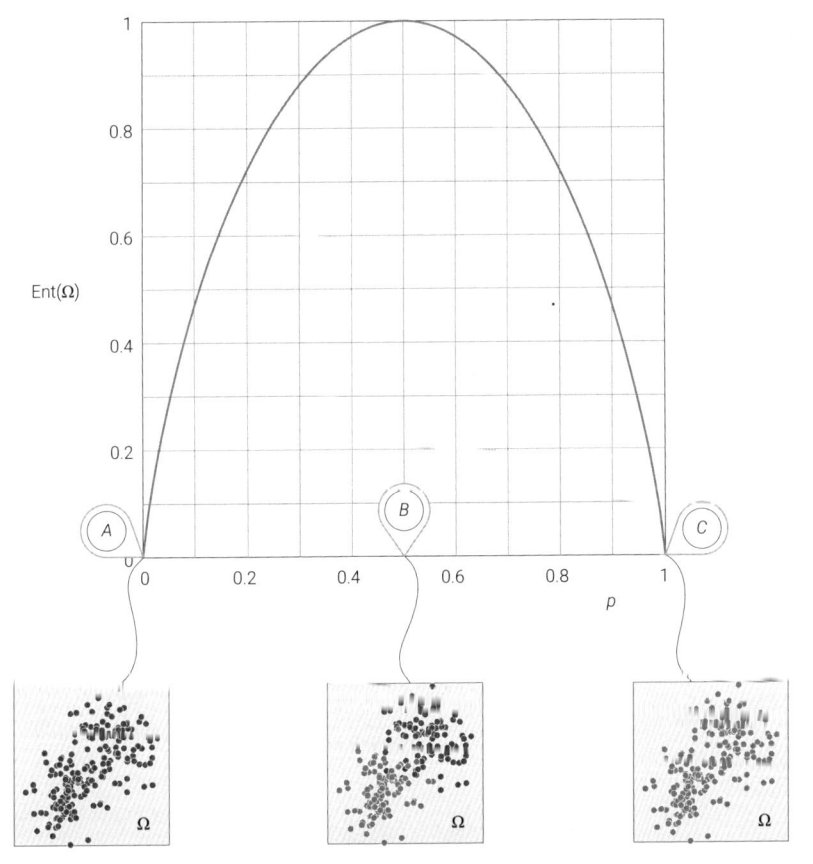

▲ 圖 13.4 資訊熵 Ent(Ω) 隨 p 變化趨勢

13.3 資訊增益：透過劃分，提高確定度

假設存在某個特徵 a 將 Ω 劃分為 m 個子集，即：

$$\Omega = \{\Omega_1, \Omega_2, \cdots, \Omega_m\} \tag{13.7}$$

而子集 $\Omega_j (j = 1, 2, \cdots, m)$ 中屬於 C_k 類的樣本集合為 $\Omega_{j,k}$：

$$\Omega_{j,k} = \Omega_j \cap C_k \tag{13.8}$$

類別 C_k 元素在 Ω_j 中佔比為：

$$p_{j,k} = \frac{\text{count}(\Omega_{j,k})}{\text{count}(\Omega_j)} \tag{13.9}$$

計算子集 Ω_j 資訊熵：

$$\text{Ent}(\Omega_j) = -\sum_{k=1}^{K} \left\{ \frac{\text{count}(\Omega_{j,k})}{\text{count}(\Omega_j)} \log_2 \left(\frac{\text{count}(\Omega_{j,k})}{\text{count}(\Omega_j)} \right) \right\} \tag{13.10}$$

而經過特徵 a 劃分後的集合 Ω 的資訊熵為，m 個子集 Ω_j 資訊熵的加權和：

$$\underbrace{\text{Ent}(\Omega|a)}_{\text{Weighted sum of entropy after split}} = \sum_{j=1}^{m} \left\{ \frac{\text{count}(\Omega_j)}{\text{count}(\Omega)} \text{Ent}(\Omega_j) \right\} \tag{13.11}$$

將式 (13.10) 代入式 (13.11)，得到：

$$\text{Ent}(\Omega|a) = -\sum_{j=1}^{m} \left\{ \frac{\text{count}(\Omega_j)}{\text{count}(\Omega)} \sum_{k=1}^{K} \left\{ \frac{\text{count}(\Omega_{j,k})}{\text{count}(\Omega_j)} \log_2 \left(\frac{\text{count}(\Omega_{j,k})}{\text{count}(\Omega_j)} \right) \right\} \right\} \tag{13.12}$$

經過特徵 a 劃分後的 Ω 資訊熵減小，確定度提高。

13.3 資訊增益：透過劃分，提高確定度

舉個例子

如圖 13.5 所示，資料集 Ω 有兩個標籤，C_1 和 C_2。特徵 a 將資料集 Ω 劃分為 2 個子集—Ω_1、Ω_2。

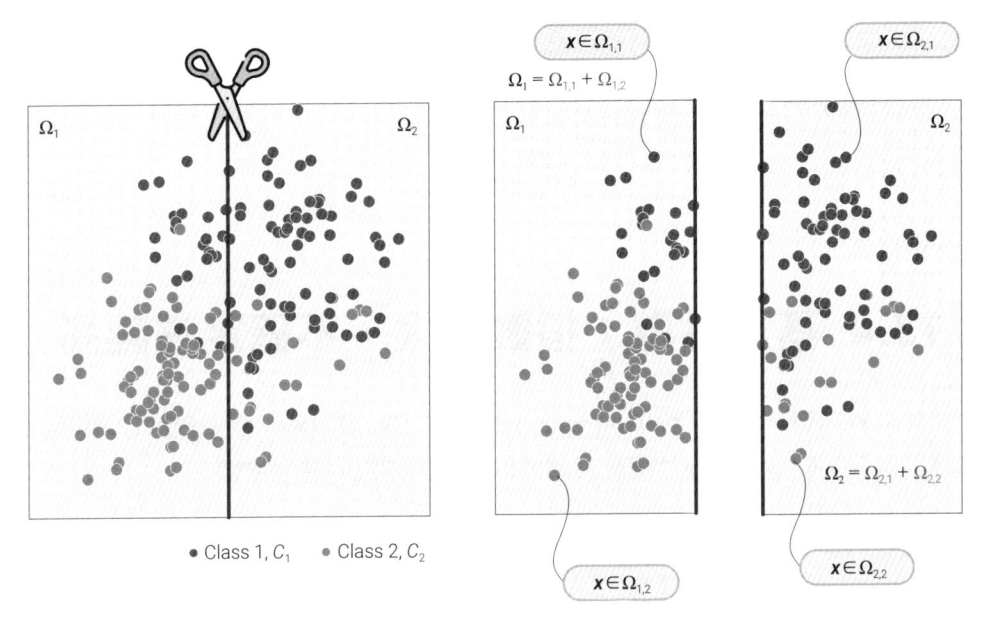

▲ 圖 13.5 資料集 Ω 劃分為 2 個子集

根據式 (13.9) 類別 C_1 元素在 Ω_1 中佔比為：

$$p_{1,1} = \frac{\text{count}(\Omega_{1,1})}{\text{count}(\Omega_1)} \tag{13.13}$$

子集 Ω_1 資訊熵為：

$$\text{Ent}(\Omega_1) = -\frac{\text{count}(\Omega_{1,1})}{\text{count}(\Omega_1)} \log_2\left(\frac{\text{count}(\Omega_{1,1})}{\text{count}(\Omega_1)}\right) - \frac{\text{count}(\Omega_{1,2})}{\text{count}(\Omega_1)} \log_2\left(\frac{\text{count}(\Omega_{1,2})}{\text{count}(\Omega_1)}\right) \tag{13.14}$$

同理，可以計算得到 Ω_2 子集資訊熵。

第 13 章 決策樹

資訊增益

資訊增益 (information gain) 量化劃分前後資訊熵變化：

$$\text{Gain}(D,a) = \underbrace{\text{Ent}(D)}_{\text{Entropy before split}} - \underbrace{\text{Ent}(D|a)}_{\text{Weighted sum of entropy after split}} \tag{13.15}$$

最佳劃分 a 位置對應最大化資訊增益：

$$\arg\max_{a} \text{Gain}(D,a) \tag{13.16}$$

13.4 基尼指數：指數越大，不確定性越高

類似資訊熵，**基尼指數** (Gini index) 也可以用來表徵樣本資料集合 Ω 的純度。注意，這個基尼指數不同於衡量國家或地區收入差距的基尼指數。

基尼指數 $\text{Gini}(\Omega)$ 定義如下：

$$\text{Gini}(\Omega) = \sum_{i=1}^{n} p_i(1-p_i) = \sum_{i=1}^{n} p_i - \sum_{i=1}^{n} p_i^2 = 1 - \sum_{i=1}^{n} p_i^2 \tag{13.17}$$

類似上節，當樣本資料集合 Ω 只有兩類，即 $K = 2$ 時，$p_1 = p$，$p_2 = 1-p$。Ω 的資訊熵 $\text{Gini}(\Omega)$ 為。

$$\begin{aligned}\text{Ent}(D) &= 1 - \sum_{i=1}^{n} p_i^2 = 1 - p_1^2 - p_2^2 \\ &= 1 - p^2 - (1-p)^2 = -2p^2 + 2p\end{aligned} \tag{13.18}$$

如圖 13.6(a) 所示，$\text{Gini}(\Omega)$ 越大，不確定性越高，資料純度越低。$\text{Gini}(\Omega)$ 最大值為 1/2，對應圖中 $p = 0.5$，也就是說兩類標籤樣本資料各佔一半。圖 13.6(b) 比較了 $2 \times \text{Gini}(\Omega)$ 和 $\text{Ent}(\Omega)$ 兩圖形關係。

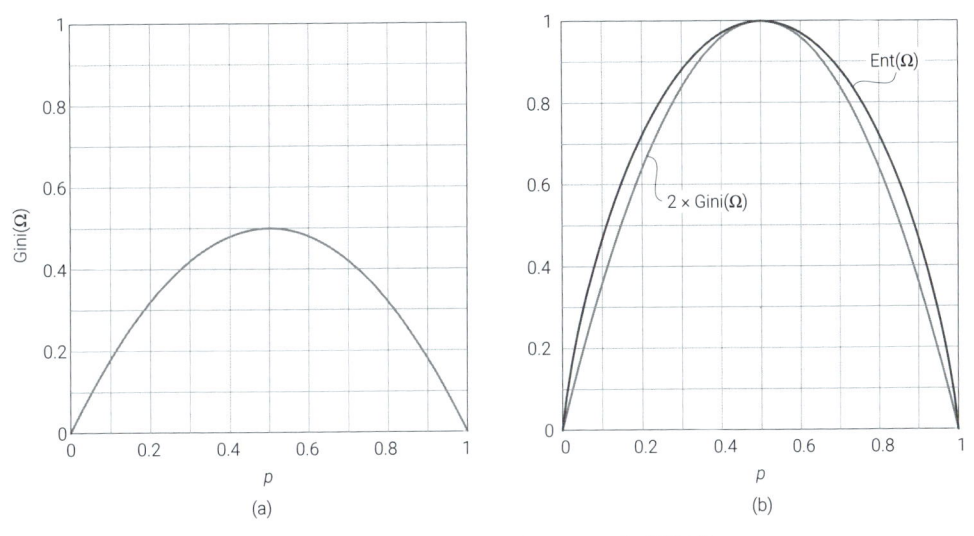

▲ 圖 13.6 比較資訊熵和 Gini 指數影像

Scikit-Learn 中決策樹分類函數 DecisionTreeClassifier，就是預設採用 Gini 指數最大化作為分割依據。

13.5 最大葉節點：影響決策邊界

本節利用決策樹演算法分類鳶尾花樣本資料，並著重展示最大葉節點數分類影響。Scikit-Learn 工具包決策樹分類函數為 sklearn.tree.DecisionTree-Classifier；該函數可以用最大葉節點數 max_leaf_nodes 控制決策樹樹形大小。

同時，本節和下一節將利用 sklearn.tree.plot_tree 繪製決策樹。

最大葉節點數為 2

圖 13.7 所示為，當最大葉節點數 $L = 2$ 時，鳶尾花資料分類情況。圖 13.7(a) 所示，根據花萼長度 x_1 這一特徵，特徵平面被劃分為兩個區域——A 和 B。

第 13 章　決策樹

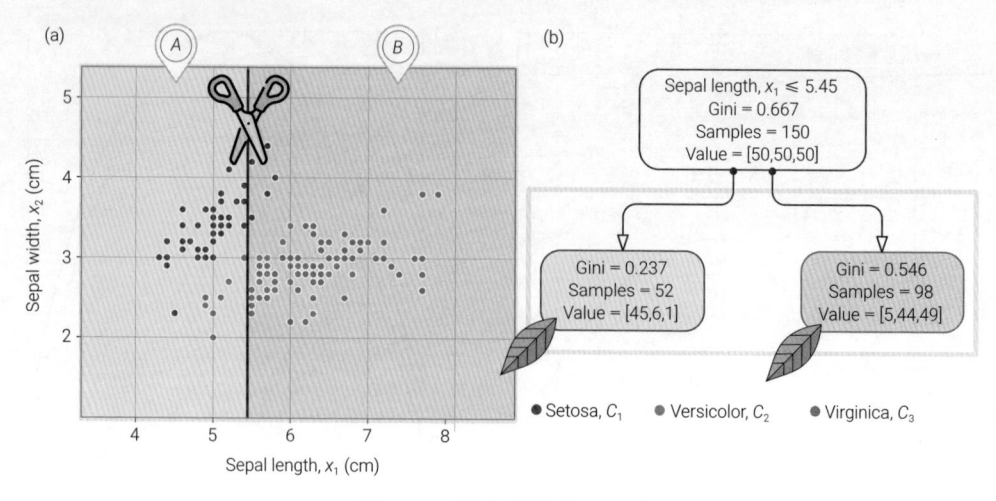

▲ 圖 13.7　最大葉節點數量為 2

圖 13.7(b) 樹狀圖有大量重要資訊。150 個樣本資料 Gini 指數為 0.667，劃分花萼長度 x_1 最佳位置為 $x_1 = 5.45$。$x_1 \leq 5.45$ 為區域 A；$x_1 > 5.45$ 為區域 B。

區域 A 中，樣本資料為 52；其中，•($C_1, y = 0$) 為 45 個，•($C_2, y = 1$) 為 6 個，•($C_3, y = 2$) 為 1 個。顯然，區域 A 預測分類為 C_1。區域 A 的 Gini 指數為 0.237。

區域 B 中，樣本資料為 98；其中，•($C1, y = 0$) 為 5 個，•($C_2, y = 1$) 為 44 個，•($C_3, y = 2$) 為 49 個。顯然，區域 B 預測分類為 C_3。區域 B 的 Gini 指數為 0.546。

根據式 (13.11)，可以計算得到特徵 x_1 劃分後資訊熵：

$$\underbrace{\text{Ent}(\Omega | x_1 = 5.45)}_{\text{Weighted sum of entropy after split}} = \frac{52}{150} \times 0.237 + \frac{98}{150} \times 0.546 = 0.4389 \tag{13.19}$$

根據式 (13.15) 資訊增益為：

$$\text{Gain}(D, a) = \underbrace{\text{Ent}(D)}_{\substack{\text{Entropy} \\ \text{before split}}} - \underbrace{\text{Ent}(\Omega | x_1 = 5.45)}_{\substack{\text{Weighted sum of} \\ \text{entropy after split}}} = 0.667 - 0.4389 = 0.228 \tag{13.20}$$

13.5 最大葉節點：影響決策邊界

最大葉節點數為 3

當最大葉節點數量 L 繼續提高到 $L = 3$ 時，圖 13.7(b) 某一葉節點將在某一特徵基礎上繼續劃分。圖 13.8 所示為，當 $L = 3$ 時，決策樹分類鳶尾花結果。

觀察圖 13.8(a)，可以發現圖 13.7(a) 中 B 區域沿著 x_1 方向進一步被劃分為 C 和 D。劃分的位置為 $x_1 = 6.15$。

區域 C 中，樣本資料為 43；其中，• $(C_1, y = 0)$ 為 5 個，• $(C_2, y = 1)$ 為 28 個，• $(C_3, y = 2)$ 為 10 個。顯然，區域 C 預測分類為 C_2。區域 C 的 Gini 指數為 0.508。

區域 D 中，樣本資料為 55；其中，• $(C_1, y = 0)$ 為 0 個，• $(C_2, y = 1)$ 為 16 個，• $(C_3, y = 2)$ 為 39 個。顯然，區域 D 預測分類為 C_3。區域 D 的 Gini 指數為 0.413。

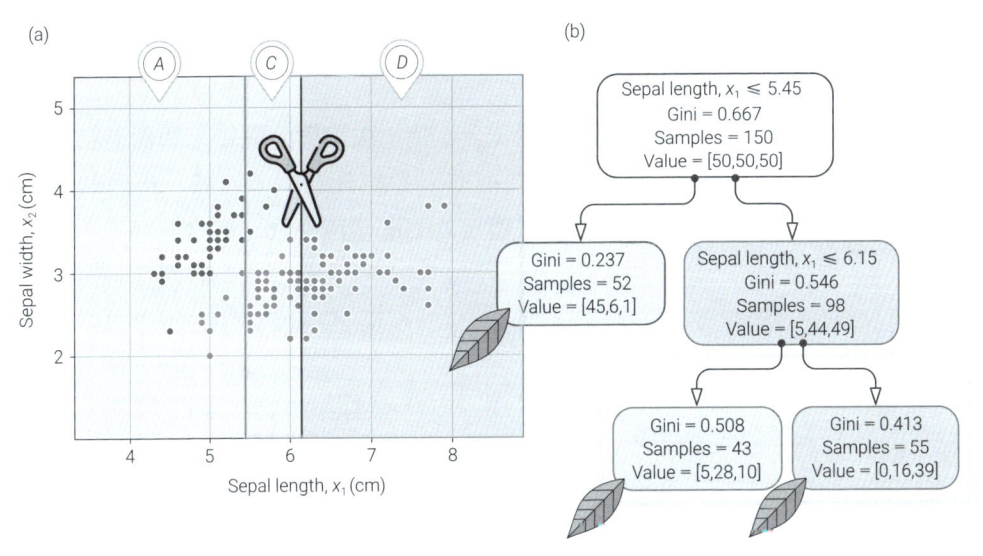

▲ 圖 13.8 最大葉節點數量為 3

最大葉節點數為 4

圖 13.9 所示為，最大葉節點數量 $L = 4$ 時，決策樹分類結果和樹形結構。可以發現圖 13.8 中，A 區沿 x_2 方向被進一步劃分為兩個區域；其中一個區域 44 個 • $(C_1, y = 0)$，1 個 • $(C_2, y = 1)$，Gini 指數進一步降低到 0.043。請讀者自行計算 Gini 指數變化。

13-13

第 13 章　決策樹

(a)

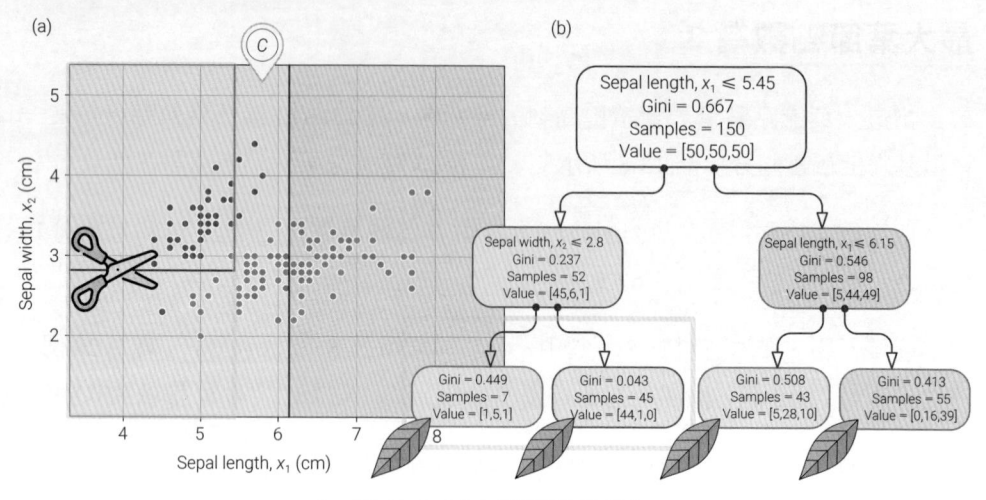

(b)

▲ 圖 13.9　最大葉節點數量為 4

最大葉節點數為 5

　　圖 13.10 所示為，最大葉節點數量 $L = 5$ 時，決策樹分類結果和樹形結構。比較圖 13.10 和圖 13.9，C 區沿 x_2 方向被進一步劃分為兩個區域，得到的區域全部樣本資料為 $(C_1, y = 0)$；因此，該區域的 Gini 指數為 0，純度最高。

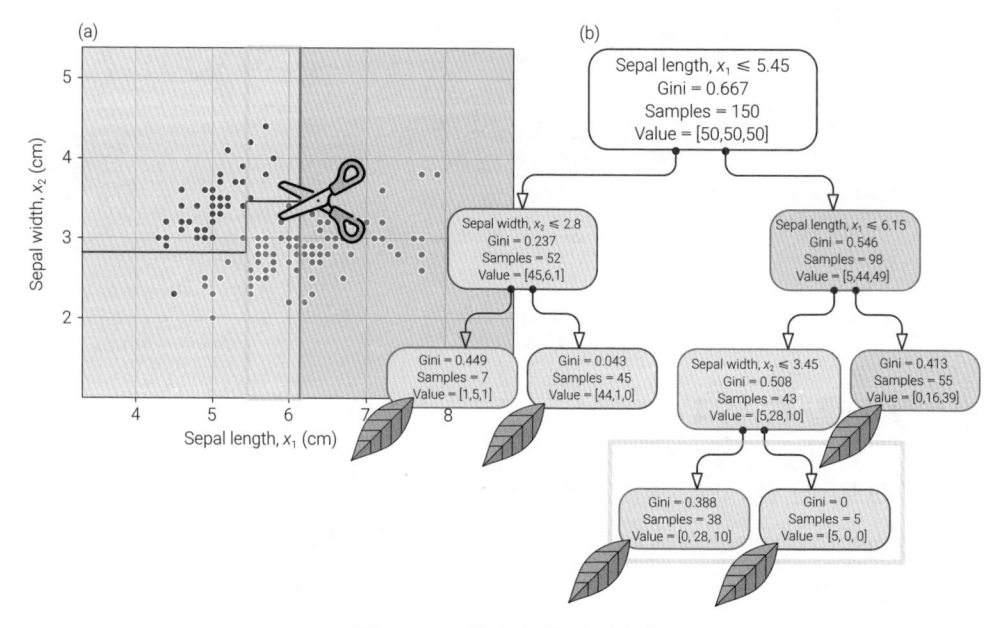

▲ 圖 13.10　最大葉節點數量為 5

13.6 最大深度：控制樹形大小

下一節提供獲得本節影像的程式，程式中最大葉節點數量包括 10、15 和 20 等更大數值。請大家自行設定最大葉節點數量，比較決策邊界和樹形結構變化。

圖 13.11 所示為用 Streamlit 架設的展示最大葉節點數對決策樹決策邊界影響的 App。

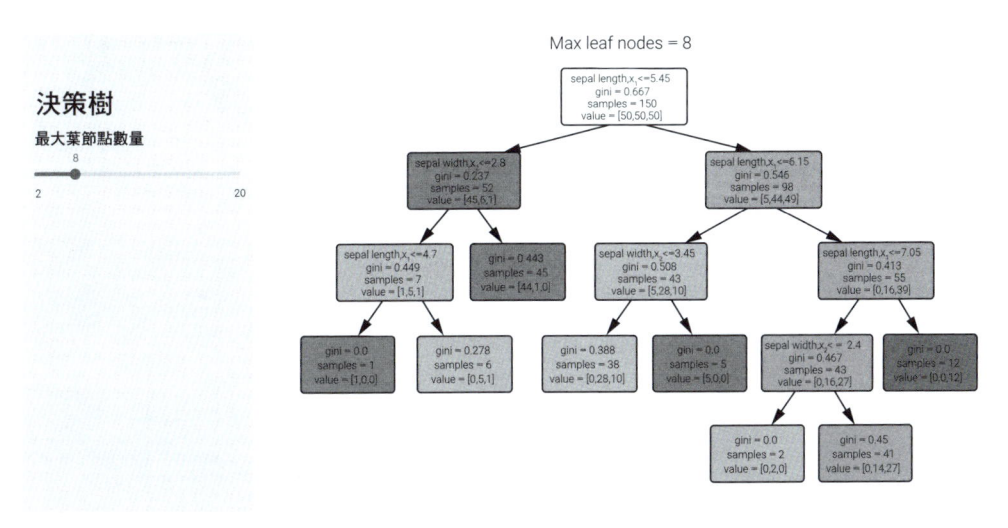

▲ 圖 13.11 展示最大葉節點數對決策樹決策邊界影響的 App，Streamlit 架設 |Streamlit_Bk7_Ch13_02.py

Streamlit_Bk7_Ch13_02.py 中架設了圖 13.11 的 App，請大家自行學習。

13.6 最大深度：控制樹形大小

類似最大葉節點數量，最大深度從二元樹層數角度控制樹形大小。sklearn.tree.DecisionTreeClassifier 函數用 max_depth 改變最大深度。

圖 13.12 所示為，最大深度為 1 時，鳶尾花的分類結果和樹狀圖。可以發現，圖 13.12 和圖 13.7 結果完全一致。圖 13.13 所示為，最大深度為 2 時，鳶尾花的分類結果和樹狀圖。可以發現，圖 13.13 和圖 13.9 結果完全一致。

第 13 章　決策樹

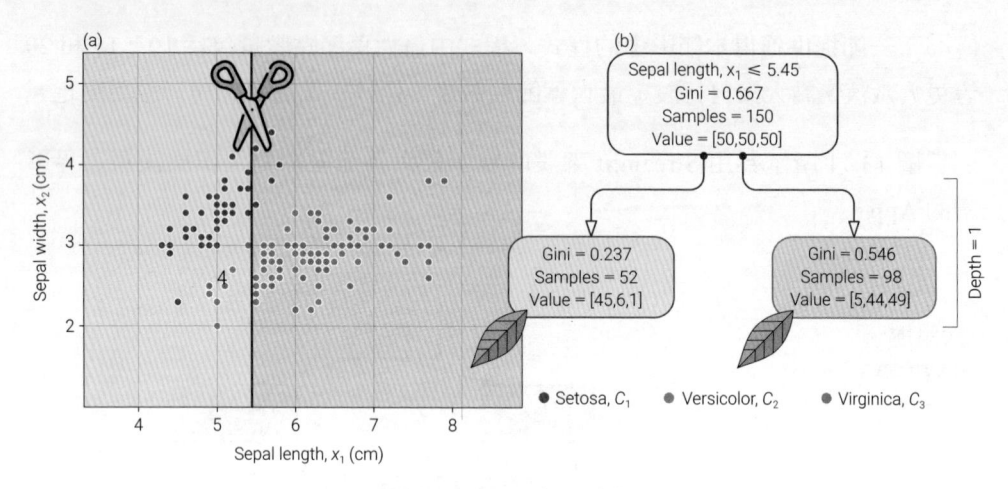

▲ 圖 13.12　最大深度為 1

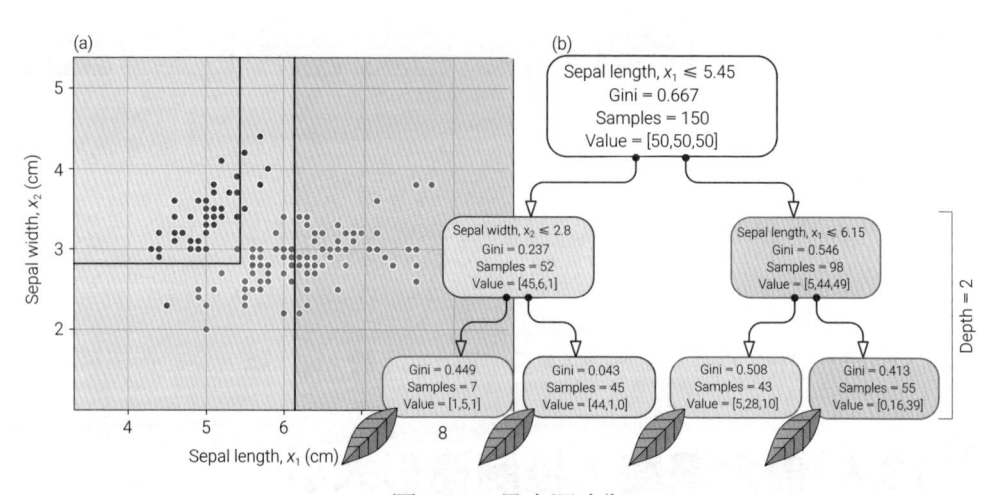

▲ 圖 13.13　最大深度為 2

　　圖 13.14 所示為，最大深度為 3 時，鳶尾花分類結果。如圖 13.15 所示，樹形結構有 3 層二元樹。注意，當最大深度不斷增大時，如果某一區域樣本資料為單一樣本；則該區域 Gini 指數為 0，無法進一步劃分。圖 13.15 中 8 個葉節點中，有 4 個純度已經達到最高。

13.6 最大深度：控制樹形大小

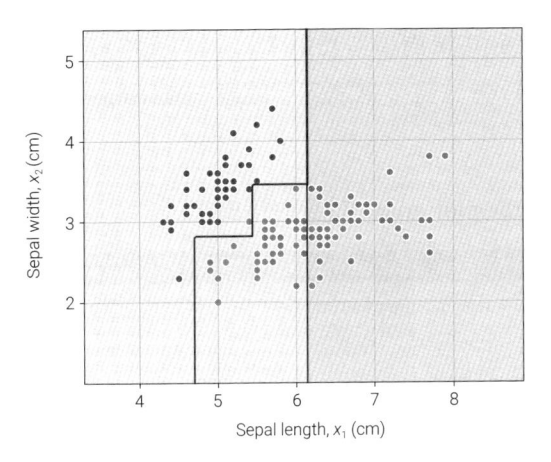

▲ 圖 13.14 最大深度為 3，分類結果

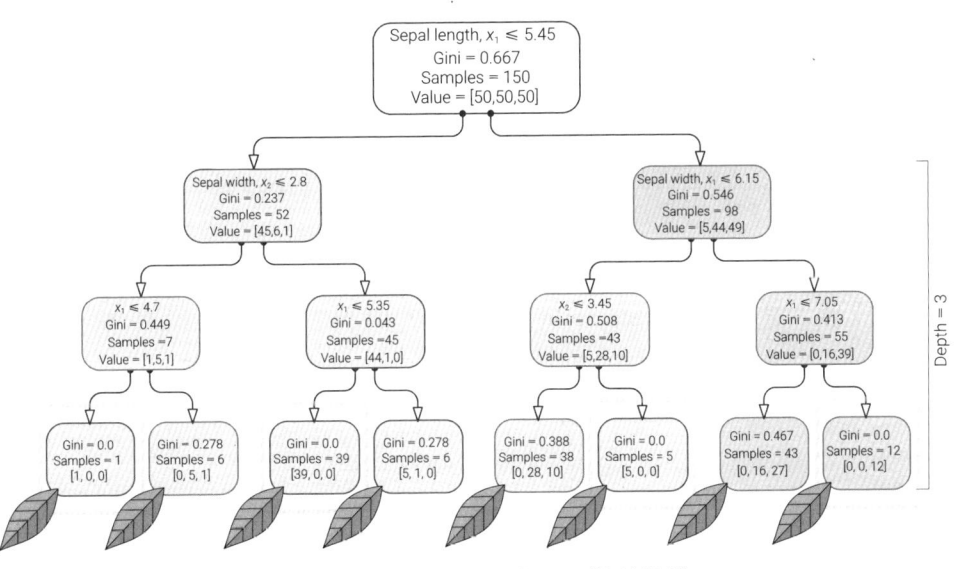

▲ 圖 13.15 最大深度為 3，樹形結構

Bk7_Ch13_01.ipynb 中利用決策樹方法分類了鳶尾花資料，並繪製了本節和上一節影像。下面講解其中關鍵敘述。

ⓐ 用 sklearn.tree.DecisionTreeClassifier() 建立一個決策樹分類器 (clf)，限制最大葉子節點數為 3；然後使用 fit(X,y) 方法擬合模型，其中 X 是特徵資料，y 是目標標籤。

13-17

第 13 章　決策樹

ⓑ 使用訓練好的決策樹模型 (clf) 對輸入的網格資料進行預測。xx 和 yy 是網格的座標；ravel() 方法將多維陣列展開成一維；np.c_() 是將兩個陣列按列連接的 NumPy 方法。

ⓒ 用 sklearn.tree.plot_tree() 繪製決策樹。

程式13.1 用sklearn.tree.DecisionTreeClassifier()進行分類 | Bk7_Ch13_01.ipynb

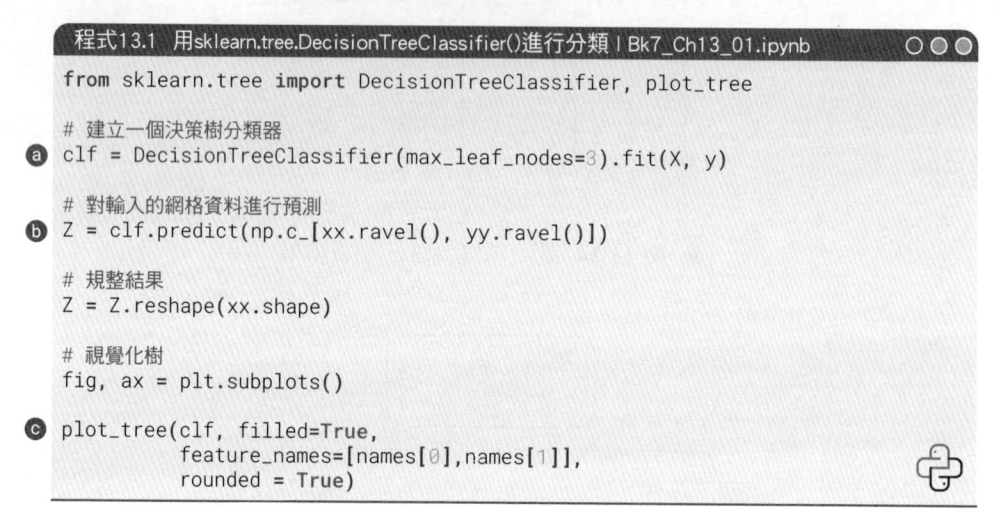

```python
from sklearn.tree import DecisionTreeClassifier, plot_tree

# 建立一個決策樹分類器
clf = DecisionTreeClassifier(max_leaf_nodes=3).fit(X, y)

# 對輸入的網格資料進行預測
Z = clf.predict(np.c_[xx.ravel(), yy.ravel()])

# 規整結果
Z = Z.reshape(xx.shape)

# 視覺化樹
fig, ax = plt.subplots()

plot_tree(clf, filled=True,
          feature_names=[names[0],names[1]],
          rounded = True)
```

圖 13.16 所示為用 Streamlit 架設展示最大深度對決策樹決策邊界影響的 App。請大家自行學習 Streamlit_Bk7_Ch13_03.py。

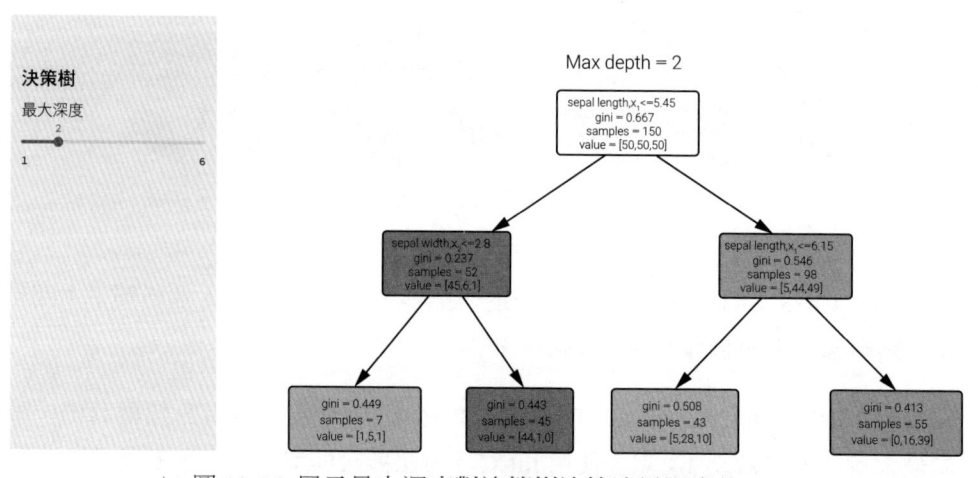

▲ 圖 13.16 展示最大深度對決策樹決策邊界影響的 App，Streamlit 架設 |Streamlit_Bk7_Ch13_03.py

13.6 最大深度:控制樹形大小

決策樹是一種基於樹形結構的分類演算法,其核心思想是透過一系列的問題來判斷輸入資料屬於哪個類別。在建構決策樹時,需要選擇合適的劃分特徵和劃分點。為了進行這些選擇,常用的指標包括資訊熵、資訊增益和基尼指數。

> 資訊熵是衡量樣本純度的指標,熵越高表示樣本的混亂程度越高。資訊增益是在使用某個特徵進行分裂時,熵減少的程度,資訊增益越大表示使用該特徵進行劃分所帶來的純度提升越大。基尼指數是另一種用於衡量樣本純度的指標,可以用來評估每個候選分裂點的優劣程度。
>
> 在建構決策樹時,通常使用資訊增益或基尼指數作為指標來選擇最佳的劃分特徵和劃分點。不同的指標適用於不同的資料集和問題類型。在實踐中,可以透過交叉驗證等技術來選擇最佳的指標。

利用決策樹完成迴歸,請參考:

- https://scikit-learn.org/stable/auto_examples/tree/plot_tree_regression.html

第 13 章 決策樹

MEMO

Section 04
降維

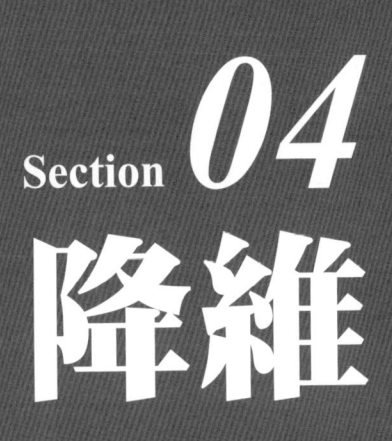

降維

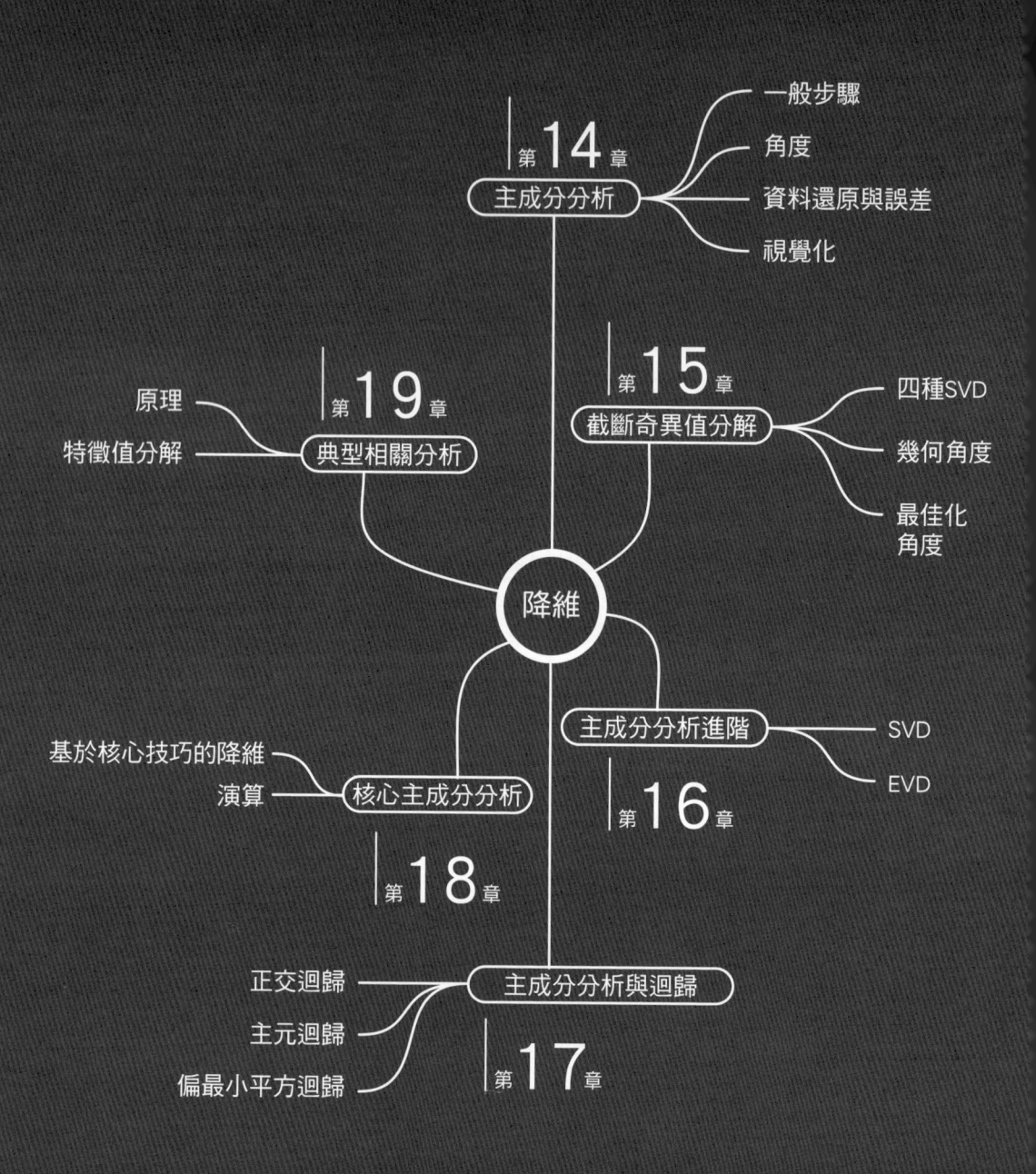

第14章 主成分分析
- 一般步驟
- 角度
- 資料還原與誤差
- 視覺化

第15章 截斷奇異值分解
- 四種SVD
- 幾何角度
- 最佳化角度

第16章 主成分分析進階
- SVD
- EVD

第17章 主成分分析與迴歸
- 正交迴歸
- 主元迴歸
- 偏最小平方迴歸

第18章 核心主成分分析
- 基於核心技巧的降維
- 演算

第19章 典型相關分析
- 原理
- 特徵值分解

學習地圖　第4板塊

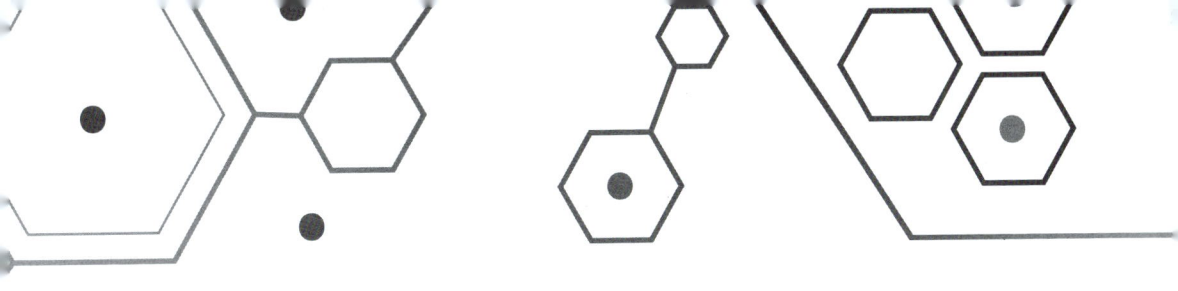

Principal Component Analysis

14 主成分分析

處理多維資料，透過降維發現資料隱藏規律

忽視數學會損害所有知識，因為不了解數學的人無法了解世界上的其他科學或事物。更糟糕的是，那些無知的人無法感知自己的無知，因此不尋求補救。

Neglect of mathematics work injury to all knowledge, since he who is ignorant of it cannot know the other sciences or things of this world. And what is worst, those who are thus ignorant are unable to perceive their own ignorance, and so do not seek a remedy.

——羅吉爾·培根（Roger Bacon）｜英國哲學家｜1214—1294 年

- numpy.corrcoef() 計算相關性係數矩陣
- numpy.cov() 計算協方差矩陣
- numpy.linalg.eig() 特徵值分解
- numpy.linalg.svd() 奇異值分解
- numpy.mean() 計算平均值
- numpy.random.multivariate_normal() 產生多元正態分佈隨機數
- numpy.std() 計算均方差
- numpy.var() 計算方差
- numpy.zeros_like() 產生形如輸入矩陣的全 0 矩陣
- seaborn.heatmap() 繪製熱圖
- seaborn.jointplot() 繪製聯合分佈和邊際分佈
- seaborn.kdeplot() 繪製 KDE 核心機率密度估計曲線
- seaborn.lineplot() 繪製線圖
- seaborn.pairplot() 繪製成對分析圖
- sklearn.decomposition.PCA() 主成分分析函數
- yellowbrick.features.PCA() 繪製 PCA 雙標圖

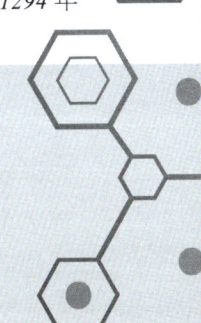

第 14 章　主成分分析

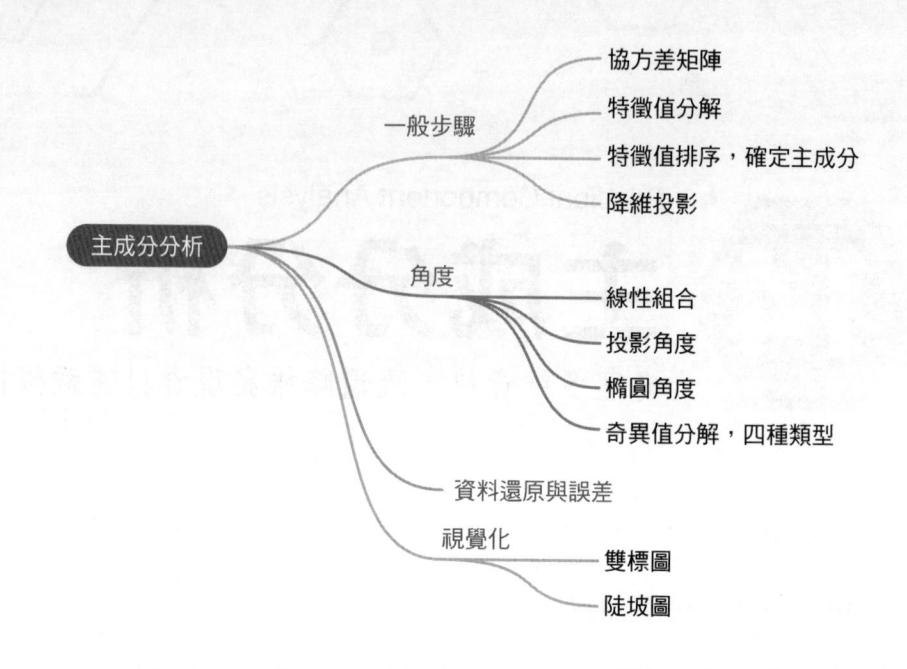

```
主成分分析 ─┬─ 一般步驟 ─┬─ 協方差矩陣
           │            ├─ 特徵值分解
           │            ├─ 特徵值排序，確定主成分
           │            └─ 降維投影
           ├─ 角度 ─┬─ 線性組合
           │       ├─ 投影角度
           │       ├─ 橢圓角度
           │       └─ 奇異值分解，四種類型
           ├─ 資料還原與誤差
           └─ 視覺化 ─┬─ 雙標圖
                     └─ 陡坡圖
```

14.1 主成分分析

幾何角度

　　主成分分析 (Principal Component Analysis，PCA) 最初由卡爾·皮爾遜 (Karl Pearson) 在 1901 年提出。PCA 是資料降維的重要方法之一。透過線性變換，PCA 將原始多維資料投影到一個新的正交座標系，將原始資料中的最大方差成分提取出來。

　　讀過《AI 時代 Math 元年 - 用 Python 全精通程式設計》的讀者對圖 14.1 應該很熟悉。如圖 14.1 所示，平面散點朝 16 個不同方向投影，並計算投影結果的方差值。

14.1 主成分分析

　　從圖 14.1 中每個投影結果的分佈寬度，用標準差量化，我們就可以得知 C、K 這兩個方向就是我們要找的第一主成分方向。G、O 這兩個方向也值得我們關注，因為這兩個方向上投影結果的方差 (標準差的平方) 最小。

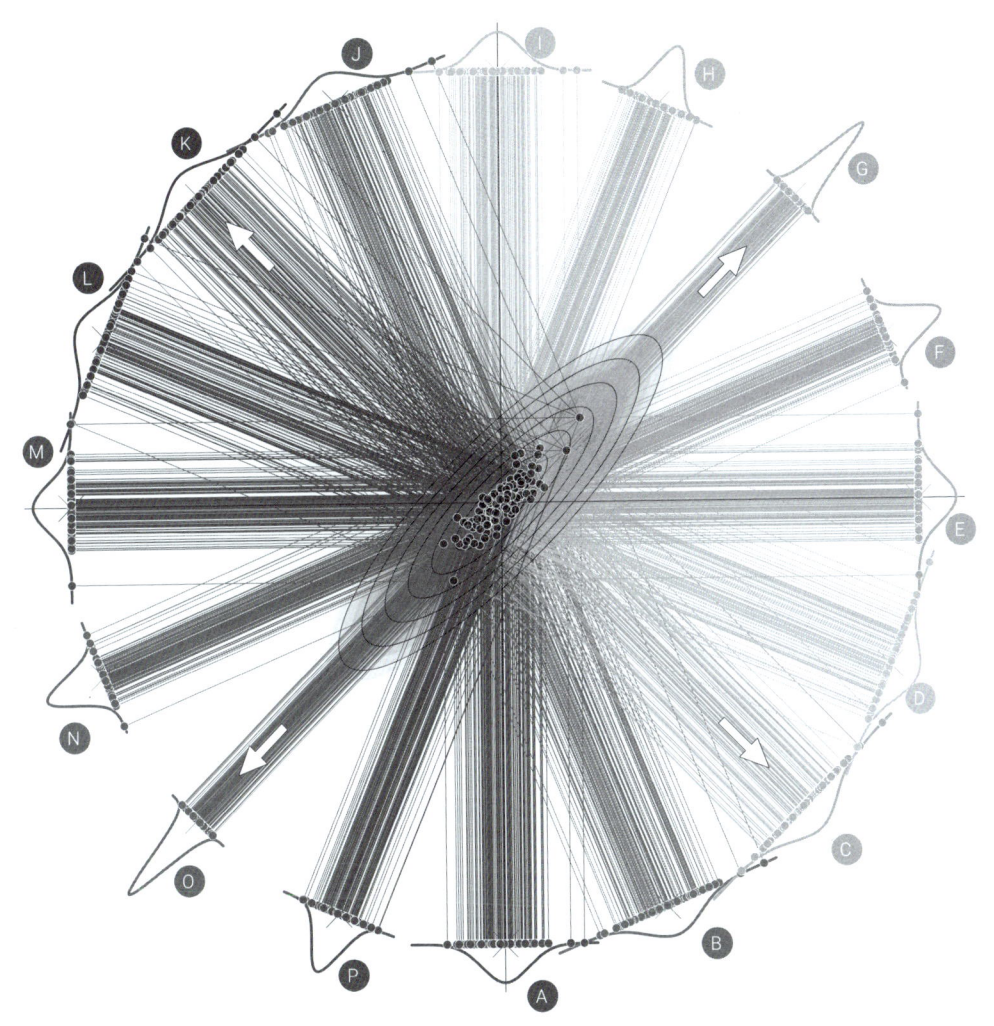

▲ 圖 14.1 二維資料分別朝 16 個不同方向投影
(圖片來源：《AI 時代 Math 元年 — 用 Python 全精通程式設計》)

14-3

第 14 章　主成分分析

請大家格外注意，圖 14.1 中樣本資料質心位於原點，也就是說資料經過中心化，即去均值。比較 A、E 兩個方向，我們可以發現標準差幾乎相同；我們可以認為資料經過了標準化。

更通俗地講，PCA 實際上是在尋找資料在主元空間內的投影。圖 14.2 所示杯子是一個 3D 物體。在一張圖展示杯子，而且盡可能多地展示杯子細節，就需要從空間多個角度觀察杯子並找到合適角度。這個過程實際上是將三維資料投影到二維平面過程。這也是一個降維過程，即從三維變成二維。

圖 14.3 展示了杯子在六個平面上的投影結果。

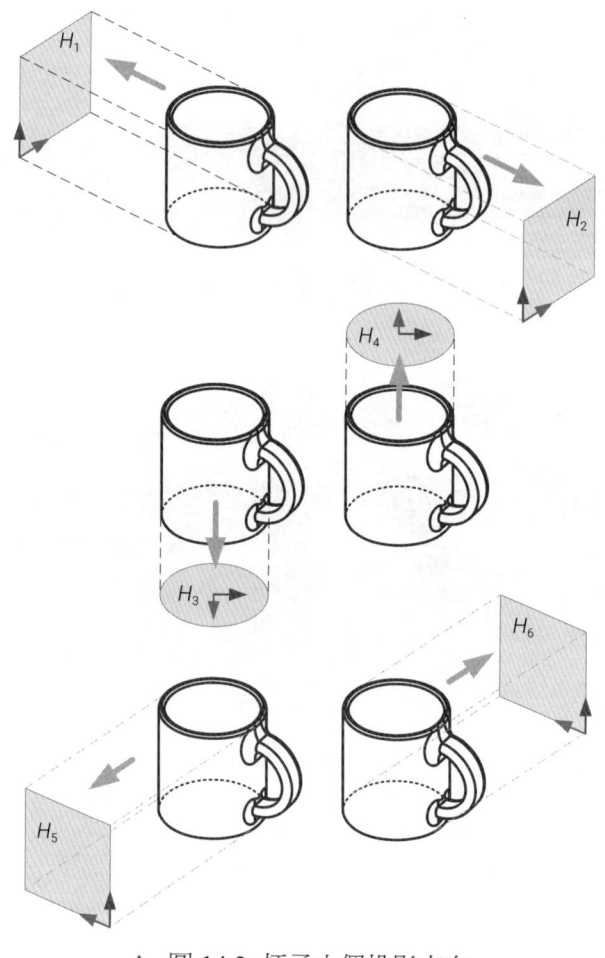

▲ 圖 14.2　杯子六個投影方向

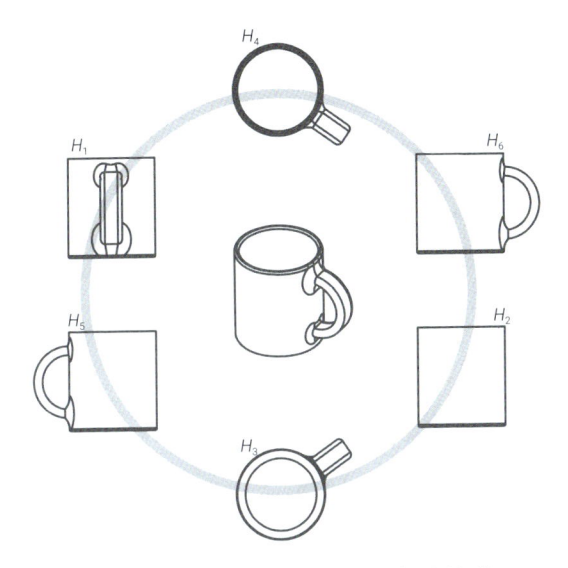

▲ 圖 14.3 杯子在六個方向投影影像

14.2 原始資料

本章以鳶尾花資料為例介紹如何利用主成分分析處理資料。圖 14.4 所示為鳶尾花原始資料矩陣 X 組成的熱圖。資料矩陣 X 有 150 個資料點，即 150 行；矩陣 X 有 4 個特徵，即 4 列。

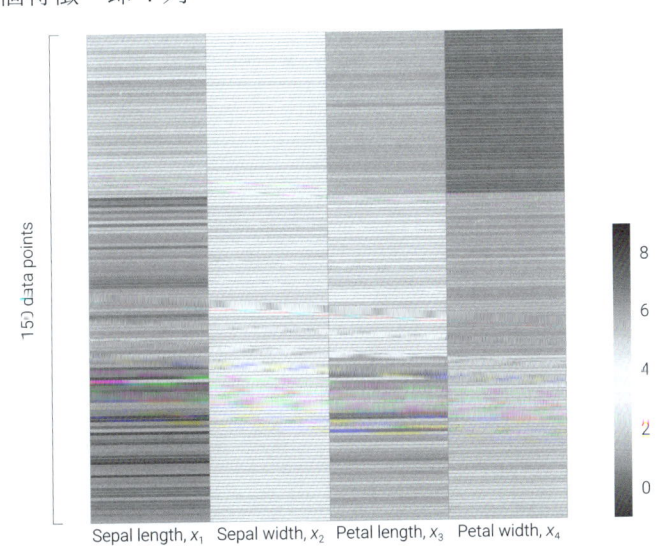

▲ 圖 14.4 鳶尾花資料，原始資料矩陣 X

14-5

第 14 章　主成分分析

對原始資料進行統計分析。首先以行向量表達資料矩陣 X 質心：

$$\boldsymbol{\mu}_X = \begin{bmatrix} \underbrace{5.843}_{\text{Sepal length, } x_1} & \underbrace{3.057}_{\text{Sepal width, } x_2} & \underbrace{3.758}_{\text{Petal length, } x_3} & \underbrace{1.199}_{\text{Petal width, } x_4} \end{bmatrix} \quad (14.1)$$

鳶尾花資料在四個特徵上的平均值如圖 14.5 所示。

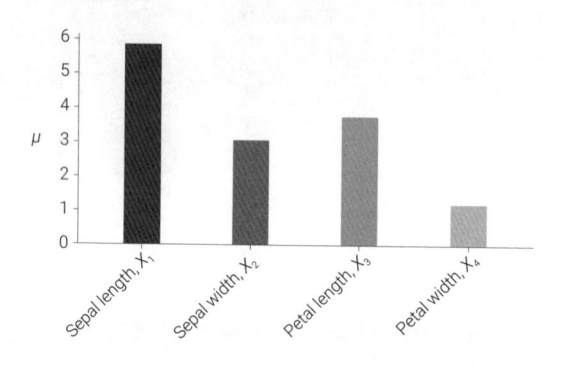

▲ 圖 14.5 鳶尾花資料四個特徵上平均值

然後，計算 X 每一列均方差，以行向量表達：

$$\boldsymbol{\sigma}_X = \begin{bmatrix} \underbrace{0.825}_{\text{Sepal length, } x_1} & \underbrace{0.434}_{\text{Sepal width, } x_2} & \underbrace{1.759}_{\text{Petal length, } x_3} & \underbrace{0.759}_{\text{Petal width, } x_4} \end{bmatrix} \quad (14.2)$$

X 的第三個特徵，也就是花瓣長度 x_3 對應的均方差最大。圖 14.6 所示為 KDE 估計得到的鳶尾花四個特徵分佈圖。

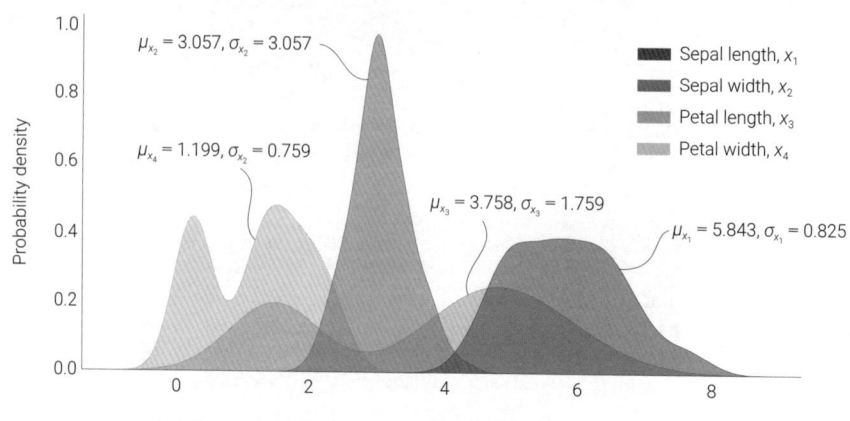

▲ 圖 14.6 鳶尾花資料四個特徵上分佈，KDE 估計

14.2 原始資料

利用 seaborn.pairplot() 函數可以繪製如圖 14.7 所示成對特徵分析圖；成對特徵分析圖方便展示每一對資料特徵之間的關係，而對角線影像則展示每一個特徵單獨的統計規律。

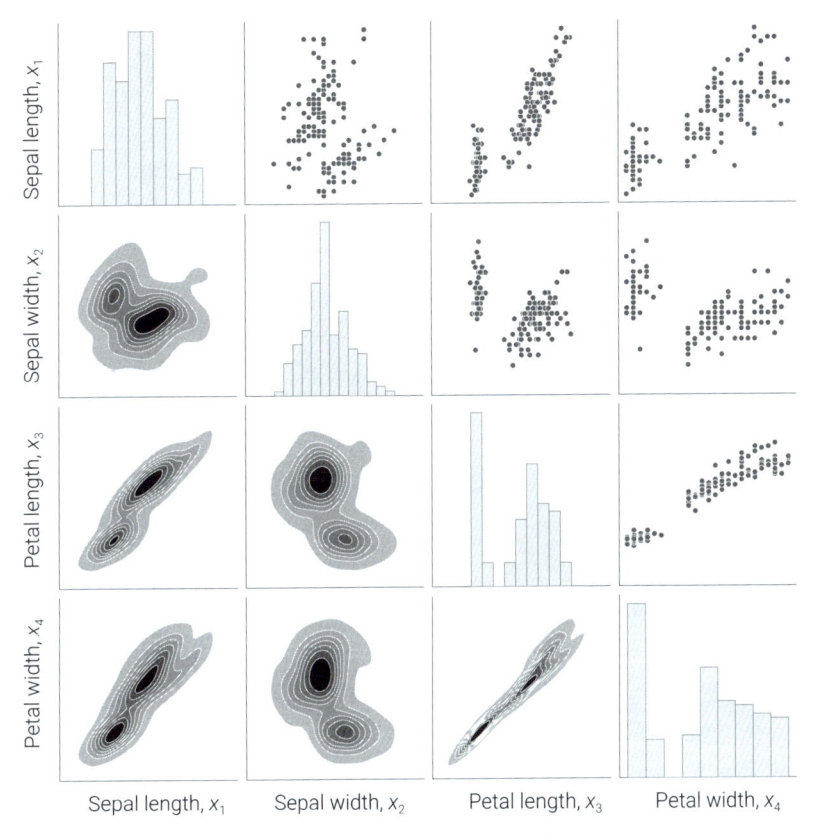

▲ 圖 14.7 鳶尾花資料成對特徵分析圖，不分類

由於鳶尾花資料存在三個分類，所以可以利用 seaborn.pairplot() 函數展示具有分類特徵的成對分析圖，具體如圖 14.8 所示。圖 14.8 讓我們看到了每一類別資料特徵之間和自身的分佈規律。

14-7

第 14 章　主成分分析

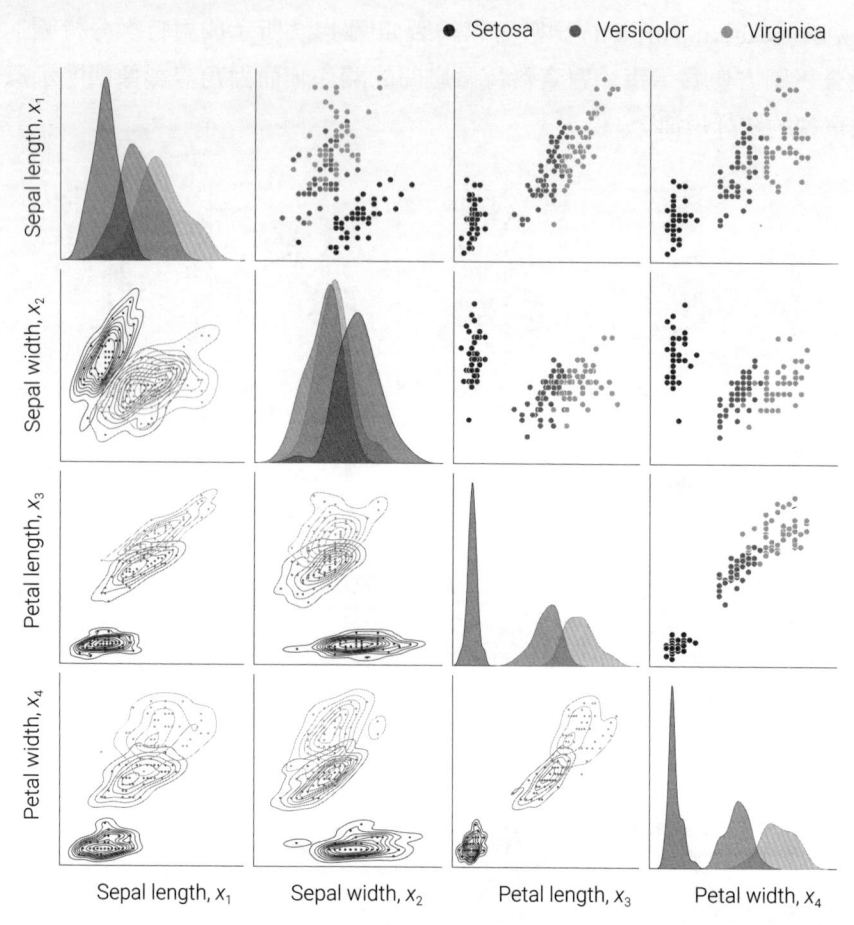

▲ 圖 14.8 鳶尾花資料成對特徵分析圖，分類

計算資料矩陣 X 協方差矩陣 Σ:

$$\Sigma = \begin{bmatrix} 0.686 & -0.042 & 1.274 & 0.516 \\ -0.042 & 0.190 & -0.330 & -0.122 \\ 1.274 & -0.330 & 3.116 & 1.296 \\ 0.516 & -0.122 & 1.296 & 0.581 \end{bmatrix} \begin{matrix} \leftarrow \text{Sepal length, } x_1 \\ \leftarrow \text{Sepal width, } x_2 \\ \leftarrow \text{Petal length, } x_3 \\ \leftarrow \text{Petal width, } x_4 \end{matrix} \quad (14.3)$$

接下來，協方差矩陣 Σ 將用於特徵值分解。

在 PCA 中,有時候會對資料進行標準化是因為不同特徵的單位和尺度不同,可能會對 PCA 的結果產生影響。如果不進行標準化處理,那麼在協方差矩陣的計算過程中,某些特徵的方差較大,將對 PCA 的結果產生更大的影響,而這些特徵不一定是最重要的。因此,為了消除這種影響,我們需要對資料進行標準化處理。

標準化的目的是將不同特徵的值域縮放到相同的範圍,使得所有特徵的平均值為 0,標準差為 1,從而消除不同特徵間的單位和尺度差異,使得所有特徵具有相同的重要性。原始資料標準化的結果是 Z 分數。Z 分數的協方差矩陣實際上是原始資料的相關性係數矩陣。

總結來說,在進行 PCA 之前,如果資料中的特徵具有不同的度量單位,或特徵值的範圍變化很大,那麼就應該考慮進行標準化。標準化可以使得 PCA 的結果更加準確和可靠,避免某些特徵在 PCA 中被過度強調或忽略。但是需要注意的是,有些情況下,標準化並不適用於所有資料集,例如當資料中的特徵已經被精心設計或處理過時,標準化可能會使得資訊損失或降低 PCA 的效果。

計算資料矩陣 X 的相關性係數矩陣 P:

$$P = \begin{bmatrix} 1.000 & -0.118 & 0.872 & 0.818 \\ -0.118 & 1.000 & -0.428 & -0.366 \\ 0.872 & -0.428 & 1.000 & 0.963 \\ 0.818 & -0.366 & 0.963 & 1.000 \end{bmatrix} \begin{matrix} \leftarrow \text{Sepal length, } x_1 \\ \leftarrow \text{Sepal width, } x_2 \\ \leftarrow \text{Petal length, } x_3 \\ \leftarrow \text{Petal width, } x_4 \end{matrix} \quad (14.4)$$

觀察相關性係數矩陣 P,可以發現花萼長度 x_1 和花萼寬度 x_2 線性負相關,花瓣長度 x_3 和花萼寬度 x_2 線性負相關,花瓣寬度 x_4 和花萼寬度 x_2 線性負相關。

14.3 特徵值分解

對 Σ 特徵值分解得到:

$$\Sigma = V \Lambda V^{-1} \quad (14.5)$$

第 14 章　主成分分析

其中，V 是正交矩陣，滿足 $VV^T = I$。實際上 Σ 為對稱矩陣，因此上式為譜分解，即 $\Sigma = V\Lambda V^T$。特徵值矩陣 Λ 為：

$$\Lambda = \begin{bmatrix} 4.228 & & & \\ & 0.242 & & \\ & & 0.078 & \\ & & & 0.023 \end{bmatrix} \quad (14.6)$$

特徵向量組成的矩陣 V 為：

$$V = \begin{bmatrix} v_1 & v_2 & v_3 & v_4 \end{bmatrix}$$
$$= \begin{bmatrix} v_{1,1} & v_{1,2} & v_{1,3} & v_{1,4} \\ v_{2,1} & v_{2,2} & v_{2,3} & v_{2,4} \\ v_{3,1} & v_{3,2} & v_{3,3} & v_{3,4} \\ v_{4,1} & v_{4,2} & v_{4,3} & v_{4,4} \end{bmatrix} \begin{matrix} \leftarrow \text{Sepal length, } x_1 \\ \leftarrow \text{Sepal width, } x_2 \\ \leftarrow \text{Petal length, } x_3 \\ \leftarrow \text{Petal width, } x_4 \end{matrix} = \begin{bmatrix} 0.361 & 0.656 & -0.582 & -0.315 \\ -0.084 & 0.730 & 0.597 & 0.319 \\ 0.856 & -0.173 & 0.076 & 0.479 \\ \underbrace{0.358}_{\text{PC1, } v_1} & \underbrace{-0.075}_{\text{PC2, } v_2} & \underbrace{0.545}_{\text{PC3, } v_3} & \underbrace{-0.753}_{\text{PC4, } v_4} \end{bmatrix} \quad (14.7)$$

矩陣 V 每一列代表一個主成分，該主成分中每一個元素相當於原始資料特徵的係數。圖 14.9 所示為不同主成分的係數線圖。

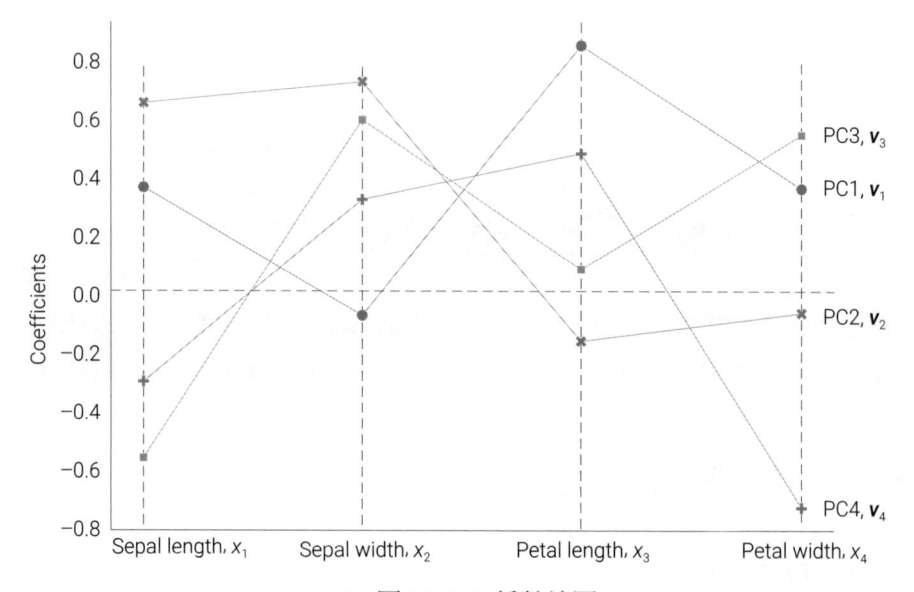

▲ 圖 14.9　V 係數線圖

14.3 特徵值分解

如圖 14.10 所示，V 和自身轉置 V^T 的乘積為單位陣 I，即：

$$V^T V = I \tag{14.8}$$

展開上式得到：

$$\begin{bmatrix} v_1 & v_2 & v_3 & v_4 \end{bmatrix}^T \begin{bmatrix} v_1 & v_2 & v_3 & v_4 \end{bmatrix} = \begin{bmatrix} v_1^T \\ v_2^T \\ v_3^T \\ v_4^T \end{bmatrix} \begin{bmatrix} v_1 & v_2 & v_3 & v_4 \end{bmatrix}$$

$$= \begin{bmatrix} v_1^T v_1 & v_1^T v_2 & v_1^T v_3 & v_1^T v_4 \\ v_2^T v_1 & v_2^T v_2 & v_2^T v_3 & v_2^T v_4 \\ v_3^T v_1 & v_3^T v_2 & v_3^T v_3 & v_3^T v_4 \\ v_4^T v_1 & v_4^T v_2 & v_4^T v_3 & v_4^T v_4 \end{bmatrix} = \begin{bmatrix} 1 & 0 & 0 & 0 \\ 0 & 1 & 0 & 0 \\ 0 & 0 & 1 & 0 \\ 0 & 0 & 0 & 1 \end{bmatrix} = I \tag{14.9}$$

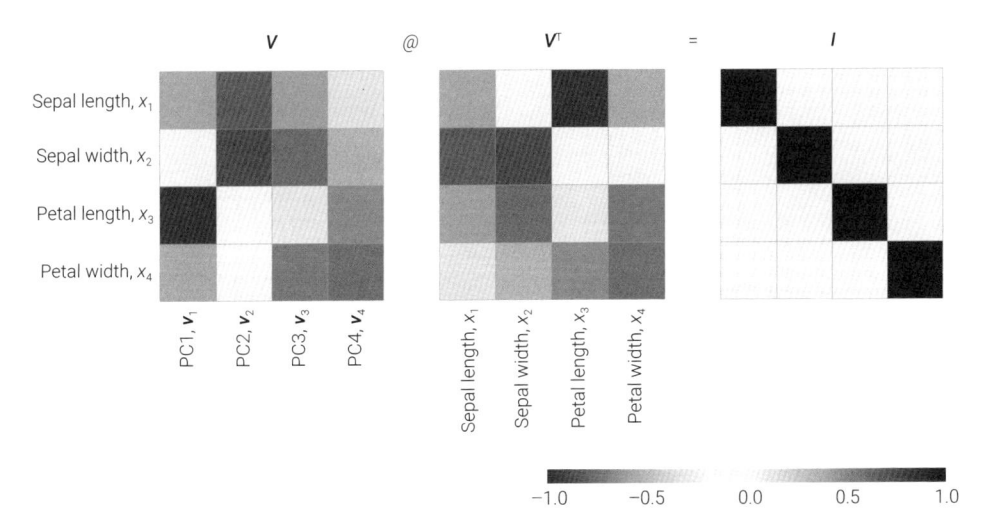

▲ 圖 14.10 特徵矩陣 V 和自身轉置的乘積為單位矩陣 I

第 14 章　主成分分析

對相關性係數矩陣進行特徵值分解得到的 V 為：

$$V = \begin{bmatrix} 0.521 & 0.377 & 0.720 & -0.261 \\ -0.269 & 0.923 & -0.244 & 0.124 \\ 0.580 & 0.024 & -0.142 & 0.801 \\ \underbrace{0.565}_{PC1, v_1} & \underbrace{0.067}_{PC2, v_2} & \underbrace{-0.634}_{PC3, v_3} & \underbrace{-0.524}_{PC4, v_4} \end{bmatrix} \begin{matrix} \leftarrow \text{Sepal length, } x_1 \\ \leftarrow \text{Sepal width, } x_2 \\ \leftarrow \text{Petal length, } x_3 \\ \leftarrow \text{Petal width, } x_4 \end{matrix} \quad (14.10)$$

可以發現式 (14.7) 和式 (14.10) 明顯不同，本書第 16 章將對比這兩種技術路線。

14.4　正交空間

矩陣 V 有 D 個列向量，對應 D 個正交基底，如下：

$$V = \begin{bmatrix} v_{1,1} & v_{1,2} & \cdots & v_{1,D-1} & v_{1,D} \\ v_{2,1} & v_{2,2} & \cdots & v_{2,D-1} & v_{2,D} \\ \vdots & \vdots & \ddots & \vdots & \vdots \\ v_{D-1,1} & v_{D-1,2} & \cdots & v_{D-1,D-1} & v_{D-1,D} \\ v_{D,1} & v_{D,2} & \cdots & v_{D,D-1} & v_{D,D} \end{bmatrix} = \begin{bmatrix} v_1 & v_2 & \cdots & v_{D-1} & v_D \end{bmatrix} \quad (14.11)$$

任意列向量 v_i 每一個元素都包含 X 列向量 $[x_1, x_2, \cdots, x_D]$ 成分，即列向量 v_i 為 $[x_1, x_2, \cdots, x_D]$ 線性組合。

$$\begin{aligned} v_1 &= v_{1,1} x_1 + v_{2,1} x_2 + \ldots + v_{D-1,1} x_{D-1} + v_{D,1} x_D \\ v_2 &= v_{1,2} x_1 + v_{2,2} x_2 + \ldots + v_{D-1,2} x_{D-1} + v_{D,2} x_D \\ &\cdots \\ v_D &= v_{1,D} x_1 + v_{2,D} x_2 + \ldots + v_{D-1,D} x_{D-1} + v_{D,D} x_D \end{aligned} \quad (14.12)$$

圖 14.11 所示為線性組合構造正交空間 $[v_1, v_2, \cdots, v_D]$。注意，$[x_1, x_2, \cdots, x_D]$ 類似於 $[e_1, e_2, \cdots, e_D]$，它們代表方向向量，而非具體的資料。

如圖 14.12 所示，以 v_1 為例，第一主成分方向上，v_1 等價於由 $v_{1,1}$ 比例 x_1，$v_{2,1}$ 比例 x_2，$v_{3,1}$ 比例 x_3，……，$v_{D,1}$ 比例 x_D 線性組合構造。從另外一個角度看，$[x_1, x_2, \cdots, x_D]$ 在向量 v_1 上純量投影值分別為 $v_{1,1}, v_{2,1}, \cdots, v_{D,1}$。圖 14.13 所示為鳶尾花資料主成分分析第一主成分 v_1 的構造情況。

14.4 正交空間

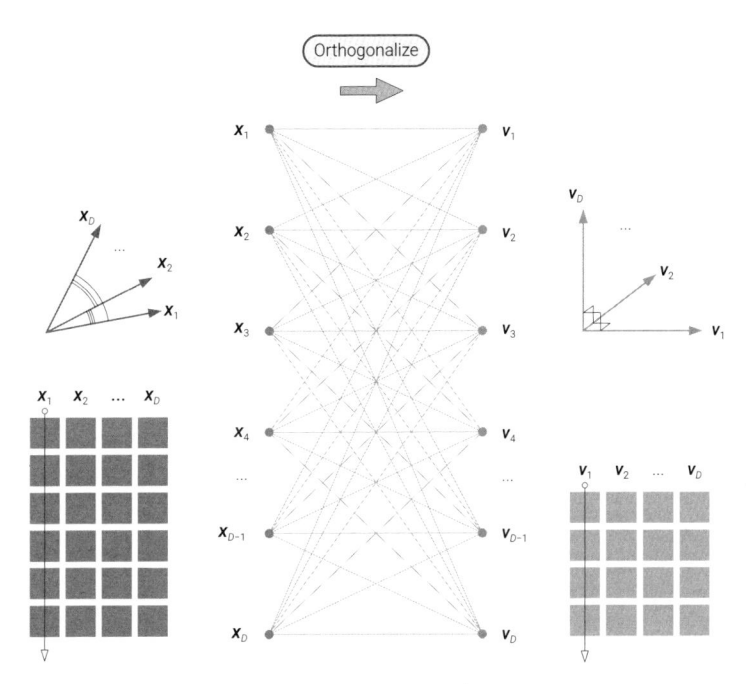

▲ 圖 14.11 線性組合構造正交空間 $[v_1, v_2, \cdots, v_D]$

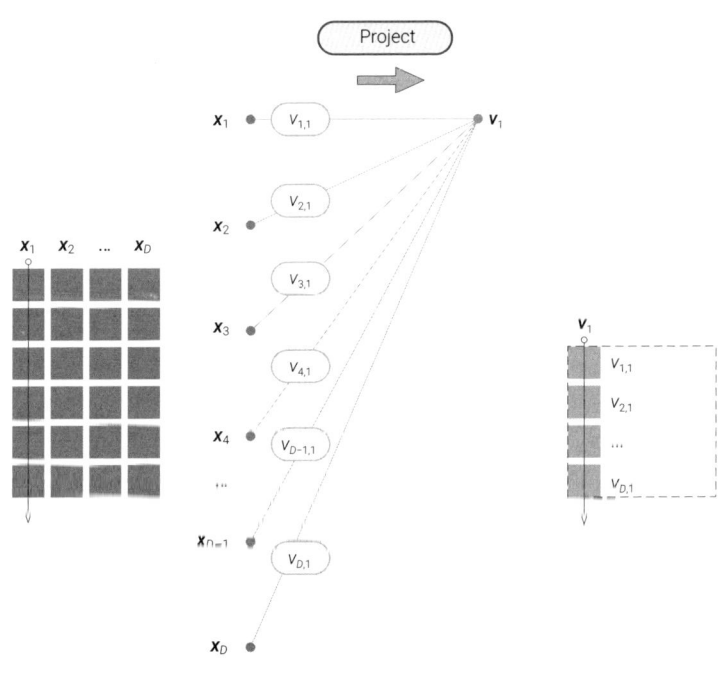

▲ 圖 14.12 構造第一主成分 v_1

14-13

第 14 章　主成分分析

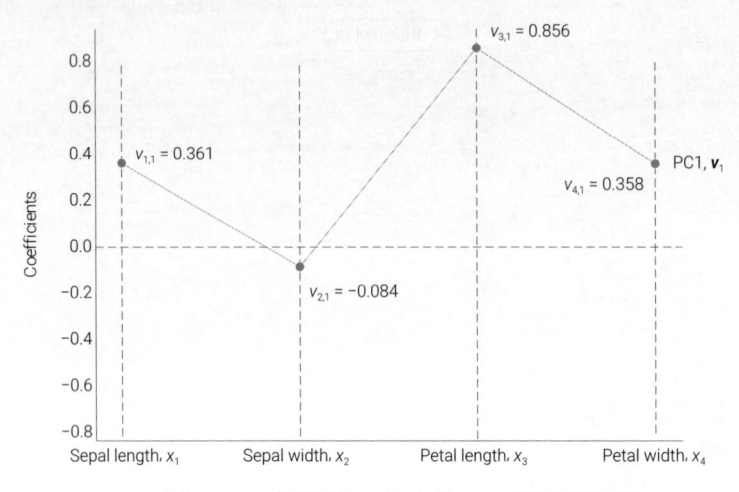

▲ 圖 14.13　構造第一主成分 v_1，鳶尾花資料

如圖 14.14 所示，第二主成分 v_2 方向上，v_2 等價於由 $v_{1,2}$ 比例 x_1，$v_{2,2}$ 比例 x_2，$v_{3,2}$ 比例 x_3，……，$v_{D,2}$ 比例 x_D 線性組合構造。圖 14.15 所示為鳶尾花資料主成分分析第二主成分 v_2 的構造情況。

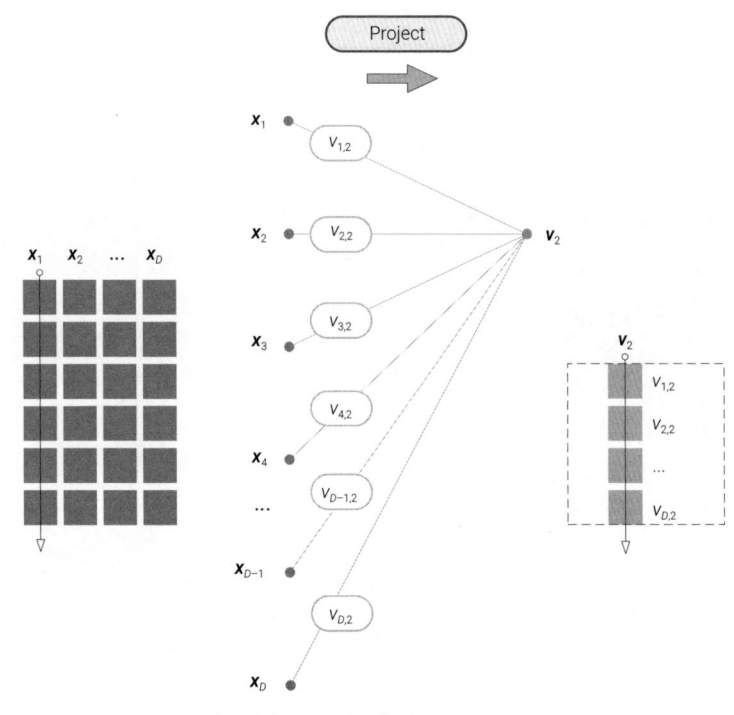

▲ 圖 14.14　構造第二主成分 v_2

14-14

14.4 正交空間

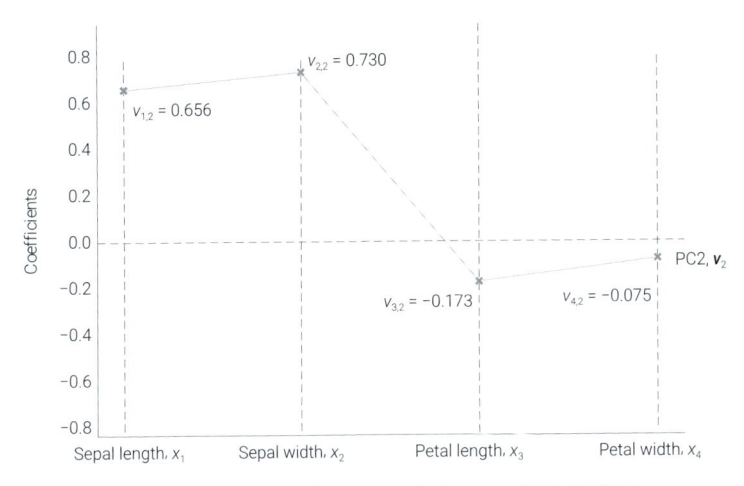

▲ 圖 14.15 構造第二主成分 v_2，鳶尾花資料

如圖 14.16 所示，第三主成分 v_3 方向上，v_3 等價於由 $v_{1,3}$ 比例 x_1、$v_{2,3}$ 比例 x_2、$v_{3,3}$ 比例 x_3、……、$v_{D,3}$ 比例 x_D 線性組合構造。圖 14.17 所示為鳶尾花資料主成分分析第三主成分 v_3 的構造情況。

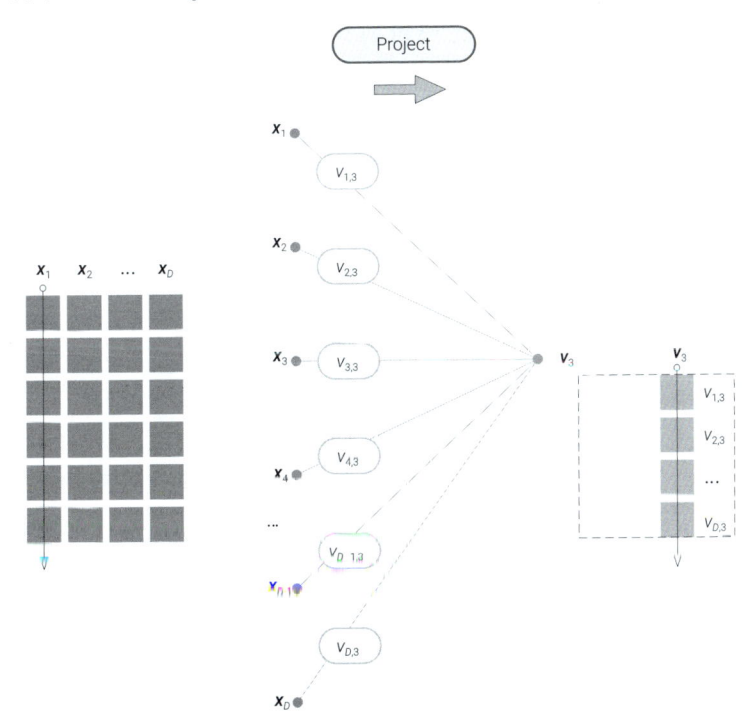

▲ 圖 14.16 構造第三主成分 v_3

14-15

第 14 章　主成分分析

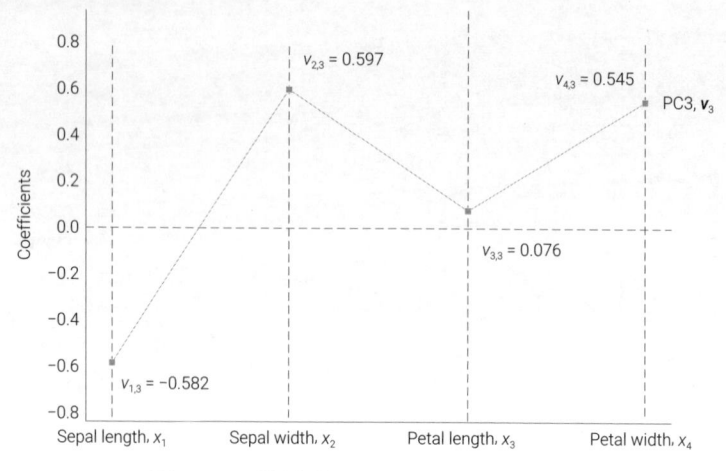

▲ 圖 14.17　構造第三主成分 v_3，鳶尾花資料

14.5 投影結果

圖 14.18 所示為原始資料投影後得到的新特徵資料矩陣 Z。這幅熱圖，藍色色係資料接近 0，紅色色係資料接近 8；可以發現矩陣 Z 四個新特徵 (z_1、z_2、z_3 和 z_4) 從左到右顏色差異逐漸減小，即方差不斷減小。我們可以將原始資料投影到 V，也可以將中心化資料投影到 V。

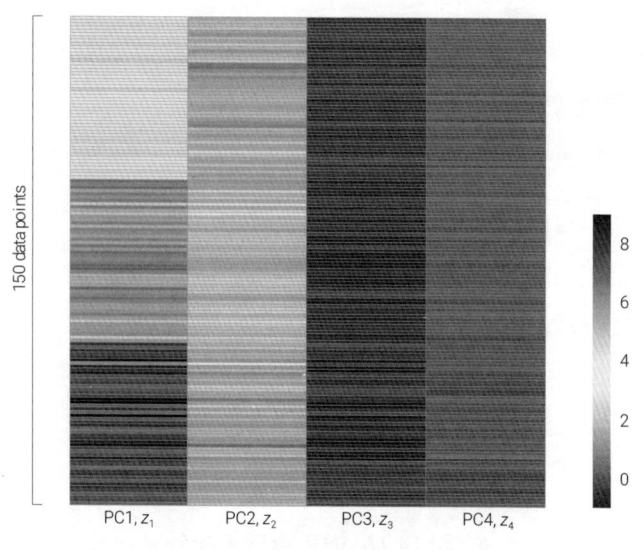

▲ 圖 14.18　新特徵資料矩陣 Z

14.5 投影結果

對轉換資料 Z 進行統計分析，以行向量表達資料矩陣 Z 質心：

$$\mu_Z = \begin{bmatrix} \underbrace{5.502}_{PC1,\, z_1} & \underbrace{5.326}_{PC2,\, z_2} & \underbrace{-0.631}_{PC3,\, z_3} & \underbrace{0.033}_{PC4,\, z_4} \end{bmatrix} \tag{14.13}$$

資料矩陣 Z 的質心和原始資料矩陣 X 的質心之間的關係如下所示：

$$\begin{aligned}
\mu_Z &= \mu_X V \\
&= \begin{bmatrix} \underbrace{5.843}_{\text{Sepal length},\, x_1} & \underbrace{3.057}_{\text{Sepal width},\, x_2} & \underbrace{3.758}_{\text{Petal length},\, x_3} & \underbrace{1.199}_{\text{Petal width},\, x_4} \end{bmatrix} \begin{bmatrix} 0.521 & 0.377 & 0.720 & -0.261 \\ -0.269 & 0.923 & -0.244 & 0.124 \\ 0.580 & 0.024 & -0.142 & 0.801 \\ \underbrace{0.565}_{PC1,\, v_1} & \underbrace{0.067}_{PC2,\, v_2} & \underbrace{-0.634}_{PC3,\, v_3} & \underbrace{-0.524}_{PC4,\, v_4} \end{bmatrix} \\
&= \begin{bmatrix} \underbrace{5.502}_{PC1,\, z_1} & \underbrace{5.326}_{PC2,\, z_2} & \underbrace{-0.631}_{PC3,\, z_3} & \underbrace{0.033}_{PC4,\, z_4} \end{bmatrix}
\end{aligned} \tag{14.14}$$

⚠️ 注意：若使用 sklearn.decomposition.PCA() 函數進行 PCA，則會發現資料矩陣 Z 質心均為 0；這是因為資料已經標準化。

Z 每一列均方差，以行向量表達：

$$\sigma_Z = \begin{bmatrix} \underbrace{2.056}_{PC1,\, z_1} & \underbrace{0.492}_{PC2,\, z_2} & \underbrace{0.279}_{PC3,\, z_3} & \underbrace{0.154}_{PC4,\, z_4} \end{bmatrix} \tag{14.15}$$

Z 每一列方差，以行向量表達：

$$\sigma_Z^2 = \begin{bmatrix} \underbrace{4.228}_{PC1,\, z_1} & \underbrace{0.242}_{PC2,\, z_2} & \underbrace{0.078}_{PC3,\, z_3} & \underbrace{0.023}_{PC4,\, z_4} \end{bmatrix} \tag{14.16}$$

圖 14.19 所示為 KDE 估計得到的轉換資料 Z 的四個特徵分佈圖。

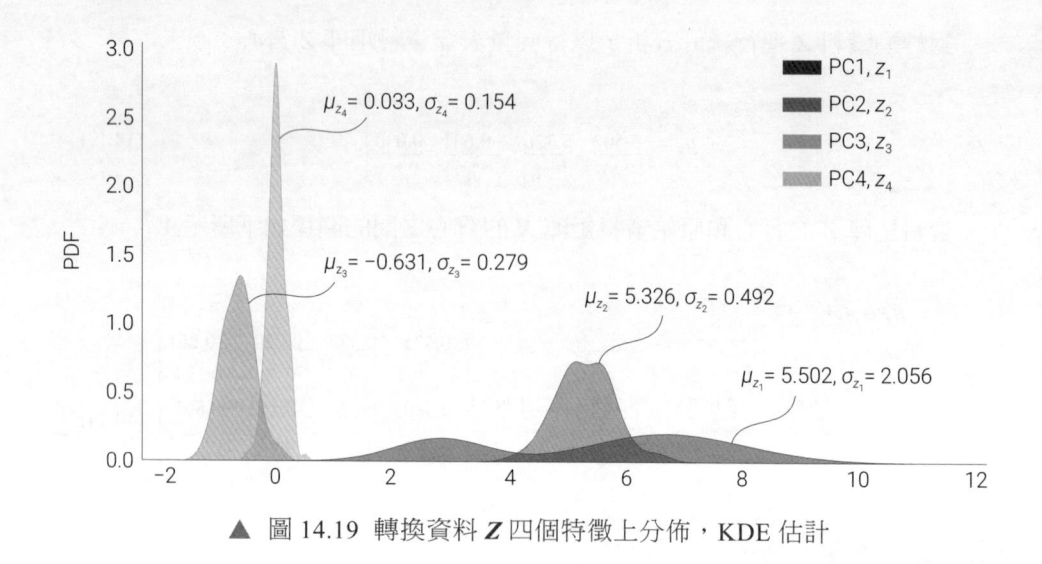

第 14 章　主成分分析

▲ 圖 14.19 轉換資料 Z 四個特徵上分佈，KDE 估計

標註：$\mu_{z_4} = 0.033, \sigma_{z_4} = 0.154$
$\mu_{z_3} = -0.631, \sigma_{z_3} = 0.279$
$\mu_{z_2} = 5.326, \sigma_{z_2} = 0.492$
$\mu_{z_1} = 5.502, \sigma_{z_1} = 2.056$

作為對比，圖 14.20 所示為已經中心化的資料 X_c 朝 V 投影的結果。對比圖 14.19 和圖 14.20，我們可以發現方差沒有變化。唯一的區別是，圖 14.20 中所有特徵的平均值均為 0。

> ⚠️ 注意：V 是透過對協方差矩陣特徵值分解得到的。

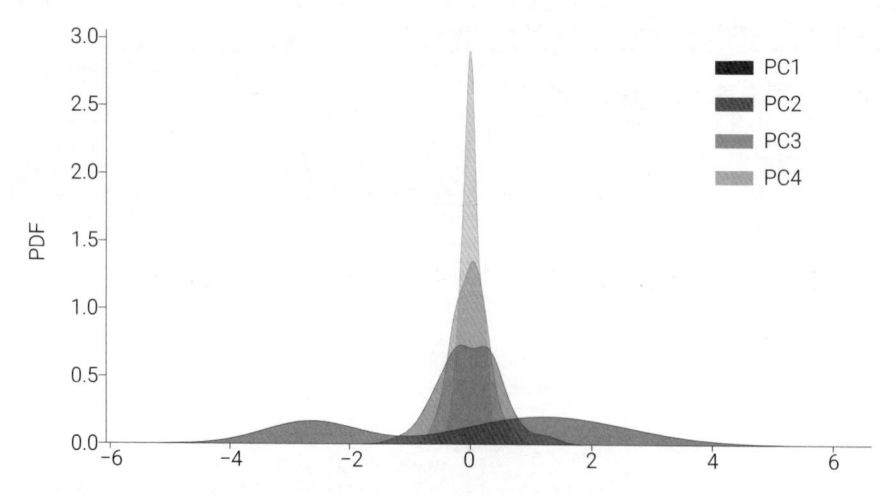

▲ 圖 14.20 轉換資料 Z 四個特徵上分佈，KDE 估計；資料已經中心化

14-18

14.5 投影結果

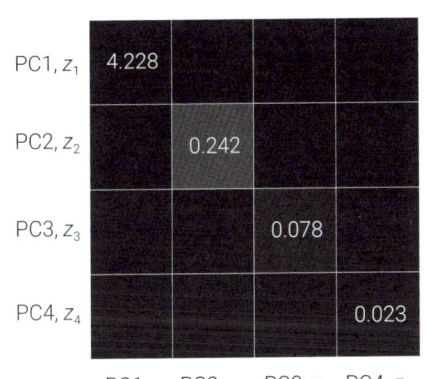

圖 14.21 所示為轉換資料 Z 協方差矩陣和相關性係數矩陣熱圖。

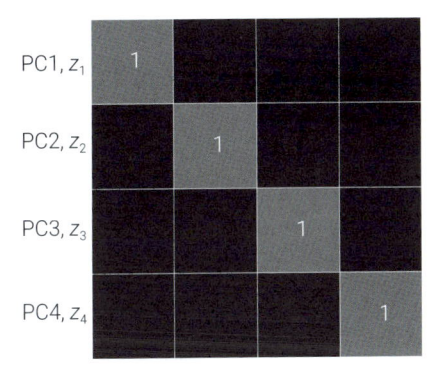

(a) covariance matrix of Z	(b) correlation matrix of Z

▲ 圖 14.21 轉換資料 Z 協方差矩陣和相關性係數矩陣熱圖

圖 14.22 所示為，不分類條件下，轉換資料 Z 成對特徵分析圖；根據本節計算結果，可以知道轉換資料 Z 任意兩列資料之間的線性相關性係數為 0，也就是正交。圖 14.23 所示為，分類條件下，轉換資料 Z 成對特徵分析圖。

Z 的協方差矩陣 Σ_Z 和 X 的協方差矩陣 Σ_X 之間關係如下：

$$\mathrm{var}(Z) = \Sigma_Z \tag{14.17}$$

圖 14.21 所示為轉換資料 Z 協方差矩陣和相關性係數矩陣熱圖。

> 有關協方差運算，請大家回顧《AI 時代 Math 元年 - 用 Python 全精通統計及機率》第 14 章。

圖 14.22 所示為，不分類條件下，轉換資料 Z 成對特徵分析圖；根據本節計算結果，可以知道轉換資料 Z 任意兩列資料之間的線性相關性係數為 0，也就是正交。圖 14.23 所示為，分類條件下，轉換資料 Z 成對特徵分析圖。

第 14 章　主成分分析

本書第 16 章還會用橢圓代表散點的分佈情況。

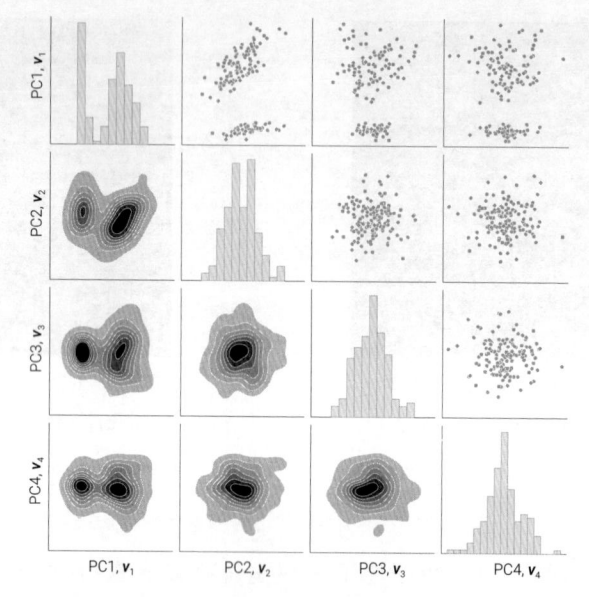

▲ 圖 14.22 轉換資料 Z 成對特徵分析圖，不分類

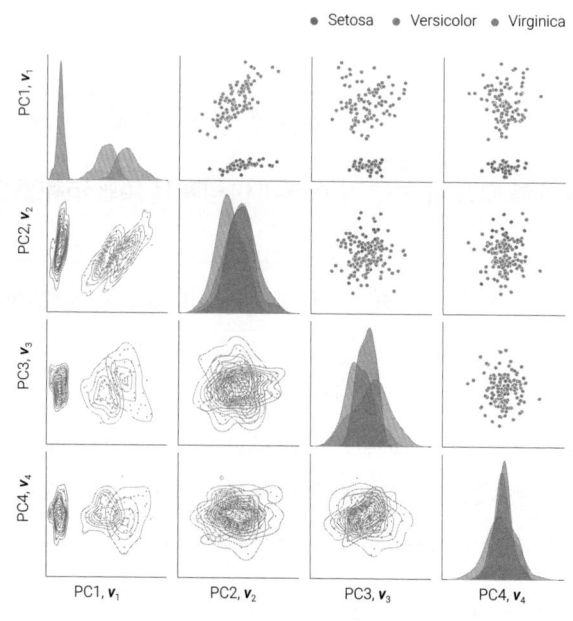

▲ 圖 14.23 轉換資料 Z 成對特徵分析圖，分類

14.6 還原

主成分 v_1 和 v_2 上的投影結果可以用來還原部分原始資料。殘差資料矩陣 E_ε，即原始熱圖和還原熱圖色差，利用式 (14.18) 計算獲得：

$$E_\varepsilon = X - \hat{X} \tag{14.18}$$

圖 14.24 所示為 z_1 還原 X 部分資料。圖 14.25 所示為 z_2 還原 X 部分資料。圖 14.26 所示為 $[z_1, z_2]$ 還原 X 部分資料。

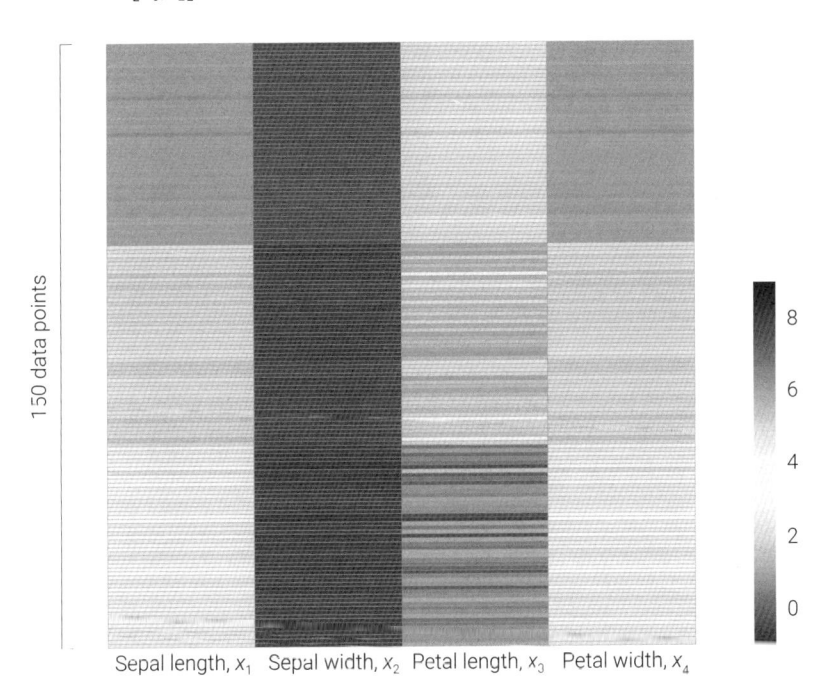

▲ 圖 14.24 z_1 還原 X 部分資料

第 14 章　主成分分析

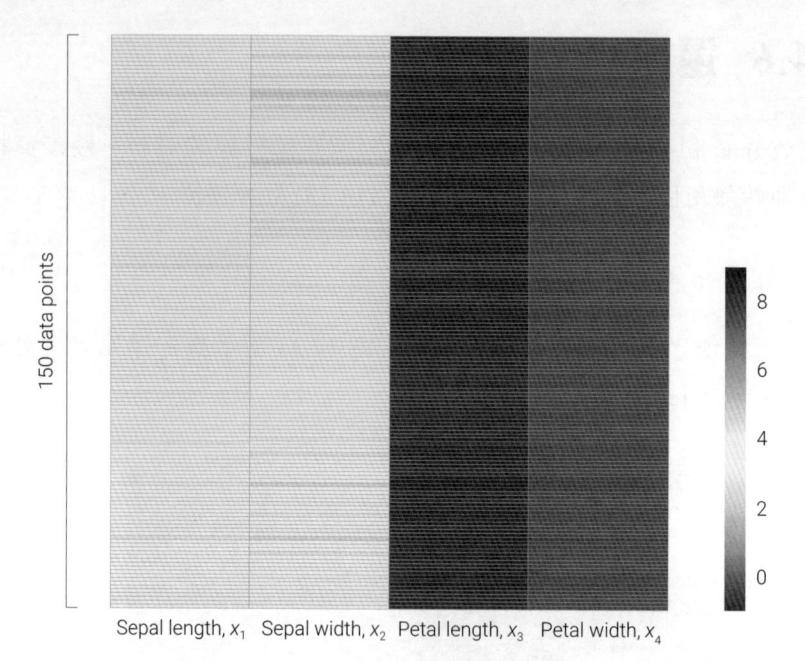

▲ 圖 14.25　z_2 還原 X 部分資料

▲ 圖 14.26　$[z_1, z_2]$ 還原 X 部分資料

比較原始資料和圖 14.26 所示 $[z_1, z_2]$ 還原 X 部分資料，可以得到誤差熱圖，如圖 14.27 所示。

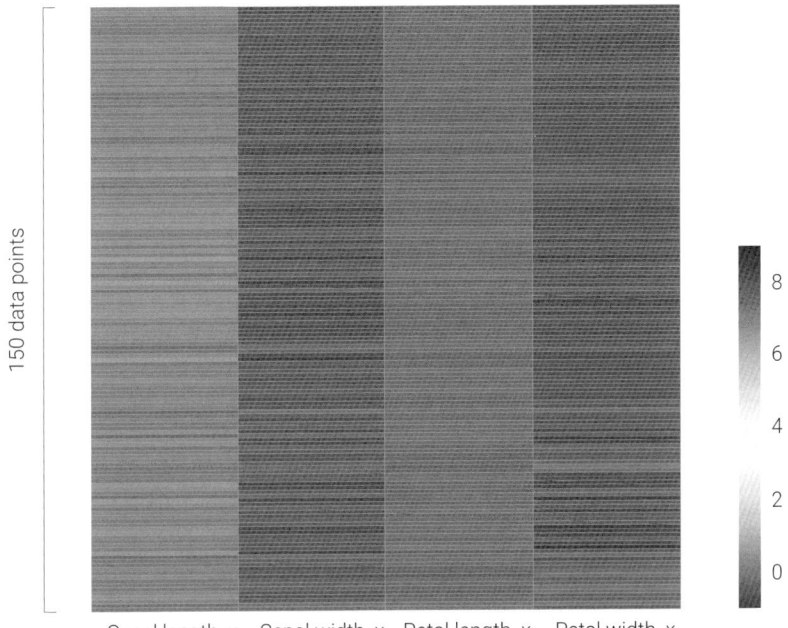

▲ 圖 14.27 誤差 E_ε

讀過《AI 時代 Math 元年 - 用 Python 全精通程式設計》的讀者應該還記得圖 14.28 和圖 14.29。這個例子中，我們對不同期限的利率資料進行了 PCA，並找出了前 3 個主成分的得分。然後用這 3 個主成分還原原始資料。整個流程都是用 Statsmodels 庫中函數完成的，強烈建議大家回顧這個例子，並結合本章內容加深對這個例子的理解。

第 14 章　主成分分析

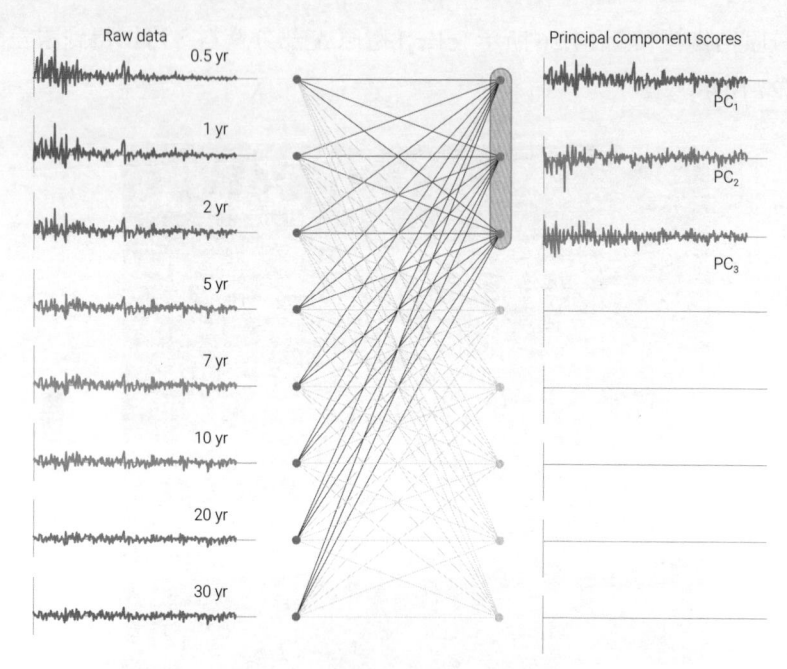

▲ 圖 14.28　從原始資料到主成分得分 (前 3 個主成分)

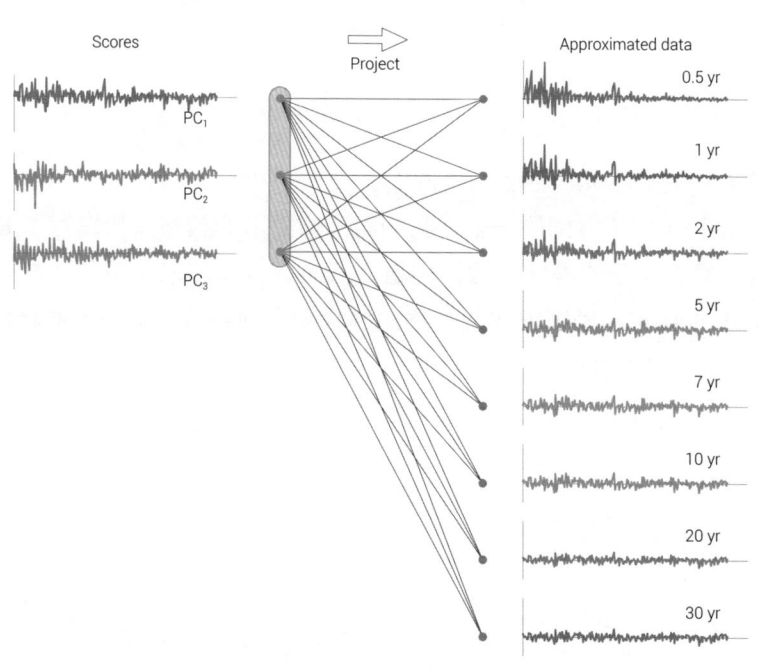

▲ 圖 14.29　從主成分得分 (前 3 個主成分) 到還原資料

14.7 雙標圖

雙標圖 (biplot) 是主成分分析中常用的視覺化方案。它能夠將高維資料投影到二維或三維空間中,並用散點圖的形式展示出來,同時還能夠顯示原始資料和主成分的資訊。

一般情況下,平面雙標圖的水平座標和垂直座標分別表示 PCA 的前兩個主成分,每個點代表一個樣本資料。

透過觀察雙標圖,可以發現不同樣本之間的相似性和差異性。如果兩個點在雙標圖上非常接近,那麼它們在原始資料中的特徵值也可能非常接近,反之亦然。

同時,雙標圖還能夠幫助我們找出資料中的異常值和離群點,這些點在雙標圖上往往會距離其他點較遠。

除了用於視覺化,雙標圖還能夠用來評估 PCA 的效果。如果雙標圖中的資料點分佈較為均勻且沒有聚集在一起,那麼說明 PCA 的效果較好,主成分能夠較好地解釋資料的方差;如果雙標圖中的資料點呈現出聚集或明顯的分塊現象,那麼說明 PCA 的效果可能不太理想,主成分並不能完全解釋資料的方差。

如圖 14.30 所示,雙標圖相當於原始資料特徵向量向主成分構造的平面投影結果。

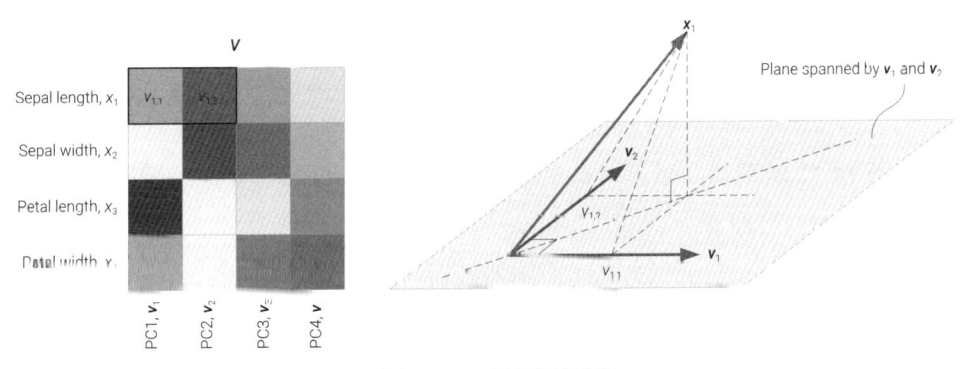

▲ 圖 14.30 雙標圖原理

第 14 章 主成分分析

比如，x_1 向量向 v_1v_2 平面投影，x_1 在 v_1 方向投影得到的純量值為 $v_{1,1}$，x_1 在 v_2 方向投影得到的純量值為 $v_{1,2}$。這兩個值對應 V 矩陣第一行前兩列數值。

圖 14.31 所示為鳶尾花原始資料 PCA 分解後得到的雙標圖。該圖橫垂直座標分別是第一主成分 v_1 和第二主成分 v_2。如圖 14.31 所示，在雙標圖上，如果兩個特徵向量夾角越小，說明兩個特徵相似度越高，也就是相關性係數越高。

比如圖 14.31 中，花瓣長度 x_3、花瓣寬度 x_4，在雙標圖上幾乎重合，說明兩者相關性極高，式 (14.4) 中舉出的兩者相關性高達 0.963，這也印證了這一點。

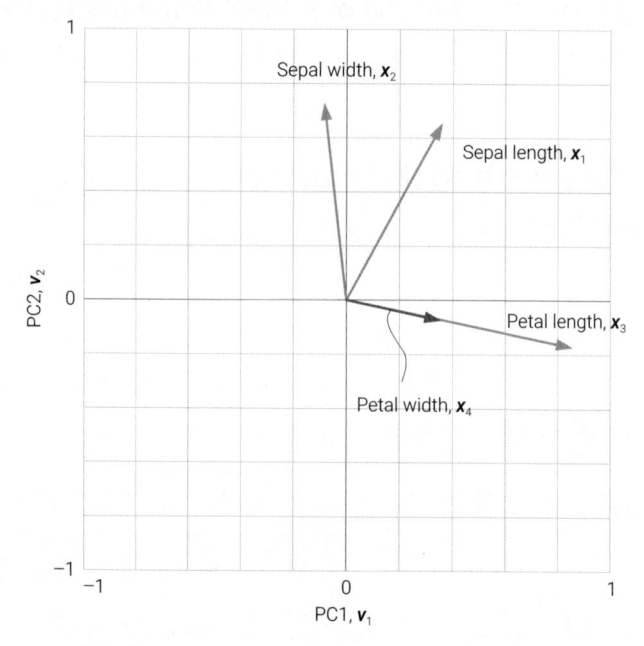

▲ 圖 14.31 v_1-v_2 平面雙標圖，基於鳶尾花原始資料

圖 14.32 所示為向量 x_1、x_2、x_3 和 x_4 向 v_1-v_2 平面投影結果和矩陣 V 之間的數值關係。

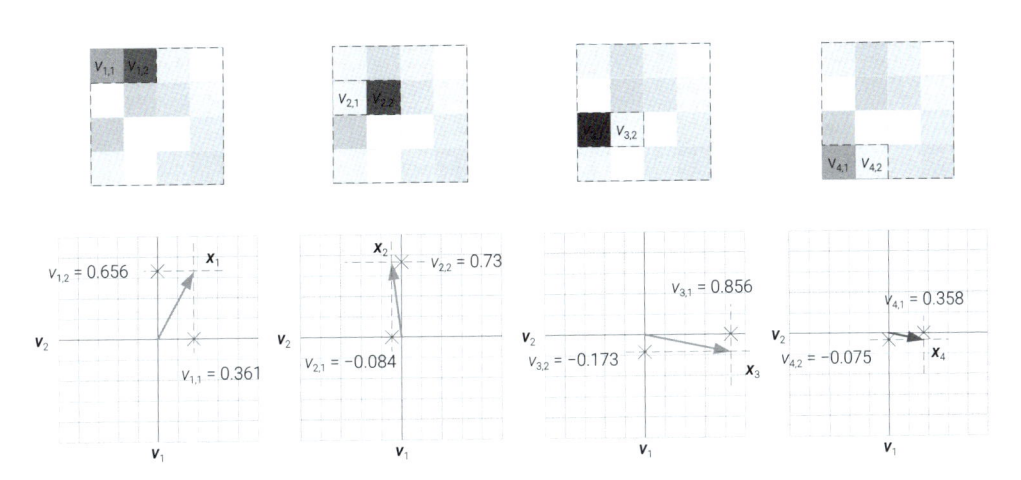

14.7 雙標圖

▲ 圖 14.32 向量 x_1、x_2、x_3 和 x_4 向 v_1-v_2 平面投影結果

圖 14.33 所示為向量 x_1、x_2、x_3 和 x_4 向 v_3-v_4 平面投影的結果。

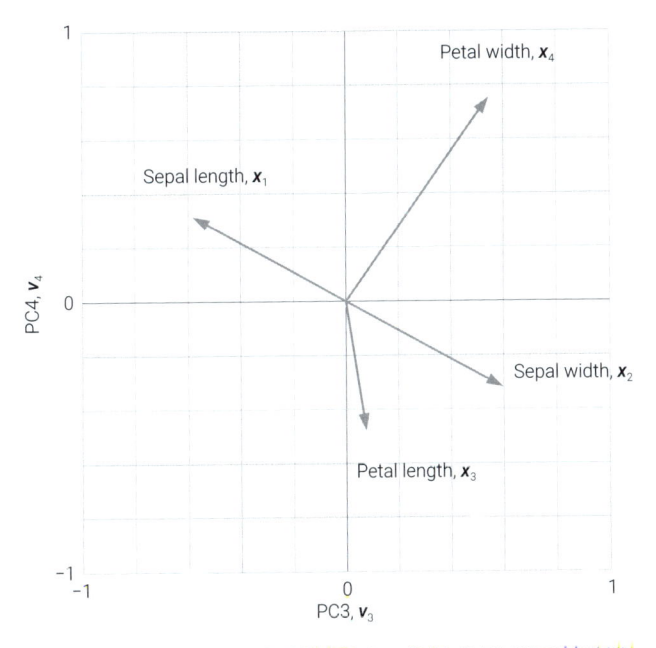

▲ 圖 14.33 v_3-v_4 平面雙標圖，基於鳶尾花原始資料

雙標圖還可以基於標準化後資料；圖 14.34 所示為基於鳶尾花標準化資料後的雙標圖，投影值對應式 (14.10)。

14-27

第 14 章　主成分分析

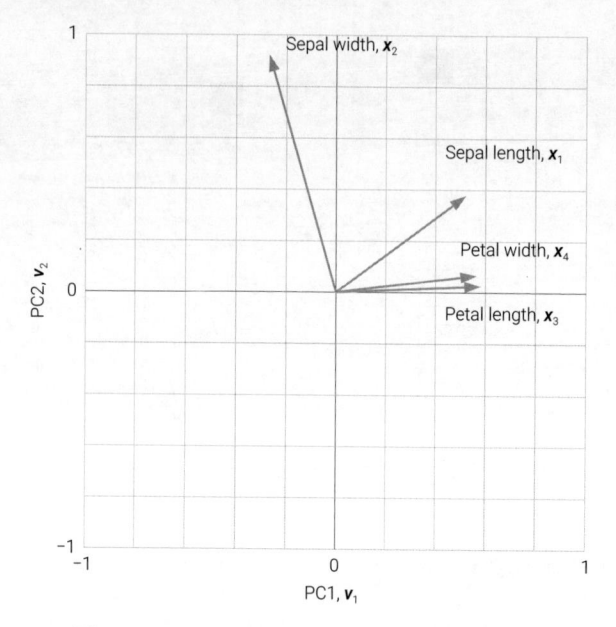

▲ 圖 14.34　平面雙標圖，基於鳶尾花標準化資料

　　此外，除了特徵向量之外，雙標圖還會繪製資料點投影，如圖 14.35 所示。圖 14.35 採用 yellowbrick.features.PCA() 繪製。該函數繪製的雙標圖基於標準化鳶尾花資料。

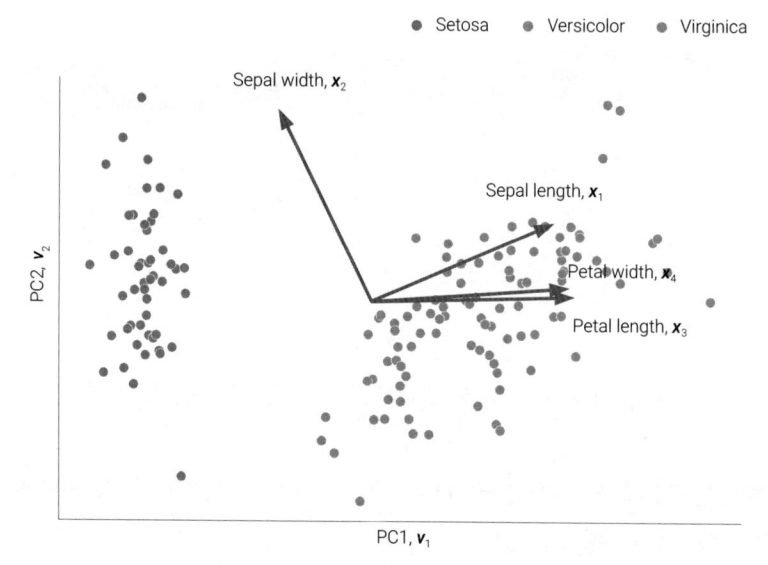

▲ 圖 14.35　平面雙標圖，標準化資料

14-28

雙標圖中,點與點之間的距離,反映它們對應的樣本之間的差異大小,兩點相距較遠,對應樣本差異大;兩點相距較近,對應樣本差異小,存在相似性。

圖 14.36 舉出的是由前三個主成分構造的空間,也就是將原始資料和它的四個特徵向量投影到這個三維正交空間。該圖也是採用 yellowbrick.features.PCA() 繪製的。

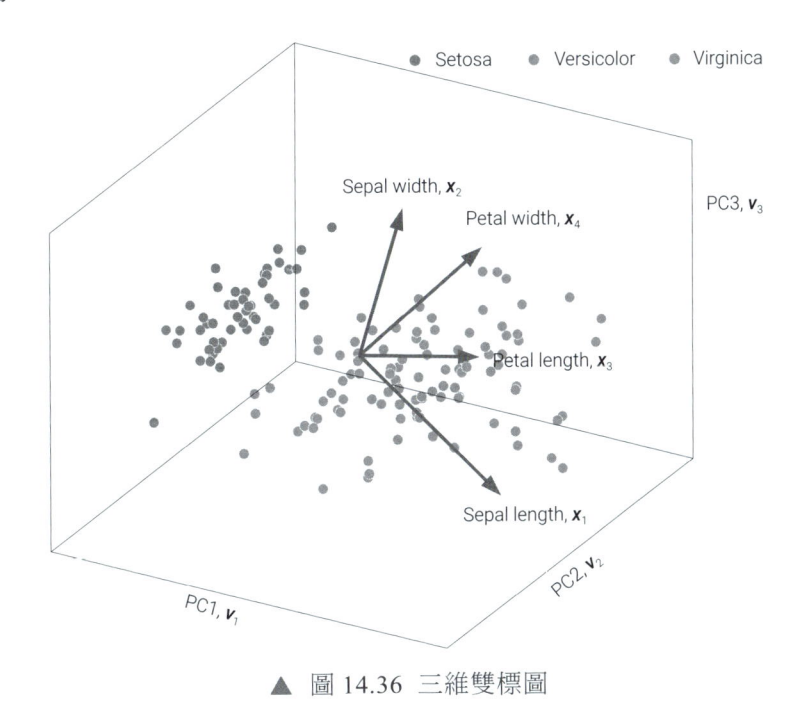

▲ 圖 14.36 三維雙標圖

14.8 陡坡圖

《AI 時代 Math 元年 - 用 Python 全精通統計及機率》第 25 章介紹過,第 j 個特徵值 λ_j 對方差總和的貢獻百分比為:

$$\frac{\lambda_j}{\sum_{i=1}^{D} \lambda_i} \times 100\% \tag{14.19}$$

式 (14.19) 分母是資料總方差。

第 14 章　主成分分析

> 協方差矩陣 Σ 的跡—方陣對角線元素之和—等於特徵值之和，請大家回顧《AI 時代 Math 元年 - 用 Python 全精通統計及機率》第 13 章。

式 (14.9) 這個比值可以用來衡量第 j 個主成分對資料的解釋能力。如果已釋方差較大，那麼說明第 j 個主成分能夠較好地解釋資料的方差，即它包含了較多的資訊。

如果已釋方差較小，那麼說明第 j 個主成分對資料的解釋能力較弱，不足以對資料進行有效的降維和特徵提取。

前 p 個特徵值累積解釋總方差的百分比為：

$$\frac{\sum_{j=1}^{p} \lambda_j}{\sum_{i=1}^{D} \lambda_i} \times 100\% \tag{14.20}$$

這個比值代表前 p 個主成分所能解釋的已釋方差之和佔所有主成分已釋方差之和的比例。累計已釋方差和百分比能夠用來評估 PCA 的降維效果，它衡量了前 p 個主成分能夠解釋資料方差的比例。

通常來說，我們希望透過選擇適當的主成分數 p，使累計已釋方差和百分比達到預設的設定值 (比如 80% 或 90%)，以保留盡可能多的原始資料資訊。

透過觀察累計已釋方差和百分比的變化趨勢，我們可以得出選擇適當主成分數的建議，以及對 PCA 的降維效果進行評估和比較。

圖 14.37 舉出影像視覺化了式 (14.19) 和式 (14.20)。鳶尾花資料的 PCA 特徵值如下：

$$\lambda_1 = 4.228, \quad \lambda_2 = 0.242, \quad \lambda_3 = 0.078, \quad \lambda_4 = 0.023 \tag{14.21}$$

PCA 主成分順序根據各個主成分維度方向方差貢獻大小排序。第一主成分方向上的方差最大，也就是這個方向最有力地解釋了資料的分佈。

14.8 陡坡圖

當第一主成分的方差貢獻不足 (比如小於 50%)，我們就要依次引入其他主成分。如圖 14.37 所示，第一和第二主成分兩者已釋方差之和為 72.5%。

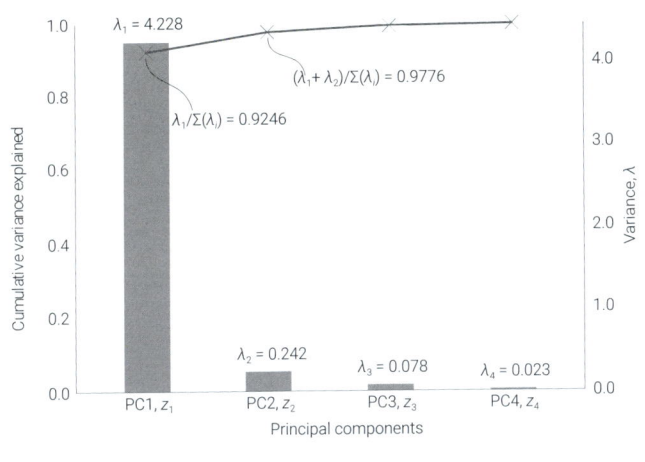

▲ 圖 14.37 陡坡圖

Bk7_Ch14_01.ipynb 中繪製了本章前文大部分圖片。

讀過《AI 時代 Math 元年 - 用 Python 全精通程式設計》的讀者對圖 14.38 中這個 App 都應該不陌生。這個 App 展示了主元數量對資料還原的影響，圖中的資料為不同期限的利率資料。這個 App 中用來完成 PCA 的函數來自 Statsmodels。

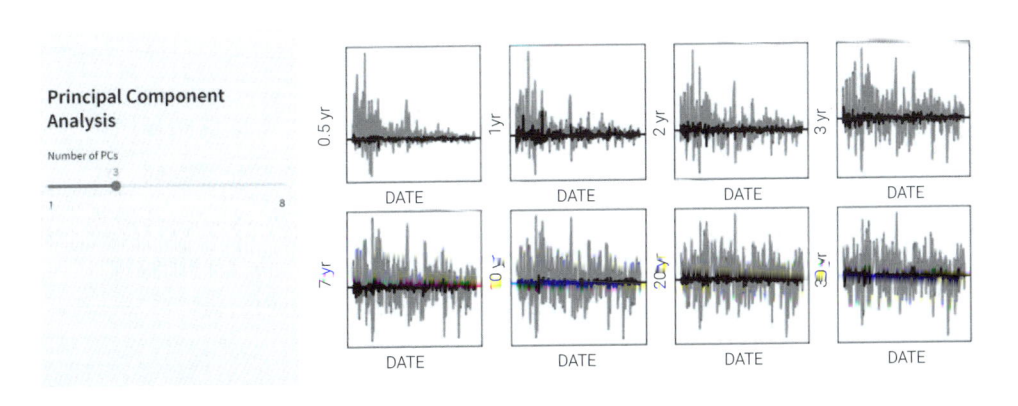

▲ 圖 14.38 展示主元數量對資料還原影響的 App |Streamlit_Bk7_Ch14_02.py

第 14 章　主成分分析

PCA 是一種廣泛使用的資料降維和特徵提取技術，它可以將高維資料降至低維，同時保留資料的主要特徵和結構。PCA 透過尋找一組最能解釋資料變異性的線性組合，即主成分，來實現資料降維和特徵提取。主成分是原始特徵的線性組合，它們的排序代表了它們的重要性。一般來說我們只需要保留前幾個主成分，因為它們可以解釋大部分資料的變異性。

一般的 PCA 步驟包括：中心化 (標準化) 資料、計算協方差矩陣、計算特徵值和特徵向量、排序特徵值和對應的特徵向量、選擇前 p 個主成分、計算投影矩陣並對資料進行降維。在計算特徵值和特徵向量時，我們通常使用特徵值分解，當然也可以使用奇異值分解，這是下一章要介紹的內容。

PCA 的投影可以幫助我們理解資料的結構和關係。投影到第一、二主成分方向上的投影資料通常成橢圓形狀，其中橢圓的長軸方向表示最大的方差方向，短軸方向表示最小的方差方向。透過線性組合，我們可以將主成分重新組合成原始資料，並透過雙標圖和陡坡圖來分析 PCA 的效果。雙標圖可以幫助我們了解主成分之間的相關性，陡坡圖可以幫助我們了解主成分的貢獻程度。

在 PCA 中，理解資料和分析結果的角度非常重要。這涉及如何選擇主成分和如何解釋它們，以及如何應用 PCA 的結果。選擇主成分時，我們通常考慮主成分的貢獻程度和解釋能力，以及降維後的資料能否保留足夠的資訊。解釋主成分時，我們需要考慮主成分的物理意義和應用背景。應用 PCA 的結果時，我們可以利用降維後的資料進行視覺化、聚類、分類等分析。

總之，PCA 是一種強大的資料降維和特徵提取技術，它可以幫助我們更進一步地理解和分析資料。在應用 PCA 時，需要注意資料前置處理、主成分選擇和解釋，以及降維後的資料應用等問題。本書第 15 章將介紹用截斷奇異值分解完成 PCA，而第 16 章將比較六種不同的 PCA 技術路線。

15 截斷奇異值分解

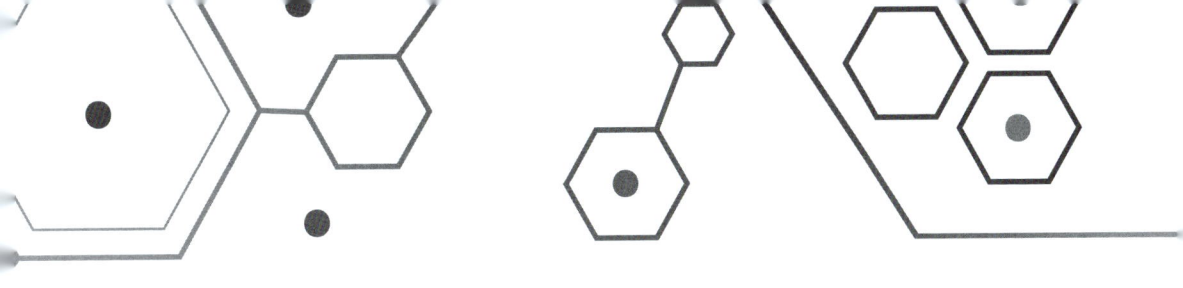

Truncated Singular Value Decomposition

用截斷型 SVD 完成主成分分析

> 給我一個立足之地，一個足夠長的槓桿，我將撬動世界。
>
> *Give me a place to stand, and a lever long enough, and I will move the world.*
>
> ——阿基米德（*Archimedes*）| 古希臘數學家、物理學家 | 前 287—前 212 年

- seaborn.heatmap() 繪製資料熱圖
- numpy.linalg.eig() 特徵值分解
- numpy.linalg.svd() 奇異值分解
- sklearn.decomposition.TruncatedSVD() 截斷 SVD 分解

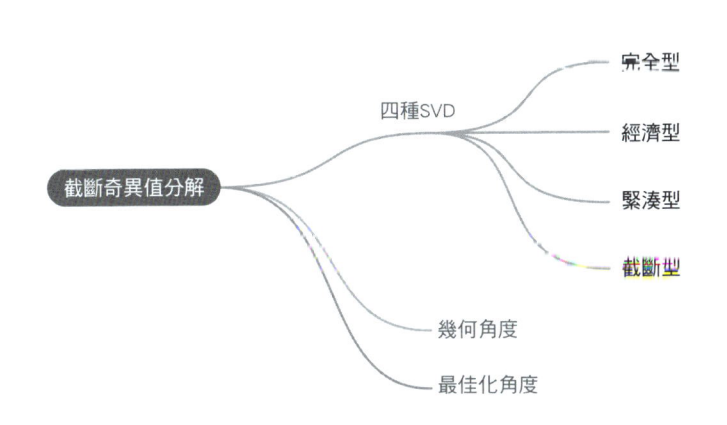

截斷奇異值分解
- 四種SVD
  - 完全型
  - 經濟型
  - 緊湊型
  - 截斷型
- 幾何角度
- 最佳化角度

第15章 截斷奇異值分解

15.1 幾何角度看奇異值分解

奇異值分解 (Singular Value Decomposition，SVD) 是機器學習重要的數學利器；因此，「鳶尾花書」從《AI 時代 Math 元年 - 用 Python 全精通程式設計》開始就從各個角度展示奇異值分解。

比如，《資料可視化王者 – 用 Python 讓 AI 活躍在圖表世界中》介紹過 4 種不同形狀矩陣 (2×2 方陣、3×3 方陣、3×2 細高矩陣、2×3 矮胖矩陣)SVD 分解結果對應的幾何變換。

下面，我們簡單回顧圖 15.1 所示 3×2 細高矩陣的完全型 SVD 分解的幾何角度。

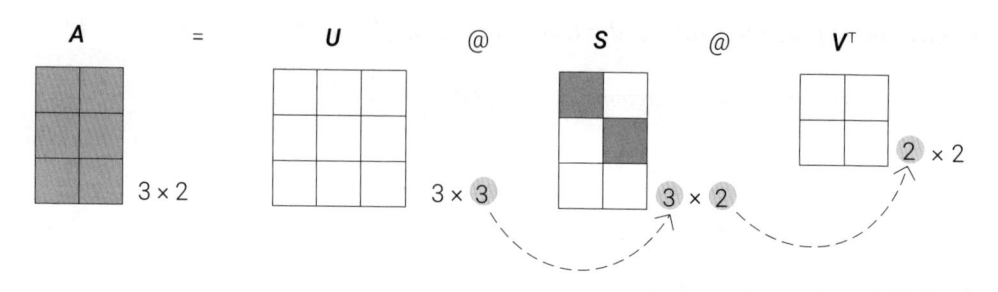

▲ 圖 15.1 細高型矩陣的完全型 SVD 分解

矩陣 A 的完全型 SVD 分解結果為。

$$A = USV^T \tag{15.1}$$

其中，S 為對角陣，其主對角線元素 $s_j (j = 1,2,\cdots,D)$ 為**奇異值** (singular value)。U 的列向量稱作**左奇異向量** (left singular vector)。

V 的列向量稱作**右奇異向量** (right singular vector)。SVD 分解有四種主要形式，完全型是其中一種。

15.1 幾何角度看奇異值分解

在完全型 SVD 分解中，U 和 V 為正交矩陣，即 $U@U^T = I$ 且 $V@V^T = I$。舉個例子，對形狀為 3×2 的矩陣 A 進行 SVD 分解：

$$A = \begin{bmatrix} 0 & 1 \\ 1 & 1 \\ 1 & 0 \end{bmatrix} = \underbrace{\begin{bmatrix} 1/\sqrt{6} & \sqrt{2}/2 & \sqrt{3}/3 \\ 2/\sqrt{6} & 0 & -\sqrt{3}/3 \\ 1/\sqrt{6} & -\sqrt{2}/2 & \sqrt{3}/3 \end{bmatrix}}_{U} @ \underbrace{\begin{bmatrix} \sqrt{3} & \\ & 1 \end{bmatrix}}_{S} @ \underbrace{\begin{bmatrix} \sqrt{2}/2 & \sqrt{2}/2 \\ -\sqrt{2}/2 & \sqrt{2}/2 \end{bmatrix}}_{V^T} \qquad (15.2)$$

從幾何角度來看，圖 15.2 中 $Ax = y$ 完成的幾何操作可以寫成 $USV^Tx = y$。

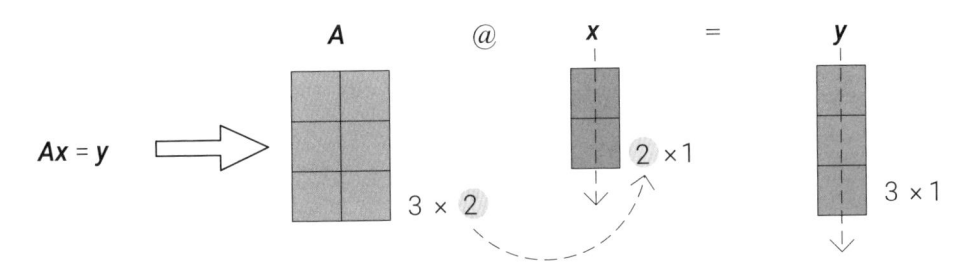

▲ 圖 15.2 列向量 x 在細高矩陣 A 映射下結果為列向量 y

> 有關圖 15.3 介紹的視覺化方案，請大家參考《資料可視化王者 – 用 Python 讓 AI 活躍在圖表世界中》；有關奇異值的數學原理請大家參考《AI 時代 Math 元年：用 Python 全精通矩陣及線性代數》。

也就是說，矩陣 A 完成的幾何變換可以拆解為三步—旋轉 (V^T) → 縮放 (S) → 旋轉 (U)。

如圖 15.3 所示，V^T 的旋轉發生在 $\mathbb{R}^2$，U 的旋轉則發生在 $\mathbb{R}^3$。縮放 (S) 雖然將資料「升維」，但是結果還是在三維空間的 (過原點) 斜面上。

第 15 章 截斷奇異值分解

$$A = \begin{bmatrix} 0 & 1 \\ 1 & 1 \\ 1 & 0 \end{bmatrix}$$

2D rotation

$$V^T = \begin{bmatrix} \sqrt{2}/2 & \sqrt{2}/2 \\ -\sqrt{2}/2 & \sqrt{2}/2 \end{bmatrix}$$

$$U = \begin{bmatrix} 1/\sqrt{6} & \sqrt{2}/2 & \sqrt{3}/3 \\ 2/\sqrt{2} & 0 & -\sqrt{3}/3 \\ 1/\sqrt{6} & -\sqrt{2}/2 & \sqrt{3}/3 \end{bmatrix}$$

3D rotation

Scaling + dimensionality expansion

$$S = \begin{bmatrix} \sqrt{3} \\ & 1 \end{bmatrix}$$

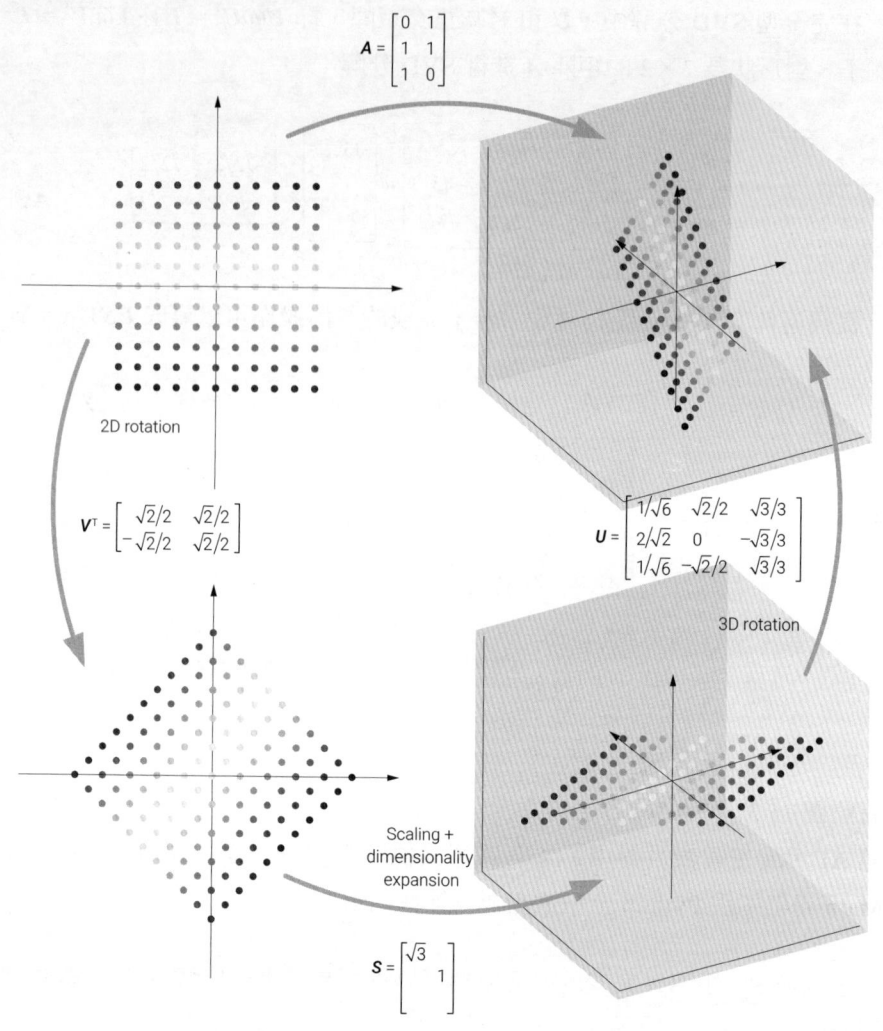

▲ 圖 15.3 完全型 SVD 分解的幾何角度

15.2 四種 SVD 分解

《AI 時代 Math 元年 - 用 Python 全精通矩陣及線性代數》第 16 章介紹了四種奇異值分解—**完全型** (full)、**經濟型** (economy-size 或 thin)、**緊湊型** (compact)、**截斷型** (truncated)。圖 15.4 ~ 圖 15.7 展示了它們之間的關係。

15.2 四種 SVD 分解

圖 15.7 中截斷型 SVD 分解就是本章用於 PCA 的數學工具，並注意圖中的約等號。請大家格外注意緊縮型 SVD 分解存在的前提。

sklearn.decomposition.TruncatedSVD() 這個函數就是用截斷型 SVD 分解完成 PCA。

請大家參考《AI 時代 Math 元年 - 用 Python 全精通矩陣及線性代數》第 16 章，將推導過程寫到對應影像上。

> 請大家順便回顧《AI 時代 Math 元年 - 用 Python 全精通矩陣及線性代數》第 6 章有關分塊矩陣乘法相關內容。

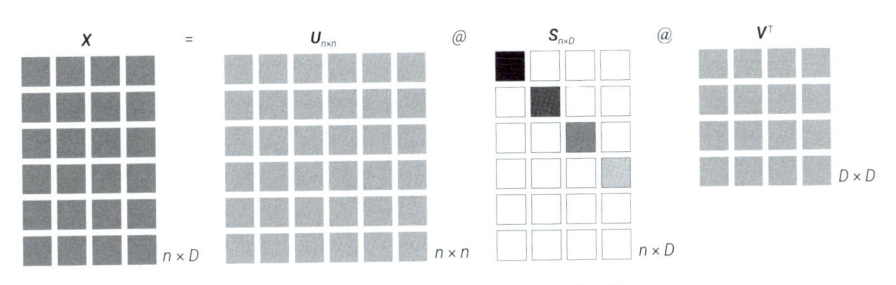

▲ 圖 15.4 完全型 SVD 分解

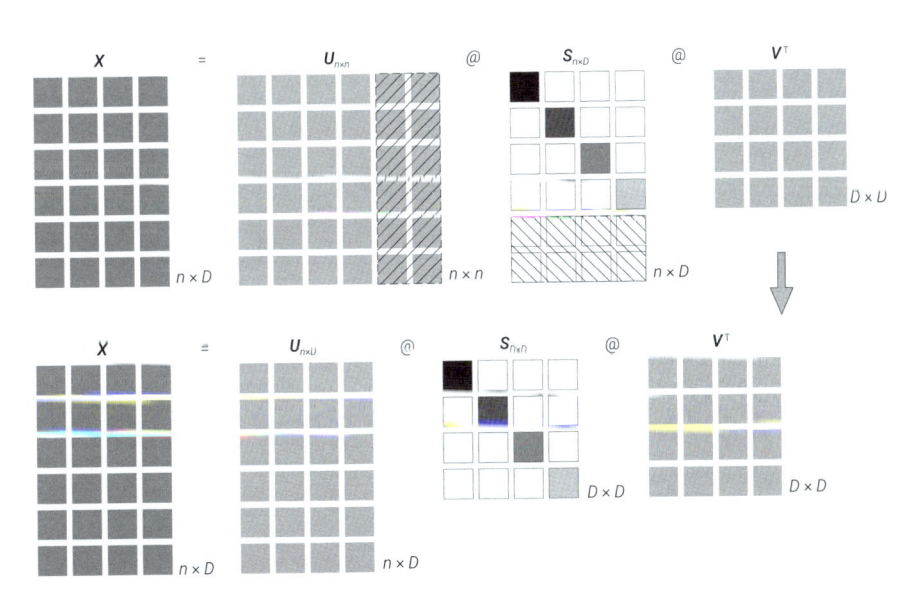

▲ 圖 15.5 從完全型到經濟型

15-5

第 15 章　截斷奇異值分解

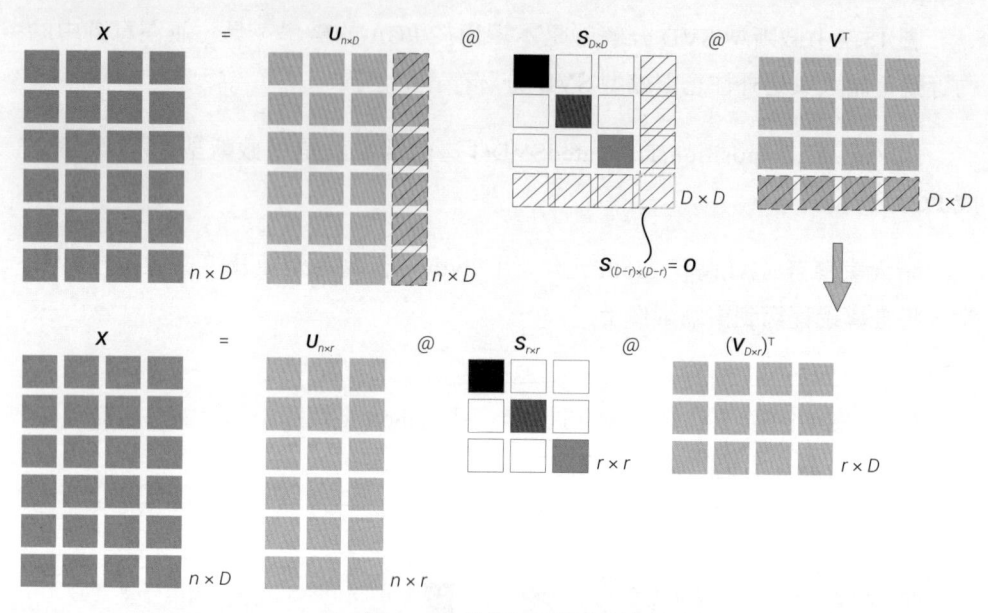

▲ 圖 15.6 從經濟型到緊縮型

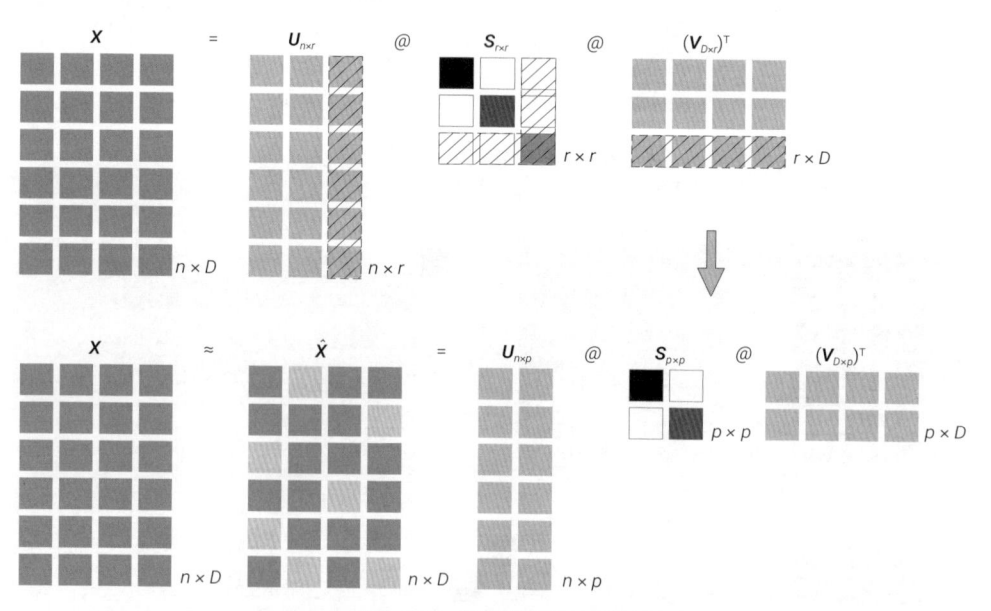

▲ 圖 15.7 從緊縮型到截斷型

15.3 幾何角度看截斷型 SVD

如圖 15.5 下圖所示，對於形狀為 $n \times D$ 原始資料矩陣 X，其經濟型 SVD 分解為：

$$X_{n \times D} = U_{n \times D} S_{D \times D} V_{D \times D}^{\mathrm{T}} \tag{15.3}$$

其中，U 和 X 的形狀相同，U 的列向量為單位向量且兩兩正交；V 還是 $D \times D$ 方陣，V 的列向量也是單位向量且兩兩正交。原始資料經濟型 SVD 分解如圖 15.8 所示。

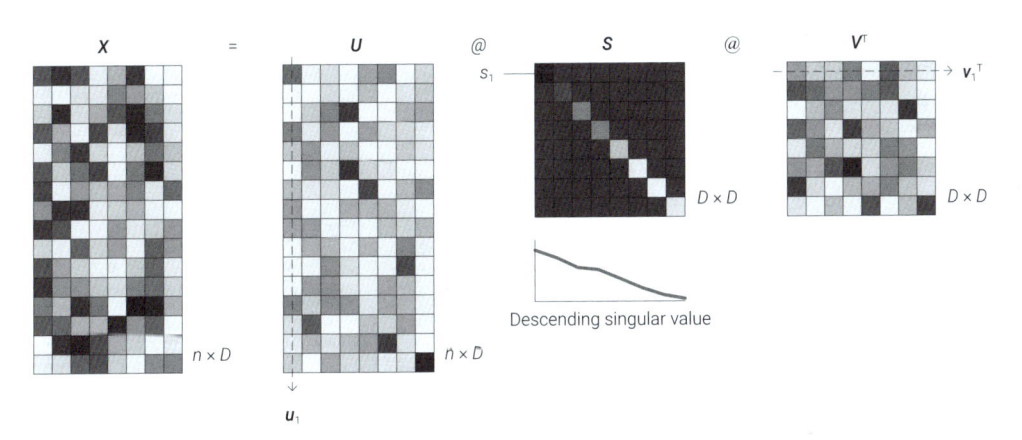

▲ 圖 15.8 原始資料經濟型 SVD 分解

矩陣乘法第二角度

《AI 時代 Math 元年 - 用 Python 全精通矩陣及線性代數》介紹過理解矩陣乘法的兩個角度。根據矩陣乘法第二角度，原始資料矩陣 X 的經濟型 SVD 分解可以展開寫成 D 個矩陣相加，如式 (15.4) 和圖 15.9 所示。

$$X_{n \times D} = \underbrace{\begin{bmatrix} u_1 & u_2 & \cdots & u_D \end{bmatrix}}_{U_{n \times D}} \underbrace{\begin{bmatrix} s_1 & & & \\ & s_2 & & \\ & & \ddots & \\ & & & s_D \end{bmatrix}}_{S_{D \times D}} \underbrace{\begin{bmatrix} v_1^{\mathrm{T}} \\ v_2^{\mathrm{T}} \\ \vdots \\ v_D^{\mathrm{T}} \end{bmatrix}}_{V_{D \times D}} = s_1 u_1 v_1^{\mathrm{T}} + s_2 u_2 v_2^{\mathrm{T}} + \cdots + s_D u_D v_D^{\mathrm{T}} = \sum_{j=1}^{D} s_j u_j v_j^{\mathrm{T}} \tag{15.4}$$

第 15 章　截斷奇異值分解

由於 u_j 和 v_j 都是單位向量，即 L^2 範數模都為 1；它們之間只存在方向的分別，不存在大小的分別。因此，奇異值 s_j 的大小表現出主成分的重要性。

上一章在繪製陡坡圖時採用的是特徵值；當然，陡坡圖也可以用奇異值來畫，如圖 15.10 所示。

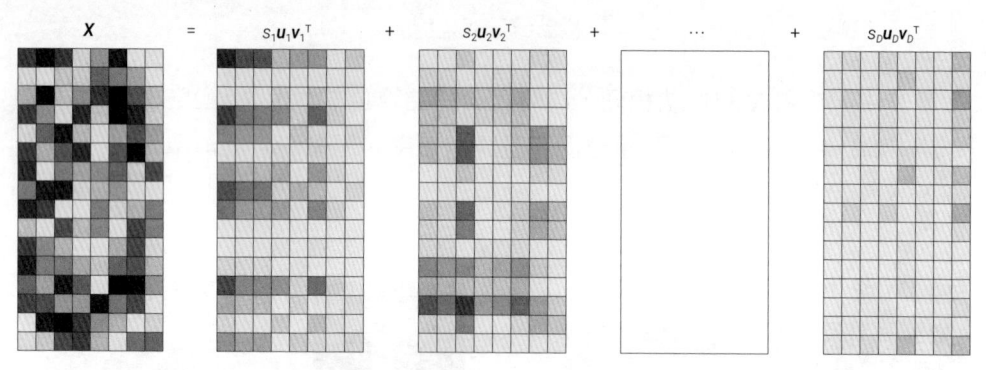

▲ 圖 15.9 原始資料相當於由 D 個形狀相同矩陣求和的結果

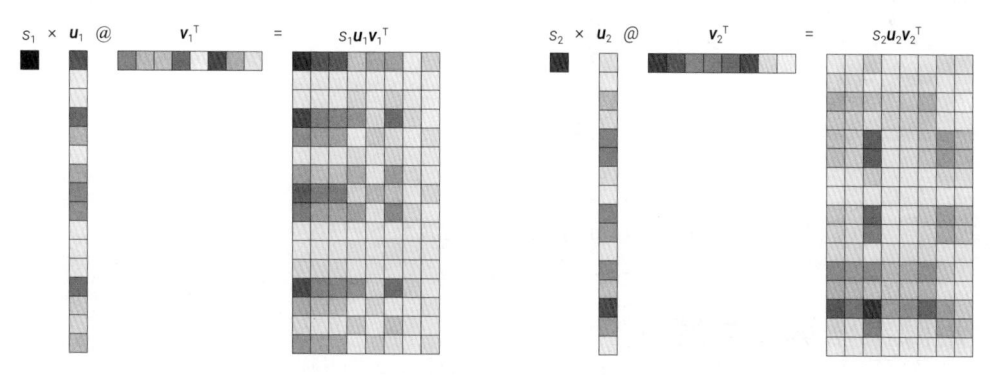

▲ 圖 15.10 前兩個主成分還原部分原始資料

如果奇異值 s_1、s_2、$\cdots$、s_D 由小到大排列，v_1 就是第一主成分酬載，u_1 就是第一主成分因數得分。如圖 15.11 所示，用前 p 個主成分還原原始資料：

$$X_{n \times D} \approx \hat{X}_{n \times D} = U_{n \times p} S_{p \times p} \left(V_{D \times p} \right)^{\mathrm{T}} = \sum_{j=1}^{p} s_j u_j v_j^{\mathrm{T}} \tag{15.5}$$

15.3 幾何角度看截斷型 SVD

注意，假設前 p 個奇異值 s_j 均大於 0，矩陣 $\hat{X}_{n \times D}$ 的秩為 p。也就是說，在 s_j 均大於 0 的前提下，上式中每疊加一層 $s_j \boldsymbol{u}_j \boldsymbol{v}_j^T$，$\hat{X}_{n \times D}$ 的秩就增大 1。

舉個例子，$\hat{X}_{n \times D} = s_1 \boldsymbol{u}_1 \boldsymbol{v}_1^T$ 的秩為 1；$\hat{X}_{n \times D} = s_1 \boldsymbol{u}_1 \boldsymbol{v}_1^T + s_2 \boldsymbol{u}_2 \boldsymbol{v}_2^T$ 的秩為 2。

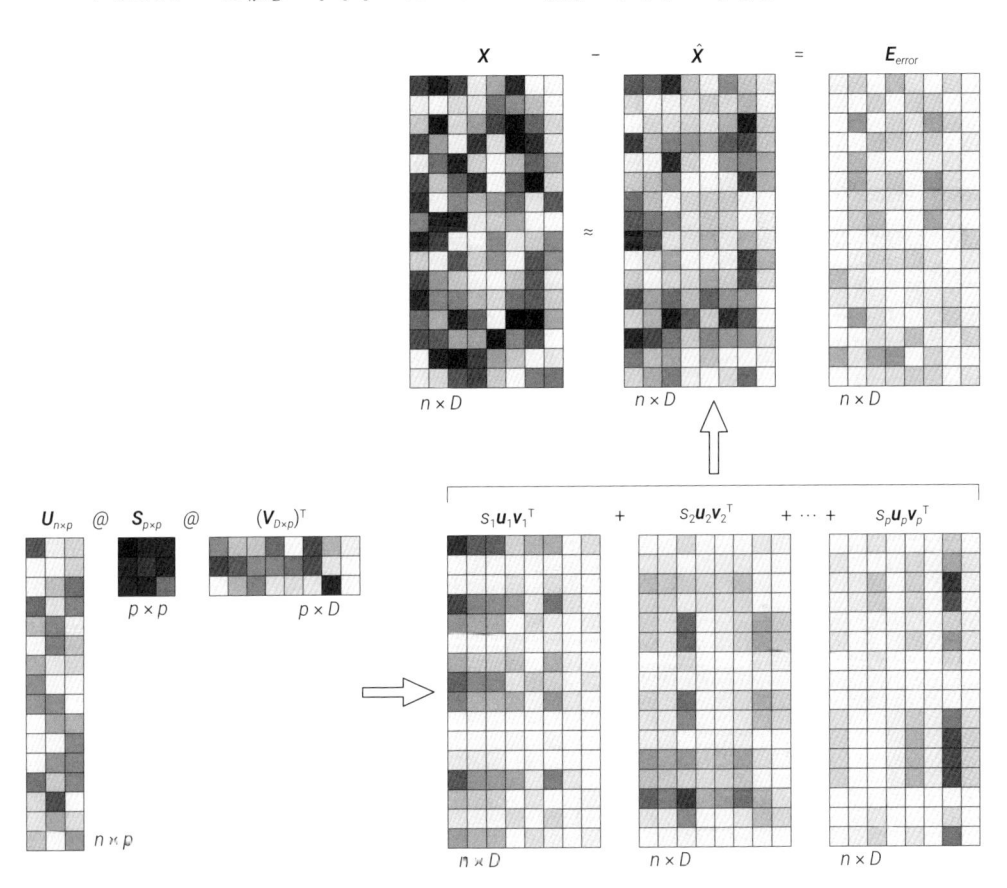

▲ 圖 15.11 用前 p 個主成分還原原始資料

第 15 章　截斷奇異值分解

投影角度

下面，我們再從投影角度理解截斷型 SVD 分解。將式 (15.3) 寫成

$$X_{n \times D} V_{D \times D} = U_{n \times D} S_{D \times D} \tag{15.6}$$

上式相當於將 X 投影到 V 空間中，如圖 15.12 所示。

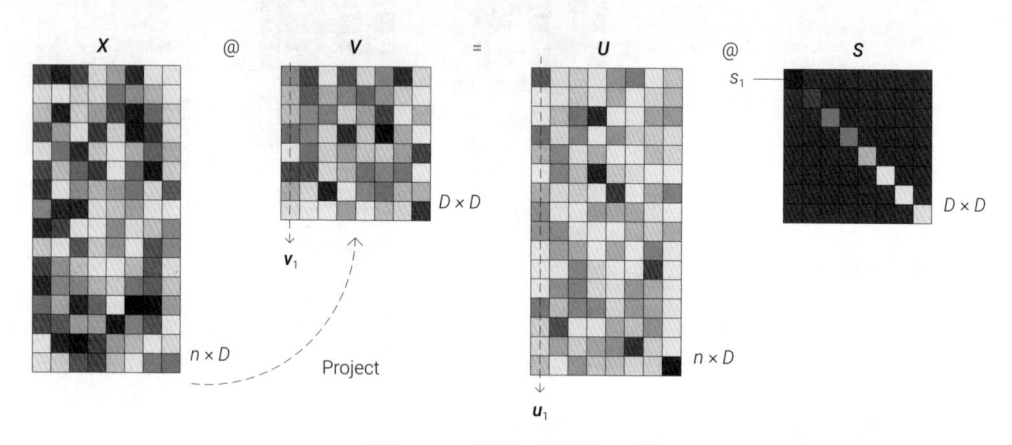

▲ 圖 15.12　原始資料向 V 投影

也用矩陣乘法第二角度，將式 (15.6) 寫成

$$X_{n \times D} \underbrace{\begin{bmatrix} v_1 & v_2 & \cdots & v_D \end{bmatrix}}_{V_{D \times D}} = \underbrace{\begin{bmatrix} u_1 & u_2 & \cdots & u_D \end{bmatrix}}_{U_{n \times D}} \begin{bmatrix} s_1 & & & \\ & s_2 & & \\ & & \ddots & \\ & & & s_D \end{bmatrix} \tag{15.7}$$

進一步展開得到

$$\begin{bmatrix} Xv_1 & Xv_2 & \cdots & Xv_D \end{bmatrix} = \begin{bmatrix} s_1 u_1 & s_2 u_2 & \cdots & s_D u_D \end{bmatrix} \tag{15.8}$$

從幾何角度看，X 朝 v_j 投影結果為 $s_j u_j$。

$$Xv_j = s_j u_j \tag{15.9}$$

15.4 最佳化角度看截斷型 SVD

圖 15.13 所示為原始資料朝 v_1 投影結果為 $s_1 u_1$。由於 $\|u_1\|=1$，所以 $\|Xv_j\|=s_j$。

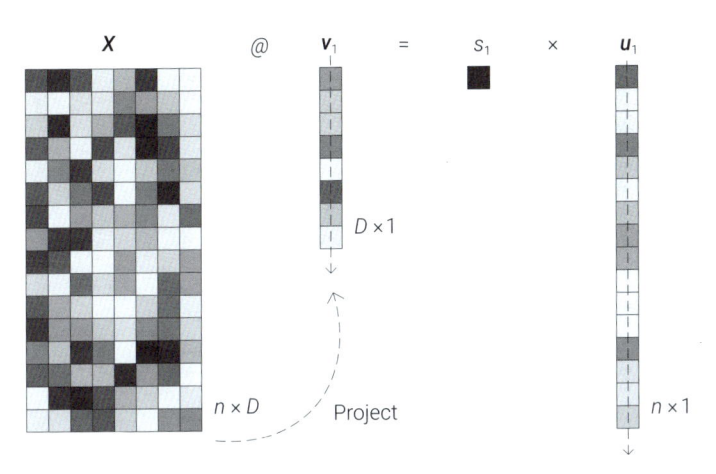

▲ 圖 15.13 原始資料向 v_1 投影

那麼問題來了，如何找到 v_1？這就需要構造最佳化問題。

15.4 最佳化角度看截斷型 SVD

有了上面的鋪陳，我們便可以討論奇異值分解中的最佳化問題。

最大 L^2 範數

如圖 15.14 所示，我們要在 $\mathbb{R}^D$ 中找到一個單位向量 v 讓投影結果 $y = Xv$ 的 L^2 範數最大，即：

$$\underset{v}{\arg\max} \|Xv\| \\ \text{且滿足 } \|v\|=1 \tag{15.10}$$

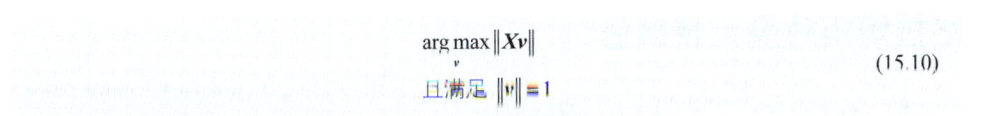

而上式的最大值為奇異值 s_1。

第15章　截斷奇異值分解

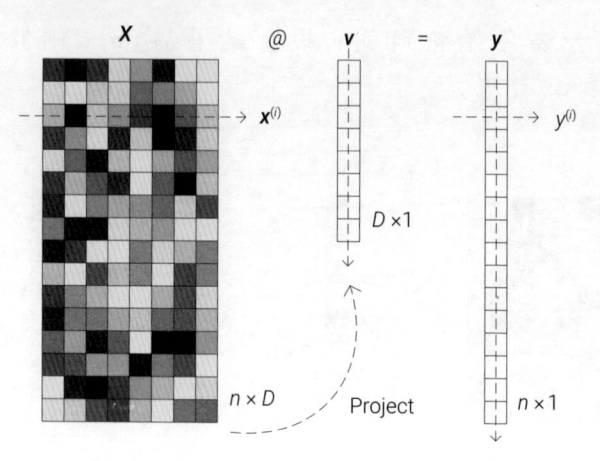

▲ 圖 15.14 原始資料向 v 投影

如圖 15.15 所示，列向量 y 的元素 $y^{(i)}$ 就是在 v 方向上 $y^{(i)}$ 到原點的距離。

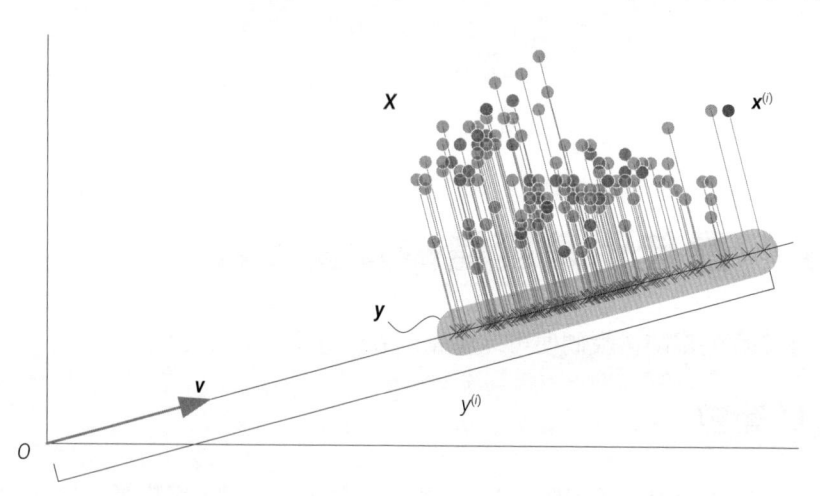

▲ 圖 15.15 幾何角度來看原始資料向 v 投影

格拉姆矩陣最大特徵值

將 $\|Xv\|$ 平方後，式 (15.10) 等價於：

$$\arg\max_{v} \|Xv\|_2^2 \\ \text{且滿足} \|v\| = 1 \tag{15.11}$$

15-12

15.4 最佳化角度看截斷型 SVD

這便是最大化圖 15.15 中投影結果平方和。

式 (15.11) 相當於找到格拉姆矩陣 $G = X^TX$ 的最大特徵值 λ_1, 即

$$\underset{v}{\arg\max}\ v^T G v \\ \text{且滿足}\ \|v\| = 1 \tag{15.12}$$

顯然，最大值特徵值和最大奇異值之間的關係為 $\lambda_1 = s_1^2$。請大家回顧如何用拉格朗日乘子法求解上述最佳化問題。

瑞利商

《AI 時代 Math 元年 - 用 Python 全精通矩陣及線性代數》第 18 章介紹過，式 (15.12) 等價於：

$$\underset{x}{\arg\max}\ \frac{x^T G x}{x^T x} \tag{15.13}$$

其中，x 不為零向量。上式就是求解瑞利商的最大值。圖 15.16 所示為理解瑞利商的兩個角度，請大家自行回顧《資料可視化王者 – 用 Python 讓 AI 活躍在圖表世界中》相關內容。

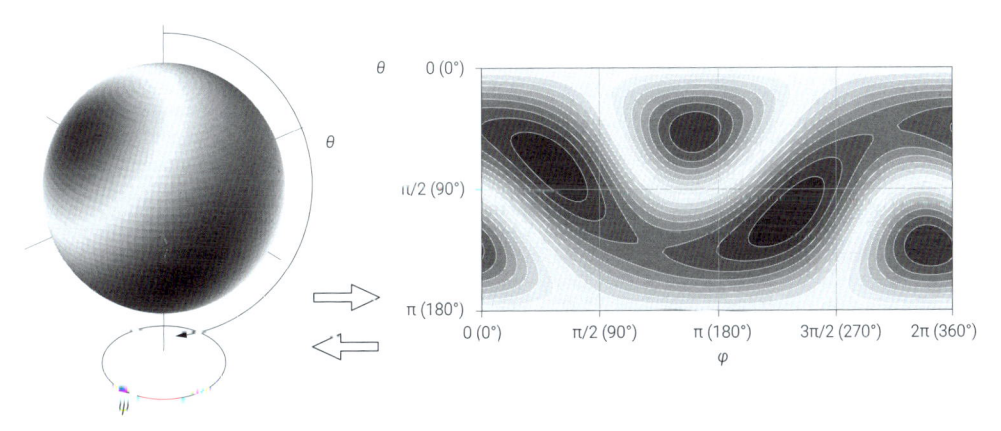

▲ 圖 15.16 兩個理解瑞利商的角度

第 15 章 截斷奇異值分解

矩陣 F- 範數

《AI 時代 Math 元年 - 用 Python 全精通矩陣及線性代數》第 18 章專門介紹過矩陣的**弗羅貝尼烏斯範數** (Frobenius norm)，簡稱 F- 範數：

$$\|A\|_F = \sqrt{\sum_{i=1}^{m}\sum_{j=1}^{n}|a_{i,j}|^2} \tag{15.14}$$

也就是說，矩陣 A 的 F- 範數就是矩陣所有元素的平方和，再開方。由於矩陣 A 的所有元素平方和就是 A 的格拉姆矩陣 ($A^\mathrm{T}A$) 的跡，即：

$$\|A\|_F = \sqrt{\sum_{i=1}^{m}\sum_{j=1}^{n}|a_{i,j}|^2} = \sqrt{\mathrm{tr}(A^\mathrm{T}A)} \tag{15.15}$$

而上述結果還可以寫成：

$$\|A\|_F = \sqrt{\sum_{i=1}^{\min(m,n)}\lambda_i} \tag{15.16}$$

其中，$\sqrt{\sum_{i=1}^{\min(m,n)}\lambda_i}$ 為格拉姆矩陣 $A^\mathrm{T}A$ 的特徵值之和。

由於，格拉姆矩陣 $A^\mathrm{T}A$ 的特徵值和 A 的奇異值存在等式關係 $\lambda_i = s_i^2$，還可以寫成：

$$\|A\|_F = \sqrt{\sum_{i=1}^{n}\lambda_i} = \sqrt{\sum_{i=1}^{n}s_i^2} \tag{15.17}$$

如果矩陣 A 的奇異值分解為 $A = USV$，A 的 F- 範數還可以寫成：

$$\|A\|_F = \|S\|_F = \sqrt{\sum_{i=1}^{n}s_i^2} \tag{15.18}$$

有了矩陣 F- 範數，我們便多了一個理解截斷奇異值分解的角度。

對於資料矩陣 X，$\hat{X}$ 是其秩不超過 p 的最佳近似，則：

$$\|X - \hat{X}\|_F = \sqrt{\sum_{i=p+1}^{D}s_i^2} = s_{p+1}^2 + s_{p+2}^2 + \cdots + s_D^2 \tag{15.19}$$

15.4 最佳化角度看截斷型 SVD

上式便代表降維資料相對原始資料的「資訊損失」。

還是回到圖 15.15，我們可以發現式 (15.11) 是最大化投影結果的平方和；而上式則代表另外一個最佳化問題的解―最小化真實資料點和投影資料之間距離的平方和，如圖 15.17 所示。

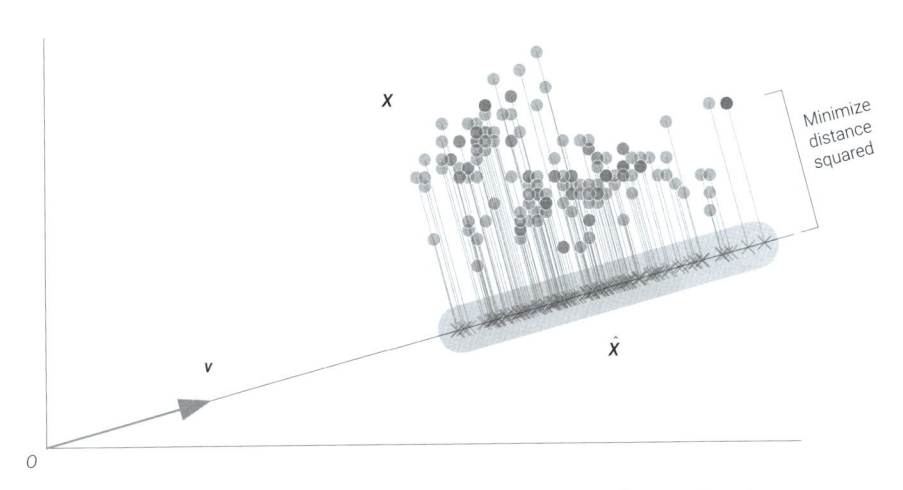

▲ 圖 15.17 最小化原始資料 X 和近似資料 $\hat{X}$ 之間「距離」

資料是否中心化、標準化

如圖 15.18 所示，當資料中心化後，其質心移動到了原點。對中心化資料進行 SVD 分解相當於對原始資料協方差矩陣的 EVD 分解。而當資料標準化後，對標準化資料進行 SVD 分解相當於對原始資料相關性係數矩陣的 EVD 分解。這是下一章要重點展開討論的內容。

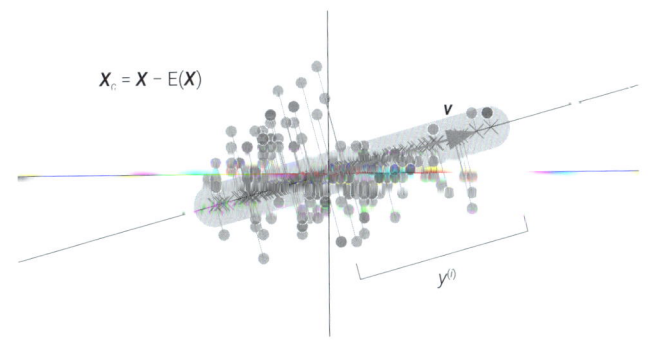

▲ 圖 15.18 幾何角度來看中心化資料向 v 投影

15-15

第 15 章　截斷奇異值分解

15.5 分析鳶尾花照片

本節用截斷奇異值分解分析鳶尾花照片。圖 15.19 所示為作者拍的一張鳶尾花照片，經過黑白化處理後的每個像素都是 [0,1] 範圍內的數字。所以整幅圖片可以看成一個資料矩陣。

◁

《資料可視化王者 – 用 Python 讓 AI 活躍在圖表世界中》一冊專門介紹過彩色和黑白影像之間轉換。

▲ 圖 15.19 鳶尾花圖片，經過黑白處理

　　圖 15.20 所示為利用 SVD 分解得到的奇異值隨主成分變化。圖 15.21 所示為特徵值隨主成分變化。圖 15.22 所示為累積解釋方差百分比隨主成分變化。我們可以發現前 10 個主成分已經解釋超過 90% 的方差。

15.5 分析鳶尾花照片

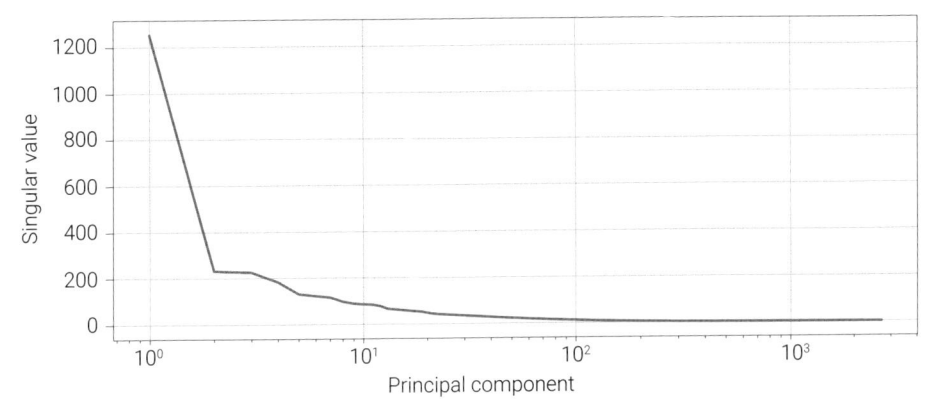

▲ 圖 15.20 奇異值隨主成分變化

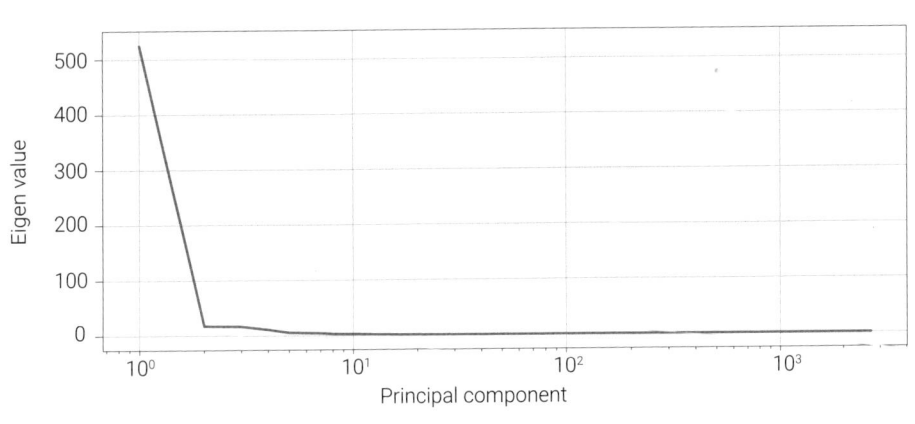

▲ 圖 15.21 特徵值隨主成分變化

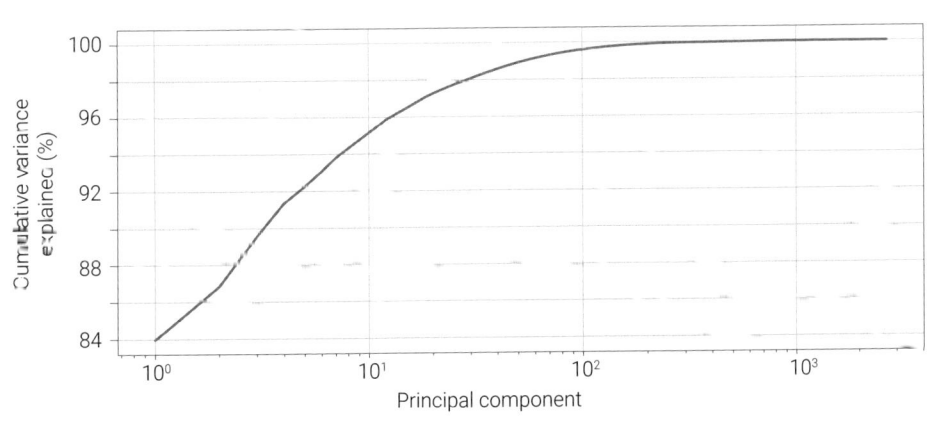

▲ 圖 15.22 累積解釋方差百分比隨主成分變化

15-17

第 15 章　截斷奇異值分解

圖 15.23 所示為利用第 1 主元還原的鳶尾花圖片，左圖為還原結果，右圖為誤差。左圖中，鳶尾花還難覓蹤影。圖 15.24 所示為利用第 1、2 主元還原的鳶尾花照片。如圖 15.25 所示，這幅圖相當於由 2 個秩一矩陣 [**秩一矩陣** (rank-one matrix) 的矩陣秩為 1] 疊加而成。圖 15.26 所示為利用前 4 個主元還原的鳶尾花照片。這幅圖相當於由 4 個秩一矩陣疊加而成，具體如圖 15.27 所示。

▲ 圖 15.23　利用第 1 主元還原鳶尾花照片

▲ 圖 15.24　利用第 1、2 主元還原鳶尾花照片

15.5 分析鳶尾花照片

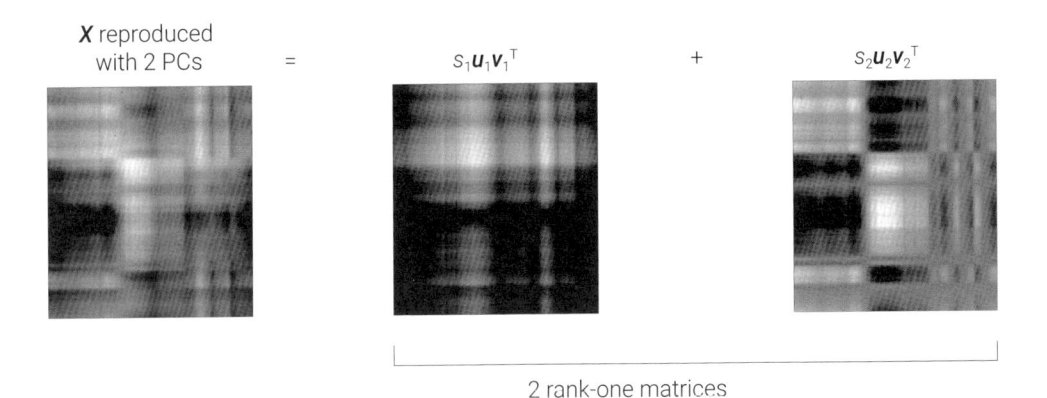

▲ 圖 15.25 前 2 個秩一矩陣疊加

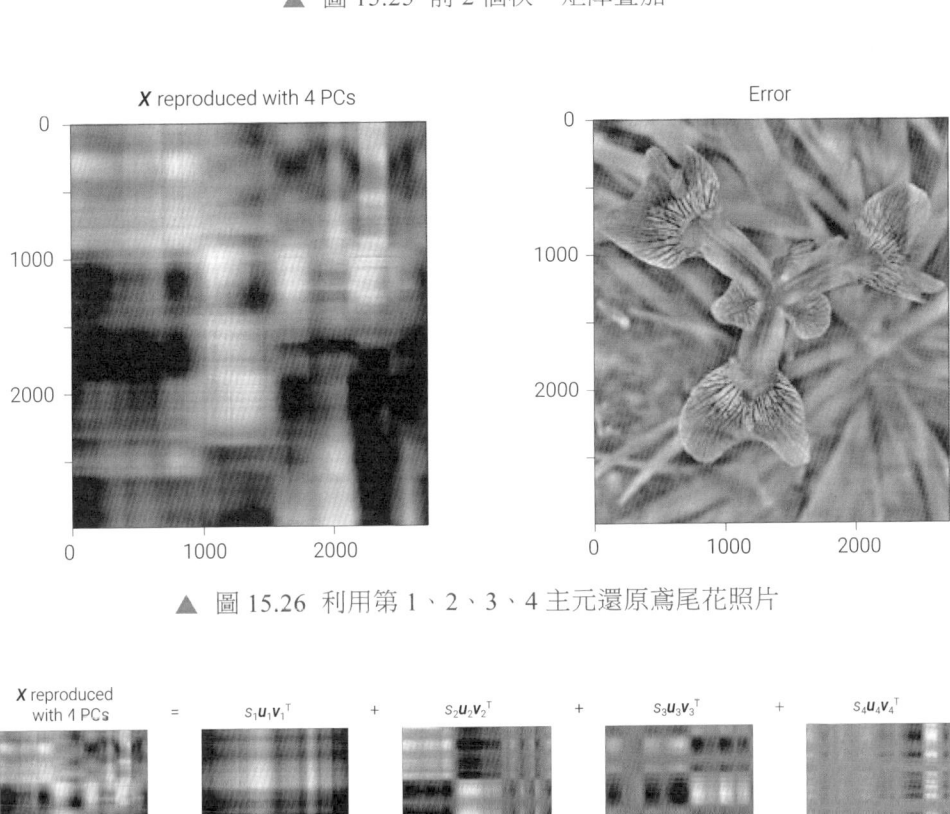

▲ 圖 15.26 利用第 1、2、3、4 主元還原鳶尾花照片

▲ 圖 15.27 前 4 個秩一矩陣疊加

第 15 章　截斷奇異值分解

在圖 15.24 和圖 15.26 的左圖中我們僅能夠看到「格子」。

圖 15.28 的左圖利用前 16 個主元還原照片，我們已經能夠看到鳶尾花的樣子。注意，這幅圖的秩為 16，也就是說它是由 16 個秩一矩陣疊加而成的。

圖 15.29 所示為利用前 64 個主元還原的鳶尾花圖片，圖形已經很清晰。相比原圖片，圖 15.29 的資料發生大幅壓縮，僅保留了大概 2.5%(64/2714)。

這種利用 PCA 進行影像降維的方法用途很廣泛。比如，在人臉辨識中，**特徵臉 (eigenface)** 是一種基於 PCA 的特徵提取方法，用於將人臉影像轉換成低維特徵向量進行分類或辨識。特徵臉是指由 PCA 分解出來的主成分影像，它們是一組基於訓練資料集的線性組合，每個特徵臉表示了一個資料集中的特定方向，可以看作是資料集的主要特徵或重要性征。

特徵臉的提取過程可以分為以下幾步：① 對人臉影像進行前置處理，如灰度化、尺度歸一化、去除雜訊等；②將前置處理後的影像轉換成向量形式；③將向量集合進行 PCA 降維，得到一組主成分向量，也就是特徵臉；④將人臉影像向量投影到主成分向量上，得到每個人臉的特徵向量。

特徵臉在人臉辨識中的作用是對人臉影像進行有效的特徵提取和降維，使得原始圖像資料被壓縮到一個低維空間中，並且保留原始資料中的大部分資訊。透過比較人臉影像的特徵向量之間的相似度，可以進行人臉辨識、驗證等應用。

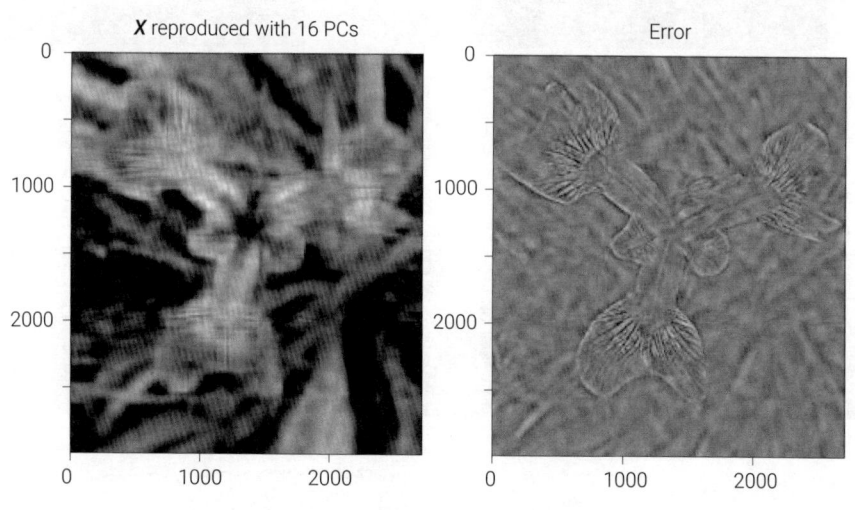

▲ 圖 15.28 利用前 16 個主元還原鳶尾花照片

15.5 分析鳶尾花照片

▲ 圖 15.29 利用前 64 個主元還原鳶尾花照片

Bk7_Ch15_01.ipynb 中繪製了本節圖片，鳶尾花照片也在資料夾中。下面首先講解程式 15.1 中關鍵敘述。

ⓐ 用 skimage.io.imread() 先將照片讀取，然後再用 skimage.color.rgb2gray() 將照片轉化為灰度圖片，資料儲存在 X 中。矩陣 X 中元素的設定值範圍為 [0,1]，代表灰度值。

利用 X.shape 大家可以知道矩陣 X 的形狀為 (2990,2714)。

同時，利用 np.linalg.matrix_rank(X)，我們可以知道資料矩陣的秩為 2714。

ⓑ 用 matplotlib.pyplot.imshow() 視覺化灰度照片，並指定顏色映射為灰度。

ⓒ 利用 numpy.linalg.svd() 對矩陣 X 進行 SVD 分解。

ⓓ 視覺化奇異值變化。Bk7_Ch15_01.ipynb 還舉出程式展示特徵值變化，請大家自行學習。

ⓔ 設置橫軸為對數刻度以更清晰地顯示奇異值的分佈。

ⓕ 設定近似矩陣的秩為 16，也就是用 16 層秩一矩陣疊加還原原始資料，計算過程對應ⓖ。

15-21

第 15 章　截斷奇異值分解

(h) 還是用 matplotlib.pyplot.imshow() 視覺化近似矩陣。

(i) 視覺化誤差。

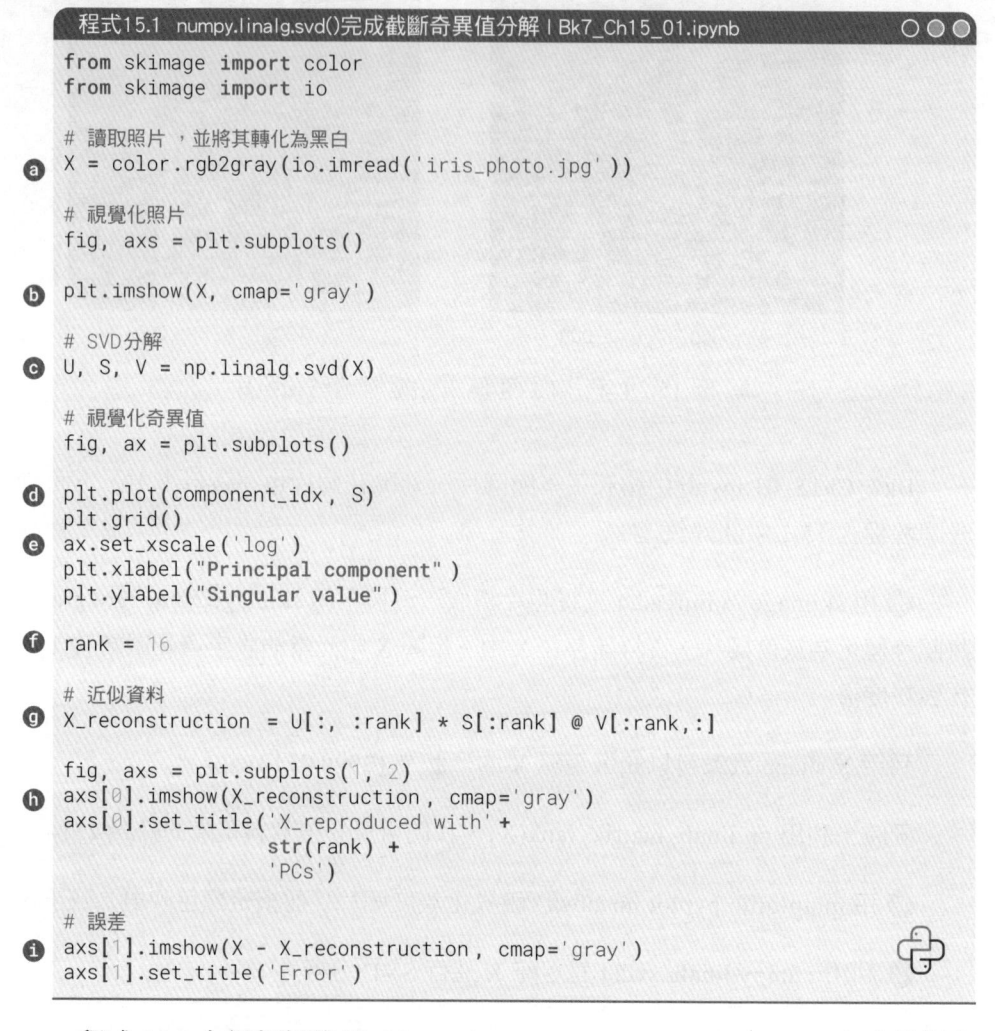

程式15.1　numpy.linalg.svd()完成截斷奇異值分解 | Bk7_Ch15_01.ipynb

```python
from skimage import color
from skimage import io

# 讀取照片，並將其轉化為黑白
```
(a)
```python
X = color.rgb2gray(io.imread('iris_photo.jpg'))

# 視覺化照片
fig, axs = plt.subplots()
```
(b)
```python
plt.imshow(X, cmap='gray')

# SVD分解
```
(c)
```python
U, S, V = np.linalg.svd(X)

# 視覺化奇異值
fig, ax = plt.subplots()
```
(d)
```python
plt.plot(component_idx, S)
plt.grid()
```
(e)
```python
ax.set_xscale('log')
plt.xlabel("Principal component")
plt.ylabel("Singular value")
```
(f)
```python
rank = 16

# 近似資料
```
(g)
```python
X_reconstruction = U[:, :rank] * S[:rank] @ V[:rank,:]

fig, axs = plt.subplots(1, 2)
```
(h)
```python
axs[0].imshow(X_reconstruction, cmap='gray')
axs[0].set_title('X_reproduced with' +
                 str(rank) +
                 'PCs')

# 誤差
```
(i)
```python
axs[1].imshow(X - X_reconstruction, cmap='gray')
axs[1].set_title('Error')
```

程式 15.2 介紹如何使用 sklearn.decomposition.TruncatedSVD() 完成截斷奇異值分解。

(a) 利用 sklearn.decomposition.TruncatedSVD() 建立截斷奇異值分解實例 svd，並指定要保留的主成分數量為 16(n_components=16)。

15-22

ⓑ 使用 fit_transform 方法對輸入資料 X 進行降維，得到降維後的結果 X_reduced。

ⓒ 列印其形狀。在這個例子中，降維後的資料矩陣的形狀為 (2990,16)，即 2990 個樣本，每個樣本有 16 個特徵。

ⓓ 使用 inverse_transform 方法對降維後的資料進行反變換，得到近似原始資料 X_approx。

ⓔ 列印 X_approx 形狀。在這個例子中，近似的原始資料矩陣的形狀為 (2990,2714)，與原始資料的形狀相同。

ⓕ 用 numpy.linalg.matrix_rank() 函數計算近似的原始資料矩陣 X_approx 的秩，列印結果為 16。這表明近似的原始資料矩陣中確實只包含了截斷 SVD 所保留的 16 個主成分。

程式15.2 sklearn.decomposition.TruncatedSVD()完成截斷奇異值分解 | Bk7_Ch15_01.ipynb

```python
from sklearn.decomposition import TruncatedSVD
ⓐ svd = TruncatedSVD(n_components=16)

# 降維後的結果
ⓑ X_reduced = svd.fit_transform(X)
ⓒ print(X_reduced.shape)
# 結果為(2990, 16)

# 反變換，獲取近似資料
ⓓ X_approx = svd.inverse_transform(X_reduced)

ⓔ print(X_approx.shape)
# 結果為(2990, 2714)

ⓕ print(np.linalg.matrix_rank(X_approx))
# 結果為16
```

我們還用 Streamlit 架設了圖 15.30 所示 App，用來展示主元數量對圖片還原的影響，請大家自行學習 Streamlit_Bk7_Ch15_02.py。

第 15 章　截斷奇異值分解

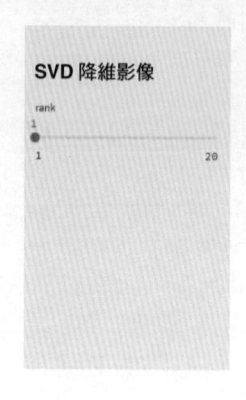

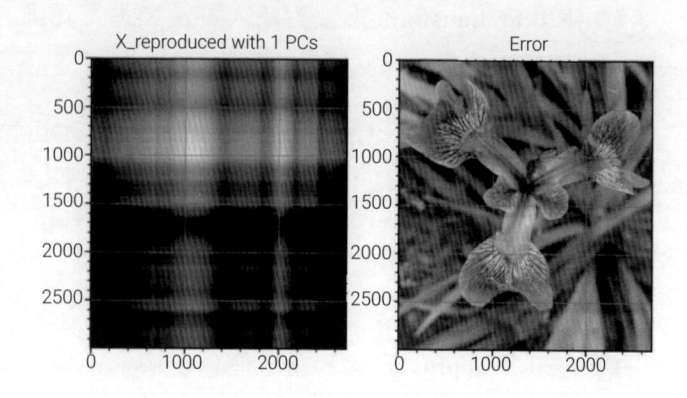

▲ 圖 15.30 展示主元還原圖片的 App，Streamlit 架設 |Streamlit_Bk7_Ch15_02.py

本章介紹了如何用截斷型 SVD 分解完成 PCA。這一章也是回顧奇異值分解的好機會。此外，請大家注意 EVD 和 SVD 的聯繫。

下一章，我們將比較六種 PCA 技術路線。

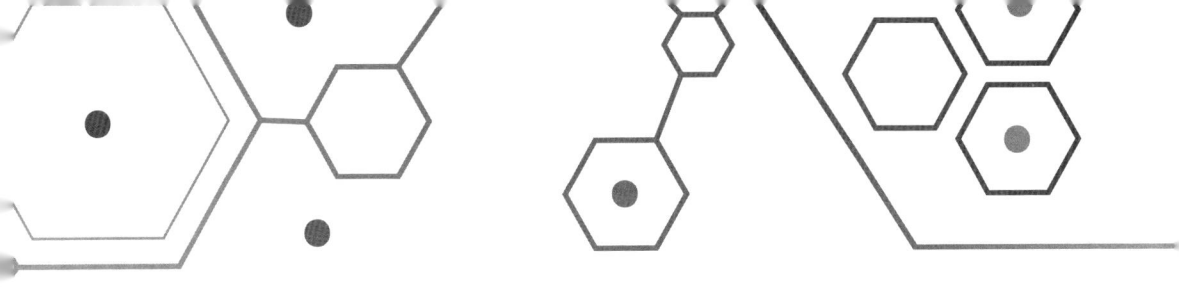

Dive into Principal Component Analysis

16 主成分分析進階

區分聯繫六條基本 PCA 技術路線

> 我發現了！
>
> ***Eureka!***
>
> ——阿基米德（*Archimedes*）｜古希臘數學家、發明家、物理學家｜前 *287*—前 *212* 年

- numpy.cov() 計算協方差矩陣
- numpy.linalg.eig() 特徵值分解
- numpy.linalg.svd() 奇異值分解
- seaborn.heatmap() 繪製熱圖
- seaborn.kdeplot() 繪製 KDE 核心機率密度估計曲線
- seaborn.pairplot() 繪製成對分析圖
- sklearn.decomposition.PCA() 主成分分析函數

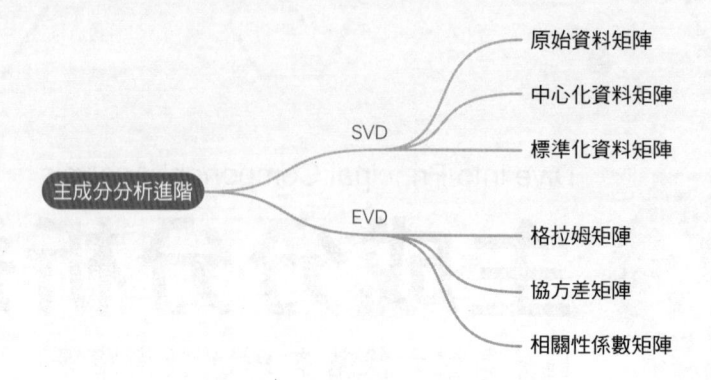

第 16 章　主成分分析進階

```
                        ┌── 原始資料矩陣
                  SVD ──┼── 中心化資料矩陣
                        └── 標準化資料矩陣
主成分分析進階 ──┤
                        ┌── 格拉姆矩陣
                  EVD ──┼── 協方差矩陣
                        └── 相關性係數矩陣
```

16.1 從「六條技術路線」說起

來自《AI 時代 Math 元年 - 用 Python 全精通矩陣及線性代數》的表格

表 16.1 來自《AI 時代 Math 元年 - 用 Python 全精通矩陣及線性代數》第 25 章，本章將講解表 16.1 中六條主成分分析 (PCA) 技術路線的細節，並比較它們的差異。

→ 表 16.1 六條 PCA 技術路線，來自《AI 時代 Math 元年 - 用 Python 全精通矩陣及線性代數》第 25 章

物件	方法	結果
原始資料矩陣 X	奇異值分解	$X = U_X S_X V_X^\top$
格拉姆矩陣 $G = X^\top X$ 本章中用「修正」的格拉姆矩陣 $G = \dfrac{X^\top X}{n-1}$	特徵值分解	$G = V_X \Lambda_X V_X^\top$
中心化資料矩陣 $X_c = X - \mathrm{E}(X)$	奇異值分解	$X_c = U_c S_c V_c^\top$
協方差矩陣 $\Sigma = \dfrac{(X-\mathrm{E}(X))^\top (X-\mathrm{E}(X))}{n-1}$	特徵值分解	$\Sigma = V_c \Lambda_c V_c^\top$
標準化資料矩陣 (z 分數) $Z_X = (X - \mathrm{E}(X))D^{-1}$ $D = \mathrm{diag}(\mathrm{diag}(\Sigma))^{\frac{1}{2}}$	奇異值分解	$Z_X = U_Z S_Z V_Z^\top$
相關性係數矩陣 $P = D^{-1} \Sigma D^{-1}$ $D = \mathrm{diag}(\mathrm{diag}(\Sigma))^{\frac{1}{2}}$	特徵值分解	$P = V_Z \Lambda_Z V_Z^\top$

16.1 從「六條技術路線」說起

比較六個輸入矩陣

表 16.1 中有六個輸入矩陣，它們都衍生自原始資料矩陣 X。如圖 16.1 所示，原始資料矩陣 X 的形狀為 $n \times D$。

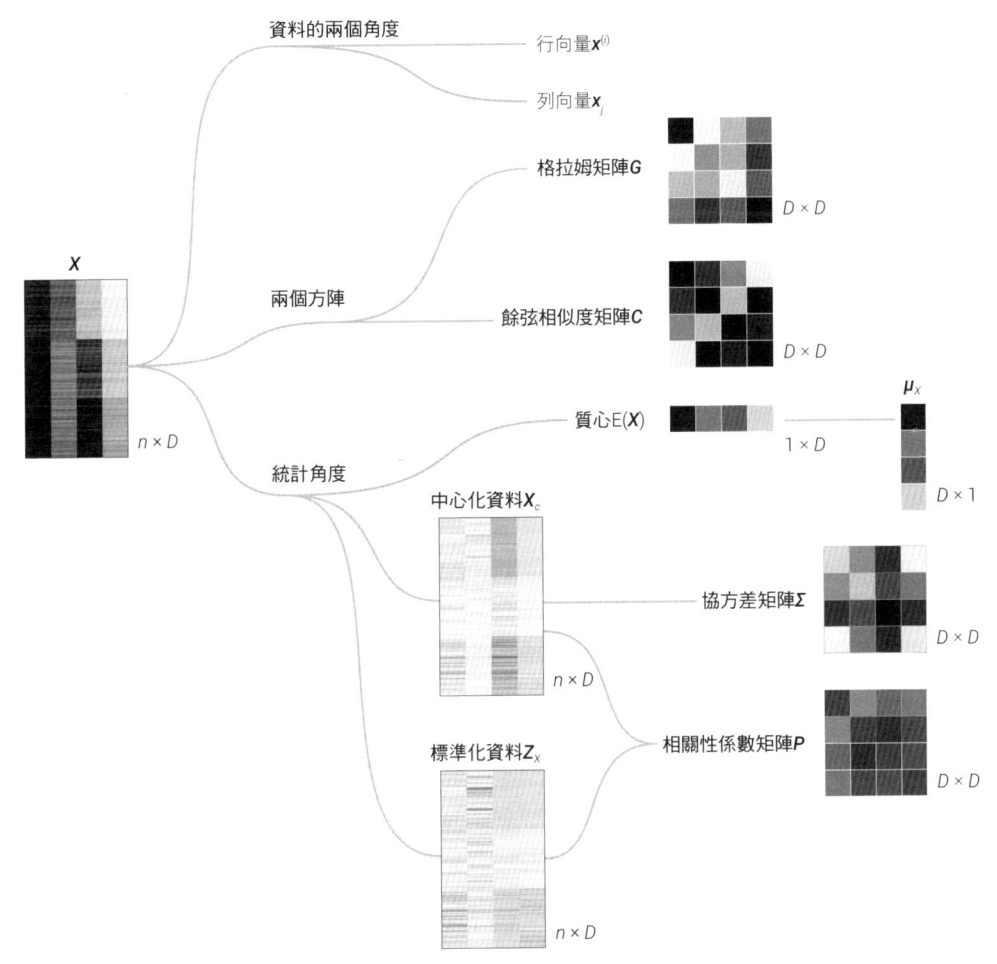

▲ 圖 16.1　X 衍生得到的幾個矩陣
(來源《AI 時代 Math 元年 - 用 Python 全精通矩陣及線性代數》)

X 的格拉姆矩陣 G 為：

$$G = X^\mathrm{T} X \qquad (16.1)$$

第 16 章　主成分分析進階

格拉姆矩陣 G 形狀為 $D \times D$。G 的主對角線元素是 X 的每一列向量 L^2 範數的平方。中心化 (去平均值) 矩陣 X_c 為：

$$X_c = X - \mathrm{E}(X) \tag{16.2}$$

即 X 的每一列分別減去各自的平均值得到 X_c。從幾何角度看，X 的質心位於 $\mathrm{E}(X)$，X_c 的質心則位於原點 $\boldsymbol{0}$。

樣本資料矩陣 X 的協方差矩陣 Σ 為：

$$\Sigma = \frac{X_c^\mathrm{T} X_c}{n-1} = \frac{(X - \mathrm{E}(X))^\mathrm{T} (X - \mathrm{E}(X))}{n-1} \tag{16.3}$$

容易發現，協方差相當於特殊的格拉姆矩陣。

請大家特別注意，為了方便和協方差比較，本章中 G 特別定義為：

$$G = \frac{X^\mathrm{T} X}{n-1} \tag{16.4}$$

標準化 (standardization 或 z-score normalization) 資料矩陣 Z_X 為：

$$Z_X = (X - \mathrm{E}(X)) D^{-1} \tag{16.5}$$

其中，D 為對角方陣：

$$D = \mathrm{diag}\left(\mathrm{diag}(\Sigma)\right)^{\frac{1}{2}} = \begin{bmatrix} \sigma_1 & & & \\ & \sigma_2 & & \\ & & \ddots & \\ & & & \sigma_D \end{bmatrix} \tag{16.6}$$

式 (16.5) 中的每一列都是每個特徵的 Z 分數。Z_X 的質心也位於原點，不同的是 Z_X 每個特徵的標準差都是 1。

線性相關性係數矩陣 P 為：

$$P = D^{-1} \Sigma D^{-1} \tag{16.7}$$

16.1 從「六條技術路線」說起

P 實際上是 Z_X 的協方差,即:

$$P = \frac{Z_X^\mathrm{T} Z_X}{n-1} \tag{16.8}$$

比較 SVD 和 EVD

PCA 的核心數學工具為**奇異值分解** (Singular Value Decomposition,SVD) 和**特徵值分解** (Eigen value Decomposition,EVD)。

> 《AI 時代 Math 元年 - 用 Python 全精通矩陣及線性代數》強調過 SVD 和 EVD 在 PCA 中具有等價性,這也就是為什麼表 16.1 看上去是六種技術路線,實際上可以歸納為三大類技術路線。下面簡單說明。

對原始矩陣 X 進行經濟型 SVD 分解:

$$X = U_X S_X V_X^\mathrm{T} \tag{16.9}$$

其中,S_X 為對角方陣。

將式 (16.9) 代入式 (16.1),得到:

$$G = V_X S_X^2 V_X^\mathrm{T} \tag{16.10}$$

上式便是格拉姆 G 的特徵值分解。

對中心化資料矩陣 X_c 進行經濟型 SVD 分解:

$$X_c = U_c S_c V_c^\mathrm{T} \tag{16.11}$$

而協方差矩陣 Σ 則可以寫成:

$$\Sigma = V_c \frac{S_c^2}{n-1} V_c^\mathrm{T} \tag{16.12}$$

第 16 章　主成分分析進階

相信大家在上式中能夠看到協方差矩陣 Σ 的特徵值分解。請大家注意式 (16.11) 中奇異值和式 (16.12) 中特徵值關係：

$$\lambda_{c\_j} = \frac{s_{c\_j}^2}{n-1} \tag{16.13}$$

同樣，對標準化資料矩陣 Z_X 進行經濟型 SVD 分解：

$$Z_X = U_Z S_Z V_Z^\mathrm{T} \tag{16.14}$$

相關性係數矩陣 P 則可以寫成：

$$P = V_Z \frac{S_Z^2}{n-1} V_Z^\mathrm{T} \tag{16.15}$$

上式相當於對 P 進行特徵值分解。

本章下面將分別講解特徵值分解協方差矩陣、格拉姆矩陣、相關性係數矩陣，來完成 PCA 的過程。並利用如熱圖、圓形圖、長條圖、陡坡圖、雙標圖、橢圓等視覺化工具分析三種路線。

本章以下三節將採用完全相似的結構，方便大家比較三大類 PCA 技術路線的異同。

16.2　協方差矩陣：中心化資料

本節講解利用特徵值分解協方差矩陣 Σ 完成 PCA。

特徵值分解

圖 16.2 所示為特徵值分解協方差矩陣 Σ。Σ 的對角線元素為方差，其他元素為協方差。Σ 的跡代表方差之和：

$$\mathrm{trace}(\Sigma) = \sigma_1^2 + \sigma_2^2 + \cdots + \sigma_D^2 = \sum_{j=1}^{D} \sigma_j^2 \tag{16.16}$$

16.2 協方差矩陣：中心化資料

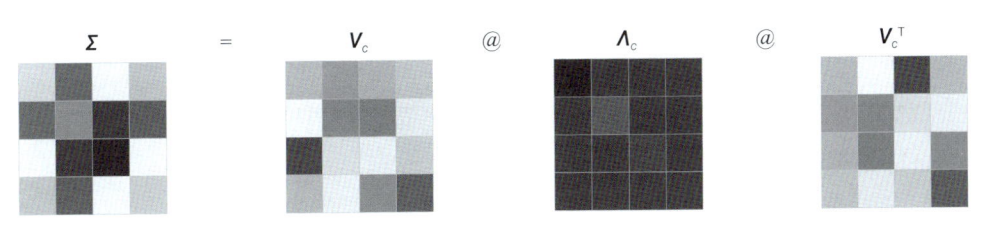

▲ 圖 16.2 特徵值分解協方差矩陣 Σ

圖 16.2 中 Σ 為對稱矩陣，因此對 Σ 的特徵值分解實際上是譜分解。

Λ_c 為對角矩陣，對角線元素為特徵值，特徵值從大到小排列。X_c 投影到規範正交基底 V_c 中得到 Y_c，即 $Y_c = X_c V_c$。Λ_c 主對角線上的特徵值實際上是 Y_c 的方差，也就是說 Λ_c 是 Y_c 的協方差矩陣。因此，在 PCA 中，特徵值也叫主成分方差。

Y_c 的方差 (即 Λ_c 中特徵值) 之和為：

$$\mathrm{trace}(\Lambda_c) = \lambda_1 + \lambda_2 + \cdots + \lambda_D = \sum_{j=1}^{D} \lambda_j \qquad (16.17)$$

圖 16.3 對比了協方差矩陣 Σ 和 Λ_c。

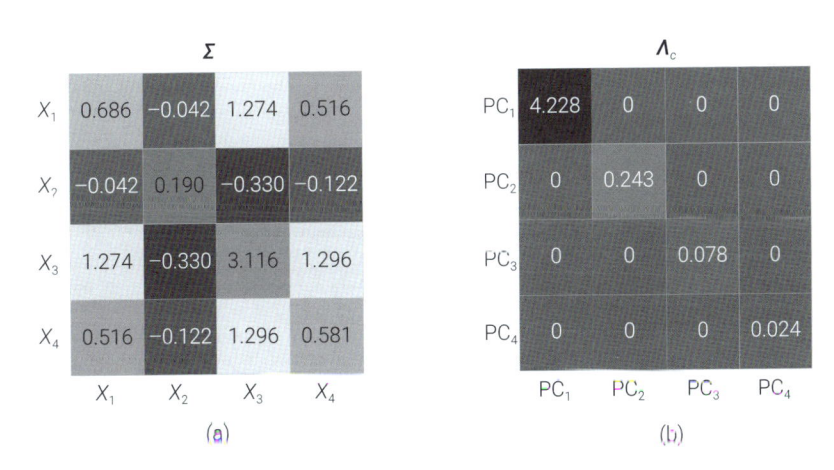

▲ 圖 16.3 對比協方差矩陣 Σ 和 Λ_c 熱圖

下面，我們進一步分析這兩個矩陣。

第 16 章　主成分分析進階

分解前後

如圖 16.4 所示，資料矩陣 X 中第三列 (即 X_3) 的方差最大，X_3 對方差和 trace(Σ) 貢獻超過 68%。

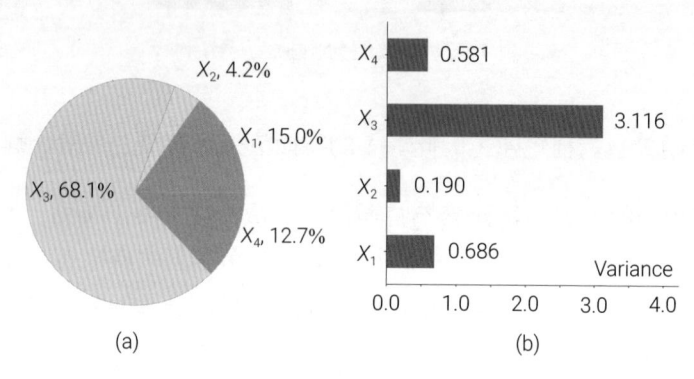

▲ 圖 16.4 協方差矩陣 Σ 的主對角線成分，即方差

我們在《AI 時代 Math 元年 - 用 Python 全精通矩陣及線性代數》第 13 章提過，特徵值分解前後矩陣的跡不變，也就是說協方差矩陣 Σ 的跡 trace(Σ) 等於的特徵值方陣 Λ_c 的跡 trace(Λ_c)：

$$\mathrm{trace}(\Sigma) = \mathrm{trace}(\Lambda_c) \tag{16.18}$$

即：

$$\sum_{j=1}^{D} \sigma_j^2 = \sum_{j=1}^{D} \lambda_j \tag{16.19}$$

也就是說，PCA 不改變資料各個特徵方差總和。而第 j 個特徵值 λ_j 對 trace(Λ_c) 的貢獻百分比為：

$$\frac{\lambda_j}{\sum_{i=1}^{D} \lambda_i} \times 100\% \tag{16.20}$$

如圖 16.5 所示，第一主成分的貢獻超過 92%，解釋了資料中大部分「方差」。資料分析中，如果原始資料特徵很多，彼此之間又具有複雜的相關性，那麼我

16.2 協方差矩陣：中心化資料

們就可以考慮利用 PCA 對資料進行「降維」，減少特徵的數量。而這個過程又保留了原始資料主要的資訊。

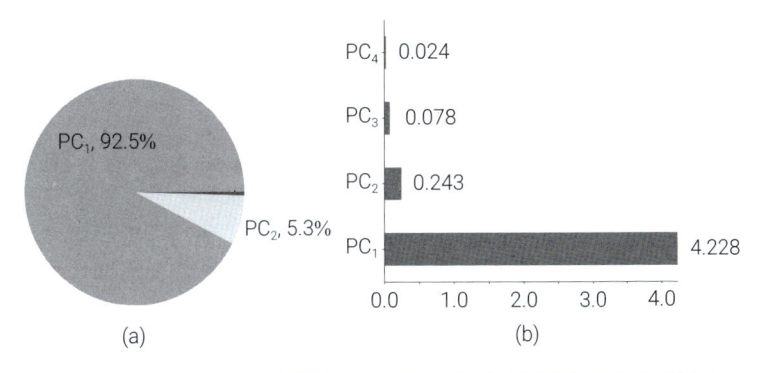

▲ 圖 16.5 Λ_c 的主對角線成分，協方差矩陣 Σ 的特徵值

陡坡圖

上一章介紹過，我們經常用陡坡圖型視覺化前 p 個主成分解釋總方差的百分比，即累積貢獻率：

$$\frac{\sum_{j=1}^{P} \lambda_j}{\sum_{i=1}^{D} \lambda_i} \times 100\% \tag{16.21}$$

圖 16.6 所示為特徵值分解協方差矩陣 Σ 獲得的陡坡圖。觀察陡坡圖，可以幫助我們確定選取多少個主成分。

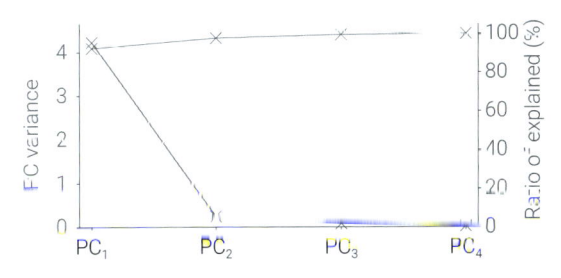

▲ 圖 16.6 陡坡圖，特徵值分解協方差矩陣 Σ

第 16 章　主成分分析進階

特徵向量矩陣

圖 16.7 所示為特徵向量矩陣 V_c 熱圖。V_c 的每一列便代表一個主成分的方向，即 $V_c = [v_{c\_1}, v_{c\_2}, v_{c\_3}, v_{c\_4}]$ 從左到右分別是第一、二、三、四主成分。這些主成分方向兩兩正交。

在 PCA 中，V_c 叫主成分係數，也稱為**酬載** (loading)。注意，有一些參考文獻中，酬載還要乘上特徵值的平方根，即 $v_j \sqrt{\lambda_j}$。

V_c 也可以透過經濟型 SVD 分解中心化矩陣 X_c 得到。

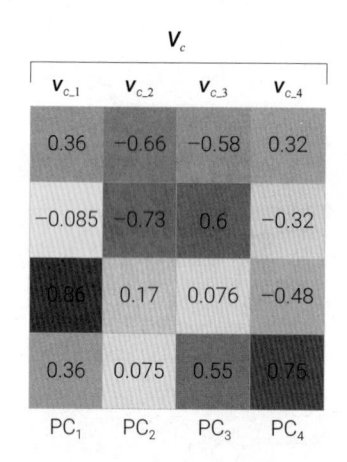

▲ 圖 16.7 特徵向量矩陣 V_c 熱圖

投影

由於 V_c 為正交矩陣，滿足 $V_c^T V_c = V_c V_c^T = I$，因此 V_c 本身也是規範正交基底。如圖 16.8 所示，將中心化矩陣 X_c 投影到 V_c 這個規範正交基底中得到資料矩陣 Y_c，即 $Y_c = X_c V_c$。透過圖 16.8 中的 Y_c 每一列的色差，我們就可以看出來不同的次序主成分對資料總體方差的解釋力度。

利用 L^2 範數，V_c 的第一列列向量實際上是以下最佳化問題的解：

16.2 協方差矩陣：中心化資料

> 《AI 時代 Math 元年 - 用 Python 全精通矩陣及線性代數》第 18 章介紹過 SVD 分解的最佳化角度。

$$v_{c\_1} = \arg\max_{v} \|X_c v\|$$
$$\text{且滿足 } \|v\| = 1 \tag{16.22}$$

前文提過，Λ_X 本身是 Y_c 的協方差矩陣。Λ_X 為對角方陣，因此 Y_c 的任意兩列之間線性相關係數為 0。也就是說，V_c 完成了 X_c 的正交化，注意不是原始資料矩陣 X 的正交化。

請大家思考 Y_c 的每一列的平均值是多少？Y_c 的質心位置是什麼？為什麼？

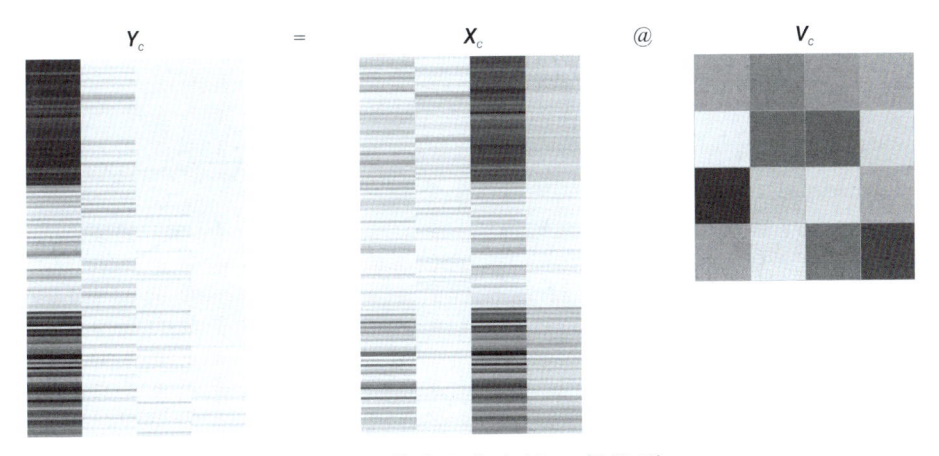

▲ 圖 16.8 將中心化資料 X_c 投影到 V_c

雙標圖

如圖 16.9 所示，雙標圖是視覺化特徵向量矩陣 V_c 的重要方法。

以圖 16.9 中藍色背景的雙標圖為例，中心化資料 X_c 投影到第一、二主成分平面內的結果如四個箭頭所示。比如，X_1、X_2、X_3、X_4 在 PC1 上貢獻的分量分別為 0.36、-0.085、0.86、0.36，這正是如圖 16.7 所示的 V_c 第一列 v_{c_1}。

16-11

第 16 章　主成分分析進階

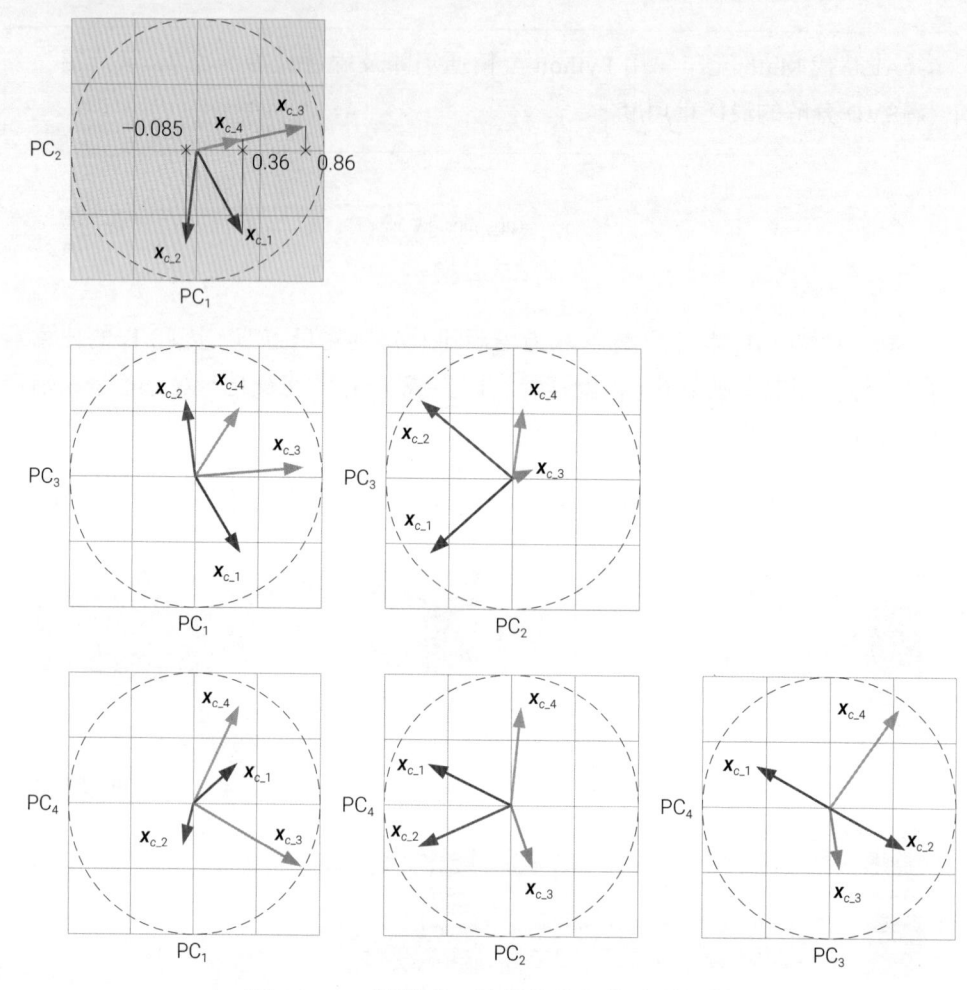

▲ 圖 16.9 V_c 雙標圖，特徵值分解協方差矩陣 Σ

　　我們還可以把投影資料的散點圖也畫在雙標圖上，大家已經在上一章看過很多例子，本章不再重複。

資料還原、誤差

將式 (16.11) 展開寫成：

$$X_c = \underbrace{\begin{bmatrix} u_{c\_1} & u_{c\_2} & \cdots & u_{c\_D} \end{bmatrix}}_{U_c} \underbrace{\begin{bmatrix} s_{c\_1} & & & \\ & s_{c\_2} & & \\ & & \ddots & \\ & & & s_{c\_D} \end{bmatrix}}_{S_c} \underbrace{\begin{bmatrix} v_{c\_1}^{\mathrm{T}} \\ v_{c\_2}^{\mathrm{T}} \\ \vdots \\ v_{c\_D}^{\mathrm{T}} \end{bmatrix}}_{V_c^{\mathrm{T}}} \quad (16.23)$$

$$= s_{c\_1} u_{c\_1} v_{c\_1}^{\mathrm{T}} + s_{c\_2} u_{c\_2} v_{c\_2}^{\mathrm{T}} + \cdots + s_{c\_D} u_{c\_D} v_{c\_D}^{\mathrm{T}} = \sum_{j=1}^{D} s_{c\_j} u_{c\_j} v_{c\_j}^{\mathrm{T}}$$

如圖 16.10 所示，用第一主成分逼近估計 X_c，即：

$$\hat{X}_c = \underbrace{s_{c\_1} u_{c\_1} v_{c\_1}^{\mathrm{T}}}_{\text{First principal}} \quad (16.24)$$

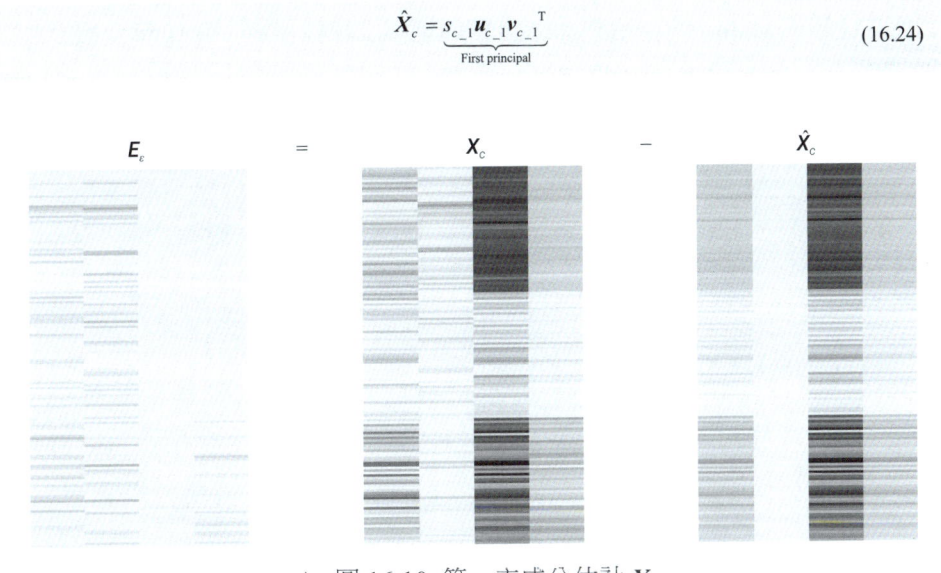

▲ 圖 16.10 第一主成分估計 X_c

圖中可以看到，$\hat{X}_C$ 和 X_c 非常相似；雖然 $\hat{X}_C$ 是個 150 × 4 矩陣，但是 $\hat{X}_C$ 的秩僅是 1。請大家回顧如何用張量積計算 $\hat{X}_C$。圖 16.10 中的 E_ε 為誤差，即 $E_\varepsilon = X_c - \hat{X}_C$。

第 16 章　主成分分析進階

要想還原原始資料 X，我們還需要考慮式 (16.2) 這個等式關係，即：

$$X = X_c + \mathrm{E}(X) = \sum_{j=1}^{D} s_{c\_j} u_{c\_j} v_{c\_j}^{\mathrm{T}} + \mathrm{E}(X) \tag{16.25}$$

如果利用第一主成分估計原始資料矩陣 X 的話，可以利用：

$$X \approx s_{c\_1} u_{c\_1} v_{c\_1}^{\mathrm{T}} + \mathrm{E}(X) \tag{16.26}$$

上式中，$\mathrm{E}(X)$ 為行向量，且計算時用到了廣播原則。

大家可能會問，圖 16.2 中特徵值分解僅獲得了 V_c，沒有 U_c。難道我們還需要再對 X_c 做 SVD 分解？答案是不需要。

《AI 時代 Math 元年 - 用 Python 全精通矩陣及線性代數》第 10 章介紹過「二次投影」，也就是說 X_c 可以寫成：

$$X_c = X_c I = X_c V_c V_c^{\mathrm{T}} \tag{16.27}$$

將 V_c 展開，上式可以寫成：

$$\begin{aligned}X_c &= X_c \underbrace{\begin{bmatrix} v_{c\_1} & v_{c\_2} & \cdots & v_{c\_D} \end{bmatrix}}_{V_c} \underbrace{\begin{bmatrix} v_{c\_1}^{\mathrm{T}} \\ v_{c\_2}^{\mathrm{T}} \\ \vdots \\ v_{c\_D}^{\mathrm{T}} \end{bmatrix}}_{V_c^{\mathrm{T}}} \\ &= X_c v_{c\_1} v_{c\_1}^{\mathrm{T}} + X_c v_{c\_2} v_{c\_2}^{\mathrm{T}} + \cdots + X_c v_{c\_D} v_{c\_D}^{\mathrm{T}} = X_c \sum_{j=1}^{D} v_{c\_j} v_{c\_j}^{\mathrm{T}} \end{aligned} \tag{16.28}$$

所以，可以寫成：

$$\hat{X}_c = X_c v_{c\_1} v_{c\_1}^{\mathrm{T}} = X_c v_{c\_1} \otimes v_{c\_1} \tag{16.29}$$

16.2 協方差矩陣：中心化資料

則可以寫成：

$$X \approx X_c v_{c\_1} \otimes v_{c\_1} + \mathrm{E}(X) \tag{16.30}$$

如果用第一、二主成分還原 X，上式需要再加一項：

$$X \approx \underbrace{X_c v_{c\_1} \otimes v_{c\_1}}_{\text{First principal}} + \underbrace{X_c v_{c\_2} \otimes v_{c\_2}}_{\text{Second principal}} + \underbrace{\mathrm{E}(X)}_{\text{Centroid}} \tag{16.31}$$

「本書系」在不同位置反覆強調資料單位，也就是量綱。如果原始資料的每列資料的量綱不一致，如高度、品質、時間、溫度、密度、百分比、股價、收益率、GDP 等。利用特徵值分解協方差矩陣完成 PCA 就會有麻煩，因為大家透過圖 16.9 可以看到每一個主成分是若干特徵的「線性融合」。哪怕每一列資料的量綱一致，比如鳶尾花前四列的單位都是公分 (cm)，這種 PCA 技術路線還會受到不同特徵方差大小影響。解決這些問題的方法是特徵值分解線性相關係數矩陣，這是本章後文要討論的話題。

橢圓：投影之前

如圖 16.11 所示為協方差矩陣 Σ 橢球 (馬氏距離為 1) 在六個平面上的投影。透過旋轉橢圓的形狀、位置、旋轉角度，我們可以讀出標準差、相關性係數等重要資訊。

圖 16.12 比較了資料 X 的分類和合併協方差矩陣對應的橢圓。

> 對橢圓、合併方差這些概念感到陌生的話，請回顧《AI 時代 Math 元年 - 用 Python 全精通統計及機率》第 13 章。

第 16 章　主成分分析進階

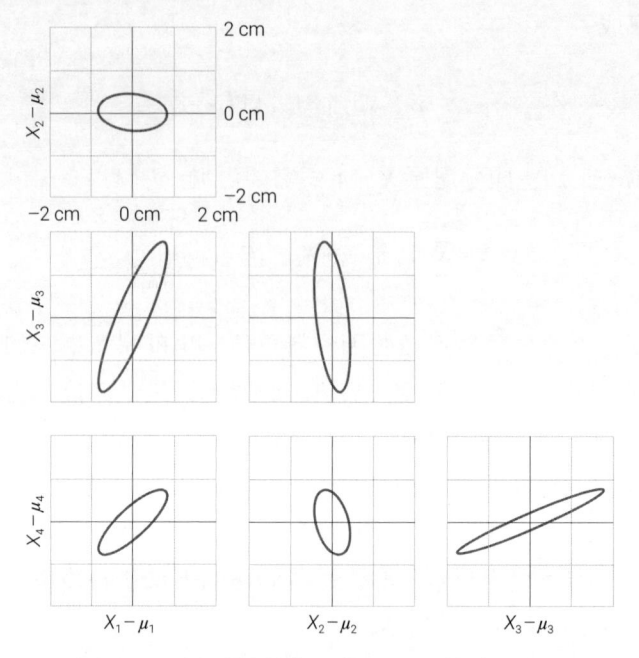

▲ 圖 16.11　馬氏距離為 1 的橢圓，協方差矩陣 Σ

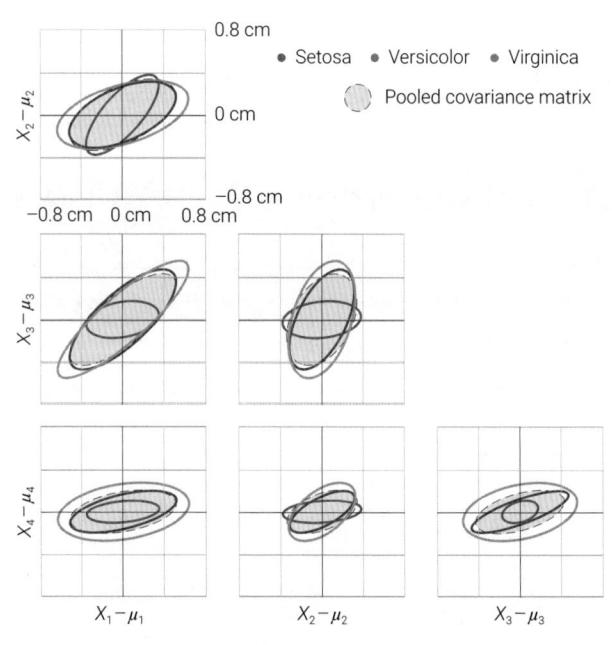

▲ 圖 16.12　馬氏距離為 1 的橢圓，資料 X 的分類、合併協方差矩陣 Σ

16.2 協方差矩陣：中心化資料

橢圓：投影之後

將中心化資料 X_c 投影到 V_c 得到的結果為 Y_c：

$$Y_c = X_c V_c \tag{16.32}$$

Y_c 的協方差矩陣就是 X 的協方差矩陣的特徵值矩陣。圖 16.13 所示為 Y_c 的協方差矩陣在六個平面上的投影，這些橢圓都是正橢圓。Y_c 的協方差矩陣實際上就是 Σ 的特徵值矩陣。

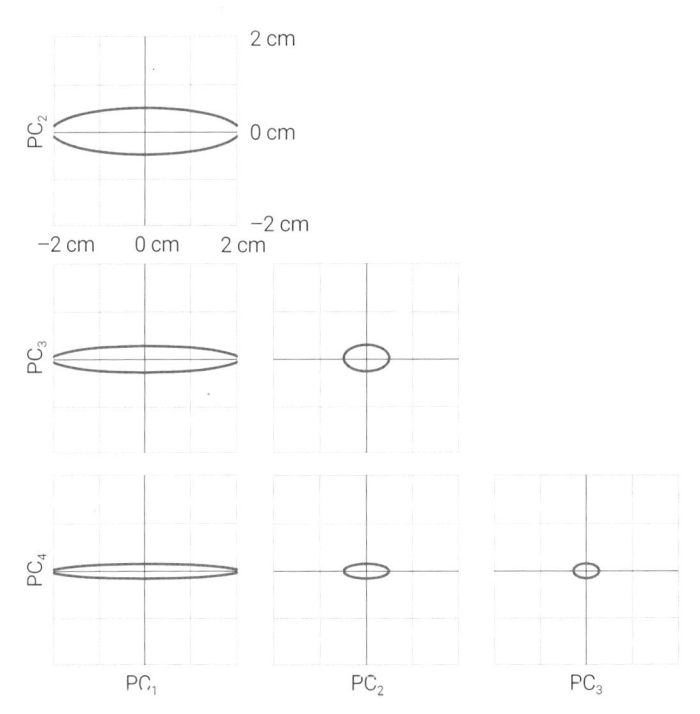

▲ 圖 16.13 馬氏距離為 1 的橢圓，Y_c 的協方差矩陣

圖 16.14 比較了資料 Y_c 的分類和合併協方差矩陣對應的橢圓。

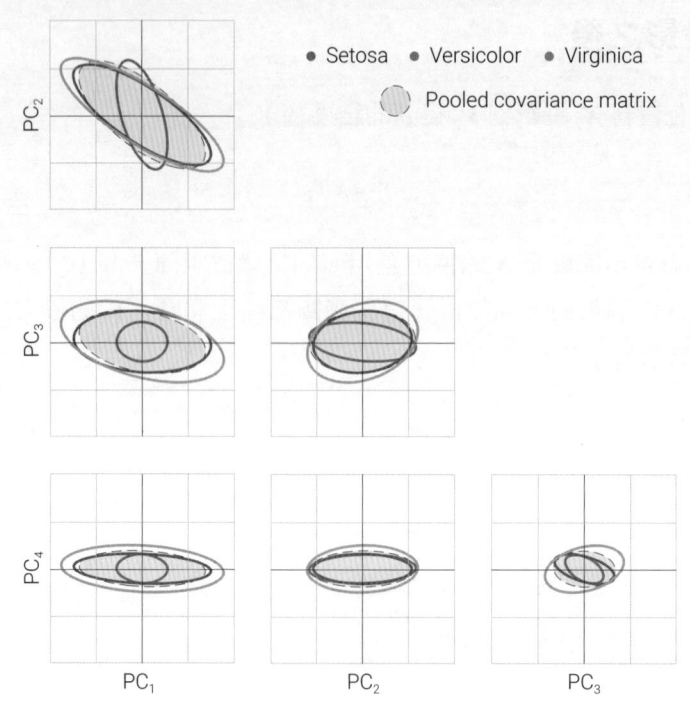

第 16 章　主成分分析進階

▲ 圖 16.14 馬氏距離為 1 的橢圓，資料 Y_c 的分類、合併協方差矩陣 Σ

16.3 格拉姆矩陣：原始資料

特徵值分解

圖 16.15 所示為特徵值分解格拉姆矩陣 G。

$$G = V_X \,@\, \Lambda_X \,@\, V_X^\mathsf{T}$$

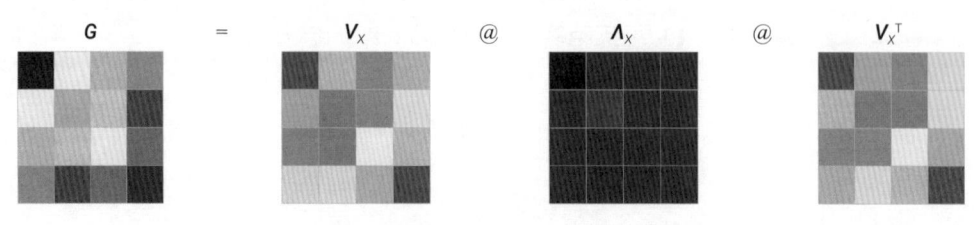

▲ 圖 16.15 特徵值分解格拉姆矩陣 G

16.3 格拉姆矩陣：原始資料

> ⚠️ 注意：前文提過為了便於和協方差矩陣比較，本章中用的格拉姆矩陣 G 實際上是 $X^TX/(n-1)$。

圖 16.15 中的格拉姆矩陣 G 為對稱矩陣，因此這個特徵值分解同樣是譜分解。

V_X 為正交矩陣，滿足 $V_X^TV_X = V_XV_X^T = I$。Λ_X 為對角矩陣，對角線元素為特徵值，特徵值從大到小排列。圖 16.16 對比了格拉姆矩陣 G 和 Λ_X。下面，我們進一步分析這兩個矩陣。

	G			
X_1	35.069	17.942	23.381	7.571
X_2	17.942	9.600	11.237	3.570
X_3	23.381	11.237	17.334	5.833
X_4	7.571	3.570	5.833	2.029
	X_1	X_2	X_3	X_4

(a)

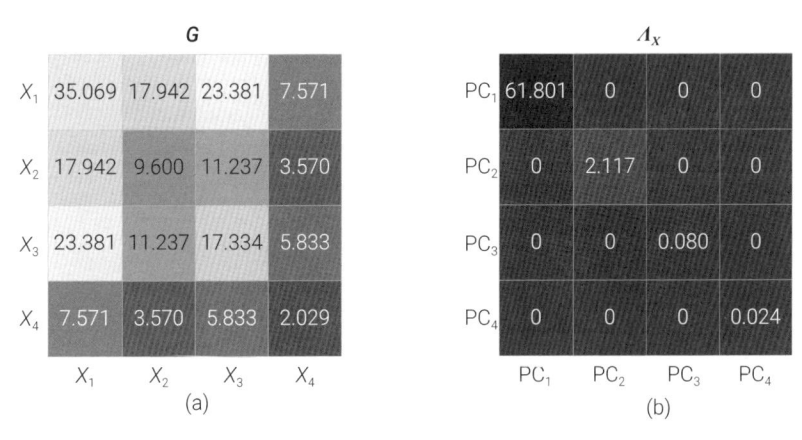

	Λ_X			
PC_1	61.801	0	0	0
PC_2	0	2.117	0	0
PC_3	0	0	0.080	0
PC_4	0	0	0	0.024
	PC_1	PC_2	PC_3	PC_4

(b)

▲ 圖 16.16 對比 G 和 ΛX 熱圖

分解前後

G 和 Λ_X 的主對角線之和相同，即 $\text{trace}(G) = \text{trace}(\Lambda_X)$。如圖 16.17 所示，矩陣 G 的主對角成分為矩陣 X 的每一列向量的模除以 $n-1$，代表某個特徵相對於原點的分散情況，即「不去平均值」的方差。

第 16 章　主成分分析進階

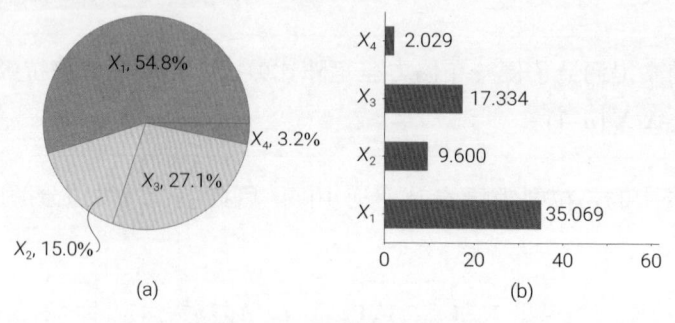

▲ 圖 16.17　G 的主對角線成分

而 trace(G) 相當於資料整體相對於原點的分散度量。如圖 16.17 所示，矩陣 X 的第一列和第三列貢獻最大。經過特徵值分解之後，如圖 16.18 所示，第一主成分解釋了大部分資料分散情況，佔比高達 96.3%。

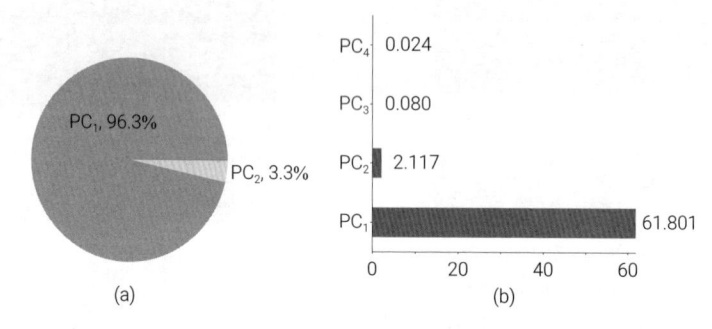

▲ 圖 16.18　Λ_X 的主對角線成分，格拉姆矩陣 G 的特徵值

陡坡圖

圖 16.19 所示為在特徵值分解格拉姆矩陣 G 主成分分析的陡坡圖。

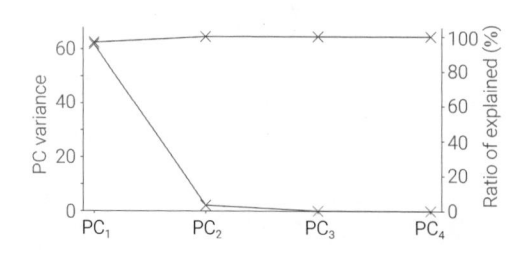

▲ 圖 16.19　陡坡圖，特徵值分解格拉姆矩陣 G

16.3 格拉姆矩陣：原始資料

特徵向量矩陣

圖 16.20 所示為特徵向量矩陣 V_X 熱圖。顯然，圖 16.20 不同於圖 16.7。

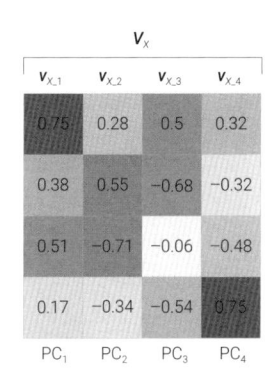

	$v_{X,1}$	$v_{X,2}$	$v_{X,3}$	$v_{X,4}$
	0.75	0.28	0.5	0.32
	0.38	0.55	−0.68	−0.32
	0.51	−0.71	−0.06	−0.48
	0.17	−0.34	−0.54	0.75
	PC_1	PC_2	PC_3	PC_4

▲ 圖 16.20 特徵向量矩陣 V_X 熱圖

投影

圖 16.21 是將原始資料 X 投影到 V_X，即 $Y_X = XV_X$。Y_X 的特點是其格拉姆矩陣為對角方陣，也就是說 Y_X 的列向量兩兩正交。

> ⚠ 注意：兩兩正交不代表線性無關。

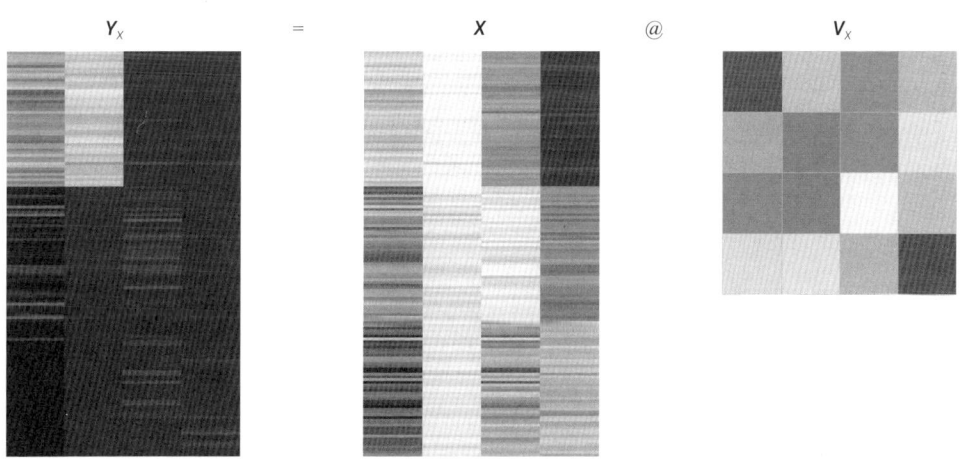

▲ 圖 16.21 將原始資料 X 投影到 V_X

第 16 章　主成分分析進階

正交矩陣 V_X 也是一個規範正交基底，V_X 是因原始資料 X 而生。前文提過，V_c 同樣是一個規範正交基，但是 V_c 是因中心化資料矩陣 X_c 而生的。

我們當然可以將 X 投影到 V_c 這個規範正交基底中，大家可以自行驗證 XV_c 的協方差和 X_cV_c 相同，都是對角方陣。也就是說，XV_c 的列向量也是線性無關。但是，XV_c 的質心不再是原點。

雙標圖

圖 16.22 所示為 V_X 的雙標圖。請大家自行比較圖 16.9 和圖 16.22。

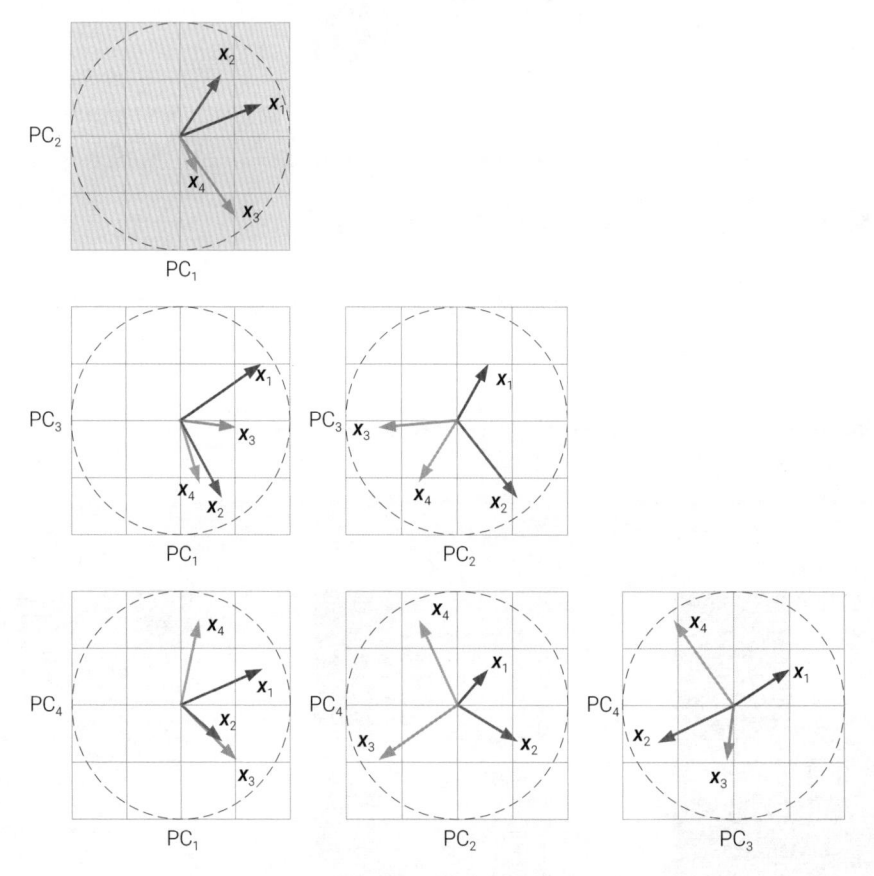

▲ 圖 16.22 V_X 雙標圖，特徵值分解格拉姆矩陣 G

16.3 格拉姆矩陣：原始資料

資料還原、誤差

由於本節中 PCA 分析直接採用特徵值分解格拉姆矩陣 G，根據式 (16.1)，利用第一主成分還原原始資料 X 時我們不需要加入質心成分：

$$X \approx X v_{X\_1} \otimes v_{X\_1} \tag{16.33}$$

如果用第一、二主成分還原 X，上式也需要再加一項：

$$X \approx \underbrace{X v_{X\_1} \otimes v_{X\_1}}_{\text{First principal}} + \underbrace{X v_{X\_2} \otimes v_{X\_2}}_{\text{Second principal}} \tag{16.34}$$

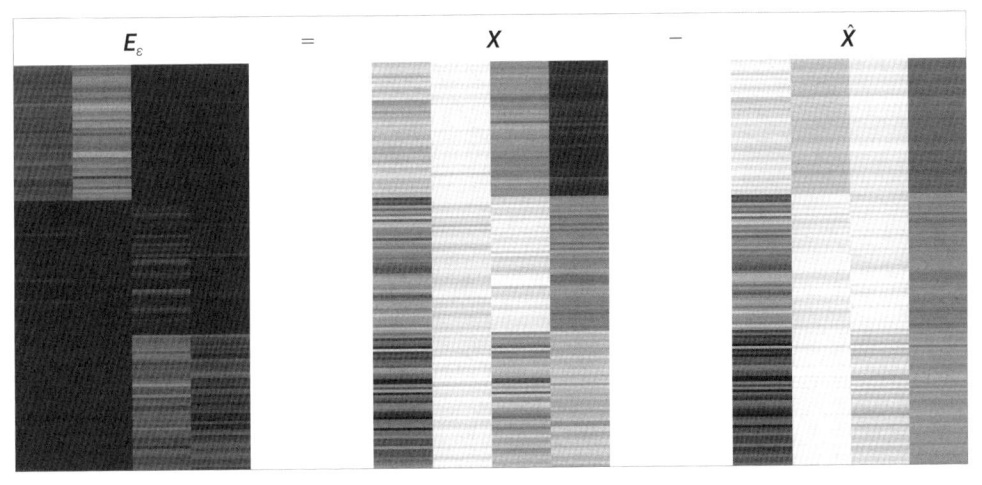

如圖 16.23 所示。

▲ 圖 16.23 第一主成分估計 X

第 16 章　主成分分析進階

橢圓：投影之前

圖 16.24 所示為格拉姆矩陣 G 對應的旋轉橢圓。G 相當於「不去平均值」的協方差矩陣。觀察圖 16.24，我們發現橢圓的朝向都是一三象限，而且橢圓都細長。比較圖 16.11 和圖 16.24，大家應該理解為什麼需要去平均值。

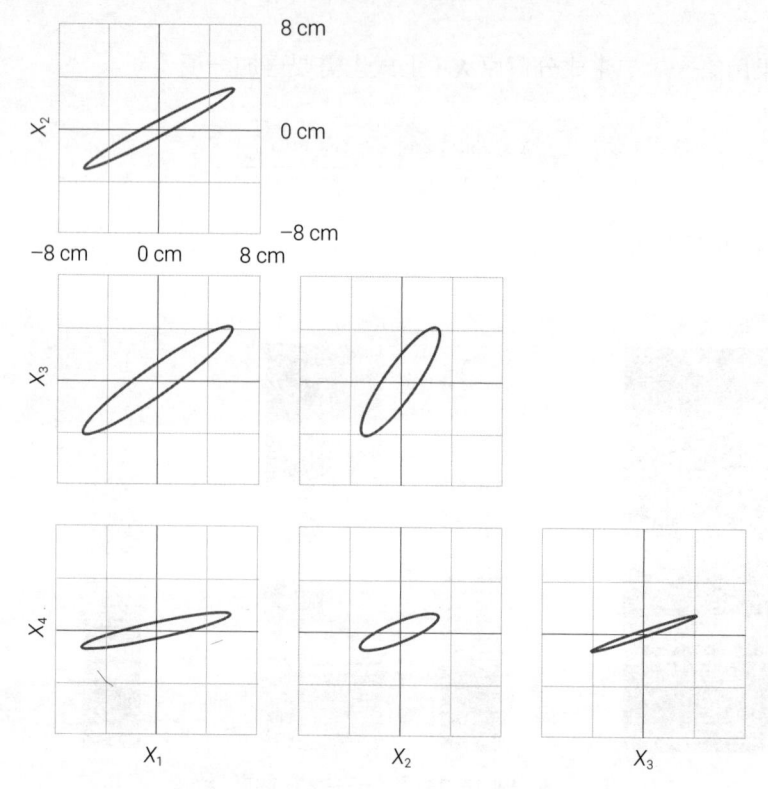

▲ 圖 16.24 馬氏距離為 1 的橢圓，「不去平均值」的協方差矩陣 Σ

橢圓：投影之後

經過 $Y_X = XV_X$ 投影之後，圖 16.25 所示為 Y_X 協方差矩陣對應的橢圓。

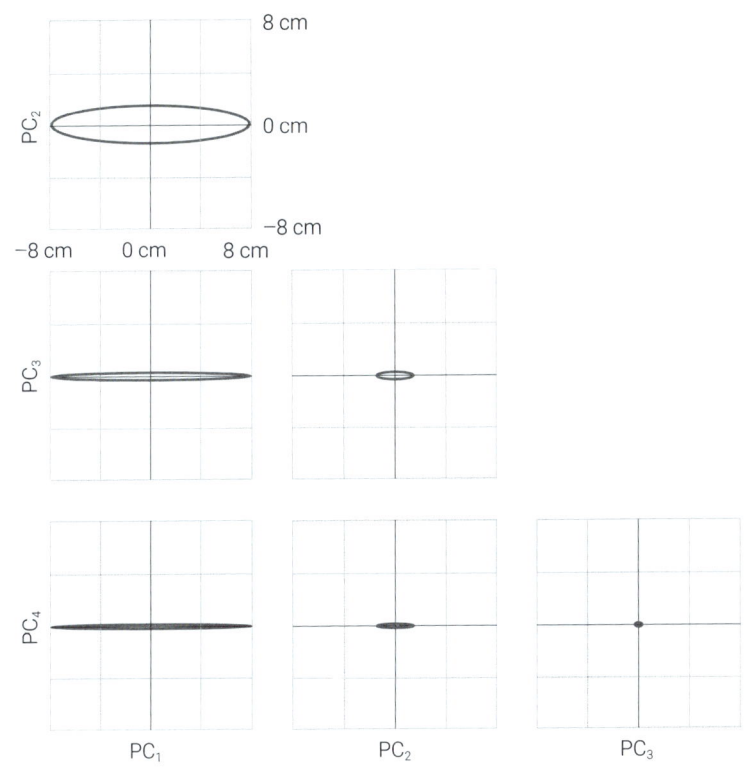

▲ 圖 16.25 馬氏距離為 1 的橢圓，Y_X 的協方差矩陣

16.4 相關性係數矩陣：標準化資料

標準化資料 Z_X 相當於是 Z 分數，因此消除了特徵量綱影響。因此，特徵值分解相關性係數矩陣不再受量綱影響。此外，標準化資料每一列特徵資料平均值均為 0，方差均為 1。這也消除了較大方差特徵的影響。

第 16 章　主成分分析進階

特徵值分解

圖 16.26 所示為特徵值分解相關性係數矩陣 P，P 的主對角線都是 1，P 對角線之外的元素都是線性相關係數。圖 16.27 對比了相關性係數矩陣 P 和 Λ_z 熱圖。同樣地，P 和 Λ_z 主對角線之和相同，即 $\text{trace}(P) = \text{trace}(\Lambda_z)$。

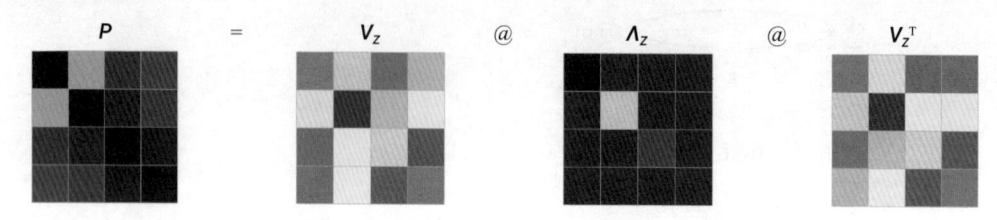

▲ 圖 16.26 特徵值分解相關性係數矩陣 P

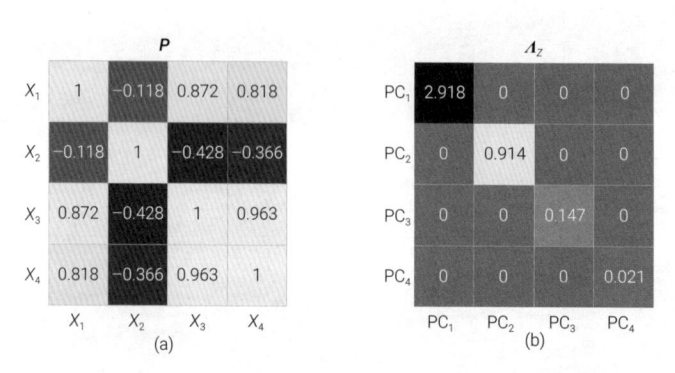

▲ 圖 16.27 對比相關性係數矩陣 P 和 Λ_z 熱圖

分解前後

圖 16.4 中，X_3 對方差和 $\text{trace}(\Sigma)$ 貢獻超過 68%，而 X_2 的貢獻卻小於 5%。而圖 16.28 中每個特徵經過標準化之後，貢獻率完全相同。方差小特徵也可能含有重要的資訊，利用特徵值分解相關性係數完成 PCA，可以消除這種顧慮，如圖 16.29 所示。

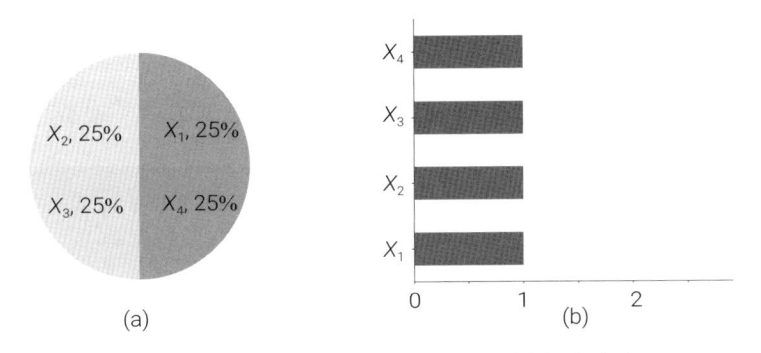

16.4 相關性係數矩陣：標準化資料

▲ 圖 16.28 相關性係數矩陣 P 主對角線成分

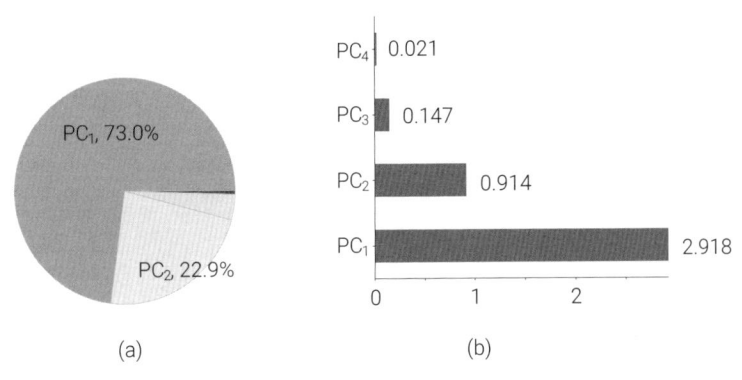

▲ 圖 16.29 Λ_z 的主對角線成分，相關性係數矩陣 P 特徵值

陡坡圖

圖 16.30 所示為特徵值分解相關性係數矩陣 P 主成分分析結果陡坡圖。第一主成分貢獻小於 80%。

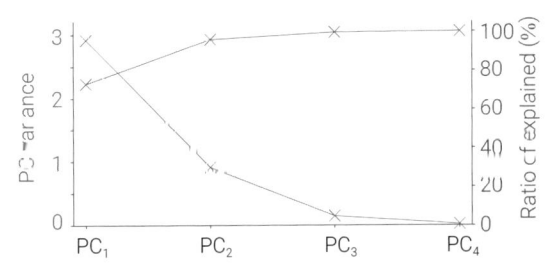

▲ 圖 16.30 陡坡圖，特徵值分解相關性係數矩陣 P

第 16 章　主成分分析進階

特徵向量矩陣

圖 16.31 所示為特徵向量矩陣 V_Z 熱圖。這幅圖和圖 16.7、圖 16.20 均不同。

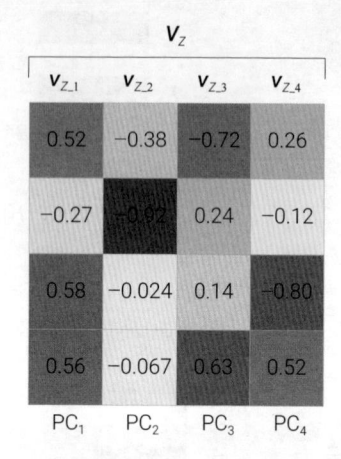

▲ 圖 16.31　特徵向量矩陣 V_Z 熱圖

投影

如圖 16.32 所示，標準化資料 Z 投影到 V_Z 得到資料矩陣 Y_Z。同樣地，正交矩陣 V_Z 也是一個規範正交基，而 V_X 是因中心化資料 Z_X 而生。

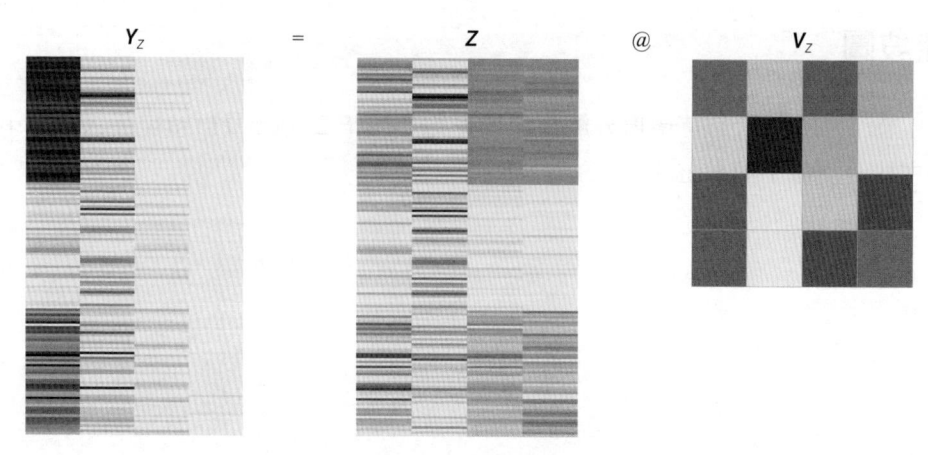

▲ 圖 16.32　中心化資料 Z 投影到 V_Z

16.4 相關性係數矩陣：標準化資料

請大家將原資料 X、中心化矩陣 X_c 也投影到 V_Z 中，並檢驗結果的協方差矩陣和質心。

雙標圖

圖 16.33 所示為 V_Z 雙標圖，請大家比較本章三幅雙標圖。

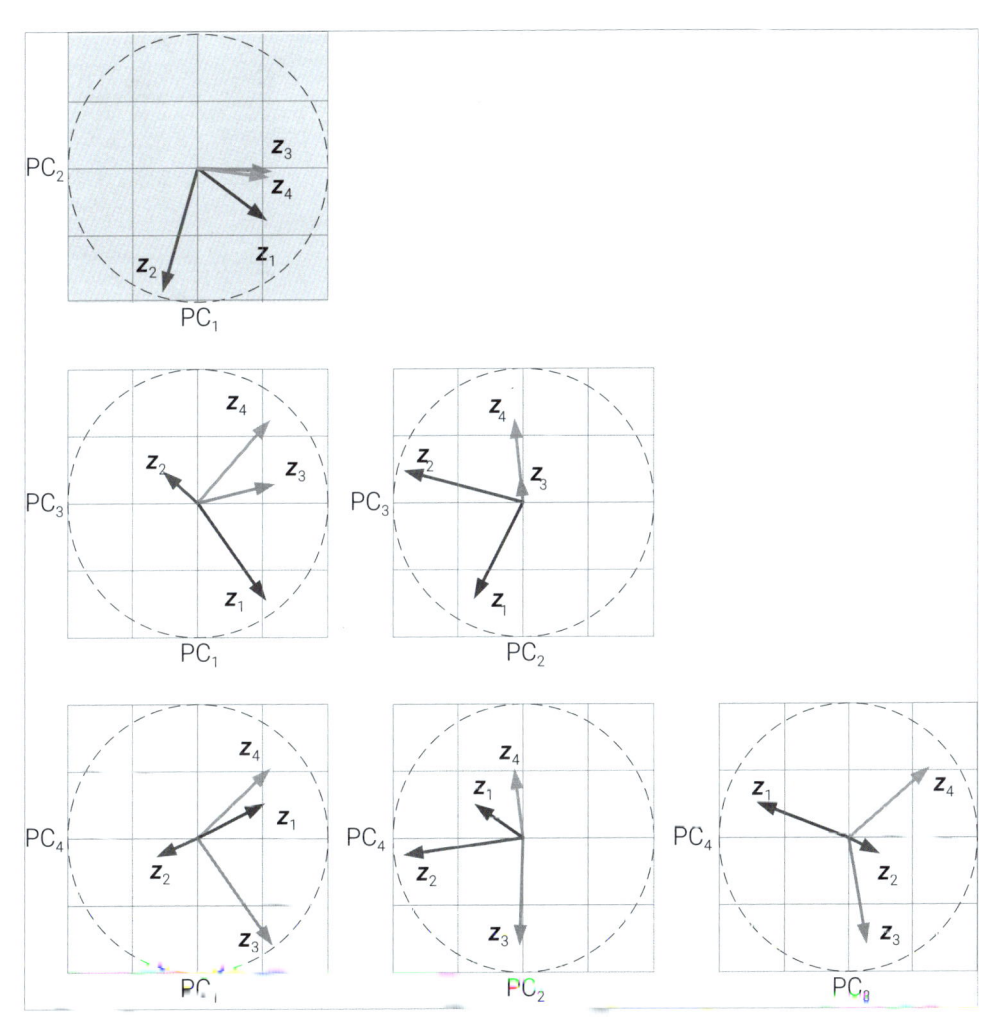

▲ 圖 16.33 V_Z 雙標圖，特徵值分解相關性係數矩陣 P

16-29

第 16 章　主成分分析進階

資料還原、誤差

圖 16.34 所示為第一主成分估計 Z_X：

$$Z_X \approx Z_X v_{X\_1} \otimes v_{X\_1} \tag{16.35}$$

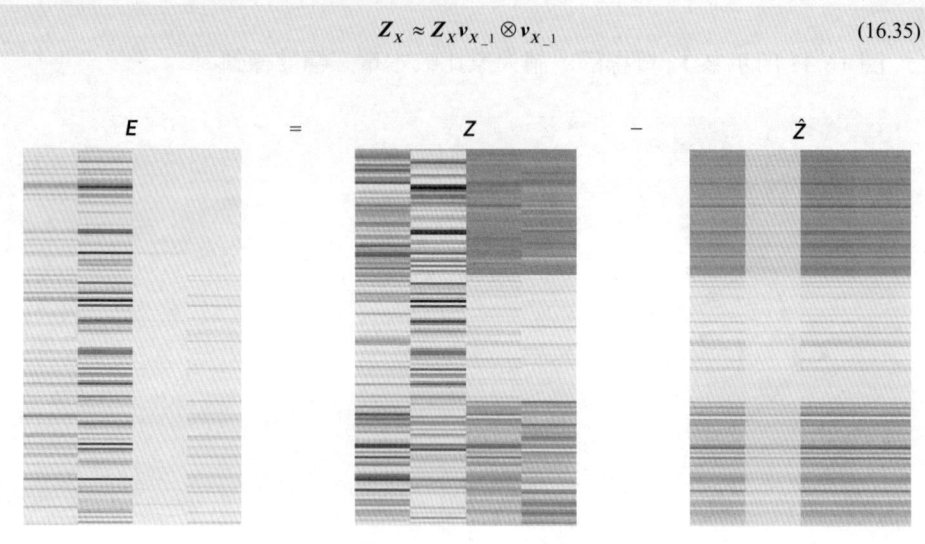

▲ 圖 16.34　第一主成分還原 Z_X

Z_X 可以寫成：

$$Z_X = (X - \mathrm{E}(X))D^{-1} = \sum_{j=1}^{D} Z_X v_{X\_j} \otimes v_{X\_j} \tag{16.36}$$

用 V_Z 還原 X：

$$X = \left(\sum_{j=1}^{D} Z_X v_{X\_j} \otimes v_{X\_j} \right) D + \mathrm{E}(X) \tag{16.37}$$

用 V_Z 第一主成分估計 X：

$$X \approx \underbrace{\left(Z_X v_{X\_1} \otimes v_{X\_1} \right)}_{\text{First principal}} D + \mathrm{E}(X) \tag{16.38}$$

其中，D 造成縮放的作用，$\mathrm{E}(X)$ 是平移的作用。

16.4 相關性係數矩陣：標準化資料

橢圓：投影之前

圖 16.35 所示為投影之前相關性係數矩陣 P 對應的橢圓。請比較前文協方差矩陣對應橢圓。

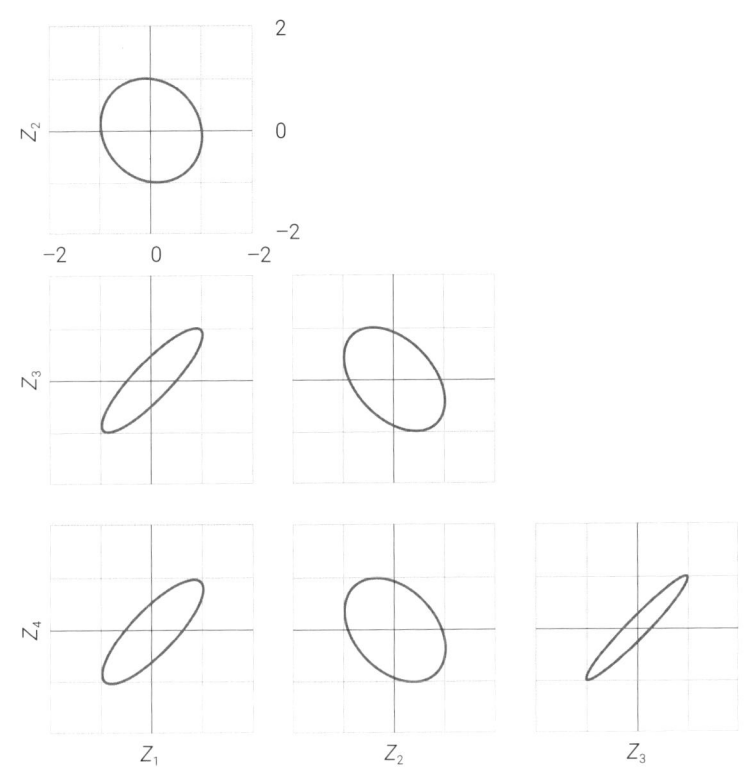

▲ 圖 16.35 馬氏距離為 1 的橢圓，相關性係數矩陣 P

橢圓：投影之後

圖 16.36 所示為投影之後正橢圓的位置和形狀。

第 16 章　主成分分析進階

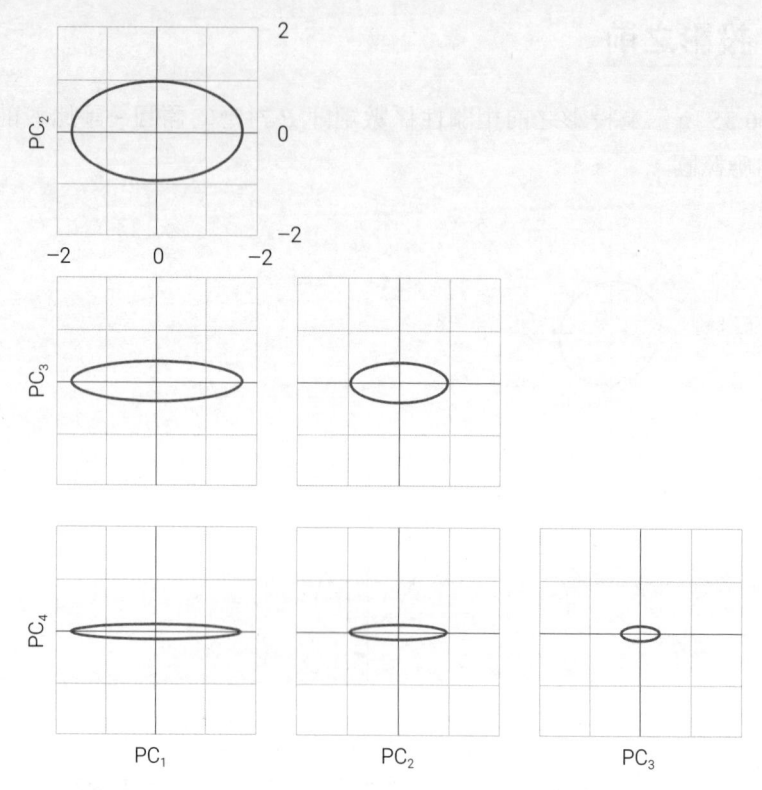

▲ 圖 16.36 馬氏距離為 1 的橢圓，Y_Z 的協方差矩陣

自訂函數

Bk7_Ch16_01.ipynb 中繪製了本章大部分圖片。這段程式檔案自訂了很多函數，下面講解程式 16.1。這段程式為自訂函數，用來完成 PCA。

ⓐ 計算原始資料的格拉姆矩陣。為了在數值上和其他方法具有可比性，這個格拉姆矩陣每個元素除以 $(n–1)$；其中，n 為樣本數。

ⓑ 對資料去平均值。

ⓒ 計算原始資料的協方差矩陣。

ⓓ 對資料標準化。

16.4 相關性係數矩陣：標準化資料

ⓔ 計算原始資料的相關性係數矩陣。

請大家自行學習 Bk7_Ch16_01.ipynb 中剩餘自訂函數。

> ⚠️ 注意：這個函數還可以進一步簡化，這個任務留給大家完成。

程式16.1 自訂PCA函數 | Bk7_Ch16_01.ipynb

```
#%% self-defined PCA function

def PCA(X, method = 'demean'):
    
    n = len(X)
    # number of sample data
    
    if method == 'original':
        XX = X.dropna()
        GG = (XX.T @ XX)/(n - 1)
        # devided by (n-1) to make results comparable
        variance_V, V = np.linalg.eig(GG)
    
    elif method == 'demean':
        XX = (X - X.mean()).dropna()
        GG = XX.T @ XX/(n - 1)
        variance_V, V = np.linalg.eig(GG)
    
    elif method == 'normalize':
        XX = (X - X.mean())/X.std().dropna()
        GG = XX.T @ XX/(n - 1)
        variance_V, V = np.linalg.eig(GG)
    
    else:
            print('Method does not exist. '
                  'Choose from original, demean, and normalize' )
    
    original_variance = np.diag(GG)
    
    explained_variance_ratio = variance_V / np.sum(variance_V)
    return [explained_variance_ratio,
            variance_V, V,
            original_variance, GG, XX]
```

ⓐ in the `if method == 'original'` block
ⓑ `XX = (X - X.mean()).dropna()`
ⓒ `GG = XX.T @ XX/(n - 1)`
ⓓ `XX = (X - X.mean())/X.std().dropna()`
ⓔ `GG = XX.T @ XX/(n - 1)`

16-33

第 16 章　主成分分析進階

> PCA 是本書系的「常客」，我們用橢圓、資料、格拉姆矩陣、協方差矩陣、特徵值分解、奇異值分解、線性組合、最佳化、隨機變數的線性函數等角度探討過 PCA。換句話來說，機器學習常用的數學工具在 PCA 處達到了一種融合，大家也看到了數學板塊實際上不是一個個孤立的個體，它們有其內在聯繫和網路。
>
> 下一章我們將主要介紹和 PCA 相關的迴歸演算法。此外，本書後文還要介紹核心主成分分析。

在用橢圓理解資料、解釋 PCA 方面，以下論文給本章很多啟發，歡迎大家閱讀：

- https://arxiv.org/pdf/1302.4881.pdf

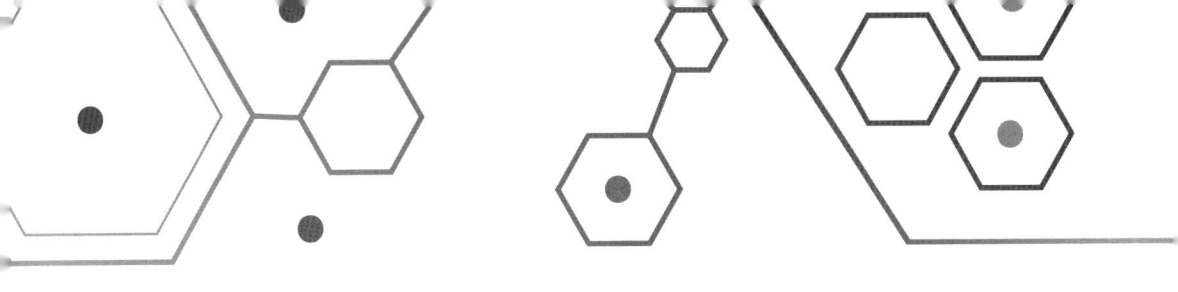

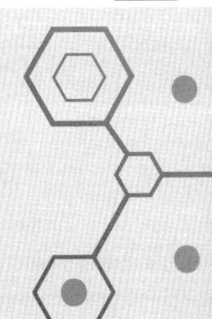

17 主成分分析與迴歸

PCA and Regressions

正交迴歸、主元迴歸、偏最小平方迴歸

數學展現出秩序、對稱和有限—這些都是美的極致形態。

The mathematical sciences particularly exhibit order, symmetry, and limitations; and these are the greatest forms of the beautiful.

——亞里斯多德（Aristotle）｜古希臘哲學家｜前 384—前 322 年

- numpy.linalg.eig() 特徵值分解
- numpy.linalg.svd() 奇異值分解
- numpy.mean() 計算平均值
- numpy.std() 計算均方差
- numpy.var() 計算方差
- pandas_datareader.get_data_yahoo() 下載股價資料
- scipy.odr 正交迴歸
- scipy.odr.Model() 構造正交迴歸模型
- scipy.odr.ODR() 設置正交迴歸資料、模型和初始值
- scipy.odr.RealData() 載入正交迴歸資料
- seaborn.heatmap() 繪製資料熱圖
- seaborn.jointplot() 繪製聯合分佈和邊際分佈
- seaborn.kdeplot() 繪製 KDE 核心機率密度估計曲線
- seaborn.lineplot() 繪製線圖
- seaborn.relplot() 繪製散點圖和曲線圖
- sklearn.decomposition.PCA() 主成分分析函數
- statsmodels.api.add_constant() 線性迴歸增加一列常數 1
- statsmodels.api.OLS 最小平方法線性迴歸

第 17 章　主成分分析與迴歸

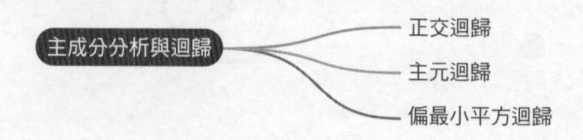

```
主成分分析與迴歸 ─┬─ 正交迴歸
                  ├─ 主元迴歸
                  └─ 偏最小平方迴歸
```

17.1 正交迴歸

本章將介紹三種與主成分分析 (PCA) 有著千絲萬縷聯繫的迴歸方法─正交迴歸、主元迴歸、偏最小平方迴歸。讓我們首先聊聊**正交迴歸** (orthogonal regression)。

正交迴歸，也叫作**正交距離迴歸** (Orthogonal Distance Regression，ODR)，又叫**全線性迴歸** (total linear regression)。正交迴歸透過 PCA 將引數轉換成互相正交的新變數，來消除引數之間的多重共線性問題，從而提高迴歸分析的準確性和穩定性。

具體來說，正交迴歸透過以下步驟實現：

①對引數進行 PCA，得到主成分變數，使它們互相正交。

②對因變數和主成分變數進行迴歸分析，得到每個主成分變數的迴歸係數。

③根據主成分變數的迴歸係數和 PCA 的結果，計算出每個引數的迴歸係數和截距項。

正交迴歸的優點之一是消除引數之間的多重共線性，提高迴歸分析的準確性和穩定性。正交回歸可以在保證預測準確性的前提下，降低引數的維度，提高迴歸模型的可解釋性。

正交迴歸的缺點是計算複雜度較高，需要進行 PCA 和迴歸分析等多個步驟。此外，由於正交迴歸是基於 PCA 的，因此它可能會失去一些原始引數的資訊，需要在可接受的誤差範圍內進行權衡。

17.1 正交迴歸

舉個例子，平面上，最小平方法 (OLS) 線性迴歸僅考慮垂直座標方向上誤差，如圖 17.1(a) 所示；而正交迴歸 (TLS) 同時考慮橫縱兩個方向誤差，如圖 17.1(b) 所示。

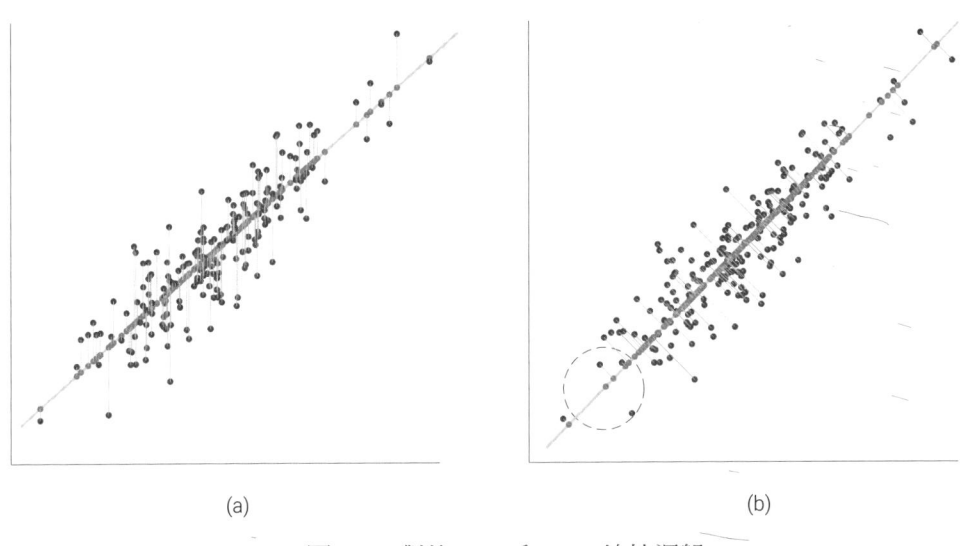

▲ 圖 17.1 對比 OLS 和 TLS 線性迴歸

從 PCA 角度看，正交迴歸特點是輸入資料 X 和輸出資料 y 都參與 PCA。按照特徵值從大到小順序排列特徵向量 $[v_1, v_2, \cdots, v_D, v_{D+1}]$，用其中前 D 個向量 $[v_1, v_2, \cdots, v_D]$ 構造一個全新超平面 H。利用 v_{D+1} 垂直於超平面 H 便可以求解出迴歸係數。

下面用兩特徵 $X = [x_1, x_2]$ 資料作例子，聊一下主成分迴歸的思想。如圖 17.2 所示，x_1 和 x_2 為輸入資料，y 為輸出資料；透過 PCA，x_1、x_2 和 y 正交化之後得到 v_1、v_2 和 v_3(根據特徵值從大到小排列)；v_1、v_2 和 v_3 兩兩正交。第一主成分 v_1 和第二主成分 v_2 構造平面 H。v_3 垂直於平面 H，透過這層關係求解出正交迴歸係數。

第 17 章　主成分分析與迴歸

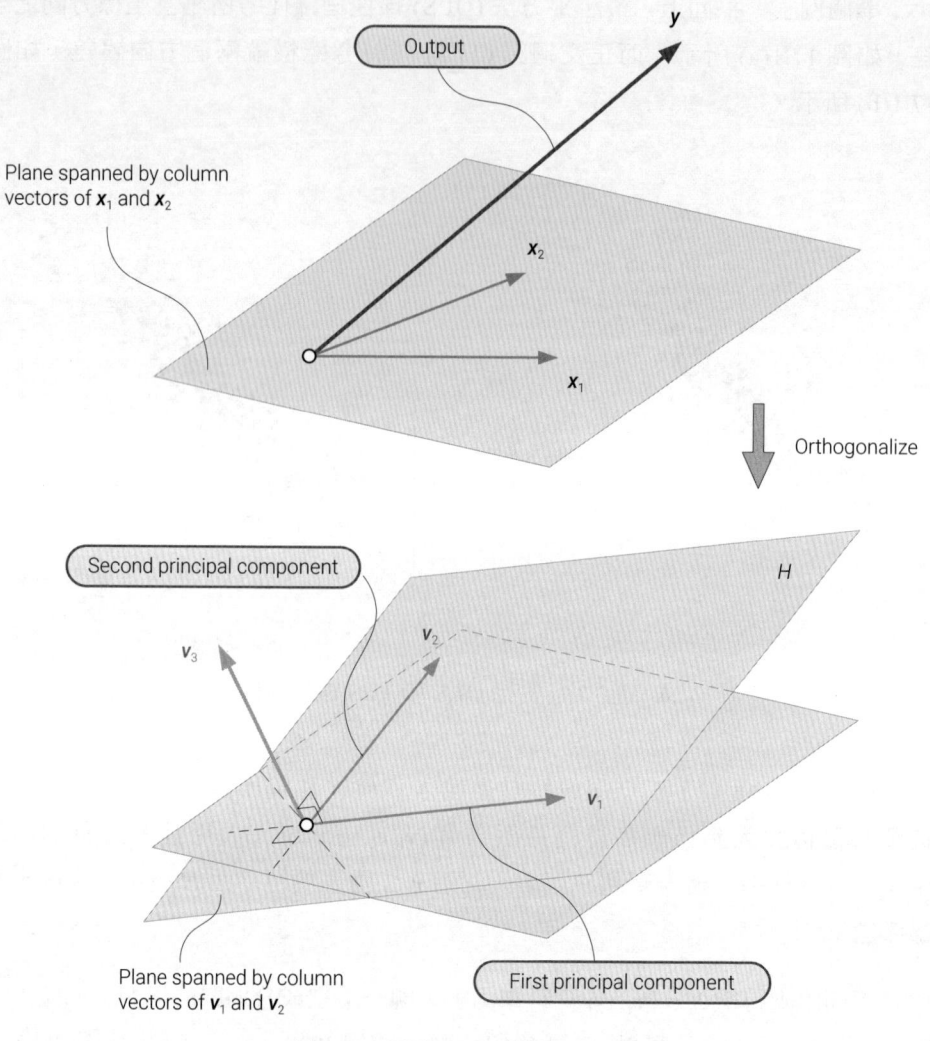

▲ 圖 17.2　透過 PCA 構造正交空間

前文介紹的線性迴歸採用的演算法叫作**普通最小平方法** (Ordinary Least Squares，OLS)；而正交回歸採用的演算法叫作**完全最小平方法** (Total Least Squares，TLS)。

如圖 17.3 所示，最小平方迴歸，將 y 投影到 x_1 和 x_2 構造的平面上。而對於正交迴歸，將 y 投影到 H，得到 $\hat{y}$。而殘差，$\varepsilon = y - \hat{y}$，平行於 v_3。再次強調，平面 H 是由第一主成分 v_1 和第二主成分 v_2 構造的。

17.1 正交迴歸

此外,建議讀者完成本章學習之後,回過頭來再比較圖 17.3 和圖 17.4。這樣,相信大家會更清楚 OLS 和 TLS 之間的區別。

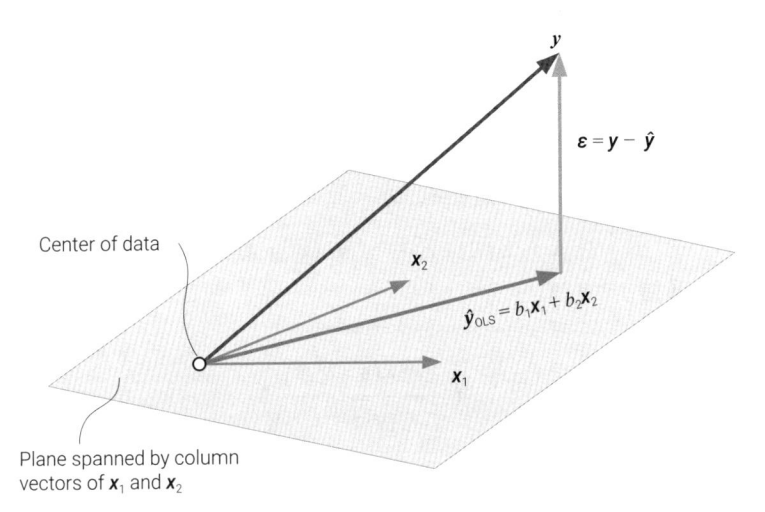

▲ 圖 17.3 最小平方迴歸,將 y 投影到 x_1 和 x_2 構造的平面上

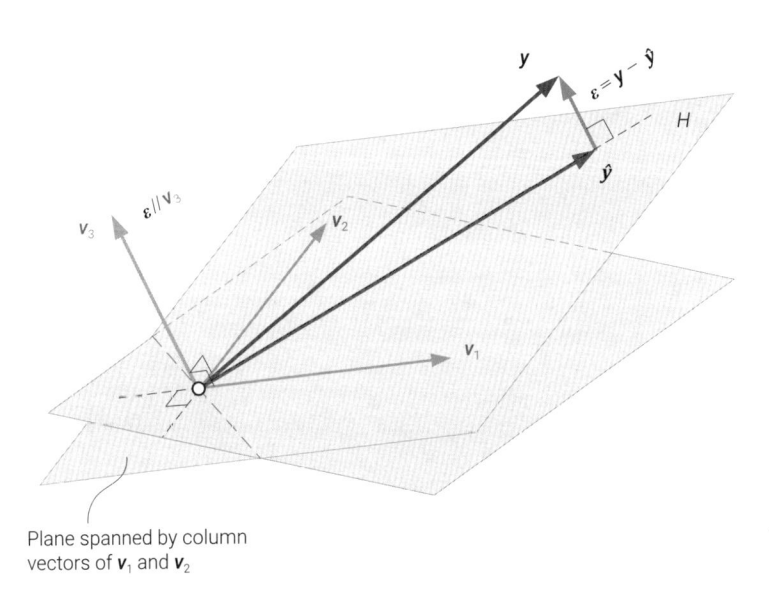

▲ 圖 17.4 正交迴歸,將輸出資料 y 投影到 H

下一節首先用一元正交迴歸給大家建立正交迴歸的直觀印象,本章後續將逐步擴充到二元迴歸和多元迴歸。

第 17 章　主成分分析與迴歸

17.2　一元正交迴歸

設定一元正交迴歸解析式如下：

$$y = b_0 + b_1 x \tag{17.1}$$

其中，b_0 為截距項，b_1 為斜率。

如圖 17.5 所示，從 x-y 平面上任意一點 $(x^{(i)}, y^{(i)})$ 到正交迴歸直線的距離可以利用式 (17.2) 獲得：

$$d_i = \frac{y^{(i)} - \left(b_0 + b_1 x^{(i)}\right)}{\sqrt{1 + b_1^2}} \tag{17.2}$$

當 $i = 1 \sim n$ 時，d_i 組成列向量為 $\boldsymbol{d}$：

$$\boldsymbol{d} = \frac{\boldsymbol{y} - \left(b_0 + b_1 \boldsymbol{x}\right)}{\sqrt{1 + b_1^2}} \tag{17.3}$$

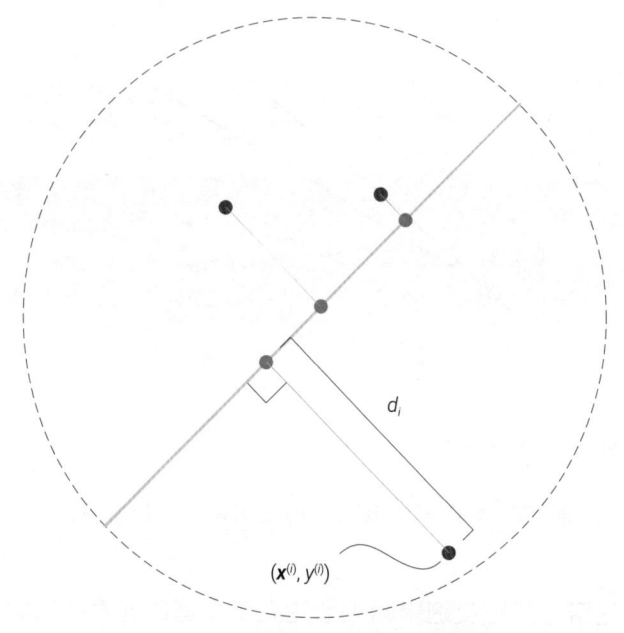

▲ 圖 17.5　正交投影幾何關係

17.2 一元正交迴歸

構造以下最佳化問題，b_0 和 b_1 為最佳化變數，最佳化目標為最小化歐氏距離平方和：

$$\arg\min_{b_0, b_1} f(b_0, b_1) = \|\boldsymbol{d}\|^2 = \boldsymbol{d}^\mathrm{T} \boldsymbol{d} \tag{17.4}$$

將式 (17.3) 代入 $f(b_0, b_1)$ 得到：

$$f(b_0, b_1) = \frac{(\boldsymbol{y} - (b_0 + b_1 \boldsymbol{x}))^\mathrm{T} (\boldsymbol{y} - (b_0 + b_1 \boldsymbol{x}))}{1 + b_1^2} \tag{17.5}$$

為了方便計算，也引入全 1 向量 $\boldsymbol{1}$，它和 $\boldsymbol{x}$ 形狀一樣為 n 行 1 列向量；將 $f(b_0, b_1)$ 展開整理為式 (17.6)：

$$f(b_0, b_1) = \frac{n b_0^2 + 2 b_0 b_1 \boldsymbol{x}^\mathrm{T} \boldsymbol{1} + b_1^2 \boldsymbol{x}^\mathrm{T} \boldsymbol{x} - 2 b_0 \boldsymbol{y}^\mathrm{T} \boldsymbol{1} - 2 b_1 \boldsymbol{x}^\mathrm{T} \boldsymbol{y} + \boldsymbol{y}^\mathrm{T} \boldsymbol{y}}{1 + b_1^2} \tag{17.6}$$

$f(b_0, b_1)$ 對 b_0 偏導為 0，構造以下等式：

$$\frac{\partial f(b_0, b_1)}{\partial b_0} = \frac{2 n b_0 + 2 b_1 \boldsymbol{x}^\mathrm{T} \boldsymbol{1} - 2 \boldsymbol{y}^\mathrm{T} \boldsymbol{1}}{1 + b_1^2} = 0 \tag{17.7}$$

$f(b_0, b_1)$ 對 b_1 偏導為 0，構造以下等式：

$$\frac{\partial f(b_0, b_1)}{\partial b_1} = \frac{2 b_1 \boldsymbol{x}^\mathrm{T} \boldsymbol{x} + 2 b_0 \boldsymbol{x}^\mathrm{T} \boldsymbol{1} - 2 \boldsymbol{x}^\mathrm{T} \boldsymbol{y}}{1 + b_1^2} - \frac{(n b_0^2 + 2 b_0 b_1 \boldsymbol{x}^\mathrm{T} \boldsymbol{1} + b_1^2 \boldsymbol{x}^\mathrm{T} \boldsymbol{x} - 2 b_0 \boldsymbol{y}^\mathrm{T} \boldsymbol{1} - 2 b_1 \boldsymbol{x}^\mathrm{T} \boldsymbol{y} + \boldsymbol{y}^\mathrm{T} \boldsymbol{y}) 2 b_1}{(1 + b_1^2)^2} = 0 \tag{17.8}$$

觀察式 (17.7)，容易用 b_1 表達 b_0：

$$b_0 = \frac{\boldsymbol{y}^\mathrm{T} \boldsymbol{1} - b_1 \boldsymbol{x}^\mathrm{T} \boldsymbol{1}}{n} = \mathrm{E}(\boldsymbol{y}) - b_1 \mathrm{E}(\boldsymbol{x}) \tag{17.9}$$

其中，

$$\begin{cases} \mathrm{E}(\boldsymbol{x}) = \dfrac{\boldsymbol{x}^\mathrm{T} \boldsymbol{1}}{n} = \dfrac{\sum_{i=1}^{n} x^{(i)}}{n} \\ \mathrm{E}(\boldsymbol{y}) = \dfrac{\boldsymbol{y}^\mathrm{T} \boldsymbol{1}}{n} = \dfrac{\sum_{i=1}^{n} y^{(i)}}{n} \end{cases} \tag{17.10}$$

將式 (17.9) 舉出的 b_0 解析式代入式 (17.8) 獲得僅含有 b_1 的一元二次方程：

$$b_1^2 + kb_1 - 1 = 0 \tag{17.11}$$

其中，

$$\begin{aligned} k &= \frac{n x^\mathrm{T} x - x^\mathrm{T} \mathbf{1} x^\mathrm{T} \mathbf{1} - n y^\mathrm{T} y + y^\mathrm{T} \mathbf{1} y^\mathrm{T} \mathbf{1}}{n x^\mathrm{T} y - x^\mathrm{T} \mathbf{1} y^\mathrm{T} \mathbf{1}} \\ &= \frac{\left(\dfrac{x^\mathrm{T} x}{n} - \dfrac{x^\mathrm{T} \mathbf{1} x^\mathrm{T} \mathbf{1}}{n^2} \right) - \left(\dfrac{y^\mathrm{T} y}{n} - \dfrac{y^\mathrm{T} \mathbf{1} y^\mathrm{T} \mathbf{1}}{n^2} \right)}{\dfrac{x^\mathrm{T} y}{n} - \dfrac{x^\mathrm{T} \mathbf{1} y^\mathrm{T} \mathbf{1}}{n^2}} \\ &= \frac{\mathrm{var}(x) - \mathrm{var}(y)}{\mathrm{cov}(x, y)} = \frac{\sigma_x^2 - \sigma_y^2}{\rho_{xy} \sigma_x \sigma_y} \end{aligned} \tag{17.12}$$

分子、分母相同係數消去；因此，式 (17.12) 不區分樣本和整體計算方差、協方差時的權重。求解式 (17.11) 一元二次方程，得到 b_1 解如下：

$$b_1 = \frac{-k \pm \sqrt{k^2 + 4}}{2} \tag{17.13}$$

將式 (17.12) 舉出的 k，代入式 (17.13)，整理得到 b_1 解：

$$b_1 = \frac{\left(\sigma_y^2 - \sigma_x^2 \right) \pm \sqrt{\left(\sigma_x^2 - \sigma_y^2 \right)^2 + 4 \left(\rho_{xy} \sigma_x \sigma_y \right)^2}}{2 \rho_{xy} \sigma_x \sigma_y} \tag{17.14}$$

發現 b_1 兩個解即 PCA 主元方向。

構造 $[x, y]$ 資料矩陣，它的協方差矩陣 Σ 可以記作：

$$\Sigma = \begin{bmatrix} \sigma_x^2 & \rho_{xy} \sigma_x \sigma_y \\ \rho_{xy} \sigma_x \sigma_y & \sigma_y^2 \end{bmatrix} \tag{17.15}$$

對 Σ 進行特徵值分解，得到兩個特徵向量：

17.2 一元正交迴歸

$$v_1 = \begin{bmatrix} \dfrac{\left(\sigma_y^2 - \sigma_x^2\right) + \sqrt{\left(\sigma_x^2 - \sigma_y^2\right)^2 + 4\left(\rho_{xy}\sigma_x\sigma_y\right)^2}}{2\rho_{xy}\sigma_x\sigma_y} \\ 1 \end{bmatrix}$$

$$v_2 = \begin{bmatrix} \dfrac{\left(\sigma_y^2 - \sigma_x^2\right) - \sqrt{\left(\sigma_x^2 - \sigma_y^2\right)^2 + 4\left(\rho_{xy}\sigma_x\sigma_y\right)^2}}{2\rho_{xy}\sigma_x\sigma_y} \\ 1 \end{bmatrix} \quad (17.16)$$

Σ 兩個特徵值，從大到小排列：

$$\lambda_1 = \frac{\sigma_x^2 + \sigma_y^2}{2} + \sqrt{\left(\rho_{xy}\sigma_x\sigma_y\right)^2 + \left(\frac{\sigma_x^2 - \sigma_y^2}{2}\right)^2}$$

$$\lambda_2 = \frac{\sigma_x^2 + \sigma_y^2}{2} - \sqrt{\left(\rho_{xy}\sigma_x\sigma_y\right)^2 + \left(\frac{\sigma_x^2 - \sigma_y^2}{2}\right)^2} \quad (17.17)$$

特徵值較大的特徵向量為正交迴歸直線切線向量；特徵值較小的特徵向量對應直線法線向量，這樣求得 b_1 斜率。有了上述想法，便可以用 PCA 分解來獲得正交迴歸係數，這是下一節要講解的內容。

Bk7_Ch17_01.ipynb 中介紹了如何利用 scipy.odr 可以求解得到正交迴歸係數。構造線性函數 linear_func(b,x)，利用 scipy.odr.Model(linear_func) 建立線性模型；然後，採用 scipy.odr.RealData() 載入資料，再用 scipy.odr.ODR() 整合資料、模型和初始值，輸出為 odr。odr.run() 求解迴歸問題。最後，用 print() 列印結果，其結果如下。

```
Beta:[0.00157414 1.43773257]
Beta Std Error:[0.00112548 0.05617699]
Beta Covariance:[[1.21904872e-02-2.43641786e-02]
 [-2.43641786e-02  3.03712371e+01]]
Residual Variance:0.00010390932459480641
Inverse Condition#:0.22899877744275976
Reason(s)for Halting:
Sum of squares convergence
```

第 17 章　主成分分析與迴歸

一元正交迴歸的解析式為：

$$y = 1.4377x + 0.00157 \tag{17.18}$$

下一節將介紹如何採用 PCA 來求解一元正交迴歸係數，並比較正交迴歸和最小平方法線性迴歸。

17.3 幾何角度看正交迴歸

圖 17.6 所示為正交迴歸和 PCA 分解之間的關係，發現主元迴歸直線透過資料中心 $(E(x),E(y))$，回歸直線方向和主元方向 v_1 平行，垂直於次元 v_2 方向。即次元方向 v_2 和直線法向量 n 平行。

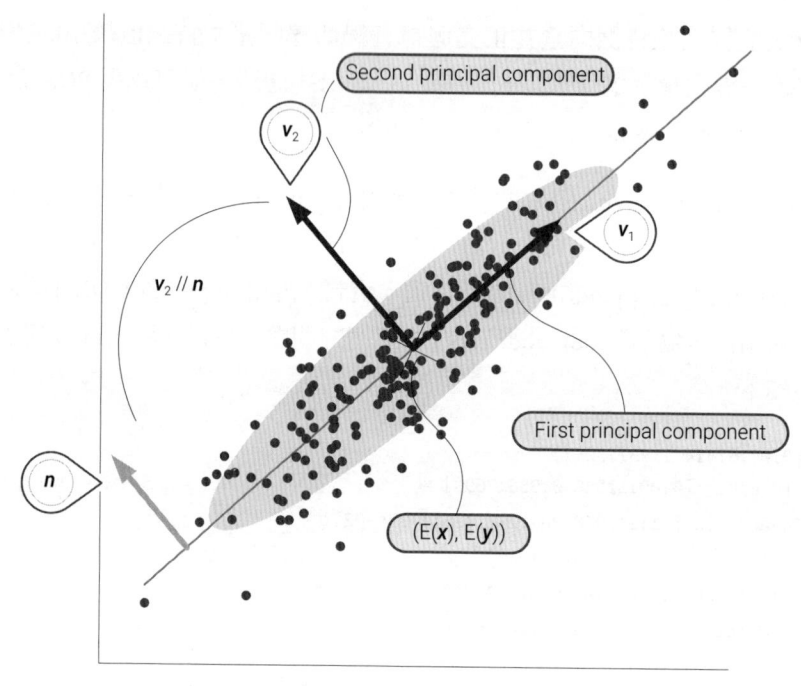

▲ 圖 17.6　正交迴歸和 PCA 分解關係

對於式 (17.1) 所示一元一次函數，構造二元 $F(x,y)$ 函數如下：

$$F(x,y) = b_0 + b_1 x - y \tag{17.19}$$

$F(x,y)$ 法向量，即平面上形如式 (17.1) 直線法向量 $\boldsymbol{n}$ 可以透過下式求解：

$$\boldsymbol{n} = \left(\frac{\partial F}{\partial x}, \frac{\partial F}{\partial y}\right)^{\mathrm{T}} = \begin{bmatrix} b_1 \\ -1 \end{bmatrix} \tag{17.20}$$

如前文所述，$\boldsymbol{n}$ 方向為 PCA 分解第二主元方向，即次元方向。

為了方便計算，假設資料已經經過中心化處理，即已經完成以下運算：

$$\boldsymbol{x} = \boldsymbol{x} - \mathrm{E}(\boldsymbol{x}), \quad \boldsymbol{y} = \boldsymbol{y} - \mathrm{E}(\boldsymbol{y}) \tag{17.21}$$

由於 $\boldsymbol{x}$ 和 $\boldsymbol{y}$ 已經是中心化向量，協方差矩陣可以透過式 (17.22) 運算得到：

$$\boldsymbol{\Sigma} = [\boldsymbol{x} \ \boldsymbol{y}]^{\mathrm{T}} [\boldsymbol{x} \ \boldsymbol{y}] = \begin{bmatrix} \boldsymbol{x}^{\mathrm{T}} \\ \boldsymbol{y}^{\mathrm{T}} \end{bmatrix} [\boldsymbol{x} \ \boldsymbol{y}] = \begin{bmatrix} \boldsymbol{x}^{\mathrm{T}}\boldsymbol{x} & \boldsymbol{x}^{\mathrm{T}}\boldsymbol{y} \\ \boldsymbol{y}^{\mathrm{T}}\boldsymbol{x} & \boldsymbol{y}^{\mathrm{T}}\boldsymbol{y} \end{bmatrix} \tag{17.22}$$

為了方便計算，本節計算協方差矩陣不考慮係數 $1/(n-1)$。

由於 $\boldsymbol{n}$ 為 $\boldsymbol{\Sigma}$ 次元方向：

$$\boldsymbol{\Sigma} \boldsymbol{n} = \lambda_2 \boldsymbol{n} \quad \Rightarrow \quad \begin{bmatrix} \boldsymbol{x}^{\mathrm{T}}\boldsymbol{x} & \boldsymbol{x}^{\mathrm{T}}\boldsymbol{y} \\ \boldsymbol{y}^{\mathrm{T}}\boldsymbol{x} & \boldsymbol{y}^{\mathrm{T}}\boldsymbol{y} \end{bmatrix} \boldsymbol{n} = \lambda_2 \boldsymbol{n} \tag{17.23}$$

將式 (17.20) 代入式 (17.23)，整理得到以下兩個等式：

$$\begin{bmatrix} \boldsymbol{x}^{\mathrm{T}}\boldsymbol{x} & \boldsymbol{x}^{\mathrm{T}}\boldsymbol{y} \\ \boldsymbol{y}^{\mathrm{T}}\boldsymbol{x} & \boldsymbol{y}^{\mathrm{T}}\boldsymbol{y} \end{bmatrix} \begin{bmatrix} b_1 \\ -1 \end{bmatrix} = \lambda_2 \begin{bmatrix} b_1 \\ -1 \end{bmatrix} \quad \Rightarrow \quad \begin{cases} \boldsymbol{x}^{\mathrm{T}}\boldsymbol{x} b_1 - \boldsymbol{x}^{\mathrm{T}}\boldsymbol{y} = \lambda_2 b_1 \\ \boldsymbol{y}^{\mathrm{T}}\boldsymbol{x} b_1 - \boldsymbol{y}^{\mathrm{T}}\boldsymbol{y} = -\lambda_2 \end{cases} \tag{17.24}$$

聯立式 (17.24) 兩個等式，用 λ_2 表示 b_1：

$$b_{1\_\mathrm{TLS}} = \left(\boldsymbol{x}^{\mathrm{T}}\boldsymbol{x} - \lambda_2\right)^{-1} \boldsymbol{x}^{\mathrm{T}}\boldsymbol{y} \tag{17.25}$$

第 17 章　主成分分析與迴歸

下式為本書前文獲得的 OLS 一元線性迴歸中 b_1 解：

$$b_{1\_OLS} = \left(x^T x\right)^{-1} x^T y \tag{17.26}$$

對比 OLS 和 TLS；當式 (17.25) 中 λ_2 為 0 時，兩種迴歸方法得到的斜率完全一致。$\lambda_2 = 0$ 時，y 和 x 完全線性相關。

資料中心化前後，迴歸直線梯度向量不變；中心化之前的迴歸直線透過 $(E(x), E(y))$ 一點，即：

$$E(y) = b_0 + b_1 E(x) \tag{17.27}$$

獲得迴歸式截距項 b_0 運算式：

$$b_0 = E(y) - b_1 E(x) \tag{17.28}$$

圖 17.7 所示為一元正交迴歸資料之間的關係。發現引數 x 列向量和因變數 y 列向量資料都參與 PCA 分解得到正交化向量 v_1 和 v_2。然後用特徵值中較大值對應特徵向量 v_1 作為一元正交迴歸直線切線向量。更為簡單的計算方法是，用特徵值較小值對應特徵向量 v_2 作為一元正交迴歸直線法向量。

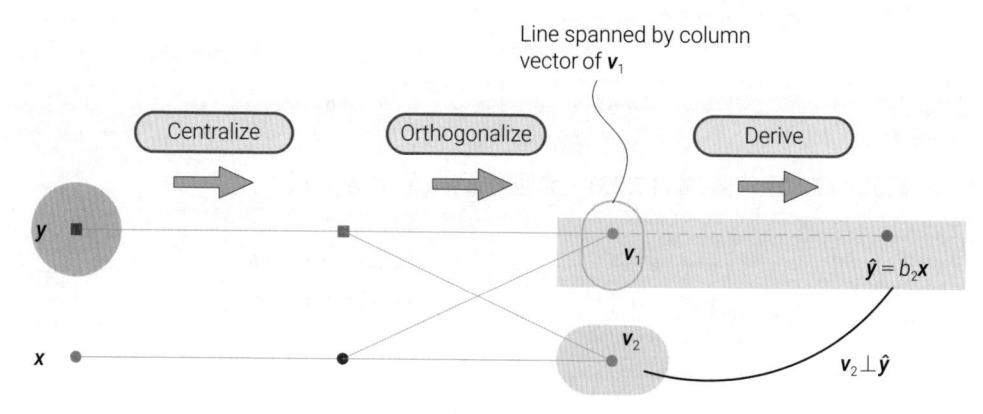

▲ 圖 17.7　一元正交迴歸（TLS）資料之間的關係

表 17.1 所示為最小平方方法（OLS）一元線性迴歸係數，對應的一元 OLS 解析式為：

17.3 幾何角度看正交迴歸

$$y = 1.1225x + 0.0018 \qquad (17.29)$$

→ 表 17.1 最小平方方法 OLS 一元線性迴歸結果

```
OLS Regression Results
==============================================================================
Dep. Variable:                   AAPL   R-squared:                       0.687
Model:                            OLS   Adj. R-squared:                  0.686
Method:                 Least Squares   F-statistic:                     549.7
Date:                Thu, 07 Oct 2021   Prob (F-statistic):           4.55e-65
Time:                        07:08:46   Log-Likelihood:                 678.03
No. Observations:                 252   AIC:                            -1352.
Df Residuals:                     250   BIC:                            -1345.
Df Model:                           1
Covariance Type:            nonrobust
==============================================================================
                 coef    std err          t      P>|t|      [0.025      0.975]
------------------------------------------------------------------------------
const          0.0018      0.001      1.759      0.080      -0.000       0.004
SP500          1.1225      0.048     23.446      0.000       1.028       1.217
==============================================================================
Omnibus:                       52.424   Durbin-Watson:                   1.864
Prob(Omnibus):                  0.000   Jarque-Bera (JB):              210.804
Skew:                           0.777   Prob(JB):                     1.68e-46
Kurtosis:                       7.203   Cond. No.                         46.1
==============================================================================
```

圖 17.8 比較 OLS 和 TLS 結果

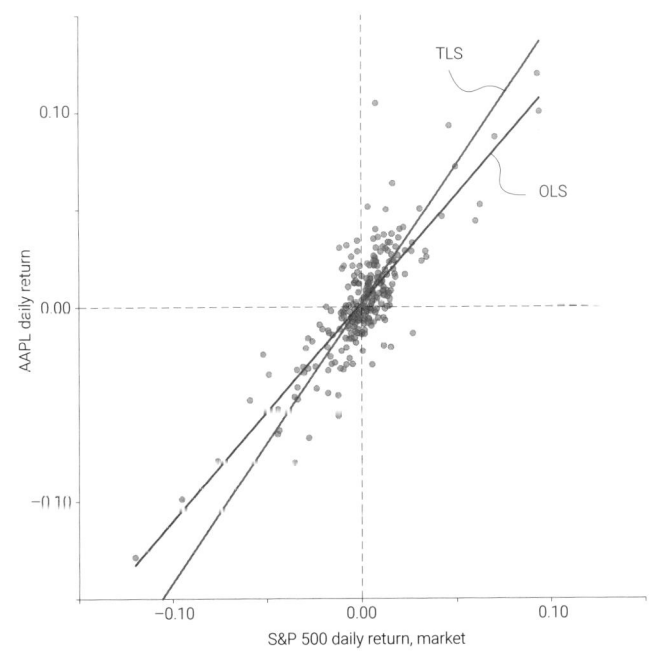

▲ 圖 17.8 比較 OLS 和 TLS 結果

第 17 章　主成分分析與迴歸

> Bk7_Ch17_01.ipynb 中繪製了本節影像。

17.4　二元正交迴歸

這一節用 PCA 討論二元正交迴歸。首先也是對資料進行中心化處理：

$$x_1 = x_1 - \mathrm{E}(x_1), \quad x_2 = x_2 - \mathrm{E}(x_2), \quad y = y - \mathrm{E}(y) \tag{17.30}$$

根據 PCA 計算法則，首先求解協方差矩陣。由於 x_1、x_2 和 y 已經為中心化矩陣，因此協方差矩陣 Σ 透過下式計算獲得。

$$\begin{aligned}\Sigma &= \begin{bmatrix} x_1 & x_2 & y \end{bmatrix}^\mathrm{T} \begin{bmatrix} x_1 & x_2 & y \end{bmatrix} \\ &= \begin{bmatrix} x_1^\mathrm{T} \\ x_2^\mathrm{T} \\ y^\mathrm{T} \end{bmatrix} \begin{bmatrix} x_1 & x_2 & y \end{bmatrix} = \begin{bmatrix} x_1^\mathrm{T} x_1 & x_1^\mathrm{T} x_2 & x_1^\mathrm{T} y \\ x_2^\mathrm{T} x_1 & x_2^\mathrm{T} x_2 & x_2^\mathrm{T} y \\ y^\mathrm{T} x_1 & y^\mathrm{T} x_2 & y^\mathrm{T} y \end{bmatrix} \end{aligned} \tag{17.31}$$

為了方便計算，本節也在計算中不考慮係數 $1/(n-1)$。

正交迴歸解析式表達：

$$y = b_0 + b_1 x_1 + b_2 x_2 \tag{17.32}$$

構造二元 $F(x_1, x_2, y)$ 函數如下：

$$F(x_1, x_2, y) = b_0 + b_1 x_1 + b_2 x_2 - y \tag{17.33}$$

$F(x_1, x_2, y)$ 法向量即平面 $f(x_1, x_2)$ 法向量 n 透過下式求解：

$$n = \left(\frac{\partial F}{\partial x_1}, \frac{\partial F}{\partial x_2}, \frac{\partial F}{\partial y} \right)^\mathrm{T} = \begin{bmatrix} b_1 & b_2 & -1 \end{bmatrix}^\mathrm{T} \tag{17.34}$$

17.4 二元正交迴歸

n 平行於 Σ 矩陣 PCA 分解特徵值最小特徵向量，即：

$$\Sigma v_3 = \lambda_3 v_3 \quad \Rightarrow \quad \begin{bmatrix} x_1^T x_1 & x_1^T x_2 & x_1^T y \\ x_2^T x_1 & x_2^T x_2 & x_2^T y \\ y^T x_1 & y^T x_2 & y^T y \end{bmatrix} n = \lambda_3 n \tag{17.35}$$

整理得到：

$$\begin{bmatrix} x_1^T x_1 & x_1^T x_2 & x_1^T y \\ x_2^T x_1 & x_2^T x_2 & x_2^T y \\ y^T x_1 & y^T x_2 & y^T y \end{bmatrix} \begin{bmatrix} b_1 \\ b_2 \\ -1 \end{bmatrix} = \lambda_3 \begin{bmatrix} b_1 \\ b_2 \\ -1 \end{bmatrix} \quad \Rightarrow \quad \begin{cases} (x_1^T x_1 - \lambda_3) b_1 + x_1^T x_2 b_2 = x_1^T y \\ x_2^T x_1 b_1 + (x_2^T x_2 - \lambda_3) b_2 = x_2^T y \end{cases} \tag{17.36}$$

n 平行於 Σ 矩陣 PCA 分解特徵值最小特徵向量 v_3，構造以下等式並求解 b_1 和 b_2：

$$\begin{bmatrix} b_1 \\ b_2 \\ -1 \end{bmatrix} = k v_3 \quad \Rightarrow \quad \begin{bmatrix} b_1 \\ b_2 \\ -1 \end{bmatrix} = k \begin{bmatrix} v_{1,3} \\ v_{2,3} \\ v_{3,3} \end{bmatrix} \tag{17.37}$$

根據式 (17.37) 最後一行，可以求得 k：

$$k = \frac{-1}{v_{3,3}} \tag{17.38}$$

b_1 和 b_2 組成的列向量為：

$$\begin{bmatrix} b_1 \\ b_2 \end{bmatrix} = \frac{-1}{v_{3,3}} \begin{bmatrix} v_{1,3} \\ v_{2,3} \end{bmatrix} \tag{17.39}$$

迴歸方程式常數項透過下式獲得：

$$b_0 = \mathrm{E}(y) - \begin{bmatrix} \mathrm{E}(x_1) & \mathrm{E}(x_2) \end{bmatrix} \begin{bmatrix} b_1 \\ b_2 \end{bmatrix} \tag{17.40}$$

第 17 章　主成分分析與迴歸

為了方便多元正交迴歸運算，令

$$[x_1 \quad x_2] = [X] \Rightarrow [x_1 \quad x_2 \quad y] = [X \quad y] \tag{17.41}$$

協方差矩陣 Σ 為：

$$\Sigma = \begin{bmatrix} X^T X & X^T y \\ y^T X & y^T y \end{bmatrix} \tag{17.42}$$

上式 Σ 也不考慮係數 $1/(n-1)$：

$$\Sigma v_3 = \lambda_3 v_3 \Rightarrow \begin{bmatrix} X^T X & X^T y \\ y^T X & y^T y \end{bmatrix} n = \lambda_3 n \tag{17.43}$$

構造 $b = [b_1, b_2]^T$ 這樣重新構造特徵值和特徵向量以及 Σ 之間關係：

$$n = \begin{bmatrix} b_1 \\ b_2 \\ -1 \end{bmatrix} = \begin{bmatrix} b \\ -1 \end{bmatrix} \tag{17.44}$$

將式 (17.44) 代入式 (17.43)，整理得到 b：

$$\begin{bmatrix} X^T X & X^T y \\ y^T X & y^T y \end{bmatrix} \begin{bmatrix} b \\ -1 \end{bmatrix} = \lambda_3 \begin{bmatrix} b \\ -1 \end{bmatrix} \Rightarrow b = (X^T X - \lambda_3 I)^{-1} X^T y \tag{17.45}$$

下一節將使用式 (17.45) 計算正交迴歸解析式係數。

圖 17.9 回顧了本章第一節介紹的二元正交迴歸座標轉換過程。

17.4 二元正交迴歸

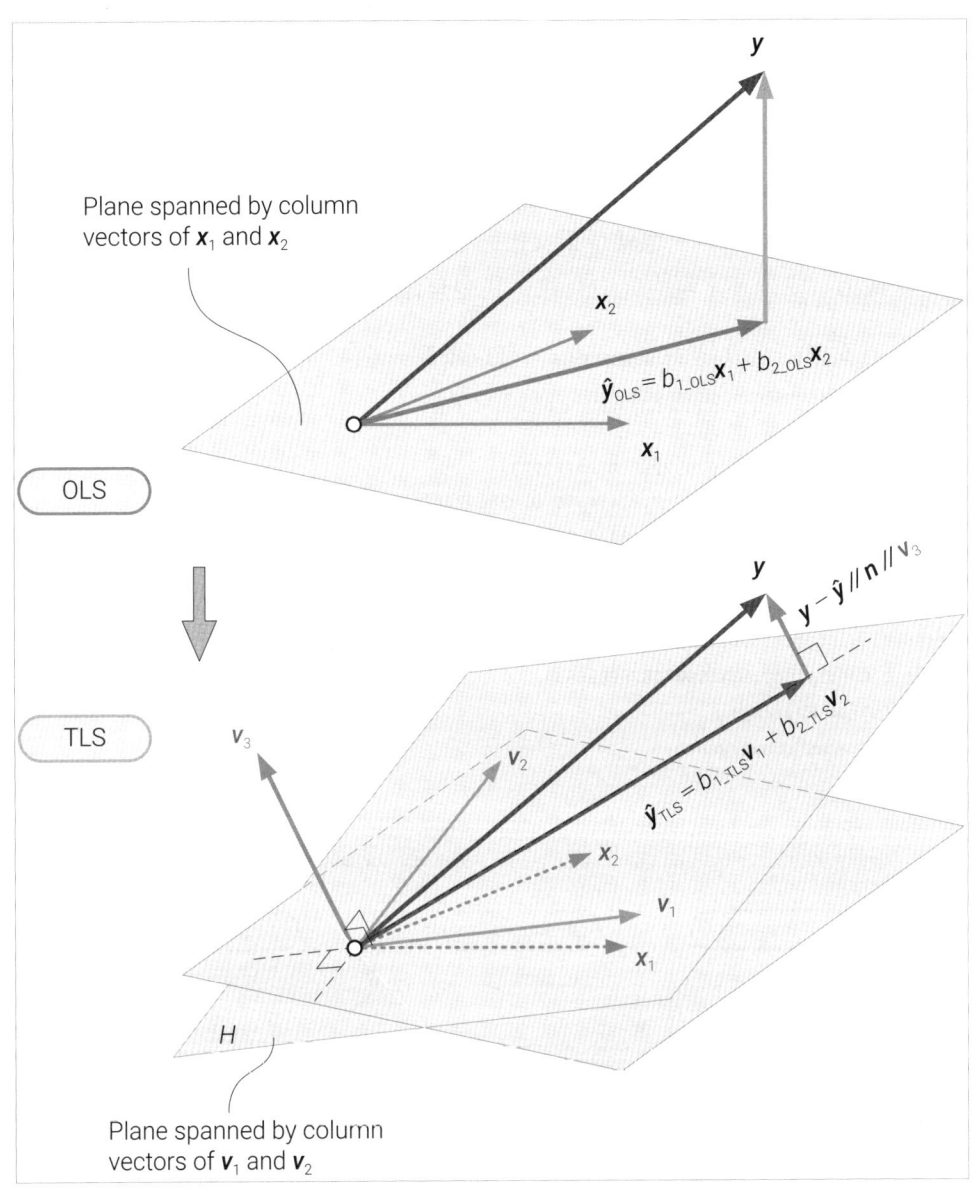

▲ 圖 17.9 幾何角度解釋二元正交迴歸座標轉換

資料 $[x_1, x_2, y]$ 中心化後，用 PCA 正交化獲得正交系 $[v_1, v_2, v_3]$。v_1, v_2 和 v_3 對應特徵值由大到小。前兩個主元向量 v_1 和 v_2 相互垂直，組成了一個平面 H，特徵值最小主元 v_3 垂直於該平面。n 為 H 平面法向量，n 和 v_3 兩者平行。

17-17

第 17 章　主成分分析與迴歸

圖 17.9 還比較了 OLS 和 TLS 迴歸結果。值得大家注意的是，如圖 17.9 上半部分所示，對於最小二乘迴歸 (OLS)，$\hat{y}$ 在 x_1 和 x_2 構造的平面上；而如圖 17.9 下半部分，正交迴歸 (TLS) 中，$\hat{y}$ 在 v_1 和 v_2 構造平面 H 上。

圖 17.10 解釋了二元正交迴歸資料之間的關係。如前文反覆強調，輸入資料和輸出資料都參與 PCA，也就是正交化過程，因此特徵向量既有「輸入」成分，也有「輸出」成分，呈現「你中有我，我中有你」。

利用本書前文介紹的 scipy.odr，可以求解一個二元正交迴歸的結果如下。利用 PCA，我們可以獲得相同正交迴歸的係數。

```
Beta:[-0.00061177  0.40795725  0.44382723]
Beta Std Error:[0.00057372 0.02454606 0.02864744]
Beta Covariance:[[5.46486647e-03-2.24817813e-02  1.00466594e-02][-2.24817813e-02
1.00032390e+01-7.07446738e+00]
[1.00466594e-02-7.07446738e+00  1.36253753e+01]]
Residual Variance:6.02314210079386e-05
Inverse Condition#:0.16900716799896934
Reason(s)for Halting:
Sum of squares convergence
```

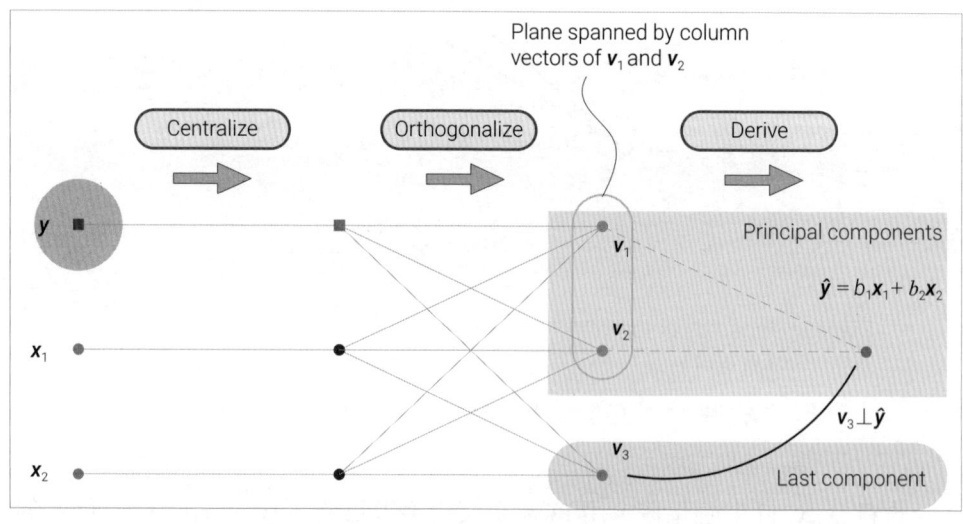

▲ 圖 17.10　二元正交迴歸資料之間的關係

17-18

17.4 二元正交迴歸

二元正交迴歸的平面解析式為：

$$y = 0.4079x_1 + 0.4438x_2 - 0.00061 \qquad (17.46)$$

表 17.2 所示為最小平方法（OLS）二元線性迴歸結果，對應的平面解析式如下：

$$y = 0.3977x_1 + 0.4096x_2 - 0.006 \qquad (17.47)$$

➔ 表 17.2　最小平方法（OLS）二元線性迴歸結果

```
OLS Regression Results
==============================================================================
Dep. Variable:                  SP500   R-squared:                       0.830
Model:                            OLS   Adj. R-squared:                  0.829
Method:                 Least Squares   F-statistic:                     607.4
Date:                Thu, 07 Oct 2021   Prob (F-statistic):           1.69e-96
Time:                        07:31:57   Log-Likelihood:                 831.06
No. Observations:                 252   AIC:                            -1656.
Df Residuals:                     249   BIC:                            -1646.
Df Model:                           2
Covariance Type:            nonrobust
==============================================================================
                 coef    std err          t      P>|t|      [0.025      0.975]
------------------------------------------------------------------------------
const         -0.0006      0.001     -0.984      0.326      -0.002       0.001
AAPL           0.3977      0.024     16.326      0.000       0.350       0.446
MCD            0.4096      0.028     14.442      0.000       0.354       0.465
==============================================================================
Omnibus:                       37.744   Durbin-Watson:                   1.991
Prob(Omnibus):                  0.000   Jarque-Bera (JB):              157.710
Skew:                           0.492   Prob(JB):                     5.67e-35
Kurtosis:                       6.749   Cond. No.                         59.4
==============================================================================
```

圖 17.11 比較了 OLS 和 TLS 二元迴歸結果。

第 17 章　主成分分析與迴歸

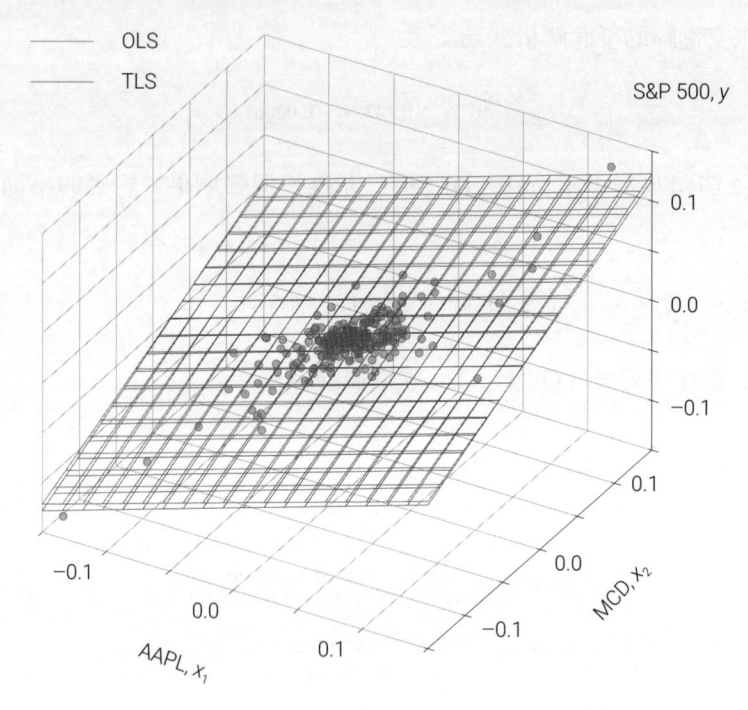

▲ 圖 17.11 比較 OLS 和 TLS 二元迴歸結果

Bk7_Ch17_02.ipynb 中完成了本節迴歸運算。

17.5 多元正交迴歸

下面，把上述想法推廣到 D 維度 X 矩陣。首先中心化資料，獲得以下兩個中心化 X, y 向量：

$$X_{n \times D} = \left(I - \frac{1}{n} \mathit{11}^T \right) X, \quad y = y - \mathrm{E}(y) \tag{17.48}$$

為了表達方便，假設 X 和 y 已經為中心化資料；這樣，構造迴歸方程式時，不必考慮常數項 b_0，即迴歸方程式中沒有截距項：

17.5 多元正交迴歸

$$y = b_1 x_1 + b_2 x_2 + \cdots + b_{D-1} x_{D-1} + b_D x_D \tag{17.49}$$

為了進行 PCA 分解，首先計算 $[X, y]$ 矩陣協方差矩陣。

X 和 y 均是中心化資料，不考慮係數 $1/(n-1)$，協方差矩陣透過下式簡單運算獲得：

$$\Sigma_{(D+1)\times(D+1)} = [X, y]^{\mathrm{T}}[X, y] = \begin{bmatrix} X^{\mathrm{T}} \\ y^{\mathrm{T}} \end{bmatrix}[X, y] = \begin{bmatrix} X^{\mathrm{T}}X & X^{\mathrm{T}}y \\ y^{\mathrm{T}}X & y^{\mathrm{T}}y \end{bmatrix} \tag{17.50}$$

上述協方差矩陣行列寬度均為 $D+1$。對它進行特徵值分解得到：

$$\Sigma = V \Lambda V^{-1} \tag{17.51}$$

其中，

$$\Lambda = \begin{bmatrix} \lambda_1 & & & & \\ & \lambda_2 & & & \\ & & \ddots & & \\ & & & \lambda_D & \\ & & & & \lambda_{D+1} \end{bmatrix}, \quad \lambda_1 \geq \lambda_2 \geq \cdots \geq \lambda_D \geq \lambda_{D+1} \tag{17.52}$$

$$V = \begin{bmatrix} v_1 & v_2 & \cdots & v_D & v_{D+1} \end{bmatrix}$$

特徵值矩陣對角線特徵值從左到右，由大到小。有了本章之前內容鋪陳，相信讀者已經清楚正交迴歸的矩陣運算過程，具體如圖 17.12 所示。

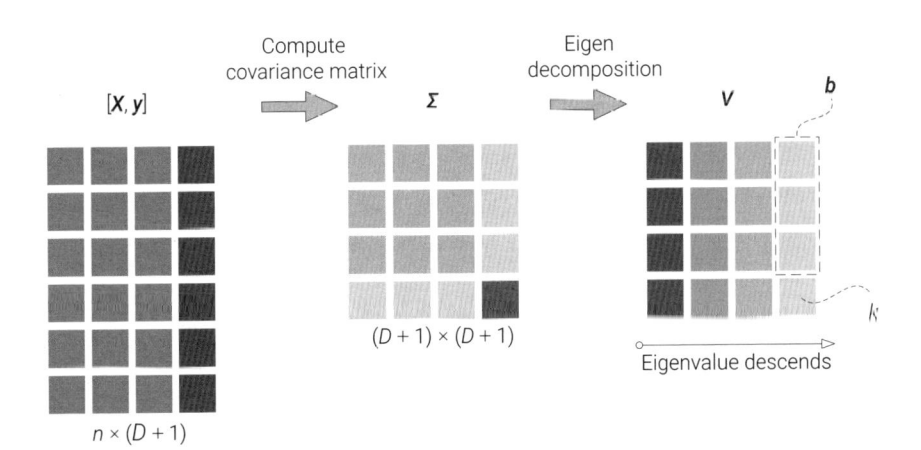

▲ 圖 17.12 多元正交迴歸矩陣運算過程

第 17 章　主成分分析與迴歸

V 中第 1 到第 D 個列向量 $[v_1, v_2, \cdots, v_D]$ 構造超平面 H，而 v_{D+1} 垂直於該超平面。構造 $F(x_1, x_2, \cdots, x_D, y)$ 函數：

$$F(x_1, x_2, \cdots, x_D, y) = b_1 x_1 + b_2 x_2 + \cdots + b_{D-1} x_{D-1} + b_D x_D - y \tag{17.53}$$

$F(x_1, x_2, \cdots, x_D, y)$ 法向量即平面上 $f(x_1, x_2, \cdots, x_D)$ 法向量 n 透過下式求解：

$$n = \left(\frac{\partial F}{\partial x_1}, \cdots, \frac{\partial F}{\partial x_D}, \frac{\partial F}{\partial y} \right)^\mathrm{T} = \begin{bmatrix} b_1 & b_2 & \cdots & b_D & -1 \end{bmatrix}^\mathrm{T} = \begin{bmatrix} b \\ -1 \end{bmatrix} \tag{17.54}$$

這樣重新構造特徵值 λ_{D+1} 和特徵向量 v_{D+1} 以及 Σ 之間關係。注意，n 平行 v_{D+1}。n 對應 Σ 矩陣 PCA 分解特徵值最小特徵向量，即：

$$\Sigma v_{D+1} = \lambda_{D+1} v_{D+1} \implies \begin{bmatrix} X^\mathrm{T} X & X^\mathrm{T} y \\ y^\mathrm{T} X & y^\mathrm{T} y \end{bmatrix} n = \lambda_{D+1} n \tag{17.55}$$

求解獲得多元正交迴歸係數列向量 b 解：

$$\begin{bmatrix} X^\mathrm{T} X & X^\mathrm{T} y \\ y^\mathrm{T} X & y^\mathrm{T} y \end{bmatrix} \begin{bmatrix} b \\ -1 \end{bmatrix} = \lambda_{D+1} \begin{bmatrix} b \\ -1 \end{bmatrix} \implies b_{\mathrm{TLS}} = \left(X^\mathrm{T} X - \lambda_{D+1} I \right)^{-1} X^\mathrm{T} y \tag{17.56}$$

對比多元線性最小平方係數向量結果：

$$b_{\mathrm{OLS}} = \left(X^\mathrm{T} X \right)^{-1} X^\mathrm{T} y \tag{17.57}$$

發現當 $\lambda_{D+1} = 0$ 時，y 完全被 X 列向量解釋，即兩個共線性。

這裡我們再次區分一下最小平方法和正交迴歸。最小平方法尋找因變數和引數之間殘差平方和最小超平面；幾何角度上講，將因變數投影在引數組成超平面 H，使得殘差向量垂直 H。正交回歸則透過正交化引數和因變數，構造一個新正交空間；這個新正交空間基底向量為分解得到主元向量，具體如圖 17.13 所示。

17.5 多元正交迴歸

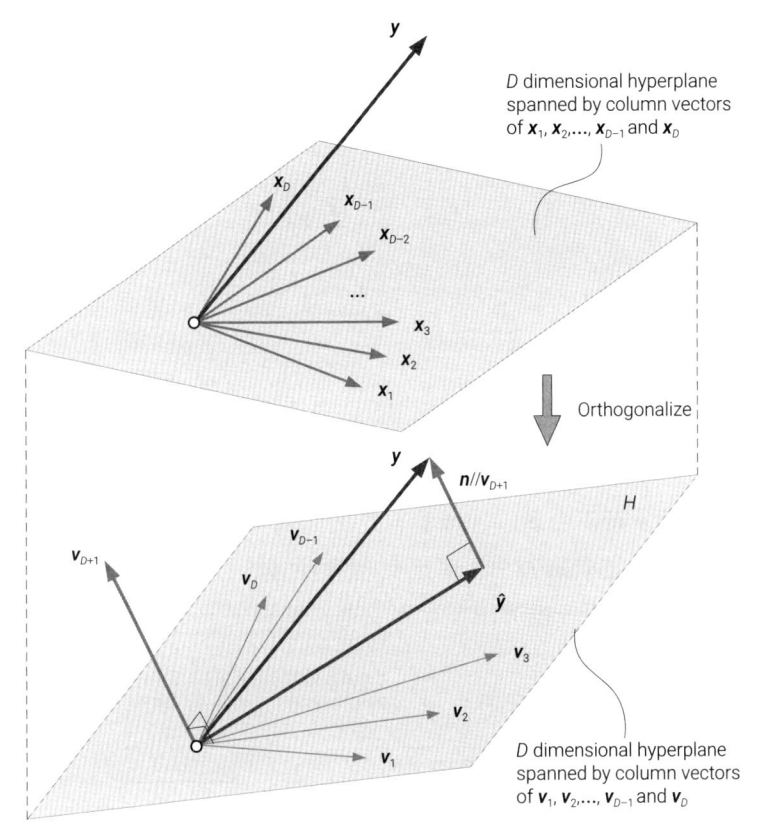

▲ 圖 17.13 幾何角度解釋多元正交迴歸

n 平行於資料 $[X,y]$PCA 分解特徵值最小特徵向量 v_{D+1}，構造以下等式並求解 $b_1,\cdots,b_D$：

$$\begin{bmatrix} b_1 \\ b_2 \\ \vdots \\ b_D \\ -1 \end{bmatrix} = \begin{bmatrix} \boldsymbol{b} \\ -1 \end{bmatrix} = k\boldsymbol{v}_{D+1} \Rightarrow \begin{bmatrix} \boldsymbol{b} \\ -1 \end{bmatrix} = k \begin{bmatrix} v_{1,D+1} \\ v_{2,D+1} \\ \vdots \\ v_{D,D+1} \\ v_{D+1,D+1} \end{bmatrix} \tag{17.58}$$

求解 k 得到：

$$k = \frac{-1}{v_{D+1,D+1}} \tag{17.59}$$

17-23

第 17 章　主成分分析與迴歸

求解 b 得到：

$$b = \begin{bmatrix} b_1 \\ b_2 \\ \vdots \\ b_D \end{bmatrix} = \frac{-1}{v_{D+1,D+1}} \begin{bmatrix} v_{1,D+1} \\ v_{2,D+1} \\ \vdots \\ v_{D,D+1} \end{bmatrix} \quad (17.60)$$

b_0 透過下式求得。

$$b_0 = \mathrm{E}(y) - \begin{bmatrix} \mathrm{E}(x_1) & \mathrm{E}(x_2) & \cdots & \mathrm{E}(x_D) \end{bmatrix} \begin{bmatrix} b_1 \\ b_2 \\ \vdots \\ b_D \end{bmatrix} \quad (17.61)$$

圖 17.14 展示多元正交迴歸運算資料之間的關係。看到資料 $[X, y]$ 均參與到了正交化中；正交化結果為 $D + 1$ 個正交向量 $[v_1, v_2, \cdots, v_D, v_{D+1}]$。透過向量 v_{D+1} 垂直 $v_1, v_2, \cdots, v_D$ 組成超平面，推導出多元正交迴歸解析式。

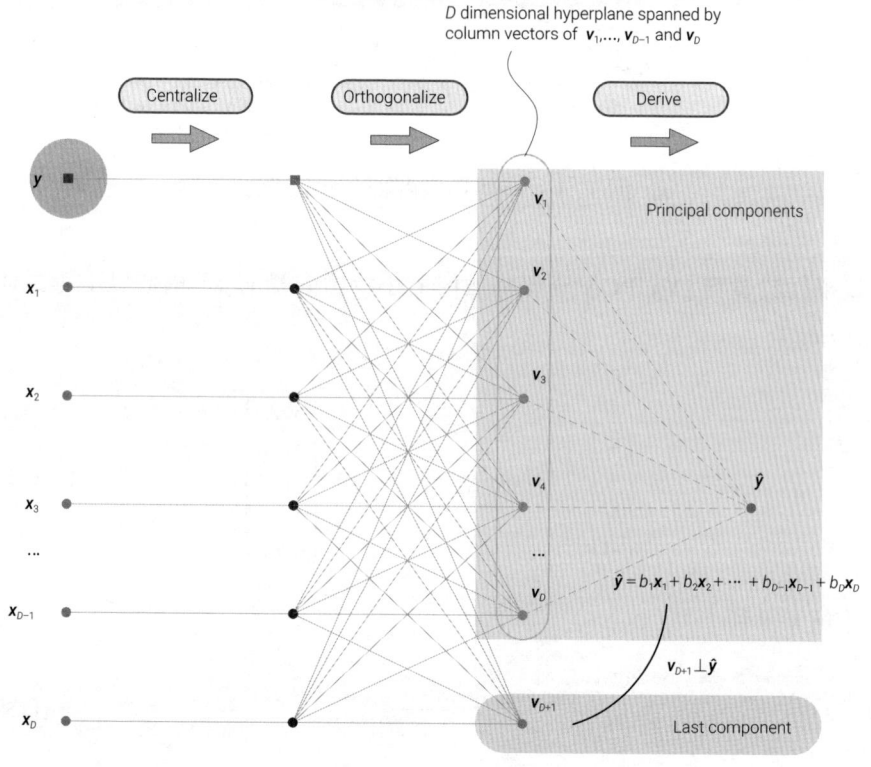

▲ 圖 17.14　多元正交迴歸運算資料之間的關係

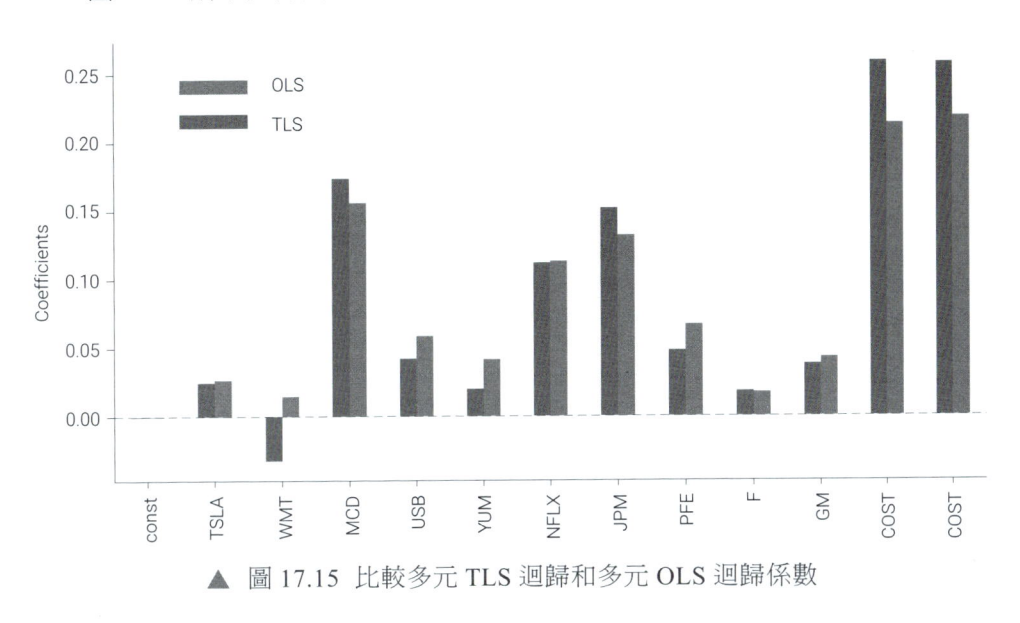

圖 17.15 所示長條圖，比較了多元 TLS 迴歸和多元 OLS 迴歸係數。

▲ 圖 17.15 比較多元 TLS 迴歸和多元 OLS 迴歸係數

Bk7_Ch17_03.ipynb 中完成了本節迴歸運算。

17.6 主元迴歸

本節講解主元迴歸 (Principal Components Regression，PCR)。

主元迴歸類似本章前文介紹的正交迴歸。多元正交迴歸中，引數和因變數資料 [X, y] 利用正交化，按照特徵值從大到小排列特徵向量，用 [$v_1, v_2, \cdots, v_D$] 構造一個全新超平面，v_{D+1} 垂直於超平面關系求解出正交化迴歸係數。

而主元迴歸，因變數資料 y 完全不參與正交化，即僅 X 參與 PCA 分解，獲得特徵值由大到小排列 D 個主元 $V = (v_1, v_2, \cdots, v_D)$；這 D 個主元方向 ($v_1, v_2, \cdots, v_D$) 兩兩正交。

選取其中 $p(p < D)$ 個特徵值較大主元 ($v_1, v_2, \cdots, v_k$)，構造超平面；最後一步，用最小平方法將因變數 y 投影在超平面上。

第 17 章　主成分分析與迴歸

圖 17.16 提供了一個例子，X 有三個維度資料，$X = [x_1, x_2, x_3]$。

首先對 X 列向量 PCA 分解，獲得正交化向量 $[v_1, v_2, v_3]$。然後，選取作為 v_1 和 v_2 主元，構造一個平面；用最小平方法，將因變數 y 投影在平面上，獲得迴歸方程式。

再次請大家注意，主元迴歸因變數 y 資料並不參與正交化；另外，主元迴歸選取前 $p(p < D)$ 個特徵值較大主元 $V_{D \times p}(v_1, v_2, \cdots, v_p)$，構造一個超平面。

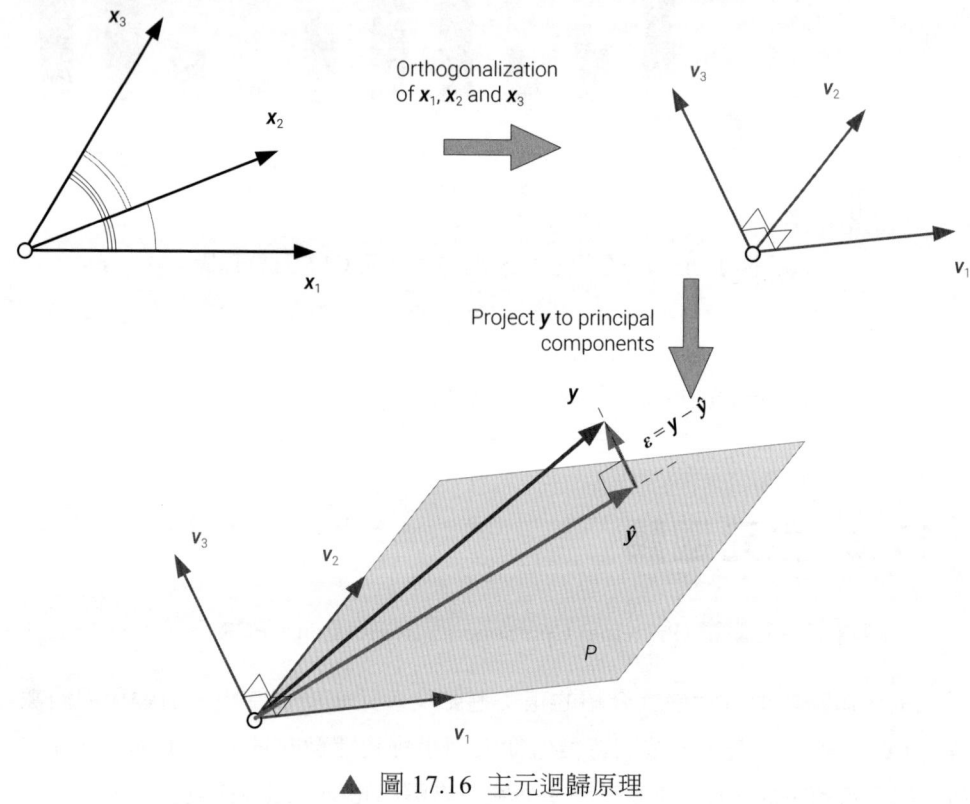

▲ 圖 17.16　主元迴歸原理

原始資料

圖 17.17 所示為歸一化股價資料，將其轉化為日收益率，作為資料 X 和 y；其中，S&P 500 日收益率為資料 y，其餘股票日收益率作為資料 X。圖 17.18 所示為資料 X 和 y 的熱圖。

17.6 主元迴歸

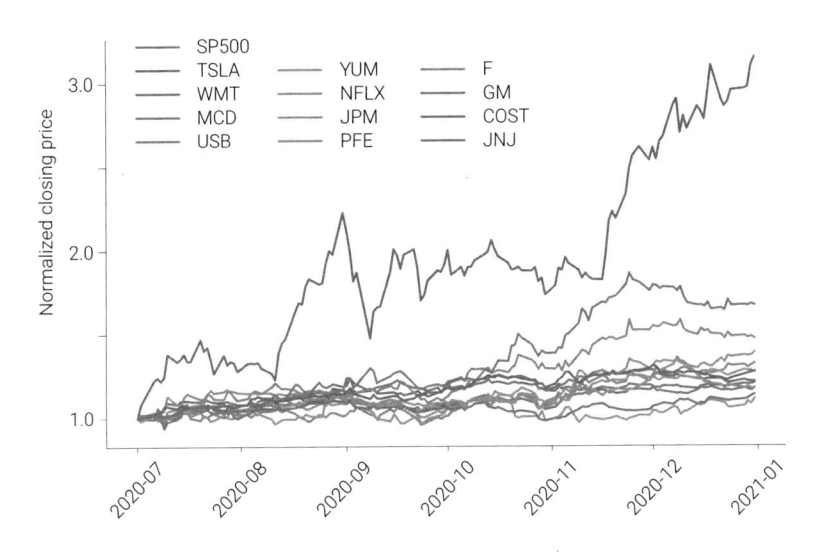

▲ 圖 17.17 股價走勢，歸一化資料

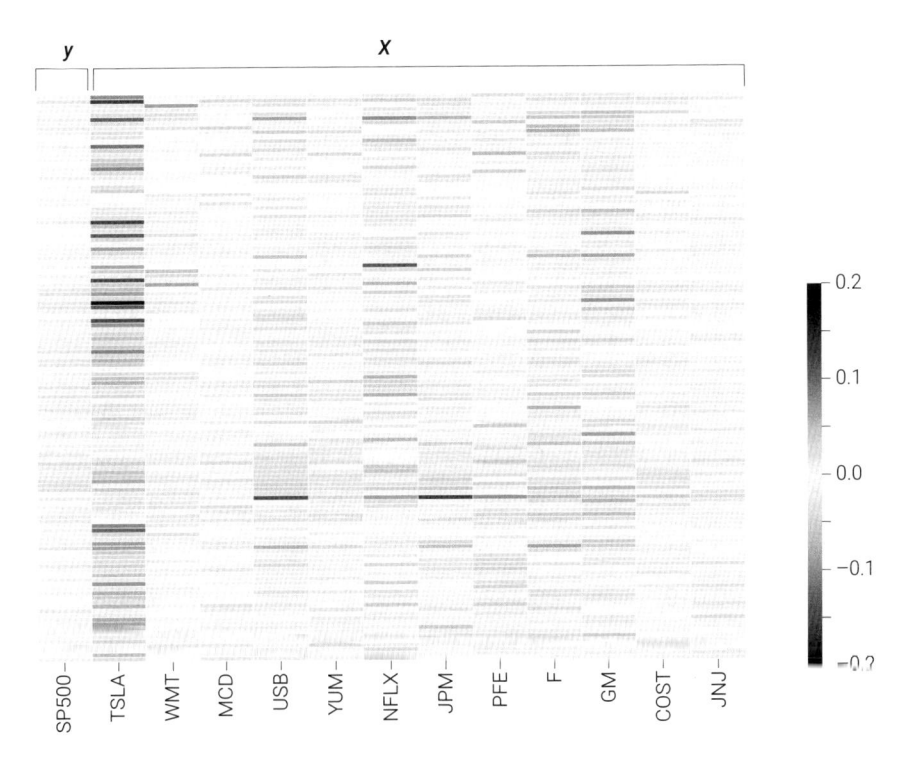

▲ 圖 17.18 資料 X 和 y 的熱圖

17-27

第 17 章　主成分分析與迴歸

圖 17.19 所示為資料 X 和 y 的 KDE 分佈。

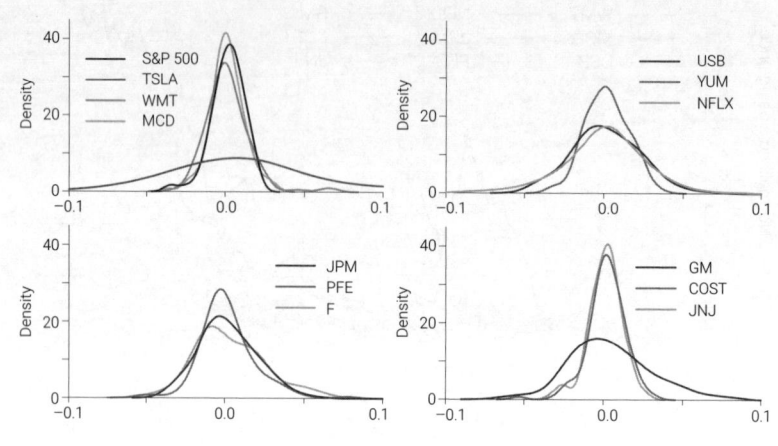

▲ 圖 17.19　資料 X 和 y 的 KDE 分佈

主成分分析

對資料 X 進行主成分分析，可以獲得如表 17.3 所示的前四個主成分 $V_{D \times p}$ 參數。可以利用熱圖和線圖對 $V_{D \times p}$ 進行視覺化，如圖 17.20 所示。

➡ 表 17.3　前四個主成分

	PC1	PC2	PC3	PC4
TSLA	-0.947	-0.004	0.256	0.121
WMT	-0.073	0.016	-0.193	0.066
MCD	-0.056	0.076	-0.111	0.115
USB	-0.021	0.503	0.122	-0.502
YUM	-0.044	0.188	-0.037	0.057
NFLX	-0.281	-0.133	-0.776	-0.448
JPM	-0.019	0.442	0.167	-0.425
PFE	-0.045	0.174	0.187	0.118
F	-0.004	0.457	-0.179	0.178
GM	0.007	0.491	-0.360	0.518
COST	-0.096	-0.027	-0.203	0.114
JNJ	-0.042	0.108	0.021	0.066

17.6 主元迴歸

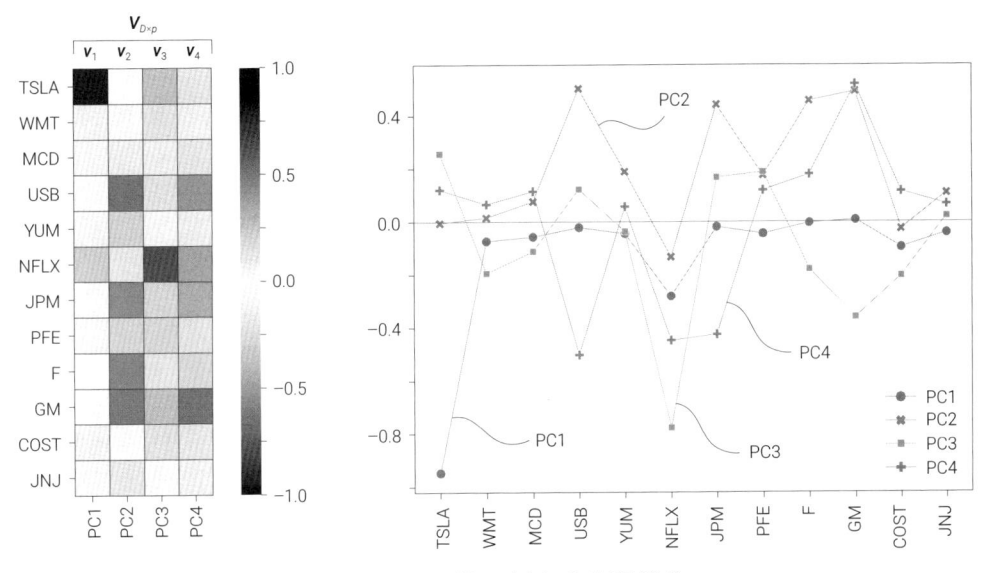

▲ 圖 17.20 前四個主成分視覺化

圖 17.20 所示 $V_{D\times p}$ 列向量兩兩正交，具有以下性質：

$$V_{D\times p}{}^\mathrm{T} V_{D\times p} = I_{p\times p} \tag{17.62}$$

圖 17.21 所示為式 (17.62) 計算熱圖。

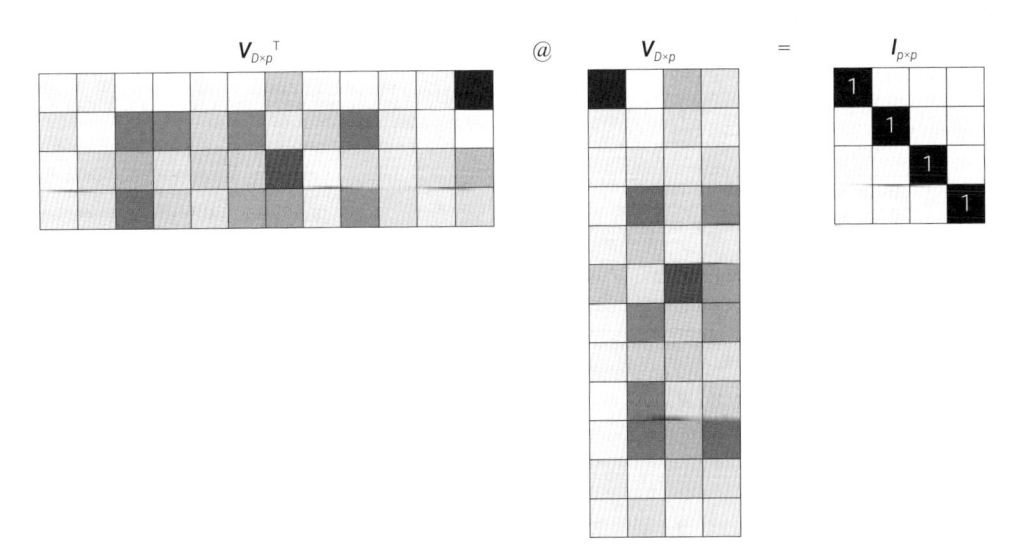

▲ 圖 17.21 $V_{D\times p}$ 兩兩正交

17-29

第 17 章　主成分分析與迴歸

資料投影

如圖 17.22 所示，原始資料 X 在 p 維正交空間 $(v_1, v_2, \cdots, v_p)$ 投影得到資料 $Z_{n \times p}$：

$$Z_{n \times p} = X_{n \times D} V_{D \times p} \tag{17.63}$$

圖 17.23 所示為 $Z_{n \times p}$ 資料熱圖。

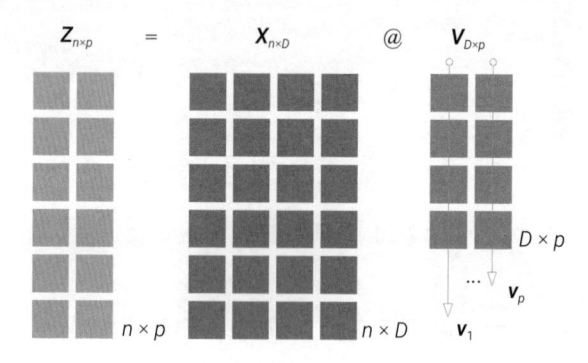

▲ 圖 17.22　PCA 分解部分資料關係

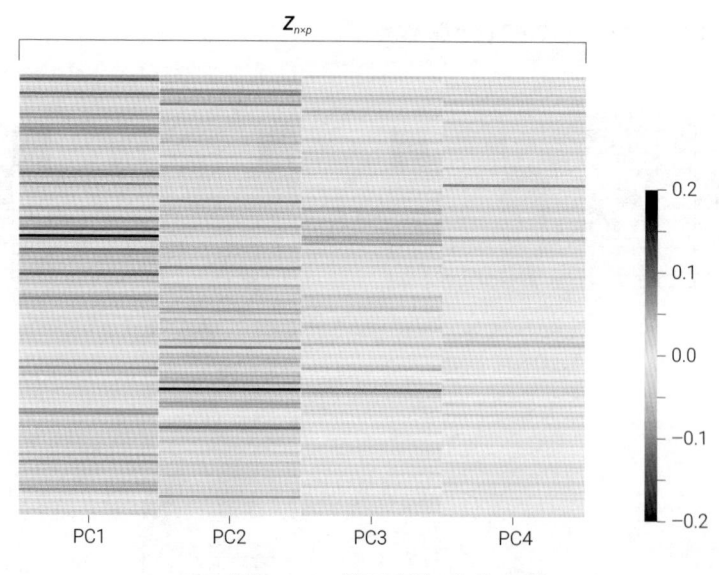

▲ 圖 17.23　前四個主成分資料

17.6 主元迴歸

圖 17.24 所示為 $Z_{n \times p}$ 每列主成分資料的分佈情況。容易注意到，第一主成分資料解釋最大方差。

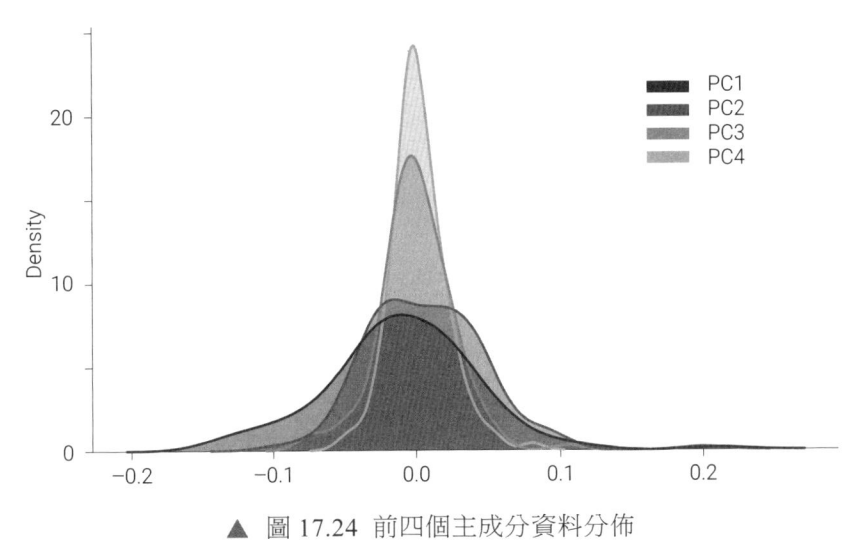

▲ 圖 17.24 前四個主成分資料分佈

圖 17.25 所示為 $Z_{n \times p}$ 資料協方差矩陣熱圖。

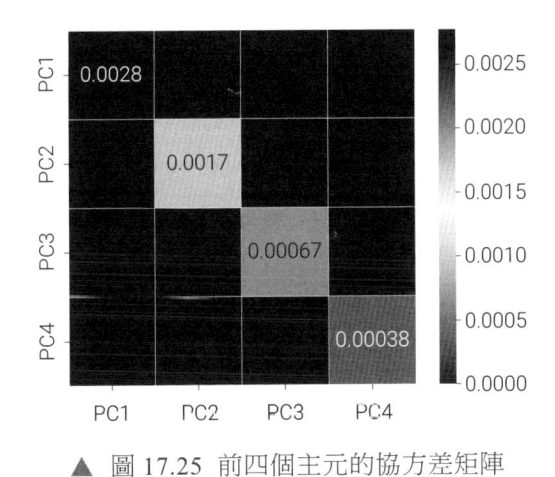

▲ 圖 17.25 前四個主元的協方差矩陣

前四個主成分對應的奇異值分別為：

$$s_1 = 0.5915, \quad s_2 = 0.4624, \quad s_3 = 0.2911, \quad s_4 = 0.2179 \tag{17.64}$$

17-31

第 17 章　主成分分析與迴歸

所對應的特徵值：

$$\lambda_1 = \frac{s_1^2}{n-1} = \frac{0.5915^2}{126} = 0.0028$$

$$\lambda_2 = \frac{s_2^2}{n-1} = \frac{0.4624^2}{126} = 0.0017$$

$$\lambda_3 = \frac{s_3^2}{n-1} = \frac{0.2911^2}{126} = 0.00067$$

$$\lambda_4 = \frac{s_4^2}{n-1} = \frac{0.2179^2}{126} = 0.00038$$

(17.65)

這四個特徵值對應圖 17.25 熱圖對角線元素。如圖 17.26 所示陡坡圖，前四個主元解釋了 84.87% 方差。

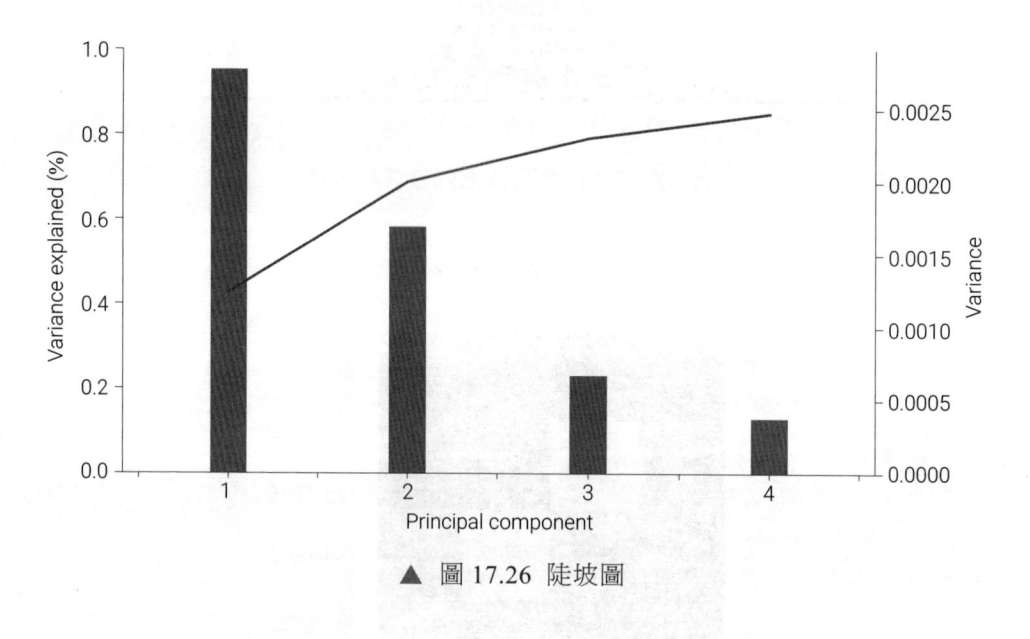

▲ 圖 17.26 陡坡圖

轉化矩陣 $Z_{n \times P}$ 僅包含 X 部分資訊，兩者資訊之間差距透過式 (17.66) 計算獲得，如圖 17.27 所示：

$$X_{n \times D} = Z_{n \times P} \left(V_{D \times P} \right)^T + E_{n \times D} \tag{17.66}$$

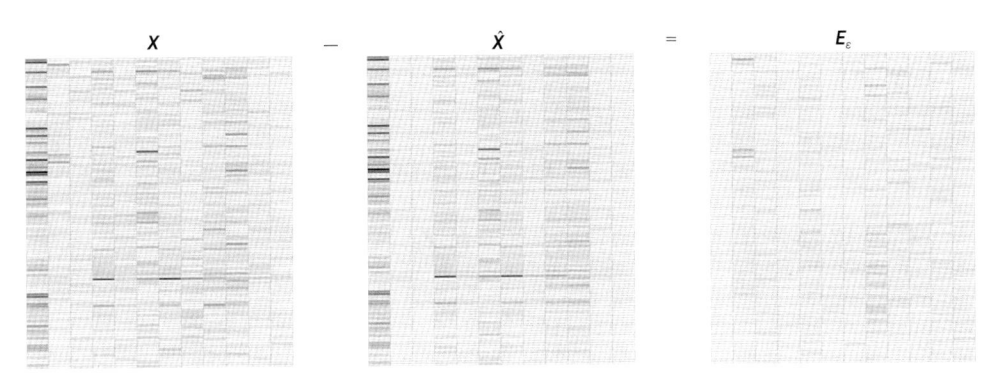

17.6 主元迴歸

▲ 圖 17.27 $Z_{n \times P}$ 還原資料和 X 資訊差距

最小平方法

主元迴歸最後一步,用最小平方法把因變數 y 投影在資料 $Z_{n \times P}$ 構造空間中:

$$\hat{y} = b_{Z,1}z_1 + b_{Z,2}z_2 + \cdots + b_{Z,P}z_P \tag{17.67}$$

寫成矩陣運算:

$$\hat{y} = \begin{bmatrix} z_1 & z_2 & \cdots & z_P \end{bmatrix} \begin{bmatrix} b_{Z,1} \\ b_{Z,2} \\ \vdots \\ b_{Z,P} \end{bmatrix} = Z_{n \times P} b_Z \tag{17.68}$$

圖 17.28 所示為上述運算過程。

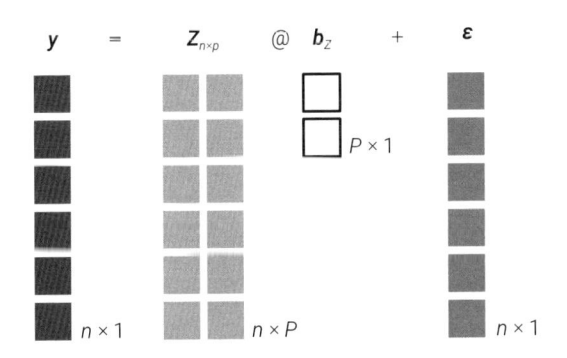

▲ 圖 17.28 最小平方法迴歸獲得 $y = Z_{n \times P} b_Z + \varepsilon$

第 17 章 主成分分析與迴歸

根據本書前文講解內容最小平方法解,獲得 b_Z:

$$\begin{aligned} b_Z &= \left(Z_{n\times P}{}^\mathrm{T} Z_{n\times P}\right)^{-1} Z_{n\times P}{}^\mathrm{T} y \\ &= \left(\left(X_{n\times D} V_{D\times P}\right)^\mathrm{T} \left(X_{n\times D} V_{D\times P}\right)\right)^{-1} \left(X_{n\times D} V_{D\times P}\right)^\mathrm{T} y \end{aligned} \tag{17.69}$$

如圖 17.28 所示,y、擬合資料 $\hat{y}$ 和資料 $Z_{n\times P}$ 之間的關係如下:

$$\begin{cases} y = Z_{n\times P} b_Z + \varepsilon \\ \hat{y} = Z_{n\times P} b_Z \\ \varepsilon = y - \hat{y} \end{cases} \tag{17.70}$$

表 17.4 所示為最小平方法線性迴歸結果。

係數向量 b_Z 結果如下:

$$b_Z = \begin{bmatrix} -0.1039 & 0.1182 & -0.0941 & -0.0418 \end{bmatrix}^\mathrm{T} \tag{17.71}$$

➔ 表 17.4 最小平方法線性迴歸結果

```
OLS Regression Results
==============================================================================
Dep. Variable:                  SP500   R-squared:                       0.552
Model:                            OLS   Adj. R-squared:                  0.537
Method:                 Least Squares   F-statistic:                     37.60
Date:                      XXXXXXXXX   Prob (F-statistic):           1.82e-20
Time:                      XXXXXXXXX   Log-Likelihood:                 450.53
No. Observations:                 127   AIC:                            -891.1
Df Residuals:                     122   BIC:                            -876.8
Df Model:                           4
Covariance Type:            nonrobust
==============================================================================
                 coef    std err          t      P>|t|      [0.025      0.975]
------------------------------------------------------------------------------
const         -0.0003      0.001     -0.520      0.604      -0.002       0.001
PC1           -0.1039      0.012     -8.647      0.000      -0.128      -0.080
PC2            0.1182      0.015      7.689      0.000       0.088       0.149
PC3           -0.0941      0.024     -3.854      0.000      -0.142      -0.046
PC4           -0.0418      0.033     -1.283      0.202      -0.106       0.023
==============================================================================
Omnibus:                        9.631   Durbin-Watson:                   2.087
Prob(Omnibus):                  0.008   Jarque-Bera (JB):               21.795
Skew:                           0.092   Prob(JB):                     1.85e-05
Kurtosis:                       5.021   Cond. No.                         51.7
==============================================================================
```

17.6 主元迴歸

下面將係數向量 b_Z 利用 $(v_1, v_2, \cdots, v_P)$ 轉為 b_X，具體過程如圖 17.29 所示：

$$b_X = V_{D \times P} b_Z = V_{D \times P} \left(Z_{n \times P}^\mathrm{T} Z_{n \times P} \right)^{-1} Z_{n \times P}^\mathrm{T} y \tag{17.72}$$

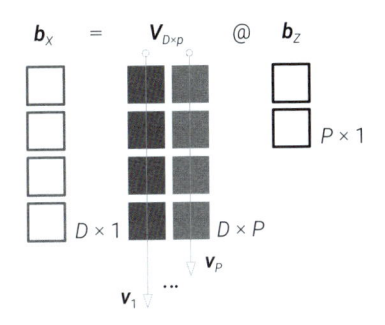

▲ 圖 17.29 b_Z 和 b_X 之間轉換關係

係數 b_X 可以透過式 (17.73) 計算得到：

$$b_X = V_{D \times P} b_Z = V_{D \times P} \begin{bmatrix} -0.1039 & 0.1182 & -0.0941 & -0.0418 \end{bmatrix}^\mathrm{T} \tag{17.73}$$

圖 17.30 所示為係數 b_X 長條圖。

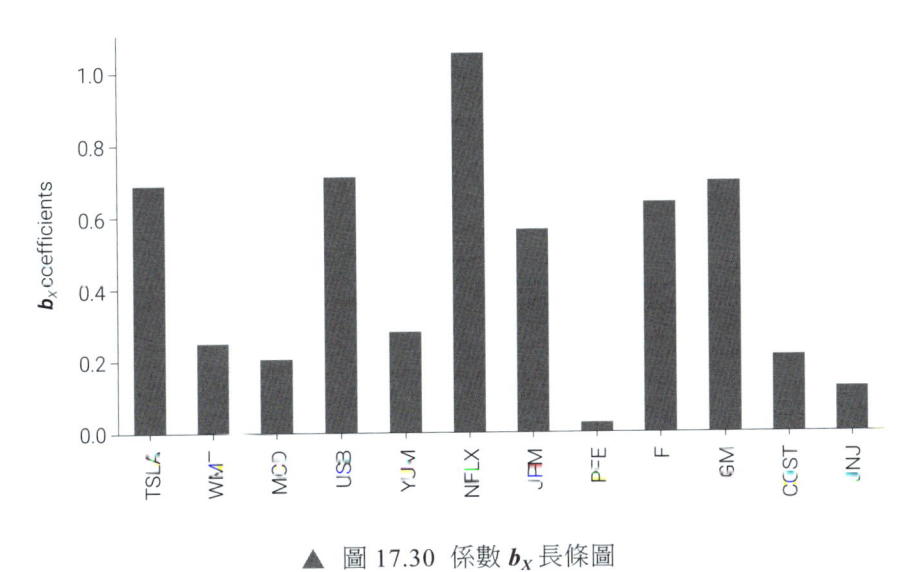

▲ 圖 17.30 係數 b_X 長條圖

第 17 章　主成分分析與迴歸

這樣獲得 y、擬合資料 $\hat{y}$ 和資料 X 之間的關係，如圖 17.31 所示：

$$\begin{cases} y = Xb_X + \varepsilon \\ \hat{y} = Xb_X \\ \varepsilon = y - \hat{y} \end{cases} \tag{17.74}$$

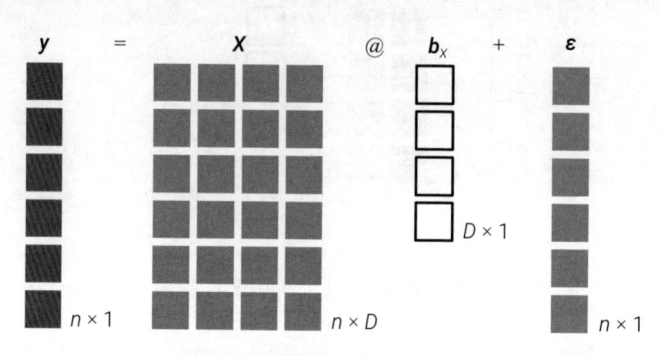

▲ 圖 17.31　y 和資料 X 之間迴歸方程式

計算截距項係數 b_0：

$$b_0 = \mathrm{E}(y) - \begin{bmatrix} \mathrm{E}(x_1) & \mathrm{E}(x_2) & \cdots & \mathrm{E}(x_D) \end{bmatrix} b_X \tag{17.75}$$

計算截距項係數 b_0：

$$\begin{aligned} b_0 &= \mathrm{E}(y) - \begin{bmatrix} \mathrm{E}(x_1) & \mathrm{E}(x_2) & \cdots & \mathrm{E}(x_D) \end{bmatrix} b_X \\ &= -0.00034057 \end{aligned} \tag{17.76}$$

最後主元迴歸函數可以透過式 (17.77) 計算得到：

$$\begin{aligned} \hat{y} &= b_0 + b_1 x_1 + b_2 x_2 + \cdots + b_D x_D = b_0 + \begin{bmatrix} x_1 & x_2 & \cdots & x_D \end{bmatrix} \begin{bmatrix} b_1 \\ b_2 \\ \vdots \\ b_D \end{bmatrix} = b_0 + \begin{bmatrix} x_1 & x_2 & \cdots & x_D \end{bmatrix} b_X \\ &= b_0 + \begin{bmatrix} z_1 & z_2 & \cdots & z_P \end{bmatrix} b_Z = b_0 + \begin{bmatrix} z_1 & z_2 & \cdots & z_P \end{bmatrix} \begin{bmatrix} b_{z_1} \\ b_{z_2} \\ \vdots \\ b_{z_P} \end{bmatrix} \end{aligned} \tag{17.77}$$

17.6 主元迴歸

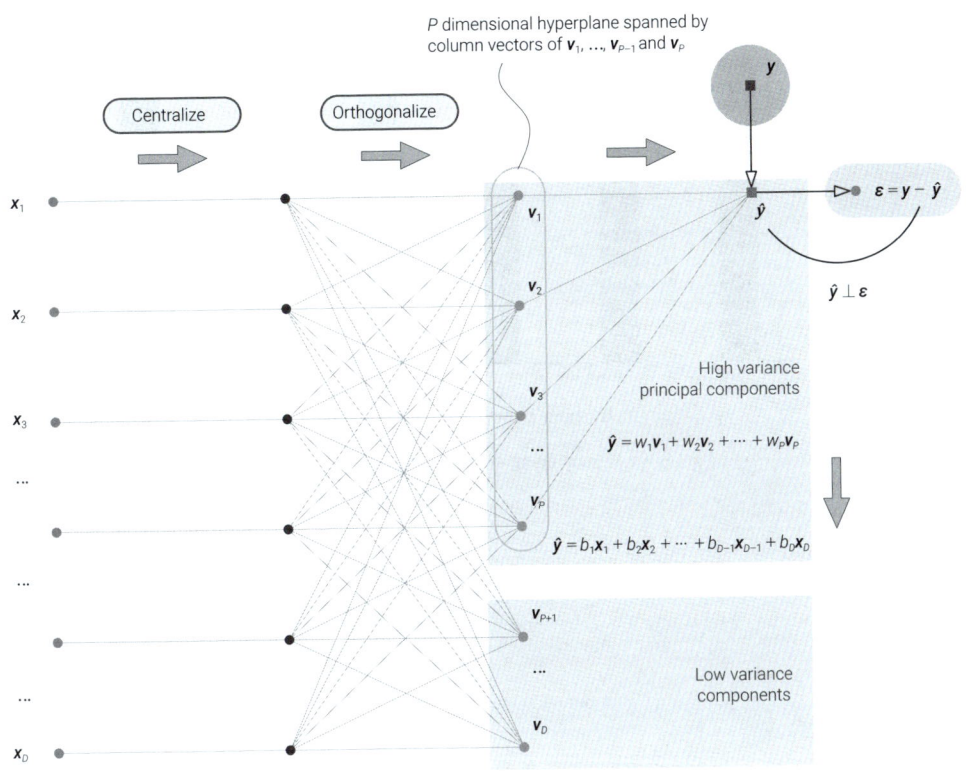

圖 17.32 展示了主元迴歸計算過程資料之間的關係。

▲ 圖 17.32 主元迴歸資料之間的關係

改變主元數量

對於主元迴歸，當改變參與最小平方法線性迴歸的主元數量時，線性迴歸結果會有很大變化；本節將重點介紹主元數量對主元迴歸的影響。

圖 17.33 所示為，主元數量從 4 增加到 9 時，累計已釋方差和百分比變化情況。圖 17.34 和圖 17.35 展示了兩個不同角度觀察參與主元迴歸主元數量對於係數的影響。

第 17 章　主成分分析與迴歸

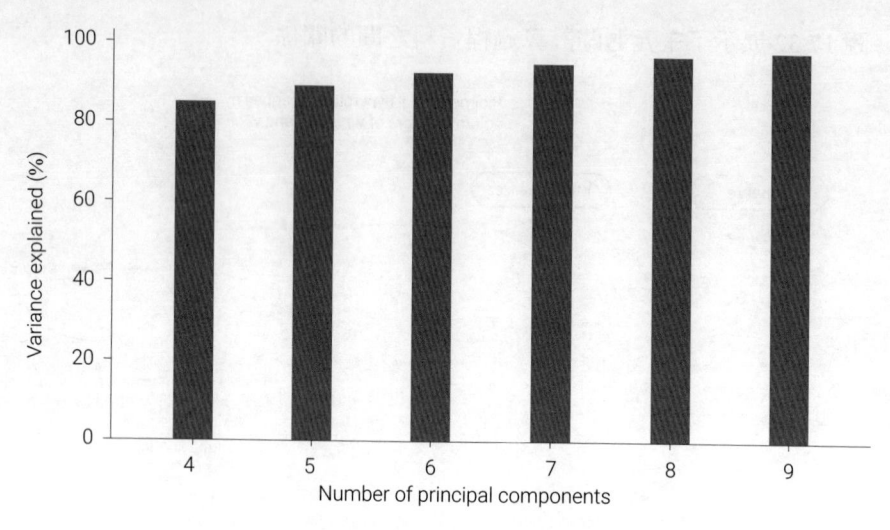

▲ 圖 17.33　主元數量對累計已釋方差和百分比

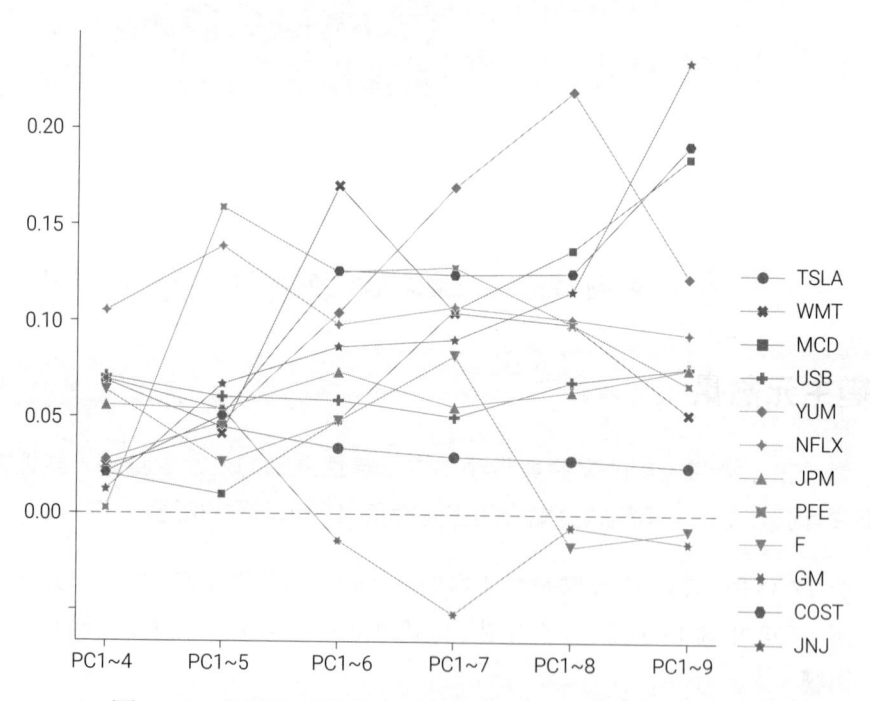

▲ 圖 17.34　參與主元迴歸主元數量對於係數的影響，第一角度

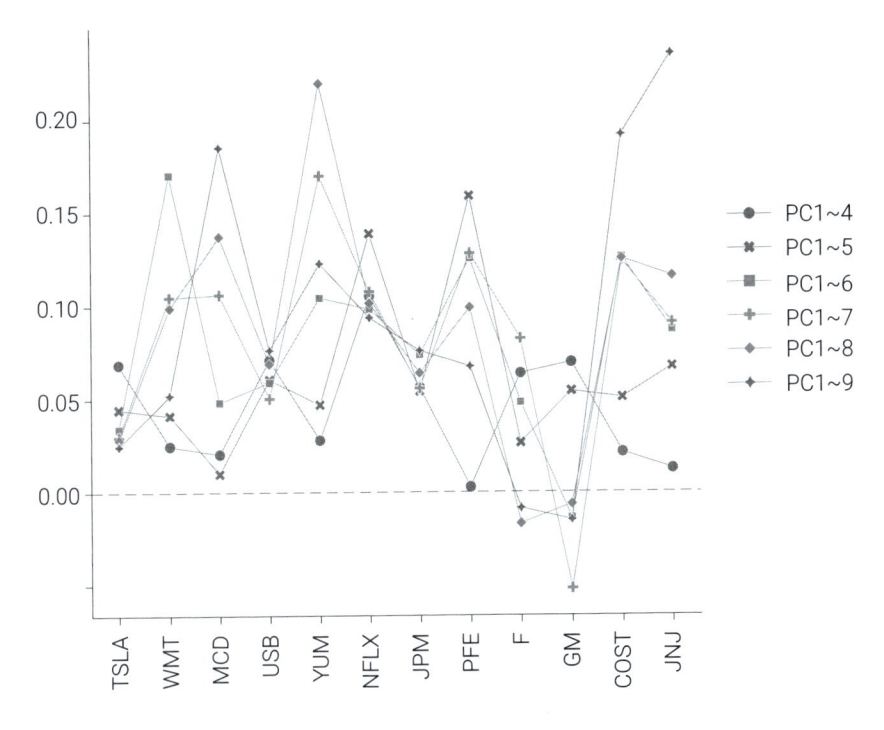

▲ 圖 17.35 參與主元迴歸主元數量對於係數的影響，第二角度

> Bk7_Ch17_04.ipynb 中完成了主元迴歸運算影像。

17.7 偏最小平方迴歸

本章最後介紹**偏最小平方迴歸** (Partial Least Squares regression，PLS)。

類似主元迴歸，偏最小平方迴歸也是一種降維迴歸方法。偏最小平方迴歸在降低引數維度的同時，建立引數和因變數之間的線性關係模型，因此常被用於處理高維資料分析和建立多元迴歸模型。

17-39

第 17 章　主成分分析與迴歸

不同於主元迴歸，偏最小平方迴歸利用因變數資料 y 和引數資料 X (形狀為 $n \times q$) 之間相關性構造一個全新空間。y 和 X 投影到新空間來確定一個線性迴歸模型。另外一個不同點是，偏最小平方迴歸採用**迭代演算法** (iterative algorithm)。

偏最小平方法處理多元因變數，為方便區分，一元因變數被定義為 y (形狀為 $n \times 1$)，多元因變數被定義為 Y (形狀為 $n \times p$)。偏最小平方迴歸迭代方法很多，本節介紹較為經典的一元因變數對多元自變數迭代演算法。迭代演算法主要由七步組成；其中，第二步到第七步為迴圈。

第一步

獲得中心化引數資料矩陣 $X^{(0)}$ 和因變數資料向量 $y^{(0)}$：

$$X^{(0)} = \left(I - \frac{1}{n}II^{\mathrm{T}}\right)X = \begin{bmatrix} x_1^{(0)} & x_2^{(0)} & \cdots & x_q^{(0)} \end{bmatrix}$$
$$y^{(0)} = y - \mathrm{E}(y) = \left(I - \frac{1}{n}II^{\mathrm{T}}\right)y \tag{17.78}$$

偏最小平方迴歸是迭代運算，上標 (0) 代表迭代代次。

第二步

計算 $y^{(0)}$ 和 $X^{(0)}$ 列向量相關性，建構權重係數列向量 w_1：

$$w_1 = \begin{bmatrix} \mathrm{cov}\left(x_1^{(0)}, y^{(0)}\right) \\ \mathrm{cov}\left(x_2^{(0)}, y^{(0)}\right) \\ \vdots \\ \mathrm{cov}\left(x_q^{(0)}, y^{(0)}\right) \end{bmatrix} = \frac{1}{n}\begin{bmatrix} \left(x_1^{(0)}\right)^{\mathrm{T}} y^{(0)} \\ \left(x_2^{(0)}\right)^{\mathrm{T}} y^{(0)} \\ \vdots \\ \left(x_q^{(0)}\right)^{\mathrm{T}} y^{(0)} \end{bmatrix} = \left(X^{(0)}\right)^{\mathrm{T}} y^{(0)} \tag{17.79}$$

其中，列向量 w_1 行數為 q 行。

17.7 偏最小平方迴歸

圖 17.36 所示為獲得權重係數列向量計算過程；過程也可視為是一個投影運算，即將 $(X^{(0)})^\mathrm{T}$ 投影到 $y^{(0)}$。

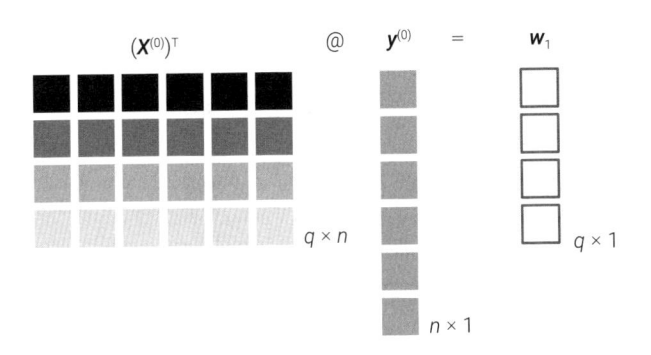

▲ 圖 17.36 計算權重係數列向量 w_1

為方便計算，將列向量 w_1 單位化：

$$w_1 = \frac{w_1}{\|w_1\|} = \begin{bmatrix} w_{1,1} \\ w_{2,1} \\ \vdots \\ w_{q,1} \end{bmatrix} \tag{17.80}$$

列向量 w_1 每個元素大小代表著 $y^{(0)}$ 和 $X^{(0)}$ 列向量相關性。

第三步，利用上一步獲得權重係數列向量 w_1 和 $X^{(0)}$ 構造偏最小平方迴歸主元向量，z_1：

$$z_1 = w_{1,1}x_1 + w_{2,1}x_2 + \cdots + w_{q,1}x_q = X^{(0)}w_1 \tag{17.81}$$

圖 17.37 所示為計算偏最小平方迴歸主元列向量 z_1。這樣理解，主元列向量 z_1 為 $X^{(0)}$ 列向量透過加權構造；$y^{(0)}$ 和 $X^{(0)}$ 某一列向量相關性越高，這一列獲得權重越高，在主元列向量 z_1 成分越高。同樣，過程等價於投影過程，即 $X^{(0)}$ 投影到 w_1。

第 17 章　主成分分析與迴歸

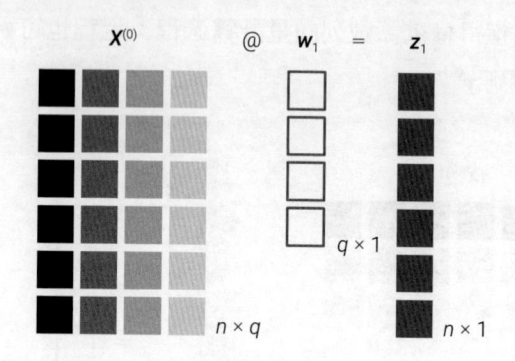

▲ 圖 17.37　計算偏最小二程迴歸主元列向量 z_1

將引數資料矩陣 $X^{(0)}$ 和因變數資料向量 $y^{(0)}$ 投影到主元 z_1 方向上。

第四步

把引數資料矩陣 $X^{(0)}$ 投影到主元列向量 z_1 上，獲得係數向量 v_1。先以 $X^{(0)}$ 第一列解釋投影過程。

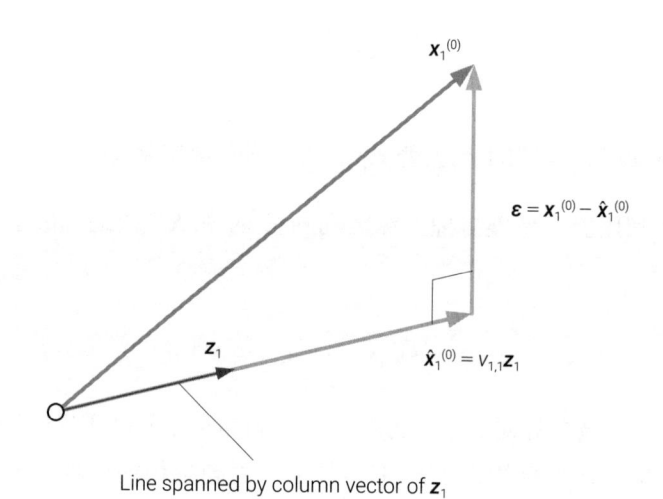

▲ 圖 17.38　$X^{(0)}$ 第一列投影在主元列向量 z_1

如圖 17.38 所示，將 $X_{(0)}$ 第一列投影到主元列向量 z_1，得到 $\hat{x}_1^{(0)}$：

$$\hat{x}_1^{(0)} = v_{1,1} z_1 \tag{17.82}$$

17.7 偏最小平方迴歸

殘差 ε 則垂直於主元列向量 z_1，計算獲得係數 $v_{1,1}$：

$$\varepsilon \perp z_1 \Rightarrow z_1^T \varepsilon = z_1^T \left(x_1^{(0)} - \hat{x}_1^{(0)} \right) = z_1^T \left(x_1^{(0)} - v_{1,1} z_1 \right) = 0$$
$$\Rightarrow v_{1,1} = \frac{z_1^T x_1^{(0)}}{z_1^T z_1} = \frac{\left(x_1^{(0)} \right)^T z_1}{z_1^T z_1} \tag{17.83}$$

式 (17.83) 說明偏最小平方法迴歸核心仍是 OLS。同樣，把 $X^{(0)}$ 第二列投影在主元列向量 z_1，計算得到係數 $v_{2,1}$：

$$v_{2,1} = \frac{z_1^T x_2^{(0)}}{z_1^T z_1} = \frac{\left(x_2^{(0)} \right)^T z_1}{z_1^T z_1} \tag{17.84}$$

類似，獲得 $X^{(0)}$ 每列投影在主元列向量 z_1 的係數，這些係數組成一個列向量 v_1。式 (17.85) 計算列向量 v_1：

$$v_1 = \begin{bmatrix} v_{1,1} \\ v_{2,1} \\ \vdots \\ v_{q,1} \end{bmatrix} = \frac{\left(X^{(0)} \right)^T z_1}{z_1^T z_1} = \frac{\left(X^{(0)} \right)^T X^{(0)} w_1}{w_1^T \left(X^{(0)} \right)^T X^{(0)} w_1} = \frac{\Sigma^{(0)} w_1}{w_1^T \Sigma^{(0)} w_1} \tag{17.85}$$

第五步

根據最小平方迴歸原理，利用列向量 v_1 和 z_1 估算，並到擬合矩陣 $\hat{X}^{(0)}$：

$$\hat{X}^{(0)} = z_1 v_1^T = X^{(0)} w_1 v_1^T \tag{17.86}$$

原始資料矩陣 $X^{(0)}$ 和擬合資料矩陣 $\hat{X}^{(0)}$ 之差便是殘差矩陣 $E^{(0)}$：

$$E^{(0)} = X^{(0)} - \hat{X}^{(0)} = X^{(0)} - X^{(0)} w_1 v_1^T = X^{(0)} \left(I - w_1 v_1^T \right) \tag{17.87}$$

而殘差矩陣 $E^{(0)}$ 便是進入迭代過程第二步資料矩陣 $X^{(1)}$：

$$X^{(1)} = E^{(0)} = X^{(0)} - \hat{X}^{(0)} = X^{(0)} \left(I - w_1 v_1^T \right) \tag{17.88}$$

第 17 章　主成分分析與迴歸

資料矩陣 $X^{(1)}$ 和原始資料 $X^{(0)}$ 之間關係如圖 17.39 所示。

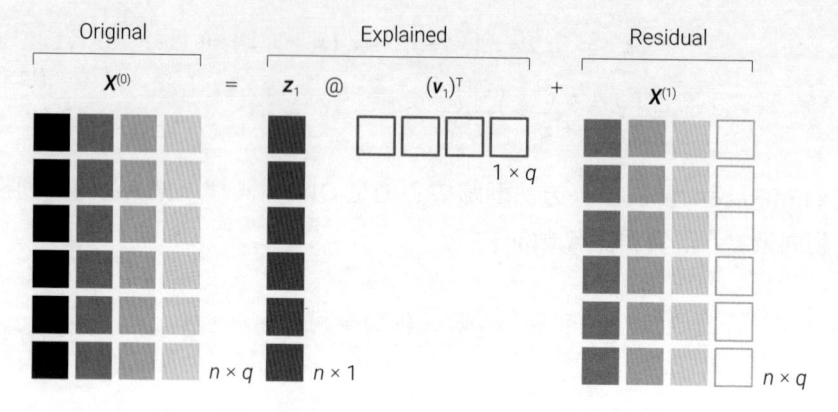

▲ 圖 17.39　計算得到資料矩陣 $X^{(1)}$

第六步

把因變數資料列向量 $y^{(0)}$ 投影於主元列向量 z_1 上，獲得係數 b_1。類似第四步，如圖 17.40 所示，用最小二乘法計算獲得係數 b_1：

$$\varepsilon \perp z_1 \Rightarrow z_1^\mathrm{T} \varepsilon = z_1^\mathrm{T}\left(y^{(0)} - \hat{y}^{(0)}\right) = z_1^\mathrm{T}\left(y^{(0)} - b_1 z_1\right) = 0$$

$$\Rightarrow b_1 = \frac{z_1^\mathrm{T} y^{(0)}}{z_1^\mathrm{T} z_1} = \frac{\left(y^{(0)}\right)^\mathrm{T} z_1}{z_1^\mathrm{T} z_1} \tag{17.89}$$

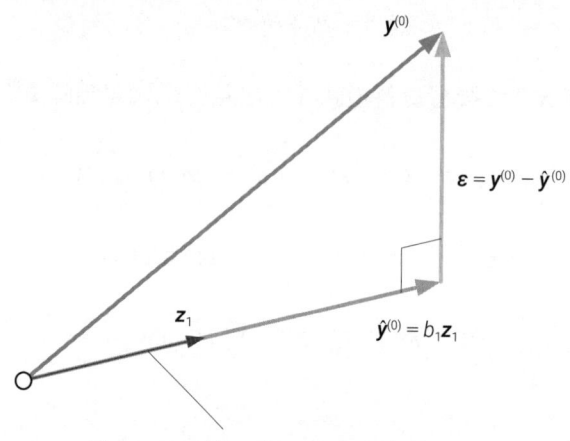

▲ 圖 17.40　$y^{(0)}$ 向量投影在主元列向量 z_1

第七步

根據 OLS 原理，利用列向量 b_1 和 z_1 估算因變數列向量 y，並到擬合列向量 $\hat{y}^{(0)}$：

$$\hat{y}^{(0)} = b_1 z_1 = \frac{z_1^T y^{(0)} z_1}{z_1^T z_1} = \frac{\left(y^{(0)}\right)^T z_1 z_1}{z_1^T z_1} \tag{17.90}$$

原始因變數列向量 $y^{(0)}$ 和擬合列向量 $\hat{y}^{(0)}$ 之差便是殘差向量 $\varepsilon^{(0)}$：

$$\varepsilon^{(0)} = y^{(1)} = y^{(0)} - \hat{y}^{(0)} = y^{(0)} - \frac{z_1^T y^{(0)} z_1}{z_1^T z_1} \tag{17.91}$$

而殘差向量 $\varepsilon^{(0)}$ 便是進入迭代迴圈第二步資料向量 $y^{(1)}$。如圖 17.41 所示，$\hat{y}^{(0)}$ 解釋部分 $y^{(0)}$。

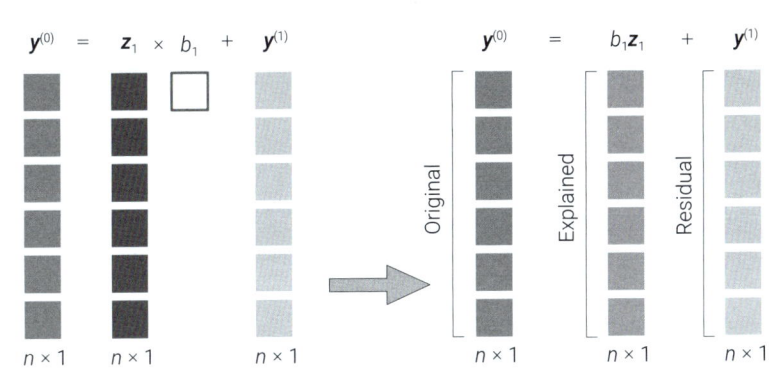

▲ 圖 17.41 估算 $y^{(0)}$

重複迭代

將資料矩陣 $X^{(1)}$ 和資料向量 $y^{(1)}$ 代入如上迭代運算的第二步到第七步。重複第二步得到權重係數列向量 w_2：

$$w_2 = \frac{\left(X^{(1)}\right)^T y^{(1)}}{\left\|\left(X^{(1)}\right)^T y^{(1)}\right\|} \tag{17.92}$$

第 17 章 主成分分析與迴歸

重複第三步,利用權重係數列向量 w_2 和 $X^{(1)}$ 構造偏最小平方迴歸第二主元向量 z_2:

$$z_2 = X^{(1)} w_2 \tag{17.93}$$

重複第四步,把引數資料殘差矩陣 $X^{(1)}$ 投影於第二主元列向量 z_2 上,獲得係數向量 v_2:

$$v_2 = \begin{bmatrix} v_{1,2} \\ v_{2,2} \\ \vdots \\ v_{q,2} \end{bmatrix} = \frac{\left(X^{(1)}\right)^T z_2}{z_2^T z_2} = \frac{\left(X^{(1)}\right)^T X^{(1)} w_2}{w_2^T \left(X^{(1)}\right)^T X^{(1)} w_2} = \frac{\Sigma^{(1)} w_2}{w_2^T \Sigma^{(1)} w_2} \tag{17.94}$$

重複第五步,用列向量 v_2 和 z_2 估算,並到擬合矩陣 $\hat{x}^{(1)}$:

$$\hat{X}^{(1)} = z_2 v_2^T = X^{(1)} w_2 v_2^T \tag{17.95}$$

$X^{(1)}$ 和擬合資料矩陣 $\hat{x}^{(1)}$ 之差便是殘差矩陣 $E^{(1)}$,$E^{(1)}$ 便是再次進入迭代過程第二步資料矩陣 $X^{(2)}$:

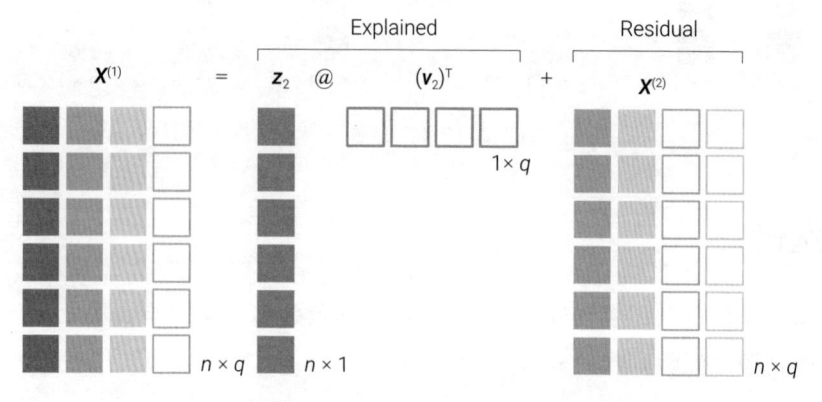

$$X^{(2)} = E^{(1)} = X^{(1)} - \hat{X}^{(1)} = X^{(1)} \left(I - w_2 v_2^T\right) \tag{17.96}$$

▲ 圖 17.42 計算得到資料矩陣 $X^{(2)}$

17.7 偏最小平方迴歸

圖 17.39 和圖 17.42 相結合獲得圖 17.43，這即前兩個主元 z_1 和 z_1 還原資料矩陣 $X^{(0)}$。隨著主元數量不斷增多，偏最小平方迴歸更精確地還原原始資料 $X^{(0)}$；即說，對資料 $X^{(0)}$ 方差解釋力度越強。

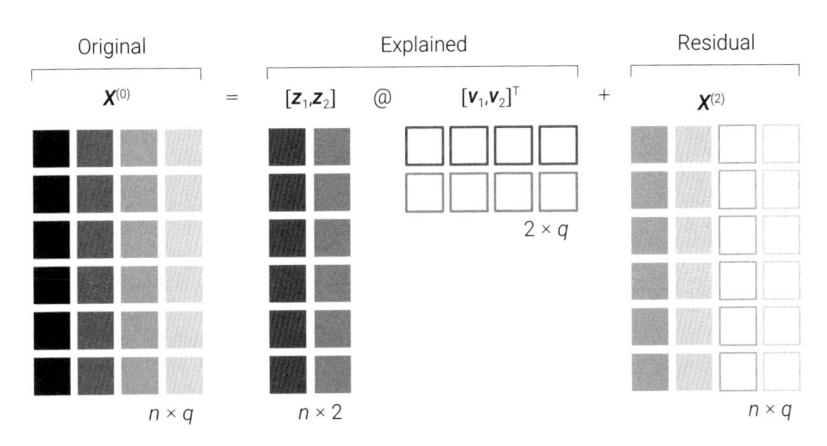

▲ 圖 17.43 前兩個主元 z_1 和 z_1 還原資料矩陣 $X^{(0)}$

重複第六步，把因變數資料列向量 $y^{(1)}$ 投影在主元列向量 z_2 上，獲得係數 b_2：

$$b_2 = \frac{z_2^\mathrm{T} y^{(1)}}{z_2^\mathrm{T} z_2} = \frac{\left(y^{(1)}\right)^\mathrm{T} z_2}{z_2^\mathrm{T} z_2} \tag{17.97}$$

重複第七步，利用 b_2 和 z_2 得到擬合列向量 $\hat{y}^{(1)}$：

$$\hat{y}^{(1)} = b_2 z_2 \tag{17.98}$$

列向量 $y^{(1)}$ 和擬合資料列向量 $\hat{y}^{(1)}$ 之差便是殘差向量 $\varepsilon^{(1)}$：

$$\varepsilon^{(1)} = y^{(2)} = y^{(1)} - \hat{y}^{(1)} = y^{(1)} - b_2 z_2 \tag{17.99}$$

第 17 章　主成分分析與迴歸

而殘差向量 $\varepsilon^{(1)}$ 也是進入下一次迭代過程第二步資料向量 $y^{(2)}$。

▲ 圖 17.44　估算 $y^{(1)}$

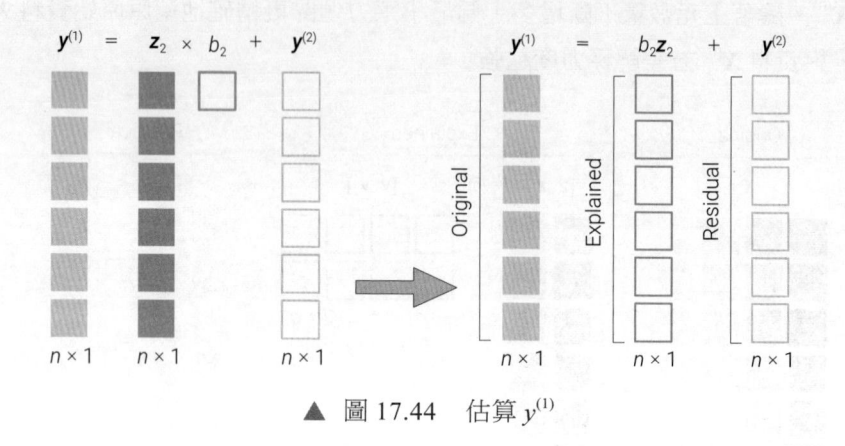

　　圖 17.45 結合圖 17.41 和圖 17.44，這幅圖中前兩個主元 z_1 和 z_1 還原部分資料列向量 $y^{(0)}$。同理，隨著主元數量不斷增多，偏最小平方迴歸更精確地還原原始因變數列向量 $y^{(0)}$；即對 $y^{(0)}$ 方差解釋力度越強。截至目前，迭代迴圈已經完成兩次。

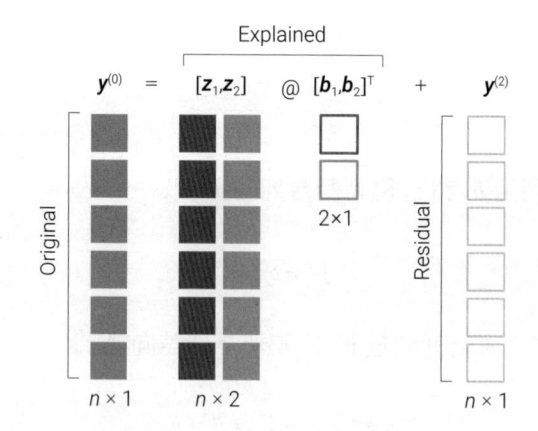

▲ 圖 17.45　前兩個主元 z_1 和 z_1 還原部分資料列向量 $y^{(0)}$

　　Scikit-Learn 中 PLS 迴歸的函數為 sklearn.cross_decomposition.PLSRegression()，請大家自行學習。

17.7 偏最小平方迴歸

> 正交迴歸和最小平方法迴歸都是迴歸分析中的方法,但它們之間有很大的區別。
>
> OLS 透過最小化實際觀測值與預測值之間的誤差平方和,來確定迴歸係數。這種方法非常直觀且易於理解,但存在一些缺點,例如當資料存在多重共線性時,OLS 的估計結果可能會變得不穩定,且估計結果受到極端值的影響較大。
>
> 與 OLS 不同,正交迴歸是一種基於 PCA 的迴歸方法。它透過將引數透過 PCA 轉換成互相正交的新變數,來消除引數之間的多重共線性問題,從而提高迴歸分析的準確性和穩定性。
>
> 因此,正交迴歸方法相對於 OLS 方法更加堅固,適用於多重共線性較強的資料集,同時也能夠在保證預測準確性的前提下,降低引數的維度,提高迴歸模型的可解釋性。
>
> 主元迴歸 PCR 是一種基於主成分分析的迴歸方法,它在迴歸建模之前,先對引數進行 PCA,將引數降維成少量的主成分變數,然後再對這些主成分變數進行迴歸分析。
>
> PCR 的基本思想是將引數透過 PCA 轉換成少數互相正交的主成分變數,從而消除引數之間的多重共線性問題,提高迴歸分析的準確性和穩定性。在降維過程中,PCR 保留了引數中最主要的資訊,因此相比於直接使用全部引數的迴歸分析,PCR 可以顯著提高迴歸模型的準確性和可解釋性。
>
> 偏最小平方法(PLS)也是一種基於 PCA 和迴歸分析的統計建模方法,它是對 PCR 的一種改進,主要用於解決多重共線性和高維資料分析問題。
>
> 與 PCR 不同的是,PLS 在 PCA 的過程中,不僅考慮了引數之間的方差,還考慮了引數和因變數之間的協方差,從而將 PCA 與迴歸分析相結合,獲得了一組互相正交的主成分變數,每個主成分變數都包含了引數和因變數的資訊,可以用於迴歸分析。

第 17 章　主成分分析與迴歸

→

下例展示如何使用偏最小平方迴歸。這個例子還比較了本書最後一章要介紹的典型相關分析。請大家自行閱讀學習：

- https://scikit-learn .org/stable/auto_examples/cross_decomposition/plot_compare_cross_decomposition.html

18 核心主成分分析

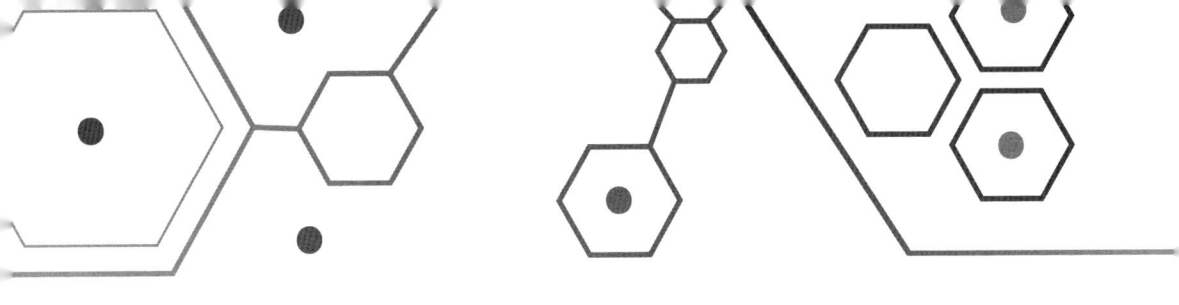

Kernel Principal Component Analysis

用核心技巧，將非線性資料投影到高維度空間，再投影

> 能夠對一個想法抱有興趣，而不全盤接受它，是受過教育的標識。
>
> *It is the mark of an educated mind to be able to entertain a thought without accepting it.*
>
> ——亞里斯多德（*Aristotle*）| 古希臘哲學家 | 前 384—前 322 年

- numpy.argsort() 傳回陣列中元素排序索引
- numpy.linalg.eigh() 計算實對稱矩陣的特徵值和特徵向量的函數
- sklearn.datasets.make_circles() 生成一個具有圓形決策邊界的二維二分類資料集
- sklearn.decomposition.KernelPCA() 核心主成分分析工具
- sklearn.metrics.pairwise.euclidean_distances() 計算歐氏距離矩陣
- sklearn.preprocessing.KernelCenterer() 中心化核心矩陣的函數
- sklearn.preprocessing.StandardScaler() 將資料進行標準化處理

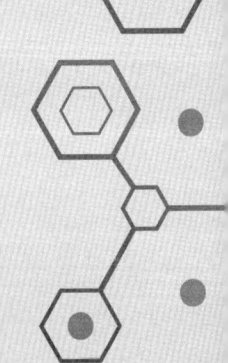

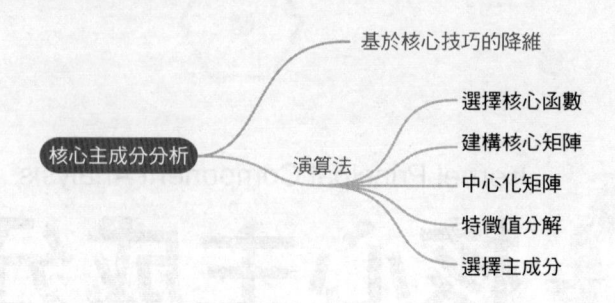

第 18 章 核心主成分分析

- 核心主成分分析
  - 基於核心技巧的降維
  - 演算法
    - 選擇核心函數
    - 建構核心矩陣
    - 中心化矩陣
    - 特徵值分解
    - 選擇主成分

18.1 核心主成分分析

主成分分析 (PCA) 不是萬能的！

PCA 有個致命前提，PCA 假設資料服從多元高斯分佈。如圖 18.1 所示，對於這種非線性資料，PCA 在降維提取最大方差上幾乎起不到任何作用。本章要介紹的**核心主成分分析** (Kernel Principal Component Analysis, Kernel PCA 或 KPCA) 卻可以幫助我們解決這類問題。

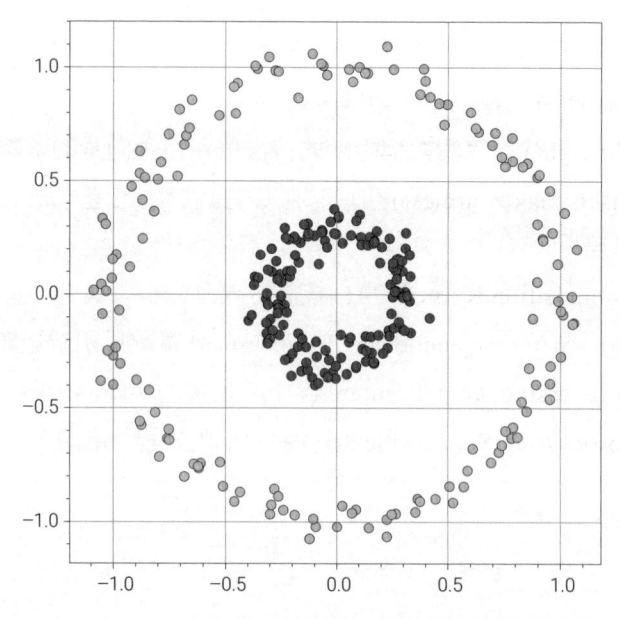

▲ 圖 18.1 主成分分析不能處理的非線性資料

KPCA 是 PCA 的一種擴充，KPCA 允許處理非線性資料集。PCA 中，資料被投影到一個新的特徵空間，以便在新的座標系中最大化資料的方差。

然而，對於非線性資料，PCA 可能不夠靈活。而 KPCA 可以使用核心技巧來解決這個問題，KPCA 透過應用核心函數來映射原始特徵空間到一個更高維度的空間，使得資料在這個新空間中可以更進一步地被線性分離。透過前文學習，大家知道常用的核心函數包括多項式核心、高斯核心、Sigmoid 核心。

KPCA 的步驟如下。

- **選擇核心函數**：根據資料的性質選擇適當的核心函數，這取決於資料的非線性結構。
- **建構核心矩陣**：計算每對樣本之間的核心函數值，形成核心矩陣。這個矩陣反映了樣本在新特徵空間中的相似性。
- **中心化核心矩陣**：對核心矩陣進行中心化處理，確保資料的行列平均值同時為零。
- **計算特徵值和特徵向量**：對中心化後的核心矩陣進行特徵值分解，得到特徵值和對應的特徵向量。
- **選擇主成分**：選擇前 p 個最大特徵值對應的特徵向量，組成新的特徵矩陣。選取的特徵向量就是因數得分，相當於投影結果。

本章下文用高斯核心為例介紹 KPCA。

18.2 從主成分分析說起

讀到這裡，相信大家已經對主成分分析 (PCA) 瞭若指掌；即使如此，為了方便展開講解 KPCA，這一節還是簡單回顧一下 PCA 原理。

第 18 章　核心主成分分析

第一個格拉姆矩陣分解

如圖 18.2 所示，對矩陣 X(形狀 $n \times D$) 的格拉姆矩陣 X^TX(形狀 $D \times D$) 進行特徵值分解，我們便得到各個主成分對應的酬載 V。上述運算對應協方差矩陣特徵值分解如下。

$$X^TX = V\Lambda V^T \tag{18.1}$$

特別地，本章預設矩陣 X 已經標準化。標準化資料矩陣 X 的格拉姆矩陣相當於原始資料的相關性係數矩陣。此外，我們也不需要考慮 ($n-1$) 對相關性係數矩陣的影響。

而因數得分 Z 可以透過投影獲得。

$$Z = XV \tag{18.2}$$

根據奇異值分解 ($X = USV^T$)，因數得分還可以寫成。

$$Z = US \tag{18.3}$$

式 (18.3) 展開來寫：

$$\underbrace{\begin{bmatrix} z_1 & z_2 & \cdots & z_D \end{bmatrix}}_{Z} = \underbrace{\begin{bmatrix} u_1 & u_2 & \cdots & u_D \end{bmatrix}}_{U} \underbrace{\begin{bmatrix} s_1 & & & \\ & s_2 & & \\ & & \ddots & \\ & & & s_D \end{bmatrix}}_{S} = \begin{bmatrix} s_1 u_1 & s_2 u_2 & \cdots & s_D u_D \end{bmatrix} \tag{18.4}$$

U 的每個列向量 u_j 均為單位向量，即 $\|u_j\| = 1$。由於矩陣 S 為對角方陣 (對角線元素為奇異值 s_j)，S 中奇異值 s_j 僅對 U 的列向量提供縮放作用。投影結果列向量 z_j 的模為 s_j，即 $\|s_j u_j\| = s_j = \sqrt{\lambda_j}$。

18.2 從主成分分析說起

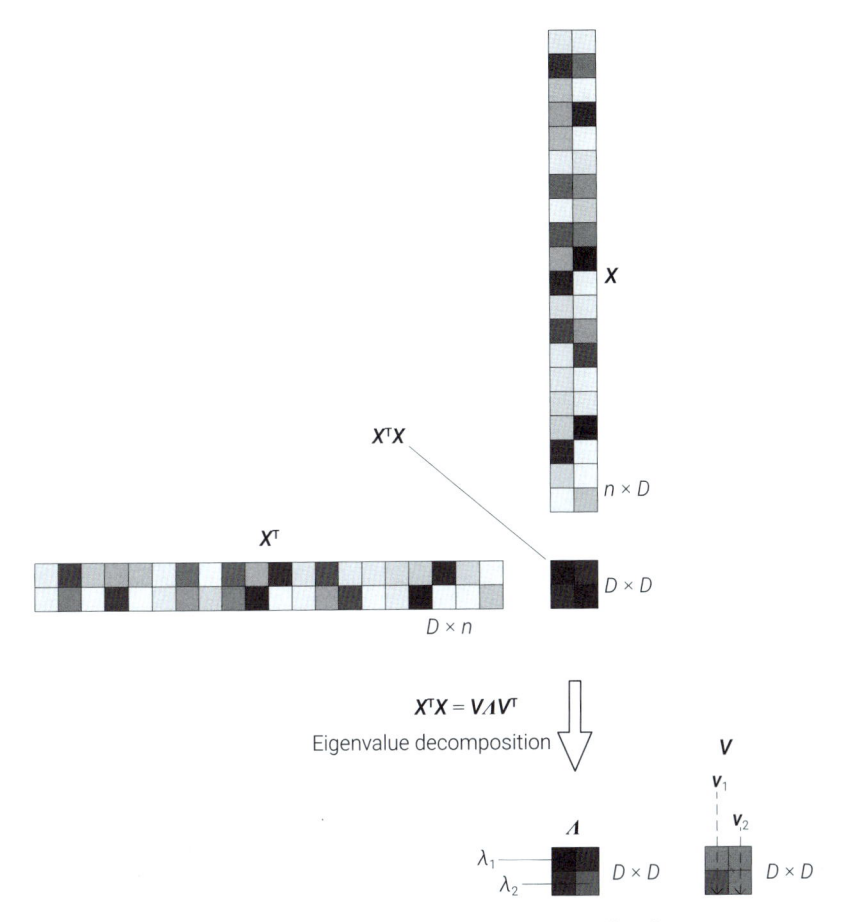

▲ 圖 18.2 第一個格拉姆矩陣的特徵值分解

第二個格拉姆矩陣分解

而《AI 時代 Math 元年 - 用 Python 全精通矩陣及線性代數》反覆提過，矩陣 X 還有第二個格拉姆矩陣 XX^T (形狀 $D \times D$)，如圖 18.3 所示。而 XX^T 也相當於線性核心，其中每個元素為 $x^{(i)}(x^{(j)})^T$。

如圖 18.3 所示，對格拉姆矩陣 XX^T 進行特徵值分解，我們可以直接獲得 u_j。

$$XX^T = U\Lambda U^T \tag{18.5}$$

第 18 章　核心主成分分析

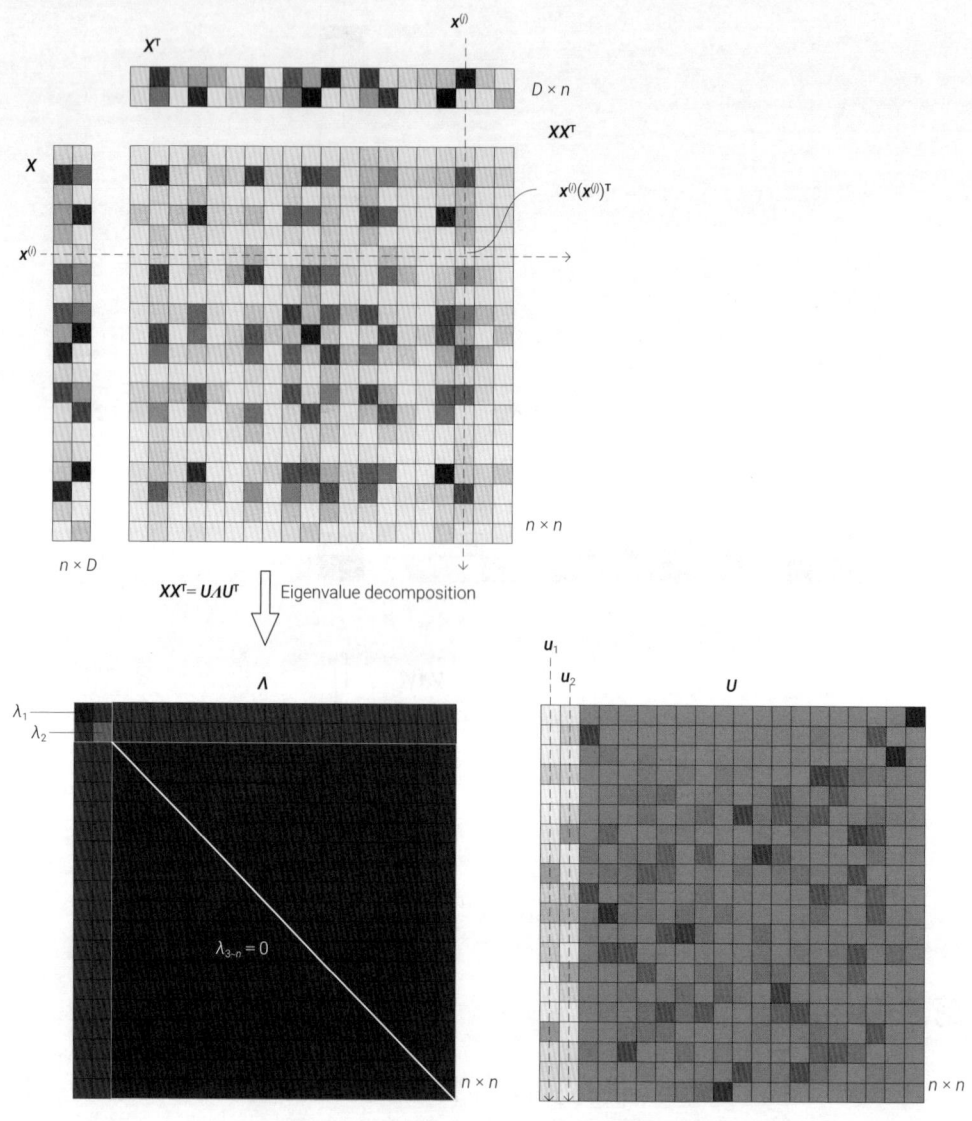

▲ 圖 18.3 第二個格拉姆矩陣的特徵值分解

注意，式 (18.1) 和式 (18.5) 的特徵值方陣形狀不同，但是除 0 以外，兩者擁有相同特徵值。此外，請大家格外注意圖 18.3 中 u_j。下一節講解 KPCA 時我們會用到相同的想法。

18.3 用核心技巧完成核心主成分分析

如圖 18.4 所示，聯繫上述兩個格拉姆矩陣特徵值分解正是奇異值分解。圖 18.4 所示為經濟型 SVD 分解，請大家繪製對應完全型 SVD 分解的矩陣運算圖解。

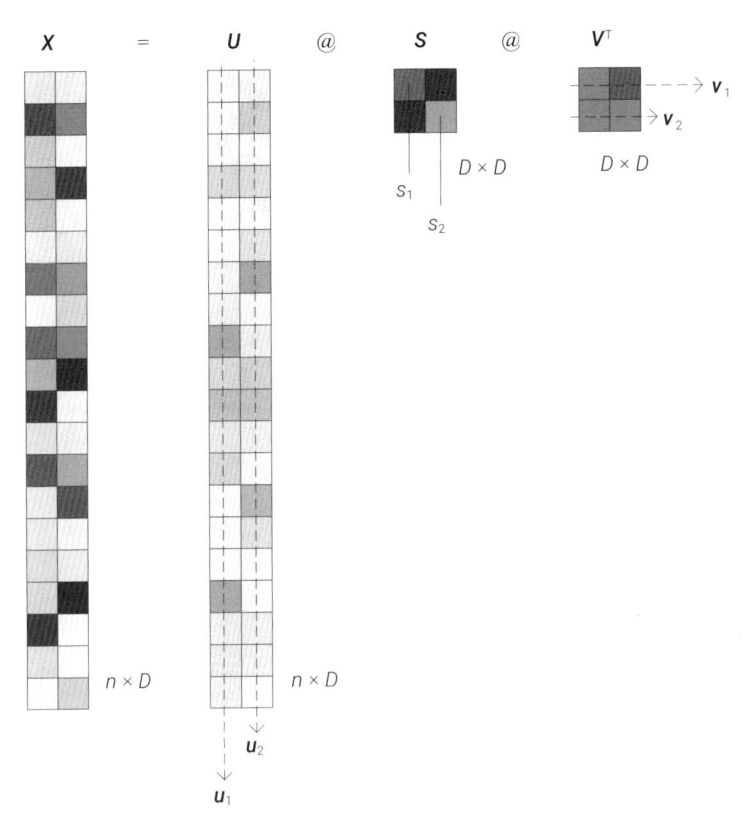

▲ 圖 18.4 奇異值分解聯繫兩個格拉姆矩陣特徵值分解

18.3 用核心技巧完成核心主成分分析

本節以高斯核心為例介紹如何利用核心技巧完成 KPCA。

歐氏距離成對距離矩陣

大家已經知道要想計算高斯核心矩陣，我們首先要計算歐氏成對距離矩陣。

第 18 章　核心主成分分析

如圖 18.5 所示，對於給定的散點，我們先計算其成對歐氏距離矩陣。任意兩點 $x^{(i)}$ 和 $x^{(j)}$ 的歐氏距離，即 L^2 範數 $\|x^{(i)} - x^{(j)}\|_2$。

如圖 18.6 所示為如何計算歐式距離平方，即 $\|x^{(i)} - x^{(j)}\|_2^2$。

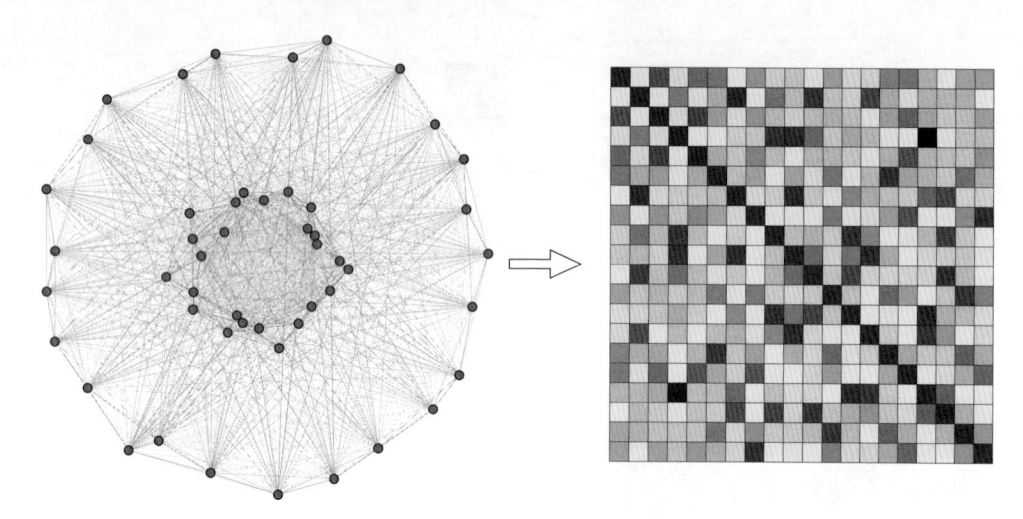

▲ 圖 18.5 成對歐氏距離

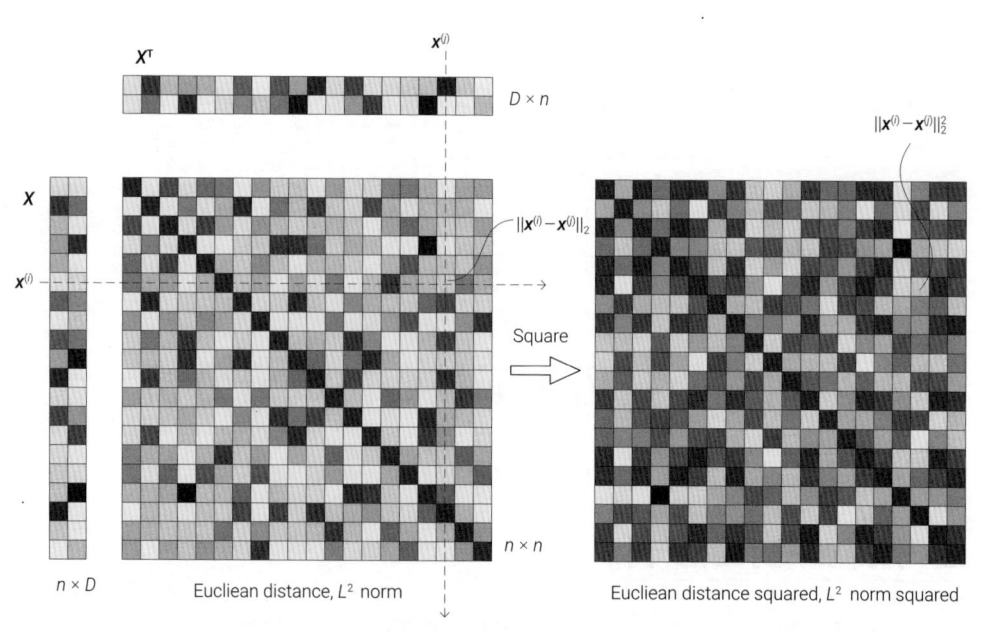

▲ 圖 18.6 歐氏距離平方

高斯核心

如圖 18.7 所示，根據歐氏距離平方 $\|x^{(i)} - x^{(j)}\|_2^2$，我們可以計算高斯核心 $\kappa(x^{(i)}, x^{(j)}) = \exp(-\gamma \|x^{(i)} - x^{(j)}\|_2^2)$。

透過高斯函數，我們把距離度量轉化為「親近度」。

高斯核心中的 γ 是需要調整的模型參數。注意，不同演算法中高斯核心函數的形式可能稍有差別。

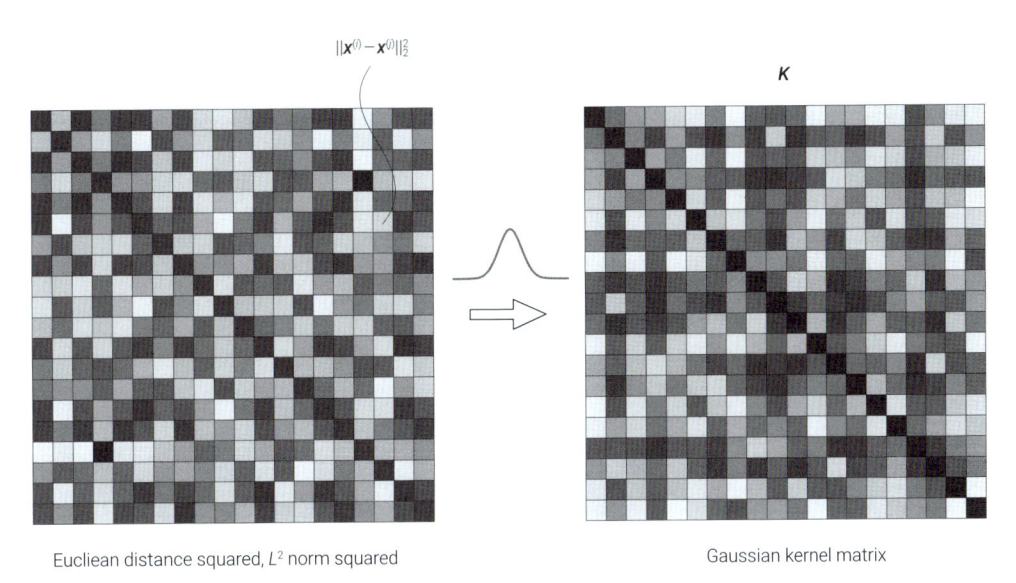

Eucliean distance squared, L^2 norm squared

Gaussian kernel matrix

▲ 圖 18.7 高斯核心矩陣

透過前文學習，我們知道核心技巧是一種在機器學習中常用的技術，主要用於處理非線性問題。它的基本思想是透過一個稱為核心函數的函數，將輸入的特徵映射到高維空間。

核心技巧的主要優勢在於它避免了直接在高維空間中進行計算，而是透過核心函數在低維空間中的計算得到高維空間中的內積。這樣做的好處是可以節省計算成本，並更有效地處理複雜的非線性關係。

第 18 章　核心主成分分析

核心中心化

下一步，高斯核心矩陣 K 還需要經過行列中心化，獲得 K_c。K_c 為**中心矩陣** (centering matrix)。中心矩陣的每一行、每一列的平均值都是 0。

> 本書系讀者對於中心化這個概念應該不陌生，可回顧《AI 時代 Math 元年 - 用 Python 全精通矩陣及線性代數》第 22 章第 4 節。

圖 18.8 中的矩陣 M 就是中心化矩陣，具體如下。

$$M = I - \frac{1}{n} \mathbf{1}\mathbf{1}^{\mathrm{T}} \tag{18.6}$$

式 (18.6) 中，$\frac{1}{n} \mathbf{1}\mathbf{1}^{\mathrm{T}}$ 是一個 $n \times n$ 矩陣，每個元素值都是 $\frac{1}{n}$。

首先對高斯核心矩陣 K 列中心化，即去平均值。

> 注意：K 為對稱矩陣，M 也是對稱矩陣。

$$K_{\mathrm{col\_demean}} = MK \tag{18.7}$$

然後再對上述矩陣行中心化，結果就是 K_c。

$$K_c = \left(M \left(K_{\mathrm{col\_demean}} \right)^{\mathrm{T}} \right)^{\mathrm{T}} = \left(M(MK)^{\mathrm{T}} \right)^{\mathrm{T}} = MKM^{\mathrm{T}} \tag{18.8}$$

K_c 也是對稱矩陣。

將式 (18.6) 代入式 (18.8) 展開可以得到：

$$\begin{aligned} K_c &= \left(I - \frac{1}{n} \mathbf{1}\mathbf{1}^{\mathrm{T}} \right) K \left(I - \frac{1}{n} \mathbf{1}\mathbf{1}^{\mathrm{T}} \right)^{\mathrm{T}} \\ &= \left(I - \frac{1}{n} \mathbf{1}\mathbf{1}^{\mathrm{T}} \right) K \left(I - \frac{1}{n} \mathbf{1}\mathbf{1}^{\mathrm{T}} \right) \\ &= K - \frac{1}{n} \mathbf{1}\mathbf{1}^{\mathrm{T}} K - K \frac{1}{n} \mathbf{1}\mathbf{1}^{\mathrm{T}} + \frac{1}{n} \mathbf{1}\mathbf{1}^{\mathrm{T}} K \frac{1}{n} \mathbf{1}\mathbf{1}^{\mathrm{T}} \end{aligned} \tag{18.9}$$

18.3 用核心技巧完成核心主成分分析

K →(MKMᵀ Centering)→ K_c

Gaussian kernel matrix   Centering matrix

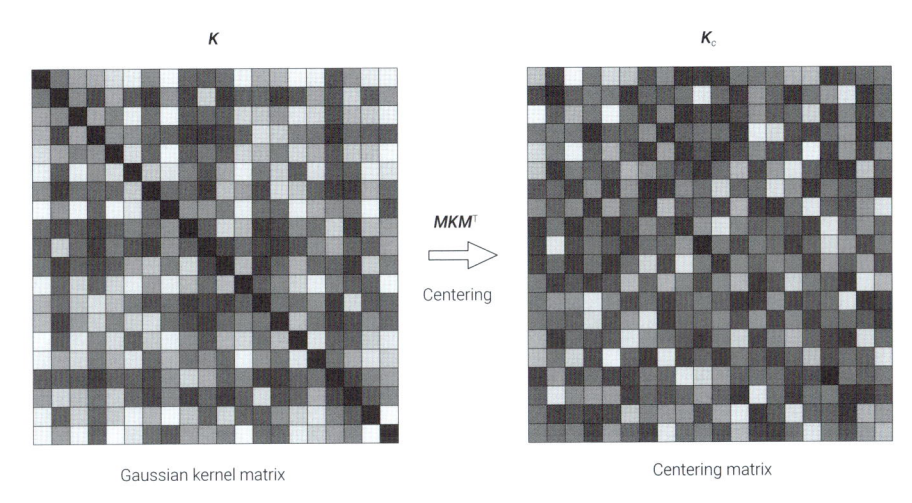

▲ 圖 18.8 高斯核心中心化

高斯核心的特徵值分解

如圖 18.9 所示，下一步就是對 K_c 特徵值分解。將特徵值從大到小排列後，取出排名靠前的特徵向量，這就是經過「非線性投影」得到的因數得分。

Bk7_Ch18_01.ipynb 中一步步實現上述 KPCA 運算，下面讓我們講解其中關鍵敘述。

ⓐ 利用 sklearn.datasets.make_circles() 生成環狀資料集。

ⓑ 利用 sklearn.preprocessing.StandardScaler() 中 fit_transform() 方法對資料進行標準化。

ⓒ 用 sklearn.metrics.pairwise.euclidean_distances() 計算成對歐氏距離平方矩陣。

ⓓ 將上述成對歐氏距離平方矩陣轉化為高斯核心矩陣。

ⓔ 利用 sklearn.preprocessing.KernelCenterer() 中 fit_transform() 對高斯核心矩陣中心化。當然，這一句被註釋起來，請大家自行和下文程式比較運算結果。

ⓕ 計算中心化矩陣 M。

ⓖ 對高斯核心矩陣中心化。

18-11

第 18 章　核心主成分分析

h 利用 numpy.linalg.eigh() 對中心化後的核心矩陣進行特徵值分解，得到特徵值 eig_vals 和特徵向量 eig_vecs。注意，numpy.linalg.eigh() 專門用於對稱 / Hermitian 矩陣的特徵值和特徵向量的計算。對於 Hermitian 矩陣，特徵值是實數，而且特徵向量是正交的。numpy.linalg.eig() 則適用於一般的矩陣，不要求輸入矩陣是對稱的，結果特徵值可以是複數。

i 利用 numpy.argsort() 獲取特徵值從大到小排序的索引。

j 取出 KPCA 前兩個主成分。

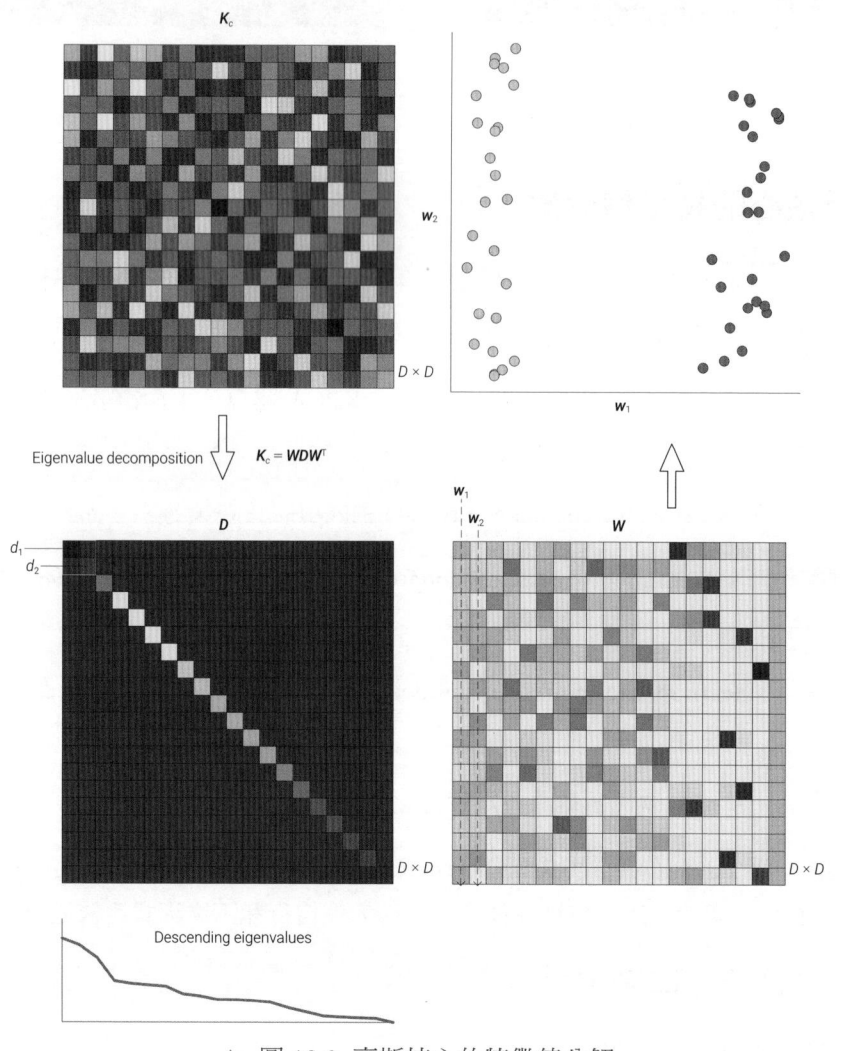

▲ 圖 18.9 高斯核心的特徵值分解

18-12

18.3 用核心技巧完成核心主成分分析

程式18.1 逐步完成KPCA | Bk7_Ch18_01.ipynb

```python
from sklearn.datasets import make_circles

# 生成資料
a  X_original, y = make_circles(n_samples=200,
                              factor=0.3,
                              noise=0.05,
                              random_state=0)

# 標準化
from sklearn.preprocessing import StandardScaler
b  X = StandardScaler().fit_transform(X_original)

# 計算歐氏距離(平方)矩陣
from sklearn.metrics.pairwise import euclidean_distances
c  dist = euclidean_distances(X, X, squared=True)

# 計算核心函數矩陣，高斯核心
gamma = 1 # 模型參數需要最佳化
d  K = np.exp(-gamma * dist)

# 中心化
from sklearn.preprocessing import KernelCenterer
e  # Kc = KernelCenterer().fit_transform(K)
# 比較結果

n = len(K)
f  M = (np.identity(n) - 1/n*np.ones((n,n)))
g  Kc = M @ K @ M.T

# 特徵值分解
h  eig_vals, eig_vecs = np.linalg.eigh(Kc)

# 按特徵值大小排序
i  idx = np.argsort(eig_vals)[::-1]
eig_vals = eig_vals[idx]
eig_vecs = eig_vecs[:,idx]

# 取出前兩個主成分
j  num_PCs = 2
Xpca = eig_vecs[:,:2]
```

升維過程

圖18.10展示的就是非線性投影產生的網格變化。雖然本例中，原始特徵只有兩個，但是經過非線性變換我們可以得到各種奇形怪狀的非線性投影網格。

這個過程就是透過核心函數達到的「升維」的效果。

第 18 章　核心主成分分析

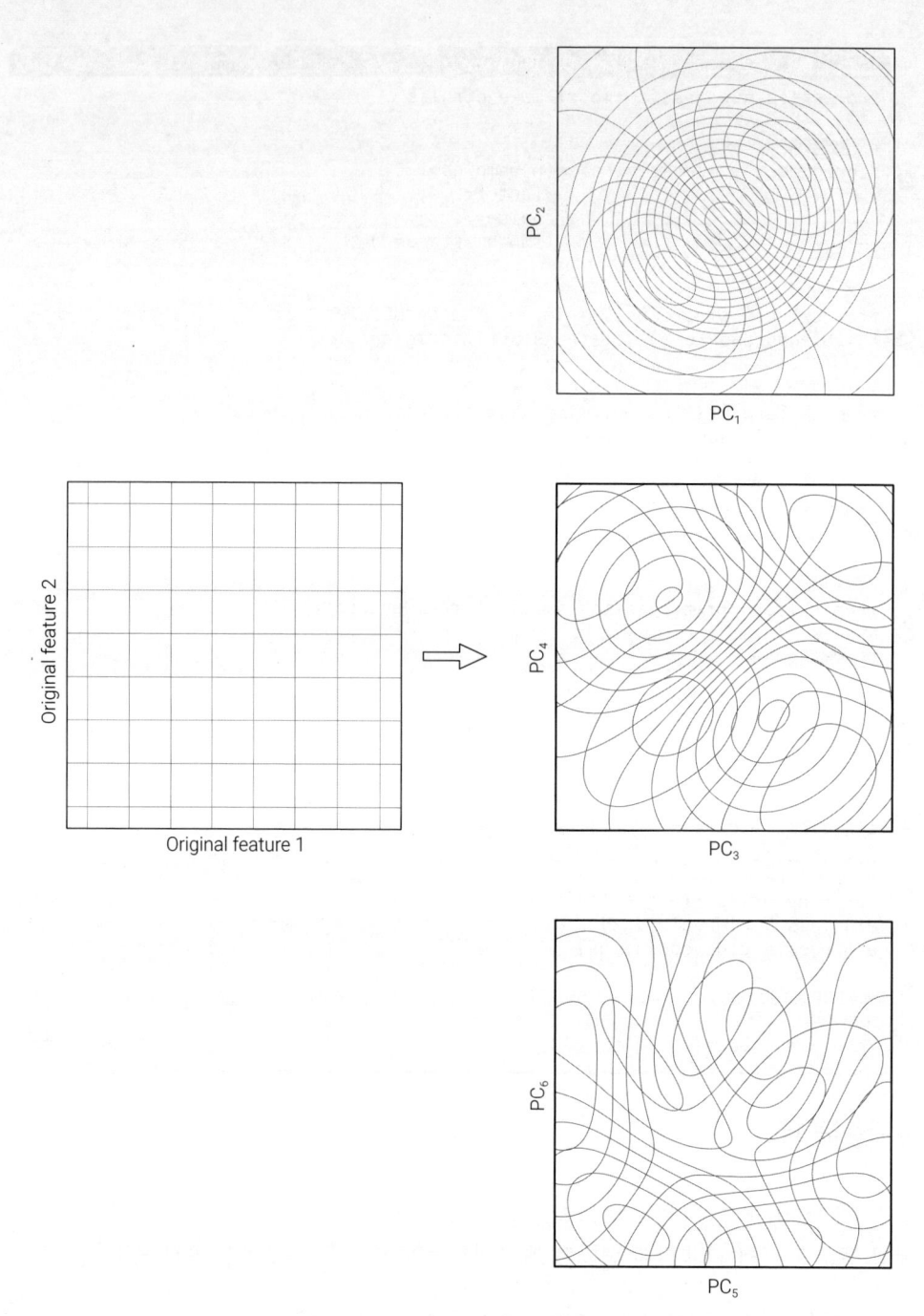

▲ 圖 18.10 非線性映射網格變化

18.3 用核心技巧完成核心主成分分析

舉例

在 Scikit-Learn 中有 sklearn.decomposition.KernelPCA() 函數專門完成 KPCA。圖 18.11 所示為利用這個函數中的高斯核心函數完成的環狀資料的 KPCA 分析，下面講解 Bk7_Ch18_01.ipynb 中這部分程式。

ⓐ 用 sklearn.decomposition.KernelPCA() 完成 KPCA。

n_components=2 指定要保留的主成分數量為 2。kernel='rbf' 選擇使用徑向基函數核心（RBF kernel），並設置核心函數的參數 gamma 為 1。請大家翻閱技術文件，嘗試使用其他核心函數，並比較其結果。

ⓑ 對輸入資料 X 進行 KPCA，將結果儲存在 SK_PC_X 中。這一步將資料映射到新的主成分空間。

ⓒ 使用散點圖型視覺化映射後的主成分空間。X 軸使用第一個主成分，Y 軸使用第二個主成分。點的顏色由標籤 y 決定，使用 'cool' 顏色映射，邊緣顏色為黑色，透明度為 0.5。

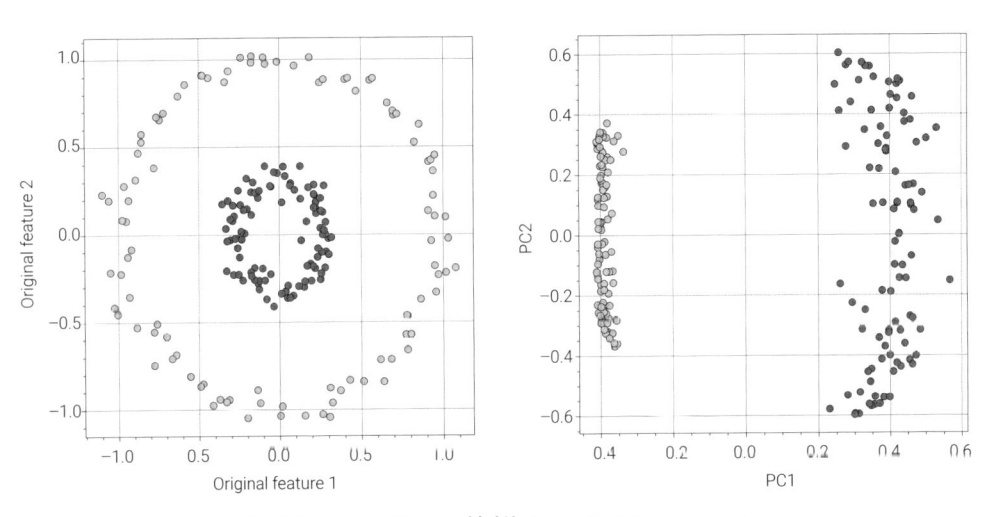

▲ 圖 18.11 KPCA 範例 |Bk7_Ch18_01.ipynb

第 18 章　核心主成分分析

```
程式18.2  用sklearn.decomposition.KernelPCA()完成KPCA | Bk7_Ch18_01.ipynb
from sklearn.decomposition import KernelPCA

# 呼叫KPCA工具
ⓐ SK_PCA = KernelPCA(n_components=2, kernel='rbf', gamma=1)

# 對輸入資料X進行KPCA
ⓑ SK_PC_X = SK_PCA.fit_transform(X)

# 視覺化
fig, ax = plt.subplots(figsize = (6,6))

ⓒ ax.scatter(SK_PC_X[:, 0], SK_PC_X[:, 1],
             c=y, cmap = 'cool',
             edgecolors = ['k'], alpha = 0.5)
ax.set_xlabel("PC1")
ax.set_ylabel("PC2")
```

圖 18.12 和圖 18.13 所示為利用 Streamlit 架設的兩個 App，展示高斯核心 KPCA 中參數 Gamma 對結果的影響。

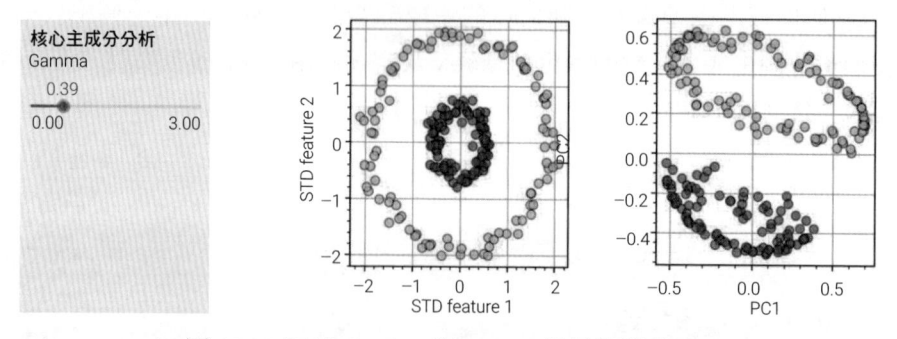

▲ 圖 18.12 展示 Gamma 對 KPCA 結果影響的 App，環狀資料，Streamlit 架設 |Streamlit_Bk7_Ch18_02.py

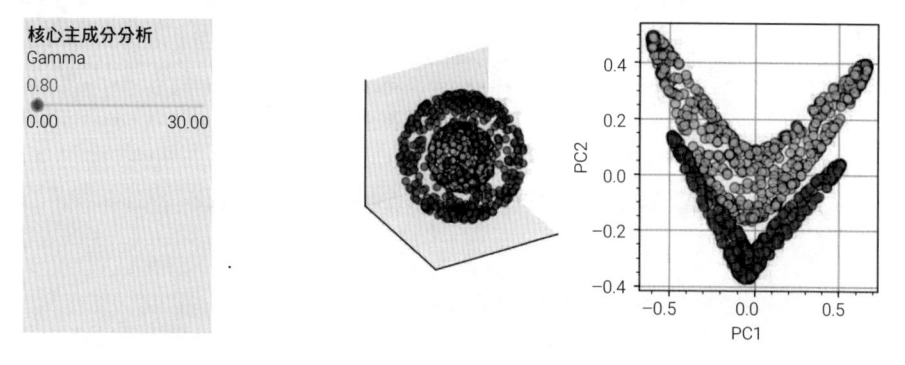

▲ 圖 18.13 展示 Gamma 對 KPCA 結果影響的 App，球形資料，Streamlit 架設 |Streamlit_Bk7_Ch18_03.py

18.3 用核心技巧完成核心主成分分析

> KPCA 通常用於非線性降維,它透過將資料映射到高維特徵空間,然後在該空間中執行 PCA。雖然它本身不是分類或聚類演算法,但在降維後,可以使用其他演算法進行分類或聚類分析。

➡ 有關 KPCA 背後的數學原理,請大家參考以下文章。

- https://arxiv.org/pdf/1207.3538.pdf

第 18 章 核心主成分分析

MEMO

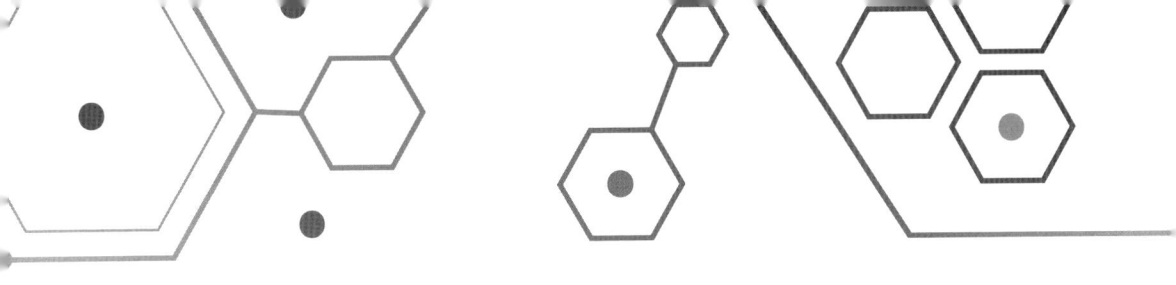

19 典型相關分析
Canonical Correlation Analysis
找到兩組資料的整體相關性的最大線性組合

人類生而好奇,這正是科學的火種。

Men love to wonder, and that is the seed of science.

——拉爾夫·沃爾多·愛默生(*Ralph Waldo Emerson*)| 美國思想家、文學家 | 1803—1882 年

- numpy.linalg.eig() 特徵值分解
- numpy.linalg.inv() 矩陣求逆
- seaborn.heatmap() 繪製熱圖
- seaborn.jointplot() 繪製散點圖,含邊緣分佈
- seaborn.pairplot() 成對散點圖
- seaborn.scatterplot() 繪製散點圖
- sklearn.cross_decomposition.CCA() 典型相關分析

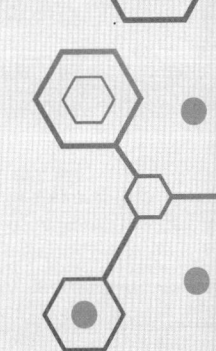

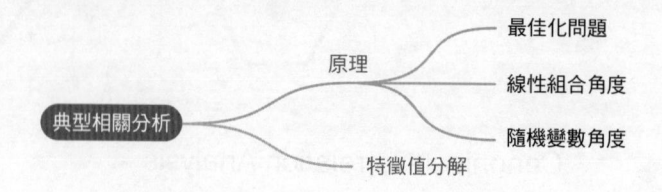

第 19 章　典型相關分析

典型相關分析
┣ 原理 ┳ 最佳化問題
┃   ┣ 線性組合角度
┃   ┗ 隨機變數角度
┗ 特徵值分解

19.1 典型相關分析原理

典型相關分析 (Canonical Correlation Analysis，CCA) 是一種用於探究兩組變數之間關係的多元統計分析方法。其核心思想是將兩組變數分別投影到新的低維空間中，使得這兩組變數在新空間中的投影盡可能相關。

CCA 常用於處理兩組多元變數之間的關係。透過 CCA 可以發現這兩組變數中的某些維度之間存在相關性，這種相關性可以幫助研究者更進一步地理解兩組變數之間的關係。

使用 CCA 時，一般需要先對兩組變數進行標準化處理，然後計算它們的相關性係數矩陣。接著，CCA 會生成一組線性組合，使得兩組變數在新的低維空間中的投影盡可能相關。這些線性組合稱為典型變數，相關係數則稱為典型相關係數。最終的結果是一組典型變數和對應的典型相關係數。

原理

下面以 X 和 Y 為例介紹 CCA 原理。

$n \times p$ 資料矩陣 X 可以寫成：

$$X_{n \times p} = \begin{bmatrix} x_1 & x_2 & \cdots & x_p \end{bmatrix} \tag{19.1}$$

$n \times q$ 資料矩陣 Y 可以寫成：

$$Y_{n \times q} = \begin{bmatrix} y_1 & y_2 & \cdots & y_q \end{bmatrix} \tag{19.2}$$

19.1 典型相關分析原理

> ⚠️ 注意：X 和 Y 的行數一致。

X 朝向量 u_1 投影結果為 s_1：

$$s_1 = X_{n \times p} u_1 \tag{19.3}$$

其中，u_1 的形狀為 $p \times 1$，s_1 的形狀為 $n \times 1$。

> ⚠️ 注意：很多參考文獻中，向量一般記作 a 和 b，投影結果一般記作 u 和 v；但是本書 u 和 v 特指代表投影方向的向量，所以本章依然沿用這種記法。

展開式 (19.3) 得到以下線性組合形式：

$$s_1 = \begin{bmatrix} x_1 & x_2 & \cdots & x_p \end{bmatrix} \begin{bmatrix} u_{1,1} \\ u_{2,1} \\ \vdots \\ u_{p,1} \end{bmatrix} = u_{1,1} x_1 + u_{2,1} x_2 + \cdots + u_{p,1} x_p \tag{19.4}$$

Y 朝向量 v_1 投影的結果為 t_1：

$$t_1 = Y_{n \times q} v_1 \tag{19.5}$$

其中，v_1 的形狀為 $q \times 1$，t_1 的形狀為 $n \times 1$。p 和 q 可以不相等，也就是說 u_1、v_1 形狀可能不同。但是 s_1、t_1 形狀相同。

展開式 (19.5) 得到以下線性組合形式：

$$t_1 = \begin{bmatrix} y_1 & y_2 & \cdots & y_q \end{bmatrix} \begin{bmatrix} v_{1,1} \\ v_{2,1} \\ \vdots \\ v_{q,1} \end{bmatrix} = v_{1,1} y_1 + v_{2,1} y_2 + \cdots + v_{q,1} y_q \tag{19.6}$$

第 19 章　典型相關分析

最佳化問題

如圖 19.1 所示，CCA 的問題便是找到 u_1 和 v_1，使得 s_1 和 t_1 相關性最大。

> ⚠ 注意：如圖 19.1 所示，從資料角度來看，一般情況下 X 和 Y 都先要經過標準化處理。

隨機變數

用隨機變數來寫的話，S_1 對應 s_1，T_1 對應 t_1。隨機變數 S_1 可以寫成以下線性變換：

$$S_1 = u_1^T \chi = \begin{bmatrix} u_{1,1} & u_{2,1} & \cdots & u_{p,1} \end{bmatrix} \begin{bmatrix} X_1 \\ X_2 \\ \vdots \\ X_p \end{bmatrix} = u_{1,1} X_1 + u_{2,1} X_2 + \cdots + u_{p,1} X_p \tag{19.7}$$

同理，隨機變數 T_1 可以寫成：

$$T_1 = v_1^T Y = \begin{bmatrix} v_{1,1} & v_{2,1} & \cdots & v_{q,1} \end{bmatrix} \begin{bmatrix} Y_1 \\ Y_2 \\ \vdots \\ Y_q \end{bmatrix} = v_{1,1} Y_1 + v_{2,1} Y_2 + \cdots + v_{q,1} Y_q \tag{19.8}$$

S_1 和 T_1 是**第一對典型變數** (first pair of canonical variables)。

S_1 和 T_1 的相關性係數為：

$$\mathrm{corr}(S_1, T_1) = \frac{\mathrm{cov}(S_1, T_1)}{\sqrt{\mathrm{var}(S_1, S_1)}\sqrt{\mathrm{var}(T_1, T_1)}} \tag{19.9}$$

這樣尋找第一對典型變數的最佳化問題可以寫成：

$$\underset{u_1, v_1}{\mathrm{argmax}}\, \mathrm{corr}(S_1, T_1) \tag{19.10}$$

19.1 典型相關分析原理

> 有關隨機變數的線性變換,請大家回顧《AI 時代 Math 元年 - 用 Python 全精通統計及機率》第 14 章。

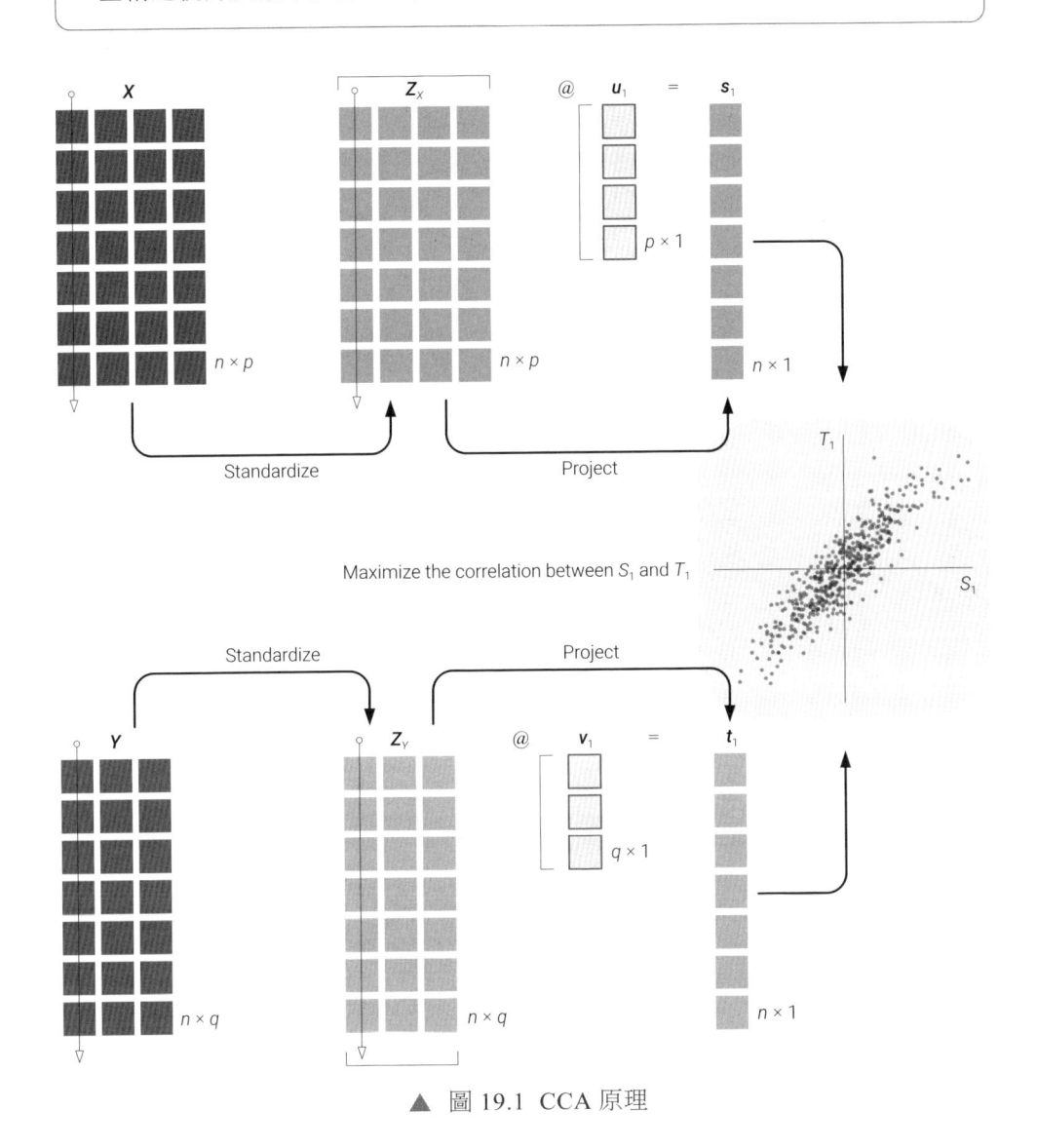

▲ 圖 19.1 CCA 原理

第 19 章 典型相關分析

尋找更多典型變數

如圖 19.2 所示,在找到第一對典型變數之後,依然最大化相關性係數可以找到**第二對典型變數** (second pair of canonical variables)。約束條件是第一、第二對典型變數不相關。

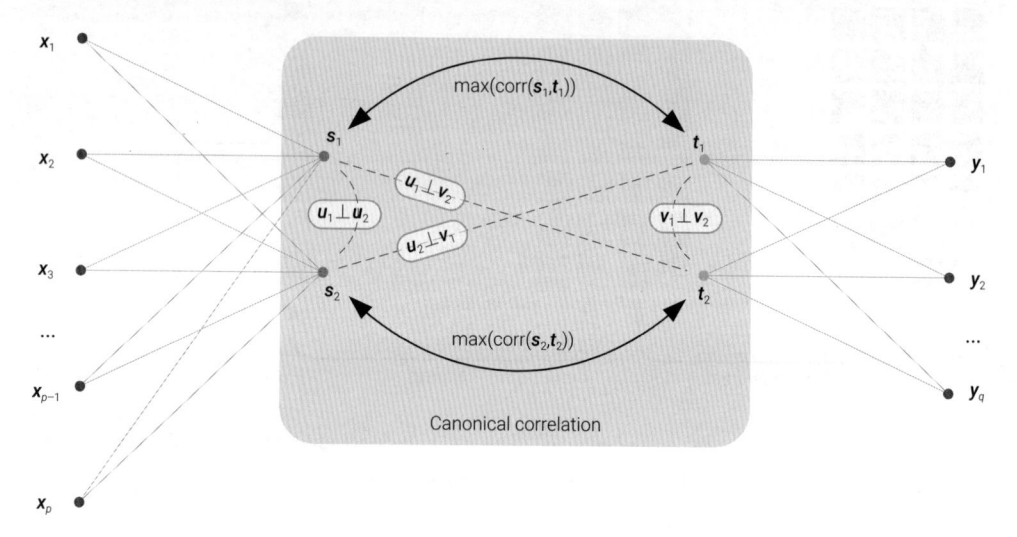

▲ 圖 19.2 線性組合角度看 CCA

用向量來寫,s_2 也是 $\begin{bmatrix} x_1 & x_2 & \cdots & x_p \end{bmatrix}$ 的線性組合:

$$s_2 = Xu_2 = \begin{bmatrix} x_1 & x_2 & \cdots & x_p \end{bmatrix} \begin{bmatrix} u_{1,2} \\ u_{2,2} \\ \vdots \\ u_{p,2} \end{bmatrix} = u_{1,1}x_1 + u_{2,1}x_2 + \cdots + u_{p,1}x_p \tag{19.11}$$

式 (19.11) 相當於 X 朝 u_2 投影。

t_2 為 $\begin{bmatrix} y_1 & y_2 & \cdots & y_q \end{bmatrix}$ 的線性組合:

$$t_2 = \begin{bmatrix} y_1 & y_2 & \cdots & y_q \end{bmatrix} \begin{bmatrix} v_{1,2} \\ v_{2,2} \\ \vdots \\ v_{q,2} \end{bmatrix} = v_{1,2}y_1 + v_{2,2}y_2 + \cdots + v_{q,2}y_q \tag{19.12}$$

式 (19.12) 相當於 Y 朝 v_2 投影。

透過最大化的 s_2 和 t_2 相關性係數，可以找到第二對典型變數。這步最佳化問題的約束條件為：

$$\begin{aligned} u_1^\mathrm{T} u_2 &= 0 \\ v_1^\mathrm{T} v_2 &= 0 \\ u_1^\mathrm{T} v_2 &= 0 \\ v_1^\mathrm{T} u_2 &= 0 \end{aligned} \tag{19.13}$$

隨機變數 S_2 可以寫成：

$$S_2 = u_2^\mathrm{T} \chi = \begin{bmatrix} u_{1,2} & u_{2,2} & \cdots & u_{p,2} \end{bmatrix} \begin{bmatrix} X_1 \\ X_2 \\ \vdots \\ X_p \end{bmatrix} = u_{1,2} X_1 + u_{2,2} X_2 + \cdots + u_{p,2} X_p \tag{19.14}$$

隨機變數 T_2 可以寫成：

$$T_2 = v_2^\mathrm{T} Y = \begin{bmatrix} v_{1,2} & v_{2,2} & \cdots & v_{q,2} \end{bmatrix} \begin{bmatrix} Y_1 \\ Y_2 \\ \vdots \\ Y_q \end{bmatrix} = v_{1,2} Y_1 + v_{2,2} Y_2 + \cdots + v_{p,2} Y_q \tag{19.15}$$

考慮到一般情況下 X 和 Y 已經標準化，$\mathrm{E}(X) = \boldsymbol{0}$ 且 $\mathrm{E}(Y) = \boldsymbol{0}$。這樣 $\mathrm{E}(U_1) = 0$，$\mathrm{E}(V_1) = 0$。

這個步驟最多重複 $\min(p,q)$ 次，可以最多找到 $\min(p,q)$ 對典型變數。$\min(p,q)$ 對應 X 和 Y 的列數最小值。

19.2 從一個協方差矩陣考慮

$[X, Y]$ 的協方差矩陣可以按圖 19.3 所示形式分成四個子塊。Σ_{XX} 為 X 的協方差矩陣，Σ_{YY} 為 Y 的協方差矩陣，它倆都是方陣。Σ_{XY}、Σ_{YX} 都是 X、Y 的**互協方差矩陣** (cross-covariance matrix)，它倆互為轉置。

第 19 章　典型相關分析

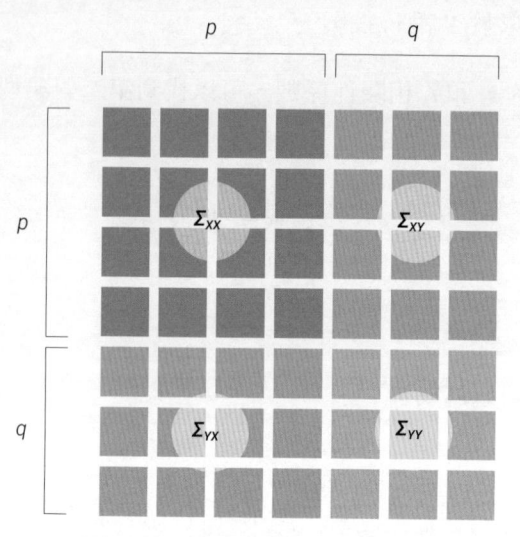

▲ 圖 19.3 [X, Y] 的協方差矩陣分塊

> 《AI 時代 Math 元年 - 用 Python 全精通統計及機率》第 13 章特別介紹過協方差矩陣分塊，請大家回顧。

S_1 和 T_1 各自的方差、協方差為：

$$\begin{aligned} \text{var}(S_1) &= \boldsymbol{u}_1^\text{T} \boldsymbol{\Sigma}_{XX} \boldsymbol{u}_1 \\ \text{var}(T_1) &= \boldsymbol{v}_1^\text{T} \boldsymbol{\Sigma}_{YY} \boldsymbol{v}_1 \\ \text{cov}(S_1, T_1) &= \boldsymbol{u}_1^\text{T} \boldsymbol{\Sigma}_{XY} \boldsymbol{v}_1 \end{aligned} \qquad (19.16)$$

> 如果大家對上式概念模糊的話，請回顧《AI 時代 Math 元年 - 用 Python 全精通統計及機率》第 14 章。

這樣，式 (19.9) 的相關性係數可以寫成：

$$\text{corr}(S_1, T_1) = \frac{\boldsymbol{u}_1^\text{T} \boldsymbol{\Sigma}_{XY} \boldsymbol{v}_1}{\sqrt{\boldsymbol{u}_1^\text{T} \boldsymbol{\Sigma}_{XX} \boldsymbol{u}_1} \sqrt{\boldsymbol{v}_1^\text{T} \boldsymbol{\Sigma}_{YY} \boldsymbol{v}_1}} \qquad (19.17)$$

19.2 從一個協方差矩陣考慮

觀察上式,大家是否發現它實際上是個瑞利商 (Rayleigh quotient)。

> 我們在《AI 時代 Math 元年 - 用 Python 全精通矩陣及線性代數》第 14 章了解過瑞利商。

最佳化結果

利用拉格朗日乘子法,我們可以求得最佳化問題的解。此處,省略推導過程,直接舉出結果。向量 u 是 $P = \Sigma_{XX}^{-1}\Sigma_{XY}\Sigma_{YY}^{-1}\Sigma_{YX}$ 的特徵向量。如圖 19.4 所示,P 為 $p \times p$ 方陣。

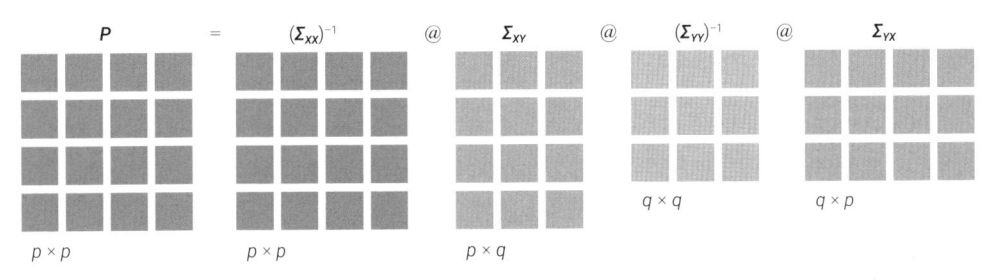

▲ 圖 19.4 $\Sigma_{XX}^{-1}\Sigma_{XY}\Sigma_{YY}^{-1}\Sigma_{YX}$ 對應運算

向量 v 是 $Q = \Sigma_{YY}^{-1}\Sigma_{YX}\Sigma_{XX}^{-1}\Sigma_{XY}$ 的特徵向量。如圖 19.5 所示,Q 為 $q \times q$ 方陣。

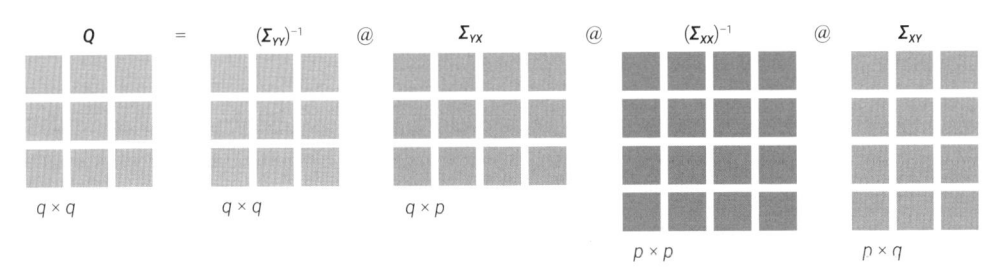

▲ 圖 19.5 $\Sigma_{YY}^{-1}\Sigma_{YX}\Sigma_{XX}^{-1}\Sigma_{XY}$ 對應運算

第19章 典型相關分析

值得大家注意的是，如圖 19.1 所示，一般 CCA 演算法中，資料先要經過標準化處理。也就是說圖 19.3 中真正參與運算的是相關性係數矩陣，而非協方差矩陣。

本章下面要使用的 sklearn.cross_decomposition.CCA() 函數就是先對資料標準化，再進行 CCA 分析。

19.3 以鳶尾花資料為例

本節以鳶尾花資料為例介紹如何完成 CCA。

如圖 19.6 所示，我們把鳶尾花資料 4 列均分為 X 和 Y 兩個矩陣。X 代表花萼 (長度、寬度)，Y 代表花瓣 (長度、寬度)。

CCA 就是，將花萼資料 X 的兩列合成一列 s_1，將花瓣資料 Y 的兩列合成一列 t_1。透過合適的組合方式，讓 s_1 和 t_1 的相關性最大。可以視為找到花萼、花瓣之間的「整體」關係。

圖 19.7 所示為鳶尾花資料的相關性係數矩陣。請大家特別關注熱圖中黃色框反白的兩個子塊，花萼和花瓣之間最大的相關性存在於花萼長度和花瓣長度 (0.87)。

比 0.87 更大的相關性係數是 0.96，這個相關性係數是花瓣長度、寬度之間的關係，而非花萼、花瓣之間的關係。

此外，CCA 分析中，圖 19.7 的相關性係數矩陣就相當於圖 19.3 的協方差矩陣。

19.3 以鳶尾花資料為例

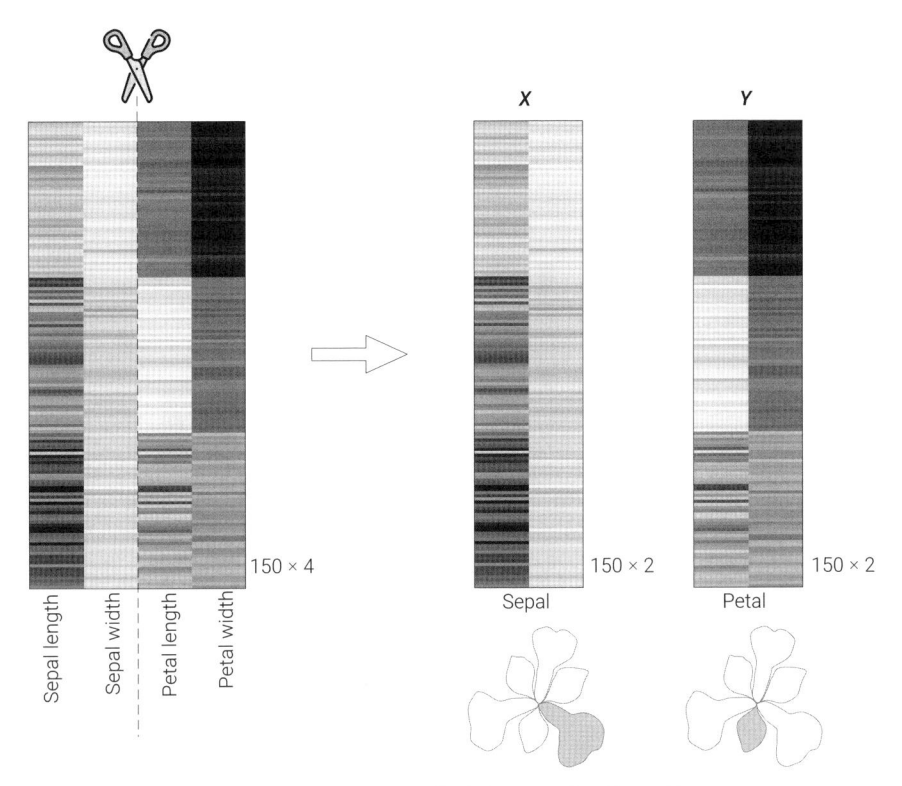

▲ 圖 19.6 把鳶尾花資料均分成兩個子塊

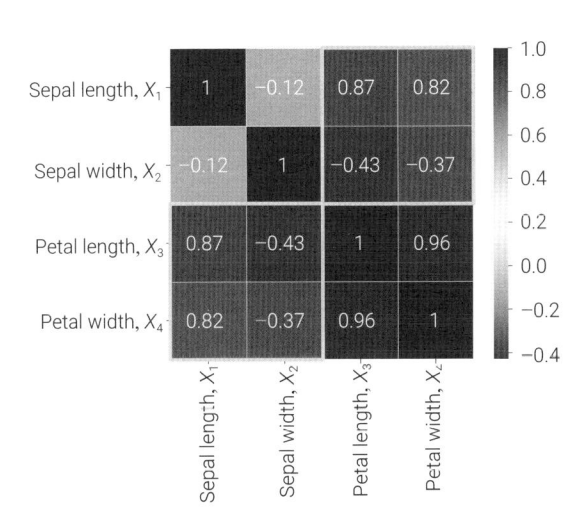

▲ 圖 19.7 鳶尾花資料的相關性係數矩陣

第19章 典型相關分析

CCA 結果

透過 CCA 分析,我們得到的結果如圖 19.8(a) 所示。大家可以在本章程式中自行驗算,可以發現圖 19.8(a) 中每一列平均值均為 0。

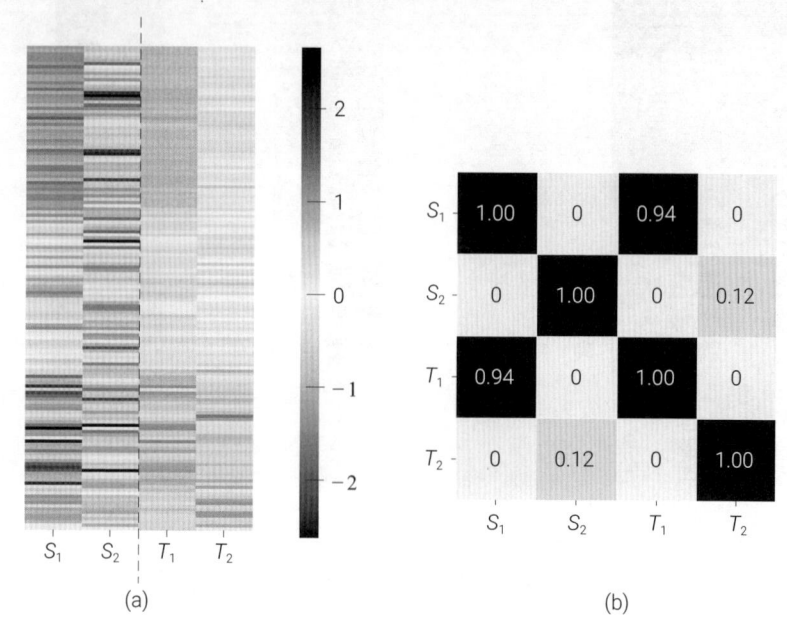

▲ 圖 19.8 CCA 分析結果

圖 19.8(b) 所示為圖 19.8(a) 結果的相關性係數矩陣。S_1 和 T_1 的相關性係數達到 0.94。此外,大家發現圖 19.8(b) 中很多相關性係數為 0 的情況,這就是本章前文介紹的最佳化問題約束條件。

圖 19.9 所示為用散點圖型視覺化 S_1 和 T_1 的關係。圖 19.9(b) 還考慮了鳶尾花分類。觀察圖 19.9(a),大家可能已經發現 S_1 和 T_1 均方差明顯不同。

19.3 以鳶尾花資料為例

▲ 圖 19.9 S_1 和 T_1 的散點圖

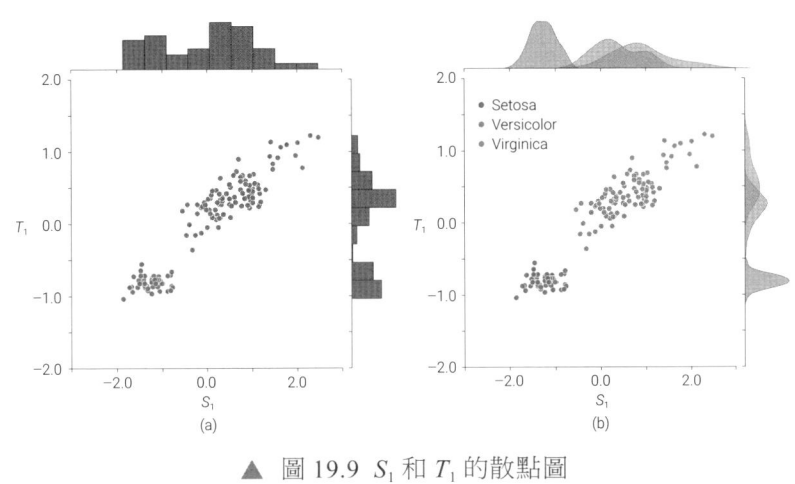

圖 19.10 所示為 CCA 結果成對特徵散點圖。

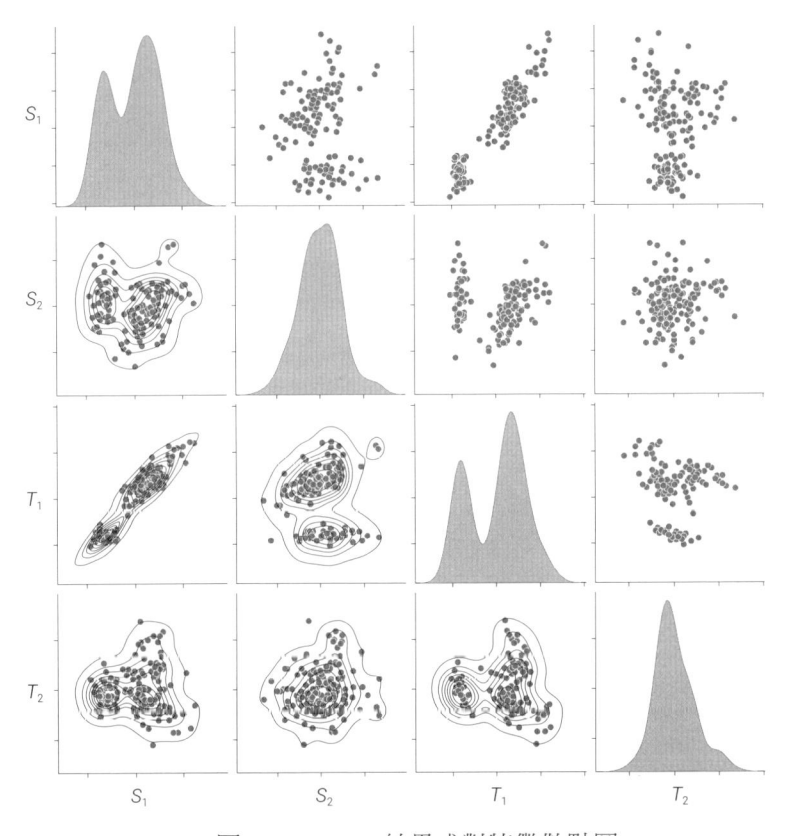

▲ 圖 19.10 CCA 結果成對特徵散點圖

第 19 章　典型相關分析

投影

大家可能會好奇到底怎樣的 u_1、v_1 讓 S_1 和 T_1 的相關性係數如此之大？

sklearn.cross_decomposition.CCA() 函數同樣返回 u_1、v_1，具體如圖 19.11 所示。

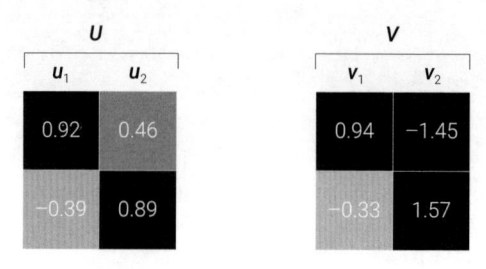

▲ 圖 19.11 CCA 投影向量結果

假設 $X = [x_1, x_2]$ 已經標準化，如圖 19.12 所示，x_1 和 x_2 按以下方式線性組合得到 s_1：

$$s_1 = X_{150 \times 2} u_1 = \begin{bmatrix} x_1 & x_2 \end{bmatrix} \begin{bmatrix} 0.92 \\ -0.39 \end{bmatrix} = 0.92 x_1 - 0.39 x_2 \tag{19.18}$$

大家可以自己驗證 u_1 為單位向量。

同樣，假設 $Y = [y_1, y_2]$ 已經標準化，如圖 19.12 所示，y_1 和 y_2 按以下方式線性組合得到 t_1：

$$t_1 = Y_{150 \times 2} v_1 = \begin{bmatrix} y_1 & y_2 \end{bmatrix} \begin{bmatrix} 0.94 \\ -0.33 \end{bmatrix} = 0.94 x_1 - 0.33 x_2 \tag{19.19}$$

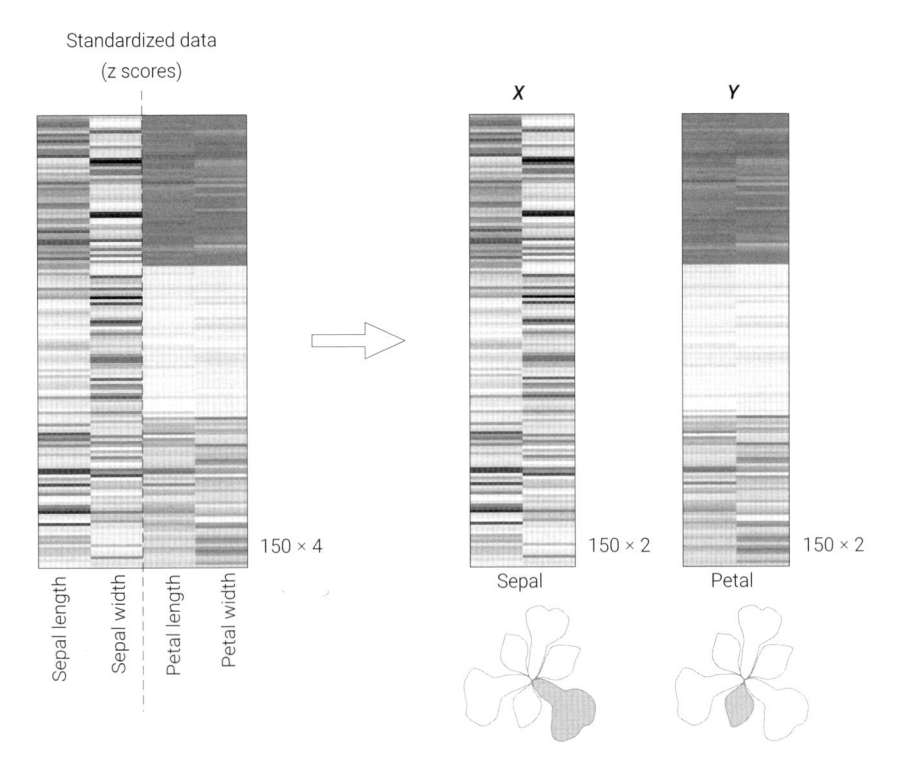

19.3 以鳶尾花資料為例

▲ 圖 19.12 標準化的鳶尾花資料

透過投影計算 s_1 和 t_1 的過程如圖 19.13 所示。

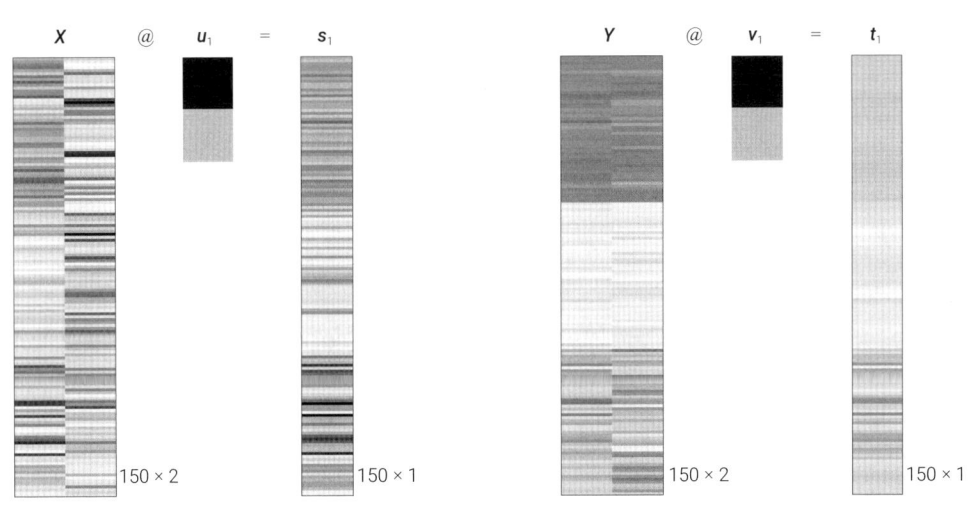

▲ 圖 19.13 透過投影計算 s_1 和 t_1.

第 19 章　典型相關分析

特徵值分解

下面我們利用特徵值分解自行求解 u_1、v_1。根據圖 19.4 和圖 19.5，我們需要先計算 P 和 Q 兩個方陣。具體過程如圖 19.14、圖 19.15 所示。

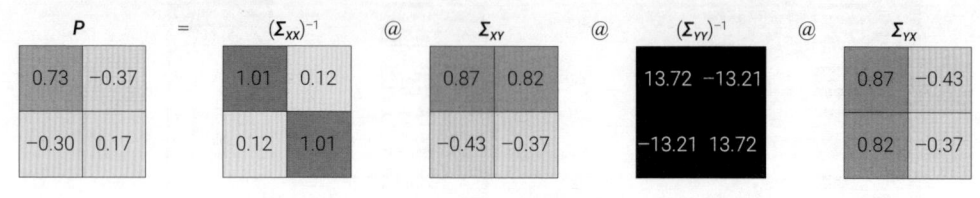

	P			$(\Sigma_{XX})^{-1}$			Σ_{XY}			$(\Sigma_{YY})^{-1}$			Σ_{YX}	
	0.73	−0.37	=	1.01	0.12	@	0.87	0.82	@	13.72	−13.21	@	0.87	−0.43
	−0.30	0.17		0.12	1.01		−0.43	−0.37		−13.21	13.72		0.82	−0.37

▲ 圖 19.14　計算矩陣 P

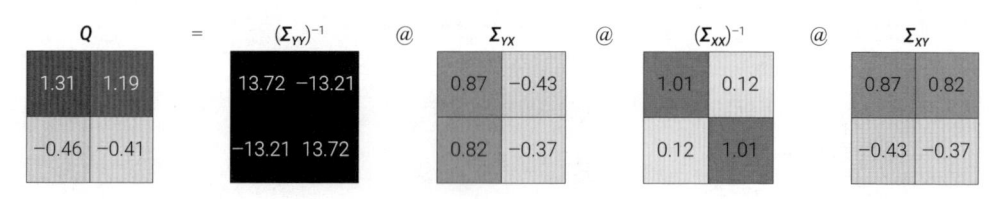

	Q			$(\Sigma_{YY})^{-1}$			Σ_{YX}			$(\Sigma_{XX})^{-1}$			Σ_{XY}	
	1.31	1.19	=	13.72	−13.21	@	0.87	−0.43	@	1.01	0.12	@	0.87	0.82
	−0.46	−0.41		−13.21	13.72		0.82	−0.37		0.12	1.01		−0.43	−0.37

▲ 圖 19.15　計算矩陣 Q

然後對 P 和 Q 分別進行特徵值分解，具體如圖 19.16、圖 19.17 所示。

> ⚠ 注意：圖 19.17 中矩陣 V 的第 2 列向量 v2 和圖 19.11 中不同，但是兩者為倍數關係，即共線。

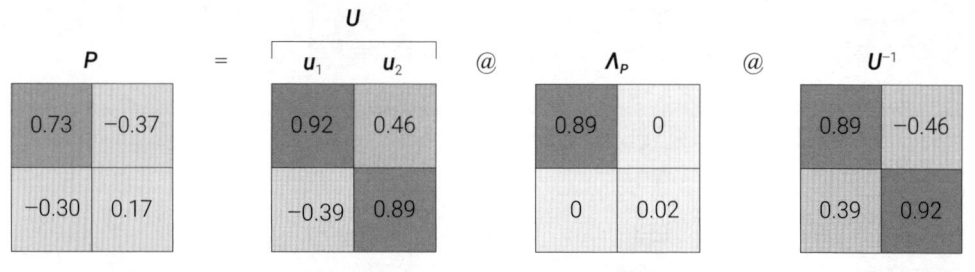

	P			U (u_1　u_2)			Λ_P			U^{-1}	
	0.73	−0.37	=	0.92	0.46	@	0.89	0	@	0.89	−0.46
	−0.30	0.17		−0.39	0.89		0	0.02		0.39	0.92

▲ 圖 19.16　矩陣 P 特徵值分解

19.3 以鳶尾花資料為例

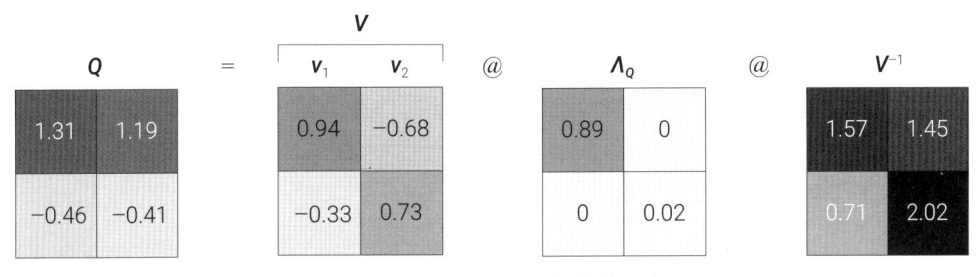

▲ 圖 19.17 矩陣 Q 特徵值分解

Bk7_Ch19_01.ipynb 中完成了本章 CCA 分析及視覺化。下面講解其中關鍵敘述。

ⓐ 匯入鳶尾花資料。

ⓑ 取出花萼兩個特徵資料。ⓒ 取出花瓣兩個特徵資料。

ⓓ 用 sklearn.cross_decomposition.CCA() 建立一個 CCA 物件,指定要保留的主成分數為 2。

ⓔ 使用 fit() 方法擬合模型,將花萼特徵 (X) 和花瓣特徵 (Y) 傳遞給 CCA 模型。

ⓕ 使用 transform() 方法將原始資料投影到 CCA 空間,得到投影後的資料 S 和 T。

Bk7_Ch19_01.ipynb 中這段程式還複刻了上述 CCA 運算,請大家自行學習。

```
程式19.1 利用sklearn.cross_decomposition.CCA()完成CCA分析 | Bk7_Ch19_01.ipynb
from sklearn.cross_decomposition import CCA
from sklearn.datasets import load_iris

# 匯入鳶尾花資料
ⓐ iris_sns = sns.load_dataset("iris")

X_df = iris_sns[['sepal_length', 'sepal_width',
                 'petal_length', 'petal_width']]

# 花萼兩個特徵
ⓑ X = iris_sns[['sepal_length', 'sepal_width']]

# 花瓣兩個特徵
ⓒ Y = iris_sns[['petal_length', 'petal_width']]
```

19-17

第 19 章　典型相關分析

```
# CCA分析
Iris_CCA = CCA(n_components=2)
Iris_CCA.fit(X, Y)
S, T = Iris_CCA.transform(X, Y)

# 整理結果
S_T_df = pd.DataFrame({"s1":S[:, 0],
                       "s2":S[:, 1],
                       "t1":T[:, 0],
                       "t2":T[:, 1]})
```

有關「降維」演算法的學習。請大家務必掌握六種不同主成分的異同，以及經濟型 SVD 分解、截斷型 SVD 分解。

另外，大家需要了解 PCA 演算法的局限性。對於非線性資料降維，大家可以試著用 KPCA；KPCA 將非線性資料投影到高維度空間，再投影。此外，也請大家自行學習流形學習等其他降維演算法。

Section 05 聚類

聚類

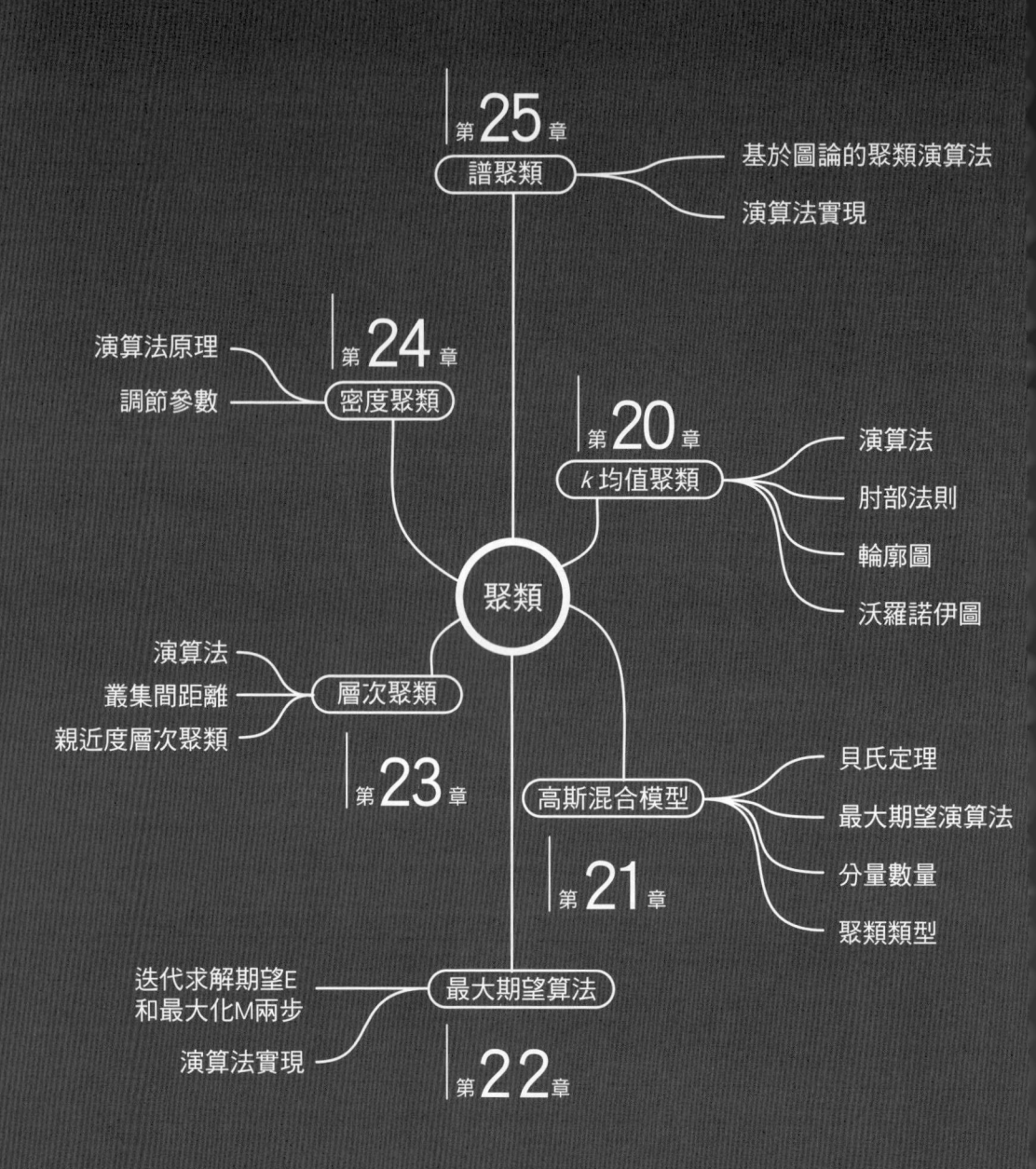

第25章 譜聚類
- 基於圖論的聚類演算法
- 演算法實現

第24章 密度聚類
- 演算法原理
- 調節參數

第20章 k均值聚類
- 演算法
- 肘部法則
- 輪廓圖
- 沃羅諾伊圖

第23章 層次聚類
- 演算法
- 叢集間距離
- 親近度層次聚類

第21章 高斯混合模型
- 貝氏定理
- 最大期望演算法
- 分量數量
- 聚類類型

第22章 最大期望算法
- 迭代求解期望E和最大化M兩步
- 演算法實現

學習地圖 | 第5板塊

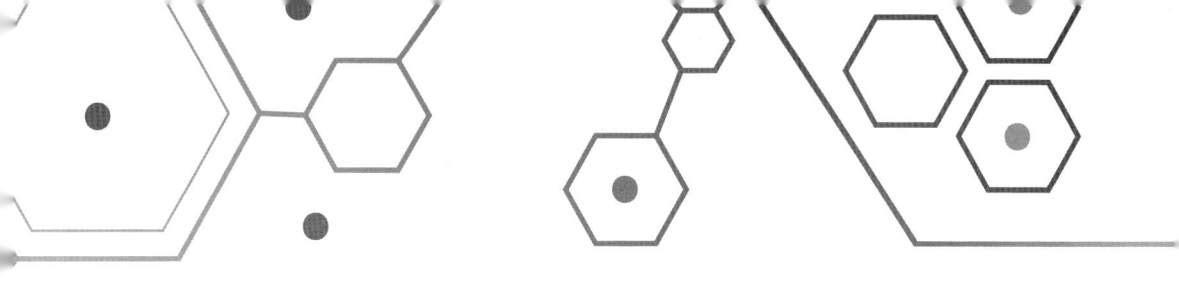

20 K 平均值聚類
K-Means Clustering

叢集內距離和最小，迭代求解

> 幾何是萬物美的本原。
>
> ***Geometry is the archetype of the beauty of the world.***
>
> ——約翰內斯・開普勒（*Johannes Kepler*）| 德國天文學家、數學家 | 1571—1630 年

- numpy.cov() 計算協方差矩陣
- pandas.DataFrame.cov() 計算資料幀協方差矩陣
- scipy.spatial.Voronoi 函數獲得沃羅諾伊圖相關資料
- scipy.spatial.voronoi_plot_2d 函數繪製沃羅諾伊圖
- sklearn.cluster.KMeans() K 平均值聚類演算法函數；model.fit() 擬合資料，model.predict() 預測聚類標籤，model.cluster_centers_ 輸出叢集質心位置，model.inertia_ 輸出叢集 SSE 之和
- sklearn.metrics.silhouette_score 計算輪廓係數
- yellowbrick.cluster.SilhouetteVisualizer 函數繪製輪廓圖

第 20 章　K 平均值聚類

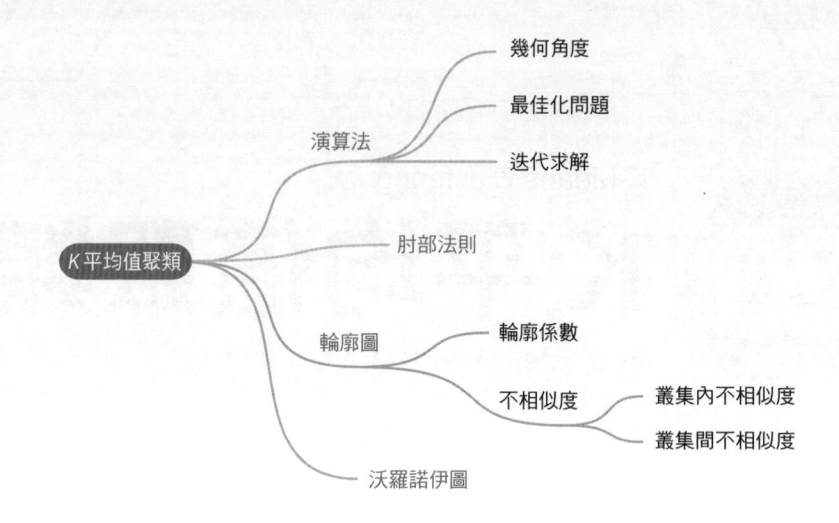

```
                              ┌─ 幾何角度
                              │
                    ┌─ 演算法 ─┼─ 最佳化問題
                    │         │
                    │         └─ 迭代求解
                    │
                    ├─ 肘部法則
K 平均值聚類 ───────┤
                    │                ┌─ 輪廓係數
                    ├─ 輪廓圖 ───────┤
                    │                │              ┌─ 叢集內不相似度
                    │                └─ 不相似度 ───┤
                    │                               └─ 叢集間不相似度
                    │
                    └─ 沃羅諾伊圖
```

20.1　K 平均值聚類

K 平均值聚類 (K-means clustering) 的 K 不同於 k 近鄰中的 k。

> ⚠️ 注意：本書第 2 章介紹的 k 近鄰演算法 (k-Nearest Neighbors，k-NN) 是有監督學習分類演算法，樣本資料有標籤，k 是指設定的近鄰數量。

而 K 平均值聚類則是無監督學習聚類演算法，樣本資料無標籤，K 是指將給定樣本集 Ω 劃分成 K 叢集 $C = \{C_1, C_2, ..., C_K\}$。

原理

圖 20.1 所示為 K 平均值演算法原理圖。K 平均值聚類的每一叢集樣本資料用**叢集質心** (cluster centroid) 來描述。比如，二聚類問題有兩個叢集質心 μ_1 和 μ_2。

如果以歐氏距離為距離度量，距離質心 μ_1 更近的點，被劃分為 C_1 叢集；而距離質心 μ_2 更近的點，被劃分為 C_2 叢集。

20.1 K 平均值聚類

比如，圖 20.1 中 A 點明顯距離 μ_1 更近，A 點被劃分為 C_1 叢集；C 點距離 μ_2 更近，因此 C 點劃分到 C_2 叢集；B 點距離 μ_1 和 μ_2 相等，因此 B 點位於決策邊界。很明顯，決策邊界為 μ_1 和 μ_2 的**中垂線** (perpendicular bisector)。

> 建議大家回顧《AI 時代 Math 元年 - 用 Python 全精通矩陣及線性代數》第 19 章講解的有關中垂線內容。

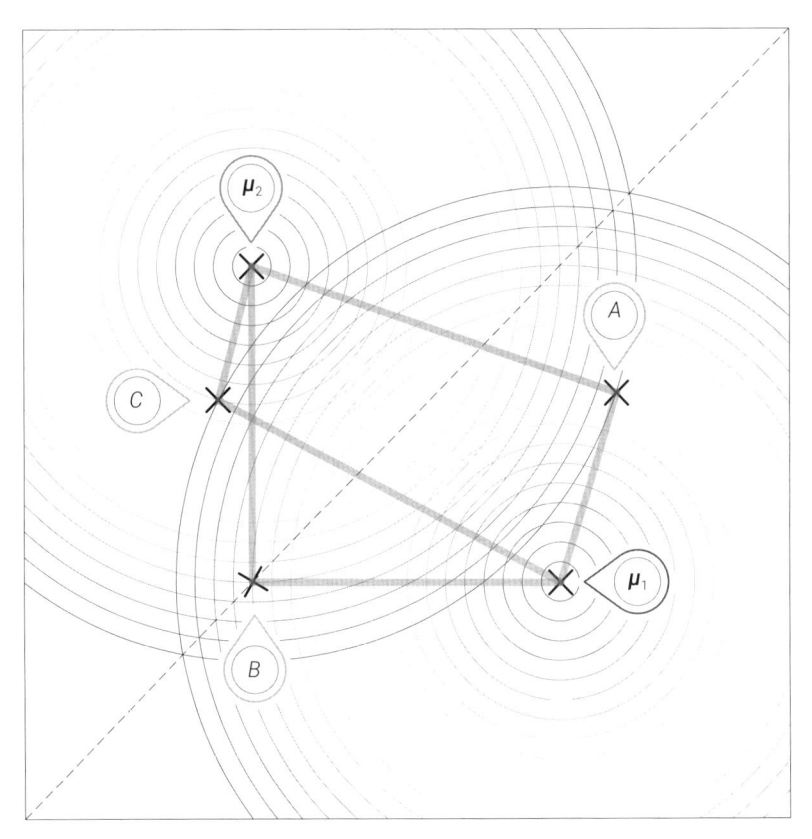

▲ 圖 20.1 K 平均值演算法原理

由於採用歐氏距離，圖 20.1 中叢集質心 μ_1 和 μ_2 等高線為兩組同心圓；同心圓顏色相同，代表距離叢集質心 μ_1 和 μ_2 距離相同。因此，同色同心圓的交點位於決策邊界上。

第 20 章　K 平均值聚類

20.2 最佳化問題

K 平均值聚類演算法的最佳化目標是，將所有給定樣本點劃分 K 叢集，並使得叢集內距離平方和最小。採用最簡單的歐氏距離，以上最佳化目標記作：

$$\arg\min_{C} \sum_{k=1}^{K} \sum_{x \in C_k} \|x - \mu_k\|^2 \tag{20.1}$$

其中，x 為樣本資料任意一點，形式為列向量；μ_k 為任意一叢集 C_k 樣本資料的質心。

實際上，式 (20.1) 中叢集內距離平方和相當於**殘差平方和** (Sum of Squared Error，SSE)。SSE 度量樣本資料的聚集程度；為了方便讀者理解，下一節專門講解質心、協方差矩陣、殘差平方和等描述叢集資料的數學工具。

任意一點 x 和質心 μ_k 歐氏距離平方，可以透過式 (20.2) 計算得到：

$$d^2 = \text{dist}(x, \mu_k)^2 = \|x - \mu_k\|^2 = (x - \mu_k)^T (x - \mu_k) \tag{20.2}$$

其中，

$$x = \begin{bmatrix} x_1 & x_2 & \cdots & x_D \end{bmatrix}^T, \quad \mu_k = \begin{bmatrix} \mu_{k,1} & \mu_{k,2} & \cdots & \mu_{k,D} \end{bmatrix}^T \tag{20.3}$$

兩特徵聚類

當特徵數為 $D = 2$ 時，歐氏距離平方和展開為式 (20.4)：

$$\begin{aligned} d^2 &= (x - \mu_k)^T (x - \mu_k) \\ &= (x_1 - \mu_{k,1})^2 + (x_2 - \mu_{k,2})^2 \end{aligned} \tag{20.4}$$

書反覆介紹，當 d 取某一定值時，所示解析式是以 $(\mu_{k,1}, \mu_{k,2})$ 為圓心，d 為半徑的正圓。如圖 20.1 所示，d 取不同值時，式 (20.4) 的幾何表達為以 μ_1 和 μ_2 為中心得到兩組同心正圓。

對於二分類問題，決策邊界滿足：

$$(x-\mu_1)^\mathrm{T}(x-\mu_1) = (x-\mu_2)^\mathrm{T}(x-\mu_2) \tag{20.5}$$

整理得到決策邊界解析式：

$$(\mu_1-\mu_2)^\mathrm{T}\left(x-\frac{(\mu_1+\mu_2)}{2}\right) = 0 \tag{20.6}$$

發現 K 平均值聚類決策邊界為一超平面，超平面透過 μ_1 和 μ_2 中點，並垂直於 μ_1 和 μ_2 連線，即垂直於 ($\mu_2 - \mu_1$)。

三聚類

圖 20.2 所示為三聚類問題叢集資料和質心位置。根據這三個質心位置，可以繪製兩兩質心的中垂線。決策邊界在這三條中垂線上。圖 20.2 實際上便是**沃羅諾伊圖** (Voronoi diagram)。本章最後一節將介紹沃羅諾伊圖。

圖 20.3 中，z 軸高度代表三聚類預測標籤。

容易發現，在確定決策邊界位置上，K 平均值聚類原理和本書第 2 章介紹的**最近質心分類器** (nearest centroid classifier) 很相似。

不同的是，K 平均值聚類演算法採用迭代方式找到叢集質心位置，這是下一節要介紹的內容。

採用歐氏距離的 K 平均值聚類相當於**高斯混合模型** (Gaussian Mixture Model，GMM) 的特例。這一點，下一章會詳細介紹。

目前 Scikit-Learn 中 K 平均值聚類演算法距離度量僅支援歐氏距離；MATLAB 中 K 平均值聚類演算法函數還支援城市街區距離、餘弦距離、相關係數距離等。

第 20 章　K平均值聚類

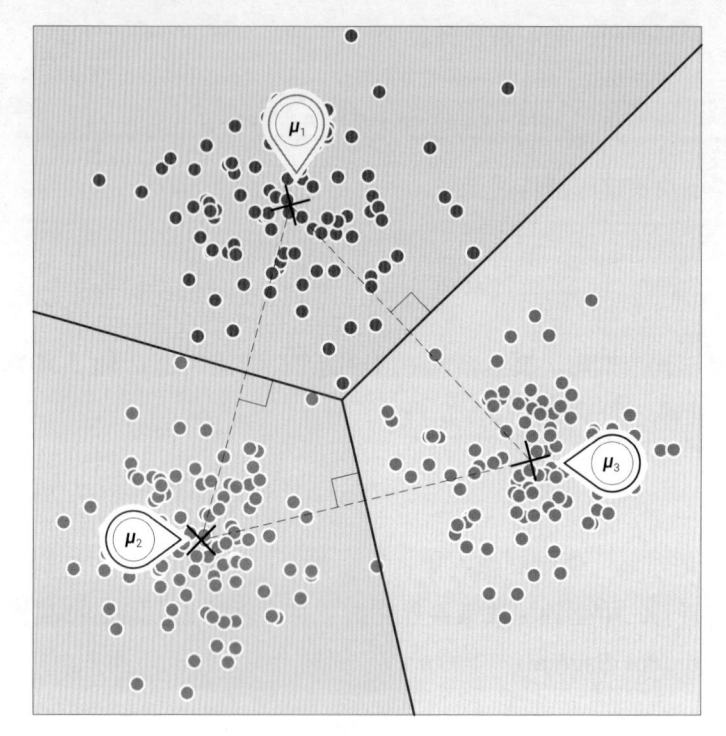

▲ 圖 20.2　三聚類問題叢集質心、決策邊界和區域劃分

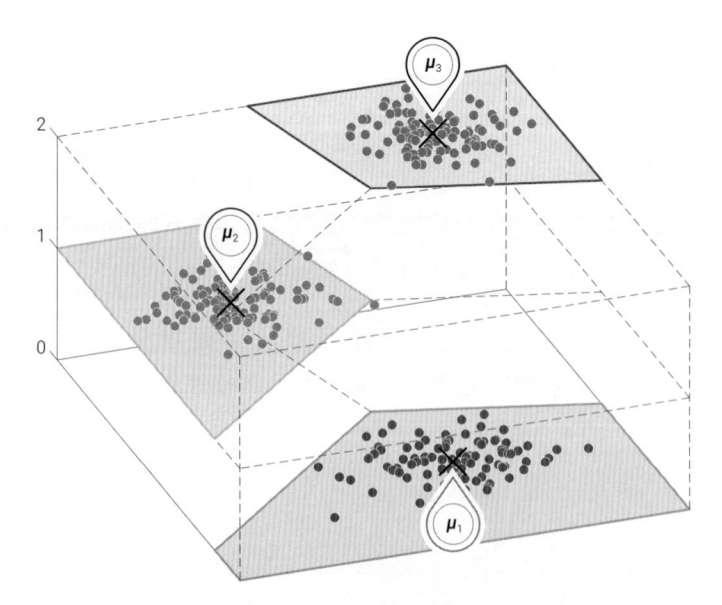

▲ 圖 20.3　三聚類預測標籤

20.3 迭代過程

本節以二聚類為例介紹 K 平均值聚類流程圖。

流程

流程輸入為樣本資料和聚類叢集數 (比如 2)。然後，從樣本中隨機選取 2 個資料作為初始叢集質心 μ_1 和 μ_2。然後進入以下迭代迴圈：

- 計算每一個樣本和平均值向量 μ_1 和 μ_2 距離；
- 比較每個樣本和 μ_1 和 μ_2 距離，確定叢集劃分；
- 根據當前叢集，計算並更新平均值向量 μ_1 和 μ_2。

直到平均值向量 μ_1 和 μ_2 滿足迭代停止條件，才得到叢集劃分。

圖 20.4 所示為以鳶尾花資料為例的 K 平均值演算法迭代過程。隨機選取三個樣本點 (黃色反白) 作為初始叢集質心 μ_1、μ_2 和 μ_3。經過 10 次迭代，叢集質心位置不斷連續變化，最終收斂。

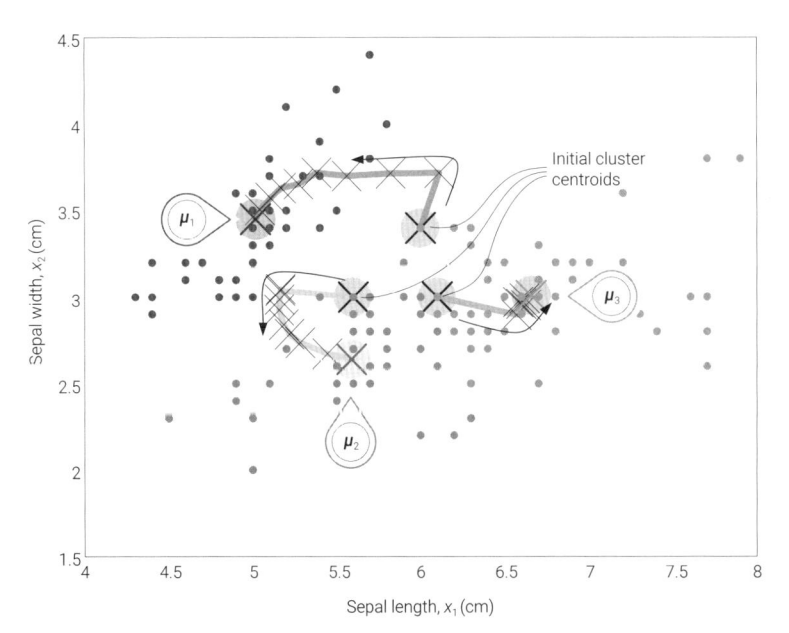

▲ 圖 20.4 K 平均值演算法迭代過程，以鳶尾花資料為例

第 20 章　K 平均值聚類

鳶尾花資料聚類

圖 20.5 所示為 K 平均值演算法聚類鳶尾花資料。Scikit-Learn 工具套件中的 K 平均值聚類演算法函數為 sklearn.cluster.KMeans()。利用 model.fit() 擬合資料後，利用 model.predict() 預測聚類標籤，利用 model.cluster_centers_ 輸出叢集質心位置。

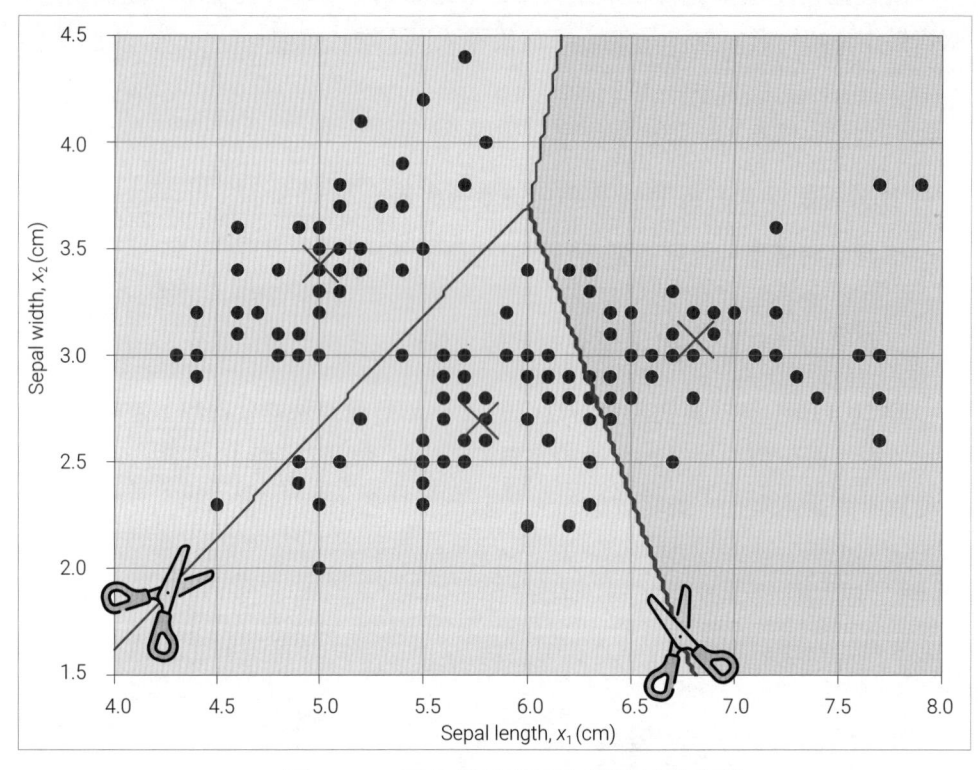

▲ 圖 20.5 　K 平均值演算法聚類鳶尾花資料

Bk7_Ch20_01.ipynb 中繪製了圖 20.5。下面講解其中關鍵敘述。

ⓐ 用 sklearn.datasets.load_iris() 匯入資料。

ⓑ 只用鳶尾花資料的前兩個特徵 (花萼長度、花萼寬度) 訓練聚類。請大家嘗試使用鳶尾花其他特徵組合完成聚類。

20.3 迭代過程

ⓒ 用 sklearn.cluster.KMeans() 建立 KMeans 物件。

n_clusters=3 指定了要將資料分成的叢集的數量。請大家嘗試其他叢集數，如 2、4 等，並比較其結果。

n_init='auto' 指定了初始化中心點的次數。KMeans 演算法的結果可能受到初始中心點位置的影響，因此可以嘗試多次不同的初始化以找到更好的聚類結果。'auto' 表示演算法會自動選擇一個合適的初始化次數，當前預設 10 次。

ⓓ 呼叫 KMeans 物件 kmeans，用 fit() 方法對訓練資料進行擬合。

ⓔ 使用 KMeans 模型對網格資料進行聚類預測。

其中，ravel() 是 Numpy 中的方法，它將多維陣列轉為一維。np.c_[xx.ravel(),yy.ravel()] 按列並列拼接兩個一維陣列，形成一個包含網格中所有點座標的二維陣列。

《AI 時代 Math 元年 - 用 Python 全精通程式設計》介紹過，對於已經訓練好的聚類模型，如果模型可以將全新的資料點分配到確定的叢集中，這類聚類演算法叫作**歸納聚類** (inductive clustering)。

不具備這種能力的聚類演算法叫作**非歸納聚類** (non-inductive clustering)。非歸納聚類只能對訓練資料進行聚類，而不能將新資料點增加到已有的模型中進行預測。

顯然，KMeans 是一種歸納聚類演算法。

ⓕ 將聚類預測結果規整成和網格資料相同形狀的矩陣。

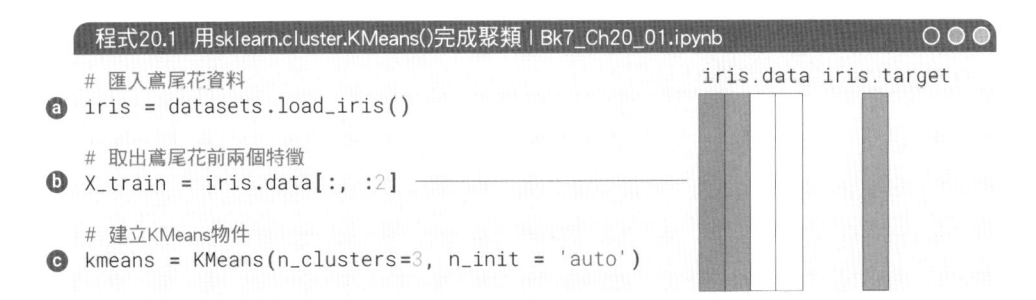

```
程式20.1 用sklearn.cluster.KMeans()完成聚類 | Bk7_Ch20_01.ipynb
   # 匯入鳶尾花資料
ⓐ iris = datasets.load_iris()

   # 取出鳶尾花前兩個特徵
ⓑ X_train = iris.data[:, :2]

   # 建立KMeans物件
ⓒ kmeans = KMeans(n_clusters=3, n_init = 'auto')
```

第 20 章　K 平均值聚類

```
# 使用KMeans演算法訓練資料
```
ⓓ `kmeans.fit(X_train)`

```
# 使用KMeans模型對網格中的點進行預測
```
ⓔ `Z = kmeans.predict(np.c_[xx.ravel(), yy.ravel()])`
```
# 並將預測結果整形成與網格相同形狀的矩陣
```
ⓕ `Z = Z.reshape(xx.shape)`

20.4　肘部法則：選定聚類叢集值

肘部法則 (elbow method) 可以用來判斷合適的聚類叢集值 K。肘部法則的關鍵指標是誤差平方和 (SSE)：

$$\mathrm{SSE}(X|K) = \sum_{k=1}^{K} \mathrm{SSE}(C_k) = \sum_{k=1}^{K} \sum_{x \in C_k} \|x - \mu_k\|^2 \tag{20.7}$$

SSE 也叫**慣性量** (inertia)。

如圖 20.6 所示，隨著聚類叢集數 K 不斷增大，平均值聚類演算法對樣本資料的劃分會逐漸變得更加精細；因此，隨著 K 不斷增大，每個叢集的聚合程度會逐漸提高，SSE 會逐漸變小。

極端情況下，當 $K = n$ 時，也就是每個樣本資料自成一叢集，SSE = 0。

K 不斷增大，SSE 不斷減小的過程如圖 20.7 所示。觀察此圖發現一個有意思的現象，當 K 小於「合適」聚類數時，K 增大，會導致 SSE 大幅下降；但是，K 大於「合適」聚類數時，K 再增大，SSE 下降幅度會不斷變緩。

這就是為什麼圖 20.7 呈現出「肘」形狀，也便是肘部法則的名稱來由。理想的聚類叢集數 K 便是「肘」反趨點的位置。K 平均值聚類演算法函數輸出值 model.inertia_ 便是當前 SSE 值。

20.4 肘部法則：選定聚類叢集值

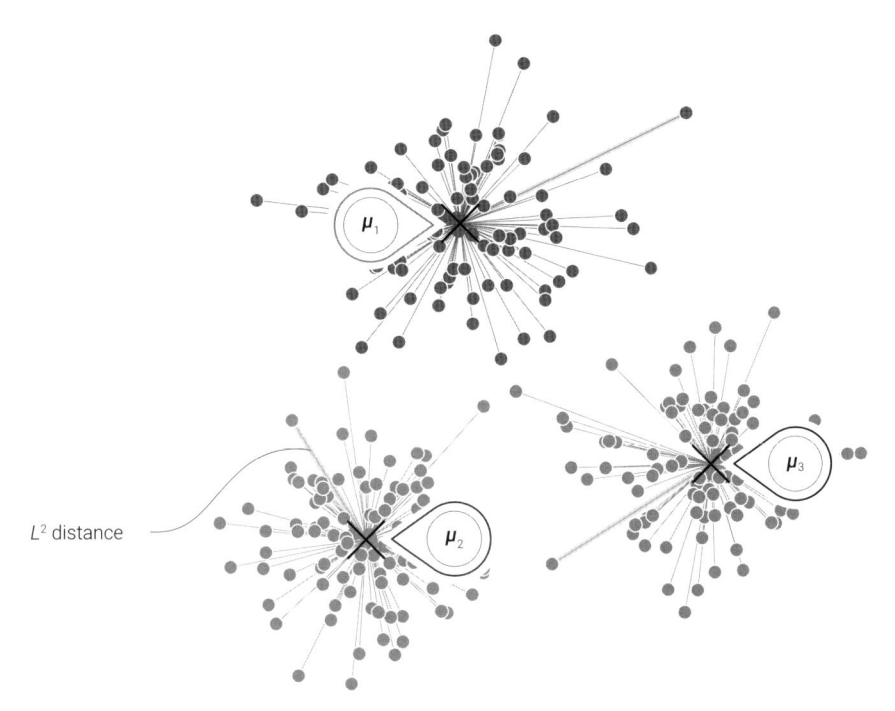

▲ 圖 20.6 樣本資料和各叢集質心 μ_1、μ_2 和 μ_3 之間的距離

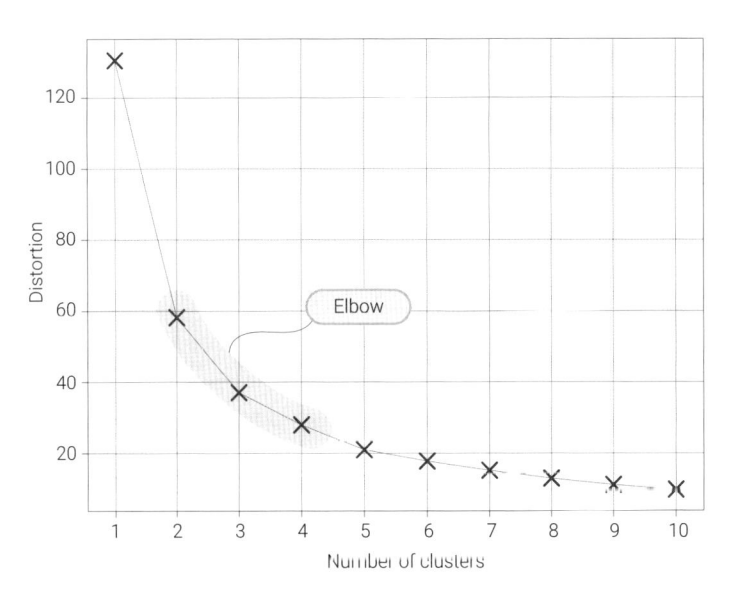

▲ 圖 20.7 K 平均值演算法聚類鳶尾花資料

第 20 章　K 平均值聚類

Bk7_Ch20_02.ipynb 中繪製了圖20.7。請大家自行學習這段程式。

20.5 輪廓圖：選定聚類叢集值

輪廓圖 (silhouette plot) 也常用來選定聚類叢集值 K。

輪廓圖上每一條線代表的是**輪廓係數** (silhouette coefficient)s_i. 可以透過式 (20.8) 計算獲得：

$$s_i = \frac{b_i - a_i}{\max\{a_i, b_i\}} \tag{20.8}$$

其中，a_i 為叢集內不相似度，b_i 為叢集間不相似度。

叢集內不相似度

如圖 20.8(a) 所示，叢集內不相似度 a_i 代表樣本 $i(i \in C_k)$ 到同叢集其他樣本 $j(j \in C_k, i \neq j)$ 距離的平均值：

$$a_i = \frac{1}{\text{count}(C_k) - 1} \sum_{j \in C_k, i \neq j} d_{i,j} \tag{20.9}$$

其中，$d_{i,j}$ 為樣本 i 和 j 之間距離。a_i 越小，說明樣本 i 越應該被劃分到 C_k 叢集。

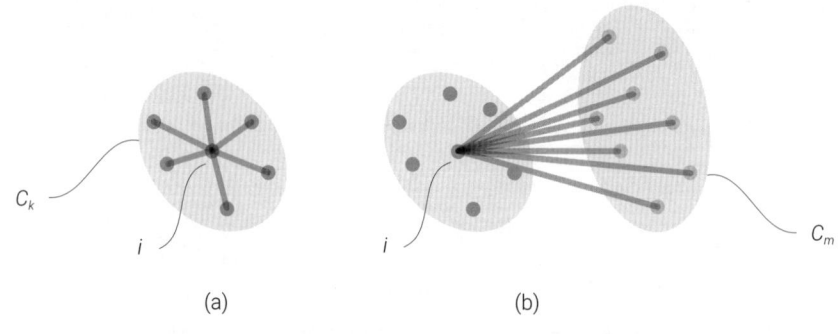

(a)　　　　　　　(b)

▲ 圖 20.8　a_i 為叢集內不相似度，和 b_i 為叢集間不相似度

叢集間不相似度

如圖 20.8(b) 所示，叢集間不相似度 b_i 代表樣本 $i(i \in C_k)$ 到其他叢集 (C_m) 樣本 $j(j \in C_m, C_m \neq C_k)$ 距離平均值的最小值：

$$b_i = \min \frac{1}{\text{count}(C_m)} \sum_{j \in C_m} d_{i,j} \tag{20.10}$$

b_i 越大，說明樣本 i 越不應該被劃分到其他叢集。

> ⚠ 注意：當叢集數超過 2 時，b_i 需要在不同叢集之間取最小值。

以鳶尾花資料為例

輪廓係數 s_i 的設定值在 [-1,1] 區間。s_i 越趨向於 1，說明樣本 i 分類越正確；s_i 越趨向於 –1，說明樣本 i 分類越錯誤。當 s_i 在 0 附近時，樣本 i 靠近聚類邊界。

圖 20.9、圖 20.10 和圖 20.11 所示為，K 分別取 3、4 和 5 時的聚類邊界和輪廓圖。理想的聚類結果是，叢集內儘量緊密，叢集間儘量遠離。輪廓係數平均值越高，說明分類越合理。比較圖 20.9、圖 20.10 和圖 20.11，$K = 3$ 時，輪廓係數較高，並且輪廓圖叢集寬度均勻。而輪廓圖結合肘部法則判斷聚類叢集數更合適。

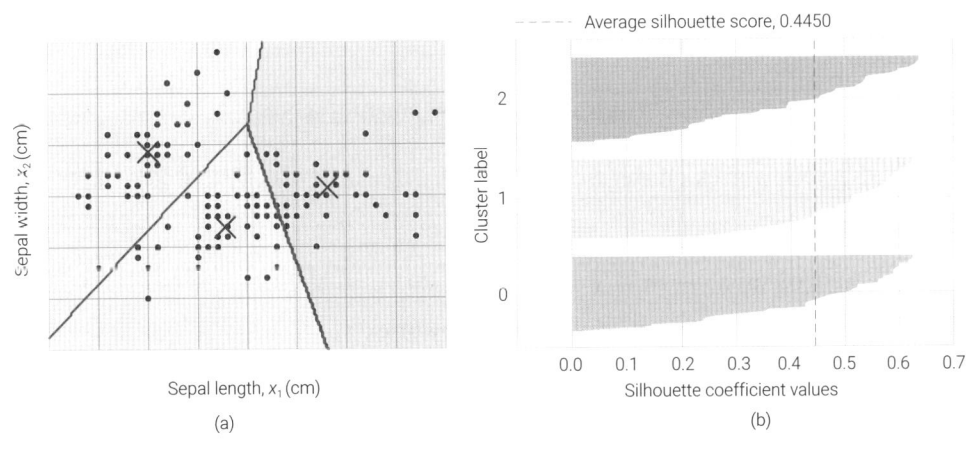

▲ 圖 20.9 K 平均值演算法聚類鳶尾花資料和輪廓圖，$K = 3$

第 20 章　K 平均值聚類

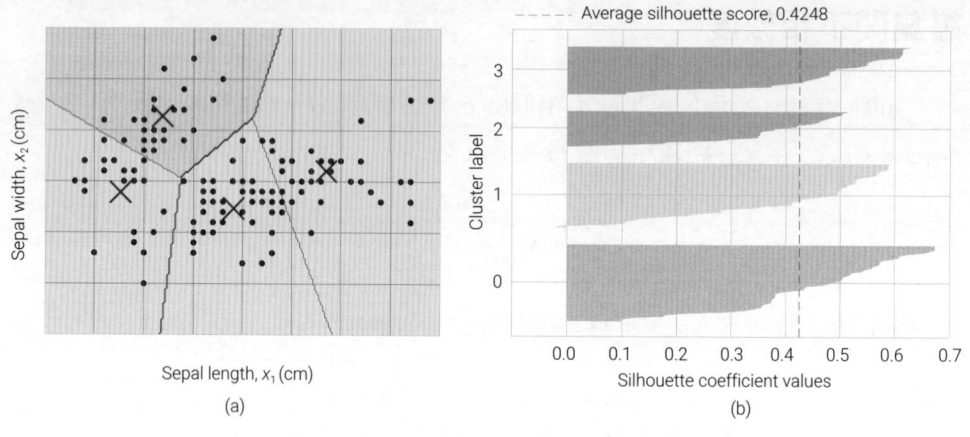

▲ 圖 20.10　K 平均值演算法聚類鳶尾花資料和輪廓圖，$K = 4$

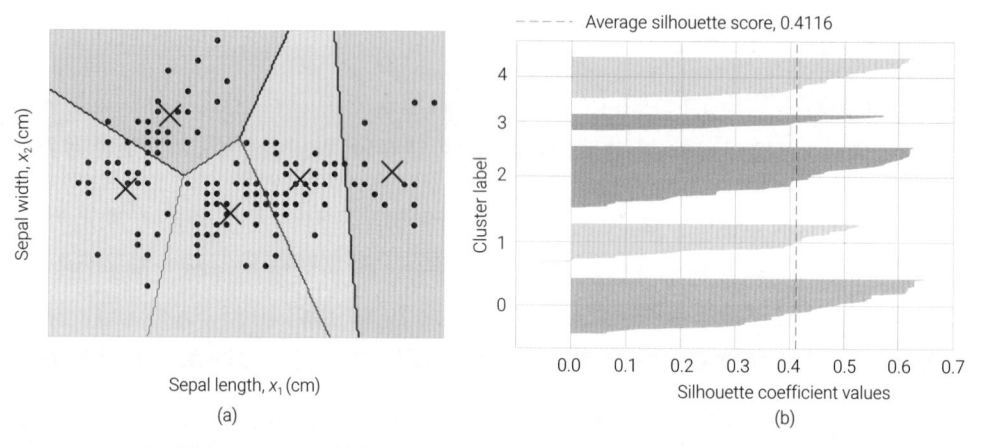

▲ 圖 20.11　K 平均值演算法聚類鳶尾花資料和輪廓圖，$K = 5$

計算輪廓係數的函數為 sklearn.metrics.silhouette_score。

此外，yellowbrick.cluster.SilhouetteVisualizer 函數可以用來繪製輪廓圖。

Bk7_Ch20_03.ipynb 中繪製了圖 20.9、圖 20.10 和圖 20.11。繪製之前，請大家先用 pip install yellowbrick 安裝 yellowbrick。

20.6 沃羅諾伊圖

沃羅諾伊圖 (Voronoi diagram)，是由俄國數學家格奧爾吉·沃羅諾伊 (Georgy Voronoy) 發明的空間分割演算法。本章介紹的 K 平均值聚類，本書前文介紹的**最近質心分類器** (nearest centroid classifier)，實際上都依賴於沃羅諾伊圖來確定決策邊界。

圖 20.12 所示為由平面 4 點構造的沃羅諾伊圖。距離較近的兩點連線，繪製中垂線；若干中垂線便是分割平面區域的邊界線。

配套程式中先用 scipy.spatial.Voronoi 函數獲得沃羅諾伊圖相關資料。

然後用 scipy.spatial.voronoi_plot_2d 函數繪製了沃羅諾伊圖。圖 20.13 所示為隨機生成平面 30 個點，以及它們構造的沃羅諾伊圖。

K 平均值聚類，相當於在利用圓圈 (歐氏距離) 描述每個叢集質心；而實際上，描述叢集資料更好的形狀可能是正橢圓，甚至旋轉橢圓。這就是下一章**高斯混合模型** (GMM) 可以解決的問題。

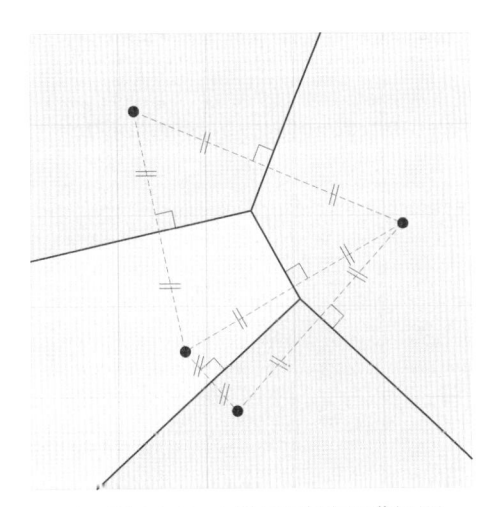

▲ 圖 20.12 4 點平面沃羅諾伊圖 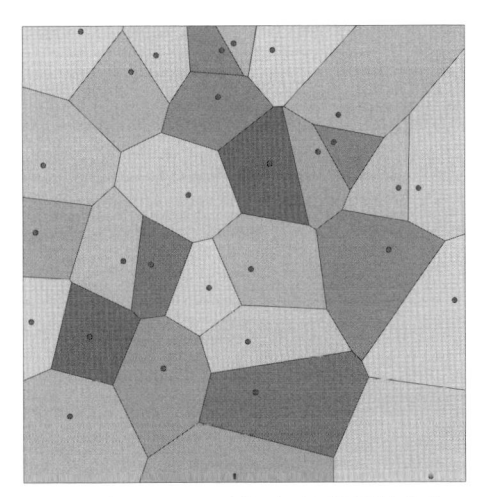　　▲ 圖 20.13 30 點平面沃羅諾伊圖

Bk7_Ch20_04.ipynb 中繪製了圖 20.13。

第 20 章　K 平均值聚類

> K 平均值聚類是一種無監督的機器學習技術，用於將資料集分為 K 個不同的叢集。該演算法首先需要隨機初始化 K 個聚類中心，然後根據資料點和聚類中心的距離將資料點劃分到最近的叢集中。接著更新聚類中心，並重複以上步驟，直到聚類中心不再發生變化或達到預設的迭代次數。
>
> 該演算法的最佳化問題是最小化資料點與其所屬聚類中心之間的距離和，可以使用梯度下降等方法來求解。肘部法則是一種確定最佳 K 值的方法，它基於聚類中心數量 K 與聚類誤差平方和之間的關係。當 K 值增大時，SSE 逐漸減小，但減小速度會逐漸變慢，當 K 達到某個值時，SSE 的下降速度會急劇減緩，這個 K 值對應的點就是「肘部」。此外，輪廓圖是一種衡量聚類結果品質的方法，它基於資料點與其所屬叢集的緊密度和分離度之間的平衡。

K 平均值聚類結果的叢集質心並不是從樣本資料點挑選出來的；如果從樣本資料點所在位置挑選合適的位置作為叢集質心的話，這種方法叫作 k **中心聚類** (k-medoids clustering)。請大家參考下例，這個例子還使用了不同距離度量。

- https://scikit-learn-extra.readthedocs.io/en/latest/auto_examples/cluster/plot_kmedoids_digits.html

21 高斯混合模型

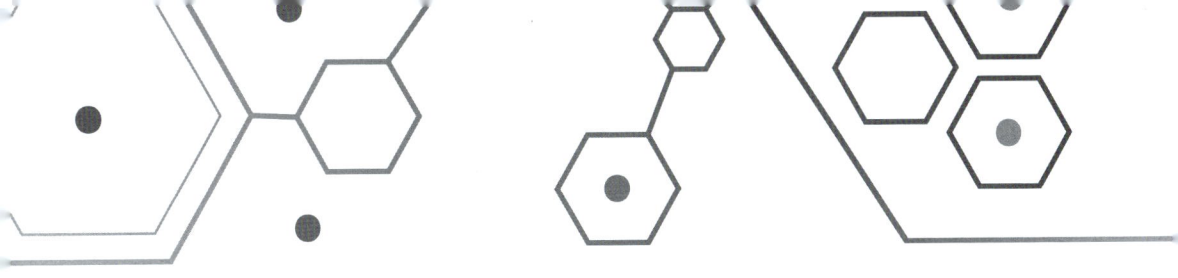

Gaussian Mixture Model

組合若干高斯分佈，期望最大化

> 每當竭力厘清某一數學話題後，我便徑直離開，投身另一處昏暗角落；
> 孜孜以求的人如此奇怪，求解一個問題後，他不會自我陶醉、故步自封，而是踏上新的旅程。
>
> *When I have clarified and exhausted a subject, then I turn away from it, in order to go into darkness again; the never satisfied man is so strange if he has completed a structure, then it is not in order to dwell in it peacefully, but in order to begin another.*
>
> ——卡爾·弗里德里希·高斯（Carl Friedrich Gauss）｜德國數學家、物理學家、天文學家 ｜ 1777—1855 年

- matplotlib.patches.Ellipse() 繪製橢圓
- numpy.arctan2() 輸入正切值分子分母兩個數，輸出為反正切，值域為 [-pi,pi]
- numpy.linalg.eigh() 返回實對稱矩陣的特徵值和特徵向量
- numpy.linalg.norm() 預設 L^2 範數
- numpy.linalg.svd() SVD 分解函數
- plt.quiver() 繪製箭頭圖
- seaborn.barplot() 繪製長條圖
- sklearn.mixture.GaussianMixture 高斯混合模型聚類函數

第 21 章　高斯混合模型

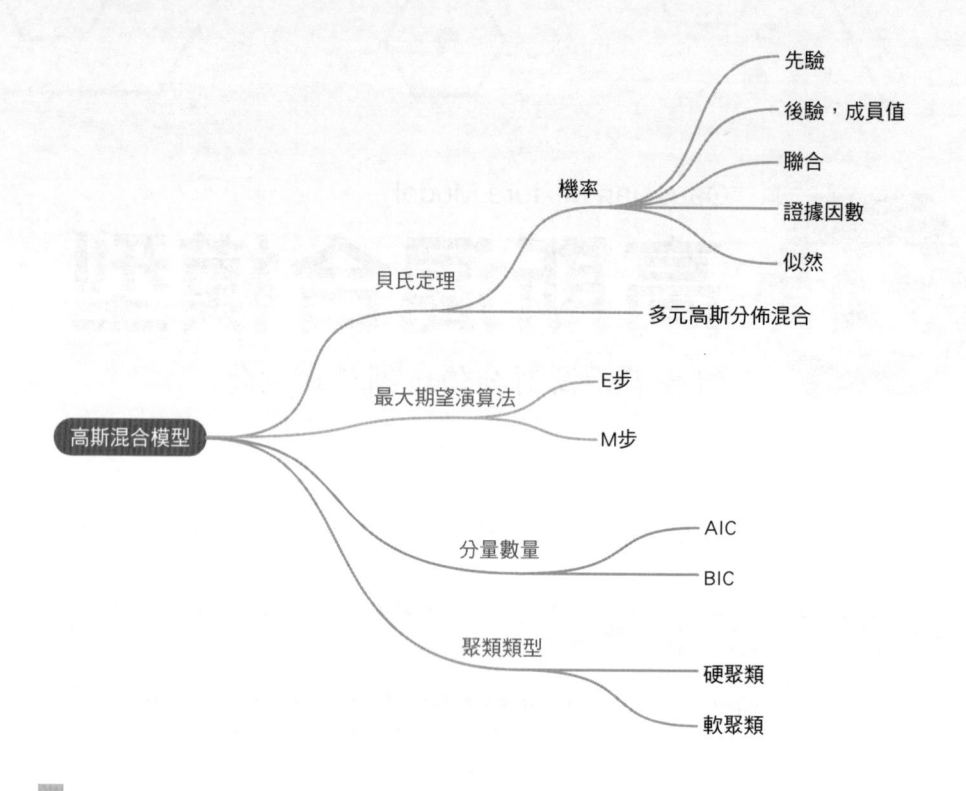

```
高斯混合模型 ─┬─ 貝氏定理 ─┬─ 機率 ─┬─ 先驗
             │             │        ├─ 後驗，成員值
             │             │        ├─ 聯合
             │             │        ├─ 證據因數
             │             │        └─ 似然
             │             └─ 多元高斯分佈混合
             ├─ 最大期望演算法 ─┬─ E步
             │                  └─ M步
             ├─ 分量數量 ─┬─ AIC
             │            └─ BIC
             └─ 聚類類型 ─┬─ 硬聚類
                          └─ 軟聚類
```

21.1 高斯混合模型

高斯混合模型(Gaussian Mixture Model，GMM)是一種常用的無監督機器學習演算法，它的核心思維是用多個高斯密度函數估計樣本資料分佈。GMM 是一種機率模型，它假定所有資料點都是由有限個參數未知的高斯分佈混合產生的。

某種意義上講，GMM 是 K 平均值聚類的推廣。GMM 和 K 平均值聚類都是採用迭代方法求解最佳化問題。K 平均值利用叢集質心，最小化叢集內殘差平方和 (SSE)；而高斯混合模型利用叢集質心和協方差，最大化對數似然函數。

此外，GMM 和本書監督學習部分講解的貝氏分類和高斯判別分析聯繫緊密。

前文說過，GMM 是若干個高斯分佈的混合；下面分別以一元和二元高斯分佈來介紹這一思想。

一元高斯分佈混合

大家對一元高斯分佈機率密度函數 $f_X(x)$ 再熟悉不過了，$f_X(x)$ 為：

$$f_X(x) = \frac{1}{\sigma\sqrt{2\pi}} \exp\left(\frac{-1}{2}\left(\frac{x-\mu}{\sigma}\right)^2\right) \tag{21.1}$$

其中，μ 為平均值 / 期望值，σ 為標準差。對於一元高斯分佈，給定 μ 和 σ 就能確定分佈形狀。對於單一特徵樣本資料，GMM 的意義就是利用若干一元高斯分佈來描述樣本分佈。

圖 21.1 舉出的是鳶尾花樣本資料花萼長度和花萼寬度兩個特徵。分別觀察這兩個特徵，可以發現用單一高斯分佈都不能準確描述資料的邊際分佈，但是組合三個高斯分佈卻可以描述資料特徵分佈。

> ⚠ 注意：對於無監督學習，樣本資料沒有標籤，即並不知道樣本資料的類別。GMM 演算法透過一系列運算估計預測樣本資料類別。

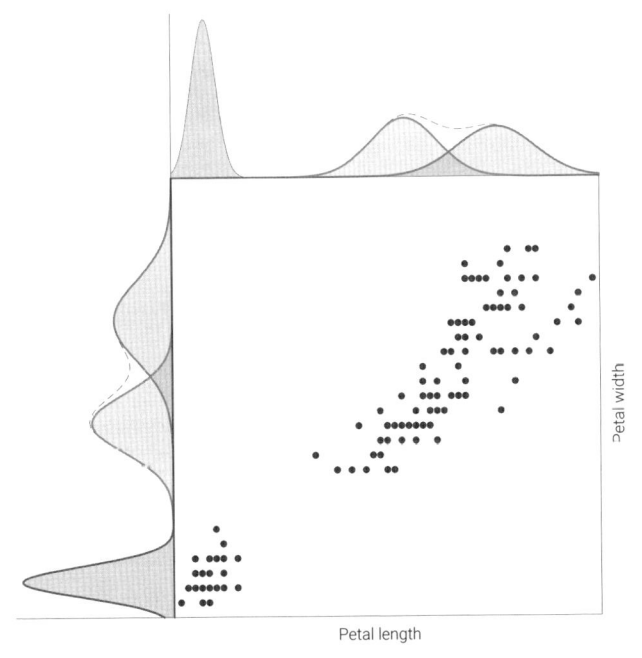

▲ 圖 21.1 用三個一元高斯分佈描述樣本資料邊際分佈

第 21 章　高斯混合模型

一般來說稱 GMM 每一高斯分佈為一個**分量** (component)。對於一元高斯分佈，高斯混合分佈演算法難點就是確定每個分量各自的參數，μ_k 和 σ_k。

本書前文在貝氏分類部分介紹過，根據全機率定理，$C_1, C_2, \cdots, C_K$ 為一組不相容分類，對樣本空間 Ω 形成分割，式 (21.2) 成立：

$$f_X(x) = \sum_{k=1}^{K} \underbrace{f_{Y,X}(C_k, x)}_{\text{Joint}} \tag{21.2}$$

根據貝氏定理，聯合機率、似然機率、先驗機率存在以下關係：

$$\underbrace{f_{Y,X}(C_k, X)}_{\text{Joint}} = \underbrace{f_{X|Y}(x|C_k)}_{\text{Likelihood}} \underbrace{p_Y(C_k)}_{\text{Prior}} \tag{21.3}$$

將式 (21.3) 代入式 (21.2) 得到：

$$f_X(x) = \sum_{k=1}^{K} \underbrace{f_{X|Y}(x|C_k)}_{\text{Likelihood}} \underbrace{p_Y(C_k)}_{\text{Prior}} \tag{21.4}$$

對於 GMM，$f_{X|Y}(x|C_k)$ 為**似然機率** (likelihood)，用高斯分佈描述；$p_Y(C_k)$ 為**先驗機率** (prior)，表達樣本集合中 C_k 類樣本佔比。

對於無監督學習，樣本資料標籤未知；因此，GMM 迭代過程中，似然機率 $f_{X|Y}(x|C_k)$ 和先驗機率 $p_Y(C_k)$ 不斷估算更新，直到滿足迭代停止條件。

而對於有監督學習，樣本標籤資料已知，即 C_k 確定；比如，高斯單純貝氏演算法，直接就可以估算似然機率 $f_{X|Y}(x|C_k)$ 和先驗機率 $p_Y(C_k)$。

對於單一特徵樣本資料，且 $K = 3$ 時，圖 21.2 對應的邊際分佈 $p_Y(C_k)$ 可以用三個一元高斯分佈疊加獲得：

$$\begin{aligned}
f_X(x) &= \underbrace{p_Y(C_1)}_{\text{Prior}} \underbrace{f_{X|Y}(x|C_1)}_{\text{Likelihood}} + \underbrace{p_Y(C_2)}_{\text{Prior}} \underbrace{f_{X|Y}(x|C_2)}_{\text{Likelihood}} + \underbrace{p_Y(C_3)}_{\text{Prior}} \underbrace{f_{X|Y}(x|C_3)}_{\text{Likelihood}} \\
&= \alpha_1 N(x, \mu_1, \sigma_1) + \alpha_2 N(x, \mu_2, \sigma_2) + \alpha_3 N(x, \mu_3, \sigma_3) \\
&= \alpha_1 \underbrace{\frac{\exp\left(-\frac{1}{2}\left(\frac{x - \mu_1}{\sigma_1}\right)^2\right)}{\sigma_1 \sqrt{2\pi}}}_{C_1} + \alpha_2 \underbrace{\frac{\exp\left(-\frac{1}{2}\left(\frac{x - \mu_2}{\sigma_2}\right)^2\right)}{\sigma_2 \sqrt{2\pi}}}_{C_2} + \alpha_3 \underbrace{\frac{\exp\left(-\frac{1}{2}\left(\frac{x - \mu_3}{\sigma_3}\right)^2\right)}{\sigma_3 \sqrt{2\pi}}}_{C_3}
\end{aligned} \tag{21.5}$$

21.1 高斯混合模型

如圖 21.2 所示，μ_1、μ_2 和 μ_3 為期望值，描述三個正態分佈質心位置；σ_1、σ_2 和 σ_3 為標準差，刻畫三個正態分佈的離散程度；而先驗機率 α_1、α_2 和 α_3 舉出三個正態分佈對 $f_X(x)$ 的貢獻。

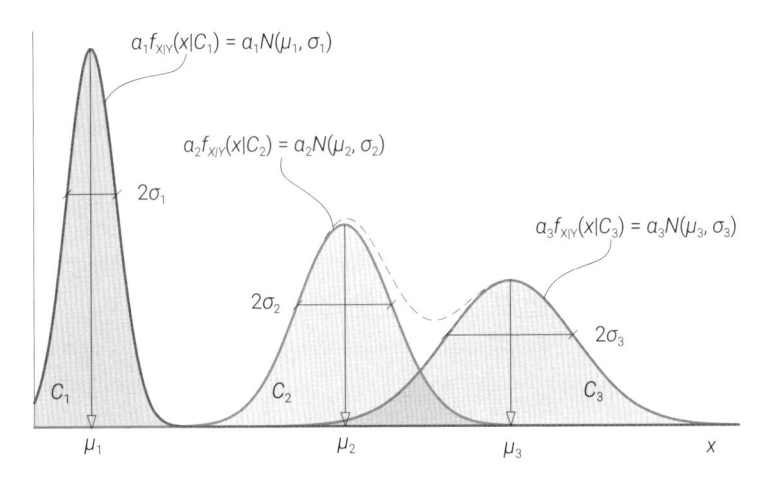

▲ 圖 21.2 三個一元高斯分佈重要統計描述量

令

$$\theta = \begin{bmatrix} \alpha_1 & \alpha_2 & \alpha_3 & \mu_1 & \mu_2 & \mu_3 & \sigma_1 & \sigma_2 & \sigma_3 \end{bmatrix} \tag{21.6}$$

三個一元高斯分佈疊加產生的高斯混合分佈記作 $f_X(x \mid \theta)$。

$$f_X(x \mid \theta) = p_Y(C_1) f_{X|Y}(x \mid C_1, \theta) + p_Y(C_2) f_{X|Y}(x \mid C_2, \theta) + p_Y(C_3) f_{X|Y}(x \mid C_3, \theta) \tag{21.7}$$

多元高斯分佈混合

下面考慮樣本資料多特徵情況。C_k 類資料條件機率 $f_{X|Y}(x \mid C_k)$ 服從多元高斯分佈：

$$f_{X|Y}(x \mid C_k) = \frac{\exp\left(\dfrac{1}{2}(x - \mu_k)^\mathrm{T} \Sigma_k^{-1}(x - \mu_k)\right)}{\sqrt{(2\pi)^D |\Sigma_k|}} \tag{21.8}$$

第 21 章　高斯混合模型

其中，D 為特徵數量，即多元高斯分佈維數；x 為列向量，μ_k 為 C_k 類叢集質心位置，即期望值 / 平均值；Σ_k 為 C_k 類資料協方差矩陣，刻畫正態分佈離散程度和相關性。

圖 21.3 展示的是鳶尾花花萼長度和寬度樣本資料分佈。顯然，樣本資料不適合用一個二元高斯分佈，也不能用兩個二元高斯分佈疊加。但是，每個高斯分佈描述一叢集資料，採用三個高斯分佈疊加就可以比較準確地描述資料分佈情況：

$$f(x|\theta) = p_Y(C_1) f_{X|Y}(x|C_1,\theta) + p_Y(C_2) f_{X|Y}(x|C_2,\theta) + p_Y(C_3) f_{X|Y}(x|C_3,\theta)$$
$$= \alpha_1 \underbrace{N(x,\mu_1,\Sigma_1)}_{C_1} + \alpha_2 \underbrace{N(x,\mu_2,\Sigma_2)}_{C_2} + \alpha_3 \underbrace{N(x,\mu_3,\Sigma_3)}_{C_3} \quad (21.9)$$

定義參數 θ 為：

$$\theta = \begin{bmatrix} \alpha_1 & \alpha_2 & \alpha_3 & \mu_1 & \mu_2 & \mu_3 & \Sigma_1 & \Sigma_2 & \Sigma_3 \end{bmatrix} \quad (21.10)$$

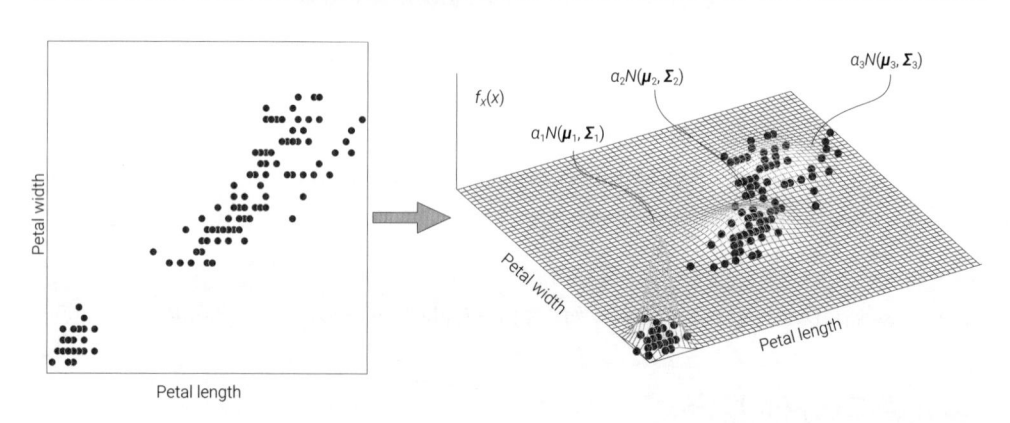

▲ 圖 21.3　三個二元高斯分佈疊加描述鳶尾花資料分佈

再次強調，作為無監督學習，樣本資料標籤未知；GMM 透過迭代求解最佳化問題，迭代過程中，參數 θ 不斷更新。當迭代收斂時，參數 θ 更新變化平緩。因此，定義的 θ，實際上是某一輪迭代時參數估計的快照。

後驗機率

根據貝氏定理，計算後驗機率：

$$f_{Y|\chi}(C_k|\boldsymbol{x},\boldsymbol{\theta}) = \frac{p_Y(C_k)f_{\chi|Y}(\boldsymbol{x}|C_k,\boldsymbol{\theta})}{f_\chi(\boldsymbol{x},\boldsymbol{\theta})} = \frac{p_Y(C_k)f_{\chi|Y}(\boldsymbol{x}|C_k,\boldsymbol{\theta})}{\sum_{k=1}^{K}p_Y(C_k)f_{\chi|Y}(\boldsymbol{x}|C_k,\boldsymbol{\theta})} \quad (21.11)$$

由 K 個高斯分佈構造的混合分佈函數如下所示：

$$\begin{aligned} f_\chi(\boldsymbol{x},\boldsymbol{\theta}) &= \sum_{k=1}^{K}p_Y(C_k)f_{\chi|Y}(\boldsymbol{x}|C_k,\boldsymbol{\theta}) \\ &= \sum_{k=1}^{K}\alpha_k N(\boldsymbol{\mu}_k,\boldsymbol{\Sigma}_k) \end{aligned} \quad (21.12)$$

其中，第 i 個高斯分佈參數有兩個，分別是平均值向量 $\boldsymbol{\mu}_k$ 和協方差矩陣 $\boldsymbol{\Sigma}_k$。α_k 為混合係數，是混合成分的先驗機率，$\alpha_i > 0$。

參數 θ 定義為：

$$\boldsymbol{\theta} = \{\alpha_k, \boldsymbol{\mu}_k, \boldsymbol{\Sigma}_k\} \quad k=1,2,\cdots,K \quad (21.13)$$

K 個混合係數之和為 1：

$$\sum_{k=1}^{K}\alpha_k = 1 \quad (21.14)$$

GMM 中，分量數量 K 是一個使用者輸入值。本章後文會介紹如何選取合適分量數量 K。

三聚類

假設資料聚類為 C_1、C_2 和 C_3 三類，後驗機率 $f_{Y|\chi}(C_1|\boldsymbol{x},\boldsymbol{\theta})$、$f_{Y|\chi}(C_2|\boldsymbol{x},\boldsymbol{\theta})$ 和 $f_{Y|\chi}(C_3|\boldsymbol{x},\boldsymbol{\theta})$ 可以透過式 (21.15) 獲得：

第 21 章 高斯混合模型

$$\begin{cases} f_{Y|\chi}(C_1|\boldsymbol{x},\boldsymbol{\theta}) = \dfrac{p_Y(C_1)f_{\chi|Y}(\boldsymbol{x}|C_1,\boldsymbol{\theta})}{f_\chi(\boldsymbol{x},\boldsymbol{\theta})} \\ f_{Y|\chi}(C_2|\boldsymbol{x},\boldsymbol{\theta}) = \dfrac{p_Y(C_2)f_{\chi|Y}(\boldsymbol{x}|C_2,\boldsymbol{\theta})}{f_\chi(\boldsymbol{x},\boldsymbol{\theta})} \\ f_{Y|\chi}(C_3|\boldsymbol{x},\boldsymbol{\theta}) = \dfrac{p_Y(C_3)f_{\chi|Y}(\boldsymbol{x}|C_3,\boldsymbol{\theta})}{f_\chi(\boldsymbol{x},\boldsymbol{\theta})} \end{cases} \qquad (21.15)$$

其中，

$$f_\chi(\boldsymbol{x},\boldsymbol{\theta}) = p_Y(C_1)f_{\chi|Y}(\boldsymbol{x}|C_1,\boldsymbol{\theta}) + p_Y(C_2)f_{\chi|Y}(\boldsymbol{x}|C_2,\boldsymbol{\theta}) + p_Y(C_3)f_{\chi|Y}(\boldsymbol{x}|C_3,\boldsymbol{\theta}) \qquad (21.16)$$

圖 21.4 所示為後驗機率 $f_{Y|\chi}(C_1|\boldsymbol{x},\boldsymbol{\theta})$、$f_{Y|\chi}(C_2|\boldsymbol{x},\boldsymbol{\theta})$ 和 $f_{Y|\chi}(C_3|\boldsymbol{x},\boldsymbol{\theta})$ 三曲面。比較這三個曲面高度便可以確定預測聚類區域。GMM 迭代過程，$f_{Y|\chi}(C_1|\boldsymbol{x},\boldsymbol{\theta})$、$f_{Y|\chi}(C_2|\boldsymbol{x},\boldsymbol{\theta})$ 和 $f_{Y|\chi}(C_3|\boldsymbol{x},\boldsymbol{\theta})$ 三曲面形狀不斷變化，決策邊界也不斷變化。

給定無標記樣本資料，可以採用 GMM 對資料進行聚類；類似貝氏分類，後驗機率可以判定聚類決策邊界。因此高斯混合模型聚類這個問題的最佳化目標，便是找到滿足條件的參數 $\boldsymbol{\theta}$。

下一節，我們將採用**最大期望演算法** (Expectation Maximization，EM)，簡稱 **EM 演算法**，解決這一問題。而下一章將專門講解最大期望演算法。

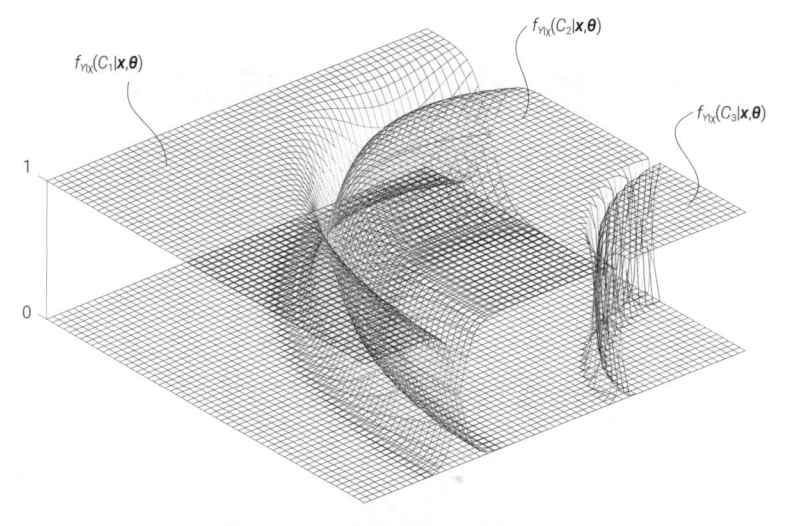

▲ 圖 21.4 GMM 模型下後驗機率曲面

21.2 四類協方差矩陣

多元高斯分佈用來刻畫 C_k 類資料條件機率 $f_{X|Y}(x \mid C_k)$；而多元高斯分佈中，協方差矩陣 Σ_k 決定高斯分佈的形狀。本書前文在高斯判別分析 (GDA) 中介紹過六類 GDA，這六類 GDA 中協方差矩陣 Σ_k 各有特點。

如表 21.1 總結，Scikit-Learn 工具套件中 sklearn.mixture 高斯混合模型支援四種協方差矩陣—tied(平移)、spherical(球面)、diag(對角) 和 full(完全)。

tied 指的是，所有分量共用一個非對角協方差矩陣 Σ;tied 類似第三類高斯判別分析。每個分量 PDF 等高線為大小相等的旋轉橢圓。根據本書前文分析，由於不同分量協方差相同，決策邊界解析式二次項消去；因此 tied 對應的決策邊界為直線。

spherical 指的是，每個分量協方差矩陣 Σ_k 不同，但是每個分量 Σ_k 均為對角陣；且 Σ_k 對角元素相同，即特徵方差相同；spherical 類似第四類高斯判別分析。每個分量 PDF 等高線都為正圓。spherical 對應的決策邊界為圓形弧線。

diag 指每個分量有各自獨立的對角協方差矩陣，也就是 Σ_k 為對角陣，特徵條件獨立；但是對 Σ_k 對角線元素大小不做限制。diag 對應第五類高斯判別分析。每個分量 PDF 等高線都為正橢圓，diag 對應的決策邊界為正圓錐曲線。

full 指每個分量有各自獨立的協方差矩陣，即對 Σ_k 不做任何限制。full 對應第六類高斯判別分析。full 對應的決策邊界為任意圓錐曲線。

→ 表 21.1 根據方差 - 協方差矩陣特點將 GMM 分為 4 類

參數設置	Σ_i	Σ_i 特點	PDF 等高線	決策邊界
tied(第二類)	相同	非對角陣	任意橢圓	直線
spherical(第四類)	不相同	對角陣，對角線元素等值	正圓	正圓
diag(第五類)		對角陣	正橢圓	正圓錐曲線
full(第六類)		非對角陣	任意橢圓	圓錐曲線

第 21 章　高斯混合模型

和 K 平均值聚類演算法一樣，GMM 也需要指定 K 值；GMM 也是利用迭代求解最佳化問題。不同的是，GMM 利用協方差矩陣，可以估算後驗機率 / 成員值。GMM 的協方差矩陣有四種類型，每種類型對應不同假設，獲得不同決策邊界類型。

K 平均值聚類可以看作是 GMM 的特例。如圖 21.5 所示，K 平均值聚類對應的 GMM 特點是，各叢集協方差矩陣 Σ_k 相同，Σ_k 為對角陣，並且 Σ_k 主對角線元素相等。

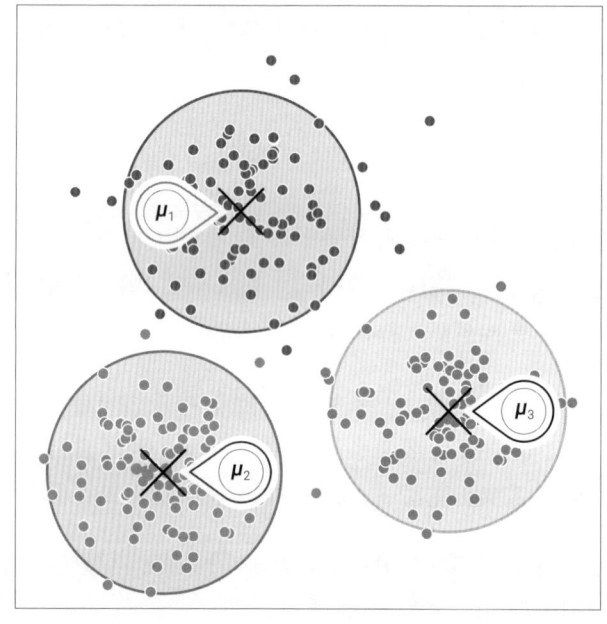

▲ 圖 21.5 K 平均值聚類可以看作是 GMM 的特例

以鳶尾花資料為例

下面，我們分別利用 sklearn.mixture 四種協方差矩陣設置，比較鳶尾花資料的聚類結果。相信讀過《AI 時代 Math 元年 - 用 Python 全精通程式設計》的讀者應該還記得圖 21.6 ~ 圖 21.9。

圖 21.6 中，GMM 的協方差矩陣設置為 tied；容易發現獲得的決策邊界為直線，這是因為所有分量共用一個非對角協方差矩陣。

21.2 四類協方差矩陣

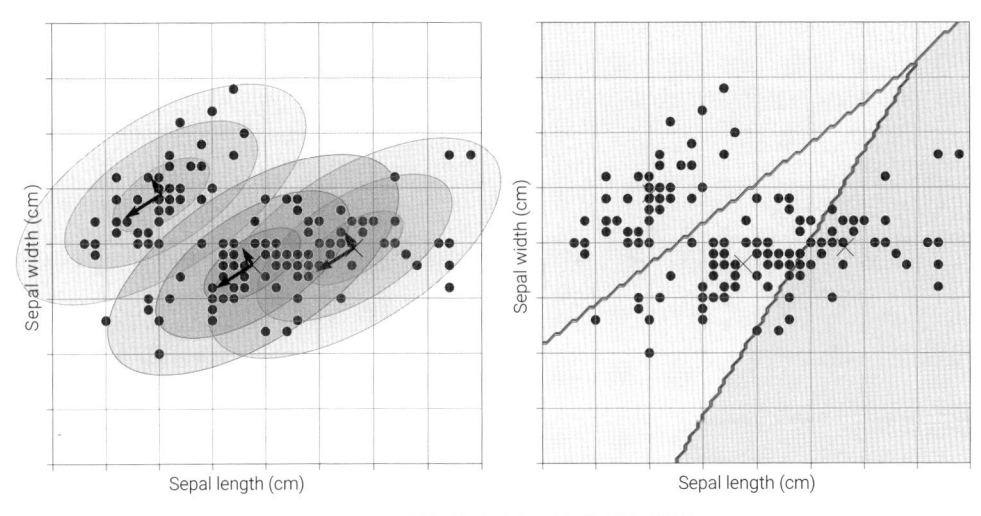

▲ 圖 21.6 K 平均值聚類，協方差矩陣為 tied

圖 21.7 中，GMM 的協方差矩陣設置為 spherical；對應的決策邊界顯然為三段圓弧構造。

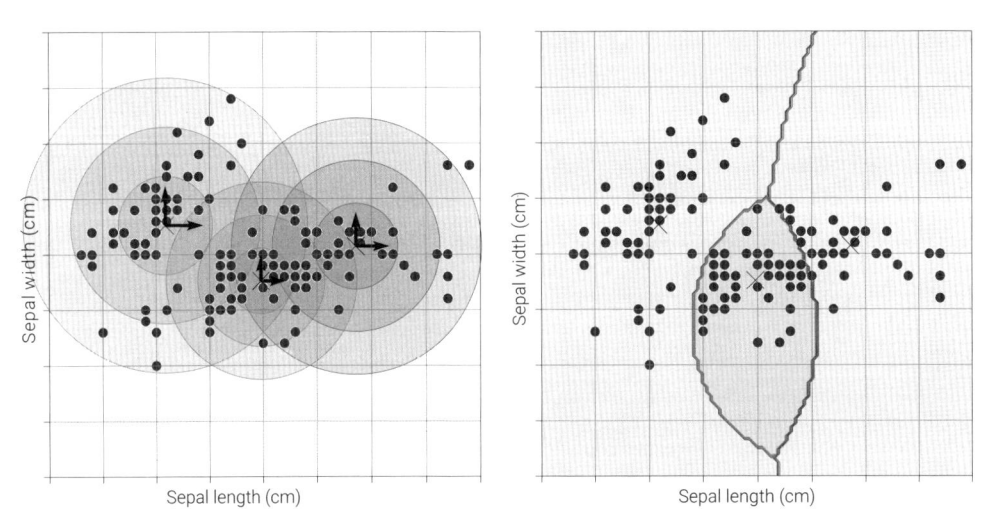

▲ 圖 21.7 K 平均值聚類，協方差矩陣為 spherical

圖 21.8 中，GMM 的協方差矩陣設置為 diag；圖 21.8 中橢圓弧線長度較短，不容易直接判斷它們對應的橢圓是否為正圓錐曲線。

21-11

第 21 章　高斯混合模型

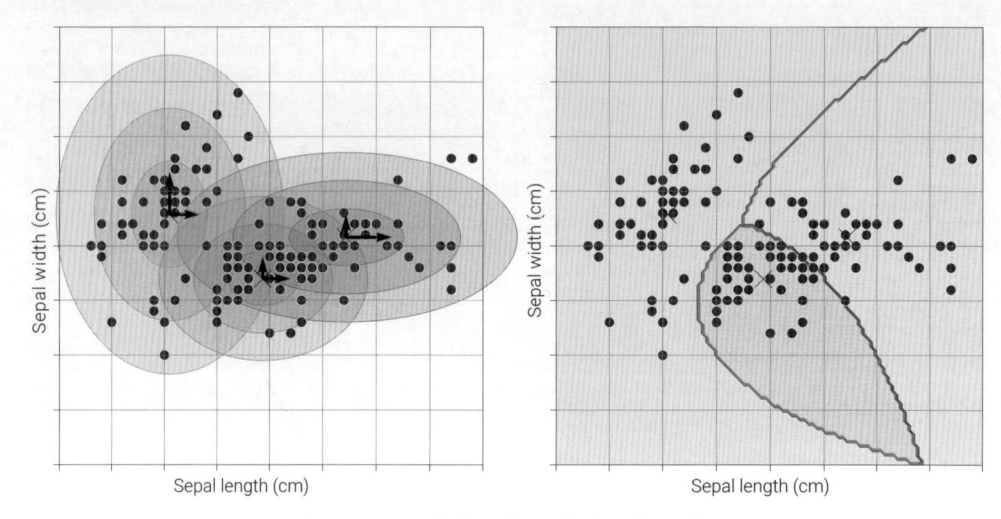

▲ 圖 21.8　K 平均值聚類，協方差矩陣為 diag

圖 21.9 中，GMM 的協方差矩陣設置為 full；決策邊界為任意圓錐曲線。讀者可以回顧本書高斯判別分析中有關決策邊界形態內容。

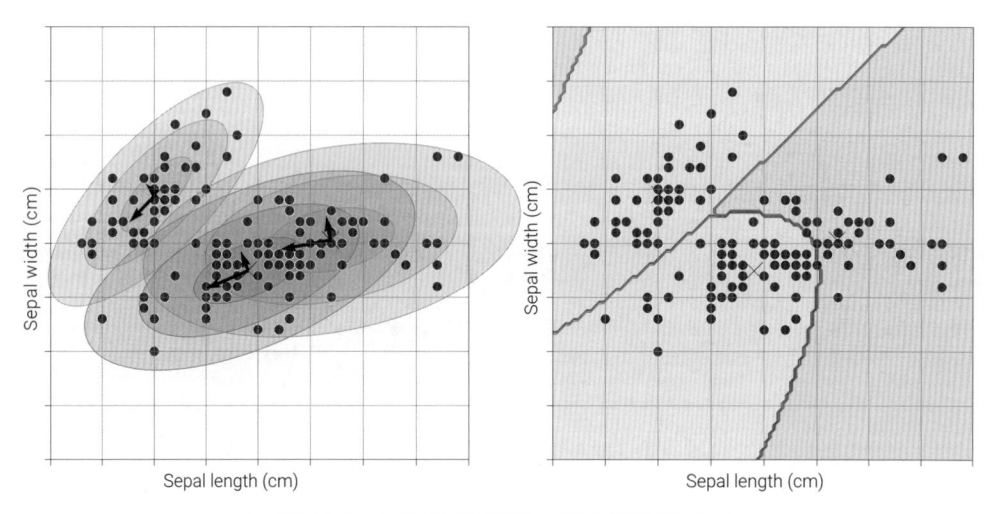

▲ 圖 21.9　K 平均值聚類，協方差矩陣為 full

21.2 四類協方差矩陣

另外，圖 21.6 ~ 圖 21.9 中，還舉出了高斯分佈橢圓等高線的半長軸和半短軸向量指向。

此外，表 21.2 總結了 sklearn.mixture.GaussianMixture() 函數協方差資料樣式，請大家參考。

→ 表 21.2 sklearn.mixture.GaussianMixture() 函數協方差資料樣式

協方差類型	資料形狀	視覺化協方差矩陣
spherical	(n_components) 一維陣列，叢集協方差矩陣為對角陣，且每個叢集本身的對角元素相同 n_components 代表叢集維度	
tied	(n_features,n_features) 二維陣列，完整協方差矩陣 不同叢集共用一個協方差矩陣 n_features 代表特徵維度	
diag	(n_components,n_features) 二維陣列，叢集協方差矩陣為對角陣	
full	(n_components,n_features,n_features) 三維陣列，協方差矩陣沒有限制	

Bk7_Ch21_01.ipynb 中完成了本節分類問題。我們在《AI 時代 Math 元年 - 用 Python 全精通程式設計》講過這段程式中的核心敘述，請大家自行回顧學習。

圖 21.10 所示為用 Streamlit 架設的展示 GMM 四種不同的協方差矩陣設置的 App。讀過《AI 時代 Math 元年 - 用 Python 全精通程式設計》的讀者應該對這個 App 很熟悉了，請大家自行回顧學習。

第 21 章 高斯混合模型

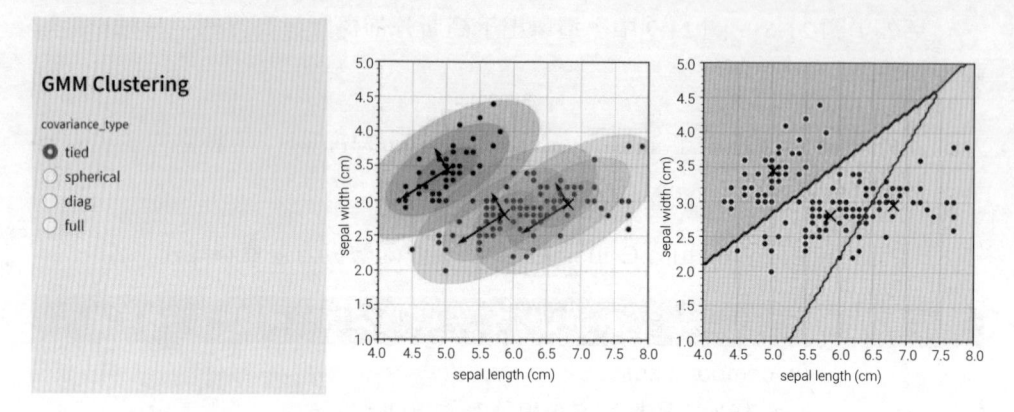

▲ 圖 21.10 展示 GMM 四種不同的協方差矩陣設置的 App，Streamlit 架設 |Streamlit_Bk7_Ch21_02.py

21.3 分量數量

前文介紹過，GMM 的分量數量 K 是使用者輸入值。選取合適 K 值，對於 GMM 聚類效果至關重要。本節介紹採用 AIC 和 BIC 選擇高斯混合模型分量數量。

赤池資訊量準則

本書前文講解迴歸分析時介紹過 AIC 和 BIC。AIC 為**赤池資訊量準則** (Akaike Information Criterion，AIC)，定義如下：

$$\text{AIC} = \underbrace{2K}_{\text{Penalty}} - 2\ln(L) \tag{21.17}$$

其中，K 是分量數量，即聚類數量；L 是似然函數。

Scikit-Learn 工具套件中 AIC 計算形式稍有不同。AIC 鼓勵資料擬合的優良性；但是，儘量避免出現過擬合。式 (21.17) 中 $2K$ 項為**懲罰項** (penalty)。

貝氏資訊準則

貝氏資訊準則 (Bayesian Information Criterion,BIC) 也稱施瓦茨資訊準則 (Schwarz Information Criterion,SIC),定義如下:

$$\mathrm{BIC} = \underbrace{K\ln(n)}_{\text{Penalty}} - 2\ln(L) \tag{21.18}$$

其中,n 為樣本資料數量。BIC 的懲罰項比 AIC 大。

圖 21.11 所示為三叢集資料組成的樣本資料。採用 GMM 聚類演算法,K 取不同值 ($K = 1,2,\cdots,6$),協方差矩陣分別採用前文介紹的四種設置—tied(平移)、spherical(球面)、diag(對角)和 full(完全)。對於這 24 種組合,我們取出對應模型 AIC 和 BIC 結果。

圖 21.12 所示為 AIC 隨協方差形狀和分量數變化的長條圖。圖 21.13 所示為 BIC 隨協方差形狀和分量數變化的長條圖。可以發現,24 種設置組合中,spherical(球面)和 $K = 3$ 參數組合對圖 21.11 所示樣本資料聚類效果最好。

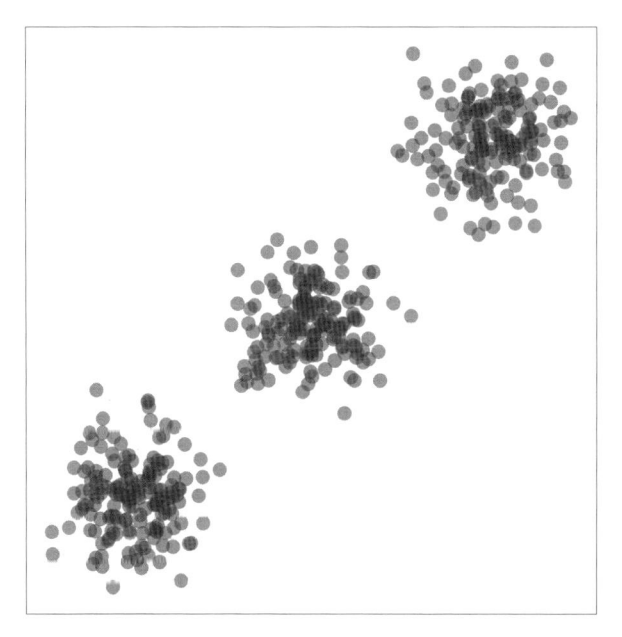

▲ 圖 21.11 三叢集資料組成的樣本資料

第 21 章　高斯混合模型

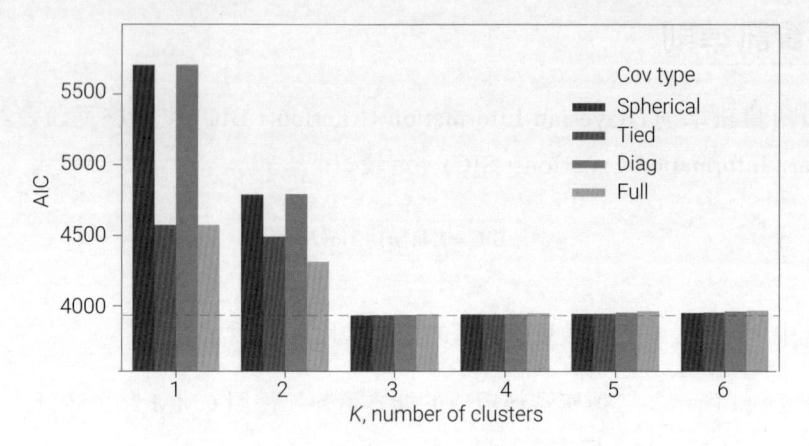

▲ 圖 21.12 AIC 隨協方差形狀和分量數變化

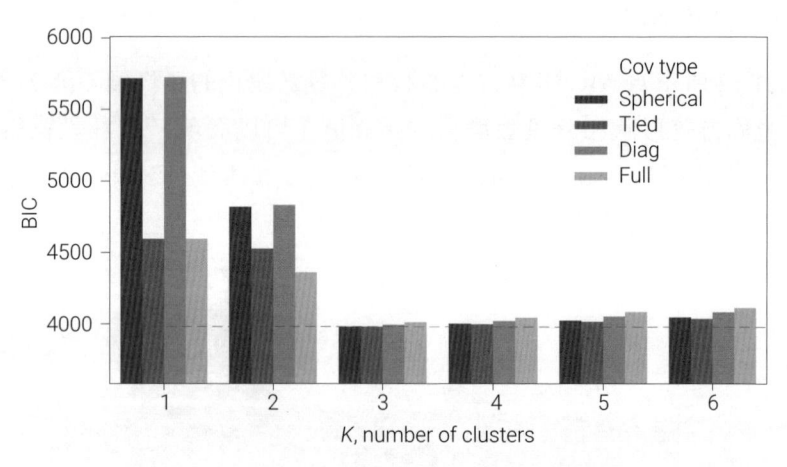

▲ 圖 21.13 BIC 隨協方差形狀和分量數變化

Bk7_Ch21_02.ipynb 中繪製了本節影像。

21.4 硬聚類和軟聚類

本書單純貝氏分類演算法中提過，後驗機率相當於成員值。**硬聚類** (hard clustering) 指的是根據成員值大小，決策邊界清楚劃定；但是**軟聚類** (soft clustering) 則設定緩衝帶，當後驗機率/成員值在這個緩衝頻內時，樣本資料沒有明確的聚類。這樣，軟聚類的決策邊界不再「涇渭分明」，而是變成了一條寬頻。

硬聚類

給定如圖 21.14 所示 450 個樣本資料。利用高斯混合模型演算法獲得 $f_{Y|X}(C_1 | x)$ 和 $f_{Y|X}(C_2 | x)$ 兩後驗機率曲面，如圖 21.15 所示。

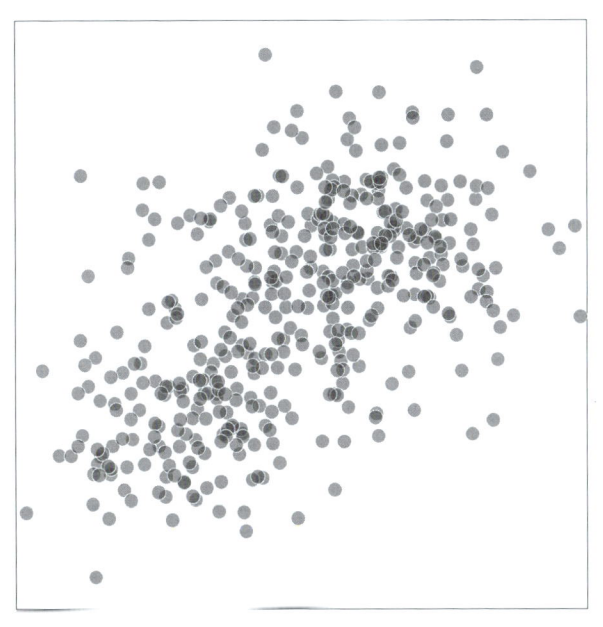

▲ 圖 21.14 樣本資料

如圖 21.15 所示，以成員值大小排列這 450 個樣本資料；對於二聚類問題，硬聚類以後驗機率 0.5 為分界線。當 $f_{Y|X}(C_1 | x) = 0.5$ 對應著決策邊界；當 $f_{Y|X}(C_1 | x) > 0.5$ 時，x 被聚類到 C_1 叢集；當 $f_{Y|X}(C_1 | x) < 0.5$ 時，x 被聚類到 C_2 叢集。

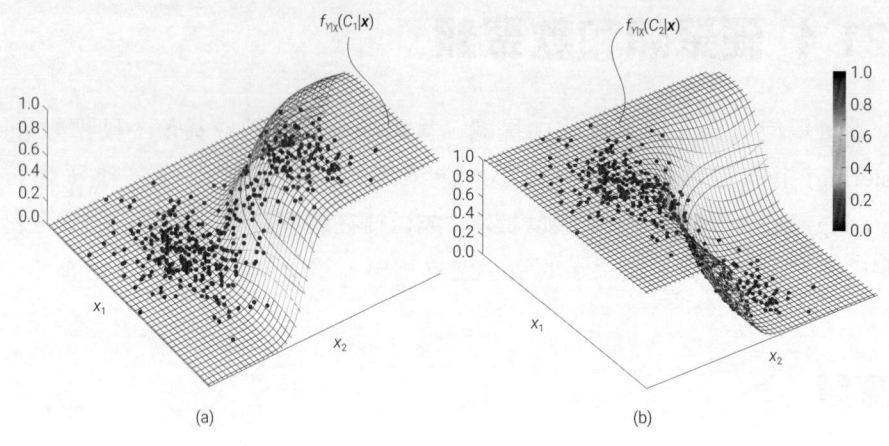

第 21 章　高斯混合模型

▲ 圖 21.15 $f_{\eta|\chi}(C_1 | \boldsymbol{x})$ 和 $f_{\eta|\chi}(C_2 | \boldsymbol{x})$ 兩後驗機率曲面

軟聚類

而對於軟聚類，後驗機率在一段設定值內，比如 [0.3, 0.7]，資料沒有明確的分類，如圖 21.16 所示。圖 21.17 所示為聚類結果，加黑圈的樣本資料，位於「決策帶」之內，沒有明確預測分類。

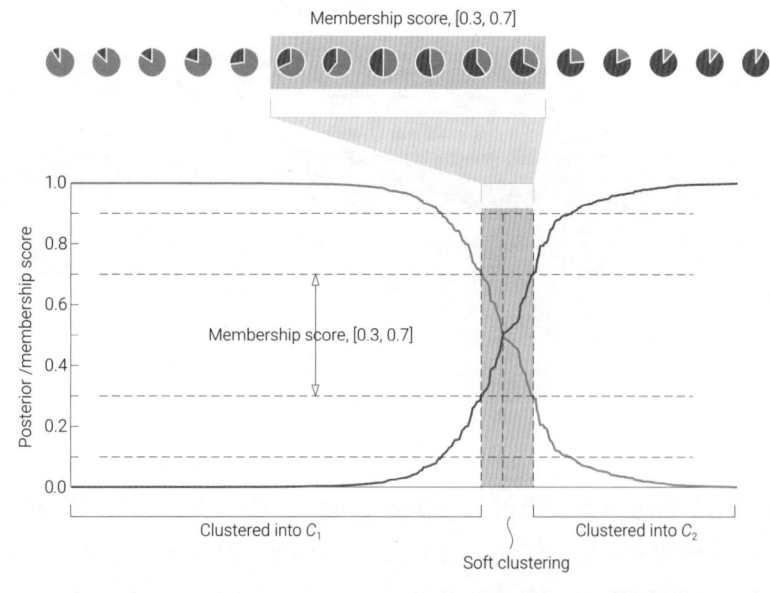

▲ 圖 21.16 成員值與軟聚類

21.4 硬聚類和軟聚類

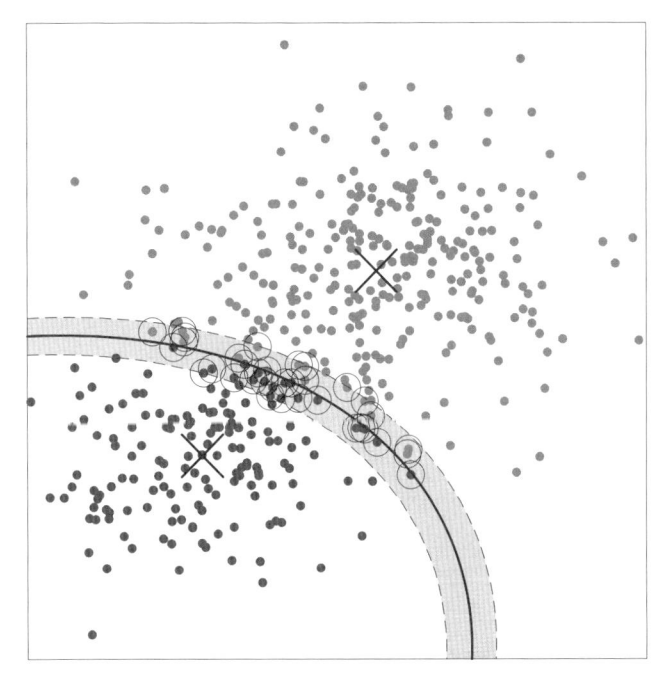

▲ 圖 21.17 軟聚類分區和決策帶

> GMM 是一種機率模型，用於對多維資料進行建模和聚類。它將一個資料集看作由多個多元高斯分佈的線性組合組成，每個多元高斯分佈代表著一個叢集，而叢集的個數是由使用者指定的。
>
> GMM 透過最大化似然函數來估計參數，其中參數包括每個高斯分佈的平均值、方差和係數 (即每個高斯分佈在總分佈中的佔比)。在訓練結束後，GMM 可以用於聚類、密度估計和生成新的資料點。與 K 平均值演算法相比，GMM 具有更強的建模能力和更大的靈活性，但其計算複雜度更高。
>
> GMM 的參數估計通常使用最大期望演算法 (EM) 完成，下一章專門介紹 EM。

第 21 章　高斯混合模型

MEMO

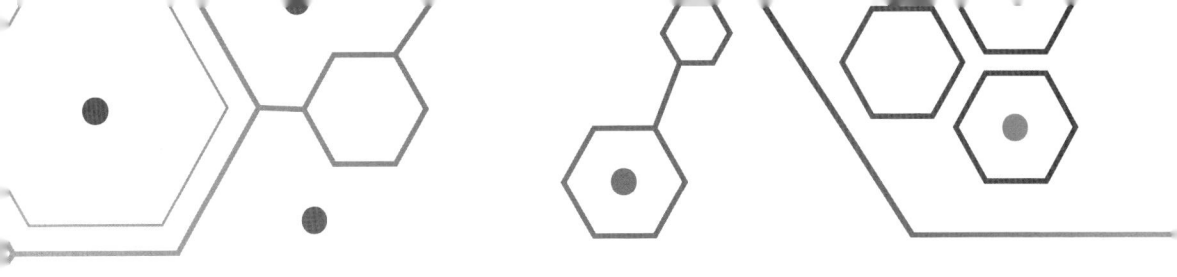

22 最大期望演算法
Expectation Maximization

迭代最佳化兩步走：E 步，M 步；最大化對數似然函數

> 我解決的每個問題，都變成了定理法則；它們都被拿去解決更多的問題。
>
> *Each problem that I solved became a rule, which served afterwards to solve other problems.*
>
> —— 勒內·笛卡爾（*René Descartes*）| 法國哲學家、數學家、物理學家 | *1596 — 1650* 年

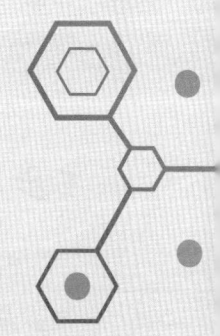

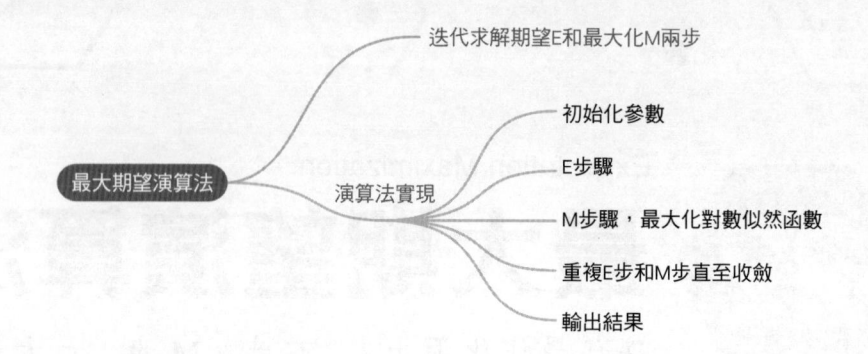

第 22 章　最大期望演算法

```
最大期望演算法 ─┬─ 迭代求解期望E和最大化M兩步
              └─ 演算法實現 ─┬─ 初始化參數
                           ├─ E步驟
                           ├─ M步驟，最大化對數似然函數
                           ├─ 重複E步和M步直至收斂
                           └─ 輸出結果
```

22.1 最大期望

求解高斯混合模型 (Gaussian Mixture Model，GMM) 繞不開 **EM** 演算法，即**最大期望演算法** (Expectation Maximization，EM)。EM 演算法是一種迭代演算法，其核心思想是在不完全觀測的情況下，透過已知的觀測資料來估計模型參數。

上一章介紹的 GMM 核心思想是，疊加若干高斯分佈來描述樣本資料分佈。一元高斯分佈有兩個重要參數，平均值和均方差；而多元高斯分佈則透過質心和協方差來描述。除此之外，我們還需要知道每個高斯分佈分量的貢獻，即先驗機率值。遺憾的是，這幾個參數不能透過解析方法求解。

本章介紹的 EM 演算法正是求解 GMM 參數的方法。

E 步、M 步

EM 演算法是一個收斂迭代過程。EM 演算法兩個步驟交替進行迭代：

- 第一步 (即所謂 E 步)，利用當前參數 θ 計算期望值，並計算對數似然函數 $L(\theta)$；根據當前參數估計值計算每個資料點屬於每個高斯分佈的後驗機率，即每個資料點在每個叢集中的權重。
- 第二步 (即所謂 M 步)，在第一步基礎上最大化，並更新參數 θ；根據上一步中計算得到的後驗概率重新估計每個高斯分佈的平均值、方差和係數，並更新參數估計值。

EM 演算法不斷迭代這兩個步驟，直到收斂為止。在 GMM 中，EM 演算法的收斂條件可以是參數變化的設定值或似然函數的收斂。

22.2 E 步：最大化期望

本節以單一特徵樣本資料為例，如圖 22.1 所示。視覺化 EM 演算法迭代過程。觀察發現資料應該被分為兩叢集，設定 $K=2$。

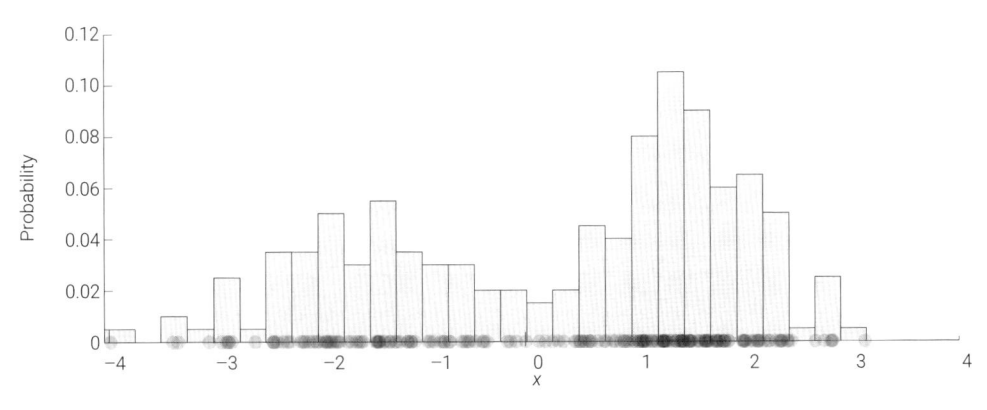

▲ 圖 22.1 一維樣本待聚類樣本資料

初始化

利用一元高斯分佈疊加，首先初始化參數 θ：

$$\theta^{(0)} = \left\{ \alpha_1^{(0)}, \alpha_2^{(0)}, \mu_1^{(0)}, \mu_2^{(0)}, \sigma_1^{(0)}, \sigma_2^{(0)} \right\} \tag{22.1}$$

上角標 $^{(i)}$ 代表當前迭代次數，$^{(0)}$ 代表迭代初始。

選定初始化參數 θ 具體數值如下：

$$\begin{cases} \alpha_1^{(0)} = p_Y\left(C_1, \theta^{(0)}\right) = 0.5, \quad \alpha_2^{(0)} = p_Y\left(C_2, \theta^{(0)}\right) = 0.5 \\ \mu_1^{(0)} = -0.05, \quad \mu_2^{(0)} = 0.05 \\ \sigma_1^{(0)} = \sigma_2^{(0)} = 1 \end{cases} \tag{22.2}$$

第 22 章　最大期望演算法

α_1 和 α_2 代表兩個不同高斯分佈對 $f_X(x)$ 的貢獻。

μ_1 和 μ_2 為期望值，描述兩個正態分佈質心位置。

σ_1 和 σ_2 為標準差，刻畫正態分佈離散程度。

似然機率

透過式 (22.2) 舉出六個參數，利用高斯分佈估算得到 $f_{X|Y}(x \mid C_1, \theta^{(0)})$ 和 $f_{X|Y}(x \mid C_2, \theta^{(0)})$ 的兩個似然概率 PDF，具體如下：

$$\begin{cases} f_{X|Y}\left(x \mid C_1, \theta^{(0)}\right) = \dfrac{\exp\left(-\dfrac{1}{2}\left(\dfrac{x - \mu_1}{\sigma_1}\right)^2\right)}{\sigma_1 \sqrt{2\pi}} = \dfrac{\exp\left(-\dfrac{1}{2}(x + 0.05)^2\right)}{\sqrt{2\pi}} \\ f_{X|Y}\left(x \mid C_2, \theta^{(0)}\right) = \dfrac{\exp\left(-\dfrac{1}{2}\left(\dfrac{x - \mu_2}{\sigma_2}\right)^2\right)}{\sigma_2 \sqrt{2\pi}} = \dfrac{\exp\left(-\dfrac{1}{2}(x - 0.05)^2\right)}{\sqrt{2\pi}} \end{cases} \tag{22.3}$$

圖 22.2 所示為初始化參數 $\theta^{(0)}$ 對應的 $f_{X|Y}(x \mid C_1)$ 和 $f_{X|Y}(x \mid C_2)$ 影像。

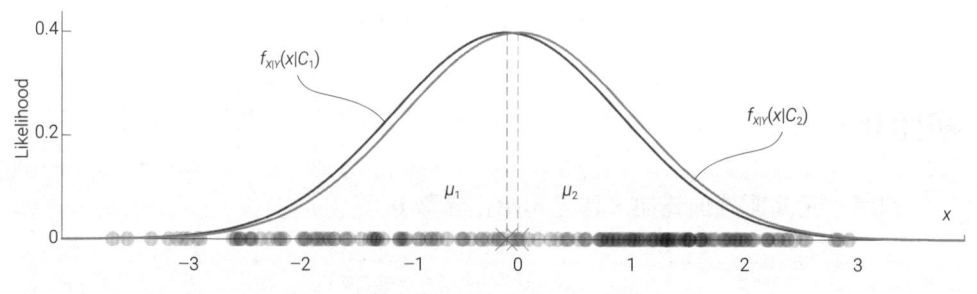

▲ 圖 22.2 初始化參數 $\theta^{(0)}$ 對應的 $f_{X|Y}(x \mid C_1)$ 和 $f_{X|Y}(x \mid C_2)$ 影像

證據因數

下一步，估算機率密度函數 $f_X(x \mid \theta^{(0)})$：

$$\begin{aligned} f_X\left(x \mid \theta^{(0)}\right) &= f_{X,Y}\left(x, C_1, \theta^{(0)}\right) + f_{X,Y}\left(x, C_2, \theta^{(0)}\right) \\ &= p_Y\left(C_1, \theta^{(0)}\right) f_{X|Y}\left(x \mid C_1, \theta^{(0)}\right) + p_Y\left(C_2, \theta^{(0)}\right) f_{X|Y}\left(x \mid C_2, \theta^{(0)}\right) \end{aligned} \tag{22.4}$$

22.2 E步：最大化期望

將式 (22.2) 和式 (22.3) 代入式 (22.4)，整理得到：

$$f_X\left(x\middle|\theta^{(0)}\right) = \frac{1}{2} \times \frac{\exp\left(-\frac{1}{2}(x+0.05)^2\right)}{\sqrt{2\pi}} + \frac{1}{2} \times \frac{\exp\left(-\frac{1}{2}(x-0.05)^2\right)}{\sqrt{2\pi}} \tag{22.5}$$

圖 22.3 展示的是這一輪迭代 $f_{X,Y}(x,C_1)$、$f_{X,Y}(x,C_2)$ 和 $f_X(x)$ 結果影像。

根據本書第 9 章有關單純貝氏分類介紹的內容，透過圖 22.3 所示 $f_{X,Y}(x,C_1)$、$f_{X,Y}(x,C_2)$ 曲線高度可以判斷當前條件下資料聚類結果。圖 22.3 中橫軸資料點顏色代表本輪預測聚類結果。

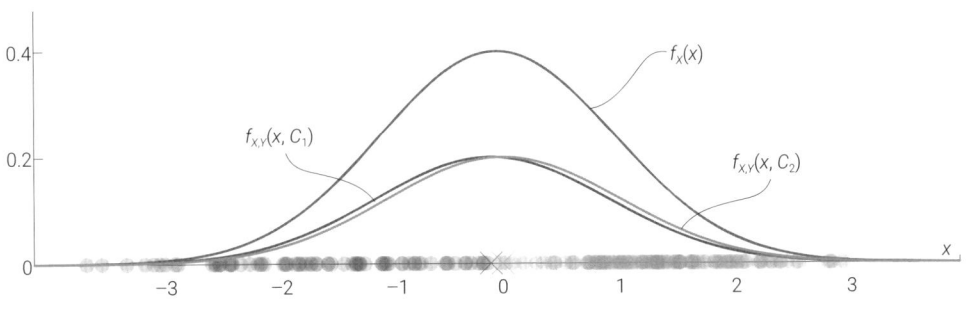

▲ 圖 22.3 初始化參數計算得到 $f_{X,Y}(x,C_1)$、$f_{X,Y}(x,C_2)$ 和 $f_X(x)$

後驗機率

根據貝氏定理，計算後驗機率 $f_{Y|X}(C_1 \mid x,\theta^{(0)})$ 和 $f_{Y|X}(C_2 \mid x,\theta^{(0)})$：

$$\begin{cases} f_{Y|X}\left(C_1\middle|x,\theta^{(0)}\right) = \dfrac{p_Y\left(C_1,\theta^{(0)}\right)f_{X|Y}\left(x\middle|C_1,\theta^{(0)}\right)}{f_X\left(x\middle|\theta^{(0)}\right)} = \dfrac{\dfrac{1}{2} \times \dfrac{\exp\left(-\frac{1}{2}(x+0.05)^2\right)}{\sqrt{2\pi}}}{\dfrac{1}{2} \times \dfrac{\exp\left(-\frac{1}{2}(x+0.05)^2\right)}{\sqrt{2\pi}} + \dfrac{1}{2} \times \dfrac{\exp\left(-\frac{1}{2}(x-0.05)^2\right)}{\sqrt{2\pi}}} \\[2em] f_{Y|X}\left(C_2\middle|x,\theta^{(0)}\right) = \dfrac{p_Y\left(C_2,\theta^{(0)}\right)f_{X|Y}\left(x\middle|C_2,\theta^{(0)}\right)}{f_X\left(x\middle|\theta^{(0)}\right)} = \dfrac{\dfrac{1}{2} \times \dfrac{\exp\left(-\frac{1}{2}(x-0.05)^2\right)}{\sqrt{2\pi}}}{\dfrac{1}{2} \times \dfrac{\exp\left(-\frac{1}{2}(x+0.05)^2\right)}{\sqrt{2\pi}} + \dfrac{1}{2} \times \dfrac{\exp\left(-\frac{1}{2}(x-0.05)^2\right)}{\sqrt{2\pi}}} \end{cases} \tag{22.6}$$

第 22 章　最大期望演算法

圖 22.4 舉出了初始參數條件下後驗機率 $f_{Y|X}(C_1 \mid x)$ 和 $f_{Y|X}(C_2 \mid x)$ 隨 x 變化。對於任意一點 x，式 (22.7) 成立：

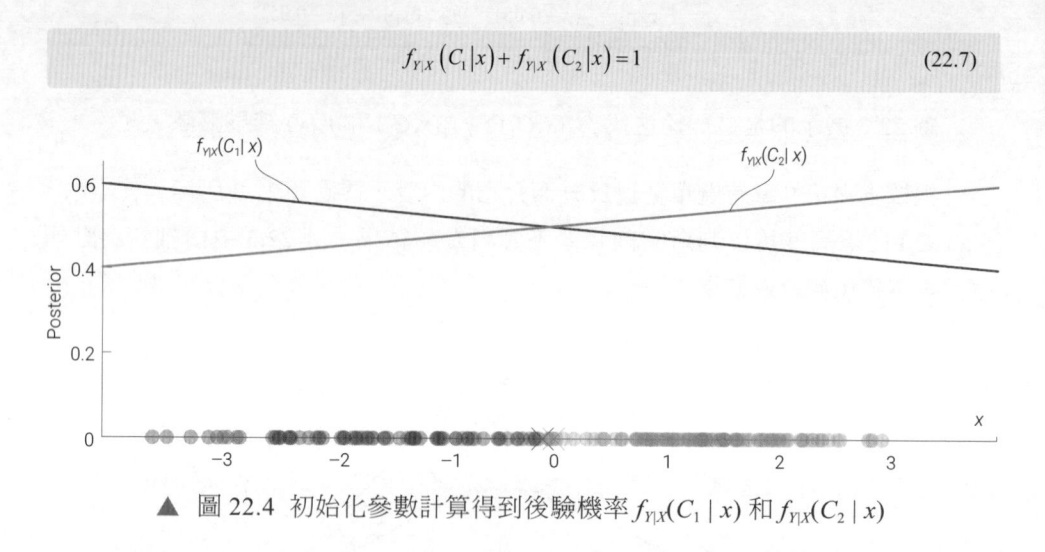

$$f_{Y|X}(C_1|x) + f_{Y|X}(C_2|x) = 1 \tag{22.7}$$

▲ 圖 22.4　初始化參數計算得到後驗機率 $f_{Y|X}(C_1 \mid x)$ 和 $f_{Y|X}(C_2 \mid x)$

後驗機率大小代表成員值，某一點不同叢集後驗值區分越大，分類才越有理有據。如果不同叢集後驗值區分不大，據此得到的分類預測則顯得很牽強。因此，迭代最佳化還需要繼續。

22.3　M 步：最大化似然機率

下一步是 EM 演算法中非常重要的環節—更新參數、最大化似然機率。對於迭代 EM 演算法，這便是 M 步。

先驗機率

更新參數 α_1 和 α_2：

22.3 M 步：最大化似然機率

$$\begin{cases} \alpha_1^{(1)} = \dfrac{\sum_{i=1}^{n} f_{Y|X}\left(C_1 \big| x^{(i)}, \boldsymbol{\theta}^{(0)}\right)}{n} = 0.49379 \\ \alpha_2^{(1)} = \dfrac{\sum_{i=1}^{n} f_{Y|X}\left(C_2 \big| x^{(i)}, \boldsymbol{\theta}^{(0)}\right)}{n} = 0.50621 \end{cases} \quad (22.8)$$

α_1 和 α_2 相當於資料聚類比例。可以這樣理解式 (22.8)，一共有 n 個資料點，每個點有 $1/n$ 的投票權。對二聚類問題，$1/n$ 要分成兩份，分別給 C_1 和 C_2。每個點的後驗機率決定比例分配。

整理式 (22.8) 可以得到式 (22.9)：

$$\begin{cases} n\alpha_1^{(1)} = \sum_{i=1}^{n} f_{Y|X}\left(C_1 \big| x^{(i)}, \boldsymbol{\theta}^{(0)}\right) \\ n\alpha_2^{(1)} = \sum_{i=1}^{n} f_{Y|X}\left(C_2 \big| x^{(i)}, \boldsymbol{\theta}^{(0)}\right) \end{cases} \quad (22.9)$$

平均值

利用當前每個樣本資料估算得到的後驗機率 / 成員值，更新 μ_1 和 μ_2：

$$\begin{cases} \mu_1^{(1)} = \dfrac{\sum_{i=1}^{n} \left\{ \underbrace{f_{Y|X}\left(C_1 \big| x^{(i)}, \boldsymbol{\theta}^{(0)}\right)}_{\text{Membership score}} \cdot x^{(i)} \right\}}{\sum_{i=1}^{n} f_{Y|X}\left(C_1 \big| x^{(i)}, \boldsymbol{\theta}^{(0)}\right)} = \dfrac{\sum_{i=1}^{n} \left\{ f_{Y|X}\left(C_1 \big| x^{(i)}, \boldsymbol{\theta}^{(0)}\right) \cdot x^{(i)} \right\}}{n\alpha_1^{(1)}} = 0.11073 \\ \mu_2^{(1)} = \dfrac{\sum_{i=1}^{n} \left\{ \underbrace{f_{Y|X}\left(C_2 \big| x^{(i)}, \boldsymbol{\theta}^{(0)}\right)}_{\text{Membership score}} \cdot x^{(i)} \right\}}{\sum_{i=1}^{n} f_{Y|X}\left(C_2 \big| x^{(i)}, \boldsymbol{\theta}^{(0)}\right)} = \dfrac{\sum_{i=1}^{n} \left\{ f_{Y|X}\left(C_2 \big| x^{(i)}, \boldsymbol{\theta}^{(0)}\right) \cdot x^{(i)} \right\}}{n\alpha_2^{(1)}} = 0.38248 \end{cases} \quad (22.10)$$

式 (22.10) 相當於求加權平均值。後驗機率 / 成員值相當於樣本資料從屬於不同聚類的權重。

第 22 章　最大期望演算法

標準差

同理，求加權方法，更新 σ_1 和 σ_2：

$$\begin{cases} \sigma_1^{(1)} = \sqrt{\dfrac{\sum_{i=1}^{n}\left\{\underbrace{f_{Y|X}\left(C_1\middle|x^{(i)},\boldsymbol{\theta}^{(0)}\right)}_{\text{Membership score}}\cdot\left(x^{(i)}-\mu_1^{(1)}\right)^2\right\}}{N\alpha_1^{(1)}}} = 2.8303 \\[2em] \sigma_2^{(1)} = \sqrt{\dfrac{\sum_{i=1}^{n}\left\{\underbrace{f_{Y|X}\left(C_2\middle|x^{(i)},\boldsymbol{\theta}^{(0)}\right)}_{\text{Membership score}}\cdot\left(x^{(i)}-\mu_2^{(1)}\right)^2\right\}}{N\alpha_2^{(1)}}} = 2.5922 \end{cases} \qquad (22.11)$$

全新參數

這樣，我們便獲得了一組全新的參數 $\boldsymbol{\theta}^{(1)}$：

$$\begin{cases} \alpha_1^{(1)} = p_Y(C_1) = 0.49379, \quad \alpha_2^{(1)} = p_Y(C_2) = 0.50621 \\ \mu_1^{(1)} = 0.11073, \quad \mu_2^{(1)} = 0.38248 \\ \sigma_1^{(1)} = 2.8303, \quad \sigma_2^{(1)} = 2.5922 \end{cases} \qquad (22.12)$$

證據因數

根據全機率公式，第 i 個資料點證據因數 $f_X(x^{(i)}, \boldsymbol{\theta})$ 可以透過疊加聯合機率得到：

$$\begin{aligned} \underbrace{f_X\left(x^{(i)},\boldsymbol{\theta}\right)}_{\text{Evidence}} &= \sum_{k=1}^{K}\underbrace{f_{X,Y}\left(x^{(i)},C_k,\boldsymbol{\theta}\right)}_{\text{Joint}} \\ &= \sum_{k=1}^{K}\underbrace{p_Y(C_k,\boldsymbol{\theta})}_{\text{Prior}}\underbrace{f_{X|Y}\left(x^{(i)}\middle|C_k,\boldsymbol{\theta}\right)}_{\text{Likelihood}} \end{aligned} \qquad (22.13)$$

22.3 M 步：最大化似然機率

對數似然函數

構造對數似然函數 (log likelihood function) $L(\theta)$：

$$L(\theta) = \ln\overbrace{\underbrace{\left[\prod_{i=1}^{n} f_X\left(x^{(i)}, \theta\right)\right]}_{\text{Likelihood function}}}^{\text{Log likelihood function}} = \sum_{i=1}^{n}\left[\ln f_X\left(x^{(i)}, \theta\right)\right] \qquad (22.14)$$

對數似然函數 $L(\theta)$ 就是樣本資料證據因數之積，再求對數。

取對數的叫作對數似然函數，而不做對數處理的叫作**似然函數** (likelihood function)。通俗地說，這裡的「似然」指的是「可能性」。

> 對於似然函數陌生的同學可以參考《AI 時代 Math 元年 - 用 Python 全精通統計及機率》第 16、20 章。

不管是似然函數，還是對數似然函數，反映的都是在特定參數 θ 設定值下，當前樣本集合的可能性。

將式 (22.13) 代入式 (22.14) 可以得到：

$$L(\theta) = \sum_{i=1}^{n}\left\{\ln\left[\sum_{k=1}^{K}\underbrace{p_Y(C_k, \theta)}_{\text{Prior}}\underbrace{f_{X|Y}\left(x^{(i)}|C_k, \theta\right)}_{\text{Likelihood}}\right]\right\} \qquad (22.15)$$

對於本例二聚類問題，對數似然函數值可以透過式 (22.16) 計算獲得：

$$L(\theta^{(1)}) = \sum_{i=1}^{n}\left\{\ln\left[\underbrace{p_Y(C_1, \theta^{(1)})}_{\text{Prior}}\underbrace{f_{X|Y}\left(x^{(i)}|C_1, \theta^{(1)}\right)}_{\text{Likelihood}} + \underbrace{p_Y(C_2, \theta^{(1)})}_{\text{Prior}}\underbrace{f_{X|Y}\left(x^{(i)}|C_2, \theta^{(1)}\right)}_{\text{Likelihood}}\right]\right\} \qquad (22.16)$$

代入式 (22.12) 列出的本輪參數以及樣本資料，得到 $L(\theta^{(1)}) \approx -1.9104$。下面便是重複 E 步和 M 步，直到滿足收斂條件。

第 22 章 最大期望演算法

22.4 迭代過程

12 輪迭代

經過 12 輪迭代,參數 θ 如下:

$$\begin{cases} \alpha_1^{(12)} = 0.49105, & \alpha_2^{(12)} = 0.50895 \\ \mu_1^{(12)} = -0.81597, & \mu_2^{(12)} = 1.5396 \\ \sigma_1^{(12)} = 2.4602, & \sigma_2^{(12)} = 0.49993 \end{cases} \tag{22.17}$$

圖 22.5~圖 22.7 舉出了第 12 輪迭代結果。本輪對數似然函數值 $L(\theta^{(12)})=-1.7344$。

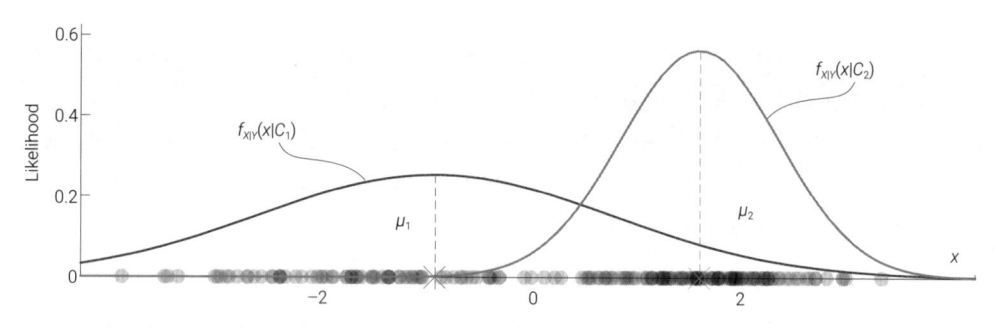

▲ 圖 22.5 經過 12 輪迭代參數對應的似然機率 $f_{X|Y}(x \mid C_1)$ 和 $f_{X|Y}(x \mid C_2)$

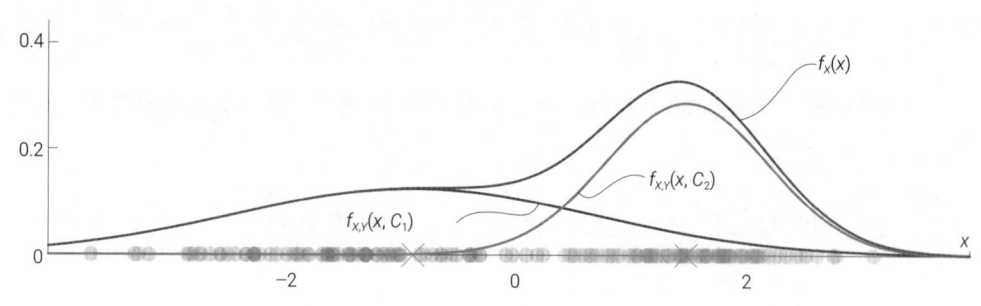

▲ 圖 22.6 經過 12 輪迭代參數對應的 $f_{X|Y}(x,C_1)$、$f_{X|Y}(x,C_2)$ 和 $f_X(x)$

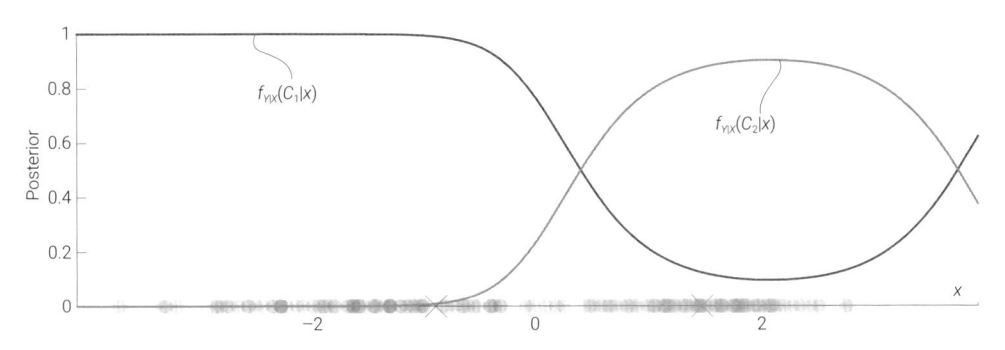

22.4 迭代過程

▲ 圖 22.7 經過 12 輪迭代參數對應的後驗機率 $f_{X|Y}(C_1\mid x)$ 和 $f_{X|Y}(C_2\mid x)$

36 輪迭代

經過 36 輪迭代,得到的參數 θ 如下:

$$\begin{cases} \alpha_1^{(36)} = 0.410, & \alpha_2^{(36)} = 0.590 \\ \mu_1^{(36)} = -1.325, & \mu_2^{(36)} = 1.493 \\ \sigma_1^{(36)} = 1.329, & \sigma_2^{(36)} = 0.364 \end{cases} \tag{22.18}$$

圖 22.8~ 圖 22.10 所示為經過 36 輪迭代得到的結果。本輪對數似然函數值 $L(\theta^{(36)}) = -1.7232$。

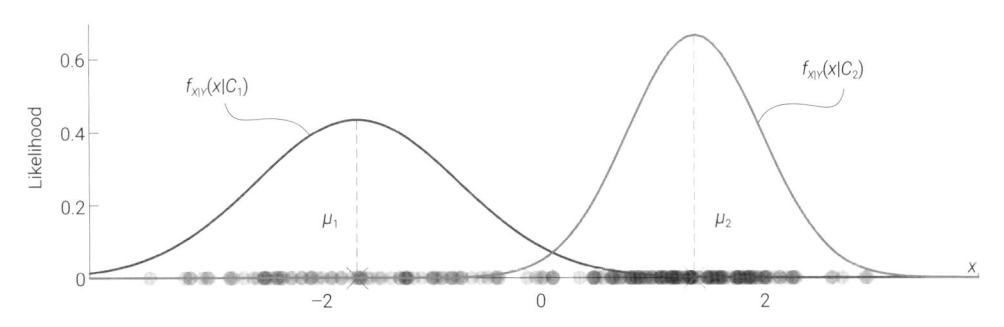

▲ 圖 22.8 經過 36 輪迭代參數對應的似然機率 $f_{X|Y}(x\mid C_1)$ 和 $f_{X|Y}(x\mid C_2)$

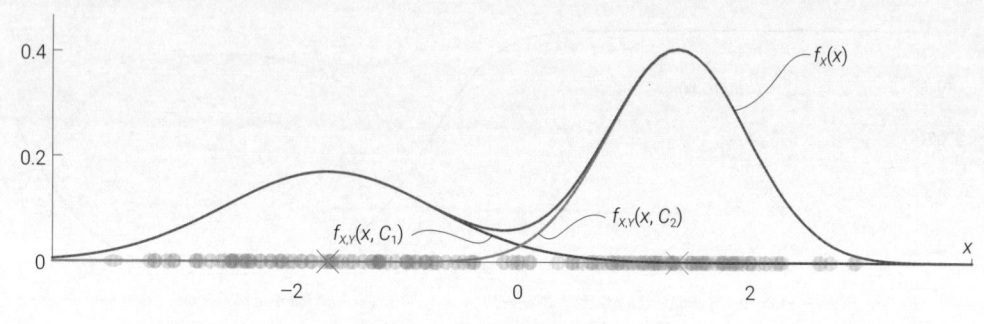

第 22 章　最大期望演算法

▲ 圖 22.9 經過 36 輪迭代參數對應的 $f_{X,Y}(x,C_1)$、$f_{X,Y}(x,C_2)$ 和 $f_X(x)$

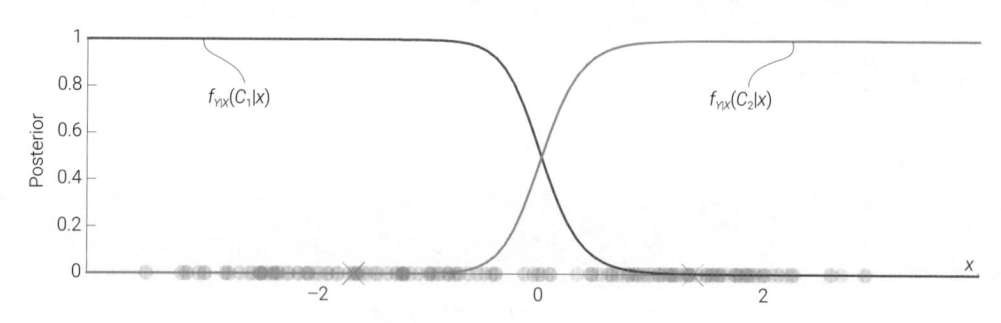

▲ 圖 22.10 經過 36 輪迭代參數對應的 $f_{X|Y}(C_1 \mid x)$ 和 $f_{X|Y}(C_2 \mid x)$

　　本例設置的迭代截止條件是，要麼和上一輪相比對數似然函數 $L(\theta)$ 值變化小於 0.00001，要麼迭代次數超過 50 次；滿足兩者之一，則迭代停止。

迭代收斂過程

　　圖 22.11 所示為經過 36 次迭代，對數似然函數 $L(\theta)$ 不斷收斂過程。第 15 輪迭代之後，對數似然函數 $L(\theta)$ 值便趨於穩定。

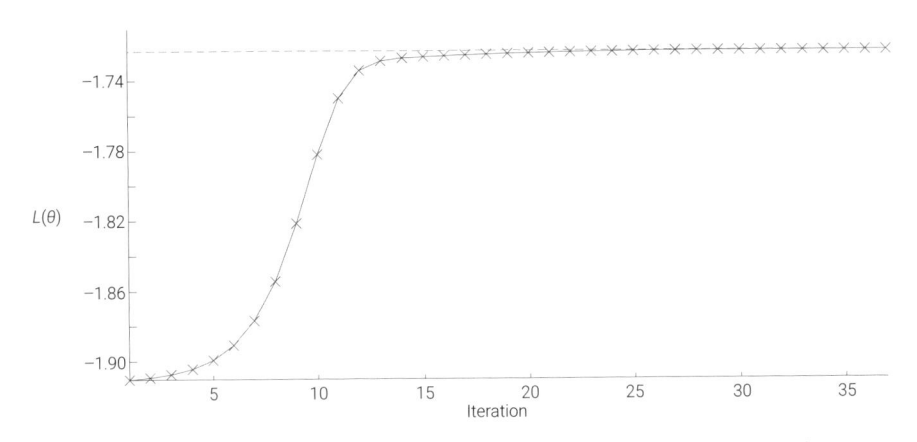

22.4 迭代過程

▲ 圖 22.11 經過 36 次迭代，對數似然函數 $L(\theta)$ 不斷收斂過程

本例是單特徵、二聚類問題，因此 θ 共有 6 個參數；在迭代過程中，這 6 個參數值也在不斷收斂。圖 22.12 所示為參數 α_1 和 α_2 不斷收斂過程；圖 22.13 所示為參數 μ_1 和 μ_2 不斷收斂過程；圖 22.14 所示為參數 μ_1 和 μ_2 不斷收斂過程。

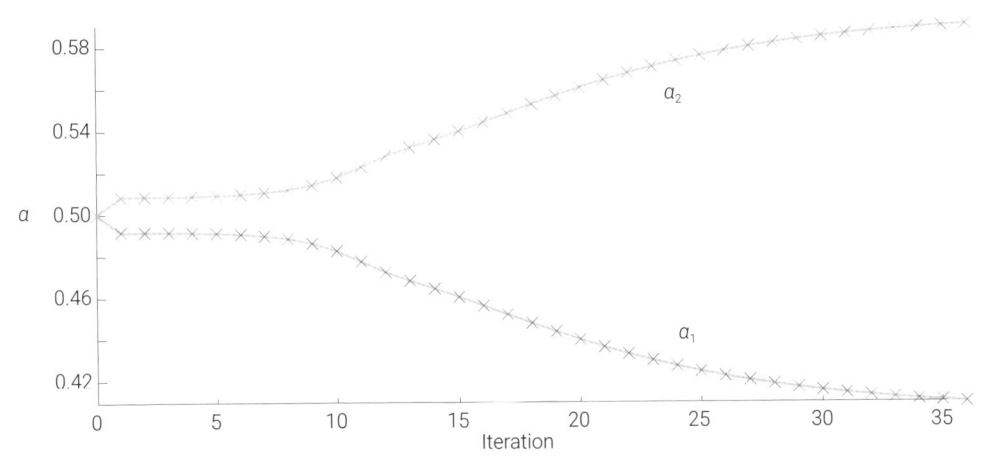

▲ 圖 22.12 經過 36 次迭代，參數 α_1 和 α_2 不斷收斂過程

22-13

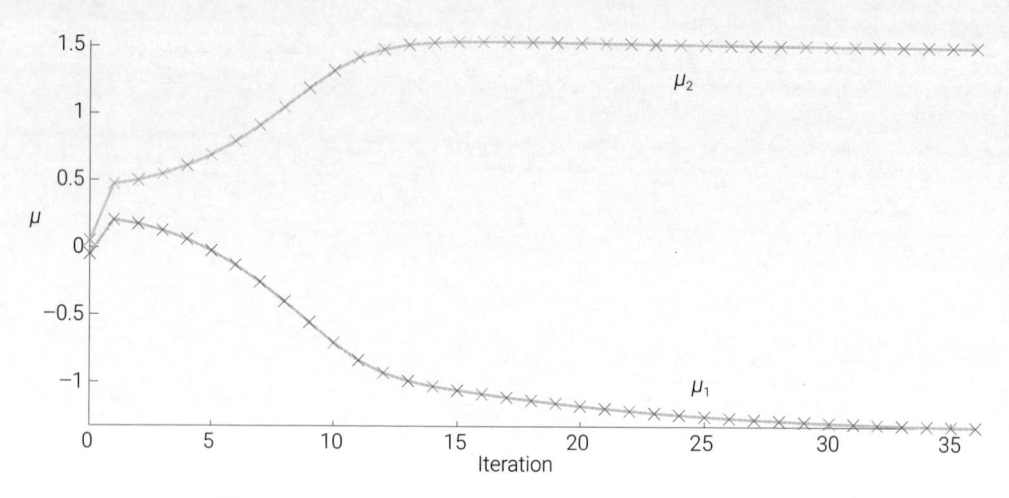

第 22 章　最大期望演算法

▲ 圖 22.13　經過 36 次迭代，參數 μ_1 和 μ_2 不斷收斂過程

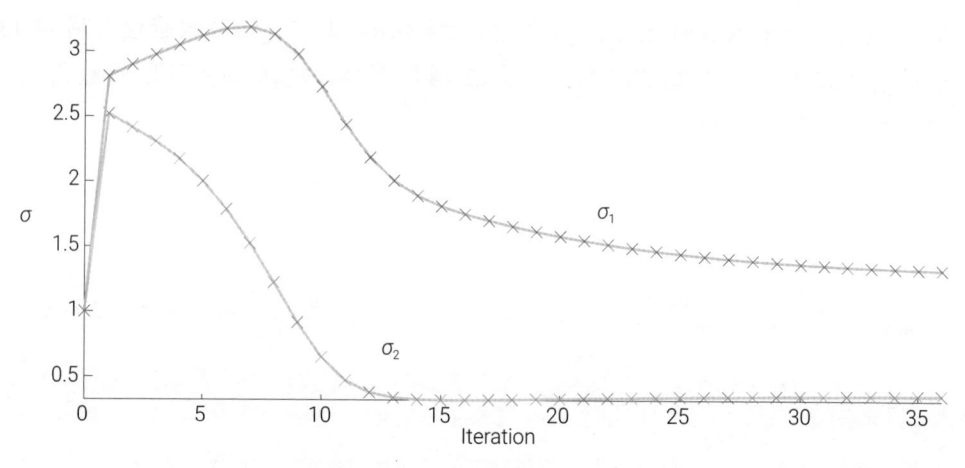

▲ 圖 22.14　經過 36 次迭代，參數 σ_1 和 σ_2 不斷收斂過程

　　EM 演算法的迭代過程便是隨著參數不斷迭代更新，對數似然函數 $L(\theta)$ 數值不斷增大過程，直到滿足收斂條件。EM 演算法不僅是針對 $L(\theta)$ 收斂過程，也是對於參數 θ 的收斂過程。

22.5 多元 GMM 迭代

多元 EM 演算法和本章前文介紹的一元 EM 演算法想法完全一致。多元 EM 演算法引入大量矩陣運算。本節以二元樣本資料聚類為例逐步介紹多元 EM 演算法。

圖 22.15 所示為兩特徵樣本資料分佈及長條圖。

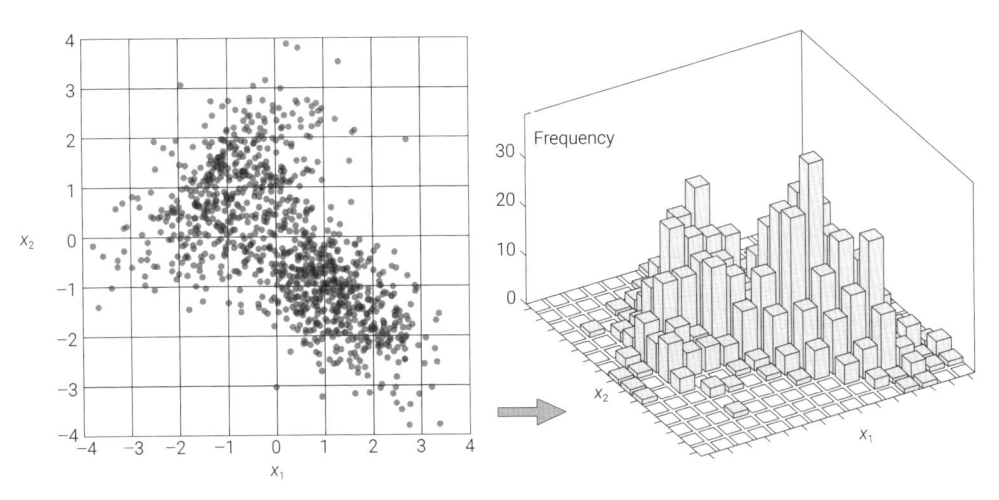

▲ 圖 22.15 兩特徵樣本資料分佈

初始化

首先初始化參數 θ：

$$\theta^{(0)} = \left\{ \alpha_1^{(0)}, \alpha_2^{(0)}, \boldsymbol{\mu}_1^{(0)}, \boldsymbol{\mu}_2^{(0)}, \boldsymbol{\Sigma}_1^{(0)}, \boldsymbol{\Sigma}_2^{(0)} \right\} \tag{22.19}$$

第 22 章　最大期望演算法

初始化參數 θ 具體數值如下：

$$\begin{cases} \alpha_1^{(0)} = \Pr\left(C_1, \theta^{(0)}\right) = 0.5, \quad \alpha_2^{(0)} = \Pr\left(C_2, \theta^{(0)}\right) = 0.5 \\ \boldsymbol{\mu}_1^{(0)} = \begin{bmatrix} 1 & 0 \end{bmatrix}^T, \quad \boldsymbol{\mu}_2^{(0)} = \begin{bmatrix} -1 & 0 \end{bmatrix}^T \\ \boldsymbol{\Sigma}_1^{(0)} = \boldsymbol{\Sigma}_2^{(0)} = \begin{bmatrix} 1 & 0 \\ 0 & 1 \end{bmatrix} \end{cases} \tag{22.20}$$

似然機率

假設 $f_{\chi|Y}(\boldsymbol{x} \mid C_1, \theta^{(0)})$ 和 $f_{\chi|Y}(\boldsymbol{x} \mid C_2, \theta^{(0)})$ 的機率密度函數均為正態分佈，具體如下：

$$\begin{cases} f_{\chi|Y}\left(\boldsymbol{x} \mid C_1, \theta^{(0)}\right) = \dfrac{\exp\left(-\dfrac{1}{2}\left(\boldsymbol{x} - \boldsymbol{\mu}_1^{(0)}\right)^T \left(\boldsymbol{\Sigma}_1^{(0)}\right)^{-1} \left(\boldsymbol{x} - \boldsymbol{\mu}_1^{(0)}\right)\right)}{\sqrt{(2\pi)^2 \left|\boldsymbol{\Sigma}_1^{(0)}\right|}} \\ f_{\chi|Y}\left(\boldsymbol{x} \mid C_2, \theta^{(0)}\right) = \dfrac{\exp\left(-\dfrac{1}{2}\left(\boldsymbol{x} - \boldsymbol{\mu}_2^{(0)}\right)^T \left(\boldsymbol{\Sigma}_2^{(0)}\right)^{-1} \left(\boldsymbol{x} - \boldsymbol{\mu}_2^{(0)}\right)\right)}{\sqrt{(2\pi)^2 \left|\boldsymbol{\Sigma}_2^{(0)}\right|}} \end{cases} \tag{22.21}$$

證據因數

下一步，估算證據因數機率密度函數 $f_\chi(\boldsymbol{x}, \theta^{(0)})$：

$$\begin{aligned} f_\chi(\boldsymbol{x}, \theta^{(0)}) &= f_{\chi,Y}\left(\boldsymbol{x}, C_1, \theta^{(0)}\right) + f_{\chi,Y}\left(\boldsymbol{x} \cap C_2, \theta^{(0)}\right) \\ &= p_Y\left(C_1, \theta^{(0)}\right) f_{\chi|Y}\left(\boldsymbol{x} \mid C_1, \theta^{(0)}\right) + p_Y\left(C_2, \theta^{(0)}\right) f_{\chi|Y}\left(\boldsymbol{x} \mid C_2, \theta^{(0)}\right) \\ &= \frac{1}{2} \times \frac{\exp\left(-\dfrac{1}{2}\left(\boldsymbol{x} - \boldsymbol{\mu}_1^{(0)}\right)^T \left(\boldsymbol{\Sigma}_1^{(0)}\right)^{-1} \left(\boldsymbol{x} - \boldsymbol{\mu}_1^{(0)}\right)\right)}{\sqrt{(2\pi)^2 \left|\boldsymbol{\Sigma}_1^{(0)}\right|}} + \frac{1}{2} \times \frac{\exp\left(-\dfrac{1}{2}\left(\boldsymbol{x} - \boldsymbol{\mu}_2^{(0)}\right)^T \left(\boldsymbol{\Sigma}_2^{(0)}\right)^{-1} \left(\boldsymbol{x} - \boldsymbol{\mu}_2^{(0)}\right)\right)}{\sqrt{(2\pi)^2 \left|\boldsymbol{\Sigma}_2^{(0)}\right|}} \end{aligned}$$

$$\tag{22.22}$$

22.5 多元 GMM 迭代

圖 22.16(a) 所示為初始化參數 $\theta^{(0)}$ 對應的 $f_{\chi|Y}(x \mid C_1)$ 和 $f_{\chi|Y}(x \mid C_2)$ 等高線；圖 22.16(b) 所示為 $f_\chi(x)$ 等高線圖。

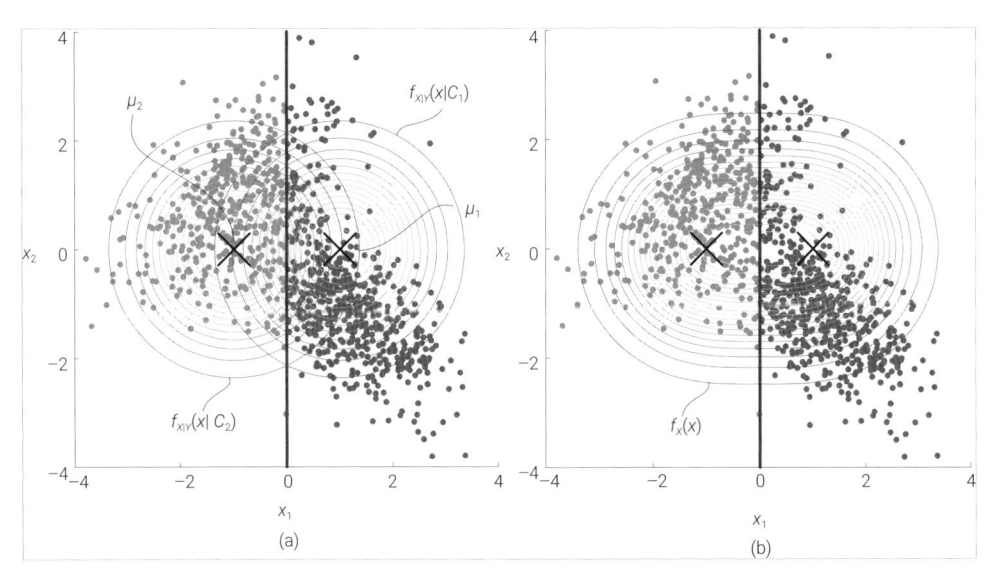

▲ 圖 22.16 初始化參數 $\theta^{(0)}$ 對應的 $f_{\chi|Y}(x \mid C_1)$ 和 $f_{\chi|Y}(x \mid C_2)$ 等高線，以及 $f_\chi(x)$ 等高線圖

後驗機率

根據貝氏定理，計算後驗機率 $f_{Y|\chi}(C_1 \mid x, \theta^{(0)})$ 和 $f_{Y|\chi}(C_2 \mid x, \theta^{(0)})$：

$$\begin{cases} f_{Y|\chi}\left(C_1 \mid x, \theta^{(0)}\right) = \dfrac{p_Y\left(C_1, \theta^{(0)}\right) f_{\chi|Y}\left(x \mid C_1, \theta^{(0)}\right)}{f_\chi(x, \theta^{(0)})} \\ f_{Y|\chi}\left(C_2 \mid x, \theta^{(0)}\right) = \dfrac{p_Y\left(C_2, \theta^{(0)}\right) f_{\chi|Y}\left(x \mid C_2, \theta^{(0)}\right)}{f_\chi(x, \theta^{(0)})} \end{cases} \tag{22.23}$$

22-17

第 22 章　最大期望演算法

圖 22.17 所示為初始化參數 $\theta^{(0)}$ 計算得到後驗機率曲面。

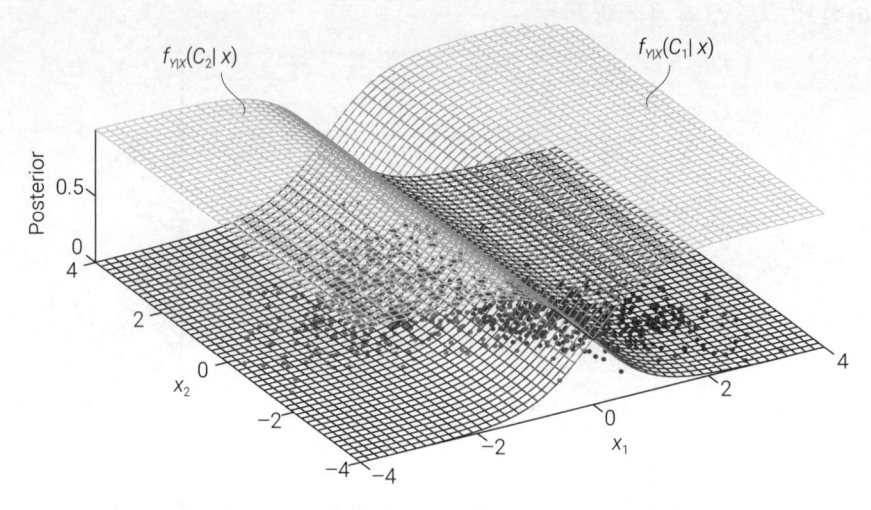

▲ 圖 22.17　初始化參數 $\theta^{(0)}$ 計算得到 $f_{Y|\chi}(C_1 \mid \boldsymbol{x})$ 和 $f_{Y|\chi}(C_2 \mid \boldsymbol{x})$ 曲面

更新參數

下一步進行 EM 演算法中 M 步，更新參數。更新參數 α_1 和 α_2：

$$\begin{cases} \alpha_1^{(1)} = \dfrac{\sum_{i=1}^{n} f_{Y|\chi}\left(C_1 \mid \boldsymbol{x}^{(i)}, \boldsymbol{\theta}^{(0)}\right)}{n} = 0.56019 \\ \alpha_2^{(1)} = \dfrac{\sum_{i=1}^{n} f_{Y|\chi}\left(C_2 \mid \boldsymbol{x}^{(i)}, \boldsymbol{\theta}^{(0)}\right)}{n} = 0.43981 \end{cases} \tag{22.24}$$

更新叢集質心 μ_1 和 μ_2：

$$\begin{cases} \boldsymbol{\mu}_1^{(1)} = \dfrac{\sum_{i=1}^{n} \left\{ f_{Y|\chi}\left(C_1 \mid \boldsymbol{x}^{(i)}, \boldsymbol{\theta}^{(0)}\right) \boldsymbol{x}^{(i)} \right\}}{n \alpha_1^{(1)}} = \begin{bmatrix} 1.098 \\ -0.764 \end{bmatrix} \\ \boldsymbol{\mu}_2^{(1)} = \dfrac{\sum_{i=1}^{n} \left\{ f_{Y|\chi}\left(C_2 \mid \boldsymbol{x}^{(i)}, \boldsymbol{\theta}^{(0)}\right) \boldsymbol{x}^{(i)} \right\}}{n \alpha_2^{(1)}} = \begin{bmatrix} -0.8924 \\ 0.4627 \end{bmatrix} \end{cases} \tag{22.25}$$

為了方便運算預設 $\boldsymbol{x}^{(i)}$ 為列向量。

22.5 多元 GMM 迭代

更新叢集協方差矩陣 Σ_1 和 Σ_2：

$$\begin{cases} \Sigma_1^{(1)} = \dfrac{\sum_{i=1}^{n}\left\{f_{Y|X}\left(C_1\middle|\boldsymbol{x}^{(i)},\boldsymbol{\theta}^{(0)}\right)\left(\boldsymbol{x}^{(i)}-\boldsymbol{\mu}_1\right)\left(\boldsymbol{x}^{(i)}-\boldsymbol{\mu}_1\right)^{\mathrm{T}}\right\}}{n\alpha_1^{(1)}} = \begin{bmatrix} 0.9346 & -0.7809 \\ -0.7809 & 1.787 \end{bmatrix} \\ \Sigma_2^{(1)} = \dfrac{\sum_{i=1}^{n}\left\{f_{Y|X}\left(C_2\middle|\boldsymbol{x}^{(i)},\boldsymbol{\theta}^{(0)}\right)\left(\boldsymbol{x}^{(i)}-\boldsymbol{\mu}_2\right)\left(\boldsymbol{x}^{(i)}-\boldsymbol{\mu}_2\right)^{\mathrm{T}}\right\}}{n\alpha_2^{(1)}} = \begin{bmatrix} 1.034 & -0.1588 \\ -0.1588 & 1.213 \end{bmatrix} \end{cases} \quad (22.26)$$

這樣，我們便獲得了一組全新的參數 $\theta^{(1)}$。

對數似然函數

構造對數似然函數 $L(\theta)$：

$$L\left(\boldsymbol{\theta}^{(1)}\right) = \ln\left(\prod_{i=1}^{n} f_X\left(\boldsymbol{x}^{(i)},\boldsymbol{\theta}^{(1)}\right)\right) \quad (22.27)$$

代入式 (22.24)、式 (22.25) 和式 (22.26) 中更新得到的參數，計算得到對數似然值 $L(\theta^{(1)}) = -3.213045$。

圖 22.18 和圖 22.19 所示為 $\theta^{(1)}$ 參數對應的機率曲面。分別比較圖 22.16 和圖 22.17，可以發現圖 22.18 和圖 22.19 所示聚類決策邊界已經發生顯著變化。

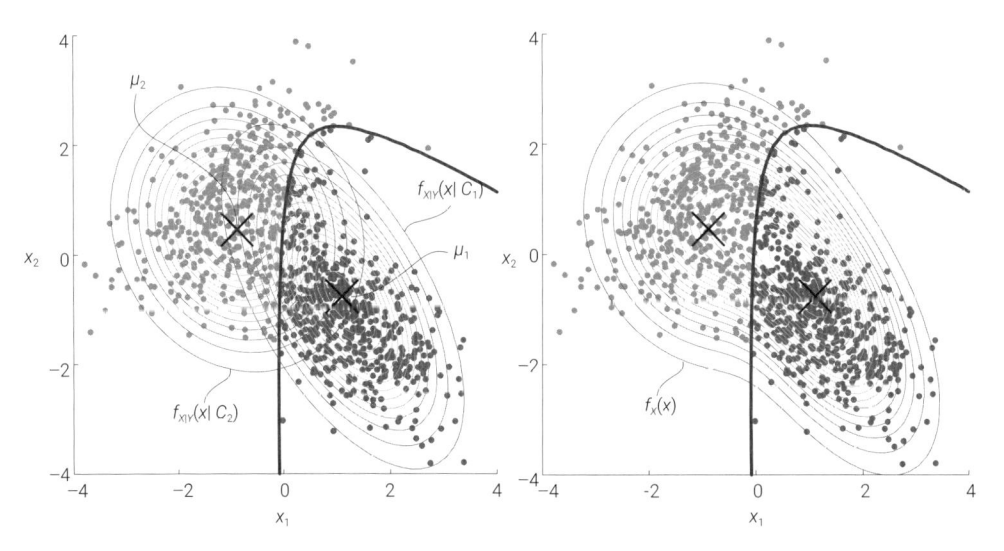

▲ 圖 22.18 參數 $\theta^{(1)}$ 對應的 $f_{X|Y}(\boldsymbol{x}|C_1)$ 和 $f_{X|Y}(\boldsymbol{x}|C_2)$ 等高線，以及 $f_X(\boldsymbol{x})$ 等高線圖

第 22 章　最大期望演算法

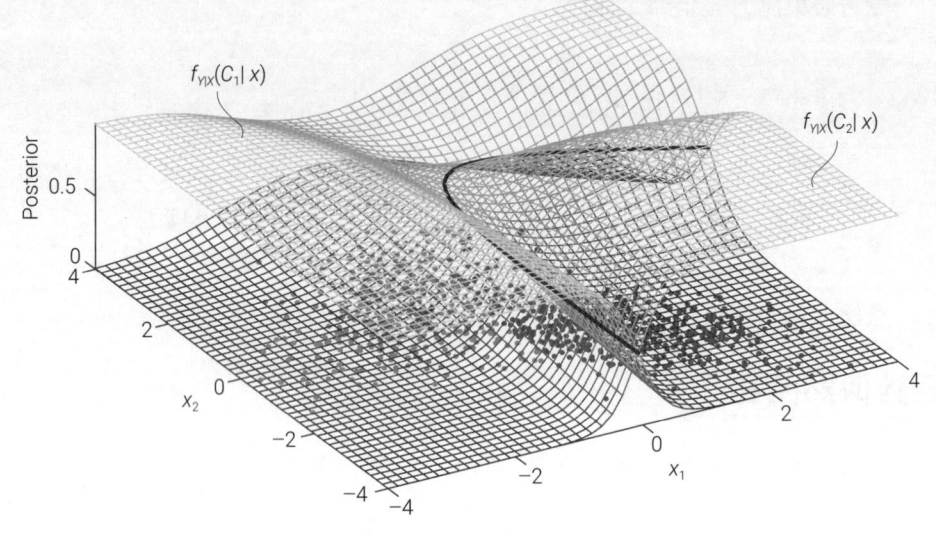

▲ 圖 22.19　參數 $\theta^{(1)}$ 計算得到 $f_{Y|X}(C_1 \mid x)$ 和 $f_{Y|X}(C_2 \mid x)$ 曲面

第二輪迭代

進入第 2 輪迭代，更新參數 $\theta^{(2)}$：

$$\begin{cases} \alpha_1^{(2)} = \Pr\left(C_1, \theta^{(2)}\right) = 0.56481, \quad \alpha_2^{(2)} = \Pr\left(C_2, \theta^{(2)}\right) = 0.43519 \\ \boldsymbol{\mu}_1^{(2)} = \begin{bmatrix} 1.097 & -0.84 \end{bmatrix}^T, \quad \boldsymbol{\mu}_2^{(2)} = \begin{bmatrix} -0.9121 & 0.5744 \end{bmatrix}^T \\ \boldsymbol{\Sigma}_1^{(2)} = \begin{bmatrix} 0.9179 & -0.7818 \\ -0.7818 & 1.614 \end{bmatrix}, \quad \boldsymbol{\Sigma}_2^{(2)} = \begin{bmatrix} 1.02 & 0.07167 \\ 0.07167 & 1.153 \end{bmatrix} \end{cases} \quad (22.28)$$

第 11 輪迭代

經過 11 輪迭代，滿足最佳化結束條件，並獲得更新參數 $\theta^{(11)}$：

$$\begin{cases} \alpha_1^{(11)} = \Pr\left(C_1, \theta^{(11)}\right) = 0.57516, \quad \alpha_2^{(11)} = \Pr\left(C_2, \theta^{(11)}\right) = 0.42484 \\ \boldsymbol{\mu}_1^{(11)} = \begin{bmatrix} 1.096 & -1.114 \end{bmatrix}^T, \quad \boldsymbol{\mu}_2^{(11)} = \begin{bmatrix} -0.9589 & 0.9795 \end{bmatrix}^T \\ \boldsymbol{\Sigma}_1^{(11)} = \begin{bmatrix} 0.8938 & -0.4735 \\ -0.4735 & 0.7659 \end{bmatrix}, \quad \boldsymbol{\Sigma}_2^{(11)} = \begin{bmatrix} 0.9627 & 0.5045 \\ 0.5045 & 0.9269 \end{bmatrix} \end{cases} \quad (22.29)$$

圖 22.20 和圖 22.21 所示為完成迭代後曲面等高線結果。

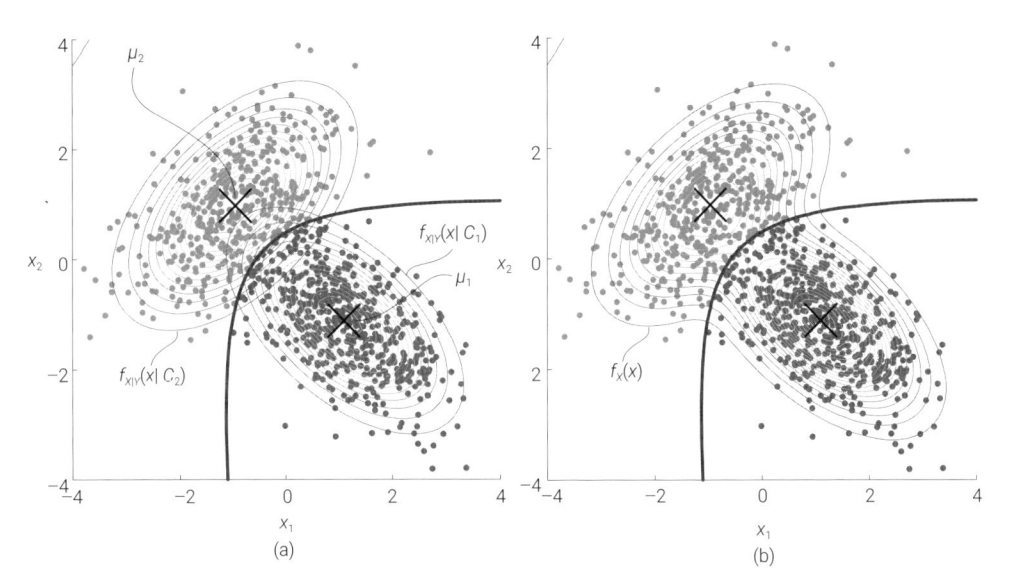

▲ 圖 22.20 參數 $\theta^{(11)}$ 對應的 $f_{\chi|Y}(x\mid C_1)$ 和 $f_{\chi|Y}(x\mid C_2)$ 等高線，以及 $f_\chi(x)$ 等高線圖

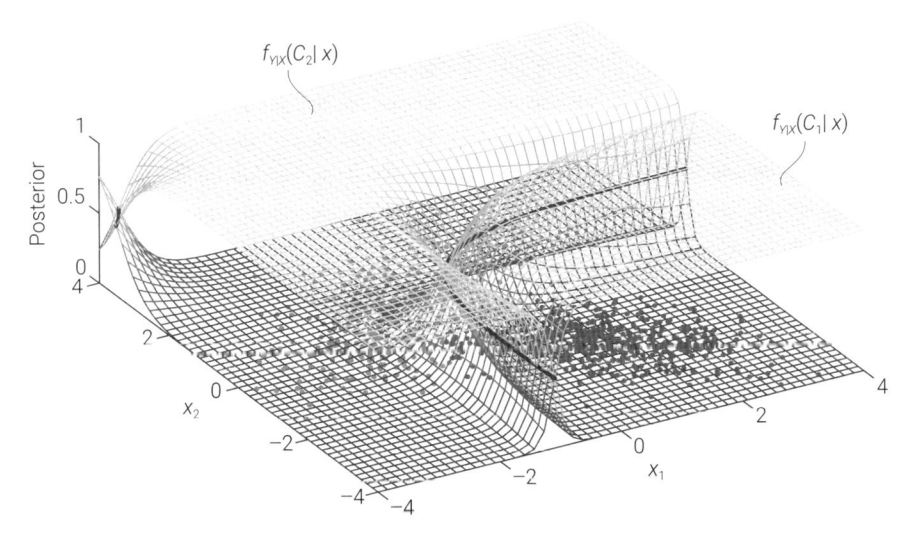

▲ 圖 22.21 參數 $\theta^{(11)}$ 計算得到 $f_{Y|\chi}(C_1\mid x)$ 和 $f_{Y|\chi}(C_2\mid x)$ 曲面

第 22 章　最大期望演算法

迭代收斂過程

圖 22.22 所示為經過 11 次迭代 $L(\theta)$ 遞增收斂過程。相信大家看過圖 22.11 和圖 22.22 後，便明白為什麼對數似然函數 $L(\theta)$ 是參數 θ 的函數了。

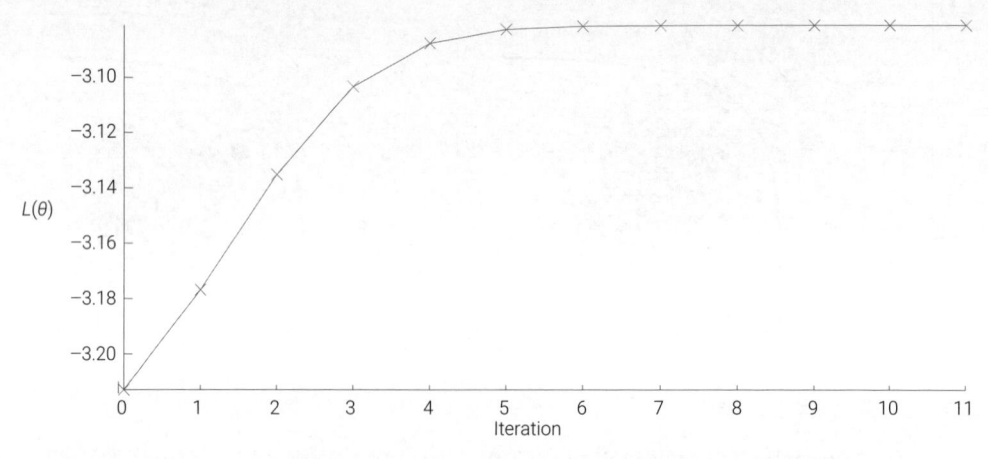

▲ 圖 22.22　經過 11 次迭代，對數似然函數 $L(\theta)$ 不斷收斂過程

參數 θ 相當於未知數，由於不存在解析解，只能透過迭代最佳化求解參數 θ。整個過程就是找到描述樣本資料集合的最佳參數 θ。

圖 22.23 所示為經過 11 次迭代，參數 α_1 和 α_2 不斷收斂過程。

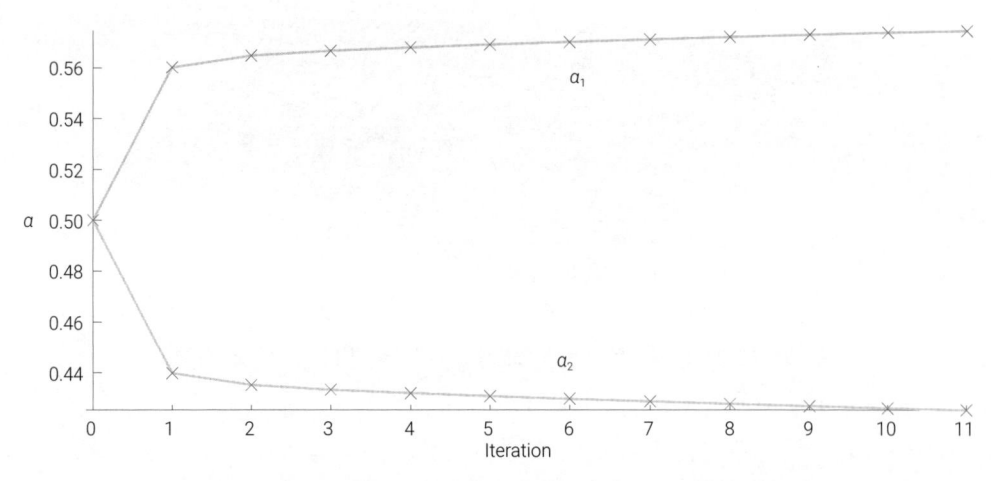

▲ 圖 22.23　經過 11 次迭代，參數 α_1 和 α_2 不斷收斂過程

22.5 多元 GMM 迭代

為了更進一步地視覺化二元高斯分佈參數—質心和協方差—變化過程，我們利用橢圓來表達協方差，而橢圓中心所在位置便是叢集質心。

圖 22.24 極佳地展示了經過 11 次迭代，兩個二元高斯分佈質心和協方差不斷變化過程。圖 22.25 則展示了決策邊界隨著迭代不斷變化過程。

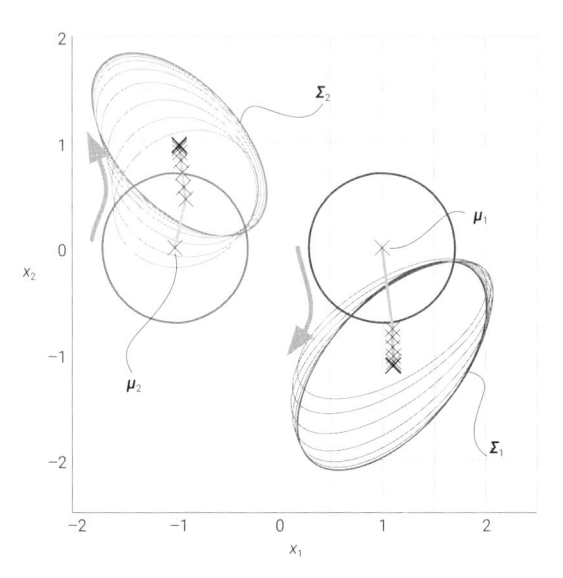

▲ 圖 22.24 經過 11 次迭代，二元高斯分佈質心和協方差不斷變化過程

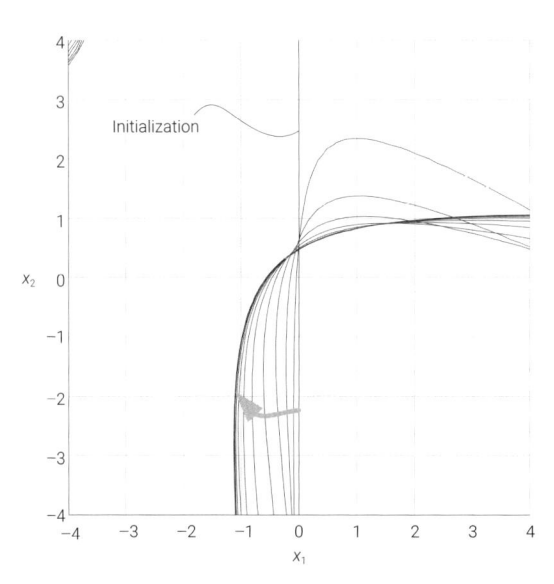

▲ 圖 22.25 經過 11 次迭代，決策邊界不斷變化過程

22-23

第 22 章　最大期望演算法

　　EM 演算法很有可能迭代收斂在局部極大值處，而非全域最大值；常用的解決辦法是，選取不同初始值進行迭代最佳化；比較對數似然函數 $L(\theta)$ 收斂值，從不同最佳化解中選取理想解。

> ▶
>
> EM 演算法是一種迭代演算法，用於在不完全觀測的情況下，透過已知的觀測資料來估計模型參數。其核心思想是透過不斷迭代，利用已知資料計算未知參數的最大似然估計。EM 演算法的迭代包括兩個步驟：E 步驟和 M 步驟，其中 E 步驟計算隱變數的後驗機率，M 步驟利用後驗機率重新估計參數。EM 演算法通常用於處理混合模型、隱馬可夫模型等問題，其具有廣泛的應用，如聚類、密度估計、影像處理等領域。

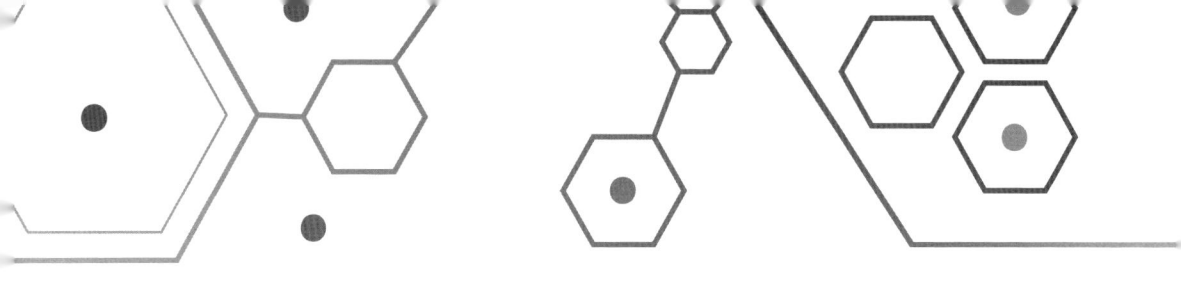

23 層次聚類
Hierarchical Clustering

基於資料之間距離，自下而上聚合，或從上往下分裂

如果不能簡單地解釋某個理論，說明你並沒有真正理解它。

If you can't explain it simply, you don't understand it well enough.

—— 阿爾伯特·愛因斯坦（Albert Einstein）| 理論物理學家 | 1879—1955 年

- numpy.triu() 提取上三角矩陣
- scipy.cluster.hierarchy.dendrogram() 繪製樹狀圖
- scipy.cluster.hierarchy.linkage() 計算叢集間距離
- seaborn.clustermap() 繪製樹狀圖和熱圖
- seaborn.heatmap() 繪製熱圖
- sklearn.cluster.AgglomerativeClustering() 層次聚類函數
- sklearn.metrics.pairwise.rbf_kernel() 計算 RBF 核心成對親近度矩陣

第 23 章　層次聚類

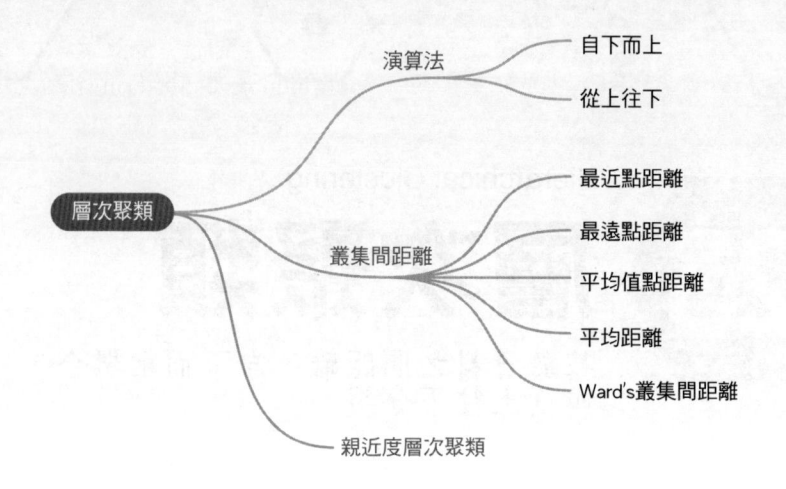

層次聚類
- 演算法
  - 自下而上
  - 從上往下
- 叢集間距離
  - 最近點距離
  - 最遠點距離
  - 平均值點距離
  - 平均距離
  - Ward's 叢集間距離
- 親近度層次聚類

23.1 層次聚類

層次聚類 (hierarchical clustering) 演算法是一種聚類分析演算法。層次聚類依據資料之間的距離遠近，或親近度大小，將樣本資料劃分為叢集。層次聚類可以透過**自下而上** (agglomerative) 合併，或**從上往下** (divisive) 分割來構造分層結構聚類。

圖 23.1 所示為根據鳶尾花樣本資料前兩個特徵—花萼長度和寬度—獲得的層次聚類樹狀圖 (dendrogram)。

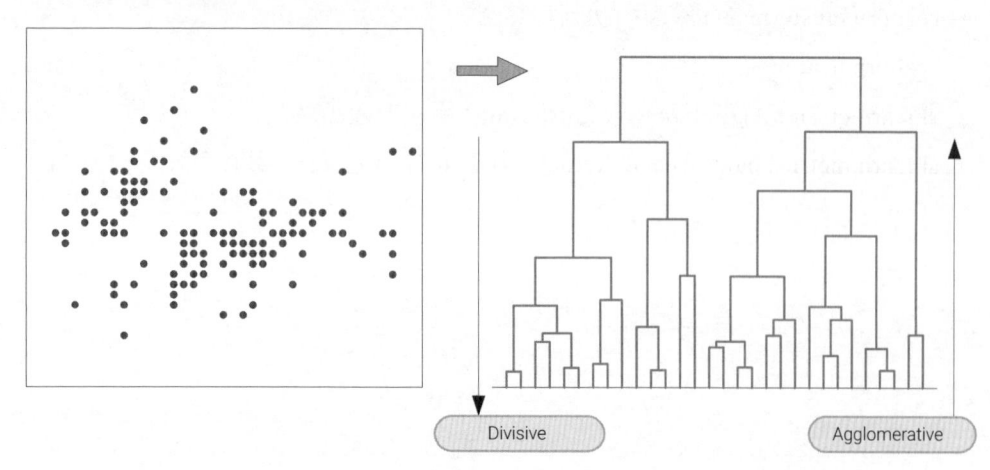

▲ 圖 23.1 區分「從上往下」和「自下而上」層次聚類

23.1 層次聚類

> ⚠️ 注意：層次聚類演算法為**非歸納聚類** (non-inductive clustering)。

自下而上合併

圖 23.2 所示為自下而上合併原理。整個過程有點像「搭積木」，首先以每個資料點本身作為一叢集，每次迭代合併「距離」較近或親近度大的類別，直到最後只剩一叢集為止。這個過程可以使用的距離度量或親近度也是多種多樣的。

> ⚠️ 注意：請大家參考《AI 時代 Math 元年 - 用 Python 全精通資料處理》第 3 章有關距離度量和親近度內容。

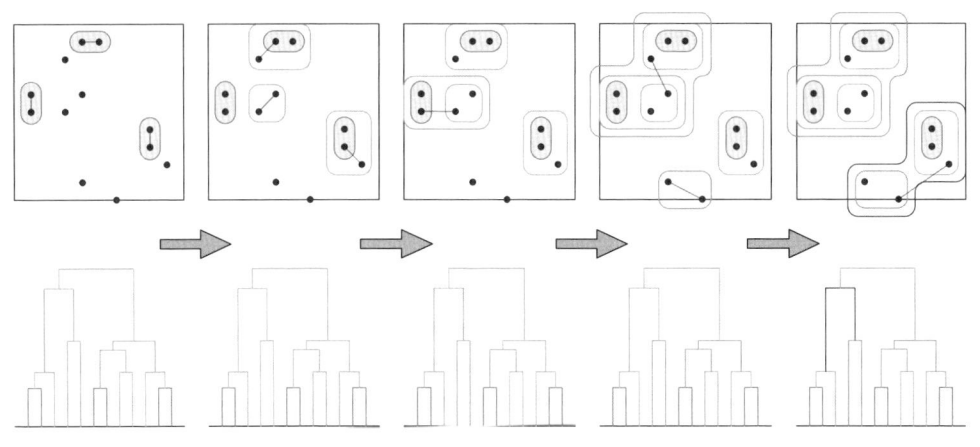

▲ 圖 23.2 層次聚類原理

本章下面首先介紹如何一步步透過自下而上合併獲得樹狀圖。大家可能已經注意到，圖 23.2 中不僅要考慮「點」與「點」之間距離，還需要考慮「叢集」與「叢集」之間的距離。「叢集」與「叢集」之間的距離度量，也是本章要探討的核心內容之一。

第 23 章 層次聚類

23.2 樹狀圖

圖 23.3 舉出了 12 個樣本資料在平面上的位置。相信大家還記得**成對距離矩陣** (pairwise distance matrix) 這個概念。圖 23.4 所示為 12 個樣本資料成對歐氏距離矩陣的熱圖。

有了圖 23.4 所示成對歐氏距離矩陣，便可以得到如圖 23.5 所示樹狀圖。樹狀圖橫軸對應樣本資料編號，縱軸對應資料點間距離和叢集間歐氏距離。

觀察圖 23.5，在距離值 2.5 處剪一刀，可以將圖 23.3 所示資料分成三叢集；如果在距離值為 4 處剪一刀，可以將圖 23.3 所示資料分成兩叢集。下面，我們一步步介紹如何自下而上構造如圖 23.5 所示樹形圖。

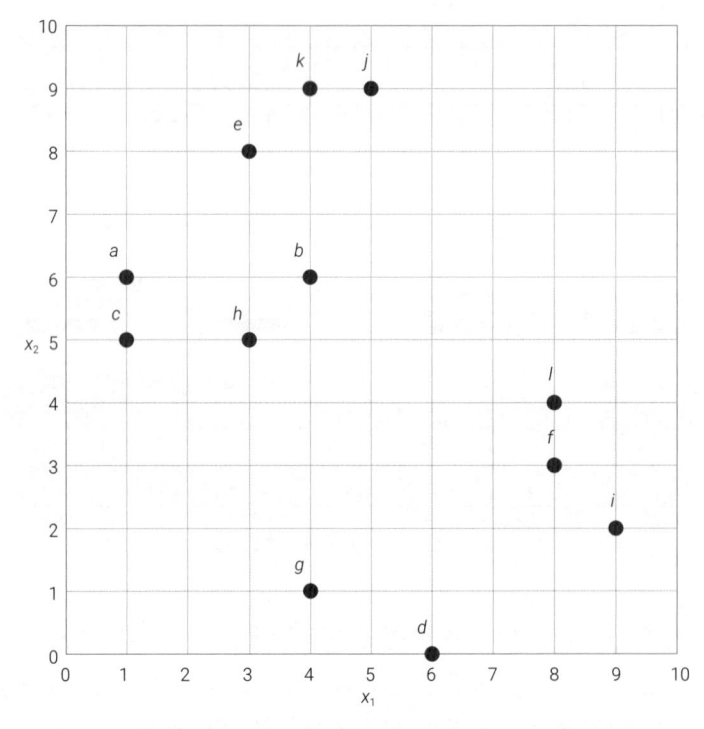

▲ 圖 23.3 12 個樣本資料

23.2 樹狀圖

	a	b	c	d	e	f	g	h	i	j	k	l
a	0	3	1	7.81	2.828	7.616	5.831	2.236	8.944	5	4.243	7.28
b	3	0	3.162	6.325	2.236	5	5	1.414	6.403	3.162	3	4.472
c	1	3.162	0	7.071	3.606	7.28	5	2	8.544	5.657	5	7.071
d	7.81	6.325	7.071	0	8.544	3.606	2.236	5.831	3.606	9.055	9.22	4.472
e	2.828	2.236	3.606	8.544	0	7.071	7.071	3	8.485	2.236	1.414	6.403
f	7.616	5	7.28	3.606	7.071	0	4.472	5.385	1.414	6.708	7.211	1
g	5.831	5	5	2.236	7.071	4.472	0	4.123	5.099	8.062	8	5
h	2.236	1.414	2	5.831	3	5.385	4.123	0	6.708	4.472	4.123	5.099
i	8.944	6.403	8.544	3.606	8.485	1.414	5.099	6.708	0	8.062	8.602	2.236
j	5	3.162	5.657	9.055	2.236	6.708	8.062	4.472	8.062	0	1	5.831
k	4.243	3	5	9.22	1.414	7.211	8	4.123	8.602	1	0	6.403
l	7.28	4.472	7.071	4.472	6.403	1	5	5.099	2.236	5.831	6.403	0

▲ 圖 23.4 12 個樣本資料成對距離組成的方陣熱圖

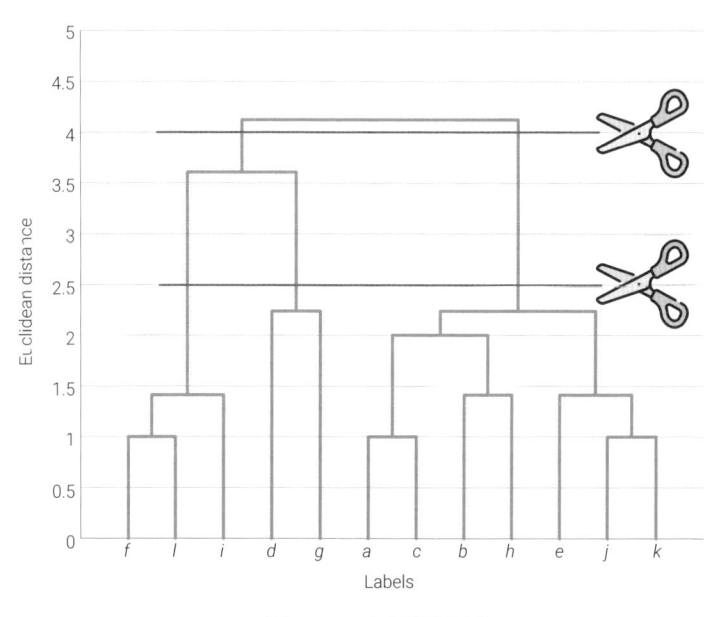

▲ 圖 23.5 資料樹狀圖

第 23 章　層次聚類

第一層

如圖 23.6 所示，首先發現 a 和 c、k 和 j、f 和 l 成對距離最短，均為 1；這樣我們便構造了樹狀圖最底層。這三個成對距離在熱圖位置如圖 23.8(a) 所示。

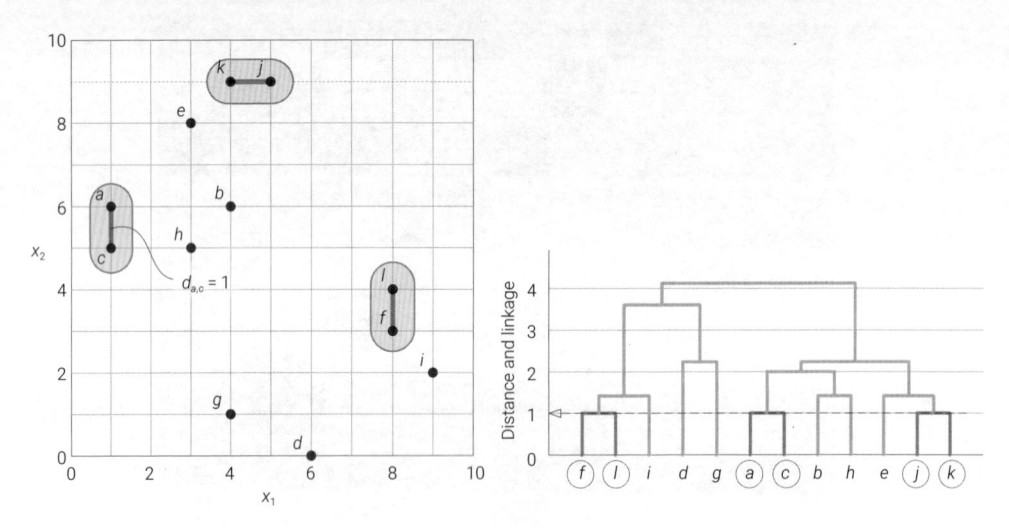

▲ 圖 23.6 建構樹狀圖，第一層

第二層

構造樹狀圖第二層時，遇到一個麻煩—叢集間距離如何定義。這裡，我們首先採用最簡單的**最近點距離** (single linkage 或 nearest neighbor)。最近點距離指的是兩個叢集樣本資料成對距離最近值。

k 和 j、f 和 l 已經分別「成團」；e 距離 k 更近，而 i 距離 f 更近。因此樹狀圖第二層的距離值定為 sqrt(2)，也就是約 1.414。同樣，b 和 h 的距離也是 1.414。這樣我們便構造獲得了如圖 23.7 所示的樹狀圖第二層。這三個「叢集間」/「點間」距離在熱圖位置如圖 23.8(b) 所示。

23.2 樹狀圖

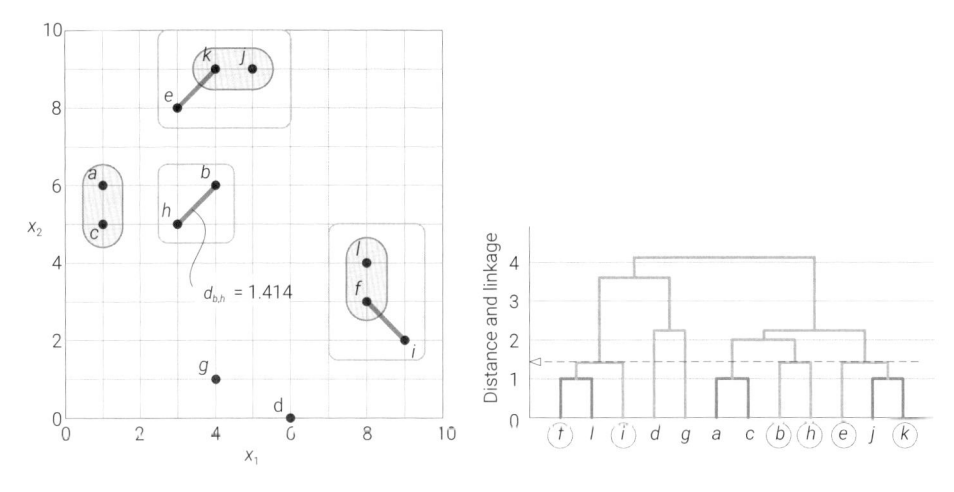

▲ 圖 23.7 建構樹狀圖，第二層

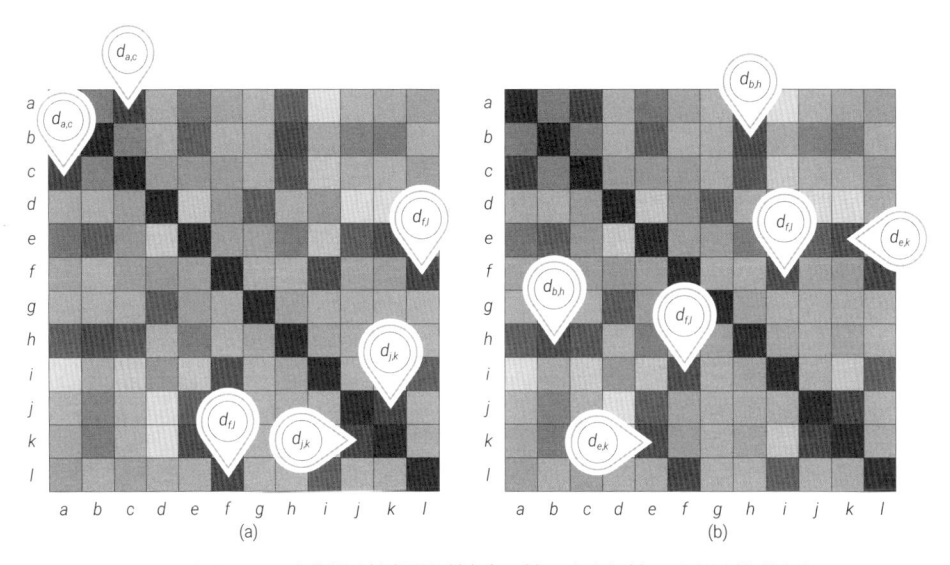

▲ 圖 23.8 成對距離矩陣熱圖，第一層和第二層距離位置

第三層

再向上一層，利用叢集 a 和 c (第一層)、叢集 b 和 h (第二層) 之間叢集間距離 2，從而得到樹狀圖第三層，如圖 23.9 所示。這個距離在熱圖上的位置如圖 23.11(a) 所示。

23-7

第 23 章　層次聚類

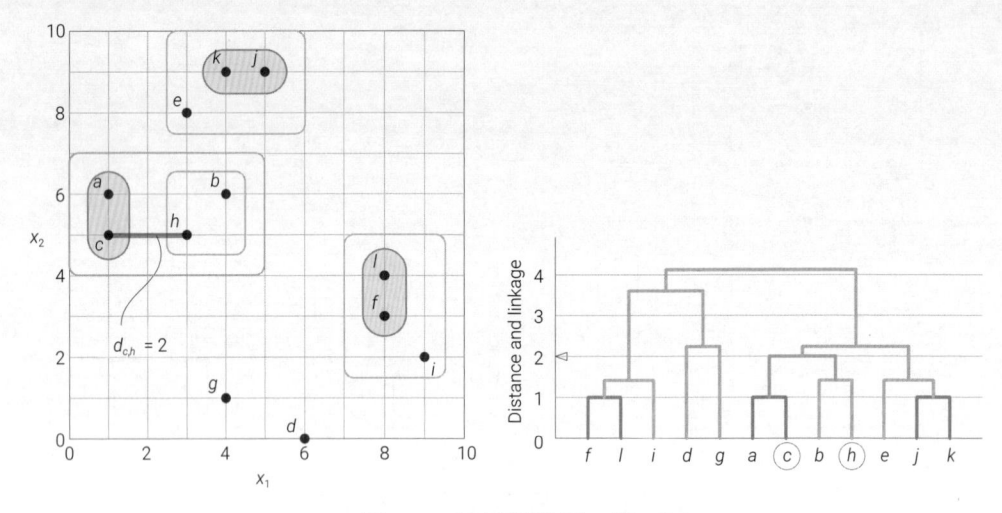

▲ 圖 23.9　建構樹狀圖，第三展

第四層

樹狀圖的第四層採用的距離值為 sqrt(5)，約 2.236，如圖 23.11(b) 所示。圖 23.10 所示為樹狀圖第四層位置。可以發現此時，所有的資料點均參與聚類，形成三叢集。

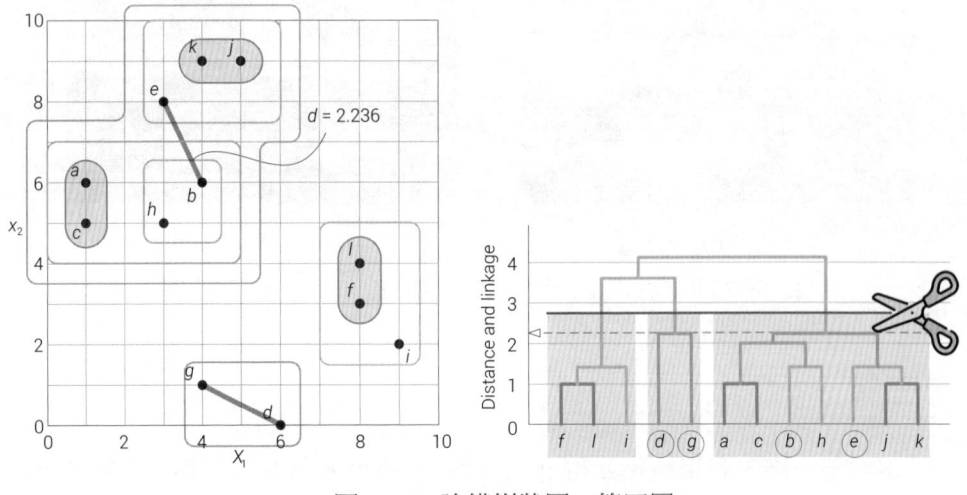

▲ 圖 23.10　建構樹狀圖，第四層

23.2 樹狀圖

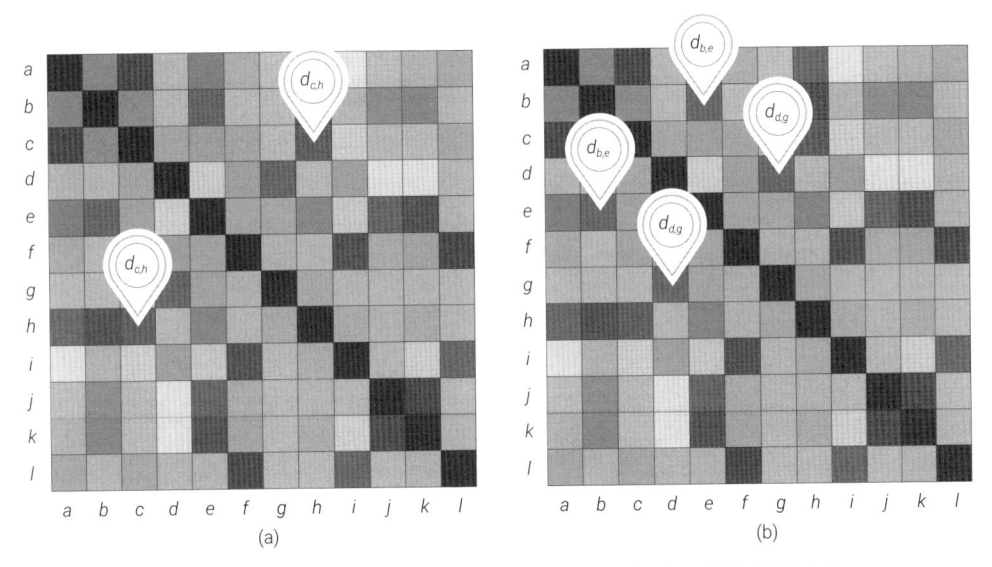

▲ 圖 23.11 成對距離矩陣熱圖，第三層和第四層距離位置

第五層

　　圖 23.12 所示為樹狀圖第五層位置。在第五層，樣本資料被劃分為兩叢集；再加一層，整個樹狀圖便封頂。

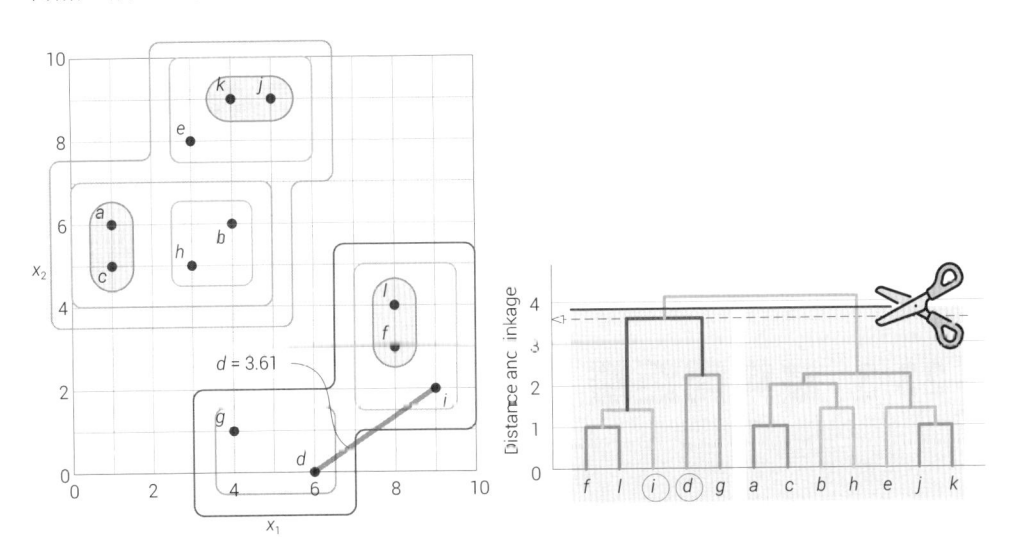

▲ 圖 23.12 建構樹狀圖，第五層

23-9

第 23 章　層次聚類

重新排序

按樹形結構把資料序號重新排列。根據這個順序，可以得到一個全新的熱圖，如圖 23.13 所示。根據顏色，圖 23.13 所示熱圖很容易分為兩個區域，對應資料劃分為兩叢集。這便是層次聚類的想法。

	f	l	i	d	g	a	c	b	h	e	j	k
f	0	1	1.414	3.606	4.472	7.616	7.28	5	5.385	7.071	6.708	7.211
l	1	0	2.236	4.472	5	7.28	7.071	4.472	5.099	6.403	5.831	6.403
i	1.414	2.236	0	3.606	5.099	8.944	8.544	6.403	6.708	8.485	8.062	8.602
d	3.606	4.472	3.606	0	2.236	7.81	7.071	6.325	5.831	8.544	9.055	9.22
g	4.472	5	5.099	2.236	0	5.831	5	5	4.123	7.071	8.062	8
a	7.616	7.28	8.944	7.81	5.831	0	1	3	2.236	2.828	5	4.243
c	7.28	7.071	8.544	7.071	5	1	0	3.162	2	3.606	5.657	5
b	5	4.472	6.403	6.325	5	3	3.162	0	1.414	2.236	3.162	3
h	5.385	5.099	6.708	5.831	4.123	2.236	2	1.414	0	3	4.472	4.123
e	7.071	6.403	8.485	8.544	7.071	2.828	3.606	2.236	3	0	2.236	1.414
j	6.708	5.831	8.062	9.055	8.062	5	5.657	3.162	4.472	2.236	0	1
k	7.211	6.403	8.602	9.22	8	4.243	5	3	4.123	1.414	1	0

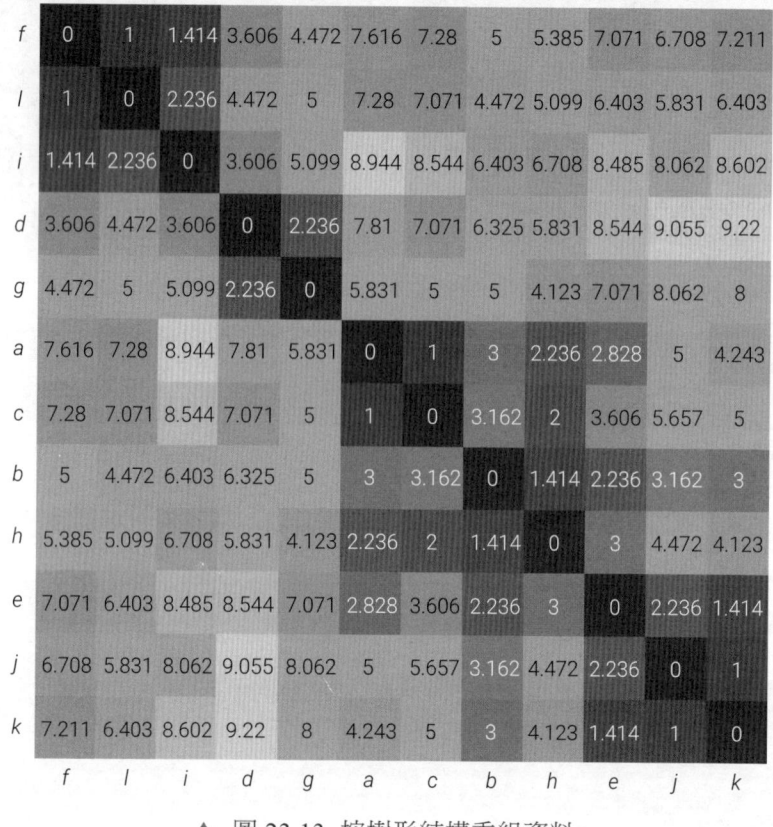

▲ 圖 23.13　按樹形結構重組資料

23.3　叢集間距離

上一節提到，兩叢集之間的距離可以採用最近點距離；當然，叢集間距離也有其他定義，如圖 23.14 所示。本節介紹常用的幾種叢集間距離。

23.3 叢集間距離

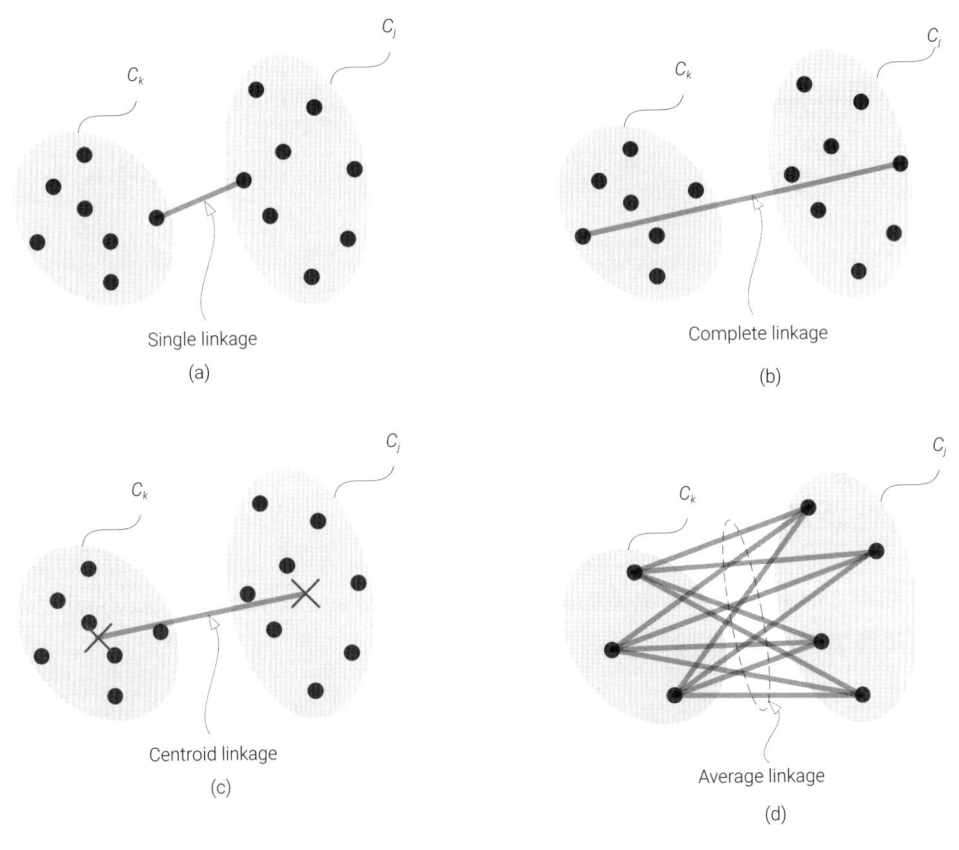

▲ 圖 23.14 叢集間距離定義

最近點距離

叢集間距離，也叫作**距離值**(linkage distance 或 linkage)。如圖 23.14(a)所示，**最近點距離**(single linkage 或 nearest neighbor)，代號為「single」，指的是兩個叢集樣本資料成對距離最近值：

$$d(C_k, C_j) = \min_{x \in C_k,\ z \in C_j} \left(\text{dist}(x, z) \right) \tag{23.1}$$

圖 23.15 所示為，採用 single 層次聚類得到的樹狀圖和鳶尾花資料聚類結果。可以發現，樹狀圖分支並不均衡，聚類結果並不理想。

23-11

第 23 章　層次聚類

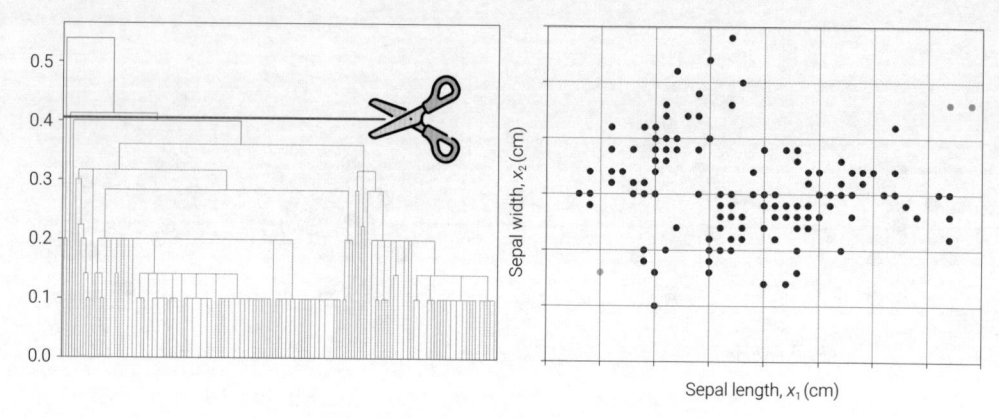

▲ 圖 23.15　鳶尾花聚類結果，single 層次聚類

最遠點距離

如圖 23.14(b) 所示，**最遠點距離** (complete linkage 或 farthest neighbor) 定義為，兩叢集樣本資料成對距離最遠值：

$$d(C_k, C_j) = \max_{x \in C_k,\ z \in C_j} \left(\text{dist}(x, z) \right) \tag{23.2}$$

最遠點距離代號為「complete」。圖 23.16 所示為，採用 complete 層次聚類得到的樹狀圖和鳶尾花資料聚類結果。最遠點距離對於離群點／雜訊點敏感。

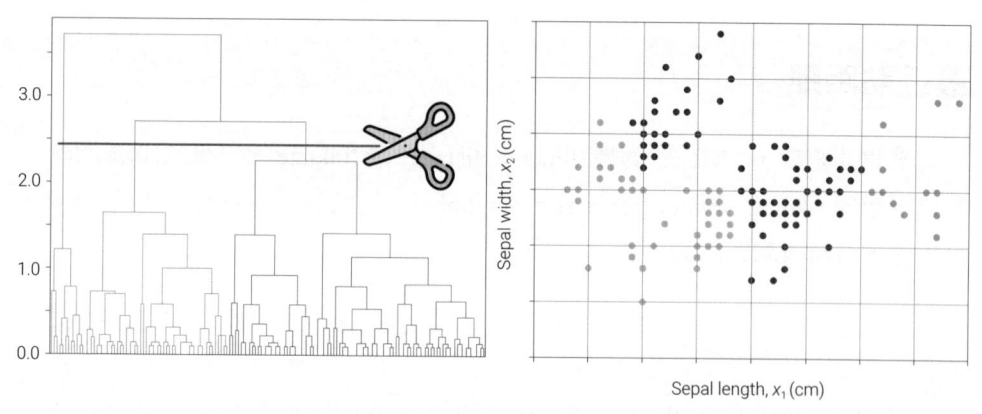

▲ 圖 23.16　鳶尾花聚類結果，complete 層次聚類

平均值點距離

如圖 23.14(c) 所示，**平均值點距離** (centroid linkage) 採用兩叢集樣本資料質心點之間的距離：

$$d(C_i, C_j) = d(\mu_i, \mu_j) \tag{23.3}$$

其中，μ_i 和 μ_j 分別為 C_i 和 C_j 的質心點。目前 Scikit-Learn 中的層次聚類函數並不支援平均值點距離；但是 scipy.cluster.hierarchy.linkage 支援平均值點距離，代號為「centroid」。

平均距離

如圖 23.14(d) 所示，**平均距離** (average linkage) 採用兩叢集樣本資料成對點之間距離平均值：

$$d(C_k, C_j) = \operatorname*{mean}_{x \in C_k,\, z \in C_j}\left(\operatorname{dist}(x, z)\right) = \frac{\sum_{x \in C_k,\, z \in C_j} \operatorname{dist}(x, z)}{\operatorname{count}(C_k) \cdot \operatorname{count}(C_j)} \tag{23.4}$$

平均距離代號為「average」。圖 23.17 所示為，採用 average 層次聚類得到的樹狀圖和鳶尾花資料聚類結果。

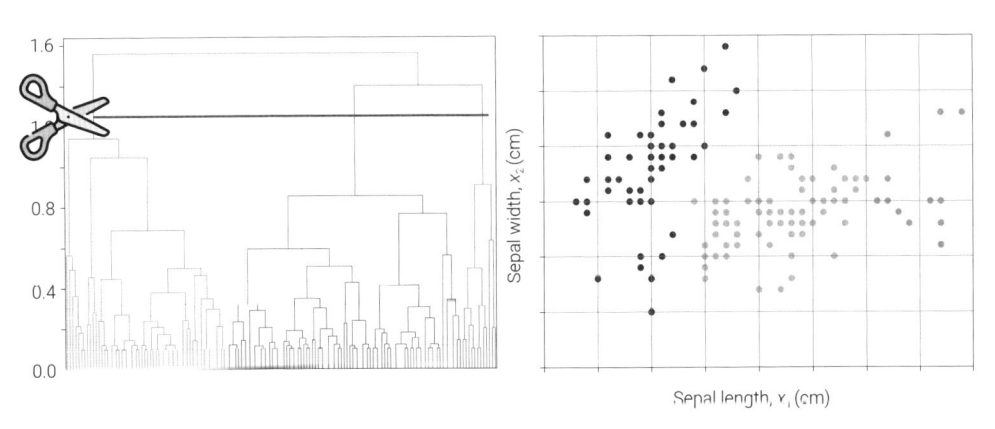

▲ 圖 23.17 鳶尾花聚類結果，average 層次聚類

第 23 章　層次聚類

Ward's 叢集間距離

Ward's 叢集間距離的定義如下：

$$d(C_k, C_j) = \sqrt{2 \times \left(\underbrace{\sum_{x \in C_k \cup C_j} \text{dist}(x, \mu_{C_k \cup C_j})^2}_{\text{After merge}} - \underbrace{\left(\sum_{x \in C_k} \text{dist}(x, \mu_{C_k})^2 + \sum_{x \in C_j} \text{dist}(x, \mu_{C_j})^2 \right)}_{\text{Before merge}} \right)} \quad (23.5)$$

$$= \sqrt{\frac{2 \cdot \text{count}(C_k) \cdot \text{count}(C_j)}{\text{count}(C_k) + \text{count}(C_j)} \cdot \text{dist}(\mu_{C_k}, \mu_{C_j})}$$

觀察式 (23.5)，可以發現它等價於：

$$d(C_k, C_j) = \sqrt{2 \times \left(\underbrace{\text{SST}(C_k \cup C_j)}_{\text{After merge}} - \underbrace{(\text{SST}(C_k) + \text{SST}(C_j))}_{\text{Before merge}} \right)} \quad (23.6)$$

其中，SST 為叢書前文介紹的**總離差平方和** (Sum of Squares for Total，SST)。SST 便是本書前文介紹的「**叢集慣性 (cluster inertia)**」，也就是：

$$\begin{cases} \text{SST}(C_k \cup C_j) = \sum_{x \in C_k \cup C_j} \text{dist}(x, \mu_{C_k \cup C_j})^2 = \sum_{x \in C_k \cup C_j} \| x - \mu_{C_k \cup C_j} \|^2 \\ \text{SST}(C_j) = \sum_{x \in C_j} \text{dist}(x, \mu_{C_j})^2 = \sum_{x \in C_j} \| x - \mu_{C_j} \|^2 \\ \text{SST}(C_k) = \sum_{x \in C_k} \text{dist}(x, \mu_{C_k})^2 = \sum_{x \in C_k} \| x - \mu_{C_k} \|^2 \end{cases} \quad (23.7)$$

Ward's 叢集間距離定義看著複雜，實際上背後的思想很簡單—計算**合併後** (after merge)、**合併前** (before merge) 殘差平方和 (SSE) 的差值。原理如圖 23.18 所示。這個差值，也就是一種叢集資料「合併」的「代價」。

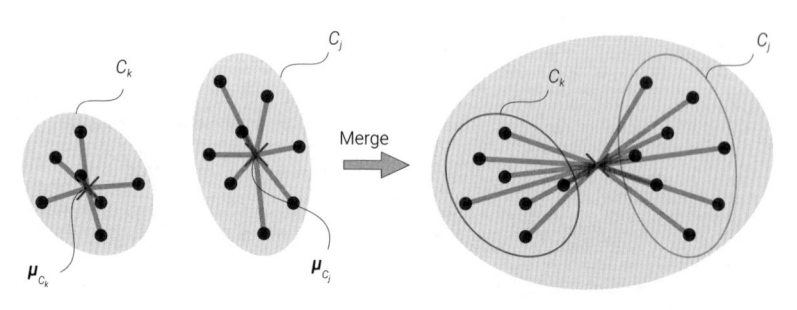

▲ 圖 23.18 鳶尾花聚類結果，Ward's 叢集間距離

23.3 叢集間距離

Ward's 叢集間距離代號為「ward」。ward 為 Scikit-Learn 預設叢集間距離。圖 23.19 所示為，採用 ward 層次聚類得到的樹狀圖和鳶尾花資料聚類結果。

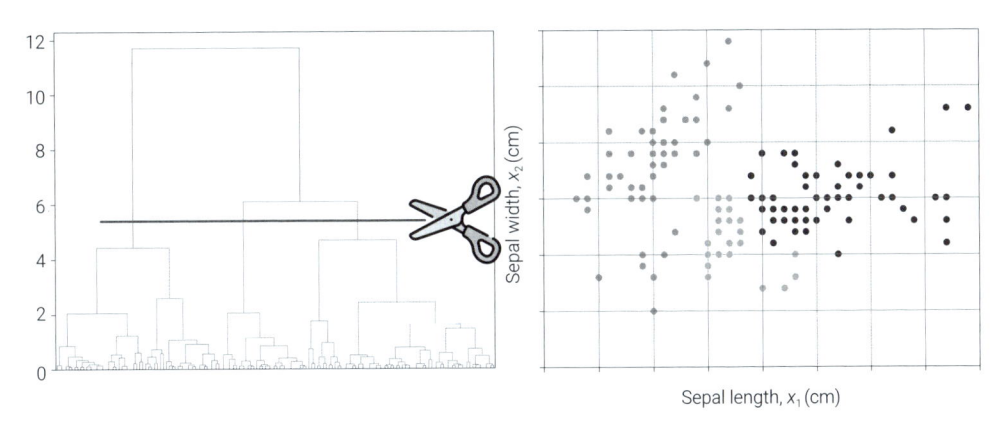

▲ 圖 23.19 鳶尾花聚類結果，ward 層次聚類

Bk7_Ch23_01.ipynb 中繪製了圖 23.15、圖 23.16、圖 23.17 和圖 23.19。下面講解其中關鍵敘述。

ⓐ 首先用 scipy.cluster.hierarchy.linkage() 計算了資料集的層次聚類資料矩陣。X 是輸入的資料集，而 method 是層次聚類演算法使用的連結方法，可能是 single、complete、average 等。然後再用 scipy.cluster.hierarchy.dendrogram() 繪製樹狀圖。

ⓑ 利用 sklearn.cluster.AgglomerativeClustering() 建立了一個層次聚類物件。n_clusters=3 指定聚類的叢集數目，即要將資料劃分成幾個叢集。

metric='euclidean' 指定計算資料點之間距離的度量標準。在這裡，使用的是歐氏距離 (Euclidean distance)。請大家嘗試使用其他距離度量並比較結果。

linkage=method 指定了層次聚類中用於計算叢集之間距離的連結方法。method 可以是 ward、complete、average 等。不同的連結方法影響著聚類的結果。

ⓒ 呼叫層次聚類物件 cluster，並使用 fit_predict() 方法，來完成聚類得到每個樣本所屬的叢集標籤預測值。

第 23 章　層次聚類

d 用散點圖型視覺化聚類結果。

程式23.1 利用sklearn.cluster.AgglomerativeClustering()完成層次聚類 | Bk7_Ch23_01.ipynb

```python
for name, method in clustering_algorithms:

    # 繪製樹狀圖
    fig, ax = plt.subplots()

    plt.title(name)
    dend = dendrogram(linkage(X,
                              method = method))

    # 層次聚類
    cluster = AgglomerativeClustering(n_clusters=3,
                                      metric='euclidean',
                                      linkage=method)
    # 完成聚類預測
    Z = cluster.fit_predict(X)

    # 視覺化聚類結果
    fig, ax = plt.subplots()
    plt.title(name)

    # 視覺化散點圖
    plt.scatter(x=X[:, 0], y=X[:, 1], c=Z, alpha=1.0,
                linewidth = 1, edgecolor=[1,1,1])

    ax.set_xticks(np.arange(4, 8.5, 0.5))
    ax.set_yticks(np.arange(1.5, 5, 0.5))
    ax.set_xlim(4, 8); ax.set_ylim(1.5, 4.5)
    plt.xlabel(iris.feature_names[0])
    plt.ylabel(iris.feature_names[1])
    ax.grid(linestyle='--', linewidth=0.25, color=[0.5,0.5,0.5])
    ax.set_aspect('equal'); plt.show()
```

23.4　親近度層次聚類

本章前文介紹的是採用歐氏距離構造樹狀圖，以便進行層次聚類；其實，親近度也可以用來構造樹狀圖，從而聚類。回顧高斯核心 (Gaussian kernel) 親近度定義：

$$\kappa(\boldsymbol{x},\boldsymbol{q}) = \exp\left(-\gamma \|\boldsymbol{x}-\boldsymbol{q}\|^2\right) \tag{23.8}$$

23.4 親近度層次聚類

圖 23.20 左圖是鳶尾花資料高斯核心親近度成對矩陣熱圖。利用 seaborn.clustermap() 函數可以繪製基於親近度矩陣的樹狀圖，以及相應熱圖，具體如圖 23.20 右圖所示。

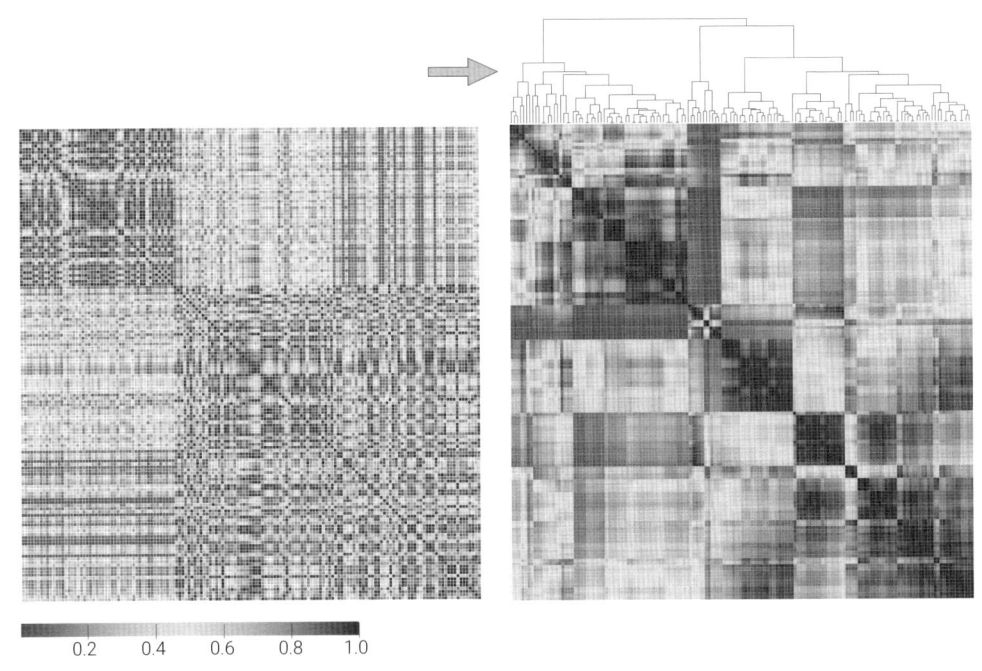

▲ 圖 23.20 鳶尾花花萼兩個特徵構造的親近度矩陣，以及樹形結構和重排的親近度矩陣

Bk7_Ch23_02.ipynb 中繪製了圖 23.20，請大家自行學習。

第 23 章　層次聚類

▶ 層次聚類是一種無需預先指定聚類叢集數的聚類方法，其輸出結果以樹狀圖的形式呈現。在層次聚類中，不同叢集之間的距離可以透過不同的距離度量方法計算，如歐幾里德距離、曼哈頓距離等。

層次聚類可以分為凝聚聚類和分裂聚類兩種方法，其中凝聚聚類是一種從下往上的方法，從每個資料點開始，逐步合併叢集，形成樹狀圖；分裂聚類是一種從上往下的方法，將所有資料點放在一個叢集中，然後逐步分裂叢集，形成樹狀圖。請大家格外注意不同叢集間距離定義方式。

在親近度層次聚類中，距離度量方法可以用相似度度量方法代替，如相關係數、餘弦相似度等。親近度層次聚類通常應用於文字聚類、影像聚類等領域。

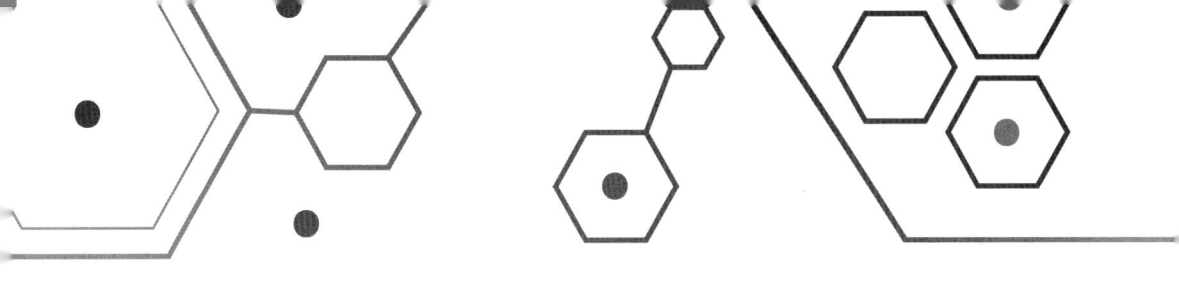

Density-Based Clustering

24 密度聚類

利用資料分佈緊密程度聚類

> 實驗是科學向自然提出的問題,測量是對自然回答的記錄。
>
> *An experiment is a question which science poses to Nature, and a measurement is the recording of Nature's answer.*
>
> ——馬克斯‧普朗克(*Max Planck*) | 德國物理學家,量子力學的創始人 | 1858—1947 年

- itertools.cycle() 把一組資料循環取出
- itertools.islice() 返回一個迭代器
- numpy.random.seed() 設置隨機數種子可以使每一次生成隨機資料時候的結果相同
- sklearn.cluster.DBSCAN() DBSCAN 聚類函數
- sklearn.cluster.OPTICS() OPTICS 聚類函數
- sklearn.datasets.make_circles() 建立環狀樣本資料
- sklearn.preprocessing.StandardScaler().fit_transform() 標準化資料;透過減去平均值然後除以標準差,處理後資料符合標準正態分佈

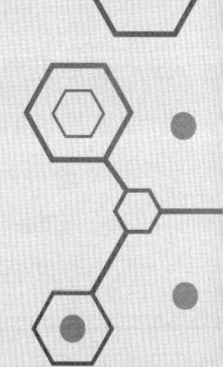

第 24 章 密度聚類

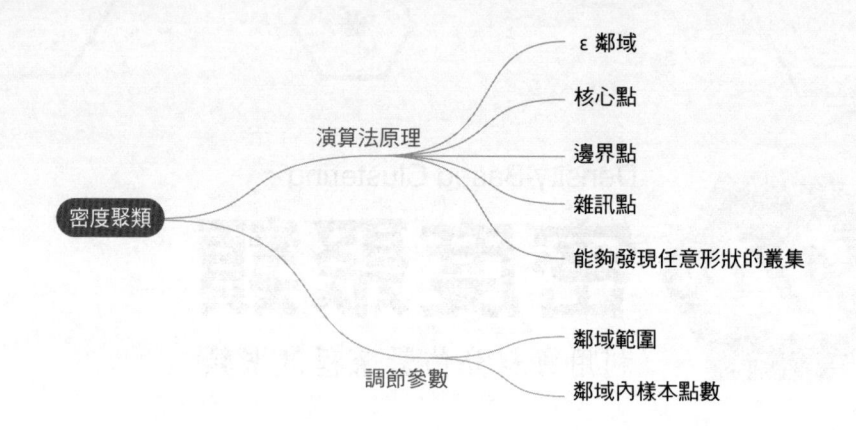

```
                              ε 鄰域
                              核心點
                  演算法原理    邊界點
                              雜訊點
    密度聚類                    能夠發現任意形狀的叢集

                              鄰域範圍
                  調節參數
                              鄰域內樣本點數
```

24.1 DBSCAN 聚類

密度聚類是一種基於資料點密度的聚類方法,其核心思想是將高密度區域作為聚類中心,並將低密度區域作為聚類邊界。常用的密度聚類演算法有 DBSCAN、OPTICS、DENCLUE 等。

DBSCAN 聚類演算法全稱為 Density-Based Spatial Clustering of Applications with Noise,它是一種基於密度的聚類方法,是本章要重點介紹的演算法。

DBSCAN 透過設定鄰域半徑和最小密度等參數,將具有足夠密度的資料點聚成一個叢集;OPTICS 在 DBSCAN 的基礎上,透過建立可達距離圖來最佳化聚類結果;DENCLUE 則採用高斯核心函數來建模資料點的密度,透過求解梯度的方式來尋找密度峰值,進而進行聚類。

密度聚類方法對於資料分佈的形態沒有特殊要求,而對於雜訊和離群點的堅固性較強,具有廣泛的應用價值。

為了方便大家理解 DBSCAN 聚類演算法,下面舉例來說。

24.1 DBSCAN 聚類

原理

如圖 24.1 所示，限定距離範圍內 (即圓圈圈定領域)，粉絲超過一定數量的點就是 UP 主 (頭頂皇冠者)；DBSCAN 聚類演算法和核心是，如果任意兩個 UP 主互粉 (在對方的圓圈範圍之內)，則兩個 UP 主及各自粉絲可以被劃分為一叢集。

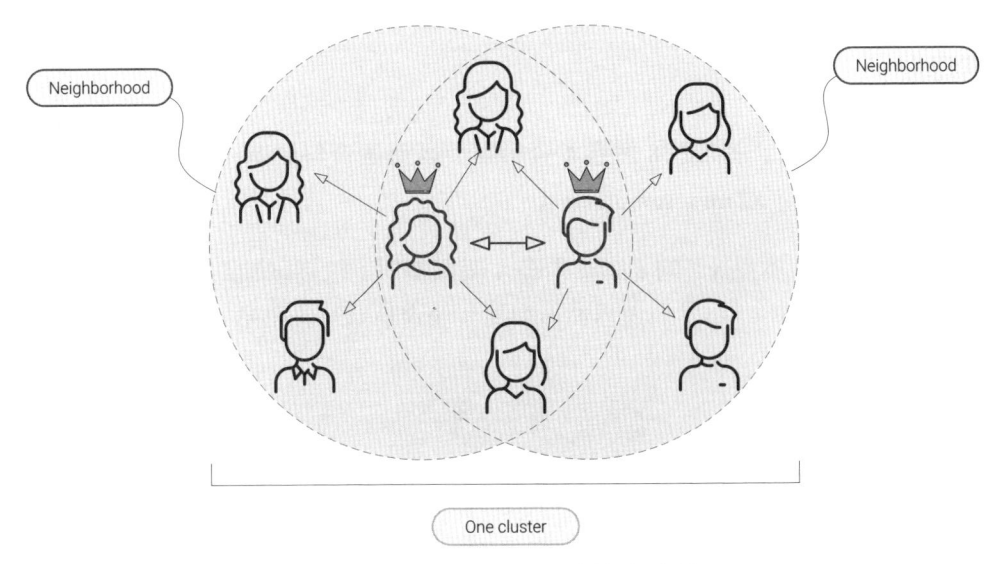

▲ 圖 24.1 DBSCAN 演算法原理

幾個概念

下面介紹 DBSCAN 演算法涉及的幾個概念。

ε 鄰域 (ε neighborhood 或 epsilon neighborhood)esp 限定領域範圍，esp 對應圖 24.1 中的圓圈半徑。準確地說，ε 鄰域指的是以某樣本資料點為中心、esp 為半徑的區域。

以空間某點為中心，esp 為半徑鄰域內包含至少 min samples 數量的資料點，則稱該點為**核心點** (core point)，即前文所說的 UP 主。

第 24 章　密度聚類

核心點 ε 鄰域內的點，被稱為**邊界點** (border point)。核心點相當於圖 24.1 中 UP 主；邊界點，相當於粉絲。特別需要注意的是，min_samples 為核心點和邊界點數量之和。

樣本資料點可以是核心點，也可以是邊界點，甚至身兼兩種角色；如果資料點既不是核心點，也不是邊界點，該資料點被稱作**雜訊點** (noise point)，即**離群資料** (outlier)。

聚類

圖 24.2 舉出了平面內 8 個樣本資料點；以每個資料點為中心，ε 為半徑掃描整個平面，且定義 min_samples = 4。

發現只有樣本點 $x^{(5)}$ 的 ε 鄰域內有 4 個樣本點 (包括 $x^{(5)}$ 自身)；因此，$x^{(5)}$ 為核心點，$x^{(2)}$、$x^{(4)}$ 和 $x^{(7)}$ 為邊界點，剩餘其他資料點為雜訊點。

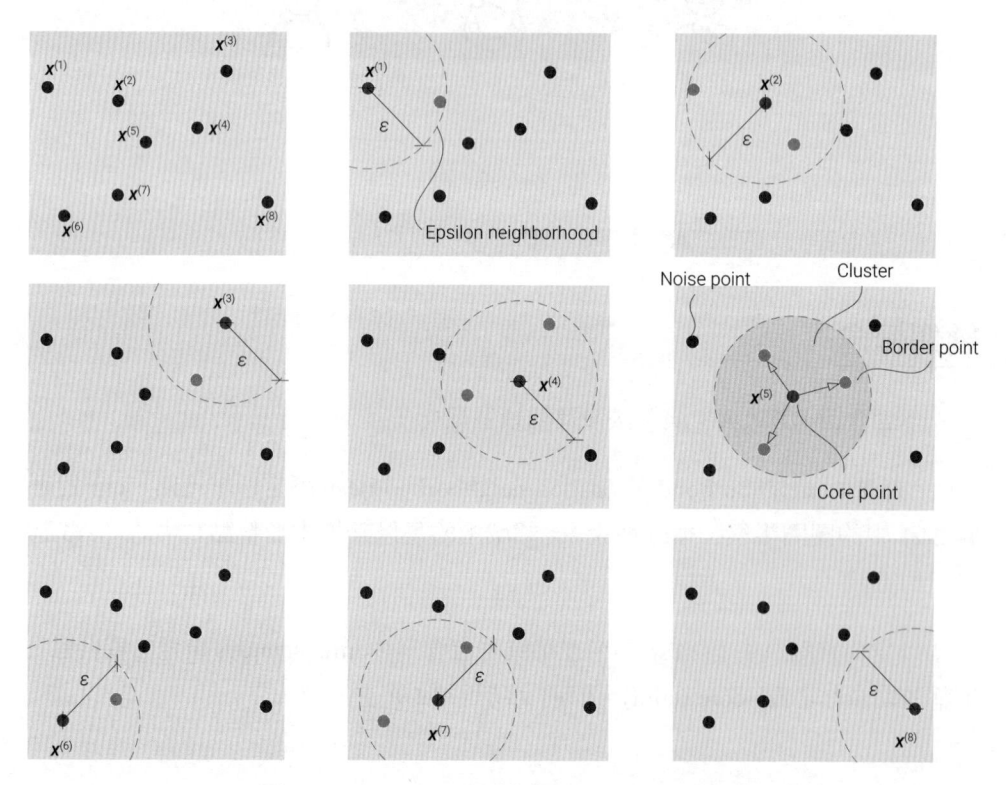

▲ 圖 24.2　DBSCAN 演算法掃描 8 個樣本資料點

24.2 調節參數

如圖 24.3 所示，透過 DBSCAN 演算法，空間資料被分為三叢集。圖 24.3 中，紅色資料點為核心點●（即 UP 主）。UP 主的最低要求是在以自己為中心的 ε 鄰域內包含自己在內有 4 名成員；淺藍色資料點●為邊界點，深藍色●為雜訊點。

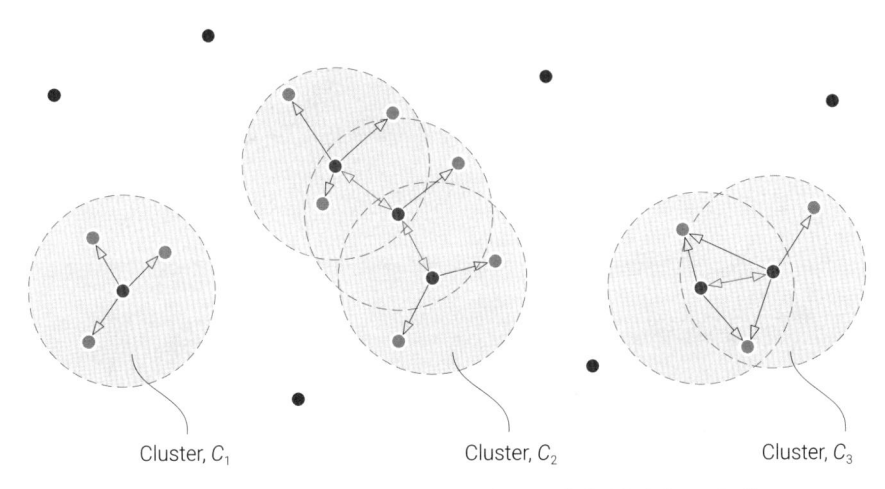

▲ 圖 24.3 透過 DBSCAN 演算法，資料被分為三叢集

C_1 自成一叢集；三個 UP 主互粉，三個 ε 鄰域相互連接，組成 C_2；兩個 UP 主互粉，兩個 ε 鄰域相互連接，構造圖 24.3 中所示 C_3。

24.2 調節參數

鄰域範圍

eps 控制鄰域範圍大小。eps 值選取過大，會導致整個資料集被分為一叢集；但是 eps 設定值過小，會導致叢集過多且分散，並且標記過多雜訊點。

第 24 章　密度聚類

(a) eps = 0.1, min_samples = 10

(b) eps = 0.2 , min_samples = 10

(c) eps = 0.4, min_samples = 10

(d) eps = 0.6, min_samples = 10

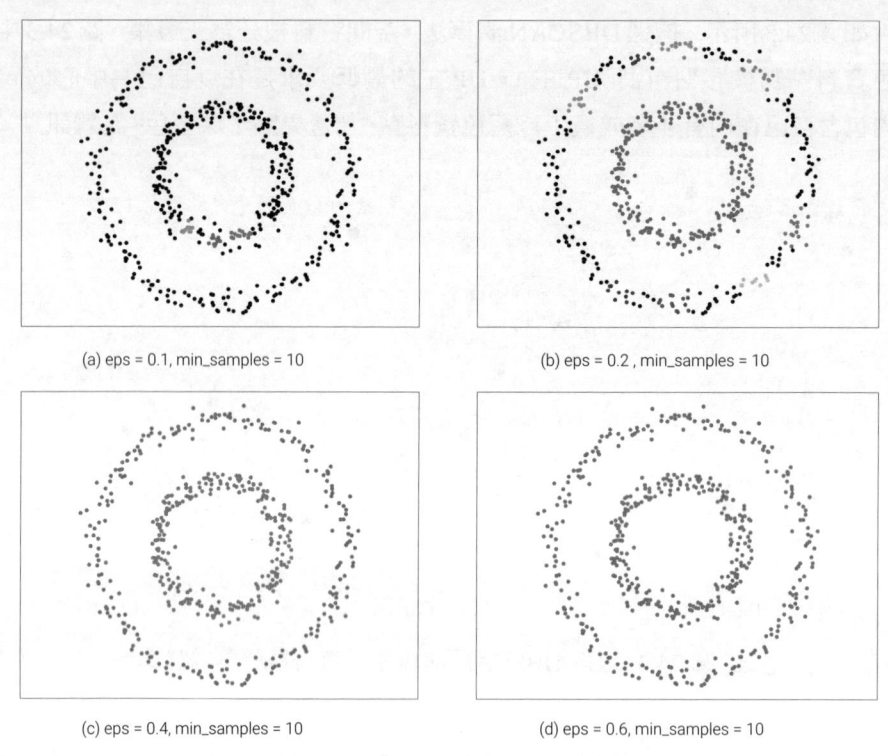

▲ 圖 24.4　eps 對聚類結果影響

圖 24.4(a) 所示，當 eps = 0.1 時，環狀樣本資料多數被標記為雜訊點 (黑色點)。

當 eps 增大到 0.2 時，被標記為雜訊點減少，且小環被劃分為一叢集 (藍色點)，如圖 24.4(b) 所示。當 eps = 0.4 時，環狀樣本資料被正確地分類為兩叢集，如圖 24.4(c) 所示。

當 eps 增大到 0.6 時，所有樣本資料被劃分為一叢集，如圖 24.4(d) 所示。

請讀者注意，ε 鄰域半徑 eps，未必是歐氏距離。請大家嘗試其他距離度量。

◀《AI 時代 Math 元年 - 用 Python 全精通資料處理》專門總結過機器學習中常用距離度量。

鄰域內樣本點數

min_samples 調節 DBSCAN 演算法對雜訊的容忍度；當資料雜訊過大時，應該適當提高 min_samples。

k 平均值和 GMM 聚類演算法需要預先宣告聚類數量；但是，DBSCAN 則不需要。DBSCAN 聚類不需要預設分佈類型，不受資料分佈影響，且可以分辨離群資料。

DBSCAN 演算法對 eps 和 min_samples 這兩個初始參數都很敏感；協作調節 eps 和 min_samples 兩個參數顯得非常重要。

(a) eps = 0.4, min_samples = 10

(b) eps = 0.4, min_samples = 20

(c) eps = 0.4, min_samples = 30

(d) eps = 0.4, min_samples = 40

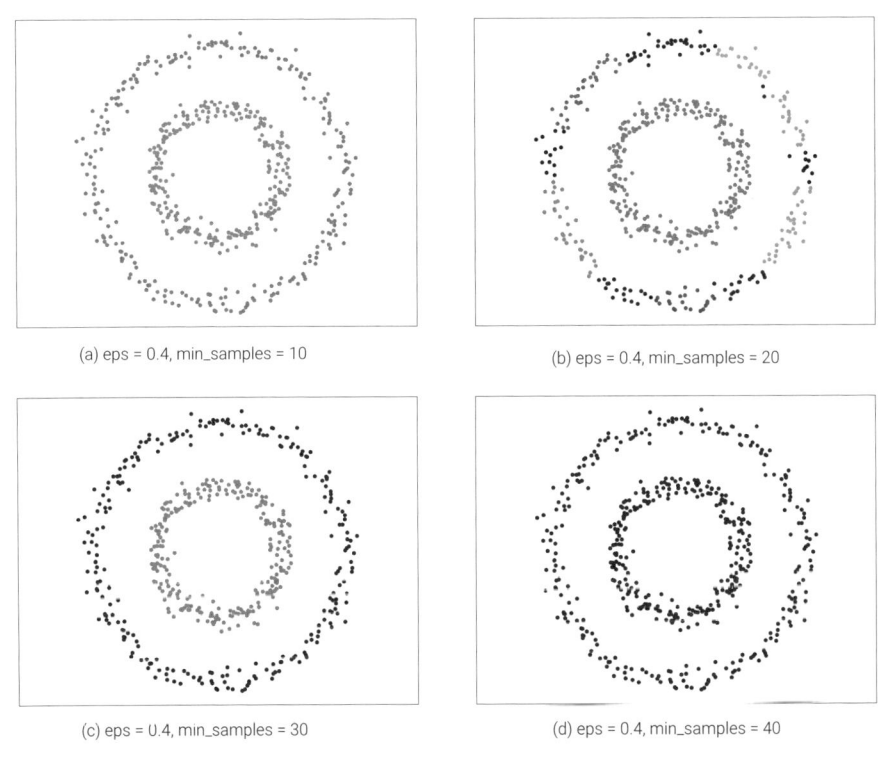

▲ 圖 24.5 min_samples 對聚類結果影響

Bk7_Ch24_01.ipynb 中繪製了圖 24.4、圖 24.5。下面講解其中關鍵敘述。

ⓐ 呼叫 sklearn.cluster.DBSCAN() 建立了一個 DBSCAN 物件。

第 24 章　密度聚類

eps 表示兩個樣本被視為鄰居的最大距離。在 DBSCAN 中，這個距離設定值用於確定樣本點的密度可達性。

min_samples 指定一個樣本點周圍鄰域內最小樣本數，用於確定核心點。一個核心點是一個樣本點，如果其周圍至少有 min_samples 個樣本點在距離為 eps 的鄰域內，那麼該點被認為是核心點。這個參數影響著對雜訊點的容忍度和叢集的最小樣本數。

請大家試著調節 eps 和 min_samples 參數，從而調整演算法的敏感性，以便更進一步地適應不同密度和形狀的資料集。

ⓑ 使用之前建立的 DBSCAN 物件 (dbscan) 對資料集 X 進行擬合和聚類預測，然後將得到的聚類標簽賦值給變數 y_pred。

ⓒ 首先使用 itertools.cycle() 函數建立了一個無限迴圈的迭代器，該迭代器包含一系列預先定義的顏色值。然後，再使用 itertools.islice() 函數從無限迴圈的顏色迭代器中截取了一個固定長度的部分，該長度等於聚類叢集的數量 (即 max(y_pred)+ 1)。這確保了每個聚類叢集都有一個獨特的顏色。

ⓓ 用 matplotlib.pyplot.scatter() 視覺化聚類結果。

```
程式24.1 用sklearn.cluster.DBSCAN()完成密度聚類 | Bk7_Ch24_01.ipynb
for eps in np.array([0.1,0.2,0.4,0.6]):

ⓐ    dbscan = cluster.DBSCAN(eps=eps,min_samples=10)

ⓑ    y_pred = dbscan.fit_predict(X)

    fig, ax = plt.subplots()

ⓒ    colors = np.array(list(islice(cycle(['#377eb8','#ff7f00','#4daf4a',
                                          '#f781bf','#a65628','#984ea3',
                                          '#999999','#e41a1c','#dede00']),
                                    int(max(y_pred) + 1))))
    # 增加黑色
    colors = np.append(colors, ["#000000"])
    # 繪製散點圖
ⓓ    plt.scatter(X[:, 0], X[:, 1], s=10, color=colors[y_pred])

    plt.title('eps = %0.2f' % eps)
    plt.xlim(-2.5, 2.5)
    plt.ylim(-2.5, 2.5)
```

24.2 調節參數

```
plt.xticks(())
plt.yticks(())
plt.axis('equal')
```

> 圖 24.6 所示為用 Streamlit 架設的展示模型參數 esp 和 min_samples 對 DBSCAN 聚類結果影響的 App。Streamlit_Bk7_Ch24_02.py 中架設了此 App,請大家自行學習。

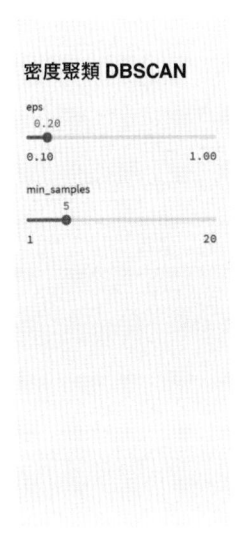

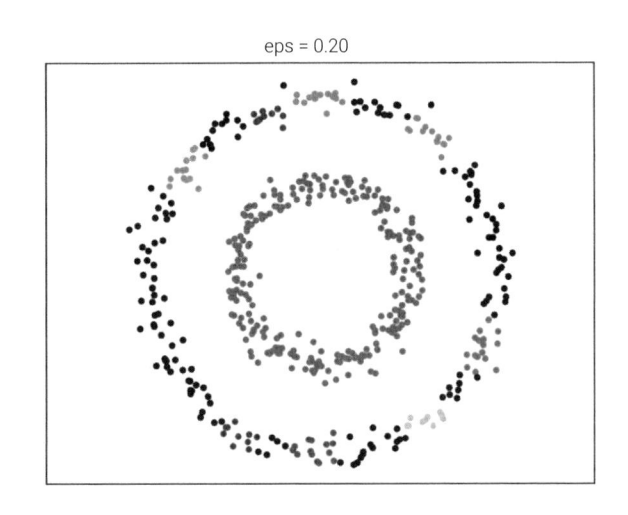

▲ 圖 24.6 展示模型參數 esp 和 min_samples 對 DBSCAN 聚類結果影響的 App,Streamlit 架設 |Streamlit_Bk7_Ch24_02.py

> DBSCAN 是一種基於密度的聚類演算法,其特點是可以自動辨識出任意形狀的叢集,並將離群點視為雜訊資料。DBSCAN 將密度定義為在特定半徑內的資料點數量,利用這一度量將資料點分為核心點、邊界點和雜訊點三類。
>
> 在聚類過程中,DBSCAN 透過不斷擴充核心點的密度直到達到最大密度,將核心點和邊界點劃分到同一叢集中。其優點是不需要事先設定聚類數量,堅固性強,可以處理不同形狀、大小和密度的叢集。其缺點是對於密度分佈較為均勻的資料集,可能出現聚類失效的情況。

24-9

第 24 章 密度聚類

➔

OPTICS(Ordering Points To Identify the Clustering Structure) 聚類演算法和 DBSCAN 非常相似。不同的是，DBSCAN 需要使用者輸入 eps 和 min_samples 兩個參數；而 OPTICS 雖然也需要輸入這兩個參數，但是對 eps 不敏感。請讀者自行學習下例。

- https://scikit-learn.org/stable/auto_examples/cluster/plot_optics.html

25 譜聚類

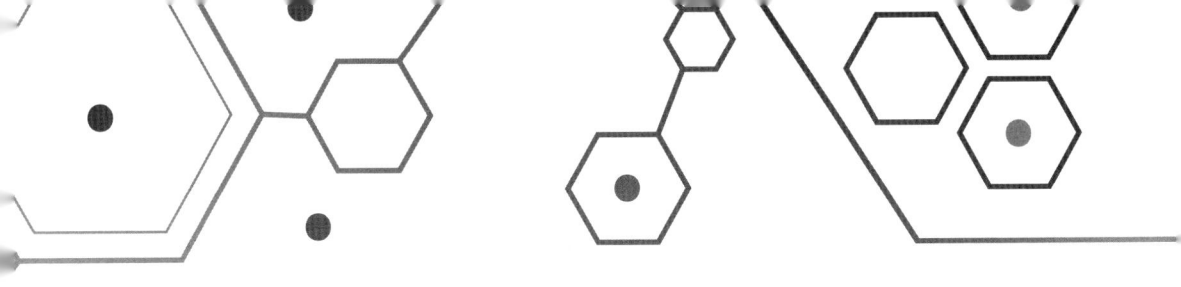

Spectral Clustering

構造無向圖，降維聚類

> 生命中最重要的問題，幾乎都是機率問題。
>
> *The most important questions of life are indeed, for the most part, really only problems of probability.*
>
> ——皮埃爾 - 西蒙·拉普拉斯（*Pierre-Simon Laplace*）| 法國著名天文學家和數學家 | *1749—1827* 年

- sklearn.cluster.SpectralClustering() 譜聚類演算法
- sklearn.datasets.make_circles() 建立環狀樣本資料
- sklearn.preprocessing.StandardScaler().fit_transform() 標準化資料；透過減去平均值然後除以標準差，處理後資料符合標準正態分佈

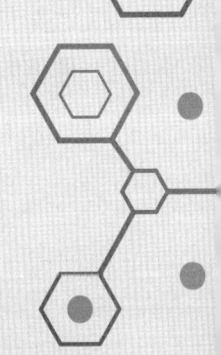

第 25 章　譜聚類

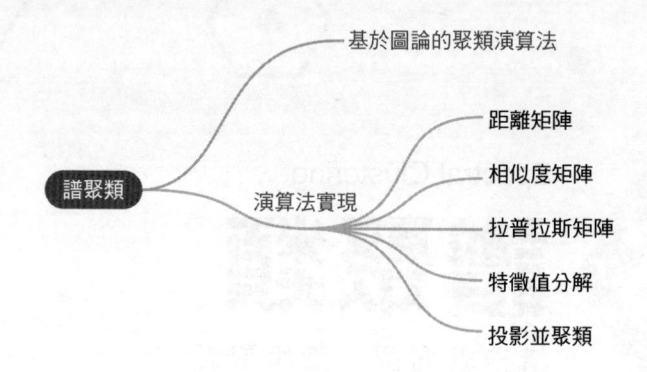

```
                    ┌── 基於圖論的聚類演算法
                    │
                    │           ┌── 距離矩陣
                    │           │
                    │           ├── 相似度矩陣
          譜聚類 ───┤           │
                    │           ├── 拉普拉斯矩陣
                    └── 演算法實現 ──┤
                                │── 特徵值分解
                                │
                                └── 投影並聚類
```

25.1 譜聚類

譜聚類 (spectral clustering) 是一種基於**圖論** (graph theory) 的聚類演算法，能夠處理高維資料，並且對於資料分佈的形態沒有特殊要求。其優點是可以在任意維度上進行聚類，並且不會受到雜訊的影響；其缺點是需要進行譜分解計算，計算量較大。

具體來說，譜聚類的想法是將樣本資料看作是空間**節點** (node)，這些節點之間用**邊** (edge) 連組成**無向圖** (undirected graph)，也叫**加權圖**。無向圖中，距離遠的資料點，邊的權重值低；距離近的資料點，邊的權重值高。

> 《AI 時代 Math 元年 - 用 Python 全精通資料處理》專門介紹過有方向圖、無向圖這些概念，請大家回顧。

用無向圖聚類的過程很簡單，切斷無向圖中權重值低的邊，得到一系列子圖。子圖內部節點之間邊的權重盡可能高，子圖之間邊權重盡可能低。將節點之間的相似度組成的矩陣稱為鄰接矩陣，透過對鄰接矩陣進行**譜分解** (spectral decomposition)，得到資料點的特徵向量，進而將其映射到低維空間進行聚類。

> ⚠ 注意：譜分解是一種特殊的特徵值分解。

流程

上述想法雖然簡單,但是實際操作需要一系列矩陣運算。

首先,需要計算資料矩陣 X 內點與點的成對距離,並構造成距離矩陣 D。

然後,將距離轉換成權重值,即**相似度** (similarity),構造**相似度矩陣** (similarity matrix) S,利用 S 可以繪製無向圖。

之後,將相似度矩陣轉化成**拉普拉斯矩陣** (Laplacian matrix) L。

最後,**特徵值分解** (eigen decomposition) L,相當於將 L 投影在一個低維度正交空間。在這個低維度空間中,用簡單聚類方法對投影資料進行聚類,並得到原始資料聚類。圖 25.1 所示為譜聚類的演算法流程。

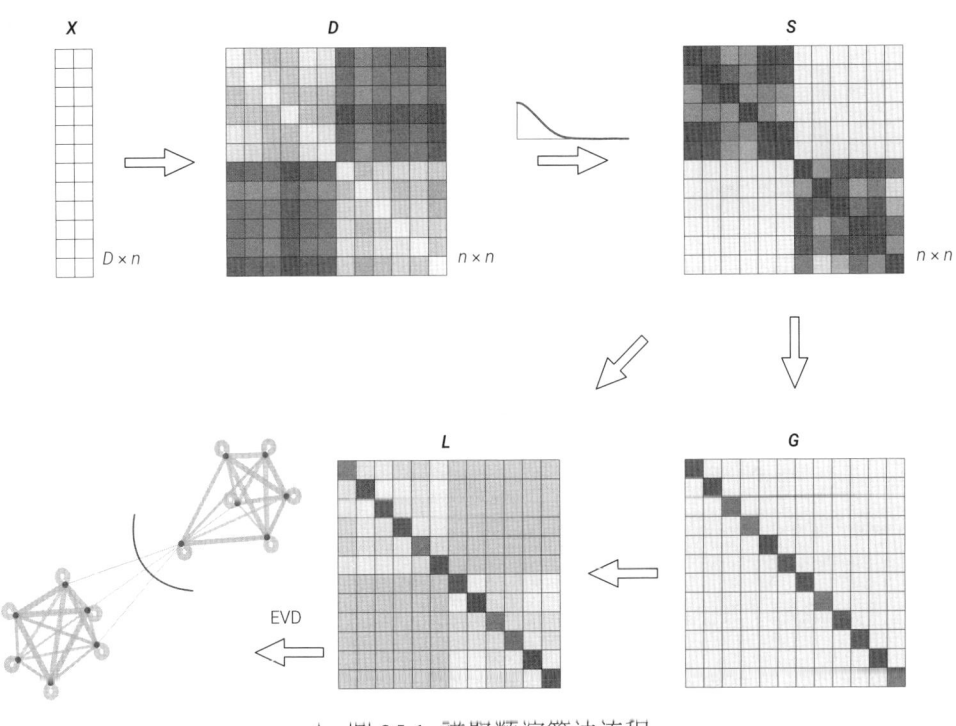

▲ 圖 25.1 譜聚類演算法流程

下面透過實例,我們一一討論譜聚類這些步驟所涉及的技術細節。

第25章 譜聚類

25.2 距離矩陣

圖 25.2 舉出了 12 個樣本點在平面上位置。計算資料**成對距離** (pairwise distance)，$x^{(i)}$ 和 $x^{(j)}$ 兩個點之間歐氏距離 $d_{i,j}$：

$$d_{i,j} = \left\| x^{(i)} - x^{(j)} \right\| \tag{25.1}$$

其中，約定 $x^{(i)}$ 和 $x^{(j)}$ 均為列向量。注意，這裡的 $d_{i,j}$ 非負。

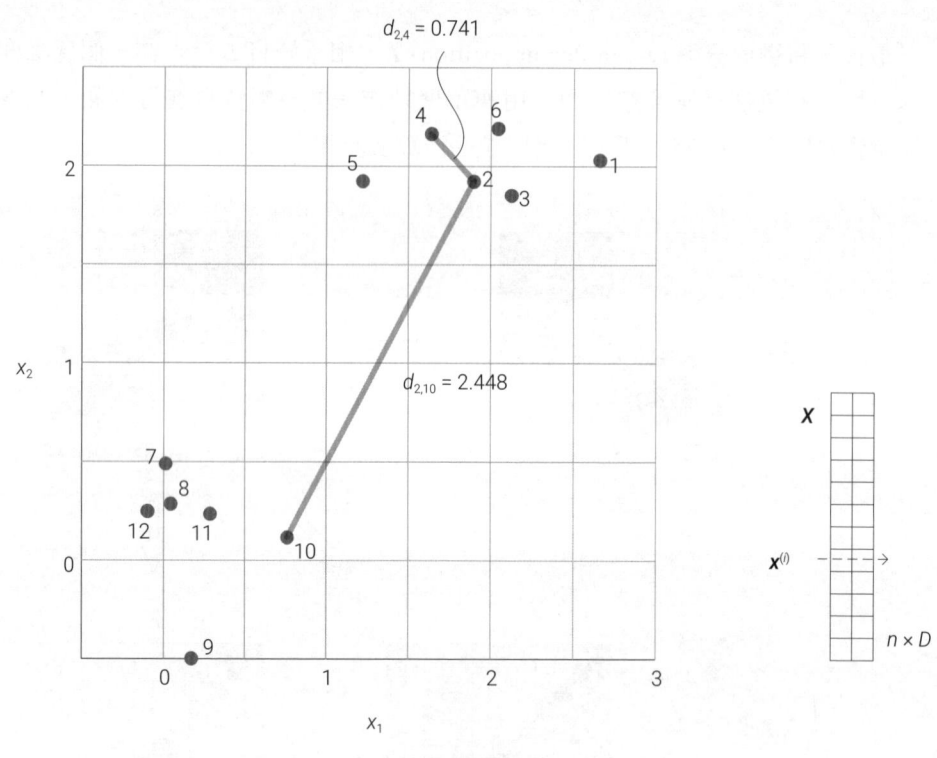

▲ 圖 25.2 12 個樣本點平面位置

圖 25.3 所示為熱圖描繪的 12 個樣本點成對歐氏距離構造的矩陣 D。色塊顏色越淺，說明距離越近；色塊顏色越深，說明距離越遠。

25.2 距離矩陣

觀察圖 25.3，顯而易見矩陣 D 為**對稱矩陣** (symmetric matrix)，也就是說

$$d_{i,j} = d_{j,i} \tag{25.2}$$

⚠️ 注意：D 的對角線元素均為 0，這是因為觀察點和自身之間距離為 0。

圖 25.4 所示為計算成對距離矩陣 D 的原理圖。

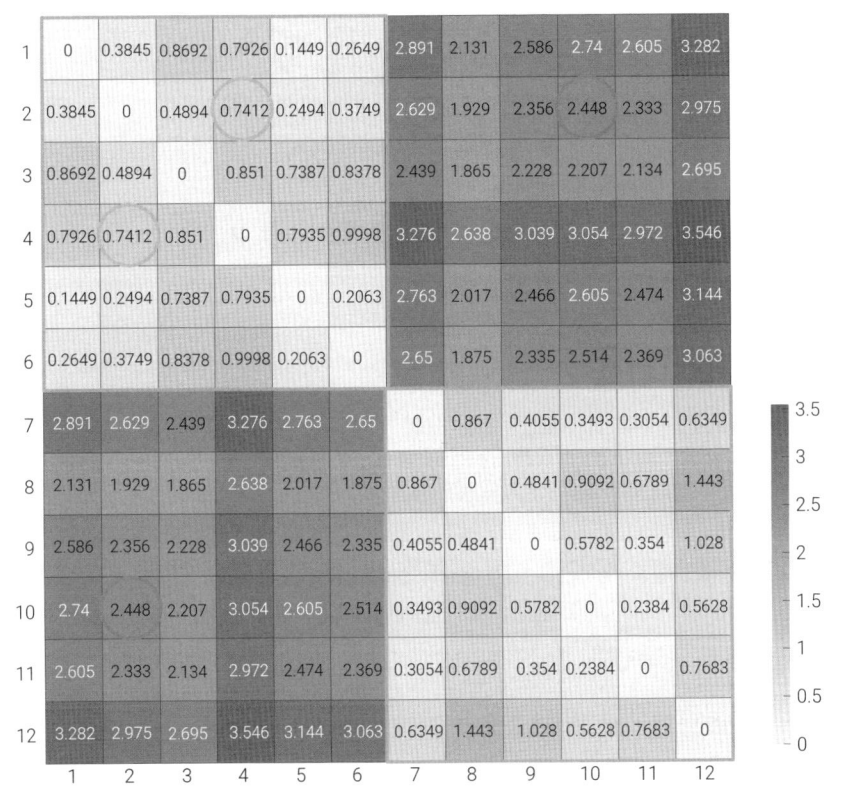

	1	2	3	4	5	6	7	8	9	10	11	12
1	0	0.3845	0.8692	0.7926	0.1449	0.2649	2.891	2.131	2.586	2.74	2.605	3.282
2	0.3845	0	0.4894	0.7412	0.2494	0.3749	2.629	1.929	2.356	2.448	2.333	2.975
3	0.8692	0.4894	0	0.851	0.7387	0.8378	2.439	1.865	2.228	2.207	2.134	2.695
4	0.7926	0.7412	0.851	0	0.7935	0.9998	3.276	2.638	3.039	3.054	2.972	3.546
5	0.1449	0.2494	0.7387	0.7935	0	0.2063	2.763	2.017	2.466	2.605	2.474	3.144
6	0.2649	0.3749	0.8378	0.9998	0.2063	0	2.65	1.875	2.335	2.514	2.369	3.063
7	2.891	2.629	2.439	3.276	2.763	2.65	0	0.867	0.4055	0.3493	0.3054	0.6349
8	2.131	1.929	1.865	2.638	2.017	1.875	0.867	0	0.4841	0.9092	0.6789	1.443
9	2.586	2.356	2.228	3.039	2.466	2.335	0.4055	0.4841	0	0.5782	0.354	1.028
10	2.74	2.448	2.207	3.054	2.605	2.514	0.3493	0.9092	0.5782	0	0.2384	0.5628
11	2.605	2.333	2.134	2.972	2.474	2.369	0.3054	0.6789	0.354	0.2384	0	0.7683
12	3.282	2.975	2.695	3.546	3.144	3.063	0.6349	1.443	1.028	0.5628	0.7683	0

▲ 圖 25.3 12 個樣本點成對歐氏距離構造的成對距離矩陣 D

第 25 章　譜聚類

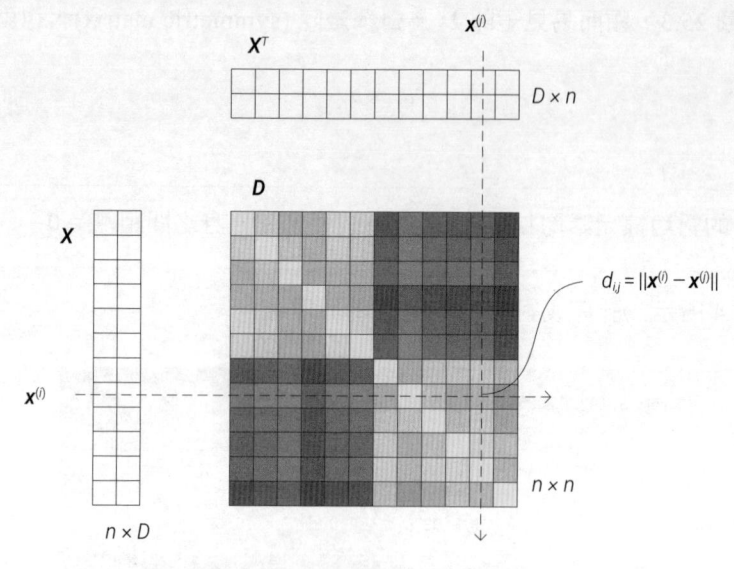

▲ 圖 25.4 計算成對距離矩陣 D

25.3 相似度

然後利用 $d_{i,j}$ 計算 i 和 j 兩點的相似度 $s_{i,j}$，「距離→ 相似度」的轉換採用高斯核心函數：

$$s_{i,j} = \exp\left(-\left(\frac{d_{i,j}}{\sigma}\right)^2\right) = \exp\left(-\frac{\left\|x^{(i)} - x^{(j)}\right\|^2}{\sigma^2}\right) \tag{25.3}$$

相似度設定值區間為 (0,1]。

$x^{(i)}$ 和 $x^{(j)}$ 兩個點距離越近，它們的相似度越高，越靠近 1；反之，距離越遠，相似度越低，越靠近 0。任意點和自身的距離為 0，因此對應的相似度為 1。

參數 $\sigma = 1$ 時，成對距離 $d_{i,j}$ 和相似度 $s_{i,j}$ 兩者之間的關係如圖 25.5 所示。

25.3 相似度

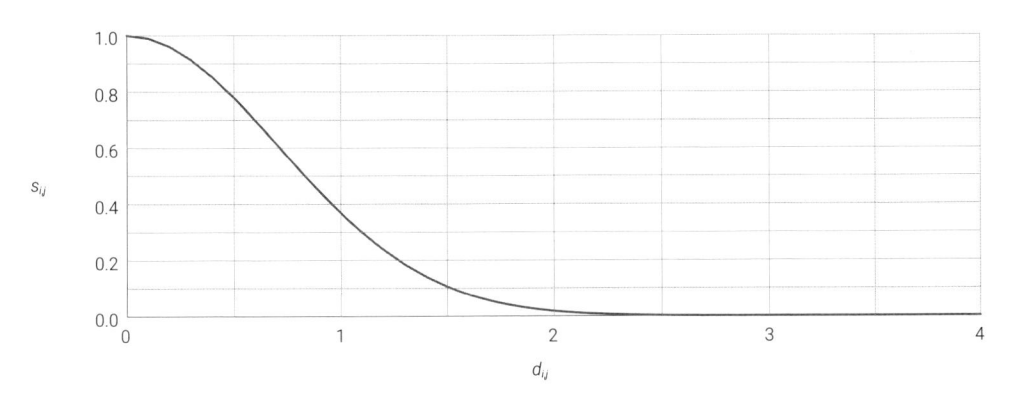

▲ 圖 25.5 歐氏距離和相似度關係

圖 25.2 中，點 $x^{(2)}$ 和 $x^{(10)}$ 之間歐氏距離為 $d_{2,10} = 2.448$，點 $x^{(2)}$ 和 $x^{(4)}$ 之間歐氏距離為 $d_{2,4} = 0.741$。利用式 (25.3)，可以計算得到，點 $x^{(2)}$ 和 $x^{(10)}$ 之間相似度 $s_{2,10} = 0.0025$，點 $x^{(2)}$ 和 $x^{(4)}$ 之間相似度為 $s_{2,4} = 0.577$。

參數 σ 可調節，圖 25.6 所示為參數 σ 對式 (25.3) 高斯函數的影響。

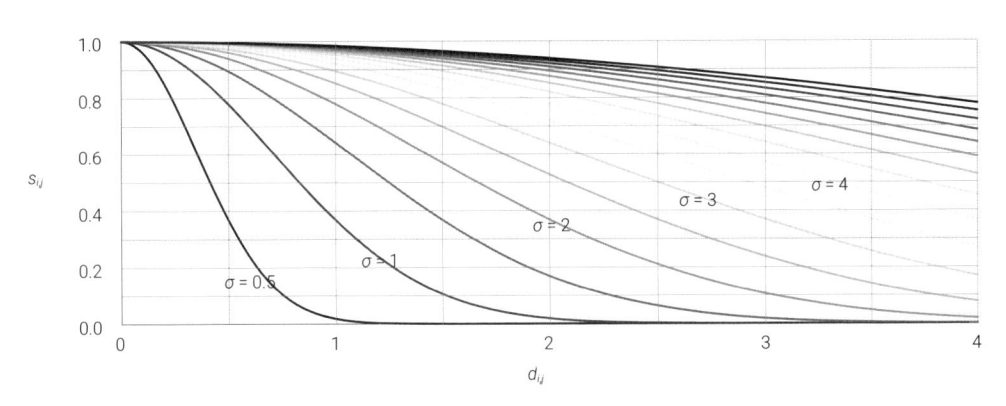

▲ 圖 25.6 參數 σ 對高斯函數的影響

第 25 章　譜聚類

圖 25.3 所示成對距離矩陣轉化為圖 25.7 所示**相似度矩陣** (similarity matrix) ***S***。***S*** 也叫**鄰接矩陣** (adjacency matrix)。相似度矩陣 ***S*** 的每個元素均大於 0。請大家注意，一些教材將成對距離矩陣 ***D*** 叫作相似度矩陣。從圖 25.7 一眼就可以看出資料可以劃分為兩叢集。

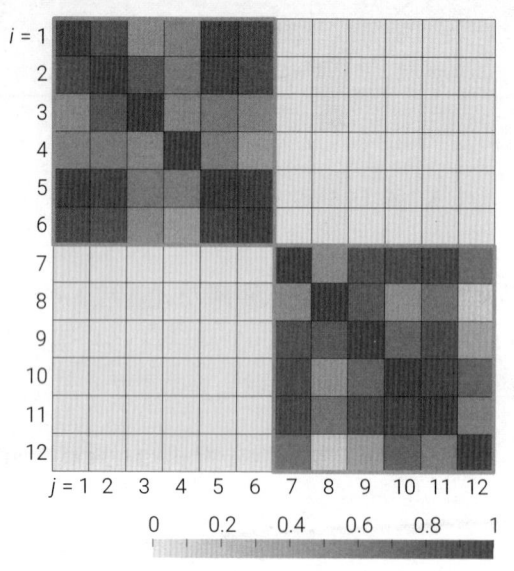

▲ 圖 25.7　12 個樣本點成對相似度矩陣 ***S***

圖 25.8 所示為距離矩陣 ***D*** 轉化成相似度矩陣 ***S*** 的原理。

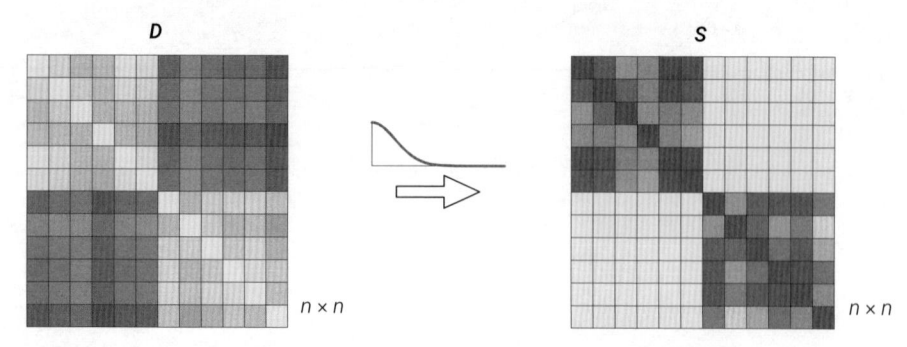

▲ 圖 25.8　距離矩陣 ***D*** 轉換成相似度矩陣 ***S***

25.4 無向圖

圖 25.9 為相似度矩陣 S 無向圖。圖中綠色線越粗,表明兩點之間的相似度越高,也就是兩點距離越近。

如圖 25.10 所示,切斷相似度小於 0.001 成對元素之間的聯繫得到無向圖。

如圖 25.11 所示,在圖 25.10 基礎上進一步切斷相似度小於 0.005 成對元素之間的聯繫得到無向圖。

觀察圖 25.12 可以知道,切斷相似度小於 0.031 成對元素之間的聯繫,可以將原始資料劃分為兩叢集。

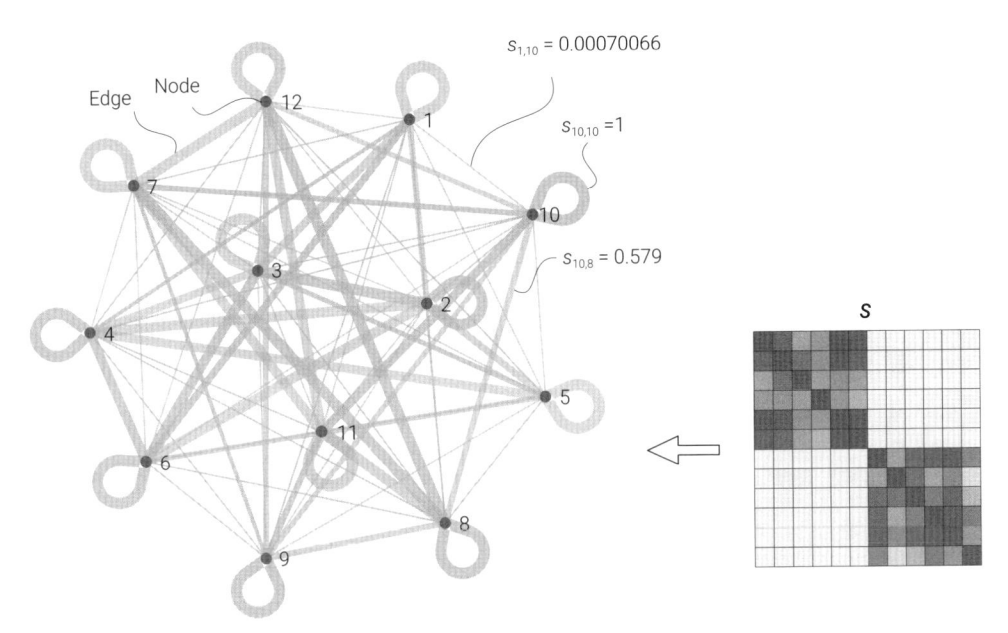

▲ 圖 25.9 相似度對稱矩陣 S 無向圖

第 25 章 譜聚類

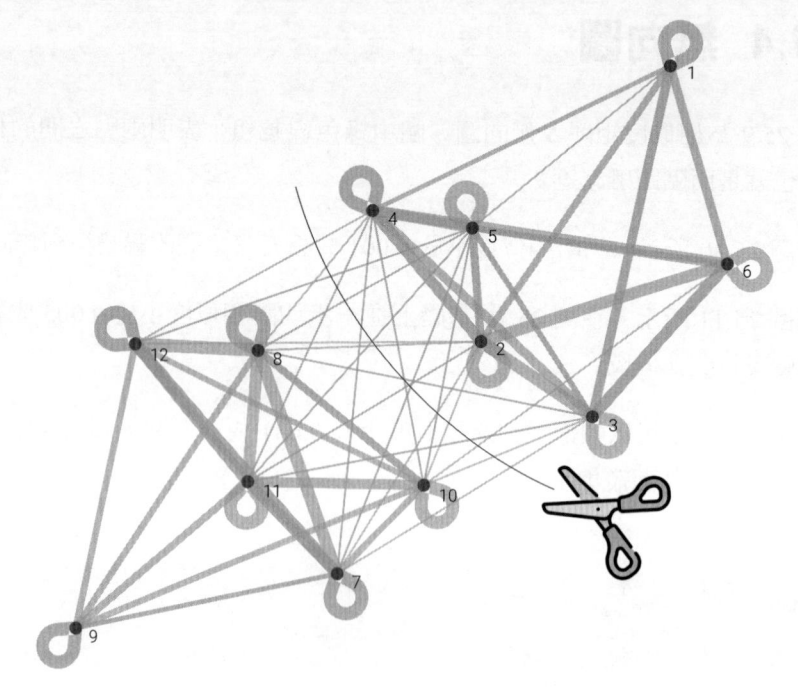

▲ 圖 25.10 切斷相似度小於 0.001 成對元素之間的聯繫得到無向圖

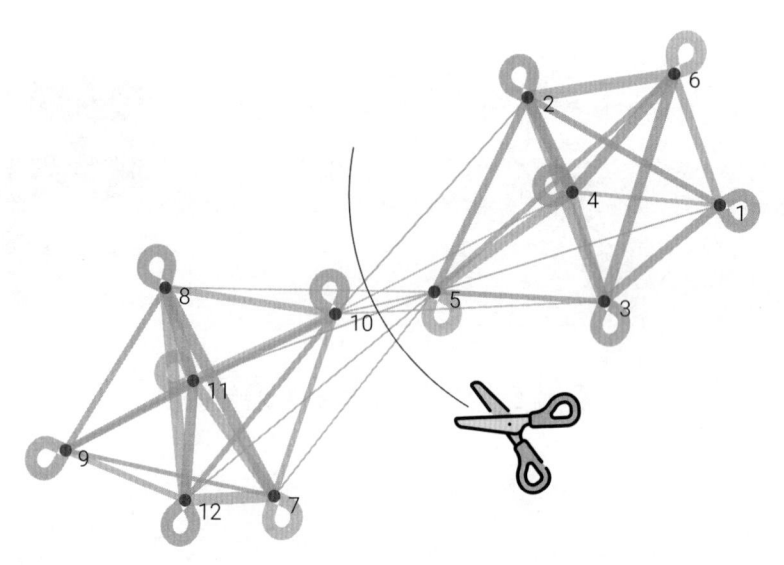

▲ 圖 25.11 切斷相似度小於 0.005 成對元素之間的聯繫得到無向圖

25.5 拉普拉斯矩陣

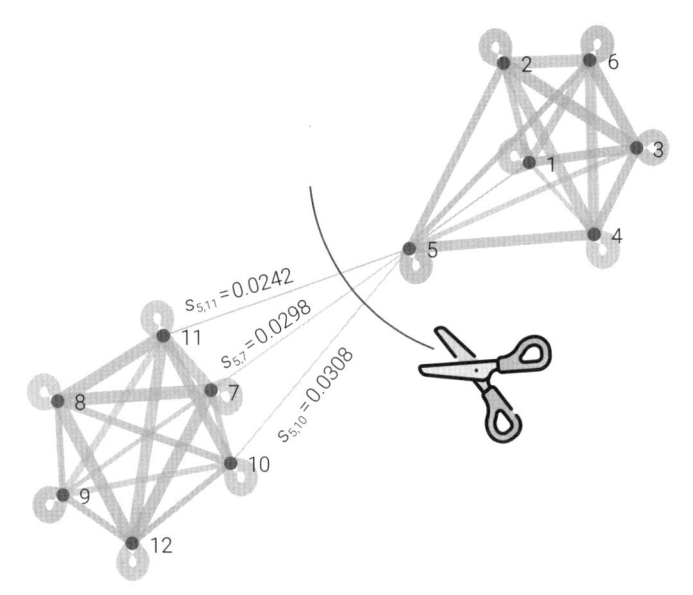

▲ 圖 25.12 切斷相似度小於 0.31 成對元素之間的聯繫得到無向圖

本章後文將用特徵值分解方法來完成叢集劃分。

25.5 拉普拉斯矩陣

如圖 25.13 所示，**度矩陣** (degree matrix) G 是一個對角陣。G 的對角線元素是對應相似度矩陣 S 對應列元素之和，即：

$$G_{i,i} = \sum_{j=1}^{n} s_{i,j} = \text{diag}\left(I^{\text{T}} S\right) \tag{25.4}$$

第 25 章　譜聚類

▲ 圖 25.13　12 個樣本點成對相似度構造的度矩陣 G

圖 25.14 所示為計算度矩陣 G 的原理。

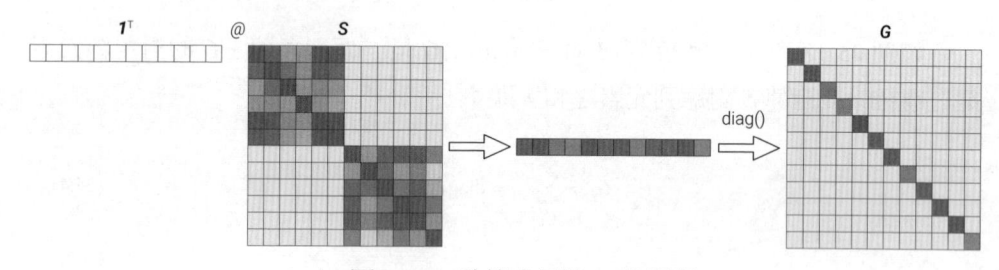

▲ 圖 25.14　計算度矩陣 G 的原理

拉普拉斯矩陣

然後構造拉普拉斯矩陣 (Laplacian matrix)L。有三種常用方法構造拉普拉斯矩陣。第一種叫作**未歸一化拉普拉斯矩陣** (unnormalized Laplacian matrix)，具體定義如下：

25.5 拉普拉斯矩陣

$$L = G - S \qquad (25.5)$$

第二種叫作**歸一化隨機漫步拉普拉斯矩陣** (normalized random-walk Laplacian matrix)，也叫 Shi-Malik 矩陣，定義如下：

$$L_{rw} = G^{-1}(G - S) \qquad (25.6)$$

第三種叫作**歸一化對稱拉普拉斯矩陣** (normalized symmetric Laplacian matrix)，也叫作 Ng-Jordan-Weiss 矩陣，定義如下：

$$L_s = G^{-1/2}(G - S)G^{-1/2} \qquad (25.7)$$

採用第一種方法獲得拉普拉斯矩陣 L，熱圖如圖 25.15 所示。圖 25.16 所示為用式 (25.5) 計算 L 的原理。

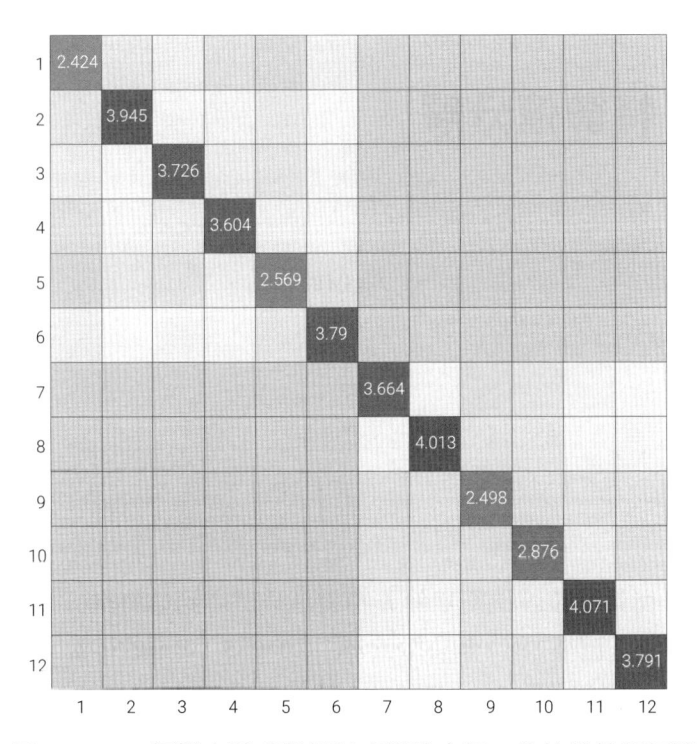

▲ 圖 25.15 12 個樣本點成對相似度構造未歸一化拉普拉斯矩陣 L

第 25 章　譜聚類

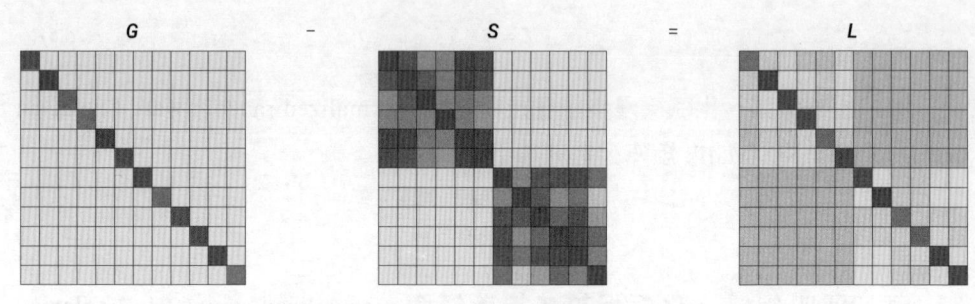

$$G \quad - \quad S \quad = \quad L$$

▲ 圖 25.16 計算未歸一化拉普拉斯矩陣 L

> 請大家注意，拉普拉斯矩陣 L 為半正定矩陣 (positive semi-definite matrix)。證明過程請參考 Ulrike von Luxburg 創作的 *A Tutorial on Spectral Clustering*。

25.6 特徵值分解

對拉普拉斯矩陣 L 進行特徵值分解：

$$L = V \Lambda V^{-1} \tag{25.8}$$

其中，

$$\Lambda = \begin{bmatrix} \lambda_1 & & & \\ & \lambda_2 & & \\ & & \ddots & \\ & & & \lambda_{12} \end{bmatrix}, \quad V = \begin{bmatrix} v_1 & v_2 & \cdots & v_{12} \end{bmatrix} \tag{25.9}$$

圖 25.17 所示為拉普拉斯矩陣 L 特徵值分解得到的特徵值從小到大排序。按從小到大排列 λ 值後，第 2 個特徵值 $\lambda_2 = 0.01285$，對應的特徵向量 $v_2 = $ [-0.300, -0.295, -0.297, -0.294, -0.275, -0.298, 0.283, 0.285, 0.288, 0.278, 0.284, 0.286]。

25.6 特徵值分解

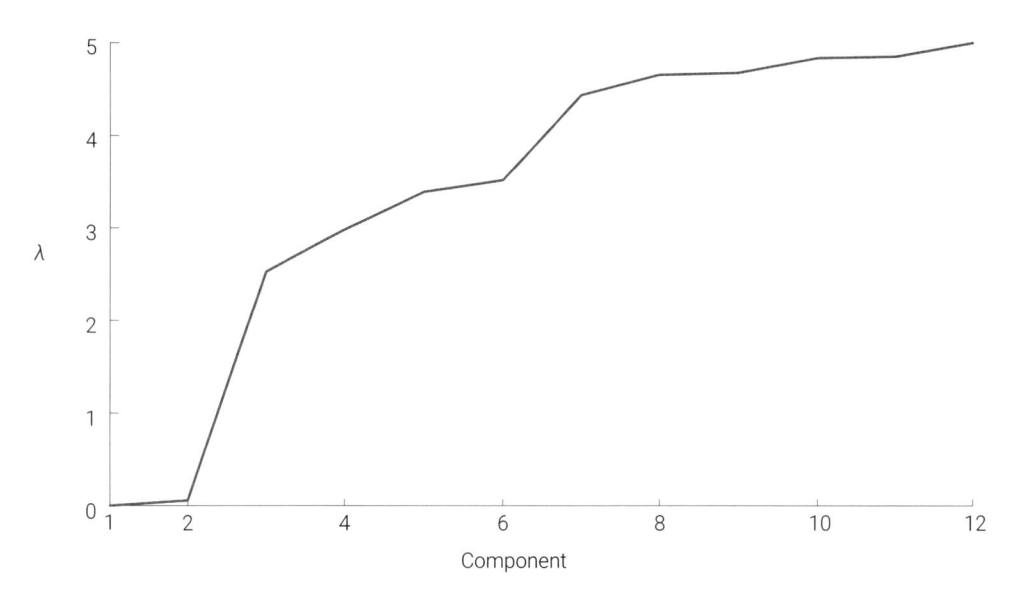

▲ 圖 25.17 拉普拉斯矩陣 L 特徵值分解得到的特徵值從小到大排序

圖 25.18 和圖 25.19 分別展示前兩個特徵向量的結果。相當於將拉普拉斯矩陣 L 投影到一個二維空間，具體如圖 25.20 所示。在圖 25.20 所示平面內，可以很容易將資料劃分為兩叢集。

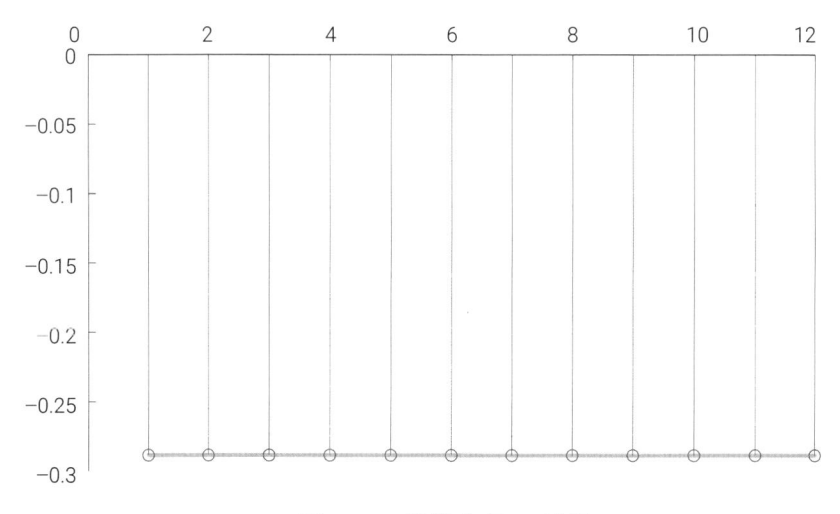

▲ 圖 25.18 特徵向量 v_1 結果

25-15

第 25 章 譜聚類

▲ 圖 25.19 特徵向量 v_2 結果

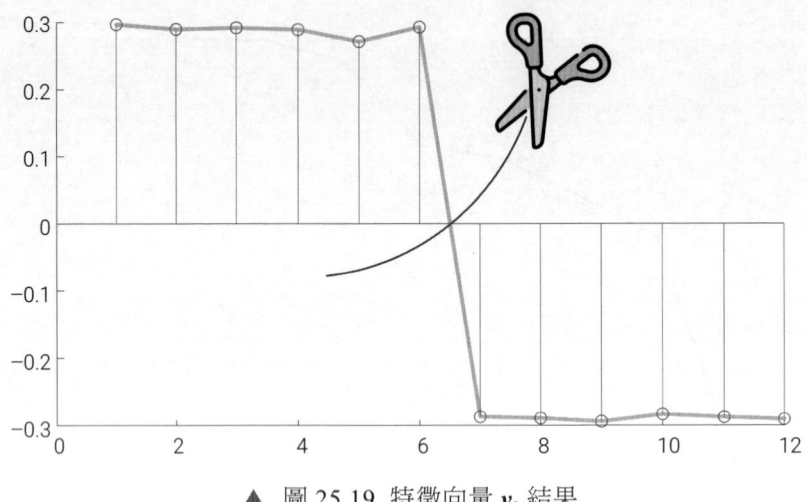

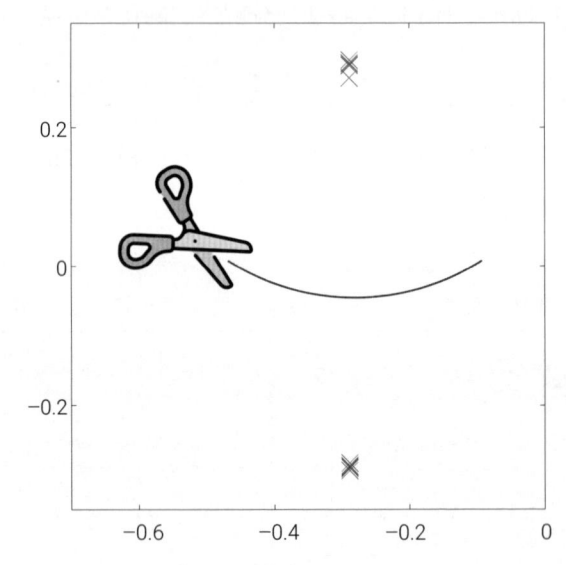

▲ 圖 25.20 矩陣 L 投影到低維度正交空間結果

  圖 25.21 所示為採用譜聚類演算法對環狀樣本資料聚類的結果。譜聚類的可調節參數有很多。比如，高斯核心函數中的參數 σ。相似度矩陣也可以使用不同的相似度度量方式。拉普拉斯矩陣可以採用不同類型。特徵向量數量可以影響聚類效果。最終的聚類可以選擇不同演算法。

25.6 特徵值分解

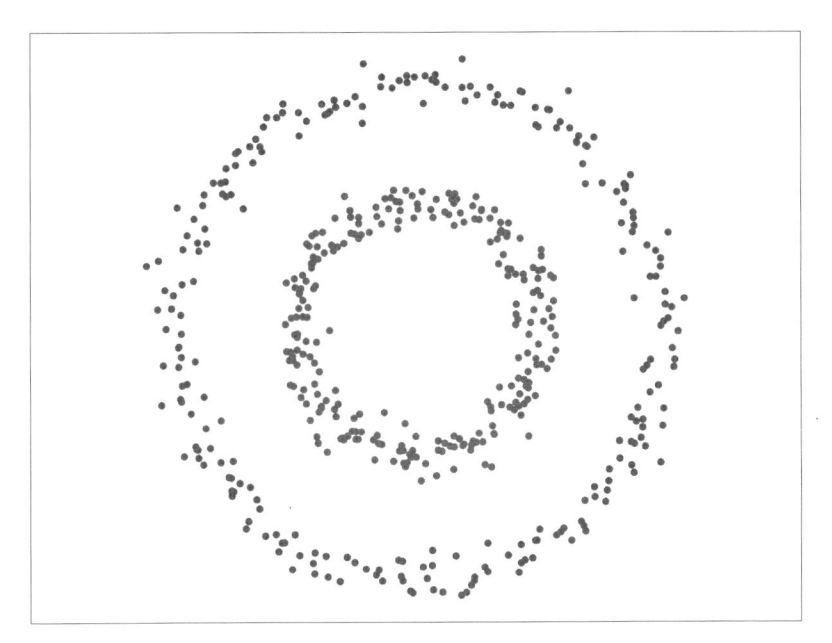

▲ 圖 25.21 環狀樣本資料聚類結果

Bk7_Ch25_01.ipynb 中繪製了圖 25.21。下面講解其中關鍵敘述。

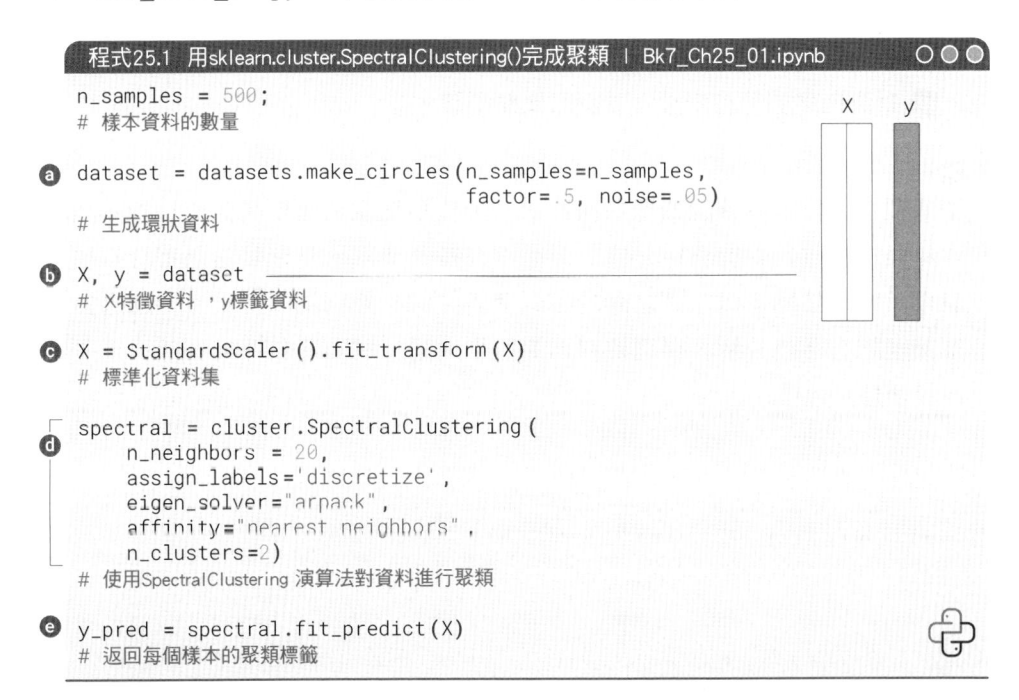

```
程式25.1  用sklearn.cluster.SpectralClustering()完成聚類  |  Bk7_Ch25_01.ipynb
  n_samples = 500;
  # 樣本資料的數量

a dataset = datasets.make_circles(n_samples=n_samples,
                                  factor=.5, noise=.05)
  # 生成環狀資料

b X, y = dataset
  # X特徵資料，y標籤資料

c X = StandardScaler().fit_transform(X)
  # 標準化資料集

d spectral = cluster.SpectralClustering(
      n_neighbors = 20,
      assign_labels='discretize',
      eigen_solver="arpack",
      affinity="nearest_neighbors",
      n_clusters=2)
  # 使用SpectralClustering 演算法對資料進行聚類

e y_pred = spectral.fit_predict(X)
  # 返回每個樣本的聚類標籤
```

25-17

第 25 章 譜聚類

ⓐ 用 sklearn.datasets.make_circles() 生成環狀結構兩特徵資料集。n_samples 指定生成的樣本數量。factor 為控制內外環大小的參數。factor 值在 0 到 1 之間，表示內環直徑與外環直徑之比。在這裡，factor=0.5 表示外環直徑是內環直徑的兩倍。noise 為增加到資料集中的高斯雜訊的標準差。

ⓑ 將特徵資料和標籤資料分離。在聚類問題中，我們僅需要特徵資料。

ⓒ 用 Scikit-Learn 庫中的 StandardScaler 來標準化資料集 X。資料處理結果的平均值為 0，標準差為 1。

ⓓ 用 sklearn.cluster.SpectralClustering() 完成聚類。n_neighbors=20 指定了用於建構 k 近鄰圖的鄰居數目，即在圖中每個資料點連接到其最近的 20 個鄰居。

assign_labels='discretize' 表示在譜聚類過程中如何分配標籤。在這裡，它使用的是離散化的方法，將譜聚類的結果轉為離散的類別。

eigen_solver="arpack" 指定了求解特徵值問題演算法。

affinity="nearest_neighbors" 指定了用於計算相似度矩陣的方法。

n_clusters=2 指定了聚類的叢集數目，即將資料分為兩個叢集。

ⓔ 對資料集進行譜聚類，並返回聚類標籤。

> 譜聚類是一種基於圖論的聚類演算法，其特點是能夠處理高維資料和非凸資料叢集，並且對於資料分佈的形態沒有特殊要求。譜聚類透過將資料點看作圖中的節點，以它們之間的相似度組成的矩陣稱為鄰接矩陣。透過對鄰接矩陣進行譜分解，得到資料點的特徵向量，進而將其映射到低維空間進行聚類。

深智數位
股份有限公司

深智數位
股份有限公司